DICTIONAIRE
DE
MARINE
A AMSTERDAM, chez PIERRE BRUNEL. 1702.

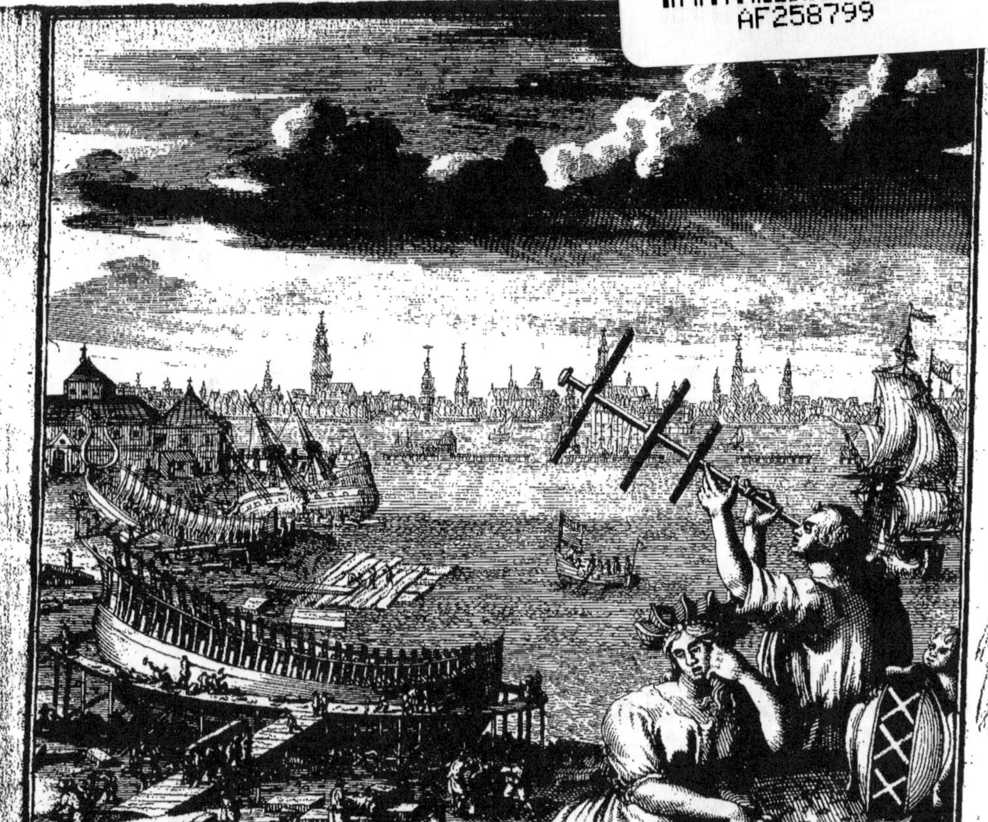

DICTIONAIRE

DE

MARINE

CONTENANT

LES TERMES DE LA

NAVIGATION

ET DE

L'ARCHITECTURE NAVALE

Avec les Règles & Proportions qui doivent y être observées.

OUVRAGE ENRICHI DE FIGURES

Représentant divers Vaisseaux, les principales Piéces servant à leur construction, les différens Pavillons des Nations, les Instrumens de Mathématique, Outils de Charpenterie & Menuiserie concernant la fabrique ; avec les diverses fonctions des Oficiers.

A AMSTERDAM,

Chez PIERRE BRUNEL, Marchand Libraire, sur le Dam. M.D.CCII.

Avec Privilége de Noss. les Etats de Hollande & Westfrise.

*3

A SON EXCELLENCE

MONSEIGNEUR

ANTHOINE

COMTE

DU SAINT EMPIRE

BARON D'ALDENBOURG, SEIGNEUR
DE VARELL, KNIEPHAUSEN,
ET DOORWERTH.

MONSEIGNEUR,

*Q*uelque atachement que j'aie pour votre illuſtre Maiſon & pour la Perſonne de *VOTRE EX-CELLENCE*, je n'ai pas eu l'avantage de pouvoir rien contribuer à votre inſtruction. Dès le moment que j'ai eu l'honneur de vous aprocher je vous ai trou-

* 3

vé

vé pouvou de lumiéres beaucoup au-deſſus de votre âge, & je
n'ai point eu d'autre parti à prendre que celui de les admirer, &
d'admirer encore plus la juſteſſe d'eſprit dont elles étoient acom-
pagnées. Maintenant, MONSEIGNEUR, que ces connoiſ-
ſances ſont à un point où je devrois bien-moins prétendre de rien ajoûter que je n'ai fait autrefois, je me fais un fort-grand plaiſir, & mé-
me je me félicite, de préſenter à V. EXCELLENCE un ouvrage, où au-moins elle pourra trouver quelque expreſſion, quelque
mot qui lui ſera nouveau, & que j'oſerai me flater de lui avoir apris.
Voilà, MONSEIGNEUR, toute la reconnoiſſance qu'il eſt
dans mon pouvoir de vous témoigner pour tant de graces dont S. A. S.
Madame la PRINCESSE Votre Mére & V. EXCELLENCE
m'ont comblé. Cette PRINCESSE, Fille du Prince aîné de la
Maiſon de la Tremoille, dont toutes les branches remontent à des
Têtes Couronnées, & d'une Princeſſe de Heſſe-Caſſel, réduite à une
eſpéce de diſette par raport à ſa qualité & à ſes droits, n'a pas
laiſſé d'ouvrir ſes mains bien-faiſantes, en faveur de tant d'éxilez
qui ſe ſont trouvez dans ces heureuſes Provinces, où elle a choiſi ſa
retraite. J'ai été du nombre de ces diſperſez qui ont participé à ſes
bien-faits, & à ceux de V. EXCELLENCE qui n'a pas manqué
de ſuivre le généreux exemple & les pieux préceptes de cette digne
Mére, à qui il m'a été défendu de donner ici d'autres qualités que
celle de Tendre. Ces Vertus de tous les âges, je veux dire la Piété, la Charité & la Libéralité, qu'elle vous a inſpireés, & que

vous

vous avez si-bien pratiquées dès votre enfance, vont être bien-tôt suivies des autres Vertus qui conviennent à un âge plus avancé. Les nobles mouvemens que vous faites paroître tous les jours, & qui marquent assez, MONSEIGNEUR, qu'il ne roule dans vos veines que du sang transmis par des Princes Souverains, en sont des garants assurez. Fils unique de S. Ex. feu Monseigneur le Comte ANTHOINE, qui s'étoit aquis une si belle réputation par sa prudence, par la magnificence qui éclatoit dans toutes ses actions, & par sa dextérité à manier les afaires les plus délicates; Fils unique de ce Seigneur si sage & si éclairé, on connoît déja que vous étes héritier de ses belles qualités, & qu'elles se trouvent rassemblées en vous comme dans le seul rejetton de cette illustre souche. Nous aurons bien-tôt le plaisir, MONSEIGNEUR, de vous voir agir en Majeur, à l'égard de l'éxercice de ces vertus, comme à tous autres égards. La Gloire & vos Sujets vous atendent avec une égale impatience; vos Sujets dans les lieux qui vous sont soumis; la Gloire dans les Cours des Rois auxquels le sang vous lie de si près. Il est vrai que par-là nous serons privez de votre présence, mais ce que nous entendrons dire de V. EXCELLENCE. & son image qui nous demeurera si-bien gravée dans le cœur, la rendra toujours présente à nos yeux. Puissiez-vous, MONSEIGNEUR, faire une course longue heureuse & glorieuse! Puissent les vertus dont le germe est dans votre cœur, produire des fruits en abon-

dan-

dance! Puiffent en donner fans ceffe de nouveaux celles qui ont déja fleuri & produit ; enforte que vous foiez bien-tôt regardé comme un des plus accomplis Seigneurs de l'Europe ! Ce font les vœux ardens que fait avec un profond refpect & un atachement fidèle.

MONSEIGNEUR,

DE VOTRE EXCELLENCE

Le très-humble, très-obléïffant
& très-dévoüé Serviteur.

AUBIN.

AVERTISSEMENT.

Elui qui a compofé ce Dictionaire a cru qu'il rendroit quelque fervice au Public. Il s'est trouvé en des ocafions qui l'ont fort embaraffé, parce-que les livres ne lui fourniffoient prefque aucun fecours pour traduire un grand nombre de termes de Marine Hollandois qu'il étoit obligé de mettre en François; & l'on peut bien juger que ce n'étoit pas fans beaucoup de difficulté qu'il pouvoit s'en éclaircir avec les gens de mer.

Ce qui lui eft arivé a pu ariver à d'autres, ou auroit pu leur ariver, s'ils avoient voulu fe donner la même peine. C'eft ce qu'il a remarqué en diverfes lectures. On voit des livres, d'ailleurs parfaitement bien écrits, & des traductions d'Ouvrages entiers, ou de quelques piéces inférées en d'autres ouvrages, où tout ce qui regarde la marine eft mis de travers. Par exemple, on lit en quelques-uns, *En tems de calme*, au-lieu qu'il devroit y avoir, *Quand on va à la bouline*.

On peut donc dire hardiment que fans un bon Dictionaire de Marine, on ne fauroit entendre ni traduire les Écrits Hollandois qui concernent l'Hiftoire, ou les Voiages. La plupart des événemens confidérables qui regardent l'État des Provinces Unies, font arivez fur la mer, & y ariveront aparemment encore, parce-qu'elles en font environnées, & que c'eft par la navigation qu'elles font venuës au point de profpérité où on les voit, & qu'elles s'y maintiennent. Ainfi les Voiages & l'Hiftoire des Hollandois, ces deux fortes de compofitions fi utiles & fi agréables, ne peuvent fe lire, ou du-moins être bien entenduës, qu'avec le fecours d'un ouvrage pareil à celui-ci.

Il n'eft pas moins néceffaire préfentement pour les François, parce-qu'ils s'apliquent à la Marine plus qu'ils ne faifoient autrefois; & cela donne lieu à la compofition de beaucoup de livres, qu'on ne peut entendre facilement qu'avec l'aide d'un Dictionaire. Mais fur-tout les gens qui fe deftinent à cette profeffion en peuvent tirer beaucoup d'utilité.

On s'imaginera peut-être qu'il a été fort-aifé de faire cette compofition, particuliérement en François & en Hollandois, parce-qu'on a d'affez bons Dictionaires François pour les feuls termes de Marine; & d'autres fort étendus, qui contenant en général les termes des Arts & des Sciences, fe trouvent auffi affez exacts fur les termes de ce même Art.

Il faut avouer qu'on a eu beaucoup plus de fecours des livres, à l'égard du François, qu'à l'égard du Hollandois. Néammoins les Dictionaires qu'on a en cette premiére langue ont chacun leur défaut. Celui de Mr. Guillet eft admirable en ce qu'il comprend, j'entens fa troifiême partie des Arts de l'Homme d'épée. Il n'y a rien qui ne foit utile & à propos: il n'y a rien qui ne foit tiré des meilleurs Auteurs, ou qui ne foit en ufage parmi les bons Mariniers. Chacun des mots qu'il contient eft nettement & amplement expliqué. C'eft pourquoi on l'a prefque tout copié, & s'il en a été laiffé quelque chofe en arriére, cela eft arivé par accident, & contre l'intention qu'on avoit. Mais il s'en faut beaucoup, & trop, que cet ouvrage ne contienne tous les termes de Marine. On en avoit befoin d'un plus étendu.

Le

Le Dictionaire de M. Desroches est plus abondant en termes, mais les définitions & descriptions y manquent. Ce qu'il y en a est trop court & n'est pas net. Le Dictionaire de M. Ozanan contient aussi des descriptions trop abrégées. Elles ne sont propres que pour des gens qui ont déja connoissance de la Marine. Enfin l'un & l'autre sont pour ceux qui savent déja les choses, mais ils ne les expliquent pas assez clairement & assez au long pour ceux qui n'en ont encore aucune idée, ou qui cherchent des éclaircissemens. Les Dictionaires des Arts & des Sciences n'aiant presque rien de nouveau, & qui ne soit tiré de ces précédens, on peut les mettre au même rang, & dire aussi qu'ils ne sont pas sufisans : outre que de semblables livres sont une bibliothéque entiére, & il y a quantité de gens qui sont bien aises d'avoir seuls dans un livre les termes d'un Art qu'ils veulent connoître.

Mais il y a dans celui-ci ce qu'on ne trouve ni dans les uns, ni dans les autres de ces Dictionaires. Ce sont des Règles & des Maximes pour la construction des vaisseaux & pour la navigation ; quantité de figures qui donnent beaucoup d'éclaircissemens pour l'une & pour l'autre ; le détail de ce qui regarde le devoir & l'emploi de chaque Oficier. Sur-tout on y voit des devis de vaisseaux de diverses sortes, & de différentes grandeurs, ce qu'on n'a point connoissance qui se soit vu jusques-à-présent dans aucun livre François.

Pour les Hollandois ils n'ont sur cette matiére qu'un Dictionaire nommé le *Zee-man*, qui laisse souvent à part l'explication des termes par raport à la Marine, & se jette sur leur sens métaphorique, ou proverbial. D'autres fois pour chercher l'explication d'un terme qu'il raporte, & sur lequel il ne dit rien, il renvoie au livre de M. Witsen : livre rare à tous égards, qui à-peine se peut trouver, & qui est d'un prix excessif. L'Auteur n'a écrit que pour un très-petit nombre de gens, en n'écrivant que pour ceux qui ont le livre de M. Witsen, ou qui le peuvent voir. Je ne parle point des autres qualités qui manquent à son ouvrage ; je dis seulement qu'on n'en peut tirer que peu, ou presque point d'utilité.

Mais quand ces Dictionaires seroient plus acomplis chacun en leur langue, il est constant qu'il n'y en a aucun, ni point d'autre livre, qui donne jour à concilier les deux langues, & cet embaras n'est pas médiocre. On sait que dans l'une & dans l'autre langue la plupart des termes de Marine sont hors de l'usage commun, ou qu'ils s'emploient dans une signification éloignée de leur signification ordinaire. Il faut donc des explications, & souvent de grandes explications pour les faire comprendre : si-bien que cette conciliation a donné une peine extrême. C'est ce que sont priez de considérer ceux qui pourroient n'être pas contens de cet ouvrage, ou y trouver quelque chose à redire.

Il n'y en aura peut-être que trop, de choses à redire. Un tel ouvrage est rarement amené à sa perfection la première fois qu'on y met la main ; & d'ailleurs il est à craindre qu'il ne se sente du peu de sufisance de celui qui l'a fait, quelque soin qu'il se soit donné, & quelque peine qu'il ait prise. Mais aussi est-il persuadé, & il en est persuadé déja par expérience, qu'il y aura plus de gens qui se mêleront d'y trouver à redire, qu'il n'y en a ordinairement à l'égard des autres livres. En voici la raison.

Les termes de Marine étant particuliers, & la plupart peu connus, il n'y
a point

AVERTISSEMENT.

à point de gens de mer qui ne s'érigent en Docteurs sur ce point. Chacun croit savoir tous les termes de l'Art qu'il professe, & que c'est à lui, & non à ceux qui ne sont pas de cette profession, & préférablement encore à tous ceux de sa profession, de décider des termes, & d'en déclarer l'usage. Chacun croit que le terme qu'il sait non-seulement est bon, mais que c'est l'unique terme, ou l'unique bon; & c'est-là l'erreur & le mal. C'est par-là qu'on prévoit qu'il n'y aura peut-être pas un mot en ce livre qui ne soit censuré par quelqu'un.

Mais avant que de prononcer contre l'Auteur, on prie ceux qui voudront entrer en connoissance de cause, de faire réflexion sur ce qu'on va leur remontrer.

C'est qu'il n'en est pas des termes de Marine comme de ceux du langage commun, pour lesquels il y a un usage déclaré de la Cour & des bons Auteurs du tems, qui sert de règle. Au-contraire, la Cour & les Auteurs reçoivent les termes de Mer des Mariniers, qui les donnent selon qu'ils les ont. On se sert dans le païs d'Aunix & sur les côtes de Gascogne de beaucoup de termes peu connus ailleurs. On en a de tout-différens le long de la Manche, & de plus différens encore en Provence.

Lors-qu'on veut s'éclaircir de quelque mot, ou de quelque façon de parler, & qu'on consulte un Marinier ou un Charpentier de vaisseau du païs d'Aunix, ou de Gascogne, il vous décide hardiment que cela ne vaut rien, & qu'on ne s'en est jamais servi. Les Mariniers des côtes du Canal font tout-de-même, & rejettent comme inouïs les termes du golfe d'Aquitaine. Pour les Provençaux ils n'entendent point-du-tout les autres, & ils n'en sont point entendus qu'après une pratique particuliére.

C'est encore pis parmi les Hollandois. Il n'y a pas loin de la Meuse à la Nord-hollande; cependant les termes sont souvent fort différens, où du-moins leur usage l'est. Par éxemple les Charpentiers de la Nord-hollande nomment les Varangues *Buikstukken*; & les Genoux *Sitters*. Mais les Charpentiers de la Meuse nomment les Genoux *Buikstukken*, & les Varangues *Leggers*. Montrez à un Charpentier de Nord-Hollande un passage d'un livre où *Buikstukken* signifie Genoux, il ne sait où il en est, & dit que c'est un ignorant qui l'a écrit.

Les Mariniers, je dis même des Oficiers de la Marine, font la même chose. Plus ils sont intelligens & plus impérieusement ils décident que le terme dont ils n'ont pas acoutumé de se servir, ne vaut rien-du-tout, & ne peut être en usage nulle part. C'est ce qu'on a éprouvé dans l'ocasion présente. Cependant après avoir fait bien des enquêtes, & leu plusieurs livres, on a trouvé que les termes qu'ils bannissoient, étoient d'un usage aussi fréquent, & quelquefois plus fréquent, que ceux qu'ils vouloient faire passer pour uniques. On pourroit en raporter des éxemples s'il en étoit besoin. Mais il n'en faut point d'autres preuves que les livres des E'crivains de la Nord-hollande & de ceux de de la Meuse. On l'a déja dit, il y a quantité de mots & de façons de parler qui sont en usage dans une de ces parties de la Province de Hollande, dont ni les E'crivains, ni les Charpentiers, ni les Mariniers de l'autre partie non-seulement ne se servent pas; mais ils ne les entendent pas.

** 2

De

AVERTISSEMENT.

De cette difpofition des efprits & de cette différence de langage il s'enfuit néceffairement qu'il n'y a prefque pas un terme de Marine fur quoi il ne fe trouve quelqu'un qui ait à critiquer, d'autant-plus qu'il n'eft pas poffible qu'on emploie tous les termes de chaque diverfe Province. A l'égard du François on donne ici ceux qui font le plus ufitez dans les livres, & dans les Ordonnances autant qu'il s'y en trouve; & fur les côtes du païs d'Aunix, de Saintonge & de Gafcogne, comme étant les Provinces qui ont le plus d'étenduë le long de la mer, & où il y a le plus de gens de Marine. Au regard des termes Hollandois on en parlera plus amplement dans le Dictionaire Hollandois & François.

C'eft par ces confidérations qu'on prend la liberté de dire à ceux qui verront un mot qui leur fera inconnu, ou qui leur paroîtra mauvais, qu'il pourroit bien néammoins être bon, & qu'ils ne doivent pas fe hâter de le profcrire. D'ailleurs, comme on l'a déja dit ci-deffus, on ne prétend pas qu'il n'y ait point de defauts en ce livre. On fait même fi-bien profeffion de croire qu'il y en a, qu'on a déclaré en quelques articles qu'ils n'étoient pas affez éclaircis, & qu'on auroit befoin d'explications plus précifes. On prie donc ceux qui remarqueront des fautes, ou qui auront quelque chofe de nouveau à communiquer, d'avoir la bonté de le faire, & d'en donner ou envoier des mémoires au Libraire, & l'on ne manquera pas d'y avoir égard: même fi cela venoit jufqu'à l'étenduë d'une feüille, on la feroit auffi-tôt imprimer, & on en diftribuëroit à-part pour tous ceux qui auroient déja acheté le livre.

Il n'en fera pas de cet ouvrage comme de la plupart des autres ouvrages de cette nature, où l'on a donné au Public le volume François & Hollandois, & promis le Hollandois & François fans s'aquiter de cette promeffe. Le Hollandois & François eft prêt, & on le va mettre inceffamment fous la preffe.

A l'égard de cette derniére langue, je veux dire la Hollandoife, on fait que les gens du païs ne font pas fort-bien prévenus pour les étrangers fur ce point, & qu'ils ne croiront prefque pas, même en le voiant, qu'on ait pu réüffir. C'eft ce qui oblige de leur dire ici par avance, que tout ce qu'on emploiera dans le Dictionaire Hollandois fera tiré des bons Auteurs de la nation; qu'à-peine y aura-t-il quelque mot, ou quelque période, de celui qui l'a compofé, & qu'il n'y aura ni mot, ni période de cette nature, qu'il n'ait fait voir à des gens de lettres du païs.

Enfuite on les prie encore de fufpendre leur jugement fur les mots Hollandois qui font dans ce préfent volume, jufques-à-ce qu'ils aïent vu l'autre. On efpére qu'ils y trouveront des définitions & des defcriptions de tous les termes Hollandois qui font emploiez ici, telles qu'ils connoîtront que les termes font bons, & qu'ils fignifient ce qu'on leur fait fignifier; & il n'y aura pas une de ces defcriptions qui ne foit tirée des meilleurs Ecrivains.

En difant ceci je crains de faire tort au plus excellent & plus illuftre Auteur qui ait jamais écrit en ce genre. C'eft M. Nicolas Witfen Bourgmaiftre d'Amfterdam. Car pour le peu qu'on a emprunté des autres Auteurs ce n'eft pas la peine de fe fervir de ce terme au plurier. Ainfi je dois plutôt dire que ces defcriptions font tirées du livre incomparable de M. Witfen, où l'on

trou-

trouve tout ce qui regarde la Marine des Anciens & celle d'aujourdhui. Livre qui eft devenu fi rare & fi recherché qu'il n'a point de prix, & qui aïant été mis dans la bibliothéque du Louvre, comme une précieufe pierre d'atente, jufques-à-ce qu'on en puiffe avoir l'explication, y eft l'objet des defirs de tous les curieux, qui ne laiffent paffer aucune ocafion d'en rechercher l'intelligence.

Cette circonftance fait d'autant-plus efpérer que ce Dictionaire fera bien reçu, puis-que prefque tout ce qui concerne la Marine & l'Architecture navale des Hollandois, eft tiré du livre de M. Witfen; & quand il y a quelque chofe de confidérable qui n'eft pas pris dans ce livre-là, on prend foin de marquer que cela vient d'un autre Auteur.

Ce qui eft traduit du Hollandois eft marqué pas des guillemets en marge. Les raifons pourquoi on donne les proportions d'une pinaffe de cent-trente-quatre piés de long, de l'étrave à l'étambord, plutôt que d'un plus grand ou plus petit vaiffeau, font touchées fous le mot E'trave, & d'ailleurs c'eft le modéle qui a été auffi propofé par M. Witfen. Que fi ces proportions, & tout le refte de ce qu'on établit en conféquence, eft réglé par raport à cette efpéce de vaiffeau qu'on apelle Pinaffe, cela n'empêche pas qu'on n'en puiffe faire aplication à toutes fortes de vaiffeaux, en ajoûtant, ou diminuant, felon leur grandeur, & en obfervant certains changemens néceffaires. Partout, dans les traductions, où il y a, Un vaiffeau de tant de piés de long, il faut entendre que c'eft de l'étrave à l'étambord, qui eft la maniére de parler & de mefurer des Hollandois; au-lieu que les François mefurent le plus fouvent par tant de piés de quille portant fur terre.

Parmi les paffages qu'on a citez pour faire mieux connoître l'ufage & la fignification des mots, on a pris foin de choifir ceux qui donnent en même tems une maxime de navigation, ou de conftruction, autant qu'on en a pu trouver.

On a commis une faute confidérable en emploiant dans un article le mot de circonférence pour celui de diamétre, par une méprife dont il n'eft pas befoin de rendre ici raifon. En lifant cet article on ne s'aviferoit peut-être pas d'aller confulter la fin du livre. C'eft pourquoi l'on avertit par avance, que fi ce mot caufe quelque difficulté, il faut avoir recours aux Additions & Corrections qui fe trouvent dans la derniére feüille. Il faut les confulter auffi particuliérement fur le mot Pavillon.

Quelques circonftances d'abfence avoient empêché l'Auteur de fe déterminer au fujet de la dédicace de ce Livre, fi-bien que cet Avertiffement étoit tout-prêt à tirer lors-qu'il a été en état de la faire. C'eft par cette raifon qu'il y parle comme s'il ne fe faifoit pas connoître.

** 3

PRI-

PRIVILEGIE.

De Staaten van Holland en Weftvriefland.

Oen te weeten, alfoo ons vertoont is by Pierre Brunel Boekverkooper tot Amfterdam, dat hy Suppliant genegen was te drucken feeker boeck genaemt, *Diſtionaire de Marine, contenant les termes de la Navigation & de l'Architeſture navale, Avec les règles & proportions qui doivent y être obſervées, enrichi de figures de plufieurs vaiffeaux, & des principales parties d'un Navire, pavillons, inſtrumens de Mathématique, outils de Charpentiers & Menuiſiers, avec les diverſes fonſtions des Oficiers, en François & en Hollandois, in quarto:* En alfoo tot het drucken van 't voornoemde boeck, feer veel moeiten, arbeit, en koften van nooden waaren, en fonder alvoorens van ons Oſtroy te hebben geobtineert, veele baatfuchtige menfchen het voornoemde boeck fouden laaten nadrucken, of gedruckt fijnde in deefen lande fouden brengen, verhandelen, en verkoopen, tot groote nadeel van den Suppliant, mitsdien foo keert den Suppliant hem tot ons, verfoekende dat wy uit onfe fouveraine maght en authoriteit aan den Suppliant willen verleenen Oſtroy, om met feclufie van alle anderen het voornoemde boeck te mogen drucken, doen drucken, uitgeeven ende verkoopen, voor den tyt van twintigh eerft-koomende jaaren, mits-gaders tegens de contraventeurs te ftatueeren boeten als wy fouden oordeelen te behooren, foo is 't dat wy de faecke, ende 't verfoeck voorfz. overgemerkt hebbende, ende geneegen weefende ter bede van den Suppliant, uit onfe rechte weetenfchap, fouveraine magt, ende authoriteit den felve Suppliant geconfenteert, geacordeert, en geoſtroyeert hebben, confenteren, acorderen, en Oſtroyeren hem mitsdefen, geduurende den tyt van vyftien eerft achter een volgende jaaren het voorfz. boeck genaamt, *Diſtionaire de Marine, contenant les termes de la navigation, de l'architeſture navale &c. en François & en Hollandois in 4⁰.* binnen den voorfz. onfen lande alleen fal mogen drucken, doen drucken, uitgeeven, en verkoopen, verbiedende daarom allen en iegelijcken het felve boeck in 't geheel ofte deel naar te drucken, ofte elders naa-gedruckt binnen den felven onfe lande te brengen, uit te geeven, ofte te verkoopen, op verbeurte van alle de naargedruckte, ingebrachte, ofte verkoghte exemplaaren, ende een boete van drie hondert guld. daar-en-boven te verbeuren, te appliceren een derde part voor den Officier die de calange doen fal; een derde part voor den armen der plaetfe daer het cafus voorvallen fal; ende het refteerende derde part voor den Suppliant; alles in dien verftaende, dat wy den Suppliant met defe onfe Oſtroy alleen willende gratificeeren tot verhoedinge van fijne fchaade door het nadrucken van 't voorfz. boeck, daar door in geenigen deele verftaan den inhoude van dien te authorifeeren ofte te avoüeeren, ende veel min het felve onder ons ptoteſtie ende befcherminge eenigh meerder credijt, aanfien, ofte reputatie te geeven: Ne maar den Suppliant in cas daar in iets onbehoorlijk foude influeeren, alle het felve tot fijnen lafte fal gehouden

weefen"

weefen te verantwoorden, tot dien eynde wel expreffelijck begeerende dat byaldien hy defen onfen Octroy fal willen voor het felve boeck ftellen, daar van geen abbrevieerde ofte gecontraheerde mentie fal mogen maaken; nemaar gehouden weefen het felve Octroy in 't geheel, ende fonder eenige omiffie daar voor te drucken, ofte te doen drucken, ende dat hy gehouden fal fijn een exemplaar van het voorfz. boeck gebonden ende wel geconditioneert, te brengen in de bibliotheecq van onfe Univerfiteit tot Leyden, ende daar van behoorlijck te doen blijcken, alles op pœne van 't effect van dien te verliefen, ende ten eynde den Suppliant defen onfen confente ende Octroy mogen genieten, als naar behooren: Laften wy allen ende een iegelijck die 't aangaan magh, dat fy den Suppliant van den inhoude van defen, doen, laaten, ende gedoogen, ruftelijck, vreedelijck ende volkomentlijck genieten, cefteerende alle belet ter contrarie. Gedaan in den Hage, onder onfen grooten Zegele hier aan doen hangen, den drie en twintigfte Septemb. in 't jaar onfes Heere en Salighmaakers. 1701.

Was Ondergeteeckent,

A. HEINSIUS. ut.

Ter ordonnantie van de STAATEN

SIMON VAN BEAUMONT.

DICTIONAIRE
DES
TERMES DE MARINE

A B

BATE'E, Abbatée. *Afvalling.*

C'est un terme dont on se sert en parlant du mouvement d'un vaisseau en panne, qui arrive de lui-même jusques à un certain point, après quoi il revient au vent.

ABATRE, Dériver, Arriver, Obéïr au vent lors qu'un vaisseau est sous les voiles. *Afvallen, Afdrijven, Verliesen.*

On dit qu'un vaisseau abat, quand la force des courans, de la vague, ou des marées, l'écarte de sa vraie route. On dit, Faire abatre un vaisseau, quand le Pilote le fait obéïr au vent, lors qu'il est sous les voiles, ou qu'il présente trop le devant au lieu d'où vient le vent; ce qui se fait par le jeu du gouvernail, dont le mouvement doit être secondé par le portement des voiles. Lors que nous vîmes que les navires couroient au Nord de vent arriére, notre Pilote, qui avoit jusques-là fait le Nord aussi-bien qu'eux, jugea que pour parer des bancs, qui, à demie lieüe de là, gisoient sur ce rumb, il faloit abatre notre vaisseau d'un demi-rumb au Nord-est; de sorte qu'il fit pousser la barre: ainsi le vaisseau étant abatu porta le cap au Nord-est, & les bancs nous demeurérent à babord, c'est-à-dire, à main gauche.

LE VAISSEAU abat. *Het schip valt af.*

C'est quand l'ancre a quitté le fond, & que le vaisseau arrive ou obéït au vent.

ABATRE un vaisseau. *Een schip doen hellen om te kiel-haalen, Op zy smijten, Blaasen, Opblaasen.*

C'est lors qu'on le met sur le côté pour travailler à la caréne, ou à quelque endroit qu'il faut mettre hors de l'eau pour y travailler.

ABIME. Voiez, Goufre.

ABORDAGE. *Aanklampinge, Enteringe.*

C'est l'aproche & le choc des vaisseaux ennemis, qui se joignent, ou s'accrochent par des grapins & des amarres, pour s'enlever l'un ou l'autre.

A

Comme nous étions fur le point d'aborder le navire debout au corps, l'ennemi, qui craignoit l'abordage, l'évita en fe feryant de fes boute-hors. Le feu du canon aiant continué longtems à la diftance de deux cables, on vint enfin à l'abordage; nous mîmes notre beaupré dans fes grands haubans, & nous jettâmes nos grapins; mais à force de grenades il nous contraignit de déborder. Un horloge après nous le rabordâmes par fon avant; mais le feu de fes canons de chaffe nous obligea à nous retirer. La flûte, par fa conf-truction, eft d'un difficile abordage. Les gens, qui étoient ivres, manquoient l'abordage, & fe laiffoient retomber fous l'ennemi, par leur mau-vaife manœuvre, tout-autant de fois qu'ils fe trouvoient au vent.

ABORDAGE. Aller à l'abordage, Sauter à l'abordage. *Enteren, Overfpringen.*
Cela fe dit de l'action d'un vaiffeau qui en joint un autre ennemi, pour l'en-lever; & des équipages qui fautent de leur bord au bord de l'ennemi.

ABORDAGE. *Overzeiling.*
C'eft auffi le choc des vaiffeaux non ennemis, que la force du vent, ou la faute du Timonnier fait dériver l'un fur l'autre, foit lors qu'ils vont de compagnie, ou qu'ils fe trouvent en même moüillage. Pendant le gros tems nos deux vaiffeaux chafférent fur leurs ancres, & comme la force des vagues les portoit fur nos frégates legéres, elles coupérent leurs cables, ap-pareillérent, & coururent au large pour éviter cet abordage, qui auroit fait périr & les uns & les autres.

ABORDAGE. *Het ftooten tegen, of raaken op klippen of kuften.*
Quelques-uns fe fervent de ce terme pour dire qu'on donne contre des ro-chers. Nous nous étions pourvus de boute-hours, pour nous défendre de l'abordage des rochers, où nous appréhendions d'être emportez par l'impé-tuofité du courant.

ABORDER un vaiffeau. *Aan boord leggen, Boorden.*
Les gens de marine ne prennent pas ce terme comme on le prend en traver-fant la riviére de Seine, & la plupart des autres riviéres; car ils le tirent du mot, Bord, qui fignifie un Navire, & ne le font pas venir de celui de Bord, ou rivage de la mer. Ainfi, par le terme d'aborder, ils entendent, Tomber fur un vaiffeau, ou quand un Bord tombe fur l'autre; d'où vien-nent auffi les mots de Reborder & de Déborder, pour dire, Tomber une feconde fois; &, Se détacher des amarres. Quand ils veulent dire, Gagner le rivage, ils difent, Toucher, moüiller, rendre le bord, débarquer; pren-dre terre, relâcher.
„ On tâche d'aborder les vaiffeaux ennemis par leur arriére vers les hanches,
„ pour jetter les grapins aux aubans; ou bien par fon avant, & par le
„ beaupré.
Il y eut un brulot qui aborda le *Samfon*, à la faveur du canon de l'Amiral Tromp. *Onder het voordeel van C. Tromps gefchut, leide een brander de Samfom aan boordt.*

ABORDER debout au corps, ou en belle. *In de zy zeilen. Dwars doorloopen.*
On dit, Aborder un vaiffeau debout au corps, pour dire mettre l'épe-ron dans le flanc d'un vaiffeau. On dit auffi de deux vaiffeaux qui s'apro-chent en droiture, qu'ils s'abordent de franc étable. Voiez, Etable.

ABORDER en travers en dérivant. *Overdwars een ander fchip drijven. Een fchip aan boord drijven.*

COULER un autre vaisseau à fond en l'abordant. *Overzeilen, In de grondt zeilen, Onder deur-stroopen.*

VAISSEAUX qui s'abordent, soit en chassant sur leurs ancres, ou autrement. *Aandrijvende Scheepen.*

„Si un vaisseau, qui est à l'ancre dans un port, ou ailleurs, vient à chas-
„ser, & à en aborder un autre, & qu'en l'abordant il lui cause quelque
„dommage, ce dommage se paiera par moitié.

„Si deux vaisseaux sous voiles viennent à s'aborder par hazard, le domma-
„ge qu'ils se feront se paiera par moitié; mais s'il y a de la faute d'un des
„Pilotes, ou qu'il ait abordé exprès, il paiera seul le dommage.

ABOUGRI. Bois abougri, ou rabougri. *Ongewassen Hout.*

Ce sont certains bois, qui sont de mauvaise venüe, & dont le tronc est court,
raboteux & plein de nœuds. Ce bois n'est pas propre à être emploié dans
les constructions des vaisseaux, ni pour aucun autre ouvrage; & il est sujet
au recepage.

ABOUT. *De enden van de timmerhouten of planken aan malkanderen gevoegt.*

C'est le bout ou l'extrémité de toutes les piéces que les Charpentiers ont
mises en œuvre. Les Menuisiers en appellent l'assemblage, Boüement ou
Aboüement.

ABOUT. *Stop-stuk, Stopstukje, Sluit-stukje.*

C'est un bout de planche qu'on joint au bout d'un bordage, ou d'une autre
planche qui se trouve trop courte. Cet ébranlement fit larguer à notre bâtiment un about de dessous la premiére ceinte.

ABOUT d'un lien. *Een karbeel gesnooten in den haak uit het beloop van sijne voege.*

C'est le bout du tenon qui est tant soit peu coupé à l'équerre, suivant la
pente du joint, ou épaulement du tenon.

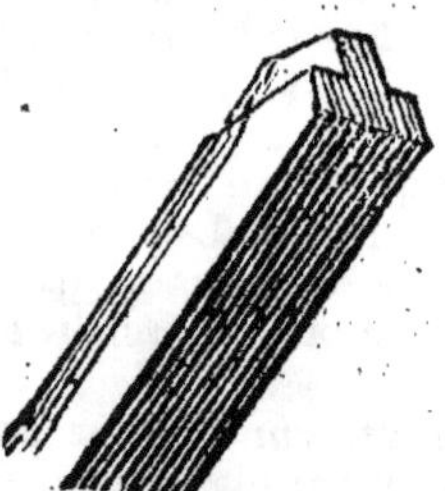

ASSEMBLER, ou joindre en about. *Klinken, Beklinken.*

ASSEMBLAGE en about. *Klinkwerk.*

ABRI. *Een haaven, of zee-streeck beschut voor de winden.*

C'est un moüillage à couvert du vent. Ce port est à l'abri des vents de Oüest
& de Nord-oüest. La petite anse où nous moüillâmes, est sans aucun abri.
Allons moüiller à l'abri de cette terre.

ABRI. Le côté d'un pont où le vent donne le moins. *Luuwte, De luuw zy van een haaven.*

ACCASTILLAGE. C'eſt le château ſur l'avant, & le château ſur l'arriére. *Bak en Schans, Vertuining.*

Le Roy, par une Ordonnance de l'année 1675. défend aux Officiers de ſeſ vaiſſeaux de faire aucun changement aux accaſtillages & aux ſoutes, par des ſéparations nouvelles, à peine de caſſation des Officiers.

„On fait un acaſtillage à l'avant & à l'arriére des vaiſſeaux, en les élevant „& bordant au-deſſus de la liſſe de vibord, & cet exhauſſèment commence „aux herpes de l'embelle. On met pour cet éfet deux, trois ou quatre her- „pes derriére le mât, à proportion de la hauteur qu'on veut donner à l'a- „caſtillage. Enſuite on le borde de planches qu'on nomme Qlin ou Eſquain „ou Quein, auxquelles on donne l'épaiſſeur qu'on juge convenable.

„Ces bordages, qui s'apellent l'eſquain, doivent être tenus plus larges à l'ar- „riére, où ils joignent les montans du revers, qu'en-dedans ou vers le mi- „lieu du vaiſſeau, afin que l'acaſtillage aille toujours en s'élevant ; car s'il „paroiſſoit baiſſer, ou être tout à niveau , cela ſeroit deſagréable. Lors „que ces bordages ſont couſus & élevez autant qu'il faut, on laiſſe une ou- „verture au-deſſus , telle qu'on juge à propos , & enſuite on coût les der- „niéres planches de l'eſquain , qui s'appellent en Flamand, *Rok-gangen.* A „chaque herpe on élève l'acaſtillage d'un pié, ou à-peu-près, ſelon la grandeur „du vaiſſeau, mais à l'arriére les herpes ſe mettent entre les derniéres plan- „ches de l'eſquain , afin que la dunette puiſſe être plus haute. On laiſſe „auſſi, fort ſouvent, du jour ou un vuide entre les plus hautes planches & cel- „les qui ſont au-deſſous.

ACCASTILLE'. Vaiſſeau accaſtillé. *Een hoog opgeboeit of vertuint Schip, Een Schip met bak en ſchans.*

C'eſt celui qui a un château ſur ſon avant, & un autre ſur ſon arriére.

ACCLAMPER, Acclampé. Mât acclampé, Mât jumellé. *Wangen, Een ge- wangt maſt.*

C'eſt fortifier un mât en y attachant des piéces de bois par les côtés. Voiez , Clamp, & Mât jumellé.

ACCON, *Ackon.*

Ceſt un petit bateau à fond plat, dont on ſe ſert dans le païs d'Aunix, pour al- ler ſur les vaſes, après que la mer s'eſt retirée.

ACCORDER. *Gelijk aan roeijen.*

Accorde. C'eſt un commandement qu'on fait à l'équipage de la chaloupe, pour les faire nager enſemble de ſorte, que le mouvement des avirons s'ac- corde.

ACCORDS, ou Acores. *Schooren.*

On apelle ainſi deux grandes piéces de bois qui ſervent à ſoutenir un navire tant qu'il demeure dans le chantier, où on le conſtruit.

ACCORDS de l'étrave. *Steven-Schoors, Sloei-Schooren.*

ACCORE de triangle. *Stut.* Voiez, Triangle.

ACCORE droite. *Stelling-Stak.*

C'eſt celle qui apuïe ſur terre perpendiculairement, au-lieu que les autres vont en travers apuïer ſur les préceintes du vaiſſeau.

ACCORER, Accorder. *Schooren, Stutten.*

C'eſt apuïer ou ſoutenir quelque choſe, qu'il eſt néceſſaire d'apuïer.

ACCOSTER, Accoter. *Aanhaalen.*

C'eſt

C'eſt aprocher une choſe d'une autre. On dit, Accoſter une manœuvre.

ACCOSTER les huniers. *De Mars-zeils ſchooten aanhaalen.*

ACCOSTER les perroquets. *De bram-zeils ſchooten aanhaalen.*

C'eſt-à-dire, faire toucher les coïns ou les points des huniers, ou des perroquets, à la poulie qui eſt miſe pour cela aux bouts des vergues.

ACCOSTE à bord. *Komt aan boord.*

C'eſt ce qu'on dit quand on veut obliger un petit vaiſſeau, ou une chaloupe, à s'aprocher d'un plus grand.

ACCOTAR, Acotard. *Schandek, Potdek.*

Piéce de bordage que l'on endente entre les membres, ſur le haut du vaiſſeau, afin d'empêcher que l'eau ne tombe entre les membres. La figure marque les bouts des allonges ſur leſquels l'acotard eſt poſé.

„ Les acotars d'un vaiſſeau de cent-trente-quatre piés de long, doivent avoir
„ un pouce & demi d'épais.

ACCROCHER. *Klampen, Aan boord klampen, Enteren.*

C'eſt aborder un vaiſſeau, en y jettant les grapins d'abordage.

ACCUL. *Het binnenſte van een baai.*

Les Navigateurs de l'Amérique ſe ſervent de ce mot, pour dire l'enfoncement d'une baie. Ils diſent auſſi l'Accul de Panama, pour dire la baie: mais on dit le Cul-de-ſac de la Martinique.

ACCULEMENT, Aculement. *Het inkomen, of het intrekken van de inhouten op 't vlak voor en agter.*

C'eſt la proportion que chaque gabarit s'élève ſur la quille plus que la maîtreſſe côte ou premier gabarit : ou bien l'évidure des membres qui ſe placent à l'avant & à l'arriére, ſur la quille du vaiſſeau. Voiez, Varangue aculée. *Bandt in 't ſog of in de hel, Twil in de piek voor en agter.*

ACCULEZ. Deux canons ſont acculez, quand leurs culaſſes ſont oppoſées l'une à l'autre. *Twee ſtukken gat tegen gat.*

ACROTERES. *Kaapen, Bergen.*

Ce ſont les promontoires, ou lieux élevez qu'on voit de loin, quand on eſt ſur mer. C'eſt un terme peu en uſage: on dit préſentement un Cap. Voiez, Cap, & Promontoire.

ADENT. *Burghaak.*

C'eſt un mot dont les Menuiſiers & Charpentiers ſe ſervent, & qui ſignifie certaines entailles, ou emboëtures, faites en forme de dents, pour mieux lier & aſſembler des piéces de bois.

ADIEU-VA. *Overſtaag in Godts naame.*

C'eſt un terme dont on ſe ſert, lors que voulant faire virer le vaiſſeau pour changer de route, on en avertit l'équipage, afin qu'il ſe tienne prêt à obéïr aux commandemens qui doivent ſe faire.

ADMIRAL, Voiez, Amiral.

ADONNER, Adonne, Vent adonne. *De windt die ruimt, of begint te ſchavieelen.*

C'eſt

C'eft lorsqu'aiant été contraire, il commence à devenir favorable ; & que des rumbs les plus près du vent, il recule & faute vers les rumbs de la bouline & du vent largue.

A F.

AFFALER. Affaler une manœuvre , *Een touwerk fchaaken , of affchaaken.*

C'eft la faire baiffer.

AFFALE. *Haal af, Schaak af.*

C'eft un commandement pour faire baiffer quelque chofe : ainfi l'on dit, Affale les cargues-fond.

AFFALE'. Etre affalé fur la côte, Affalé ou chargé à une côte. *Op een langer wal zijn, Vervallen zijn, Benard of Befet zijn.*

C'eft-à-dire que la force du vent contraint un vaiffeau de fe tenir près de terre, ou que faute de vent il ne peut s'élever & courir au large ; ce qui caufe quelquefois fon naufrage.

AFFINE. Le tems affine. *Het weer begint op te klaaren.*

C'eft-à-dire qu'il n'eft plus fi chargé ni fi fombre, & que l'air commence à s'éclaircir. Le tems s'étant affiné nous découvrîmes deux vaiffeaux, qui étoient fous le vent à nous, auxquels nous donnâmes chaffe jufques au foir.

AFFOLE'E. Bouffole affolée, Aiguille affolée. *Een waalende naalde , Een kompas dat niet ftil naa behooren ftaat.*

C'eft-à-dire une aiguille défectueufe, & qui eft touchée d'un aimant qui ne l'anime pas, & qui ne lui donnant pas fa véritable direction , indique mal le Nord, quoi qu'il n'y ait point de variation dans le parage où eft le vaiffeau.

AFFOURCHER. *Vertuijen.*

C'eft moüiller une feconde ancre , après qu'on a moüillé la première , deforte que l'une eft moüilleé à ftribord de la proüe, & l'autre à babord, & ainfi les deux cables font une efpéce de fourche, au-deffous des écubiers, & fe foulagent l'un l'autre, empêchant le vaiffeau de tourner fur fon cable : car une de ces ancres, affure le vaiffeau contre le flot, & l'autre ancre l'affure contre l'ebbe. Cette feconde ancre s'appelle ancre d'affourche ou d'affourché. Voiez, Ancre, & Cable.

AFFOURCHER à la voile. *Onder zeyl vertuijen.*

C'eft porter l'ancre d'affourche avec le vaiffeau , lors qu'il eft encore fous les voiles.

AFRANCHIR la pompe. *De pomp lens pompen.*

C'eft quand on jette plus d'eau qu'il n'en entre dans le vaiffeau. Voiez, Franchir.

AFFRETEMENT , *Het huur-geldt van een fchip , De huyre of hunre van fcheepen.*

C'eft un terme qui eft en ufage fur l'Océan, pour fignifier le prix que l'on paie pour le loüage de quelque vaiffeau. Cela s'appelle Noliffement fur la Méditerranée, ou Nolis. On dit, Contract d'afretement. *Een Huyre-brief.*

AFFRETEUR. *De Huurder, Bevragter.*

C'eft le Marchand qui prend un vaiffeau à loüage, & qui en paie tant par mois, par voiage, ou par tonneau, au propriétaire, pour le fret. Le Roi de France défend de donner aucun de fes bâtimens de mer à fret, que l'afreteur ne paie comptant au-moins la dixiême partie du fret, dont on fera convenu.

AF.

AFFRETER, Prendre un vaiſſeau à loüage. *Een Schip huuren en bevragten.*
Souvent on ne dit que Freter. Le Maître frete ſon navire, & le Marchand l'affrete : néammoins on dit auſſi, & même le plus ſouvent, que le Marchand le frete.

AFFUT de bord. *Roopaard, Rampaard.*
C'eſt l'affût d'un canon qui ſert ſur les vaiſſeaux. Voiez, Canon.

AFFUTER, Affuſter. *Af-paſſen.*
C'eſt mettre le canon en mire.

AGANTE. C'eſt-à-dire, Prens. *Vat aan.*
Ce terme n'eſt uſité que parmi le commun des matelots du golfe d'Aquitaine.

AGATHE, Gatte, ou Iatte. Voiez, Gatte.

AGITER. La mer eſt agitée & haute. *Het ſchokt wel, Daar is een holle zee, Het is hol waater.*

AGITATION des flots de la mer, Tourmente. *Het ſcholken en hol gaan der zee.*

AGRE'ER. Agréer un vaiſſeau. *Taakelen, Toetaakelen, Een ſchip onder 't wandt brengen.*
C'eſt l'équiper de ſes manœuvres, de vergues, de poulies, de voiles, d'ancres, & de cables ; en un mot c'eſt le mettre en état de faire voiage. La tempête aiant deſemparé nos vaiſſeaux, nous avons relâché à l'iſle de Wicht, où nous nous ſommes agréez pour la ſeconde fois.
Vaiſſeau agréé, pourvu de tous ſes agreils. *Een getuigdt ſchip.*

AGREER. un navire. *Een ſchip aanneemen.*
C'eſt un terme entre Marchands, pour dire, accepter un navire.

AGREILS, Agrez, ou Agrezils. *Wandt, Tuig.*
Ce ſont les équipemens de cordages, de vergues, de voiles, de poulies, de caps de mouton, de cables & d'ancres. Auſſi-tôt que le vaiſſeau eut été mis à l'eau, on y porta ſes agreils.

AGRE'EUR. *Taakel-meeſter, Taakelaar.*
C'eſt celui qui agrée le vaiſſeau. Le Maître de port de Breſt a été l'Agréeur de notre navire.

AGREMENT d'un vaiſſeau. *Toetaakelinge.*

AIDE-MAJOR. *Aide-major, Een Officier die de ordres van den Major ontfangt en uitvoert.*
Le Major & l'Aide-major s'embarquent ſur le vaiſſeau du Commandant : mais s'il y a pluſieurs Aides-majors dans une eſcadre, on les diſtribüe ſur les principaux pavillons. En l'abſence du Major, l'Aide-major a les mêmes fonctions ; & quand le Major a reçu l'ordre du Commandant dans le port, & qu'il le porte lui-même au Lieutenant Général, à l'Intendant, & aux Chefs d'eſcadre, l'Aide-major les porte en même tems au Commiſſaire Général, & au Capitaine de garde, &c.

AIDES-chirurgiens-&-apoticaires. *Chirurgijn en Apoteekers maats of knegts.*

AIDE de Canonnier. Voiez, Canonnier, Second Canonnier.

AIGUADE. *Waater-plaats.*
C'eſt le lieu où les vaiſſeaux envoient l'équipage pour faire de l'eau. Il

y a deux ruiſſeaux qui courent dans cette valée , un qui vient du Ponant,
& l'autre de la Tramontane.   Ils y font deux aiguades excellentes; mais
ordinairement les vaiſſeaux vont faire de l'eau à l'aiguade qui deſcend de la
Tramontane, parce que celle-là ſe conſerve plus longtems.

AIGUADE. *Voorraadt van ſoet waater.*

C'eſt la proviſion d'eau douce qu'on fait dans un vaiſſeau.

FAIRE aiguade. *Waater haalen, Sig van verſch waater voorſien.*

Vieux terme qui a été en uſage pour ſignifier, Faire de l'eau douce pour
la proviſion d'un vaiſſeau.   Ce n'eſt plus qu'en la mer Méditerranée qu'on dit
encore, Faire aiguade, pour dire, Faire de l'eau.   On dit, Nous fîmes de
l'eau à la Guadeloupe, parce que l'eau y étoit excellente & facile à faire.

AIGUILLES. de l'éperon. *Uitleggers.*

C'eſt la partie de l'éperon d'un vaiſſeau , qui eſt compriſe entre la gorgére
& les porte-vergues;c'eſt-à-dire, La partie qui fait une grande ſaillie en mer
Voiez, Fléche.

„On proportione les Aiguilles au relevement qu'ont les préceintes, pour les
„y joindre bien juſte, & leur donner en même tems une belle rondeur, a-
„fin que l'éperon ne baiſſe pas, & qu'il ne paroiſſe pas comme ſe détacher du
„bâtiment; ce qui fait une laide figure.   La friſe ſe place entre les deux
„aiguilles. L'Aiguille inférieure d'un vaiſſeau de cent-trente-quatre piés
„de long de l'étrave à l'étambord , doit avoir vingt-deux piés de long, &
„dix-ſept pouces de large, & quatorze pouces d'épais à ſon arriére ou bout
„qui joint l'avant. Il doit avoir dix-ſept pouces de ligne courbe, & même
„beaucoup davantage, ſelon qu'on les fait aujourdhui.   A cinq piés de ſon
„arriére il doit avoir douze pouces de large; à neuf piés il doit avoir onze
„pouces de large; au bout du Lion ou beſtion neuf pouces, & à deux piés
„du bout de devant cinq pouces, c'eſt-à-dire, en ſon deſſus.   L'Aiguille
„ſupérieure doit avoir un pié de large à ſon arriére, & cinq pouces en-de-
„vant; douze pouces d'épais à ſon arriére, & neuf pouces en-devant.

„Voici la figure d'une Aiguille d'eperon telle qu'on les faiſoit autrefois, &
„encore au tems que le livre de M. Witſen parut au jour.   Maintenant on
„les fait plus arrondies, & pour en voir la figure, il faut voir celle qui eſt au
„mot Eperon , pour l'Eperon entier.   Là les Aiguilles paroiſſent comme
„on les fait à préſent.

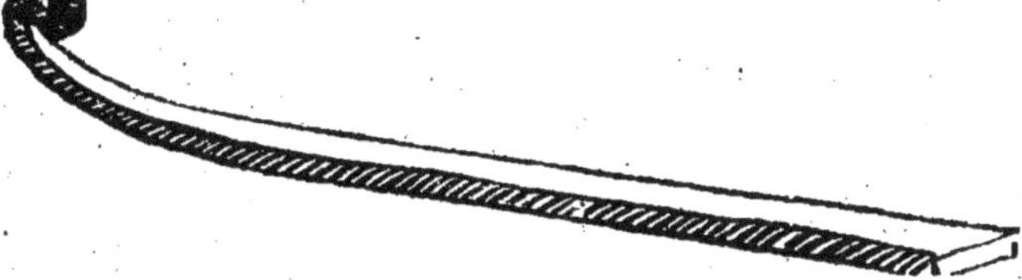

AIGUILLE aimantée, ou Aiguille marine. *Naalde,. Een naalde die met zeil-
ſteen geſtreeken is, Kompas-naalde.*

C'eſt ordinarement un fil de richard, plié & diſpoſé en lozange, qui eſt la
figure que les Géométres apellent rhombe.   Ce fil de richard eſt comme
                                                          enchaſ-

enchaßé dans l'épaißeur d'un carton, qui eſt de figure ronde, & qui porte
ſur ſa face ſupérieure pluſieurs circonférences, les unes diviſées en degrès,
& les autres en rumbs de vent, ou pointes de compas. L'un des angles aigus de la lozange étant froté & animé d'aimant, ſe tourne à-peu-près vers le
Nord, par les qualités de ce minéral; de-ſorte que l'autre angle aigu, diamétralement oppoſé à ce premier, ſe tourne auſſi à-peu-près vers le Sud; ce
qui indique en quelque façon les deux principales parties de l'horiſon, pour
régler le cours du vaiſſeau. Il y a quelques aiguilles qui ſont faites d'une petite platine d'acier taillée en lozange vuidée à jour, en-ſorte qu'il n'en reſte que les bords; celles-ci ſont moins ſujettes à la roüille que celles du fil de
richard, & plus ſuſceptibles des qualités de l'aimant, Châque aiguille doit
être portée & balancée ſur un petit pivot, qui eſt au centre de la bouſſole,
& qui eſt couvert d'une petite piéce d'airain, apellée la chapelle de l'aiguille.
Voyez, Gouverner, Nordeſter, Variation & Décheoir.

„Tout le monde ſait que la force & l'inclination de l'aiguille de la bouſſo-
„le, qui cherche toujours le Nord, & qui marque en même tems le Sud,
„lui viennent de la vertu de l'aimant dont elle eſt frotée. Il y a déja plus
„de quatre cens ans qu'on a découvert que cette vertu étoit capable de con-
„tribuer beaucoup à perfectioner la navigation. Les Italiens ſont les pre-
„miers qui ſe ſoient ſervis de l'aiguille marine. Les Eſpagnols les ont ſui-
„vis, & c'eſt par ce ſecours qu'ils ont découvert les iſles Canaries.

„Les Chinois ſoutiennent qu'il y a plus de mille ans qu'ils ont l'uſage du
„compas de route.

„L'aiguille ſert non-ſeulement à faire connoître la route que le vaiſſeau tient,
„mais par ſon indication on peut ſavoir en chaque parage & endroit particu-
„lier, où l'on ſe trouve, à combien de diſtance on eſt de tel ou de tel païs.

„Lors qu'on veut froter l'aiguille d'aimant, il faut uſer de beaucoup de
„précaution. On tient la pierre du côté du Nord par raport à l'aiguille,
„& l'aiant poſée ſur le milieu de l'aiguille, on la frote doucement depuis ſon
„milieu juſques au bout: enſuite on lève la pierre, & on revient encore du
„côté du Nord froter l'aiguille tout de même depuis ſon milieu juſques à
„ſon bout, qui eſt par le point du Nord, ſans la froter, en retournant, vers
„ſon milieu, de-peur de lui faire perdre la vertu qu'elle a déja aquiſe; &
„il ne faut pas non-plus arrêter la pierre ſur le bout de l'aiguille, quand on
„a achevé de la froter.

„La découverte de la force de l'aiguille marine ou du compas de route, a
„été atribuée par quelques-uns à *Jean Scholius* Polonois. D'autres en ont
„fait l'honneur à Gaſpar *Corterialis*. Quelques François, comme Baccon,
„prétendent que cet avantage ſoit deu à la France, à-cauſe de la fleur de lis
„qu'on met au bout de l'aiguille; mais c'eſt une preuve dont pluſieurs Ecri-
„vains ont fait voir la foibleſſe.

„Il y a plus d'aparence que cette découverte a été faite par un Italien du
„Roïaume de Naples, nommé *Jean Goja*.

AIGUILLES à gargouſſes. *Kardoes-naalden.*
On les emploie à coudre les ſachets de gros papier, où l'on met la poudre,
pour la charge du canon.

AIGUILLES de Tré, ou de Trévier. *Zeil-naalden.*
Ce ſont les aiguilles dont on ſe ſert pour coudre les voiles.

B

Il y en a des trois sortes suivantes.

AIGUILLES de couture. *Naad-naalden, Pappe-naalden.*

AIGUILLES à œillets. *Gat-naalden.*

C'est pour faire des boucles de certaines cordes qu'on apelle bagues, & les appliquer sur des trous qu'on apelle œillets, où l'on passe des garcettes.

AIGUILLES de ralingue, doubles & simples. *Enkelde en dubbelde lijk-naalden.*

C'est-à-dire, pour coudre & apliquer ces cordes qu'on emploie pour servir d'ourlet aux voiles.

AIGUILLE. *Stut.*

C'est une longue & grosse piéce de bois en arc-boutant, avec laquelle les Charpentiers apuïent les mâts d'un vaisseau, quand on le met sur le côté pour lui donner caréne. Les Ordonnances du Roi veulent que quand on caréne un vaisseau, le Maître de l'équipage ait soin que les aiguilles soient bien présentées, & bien saisies; les ponts bien étançonnez aux endroits où ils portent; les caliornes bien étropées & garnies; & que les pontons soient aussi pourvus de caliornes, franc-funins, barres & cabestans.

AIGUILLES. *Paalen.*

On donne encore le nom d'aiguilles, à diverses piéces de bois posées à plomb, qui servent à fermer les pertuis des riviéres pour arrêter l'eau. On les lève quand on veut faire passer des bateaux.

AIGUILLES. *Visch-schuiten op de rivier van Bordeaux.*

Ce sont de petits bateaux pêcheurs des riviéres de Garonne & Dordogne.

AILURES, Iloires, Hiloires. *Hoofden, Koppen.*

Ce sont deux soliveaux, dans les navires, qui sont portez le long du pont sur les barrots, faisant un quarré avec ces barrots, & ce quarré est la fenêtre ou trou nommé écoutille. Voicz, Hiloires.

AIMANT. *Magneet, Zeil-steen.*

Pierre qu'on apelle Héraclienne ou Herculienne, à-cause de sa grande force qui lui fait attirer le fer. Cette vertu lui fait aussi donner le nom de *Sideritis*, qui vient de celui qu'a le fer en Grec. Outre cette admirable vertu, qui se trouve en cette pierre, elle a encore cela de particulier, qu'elle tourne toujours du côté du Nord; ce qui la rend nécessaire pour la navigation, & la fait apeller *Lapis nauticus*. Il y a un aimant mâle, & un aimant fémelle. Le mâle est massif, peu pesant, bleüâtre en couleur, & attire le fer plus fortement que l'autre, pourvu qu'il n'ait pas été froté d'ambre, ou qu'il n'y ait point auprès quelque diamant. On l'aporte des Indes & d'Ethiopie, & plusieurs tiennent qu'il attire l'aimant fémelle. Celui-ci est roux tirant sur le noir, & vient d'Allemagne, où il se trouve proche les mines de fer. Il en naît aussi en quelques endroits d'Italie. Pour bien conserver l'aimant il faut le tenir dans la limaille de fer. Il a aussi des vertus particuliéres pour la Médecine. Quelques-uns veulent qu'on ait apellé cette pierre, Aimant, à-cause de l'amour qu'elle a pour le fer & pour le pole.

AIN. *Visch-hoek.* Voicz, Hameçon.

AIR. *Lugt.*

C'est cet élément liquide & leger, qui environne le globe terrestre; la mer & la terre; & qui est le siége, l'origine, ou le joüet des vents.

AIR épais, Tems chargé. *Een betoogen lugt.*

AIR de vent, Trait de vent, Rumb de vent, ou Pointe de compas. *Streek, Windt-streek.*

On apelle ainsi un des trente-deux vents qui divisent la circonférence de l'horison, pour la conduite du vaisseau. Notre navire courut quatre horloges sur le même air de vent, tandis que le reste de notre escadre faisoit un bord différent. Voiez, Rumb.

AIRE. Donner de l'aire au vaisseau. *Vaart geeven.*

AISEMENT, Garderobes. *Gemack, Heymelijkheden.*

„L'éperon sert d'aisement aux matelots, mais on en fait dans les galeries & „ailleurs pour les Oficiers.

AISSADE de poupe. *Het inkomen van de spiegel.*

C'est l'endroit où la poupe commence à se rétrecir.

AISSES. Voiez, Esses.

AISSIEU d'afût de bord. *As van een roopaart.* Voiez, Aissieu.

AISSIEU d'ancre. Voiez, Jas.

AJUSTE. Voiez, Avuste.

AJUSTER. Voiez, Avuster.

AJUTANT ou Adjutant Pilote, & Ajutant Cannonnier. *Stuurmans-maat, Konstaapels-maat.*

C'est-à-dire, Aide de Pilote & Aide de Canonnier. On se sert rarement de ce terme, & l'on préfére celui d'Aide.

A L.

A LA bouline. *Koers by de windt.* Voiez, Aller à la bouline. *By de windt zeilen.*

ALARGUER. *Van de wal afraaken, Sig van de wal af begeeven, Van een klip of van den vijandt afhouden, De ruimte winnen.*

C'est s'éloigner d'une côte où l'on craint d'échoüer, ou de demeurer affalé; s'éloigner d'un rocher; s'éloigner d'un ennemi. Mais ce n'est point tirer à la mer & prendre le large, en sortant d'un port. Notre vaisseau étant incommodé, & aiant reçu plusieurs coups de canon à l'eau, fut contraint d'alarguer de l'ennemi pour se radouber.

LA chaloupe s'est alarguée du navire. *De sloep is van 't schip afgesteeken.*

A L'AUTRE. *Quart gesongen.*

Ce mot est prononcé à haute voix par l'équipage qui est de quart, lorsqu'on sonne la cloche pour marquer le nombre des horloges du quart; & cela marque qu'ils veillent, & qu'ils entendent bien les coups de la cloche.

ALHIDADE. *Wijser.*

C'est une règle mobile sur le centre d'un Astrolabe, d'un demi-cercle, ou d'un quart de cercle gradüé. La ligne de cette règle, qui passe toujours par le cercle de la gradüation, est apellée ligne fiducielle. Aux extrémités de la même règle sont élevées deux pinnules, aiant chacune perpendiculairement sur la ligne fiducielle un petit trou, que l'on appelle dioptre. C'est-à-travers ces deux trous qu'on observe un astre dont on veut connoître la distance par l'angle de son élévation sur l'horison, la ligne fiducielle marquant les degrès & les minutes de cet angle, sur le limbe ou bord de l'instrument. Voiez, Astrolabe.

ALIZE', Alizée, ou Nuaison, Vents alisez. *Passaat, Passaat-winden.*

Ce sont des vents généraux, ou des vents réglez, qui ont acoutumé de regner

ner

ner fur certaines mers, le long de certaines côtes, & en des parages particuliers, pendant de certaines faifons. Ainfi le vent d'Eft, qui, vers les mois d'Avril & de Mai, porte des Canaries à l'Amérique, eft un vent alizé.

ALLE'GE, *Ligter.*

Bateau vuide qu'on attache à un autre plus grand vaifleau, afin d'y mettre une partie de fa charge, s'il arrivoit que fon trop grand poids l'empêchât d'entrer dans quelque port : ou bien, C'eft toute forte de bâtimens de médiocre grandeur, deftinez à porter les marchandifes d'un vaifleau, qui tire trop d'eau, pour pouvoir arriver avec fa cargaifon au lieu de fa route. Les Alléges fervent auffi au déleftage.

„ALLE'GES d'Amfterdam: *Amfterdamfe Binnen-ligters, en Kooren-ligters.*
 „Bateau groffiérement fait, qui n'a ni mât ni voiles, dont on fe fert
 „dans la ville d'Amfterdam, pour décharger & tranfporter d'un lieu à
 „l'autre, cette prodigieufe quantité de marchandifes qui s'y débitent. Les
 „écoutilles en font fort cintrées, & prefque toutes rondes ; le croc ou la
 „gaffe lui fervent de gouvernail : il a un retranchement ou une petite cham-
 „bre à l'arriére, apellée *Roef* ou *Rouf.*

„ALLE'GES à voiles. *Wieringer-ligters.*
 „Bâtimens groffiérement faits, qui ont du relevement à l'avant & à l'ar-
 „riére, & qui portent mâts & voiles.

ALLE'GER un vaifleau. *Een fchip ligten.*

C'eft lui ôter une partie de fa charge pour le mettre à flot, pour le foulager, ou pour le rendre plus leger à la voile. Pour alléger & relever notre vaifleau, qui étoit échoüé, nous jettâmes tous nos canons à la mer.

ALLE'GER. Alléger le cable, Soulager le cable. *Het touw met boeijen en vat-werk voorfien.*

C'eft attacher plufieurs bois, ou barrils, le long du cable, pour le faire floter, afin qu'il ne touche pas fur les roches, lors qu'il y en a au fond de l'eau.

ALLE'GE le cable. *Schaak af uw touw.*

C'eft à-dire, File un peu du cable.

ALLE'GE la tournevire. *Maakt al de kaabelaaring klaar om gebruikt te worden.*

C'eft un commandement que l'on fait à ceux qui font près de cette manœuvre, à ce qu'ils la mettent en état, afin qu'on s'en puiffe fervir.

ALLER de l'avant. *Voort-zeilen, Veel vertieren.*

ALLER en courfe. *Ten kaap vaaren.*

C'eft aller croifer fur les bâtimens d'un parti contraire.

ALLER en droiture, Voiez, Droiture.

ALLER à bord. Voiez, Bord.

ALLER à la fonde. Voiez, Sonde.

ALLER au cabeftan. Voiez, Cabeftan.

ALLER au plus près du vent. *Scharp of digt by de windt houden, Loeven, By de windt fteeken, Tegen de windt inkrimpen.*

C'eft cingler à fix quarts du vent, près de l'aire ou rumb d'où il vient. Par éxemple, fi le vent eft Nord, l'on pourroit aller au Oüeft-nord-oüeft, & changeant de bord à l'Eft-nord-eft.

ALLER à graffe bouline. *Met flap of half-loffe boelijn zeilen.*

C'eft,

C'eſt cingler ſans que la boüline du vent ſoit entiérement halée. Voiez, Bouline graſſe.

ALLER proche du vent, Aprocher le vent. *Digt by de windt komen.*

C'eſt ſe ſervir d'un vent qui ſemble contraire à la route, & le prendre de biais, en mettant les voiles de côté, par le moien des boulines & des bras.

ALLER debout au vent. *In de windt zeilen.*

Cela ſe dit lors qu'un vaiſſeau eſt bon boulinier, & que ſes voiles ſont bien orientées, de-ſorte qu'il ſemble qu'il aille contre le vent, ou debout au vent. Un navire travaille moins ſes ancres & ſes cables, lors qu'étant moüillé, il eſt debout au vent.

ALLER vent largue. *Ruim-ſchoots zeilen, Met bakſtags koelte of een breedt windt vaaren.*

C'eſt avoir le vent par le travers, & cingler où l'on veut aller, ſans que les boulines ſoient halées.

ALLER entre deux écoutes. *Tuſchen twee halſen vaaren.*

C'eſt aller vent en poupe. Comme nous cinglions au Sud, le vent ſauta au Nord, de-ſorte que nous allions entre deux écoutes.

ALLER au lof. *Aanloeven.* Voiez, Lof.

ALLER à la bouline, *By de windt zeilen.* Voiez, Bouline.

ALLER à trait & à rame. Voiez, Rame.

ALLER à la dérive *Afdrijven.* Voiez, Dérive & Dériver.

Se laiſſer aller à la dérive, Aller à Dieu & au tems, à mâts & à cordes, ou à ſec. *In ſtorm ſonder zeil drijven.*

C'eſt ſerrer toutes les voiles, & laiſſer voguer le vaiſſeau à la merci des vents & des vagues: ou bien, C'eſt aller, aiant toutes les voiles & les vergues baiſſées, à-cauſe de la fureur du vent. Le vent étant devenu furieux, nous fûmez obligez de faire vent arriére, à mâts & à cordes.

ALLER avec les huniers à mi-mât. *Met vallende mars-zeilszeilen, Met mars-zeils ter halver ſteng, of voor top en taakel, zeilen.*

ALLER terre à terre. *Langs de kuſt zeilen.*

C'eſt naviguer terre à terre en côtoiant le rivage. Voiez, Ranger la côte.

ALLONGE. *Oplang, Stut, Steeker, Hanger, Opſtut.*

C'eſt une piéce de bois, ou membre de vaiſſeau, dont on ſe ſert pour en allonger une autre. L'Allonge s'elève ſur les varangues, ſur les genoux, & ſur les porques, pous former la hauteur & la rondeur du vaiſſeau. Les plus proches du platbord, qui terminent la hauteur du vaiſſeau, s'apellent Allonges de revers.

ALLONGE premiére ou Allonge de migrenier. *Oplang, Steeker.*

C'eſt celle que l'on empate avec la varangue & avec le genou de fond.

ALLONGE Seconde, ou Seconde Allonge: *Stut, Oplang.*

C'eſt

C'eſt celle qui ſe place au-deſſus de la premiére, & qui s'empate avec le bout du haut du genou de fond.

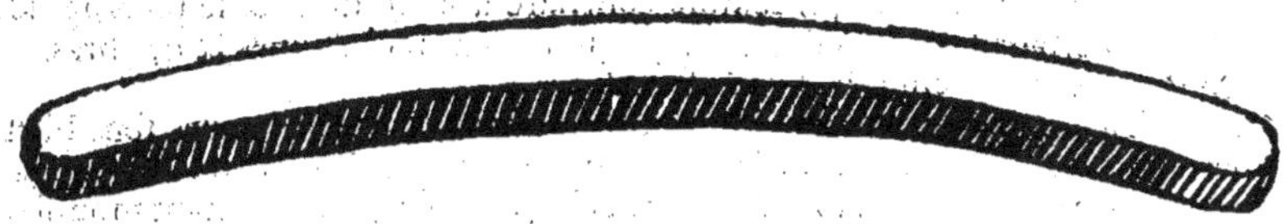

ALLONGE de revers, Troiſiême Allonge. *Opſtut „ Hanger.*

C'eſt celle qui achève la hauteur du côté du vaiſſeau. Et quand il n'y a que deux Allonges, la ſeconde s'apelle de revers.

GABARIT des trois Allonges. *Een Spant-ſtut.*

Ce ſont les trois Allonges l'une ſur l'autre, qui forment les côtes dans les côtés du vaiſſeau.

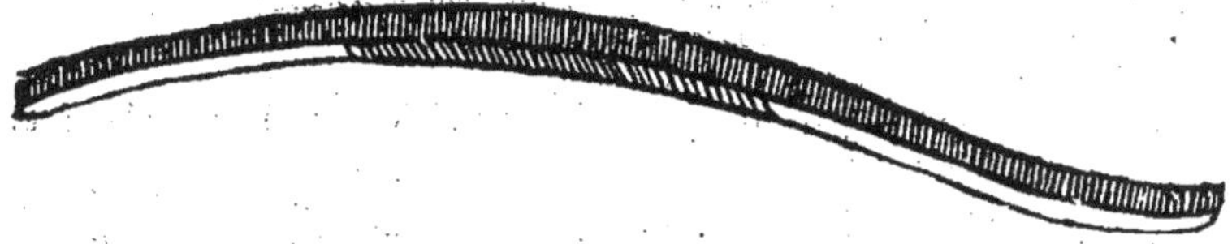

„Quand les Allonges ſont bien empatées ſur les genoux, le vaiſſeau en eſt „mieux lié, & bien plus fort.

„En général il eſt bon que les allonges aient l'épaiſſeur des deux cinquiê- „mes parties de l'étrave, à la hauteur des goutiéres du premier pont. Pour „leur rétreciſſement, qui donne la façon au vaiſſeau, elles en ont le plus „ſouvent le tiers de la hauteur du pontal.

„On met deux allonges aux deux côtés de l'étrave, & deux aux deux cô- „tés de l'étambord, pour afermir encore ces piéces principales.

„La ſerre-goutiére vient répondre entre les ſecondes allonges & les allonges „de revers.

„Pluſieurs Charpentiers eſtiment, que pour un vaiſſeau de cent-trente-qua- „tre piés de long de l'étrave à l'étambord, il faut donner aux allonges, à „la hauteur des goutiéres du premier pont, ſix pouces d'épais, & en ce

„même

„ même endroit elles doivent être à la diſtance de vingt-neuf piés de celles
„ qui ſont vis-à-vis, de l'autre côté du vaiſſeau. A la hauteur de deſſous les
„ ſabords elles doivent avoir cinq pouces & demi d'épais. Elles doivent a-
„ voir neuf pouces de large, & être poſées auſſi à neuf pouces les unes des
„ autres. Celles qu'on met vers l'avant & vers l'arriére ſont un peu plus le-
„ géres, plus minces & plus étroites.
„ D'autres Charpentiers donnent pour règle générale touchant les allonges,
„ que dans les fleurs du vaiſſeau elles doivent être moins épaiſſes d'une di-
„ xième partie que les varangues ; à la baloire, moins épaiſſes d'un quart
„ que les varangues ; à la liſſe de vibord, moins épaiſſes d'un quart qu'à la
„ baloire ; & qu'au-deſſus elles doivent diminuer à proportion.

ALLONGES d'écubiers. *Boeg-ſtukken van de kluiſen, Kluis-houten.*
Ce ſont des piéces de bois plattes, dans leſquelles on fait les trous nommez
Ecubiers, où les cables du vaiſſeau doivent paſſer.

„ ALLONGES d'étrave. *Eeſels ooren, Judes-ooren.*
„ Ce ſont deux piéces de charpente, qu'en Hollande on met ſouvent aux
„ deux côtés de l'étrave pour la fortifier.

ALLONGE de porque. *Stuinder.*
C'eſt une piéce de bois qui allonge une autre groſſe piéce de bois, qu'on appelle Porque, & qui a le même courbe que celles qui ſervent de membres
au vaiſſeau.
„ Les Allonges de porque d'un vaiſſeau de cent-trente-quatre piés de long
„ de l'étrave à l'étambord, doivent avoir dix pouces d'épais, & de la largeur
„ à proportion. Leur bout d'embas doit paſſer juſques au-delà des fleurs,
„ & le bout d'en-haut doit venir au plus haut pont. En général leur épaiſ-
„ ſeur doit aprocher de celle des courbes, mais elles doivent être entées plus
„ avant dans les ſerre-goutiéres.

ALLONGES de poupe, Cormiéres, Corniéres, Allonges de trepot, Allonges de treport. *Hek-ſtutten, Windt-veeringen, Veeringen.*
Ce ſont les derniéres piéces de bois, qui ſont poſées à l'arriére du vaiſſeau, ſur
la liſſe de hourdi & ſur les eſtains, & qui forment le haut de la poupe.
Quelques-uns les diſtinguent, apellant les deux allonges des deux bouts, Corniéres ou Allonges de treport ; & celle qui eſt au milieu, & qui a ſous elle
l'étambord, ils l'apellent Allonge de poupe. Les Charpentiers Hollandois
en mettoient autrefois deux en croix par le milieu, & quelques-uns le font
encore.

„ On donne ordinairement aux Allonges de poupe, autant de long, ou de
„ hauteur au-deſſus de la liſſe de hourdi, qu'en a l'étambord. Celles des deux
„ bouts ſont poſées droit ſur les eſtains, & entretenües avec eux par des
„ chevilles de fer & de bois.

„ On

„On leur donne le plus fouvent les deux tiers de l'épaiffeur de l'étrave, &
„on les fait rentrer ou tomber en-dedans, autant qu'il faut, pour achever le
„courbe que les eftains ont commencé à former, & par ce moien il ne doit
„y avoir d'efpace par le haut entre elles, que les trois cinquiêmes parties
„de la longueur de la liffe de hourdi, ou deux piés plus que la moitié de
„cette longueur.

POSER les Allonges. *Opftutten.*

ALLONGER le cable. *Het bots-touw op 't dek haalen.*

C'eft l'étendre fur le pont jufques à un certain lieu, ou pour le bitter, ou
pour moüiller l'ancre.

ALLONGER une manœuvre. *Een touwerk klaar maaken om gebruikt te worden.*

C'eft l'étendre, afin qu'on s'en puiffe fervir, s'il eft befoin.

ALLONGE la vergue de fivadiére. *Top uw blinde ree onder de boegfpriet,
Haal uw blinde ree onder, of langs fcheeps.*

C'eft ôter la vergue de fivadiére de l'état où elle doit être pour fervir, &
la faire paffer fous le beaupré, ou le long du beaupré, au-lieu de la tenir dreffée en croix. Nos voiles n'étant plus foutenües que par le vent & le racage, nos vergues s'allongérent le long des mâts, & notre navire fe re-
dreffa.

ALLONGER la terre. *Langs de kuft zeilen.*

C'eft-à-dire, Aller le long de la terre. Voiez, Ranger la côte.

ALMADIE, *Almadie.*

C'eft une petite barque dont les Noirs de la côte d'Afrique fe fervent, elle
eft longue de quatre braffes, faite ordinairement d'écorce de bois.

ALMADIE. *Almadie of Cathuri.*

C'eft un vaiffeau des Indes, qui a de longueur quatre-vingts piés, & fix ou
fept de largeur. Le derriére de ce vaiffeau eft quarré. M. Witfen dit que
ces Almadies, nommez autrement Cathuri, font des bâtimens de Calicut;
qu'ils ont douze ou 13. pas de long; qu'ils font pointus devant & derriére;
qu'ils vont à la voile & à la rame, & d'une grande vîteffe; & que le Roi
de Calicut arme en tems de guerre jufques à deux ou trois cens de ces fortes de vaiffeaux.

ALOIGNE. Voiez, Boüée.

A l'OUEST d'une terre. Etre à l'Oüeft d'une terre. *Beweften een landt
zijn.*

C'eft être en lieu que la terre foit à l'Eft de nous. On dit la même chofe
à l'égard des autres airs de vent. Nous découvrîmes au matin l'ifle Madére; nous étions au Nord, & par conféquent cette ifle nous demeuroit
au Sud.

AMAIGRIR un bordage. *Dunder flegten.*

C'eft un terme de Charpentier, pour dire, Rendre un bordage, ou une piéce
de bois moins épaiffe.

AMARQUE. *Ton, Baak, Paal, Merk.*

C'eft une marque d'un tonneau flotant, ou d'un mât, qu'on élève fur un
banc, afin que les vaiffeaux qui font route s'éloignent du parage où ils la
voient: c'eft ce qu'on apelle autrement, Balife, & Boüée.

AMAR.

AMARRAGE des vaiſſeaux. *Het ankeren ; Het vieren van het touw en uit-werpen van 't anker, Het ankeren of beleggen van een ſchip.*

C'eſt leur ancrage ou moüillage , ou le ſervice du cable quand on moüille. Tous les Pilotes de notre eſcadre n'ont guéres plus de capacité que des hales-boulines; car dans leurs amarrages ils ne conſidérent ni la force des courans, ni la grandeur des ports , ni la tenüe du fond, ni le tirant de l'eau de leurs navires. Quand un vaiſſeau eſt deſarmé il n'y reſte que les cables néceſſai-res à ſon amarrage.

AMARRAGE. Un Amarrage. *Het vaſt maaken van twee touwen t'ſaamen , met een dun touwtje of ſeiſing.*

C'eſt un endroit où deux groſſes cordes , ou une miſe en double , eſt liée par une petite.

AMARRER. *Vaſt maaken , Aanſlaan, Aanleggen , Vaſt ſorren , Vaſt klam-pen , Gorden, Beleggen, Scheeren.*

C'eſt atacher ou lier quelque choſe. Ce mot eſt très-fréquent dans la bouche de l'équipage. Les écoutes des huniers ſont-elles amarrées à leurs bittes? A-t-on amarré la driſſe du grand hunier? La barre du gouvernail eſt-elle a-marrée ſous le vent?

AMARRER à terre. *Maaren, Meeren.*

AMARRER une manœuvre lors qu'elle eſt aſſez filée. *Een touwerk aanhou-den, Beleggen.*

AMARRE. *Aan 't ſorren, Beleg.*

C'eſt le commandement pour faire atacher , ou lier quelque choſe. On dit, Amarre babord , Amarre ſtribord, pour dire, Amarre à gauche, A-marre à droite.

AMARRE à fil de carret. *Zeilen op ſtoot-gaaren.*

C'eſt pour faire amarrer les voiles en-ſorte qu'elles puiſſent aiſément être dé-ploiées au beſoin, en coupant les fils de carret.

AMARRES. *'t Touwerk dat gebruikt wordt om het Schip vaſt te houden , ſelfs in 't ankeren.*

Ce ſont les cables & les cordages qui ſont emploiez à atacher & ſaiſir le vaiſſeau. Ce navire a ſes trois amarres dehors : c'eſt-à-dire qu'il a moüillé ſes trois ancres, ce qui s'apelle, Moüiller en patte d'oie. Ce vaiſſeau eſt ſur les amarres; c'eſt-à-dire qu'il eſt à-l'ancre. On dit, Larguer une amar-re, pour dire, détacher une corde. Nous fîmes couper l'amarre de notre cha-loupe qui étoit à la toüe.

AMARRES d'un petit bâtiment dans un port. *Meer-touwen.*

AMARRES de chaloupe. *Vang-lijn tot de ſloep of boot , Meeren, Meer-touwen, Sloeps-touw, Boots-touw.*

LARGUER une amarre. *Een ſor-touw los maaken.*

AMATELOTER. *Een maat of medegeſel kieſen.*

C'eſt quand deux matélots ſe prennent pour compagnons & aſſociés , afin de ſe ſoulager l'un l'autre , & que l'un puiſſe ſe repoſer tandis que l'autre fait le quart. Avant que notre vaiſſeau ſe mît ſous voiles , le Capitaine fit paſſer en revüe tous les gens de l'équipage, & chacun fut amateloté.

AME de canon, ou Noïau. *Mondt en al 't hol van een ſtuk geſchuts. De Zie-le.*

AME d'un gros cordage. *Hart.*

C

C'eſt

C'eſt un certain nombre de fils de carrets, qui ſe mettent au milieu des différens tourons qui compoſent le cordage. Cela s'apelle auſſi la Méche.

AMENER. *Neerlaaten, Strijken, Afhaalen, Laaten vallen of loopen.*

C'eſt abaiſſer ou mettre bas. Un vaiſſeau François nous contraignit d'amener le pavillon par reſpeſt. Le vent ſe rangea au Sud, & fut ſi forcé, que nous fûmes obligez d'amener nos vergues ſur le platbord. Après deux heures de combat le galion Eſpagnol amena, & ſe rendit. Ce vaiſſeau a amené, c'eſt-à-dire qu'il a baiſſé ſes voiles, ou ſon pavillon, pour ſe rendre.

AMENE. *Strijk.*

C'eſt ainſi qu'on commande d'amener ou baiſſer quelque choſe. Amène le grand hunier: Amène la miſéne: Amène le pavillon.

N'AMENE pas. *Swigt niet, Laat byſtaan.*

HISSER & amener. *Hijſen en ſtrijken.*

AMENER une voile. *Een zeil neerhaalen.*

AMENE les huniers ſur le ton. *Mars-zeils op randt.*

AMENER les mâts de hune. *De ſtengen ſchieten.*

AMENE tout, toute la voile. *Zeil op randt.*

AMENER un vaiſſeau, Amener une terre. *Inwinnen.*

C'eſt s'en aprocher, ſe trouver vis-à-vis.

AMIRAL, Admiral. *Admiraal, Vloots-hoofdt, Opper-vloots-voogd.*

C'eſt le Chef des flottes, des armées & de la police navale d'un Etat. La Charge d'Amiral ſupprimée en France l'année 1626. fut rétablie en faveur de M. le Comte de Vermandois l'an 1669. aiant été ſuppléée, pendant cet intervalle, par la Charge de Grand-maître, Chef & Surintendant de la navigation & commerce de France, qui demeura éteinte par la mort de M. le Duc de Beaufort, arrivée la même année 1669. Entre les droits atribuez à l'Amiral, il a celui du dixiéme de toutes les priſes qui ſe font ſur mer. Toutes les choſes qui regardent ſon pouvoir, ſes fonſtions & ſes droits, ſe trouvent dans un Réglement du 12. de Novembre 1669. & dans l'Ordonnance du mois d'Août. 1681.

„Le terme d'Amiral s'entend chez les Hollandois en diverſes maniéres.
„L'Amiral Général eſt en même tems le Gouverneur de la Province. Ces
„deux Charges ſont unies. Le Lieutenant Amiral-Général commande les
„armées navales en l'abſence de l'Amiral Général, qui va rarement en
„mer.
„Chaque Collége de l'Amiranté a ſon Lieutenant Amiral particulier; ſa-
„voir, le Lieutenant Amiral de la Meuſe ou de Rotterdam: celui du Texel
„ou d'Amſterdam: celui de Zélande: celui de Friſe: & celui de Nord-
„hollande, Oüeſt-friſe, ou Quartier du Nord. Chacun de ceux-ci com-
„mande l'eſcadre de ſon Collége, ſous l'Amiral, ou le Lieutenant Amiral
„Général.
„L'Amiral Général des Provinces Unies eſt le Chef de tous les Colléges
„de l'Amirauté, & y préſide lors qu'il ſe trouve préſent; & en ſon abſen-
„ce ſon Lieutenant Amiral a le même droit de préſider par-tout où il ſe
„trouve.
„Quoi que l'Amiral Général & ſon Lieutenant aient droit de préſider, de
„recueillir les voix, & d'opiner dans toutes les afaires; ils ne peuvent néam-
„moins ſe ſervir de leur droit, lors qu'il s'agit de juger définitivement les
„afai-

„afaires qui concernent les prifes & le butin ; où l'Amiral doit avoir une
„part, comme eft le dixiême denier qui lui a été atribué. En ce cas,
„s'il eft préfent, ou fon Lieutenant, ils fe retirent, laiffant les Confeil-
„lers dans la liberté d'opiner, & de recueillir les voix, pour juger à la plu-
„ralité.

„Il eft au pouvoir de l'Amiral ou Commandant d'une armée navale, de pref-
„crire des loix à toute l'armée en général, & à tous ceux qui font au fer-
„vice, Officiers & équipages, foit en tems de guerre ou de paix. Il les don-
„ne par écrit, & fait prêter ferment de les obferver.

„Quand on eft en mer, il doit fi bien donner fes ordres, que le plus mau-
„vais voilier de tous les vaiffeaux puiffe fuivre l'armée, & y demeurer joint.

„Il établit des recompenfes pour ceux qui les méritent, & fait punir ceux
„qui commettent de fautes.

„Ses ordres fe manifeftent le plus fouvent à toute l'armée, par des fignaux,
„tels qu'il les a réglez auparavant, & defquels il a donné connoiffance à
„ceux qui en doivent être informez. En tems de guerre on fait fouvent
„des changemens dans les fignaux, afin que les ennemis ne les puiffent re-
„connoître.

„L'Amiral ne fait le fignal de mettre à la voile, que lors que la premiére an-
„cre de fon vaiffeau eft levée, & que le cable de la feconde eft déja au ca-
„beftan; à moins qu'il n'y eût quelque néceffité d'en ufer autrement.

„Lors qu'il furvient des chofes extraordinaires, dont les avis ne peuvent
„être donnez par des fignaux, l'Amiral fait porter fes ordres par de pe-
„tits bâtimens, en aiant toujours auprès de fon vaiffeau pour cet éfet: ou-
„bien il fait le fignal à tous les vaiffeaux de venir paffer à fon arriére, où
„il leur explique lui-même fes intentions.

„Il prend bien garde qu'on ne laiffe paffer aucuns bâtimens, fans les avoir
„helez, pour favoir où ils vont.

„L'adreffe d'un Amiral & fon expérience fe font voir lors qu'il gagne le
„vent à fes ennemis, foit en montant au vent, foit en perçant au-travers
„de leurs efcadres.

„Comme il importe extrémement à une armée navale, que fon Amiral ne
„foit point mis hors d'état de combatre, & de la commander, il ne doit pas
„s'engager legérement dans le plus fort de la bataille: mais fes principaux
„foins doivent aller à donner tous les ordres néceffaires, & à prévenir la
„confufion.

„Que s'il remarque qu'il y ait de Officiers, qui ne s'aquittent pas de leur
„devoir, le fien eft de les faire avancer, & de les mener à l'ennemi, & a-
„près cela il fe retire un peu. Il ne doit point auffi manquer d'aller fecou-
„rir, ou dégager ceux qui fe trouvent foibles, ou defemparés : enfuite
„il fe retire encore peu-à-peu, non d'une maniére qui fente la fraieur &
„la fuite, mais qui marque la prudence d'un Général.

„Il faut que les navires que montent les Amiraux, aient toujours plufieurs
„Officiers en fecond, afin de prendre la place des premiers, s'ils viennent à
„manquer. Il en eft de même à l'égard des autres vaiffeaux de guerre, qui
„font deftinez à fe trouver en de grands combats ; il eft bon qu'il y ait
„deux ou trois Lieutenans.

„Lors qu'ils s'agit de délibérer d'afaires importantes, l'Amiral fait le fignal de

„Con-

„Confeil; foit pour affembler feulement les Vice-amiraux, felon qu'il le
„juge à propos; foit pour apeller auffi les Capitaines, ou même quelquefois
„les Pilotes avec eux. Il ordonne des recompenfes pour les belles actions,
„& pour les prifes qu'on fera; pour les pavillons qu'on ehlevera aux enne-
„mis; pour les vaiffeaux qu'on leur brulera, ou qu'on leur coulera bas.
„Quelquefois il envoie fes ordres en des billets cachetez, tant pour les Of-
„ficiers que pour les équipages; afin qu'ils fachent ce qu'ils auront à faire,
„au-cas que quelques-uns des premiers Officiers fuffent tuez; & qui font
„ceux qui en doivent remplir la place; auffi-bien que pour régler, à l'égard
„des vaiffeaux pavillons, s'ils continüeront à porter le pavillon, ou s'ils
„doivent l'ôter, en cas de mort du Vice-amiral ou autre Officier Général
„qui les monte.
„Quand l'armée eft en marche pour aller aux ennemis, l'efcadre de l'Ami-
„ral fe tient au milieu, & fait le corps de bataille; foit qu'on marche en
„lignes, en files, ou en Croiffant. Cette derniére forme de marche eft la
„plus avantageufe, parce qu'elle donne lieu à tous les vaiffeaux d'entrer en
„action.
„En faifant vent arriére, le Vice-amiral fe tient à ftribord de l'Amiral, & le
„Contre-amiral ou troifiême Oficier Général à babord. Que fi l'on va à la
„bouline, les efcadres fe fuivent en queüe, & l'Amiral tient prefque tou-
„jours le milieu; bien-que quelquefois il prenne l'avantgarde. Quand on
„revire, foit à caufe que l'ennemi paroît à l'arriére, ou par quelque autre
„raifon, l'arriégarde revire la premiére, & devient l'avantgarde, afin d'é-
„viter le defordre qui arriveroit fans doute, fi les vaiffeaux de l'avant vou-
„loient venir à la place de ceux de l'arriére; & que ceux de l'arriére duf-
„fent aller ocuper le pofte de ceux de l'avant.
„Tous les vaiffeaux d'une armée doivent courir au fecours de leur Amiral,
„mais, fur-tout, fes matelots ne doivent jamais s'éloigner de lui.
„La prudence d'un Amiral éclate particuliérement dans la diftribution qu'il
„fait de fon armée. La coutume eft de mêler les gros vaiffeaux avec les
„vaiffeaux legers. Les premiers font comme des forterefles pour fe défen-
„dre, & pour arrêter l'impétuofité des ennemis, & les autres vont à l'abor-
„dage, & font des prifes.
„On a fouvent éprouvé qu'il eft avantageux de tenir ferrée une armée na-
„vale, afin que l'ennemi ne puiffe percer au travers. Quand on prend ce par-
„ti, il faut faire peu de voiles.
„Le foin & la protection des vaiffeaux marchands, qui font fous l'efcorte
„d'une armée navale, regarde l'Amiral, qui leur donne fes ordres, & les
„fait tenir au vent, ou fous le vent, pendant le combat. Souvent même il
„les enferme dans le Croiffant que l'armée forme, felon ce que fa pruden-
„ce & l'ocafion lui dictent.
„Si l'on moüille, on le fait dans le même ordre où l'on a navigué. Les
„mêmes vaiffeaux qui, en naviguant, étoient au vent, ou fous le vent,
„s'y trouvent encore étant à l'ancre, & font à l'avant ou à l'arriére de l'A-
„miral, comme auparavant.
„Dans les voiages de long cours, & dans les expéditions maritimes qui du-
„rent longtems, l'Amiral fait tous les jours une fois paffer fes vaiffeaux à
„fon arriére, pour être informé de l'état où ils font, & de la route qu'ils
„ont

„ont faite. Il ne manque point, auffi de faire tous les jours prendre hau-
„teur.
„Il ne manque pas non-plus d’ordonner de petits bâtimens , legers de voi-
„les , pour y mettre les munitions de réferve , afin qu’ils fuivent toujours
„l’armée ; & il a l’œil à ce qu’ils ne s’en écartent pas , ou qu’ils ne demeu-
„rent pas de l’arriére.
„Il fait faire continuellement des éxercices aux équipages , & aux foldats ,
„tant pour leur faire aquerir plus d’expérience , que pour prévenir les def-
„ordres que peut caufer l’oifiveté ; & dans l’ocafion , il regarde à ne s’enga-
„ger au combat qu’avec avantage & efpérance de la victoire.
„Il a le pouvoir de prendre les voies qu’il juge les plus expédïentes , pour
„tenir fdans l’obéïffance où y ramener tous les gens qui font à bord , &
„pour faire éxécuter fes ordres.
„Lors qu’un Amiral eft tüé dans le combat , il vaut mieux n’en faire rien
„paroître , & laiffer toujours le pavillon fur fon vaiffeau , que de donner
„une connoiffance qui peut refroidir le courage , & intimider. Dans cet-
„te vüe l’illuftre Amiral de Heemskerke , fe voiant prêt d’engager le com-
„bat devant Gibraltar , fit cloüer fon pavillon au mât.
„Il ne fe doit point tenir d’affemblées des Officiers des autres vaiffeaux , fur
„un navire particulier , foit fous prétexte de rendre juftice , ni autrement ,
„fans ordre ou permiffion expreffe de l’Amiral ou Commandant en Chef.
„Tout ce qui vient d’être dit de l’Amiral , regarde auffi le Lieutenant Ami-
„ral Général , & le Lieutenant Amiral Particulier , & même le Vice-ami-
„ral , lors qu’il n’y a point de Commandant au-deffus , & qu’ils comman-
„dent en Chef.
„AMIRAL d’une Compagnie de vaiffeaux marchands allant de conferve , qui
„en font le choix. *Admiraal.* Voiez, Conferve.
AMIRAL, Vaiffeau Amiral. *Admiraal-fchip, Vloot-hoofdt-fchip.*
C’eft celui qui porte le pavillon d’Amiral foit dans un port , ou en mer.
„Il eft raifonablé que le navire qui eft monté par un Amiral , furpaffe tous
„les autres par fa beauté , par fa grandeur , & par fa magnificence.
„L’Amiral de Hollande , nommé *Les Sept Provinces* , qui fut conftruit à
„Rotterdam , l’an 1665. & qui étoit monté par le Lieutenant Amiral Gé-
„néral de Ruiter , étoit d’un très-beau gabarit , & un parfaitement bon voi-
„lier. Il avoit cent foixante-trois piés de long , de l’étrave à l’étambord , me-
„fure d’Amfterdam : il avoit quarante-trois piés de bau , feize piés & demi de
„creux , & fept piés & demi de hauteur entre les deux ponts : il étoit mon-
„té de quatre-vingts piéces de canon , & de quatre cens-foixante & quinze
„hommes d’équipage.
AMIRAUTE. *Admiraliteit, Admiraals ampt.*
C’eft la Charge d’Amiral.
AMIRAUTE. *Admiraliteit, Het gerigt van de zee-faaken.*
C’eft une Juftice qui s’éxerce fous le nom & l’autorité de l’Amiral. Ce font
auffi les droits de l’Amiral , qu’on apelle Droits d’Amirauté. Les Officiers
de l’Amirauté ont des provifions du Roi , mais ils font à la nomination de
l’Amiral. Voiez, Amiral.
AMIRAUTE. *Admiraliteit, Het bewindt over de Zee-faaken , De vergadering
van die Heeren , die de opper-bewindt over de Zee-faaken hebben.*

C. 3.   „L’A

„L'Amirauté eft définie par les Hollandois, l'Affemblée des Seigneurs „qui ont la direction des afaires maritimes, avec le droit & le pouvoir de „les régler. Il y a cinq Colléges de l'Amirauté dans les Sept Provinces U-„nies des Païs-bas. L'un réfide dans la partie de la Province de Hollande, „qu'on apelle Sud-hollande, & c'eft à Rotterdam; c'eft pourquoi il s'apelle „fouvent le Collége de la Meufe. Un autre réfide dans la Nord-hollande, „à Amfterdam. Un autre réfide dans l'Oüeft-frife, à Hoorn ou à Enkhuife. „Il y en a un à Middelbourg en Zélande, & un autre en Frife, qui réfi-„doit autrefois à Dokkum, & qui a été transféré à Harlingen, par acord „fait entre les Provinces de Frife & de Groningue, le 29. Novembre 1645. „confirmé par les Etats Généraux.

„Le Collége d'Amfterdam eft compofé de douze Confeillers; favoir, un „de la part de la Nobleffe de Hollande; cinq de la part des villes de Har-„lem, Leide, Amfterdam, Gouda & Edam; & fix de la part des Pro-„vinces de Gueldres, Zélande, Utregt, Frife, Overiffel, & Groningue „avec les Ommelandes.

„Le Collége de Rotterdam, qui eft le premier de tous, eft auffi compofé de „douze Confeillers; favoir, un de la part de la Nobleffe de Hollande; fix „de la part des villes de Dordregt, Delft, Rotterdam, Gorcum, Schiedam „& la Brille; & cinq de la part de Provinces de Gueldres, Zélande, Utregt, „Frife & Overiffel.

„La Commiffion des Confeillers de chaque Collége dure trois ans, mais „elle peut être renouvellée pour trois autres années, & enfuite on en „nomme d'autres pour remplir leurs places.

„Chaque Collége a fes Oficiers qui dépendent de lui; favoir, un Avocat „Fifcal, des Secretaires ou Grêfiers, un Receveur Général, un Commis „Général, un Maître d'équipage, un Commiffaire des ventes, un Tréforier „païeur, un Grand-prévôt, & plufieurs autres.

„CONSEIL de l'Amirauté, Confeil de Marine. *Admiraliteits Raadt, Zee-„raadt.*

„Ce terme comprend tous les Colléges confidérez enfemble fous l'Amiral „Général, qui a droit d'y préfider, ou fon Lieutenant Amiral en fon abfen-„ce. L'Affemblée s'en fait à la Haie, par des Députés que chaque Collége y „envoie. Ils en peuvent envoier tout de même ailleurs, s'il en eft be-„foin.

„Le Confeil de l'Amirauté, pris pour tous les Colléges enfemble, mais „divifé en diverfes parties, qui s'affemblent chacune en particulier, & qui „ont des Règles, Inftructions & Loix générales, que chacune eft obligée „de fuivre, s'affemble les Lundis, les Mécredis, & les Samedis, pour ren-„dre juftice aux Particuliers, décider leurs différens, & les régler dans les „afaires qui font de fon reffort. Le tems qu'ils peuvent avoir de refte, „ces jours-là, eft emploié à éxaminer les comptes du Commiffaire des ven-„tes, & à expédier d'autres afaires.

„Les Sentences Apointemens, Mandemens & Ordonnances de l'Ami-„rauté, font mis à éxécution & fortent leur entier éfet fans apel: excepté „néammoins en matiére civile, où les deniers provenant de ventes d'éfets, „excédent la fomme de fix cens livres. En ce cas on peut fe pourvoir de-„vant les Etats Généraux, par Requête de révifion de procès ou de propo-
„fition

„ſition d'erreur; ou-bien devant l'Amiral Général, ſi les Etats Généraux
„ne ſont pas alors aſſemblez.
„C'eſt dans le lieu où ſe tient ordinairement l'Aſſemblée, que les procès
„ſe vuident, à la pluralité des voix, par les Conſeillers, ou par la plus
„grande partie; ou pour le moins étant au nombre de cinq, & de deux
„différentes Provinces.
„COLLEGES de l'Amirauté. *Collegien, Vergaderingen of Geſelſchappen van
„de Admiraliteits Heeren.*
„C'eſt le nombre & l'Aſſemblée des Conſeillers qui compoſent une Cham-
„bre de l'Amirauté, dans un departement particulier, duquel ils ont la
„direction, pour agir, juger & décider dans tout ce qui eſt de leur reſſort
„& compris dans leurs Inſtructions, comme pourroit faire le Conſeil Gé-
„néral de l'Amirauté.
„Les Colléges de l'Amirauté ont la connoiſſance de tous les différens par-
„ticuliers, qui ſurviennent au ſujet des fraudes, malverſations & con-
„traventions aux Placards & Ordonnances, touchant les Convois & Pa-
„tentes; & aux Placards publics & affiches touchant les tranſports de
„vivres, marchandiſes défendües, & munitions de guerre, aux ennemis.
„Sur tous leſquels différens ils procédent ſommairement, & prononcent
„Sentence définitive de condamnation ou d'abſolution, ſans faire aucune
„grace, ni permettre qu'il y ait aucune compoſition ſur ce point.
„Ils ont l'œil à ce que le Commis Général des Convois & Patentes, les
„Commis particuliers, & les Commis aux recherches, faſſent leur de-
„voir, conformément aux Ordonnances.
„Les Colléges ont le pouvoir d'établir, chacun dans ſon departement,
„autant de Maîtres d'équipage qu'ils jugeront néceſſaire; & chaque
„Quartier dreſſe des Inſtructions particuliéres ſur le fait des Maîtres d'équi-
„page, ſelon que la diſpoſition du lieu & des afaires le permettent: deſ-
„quelles Inſtructions ils envoient copie, dans le mois, à l'Amiral Général,
„afin de l'en informer.
„Ils ont l'œil ſur l'achat qui ſe fait des vaiſſeaux, canons, poudre, bou-
„lets, & de tout ce qui eſt néceſſaire pour l'armemement, & pour cet éfet ils
„nomment des Commiſſaires d'entre les Conſeillers, afin d'être préſens,
„& de donner leur agrément, lors que le Maître d'équipage fait ces achats;
„Ils donnent ordre particuliérement, à ce que les arcenaux ſoient bien pour-
„vus de toutes ſortes de munitions, & à ce qu'elles ſoient diſpenſées ſans
„diſſipation; & ils retiennent par-devers eux un inventaire de tout ce qui
„s'achète.
„Ils doivent encore prendre garde à ce que les Capitaines des navire de guer-
„ra de l'Etat tiennent leurs équipages complets, & en faire des revües.
„Chaque Collége eſt tenu de prendre bien ſoin, u'on obſerve & exécute,
„à l'égard des côtes, des ports & des rades des Provinces Unies, les ordres
„qui ſont donnez, & les Réglemens qui ſont arrêtez chaque année, dans
„l'Aſſemblée annuelle des Députez de tous les Colléges: dans laquelle Aſ-
„ſemblée, où doit aſſiſter l'Amiral Général, on prend les réſolutions né-
„ceſſaires pour la ſureté de la navigation; pour toutes les choſes qui con-
„cernent la guerre maritime; pour le nombre des vaiſſeaux que chaque
„Quartier doit fournir, tant pour mettre à la mer, que ſur les eaux inter-
                                                              „nes.

„nes, chacun dans fon departement ; pour le nombre de navires de guerre
„qu'il eſt à propos d'entretenir ; pour l'exécution des Réglemens qui dé-
„fendent de porter certaines marchandiſes aux ennemis, ou dans des ports
„défendus &c.

„Tous les deniers qui proviennent des convois, patentes, confiſcations &
„amendes, priſes, & généralement des eaux externes, ſont & demeurent
„affectez aux frais des guerres maritimes, que les Provinces Unies ont à
„ſoutenir ; & à tout ce qui en dépend ; & pour cet éfet ils demeurent en-
„tre les mains des Colléges, ſans pouvoir être divertis à quelque uſage
„que ce ſoit. Et afin que les Etats Généraux puiſſent ſavoir quel eſt le
„fonds qu'on a, les Conſeillers de l'Amirauté ſont obligez de leur en en-
„voier tous les quatre mois, pour le plus tard, un état au vrai.

„Les Colléges connoiſſent de tout ce qui regarde les priſes qui ſe font, tant
„par les navires de guerre de l'Etat, que par ceux que les Particuliers peu-
„vent armer, pour aller en courſe avec commiſſion de l'Amiral. Ils ont
„la connoiſſance de tous les différens qui peuvent ſurvenir entre les navires
„mêmes de l'une & de l'autre qualité ; & de ceux que les Oficiers ont
„enſemble ; & encore de toutes les malverſations & délits, dont les Ca-
„pitaines ne peuvent connoître, Bien-entendu que ſi les délits ne ſont
„pas commis à bord, & qu'ils ne concernent pas le fait de la guerre, les
„Magiſtrats & Oficiers de Juſtice du lieu où le délit aura été commis, ou
„du lieu où les délinquans ſeront ſaiſis, pourront en prendre connoiſ-
„ſance, & faire juſtice.

„CONSEILLERS de l'Amirauté. *Admiraliteits Raaden*, *Admiraliteits
„Heeren.*

„Ce ſont tous les Oficiers qui compoſent le Conſeil de l'Amirauté,
„dans les Provinces Unies. Ils ſont pourvus de leurs Charges par les
„Etats Généraux, ſur la nomination du *Vroedtſchap* ou Conſeil de la ville
„qui a droit de nommer. Les nominations qui ſe font en Hollande, ſont
„envoiées aux Etats de la Province, qui les font préſenter aux Etats Gé-
„néraux, où elles ſont confirmées ſi le cas y écheoit, & les Conſeillers vont
„prêter le ſerment devant eux.

„Les Conſeillers de l'Amirauté ne peuvent être parens juſqu'au quatriê-
„me degré inclus, ni alliez juſqu'au troiſième degré, à compter les degrès
„ſelon le Droit Impérial. L'Amiral Général & ſon Lieutenant ſont au-
„deſſus d'eux ; mais ils ont ſous eux les autres Oficiers de l'Amirauté,
„comme le Receveur Général, le Secretaire ou Gréfier, l'Avocat Fiſcal,
„le Général des Recherches, le Commiſſaire des ventes, le Controlleur,
„le Prévôt de la marine, &c.

„Les Conſeillers, le Fiſcal, & les Gréfiers, ont leurs domiciles fixes, au
„lieu où le Collége eſt établi, pour s'aſſembler tous les jours, hormis les
„Dimanches, & autres jours de priéres. Leurs ſéances commencent à
„ſept heures du matin, & durent juſqu'à onze heures ; & l'après-diner el-
„les commencent à trois heures & finiſſent à ſix ; à moins qu'il ne ſurvi-
„enne quelque afaire preſſée, qui demande une plus promte expédition,
„ou une vacation plus continuée. Ils ne peuvent s'abſenter du lieu de
„leur réſidence, ſans le conſentement de l'Amiral, ou du Préſident du
„Collége ; & leur abſence ne doit durer, tout-au-plus, que ſix ſemaines

dans

,,dans un an, à l'égard de ceux qui font d'une autre Province; & trois
,,femaines pour ceux qui font de la Province où eft le Collége; & cha-
,,que abfence ne doit être que de quatre jours de fuite; & ce, en cas que
,,les afaires n'en reçoivent point de retardement: defquelles abfences le
,,Grêfier tient une note. Voiez, Colléges de l'Amirauté.
,,Les Confeillers de l'Amirauté doivent fe contenter de leurs gages, & ne
,,prendre ni préfens ni argent des Parties, fous quelque prétexte que ce
,,foit; & ne pas permettre que les deniers provenans des prifes, demeu-
,,rent plus de quinze jours entre les mains du Commiffaire des ventes: dans
,,lequel tems ils l'obligent de rendre fon compte au Bureau, pour les
,,deniers être inceffamment diftribuez par les Colléges, ou par ceux des
,,Confeillers qui font commis à cet éfet, & délivrez à qui il apartient.
,,Ils doivent députer tous les mois un ou deux d'entre eux, pour éxami-
,,ner avec le Fifcal, fans delai, & toutes autres afaires furfifes, les comptes
,,du Receveur & des Commis aux congez, convois, & patentes, & les
,,clorre; fur les peines portées, en cas de defaut de leur part, dans l'Inftruc-
,,tion des Commis Géneraux.
,,Ce font eux qui nomment & établiffent dans leurs departemens, les Maî-
,,tres d'équipage, les Commiffaires des ventes, les Huiffiers, & les *Bodes*
,,qui font les Sergens & Meffagers; avec la participation & le confentement
,,du Commis Général, s'il fe trouve fur le lieu.
,,Mais pour les Charges des Receveurs Généraux, des Fifcaux, des Secre-
,,taires & des Controlleurs, les Confeillers du Collége, où une telle Char-
,,ge fe trouve vacante, nomment deux perfonnes, & fur la nomination les
,,Etats Généraux en font choix d'une.
,,Ils font auffi la nomination de deux Capitaines, lors qu'il y a quelque pla-
,,ce à remplir, & l'Amiral Général en fait le choix d'un; quoi que ce Ré-
,,glement ne foit pas général, & que l'Amiral puiffe, de fon chef, pourvoir
,,les Capitaines qu'il en juge dignes, par les fervices qu'ils ont rendus.

AMOLETTES ou Amelotes. *Spil-gaaten.*
Ce font les trous quarrés, où l'on paffe les barres dans le cabeftan, & dans
le virevaut.
,,Les Amelotes doivent avoir de largeur une fixième partie de l'épaiffeur du
,,cabeftan.

AMORCE. *Laadt-kruidt dat men op de pan legt, Laadt-poeder.*
L'amorce pour les armes à feu, n'eft autre chofe qu'un peu de poudre qu'on
met fur le baffinet d'une arme à feu, ou à la lumiére d'une piéce d'artillerie; comme bombes, carcaffes, grenades, petards, boulets creux, & autres machines à feu. L'amorce eft auffi une compofition de poudre fine de
falpêtre & de foufre, que l'on pile à part, & qu'on mêle enfuite enfemble;
après quoi on les détrempe avec de l'huile de pétrol, & l'on en fait une
pâte, que l'on sèche à l'ombre, & dont on fe fert à charger les fufées pour
l'amorce de ces machines.

AMORCER. *Laadt-kruidt op de pan van een fchiet-geweer doen.*
C'eft mettre de la poudre à canon fort fine dans le baffinet des armes à feu,
pour les faire tirer: on dit, Amorcer un moufquet; Amorcer un canon.

AMORCEZ. Terme de commandement. *Vult de pan, kruidt op de pan.*

AMOR-

AMORçOIR. *Een groote Fret, Spits-boor, Kuypers boor.*

C'eſt une groſſe vrille dont les Charpentiers ſe ſervent pour commencer les trous qu'on veut faire avec le tariére. Elle eſt emmanchée comme le tarjére.

AMPLITUDE. Voiez, Ortive.

AMURER. *Halſen toehaalen, toeſetten, toerieten, toerejen.*

C'eſt bander & roidir quatre cordages appellez Coüets, qui tiennent aux points d'embas de la grande voile & de la miſéne, pour maintenir la voile du côté d'où vient le vent. Le vaiſſeau ennemi amura ſes baſſes voiles pour gagner au vent; & pour faire la même manœuvre notre Capitaine cria, A-mure bas. Voiez, Coüets & Amures.

AMURER la grande voile. *De Schooverzeil toeſetten.*

C'eſt mettre vers le vent le coin qu'on apelle le point de la voile, à toucher un trou fait dans le côté du vaiſſeau, lequel eſt apellé Dogue d'amure. On dit de même des autres voiles, dont on dit en même tems le nom. L'on amare pour aller au plus près du vent, & vent largue.

AMURE. *Set de halſen toe, Hals toe, Haal de hals toe.*

C'eſt le commandement qu'on fait pour faire amurer, lors qu'on veut faire route près du vent.

AMURE la grande voile. *Groote hals toe.*

AMURER tout bas. *Digt toeſetten.*

C'eſt mettre le plus bas qu'il eſt poſſible le point des voiles qu'on amure, afin que le vaiſſeau s'en porte mieux, & qu'il aille mieux au plus près du vent.

AMURE tout bas. *Hals digt toe.*

SERRE la ſivadiére & le perroquet de beaupré, & amure les coüets. *Neemt de blinden in, en ſet de halſen toe.*

AMURES. *Hals-klampon, Hals-gaaten, Ganten tot de halſen.*

Ce ſont des trous pratiquez dans le platbord du vaiſſeau & dans la gorgére de ſon éperon. Il y a dix Amures, quatre pour les coüets & ſix pour les écoutes des pacfis & de la ſivadiére. Les Amures des coüets de miſéne ſont à la gorgére de l'éperon, *Voiez la figure de l'éperon*, ſous le mot Eperon, à l'endroit marqué par la lettre Q. Les Amures des coüets de la grande voile ſont à l'avant du grand mât, dans le platbord, l'un à ſtribord l'autre à ba-bord: ces deux amures s'apellent Dogues d'amure, *Voiez la figure ſous le mot* Dogue.

Les Amures des écoutes de la grande voile ſont à ſtribord & à babord de l'artimon. Les Amures des écoutes de miſéne ſont à ſtribord & à babord du grand mât.

Les

Les Amures de la fivadiére font auprès des Amures des écoutes de miféne.
Quoi qu'il y ait des Amures pour les écoutes, on ne fe fert du verbe Amurer que pour la manœuvre des coüets; car on dit Border l'écoute, & Haler l'écoute. Les Amures fervent pour aller à la bouline, & ferrer le vent.
Voiez, Coüets.

AMURES d'une voile. *Halfen of Smijten.*
Ce font les manœuvres qui fervent à l'amurer. Voiez, Coüets.

L'AMURE de la grande voile & de la miféne. *Groote hals, Fokke-hals.*

L'AMURE d'artimon. *Befaan-hals-taalie, Befaan-halsje.*
C'eft un palanquin, ou quelquefois une corde fimple.

L'AMURE à babord, l'Amure à ftribord. *Bakboord hals toe, Stuurboord hals toe.*
C'eft l'alternative, pour dire qu'un vaiffeau eft amuré au côté droit, ou au côté gauche.

LES Amures des voilez d'étai. *Stag-zeils halfen.*
Ce font de fimples cordes.

DOGUE d'amure. *Hals-klamp, De groote hals-klamp.*
C'eft le trou qui eft fait dans le côté du vaiffeau à l'embelle. Voiez, Dogue.

A N.

ANCE. Voiez, Anfe.

ANCETTES de boulines, ou Cobes de boulines. *Leeuwers oogen in 't lijk.*
C'eft ainfi que l'on nomme les bouts de corde, qui font attachez à la ralingue de la voile, dont le plus long n'excède pas un pié & demi. Leur ufage eft d'y paffer d'autres cordes que l'on apelle Pattes de bouline.

ANCRAGE. Droit d'Ancrage. *Ankeragie-regt-en-geldt, Ankeragie-geldt.*
C'eft un droit qui eft deu au Prince, ou à l'Amiral, & qui eft paié par ceux qui vont moüiller dans les ports ou rades où il y a de ces fortes de droits établis.

ANCRAGE. Voiez, Moüillage.

ANCRE. *Anker.*
C'eft une groffe piéce de fer, faite en double crochet, qui eft compofée de plufieurs parties, qui font, la verge, les bras, les pattes, la croifée, & l'arganeau, qui fert à amarrer le cable, avec quoi on arrête le vaiffeau; & à le tenir dans l'endroit où l'on jette l'ancre; ce qui fe fait par le moien des pattes, qui étant aigües & courbées, font propres à mordre le terrain au-deffous de l'eau. Les ancres fe jettent à la proüe, & l'on moüille par l'avant du vaiffeau, fi ce n'eft qu'on moüille en croupiére.
,,Comme c'eft des ancres que dépendent le plus la fortune & la vie des Navi-
,,gateurs, & par conféquent auffi la fortune des Marchands, & quelquefois
,,celle des Etats, il ne faut pas manquer de les faire du meilleur fer, c'eft-
,,à-dire, de fer de Suéde & d'Efpagne alliez enfemble. Le fer de Suéde feul
,,eft trop aigre & trop rude; & le fer d'Efpagne, trop doux & trop foi-
,,ble. Il faut auffi prendre garde que les bras foient très-bien foudez avec
,,la verge.
,,Les bâtimens qui naviguent fur les riviéres, ont pour le moins une an-
,,cre; ceux qui naviguent dans les eaux & les canaux de Zélande, font
,,pourvus de deux ancres, mais ceux qui vont à la mer, en ont trois, qua-
,,tre, & davantage.

D 2

,,Pour

„ Pour la longueur de l'ancre on prend le plus souvent les quatre dixiémes
„ parties de la largeur du vaisseau, sous le maître bau. Par éxemple la
„ verge de l'ancre d'un vaisseau qui a trente piés de bau, doit avoir douze
„ piés de long.

„ Quand la verge a, par éxemple, huit piés de long, les deux bras doivent
„ avoir sept piés, en mesurant sur leur arc, & ainsi à proportion. Pour
„ l'arc ou le courbe qu'on leur donne, il n'y a point de régle: l'ouvrier
„ les fait à sa discrétion.

„ Chaque pié de long de la verge, doit donner deux pouces de diamétre
„ à l'arganeau; & chaques trois pouces de large de la verge, doivent don-
„ ner un pouce d'épais dans la rondeur du fer de l'arganeau.

„ Le jas se met au bout de l'ancre, au-dessous de l'arganeau. Ordinaire-
„ ment on le fait aussi long que le sont ensemble l'arganeau & la verge.
„ On lui donne un pouce d'épais dans son milieu, pour chaque pié qu'il a
„ de long, & un demi pouce d'épais dans ses bouts.

„ Pour sa largeur, quoi qu'on lui en donne toujours plus que d'épaisseur,
„ elle ne se régle que par la demande du bois.

„ L'usage du jas est de faire mordre l'ancre; car sans lui les deux pattes
„ tomberoient nécessairement sur le côté, & il seroit impossible que l'une
„ demeurât en haut & que l'autre tombât en bas, pour mordre dans le fond.
„ Voiez, Jas.

„ Quelques-uns prétendent que la patte de l'ancre doit faire la moitié du
„ bras, & que la verge ne doit avoir de long que la longueur d'un bras
„ & demi. D'autres veulent qu'on ne donne à la patte que la moitié de la
„ longueur du bras, prise en-dedans, & qu'elle n'ait de largeur que les deux
„ tiers de sa longueur.

„ On fait l'épreuve des ancres, en les élevant en haut, d'où on les laisse tom-
„ ber sur une espéce de billot de fer, qui est posé en travers: & pour
„ éprouver si la patte se tournera vers le fond, & ira le mordre, on pose
„ l'ancre sur une surface fort unie, le bout d'une patte & l'un des bouts du
„ jas sur la surface. Dans cet état si l'ancre tourne, & que la pointe de la
„ patte s'élève en haut, l'ancre est bonne.

„ Toutes les ancres ont deux bras: ce n'est pas qu'on ne pût se servir d'an-
„ cres à un seul bras; elles seroient plus legéres, & de beau tems elles ne
„ tiendroient pas moins ferme que les autres, mais il ne s'agit pas seule-
„ ment de tenir ferme, il faut que l'ancre puisse mordre en tout tems, &
„ pour cet éfet il faut qu'elle ait un grand poids; c'est pourquoi on ne fait
„ point d'ancres à un seul bras, d'autant plus qu'il faut beaucoup de pré-
„ paratifs, afin de pouvoir s'en servir, & les faire tenir ferme. Dans un
„ navire, tout ce qui donne de l'embaras à manœuvrer, doit être rejetté.

„ On tient que les Habitans de l'isle de Ceilon ou Zeilon, se servent,
„ au-lieu d'ancres, de pierres rondes, auxquelles ils amarrent leurs cables,
„ & qu'ils les jettent à la mer; ce qui arrête aussi leurs bâtimens. Il y a
„ d'autres lieux dans les Indes où l'on se sert d'une espéce de machine de
„ bois, qu'on charge de pierres, & l'on pretend que leurs vaisseaux de-
„ meurent plus fermes, que ceux qui sont sur nos ancres, ou sur les pier-
„ res de Ceilon.

„ On fait l'ancre d'un grand vaisseau plus petite à proportion, que l'ancre
„ d'un

„ d'un petit vaisseau. La raison en est, qu'encore que la mer déploie une
„ égale force contre un petit vaisseau & contre un grand, supposé que
„ tous les deux aient dans l'eau une égale étendüe de bois, qui donne lieu à
„ l'eau d'agir également sur une étendüe égale, néammoins le petit vaisseau,
„ à cause de sa legéreté, n'a pas la même force que le grand, pour résister ;
„ & on tâche d'y supléer par le poids de l'ancre.
„ C'est par cette même raison que le mouvement de l'eau fait plus avancer
„ un petit vaisseau qu'un grand.
„ Plus on est avant en mer, moins un vaisseau à l'ancre ressent-il la violence
„ de l'agitation de l'eau ; & son ancre tient plus ferme.
„ Voici une Table tirée d'un Ecrivain Flamand, par laquelle il fait con-
„ noître, par le moien du bau du vaisseau ou sa longueur en-dedans, combien
„ la verge de l'ancre doit avoir de piés de long, en luy donnant de longueur
„ les quatre dixièmes parties, où deux cinquièmes de cette largeur du vais-
„ seau ; & sur cette proportion, on peut régler celle des autres parties ; à
„ quoi il ajoûte le poids que doit avoir l'ancre, en commençant par un vais-
„ seau de huit piés de large, & haussant de pié en pié jusqu'à quarante-cinq
„ piés de largeur.

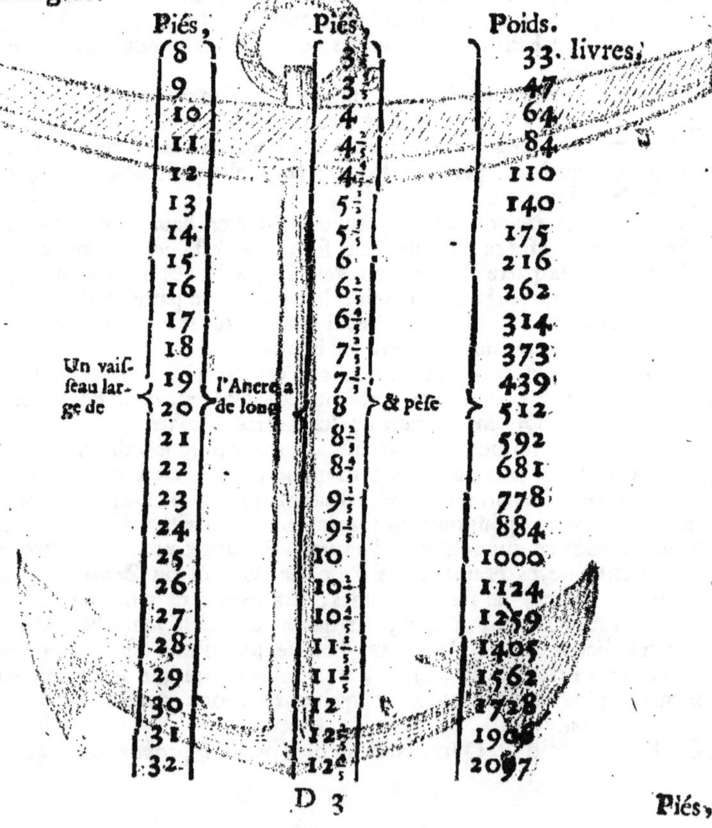

Un vaisseau large de (Piés)	l'Ancre a de long (Piés)	& pèse (Poids)
8	3 1/5	33 livres
9	3 3/5	47
10	4	64
11	4 2/5	84
12	4 4/5	110
13	5 1/5	140
14	5 3/5	175
15	6	216
16	6 2/5	262
17	6 4/5	314
18	7 1/5	373
19	7 3/5	439
20	8	512
21	8 2/5	592
22	8 4/5	681
23	9 1/5	778
24	9 3/5	884
25	10	1000
26	10 2/5	1124
27	10 4/5	1259
28	11 1/5	1405
29	11 3/5	1562
30	12	1728
31	12 2/5	1906
32	12 4/5	2097

Un vaisseau large de (Piés)	l'Ancre a de longueur (Piés)	& pèse (Poids)
33	13 1/5	2300
34	13 2/5	2515
35	14	2742
36	14 2/5	2986
37	14 4/5	3242
38	15	3512
39	15 3/5	3796
40	16	4096
41	16 2/5	4426
42	16 4/5	4742
43	17	5088
44	17 2/5	5451
45	18	5832

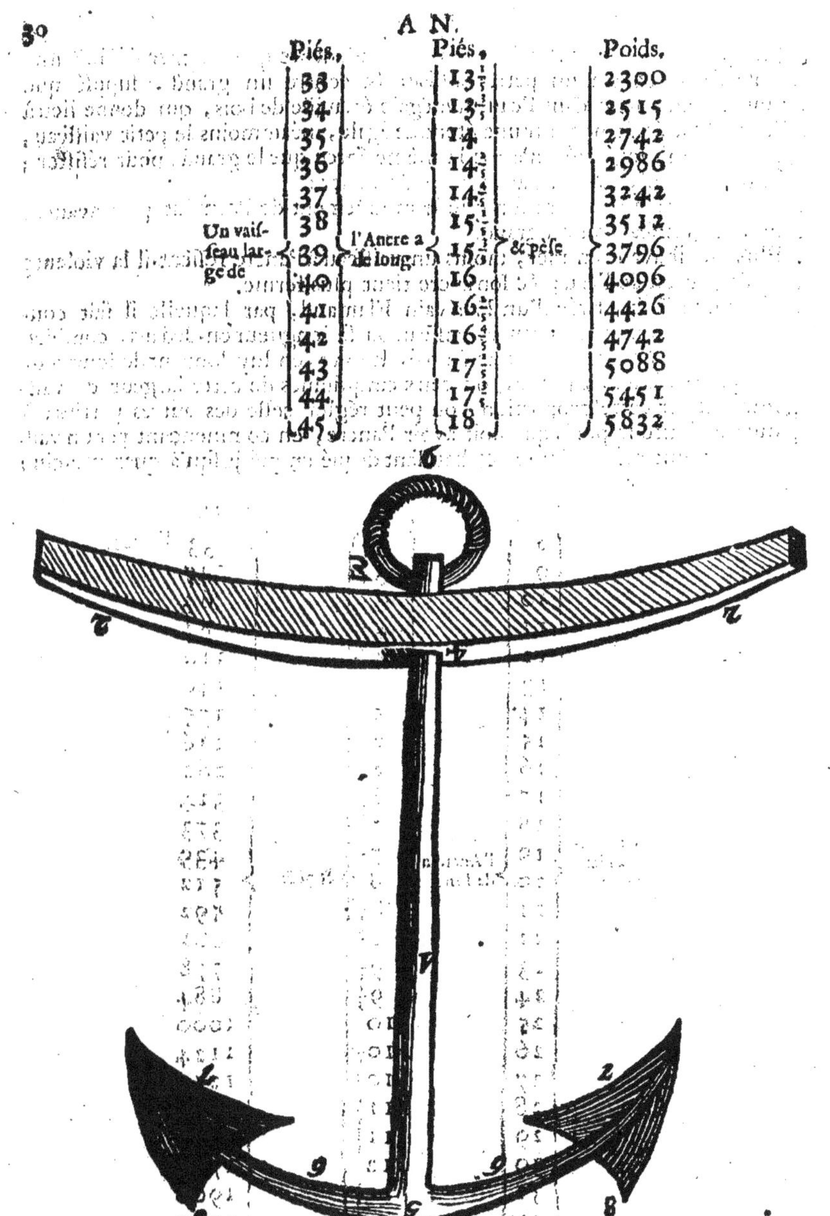

MAI-

MAITRESSE Ancre, ou Grande Ancre. *Plegt-anker Stop-anker.*
C'eſt la plus grande & la plus groſſe de toutes les Ancres d'un vaiſſeau.
,, La verge de la grande ancre d'un vaiſſeau de cent-trente-quatre piés de long
,, de l'étrave à l'étambord, doit avoir treize piés & un pouce de long, &
,, l'ancre doit peſer 1800. livres, ſelon le ſentiment pluſieurs Maîtres; c'eſt un
,, peu plus de longueur que n'ordonne la Règle ci-deſſus, & elle eſt auſſi un
,, peu plus peſante que ne marque la Table précédente.
SECONDE Ancre. *Boeg-anker, Daagelyks Anker.*
C'eſt l'ancre dont on ſe ſert ordinairement.
,, Elle doit peſer 1600. livres, ou un peu plus.
ANCRE d'affourche, ou d'affourché. *Tuy-anker, Vertuy-anker.*
C'eſt une moienne ancre que l'on moüille opoſée à une autre ancre. Voiez,
Affourcher, & Cable.
,, Elle doit peſer 1500. livres, où à-peu-près comme la ſeconde ancre.
ANCRE de toüei, Ancre à toüer, Toüeux. *Werp-anker.*
C'eſt la plus petite; On ne s'en ſert guéres, que dans les rades, lors qu'on
veut changer un navire d'un endroit à l'autre.
,, Elle doit peſer 450. livres. Il y a encore dans un vaiſſeau une ou deux
,, ancres de toüei plus legéres, ou grapins, auxquelles on donne le poids
,, qu'on veut.
,, ANCRE à demeure. *Hofſtee.* C'eſt une groſſe ancre qui demeure tou-
,, jours dans un port ou dans une rade, pour ſervir à toüer les vaiſſeaux.
3. ARGANEAU de l'ancre. Voiez, Arganeau. Ici ſont les chifres de la figure.
BOUDINURE, Embodinure d'ancre. Voiez, Boudinure.
4. BOUT de la verge de l'ancre, ou le quarré de l'ancre. *Het vierkant van het*
anker.
C'eſt le bout où l'on met le jas, qui demeure quarré.
6. BRAS ou Branches d'ancre. Voiez, Bras.
5. CROISE'E de l'ancre. Voiez, Croiſée.
2. JAS d'ancre. Voiez, Jas.
8. OREILLES d'ancre. Voiez, Oreilles.
7. PATTES d'ancre. Voiez. Pattes.
TENONS de l'ancre. Voiez, Tenons.
TROU d'ancre. *Anker-oog.*
C'eſt le trou qui eſt au bout de la verge, où paſſe l'arganeau.
1. VERGE ou Vergue d'ancre. Voiez, Verge.
ANCRER, Jetter l'ancre, Moüiller l'ancre, ou ſimplement Moüiller,
Donner fond, Mettre le vaiſſeau ſur le fer, Laiſſer tomber l'ancre. *Het*
anker werpen, laaten vallen, Ankeren, Ten anker komen.
Tout cela ſignifie la même choſe, & veut dire qu'on arrête le vaiſſeau par
l'éfet de l'ancre. Nous perdîmes notre grande ancre que nous avions
moüillée.
ETRE à l'ancre. *Ten anker leggen, Voor anker leggen.*
,, Lors qu'une flote entiére moüille dans un port, ou que l'on moüille
,, dans un havre où il y a déja beaucoup de vaiſſeaux, le Pilote, & chacun
,, de ceux qui ont quelque commandement, doivent prendre garde à bien
,, moüiller, & que chaque vaiſſeau ſoit à une diſtance raiſonnable des au-
,, tres; qu'il ne ſoit point dans les eaux d'un autre, ni trop près ou trop
,, loin de terre.
                                                                      ,, Si

„Si le vent commence à forcer, il eſt à propos que tous les vaiſſeaux
„filent du cable également, afin que l'un n'aille pas aborder l'autre, ou
„courir ſur ſon cable.

„On eſt moüillé à une diſtance raiſonnable l'un de l'autre; lors qu'il y
„a aſſez d'eſpace entre-deux, pour ne s'aborder point en filant tous les ca-
„bles. Il eſt bon auſſi de hutter les vergues, afin que le vent ébranle
„moins les vaiſſeaux & qu'en cas que par hazard, ſoit en chaſſant,
„ou autrement, ils vinſſent à s'aborder, les vergues des uns ne s'em-
„baraſſent pas dans les vergues & les manœuvres des autres. D'ailleurs on
„fait mieux ranger les bâtimens, lors que les vergues ſont huttées.

„On tient encore que c'eſt une manœuvre avantageuſe que de laiſſer tom-
„ber deux ancres de flot. En ce cas, il faut bien prendre garde que les
„cables ne ſe puiſſent raguer. Ce n'eſt pas, non-plus, une précaution inu-
„tile, que celle de baiſſer les mâts de hune.

„La diſtance la plus raiſonnable qui doit être entre des vaiſſeaux moüil-
„lez, eſt de deux ou trois cables.

ANCRE à la veille. *Een anker voor de boeg klaar om te vieren, Een anker voor de looſe.*

C'eſt celle qui eſt prête à être moüillée. Comme le vent afraîchoit du Sud-
oüeſt nous tinmes notre grande ancre à la veille.

ANCRE du large. *Anker uitter zee.*

C'eſt ainſi qu'on apelle une ancre qui eſt moüillée vers la mer, lors qu'il
y en a une autre qui eſt moüillée vers la terre.

ANCRE de terre. *Anker aan landt.*

C'eſt celle qui eſt moüillée près de terre, & oppoſée à celle qui eſt moüillée au large.

ANCRE de flot, & Ancre de Juſſant ou Juſant. *Anker voor de vloedt, Anker voor de eb.*

C'eſt lors qu'on parle de deux ancres moüillées de telle ſorte, que l'une
étant oppoſée à l'autre, elles tiennent le vaiſſeau contre la force du flux
& du reflux de la mer.

ETRE ſur les ancres de flot & de juſſant. *Over eb en vloedt leggen.*

BRIDER l'ancre. *'t Anker bekleeden.*

C'eſt enveloper les pattes de l'ancre avec deux planches, lors qu'étant obligé de moüiller dans un mauvais fond, on veut empêcher que le fer de la
patte ne creuſe trop, & n'élargiſſe le ſable; & que le vaiſſeau ne chaſſe.
Voiez, Soulier.

LEVER l'ancre. *'t Anker ligten, uit de grondt ophiſſen.*

C'eſt la retirer & la mettre dans le vaiſſeau pour faire route. Le vent étant
devenu favorable nous levâmes l'ancre, & apareillâmes pour continuer
notre route.

LEVER l'ancre par les cheveux. *'t Anker met de boeireep opligten.*

C'eſt la tirer du fond avec l'orin qui eſt frapé à la tête de l'ancre.

VA lever l'ancre avec la chaloupe. *Vaart met de boot naar 't anker toe, en ligt 't
met de boeireep op.*

C'eſt un commandement d'aller prendre l'ancre par la chaloupe, qui la hale par ſon orin & la raporte à ſon bord.

LEVE l'ancre d'affourché, ſavoir, avec le navire. *Viert nu tui-touw, met 't Schip.*

C'eſt

C'eſt filer du gros cable & virer ſur l'autre juſques-à-ce qu'il ſoit ſur le bord.

GOUVERNER ſur l'ancre. *Op 't anker ſtuuren.*

C'eſt virer le vaiſſeau quand on lève l'ancre, & porter le cap ſur la boüée, afin que le cable vienne plus droiturier aux écubiers & au cabeſtan.

JOUER ſur ſon ancre. *Op ſijn anker rijden, omdraaijen.*

FILER ſur les ancres. Voiez, Filer.

COURIR ſur ſon ancre. *Op ſijn anker gieren, Voor 't anker op komen.*

CHASSER ſur ſes ancres, Arer. *Doordrijven, Meegaan, Deurgaan, Driftig raaken, Drijven voor ſijn anker.*

C'eſt lors que le vaiſſeau entraîne ſes ancres, & s'éloigne du lieu où il a möüillé, ce qui arrive quand le gros vent ou les coups de mer ont fait quitter priſe à l'ancre, à cauſe de la force avec laquelle le navire l'a tirée. Quelques-uns l'ont apellé improprement, Filer ſur ſon ancre. On dit auſſi ſimplement, Chaſſer. Le vaiſſeau chaſſe. Pendant cet orage deux de nos vaiſſeaux chaſſérent ſur leurs ancres, un par la force du vent & des coups de mer, & l'autre parce que le fond étoit de mauvaiſe tenüe. Voiez, Arer, Chaſſer.

ANCRE qui a ruſé. *Een anker dat doorgegaan is.*

FAIRE venir l'ancre à pic, Virer à pic. *'t Bot inkorten ſoo verre dat 't anker op en neer ſtaat.*

C'eſt remettre le cable dans un vaiſſeau qui ſe prépare à partir, en-ſorte qu'il n'en reſte que ce qu'il faut pour aller à plomb du navire juſques à l'ancre; & qu'en virant encore un demi tour de cable, elle ſoit enlevée tout-à-fait hors du fond.

L'ANCRE a quitté, l'Ancre eſt dérapée. *Het anker heeft geſlipt, is losgeraakt, heeft uit de grondt geſprongen.*

C'eſt-à-dire que l'ancre, qui étoit au fond de l'eau, pour arrêter le navire, ne tient plus à la terre.

L'ANCRE paroît-elle? *Steekt het anker boven waater?*

C'eſt une demande qu'on fait, lors qu'on retire une ancre du fond, pour ſavoir ſi elle eſt à la ſuperficie de l'eau.

CAPONNER l'Ancre. Voiez, Capon.

BOSSER l'ancre & la mettre en place. *Het anker opſetten.* Voiez, Boſſer.

L'ANCRE eſt au boſſoir. *Het anker is onder de kraanbalk; hangt voor de kraan.*

Cela ſe dit lors que ſon grand anneau de fer touche le boſſoir.

A L'ANCRE. Voiez, Vaiſſeau à l'ancre.

ANCRE qui n'a point de boüée. *Een anker dat blindt is.*

ANCRAGE. *Anker-grondt.*

C'eſt un poſte ou terrein de mer propre à jetter l'ancre, ſoit à-cauſe de la nature du fond, ſoit pour la raiſonable profondeur de l'eau, & la commodité de l'abri. L'ancrage eſt bon à l'Oüeſt de cette rade. Vous trouverez au Sud-eſt de cette iſle un bon ancrage, ſur vingt braſſes d'eau; mais donnez vous de garde de möüiller ſur quelqu'une des ancres qui ont été perdües, car elles couperoient vos cables. Le Nord eſt le ſeul traverſier de cet ancrage. Voiez, Möüillage.

ANCRAGE, Droit d'Ancrage. *Ankeraſie-regt-en-geldt.*

E

C'eſt

C'eſt un droit qu'on paie pour la liberté d'ancrer. Par toute cette côte on ne paie aucun droit d'ancrage, ni à l'Amiral, ni aux Seigneurs particuliers de chaque rade.

ANDAILLOTS. Voiez, Daillots.

ANGES. *Ketting-en-bouts-kogels, kneppels.*

C'eſt une ſorte de boulet de canon qu'on apelle ainſi: il eſt fendu en deux, & chaque moitié eſt attachée par une chaîne de fer. Ces boulets ſont d'un grand uſage ſur la mer, où l'on s'en ſert pour rompre les mâts, les cordages, & les manœuvres des vaiſſeaux ennemis.

ANGLE. *Winkel.*

C'eſt le concours de deux lignes qui ſe rencontrent à un point, non directement.

ANGUILLE'RES, Anguillers, Anguillées, Lumiéres, Vitonnieres, Bittoniéres. *Log-gaaten, Lok-gaaten.*

Ce ſont des entailles faites dans les varangues dont le fond du vaiſſeau eſt compoſé. Ces entailles ſervent à faire couler l'eau qui eſt dans le vaiſſeau, de la proüe juſques aux pompes. Comme nos Anguillers étoient pleins de l'ordure qui s'y amaſſe, nous y paſſâmes une corde, qui regnoit tout du long, & nous faiſions aller & venir cette corde, pour nétoïer l'égout.

ANNEAU. *Ring.*

C'eſt un cercle fait de fer, ou d'autre matiére ſolide, dont on ſe ſert pour attacher les vaiſſeaux. Il y a dans tous les ports, & dans tous les quais, des anneaux de fer, pour attacher les navires & les bateaux.

ANNEAUX de vergues. *Raa-ringen.*

Ce ſont de petits Anneaux de fer, que l'on met deux enſemble dans de petites crampes, qu'on enfonce, de diſtance en diſtance, dans la grande vergue, & dans la vergue de miſéne; l'un de ces anneaux ſert à tenir les garcettes qui ſervent à plier les voiles; & pour arrêter ces mêmes garcettes, on en paſſe le bout dans l'autre anneau.

ANNEAUX de Chaloupes. *Boots ringen, Yſere oogen op den overloop om de ſloep vaſt te maaken.*

Ce ſont de groſſes boucles de fer ſur le plus haut pont, qui ſervent à y amarrer les chaloupes.

ANNEAUX de ſabords. *Poort-ringen.*

Ce ſont de certaines boucles de fer médiocrement groſſes, dont on ſe ſert pour fermer, ſaiſir & amarrer les mantelets des ſabords.

ANNEAUX ou Boucles d'écoutilles. *Ringen tot de luiken.*

„ Il y a des anneaux de fer ſur les tillacs, proche des écoutilles, pour les „ amarrer & tenir fermes pendant le gros tems: il y en a auſſi pour les ca- „ nons par-derriére, & ils ſervent à les mettre aux ſabords, ou à les haler „ en-dedans.

ANNEAUX d'étai. Voiez, Daillots.

ANNEAU de corde. *Een oog in een touw.*

C'eſt ce qui ſert à faire un nœud coulant.

ANORDIE. *Een ſtormig Noord-windt.*

On apelle ainſi des tempêtes de vent de Nord, qui s'élèvent en certains tems dans le golfe de Méxique, & aux côtes de la Nouvelle-eſpagne.

ANSE. *Een Inwijk der zee, die ſoo krom niet en is als een zee-boeſem, Een Inham die niet diep is.*

C'eſt

C'eſt un bras de mer, qui ſe jettant entre deux caps ou pointes de terre, y forme un ventre, ou un enfoncement peu profond; mais plus grand que celui que fait un port, & moindre que celui que font la baie & le golfe. A l'Oüeſt de ce parage il y a une anſe, & les deux pointes qui forment l'anſe giſent entr'elles Nord & Sud.

ANSE de Sable. *Sandt-baai, Een kleine Sandt-baai tuſſchen twee kaapen in.*

ANSEATIQUE, Hanſéatique, Villes Anſéatiques. *Hanſe-ſteeden, Hanſee-ſteeden, Aan-zee-ſteeden.* Voiez, Hanſe.

ANSPECT. *Spaak, Handt-ſpaak.*
Les matelots uſent de ce mot pour dire un Levier.

ANSPESSADE, Lanſpeſſade. *Lanspeſaad, Gevrijdt.*
C'eſt un bas Oficier d'infanterie, deſtiné à ſoulager le Caporal qu'il reconnoît au-deſſus de lui, & qui eſt pourtant au nombre des hautes paies.

ANTENNE, mot des Levantins pour ſignifier une vergue. Voiez, Vergue.

ANTIPODES. *Tegen-voeters, Antipodes.*
Ce ſont les habitans des païs diamétralement opoſez, & qui, par conſéquent, ſont dans des parallèles également éloignez de l'Equateur, & dans des différentes moitiés d'un même Méridien. Ils ont les mêmes ſaiſons, même chaud en Eté, même froid en Hiver, & même longueur de jours & de nuits, mais en divers tems; au-lieu qu'ils ont toutes choſes contraires dans le même tems, les piés, les ſaiſons, le froid, le chaud, le jour, la nuit, le midi & le minuit.

ANTISCIENS. *Tegen-over-woonders, Antiſi.* On donne ce nom aux peuples qui habitent des lieux opoſez deçà & delà l'Equateur: ils ont le midi au même tems, mais leurs ombres tournent différemment, l'une vers le pole Septentrional, & l'autre vers le pole Auſtral. Quand nous avons l'Eté ils ont l'Hiver; & au-contraire quand nous avons l'Hiver ils ont l'Eté.

ANTOIT. *Schot-bout.*
C'eſt un inſtrument courbé de fer, dont on ſe ſert en conſtruiſant un navire pour faire aprocher les bordages près des membres, & les uns près des autres. Au-lieu de cela les Hollandois ſe ſervent de chevilles à boucles & à goupilles, qu'ils font paſſer dans les membres, qu'ils percent exprès; & ils font aprocher le bordage, ou la préceinte, du membre où eſt la cheville, par le moien des cordes qu'ils y mettent, c'eſt pourquoi on traduit ici en Flamand ce mot d'Antoit par celui de *Schot-bout*, dont voici la figure.

APARTEMENS d'un vaiſſeau. *Kaamers, Vertrekken.*
Ne pourront, les Gardiens, prendre leur logement dans les chambres & principaux apartemens des vaiſſeaux, mais ſeulement à la Sainte-barbe & entre les ponts.

APLESTER, Apleſtrer. *De zeilen los maaken, en ter windt-vang ſtellen.*
C'eſt déplier & étendre les voiles, aparciller, les mettre en état de recevoir le vent, quand on eſt prêt de partir.

E 2

APPARAUX, Aparaux. *Zeil en treil, Tuig.*

Ce mot fignifie les voiles, les manœuvres, les vergues, les poulies, les ancres, les cables, le gouvernail, & l'artillerie du vaiffeau ; de-forte qu'il défigne plus de chofes que le mot d'Agreils, & moins que celui d'équipement, lequel fignifie, outre cela, les gens de l'équipage & les victuailles.

APPAREIL. Apareil de pompe. *Pomp-hartie.*

C'eft le pifton de la pompe. Voiez, Pifton.

APPAREILLER, Apareiller. *Een fchip onder zeil brengen, Sig zeil-vaardig maaken, Sig klaar maaken om te zeilen, Onder zeil gaan, De zeilen ontflaan.*

C'eft difpofer toutes chofes dans un vaiffeau pour mettre à la voile. On dit qu'une voile eft appareillée, pour dire qu'elle eft déploiée en état de recevoir le vent. Notre vaiffeau apareilla plus vîte que la flûte, quoi qu'elle eût filé fon cable bout par bout. Pour appareiller il faut ordinairement virer l'ancre & la boffer, déferler ce qu'on veut porter de voiles, & mettre toutes les manœuvres en état, en larguant quelques-unes, & halant fur quelques autres, &c.

APPAREILLE'E. Voile apareillée. *Een ontflaagen en ter windt-vank gefteldt zeil.*

C'eft une voile mife dehors, Voile mife au vent, c'eft-à-dire, déploiée pour prendre le vent ; ce qui eft le contraire de Voile ferlée, ou de Voile carguée. Nos voiles étoient appareillées, mais le vent calma. Ce vaiffeau eft apareillé à voile latine ; cet autre vaiffeau eft apareillé à trait quarré, ou à voile quarrée.

APPELLE, Apelle. Une manœuvre qui appelle de loin, ou de près. *Een touwerk dat verre van de maft vaart, of digt by van de maft vaart.*

C'eft-à-dire, qu'elle eft attachée loin, ou près du lieu où elle doit fervir.

APPIQUER, Apiquer. Le cable appique. *Het anker komt op en neer.*

C'eft-à-dire que le vaiffeau aproche de l'ancre qui eft moüillée, & que le cable étant halé dans le navire, il commence à être perpendiculaire ou à pic.

APIQUER. Voiez, Hutter.

APIQUER la vergue de fivadiére. *De blinde ree optoppen, De blinde ree aanbraffen en regt toppen.*

APPLANIR, Unir une piéce de bois. *Slechten, Slegten.*

C'eft la rendre de niveau, ou faire que fa fuperficie foit unie.

APPOINTE' ou Morte-paie. *Appointé of Dood-eeter.*

„C'eft un homme qui étant à bord ne fait rien s'il ne veut, quoi que l'Etat „paie fa dépence & fes mois de gages ; & en cela il différe d'un Volontai„re.

APPUI de fenêtre. *Schoor, Steunfel.*

C'eft ce qui en eft l'accoudoir.

APROCHER, S'aprocher du vent. *By laaten koomen.*

AQUE, Acque. *Aak, Beitel-aak.*

C'eft une forte de bâtiment qui amène des vins de Rhin, ou de Cologne, en Hollande. Ils font plats par le fond, larges par le bas, hauts de bord, fe rétreciffant par le haut. Leur étrave eft large auffi-bien que leur étambord.

ARA L-

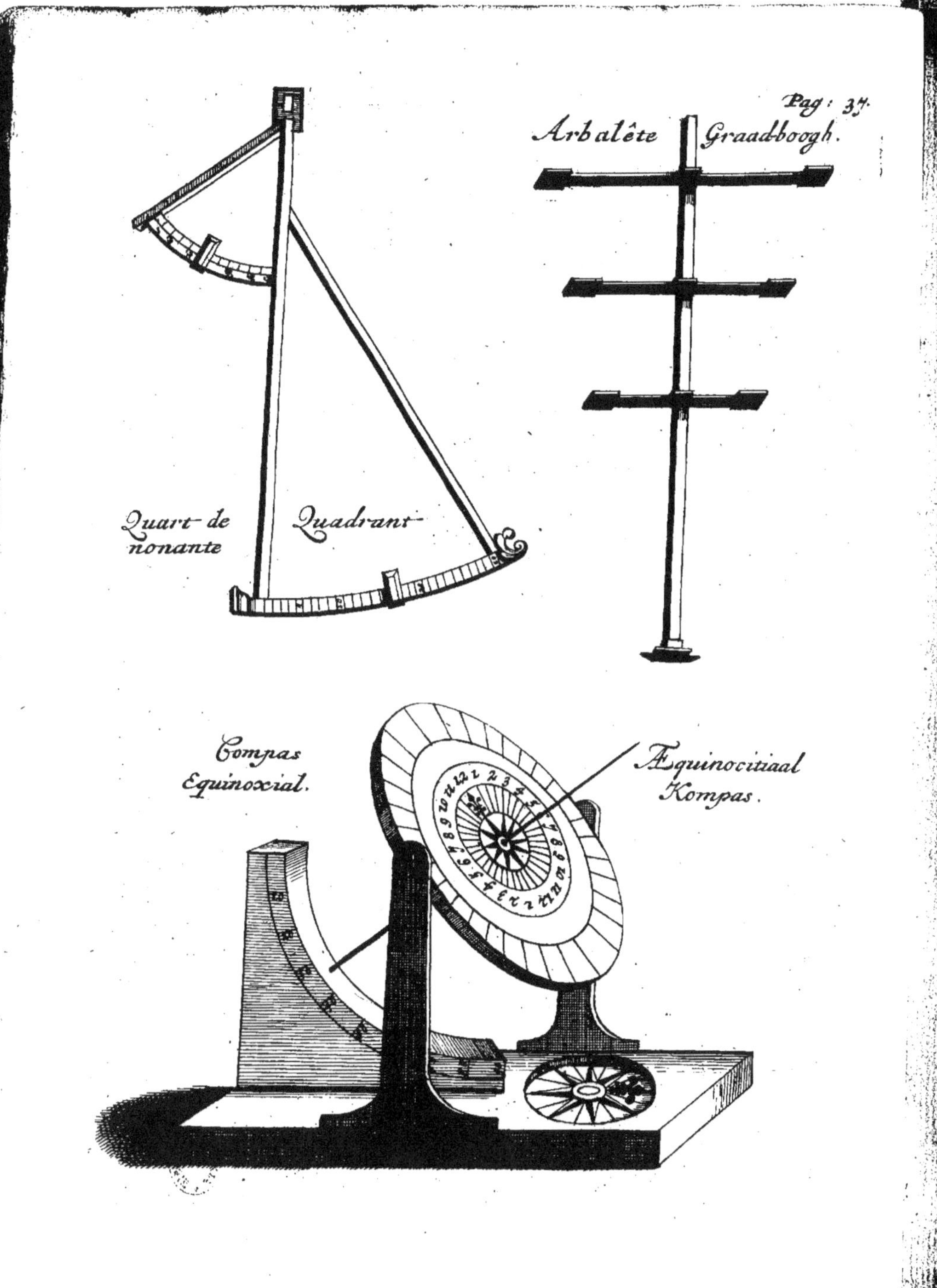
Arbalête Graadboogh.
Quart de
nonante
Quadrant
Compas
Equinoxial.
Æquinocitiaal
Kompas.

ARAIGNE'E, Araignées, Martinet, Moques de trelingage. *Diodts-hooft-bloks.*

Ce font des poulies particuliéres, où viennent paſſer les cordages apellez Martinets ou Marticles. Ce nom d'Araignée leur a été donné à-cauſe que les Martinets forment pluſieurs branches, qui ſe viennent terminer à ces poulies, à-peu-près de la même façon que les filets d'une toile d'araignée viennent aboutir, par de petits raïons, à une eſpéce de centre.

Le mot d'Araignée ſe prend quelquefois pour le Martinet ou les Marticles, comme le Martinet ſe prend auſſi pour les Araignées.

ARAMBER. *Aanklampen.*

C'eſt accrocher un bâtiment pour venir à l'abordage, ſoit qu'on emploie le grapin, ſoit d'une autre ſorte.

ARBALETE, Arbaleſte, Arbaleſtrille, Fléche, Bâton de Jacob, ou Raïon Aſtronomique. *Graadt-boog.*

C'eſt un Inſtrument d'Aſtronomie, qui, par ſes gradüations, ou diviſions géometriques, ſert à prendre les hauteurs des aſtres, pour en conclurre quelle eſt l'élévation du pole; ou, ce qui eſt la même choſe, pour déterminer combien on eſt éloigné de la Ligne Equinoxiale, dans le lieu où l'on prend hauteur. L'Arbalête eſt compoſée de trois ou de quatre petites piéces de bois, dont la plus longue s'apelle Fléche ou Verge; & des autres les unes s'appellent Curſeurs & l'autre Marteau. La Fléche eſt taillée à quatre pans, châcun deſquels a ordinairement une gradüation particuliére. Les Curſeurs & le Marteau ont dans leur milieu chacun un trou, au-travers duquel paſſe la Fléche. On appelle Marteau la petite piéce qui ſe met à l'extrémité inférieure de la Fléche, & les autres piéces s'apellent Curſeurs, parce que l'Obſervateur ou Hauturier les fait courir le long de la fléche, pour conduire & fixer ſon raïon viſuel. Nôtre Pilote hauturier eut toute la nuit l'arbalête en main, & ſur la hauteur de l'étoile du Nord il nous aſſura que nous étions par les trente-ſix degrès de la bande du Nord; c'eſt-à-dire que nous avions trente-ſix degrès de latitude Septentrionale, & que le pole Arctique étoit élevé de trente-ſix degrès ſur l'horiſon. Voiez, Croiſade, & Gardes.

ARBORER un mât. *Een maſt inſetten.*

C'eſt mâter, ou dreſſer un mât ſur le vaiſſeau. Leurs galéres avoient arboré dans le tems que les nôtres deſarboroient: c'eſt-à-dire, Leurs galéres apareilloient, & levoient leur meſtre & leur trinquet, dant le tems que nos galéres dématoient, ou abatoient leurs arbres. Le mât de hune eſt arboré ſur le grand mât.

ARBORER le pavillon, *De vlag opſetten, of uitſtecken en laaten waaijen.*

C'eſt le hiſſer & le déploier. Leur Amiral Mit le perroquet en banniére, & le nôtre arbora le pavillon.

ARBRE. C'eſt le nom que les Levantins donnent à un mât.

ARBRE de meſtre. C'eſt le grand mât. Voiez, Mât.

ARBRE de meule. *Spil.*

C'eſt le fer qui paſſe au-travers de quelque meule, & qui ſert à la faire tourner.

ARBRE. Arbre d'une grüe. *Staander.*

C'eſt une groſſe piéce de bois, qui demeurant ferme ſoutient d'autres pié-

E 3

ces

ces qui tournent deſſus, comme on peut voir, dans les grücs, où le rancher tourne ſur un poinçon qui eſt au bout de l'arbre.

ARC. *Boog.*
Ce mot ſe dit de toutes les choſes qui ſe font en ligne courbe: ainſi on
apelle Arcs ou Arceaux, les voutes & les fenêtres qui ſont cintrées, &
non pas quarrées. Ce même terme ſe dit auſſi généralement de toutes les autres choſes, qui ſont en ligne courbe. En cet endroit le rivage ſe courbe en
arc, pour former un golfe ou une anſe. Cette riviére ſe forme en arc & fait
un grand détour. Il ſe dit encore, en Aſtronomie, d'une portion de cercle, qui fait partie d'un cercle diviſé en trois cens-ſoixante parties; & l'on
dit, un Arc de ſoixante, de quatre-vingts-dix, & de ſix-vingts degrez;
l'Arc diurne du Soleil; l'élévation du pole ſe meſure par un Arc pris ſur le
Méridien.
,,LA porte de la dunette ſe fait en arc ou arceau. *De ingang van de hutte is*
,, *met een rondt boog.*

ARC, ou Ligne courbe de l'eperon. *Boog.*
C'eſt en longueur la diſtance qu'il y a du bout de l'éperon à l'avant du vaiſſeau, par-deſſus l'éperon. Ce courbe ſe forme principalement par les aiguilles, ou plutôt par l'aiguille inférieure, & par la gorgére. Il n'y a pas
encore longtems qu'on donnoit à l'éperon beaucoup moins d'arc qu'on ne
lui en donne aujourd'hui; mais en Hollande on lui en donne encore moins
qu'on ne fait en France, & l'on prétend que les François vont en ce point
juſqu' à l'excès.

ARCQUER, S'Arquer. *Opgeſet worden, Een rug opſteeken, Gebocheldt wor-*
den.
C'eſt ſe courber en arc; ce qui ſe dit de la quille, lors que mettant le vaiſſeau à l'eau, ou-bien lors que faiſânt voiles, & venant à toucher par l'avant
ou par l'arriére, pour être inégalement chargé, la quille ſe dément par cet
éfort, devient arquée, & perd de ſon trait, ou de ſa figure ordinaire. Faites bâtir vos vaiſſeaux dans une forme, & la quille ne ſera pas en danger
d'être arquée lors que vous les ôterez de deſſus le chantier, pour les mettre
à l'eau.

ARCQUE', Arqué, Quille arquée. *Een kiel die een opgeſet rug heeft, die ge-*
boogen is, die een rug opſteekt.
C'eſt-à-dire, un navire dont la quille & les côtés ſont pliez, ce qui fait que
les deux bouts ſont plus tombez que le milieu.

NAVIRE Arcqué. *Een ſchip dat een rug opſteekt.*
C'eſt-à-dire, plié ou courbé en arc. Ce vaiſſeau eſt arcqué; ceſt-à-dire
que ſa quille eſt courbée en arc, ſoit que le vaiſſeau ait touché ſur un terrein mal uni, ou qu'il ſoit vieux.

ARCQUE'. Terme de Charpentier. *Bogtig.*
C'eſt lors qu'une poutre, ou une autre bois ſe trouve courbé naturellement, ou que le Charpentier le taille de la ſorte.

ARCANNE. *Roode kryt.*
C'eſt une eſpéce de terre rouge, dont les Charpentiers ſe ſervent pour tein-
dre les cordeaux avec leſquels ils marquent leur bois: ils ſe ſervent auſſi
de craic blanche.

AR-

ARCASSE. *Spiegel.*

C'est ce qui est contenu entre les deux estains, qui sont les deux piéces de bois qui forment le rond de l'arriére d'un vaisseau : ou-bien ; C'est le derriére du gaillard & tout le bordage de la poupe, dont la hauteur est déterminée par l'étambord & le trepot, & sa largeur par la lisse de hourdi ou grande barre d'arcasse. On voit dans la figure ci-dessous les grosses & principales piéces qui composent l'Arcasse : 1. est l'Etambord : 2. la Clef des Estains : 3. les Estains : 4. les Allonges de poupe : 5. la Lisse de hourdi : 6. les Montans des sabords : 7. les Contre-lisses : le tout selon qu'on le trouve dans un bon Auteur Flamand.

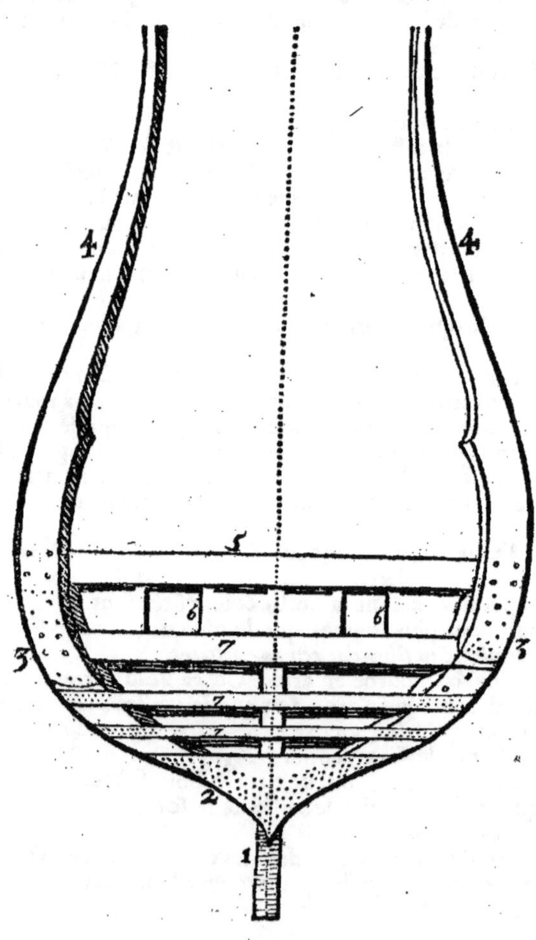

Et dans la figure qui est ici à côté, on voit toute l'Arcasse, avec son bordage & ses ornemens, jusqu'à la lisse de hourdi. Cette figure est proportionée pour un vaisseau de cent-quarante-cinq piés de long pris de l'étrave à l'étambord, trente-six piés de large, & quinze piés de creux, mesure d'Amsterdam : elle a été fournie par un habile Maître Charpentier & excellent Mathématicien Flamand.

AA. L'Etambord qui a de hauteur, à prendre sur la quille ou en ligne perpendiculaire, vingt-sept piés; un pié sept pouces d'épais; deux piés de large par le haut; deux piés sept pouces au-dessous des Estains; & sept piés par le bas.

BB. La Lisse de hourdi, qui a vingt-sept piés de long; un pié neuf pouces d'épais; un pié sept pouces de large en son milieu; un pié cinq pouces par les bouts; un pié & un pouce ou douze pouces de courbe.

CC. Les Estains, qui ont douze piés de haut, à prendre perpendiculairement du bout de l'Etambord par le haut, jusques a l'endroit où ils le joignent vers le bas.

DD. Les Contre-lisses ou Barres de contre-arcasse, qui ont un pié quatre pouces d'épaisseur.

EE. Les Montans des sabords, qui marquent la largeur des sabords de l'arcasse, & qui ont huit pouces d'épais.

F. Le Revers d'Arcasse, qui commence à faire saillie à la lisse de hourdi, sur laquelle il se termine; & qui est de trois piés.

GG. L'Architrave, qui a cinq pouces & demi d'épais, & un pié trois pouces de large.

HH. Le Tore, qui a quatre pouces d'épais.

II. La Frise qui est au-dessus du revers, & qui bombe; avec deux sabords.

KK. Une autre Frise, sous les fenêtres de la chambre du Capitaine, qui a cinq pouces d'épais.

LL. La Simaise, qui a quatre pouces d'épais; un pié sept pouces de large en son milieu; & deux piés par les bouts.

M.M.M.M. Les Fenêtres de la chambre du Capitaine.

NN. Le Tore au-dessus des fenêtres de la chambre du Capitaine, qui a quatre pouces d'épais.

O. Le Miroir ou Fronteau d'armes, qui a sept piés six pouces de haut.

P.P.P.P. Les Barres du Couronnement, entre lesquelles il y a une frise; étant toutes deux un peu moins épaisses que les autres piéces qui sont au-dessous; & la frise moins épaisse aussi que les autres frises. Ces trois piéces ont ensemble deux piés six pouces de haut.

QQ. Le Couronnement, qui a un pié six pouces de haut, en son milieu.

RR. Les Allonges de poupe ou Trepots, qui ont vingt quatre piés de haut au-dessus de l'Etambord.

S. Terme.

TT. Les Galeries, dont le bas répond sur le bordage qui sert de base aux sabords.

V. Terme au-dessus de la galerie du côté de l'arcasse.

W. Gros Termes, qui servent de suports aux galeries.

X. Daufin sur le côté du revers.

Y.Z.

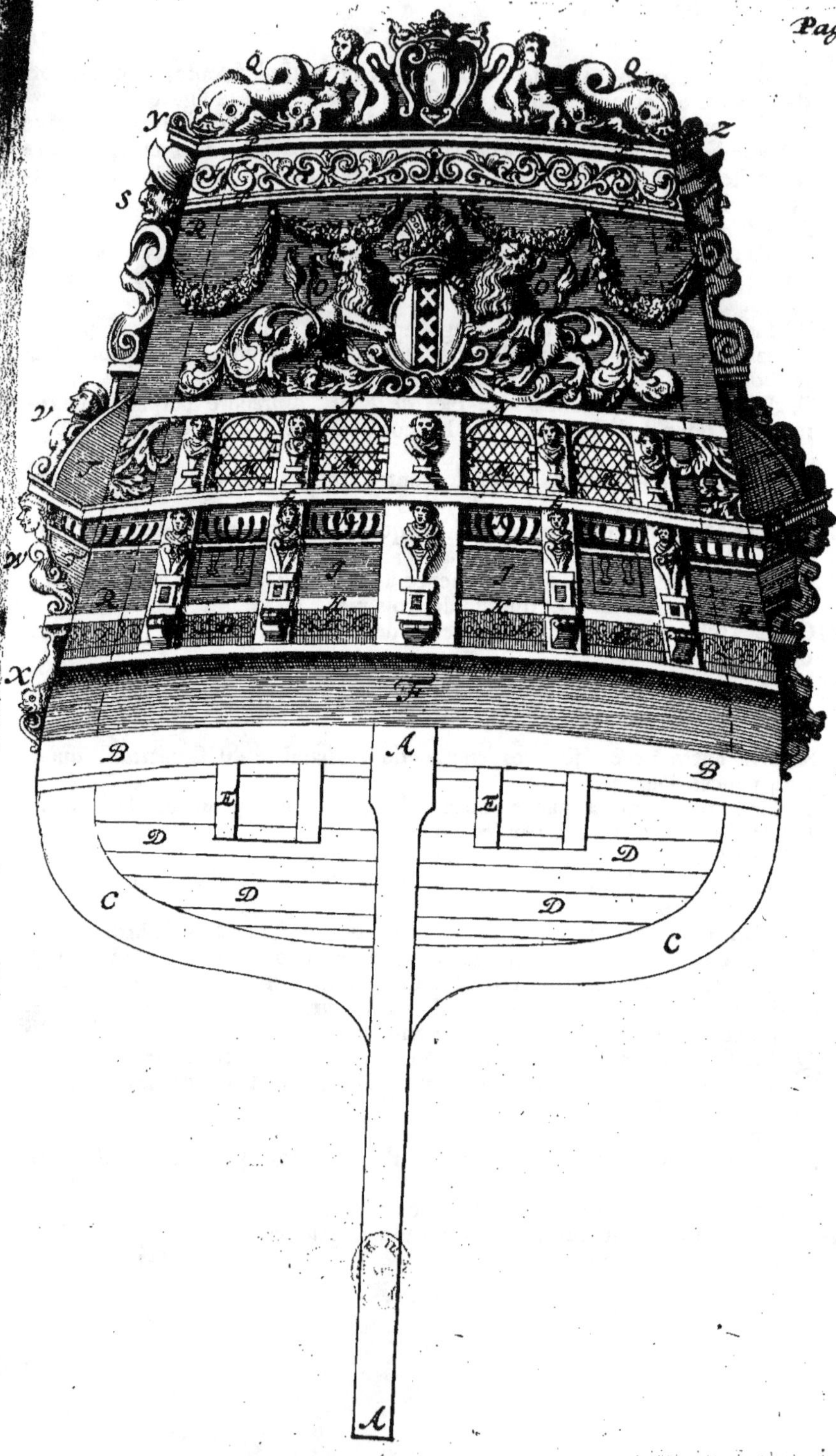
Q
Q
Y
Z
S
R
R
O
O
V
T
W
R
X
F
A
B
B
E
E
D
D
D
D
C
C
A

Z. Z. La largeur entre les deux Trepots par le haut, qui eſt de ſeize piés.

ARCASSE, ou Moufle d'une poulie. *Een blok ſonder ſchijf.*

C'eſt le corps de la poulie qui en renferme le roüet. Les poulies, qui ſervent aux vaiſſeaux, ſont bandées & ſuſpendües par des cordes apellées Etropes.

ARC-BOUTANS. *Gijken, Geiken, Spieren, Spaaken.*

Un Arc-boutant eſt une eſpéce de petit mât, de vingt-cinq à trente-piés de long, ferré par un bout avec un fer à trois pointes, de ſix à huit pouces de longueur, dont l'uſage eſt de tenir les écoutes des bonnettes en étui, & de repouſſer un autre vaiſſeau s'il venoit à l'abordage.

ARCS-BOUTANS. *Karviel-houten.*

Ce ſont des piéces de bois entaillées ſur les baux ou barrots, & ſervant à ſoutenir les barrotins.

ARCS-BOUTANS d'échafaut. *Swieping.* Voicz, Triangle.

ARCENAL ou Arſenal de marine. *Zee-magazijn, Zee-admonitie-huis, Arſenal.*

C'eſt un port où le Prince entretient ſes Oficiers de marine, ſes vaiſſeaux, & les choſes néceſſaires pour armer: c'eſt auſſi l'eſpace & renclos particulier qui ſert à la conſtruction des vaiſſeaux, & à la fabrique des armes.

ARCHE. *Kooker, 't Beſchot-werk daar mee de pomp in 't vierkant afgeſondert wordt.*

C'eſt la boite de menuiſerie qui couvre la pompe, afin qu'elle ne ſoit point endommagée: on ſe ſert auſſi pour cela de cordes dont la pompe eſt ſurliée, & qui s'apellent en Flamand *Pomp-kleeden.*

ARCHIPEL, Archipélage, ou Archipélague. *Een Archipelago, Een zee-ſtreek met veel eilanden bezaait.*

Les Géographes apellent ainſi une certaine étendüe de mer, que quantité d'iſles entrecoupent: comme la mer Egée qui eſt nommée l'Archipel par excellence, & qui eſt conſidérable en ce qu'elle enferme en peu d'eſpace pluſieurs mers de différens noms. La mer qui baigne les iſles Philippines eſt apellée le Grand Archipel, ou l'Archipélague de St. Lazare. Il y a encore l'Archipélague des Maldives, celui du Méxique, & quelques autres.

ARCHIPOMPE, ou Puits. *Sood, Pomp-put, Durk.*

C'eſt une enceinte ou retranchement de planches, dans le fond de cale, pour recevoir les eaux qui ſe déchargent vers l'endroit où elle eſt ſitüée. Les pompes ſont élevées au milieu d'une archipompe. Le matelot qui va viſiter l'archipompe, & qui trouve que l'eau ne franchit pas, y jette une ligne chargée d'un plomb, pour ſonder & meſurer la profondeur de l'eau, On y met quelquefois les boulets de canon.

ARCHITECTURE navale. *Scheeps-bouw.*

C'eſt ainſi qu'on apelle la conſtruction des vaiſſeaux.

ARCHITRAVE, Epiſtyle. *Architraaf, Architraab.*

C'eſt une piéce de bois miſe ſur des colomnes au-lieu d'arcades, qui eſt la premiére & la principale, & qui ſoutient les autres.

„Au-deſſous de la plus baſſe friſe de l'arcaſſe, qui ſert de baſe aux Termes, il „y a une Architrave, qui, dans un vaiſſeau long de cent-trente-quatre piés

F

„de

„de l'étrave à l'étambord, doit avoir deux piés de large , & quatre pouces
„& demi d'épais.

ARDENT, Feu St. Elme, Caſtor & Pollux. *Vree-Vuuren, Caſtor en Pollux.*
C'eſt un météore, ou feu follet, formé de quelques exhalaiſons graſſès,
qui s'élèvent & s'enflamment après l'orage, & paroiſſent ſur les mâts & les
vergues des vaiſſeaux.

ARDENT. Vaiſſeau ardent. *Een heet en loefgierig ſchip.*
C'eſt celui qui a ſon inclination à aprocher du vent.

ARER, ou Chaſſer ſur ſes ancres. *Driftig zijn, Deurgaan.*
C'eſt lors que l'ancre étant moüillée dans un mauvais fond , elle lâche
priſe, & ſe traïne en labourant le ſable. Quand la mer monte en ce moüillage , & que la violence du vent ſe joint avec la force du flot, ils ne manquent jamais de faire arer les ancres. Voiez, Chaſſer.

ARETÉ, Arreſte. Une piéce de bois à vive areſte. *Een vierkant hout.*
C'eſt-à-dire qu'elle eſt bien équarrie, & que les angles en ſont bien marquez.

ARGANEAU, Organeau. *Een dik yſer-ring.*
C'eſt un gros anneau de fer.

ARGANEAUX au platbord. *Ringen in het dolbord tot het touwerk.*
C'eſt pour y amarrer les manœuvres.

ARGANEAUX aux batteries. *Ringen tot 't geſchut.*
Il y en a un à chaque côté d'un ſabord ; car il en faut un pour le palan
d'un canon, & un autre pour la brague.

ARGANEAU de carguebas. *Ring tot het rakke-touw , of rak-taalie.*

ARGANEAU d'ancre. *Anker-ring.*
Chaque ancre a ſon arganeau, qui d'ordinaire eſt fourré d'une boudineure ,
pour conſerver le cable qui y eſt talingué. Voiez, Ancre.

LE Trou qui eſt au bout de la verge où paſſe l'arganeau, *Anker-oog.* Voiez,
Ancre.

ARISER les vergues. *De reën op de reegeling neerlaaten.*
C'eſt les baiſſer pour les atacher ſur les deux bords du vibord.

ARMADILLE. *Barralaventa Vloot, Armadillas.*
On apelle ainſi certain nombre de vaiſſeaux , qui font comme une petite
flote, que le Roi d'Eſpagne entretient armée dans la Nouvelle-eſpagne,
pour garder la côte. Il entretient encore depuis peu quelques armadilles en
d'autres ports, depuis les deſordres que les Flibuſtiers ont cauſé en ces
païs-là.

ARMADILLES. *Kleine Spaanſche Oorlog-ſcheepen , Armadillas.*
C'eſt auſſi une ſorte de petits vaiſſeaux de guerre dont les Eſpagnols ſe ſervent dans ces mêmes climats. Notre frégate nous venoit avertir qu'il y
avoit deux Armadilles Eſpagnoles, qui nous atendoient au ſortir de la baie.

ARMATEUR, ou Capre. *Kaaper, Commiſſie-vaarder.*
C'eſt le Commandant de quelque vaiſſeau qui eſt armé pour croiſer ſur les
bâti-

bâtimens du parti contraire, & c'eſt auſſi le nom ſpécieux que prend aujourdhui un Pirate, pour adoucir le nom de Corſaire.

ARMATEUR, Armateurs. *Reeders.*
On apelle auſſi Armateurs les Particuliers qui font l'armement, quoi qu'ils
ne ſoient pas à bord du bâtiment.

ARMATEURS. *Reeders, Bevragters.*
On apelle quelquefois encore Armateurs les Marchands qui afretent & équi-
pent un vaiſſeau.

ARME. *Waapen.*

ARME à feu. *Schiet-geweer, Bus.*

ARMES blanches, Armes d'haſt. *Aanleggende waapenen met een lang ſchaft.*
Ce ſont les armes ofenſives qui ont un long manche. Le Commiſſaire Général de l'artillerie de la marine a inſpection ſur les pertuiſanes, halebardes &
autres armes blanches, & doit prendre garde qu'elles ſoient conformes aux
modèles.

ARME' en guerre. *Ten oorlog uitgeruſt.*
C'eſt-à-dire équipé & armé pour inſulter les vaiſſeaux ennemis. Nous trouvâmes dans ce port deux vaiſſeaux armez en guerre, & trois bâtimens en
marchandiſe.

ARME' en cours ou en courſe. *Een ſchip op den prijs gezet.*

ARME'E navale. *Oorlogs-vloot, Armade.*
C'eſt une armée de mer compoſée de pluſieurs navires de guerre. Voiez,
Armement.

Les plus éxacts Ecrivains Flamans diſtinguent Armée navale & Eſcadre de
Flote, laiſſant ce dernier terme pour les flotes marchandes, de même que
font auſſi les plus éxacts Ecrivains François. Ce n'eſt pas qu'il n'y en ait
beaucoup qui ſe ſervent auſſi du mot de Flote, & on les entend aſſez quand
il y a quelque circonſtance qui fait connoître qu'on parle de guerre; mais
on ne dit point-du-tout Flote de guerre; c'eſt une expreſſion toute Flamande.

„Lors qu'il y a un nombre de navires de guerre enſemble, on les apelle
„*Eſquadre, Armade, Oorlogs-vloot;* mais lors que ce ſont des vaiſſeaux mar-
„chands on dit ſeulement *Vloote of Flotte.*

NAVIGUER en eſcadres, & non en corps d'armée. *By eſquadres, en niet by
armade zeilen.*

ARMEMENT de vaiſſeaux marchands. *Uitruſting en Reederij.*

ARMEMENT. *Uitruſtinge, Equipagie.*
C'eſt l'équipement, ſoit d'un vaiſſeau de guerre, ſoit de pluſieurs; & la diſtribution ou embarquement des troupes qui doivent monter chaque vaiſſeau.
On prépare un grand armement. Le deſarmement de notre eſcadre ſervit à
l'armement de la leur. Il ſe prend auſſi quelquefois pour les gens de l'équipage. Tout l'armement murmura de ce projet. On apelle Etat d'armement la liſte que la Cour envoie, dans laquelle ſont marquez tous les
vaiſſeaux, Officiers Majors, & Officiers Mariniers qu'on deſtine pour armer. On dit encore, Etat d'armement, pour ſignifier le nombre, la
qualité, & les proportions des agrès, apparaux & munitions qui doivent être
emploiez aux vaiſſeaux que l'on a deſſein d'armer.

F 2

Les

Les armemens de Hollande, en tems de paix, confiſtent en trente à quarante navires de guerre, que l'Amirauté entretient. Ils ſont emploiez à eſcorter des flotes marchandes, & à former une eſcadre de huit ou dix vaiſſeaux pour obſerver les Corſaires d'Alger, & des autres places de Barbarie; & ce qui reſte demeure dans les ports, en atendant l'ocaſion. Le Chevalier Temple dit que la dépence ordinaire de cet armement, monte à ſix millions.

Les armées navales que les Provinces Unies ont miſes en mer, pendant les guerres qu'ils ont ſoutenües contre les Anglois, ont été de quatre vingts à cent vaiſſeaux. Il y en avoit plus de cent dans celle que le Lieutenant Amiral Général de Waſſenaar commandoit l'an 1665. lors que le vaiſſeau de ce Général ſauta, & qu'il perdit la bataille avec la vie. Sur la fin de la même année les Etats remirent en mer, quatre-vingts-treize navires de guerre ou frégates, montez de 4337. piéces de canon, & de 19636. hommes d'équipage, ou ſoldats. L'an 1666. leur armée, où ſe trouvérent le Prince de Monaco & le Comte de Guiche, fut compoſée de 85. navires de guerre & frégates, 9. brulots, & autant de yachts d'avis. L'an 1672. ils armérent quatre-vingts-onze navires de guerre ou frégates, 44. brulots, & 23. yachts.

ARMEMENT, Tems d'un armement. *Togt, Zee-togt.*
On dit l'armement ne durera pas quatre mois.

ARMER un vaiſſeau. *Uitruſten.*
C'eſt-à-dire l'équiper de vivres, munitions, ſoldats, matelots, & autres choſes néceſſaires pour faire voiage, & pour combatre. Il n'y avoit pas aſſez de monde pour armer les priſes.

ARME les avirons. *Maakt u riemen klaar om te roeijen.*
C'eſt un commandement de mettre les avirons ſur le bord de la chaloupe tout-prêts à ſervir.

ARMER un canon. *Een geſchut met ſcherp laaden.*
C'eſt mettre le boulet dans un canon. Lors qu'on ôte le boulet d'un canon, on apelle cela, Deſarmer le canon.

ARMOGAN. On a laiſſé paſſer l'armogan. *Men heeft de goede windt verlegen.*
Les Pilotes ſe ſervent de ce mot pour dire, le beau tems qui eſt propre pour naviguer; il n'eſt en uſage que dans la mer Méditerranée.

ARMURIER. *Een Waapen-ſmidt.*
L'Armurier d'un vaiſſeau doit entretenir les armes en état de ſervir, & aider au Capitaine d'armes à les tenir propres.

ARONDE. Queüe d'aronde. *Swaluw, Swaluw-ſtar.*
C'eſt un terme de Charpentier. C'eſt une certaine entaillure dans le bois, faite comme la queüe d'un hirondelle, étroite par le bout qui eſt en-dedans, & large par l'autre bout, qui eſt en-dehors.

ASSEMBLE à queüe d'aronde. *Met een ſwaluw-ſtar ingelaaten.* Voiez la figure au mot. Aſſemblage à queüe d'aronde.

ARONDELLES, Arondelles de mer. *Ligte en wel-bezeilſte ſcheepen.*
C'eſt ainſi qu'on apèle en termes de mer les brigatins, les pinaſſes, & autres vaiſſeaux médiocres & legers, des Arondelles de mer.

ARQUER. Voiez, Arc, & Arcquer.

AR.

ARRACHE-PERSIL. *Loop, Loop in 't lijntje.*

C'est un terme de moquerie, dont on se sert sur la rivière de Loire & ailleurs, pour insulter les bateliers qu'on voit tirer à la cordelle, à quoi ils répondent d'ordinaire par un torrent d'injures. Arrache-persil navigue aussi.

ARRAPE. *Vat aan.*

C'est-à-dire, Prens. Ce terme est des plus bas, il n'y a que le commun des matelots qui s'en serve.

ARRET ou Arrest de vaisseaux & Fermeture de ports. *Beslag.*

C'est lors que par l'ordre des Souverains on retient dans les ports tous les vaisseaux qui y sont, & qu'on les empêche d'en sortir, afin qu'il puisse s'en servir lui-même pour les besoins de l'Etat.

ARRETER les vaisseaux & fermer les ports. *Beslaan.*

ARRIE'RE, ou Poupe. *'t Agterschip.*

C'est la partie du vaisseau qui en fait l'arriére, & qui est soutenüe par l'étambord, le trepot, & la lisse de hourdi ou barre d'arcasse. Ordinairement sous les mots d'arriére & de poupe, on comprend cette masse & ces departemens du vaisseau qui regnent dans les hauts & dans les bas, entre l'artimon & le gouvernail. Nous découvrîmes les vaisseaux ennemis, qui nous demeuroient par notre arriére. Lors que nos escadres se joignirent le Vice-amiral & tous ses vaisseaux salüérent l'Amiral, & passérent à son arriére, selon la coutume. Voiez, Arcasse.

FAIRE vent arriére. *Voor de windt af loopen, Voor windt zeilen.*

C'est prendre le vent en poupe. Dans ce combat leur première division faisoit vent arriére sur notre troisième division. On dit aussi, Venir vent arriére, Porter vent arriére, & Aller vent arriére. Le vaisseau qui porte vent arriére ne va pas si vîte que quand il fait vent largue, & qu'il porte de vent de quartier, supofant que dans l'une & l'autre navigation, le vent soit d'une égale force : car aiant vent largue, toutes les voiles servent & prennent le vent de biais; mais quand le vent est en poupe, & qu'il porte également entre deux écoutes, la voile d'artimon dérobe une partie du vent à la grande voile, & la grande voile dérobe le vent à la miséne, les derniéres faisant toujours obstacle à celles qui les précédent. Voiez, Largue.

PASSER à l'arriére d'un vaisseau. *Agter om loopen.*

C'est aller se mettre à l'arriére d'un autre vaisseau, ou le laisser passer devant, & se metre à sa suite.

DEMEURER de l'arriére. *Agter uit zeilen, Agter uit leggen, Agter schieten.*

SE Trouver de l'arriére. *Overlandt zeilen.*

C'est par la navigation qu'on a faite. Voiez, Naviguer par terre.

METTRE un vaisseau de l'arriére. *Voor-uit-schieten.*

C'est le dépasser, & le laisser derriére soi.

ARRIE'RE-GARDE. *Agter-hoede, Agter-togt.*

L'Arriére-garde d'une armée navale est la division qui fait la queüe de l'armée.

ARRIMAGE, Arrimer, Arrimeur. Voiez, Arrumage. Arrumer, Arrumeur. Ont dit plus ordinairement Arrimage.

ARRISSER, Amener, Abaisser, Mettre bas. *Strijken, Neerlaaten, Laaten vallen.*

On dit qu'un vaisseau a arrissé ses huniers, ses perroquets, pour dire qu'il a abaissé ces sortes de voiles.

ARRIVAGE. *Het inkomen van veel goedt in een haven.*
C'eſt un abord de marchandiſes dans un port.
ARRIVER, ou Obéïr au vent. *Afhouden, Draagende houden, Voor de windt afhouden.*
Pour arriver on pouſſe la barre du gouvernail ſous le vent, & on manœuvre comme ſi on vouloit prendre le vent en poupe, lors qu'on ne veut plus tenir le vent: ainſi on fait arriver le vaiſſeau pour aller à bord d'un autre qui eſt ſous le vent, ou encore pour éviter quelque banc. Notre eſcadre fit une ſi bonne manœuvre qu'elle gagna le vent ſur les ennemis; & alors elle arriva ſur eux.
ARRIVE. *Hou af.*
Cela ſe dit par commandement au Timonnier, pour lui faire pouſſer le gouvernail, afin que le vaiſſeau obéïſſe au vent, & qu'il mette vent en poupe.
ARRIVE ſous le vent à lui. *Hou aan ly, Hou af onder de ly, of lywaarts.*
N'ARRIVE pas. *Zeilt niet laager.*
C'eſt un commandement au Timonnier, afin qu'il gouverne le vaiſſeau plus vers le vent, ou qu'il tienne plus le vent.
ARRIVE tout. *Laat voor de windt vallen.*
C'eſt un terme de commandement que l'Officier prononce pour obliger le Timonnier à pouſſer la barre ſous le vent, comme s'il vouloit faire vent arriére.
ARRIVER ſur un vaiſſeau. *Afzeilen of afkomen op een ſchip, Aanzeilen.*
C'eſt aller à lui, en obéïſſant au vent, ou en mettant vent en poupe. A la pointe du jour nous aperçumes un vaiſſeau ſous le vent; nous arrivâmes auſſi-tôt ſur lui pour le reconnoître.
ARRIVER à bon port, ou heureuſement. *Met behouden koers, of met goeden voorſpoedt komen.*
ARRUMAGE, Arrimage, Arunage. *Stouwinge, Stuuwinge, Stuuwagie.*
C'eſt la diſpoſition, l'ordre & l'arrangement de la cargaiſon du vaiſſeau. Par une Ordonnance du Roi de France de 1672. il eſt défendu de défoncer les futailles vuides & de les mettre en fagot, & ordonné qu'elles ſeront remplies d'eau ſalée, pour ſervir à l'arrimage des vaiſſeaux. Voiez, Encombrement.
ARRUMER, Arrimer, Arruner. *Stouwen, Stuuwen.*
C'eſt placer & aranger avec ſoin la cargaiſon d'un vaiſſeau. Un vaiſſeau mal arrimé ou arrumé, eſt celui dont la charge eſt mal arangée, de-ſorte qu'il eſt trop ſur l'avant ou ſur le cul, ce qui l'empêche de gouverner. C'eſt auſſi un mauvais arrimage quand les poinçons ſe déplacent & roulent hors de leur place, de-ſorte qu'ils ſe heurtent & ſe défoncent. Aiant mis en mer nous nous aperçumes que notre vaiſſeau étoit mal arrimé, & qu'il ne pouvoit gouverner, ſi-bien que nous fûmes obligez de relâcher pour remédier à l'arrimage.
ARRUMEUR, Arrimeur. *Stuuwer, Stouwer.*
Petit Oficier établi ſur un port, que le Marchand chargeur paie. Sa fonction eſt de ranger les marchandiſes dans un vaiſſeau, & ſur-tout celles qui ſont en tonneaux, & en danger de coulage. Les Arrimeurs ſont particuliérement emploiez en Guïenne, & dans le païs d'Aunix.
ARSENAL de Marine. Voiez, Arcenal.
ART. L'Art de conduire un vaiſſeau, de le gouverner & de le manœuvrer. *Scheeps-beſtier.*

AR-

ARTIFICES. *Vuur-werken.*
Ce font les feux d'artifices. C'eft au Maître Canonnier de prendre garde
que tous les Artifices foient en bon état.
ARTILLE'. Vaifleau bien artillé. *Een fchip met gefchut wel voorfien.*
VAISSEAU artillé de tant de piéces. *Een fchip dat foo veel ftukken gefchuts*
voert.
ARTIMON. Mât d'artimon, de fougue, ou de foule, Mât d'arriére. *Be-*
faans-maft, Agter-maft.
C'eft le mât du navire placé le plus près de la poupe. Voiez, Mât.
ARTIMON. Voile d'artimon. *Befaan, Agter-zeil.*
C'eft une voile latine, ou faite en tiers point, à la différence des autres
voiles, qui font quarrées. La vergue d'artimon eft toujours couchée de
biais fur le mât, fans le traverfer quarrément, ou à angles droits, qui eft
la fituation des vergues qui font aux autres mâts.
„C'eft la voile à tiers point qui eft au mât d'arriére. Elle eft d'un grand
„fervice pendant la tempête, parce qu'elle contribüe le plus à faire porter
„à route, & qu'outre qu'on la peut plus aifément manœuvrer, il eft conf-
„tant que ce font toutes les manœuvres de l'arriére qui fervent à gouver-
„ner le vaifleau. Mais lors qu'on a vent en poupe, on la met le plus fou-
„vent de travers, par la longueur du navire, afin qu'elle ne dérobe pas
„le vent aux autres, qui font filler le vaifleau plus vîte.
„Dans la plus violente tempête on peut toujours porter l'artimon, & il
„arrive rarement que cette voile foit mife hors d'état de fervir. Elle fert
„à faire aprocher le vaifleau du vent, & la fivadiére fert à faire abatre.
CHANGE l'artimon. *Legt aan u befaan.*
C'eft dans le tems qu'on change de bord.

A S.

ASCENSION d'une Etoile. *Afcenfie, De opgang van een fterre.*
C'eft le point de l'Equateur qui fe trouve en même tems que cette Etoile
au Méridien.
ASCENSION droite. *Regte Afcenfie.*
C'eft l'arc de l'Equateur qui monte avec l'étoile fur l'horifon de la fphére
droite: ou bien, C'eft le tems qu'un figne demeure à fe lever fur l'horifon
de la fphére droite.
ASCENSION oblique. *Schuins Afcenfie.*
C'eft l'arc de l'Equateur qui monte avec l'étoile fur l'horizon de la fphére
oblique: ou-bien, C'eft le tems que l'étoile demeure à fa lever fur l'horizon
de la fphére oblique.
ASPECT, Vüe, ou Profil des terres & des côtes maritimes. *Het gefigt, of*
de Opdoening der kuften.
C'eft la figure ou repréfentation des côtes & des bords de quelque parage.
Il y a de ces repréfentations dans tous les Routiers. On y voit fi les terres
du rivage font hautes ou baffes; en falaifes, ou adoucies en talus; courbées
en arc, ou tendües en ligne droite; également arrondies par le fommet, ou-
bien aigües. Enfin on y dépeint les ports, les rades, golfes, baies, anfes,
villes, fares ou tours à fanal, châteaux, Eglifes, aiguades, arbres, moulins à vent, & généralement tout ce qui peut fervir de diftinction & d'avertiffement au Pilote, pour connoître le lieu où il eft arrivé. Voiez, Connoif-
fances & Situation.
AS-

ASSE'CHER. Terre qui aflèche. *Een fandt of blindt klip, die onder waater zijnde, by laag waater kan gefien worden.*

On dit qu'une terre, ou une roche aflèche, lors qu'on la peut voir après que la mer s'eft retirée.

ASSEMBLAGE. *Voege, Sluitinge.*

Terme de Charpentiers & de Menuifiers. Il y a divers aflemblages, favoir, le quarré qui eft le plus fimple : l'aflemblage à onglet, quand les piéces, au-lieu d'être coupées quarrément, le font diagonalement ou en triangle ; & l'aflemblage d'aboüement, qui eft celui dont la plus grande partie de la piéce eft quarrée, & la moindre à onglet. On fait encore des aflemblages à queüe d'aronde, à queüe percée, & à queüe perdüe : cette derniére eft la meilleure, parce qu'elle eft à onglet.

ASSEMBLAGE quarré. *Een vierkante voege, of Houten vierkant tegen malkander aan gevoegt.*

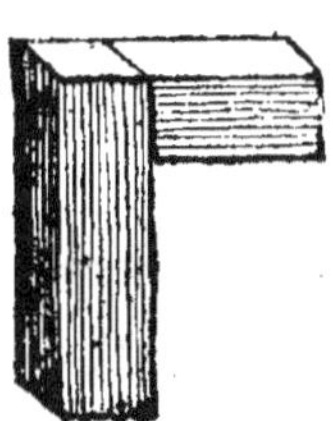

ASSEMBLAGE à onglet ou anglet. *Een voege in 't verftek of overhoeks; Den hoek overhoeks of in 't verftek, in den haak gevoegt.*

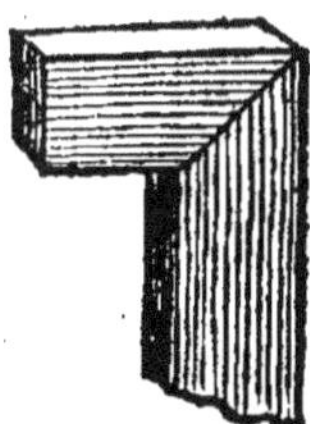

ASSEMBLAGE d'aboüement, ou de boüement. *Een voege daar de hoek vierkant is, en 't lijsje in 't verftek.*

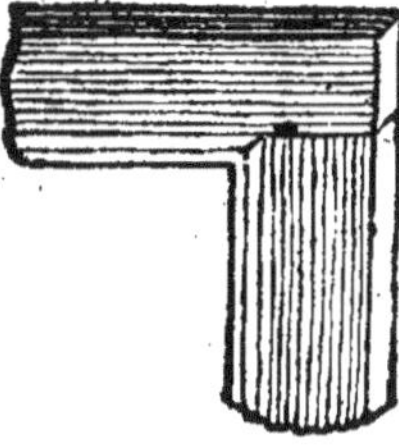

ASSEMBLAGE à queüe percée. *Een voege met een tand.*

ASSEMBLAGE à queüe d'aronde. *Een voege met een fwaluw-ftaart.*

ASSEMBLAGE à queüe perdüe. *Een fwaluw-ftaart overhoeks met een fpon-ning.*

ASSEMBLAGE en about. Voiez, About.

ASSEMBLER, Faire un affemblage. *Sluiten, Voegen.*

ASSIETTE du vaiffeau, ou Un vaiffeau en affiette. Voiez, Eftive.

VAISSEAU qui eft en affiette. *Een fchip dat wel by fijn laft is, op fijn pas ge-laaden.*

C'eft-à-dire qu'il eft dans la fituation où il doit être, pour mieux filler.

METTRE un vaiffeau dans fon affiette. *Een fchip regten.*

ASSUJETTIR un mât, ou quelque autre piéce de bois. *Een maft of een an-der ftuk houts, dat los is, vaft maaken.*

C'eft l'arrêter de telle forte, que ce mât, ou cette piéce de bois, n'ait plus aucun mouvement.

ASSURANCE. *Affurance, Affurantie, Verfeekering.*

Ce terme apartient au commerce de mer, & voici comme il s'explique. Sup-pofons qu'un Marchand atende un vaiffeau qu'il a fait charger pour fon compte à Génes, & qu'il apréhende de le perdre par un naufrage, ou par des Corfaires, il s'adreffe à un Particulier, & lui demande s'il lui veut af-furer fon vaiffeau; c'eft-à-dire, lui garantir toute la cargaifon, moiennant tant pour cent, plus, ou moins, felon la diftance des lieux, & felon le danger. Le Particulier confent d'en être l'Affureur, c'eft-à-dire, la cau-tion en cas de perte, étant convenu de la fomme qu'il doit recevoir pour

G   cela,

cela, & il la reçoit du Marchand pour l'Affurance, & elle lui demeure en cas que le vaiſſeau vienne à bon port; & cette ſomme s'appelle la Prime. Mais ſi le vaiſſeau ſe-perd, l'Aſſureur eſt obligé, en vertu de cette Aſſurance, de rendre au Marchand la ſomme qu'il a aſſurée. On aſſure auſſi bien-ſouvent les perſonnes, en cas qu'ils ſoient pris par les Turcs, pour ſervir à leur rachat; car s'ils venoient à mourir, l'Aſſureur ne ſeroit pas tenu de paier.

„L'Aſſurance eſt une convention par laquelle un homme ſe charge du dan
„ger auquel le bien d'un autre homme ſe peut trouver expoſé; & l'Aſ
„ſuré, ou celui qui charge une autre perſonne du riſque qu'il couroit lui
„même, paie pour cela une certaine ſomme à celui qui s'en charge, qu'on
„nomme Aſſureur.

„Les riſques au ſujet deſquels il ſe fait des Aſſurances, ſont, tout ce qui
„arrive par les fortunes de mer; par ſa violence & par celle des tempêtes;
„par le feu; par le moien des ennemis; de la part des Corſaires; par force
„majeure & par ordre Souverain: comme auſſi tout ce qui arrive par bara
„terie, ou par la négligence des Maîtres, équipages, ou autres gens; ſoit
„que le dommage ſoit fait au vaiſſeau, ou à la cargaiſon; & ſoit que la
„perte regarde le Maître, ou d'autres perſonnes: enfin ſoit que le dom
„mage ait pu être prévu, ou qu'il ait été imprévu; ſoit qu'on le mette au
„rang de ceux qui arrivent le plus ordinairement, ou qu'il arrive par une
„voie extraordinaire.

„Comme le commerce des Aſſurances eſt fort fréquent, & qu'il importe
„preſque à tout le monde de ſavoir ce qui ſe pratique ſur ce fait, on va
„s'y étendre ici plus que ſur les autres articles.

„Le tems de l'Aſſurance commence à courir du moment que les marchan
„diſes ont été aportées à quai, ou au bord de l'eau, ou embarquées dans
„des bateaux & alléges, pour être portées à bord; & il dure juſques-à-ce
„que les marchandiſes aient été conduites dans le port marqué, & déchar
„gées.

„L'Aſſurance qui ne ſe fait que trois mois après le depart des vaiſſeaux,
„qui ſont deſtinez pour les ports de l'Europe, & pour ceux de Barbarie,
„ou qui en ſont les plus voiſins; & celle qui ne ſe fait que ſix mois après
„le depart des vaiſſeaux qui vont dans les autres ports plus reculez, ſont
„nulles l'une & l'autre; quand même l'Aſſuré en auroit expreſſément
„averti l'Aſſureur, & qu'il auroit repréſenté les nouvelles qu'il auroit re
„çües, bonnes ou mauvaiſes.

„Si l'Aſſuré ordonne au Maître du vaiſſeau, de prendre une autre route,
„& d'aller dans un autre port que celui qui eſt marqué dans la Police d'Aſ
„ſurance, la convention eſt nulle. Bien-entendu qu'en cas de néceſſité, un
„Maître peut relâcher & entrer dans un autre port. Mais s'il le fait de
„ſon propre mouvement, ſans beſoin, & ſans ordre de l'Aſſuré, l'Aſſu
„rance demeure en ſa force & vertu, & l'Aſſureur n'a droit que de ſe pour
„voir contre le Maître.

„Lors qu'un bâtiment eſt arrêté par force majeure, & par ordre Souve
„rain, ou que par quelque autre accident il ſe trouve hors d'état de faire
„ou de continuer le voiage, les propriétaires des vaiſſeaux & des éfets aſſu
„rez, ſoit que les éfets ſoient auſſi arrêtez, ou non, doivent atendre juſqu'à

„ſix

„ six mois après que la déclaration en aura été faite au lieu où la plus gran-
„ de partie des Assureurs aura son domicile , pour faire l'abandonnement,
„ si la chose est arrivée, dans l'Europe, ou en Barbarie. Mais s'il s'agit
„ d'un plus grand éloignement, les propriétaires sont obligez d'atendre un an
„ entier. Cependant l'Assuré peut contraindre l'Assureur à donner caution.
„ Pendant ce tems de six mois, & d'un an , les Marchands peuvent faire
„ transporter les éfets & marchandises dans d'autres bâtimens, & les faire
„ conduire dans les lieux de leur destination. Que s'ils ne le font pas ,
„ il est permis à l'Assureur de le faire ; & en ce cas il n'est tenu que des
„ frais du transport & voiture d'un bâtiment à l'autre, & de l'empirement
„ qui aura pu arriver aux marchandises, pendant le tems de l'arrêt ; à-moins
„ que par la Police d'Assurance, il ne se fût expressément chargé des risques
„ des transports qui se pourroient faire, L'Assuré peut aussi agir , pen-
„ dant le tems des six mois, ou de l'an, & faire ses diligences pour la con-
„ servation des plus grosses marchandises, qui sont sujettes à dépérisse-
„ ment, comme le blé , les fruits , le vin, l'huile, le sel, le harang, le
„ sucre, l'argent-vif, le beurre, le fromage, le houblon, le sirop, & le
„ miel ; en donnant avis à la plus grande partie des Assureurs.
„ Tous les procès qui naissent des Assurances, & qui regardent les Avaries
„ & empirement des marchandises & éfets assurez, sont introduits, en pre-
„ miére instance, à Amsterdam, devant les trois Juges ou Commissaires de
„ la Chambre des Assurances, qui peuvent aussi prendre connoissance de
„ tous les autres différens concernant les Assurances, qui ne sont pas du
„ ressort de la Chambre, lors que les causes y sont portées par les Parties,
„ & qu'elles veulent bien y venir plaider. Et pour leurs vacations ils ont,
„ par chaque cent florins dont il s'agit , le tiers d'un florin, paiable par le
„ Demandeur.
„ Ces Commissaires, sur le raport de la Police d'Assurance, ou de quelque
„ autre piéce valable , peuvent condamner un Assureur à donner caution,
„ lors qu'il apert du naufrage & de la perte des marchandises , & qu'il y a
„ trois mois que la déclaration en a été faite , sous promesse de restitution
„ avec interét, à douze pour cent, s'il y écheoit dans la suite.
„ Mais les Assureurs peuvent apeller d'une telle Sentence devant les Eche-
„ vins. Cependant les Sentences ont la même force & sont mises à éxécu-
„ tion de la même maniére que celles des Echevins.
„ Comme les marchandises qui sont voiturées par terre, & sur les eaux
„ internes, ou riviéres & canaux , ne courent pas de si grands risques que
„ celles qui vont par mer, il s'en fait beaucoup moins d'assurances, & il n'y
„ a point de Réglements faits sur ce point ; si ce n'est qu'il en demeure aussi
„ une dixiême aux périls de l'Assuré ; & qu'à l'égard des chariots, charet-
„ tes & chevaux, on ne les peut faire assurer que pour la moitié de leur
„ valeur : mais on ne peut faire assurer le salaire, ou prix de la voiture.
„ Dans le reste les Commissaires réglent les parties selon les conventions
„ & ce qui paroît exprimé nettement ou tacitement dans le contract ; &
„ lors qu'on ne peut tirer aucune induction des termes du contract, ils en
„ ordonnent selon les règles de l'équité, & la pratique ordinaire.

CHAMBRE des Assurances. *Assurantie-kaamer.*

C'est la chambre, le lieu, ou l'auditoire où l'on plaide, & où l'on rend justice ſur les afaires que les Aſſurances font naître. C'eſt auſſi l'Aſſemblée ou le Corps des Juges qui compoſent la Chambre des Aſſurances.

POLICE d'Aſſurance. *Voiez, Police.*

PRIME d'Aſſurance. *Voiez, Prime.*

ASSURER. *Verſoekeren, Aſſureeren.*

C'eſt prendre un certain paiement, pour lequel on aſſure que les vaiſſeaux, éfets, ou perſonnes, arriveront à bon port, faute dequoi on s'oblige de paier le vaiſſeau; les éfets, ou les dommages arrivez aux éfets; ou les ſommes dont on eſt convenu à l'égard des perſonnes.

„Toutes ſortes de gens peuvent aſſurer, & ſe faire aſſurer, excepté les „Juges établis pour rendre juſtice ſur le fait des Aſſurances, & les Suppôts „de leur juridiction. Il en faut auſſi excepter les Fermiers & Commis des „bureaux des doüanes, les Courtiers & les Voituriers. Néammoins par „le Réglement de 1601. il eſt permis aux Juges & aux Suppôts de leur „juridiction de ſe faire aſſurer.

„On peut faire aſſurer toutes ſortes de choſes, hormis la vie des hommes, „les gageures, le fret, & les gages, ſalaires ou ſoldes des Maîtres, Pa„trons, matelots, gens de guerre, & autres perſonnes de cette même qua„lité. On ne peut non-plus faire aſſurer le fret ou paiement pour le loüa„ge d'un vaiſſeau; ni le port dont on eſt convenu pour les choſes qui ſont „à bord; ni la poudre; ni le plomb; ni les victuailles; ni le prix des voi„tures des chartiers & voituriers par terre. Ni même les vaiſſeaux, ni „les canons, ni les munitions de guerre, qu'au deſſous des deux tiers de „leur juſte valeur.

„Au regard de tout le reſte des choſes qui ſe peuvent aſſurer, il en demeure „toujours une dixiême partie aux périls, riſques & fortune des propriétai„res; laquelle dixiême ſe prend non-ſeulement à l'égard du prix de l'a„chat, mais encore à l'égard des doüanes, frais d'embalage, d'équipe„ment, de chargement & de prime d'Aſſurance; ce qui, tout-enſemble, „compoſe un capital, dont on fait la déduction d'une dixiême, à-moins „qu'une ſeule perſonne n'eût dans un vaiſſeau la valeur de plus de deux li„vres de gros, ou douze mille livres; auquel cas il n'y a que le dixiême „denier de ces douze mille livres, qui demeure aux périls de l'Aſſuré; & „ce qui eſt au-deſſus demeure aſſuré tout entier, & aux périls de l'Aſſu„reur.

„Si l'an & jour ſe paſſe, ſans qu'on ait apris qu'un vaiſſeau ait déchargé dans „le lieu de ſa deſtination en Europe, il eſt préſumé péri, & l'on en peut „faire déclaration à l'Aſſureur, qui eſt obligé de paier trois mois après. „Mais ſi le lieu de la deſtination eſt plus loin, il faut atendre juſqu'à deux „ans, pour que le bâtiment ſoit préſumé péri, & qu'on en puiſſe faire dé„claration à l'Aſſureur.

„On peut faire aſſurer des vaiſſeaux qui ont déja fait naufrage, ou qui ont „été pris, pourvu qu'on n'en ait aucune connoiſſance. Mais ſi les vaiſ„ſeaux étoient péris depuis ſi longtems, qu'il y eût lieu de préſumer que „l'Aſſuré en auroit pû avoir avis, ſoit par mer, ou par terre, à comp„ter trois lieües par deux heures, on doit regarder l'Aſſuré comme aver„ti: ſi ce n'eſt qu'il parût que l'Aſſurance eût été faite, comme ſur avis „reçu de bonnes & de mauvaiſes nouvelles; auquel cas l'Aſſuré ſe pur-

geant

„ geant par ferment, l'Affureur eſt tenu de ſatisfaire, ou de prouver que
„ l'Affuré avoit éffectivement reçu avis.

L'ASSURÉ. *De Geaſſureerde, De Verſeekerde.*

C'eſt celui qui a fait affürer, ou au profit duquel l'Affurance eſt faite.

„ Lors qu'un vaiſſeau affuré ſe trouve hors d'état de naviguer, ou que le
„ bâtiment & les marchandiſes ont été pris par les Corſaires, l'Affuré en peut
„ inceſſamment faire l'abandonnement, & le faire ſignifier aux Affureurs,
„ par le Grêfier ou par un Huiſſier de la Chambre des Affurances; & trois
„ mois après la ſignification les Affureurs ſont obligez de paier.

„ Si l'Affuré fait charger plus ou moins de marchandiſes qu'il n'en a fait aſ
„ furer, il peut retirer ſa prime, en laiſſant un demi pour cent à l'Affu-
„ reur.

„ L'Affuré eſt obligé de communiquer à l'Affureur toutes les nouvelles qu'il
„ reçoit, & ce qu'il aprend touchant le deſordre ou la perte qui peut être
„ arrivée aux éfets affurez; & de lui en faire déclaration par un Huiſſier de
„ la Chambre.

„ A l'égard du dommage, ou de l'empirement nommé Avarie, qui arrive aux
„ vaiſſeaux & aux marchandiſes, l'Affuré ſe doit pourvoir dans un an &
„ demi, au plus tard, ſi la perte eſt arrivée dans l'Europe, ou en Barbarie;
„ & dans trois ans, ſi elle eſt arrivée en des lieux plus reculez : le tout à
„ compter du tems que le vaiſſeau aura été déchargé.

„ Pour les bâtimens ou marchandiſes qui ont péri, qui ont été priſes, ou
„ qui ſe ſont gâtées, l'Affuré eſt obligé d'intenter ſa demande contre l'Af-
„ fureur, auſſi dans un an & demi, au plus tard, ſi la choſe s'eſt paſſée dans
„ l'Europe; mais ſi c'eſt au-delà de l'Europe, il a trois ans pour ſe pour-
„ voir, à compter du jour que l'accident eſt arrivé. Bien-entendu qu'il
„ s'agit ici des vaiſſeaux qui paſſent la mer, ſoit qu'ils aillent, ou qu'ils re-
„ viennent.

ASSUREUR. *Affurateur, Verſeekeraar.*

„ C'eſt celui qui affure, qui ſe charge du riſque, & qui fait ordinairement
„ ce dangereux commerce.

„ L'Affureur n'eſt point tenu du dommage qui arrive ſoit par quelque acci-
„ dent extérieur, ou par quelque voie dont on ne ſe ſoit pas aperçu, quand
„ le dommage n'excède pas un pour cent.

„ Un dernier Affureur court les mêmes riſques, pour la perte & pour le pro-
„ fit, que le premier.

„ Si l'Affureur vient à faire banqueroute, l'Affuré peut ſe déſiſter de l'affu-
„ rance qui lui avoit été faite, & ſe faire affurer de nouveau par un autre,
„ ſur les nouvelles qu'il aura reçues: mais, en ce cas, la prime qu'il avoit
„ donnée eſt perdüe pour lui, & tourne au profit des autres créanciers.

„ Lors que les vaiſſeaux qu'on envoie aux Indes Orientales, ſe trouvent hors
„ d'état de naviguer, ſoit en allant, ou en revenant, la perte en eſt pour
„ l'Affureur, quand même les accidens ſeroient cauſez par l'uſage & l'em-
„ ploi qui auroit été fait des vaiſſeaux aux Indes, pour quelque ocaſion ex-
„ traordinaire qui ſeroit ſurvenüe, & pour avoir été emploiez pour le com-
„ merce public.

ASSURANCE. Coup d'affurance, Pavillon d'affurance: *Een vreede-ſchoot,
Een vreede-vlag.*

G 3

Cela

Cela se pratique en arrivant, pour assurer les nations avec qui l'on ne veut point de guerre.

ASSURER la hauteur. *Schieten en peilen t'saamen.*

Cela se dit par quelques Pilotes, qui donnent beaucoup d'horison à l'arbalestrille, afin d'atendre monter le Soleil, & de le mieux observer dans le tems qu'il commencera à baisser.

ASTRAGALE d'un canon. *De koorde van een geschut.*

C'est une espéce d'anneau qui est sur le canon, à un demi-pié près de la bouche : il sert de renfort & d'ornement, comme celui des colomnes.

ASTROLABE. *Sterre-plat-kloot, Sterre-hoogte-meeter, Astrolabium.*

C'est un instrument Astronomique, dont les Pilotes se servent pour prendre hauteur, & en conclurre la latitude du lieu où ils font l'observation. L'instrument est composé d'une grande piéce de cuivre plate, ronde par les bords, garnie d'un anneau pour la tenir suspendüe, & d'une alhidade, ou règle mobile, qui porte deux pinnules, c'est-à-dire deux pétites plaques de cuivre, percées chacune d'un petit trou, apellé dioptre, pour recevoir le raïon du Soleil, ou pour conduire le raion de veüe jusques aux Etoiles, quoi qu'on ne s'en serve guéres que pour le Soleil. Au-lieu des azimuths, des almucantaras, & des autres cercles de la sphére, qui font décrits sur les Astrolabes des Mathématiciens, ceux des Pilotes n'ont que trois ou quatre cercles concentriques, c'est-à-dire, qui ont un même centre : l'un est divisé en quatre quarts de nonante, pour prendre hauteur; l'autre en trois cens soixante-cinq parties, pour marquer les jours de l'année; & l'autre en douze fois trente degrès, pour marquer les Signes du Zodiaque. L'instrument est de cuivre, afin que par sa pesanteur il soit sur son plomb, & que sa ligne horisontale se trouve mieux de niveau. Notre Pilote hauturier ne manquoit pas de prendre hauteur sur l'heure de midi, quand le Soleil paroissoit; & pour faire son observation plus éxacte, il se plaçoit au pié du grand mât, parce que c'est l'endroit du vaisseau où il y a le moins de balancement. L'Astrolabe a été perfectionné, & son usage a été rendu commun aux Pilotes par Rhoteric & Joseph, Médecins de Jean Second Roi de Portugal; & par Martin Bohesme, tous trois des plus habiles Mathématiciens de leur tems.

A T.

ATEINDRE, Joindre un vaisseau. *Bezeilen, Agterhaalen.*

ATEINDRE un vaisseau en chassant sur lui. *Bejaagen, Beloopen, Bezeilen.*

ATELIER de construction, ou pour la construction des vaisseaux. *Lastadie Werf, Scheeps-timmer-werf.*

ATELIER à la Hollandoise, sur terre à l'uni de l'eau. *Vlak-werf.*

ATERRAGE. *Landing.*

C'est l'endroit où l'on vient renconnoître la terre, en revenant de quelque voiage. Nous aterrîmes à Belle-isle, & nous eûmes un bel atterrage.

ATERRIR. *Aan Landt koomen, Landen, Aanlanden.*

C'est prendre terre en quelque lieu.

ATTOLONS. *De dartien Voogdijen over de Maldivas eilanden, Attolons.*

C'est ainsi qu'on nomme les Gouvernemens des isles Maldives, qui font divisées en treize Gouvernemens ou parties, auxquelles les Insulaires ont

donné

donné ce nom. Ces isles, qu'on tient être au nombre de plus de douze mille, sont situées vers la pointe de la presqu'isle de l'Inde, au-deça du golfe
de Bengale.   Il y a douze grands détroits qui détachent un Attolon d'avec
l'autre; & de fort petits canaux, où la mer est basse, séparent les isles.

ATRAPE. *Ophonder.*

C'est une corde qui empêche que le vaisseau ne se couche plus qu'il n'est
nécessaire, lors qu'il est en caréne.

ATRAPE. Voiez, Corde de retenüe.

A V.

AVANT. L'Avant du vaisseau, ou la Proüe. *Voorschip, Boeg.*

C'est la partie du vaisseau qui s'avance la première en mer.

„Les Portugais prétendent que quand l'avant est droit, & qu'il n'a point
„d'élancement, le vaisseau en sille mieux.

VAISSEAU trop sur l'avant. *Een voorlastig schip.*

C'est-à-dire qu'il a l'avant trop enfoncé dans l'eau.

ETRE de l'avant. Se mettre de l'avant. *Voor uit zijn, Van de voorste zijn.*
Voor uit loopen.

C'est être des premiers.   Notre vaisseau qui étoit de l'avant, fit signal qu'il
voioit terre.   Il parut deux vaisseaux à notre avant.   Pendant que le reste
de l'escadre étoit en panne nous fîmes porter, pour gagner de l'avant.

LE vent se rangea de l'avant. *De windt liep tegen.*

C'est-à-dire qu'il prit par proüe, & devint contraire à la route.

METTRE de l'avant. C'est laisser derriére soi. *Voorby zeilen.*

L'ignorance des Pilotes, qui ne connoissoient pas la côte, nous mit de l'a-
vant du port où nous croïions aller moüiller; & lorsque nous pensions avoir
cet ancrage à trois lieües au Nord, à l'avant de nous, ou par proüe, il nous
demeuroit déja de l'arriére, à plus de quatre lieües au Sud.   Les Pilotes qui
font leur estime, & qui se croient proche des terres, doivent toujours se
faire plutôt vingt-cinq lieües de l'avant, que vingt-cinq lieües de l'arriére, de-peur d'être surpris : car cette anticipation les oblige à faire bon
quart, pour n'aller pas échoüer contre la côte; ce qui leur pourroit arriver
inopinément, s'ils la croioient encore bien éloignée; de-sorte que la prudence veut qu'ils supposent qu'ils sont toujours plus de l'avant, qu'ils ne le sont
en éfet. Voiez, Estime.

AVANTAGE, Eperon, Poulaine. *Het galioen, Het Hoofdt, Snebbe van 't*
schip.

C'est-à-dire, la partie de l'avant du vaisseau qui est en saillie sur l'étrave.
Nous aperçûmes, à la hauteur de l'Isle-dieu, un bâtiment qui faisoit notre
route, & qui nous montroit un avantage fort-propre & bien travaillé. Voiez,
Eperon.

AVANTAGE du vent. Voiez, Vent, & Disputer.

AVANT-GARDE. *Voor-hoedt, Voor-tocht.*

C'est une des divisions d'une armée navale, laquelle en fait l'avant-garde
dans la route, & doit tenir la droite dans l'ocasion.

AVARIE. *Averij, Aaverij, Haaverije.*

C'est le dommage qui arrive à un vaisseau, ou aux marchandises dont il est
chargé, coût, ou dépence imprévüe qu'on est obligé de faire pendant un voiage. On dit Avarie Simple, quand le dommage arrive aux marchandises par
leur

leur propre vice; comme ſi quelque degât y arrive par pourriture, par
moüillure d'eau, ou autrement. L'Avarie ordinaire eſt, ce qu'il coûte pour
embaler, charrier les marchandiſes, & les aſſurer; & l'enfonçage. Il y a des
avaries communes, & c'eſt tout ce qui arrive par la tempête, ou par la faute du Maître du navire, pour pilotage, toüage, ancrage &c. & ce qu'il en
coûte eſt reparti au ſou la livre entre les propriétaires du vaiſſeau, & ceux
à qui apartiennent les marchandiſes. On apelle Groſſe Avarie, le dommage qu'on eſt obligé de ſoufrir quand la tempête oblige de jetter les marchandiſes à la mer, de couper des cables, voiles, ou mâts &c. Avarie eſt auſſi
un droit que chaque vaiſſeau paie pour l'entretien du port où il moüille.

„Sous l'Avarie commune eſt compris le ſalaire qu'on donne aux Pilotes
„lamaneurs; le ſalaire qu'un Maître qui ſe trouve ſur des côtes qui lui ſont
„inconnües, eſt obligé de donner aux pêcheurs, ou autres telles gens,
„qui, par leur expérience, contribüent à la conſervation du vaiſſeau: &
„ſur cela la pratique eſt, que les Marchands en croient le Maître à ſon ſer-
„ment; car autrement il faudroit qu'il en repréſentât une ateſtation ou
„quittance, ou que du-moins il y eût des têmoins, comme le Pilote & au-
„tres, qui en dépoſaſſent en préſence des Marchands, ou de leurs Fac-
„teurs; ce qui ſe pratique bien auſſi, lors que les Marchands le deman-
„dent.

„Néammoins ces ſalaires ne ſont cenſez Avarie commune, que lors qu'ils
„ſont au-deſſous de ſix livres de gros, c'eſt-à-dire trente-ſix florins. Lors
„qu'ils excèdent cette ſomme, ils ſont réputez groſſe Avarie, & la réparti-
„tion s'en fait ſur le vaiſſeau & ſur la cargaiſon, par proportion, & ſelon
„leur valeur.

„Sous l'Avarie commune on comprend encore ce que les Maîtres qui vont
„de Compagnie ou de conſerve, ſont obligez de donner à leur Amiral,
„pour les feux & autres frais qu'il fait; même ceux de l'entretien d'un Pré-
„vôt & des Huiſſiers, s'il y a eu obligation d'en prendre, en conſéquence
„des Ordonnances des Etats Généraux, ou de l'Amiral Général.

„On répute encore Avarie commune, ce que les Maîtres ſont obligez de
„paiet en paſſant ſous des châteaux, en des riviéres, où en certains ports,
„comme dans la riviére de Lisbonne, & dans le Sond: comme auſſi ce
„qu'on paie pour conduire & faire ſortir les vaiſſeaux de ces ports & de ces
„riviéres. De tous leſquels frais d'Avarie commune, la répartition ſe fait
„en commun, ſur les marchandiſes & éfets, à proportion de leur eſtimation
„& valeur; & non ſur le vaiſſeau.

„Par la groſſe Avarie, on entend les choſes qui ſont jettées à la mer, c'eſt-
„à-dire, dont on fait le jet; & ce qu'on eſt obligé de couper dans un vaiſ-
„ſeau, comme ancres, cables, mâts, manœuvres, cordages, palans, hau-
„bans, &c.

„Par le mot de Couper, on n'entend point parler de ce qui rompt ou périt in-
„volontairement par l'éfort d'une tempête, ces choſes-là n'étant point re-
„putées pour Avarie, lors qu'elles ſe gâtent, ou s'uzent, ou périſſent par
„le ſervice auquel elles ſont deſtinées.

„On donne pourtant toujours quelque recompenſe à un Maître, lors-que
„ſe trouvant dans quelque ras, il eſt contraint de moüiller l'ancre, & que
„le cable rompt, & les ancres ſe perdent. En ce cas on ne manque point,

„& c'eſt

,, & c'eſt une eſpéce d'obligation, de donner une recompenſe : mais on
,, peut dire que cela ſe fait tout-enſemble & de grace, & par un principe d'é-
,, quité, à-cauſe de la fidélité du Maître, & que c'eſt ſon afection qui lui
,, a cauſé cette perte: mais ni le nom, ni la qualité ou droit d'Avarie n'en-
,, tre point en cela.

,, On ne met point non-plus au rang des Avaries, les choſes qui, pendant
,, une tempête, tombent à la mer par négligence, ou de quelque autre ma-
,, niére; ni les coulages; ni ce qui ſe gâte, ſoit par l'humidité, ou pour
,, être moüillé, ou autrement.

,, De-ſorte qu'on peut conclurre que les pertes & dommages que l'on fait
,, ou que l'on ſoufre volontairement & de propos délibéré, parce qu'on ne
,, peut les empêcher ſans faire des pertes encore plus conſidérables, doivent
,, être reputées groſſes Avaries.

On peut voir ſur cette matiére l'Introduction au Droit Hollandois par Gro-
tius, Liv. III. Partie xxx. & le Traité des Avaries.

AVASTE. C'eſt-à-dire, Aſſez, ou Arrêtez-vous. *Hou op.*

A U.

AUBANS. Voiez, Haubans. La lettre H y eſt aſpirée, & ſi l'on prononce
ce mot au ſingulier, il faut dire le hauban, & non pas l'hauban.

AUBE. *Plat-voet.*
C'eſt l'intervalle du tems qu'il y a depuis le ſoupé de l'équipage juſques-
à-ce que l'on prenne le premier quart. Voiez, Quart.

AUBIER, Aubour. *Spint.*
C'eſt la partie blanche & molle qui eſt entre le vif de l'arbre, & l'écorce.
L'aubier eſt comme la graiſſe de l'arbre ſous l'écorce. Le bois où il s'en
trouve beaucoup, n'eſt point propre pour les bâtimens, à-cauſe qu'il s'y engendre des vers qui le pourriſſent, & qui gâtent non-ſeulement la partie où
ils s'atachent, mais auſſi l'autre bois qui touche celui où il y a de l'aubier.
OTER l'aubier d'une piéce de bois. *Het ſpint en blaeuw afhouwen.*

AUBINET, Saint-aubinet. *Voor-Vinkenet.*
C'eſt un pont de cordes qui eſt ſuporté par des bouts de mâts poſez en travers ſur le platbord, à l'avant des vaiſſeaux marchands. Le Saint-aùbinet
couvre leurs cuiſines, leurs marchandiſes & leurs perſonnes. On l'ôte d'ordinaire quand il fait des coups de vent, à-cauſe qu'il empêche de manœuvrer. C'eſt ce qu'on appelle un pont coupé, ſavoir, quand il y a un Saint-
aubinet à l'avant, & un Suſain *Agter-vinkenet*, à l'autre bout. Voiez,
Pont, & Troiſiême pont.

AUGE à goudron. *Teer-baalie, Teer-bak.*
C'eſt le vaiſſeau de bois dans lequel on met le goudron, pour y paſſer les
cordages. Le fil, après avoir paſſé dans l'auge, ſera preſſé de maniére,
qu'il ne retienne que la quantité néceſſaire de goudron.

AU LOF, A la riſée. *Te loef, Te loef.*
C'eſt un commandement que l'on fait au Timonnier, de gouverner vers le
vent, quand il en vient des riſées.

AVIRON. Voiez, Rame.

AVITAILLER, Avituailler, Avictuailler un vaiſſeau. *Een ſchip van leeftogt
voorſien, Victuaillieren.*
C'eſt le fournir de victuailles.

H

AVI-

AVITAILLEMENT, Aviétuaillement. *Viétuaillie, Leeftogt.*
C'eft la provifion de victuailles.

AVITAILLEMENT. *Het viétuaillieren van een fchip.*
C'eft l'action & le foin de faire les provifions.

AVICTUAILLEUR, Avituailleur, Avitailleur, *Viétuaillie-man.*
C'eft celui qui eft chargé de fournir les vivres d'un vaiffeau.

AUMONIER, Aumofnier. *Aalmoeffenier van een oorlog-zee-haven, Een Priefter, Een kerkelijke perfoon.*
Les Aumôniers de la marine font des Prêtres entretenus par le Roi, dans
fes arcenaux de marine, pour dire les Meffes, les jours de Fefte & de Dimanche, fur le vaiffeau qui dans le port porte le pavillon d'Amiral.

AUMONIER du vaiffeau. *Een fchips-Aalmoeffenier, Een Priefter op een fchip.*
C'eft un Prêtre commis par le Roi fur un de fes vaiffeaux, pour y faire la
priére le matin & le foir, pour y dire la Meffe, & pour y adminiftrer les
Sacremens aux fains & aux malades.
,, Les Hollandois ont ou un Pafteur, ou au-moins un Lecteur & Confo-
,, lateur des malades. Le Pafteur fait deux fermons de morale par femaine,
,, & défend rigoureufement les juremens, & les autres defordres de la vie.
,, Il fait la priére tous les matins & tous les foirs, & il exhorte les équipa-
,, ges à leur devoir, quand il s'agit de combatre; & durant le combat la fou-
,, te aux poudres demeure en fa garde. Il adminiftre les confolations aux
,, bleffez & aux mourans. Il mange à la table du Capitaine, & couche dans
,, la galerie, ou dans la dunette. Il fait tous les jours chanter des pfeaumes,
,, & lire quelque chapitre de la parole de Dieu par le Lecteur. Que s'il n'y
,, a point de Pafteur, le Lecteur fait à-peu-près les mêmes fonctions, lifant
,, devant l'équipage des fermons imprimez, aux jours deftinez pour la pré-
,, dication. Le Lecteur mange avec les Oficiers mariniers. Dans les vaif-
,, feaux marchands, c'eft ou le Maître, ou le Pilote, qui fait les éxercices pu-
,, blics de dévotion, en lifant de grandes priéres imprimées, ou-bien il en
,, fait fur le champ; & en lifant l'Ecriture Sainte, chantant & faifant chan-
,, ter des pfeaumes.

AVOCAT, Advocat Fifcal. Voiez, Fifcal.

AVOIER. Le vent d'Eft s'avoia. *De Ooft-windt die begon te waaijen, of
ftak op.*
Quelques Navigateurs fe fervent de ce terme, pour dire, commencer à foufler, ou foufler d'un autre rumb. Il vient de Voie, & eft non-feulement fort
vieux, mais bas. Il n'y a rien de plus commun dans le Journal des Flibuf-
tiers de l'Amérique que le mot Envoier : qu'ils prononcent ainfi au-lieu
d'Avoier, & qu'ils ont écrit comme ils le prononcent. Nous fîmes le Sud-
fud-oüeft & le Sud-fud-eft, jufques au 4 au matin que la brife d'Eft s'envoia, qui nous fervit à faire le Sud. Le Sud-oüeft ne calma que pour fe
renvoier (ravoier) de l'Eft & du Sud. Le vent largue s'étant envoié.

AVOIR pratique, Etre pratique. Voiez, Pratique.

AVOIR le pié marin. Voiez, Marin. *Zee-voeten hebben.*

AU plus près du vent. Voiez, Aller au plus près du vent.

AUSSIERE, Hanfiére. *Paarde-lijn, Paarel-lijn.* Voiez, Hanfiére.
C'eft une groffe corde à trois tourons.

AVUS-

AVUSTE, ou Ajuſte. *Splitſing.*
  Cela ſe dit d'un nœud de deux cordes, dont on atache l'une au bout de l'autre.
AVUSTER, Ajuſter. *Knoopen, Twee touwen op malkanderen ſteeken.*
  C'eſt atacher deux cordes l'une au bout de l'autre.

B A.

BABORD. *Bakboord.* Voiez, Bas-bord.
BAC. *Schouw, Praam, Pont.*
  C'eſt un bateau plat qui ſert à paſſer les riviéres.
BAC à naviguer. *Een open Schouw.*
  C'eſt un petit bâtiment dont on ſe ſert ſur les canaux & ſur les riviéres; & pour porter le brai & le goldron.

BACHES ou Bachots. *Kleine Schuitjes.*
  Ce ſont de petits bateaux dont on ſe ſert à Lion pour paſſer la Saone.
BACLER les ports. *De haavens toe ſluiten, of ſtoppen.*
  C'eſt les fermer avec des chaînes & des barriéres.
BAGUE. *Een touw-gatje met een touw-ring.*
  C'eſt une petite corde miſe en rond, dont on ſe ſert à faire la bordure d'un œil de pie, ou œillet de voile.
BAGUETTES de tambour. *Trommel-ſtokken.*
  Ce ſont deux petits bâtons bien tournez, & qui ont environ un pié & demi, avec quoi on bat la caiſſe.
BAGUETTE de fuſil, ou de mouſquet. *Stamper, Houte-ſtamper, Yſere ſtamper.*
  C'eſt la longue verge de bois que l'on fourre dans le fût, & qui ſert à le charger.
METTRE la baguette dans le canon. *De ſtamper in de loop ſteeken:* la retirer: *uittrekken.*
BAIE. Voiez, Baye.
BAIES de vaiſſeaux. Voiez, Bayes.
BAILLE, Boute. *Tobbe, Baalie.*
  C'eſt une moitié de tonneau en façon de baquet. Les vaiſſeaux de guerre ont une baille amarrée à châque hune, pour tenir des grenades & autres

H 2

artifi-

artifices, & par précaution elles font couvertes de peaux de mouton. On met auſſi dans des bailles le bruvage qui ſe diſtribüe châque jour aux gens de l'équipage. Voiez, Batême.

BAILLES à tremper les écouvillons pour rafraîchir le canon. *Koel-baalies.*

BAILLE à mettre tremper le poiſſon & la viande ſalée. *Varſe-baalie , Vuilenbras.*

PUISER avec des bailles & des ſeilleaux l'eau qui entre dans le rum, ou ailleurs. *Baalien, Uttbaalien.*

BAILLOTTE, Petit ſeilleau. *Schepper.*

BAJOU. *De bovenſte plank van 't roer van een ſchuit.*
On apelle ainſi la plus haute des planches ou des barres du gouvernail d'un bateau foncet. Elle eſt poſée immédiatement ſous l'arcaſſe de la maſſe du gouvernail.

BAISSER. *Affakken , Een rivier affakken.*
C'eſt deſcendre par eau.

BALAI DU CIEL. *Noordt-weſt-windt.*
C'eſt le vent de Nord-oüeſt. Ceux qui navigent ſur l'Océan apellent ce vent Balai du ciel, à-cauſe qu'il nétoie le ciel de nuages.

BALANCIERS de compas ou de bouſſole. *Beugels, Binnen-en-buiten-Beugel.*
C'eſt un double cercle de laiton, par lequel l'affût du dedans de la bouſſolle eſt tenu en équilibre.

BALANCIER de lampe. *Beugel tot de lamp van 't huiſſie.*
C'eſt un cercle de fer qui eſt mobile , & qui tient la lampe de l'habitacle en équilibre.

BALANCINES, ou Valancines. *Toppenant, Toppenants.*
Ce ſont des manœuvres ou cordes qui deſcendent des barres de hune & des chouquets, & qui viennent former deux branches ſur les deux bouts de la vergue, où elles paſſent dans des poulies. On s'en ſert pour tenir la vergue en balance , lors qu'elle eſt dans ſa ſituation naturelle ; ou pour la tenir haute & baſſe, ſelon qu'il eſt à propos.

BALANCINES de la grande vergue. *Groote Toppenants.*

BALANCINES de la vergue de miſéne. *Fokke-Toppenants.*

BALANCINES de ſivadiére. *Blinde-Toppenants.*
Les Balancines de la ſivadiére ſont amarrées au bout du beaupré , & ſervent auſſi pour border le perroquet. Il y a deux poulies courantes dont les cordes viennent ſe terminer au château d'avant ; & outre cela, aux deux tiers de la vergue de ſivadiére il y a deux poulies doubles, & de grands cordages pour tenir la vergue ferme ; le tout ſe rendant au château d'avant. Elles ſervent à apiquer la vergue de ſivadiére lors qu'on va à la bouline.

BALANCINES de vergue de fougue. *Beſaans-Toppenants.*

BALANCINES de grand hunier. *De groote mars-zeils Toppenants.*

BALANCINES de petit hunier. *De Voor-mars-zeils Toppenants.*

LES Balancines des huniers ſervent d'écoutes aux perroquets. *Mars-zeils toppenants dienen tot Bram-zeils ſchooten.*

BALANCINES de perroquet de fougue. *De kruis-zeils Toppenants.*
Pour la vergue d'artimon elle n'a pas de balancines, mais le bout d'embas eſt amarré aux haubans par deux bras, & le bout d'enhaut eſt amarré par des marticles , qui ſont des cordages qui coulent du haut bout du grand mât

de

de hune, & à l'endroit de la vergue d'artimon se fourchent en plusieurs branches.

BALANCINES de grand perroquet. *De groote bram-zeils Toppenants.*

BALANCINES de perroquet d'avant. *De Voor-bram-zeils Toppenants.*

BALANCINES de perroquet de beaupré. *De blinde-Toppenants.*

BALANCINE de chaloupe. *Geik-touw.*

C'est la manœuvre ou corde qui soutient le gui.

BALANT. Le Balant d'une manœuvre. *De loose van een touwerk, Een bot touws dat los hangt.*

C'est la partie qui n'est point halée. Le balant d'une manœuvre se dit aussi de la manœuvre même, lors qu'elle n'est point emploiée. On dit, Tenir le balant d'une manœuvre, pour dire, l'amarrer de telle sorte qu'elle ne balance pas.

BALAST. *Ballast.* Voiez, Lest.

C'est un amas de cailloux & de sable, que l'on met à fond de cale, afin que le vaisseau entrant dans l'eau par ce poids, demeure en assiette : c'est ce qu'on apelle autrement Lest ou Quintillage.

BALCONS, Galeries, Sardins, Jardins. *Galderijen, Open Galderijen.*

Galeries couvertes ou découvertes qu'on fait au derrière de certains vaisseaux, pour l'ornement ou pour la commodité : on les apelle autrement Sardins &c. Voiez, Jardins & Galerie.

BALES de plomb pour les menües armes. *Kogels.*

BALES ramées. *Draad-kogels.*

BALES d'artifices. *Vuur-kogels.*

BALIEUR d'un navire. *Swabber.*

C'est celui qui est chargé de le tenir net.

BALISES. *Baaken, Kaapstaanders, Paalen, Merken.*

C'est une marque, quelquefois d'un tonneau flotant, quelquefois d'un mât élevé, sur un banc, sur quelque passe, ou sur quelque chenal dangereux, par des rochers cachez sous l'eau, afin que les vaisseaux les évitent. Nous ne faisions par bon quart, & ne decouvrîmes point une balise qui étoit sur ce banc ; de-sorte que notre vaisseau toucha, & sans que la mer montoit alors, nous étions perdus. Le mot de Boüée se prend aussi pour le mot de Balise.

BALOIRES. *Scheergangen, Setgangen, Scheer-strooken Scheer-stokken.*

Ce sont de longues piéces de bois, qui dans la construction d'un vaisseau lui donnent la forme qu'il doit avoir, & à-cause de cela on les apelle aussi formes de vaisseau. C'est la grande forme ou le grand & principal gabarit qu'on met sur le gros du vaisseau, pour en former la façon, & le construire.

BALON, Espéce de Brigantin. *Baloen, Balon.*

On le méne à la nage avec des rames, & il est fort en usage dans le Roïaume de Siam. Ce sont de petits bâtimens faits d'un seul arbre d'une longueur extraordinaire, & qui ont le devant & le derriére de sculpture fort élevée. Il y en a de tout-doréz, où l'on met jusques à six-vingts & même cent-cinquante rameurs dè châque côté. Les rames sont couvertes de lames d'argent, où sont dorées, ou raiées d'or, & la chirole est couverte de quelque riche étofe, les rideaux étant aussi de la même étofe. Cette chirole est une espéce de petit dôme, qu'on place au milieu des balons qui ne sont

pas

pas fi magnifiques que ceux qui ont des clochers : les uns & les autres ont de riches baluftrades, comme d'ivoire, ou d'ouvrages délicats couverts de dorures. Les bords de ces vaiffeaux font à fleur d'eau, & les extrémités recourbées s'élèvent fort haut. La plupart ont la figure de chevaux marins, de dragons, & d'autres fortes d'animaux. Quelques-uns font ornez de différentes figures, faites de morceaux de nacre raportez.

„Les Siamois donnent à leurs Balons, ou petits bâtimens à rames, la figu-
„re de quelque animal, oifeau, ou reptile. Ces fortes de bâtimens ont
„jufqu' à cent & fix-vingts piés de long, & ils en ont à-peine fix de large;
„fi-bien que c'eft une chofe furprenante que leurs hauts clochers, & leur
„relevement de l'avant & de l'arriére, avec les fculptures ou ornemens qui
„y font, ne les faflent pas renverfer, & tourner fens-deflus-deflous. Il
„eft vrai que la plupart de ces ornemens ne font apliquez que fur des ro-
„feaux, ou faits que de rofeaux, qui font une matiére legére; & il ne faut pas
„douter que fans cela il feroit impoffible que ces balons puffent naviguer.

BANC à s'affeoir. *Bank, Sit-bank.*
„Dans la chambre du Capitaine on trouve un banc qui eft placé contre l'ar-
„riére du vaiffeau. Il y en a encore un autre à ftribord, & c'eft par l'en-
„droit qu'occupe ce banc quon ôte, que l'on pafle le gouvernail pour le
„monter: on le lève auffi lors qu'on veut culer de l'arriére. Les afûts en-
„trent encore par-là. On y place le plus fouvent un tuïau d'aifement, à
„fix pouces du petit montant qui le foutient, & à un pié du bord du vaif-
„feau : ce tuïau a fix pouces de large par le haut, & cinq & demi par le
„bas.

„**BANC** à coucher. *Tuimel-banck.*
„Il y en a auffi un dans la chambre du Capitaine.

BANC de Galére; de Galéafle, de Galiotte, de Brigantin, & de tout bâtiment à rames. *Roei-banck, Doft.*
C'eft un fiége pour affeoir ceux qui tirent à la rame, foit forçat, bonavoglie, ou matelot. De tous les bâtimens à rames il n'y a que les gondoles de Venife qui n'aient point de banc ; car les rameurs nagent debout. Les galéres ordinaires font à vingt-cinq bancs; ce qui fe doit entendre de vingt-cinq de châque côté, pour faire en tout cinquante bancs, à une rame à chacun, & à quatre ou cinq hommes pour châque rame. Les galéafles ont trente-deux bancs, & fix à fept forçats par banc.

BANC de Chaloupe. *Sloep-fit-bank.*
Ce font les bancs qui font joints autour de l'arriére de la chaloupe, en-dedans, pour la commodité de ceux qui y font.

BANC. *Bank.*
C'eft une hauteur d'un fond de mer inégal, qui s'élevant vers la furface de l'eau, la furmonte quelquefois; ou fi elle regne au-deflous, elle n'y laifle d'ordinaire pas affez de fond pour y mettre le vaiffeau à flot; ce qui l'entrouvre & le brife. Il y en a qui portent affez d'eau pour faire floter le vaiffeau, & qui, par ce moien, ne font pas dangereux. Le grand banc de Terreneuve eft de cette nature. On trouve des bancs de fable & de pierres, ce que les bons routiers ont acoutumé de fpécifier. Les bancs de pierres s'apellent par quelques-uns des Haies de pierre. Quand on veut fortir de ce port il faut atendre que la mer foit à un tiers ou un quart du flot, afin que fur

cette

cette hauteur d'eau on puisse s'apercevoir & se parer de deux bancs, qui gisent Est, Oüest, à la distance de deux cables. Nous trouvâmes dans les mers du Nord de grands glaçons flotans qu'ils apellent des bancs de glace.

BANC & Battures. *Plaat, Bank, Droogte.*

Ce sont des roches ou des sables qui sont dans la mer, & dont le fond est plus élevé, que les autres fonds.

„Quand un vaisseau a donné sur des bancs, ou des bas-fonds, & qu'il tou-
„che, il ne peut plus sentir son gouvernail. Alors il faut avoir recours aux
„voiles pour gouverner, & tâcher de se remettre à flot. Un Pilote habi-
„le, fait les isler, les baisler, les amener, & les manœuvrer en-sorte qu'à-
„moins qu'il n'y ait une entiére impossibilité, il relève enfin le bâtiment.
„Les mariniers prétendent que cet inconvénient vient de ce que le sable
„mouline, & atire à lui le gouvernail.

BANC. Le grand Banc. *De groote Bank van Terreneuve.*

C'est-à-dire, le grand banc de Terreneuve.

BANC étroit & fort long. *Rif, Rib.*

BANC. *Een Tent.*

C'est une petite loge de bois, qu'on bâtit au milieu d'un bateau.

BANCHE. *Gladt en sagt steen-gronds.*

On apelle ainsi un fond de roches tendres & unies, qui sont dans la mer en de certains lieux.

BANDE ou Côté. *Zy, Zijde.*

Ce mot signifie un côté, soit un côté de la Ligne Equinoxiale, ce qui suppose la latitude; soit un côté de quelques terres; ou le côté & le flanc d'un vaisseau.

BANDE du Nord, Bande du Sud. Courir la bande du Nord, *Noorder-kant, Noorder-streek, Suider-streek, Sijn streek om het Noord houden.*

Bande du Nord. Ce sont les parages qui ont latitude Septentrionale, & Bande du Sud, ceux qui ont latitude Méridionale, ce qui marque si on est deçà ou delà la Ligne. Depuis les cinq degrès jusques par les deux degrès de la bande du Nord, nous fûmes portez d'un vent foible. Nous rencontrâmes un vaisseau Anglois par les quatre degrès de la bande du Sud. On dit encore, Nous rangeâmes la côte de l'isle par la bande du Nord: c'est-à-dire, Nous cinglâmes terre-à-terre, le long du rivage qui regarde le Nord. A la vüe de ce cap, & par les cinq degrès de la bande du Nord, on trouve une basse fort dangereuse, qui oblige à tenir toujours le plomb à la main. On se sert de la préposition par; & au-lieu de dire, à cinq degrès, vers les cinq degrès, ou sous les cinq degrès, on dit par les cinq degrès.

DE la bande du Nord. *Van de Noorder-kant.*

BANDE. Avoir son vaisseau à la bande, Mettre son vaisseau à la bande. *Krengen, Op zy leggen, Op zy smijten, Op een zy laaten vallen.*

C'est le faire pancher sur un côté apuié d'un ponton, afin qu'il présente l'autre flanc quand on veut le nétoier, ou lui donner le radoub, le braier, & étancher quelque voie d'eau.

BANDE. Jetter à la bande. Voiez, Jetter.

TOMBER à la bande. *Op zijde of overkant gesmeeten worden.*

C'est tomber sur le côté.

BANDER une voile. *Een zeil banden.*

C'est

C'eſt coudre à la voile des morceaux de toile de travers ou diagonalement, afin qu'elle dure plus longtems.

BANDE où litre de toile goudronnée, qu'on met quelquefois ſur les coutures d'un vaiſſeau. *Naad-preeſening.*

BANDOULIE'RE. *Bandelier.*

C'eſt une eſpéce de baudrier, qu'on met ſur le corps de gauche à droit, qui ſert à ceux qui combatent avec des armes à feu, ſoit pour porter des carabines, ſoit pour porter des charges pour le mouſquet.

„On tient ordinairement quatre cents bandouliéres dans un navire de „guerre.

BANNIE'RE, Pavillon, Etendard d'un vaiſſeau. *Vaan, Vlag.*

La Banniére ſert à marquer la nation dont eſt le vaiſſeau, & à le diſtinguer. On dit les vaiſſeaux de la Banniére de France; les vaiſſeaux de la Banniére de Veniſe; mais cette expreſſion n'eſt que parmi les Levantins. Il faut dire, Pavillon de France, Pavillon de Veniſe. Voiez, Pavillon.

BANNIE'RE de partance. *Blaeuw-vlag.*

C'eſt le pavillon de partance, que l'on met à la poupe d'un vaiſſeau, pour faire connoître aux matelots qui ſont à terre, qu'il eſt tems de s'embarquer.

BANNIE'RE de Combat, Pavillon de Combat. C'eſt le pavillon rouge. *Roode Vlag.*

BANNIE'RE de Conſeil, Pavillon de Conſeil. *Witte vlag, Pitsjaars-vlag.*

C'eſt la banniére blanche que l'Amiral fait arborer en poupe, quand il veut prendre avis ſur quelque choſe.

BANNIE'RE de Paix. C'eſt une banniére blanche. *Witte vlag, Vreede-vlag.*

METTRE les perroquets en banniére. *Bram-zeils ſchooten los laaten ſpringen, of loopen.* Voiez, Perroquet.

BANQUE'. *Een viſſchers ſchip op de bank van Terreneuve.*

Ce mot ſe dit en parlant d'un navire qui va pêcher de la morüe ſur le grand Banc, & on l'apelle, un Banqué. On dit auſſi qu'on eſt banqué ou débanqué, pour dire qu'on eſt ſur le grand Banc, ou hors du grand Banc. Le mauvais tems de vent d'Oüeſt nous fit débanquer.

BAPTEME, Batême du Tropique, ou de la Ligne Equinoxiale. *Doop.*

C'eſt une Cérémonie profane, mais d'un uſage ancien & inviolable parmi les gens de mer, qui la pratiquent indiſpenſablement ſur ceux qui la premiére fois vont paſſer le Tropique, ou la Ligne. Chaque nation la pratique diverſement, & même les équipages d'une même nation l'éxercent en différentes maniéres. Voici une des plus communes parmi les équipages François. Pour préparatif on range ſur le tillac, tant à ſtribord qu'à bâbord, des bailles pleines d'eau de la mer, & bordées par les matelots rangez en deux haies, chacun un ſeau à la main. Le Maître-valet vient au pié du grand mât, le viſage barboüillé, & le corps revêtu de quantité de garcettes roulées tout-autour, dont il y en a même quelques-unes qui lui pendent des bras. Il eſt ſuivi de cinq ou ſix matelots équipez de même, & tient entre ſes mains quelque Livre de Marine, pour repréſenter le Livre des Evangiles. L'homme qui doit être batiſé, ſe met à genoux devant le Maître-valet, qui lui faiſant mettre la main ſur le Livre, l'oblige à promettre que tout-autant de fois qu'il ſe préſentera une ocaſion de batiſer d'au-

tres

tres gens, il éxercera sur eux les mêmes cérémonies qu'on va éxercer sur lui. Après ce serment, celui qui doit être batisé se lève & marchant vers l'avant du vaisseau, entre les rangs des bailles & les gens de l'équipage qui l'attendent auec des seaux tout-pleins, il essuïe cet orage, & reçoit ainsi ce qu'ils apellent le batême.

„C'est une coutume pratiquée de toute ancienneté, que ceux qui font leur „aprentissage dans l'art de la marine, & qui passent en certains endroits, „où ils n'avoient jamais passé, & qui sont indiquez pour cet éfet, tant au „Nord, qu'à l'Oüest, & sous la Ligne, subissent cette rigueur, sous le favora„ble nom de Batême; savoir d'être jettez du bout de la vergue à la mer. „Les vaisseaux même sont assujettis à cette ridicule cérémonie. On pour„roit dire que c'est en récompense de ce que les Réformez l'ont rejettée „comme un acte de Réligion, qui est demeuré parmi les Catoliques Ro„mains, ceux-ci batisant éfectivement leurs vaisseaux, la premiére fois „qu'ils vont en mer. Lors que le cas y échoit, & que les vaisseaux arri„vent dans ces lieux consacrez, pour ainsi dire, où ils n'étoient jamais ve„nus, il faut que le Maître les rachète; autrement l'équipage s'en va cou„per le nez, ou toute l'avance de l'éperon, ou défigurer & détruire quelque „autre partie du vaisseau. Ceux qu'on veut jetter du bout de la vergue à la „mer, peuvent tout de même se racheter par quelque argent qu'ils don„nent à l'équipage. Pour les mousses, au-lieu de les jetter du bout de la „vergue, on les met sous un pannier, qui est entouré de bailles pleines „d'eau, & chacun y puise avec des seilleaux, & leur jette l'eau sur le „corps; car comme ils ne sont pas pécunieux, ils ne peuvent se racheter de „cette peine, qui d'ailleurs est beaucoup moindre que l'autre.

BAPTISER, Batiser un vaisseau. *Een schip doopen.*
C'est le bénir avant qu'on le mette à l'eau.

„Les noms qu'on donne aux vaisseaux sont tirez de différens objets, com„me des hommes, des villes, des maisons, des oiseaux, des bêtes &c. „Mais la plupart des Chrétiens Romains leur donnent les noms des Saints „sous la protection desquels ils les ont mis: & en vertu de ce choix qu'ils „ont fait de ces protecteurs, c'est à eux que les priéres des équipages s'a„dressent dans le péril. Ils consacrent aussi & batisent leurs vaisseaux, & „atachent une certaine efficace à cette cérémonie. Quelques-uns d'entre „les Luthériens les batisent aussi; mais ils n'atachent aucune vertu à ce „batême, qui consiste seulement à donner le nom au vaisseau, & à implo„rer la bénédiction de Dieu pour les légitimes usages auxquels il sera em„ploié.

BARATERIE, Barat. *Schelmerije van boots-gesellen en schippers.*
C'est une malversation & tromperie du Patron ou Maître d'un navire, soit par déguisement de marchandises, ou par fausse route.

BARBE, Sainte-barbe, Gardiennerie, Chambre des Canonniers. *Konstaapels kaamer.*
C'est ainsi que se nomme la chambre des Canonniers, à-cause qu'ils ont choisi Ste. Barbe pour Patrone. La Ste. Barbe est un retranchement de l'arriére du vaisseau, au-dessus de la soute, & au-dessous de la chambre du Capitaine. Le timon passe dans la Sainte-barbe. Les vaisseaux de guerre y ont ordinairement deux sabords, pratiquez dans l'arcasse, pour battre derriére. On

I

l'apelle

l'apelle auffi Gardiennerie, à-caufe que le Maître-canonnier y met une partie de ce qui regarde les uftenciles de fon artillerie.

„ Il ne faut pas que la Sainte-barbe defcende trop bas vers le fond du vaif-
„ feau, parce que l'eau qui entre dans le vaiffeau y couleroit, & cela cau-
„ feroit beaucoup de defordre.

„ La Sainte-barbe d'un vaiffeau de cent-trente-quatre piés de long, de l'étra-
„ ve à l'étambord, doit avoir vingt-neuf piés de long.

BARBES d'un vaiffeau. *Splits-gangen in de boeg.*

Les Barbes d'un vaiffeau font les parties du bordage de l'avant, auprès du rinjot, ceft-à-dire vers l'endroit où l'étrave s'affemble avec la quille.

BARBEIER, Barbotter, Fafier. La voile barbeie. *Wapperen, Slingeren, Labberen.*

C'eft lors que le vaiffeau étant trop près du vent, le vent rafe la voile, & lui étant prefque parallèle, la bat d'un côté & d'autre, fans la remplir. Cette agitation continüe jufqu'à-ce qu'elle ait pris le vent, & alors elle ne barbeie plus. Quand on a mis le vent fur les voiles il faut qu'elles barbeient. Il ne faut pas confondre, Mettre le vent, & Prendre le vent. Voiez, Vent.

BARBIER. *Barbier.* Voiez, Chirurgien.

BARCES. *Een foort van gefchut van oudts gebruikelijk.*

C'eft une forte de canons qui font aujourdhui de peu d'ufage, & qui autrefois étoient fort communs fur mer: ils reffemblent aux faucons & fauconneaux; mais ils font plus courts, plus renforcez de métal, & ont un plus grand calibre.

BARDIS. *Set-gangen, Loofe ftelling.*

C'eft un batardeau fait de planches, fur le haut du bord d'un vaiffeau, pour empêcher l'eau d'entrer fur le pont, lors qu'on couche ce vaiffeau fur le côté, pour le radouber.

BARDIS. *Befchuttingen, Gevelingen, Bulk-hoofden.*

Ce font des féparations de planches qu'on fait à fond de cale, pour charger des blés, & d'autres grains. Celles qui fe font en travers s'apellent *Gevelingen*, & celles qui font en long s'apellent *Befchuttingen*.

BARGE. *Boot, Schuit, Sloep.*

On a dit autrefois, Barge, pour dire, une Barque, un Efquif. On dit encore à Londres, la Barge du Maire.

BARIL, Barril. Baril de galére. *Galey-vatken.*

C'eft un baril qu'un homme peut porter plein d'eau, & dont il fe fert pour en remplir les bariques que l'on ne peut tranfporter ou à la fontaine, ou à la riviére.

BARIL de quart. *Galey-vatken.*

C'eft le baril de galére qu'on donne plein d'eau, le foir, à ceux qui doivent faire le quart de la nuit.

BARILS où l'on met les viandes. *Vleefch-vaaten.*

BARIL de poudre. *Kruidt-vat.*

C'eft, fur mer, cent livres de poudre pefant, mifes dans un baril.

BARILS à bourfe. *Kruidt-vaaten met leer of leer-beursjes bedekt, Beurs-vaatjes.*

C'eft un baril couvert de cuir, où le Canonnier met de la poudre fine. On l'apelle ainfi, à-caufe qu'il fe ferme comme une bourfe.

BARIL.

tic
if-
u-
ra-

du
;
e,
n-
rs
es
t.

n-
n-
us

r
c

r
-

-

r
a

tic
if-

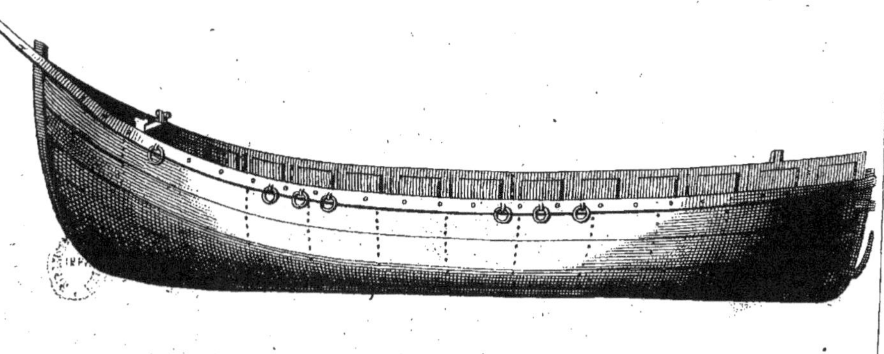

Spaansche Berck soo als zy seylt.   Barque Espagnole qui navigue

Spaansche Berck zonder zyl en roer. Barque Espagnole sans voles ni gouvernail

BARILLAGE. *Kleine Vaatjes.*
Ce font des barils ou petites bariques de grandeur au-deſſous de la huitième partie d'un muid. En France le goldron de Weybourg du barillage de chêne, eſt préféré à tout autre, hormis à celui du Roïaume.

BARILLARD. Oficier de galére, qui a le ſoin du vin & de l'eau, *Bottelier op een Galey.*

BARIQUE. *Oxhoofdt.*
C'eſt le quart d'un tonneau, ou la moitié d'une pipe, & le muid eſt le tiers d'un tonneau : or le muid de vin de Paris contient deux cents-quatre-vingts pintes, ſelon le Réglement de Loüis XIII. & il contenoit auparavant trois cents pintes, ſuivant les Ordonnances de Henri IV. Ainſi le tonneau contient huit cents-quarante pintes, & la barique par conſéquent contient deux cents-dix pintes de Paris. Elle doit contenir trois cents-ſoixante pintes de Hollande.

BARIQUES à feu, Barils ardens. *Blixemende vaaten.*

BARQUE. *Bark.*
C'eſt un bâtiment à un pont, qui a trois mâts, le grand, celui de miſéne, & celui d'artimon ; les plus grandes ne paſſent guéres cent tonneaux : celles-là ont ſur le pont un ſuzain, qui vient juſqu'au grand mât. Toutes les barques de la Méditerranée ſont apareillées à voiles latines, ou à tiers point. Les Eſpagnols ont une ſorte de barque qui leur eſt preſque particuliére, & elle eſt fort commune en ce païs-là.
,, Les Barques d'Eſpagne ſont fines de voiles, & pour cet éfet on leur donne
,, beaucoup de façons à l'arriére & à l'avant, ce qui les rend fort aigües.
,, Le gouvernail ſe manie par le moien de deux cordes qu'on tient à la main.
,, La voile qu'elles portent eſt extrémement grande, & à cauſe de cela on
,, leur donne un leſt fort peſant, qui eſt de pierres. La voile traverſe le
,, bâtiment, & eſt amarrée aux deux bords. Il y a beaucoup d'incommodité
,, à manœuvrer cette voile, & à la faire paſſer de l'autre côté du mât, par-
,, ce qu'il la faut amener toute entiére. Ordinairement elles ont depuis
,, trente juſqu'à trente-neuf piés de long de l'étrave à l'étambord, & huit
,, à neuf piés de large : on les fait pourtant quelquefois de huit à dix piés
,, plus courtes ou plus longues. Elles ont cinq piés de creux. Elles ſont
,, montées de huit, dix, treizé, ou quatorze hommes ; on y met un équi-
,, page plus ou moin fort, par raport à leur grandeur, ou à la diligence qu'on
,, veut faire. On en ôte tout le bordage, depuis la préceinte juſques au
,, haut, & depuis l'avant juſqu'à l'arriére, ou bien on n'en ôte qu'une par-
,, tie, ſi l'on veut ; & quand il eſt entiérement ôté, on peut ramer avec qua-
,, torze rames, & même plus, s'il eſt néceſſaire. Le mât eſt placé au mi-
,, lieu, & lors qu'elles doivent faire de longues routes, on y met deux
,, mâts, le ſecond étant tout-à-fait à l'avant. S'il ſurvient quelque tempê-
,, te, on couche le mât du milieu, & l'on met le mât d'avant à ſa place,
,, avec une petite voile.

BARQUE. *Bark, Barkje, Boot.*
C'eſt auſſi un vaiſſeau moien ſans hune, qui ſert à porter des munitions, & à charger, ou à décharger un grand navire.

BARQUE d'avis. *Advijs-Bark, Galjoot of Jacht.*

C'eſt

C'eſt celle qu'on envoie porter des nouvelles , ſoit dans un vaiſſeau éloigné, ſoit d'un vaiſſeau à un autre.

BARQUE longue. *Een dubbelde ſloep.*

C'eſt un petit bâtiment qui n'eſt point ponté , & qui eſt plus long & plus bas de bord que les barques ordinaires , aigu par ſon avant , & qui va à voiles & à rames : il a le gabarit d'une chaloupe , & en beaucoup d'endroits on l'apelle Double-chaloupe.

BARQUE droite. *Sit regt in de boot.*

C'eſt un commandement qu'on fait , pour avertir ceux qui ſont dans une chaloupe , de ſe metre également , afin qu'elle ſoit droite ſur l'eau.

BARQUE en fagot. *Een ongemaakte ſloep.*

C'eſt tout le bois qu'il faut pour faire une barque , qu'on porte taillé dans un vaiſſeau , & qu'on aſſemble , quand on eſt au lieu où l'on en a beſoin. Voiez , Fagot.

BARQUE à eau. *Waater-ſchip, Waater-ſchuit.* Petits bâtimens dont on ſe ſert en Hollande , pour tranſporter de l'eau douce aux lieux où l'on en manque, & de l'eau de mer pour faire du ſel: ils ont un pont , & on les emplit d'eau juſques au pont. Voiez , Bateaux.

BARQUE ou Galiote à machines & à bombes. *Een Spring-ſchip.*

BARQUE de Vivandier. *Kaai-draai, Kaa-draai.*

C'eſt la barque qu'un Vivandier promène ſur l'eau , le long des quais , ou autour des vaiſſeaux , pour y porter des vivres à vendre.

BARQUEROLLE, Barquette. *Roei-ſchuit.*

Vaiſſeau médiocre de voiture , ſans aucun mât , qui ne va qu'à la rade , de beau tems , ſans aller jamais en haute mer. On dit auſſi , Baranette.

BARRE. C'eſt un mot qui ſe joint avec pluſieurs autres mots , comme on le voit ci-après.

BARRES d'arcaſſe. C'eſt un terme commun à la grande Barre d'arcaſſe , ou Liſſe de hourdi , & aux petites Barres d'arcaſſe , ou Barres de contre-arcaſſe , ou Contre-liſſes. Elles ſont toutes à l'arcaſſe du vaiſſeau , la traverſent & la ſoutiennent. La grande Barre d'arcaſſe eſt la plus haute , poſée par ſon milieu ſur le haut de l'étambord , & par ſes bouts ſur les eſtains. C'eſt le dernier des baux de l'arriére , qui fait le principal afermiſſement de la poupe.

BARRE d'arcaſſe, Grande barre d'arcaſſe. *Hek, Hek-balk.* Voiez , Liſſe de hourdi.

BARRES d'arcaſſe, Contre-liſſes, Barres de contre-arcaſſe. *Worpen, Wlpen, Agter-banden, Wrangen in de Spiegel.*

,,Ce ſont celles qui ſe poſent au-deſſous de la liſſe de hourdi : elles ſont aſ-,,ſemblées à queüe d'aronde dans les eſtains , & avec l'étambord par une ,,entaille qu'on leur fait. Quelques Charpentiers proportionent les contre-,,liſſes

„lisses par la lisse de hourdi , & leur donnent les trois quarts de l'épaisseur
„de la lisse, à l'endroit où elles joignent l'étambord ; & on les tient un
„peu moins épaisses par les bouts. On les place à même distance les unes
„des autres que les varangues ; & la première, ou plus haute , se pose à
„la hauteur des sabords.
„Voici comment raisonnent ceux qui proportionent les barres de contre-
„arcasse par l'étrave.
„Les Barres de Contre-arcasse servent à entretenir & afermir les estăins,
„jusques au bas desquels & du jarlot de l'étambord la dernière de ces barres
„descend , & la plus haute se pose à-peu-près deux piés au-dessous de la
„lisse de hourdi.
„Les Contre-lisses doivent avoir les quatre cinquièmes parties de l'épaisseur
„de l'étrave. D'autres Charpentiers, qui les proportionent par la lisse de hour-
„di, leur donnent d'épaisseur jusqu'à un tiers moins ; & d'autres les font
„aussi épaisses, ou presque aussi épaisses, & aussi larges que la lisse de hour-
„di.
„La meilleure proportion des petites Barres d'arcasse pour un vaisseau de
„cent-trente-quatre piés de long, de l'étrave à l'étambord, est de neuf pou-
„ces & demi à dix pouces d'épaisseur ; les bouts en doivent être assemblez
„à quëue d'aronde avec les côtés du bâtiment. On ne les arrête qu'après
„que l'étambord est monté, & les chevilles qu'on y met entrent d'un pouce
„ou deux dans l'étambord.

BARRE de pont. *Worp.*
C'est une autre barre d'arcasse sur laquelle on pose le bout du pont du vaisseau : elle est parallèle & presque semblable à la lisse de hourdi.

BARRE d'arcasse de couronnement. *Een Ribbetje onder 't bovenste hakkebord
of onder de spiegel-boog.*
C'est une longue pièce de bois qui lie le haut du vaisseau par son couronnement.
„La Barre d'arcasse de couronnement est un petit barrotin scié dans une
„poutre de Stolpe ; dont il est parlé sous le mot Bois ; ou d'une pièce d'un
„vieux mât , ou d'une vergue , qu'on équarrit : elle soutient le reste du
„couronnement, & lie tout le haut du bâtiment.

BARRES de cabestan. *Spil-boomen , Wind-boomen , Wind-spaaken.*
Ce sont certaines pièces de bois quarrées qui servent à faire virer le cabestan. Voiez, Cabestan.
„Comme les trous des cabestans ne doivent jamais avoir moins de six piés,
„& jamais plus de huit, les barres doivent être de la même proportion.

DEMI-BARRES de cabestan à l'Angloise. *Halve-boomen.*
Ce sont des barres qui n'entrent que jusqu'à la moitié du cabestan.
BARRES de virevaut. *Handt-spaaken.* Voiez, Virevaut.
BARRES d'écoutilles. *Bengels over de luiken.*
Ce sont des bandes de fer, dont on se sert pour fermer les écoutilles des vais-
seaux.

BAR--

BARRES de panneaux d'écoutilles. *Klampen van de luiken.*

Ce font des traverfes de bois, ou des piéces de bois étroites, qui traverfent les panneaux des écoutilles par-deffous, pour en tenir les planches jointes. Quelques-uns les apellent, Taquets de panneaux.

BARRE de gouvernail, Timon. *Roer-pen.*

C'eft une longue piéce de bois, qui d'un bout entre dans une mortaife qui eft dans la tête du gouvernail, pour le faire mouvoir; & l'autre bout de cette barre eft attaché, avec une cheville de fer, à une boucle auffi de fer, qui eft attachée à la barre nommée manuelle, que le Timonier tient.

Ce terme de Barre eft équivoque. On le voit pris pour le timon, & quelquefois pour la manuelle ou manivelle. Il y faut prendre garde. Voiez, Timon, & Manivelle.

CHANGER la barre du gouvernail. *'t Roer omfmijten, overleggen, omfmakken, omwerpen.*

C'eft la faire tourner d'un autre côté.

BARRE à bord. *Legt 't roer aan boord.*

BARRE de gouvernail toute à bord. *'t Roer digt aan boord leggen.*

C'eft avoir la barre du gouvernail toute à bord; c'eft-à-dire qu'elle eft pouffée jufques contre le côté du vaiffeau, ou auffi-loin qu'elle peut aller.

POUSSE la barre à arriver. *Roer te loefwaarts aan boord.*

C'eft lors qu'on veut ordonner au Timonier de pouffer la barre au vent, en-forte que le vent donne à plein dans les voiles pour arriver.

POUSSE la barre à venir au vent, ou Pouffe la barre fous le vent. *Legt uw roer in ly, Smijt in ly, Duuw of draai uw roer in ly.*

C'eft afin de faire venir le vaiffeau au lof.

BARRE fous le vent, Envoie. *Roer aan ly om te wenden.*

POUSSE la barre en douceur. *Moet 't roer, Duuw fagt.*

BARRE droite. *Mid-fcheeps 't roer, Regt 't roer.*

AU LOF, Mets la barre fous le vent. Pas plus au vent. *Loef aan, roer aan ly, niet laager.*

POUSSER la barre fous le vent, & fe laiffer dériver. *In ly fmijten en laaten doordrijven, Geleit zijn onder zee.*

METTRE la barre fous le vent pour virer. *Door de windt douwen om te wenden.*

VAISSEAU qui a toujours la barre à arriver. *Een loefgierig fchip.*

C'eft-à-dire qu'il eft trop ardent à venir au vent, ou à s'aprocher du vent.

VAISSEAU qui a toujours la barre à venir au vent. *Een fchip dat niet wel by de windt uil, dat niet wel aanloeft,*

C'eft le contraire de ce qui vient d'être dit; c'eft-à-dire que le vaiffeau n'arrive point, & qu'il faut toujours tenir la barre au lof.

BARRE de gouvernail de châloupe. *Yfere helm-ftok tot de floep.*

BARRES de hune, Barreaux, Teffeaux. *Saalingen, Zaalen, Mars-faalingen.*

Ce font quatre piéces de bois mifes de travers l'une fur l'autre, qui font faillie autour de chaque mât, au-deffous de la hune, pour la foutenir, & même pour fervir de hune aux mâts qui n'en ont point. On les pofe à la dixiême partie de la hauteur du mât, fur deux autres piéces de bois que l'on nomme fautereaux. Notre Capitaine voulant ôter toute excufe aux Pilotes ignorans, qui ont acoutumé de dire que leurs naufrages arrivent par

non-

non-vûe, fit monter le gabier sur les barres de perroquet, pour mieux découvrir la côte, qui est fort basse, & cette vigilance nous servit encore contre les Corsaires.

„ Les Barres de hune, qui sont des piéces de bois en croix, au-dessous du
„ ton des mâts, servent à soutenir les haubans, les mâts de hune, les per-
„ roquets, les étais, & diverses manœuvres & poulies. Elles sont un peu
„ arquées, le concave en-dedans. Leur croix traverse le vaisseau par le
„ milieu & de bord à bord. Aux angles de ces barres, il y a de petits
„ caps de mouton, par où sont amarrez de petits haubans qui traversent
„ aux grands haubans, pour les afermir. Les barres des perroquets servent
„ à tenir le bâton du pavillon, n'aiant qu'un seul trou, qui est pour cet
„ usage.
„ On donne autant de longueur aux barres de hune, que le fond de la hune
„ a de largeur.
„ Les grandes Barres de hune d'un vaisseau de cent-trente-quatre piés de
„ long de l'étrave à l'étambord, doivent avoir cinq pouces & demi d'épais,
„ & sept pouces & demi de large. Toutes les autres sont moins larges à
„ proportion, & aussi plus plattes & plus minces.
„ Elles doivent avoir neuf piés & demi de long. Celles du mât de miséne
„ doivent avoir huit piés & demi, aussi de long. Celles du mât d'artimon,
„ quatre piés & demi : celles du beaupré, aussi quatre piés & demi, & tout
„ de même celles du grand mât de hune. Celles du mât de hune d'avant
„ doivent avoir trois piés & demi : celles du perroquet de fougue, deux
„ piés ; & celles du grand perroquet & du petit beaupré, aussi deux piés.
„ Celles du perroquet de miséne doivent avoir un pié trois quarts pour
„ le moins.
„ Il y a des Charpentiers qui établissent que la longueur des barres de hune
„ qui sont dans la longueur du vaisseau, doit être du tiers de la largeur du
„ vaisseau ; que chaque six piés de leur longueur leur doit donner cinq
„ pouces d'épaisseur de haut en bas ; & que leur largeur doit être des quatre
„ cinquiêmes parties de leur épaisseur.
„ Mais celles qui sont posées dans la largeur du vaisseau, ou qui le traversent
„ d'un bord à l'autre, doivent être un peu plus courtes, quoi qu'égales
„ en largeur ; mais en épaisseur de haut en bas, elles doivent avoir aussi
„ un quart moins que de largeur.
„ Les Barres de hune du mât de miséne doivent être d'une sixiême partie
„ plus courtes que celles du grand mât. Les barres du mât d'artimon doi-
„ vent être en longueur, en largeur & en épaisseur, à-peu-près de la moi-
„ tié moindres que celles du grand mât. Celles du mât de beaupré, qui
„ doivent être posées tout-à-fait de niveau, ont les mêmes proportions que
„ celles de l'artimon, aussi-bien que celles du grand mât de hune : Et cel-
„ les du mât de hune d'avant, doivent être d'une dixiême partie plus petites.
„ Les barres de hune du grand perroquet, doivent être en toutes leurs
„ proportions, de la moitié de celles du grand mât de hune. Il en doit
„ être de même à l'égard des barres du mât de hune d'avant. Celles du
„ perroquet d'artimon, doivent être un peu plus petites que celles du grand
„ perroquet ; & celles du perroquet de beaupré, leur doivent être égales.
„ Comme les Barres de hune des quatre perroquets ne portent point de hu-
											„ nes,

„nes, celles qui font pofées de travers ou d'un bord à l'autre, doivent
„être un peu courbées pour l'agrément.

BARRE de Pompe. *Yfere pomp-ftang.*

C'eft une longue barre de fer troüée en quarré. Par le bout elle eft emmanchée comme un tarriére, pour emboiter la cuilliére de la pompe.

BARRES de cuifine. *Yfere bouten.*

Ce font auffi des barres de fer, qui fervent à foutenir les chaudiéres qu'on
met fur le feu. Elles font pofées de long & de travers dans les cuifines des
vaiffeaux.

BARRES de porte. *Klampen.*

Ce font des piéces de planches étroites, qui traverfent les portes, pour
entretenir les planches enfemble.

LA porte de la chambre du Capitaine a trois barres. *Drie klampen leggen op de
deur van de Kajuit.*

BARRES de prifonnier avec des anneaux. *Yfers, Boeijen.*

BARRES ou Barriéres des ports. *Boomen, Sluit-boomen, of keetens.*

Ce font de longues poutres dont on ferme les entrées des ports, & quand
elles font trop courtes on fe fert de chaînes.

BARRE. *Steen-rif, Sandt, Bank, Baar, Baer.*

C'eft un amas de fable, ou de vafe, ou une chaîne de roches, qui embaraf-
fent tellement l'entrée d'une riviére, ou celle d'un port, qu'on n'y peut
paffer que de haute marée, ou par des paffes, c'eft-à-dire par des ouvertures qui s'y rencontrent quelquefois par intervalle. Ces fortes de parages
s'appellent, Havre de barre, Riviére de barre. La barre de Siam eft un
banc de vafe, qu'on trouve à l'embouchure de la riviére, où il n'y a que
douze à treize piés d'eau, quand la mer y eft la plus haute. Voiez, Havre.

BARROTS ou Baux *Balken.* Voiez, Bau. Quoi qu'on fe ferve indifféremment des termes de Baux & de Barrots, il eft pourtant certain que ceux qui
font le plus éxacts, ne fe fervent de celui de Bau que pour les folives du
premier pont, & qu'ils emploient celui de Barrot pour les folives des autres
ponts.

BARROTS ou Baux du pont d'enhaut. *Verdeks-balken.*

„Pour donner aux barrots du pont d'enhaut l'épaiffeur qui leur convient,
„il faut prendre les deux tiers de l'épaiffeur de l'étrave, & autant pour la
„largeur: & pour leur donner leur rondeur, bouge, ou beffon, il faut
„prendre les cinq fixiêmes parties de leur épaiffeur.
„Suivant l'avis de plufieurs Charpentiers, les barrots du pont d'enhaut,
„dans un vaiffeau de cent-trente-quatre piés de long de l'étrave à l'étam-
„bord, doivent avoir neuf pouces de large, & huit pouces d'épais, avec
„treize pouces de tonture. On les pofe, vers l'avant, à cinq piés neuf
„pouces & demi au-deffus des baux. Dans le milieu du vaiffeau on les
„pofe à fix piés deux pouces & demi au-deffus des baux; & à l'arriére on
　　　　　　　　　　　　　　　　　　　　　　　　　　　　　　　　„les

„ les élève jufqu'à fix piés & fix pouces. Le dernier barrot du pont d'en-
„ haut, vers l'arriére, fe pofe à deux piés quatre-pouces du premier barrot
„ de la fainte-barbe, c'eft-à-dire, du premier barrot vers le grand mât,
„ favoir dans le vaiffeau fpécifié en l'article précédent.
„ Le nombre des barrots du pont d'enhaut n'eft point réglé : on y en met
„ plus, ou moins, à proportion de la force qu'on veut donner au bâtiment,
„ & du canon que le pont doit porter. On en met le plus fouvent vingt,
„ dans un vaiffeau tel que celui qui eft ci-deffus fpécifié. On met trois bar-
„ rotins entre chaque barrot.
„ Sous chaque bout de ces barrots on met un courbaton, long de fix piés,
„ la branche d'enhaut aiant trois piés de long : on lui donne huit pouces de
„ large & fept d'épais ; & ils font de même dans la fainte-barbe. Quand
„ les courbatons ne fe trouvent pas égaux, & qu'il y en a de plus forts &
„ de plus foibles, on les mêle en les pofant, & après en avoir mis un fort
„ on en met un foible. Au regard des barrots de la dunette, *Huis-balken* ;
„ en général on leur donne le tiers de l'épaiffeur de l'étrave, & dix pouces de
„ tonture.
„ Quelques Charpentiers donnent aux barrots de la Dunette d'un vaiffeau
„ de cent-trente-quatre piés de long, quatre pouces de large pour le moins,
„ & trois pouces & demi d'épais. Entre chaque barrot il y a trois barro-
„ tins, qui ont deux pouces de large, & un pouce & demi d'épais.
„ On donne fouvent aux barrots de la chambre du Capitaine, *Kajuits-bal-*
„ *ken*, la moitié de l'épaiffeur de l'étrave.
„ Quelques Charpentiers donnent aux barrots de la chambre du Capitaine
„ d'un vaiffeau de cent-trente-quatre piés de long, huit pouces de large, pour
„ le moins ; & fept pouces d'épais, avec dix pouces de tonture. Ils font
„ élevez de fix piés trois pouces vers l'avant du vaiffeau, & de fept piés à
„ l'arriére : on y en met ordinairement fept.
„ Les barrots de la Sainte-barbe, *De balken in de Konftaapels kaamer*, du
„ vaiffeau ci-deffus fpécifié, doivent avoir, felon le fentiment de beaucoup
„ de Charpentiers, dix pouces de large, & neuf pouces d'épais, avec cinq
„ pouces & demi de tonture. Ils font élevez de cinq piés neuf pouces
„ vers l'avant du vaiffeau, & de fix piés cinq pouces à l'arriére : on y en
„ met auffi le nombre de fept, dont il y en a un qui joint les allonges de
„ poupe, à un pié & huit pouces au-deffus de la liffe de hourdi.
„ Les barrots du Château d'avant, *Baks-balken, of Balken in de bak*, doivent
„ avoir, felon les règles de divers Charpentiers, la moitié de l'épaiffeur de
„ l'étrave.
„ Quelques autres donnent aux barrots du château d'avant d'un vaiffeau de
„ cent-trente-quatre piés de long, huit pouces de large, pour le moins, &
„ cinq pouces d'épais ; & ils y en mettent auffi fept.
„ Les barrots de la chambre qui eft fous le gaillard d'avant, *Balken in de*
„ *kot*, doivent avoir, dans le vaiffeau ci-deffus fpécifié, dix pouces de large,
„ & neuf pouces d'épais, avec fept pouces de tonture : on les pofe à trois
„ piés & demi l'un de l'autre, & ils font élevez de quatre piés, tant à l'a-
„ vant, que vers l'arriére du vaiffeau. Il y a treize barrots entre cette
„ chambre & la fainte-barbe.

ARROTINS, Lattes à Baux. *Ribben, Latten onder den overloop.* Petits fo-
K
liveaux

liveaux qu'on met entre les baux & les barrots ; fous les ponts pour les foutenir. Voiez, Barrots, & Baux..

BARROTINS d'écoutilles, Demi-baux, ou Demi-barrots. *Ribben, Ribbetjes.*

Ce font des bouts de baux ou de barrots , qui fe terminent aux hiloires , & qui font foutenus par des piéces de bois nommées arc-boutans, mifes de travers entre deux baux.

BARROTINS de caillebotis, *Ribben, Ribbetjes van eike grietjes.*

Ce font de petites piéces de bois qui fervent à faire les caillebotis, & aux- quelles on donne la tonture ou rondeur du pont du vaiffeau, en fa largeur.

VAISSEAU Barroté. *Een fchip dat vol geftuuwt is.*

C'eft lors que le fond de cale eft tout rempli , ou rempli jufqu'aux barrots.

BAS-FOND ou Païs-fomme, Baffe. *Ondiepte, Droogte.*

C'eft un fond où il y a peu d'eau , & où la crainte qu'on a d'échoüer obli- ge à prendre des Pilotes du païs pour fervir de guides. Dans ce canal il y a des bas-fonds fi dangereux qu'il faut un Pilote côtier pour s'en tirer, & cinquante balifes n'y fufiroient pas. Voiez, Banc, & Baffes.

BAS-BORD, Babord. *Bakboord.*

C'eft le côté gauche du navire , c'eft-à-dire , célui qu'on voit à fa gauche lors qu'on eft à la poupe , & qu'on regarde la proüe : il eft opofé à ftri- bord , qui eft le côté droit. Au combat que nous rendîmes, nous fîmes fi grand feu de babord & de ftribord, que nous défemparâmes le vaiffeau qui effuïa notre bordée. Pour commencer à louvier, nos vaiffeaux amurérent à babord. Ils tournérent fur babord, ils virérent fur babord.

BABORD tout. *Digt aan bakboord!*

C'eft un commandement qu'on fait au Timonier, de pouffer toute la barre du gouvernail à gauche.

BAS-BORD. Vaiffeau de bas-bord. *Een fchip met eén laag voorfcheen , Een fchip dat weinig verbonden is.*

C'eft un vaiffeau dont le bordage eft bas , qui ne porte qu'un tillac ou couverte, & va à voiles & à rames comme les galéres , galiotes , & fem- blables bâtimens. Le brigantin qui ne porte pas couverte, eft un vaiffeau de bas-bord.

BASSES Voiles. *Onder-zeilen.*

C'eft la grande voile & celle de mifene. Quelques-uns y ajoûtent l'arti- mon , qui n'y doit pas être compris quand on dit, Amurez les baffes voiles; car l'artimon n'a point de coüets. Nôtre efcadre aiant réfolu de faire petite route, on mit les baffes voiles fur les cargues.

BASSE Eau. *Laag waater, Slegt waater.*

C'eft

C'est quand la mer est retirée, & qu'elle a refoulé.

BAS. Les Hauts & les Bas d'un vaisseau. *Onder-schip en Boven-schip.*

Les hauts du vaisseau, ce sont les parties qui sont sur le pont d'enhaut, & les bas celles qui sont dessous. Comme nous appareillions pour le combat, nos Calfas & nos Charpentiers furent distribuez par les hauts & par les bas, afin d'y travailler en cas de besoin.

BAS le pavillon, Mettez bas le pavillon. *Strijk de vlag.*

C'est-à-dire, Abaisser le pavillon pour saluer un vaisseau plus puissant, ou pour se rendre.

BAS. Avoir les mâts de hune bas. *Leggen met de stengen door.*

BAS de soie. *Ysere Boeijen.*

DONNER des bas de soie. *In de ysers of boeijen setten.*

C'est-à-dire, Mettre quelqu'un aux fers, pour le punir de quelque faute commise.

BASE des sabords. *De sent op de hoogte van de onderkant der poorten, Breegang.*
C'est le bordage qui est entre la préceinte & le bas des sabords.

BAS-BORDES, Bas-bordais. *Bakboord-wagt.*
On apelle ainsi la partie de l'équipage qui doit faire le quart de bas-bord.
Voiez, Quart.

BASSE, ou Batture. *Barning, Branding.*
C'est un fond mêlé de sable, de roche, ou de pierre, qui s'élève vers la surface de l'eau. Quand la mer y vient briser de basse eau, c'est proprement une batture ou un brisant. Tant que vous naviguerez parmi ces basses portez peu de voiles, & faites bon quart. Nous fîmes petites voiles le long de la côte, en nous tenant loin des battures qui sont en ce parage. Le vaisseau ennemi tâchoit de nous atirer dans les battures qui sont au Nord de cette baie. Voiez, Bas-fond.

BASSIN, Chambre, Darsine, ou Darsene. *Kom, Bark, Dok.*
C'est le lieu où sont les vaisseaux dans les ports de mer, & il se dit même d'un petit port particulier pratiqué dans un plus grand, où l'on radoube les vaisseaux. Voiez, Chambre, & Darse ou Darsine.
,, Il y a de deux sortes de bassins; les uns qu'on peut toujours tenir secs,
,, parce qu'on les ferme avec des portes; les autres qui sont ouverts, & dont
,, le fond étant toujours mou & bourbeux, se remplit d'eau quand le flot
,, monte, & se vuide quand la mer descend.

BASTARD, Bâtard de racage. *Bastaardt, Rakke-touw.*
C'est une corde qui sert à tenir & à lier un assemblage de bigots & de raques, dont le tout pris ensemble porte le nom de racage, qui sert à amarrer la vergue au mât.

BASTARDE, Bâtarde. *'t Grootste zeil van een Galey.*
C'est la plus grande des voiles d'une galére, & qui ne se porte que lors-qu'il y a peu de vent, parce que de vent frais les voiles ordinaires suffisent.

BASTINGUE, Bastingure, Bastinguere. C'est la même chose que Pavois, ou Paviers, & Pavesade. *Schans-kleedt.*
Bastingue, la lettre s se prononce. C'est une bande d'étofe ou de toile, que l'on tend autour du platbord des vaisseaux de guerre, & qui est soutenüe par des piéces de bois mises debout, que l'on apelle Pontilles, afin de cacher ce qui se passe sur le pont, pendant le combat. On en met aussi autour

des

des hunes. Par une Ordonnance de 1670. le Roi de France a voulu qu'à l'avenir les pavois foient de couleur bleüe femée de fleurs de lis jaunes, & qu'ils foient bordez de deux grandes bandes blanches. Nous nous préparâmes au combat, & comme nous n'avions point de pavois nos Matelots prirent des bonnettes qui en firent l'office. Voiez, Pavois.

„ On met auffi des baftingures aux hunes. Celles des Hollandois font „ rouges; ils les font prefque toujours de baiette ou de drap, mais en ce „ cas on les double, & on les garnit de telle forte, entre les deux étofes, que „ les balles des moufquets ne les peuvent percer.

BASTON ou Bâton de Pavillon, ou d'Enfeigne. *Vlag-ftok, Vlag-ftaf.*

C'eft un petit mâtereau qui fert à arborer le pavillon.

BASTON, Bâton de giroüette. *Vlag-ftoel, Vleugel-ftoel.*

C'eft un autre mâtereau très-petit, où eft plantée la verge de fer qui tient la giroüette,

BASTON de flame. *Wimpel-ftok.*

C'eft un bâton qui n'eft long qu'autant que la flame eft large par le haut: c'eft ce bâton qui la tient au haut du mât.

BASTON de vadel, Bafton ou manche de guipon. *Quaft-ftok-of-fteel.*

Ce font certains bâtons où l'on attache les boûchons d'étoupe, ou de penne, dont fe fert le Calfateur à goudronner, ou braier le vaiffeau.

BASTON à méche. *Wakker.*

C'eft une méche qu'on entretient toujours brûlante, fur le château d'avant.

BASTON de Jacob. Voiez, Arbalefte, Arbaleftrille.

BASTONNE'E, Bâtonnée d'eau. *Steek, Pompfteek.*

C'eft la quantité d'eau qu'on puife à la pompe, chaque fois qu'on fait joüer la brimballe.

BATARDEAU. *Een Dam.*

C'eft une efpéce de digue faite de pieux, d'aiffes & de terre, pour détourner l'eau d'une riviére.

BATARDEAU. *Loofe ftelling, Loofe fetgangen.*

C'eft un échafaut fait de quelques planches fur le bord d'un vaiffeau, pour empêcher l'eau d'entrer fur le pont, lors qu'on couche le vaiffeau fur le côté pour le radouber.

BATEAU, Bateaux. *Schuit, Schuitjes.*

C'eft ainfi que l'on nomme diverfes fortes de petits vaiffeaux que l'on méne à la voile, & à la rame, mais qui font faits plus matériellement que les chaloupes. L'on fait auffi de grands bateaux, qui ne peuvent aller qu'à la voile.

BATEAU pêcheur. *Een viffchers-fchuit.*

C'eft le bateau qui fert à pêcher.

BATEAUX portans mâts, voiles & gouvernail. *Roer-fchuiten die maften en zeilen voeren.*

BATEAUX à eau. *Waater-fcheepen, Waater-fchuiten.*

„ Les bateaux ou barques à eau font deftinez en Hollande, à amener de „ l'eau douce dans les lieux où il n'y en a pas, comme l'on fait à Am„ fterdam pour les Braffeurs de biére, & quand l'eau de pluïe manque. On „ s'en fert encore pour aller querir de l'eau falée, dont on fait du fel. Ceux „ qui aménent de l'eau douce, font fort plats, & enfoncent dans l'eau pref-

„ que

,,que jusques au bord, ou du-moins à un pié du bord, lors qu'ils sont char-
,,gez. Ils ont un peu de relevement à l'avant & à l'arriére, & il y a des
,,trous dans le carreau, par où s'écoule l'eau qui y tombe, ou qui y entre de
,,dehors. Les coutures en sont fort bien calfatées & goldronnées. On y fait
,,entrer l'eau par un trou qui est dessous, qu'on bouche quand le bateau
,,est plein. Ceux qui amènent de l'eau salée sont faits à la maniére des se-
,,maques, & mâtez en fourche. Voiez, Barque.

BATEAU à rames. *Roei-schuit.*

BATELE'E, Charge entiére de bateau. *Een schuit vol.*

BATELIERS. *Schuit-voerders, Schuit-schuivers.* Ce nom est donné à ceux
qui mènent des bateaux sur les riviéres d'eau douce.

BATELIER d'un bateau de passage. *Veer-schipper.*

BATIMENT. *Vaartuig, Schip.*
Ce mot est pris ordinairement pour toutes sortes de vaisseaux qui ne sont
point armez en guerre, depuis le plus petit jusqu'au plus grand; quoi que
beaucoup de gens l'atribüent également aux vaisseaux de guerre & aux
vaisseaux marchands.

BATIMENT ras. *Een open vaartuig.*
C'est un bâtiment qui n'est pas ponté.

BATIMENT délicat. *Een rank schip.*
C'est un bâtiment foible de bois.

BATTANT de pavillon. *Vlag-lengte of-diepte.*
Le battant du pavillon c'est sa longueur qui voltige en l'air; le guindant,
c'est sa largeur ou hauteur qui regne le long du bâton.

BATTERIE, Batteries. *Laag van 't geschut, Batterije.*
C'est une quantité de canons mis de l'avant à l'arriére des deux côtés du
vaisseau. Les plus grands vaisseaux ont trois batteries. La premiére est
celle qui est la plus basse: la seconde est au-dessus de la premiére, c'est-à-
dire, au second pont; & la troisiême est sur le dernier pont, ou pont d'enhaut,
chaque rang étant ordinairement de quinze sabords, sans comprendre ceux
de la sainte-barbe, & les batteries qui sont sur les châteaux. La premiére
batterie, qui est la plus basse, doit être pratiquée si haut, que dans le gros
tems elle ne se trouve pas sous l'eau, & que par ce moien elle ne demeure inutile.
La plupart des frégates Françoises n'ont que deux ponts, afin d'être plus
legéres, & meilleures voiliéres. Comme la mer étoit fort grosse le vaisseau
ennemi, qui étoit fort ras, étoit contraint de tirer à sabords fermez, de-peur
de puiser; mais nous avions des Mousquetaires tout-prêts à faire feu des
qu'il ouvroit un sabord. On dit Batterie haute, Batterie du pont d'enhaut,
Batterie entre deux ponts.

BATTERIE & demie. *Anderhalf laag.*
Cela se dit d'un vaisseau qui n'a du canon que le long d'un pont, & à la
moitié de l'autre.

BATTERIE trop basse. *Poorten te laag, Laage batterije.*
Cela se dit d'un vaisseau qui a son premier pont & ses sabord trop près de
l'eau.

METTEZ la batterie dehors. *Stukken te boord, Legt uw stukken-laag te
boord.*
C'est-à-dire, Mettez les canons aux sabords.

METTEZ la batterie dedans. *Stukken binnen, Haal de stukken in.*
C'eſt-à-dire, Otez les canons des ſabords, pour les remettre dans le vaiſ-
ſeau.
BATTRE la caiſſe. *De Trommel ſlaan.*
BATTRE la Diane. *De dag-waake, of de morgen-waake, of de diana ſlaan.*
C'eſt une certaine maniére de battre la quaiſſe au point du jour, pour ré-
veiller ou les équipages, ou les ſoldats.
BATTRE la marche. *De marſch ſlaan.*
C'eſt pour donner le ſignal de marcher.
BATTRE aux champs. *De veldt-ſlag of d'eerſte ſlag ſlaan.*
C'eſt pour avertir qu'on doit marcher; & c'eſt ce qu'on nomme le Pre-
mier.
BATTRE le dernier ou l'aſſemblée. *De laatſte of de vergaderinge ſlaan.*
BATTRE la charge ou la guerre. *De charge of krijg ſlaan.*
BATTRE la retraite. *De aftogt ſlaan.*
BATTRE la poudre ou la charge dans un fuſil. *Aanſtampen.*
Il faut battre la poudre de huit ou dix coups de refouloir, pour faire l'épreu-
ve du canon.
BATTU. Etre battu de la tempête. *Van de ſtorm beloopen en overvallen wor-*
den.
LES Murailles de cette place ſont battües des flots de la mer. *De muuren*
van die plaats zijn door de baaren van de zee aangeſpoelt.
BATTURES. *Hooge ſanden, Hooge ſteenagtige gronden.*
C'eſt un fond mêlé de ſable, de roche, ou de pierre, qui s'élève vers la ſurface de l'eau. On l'apelle auſſi Baſſe. Voiez, Baſſe.
BAU, Baux, Barrots. *Balk, Balken.* C'eſt une ſolive qui eſt miſe avec pluſieurs autres ſemblables, par la largeur ou par le travers du vaiſſeau, d'un
flanc à l'autre, pour afermir le bordage & ſoutenir les tillacs. Le bout de
chaque bau porte ſur des piéces de charpenterie apelées courbatons ou courbes, qui ſont d'une figure triangulaire, & qui entretiennent les baux ou
barrots avec les vaigres. De part & d'autre des écoutilles il y a des barrotins ou demi-baux, qui ſe terminent aux hiloires, & qui ſont ſoutenus par
des arc-boutans, ou piéces de bois miſes de travers entre deux baux. Les
grands vaiſſeaux ont ſous le premier tillac des faux-baux, de ſix piés en ſix
piés, pour fortifier le fond du bâtiment. Dans un marché ou devis pour
la conſtruction d'un vaiſſeau, on ne manque pas de convenir de la largeur
des baux & des barrots. On les tient un peu arquez, & leur tonture donne
la même forme au pont.

BAU, Baux, Baux du premier pont. *Balken in 't ruim, Ruim-balken.*
On ſe ſert plus ordinairement du mot Bau, pour le pont d'embas, & de
Barrot, pour les autres ponts. Voiez, Barrots.

,, Pour

„Pour donner l'épaisseur & la largeur aux baux du premier pont, la plu-
„part des Charpentiers mettent un pouce & la huitième partie d'un pouce,
„par chaque dix piés de la longueur du vaisseau, prise de l'étrave à l'étam-
„bord. Chaque dix piés de long leur donnent un pouce de tonture. Il
„y a aussi plusieurs Charpentiers qui posent pour règle, que les baux doi-
„vent avoir la moitié de l'épaisseur de l'étrave prise en-dedans.

„Il y a d'autres Charpentiers qui proportionent les baux par la largeur du
„vaisseau. Ils donnent à ceux du bas pont, par chaque cinq piés de lar-
„geur, deux pouces d'épaisseur de haut en bas; mais ils leur donnent un
„peu plus de largeur, si le bois le permet. Et comme ceux qui sont à l'a-
„vant & à l'arriére n'ont pas tant de largeur que les autres, on peut
„aussi les tenir un peu moins épais, si l'on veut. Ces mêmes Charpentiers
„veulent qu'on leur donne ordinairement six à sept pouces de rondeur, &
„qu'on fasse le faux-pont sur ce même modèle. Ils veulent que les baux
„ou barrots du haut pont soient un tiers moins larges & moins épais que ces
„premiers; mais ils leur donnent un peu plus de rondeur. Ils posent les
„baux à trois ou quatre piés l'un de l'autre, hormis ceux qui sont aux cô-
„tés des écoutilles des vaisseaux marchands, qui chargent toutes sortes de
„marchandises, comme de gros tonneaux de vin du Rhin. Ceux-là se po-
„sent à sept piés de distance l'un de l'autre.

„D'autres donnent aux baux d'un vaisseau de cent-trente-quatre piés de
„long de l'étrave à l'étambord, treize pouces de large, & douze d'épais,
„peu plus, ou peu moins, huit pouces de tonture, & trois piés & trois
„pouces de distance de l'un à l'autre, aussi, peu plus, ou peu moins. Les
„bouts des baux surmontent de cinq pouces ou cinq pouces & demi les serre-
„bauquiéres, & sont assemblez à queüe d'aronde.

„Au devant & au derriére des baux de dale & de lof, on pose des courbes
„à l'équerre; & il y en a une autre au-dessus du bau de dale, qui est posée
„le long de la serregoutiére & le long de la barre d'arcasse: la serregoutiére
„s'ente dans le jarlot qu'on fait dans cette courbe.

MAITRE Bau. *De eerste Balk.*
C'est celuy qui étant le plus long des baux, donne par sa longueur la plus
grande largeur au vaisseau. Il est posé à l'embelle, ou au gros du vaisseau,
sur le premier gabarit.

FAUX Baux. *Last-balken, Last-draagers.*
Ce sont des piéces de bois pareilles aux baux, qui sont mises de six piés en
six piés, sous le premier tillac des grands vaisseaux, pour fortifier le fond du
bâtiment, & former le faux-pont.

„On pose le plus souvent les faux-baux à trois piés & demi au-dessous des
„baux du premier pont, c'est-à-dire, dans un vaisseau de cent-trente-quatre
„piés pris de l'étrave à l'étambord, & par conséquent sur treize piés ou
„treize piés & demi de creux depuis le premier pont, & l'on suit à-peu-
„près cette proportion dans les autres plus grands vaisseaux. C'est sur ces
„faux-baux qu'on fait souvent un faux-pont, dans lequel on pratique un
„retranchement nommé *Kot* en Hollandois, derriére le grand mât, où le
„faux-pont a le plus de hauteur: les soldats y couchent.

BAU de lof. *De voörste balk.*
C'est celui qui est le dernier vers l'avant, sur l'extrémité.

PAU

BAU de dale. *De agterſte balk.*

C'eſt celui qui eſt le dernier vers l'arriére.

BAUDET. *Schraag.*

Les Scieurs de long apellent Baudet les treteaux ſur leſquels ils poſent leur bois, quand ils les veulent ſcier. Voiez auſſi, Chevalet.

BAYES, Baies d'un vaiſſeau. *Gaaten en luiken, Openingen in een ſchip.*

Ce ſont les ouvertures qui ſont en ſa charpente, comme celles des écoutilles, les trous par où les mâts paſſent &c.

BAYE, Baie. *Baai.*

C'eſt un bras de mer qui ſe jette entre deux terres, & s'y termine en cul-de-ſac, par un ventre ou enfoncement plus grand que celui de l'anſe, & plus petit que celui du golfe.

B E.

BEAU Frais. Voiez, Frais.

BEAUPRE'. *Boegſpriet, Boom-blinde.*

C'eſt un mât qui eſt couché ſur l'éperon, à la proüe des vaiſſeaux. Comme nous faiſions route par un parage dangereux, nous fûmes obligez de faire bon quart, & de mettre de jour un matelot ſur la hune de miſéne, & un autre de nuit ſur la hune de beaupré. Dans l'impatience de débarquer nous nous jettâmes à terre par le petit beaupré.

Le beaupré eſt couché au-devant ſur l'éperon; ſon pié eſt enchaſſé ſur le premier pont, au-deſſous du château d'avant, avec une grande boucle de fer, & deux chevilles auſſi de fer, qui ſortent entre deux ponts.

„Le beaupré s'avance au-delà de la proüe & de l'éperon. Il eſt couché ſur „l'étambraie, & paſſe au-delà du lion', autant qu'il eſt néceſſaire pour la „voile, afin qu'elle tombe juſte auprès du lion. Cette voile eſt celle qui „contribüe le moins au ſillage du vaiſſeau, parce qu'elle ne reçoit que le „vent qui échape par-deſſous les autres voiles, ou à côté.

„Le Beaupré eſt apuïé ſur l'étrave, ou à côté ſur un couſſin, & couché „ſur l'étambraie: quelquefois il paſſe entre les bittes, & ſon pié eſt contre „le mât de miſéne, s'afermiſſant ainſi l'un & l'autre; car ſans cela il n'im-

„por-

„ porteroit pas que le beaupré vint fi avant dans le vaiſſeau. Il y a au mât
„ de miſéne un gros taquet, qui entre dans les petits blocs avec une entail-
„ le, & qui vient finir ſur le beaupré : il a douze pouces de large, & qua-
„ tre pouces d'épais, & il y a un collier de fer ſur le bout.
„ Pour afermir encore le beaupré on le ſurlie, & on couvre d'une peau de
„ mouton cette lieure ou ſaiſine, afin de la conſerver. Voiez, Mât.

BEAUPRE' ſur poupe. *Boegſpriet op hakkebord.*
C'eſt-à-dire qu'un vaiſſeau ſe met le plus près qu'il peut de l'arriére d'un
autre. Bien que mon vaiſſeau matelot eût ordre de me ſuivre beaupré ſur
poupe, il étoit à une portée de canon lors-que j'arrivai ſur l'ennemi.

PASSER ſous le beaupré d'un autre vaiſſeau. Voiez, Paſſer.

PETIT-BEAUPRE', Perroquet de Beaupré, Tourmentin. *Boven-blindt,
't Klein blindt.*
C'eſt le mât qui eſt arboré ſur la hune du beaupré.

VOILE de Beaupré. Voiez, Sivadiére.

BEC d'âne. *Een krom ſchiet-beitel.*
C'eſt une ſorte de ciſeau.

BEC de canne. *Een kan-beitel.*
C'eſt une autre ſorte de ciſeau.

BEC de corbin. *Naad-haakje.*
C'eſt un inſtrument de fer avec lequel un Calfat tire la vieille étoupe d'une
couture.

BELANDRE, ou Bélande. *Bylander, Binnenlander.*
C'eſt un petit bâtiment, fort plat de varangue, qui a ſon apareil de mâts
& de voiles ſemblable à l'apareil d'un heu. Son tillac, ou pont, s'élèvede
proüe à poupe, d'un demi-pié plus que le platbord ; en-ſorte qu'entre le
platbord & le tillac, il y a un eſpace d'environ un pié & demi, qui regne
en bas, tant à ſtribord qu'à babord. Les plus grandes Bélandres ſont de
quatre-vingts tonneaux, & ſe conduiſent par trois ou quatre perſonnes,
pour le tranſport des marchandiſes. Elles ont des ſemelles pour aller à,
la bouline comme le heu.
„ On ne met ſur les Bélandres qu'un, deux, ou trois hommes tout-au-
„ plus.

BELIN. Voiez, Blin.
BELLE, Embelle. *Hals.*

L

C'eſt

C'eſt la partie du pont d'enhaut qui regne entre les haubans de miſéne, & les grands haubans , & qui aiant ſon bordage & ſon platbord moins élevé que le reſte de l'avant & de l'arriére , laiſſe cet endroit du pont preſque à découvert par les flancs. Pendant un combat on met des pavois & des garde-corps pour fermer ou boûcher la belle. C'eſt ordinairement par la belle qu'on vient à l'abordage. Voiez, Herpe, & Embelle.

„ La Belle eſt preſque toujours au tiers du vaiſſeau , qui eſt l'endroit où „ l'on prend le gros du vaiſſeau.

ABORDER en belle. Voiez, Aborder.

BERCHE. *Gooteling.*

C'eſt un terme de marine, pour ſignifier une ſorte d'artillerie dont on ſe ſervoit anciennement dans les navires. Ce ſont de petites piéces de canon de fonte verte. Il y en avoit auſſi de fer fondu qu'on apelle Barces. Ces ſortes de canons ne ſont plus guéres en uſage.

BERGE. Quelques-uns diſent Barge. *Een ſteil waaterkant.*

C'eſt un bord eſcarpé d'une riviére , un bord aſſez élevé pour garantir la campagne d'être inondée. On apelle auſſi , en termes de mer , les grands rochers relevez à pic & droitement , Berges, & quelques-uns les nomment Barges. Il y a ſur la côte de Poitou des rochers nommez, les Barges d'Olonne.

BERNE. Mettre le pavillon en berne. *Tſouw, Siuw, Chiuw. De vlag in een ſiouw opſteeken.*

C'eſt iſſer le pavillon au haut du bâton de pavillon , & le tenir ferlé. On met ordinairement le pavillon en berne pour apeller la chaloupe , & c'eſt en général un ſignal que les vaiſſeaux pavillons donnent aux inférieurs, pour les avertir de venir à bord de leur pavillon. On s'en ſert auſſi pour divers autres ſignaux. Dès que les frégates qui etoient poſtées vers l'entrée de la Tamiſe , nous eurent découverts , elles mirent leurs pavillons en berne, pour avertir celles qui étoient plus haut dans la riviére.

BESAIGUE. *Een ſoort van een Franſche ſteek-bijl.*

C'eſt un outil de fer acéré , & coupant par les deux bouts , dont l'un eſt bec d'âne , & l'autre planché à biſeau, aiant une poignée au milieu. Les Charpentiers François s'en ſervent beaucoup.

BESSON, Boſſon, Bouche, Bouge. *Bogt.*

C'eſt la rondeur des baux & des tillacs , & proprement tout ce qui eſt relevé hors d'œuvre, & qui n'eſt pas uni.

BESTION, Lion. *Leeuw.*

C'eſt le bec, ou la pointe de l'éperon, à l'avant des porte-vergues : il eſt apellé Beſtion, parce que d'ordinaire il porte pour ornement la figure de quelque animal , & on y met ſi ſouvent celle d'un lion , que beaucoup de matelots le nomment le Lion. On commence pourtant à y mettre une Séréne , tenant une couronne à la main.

„ Autrefois le Beſtion ne s'étendoit que juſqu'au tiers de l'aiguille inférieu-
„ re; mais aujourdhui qu'on fait les éperons fort courts , il deſcend juſ-
„ ques à la moitié de l'aiguille. Le côté le plus fort du bois qu'on y em-
„ ploie, ſe place toujours en-dehors ; & on lui donne une épaiſſeur conve-
„ nable à la grandeur du vaiſſeau, & aux figures dont on le veut orner. Le
„ bois de ſapin n'eſt pas propre pour cette ſorte d'ouvrage, parce qu'il gerſe
& fend

„& fend trop, l'ormeau n'y convient pas non-plus, parce qu'il est trop
„pesant: le bois de saule, bien choisi & bien sain, & le tilleul, sont ceux
„dont on se doit servir.

BIDON. *Een houte zwater kan.*
C'est une espéce de vaisseau de bois en forme de seau renversé, contenant
quatre ou cinq pintes : on s'en sert sur mer à mettre le bruvage destiné à
chaque repas, pour un plat de l'équipage.

BIGOT. *Slee, Sleede, Stengel.*
C'est une petite piéce de bois percée de deux ou trois trous, par où l'on
passe le bâtard pour la composition du racage; il y en a de différentes longueurs. Quelques-uns prononcent Vigots, & d'autres les apellent Verseaux, ou Berceaux.

BIGUE. *Een gein-balk om te kielen.*
C'est une grosse & longue piéce de bois que l'on passe dans les sabords, aux
côtés des vaisseaux, lors qu'il y a quelque chose à faire; soit pour les soule-
ver, soit pour les coucher.

BIGUES. *Stutten.*
Ce sont aussi les mâts qui soutiennent celui d'une machine à mâter.

BILLE, Eguillette d'escoit, ou de coüet. *Swieping.*
C'est un bout de menu cordage, où il y a une boucle & un nœud : son u-
sage est de tenir le grand coüet aux premiers des grands habans, lors qu'il
ne sert pas.

BILLER. *De Lijn aanslaan.*
C'est atacher à une courbe de cheval la corde qui sert à tirer les bateaux
sur les riviéres.

BILLOTS. *Sluit-stukjens.*
Ce sont des piéces de bois courtes, qu'on met entre les fourcats des vaisseaux,
pour les garnir en les construisant.

BISCUIT. *Twee-bak, Bischuyt, Broods, Hardt broodt.*
C'est du pain que l'on cuit deux fois pour les petits voiages, & quatre fois
pour les voiages de long cours, afin qu'il se conserve mieux. On le fait six
mois avant l'embarquemeut, & sur les vaisseaux du Roi de France il est

                                                    de

de farine de froment, épurée de ſon, & de pâte bien levée. Notre biſcuit n'eſt pas bien conditionné, ce n'eſt que de la machemourre. Voiez, Machemourre.

„ Il faut ſécher quelquefois le biſcuit, & lui faire prendre l'air.

FAIRE du biſcuit. Aller faire du biſcuit. *Sig van broodt voorſien. Biſcuit maaken.*

C'eſt aller en faire proviſion. Tout le biſcuit aiant été conſumé, il falut que notre chaloupe allât à terre en faire de nouveau.

BISE, Vent de Nordeſt. *Noord-ooſt-windt.*

C'eſt un vent ſec & froid, qui ſoufle dans le cœur de l'hiver, entre l'Eſt & le Septentrion, & qui eſt très-dangereux ſur la Méditerranée.

BITTES Grandes & Petites. *Beeting.*

C'eſt la machine entiére des bittes, qui eſt compoſée de deux fortes piéces de bois, longues & quarrées, nommées Piliers, qui ſont poſées debout ſur les varangues, l'une à ſtribord, & l'autre à babord ; & d'une autre piéce de bois qui les traverſe, & que l'on apelle Traverſin, qui les afermit, & les entretient l'une avec l'autre ; & encore de courbes qui les apuïent & les fortifient.

BITTES ſe prend auſſi quelquefois en particulier pour ces mêmes piliers. Voiez, Piliers de bittes.

L'uſage des bittes eſt de tenir les cables, lors qu'on moüille les ancres, ou qu'on amarre le vaiſſeau dans le port. Il y a de grandes & de petites bittes : les grandes ſont à l'arriére du mât de miſéne, & ne s'élèvent que juſques entre deux ponts, où elles ſervent à amarrer le cable.

Les petites Bittes, qui ſont les unes vers le mât de miſéne, & les autres vers le grand mât, s'élèvent juſques ſur le dernier pont, & elles y ſervent à amarrer les écoutes des deux huniers.

„ Il y a de certains bâtimens, deſtinez à porter de grandes charges, où les bit-
„ tes, pour gagner de l'eſpace, ſont placées ſur le pont, comme fait auſſi
„ le virevaut ; & alors les écubiers doivent être percez plus haut.

TRAVERSIN ou Traverſier de bittes. *Beeting-balk, Dwars-balk, Kruis-beeting.*

C'eſt une piéce de bois miſe en travers, pour entretenir les piliers de bittes l'un avec l'autre.

„ Le Traverſin de bittes doit avoir un tiers d'épaiſſeur plus que l'étrave.

„ Quelques Charpentiers donnent au traverſin de bittes, qui eſt devant le
„ mât d'avant, dans un vaiſſeau de cent-trente quatre piés de l'étrave à l'é-
„ tambord neuf pouces de large & huit d'épais : il eſt élevé de huit pouces
„ au-deſſus du château-d'avant.

VOICI des figures proportionées de bittes, pour un vaiſſeau de cent-quarante-cinq piés de long de l'étrave à l'étambord ; où chaque pouce de la figure fait trois piés. La première figure repréſente les bittes telles qu'on les voit de l'arriére, & la ſeconde figure les repréſente du côté de l'avant.

A. Toute la machine des Bittes.

BB. Les Piliers, ou les Bittes, qui ont vingt & un pié de long, & un pié neuf pouces de large, c'eſt-à-dire dans la longueur du vaiſſeau ; & un pié ſept pouces d'épais, ou par le travers du vaiſſeau.

CC. La Tête des piliers. Elle a un pié neuf pouces de haut ; & les trous qui ſont marquez par les lettres.

DD

Premiére Figure.

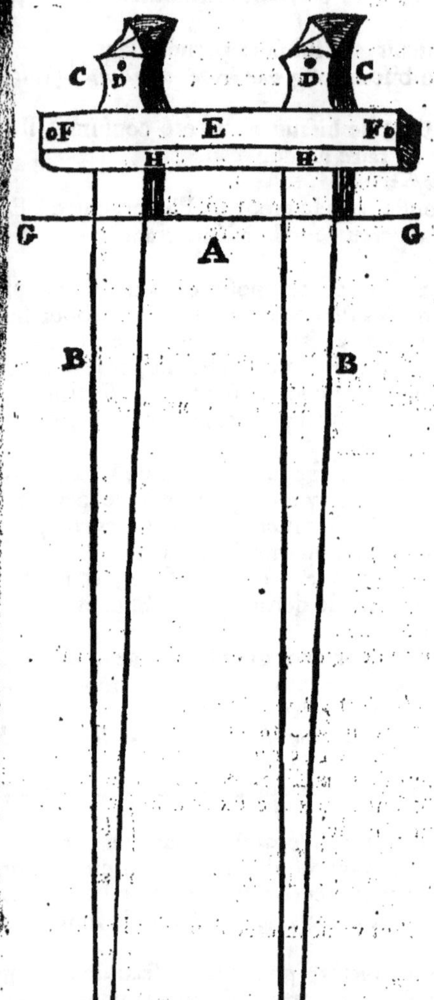

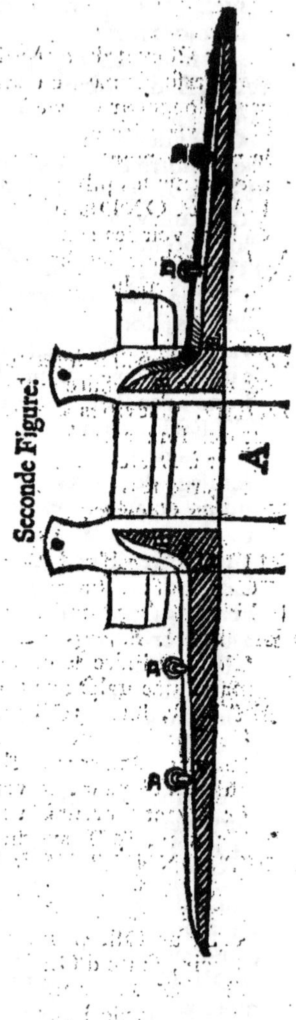

DD. fervent à pafler de groffes chevilles de fer, lors que le cable eft fur les bittes, pour l'arrêter, & empêcher qu'il n'échape.

E. Le Traverfin, qui a quatorze piés de long; un pié fept pouces de large, par la longueur du vaiffeau; & d'épais, pris de haut en bas, un pié cinq pouces & un quart.

L 3

FF.

FF. Trous dans le traverſin, où l'on paſſe auſſi de groſſes chevilles de fer, comme dans la tête, mais de haut en bas.

GG. Le Pont.

HH. Le Chevet du traverſin, qui eſt de ſapin, & qui a la même largeur que le traverſin de haut en bas; mais on ne lui peut donner trop d'épaiſſeur, par la longueur du vaiſſeau.

Cette premiére figure de bittes a ſes proportions, pour ne s'élever que ſur le premier pont. Si on vouloit les faire monter ſur le ſecond pont, il faudroit tenir les piliers de ſept piés plus longs par le bas.

LA SECONDE FIGURE repréſente les bittes du côté de l'avant, afin de faire voir les courbes, qui ne paroiſſent pas à l'arriére.

A. La machine des Bittes.

BB. Les Branches ſupérieures des courbes, qui s'étendent ſur le pont, juſques au haut du traverſin. Leur largeur eſt de dix pouces, & leur épaiſſeur eſt de douze.

CC. Les Branches inférieures des courbes, qu'on ne peut tenir trop longues, & qu'on peut faire étendre juſqu'aux guerlandes.

DDDD. Chevilles à boucles, qui paſſent au-travers des courbes & des baux, & qui ſont arrêtées par des clavettes. Ces chevilles ſervent non-ſeulement à arrêter & afermir les courbes, mais encore à amarrer les boſſes & les garcettes.

EE. Les Courbes.

BITTER le cable. *Touw om de beeting ſmijten.*

C'eſt lui faire un tour ſur les bittes, & l'y arrêter. Filer le cable ſur les bittes eſt le contraire de le bitter, & ſignifie le lâcher.

BITTON. *Beeting-ſtut daer 't anker-kabel van een galey aan vaſt gemaakt wordt.*

C'eſt une Piéce de bois ronde, & haute de deux piés & demi, par où l'on a-marre une galére en terre.

BITTES, Bittons, Taquets. *Kruis-beetings, Kruis-houten.*

Ce ſont de petites bittes qu'on met proche des mâts d'un vaiſſeau, pour lancer ou amarrer quelque manœuvre. Ceux qui ſont ſur le traverſin du château d'avant, ſervent aux coüets de la miſéne, & ceux qui ſont au bord de l'avant ſervent à la candelette, & ſont égaux à ceux de la miſéne. Voiez, Taquets, & Traverſin du château d'avant.

BITTONNIÉRES & Vitonniéres. Voiez, Anguillers.

BLEU, Oficier Bleu, Lieutenant ou Enſeigne bleu. *Een Luitenant of Vaandrigh in zee door den Kapitein aangeſteldt.*

C'eſt un Oficier que le Capitaine d'un vaiſſeau crée dans ſon bord, pour y ſervir, faute d'Oficier Major.

BITTORD, Bitord. *Schiemans gaaren.*

Menüe corde à deux fils, dont on ſe ſert pour faire des enfléchures. On le tourne au roüet, à bord du vaiſſeau.

BITTORD de trois fils. *Loerding, Lording.*

BLIN, Belin. *Een Ram.*

C'eſt une piéce de bois quarrée, où diverſes barres ſont cloüées de travers, à angle droit, en ſorte que pluſieurs hommes, en la maniant enſemble, peuvent agir de concert pour faire entrer des coins de bois ſous la quille d'un

vaiſ-

vaisseau, lors qu'on veut le mettre à l'eau. On se sert aussi du Blin pour
assembler des mâts de plusieurs piéces. Il y a des Blins qui ont des cordes
passées au-lieu de barres, afin d'enfoncer les coins dans l'enfoncement du
dessous du vaisseau, à quoi le Blin à barres ne seroit pas propre.

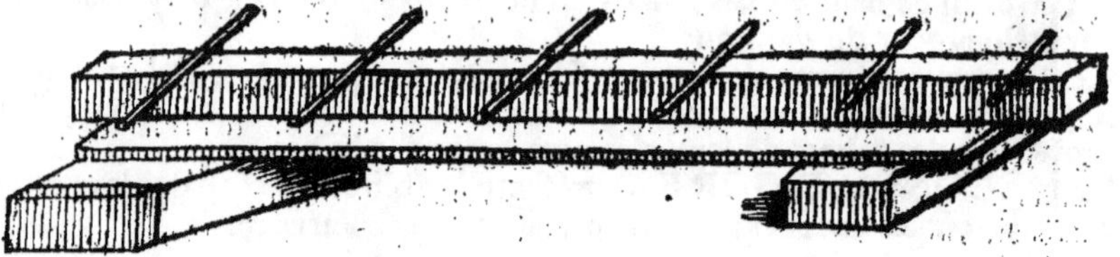

BLOC, Blot, Tête de More, Chouquet. Voiez, Chouquet.
BLOC, Roc d'isses, Sep de drisse. Voiez, Sep de drisse.
BLOCQUER, Bloquer. *Mot huar aanleggen.* Voiez, Ploquer.
    C'est metre de la bourre sur du goudron entre deux bordages, quand on
soufle, ou que l'on double un vaisseau.
BODINURE. Voiez, Boudinure, & Embodinure.
BOIER. Voiez, Boyer.
BOIS. *Hout.*
Ce mot s'emploie par les Charpentiers en plusieurs maniéres de parler, ainsi
qu'on le verra ci-après.
„Les bois qui croissent de semence durent plus longtems en œuvre que
„ceux qui sont provignez, ou plantez de boutures; aussi l'expérience fait-
„elle connoître que les boutures ne poussent des racines qu'aux côtez &
„& non au milieu, ce qui fait que le cœur n'en est pas si vif, quoi-que l'ar-
„bre entier paroisse fort vif au-dehors.
„Le Bois qui est abatu au commencement de l'hiver, quand les feuilles
„tombent des arbres, est estimé le meilleur & le plus durable. Voiez,
„Chêne, & Pin.
„Le Bois des plus grands arbres, & par conséquent des plus vieux, est moins
„bon, est sujet à plus de defauts, & plus disposé à se gâter, que celui des
„jeunes arbres.
„Le Bois qui vient des païs hauts & montueux, qui sont en Allemagne,
„vaut beaucoup mieux que celui des païs marécageux, comme est le païs
„de Bréme.
„Le Bois de Biscaie vaut mieux que celui du Nord, & celui qui croît dans
„les parties méridionales de ce païs-là, est meilleur que celui des parties
„septentrionales.
„Le Bois où il y a plus de résine, de gomme & de térébentine, est le plus
„propre à l'eau, & se corrompt le moins. C'est par cette raison que le bois
„de sapin est si estimé pour la construction des vaisseaux, que quelques-
„uns croient qu'il surpasse en cela le bois de chêne, quoi que le bois de
„chêne surpasse aussi tous les autres bois, par la qualité qu'il a de se plier
„& courber facilement, & d'être très-fort, sans être très-pesant. Dans
„la construction, aussi-bien qu'en fendant le bois, il faut prendre garde au
„fil. Plus on peut suivre le fil, & meilleur est l'ouvrage qu'on fait

„La:

„ La couleur brune dans le Bois n'est pas estimée: elle marque qu'il y a de
„ l'humidité. On lui préfére une couleur jaune.

„ Lors que le Bois qu'on a pour bâtir un vaisseau, se trouve inégal en quali-
„ té, on tâche de mêler toujours le bon avec le mauvais ; & sur-tout on
„ emploie le moins bon pour les dedans.

„ On doit particuliérement prendre garde au Bois qu'on emploie pour faire des
„ chevilles, parce que cela importe extrémement pour la conservation du
„ vaisseau. Il faut choisir, autant qu'il se peut, du bois de jeunes arbres;
„ mais il faut qu'il soit bien sec, tel qu'on en aporte en Hollande de l'Est
„ d'Irlande, d'où il vient même des chevilles toutes prêtes.

Lors qu'on prend des arbres dans les forêts du Roïaume de France, ou des
païs circonvoisins, pour la construction des vaisseaux du Roi, pour leurs
radoubs, & pour leur mâture, on observe de faire couper les chênes en
vieille Lune, depuis le mois d'Octobre jusques au mois de Mars; & les sapins en nouvelle Lune, depuis le mois d'Octobre jusques au mois de Mai;
& l'on prend garde qu'ils soient en âge convenable, & non sur le retour; &
de les faire voiturer en diligence, en-sorte qu'ils soient peu de tems expo-
sez dans les forêts, & dans l'eau douce; & qu'ils soient rendus dans les ports,
huit mois au plus tard après le jour de leur coupe.

L'Ordonnance veut que les bois soient empilez de maniére, que l'air passant
dans toutes les distances, les piéces ne puissent s'échaufer ou pourrir, &
qu'elles puissent être reconnües & marquées par le Maître Charpentier.

BOIS vif. *Groen Hout.*

BOIS mort. *Dor Hout.*

BOIS neuf. *Verbodemt Hout, of dat komt per bodem.*

C'est celui qu'on aporte dans les bateaux, ou dans les grands vaisseaux sans
qu'il ait trempé dans l'eau, ou flotté.

BOIS flotté. *Gewaaterd Hout.*

C'est celui qu'on a tenu dans l'eau avant que de le mettre en œuvre.

BOIS piqué de vermoulure. *Motveerig Hout.*

BOIS gelif. *Splinterig en van de vorst gebarsten Hout.*

C'est celui qui a des fentes, qui lui sont venües par la gelée. Les vaisseaux
bordez de bordages de bois gelif, sont fort sujets à faire eau.

BOIS blanc. *Wit Hout.*

C'est le bois leger & peu solide, qui tenant de la nature de l'aubier, se
corrompt facilement; comme le Tremble, le Bouleau, le Peuplier &c.

BOIS roulé. *Ontijdig gehakt, of afgevallen Hout.*

C'est celui que les vents ont abatu pendant qu'il étoit en séve, ou qu'on a
même abatu exprès. Le bois de cette sorte n'est bon à mettre en œuvre
que pour de petits ouvrages.

BOIS sur le retour. *Oude Boomen.*

Ce sont des bois trop vieux, qui commencent à se corrompre, & qui ont
plus de deux cents ans, à l'égard des chênes.

BOIS rouge. *Rood, spint en vierig Hout.*

C'est un bois qui s'échaufe, & qui est sujet à se pourrir.

LES Humidités qui sont entre le bordage & le serrage, ne pouvant s'évaporer, échaufent le bois & le font pourrir. *De ingeslootene vogten, die nergens
konnen verdunnen, aansteeken het hout, en verstikken.*

BOIS

BOIS mouliné, carié & corrompu. *Worm-steekig en vergaan Hout.*

BOIS sain & net. *Goedt, gaaf en gesondt Hout.*

C'est celui qui n'a ni gales, ni fistules, ni nœuds vicieux,
FISTULES & Fentes dans le Bois. *Reeten en scheuren in het Hout.*

BOIS qui se tourmente. *Een al te groen Hout.*

C'est celui qui n'étant pas sec quand on l'emploie, ne manque jamais à se dejetter.

BOIS qui a des loupes. *Hout met knobbelige basten.*

C'est quand on voit s'élever des bosses, ou gros nœuds, sur l'écorce; ce qui est une marque d'un bois solide & dur.

BOIS combugé. *Ingewaaterd, doorwaaterd, of verwaaterd Hout.*

C'est un bois qui est imbibé & pénétré d'eau.

BOIS de brin ou de tige. *Gewassen Hout.*

C'est celui dont on n'a ôté que les quatre dosses flaches, & qui d'ailleurs est dans le même état où il a été produit.

BOIS en grume. *Onbeslaagen Hout, Ruig Hout, 't Hout als het gehakt is.*

C'est celui qui est avec son écorce, & dont on a seulement ôté les branches, sans en avoir équarri la tige.

BOIS lavé. *Geschaaft Hout.*

C'est celui dont on a ôté avec la besaigue tous les traits de la scie.

BOIS courbes, qui croissent courbes. *Krom-houten, Krommers.*

BOIS courbes. *Houten in 't bearbeiden krom gemaakt.*

Ce sont les bois qu'on a rendus courbes, & qui sont toisez de la grandeur de leur plein cintre.

BOIS deversé ou gauche. *Wan-hout.*

C'est celui qui n'est pas droit par raport à ses angles, & à ses côtés.

BOIS refait & mis à l'équerre. *Hout in de haak geschaaft.*

C'est un bois bien équarri; c'est-à-dire que de flache qu'il étoit, il est dressé au cordeau sur ses faces: ainsi des piéces de bois refaites, & dressées sur toutes les faces, sont celles qui sont bien équarries.

BOIS afoiblis. *Verswakte Houten.*

Ce sont ceux qu'on a taillez en cintre.

BOIS méplat. *Een hout dat breeder is als dik.*

C'est un bois plus large qu'épais.

BOIS de mail. *Een Hout langs op sijn lengte tot de helfte deurgesaagt.*

C'est celui qui est fendu & scié du centre à la circonférence.

ENLIGNER le Bois avec une règle. *Met een rij krabben.*

C'est mettre des piéces de bois sur une même ligne. Voiez, Enligner.

PIE'CE de Bois mise sur son fort. *Een gespannen Hout met de bogt boven.*

C'est quand la piéce bombe un peu, & qu'on met le bombement en haut.

BOIS de scie. *Gezaagt Hout.*

C'est une piéce de bois dont on a coupé le fil, pour lui donner une figure angulaire ou quarrée.

BOIS vendu à l'épreuve de la hache. *Timmer-hout op de bijl verkogt, of om te betaalen na dat het in 't verwerken goedt valt.*

C'est-à-dire, qui ne se paie qu'après avoir été mis en œuvre, & trouvé bon.

BOIS d'Aune. *Elsen Hout.*

L'Aune & le Tilleul croissent promtement; mais le bois en est leger &

rompt

rompt aifément.   Pour le bois d'Aune, il fe fortifie, & devient meilleur, quand on le laifle dans l'eau.

BOIS de Chêne. *Eiken Hout.*

Il faut couper les Chênes, & autres arbres qui perdent leurs feüilles, en vieille Lune.

On tient que les Chênes fubfiftent trois cens ans.   Dans le bois de la Haie en Hollande, on voit aujourdhui un Chêne, qui a été planté de la propre main de l'Empereur Charles-quint, & qui paroît être dans fa plus grande vigueur.

BOIS Epineux blanc des Antilles. *Wit Doorn-hout.*

BOIS Epineux noir. *Swart Doorn-hout.*

BOIS de Faux. *Boeken, of Boeken-hout.*

BOIS de Frêne. *Efchen-hout.*

BOIS de Gayac, ou Gaïac. *Pok-hout.*

Le bois de Gaïac & le bois de Noïer font propres à faire des roüets.

BOIS de Meurier. *Moerbefie-hout.*

BOIS de Néfles. *Mifpel-hout.*

BOIS de Noïer. *Noote-boomen-hout.* Voiez, Bois de Gaïac.

BOIS du Nord. Planches du Nord. *Noordfch Hout. Noordfche Planken.*

BOIS d'Ormeau. *Olm, Olm-boom-hout, Ypen-hout.*

BOIS de Palmier. *Palm-boomen-hout.*

BOIS de Peuplier, ou Tremble. *Abelen-hout.*

Le Tremble ou Peuplier, & le Tilleul, font propres à faire des pompes, & toutes fortes de tuïaux, parce qu'ils font tendres en-dedans, & durs en-dehors.

BOIS de Pin. *Pijn-boomen-hout, Echte Pijn-boom.*

Il faut couper les Pins, Sapins, & autres bois de cette nature, qui ne perdent point leurs feüilles, en Lune nouvelle.

BOIS de Pin bâtard. *Onechte Pijn-boomen-hout.*

BOIS de Sapin. *Dennen-hout, Maften-boom, Maften-hout, Sperren-hout.*

Les Suiffes, ou fémelles des Sapins, font à préférer aux Sapins.   On les diftingue par les feüilles qui font crêpées, par l'écorce qui eft plus mince, & par le bois qui eft plus blanc.

BOIS de Sapin rouge. *Grein-hout, Greenen-hout.*

Le bois de Sapin rouge étant plus leger & moins fort que le chêne, ne s'emploie dans la conftruction des grands vaiffeaux, & fur-tout des navires de guerre, que pour les hauts, & pour les dedans, où le bois n'a pas beaucoup à foufrir. Il eft propre auffi à conftruire des bâtimens de charge, parce que comme il eft leger, le bâtiment tire moins d'eau, & par conféquent il peut porter une plus grande charge.

BOIS de Sapin blanc. *Vuuren-hout.*

Le Sapin blanc eft encore plus leger que le rouge, & rompt plus facilement. Néammoins tous les deux rompent, & font affez difficiles à plier: ils ont auffi beaucoup d'aubier.

BOIS de Saule. *Willige, Wilge-Hout.*

BOIS de Sureau. *Vlier-hout, Flier-hout.*

BOIS de Tillaut, ou Tilleul. *Linden-hout.* Voiez, Bois d'Aune, & Bois de Peuplier.

BOIS de Tremble. Voiez, Bois de Peuplier.

BOIS. Le Négoce du Bois. *Den Hout of Timmerhout handel.*

„Le Négoce du bois eſt un négoce incommode & dangereux , à-cauſe de
„l'incertitude du prix , qui hauſſe & baiſſe continuellement , & change
„d'un jour de marché à l'autre.

„Il eſt dangereux auſſi à-cauſe de la matiére ; parce que ſouvent on achè-
„te du bois de belle aparence, qui étant mis en œuvre ſe trouve carié, vi-
„cié, rempli de nœuds pourris, ou de trous.

„Avec cela , on y uſe encore de ſupercherie, en mettant les bois dans de
„la boüe, qui s'y atache, & empêche qu'on n'en remarque les defauts. On
„les garnit même exprès, & l'on couvre ces defauts avec de l'argille &
„d'autre terre, qui les cache à la vüe.

„Quelquefois l'on évite ces inconvéniens, en achetant le bois à l'épreuve
„de la hache, c'eſt-à-dire, à condition de ne le paier que quand il aura été
„mis en œuvre, & qu'il ſe ſera trouvé bon : mais cette condition en aug-
„mente beaucoup le prix.

„Pour bien conſerver le bois, il eſt bon de le tenir dans l'eau ſalée, ou à
„l'air dans un lieu ſec. Celui qu'on laiſſe expoſé à la pluïe & au ſoleil ſuc-
„ceſſivement, contracte de grands defauts, & ſe gâte.

„Les Italiens tiennent longtems les bois de conſtruction dans l'eau, pré-
„tendant qu'ils y deviennent en même tems & plus forts , & plus aiſez à
„plier.

„Il importe extrémement de ne pas mettre en œuvre du bois qui ſoit trop
„vert. Chacun ſait aſſez les inconvéniens qui en arrivent, ſans qu'on s'ar-
„rête à les marquer ici : de-ſorte qu'il-faut qu'un habile Charpentier en ait
„ſa proviſion faite de longue main.

„Les bois qu'on emploie à la conſtruction des vaiſſeaux, ſe diſtinguent or-
„dinairement en bois droits, & en bois courbes, c'eſt-à-dire, à l'égard des
„plus groſſes piéces. Les autres piéces, qui ne ſont pas compriſes ſous cette
„diviſion, ſont les planches, les petits courbatons, & quelques autres.

„Il en deſcend beaucoup de l'une & de l'autre ſorte, de courbes & de
„droits, en radeaux & en trains de bois, par le Rhin & par la Meuſe. Ces
„radeaux abordent à Dordregt, où en eſt l'étape. Ils viennent, avec le
„flot, ſur le rivage ; & pendant le juſſant, on les y peut viſiter en leur
„entier, & on les achète en gros, ou par petites parties. Par exemple,
„on achète un cent de piéces d'une même longueur, telle ou telle ſomme
„par piéce.

„Les piéces de bois droites, qui viennent par le Rhin, ſont les plus eſti-
„mées de toutes ; & pour les piéces courbes, celles de Weſtphalie ſont les
„plus recherchées.

„Une partie de cinquante poutres, ou piéces droites, de quarante-huit piés
„de long, & d'une épaiſſeur convenable à la longueur, s'eſt vendüe l'an
„1699. ſoixante livres la piéce.

„Les piéces qui ſont d'une épaiſſeur ou d'une longueur extraordinaire, ſe
„vendent beaucoup au-deſſus du prix ordinaire : ainſi a-t-on vû vendre
„quelquefois quarante-cinq livres, une piéce de bois aſſez courte, mais
„groſſe, & propre à faire un beau cabeſtan.

„On a vu vendre une poutre du Rhin cent livres, parce qu'elle étoit tout-
„à-fait propre à faire un ton de mât.

M 2

„D'au-

,, D'autres venües par la même riviére, ont été vendües jufqu'à cent-vingt-
,, cinq livres, parce qu'elles étoient propres à faire des piéces de quille, &
,, qu'elles avoient quarante-neuf piés de long, & deux piés d'équariflage.
,, On en a vu vendre cette même année 1699. de trente-cinq piés de long,
,, & deux piés & demi d'équarriflage, ou à-peu-près, quatre-vingts-cinq
,, livres la piéce.

,, Les piéces qui viennent par la Meufe, ne font pas fi épaifíes que celles
,, qui defcendent par le Rhin; auffi ne font-elles pas tout-à-fait fi chéres.

,, Les groffes piéces de bois de ligne courbe, fe vendent auffi par piéces.
,, Elles font plus chéres, à proportion, que les piéces droites. On en a
,, vu vendre des plus groffes, pour emploier aux vaiffeaux marchands,
,, trente-cinq livres la piéce, plufieurs fois dans cette même année 1699.

,, Les plus groffes, qu'on emploie aux navires de guerre fe font vendües de-
,, puis quatre-vingts jufqu'à cent livres la piéce, même jufqu'à cent-dix li-
,, vres : mais il faut remarquer qu'on ne trouve guéres de ces piéces cour-
,, bes, qui ne foient trop groffes, quand elles font auffi longues qu'il faut,
,, de forte qu'on les fépare en deux, pour en faire deux Courbes; & c'eft
,, d'une piéce à féparer en deux qu'on entend parler ici. Il en a été vendu
,, de toutes les plus groffes qu'on emploie pour les vaiffeaux marchands,
,, foixante livres la piéce, auffi pour féparer en deux. Une autre partie de
,, douze à quatorze piés de long, pour fervir fans être refendües, a été ven-
,, düe dix-huit livres la piéce. Une piéce très-belle, & propre pour faire
,, une étrave, a été vendüe fix-vingts livres.

,, Il n'y a point de bois, où l'inégalité du prix foit fi grande, que dans les
,, piéces de ligne courbe: on auroit de la peine à croire qu'il y pût arriver
,, un fi grand changement. On a vu, en différens tems, des piéces de même
,, qualité, fe vendre quarante-neuf livres, trente-neuf livres, vingt livres,
,, treize livres : puis monter & defcendre fucceffivement ; fi-bien qu'il n'y
,, a prefque aucun fonds à faire pour le prix.

,, Les autres bois de ligne courbe, plus legers, fe vendent ordinairement par
,, parties de cinquante piéces; & chaque partie fe vend cent-foixante , cent
,, foixante & dix, cent-quatre-vingts, & jufqu'à deux cents livres, félon
,, la qualité, c'eft-à-dire, felon leur groffeur & leur figure , & que leur
,, courbe & leurs branches font propres aux ufages où on les deftine.

,, Les petites piéces courbes fe vendent au compte. Elles font d'ufage pour
,, les chaloupes, & pour les bateaux.

,, Enfin les groffes piéces courbes font les plus chéres de toutes celles qui
,, fervent à la conftruction des vaiffeaux. Il en a été vendu, dans la même
,, année 1699. une partie de fix doubles courbes de pont d'embas, & dix
,, fimples ; douze de pont d'en-haut, fix à l'équaire, & fix à fauffe équai-
,, re, pour un vaiffeau de cent-cinquante cinq piés de long de l'étrave à l'é-
,, tambord, quarante-fix livres la piéce l'une portant l'autre.

,, Au regard des planches, dont on fait un grand négoce à Dordregt, on en
,, fait quelquefois cinq, fix, fept, ou huit, dans une piéce de bois d'un pié,
,, mefure de Vefel, c'eft-à-dire, d'onze pouces; & on les laiffe toutes en-
,, femble jointes par le bout, en-forte, toutefois, qu'on les puiffe bien fé-
,, parer avec la main.

,, Lorsqu'elles font vendües, on les fait mefurer par un Maître Juré, aux frais
,, du

„du vendeur. On mesure la planche du dessus du bloc pour toutes, & l'on
„marque sur elle le nombre des planches qui est dans le bloc; & l'acheteur
„& le vendeur font leur compte là-dessus.
„Ce n'est pas par piéce qu'elles se vendent, c'est au cent de piés, savoir,
„autant de cents que le bloc en contient. Lors qu'il y a cinq planches
„dans un bloc d'un pié d'épaisseur, les cent piés se vendent douze livres,
„plus ou moins selon le cours: lors qu'il y a six planches, les cent piés se
„vendent huit livres quinze sous: lors qu'il y a sept planches, les cent piés
„coûtent vingt sous moins; & tout-de-même, lors qu'il y en a huit, vingt
„sous moins que quand il n'y en a que sept: si-bien qu'aiant fait un marché
„pour les planches de six piés, il est fait aussi pour les planches de sept &
„de huit piés, & l'on en prend indifféremment d'une sorte ou d'autre, au-
„tant qu'on en a besoin: & si l'on veut prendre les blocs de suite, comme
„ils se trouvent, on en a de cinq sous jusques à dix meilleur marché que
„si on les choisissoit.
„Pour le bois de Chêne, qui se vend dans la Nord-hollande, comme à Ams-
„terdam, Sardam, Edam, Hoorn & Enkhuise, c'est la Westphalie, le
„Brandebourg, la Pologne & toute l'Allemagne, qui les fournissent; &
„il consiste principalement en planches de chêne, & en grosses piéces cour-
„bes.
„Il a été vendu, l'an 1699. une partie de cent-huit planches, de quarante
„à quarante-deux piés de long, & de quatre pouces & un quart d'épais,
„dix-sept livres cinq sous la piéce.
„Cent de la même longueur, & de quatre pouces d'épais, seize livres dix
„sous la piéce.
„Soixante-six, de trente-deux à trente-quatre piés de long, & de trois
„pouces & demi d'épais, treize livres la piéce.
„Trente-cinq, de trente-cinq piés de long, & de deux pouces & demi d'é-
„pais, neuf livres la piéce.
„Quatre-vingts-quatre, de la même longueur, & de la même épaisseur, huit
„livres la piéce.
„Cent de la même longueur, & de deux pouces d'épais, six livres la
„piéce.
„On les nomme communément planches de Dantsig, de Berlin, de Ham-
„bourg &c. Enfin elles sont plus ou moins épaisses, à proportion de la lon-
„gueur des poutres dont on les tire. On fait les plus épaisses planches dans
„les plus longues piéces, & les plus minces planches dans les plus courtes
„piéces.
„On tient que les meilleures planches de chêne, sont celles qui viennent
„de Conigs-berg; & que les meilleures de sapin rouge, viennent de Nor-
„vège.
„Le Quein, Qlin, ou Esquain, est une sorte de planches minces de chê-
„ne, & il y en a de diverses épaisseurs, même d'un quart de pouce, & en-
„core plus minces. Elles ont ordinairement de long douze à treize piés
„Rhénans, ou piés de douze pouces. Celles qui ont cinq quarts de pouce
„d'épais coûtent vingt-huit à trente sous. Celles qui ont un pouce coû-
„tent vingt-quatre à vingt-six sous. Celles qui ont trois quarts de pouce
„coûtent seize à dix-huit sous; & celles qui n'ont qu'un demi pouce, coû-

M 3

„tent

„tent douze fous. On en fait des fronteaux de féparation, & l'on en bor-
„de le haut des acaftillages.

„Il y a beaucoup d'endroits dans le Nord, où l'on vend les planches par
„partie qu'on apelle un Schok, ou Schoc, comme à Anflo, où le Schoc eft
„de foixante-trois planches ; mais deux Schocs ne font que cent planches.
„A Dronthem & à Norme il y a foixante planches au Schoc. A Fréderic-
„ftad, on fait auffi le Schoc de foixante-trois planches ; mais les planches
„de ce païs-là font d'un bois rude, & fort fujet aux gerfures & aux fen-
„tes.

„Les poutres de fapin rouge ne fervent ordinairement qu'à faire des barrots
„& des barrotins, & à fcier en planches.

„Toute cette forte de bois vient en des vaiffeaux, & eft pris à Norvège,
„en Suéde, dans le Danemarc, en Poméranie, dans la Pruffe, dans la Po-
„logne, dans la Livonie, la Courlande, & fur les autres côtes de la mer
„Baltique, & dans fes ifles.

„On lui donne le nom des lieux où on le prend, ou des riviéres par où
„il eft voituré. Celui qui eft le plus eftimé, vient de Poméranie par la pe-
„tite riviére de Stolpe, & eft apéllé, Poutres de Stolpe.

„Le bois de ces poutres eft bon ; il eft fort grenu, & d'ordinaire elles ont
„de long dix-fept à dix-huit piés Rhénans. Celles de Coperwijk ont dix-
„huit, ving-un, vingt-deux, vingt-neuf ou trente piés ; & pour les plan-
„ches de ce même lieu-là il y en a onze cens au millier ; elles ont environ
„dix pouces de large. Les poutres & les planches de Vleckere ont ordinai-
„rement vingt-trois à vingt-quatre piés de long. A Groenwijk, elles ont
„vingt-quatre à vingt-cinq piés. A Maarde, vingt-deux piés. A Lange-
„fondt, il y en a de feize à dix-fept piés, & de vingt-fept, vingt-huit à
„trente piés. A Weftkiel, elles ont vingt-fix à vingt-fept piés.

„Lors que ces poutres font fciées en planches de différentes épaiffeurs, on
„en vend le pié de long fur quatre pouces d'épaiffeur en quarré, un fou
„deux deniers, monnoie de Hollande, *een ftuiver twee penningen*, fi-bien
„qu'en faifant la multiplication on peut favoir au jufte ce que chaque plan-
„che vaut, & auffi ce que vaut une poutre. Ces planches fervent à recou-
„vrir les tillacs, les demi-ponts, les gaillards, les couvertes &c. & à faire
„les fronteaux de féparation. Elles font nommées, *Planches de poutres*,
„& en François, *Planches de Pruffe*, pour les diftinguer, en Flamand, des
„autres planches, qu'on apelle, Planches du Nord, ou de Norvège.

„On en a vû vendre ci-devant une partie de vingt planches, de trente piés
„de long, d'onze pouces de large, & de trois piés d'épais, fept livres huit
„fous la piéce ; & l'année 1699. elles ne valoient que cent fous.

„Une autre partie de vingt planches, auffi de trente piés de long, de deux
„pouces d'épais, & d'onze pouces de large, cent fous ; & l'annee 1699.
„quatre livres.

„Une partie de quatre-vingts-dix planches, de vingt-deux piés de long,
„d'un pouce & trois quarts d'épais, & douze pouces de large, cinquante
„fous la piéce ; & l'annee 1699. quarante-cinq fous.

„Une partie de fix-vingts planches, de même longueur, d'un pouce & de-
„mi de large, & d'onze pouces de long, a été venduë l'an 1699. quarante
„fous la piéce.

„Une

,, Une partie de cent-cinquante planches, de même longueur, d'un pouce
,, & un quart d'épais, & de dix pouces de large, a été venduë vingt sous
,, la piéce.
,, Une partie de vingt planches, de poutres de la riviére de Stolpe, de tren-
,, te piés de long, & de trois pouces d'épais, a été venduë quatre livres la
,, piéce. Quatre cents de la même longueur, & d'un pouce d'épais, & dix
,, pouces de large, ont été venduës trente-six sous la piéce.   Quatre cents
,, encore de la même longueur, de trois quarts de pouce d'épais, & de la
,, même largeur de dix pouces, ont été venduës vingt sous la piéce.
,, Une partie de deux cents planches de sapin, de trente piés de long, d'un
,, pouce d'épais, & de dix pouces de large, a été venduë seize sous la piéce;
,, & une autre partie de la même longueur, largeur & épaisseur, a été ven-
,, duë quinze sous la piéce.
,, On emploie les planches du Nord, aux cloisons & séparations des cuisi-
,, nes, des dépences, de la sainte-barbe, de la fosse aux cables &c. Elles
,, ont communément neuf piés de long, & parmi les planches qui sont de
,, cette qualité on estime beaucoup celles de Coperwijk.   Le cent, qui est
,, de six-vingts planches, ou de cent-trente, se vend, en divers tems, cin-
,, quante quatre livres, soixante livres, & soixante & dix livres; tant le prix
,, du bois change, même d'une semaine à l'autre.
,, Le bois de Sapin rouge dont on fait négoce à Hambourg, est presque
,, toujours plus long, plus épais & plus pesant que celui qui vient de Nor-
,, vège & de la mer Baltique.   Cependant, comme il s'en faut beaucoup
,, qu'il ne soit d'une aussi bonne nature, il se donne toujours à meilleur
,, marché.
,, Outre les poutres & les planches de sapin, qui viennent du Nord, on en
,, reçoit encore la plus grande partie du *Bois-rond* qu'on emploie en Hollan-
,, de, c'est-à-dire, des mâts & mâtereaux, des vergues, & de toutes sor-
,, tes d'éparres.   On donne ordinairement onze éparres pour dix.
,, Les mâts qui viennent de Norvège & de Moscovie, sont estimez les meil-
,, leurs.
,, Le Bois dont on fait les Mâts se vend à la palme, c'est-à-dire, à une cer-
,, taine mesure qui se prend dans la rondeur de l'arbre, environ à quatre piés
,, de son pié, par un Maître Juré.
,, Pour cet éfet, on prend un morceau de baleine, avec lequel on fait le
,, tour du mât, & puis on en prend le diamétre sur le cercle que fait cette
,, baleine, & l'on marque la mesure, ou le nombre de palmes qu'on a trou-
,, vées sur l'arbre, à l'endroit où on l'a mesuré.
,, Les Mâts, qu'on nomme Mâts de Sept, & qui ne se mesurent point,
,, sont ceux qui n'ont pas tout-à-fait sept palmes, mais qui en aprochent. Il
,, y a aussi des Mâts de dix qui ne se mesurent point, & qui, par consé-
,, quent, ne se marquent point: on les achète à l'œil.
,, Toutes les piéces de *Bois rond*, qui ont au-dessus de quatorze palmes, &
,, qu'on apelle *Piéces*, par excellence, doivent être mesurées, & le nom-
,, bre des palmes doit être marqué dessus avec une espéce de roüane, ou
,, roinette. Le prix de cette sorte de bois, non-seulement est différent, selon
,, les tems, comme est le prix des autres; mais la différence va encore plus
,, loin; & pour le faire bien connoître, on va raporter ici le prix de quelques

„ques ventes, qui ont été faites en des tems peu différens, de mâts égaux,
„ou presque égaux.

„Un mât de dix-huit palmes, & trois quarts de palme de circonférence, &
„de soixante-huit piés de long, a été vendu quatre-vingts livres. Un de
„la même circonférence, & de soixante-quatre piés de long, soixante livres.
„Un autre de la même circonférence, & de soixante & quatorze piés de long,
„soixante livres. Un de dix-huit palmes & demie, & de soixante & dix
„piés de long, soixante livres.

„Un mât de vingt & une palme de circonférence, & de quatre-vingts qua-
„tre piés de long, a été vendu six-vingts livres ; & un autre de la même
„circonférence, & de quatre-vingts-six piés de long, n'a été vendu que cent
„livres. Un autre de la même circonférence, & de quatre-vingts-un pié
„de long, cent-cinquante livres. Un de la même circonférence & de soi-
„xante & dix-huit piés de long, quatre-vingts cinq livres. Un autre de la
„même circonférence, & de la même longueur, six-vingts livres.

Voici les prix de ventes qui ont été faites en Hollande, l'an 1699. de
mâts, mâtereaux & vergues de diverses grandeurs, selon les proportions
des différens mâts, & de toute la mâture d'un vaisseau.

Un grand mât de quatre-vingts-huit piés de long, & de vingt & une palme & demie de circonférence, a été vendu deux-cents livres.

Une autre piéce de la même longueur, & de vingt palmes & demie de circonférence, pour joindre au mât, a été vendüe cent-soixante & dix livres.

Une autre piéce, pour faire deux jumelles, de quatre-vingts-sept piés de
long, & de vingt & une palme de circonférence ; cent-cinquante livres.

Une piéce pour le mât de miséne, de quatre-vingts piés de longueur, & de
dix-huit palmes de circonférence ; cent-cinquante livres.

Une piéce pour joindre au mât, de soixante & un pié de longueur, & de
seize palmes de circonférence ; soixante & dix livres.

Une piéce de soixante & dix piés de long, & de vingt palmes de circonférence, pour faire un mât de beaupré ; cent livres.

Une piéce pour faire des jumelles, de soixante-cinq piés de long, & de vingt
palmes de circonférence ; quatre-vints-dix livres.

Une piéce de soixante & dix piés de long, & de vingt palmes & demie de
circonférence, pour faire un mât d'artimon ; cent-livres.

Une piéce de soixante-trois piés de long, & de dix-huit palmes & demie
de circonférence, pour faire un grand mât de hune, quatre-vingts livres.

Une piéce de soixante-deux piés de long, & de dix-huit palmes de circonférence, pour un mât de hune d'avant ; soixante & dix livres.

Une piéce de quatre-vingts-neuf piés de long, & de dix-neuf palmes de
circonférence, pour faire une grande vergue ; cent-trente livres.

Une piéce de quatre-vingts piés de long, & de dix-sept palmes & demie
de circonférence, pour faire une vergue de miséne, quatre-vingts livres.

Une piéce de soixante piés de long, & de quatorze palmes de circonférence, pour faire une vergue de sivadiére ; quarante livres.

Une piéce de soixante piés de long, & de douze palmes de circonférence,
pour faire une vergue de grand hunier, trente livres.

Une vergue de petit hunier, de cinquante-quatre piés de long, & de dix
palmes de circonférence ; vingt-cinq livres.

Une

Une vergue de foule, de quarante-huit piés de long, & de huit palmes de circonférence; seize livres.

Une piéce de soixante & douze piés de long, & de douze palmes de circonférence, pour faire une vergue d'artimon; trente-cinq livres.

Une piéce de rechange pour les mâts, de quatre-vingts-huit piés de long, & de dix-neuf palmes de circonférence; cent-cinquante livres.

Une autre piéce de rechange, de soixante & dix-huit piés de long, & de seize palmes & demie de circonférence; quatre-vingts livres.

Quatre piéces de Sept, assez fortes, pour les perroquets; sept livres la piéce.

Neuf autres piéces de Sept, pour les vergues des perroquets; cinq livres dix sous la piéce.

Un grand mât de quatre-vingts-douze piés de long; & de vingt-deux à vingt-trois palmes de circonférence, a été vendu quatre cents-cinquante livres.

Trois mâts de vingt-cinq, vingt-six & vingt-sept palmes de circonférence, & de quatre-vingts-dix piés de long, ont été vendus sept cents-cinquante livres la piéce.

Un mât de vingt-huit palmes de circonférence, & de quatre-vingts-dix piés de long, a été acheté, pour la Compagnie des Indes Orientales, mille livres.

Un mât de quatre-vingts-dix-sept piés de long, & de dix-neuf palmes de circonférence, tout mis en œuvre, & prêt à arborer, a été acheté trois cens-cinquante livres, pour servir à une galiote longue de quatre-vingts piés, de l'étrave à l'étambord.

Autrefois on a vû promettre, à Amsterdam, trois mille livres d'un mât extraordinaire, & le Marchand ne le voulut pas donner : il fut vendu encore plus cher, pour mener en Espagne.

Voici maintenant la mâture d'un vaisseau de cent-trente-quatre piés de long de l'étrave à l'étambord, vingt-neuf piés de bau, & treize piés de creux; avec un château d'avant de cinq piés & demi de hauteur, & une chambre de quatre piés & demi au-dessous. C'est le vaisseau dont M. Witsen a donné les proportions; & c'est aussi la mâture qu'il a réglée; & le prix y a été mis par un des plus célébres Mâteurs d'Amsterdam, & par un Courtier, suivant le prix courant de l'an 1699.

Il faut que le grand mât ait quatre-vingts piés de long, & dix-huit palmes de circonférence; & que le ton ait huit piés de haut. Un tel mât doit coûter cent-cinquante livres.

Le mât de miséne est de soixante & dix piés de long, & de seize palmes de circonférence; & le ton doit avoir sept piés de haut. Il peut coûter cent livres.

Le mât de beaupré est de soixante piés de long, & de dix-huit palmes de circonférence. Il doit coûter soixante & dix livres.

Le mât d'artimon est de soixante piés de long, & d'onze palmes & demie de circonférence; & le ton de quatre piés & demi de haut. Il doit coûter cinquante livres.

Le grand mât de hune est de cinquante & un pié de long, d'onze palmes & demie de circonférence; & le ton de quatre piés & demi de haut. Il doit coûter vingt-deux livres.

N

Le

Le mât de hune d'avant eſt de quarante & un pié de long, de neuf palmes & demie de circonférence; & le ton de trois piés & demi de haut. Il doit coûter douze livres.

Le grand perroquet eſt de vingt-deux piés de long, & de quatre palmes de circonférence. Il doit coûter trois à quatre livres.

Le perroquet d'avant eſt de dix-huit piés de long, & de quatre palmes de circonférence. Il doit coûter trois livres.

Le perroquet de foule eſt de vingt-ſix piés de long, & de quatre palmes & demie de circonférence. Il doit coûter quatre livres.

Le perroquet de beaupré, ou tourmentin, eſt de vingt piés de long, & de quatre palmes de circonférence. Il doit coûter trois livres.

La grande vergue eſt de ſoixante-neuf piés de long, & de treize palmes de circonférence. Elle doit coûter trente-cinq livres.

La vergue de miſéne eſt de ſoixante piés ſix pouces de long, & d'onze palmes de circonférence. Elle doit coûter vingt-cinq livres.

La vergue d'artimon eſt de ſoixante-deux piés de long, & de ſept palmes & demie de circonférence. Elle doit coûter quatorze livres.

La vergue de ſivadiére eſt de quarante-cinq piés de long, & de ſept palmes de circonférence. Elle doit coûter neuf livres.

La vergue de grand hunier eſt de trente-ſix piés de long, & de ſept palmes de circonférence. Elle doit coûter huit livres.

La vergue de petit hunier eſt de trente-deux piés de long, & de ſix palmes de circonférence. Elle doit coûter ſept livres.

La vergue du perroquet de beaupré eſt de vingt piés de long, & de quatre palmes & demie de circonférence. Elle doit coûter cinquante ſous à trois livres.

La vergue du grand perroquet eſt de vingt-deux piés de long, & de quatre palmes & demie de circonférence. Elle doit coûter trois livres.

La vergue du perroquet de miſéne eſt de ſeize piés de long, & de quatre palmes de circonférence. Elle doit coûter trente-cinq ſous.

La vergue du perroquet d'artimon eſt de dix-neuf piés de long, & de quatre palmes de circonférence. Elle doit coûter quarante-cinq ſous.

BOIS. Vaiſſeau qui a reçu des coups en bois dans un combat. *Een ſchip onder waater geſchooten.*

BOIS de chaufage. *Brandt-hout.*

Le Munitionaire pourra s'aider de la cuiſine du Capitaine, en cas qu'il ſoit chargé d'un trop grand nombre d'Oſiciers, pourvu qu'il contribüe au bois de chaufage, à proportion du ſervice qu'il tirera de la cuiſine.

FAIRE du bois. *Sig van hout, of brandt-hout voorſien; Brandt-hout maaken, haalen, kappen.*

BOIS de pique, ou de lance. *Piek-ſchacht of ſchaft, Lans-ſchacht.*

C'eſt leur manche. Le bois des piqúes & demi-piques eſt de frêne plus fort que celui dont on ſe ſert à terre pour les piques, & les demi-piques.

BOITE. De la Boite. *Aas.*

C'eſt l'appas qu'un pêcheur met à l'ameçon.

BOITE d'un villebrequin. *Omſlag.*

C'eſt le morceau de bois dans lequel on met la méche.

BOITE d'écouvillon. Voiez, Bouton.

BOITE

BOITE du gouvernail. *Laei van 't roer.*

C'eft la piéce de bois percée ,. au-travers de laquelle paffe le timon ou la barre.

BOITE à pierrier. *Kaamer, Baffe-kaamer, De kaamer van een fteen-ftuk.*

C'eft un corps cylindrique & concave, ou une efpéce d'étui de bronze, ou de fer, rempli de poudre; & une lumiére, qui répond à cette poudre. On met cette boîte, ainfi chargée, dans le pierrier par la culaffe, derriére le refte de la charge, qu'elle chaffe auffi-tôt qu'elle a pris feu.

BOMBARDE. *Donder-bus.*

C'eft une piéce d'artillerie, dont on fe fervoit autrefois, qui étoit groffe, courte & creufe en forme de tuïau, aiant une ouverture fort large, & faifant beaucoup de bruit. On s'en fert peu aujourdhui.

BOMBARDER. *Met bomben befchieten, Bombardeeren, Bomben werpen.*

C'eft jetter des bombes dans une place.

BOMBARDIER. *Een Bombardeerder.*

C'eft celui qui met le feu à la bombe.

BOMBE. *Bomb, Vuur-kloot, Werp-vuur-kloot.*

C'eft un gros boulet de fer creux en-dedans, & qui a deux anfes à côté de fa lumiére, fur laquelle on met une fufée après qu'on l'a rempli de feux d'artifice & de poudre. Les bombes fe tirent dans un mortier qui eft monté fur un afût, & qu'on place fur une plateforme qui eft dans le fond du vaiffeau. On y met enfuite la quantité de poudre que l'on juge néceffaire, & la bombe par-deffus. On fe fert d'étoupes & de terre-graffe pour fermer le vuide, ou l'entre-deux qui peut refter entre la bombe, le mortier, & la poudre; & on met un tampon par-deffus la bombe. Après cela le Canonnier donne l'élévation qu'il faut au mortier, pour la chaffer à l'endroit où il veut qu'elle tombe; ce qui étant fait il commence à mettre le feu à la fufée de la bombe avec une méche allumée, qu'il tient d'une main; & auffi-tôt qu'elle a pris, il porte une autre méche fur l'amorce du mortier, qui mettant le feu à la poudre du dedans, chaffe la bombe en l'air, & la fait aller au lieu où il veut caufer du defordre. On dit Bombe foudroïante, & Bombe flamboïante. La premiére eft celle qui tüe, qui brife & fracaffe tout; & l'autre eft une bombe qui n'étant remplie que de feux d'artifice, fert feulement à éclairer. L'ufage des bombes n'eft pas ancien. Les premiéres qu'on a vües furent jettées dans la ville de Wachtendonch, en Gueldres. On tient cependant, que dès l'an 1588. un habitant de Venlo s'en étoit fervi aux feux d'artifice, & qu'en s'y éxerçant il en étoit tombé une fur Venlo, qui avoit caufé un fi grand embrafement qu'une partie de la ville avoit été embrafée. Les Efpagnols & les Hollandois fe font fervis de bombes l'an 1624. Malthus, Ingénieur Anglois, paffa de Hollande en France, & y établit l'ufage de ces machines. Il fervit à leurs batteries au fiége de Collioure, l'an 1642. La plupart de ceux qui ont fervi depuis aux batteries des bombes, ont été des élèves de Malthus.

BOMBE'. Bois bombé. *Geboogen hout.*

C'eft celui qui eft fait en arc, & un peu courbé.

BOMERIE. Prêt à la groffe avanture. *Bodemerije.*

C'eft l'interêt des fommes de deniers prêtées entre Marchands fur la quille d'un vaiffeau, ou fur les marchandifes qui y font chargées, moïennant quoi

le prêteur se soumet aux risques de la mer & de la guerre. Cela s'apelle autrement, Prêt à la grosse avanture. Comme l'argent que l'on prête, &
qui raporte quinze, vingt, & jusques à trente pour cent, selon les risques, n'est prêté, pour l'ordinaire, que sur la quille du vaisseau, qui chez
les Hollandois s'apelle *Bodem*, d'où ils ont fait *Bodemerije*, on a aussi apellé ce prêt, *Bomerie*.

„La Bomerie n'est pas comprise dans la loi qui défend entre Marchands
„une stipulation de profit au-dessus de douze pour cent : car comme non.
„seulement on hazarde ici le profit de son argent, mais encore on porte sa
„part des pertes qui se font, il est juste qu'on ait aussi part au profit; &
„il y a encore plus de justice, s'il paroît que les circonstances des lieux &
„des tems augmentent le danger.

„Un Maître qui se trouve en peine dans les mers qui sont au-delà de Dou-
„vres, ou du Sond, & dans le Sond, peut faire un emprunt de Bomerie
„jusques au quart de la valeur de la quille, & non davantage, si ce n'est
„dans la plus pressante nécessité. Il en est de même à l'égard d'un Maître
„qui est interessé dans la cargaison.

„Les Maîtres Hollandois qui sont au-deçà du Pas de Calais, & du Sond, ne
„peuvent faire aucun achat sur la quille du vaisseau, ni prendre de l'argent
„à bomerie, que du consentenent exprès de la plus grande partie des af-
„freteurs : autrement ils en demeurent seuls chargez.

BONAVOGLIE. *Een gehuurde Roeijer.*

C'est le nom, qu'on donne à celui qui s'engage volontairement à tirer la
rame, sous de certaines conditions de recompense.

BON de voiles. Voiez, Voilier. *Vaardig in 't zeilen, Een snel-zeilende of wel
bezeilt schip.*

BONIFIER une baléne. *Walvisch-spek suijen.*

C'est la dépecer, en fondre le lard, & en tirer tout ce qu'il y a de bon.
Voiez, Baléne.

BONNASSE, Calme. *Stilte.*

C'est une discontinuation du vent, & un aplanissement des houles, ou lames
de la mer. Voiez, Calme.

BONNEAU, Gaviteau. Voiez, Boüée.

C'est un morceau de bois, ou de liége, & quelquefois un barril relié de
fer, qui flotant sur l'eau marque l'endroit où les ancres sont moüillées
dans les ports ou rades.

BONNE de nage. Une chaloupe qui est bonne de nage. *Een wel roeijende,
of wel beroeijde sloep.*

C'est-à-dire qu'elle est facile à manier, & qu'elle passe ou avance bien, à
l'aide des avirons seulement.

BONNE Tenüe. Voiez, Tenüe.

BONNETS de Mariniers Flamands, faits de pennes de laine de diverses couleurs. *Gedreumelde mutsen.*

BONNETTE. *Bonnet.*

Ce sont de petites voiles dont on se sert lors qu'il y a peu de vent, ou pour
agrandir celles du vaisseau, ou pour y en mettre un plus grand nombre.

BONNETTE maillée. *Onder-bonnet, Bonnet.*

Ces Bonnettes servent à allonger les basses voiles, pour aller plus vite,

quand

quand il fait beau tems.   On les atache à des mailles , c'eſt-à-dire à des
œillets qui ſont près de la ralingue , après quoi on amarre les écoutes aux
points des bonnettes.
„ SECONDES bonnettes maillées. *Fatſen.* On les laſſe encore aux bonnettes
„ maillées par-deſſous , au-moins chez les Hollandois.
„ BONNETTES maillées des huniers. *Fatſen , Bonnetten.*
BONNETTES en étui, Miſéne en étui, Coutelas. *Ly-zeilen.*
Ce ſont de petites voiles qui ont la figure d'un étui , & qui ſe mettent par
le bout le plus étroit , à chaque extrémité des vergues , ſur des piéces de
bois qu'on nomme Boute-hors.   Ainſi elles regnent le long des côtés des
deux baſſes voiles & des huniers.   Le vent aiant fraîchi , je fis mettre les
bonnettes en étui , qui ſont d'un bon ſecours lors que la mer eſt unie.
„ Les bonnettes en étui des Turcs ſont très-bien faites ; elles évident fort-
„ bien par le haut , ſont larges par le bas , & prennent fort juſte par-tout.
„ Celles des Hollandois paſſent trop derriére les voiles par le haut.
BONNETTE lardée, Larder la bonnette. *Een bonnet met ſpek geſtooken , om
de lekkagie te ſtoppen.*
C'eſt une pratique des Calfateurs , quand un vaiſſeau a une voie d'eau , ſans
pouvoir découvrir l'endroit où elle eſt , & qu'ils la veulent trouver pour
l'arrêter ; en ces occaſions ils lardent une bonnette avec de l'étoupe , qu'on
pique ſur la voile avec du fil à voile , & après avoir moüillé la bonnette , ils
jettent de la cendre , ou de la pouſſiére , ſur ces bouts de fil de carret & d'étoupe , afin de leur donner un peu de poids pour faire enfoncer la bonnette
dans l'eau.   En cet état ils la deſcendent dans la mer , & la promènent à
ſtribord & à babord de la quille , juſques-à-ce qu'elle ſe trouve oppoſée à
l'ouverture ou débris qui eſt dans le bordage ; car alors l'eau qui court pour
y entrer, pouſſe la bonnette contre le trou ; ce qui ſe connoît par une eſpéce
de gazoüillement , ou de frémiſſement , que font la bonnette & la voie d'eau.
Les matelots , pour exprimer ce bruit , ou gazoüillement , diſent que la
bonnette ſuppe.   Notre vaiſſeau avoit une voie d'eau ſi difficile à reconnoître , qu'il nous falut larder la bonnette.
LASSER la bonnette. *Het Bonnet aanrijgen.*
C'eſt l'amarrer ſous la voile avec des éguillettes , qui la laſſent dans les œil-
lets.
DE'LASSER, Déranger, Démailler la bonnette. *Het Bonnet los maaken.*
C'eſt la détacher de la voile où elle étoit attachée.
BON Tour. Il eſt venu par le bon tour. *Het kaabel is klaar gedraaid , het touw
is klaar geraakt , klaar geſwaait.*
Cela ſe dit d'un vaiſſeau qui étant afourché a évité , de-ſorte-que les cables
ne ſe ſont point croiſez.
BORD. *Boord.*
Le mot de bord eſt pris ordinairement pour le mot de vaiſſeau. Sur le ſoir
nous retournâmes à bord.   Les matelots ne doivent point ſortir de bord
ſans congé.   Notre vaiſſeau aiant coulé bas , nous nous ſauvâmes à bord du
vaiſſeau le plus prochain. Ils s'embarquérent ſur ce bord.   On rendit le
bord autant propre qu'on put.   Nous larguâmes de bord notre pirogue ,
à laquelle nous filâmes devant le nez ſoixante braſſes de grêlin frapé ſur un
grapin.   Nous partîmes de bord.

N 3

ETRE

ETRE à bord, pour dire, Etre au vaiſſeau. *Gefcheept zijn.*

RENVERSER, Tourner, Changer le bord. *Omwenden, overleggen, af-leggen, afwenden.*

C'eſt revirer, & porter le cap ſur un autre air de vent.

CHANGER le bord en virant vent devant. *By de winde op wenden, Overſtaag wenden.*

VENIR à bord. *Aan boord komen, Scheep komen.*

C'eſt ſe rendre dans un vaiſſeau, ou le joindre. Tous les Oficiers Généraux vinrent à bord de l'Amiral. Pendant le calme les Capitaines des vaiſſeaux de l'eſcadre vinrent à notre bord.

ALLER à bord, *Na ſchip toe vaaren, of gaan; Aan boord vaaren; Scheep gaan.*

DEMEURER à bord. *Binnen boord blijven.*

RENDRE le bord. *Inloopen, Binnen loopen, Aanlanden, Aendoen, Binnen haven aankoomen.*

C'eſt-à-dire, Venir moüiller, ou donner fond dans quelque rade, ou dans quelque port. Au bout de ſix ſemaines notre eſcadre rendit le bord à Dunquerque. Voiez, Rendre.

BORD ſur Bord. Courir bord ſur bord. *Over en weer zeilen.*

C'eſt louvier, & gouverner tantôt à ſtribord, tantôt à babord, lors-qu'on veut atendre quelque vaiſſeau, ou que le vent eſt contraire, & qu'il ne permet pas de porter à route; ainſi l'on chicane le vent, & on court ſur pluſieurs routes, pour aprocher du lieu où l'on veut aller, ou pour ne s'abatre pas, & ne s'éloigner que le moins qu'on peut.

FAIRE un bord, Faire une bordée. *Een gang loopen.*

C'eſt faire une route, ſoit à babord, ſoit à ſtribord. Nous fîmes un petit bord vers la terre, après quoi nous revirâmes pour faire un bord à la mer.

COURIR même bord que l'ennemi, Tenir même bord. *Met den vyandt een en defelve koers loopen, Nevens den vyandt zeilen, Met den vyandt heen loopen.*

C'eſt virer à ſtribord ou à babord, ſelon que l'ennemi y a viré, & porter ſur le même rumb.

METTRE à l'autre bord, Virer, Changer de bord. *Qverſtaag wenden, Op een ander boeg wenden.* Voiez, Renverſer le bord.

Nos vaiſſeaux ont mis à l'autre bord, pour parer ce banc. Nous mîmes à l'autre bord, & pendant ſix horloges nous courûmes bord ſur bord.

TENIR bord ſur bord. *Heen en weer by de windt op laveeren.*

C'eſt-à-dire, Courir d'un côté & d'autre au plus près du vent, en atendant quelque choſe. Comme il y avoit dans notre flote de fort mauvais voiliers, nous fûmes obligez vers le ſoir de tenir bord ſur bord, pour les atendre.

DE BORD à bord. *Aen de een boord, en aan d'andere boord, Soo veel ſtreeken windts aan de een boord, als aan d'andere boord.*

Cette expreſſion veut dire, Autant ſur un côte du vaiſſeau que ſur l'autre, & ſignifie encore, de part & d'autre de la droite route; ce qui revient à la même choſe. Par exemple, on dit que l'on peut naviger, ou faire des bordées ſur onze pointes de compas de bord à bord; cela veut dire qu'on peut ſe ſervir des onze airs de vent qui ſont à ſtribord, ou à l'un des côtés du vent de la route; & encore des onze autres airs de vent qui ſont à babord,

bord, ou à l'autre côté du même vent de la route; comme si le lieu de la route est à l'Oüest, le vent d'Est sera le vent de la droite route, & vous pouvez vous servir de vingt-deux vents pour porter à l'Oüest, savoir, des onze airs de vent qui sont depuis l'Est jusques au Sud-oüest-quart-au-sud, & des onze autres airs de vent qui sont depuis l'Est jusqu'au Nord-oüest-quart-au-nord: ainsi c'est naviger & gouverner sur onze airs de vent de bord à bord.

BORD à bord. Deux vaisseaux qui sont bord à bord. *Twee scheepen die malkander op zy leggen, of aan boord van malkanderen.*

C'est-à-dire, qu'ils sont près l'un de l'autre de l'avant en arriére.

UN BORD qui allonge. *Een goedt slag-boeg.*

C'est-à-dire que la bordée que l'on court, lorsque le vent est contraire, sert à la route.

BON BORD. Faire un bon bord. *Een goedt boeg-slag.*

C'est-à-dire que l'on a gagné, ou avancé à sa route, étant au plus près du vent.

BORD à terre, Bord au large. *Wenden na het landt, en wederom wenden na de zee.*

On emploie ce terme lors qu'on parle d'un vaisseau qui court à la mer, & recourt à terre, ou de la mer à la terre & de la terre à la mer.

PASSER tous les canons d'un bord. Voiez, Canon.

ALLER à bord. Il faut aller à bord. *Elk sijn best om te enteren.*

Cela se dit comme une menace que l'on fait à l'égard des vaisseaux ennemis, pour les aller attaquer, accrocher & enlever.

PASSE du monde sur bord. *Val, Val op de reep-val.*

C'est un commandement qui se fait à l'équipage, pour faire passer des matelots des deux côtés de l'échelle, pour recevoir ceux qui veulent entrer ou sortir du vaisseau. Ce commandement ne se fait que pour les Oficiers, & pour ceux que l'on veut honorer.

A BORD d'un tel vaisseau, ou Fait à bord d'un tel vaisseau &c. *Aan boord van 't schip &c.*

C'est-à-dire, daté sur un tel vaisseau.

BAS-Bord; Haut-bord, Vaisseau de bas-bord, ou de haut-bord. Voiez, Navire & Vaisseau.

BORD de la mer. *Oever, Strandt.*

C'est le rivage, ou les premiéres terres qui bornent la mer.

BORD, Bordage. *Boei-plank, Boei-gang, Gang.*

Ce sont les planches qu'on emploie à border un vaisseau.

FRANC-BORD, Le Franc-bord. *De buiten-huidt, De huidt.*

Ce sont les bordages qui couvrent les membres du vaisseau.

FRANC-BORD. *Boeisel.*

Ce mot se prend aussi en particulier pour le bordage, depuis le bas des fleurs jusques au haut du vaisseau.

BORDAGE, Bordages, Franc-bord, Franc-bordage. *Boeisel, Boei-gangen, Boei-planken, Huidt-gangen, Huidt, Huidicht, Buiten-huidt.*

C'est le revêtement de planches qui couvre le corps du vaisseau par-dehors, depuis le gabord jusqu'au platbord. Quelques-uns l'apellent le Franc-bordage, pour le distinguer du bordage intérieur, qui s'apelle Serrage, Serres,

res, ou Vaigres. Les Charpentiers apellent aussi Bordages les planches qu'ils
emploient. On dit, Bordage de tant de pouces, par éxemple, de quatre
pouces, c'est-à-dire qu'il a quatre pouces d'épaisseur.

„ Il faut que les bordages & les ceintes, qu'on destine pour un vaisseau,
„ soient pris de quatre à six pouces plus longs que leur mesure juste, même
„ en y comprenant leur rondeur, ou-bien ils se trouveront trop courts.

BORDAGES de fond. *Vlak-gangen*, *Gangen in 't vlak*, *Sandt-strooken*.
Ce terme est équivoque en Flamand aussi-bien qu'en François: il comprend, si l'on veut, tous les bordages depuis la quille jusqu'au premier
bordage des fleurs, & par conséquent les Gabords & les Ribords, & sous
cette idée on lui donne aussi en Flamand les noms ci-dessus. Mais fort
souvent il ne comprend que les bordages depuis les Ribords jusqu'au premier bordage des fleurs. Outre cela on confond aussi les Gabords & les
Ribords, en prenant l'un & l'autre mot pour les deux premiéres planches
qui joignent la quille par les deux côtés; & de même en Flamand on confond *Kiel-gangen* ou *Gaar-borden* avec *Sant-strooken* ou *Saadt-strooken*; au-lieu
qu'il y a des Charpentiers qui distinguent, & nomment ces deux premiéres
planches seulement Gabords, & en Flamand aussi *Gaar-borden* ou *Kiel-
gangen*, & les deux autres premiéres planches qui suivent, c'est-à-dire une
de chaque côté, après les Gabords, ils les nomment Ribords, & en Flamand *Sandt-strooken*.

„ Pour donner une épaisseur convenable aux bordages de fond, & même à
„ tout le franc-bordage, un Ecrivain Flamand prescrit la règle que voici.

Les Bordages de fond d'un vaisseau de	Piés.		Epaisseur.
	40 à 60	piés de long de l'étrave à l'étambord doivent être de	2 pouces d'épais.
De 60	à 80		2½
80	à 100		3
100	à 120		3½
120	à 140		4
140	à 160		4½
160	à 170		4½

„ Un autre Auteur dit que l'épaisseur du franc-bordage se doit régler par
„ l'épaisseur de l'étrave, & qu'on lui doit donner le quart de cette épaisseur,
„ & même un peu plus.

„ Le bordage de Farcasse peut être d'un tiers plus mince que celui des côtés.

„ Lors qu'il s'agit des plus grands vaisseaux, pour lesquels il faut des bor-
„ dages

„dages plus épais, & par conséquent plus difficiles à plier, on tâche de se
„paſſer du feu, en tout, ou en partie, c'eſt-à-dire de n'avoir, pas beſoin
„de les chaufer, & de les plier beaucoup; & pour cet éfet on prend des
„bouts de poutres qu'on choiſit fort unies, & on les ſcie en courbe entier,
„ſur des modèles; ou en demi-courbe, & en ce cas on les chaufe un peu,
„pour achever de les faire courber.

„La largeur des planches du franc-bordage, eſt le plus ſouvent de dix-
„huit, vingt, ou vingt-deux pouces.

„L'Auteur qui a donné les proportions du vaiſſeau de cente-trente-quatre
piés de long de l'étrave à l'étambord, dont il eſt ſouvent parlé en ce livre,
donne quatre pouces d'épais aux bordages de fond.

BORDAGE. Premier Bordage des fleurs. *Kimme-gang.*

„On trouve à Amſterdam, & dans toute la Nord-hollande, une maniére
„différente de celle dont on ſe ſert le long de la Meuſe & ailleurs, au ſu-
„jet de la première planche des fleurs, qui joint le dernier bordage de fond,
„car on la tient plus épaiſſe que le reſte du bordage; & il en eſt de même
„pour les vaigres: au-lieu qu'ailleurs on tient tous les bordages égaux, &
„ſur un même modèle. Cette première planche s'apelle *Kimme-gang* en
„Flamand, quoi que ce terme s'emploie auſſi, fort-ſouvent, pour tous
„les bordages des fleurs, ſur-tout par ceux qui n'emploient point de pre-
„miére planche plus épaiſſe que les autres.

BORDAGES des Fleurs. *Gangen in de Kimmen, Kimme-gangen.*

Ce ſont les planches qu'on emploie à border les fleurs du vaiſſeau, & qui
en font la rondeur dans les côtés, depuis le fond de cale juſques vers la plus
baſſe préceinte. Cette rondeur contribüe beaucoup à faire floter le vaiſſeau; elle ſert à le faire relever plus aiſément lors qu'il vient à toucher;
& elle fait qu'il ne s'endommage pas ſi facilement qu'il feroit, ſi le bas de ſes
côtés étoit plus quarré.

„On emploie dans les fleurs d'un vaiſſeau trois ou quatre piéces de borda-
„ge, ou même plus, ſelon la grandeur du navire, & ſelon la rondeur
„qu'on leur veut donner.

BORDAGES d'entre les préceintes, ou Couples. *Vullingen, Spant-vulling.*

Ce ſont les deux piéces de bordage qu'on met entre chaque préceinte. Elles s'apellent auſſi Fermetures, ou Fermures.

„On donne aux bordages d'entre les préceintes une largeur convenable à
„la grandeur du vaiſſeau. Ceux qui ſont entre les deux plus baſſes précein-
„tes, doivent être proportionez en-ſorte que les dalots y puiſſent être
„commodément percez, & qu'ils ſe rencontrent juſte au-deſſous de la ſe-
„conde préceinte. Les entre-ſabords ſont proportionez à la largeur qu'on
„donne aux ſabords. Les bordages d'entre les préceintes qui ſont au-deſ-
„ſus des ſabords, doivent auſſi avoir leur juſte proportion, pour y percer
„les dalots du haut pont. Il faut remarquer qu'à la préceinte qui eſt
„au-deſſus des ſabords, on commence à diminuer l'épaiſſeur des bordages,
„& qu'on continüe juſques au haut.

„On donne le plus ſouvent aux fermures, ou couples d'entre les précein-
„tes, la moitié de l'épaiſſeur des préceintes: cependant on change cette
„diſpoſition ſelon qu'on le juge à propos, par raport aux proportions du
„bâtiment entier. Mais à l'égard de leur largeur ou hauteur, il n'y a point

O

de

„ de règle à donner, que de prendre bien garde que toutes les fermures
„ foient fi bien proportionées que les fabords & les dalots puiffent s'y pla-
„ cer commodément, & d'une maniére qui foit agréable ; & pour cet éfet
„ on les doit tenir un peu plus étroites vers l'avant & vers l'arriére qu'au
„ milieu. Au-refte comme on ne les préfente point & qu'il les faut dreffer
„ toutes prêtes par la règle feulement, il y faut être fort éxact, & prendre
„ foin qu'il n'y ait point de defauts.

BORDAGES d'entre les deux préceintes du premier rang, ou plus baffes
préceintes. *Spant-dikke-vulling.*

BORDAGES des fabords, Fermures des fabords. *Breegang, Breegangen,*
Gefchut-gangen, Schut-vullingen.

Ce font tous les bordages d'entre les deux préceintes où les fabords font
percez. Les entre-fabords, qui font les courtes planches, ou la courte
planche qui remplit les diftances qui font entre les fabords, s'apelle particuliérement *Schut-vulling,* quoi qu'on fe ferve auffi de ce mot, en Flamand,
pour tout le bordage d'entre les préceintes des fabords ; & lors que les fabords font percez contre la préceinte du haut, & qu'il y a un bordage au-
deffous, qui remplit depuis la préceinte jufqu'à leur hauteur, & qui eft la
bafe des fabords, on l'apelle *de Sente op de hoogte van de onder-kant der poor-*
ten, & auffi *Breegang.* Voiez, Entre-fabords.

BORDAGES des acaftillages, ou Efquain, Quein, Qlin. Voiez, Efquain.

PREMIER Bordage de l'efquain. *Set-gang op het raahout.*

C'eft le bordage qui fe pofe fur la liffe de vibord, pour commencer les
acaftillages : il eft plus épais que le refte de l'efquain.

„ Au-deffus de la liffe de vibord on voit une planche de bon bois, fort
„ feche, d'épaiffeur à-peu-près de deux pouces, plus ou moins, felon la
„ grandeur du vaiffeau, où il y a une rablure pour y faire entrer l'efquain
„ des acaftillages.

„ Dans un vaiffeau de cent-trente-quatre piés de long, on donne dix-huit
„ pouces de large au premier bordage de l'efquain à l'arriére, & dix-neuf
„ pouces à l'avant ; & un pouce & demi d'épais.

„ La plus baffe planche de l'acaftillage, c'eft-à-dire, celle qui eft pofée fur
„ la liffe de vibord, doit être d'égale largeur à l'avant & à l'arriére.

BORDAGES pour recouvrir les ponts. *Overloops planken.*

„ Les Bordages pour couvrir le premier pont d'un vaiffeau de cent-trente-

„ qua-

,,quatre piés de long, doivent avoir deux pouces & demi d'épais; ceux qui
,,font dans le château d'avant, & dans la chambre du Capitaine, deux pou-
,,ces; ceux du haut pont un pouce & demi; & ceux qui font fur le châ-
,,teau d'avant, & fur la dunette, un pouce & un quart.
,,D'autres Charpentiers donnent aux planches qui couvrent le premier pont,
,,& qui font presque toujours de chêne dans les navires de guerre, & de
,,sapin rouge dans les vaisseaux marchands, la moitié de l'épaisseur des faix
,,de pont, ou des serre-goutiéres.

BORDAIER. Quelques-uns difent Bordeger. *Laveeren.*

C'est faire ou courir des bordées; c'est-à-dire, gouverner tantôt d'un côté,
tantôt d'un autre, lors que le vent ne permet pas de porter à route.

BORDE'E. *Een Gang.*

C'est le cours d'un vaisseau depuis un revirement jusqu'à l'autre. Notre
Commandant fit diverses bordées pour monter au vent, c'est-à-dire qu'il,
louvia, & courut tantôt fur un rumb, tantôt fur l'autre; ce qui s'apelle encore faire plusieurs routes. Nous fîmes une petite bordée vers la terre, &
puis nous revirâmes pour faire une grande bordée à la mer. Sur le midi le
vent se força, ce qui nous obligea de faire de petites bordées fous la terre,
où la mer étoit plus unie qu'au large, afin de nous maintenir dans ce parage sans dériver beaucoup. Le lendemain le vent s'étant rangé de l'avant,
nous fîmes une bordée de huit heures, Sud-oüeft; & une de douze heures
Nord-eft. La hourque eft un bâtiment admirable pour faire des bordées
debout au vent. Nous apareillâmes du vent d'Oüeft, portant notre bordée au large.

FAIRE diverses bordées, Courir plusieurs bordées. *Heen en weer wenden,
Verscheide gangen heen en weer doen.*

C'est-à-dire, Virer & revirer souvent.

COURIR à la même bordée. *Laaten ftaan, Aan zee laaten ftaan.*

C'est-à-dire, Courir encore du même côté que l'on a déja couru.

COURIR à la même bordée. *Nevens een ander schip zeilen.*

C'est courir un même air de vent qu'un autre vaisseau. Voiez, Courir même bord que l'ennemi.

VENIR à fa bordée d'un parage à un autre. *Op een boeg van een plaats tot een andere plaats zeilen.*

C'est-à-dire, y venir à la bouline sans changer les voiles, & sans revirer. Quoi que cette traverfée soit de deux cens lieües, nous sommes venus à la bordée d'une rade à l'autre.

COURIR à petites bordées. *Slag over flag zeilen, Heen en weer laveeren met korte gangen.*

C'est ne pas courir loin d'un côté & d'autre.

BONNE bordée. *Goedt flag-boeg met een fwaei.*

MAUVAISE bordée. *Slinger flag-boeg met een draai.*

FAIRE la grande bordée. *De groote wagt houden.*

C'est lors qu'étant dans une rade, on y veut faire le quart comme si on étoit à la mer.

FAIRE la petite bordée. *Wagt verdeelt.*

C'est lors que dans une rade on partage les quarts en deux parties, pour faire le fervice, ou le quart.

BORDE'E de canon. *Laag van het gefchut.*

C'est l'artillerie qui est dans les fabords de l'un ou de l'autre côté.

ENUOIER une bordée, Donner la bordée. *De laag geeven.*

C'est tirer fur un autre vaisseau tous les canons qui font dans l'un ou l'autre côté du navire. Le navire ennemi continua à nous préfenter le flanc, pour nous montrer qu'il ne nous craignoit pas ; mais nous lui envoiâmes une bordée qui lui abatit fon mât de mifène. Enfuite il nous donna auffi fa bordée, qui defempara notre vaisseau.

BORDER un vaisseau. *Boeijen, Opboeijen, Huidigten.*

C'est couvrir fes membres de bordages.

BORDER le tillac. *Den overloop flrijken.*

BORDER l'acastillage. *Vertuinen.* Voiez, Acastillage.

BORDER le vibord. *Aanboorden.*

BORDER en carvelle. *Met Karviel-werk opboeijen.*

C'est border à l'ordinaire, de-forte que les bordages fe touchent quarrément à côté l'un de l'autre.

BORDER à quein. *Met een vlerkinge opboeijen, De boei-planken over malkanderen vlerken.*

C'est border de forte que l'extrémité d'un bordage paffe fur l'autre. Voiez, Quein.

BORDER une voile. *Het zeil byhaalen, byfetten, bybrengen.*

C'est l'étendre par en-bas en hàlant ou tirant lés cordages apellez écoutes, pour prendre le vent. Notre Commandant voulant faire fignal aux vaiffeaux d'appareiller, déploia fon petit hunier fans le border, c'est-à-dire qu'il le laiffa voltiger, & après cela il le borda. Larguer la voile, ou filer les écoutes, c'est le contraire de border. Les voiles fupérieures font bordées par le bas aux vergues inférieures.

BORDER une écoute. *De fchoot aanhaalen.*

C'est la tirer, ou haler, jufques-à-ce qu'on faffe toucher le coin de la voile à un certain point.

BOR.

BORDER les écoutes arriére. *De schooten agter aan haalen.*

C'est-à-dire, Haler les deux écoutes de chaque voile, afin d'aller vent en poupe.

BORDER l'artimon. *De besaan toe-of-byhaalen.*

C'est haler l'écoute d'artimon à toucher à une poulie qui est mise sur le haut de l'arriére du vaisseau. On dit seulement, Border l'artimon, ou l'écoute d'artimon, & non les écoutes, parce qu'il n'y en a qu'une à cette voile, qui serve à la fois.

BORDER l'artimon tout-plat. *De besaan op sijn gat setten.*

BORDER la miséne tout-plat. *De fok vellen.*

C'est en border les écoutes autant qu'il se peut.

BORDE les écoutes tout-plat. *Haal de schoot digt aan 't gat.*

BORDER & Brasser au vent. *De zeilen breeden.*

C'est pour faire border les écoutes & brasser les vergues, lors que le vent recule.

BORDE la grande écoute. *Haal de groote schoot aan.*

BORDE la miséne, ou la hale au plus près du vent. *Haal kort aan de fokke-schoot.*

BORDE la sivadiére. *Blindt-schoot aan.*

BORDE le grand perroquet. *Groot bramzeil-schoot aan.*

BORDE le petit perroquet de miséne, ou d'avant. *Voor-braam-zeil-schoot aan.*

BORDE au vent. *Haal uw schoot te loevert aan.*

BORDE sous le vent. *Haal uw schoot in ly.*

Tous ces commandemens se font pour faire border les écoutes chacune en particulier. Quelques-uns disent, Borde l'écoute d'une telle voile.

LA Vergue de foule ne sert que pour border le perroquet par le bas. *De begijn ree is een loose en onnutte ree, behalven om de schooten van het kruis-zeil daar by van onderen uit te haalen.*

BORDER. *Nevens een ander schip zeilen.*

Ce terme signifie aussi, Suivre un vaisseau de côté pour l'observer, & le reconnoître. Nous bordâmes six horloges contre une escadre ennemie, & enfin nous portâmes droit sur elle.

BORDER un vaisseau. *Aanklampen.* Voiez. Aborder.

Quelques-uns se sont servis de ce mot, pour dire, Venir à l'abordage. Ils nous bordérent par babord, mais nous coupâmes leurs amarres, & les fimes déborder. Cette maniére de parler n'est pas fort usitée, ni peut-être pas fort bonne.

BORDE les avirons. *Riem klaar.*

C'est-à-dire, Mets les avirons en état, pour se préparer à ramer, ou à nager.

LA Galére qu'on avoit achevé de bâtir bordoit cinquante-deux avirons. *De Galey die al gebouwt was, die roeide met twee en vijftig riemen.*

BORDIER. Vaisseau Bordier. *Een schip dat een slag-zy, of een scheeve zijde heeft, Bordige scheepen.*

C'est celui qui a un côté plus fort que l'autre.

BORÉAL. Vent Boréal. *Noordelijk of Noordelijke windt.*

C'est le vent qui est du côté du Septentrion ou du Nord.

BOS-

BOSPHORE. *Zee-engte, Engte of 't Kanaal van de Swarte zee, Bosphorus.*
C'est une longueur de mer entre deux terres, par laquelle deux continens font féparez, & par où un golfe & une mer, ou-bien deux mers, peuvent avoir communication, comme le Bofphore de Thrace, qui eft apellé aujourdhui Détroit de Conftantinople, ou Canal de la Mer noire. Ce qui fait voir que Détroit & Bofphore font la même chofe, quoi qu'on fe ferve plus ordinairement du mot de Détroit, ou de Canal.

BOSSAGE. *De rondiheid van een gebooge timmerhout.*
Les Charpentiers apellent boffage, la rondeur de boffe que font les bois courbez & cintrez. Les petites Boffes quarrées qu'ils laiffent aux poinçons, arbres de grües, & autres piéces de bois, pour arrêter les moifes, ont auffi parmi eux le nom de Boffage.

BOSSE, Boffes. *Honde-pinten, Stoppers.*
Les Boffes font des bouts de corde d'une médiocre longueur, aiant à leurs extrémités des nœuds nommez Cul-de-port doubles. L'ufage des boffes eft de rejoindre une manœuvre rompüe, ou qu'un coup de canon aura coupée; ce qui eft fort néceffaire dans un combat.

BOSSES pour les haubans. *Bouts.*

BOSSES à éguillettes, ou à raban, Boffes de cable. *Stoppers met fwiepen, Sweeps, Swakken, Swakken-halfen.*
Ce font les boffes qui font pour le cable, c'eft-à-dire, qui ont au bout une petite corde qui fert à faifir le cable, lors que le vaiffeau eft à l'ancre.

BOSSES à foüet. *Stoppers met Swiepen, of Swiepingen.*
Ce font celles qui étant treffées par le bout, vont jufqu'à la pointe en diminuant.

BOSSE du Boffoir. *Boeg-touw, Portuurlijn.*
C'eft la manœuvre qui fert à tirer l'ancre hors de l'eau, pour l'amener au boffoir lors qu'elle paroît. Voiez, Candelette.

BOSSES de chaloupe, ou de canot. *Vang-lijnen.*
Ce font les cordes dont on fe fert pour amarrer les chaloupes & les canots.

BOSSES. *Vuur-fleffen.*
Ce font de groffes bouteilles de verre mince, pour des feux d'artifice.

PRENDRE un boffe. *Stoppen.*
C'eft-à-dire, amarrer une boffe à quelque manœuvre.

BOSSEMAN, Second Contre-maître. *Hoog-boots-mans-maat, Boots-mans maat. Onder-hoog-boots-man.*
,, C'eft un Oficier marinier qui eft chargé du foin des cables & des ancres,
,, des jas & des boüées: il doit faire épiffer & fourrer les cables aux endroits
,, néceffaires, caponner & boffer les ancres, y mettre des orins de longueur
,, convenable au fond des moüillages, y tenir les boüées flotantes au-deffus
,, de l'eau, & veiller fur les cables, pour voir s'ils ne rompent point, & fi
,, l'ancre ne chaffe pas.

BOSSER & Déboffer un cable. *Het Kaabel vaft, of los maaken.*
C'eft amarrer & démarrer la boffe qui faifit le cable, lors que l'ancre eft à la mer.

BOSSER l'ancre. *Het anker opfetten, op den boeg fetten.*
C'eft la mettre en place, ou fur les boffoirs. Ancre boffée; qui eft mife fur le boffoir.

C'eft

BOSSER l'ancre. *Het anker voor de kraan hijzen.*
  C'est aussi tirer l'ancre, pour la mettre sur les bossoirs.
BOSSOIRS , ou Bosseurs. *Kraan, Kraan-balk; Kraan-balken.*
  Ce sont deux poutres ou piéces de bois mises en saillie à l'avant du vaisseau,
au-dessus de l'éperon, pour soutenir l'ancre & la tenir prête à moüiller,
ou-bien à l'y poser quand on l'a tirée hors de l'eau.   La saillie que font les
bossoirs donne lieu à l'ancre de tomber à l'eau sans risque, quand il faut
moüiller; & empêche qu'elle n'offense le franc-bordage, ou les chaintes.
Il tomba sur notre éperon, & nous cassa le bossoir de babord : cette méchante manœuvre irrita si fort le Commandant, qu'il voulut faire donner
la cale au Pilote, qui en fut pourtant quitte pour trois jours de fers.   La
figure du porte-bossoir est ici jointe à celle du bossoir.
  ,,Il y a un ou deux roüets à la tête de chaque bossoir, par le moien des-
,,quels on tire l'ancre lors qu'elle est venüe à pic.
  ,,Dans un vaisseau de cent-trente-quatre piés de long, de l'étrave à l'étam-
,,bord, les bossoirs s'étendent sur le château d'avant, en-dedans, deux piés
,,au-delà de la lisse   Il s'en faut quatre piés que le bout ne vienne jusques
,,au mât d'avant, & l'autre bout est justement sur le porte-bossoir.
  ,,Le bossoir doit avoir huit pouces d'épais & dix pouces de large, par le
,,bout qui est sur le château d'avant; & huit pouces de large, & quatre
,,pouces d'épais par l'autre bout.
  ,,On fait des ornemens de sculpture à la tête du bossoir. A côté il y a une
,,grosse crampe qui tient au bossoir, dans laquelle on met une poulie, qui
,,sert à enlever les plus grosses ancres. La corde qui est dans cette poulie,
,,va passer dans un roüet, qui est sur le château d'avant dans un traversin
,,qui traverse le gaillard, proche du fronteau, & qui sert à amarrer diver-
,,ses manœuvres.

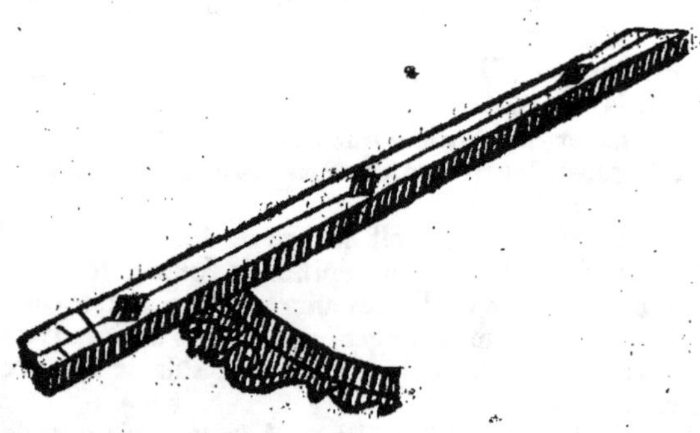

BOSSON. Voiez, Bouge, & Besson.
BOT. *Boot.*
  C'est un petit vaisseau dont on se sert aux Indes Orientales. Il est mâté
en Heu, & n'est point ponté.
BOT. *Boot.*
  ,,C'est un certain gros bateau Flamand, ou une espéce de petite flûte; il
                                                                      ,,est

„eſt ponté & par le haut, & au-lieu de dunette, ou de chambre un peu
„élevée, il y a une chambre retranchée à l'avant, qui ne s'élève pas plus
„que le pont.   On fait joüer le gouvernail, ou avec une barre, ou ſans
„barre, parce que celui qui gouverne, le peut faire tourner aiſément de
„deſſus le bord.   On apelle auſſi en Flamand la chaloupe d'un navire *Boot*,
& le canot, *Sloep*. Le bot nous ſuivoit chargé de balles & de poudre qu'il
aportoit.

„A l'avant du bot il y a une poulie, qui ſert à lever l'ancre, & au milieu
„du bâtiment on poſe un cabeſtan, lors qu'il eſt beſoin, & on l'afermit
„par deux courbatons, qui de l'un & de l'autre côté vont ſe terminer con-
„tre le bord.   Les membres du fond ſont vaigrez, ou couverts de plan-
„ches, hormis à l'endroit par où l'on puiſe l'eau qui y entre.

PAQUEBOT, Pacquet-bot. *Pak-boot.*
C'eſt le bateau qui porte les lettres d'Angleterre en France, & de France
en Angleterre, ſavoir, de Douvres à Calais. Il y a auſſi des pacquet-bots
qui portent les lettres d'Angleterre en Hollande. Ils partent de Harwich,
& viennent à la Brille.

BOTINE de matelot. *Hooſe.*

BOUCAUT. *De mondt van een rivier.*
C'eſt le nom de quelques riviéres qui s'embouchent à la mer, ou dans les
lacs, ou qui prennent en leurs embouchures le nom de Boucaut, comme
les embouchures des riviéres des Baſques & des Landes.

BOUCHE de canon. *De mondt van een ſtuk geſchuts.*
C'eſt l'ouverture d'un canon, & ſon diamétre.

BOUCHE. *Mondt.*
Ce mot ſe dit encore des ouvertures par leſquelles les riviéres déchargent
leurs eaux dans la mer. Les ſept bouches du Nil.

BOUCHE, Boſſon, Beſſon. Voiez, Bouge, & Beſſon.

BOUCHER des voies d'eaü. *Gaaten, of een lek ſtoppen.*

BOUCHIN. Le large du vaiſſeau de dehors en dehors. *Scheeps-buiten-breed-
te, Buik.*
C'eſt la partie la plus large du corps du vaiſſeau, ce qui ſe trouve toujours
à ſtribord & à babord du grand mât, à-cauſe que le maître bau & la mai-
treſſe côte ſont en cet endroit. Quand on parle de la largeur du vaiſſeau de
dedans en dedans, elle s'exprime par la longueur du Bau ou Barrot, & l'on
dit, Ce vaiſſeau a tant de piés de bau ou de barrot. Tous vos bâtimens
ſont plus courts de varangue, & plus petits de bouchin que les nôtres; c'eſt-
à-dire, qu'ils ſont plus ronds par la quille, & plus étroits par le bordage.
Voiez, Vaiſſeau, & Large, ou Largeur.

BOUCHON d'étoupe, de foin, ou de paille, dont on bourre la poudre &
le boulet, lors qu'on charge le canon. *Prop.*

BOUCLE. Mettre un matelot ſous boucle, ou à la boucle Le tenir ſous
boucle. *Vaſt, of gevangen ſetten, In yſere boeijen ſetten.*
Ce terme ſignifie, Clef, ou Priſon, Mettre un matelot ſous boucle, c'eſt
le mettre ſous clef, le tenir en priſon.

BOUCLE'. Un port bouclé. *Een beſlooten haaven, daar men niet uit laat vaaren.*
C'eſt-à-dire qu'il eſt fermé, & qu'on n'en veut rien laiſſer ſortir.

BOU-

BOUDINURE de l'arganeau, Embodinure. *Anker-roering.*

C'est un revêtement, ou une envelope, dont on garnit l'arganeau de l'ancre, & qui se fait avec de vieux cordages qu'on met tout-autour, pour empêcher le cable de se pourrir.

BOUE'E. *Boei.*

C'est une marque, ou enseigne faite quelquefois avec un barril relié de fer, quelquefois avec un fagot, ou avec un morceau de bois; l'un ou l'autre ataché au cordage appellé Orin, qui est frapé à sa tête; en-sorte qu'on laisse floter la boüée, pour indiquer l'endroit où l'ancre est moüillée, & la relever lors que le cable s'est rompu, ou qu'on l'a coupé sur l'écubier. Nos vaisseaux moüillérent sur les boüées des vaisseaux ennemis, qui faisoient un feu extraordinaire de leurs canons, sans que nos vaisseaux y répondissent d'une seule décharge, de-peur d'empêcher l'efet de nos brulots. Ce mot se prend aussi fort-souvent pour le mot de balise.

„Un vaisseau moüillé dans un havre, doit avoir une boüée à son ancre; &
„à faute de cela, s'il en arrive quelque desordre, ou perte, il paiera la moi-
„tié du dommage.

BOUE'E de bout de mât. *Een Boei van een masts-stuk.*

C'est celle qui est faite du bout d'un mât, ou d'une seule piéce de bois.

BOUE'E de Barril. *Een ton-boei.*

C'est celle qui est faite avec des douves, & qui est foncée & reliée comme un barril.

BOUE'E de liége. *Een kork-boei.*

C'est une troisième espéce de ces sortes de marques, faites de plusieurs piéces de liége, que des cordes tiennent liées ensemble.

BOUGE, Besson, Rondeur des baus & des tillacs. *Bogt.*

C'est un terme de charpenterie, qui se dit d'une piéce de bois qui courbe en quelque endroit, & qui a du bombement.

BOUILLARD. *Een haastig en schielijk onweer, Een bui.*

Quelques-uns nomment ainsi sur la mer certain nuage qui donne du vent & de la pluïe.

BOUILLON d'une source. *Borrel.*

Ce sont les petites bouteilles qui se font dans une source.

BOUILLONNEMENT. *Borreling, Brabbeling.*

C'est l'agitation que les bouteilles d'une source donnent à l'eau; ou l'agitation de la mer au bord du rivage.

BOUILLONNEMENT. *De Plof.*

C'est le bruit, ou le son qui se fait dans l'eau lors que quelque chose y tombe.

BOUILLONNER. *Opborrelen.*

C'est jetter des boüillons.

LA MER boüillonne. *De zee brabbelt.*

C'est-lors qu'elle ne brise que médiocrement.

BOUIS ou Buïs. *Palm-boom, Bux-boom.*

C'est un arbre dont le bois est de substance solide & compacte, & de couleur blanche tirant sur le jaune: sa feüille ressemble à celle du mirte, mais elle est plus grasse, plus verte, & plus ronde, & ne tombe point en hiver, comme celle des autres arbres. Comme son bois est fort dur & qu'il n'est

P

jamais

jamais pourri ni vermoulu , on en peut faire des roüets & dés aiſſieux de poulies. Ce bois eſt ſi lourd qu'il va au fond de l'eau , & ne nage point deſſus.

BOULETS. *Kogels.*

Ce ſont des balles de fer dont on charge les canons.

BOULETS avec tout ce qui ſert à armer le canon. *Scharp.*

Parmi les canons de batterie il y en a qui portent depuis vingt-quatre juſ. ques à trente-ſix livres de boulet. Ces derniers s'apellent en Flamand , *Ses en dertig ponders.*

BOULET rouge. *Een gloeijende Kogel.*

C'eſt celui que l'on fait rougir dans une forge , & qu'on met dans le canon, afin que s'il y a des matiéres combuſtibles aux lieux où il tombe, il y puiſ. ſe mettre le feu. Voïez , Rouge.

BOULETS à chaîne. *Ketting-Koogels , Draadt-Koogels.*

Ce ſont deux moitiés d'un boulet atachées à une petite diſtance l'une de l'au. tre , par une chaîne de fer, qui a trois ou quatre piés de longueur : on en charge un canon, & quand on le tire, l'éfet de ces deux boulets eſt d'au. tant plus grand, que la chaîne embraſſe & coupe ce qu'elle rencontre, de. ſorte qu'elle deſempare un vaiſſeau , en abatant les mâts , & coupant les manœuvres & les voiles. On les nomme auſſi des Anges, parce qu'au dire des matelots, ce ſont des Anges qui volent de part & d'autre.

BOULETS à branches , ou à deux têtes. *Bouts-kogels. Knuppels , Kruis-ſcharp, Staf-kogels , Bouts met twee hoofden.*

Ce ſont auſſi deux boulets joints enſemble, mais par une barre de fer lon. gue de cinq à ſix pouces. Ces deux boulets , ou quelquefois deux moi. tiés , ſe ſéparent ſi-tôt qu'elles ſont hors du canon. On s'en ſert ſur mer pour couper les cables, les mâts & les voiles.

LE Siflement des boulets. *Het ſnorren van de kogels.*

BOULANGERIE. *Bak-huis , Bak-kaamer.*

Ce terme ſe dit, dans un arcenal de marine, du lieu où l'on fait le biſcuit.

BOULINE. *Boelijn.*

C'eſt une corde amarrée vers le milieu de chaque côté d'une voile , & qui ſert à la porter de biais , pour prendre le vent de côté , quand il faut aller au plus près du vent, c'eſt-à-dire , prendre l'avantage d'un vent de côté , lors que le vent arriére & le vent largue manquent, pour faire le cours qu'on ſe propoſe. Ces boulines ſont des cordes ſimples , qui tiennent chacune à deux autres cordes plus courtes, qu'on nomme pattes de bouline , & cel. les-ci tiennent encore à de plus courtes, qui ſont nommées ancettes, ou cobes, qui ſont épiſſées à la ralingue de la voile. Lors qu'on veut ſe mo. quer de quelque nouveau venu, qui ſans aucune expérience entreprend de parler de la manœuvre , on lui dit de faire haler ſur les boulines de beau. pré, ce qui eſt une impoſſibilité; car la ſivadiére, ou voile de beaupré, n'a ni boulines, ni coüets, & les écoutes en font l'ofice.

„Les boulines ſervent principalement à retirer la voile , & empêcher que „le vent, lors qu'on le prend de côté, n'en enfle trop le fond, ce qui re. „tarde le ſillage du vaiſſeau, au-lieu de l'avancer. Elles empêchent auſſi „que le vent n'échape par le côté qu'elles retirent.

BOULINES de la grande voile. *Groote Boelijns.*

BOULINES de la miſéne. *Fokke-boelijns.*

BOULINE du grand hunier. *Groot-mars-zeils boelijn.*

BOULINE du petit hunier. *Het maager-mannetje.*

BOULINE du grand perroquet. *Groot-bram-zeils boelijn.*

BOULINE du perroquet d'avant. *Voor-bram-zeils boelijn.*

BOULINE du perroquet de fouge. *Kruis-zeils boelijn.*

BOULINE de revers. *Lij-boelijn.*

C'eſt celle des deux boulines qui eſt ſous le vent, & qui eſt larguée. Largue la bouline de revers; c'eſt-à-dire, Lâche la bouline qui eſt ſous le vent. Voiez, Revers.

HALER ſur les boulines. *De boelijns haalen, of aanhaalen.*

C'eſt-à-dire, tirer & bander ſur les boulines, afin que le vent donne mieux dans la voile, pour courir près du vent. Voiez, Haler.

AVOIR les Boulines halées. *Met aangehaalde boelijns zeilen.*

C'eſt les avoir roides, afin de bien tenir le vent.

VENT de bouline. *Windt van ter zijde, Half-windt.*

C'eſt un vent qui eſt éloigné du lieu de la route de cinq airs de vent, & qui, par ſon biaiſement, fait que le vaiſſeau panche ſur le côté. Ainſi la route étant Nord, le Nord-eſt-quart-à-l'eſt; & le Nord-oüeſt-quart-à-l'oüeſt ſeront les vents de bouline.

ALLER à la bouline. *By de windt zeilen, of vaaren; 't Digt by de windt houden.*

C'eſt ſe ſervir d'un vent qui ſemble contraire à la route, & le prendre de biais, en mettant les voiles de côté; ce que l'on fait par le moien des boulines. On va auſſi vîte, & plus vîte, à la bouline qu'en faiſant vent arriére, car en boulinant, on porte toutes ſes voiles, ce qui ne ſe fait pas de vent arriére. Quelque fort que ſoit le vent on ne laiſſe pas d'aller à la bouline, pourvû qu'on porte moins de voiles, & qu'il n'y ait pas un orage violent.

A LA bouline. *Koers by de windt.*

C'eſt un commandement de prendre le vent de côté.

ALLER à graſſe bouline, ou à bouline graſſe. *Met ſlap of los boelijn zeilen.*

C'eſt ſe ſervir d'un vent compris entre le vent de bouline & le vent largue, & cet air de vent doit être éloigné du lieu de la route par un intervalle de ſix à ſept points. Ainſi, pour aller à graſſe bouline, il ne faut pas ſerrer le vent. Par éxemple, ſi la route étoit Nord, le Nord-eſt-quart-à-l'eſt ſeroit le vent de bouline, & le vent d'Eſt-nord-eſt ſeroit le vent de graſſe bouline.

FRANCHE Bouline. *Vol en by.*

Le vent eſt Sud-eſt, il faut le pincer, aller au plus près, Franche bouline. Voiez, Près & plein.

BOULINER. *By de windt-zeilen.*

C'eſt prendre le vent de côté. Voiez, Aller à la bouline.

VENIR à la flote en boulinant. *By de windt na de vloot komen.*

BOULINIER. Vaiſſeau qui eſt bon boulinier; méchant boulinier. *Een ſchip dat wel of qualijk by de windt zeilt.*

C'eſt ſelon qu'il va bien ou mal, lors que les boulines ſont halées.

FAIRE courre la bouline. *Tuſſchen de daggen door laaten loopen.*

C'eſt un châtiment que l'on fait à un malfaiteur, & pour cet éfet l'équipage eſt rangé en deux haies, de l'avant à l'arriére du vaiſſeau ; chacun une garcette, ou une corde à la main ; & le coupable étant lié, & n'aiant pour vêtement qu'un calçon mince, ſuit une corde, & paſſe deux ou trois fois entre ces deux haies d'hommes, qui donnent chacun un coup à chaque fois qu'il paſſe.

Ce châtiment ne ſe pratique pas tout-à-fait en cette maniére parmi les Hollandois; ou du-moins il ne s'y pratique pas ordinairement. Au-lieu de cela le coupable eſt lié au pié du mât, auſſi avec un calçon ſeulement, & le Prévôt tient un bout de corde en main, & frape ſur lui un certain nombre de coups. Quelquefois tout le Quart aſſiſte le Prévôt, & chacun a auſſi ſon bout de corde, dont il frape à ſon tour, & cela s'apelle en Flamand *Laarſen* ou *Bridſen*.

HALE-BOULINE. Voiez, Hale.

BOULON. *Een Bout met een ſpy-gat.*
C'eſt une cheville de fer à clavette.

BOULONS d'afût *Davars-bouten.*
Ce ſont des branches de fer dont l'uſage eſt de joindre & d'aſſurer les flaſques, c'eſt-à-dire, les deux plus longues & plus groſſes piéces qui forment les côtés de l'afût, & au-deſſus deſquelles on poſe le canon : elles ſont auprès des entretoiſes.

BOUQUE. *Gat, Zee-gat.*
C'eſt un terme des Navigateurs des iſles de l'Amérique, qui ſignifie proprement une paſſe. Cette baie porte le nom de ſix magaſins, qui ſont environ à trois lieües, à l'Eſt de ſa bouque. Les bouques des ports ſont fort cachées, on ne les peut trouver.

BOURCER. Bourcer une voile. *Gijen opgijen.*
C'eſt n'en metre hors qu'une partie, & la trouſſer à mi-mât, ou par le moien des cordes nommées cargues, afin de prendre moins de vent, & de retarder le cours du vaiſſeau. On ſe ſert peu de ce mot ſur les navires de guerre, & celui de carguer eſt fort en uſage dans le même ſens.

BOURCET. Mât de bourcet. *Fokke-maſt, Voor-maſt.*
C'eſt un terme de la Manche, car Bourcet ſignifie la voile de miſéne. Ainſi mât de bourcet & mât de miſéne ſont la même choſe.

BOURGEOIS, Propriétaire de navire. *Den eigenaar van een ſchip.*
On apelle ainſi, en terme de mer, le propriétaire d'un navire, ſoit qu'il l'ait eu par achat, ſoit qu'il l'ait fait conſtruire. Ce mot eſt venu du ſtile de la Hanſe Teutonique, à cauſe qu'en Allemagne il n'y a que les Bourgeois des villes Anſéatiques qui puiſſent avoir ou faire conſtruire des vaiſſeaux ; ce qui fait qu'en ce païs-là on apelle Bourgeois tous les ſeigneurs & propriétaires de navires. Ils brulérent le bateau après en avoir paié le prix à ſes bourgeois. Il étoit bourgeois des deux tiers d'un vaiſſeau.

BOURGEOIS. *Beſteeder.*
C'eſt auſſi celui qui fait marché avec un Charpentier, pour lui conſtruire un vaiſſeau ; & le Charpentier ſe nomme auſſi l'Entrepeneur, *de Aanneemer.*

BOURLET, Bourrelet. *Muis.*
C'eſt un gros entrelaſſement de cordes & de treſſes, que l'on met autour du grand mât, du mât de miſéne, & du mât d'artimon, pour tenir la vergue

gue dans un combat, en-cas que les manœuvres qui la tiennent, fussent coupées.

BOURLET de canon, ou Bourrelet. *Tromp.*

On apelle ainsi dans le canon la partie du métal arrondie qui regne autour de la piéce, près de la bouche.

BOURLET d'un petard. *Wrong.*

BOURRE. *Prop, Proppen.*

C'est tout ce qui sert à mettre sur la poudre, en chargeant les armes à feu, soit papier, bourre, foin &c. La bourre de ce fusil lui a donné au visage.

IL FAUT que les gargousses & les balles soient bien bourrées; de-peur qu'elles ne coulent, & ne tombent à la mer. *De Kardoesen en Kogels moeten wel aangezet zijn, op dat sy uit de stukken, en in zee, niet komen te rollen.*

BOURSE, Bource. *Beurs.*

C'est le lieu où les Marchands & les Banquiers s'assemblent, dans plusieurs villes, pour y conférer de leur commerce. La premiére place des Négocians qu'on ait apellée ainsi, a été à Bruges. Elle prit ce nom d'un grand hôtel, bâti par un Seigneur de la noble famille de la Bourse, dont on voit encore les armoiries gravées sur le couronnement du portail, qui font trois bources. Comme le lieu où s'assembloient les Négocians, étoit devant cet hôtel, il fut apellé la Bourse; & de cette ville, célèbre autrefois par le trafic, on a transporté ce nom aux places d'Amsterdam, d'Anvers, de Londres, de Roüen &c.

BOUSSOLE, Compas de mer. *Kompas Zee-kompas.*

C'est un instrument fait en façon de boîte, servant à renfermer une aiguille frotée d'aimant, qui se tourne toujours vers les poles, à la réserve de quelque déclinaison qu'elle fait en divers endroits. Cette aiguille a beaucoup de variation vers le cap de Bonne-espérance. Sa variation est de dix-huit degrès à la vüe de Zocotora, & de vingt-deux degrès trente minutes sur le Grand-banc. Le bord de la Boussole porte ordinairement deux différentes divisions; l'une est de trois cents-soixante parties égales, qui est la division ordinaire du cercle en un pareil nombre de degrès; & l'autre qui est au-dessous, est de trente-deux parties, qui marquent les trente-deux rumbs, ou airs de vent, nommez Traits de vent, & Pointes de compas. Il y en a qui prétendent que les Chinois ont inventé la boussole, & que l'invention en fut aportée par un Vénitien apellé Marc Paul, vers l'an 1260. ce qui donne lieu à la conjecture c'est qu'on s'en servoit au commencement à la maniére de ces peuples, qui la font encore floter sur un petit morceau de liége. Ceux d'Amalphi, bourg du Roïaume de Naples, s'atribüent ce secret, & assurent qu'un certain Jean Gira trouva la boussole vers l'an 1300. Les François prétendent que la fleur de lis, que toutes les nations mettent sur la rose, au point du Nord, fait connoître qu'ils l'ont inventée, ou que du-moins ils l'ont mise dans la perfection où elle est. Il faut que l'aiguille soit faite d'une platine fort mince de bon acier, en maniére de lozange, & vuidée de telle maniére qu'il n'y ait que les extrémités qui en restent, avec un diamétre au milieu, sur lequel la chapelle doit être apuiée. Il faut que cette aiguille, pour être animée, soit touchée par une pierre d'aimant fort généreuse; & que la partie qu'on veut faire tourner au Nord, le soit par le Pole du Sud de la pierre. Pendant cet orage le vent fit tout le

P 3

toa

tour de la bouſſôle en vingt-quatre heures. Voiez, Compas de route.

BOUSSOLE affolée. *Een gedraaide compas.*

C'eſt celle dont l'aiguille eſt défectueuſe, à-cauſe qu'elle a été frotée d'un aimant qui ne lui a point donné ſa véritable direction.

BOUSSOLLE de cadran, *Een Zohne-wijſer met een Kompas.*

C'eſt une boîte avec une aiguille au centre du cadran, pour montrer l'heure & les parties du monde.

BOUT de corde. *Een endtje touws.*

C'eſt ainſi que l'on apelle une corde d'une moïenne longueur.

BOUTS de corde. *Dag of Dagge, Daggen, Endtjens touws.*

Ce ſont des bouts de corde dont le Prévôt ſe ſert pour châtier, & que les gens du Quart, ou de l'équipage tiennent auſſi, pour fraper ſur ceux qui ſont condamnez à ce châtiment.

BOUTS de cables. *Bitter-enden.*

Ce ſont des bouts ou morceaux de cables inutiles, uſez, rompus, ou trop courts.

BOUT de vergue. *De nok van de ree.*

C'eſt la partie de la vergue qui excède la largeur de la voile, & qui ſert quand on prend les ris.

Filer le cable bout pour bout, ou bout par bout. Voiez, Filer.

BOUTE de lof, Boute-lof. *Bot-Loef, Loef-houwer, Windt-houwer.*

C'eſt une piéce de bois ronde, ou à huit pans, qu'on met au-devant des vaiſſeaux de charge qui n'ont point d'éperon: elle ſert à tenir les amures de miſéne.

BOUT-DEHORS, Boute-hors. *Gijk, Geik, Spier, Spaak.*

Ce ſont des piéces de bois longues & rondes, qu'on ajoûte, par le moien d'anneaux de fer à chaque bout des vergues du grand mât, & du mât de miſéne, pour porter des bonnettes en étui, quand le vent eſt foible, & qu'on veut chaſſer ſur l'ennemi, ou prendre chaſſe & faire diligence.

BOUT-DEHORS. *Een Geikje.*

C'eſt un petit mât qui ſert à la machine à mater, pour mettre les chouquets & les hunes à place.

BOUT-DEHORS, Boute-hors, Défences. *Wrijf-houten.*

Ce ſont auſſi de longues perches, ou piéces de bois, avec des crocs, pour empêcher dans un combat l'abordage du brulot; ou pour empêcher dans un moüillage que deux vaiſſeaux, que le vent fait dériver l'un ſur l'autre, ne s'endommagent.

BOUTARQUE. *Caviaar.*

Ce ſont des œufs de poiſſon ſalés, qu'on mange pour exciter à boire.

BOUTE, Baille. *Baalie, Tobbe.*

C'eſt une moitié de tonneau en maniere de baquet: on y met le bruvage qui eſt diſtribué chaque jour à l'équipage.

BOUTES. *Leggers, Waater-leggers.*

Ce ſont de grandes futailles, où l'on met l'eau douce, que l'on embarque pour faire voiage. Les boutes, ou tonnes à mettre de l'eau, ne ſont pas fournies par le Munitionnaire dans les navires de guerre; mais aux dépens du Roi, auſſi-bien que les barrils, ſeilleaux, & liéges pour les boutes, leſquelles doivent être montées & cerclées de fer.

BOUTE-

BOUTE-DEHORS, Défense. Voiez, Minot.

BOUTE-FEU. *Londt-ftok.*

C'eft un bâton, ou petit bois, tourné, fourchu, ou troüé par le bout, à l'extrémité duquel eft une fourchette, garnie d'une méche allumée par les deux bouts, pour mettre le feu à la lumiére du canon. On le fait long de cinq à fix piés.

„ Au combat qui fe donna l'an 1665. entre les Anglois & les Hollandois, „ ce fut le Duc d'Yorc qui prit le boute-feu, & qui voulut donner lui-mê-„ me le feu au canon qui tira la premiére volée fur les vaifleaux de Hol-„ lande.

BOUTE-FEU. *Een Bus-fchieter die het Kanon aanfteekt.*

C'eft le nom de l'Oficier marinier qui eft chargé de mettre le feu au canon.

BOUTEILLES. *Galderijen.*

Ce font des faillies de charpenterie fur les côtés de l'arriére du vaifleau, de part & d'autre de la chambre du Capitaine. Les bouteilles font à la place des galeries, dont l'ufage fut fupprimé par une Ordonnance du Roi de France l'année 1673. Leur figure, dans les vaifleaux François, reffemble à une moitié de fanal coupé de haut en bas. Elles n'ont de largeur qu'environ deux piés, ou deux piés & demi. Voiez, Galeries.

BOUTEILLES de calebafle. *Dobbers omtop te fwemmen.*

Ce font des bouteilles que prennent fous les aiffelles ceux qui veulent aprendre à nager; ou-bien ce font auffi de petits faifceaux de jonc.

BOUTE-LOF. Voiez, Boute de lof.

BOUTER. Ce mot fignifie, Mettre, & Poufler. *Steeken en Voort-duuwen.*

BOUTE le cable au cabeftan, & vire l'ancre. *Kaabel om, windt het anker.*

BOUTER à l'eau. *Een fchuit uit de haaven boomen, of in 't waater voort-duu-wen.*

C'eft faire fortir un bateau hors du port.

BOUTE au large. *Steek af.*

C'eft-à-dire, Poufle au large.

BOUTER de lof. *Aan de windt komen, By de windt fteeken.*

C'eft Venir au vent, Bouliner, Serrer le vent, Prendre l'avantage du vent; Mettre les voiles en écharpe, pour prendre le vent en côté.

BOUTON de mire. *Mik-knoop.*

C'eft un petit corps rond qu'on met au bout d'une arme à feu, pour fervir de mire, & tirer plus droit.

BOUTON ou Boîte d'écouvillon. *Knoop van de wiffcher, Wiffer-klos.*

C'eft une piéce de bois tournée, fur laquelle on cloüe quelque morceau de la peau d'un mouton, en mettant la laine en-dehors. Elle fert à nétoier l'ame du canon, après qu'il a tiré.

BOUTON de pierrier. *De knop van een fteen-ftuk, midden met een gat.*

C'eft la boule de métal qui eft au bout de la culafle, & qui eft percée au milieu.

BOUTON de cueilliére de canon. *Leepel-klos.*

C'eft auffi un bout de bois tourné, fur lequel une cuilliére de cuivre eft cloüée; On l'emploie à retirer les gargoufles de l'ame du canon.

BOUTONS de refouloirs. *Aanfetters-kloffen.*

BOU-

BOUTON de canon au bout de la culasse. *De Knoop van een stuk geschuts, Druif.*

BOUTON de trompette. *De Knop van een trompet.*

BOUTONNER la bonnette. *Het bonnet aanrijgen.*

C'est un terme dont quelques-uns se servent pour la bonnette maillée. Ils disent aussi, Déboutonner. Voiez, Bonnette, & Délasser.

BOUVET. *Veer-ploeg.*

C'est une sorte de rabot dont les Charpantiers se servent. Il y en a à rainures & à languettes, lors que l'on veut emboîter & assembler des ais.

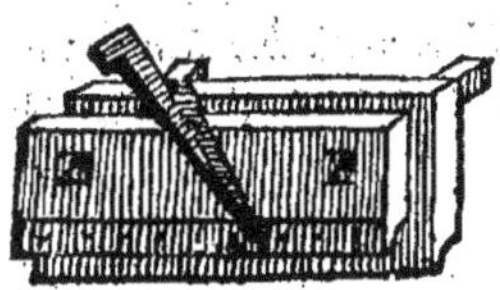

BOUVET à rainures. *Groeving-ploeg.*

BOUVET à languette. *Vast ploeg.*

BOUVET à fourchement. *Messing-ploeg.*

Ceux-là servent pour faire en même tems les deux joües & la languette qui entre dans la rainure.

BOYE. Voiez, Boüée, ou Balise.

Quelques-uns se servent de ce mot de Boye.

BOYER, Boïer, Bouyer. *Boeijer.*

C'est une espéce de bateau, ou de chaloupe Flamande. Il est mâté en fourche, & a deux semelles qui font qu'il va bien à la bouline, & qu'il dérive peu.

„Le Boïer est un petit bâtiment de charge, qui a un beaupré, & de l'a-
„castillage à l'avant & à l'arriére. Il a du raport, en plusieurs de ses par-
„ties, avec les Semaques : il est plat de varangues, & le mât en est fort
„haut, & porte un perroquet. Cette sorte de bâtiment n'est pas si propre
„à naviguer sur mer, que sur les riviéres, & sur les autres eaux inter-
„nes.
„Voici le devis d'un Boïer de quatre-vingts-six piés de long de l'étrave à
„l'étambord ; de vingt piés de bau de dedans en dedans, & de neuf piés un
„quart de creux, de dessus la quille au niveau de goutiéres. La quille
„a quatorze pouces en quarré. L'étrave & l'étambord ont un pié d'épais-
„seur. L'étrave a huit piés de queste, & l'étambord un pié trois pouces.
„Il a six piés de relevement à l'avant, & sept piés à l'arriére. Le fond
„de cale a quinze piés de large, & s'élève de deux pouces vers les fleurs.
„Les varangues ont neuf pouces d'épaisseur, & huit pouces dans les fleurs
„ou aux empatures. Les genoux ont un demi pié d'épais sur le franc-bord,
„& les allonges autant au même endroit, & quatre pouces & demi par le
„haut. La carlingue a neuf pouces d'épais sous le mât, & six ou sept
„pouces à l'arriére. Les vaigres d'empature ont quatre pouces d'épais ;
„& les vaigres de fond deux pouces, & les autres aussi jusques aux serre-
„bauquiéres qui ont quatre pouces d'épais ; & chaque bau a deux cour-
„bes

Boeyer.
Boïer.
D. S. Fecit.

„ bes de haut en bas, & deux par la longueur du bâtiment. Les ferre-
„goutiéres ont quatre pouces d'épais, & les bordages qui couvrent le pont
„en ont deux pouces & demi. Les préceintes ont un demi pié d'épais, &
„un pié de large, c'est-à-dire, des deux plus bafles : la troifiéme a quatre
„pouces d'épais & dix pouces de large.

„Les couples, ou fermures, ont fix pouces de large. Ceux d'entre la plus
„haute préceinte & le carreau, ont dix pouces de large & cinq pouces d'é-
„pais. Le carreau a vers les bouts un grand pié de largeur, & eft plus
„large par fon milieu. La chambre de prouë a dix piés de long, à pren-
„dre à l'étrave en-dedans. C'eft là que font les cabanes, & la cuifine
„dont le tuïau de cheminée fort fur le pont, proche du virevaut. Le vi-
„revaut a vingt pouces d'épais. Le mât d'artimon, qui eft fort petit, eft
„tout-proche de la planche qui fert d'apui vers l'arriére. Quelquefois on
„fait une petite dunette à l'arriére, pour y ferrer quelque chofe, ou pour
„coucher des gens.

„La grande écoutille a dix piés de long & fept piés de large. L'écoutille
„qui s'emboite a quatre piés. La chambre de poupe a quatorze piés de
„long, & eft élevée au-deffus du pont. Elle eft féparée de deux ou trois
„fronteaux, & dans l'un des retranchemens on met les voiles & les agrès;
„les autres fervent à coucher, ou font pour d'autres ufages. La cham-
„bre du Capitaine a dix piés de long, à prendre du dedans de l'étambord,
„fon bas plancher defcend trois piés & demi au-deffous du pont, & baiffe
„un peu vers l'arriére: Le tillac, ou plancher qui la couvre, s'élève trois piés
„au-deffus du pont, & il y a une petite échelle pour defcendre fur le pont.

„Le grand mât a fix palmes de diamétre: on ne parle point de la hauteur,
„parce qu'on peut le mettre comme on veut, plus long, ou plus court. Il
„tombe peu vers l'arriére. Le gouvernail a dix pouces d'épais par le haut,
„& eft par le bas de la même épaiffeur que l'étambord. La barre paffe
„entre le banc & la voute de la chambre du Capitaine. Le Timonier fe
„tient devant cette chambre. Le relevement du tillac à l'avant & à l'ar-
„riére, fert à faire bien écouler les eaux, fur-tout celles que lancent les
„coups de mer.

„Les femelles, qui font atachées avec des chevilles un peu au-deffous du
„carreau, enfoncent dans l'eau deux piés plus bas que la quille; leur lar-
„geur fe prend à difcrétion; & comme elles font deftinées à empêcher que
„le vaiffeau ne dérive, il s'enfuit qu'il faut les faire grandes, & qu'elles
„pourroient être encore plus grandes qu'on ne les fait, fi cette grandeur ne
„les rendoit pas trop difficiles à manœuvrer. L'étrave & la quille font
„jointes enfemble par un lien de fer de chaque côté.

„Il a été fait de grandes réflexions fur la conftruction des boïers, qui vont
„à Roüen en France, parce-que les bâtimens qui naviguent fur les rivié-
„res doivent être faits d'une autre maniére que pour paffer la mer; & ceux-
„ci doivent & paffer la mer, & aller dans les riviéres. Le meilleur parti
„qu'on peut prendre, eft de mettre des membres bien forts, & de bonnes
„quilles, qui foient épaiffes, fur-tout par leur milieu; mais il ne faut pas
„qu'elles enfoncent beaucoup dans l'eau. Et comme par ce moien le vaif-
„feau feroit trop fujet à dériver, & qu'il ne tireroit pas affez d'eau, & que
„par conféquent il pourroit facilement fombrer fous voiles, ou périr lors-

Q

„qu'il

„ qu'il viendroit à toucher, on remédie à ces inconvéniens, on y mettant
„ des femelles auffi grandes qu'il eft poffible. Enfin il n'eft pas avanta-
„ geux de faire les boïers fort grands, non-plus que les galiotes, parce-que,
„ de gros tems, les vergues qui font en fourche, ne fe manœuvrent pas
„ comme il faut quand elles font pefantes ; & que le mât fait trop rouler
„ ou tanquer le vaiffeau, & qu'il y entre trop d'eau. Il eft donc plus ex-
„ pédient, au-lieu de boïers & de galiotes du port de foixante & dix laftes,
„ tels que le boïer dont eft le devis ci-deffus, de bâtir des barques ou cha-
„ loupes à trois mâts, parce qu'on peut mieux les manœuvrer, qu'elles
„ dérivent moins, & qu'elles vont plus vîte, à-caufe de la facilité qu'il y
„ a de faire plus ou moins de voiles, felon que le tems le requiert.

BRAGUE, Bragues; Bracque, Drague. *Broek, Broekinge.*
La brague eft une corde, qu'on fait paffer au-travers des afûts du canon,
& qu'on amarre par les bouts à deux boucles de fer, qui font de chaque
côté des fabords. Les bragues fervent à retenir les afûts du canon, & empêchent qu'en reculant ils n'aillent fraper jufques à l'autre bord du vaiffeau.

BRAI. Voiez, Bray.

BRAILLER. *Haring fouten ; Haring in de werp-maende, of varremaende,*
met fout t'onderfte boven werpen.
C'eft faupoudrer de fel le harang, & le remuer avec des pelles. Mais ce
n'eft pas avec des pelles qu'on le remüe en Hollande. Lors qu'on l'encaque à bord, on le tient fur des panniers plats, on le prend par rangées, &
on le faupoudre dans la caque. A terre, en divers endroits, on le met en
des panniers, & on l'y faupoudre ; puis tenant le pannier par deux petites
anfes qu'il a aux deux côtés, on fecoüe le harang & on le fait fauter, pour
le mêler avec le fel.

BRANCHE fupérieure d'une courbe. *De nebbe.*

BRANCHE d'embas. *Onder-endt.*
Ce font les bouts depuis le courbe, felon qu'on les pofe vers le haut, ou
vers le bas.

BRANCHES d'une pique. *Takken.*
Ce font les deux bouts du fer par où il s'atache à la hampe.

BRANLES, Hamacs. *Hangmakken, Hangmatten.*
Ce font des lits dont fe fervent les gens de l'équipage dans un vaiffeau. Ils
font compofez d'un morceau de toile, long de fix piés, & large de trois,
renforcé par les bords d'un cordage apellé ralingue, en façon d'ourlet,
que l'on fufpend par les quatre coins entre les ponts d'un vaiffeau, où l'on
fait coucher un foldat, ou un matelot. Voiez, Hamac.

BRANLE matelaffé. *Matraffen tot hangmatten.*
C'eft une efpéce de matelas, qui eft fait en branle.

TENDRE les branles. *Hangmakken ophangen.*

BRANLE-BAS, ou For-branle. *Hangmakken af, of los ; Weg met alle de hang-*
makken en kooijen.
C'eft un commandement qu'on fait, lors qu'on veut faire détendre tous les
branles d'entre les ponts, afin de fe préparer au combat, ou pour quelque
autre raifon. On fit promtement branle-bas, & on fe trouva prêt pour le
combat.

BRAS de chévre. *Boenen, Stutten.*

En termes de Charpentier, ce sont deux piéces de bois, qui sont à côté du poinçon d'une chévre, & qui lui servent de bras pour l'apuïer.

BRAS. *Bras, Brassen.*

Ce sont des cordages amarrez aux bouts de la vergue, pour la mouvoir & gouverner selon le vent. La vergue d'artimon, au-lieu de bras, a une corde apellée ourse. Halez sur les bras: c'est un terme de commandement, pour ordonner aux matelots de roidir ces cordages.

TENIR un bras. *Een bras aanhaalen en vast maaken.*

C'est-à-dire, Haler & amarrer un de ces cordages nommez Bras.

BON bras. *Bras te loevert, Geef de bras een schootje.*

Cela se dit quand on brasse au vent en-sorte que le vent ne soit pas au plus près.

BRAS de revers. *Lij-brassen.*

LARGUER le bras du vent, ou de service. *De loef-bras los maaken.*

BRAS. Les grands Bras, ou Bras de la grande vergue. *De groote brassen.*

BRAS de la vergue de miséne. *De Fokke-brassen.*

BRAS de la vergue du grand hunier. *De groot-mars-zeils Brassen.*

BRAS de la vergue du petit hunier. *De voor-mars-zeils Brassen.*

BRAS de la vergue de fougue, ou Ourse, ou Hource. *De besaans bras, Pis-pot, Pispotie, of Lorretie.*

BRAS de la vergue de perroquet de fougue. *De kruis-zeils Brassen.*

BRAS de la vergue du grand perroquet. *De groot-bram-zeils Brassen.*

BRAS de la vergue du perroquet de miséne. *De voor-bram-zeils Brassen.*

BRAS de la vergue de sivadiére. *De blinde Brassen.*

BRAS de la vergue de perroquet de beaupré. *De boven-blindt Brassen.*

BRAS, ou Branche d'ancre. Un bras d'ancre. *Anker-arm.*

C'est la moitié de la croisée de l'ancre. Voiez, Ancre.

BRAS d'une baléne. *Walvisch vinne.*

C'est ainsi qu'on apelle les nageoires.

BRASSE. *Vaam, Vadem.*

C'est une mesure de marine, dont la longueur est déterminée & comprise entre les extrémités des deux mains d'un homme, quand il ouvre les bras de toute leur étendüe; ce qui vaut à-peu-près six piés de Roi, ou de douze pouces. On mesure par brasses la profondeur des riviéres & des mers. De basse mer on moüille dans ce port sur sept brasses, mais de haute mer il y en a huit. Dans ce parage courez toujours sur la profondeur de dix brasses, & la route sera bonne. Que si vous n'en trouvez que huit, gouvernez au Sud, pour parer le banc qui gît à l'Oüest.

„C'est par brasses qu'on mesure la longueur des cables: & à cet égard il y „a la petite Brasse, la moienne, & la grande.

„La petite Brasse, qui s'apelle ordinairement la Brasse des Patrons de bu-„che, *Buis-mans vadem*, est de cinq piés. La moienne, qui est la Brasse du „vaisseau marchand, *Koopvaarders vadem*, est de cinq piés & demi. La gran-„de brasse, dont on se sert pour les navires de guerre, & pour ceux qui „vont aux Indes, *De groote vadem*, est de six piés Rhénans. La toise, qui „est considerée comme un espéce de brasse, & dont on se sert pour mesu-„rer les fossez, est aussi de six piés, mesure de Paris.

Q 2

BRAS-

BRASSEIER, Braſſer, Bracher. *Braſſen, Aanbraſſen, De braſſen nanhaalen.*
C'eſt faire la manœuvre des bras, & gouverner les vergues avec ces cordages.

BRASSER les vergues. *De reën langs ſcheeps braſſen.*
C'eſt mettre les vergues horiſontalement de l'avant à l'arriére, en maniant
les manœuvres.

BRASSER les voiles ſur le mât. *De zeilen op de maſt, of tegen de maſt braſſen.*
C'eſt-à-dire, Manœuvrer les voiles de telle maniére, que le vent ſe mette deſſus, au-lieu d'être dedans; ce qui eſt auſſi, Braſſer à contre, terme
uſité pour la miſéne.

BRASSE au vent. *Bras te loevert aan.*
C'eſt pour faire manœuvrer les vergues du côté d'où vient le vent. Ils
mirent le vent dans leurs perroquets, qui, pendant notre combat, avoient
été toujours braſſez au vent pour nous atendre.

BRASSE au vent en-ſorte que le vent ne ſoit pas au plus près. *Breedt wat
uw zeilen.*

BRASSE au plus près du vent. *Bras ſcharp by de windt.*

BRASSE ſous le vent. *Bras aan lij.*
C'eſt pour faire manœuvrer les vergues du côté qui eſt oppoſé à celui du
vent.

BRASSE à l'autre bord. *Haal de zeilen om.*

BRASSE à porter, Braſſe à ſervir. *Bras af.*
C'eſt pour faire braſſer les vergues en-ſorte que le vent donne dans les voiles.

BRASSER à contre. *Braſſen de zeilen tegen.*
C'eſt-à-dire, braſſer les bras du vent, & faire que le vent donne ſur les
voiles : cela ſe pratique ordinairement lors-qu'on veut le mettre ſur la
voile de miſéne.

BRASSE la miſéne à contre. *'Haal de fok verkeert.*

BRAY, Brai. Les Malouïns diſent, De la Brai. *Pik, Pek.* Voiez, Zopiſſa.
C'eſt une compoſition de gomme, ou de réſine, & d'autres matiéres gluan-
tes, qui font un corps dur, ſec & noirâtre. Les Calfas font fondre le brai,
pour l'appliquer ſur les couches d'étoupe dont ils rempliſſent les jointures
des planches qui compoſent le bordage du vaiſſeau. Le brai doit être gras,
noir & liant. Dans les arcenaux de France il n'en eſt reçu des païs étrangers que de celui de Stokolm couronné, & de Weybourg. Celui qui ſe
fait en France eſt toujours préféré.
„Le Brai, qui eſt ſi utile pour la conſervation des vaiſſeaux, & qui ſert
„ſur-tout à couvrir les coutures, eſt du goldron reçuit, qui s'épaiſſit en
„froidiſſant, & perd ſa fluidité. A proportion de ce qu'il eſt plus dur &
„plus clair, il eſt auſſi plus cher. Le brai de Stokolm eſt le plus eſtimé;
„on ne fait pas d'état de celui qui vient des autres endroits, parce qu'il eſt
„moins pur.

BRAI gras. *Pek.*
C'eſt une certaine compoſition dans laquelle on fait entrer de l'humeur propre à nourrir le bois, & à retenir l'étoupe dont on garnit les coutures des
vaiſſeaux qui vont à la mer.

BRAY

BRAY fec. *Droog Pik.*

Le Bray fec eft femblable au brai gras, à l'exception qu'il y a moins d'humeur.

BRAYE, Braie. *Preefening, Rock, Broek, Zeil-kleeds.*

Ce font des morceaux de toile poiflée, ou de cuir goudronné, qu'on applique autour du trou qui eft fait dans le tillac pour faire paffer le mât; ce
qui empêche que l'eau de la pluïe, ou des coups de vagues, ne tombe à
fond de cale. On applique auffi des braies à l'ouverture par où paffe la barre du gouvernail; parce-que de gros tems, & fur-tout de vent arriére, les
vagues, qui fautent fouvent par-deffus la dunette, rempliroient la fainte-
barbe, où il n'y a ni dalots, ni maugéres, pour la faire écouler.

BRAYER un vaiffeau, Braïer les coutures d'un vaiffeau. *Pekken.*

C'eft y appliquer du brai boüilli, pour remédier aux voies d'eau, en rem-
pliffant & en refferrant les jointures de fon bordage. On dit fouvent efpalmer & fuifver pour Braïer.

BREDINDIN. *Stag-garnaat.*

C'eft une manœuvre, ou petit palan, qui paffe dans une poulie fimple, amarrée au grand étai, fous la hune, & par le moien de laquelle on enlève de
médiocres fardeaux, pour les mettre dans le navire.

BREF. *Zee-brief.*

Ce mot fe dit en Bretagne d'un congé qu'on eft obligé de prendre pour fe
mettre en mer. Il y en a de trois fortes. Le Bref de fauveté, qui éxemte
du droit de bris; le Bref de conduite, qu'on prend pour être conduit hors
des-dangers de la côte; & le Bref de vituailles, qui donne la liberté d'acheter des vivres.

BREQUIN, Villebrequin. *Boor, Spijker-boor.*

C'eft un outil de Charpentier, pour percer le bois.

BRESSIN. *Taalie.* Voiez, Palan.

C'eft un cordage qui fert à iffer & à amener une vergue, ou une voile.

BRESSINS. *Taalie-haaken.* Voiez, Crocs de palan.

Ce font des crocs de fer.

BREVAGE, Breuvage, Bruvage. *Drank.*

Le Bruvage eft un mélange égal de vin & d'eau, pour la boiffon de l'équipage.

„Le bruvage des équipages de Hollande, dans les mers d'Allemagne &
„Baltique, eft de la biére: mais pour des expéditions plus longues ce n'eft
que de l'eau, ou de l'eau mêlée avec du vinaigre.

BREVET. Un Brevet d'Oficier. *Een Zee-officiers Brief.*

C'eft la Commiffion d'un Oficier fubalterne dans la marine, laquelle eft
en parchemin & fans feau.

BREVET, Connoiffement, Police de chargement. *Zee-brief, Vragt-brief.*

C'eft un écrit fous feing privé, par lequel le Maître d'un vaiffeau recon-
noit avoir chargé telles marchandifes dans fon bord, lefquelles il s'oblige
de porter au lieu dont on eft convenu, fauf les rifques de la mer. C'eft
ce qu'on apelle Connoiffement fur l'Océan, & Police de chargement fur la
Méditerranée.

BREUILS, ou Cargues. *Gij-touwen.*

Breüils, eft un terme de Normandie & de Picardie, qui veut dire les

cargues.

cargues. Voiez, Cargues.

BREUILS, Martinets & Garcettes. *Slag-lijnen, Seifingen, Touwtjes, Reef-banden*, &c.

Ces mots se prennent aussi pour toutes les petites cordes qui servent à breüil-ler, ferler & serrer les voiles.

BREUILLER, ou Broüiller les voiles, les carguer ou trousser. *Gijen, Op-geiden.*

C'est les carguer. Voiez, Carguer.

BRIDE, Brides. Terme de la Manche. Voiez, Guerlandes.

BRIDER l'ancre. *'t Anker bekleeden.*

C'est envéloper les pattes de l'ancre avec deux planches, afin d'empêcher que le fer de la patte ne creuse, & n'élargisse le sable, ou la vase, lors qu'on se trouve obligé de moüiller dans un mauvais fond.

BRIDOLE. *Hevel.*

BRIEUX. *Licenten.*

C'est un terme dont on se sert en Bretagne, pour signifier les congez de l'Amiral, ou de l'Amirauté.

BRIGADE de Gardes de la marine. *Een bende Adelborst-wagters ter zee.*

C'est la division de la troupe des Gardes de la marine qui sont dans un port.

CHEF de Brigade. *Hoofdt over de Adelborst-wagters-benden ter zee.*

C'est le Commandant des Gardes de la marine qui sont dans un port.

BRIGADIER. *Bevel-hebber, of Gebieder over een Adelborst-wagters-bende ter zee, Brigadier.*

C'est celui qui commande une brigade sous le Chef.

SOUS-BRIGADIER. *Onder-brigadier.*

C'est celui qui en l'absence du Brigadier tient sa place.

BRIGANTIN. *Brigantijn, Brigantino.*

C'est un petit bâtiment leger, que l'on arme en course, qui va à la voile & à la rame, qui ne porte point de couverte ou pont, & qui est moins grand que la galiote. Il est de douze ou quinze bancs, & d'autant de rames, & n'a qu'un homme à chaque rame. Tous les matelots y sont soldats, & couchent leurs mousquets chacun sous sa rame.

BRIMBALE, Bringueballe, Brinqueballe. *Gek-stok.*

C'est un levier qui a sept à huit piés de longueur, & qui sert à tirer l'eau de la pompe.

BRIN. Bois de brin. *Gewasschen hout.*

C'est un bois qui n'est pas scié. Voiez, Bois.

BRION, Briou. *Het bovenste stuk van een voorsteven die van twee stukken is.*

C'est la piéce du haut de l'étrave, ou son allonge, lors que l'étrave est de deux piéces : il vient à la hauteur de l'éperon. Les Hollandois ne font point d'étrave de deux piéces.

BRIS, ou Naufrage. *Wrak.*

Ce mot de Bris, se dit des vaisseaux qui échoüent, ou qui viennent se rom-pre sur les côtes; d'où l'on dit, Droit de Bris. C'est un droit qui apartient

tient au Seigneur du lieu où s'est fait le bris. Les Gaulois l'avoient établi parce qu'ils traitoient d'ennemis tous les Etrangers ; & les Romains en aiant abrogé l'usage, il fut rétabli sur le déclin de l'Empire, a-cause de l'incursion des nations qui ravageoient les rivages de la Gaule. Enfin les Ducs de Bretagne, sollicitez par St. Loüis, changérent cette rigueur, & moiennant quelque taxe, ils acordérent des brefs, ou congez, que prenoient ceux qui avoient à naviger sur leurs côtes. Ce bris n'a plus de lieu en France, non-plus qu'en Italie, en Espagne, en Angleterre & en Allemagne, si ce n'est contre les pirates, & contre les ennemis de l'Etat. L'Empereur Andronic fut le premier, qui, par un Edit qu'on éxécuta, fit défense de piller les vaisseaux brisez, ou échoüez ; ce qu'on faisoit auparavant avec beaucoup de rigueur, sur toutes les côtes de l'Empire.

BRISANT, Brisans. *Barning, Branding, Deining, Deising.*
Ce sont des pointes de rochers qui s'élèvent jusqu'à la surface de l'eau, & quelquefois jusqu'au-dessus, en-sorte que les houles y viennent rompre ou briser. On apelle aussi Brisant le rejaillissement de la mer, que son propre poids, & la force du vent fait élever & boüillonner contre des rochers, & contre les côtes. On apelle encore Brisans l'impétuosité des houles mêmes.

BRISE. *Zee-windt.*
C'est le nom que ceux qui voïagent à l'Amérique donnent à un vent qui vient de la mer, sur les dix heures du matin ; & on apelle aussi Brises de petits vents frais qui viennent de terre sur le soir, & qui finissent lors que le soleil se lève : ils ne sont guéres sensibles qu'aux bâtimens qui rangent la côte. En partant nous eûmes la brise d'Est. Nous trouvâmes une forte brise d'Est, qui nous fit dépasser une riviére.

BRISE carabinée, Brise forcée. *Zee-winden met sneedige koelte.*
C'est celle qui soufle avec une grande violence.

BRISE'E. Equerre brisée, Règle brisée. *Kluft.*
C'est une équerre, une règle qu'on plie par le moien d'une charniére.

BRISER, Rompre. La mer brise ; La lame brise. *Branden, Barnen, Deinsen, Storten, Kabbelen, Spartelen, Aanloopen.*
C'est-à-dire, la mer, la lame, la vague bat & choque avec violence sur la côte, sur quelque rocher, ou sur quelque banc. Les lames qui viennent briser dans cette baie, avertissent assez les Pilotes qu'on n'y peut pas moüiller en sureté. Les courans qui portent contre les battures de la côte, y brisent avec impétuosité.

BROCHETER. *Sloeren.* C'est mesurer les membres & les bordages d'un vaisseau.

BROU. *Bast van cocos nooten, Klappes, Bolster.*
C'est l'écorce qui est sur le coco, qui a environ trois doigts d'épaisseur, & on peut mettre ses fibres en corde.
Les Siamois, qui n'ont point de chanvre, font leurs cordages de brou de noix de coco ; & la plupart des peuples de l'Asie, de l'Afrique, de l'Amérique, & des Terres Australes, s'en servent au même usage.

BROUILLER. Le tems se broüille. *Het weer groeit.*

BROUILLEMENT de l'air. *Groeijng des weers, Betrekking des lugts.*

BRUINE. *Stof-regen.*

C'est

C'eſt de petite pluïe compoſée de goutes très-petites; ces goutes ſont cauſées par l'air, qui étant médiocrement échaufé, s'aplique au-deſſous d'une
nüe fort rare.

BRULOT. *Brander, Brandt-ſchip.*

C'eſt un bâtiment chargé de feux d'artifice, que l'on accroche aux vaiſſeaux ennemis, au vent deſquels on le met, pour les brûler. Il y en a qui
l'apellent auſſi Navire Sorcier. On prépara le brulot, & on le conduiſit
ſur le ſoir, à la faveur d'un petit vent qui venoit de la ville. On mit en
brulot un petit bâtiment.

„ Les bâtimens qu'on eſtime les plus propres pour faire des brulots, ſont des
„ grandes chaloupes, des flûtes, ou des pinaſſes, du port de ſoixante &
„ dix à quatre-vingts laſtes; & qui ont un premier pont tout uni, ſans ton-
„ ture, & au-deſſus un autre pont courant devant-arriére. On entaille, en
„ divers endroits du premier pont, des ouvertures, à-peu-près d'un pié &
„ demi en quarré, entre les baux, & elles répondent dans le fond de cale.
„ Enſuite on fait des dales de planches qu'on joint, & on leur donne un pou-
„ ce & demi de large: on les fait auſſi de fer blanc. On poſe trois de ces
„ dales à trois côtés de chaque mât, & elles s'étendent tout le long du
„ bâtiment, à ſtribord & à babord, & ſe vont rendre toutes enſemble
„ dans une autre grande dale qui eſt en-travers, à ſix ou ſept piés de la pla-
„ ce où ſe met le Timonier. On fait encore une dale aſſez longue, qui
„ deſcend du gaillard d'arriére, en biais, juſqu'à la grande dale qui eſt en-
„ travers ſur le premier pont; laquelle longue dale revient encore ſe rendre
„ dans une autre petite, qui eſt ſur le gaillard d'arriére où ſe tient le Ti-
„ monier, & à l'un des deux côtés, ſelon qu'il eſt le plus commode. Dans le
„ bordage du gaillard d'arriére on fait une trape large, au-deſſous de laquelle
„ ſe peut poſter une chaloupe bonne de nage, afin que le Timonier, après
„ avoir mis le feu dans les conduits, y puiſſe promtement deſcendre. Enſuite
„ on remplit les dales, ou conduits, d'artifiées, ſavoir, d'une certaine por-
„ tion de poudre, comme la moitié; d'un quart de ſalpêtre, d'un demi-
„ quart de ſoufre commun; le tout bien mêlé enſemble, & imbibé d'huile
„ de graine de lin, mais non pas trop, parce-que cela retarderoit l'embra-
„ ſement, & que l'éfet doit être promt. Après cela, on couvre toutes ces
„ dales de toile ſoufrée, ou de gros papier à gargouſſes, & l'on aporte des
„ fagots de menus coupeaux, ou d'autre menu bois, trempez dans l'huile
„ de baléne, qu'on arrange en forme de toit ſur les dales; & ſur ces cou-
„ peaux on met encore des fagots de bois aſſez menu, & fort ſec, qu'on ar-
„ rangé tout de même en forme de toit ſur les dales, en les mettant bout
„ à bout. Ces fagots ſont préparez, & trempez dans des matiéres combuſ-
„ tibles, comme du ſoufre commun, pilé & fondu, du ſalpêtre, & les trois
„ quarts de groſſe poudre; de l'étoupe, & de l'huile de baléne; le tout bien
„ mêlé enſemble. On pend auſſi au ſecond pont, par-deſſous, toutes ſortes
„ de matiéres combuſtibles, & l'on en met par-tout avec des paquets de
„ vieux fils de carret bien goudronnez, & l'on y pend encore des paquets
„ de ſoufre, ou de liziéres ſoufrées. Tout le deſſous du premier pont eſt
„ auſſi fort-bien goudronné, de même que le deſſous du ſecond pont, &
„ avec le goudron dont le deſſus du premier pont eſt encore enduit, il y a
„ par-tout des étoupes que le goudron y retient, & qui ſont mélées avec
„ du

Brander.
Brulot.
D. S. Fecit.

„du foufre. On remplit auſſi, fort-ſouvent, les vuides du bâtiment de ton-
„nes poiſſées, pleines de coupeaux minces & ſerpentans, comme ceux qui
„tombent ſous le rabot des Menuiſiers.

„Lors qu'on veut ſe ſervir des brulots, on ouvre tous les ſabords, les
„écoutilles, & les autres endroits deſtinez à donner de l'air; ce qui ſe fait
„ſouvent par le moien de boîtes de pierrier, qu'on met tout-proche, &
„qui faiſant enſemble leur décharge, par le moien des traînées de poudre,
„s'ouvrent toutes à-la-fois. A l'avant, ſous le beaupré, il y a un bon grapin
„qui pend à une chaîne, & un à chaque bout de chaque vergue; & chacun
„de ces grapins eſt amarré à une corde, qui paſſe du lieu où ils ſont, tout le
„long du bâtiment, & va ſe rendre au gaillard d'arriére, à l'endroit où ſe
„tient le Timonier; laquelle corde, auſſi-tôt que le brulot a abordé le
„vaiſſeau, le Timonier doit couper, avant que de mettre le feu au brulot.
„Il faut faire ſes éforts pour acrocher le navire ennemi par l'avant, & non
„par les côtés.

„On arme les brulots de dix ou douze hommes, qui ont la double paie,
„à-cauſe du danger qu'ils courent; & de quelques paſſe-volants, pour faire
„montre ſeulement, hormis à l'arriére où il y a deux canons de fer, pour
„ſe défendre contre les chaloupes & les canots.

„Quand on conſtruit des brulots de bois neuf, on n'y en emploie que du
„plus chetif, du plus leger, & où le feu peut prendre le plus aiſément.

„Les brulots ſe tiennent ordinairement aux côtés des grands navires, pour
„les ſecourir en cas de beſoin.

ADRESSER, ou Conduire des brulots. *Branders aanbrengen, aanvoeren, be-*
ſteeden, aſſenden.

DETOURNER un brulot. *Een brander van ſig krijgen.*

NOUS fûmes touchez, ou abordez d'un brulot. *Wy kreegen een brander aan boord.*

BRUME. *Miſt.*

C'eſt le broüillard de mer. On dit ſur la mer que dans la brume tout le
monde eſt matelot, parce-que dans le tems d'un broüillard épais chacun dit ſon ſentiment ſur la route. Sur le midi il s'éleva une brume ſi
épaiſſe, que pour empêcher les vaiſſeaux de s'écarter ceux qui portoient
pavillon tiroient à chaque horloge deux coups de canon; les autres vaiſſeaux battoient la caiſſe, ou ſonnoient la trompette, Pendant cette brume
les flotes ennemies étoient en préſence ſans être à vûe; ce qui faiſoit fort
apréhender le brulot: auſſi ſe tenoit-on prêt au combat, & le pont fut ſemé de ſel & de cendre, pour combattre de pié ferme, & ne pas gliſſer;
tout le monde aiant quitté ſes ſouliers, à l'ordinaire.

TEMS Embrumé, ou couvert de broüillard. *Miſtig weer, Dikke miſt, Over-*
toogen lugt.

Comme le tems étoit fort embrumé, nous fûmes obligez de moüiller.

BRUVAGE. Voiez, Brevage.

B U.

BUCENTAURE. *Bucentaurus.*

C'eſt le nom d'une maniére de galion dont ſe ſert la Seigneurie de Veniſe,
lors que le Doge fait la cérémonie d'épouſer la mer; ce qu'il fait tous les
ans, le jour de l'Aſcenſion. La Seigneurie ſort du palais, pour aller monter le Bucentaure, qu'on amène pour ce ſujet proche des colomnes de St.

Marc.

Marc. Cette machine eſt un ſuperbe bâtiment, plus long qu'une galére, & haut comme un vaiſſeau ſans mât & ſans voiles. La chiourme y eſt ſous un pont, ſur lequel eſt élevée une voute de menuiſerie en ſculpture, dorée par-dedans, qui regne d'un bout à l'autre du Bucentaure, & qui eſt ſoûtenüe tout-autour par un grand nombre de figures, dont un troiſiême rang, qui ſoutient la même couverture dans le milieu, forme une double galerie toute dorée & parquetée, avec des bancs de tous les côtés, ſur leſquels ſont aſſis les Sénateurs qui aſſiſtent à cette fonction. L'extrémité, du côté de la poupe, eſt en demi-rond, avec un parquet élevé d'un demi-pié. Le Doge eſt aſſis dans le milieu ; le Nonce & l'Ambaſſadeur de France ſont à ſa droite & à ſa gauche, avec les Conſeillers de la Seigneurie.

BUCHE. *Buis, Haring-buis.*

C'eſt une eſpéce de flibot, dont les Hollandois ſe ſervent pour la pêche du harang.

„ Une Buche a ordinairement environ cinquante-deux piés de long, de l'é-
„ trave à l'étambord, treize piés ſix pouces de bau, & huit piés de creux.
„ L'étrave a vingt piés de haut, douze piés de queſte, neuf pouces d'épaiſ-
„ ſeur en-dedans, & un pié neuf pouces de largeur par le haut & par le bas.
„ L'étambord a vingt-deux piés de haut, deux piés & demi de queſte, un
„ pié de large par le haut, & trois piés ſix pouces par le bas.
„ La plus baſſe préceinte a huit pouces de large, & la fermure qui eſt au-
„ deſſus en a cinq pouces & demi. La ſeconde préceinte a ſept pouces de
„ large, & la fermure en a cinq. La troiſiême préceinte a cinq pouces &
„ demi de large ; la fermure qui eſt au-deſſus en a quinze par ſon milieu,
„ & ſeize aux bouts. La liſſe eſt large de quatre pouces. Les lattes ont
„ deux pouces de largeur & deux d'épaiſſeur.
„ Les buches ont deux ſortes de petites couvertes, ou chambres, à l'avant
„ & à l'arriére : celle de l'avant ſert de cuiſine,
„ Le Maître ou Patron de ces bâtimens y commande. Il a un Aide, qui
„ le ſuit en dignité. Le Contre-maître vient après, ſous lequel ſont ceux
„ qui virent à bord les auſſiéres ou funes ; ceux qui ſont emploiez à ſaiſir
„ les filets, & les caqueurs, qui vuident les breüilles. On ne ſert que du
„ biſcuit, du poiſſon, & du gruau, l'équipage ſe tenant content du poiſſon
„ frais qu'il pêche. C'eſt le Patron qui donne l'ordre pour jetter les rets
„ & pour les retirer. Les matelots ſe loüent d'ordinaire pour tout le voia-
„ ge en gros.
„ Voici le devis d'une Buche de ſoixante & onze piés de long, de l'étrave
„ à l'étambord ; de quinze piés de large de dedans en dedans ; & de ſept
„ piés de creux ſous le pont. Le marché en fut fait à deux mille trois
„ cents vingt-cinq livres, non-compris la groſſe ferrure. Les piés ſont des
„ piés Rhenans.
„ La quille avoit cinquante-huit piés de long. Au milieu elle avoit un pié
„ d'épaiſſeur en quarré, dix pouces à l'arriére auſſi en quarré, & un pié ſix
„ pouces de largeur ou profondeur à l'avant. Le jarlot étoit de deux pou-
„ ces un quart de large ; & il commençoit à hauſſer à quinze piés du talon
„ afin que le fond eût plus de longueur.
„ L'étrave, depuis le deſſus de la quille, avoit quinze piés ſix pouces de
„ long, de ligne droite. Elle avoit huit pouces d'épais ; un pié huit pou-
                                                „ ces

Haring Buys.
Buche ou Flibot.
D. S. Fecit.

,, ces de large par fon milieu, un pié dix pouces par le haut, & deux piés
,, par le bas; deux piés de ligne courbe; & trois piés fix pouces de queſte.
,, L'étambord, depuis le deſſus de la quille, avoit quatorze piés trois pou-
,, ces de ligne droite; huit pouces d'épaiſſeur en-dedans, & fix pouces en-
,, dehors par le haut; quatre pouces & demi par le bas, un pié fix pouces
,, de large par le haut. La râblure du bas avoit quatre piés fix pouces de
,, long. Il avoit un pié quatre pouces de ligne courbe, & deux piés de
,, queſte.
,, Il y avoit cinq piés de relevement à l'arriére, & quatre piés à l'avant, ſe-
,, lon la proportion la plus commune pour la conſtruction des buches.
,, Les gabords ou ribords avoient un pié quatre pouces de large, & hauſ-
,, ſoient par le côté juſqu'à faire une ligne droite de leur dehors avec la
,, haut du jarlot; c'eſt-à-dire qu'ils hauſſoient de toute leur épaiſſeur. Le
,, premier gabarit de l'avant étoit poſé ſur le bout de l'écart de l'étrave, en-
,, dedans; & le dernier gabarit à l'arriére étoit à ſept piés du talon. Le
,, premier des deux grands gabarits, ou celui qui étoit vers l'avant, étoit
,, poſé à ſeize piés du bout de l'écart de l'étraye en-dedans, & le ſecond étoit
,, à quatre piés fix pouces du prémier.
,, La baloire à l'étrave, étoit à neuf piés fix pouces au-deſſus du haut de la
,, quille; à douze piés neuf pouces à l'arriére; & au milieu à la hauteur du
,, creux du bâtiment; auquel endroit étoit poſée une préceinte.
,, Le vaiſſeau avoit huit piés neuf pouces de large de dedans en dedans, à
,, la baloire, ou en ſon gros, à cinq piés de l'étrave; & douze piés ſept pou-
,, ces à dix piés de l'étrave. Il avoit, à la même hauteur vers l'arriére, ſept
,, piés dix pouces, à cinq piés de l'étambord; & onze piés ſept pouces à dix
,, piés de l'étambord.
,, Les voiles étoient de toile de Hollande, & la grande voile avec les bon-
,, nettes avoit quinze aunes de long, & treize aunes de large : la miſéne a-
,, vec les bonnettes, douze aunes de long, & dix aunes de large : l'artimon
,, avec les bonnetttes, douze aunes de long & neuf aunes de large : le tape-
,, cul, ſept aunes de long & quatre aunes & demie de large : le hunier huit
,, aunes de long, & autant de large : il étoit de toile de Flandres.
,, Un autre Maître Charpentier aiant entrepris une Buche, pour deux
,, mille-ſept-cens livres, auſſi ſans la groſſe ferrure, & ſans le *bois rond*, ou
,, les mâts & les vergues; il faiſoit ſon compte de huit cens livres pour le
,, travail; cent-vingt-cinq livres pour le clou; & il comptoit le reſtant pour
,, le bois, & pour tout le reſte de ce qui pourroit être emploié.

BUISSONNIER. *Een Opſiender op de binnelandtſche vaart.*
C'eſt un Oficier de ville, ou Garde de la navigation, qui eſt obligé d'avertir les Echevins des contraventions que l'on fait aux Réglemens. Il doit
dreſſer des procès verbaux de l'état des ponts & des riviéres, des moulins,
pertuis, &c.

BULLETIN. *Een Brieſje, Een Dienſt-brieſje, Een Billiet die men aan de matrooſen uitdeelt, om by beurten op de oorlogſcheepen te dienen.*
C'eſt un morceau de parchemin que les Commiſſaires & Commis des claſſes,
délivrent gratis à chaque Oficier marinier & matelot. Il contient leurs ſignaux, leurs priviléges, & les années qu'ils doivent ſervir.
BULLETIN. *Een geſondt-brief.*

C'eſt

C'est un certificat de santé, pour avoir libre entrée dans les lieux où l'on a à passer.

BUTIN. *Buit, Beuit.*

Quelques-uns distinguent le butin du pillage, & disent que le butin est le gros de la prise, & le pillage la dépouille des habits, hardes & cofre de l'ennemi; & l'argent qu'il a sur sa personne jusqu'à trente livres.

C A.

CABANE, Cajute, camagne, Couche. *Kooi.*

C'est un petit logement de planches, pratiqué à l'arriére, ou le long des côtés du vaisseau, pour coucher les Pilotes & autres Oficiers. Ce petit réduit est long de six piés, & large de deux & demi; & comme il n'en a que trois de hauteur, on n'y peut être debout.

„Les Oficiers ont des lits, ou des retranchemens à mettre des lits, dans les „chambres, chacun selon sa qualité, & son emploi. Dans les vaisseaux „marchands, où il y a peu de gens d'équipage; on ne se sert guéres que de „ces cabanes, dont il y en a pour sufire à tous. Néammoins il n'est per- „mis à aucun des matelots & gens du commun, de se deshabiller, ni de se dé- „chausser pour se coucher.

„Dans les navires de guerre les cabanes du Cuisinier & du Maître-valet sont „en leurs chambres; mais dans la plupart des vaisseaux marchands elles „sont à côté de la chambre, en-dehors.

„On fait ordinairement la cabane de la chambre du Capitaine à babord, le „long du vaisseau, & on lui donne cinq piés sept pouces de longueur. „On met bien encore quelquefois les cabanes en-travers: on les place mê- „me aussi au milieu, mais en ce cas elles ne sont pas fixes; elles sont mo- „biles, & pendant le jour on les retire contre le fronteau.

CABANE. *Koot, Kooi.*

C'est l'apartement qui est à l'arriére des buches qui vont à la pêche du harang: il est destiné pour le Pilote, Maître, Patron, Oficier, ou Oficiers mariniers qui conduisent la barque.

CABANE. *Kabanne.*

C'est un bateau couvert, & à fond plat, avec lequel on navige sur la riviére de Loire.

CABANE. *Een schuit met preesening op hoepels gedekt.*

Les Bateliers apellent aussi cabane des cerceaux pliez en forme d'arc, & couvers d'une toile que l'on nomme Banne.

CABESTAN. *Spil.*

C'est une machine de bois, reliée de fer, faite en forme d'aissieu, ou de pivot, posée perpendiculairement sur le pont d'un vaisseau, & que des barres de bois, passées en-travers par le haut de l'aissieu, font tourner en rond. Ces barres étant conduites à force de bras, font rouler autour de cet aissieu un cable, au bout duquel sont atachez les gros fardeaux qu'on veut enlever. L'usage ordinaire du cabestan est de tirer l'ancre du fond de la mer, pour la remettre en la place qui lui est destinée dans le vaisseau. C'est encore en virant les cabestans qu'on remonte les bateaux; qu'on tire sur terre les vaisseaux pour les calfater; qu'on les décharge des plus grosses marchandises; qu'on lève les voiles aussi-bien que les ancres. Il y a deux cabestans sur les vaisseaux. Le grand cabestan est posé sur le premier pont, & s'é-

léve

lève jusqu'à quatre ou cinq piés de hauteur au-deſſus du deuxiême. On le
nomme cabeſtan double, à-cauſe qu'il ſert à deux étages pour lever les ancres, étant garni de barres, & d'autres piéces, comme taquets pour renfler, élinguets ou hinguets, taquets d'élinguets, bandes de fer dans l'étambraie, cercle de fer à la tête &c. Le petit cabeſtan, ou cabeſtan ſimple,
eſt poſé ſur le ſecond pont, entre le grand mât & le mât de miſéne, qui
ſert à faire iſſer les mâts de hunes, & les grandes voiles, où il faut moins
de force qu'à élever les ancres.

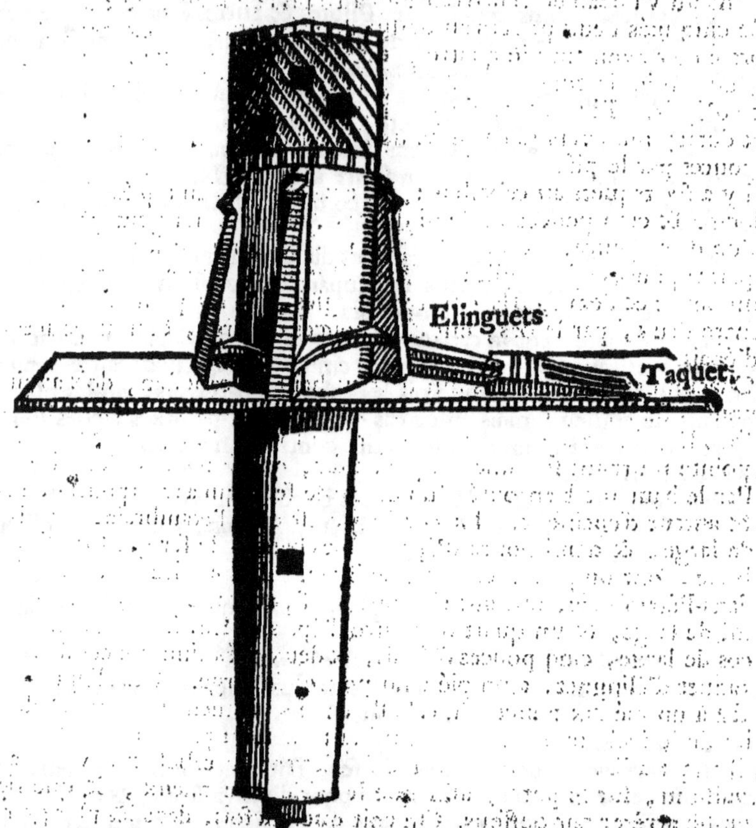

„On place ſouvent le cabeſtan dans le milieu entre le château d'arriére &
„le ſep de driſſe; ou au milieu du vaiſſeau, à quinze piés derriére le mât.
„On le poſe ſur le fond du vaiſſeau, afin qu'il ſoit ferme, & quelquefois
„on le met ſur une piéce de bois en arc. On le double auſſi quelquefois,
„en mettant deux l'un ſur l'autre, ainſi qu'on le verra ci-après. On en met
„même pluſieurs dans les plus grands vaiſſeaux.
„Plus le cabeſtan eſt grand, & plus il eſt commode & facile à virer; pour-

,, vu qu'il ne foit pas d'une grandeur fi exceffive , qu'il y ait trop de difficulté
,, à s'en fervir. Les cabeftans qui ont peu d'épaiffeur virent facilement;
,, mais auffi la manœuvre fe fait plus vîte à proportion de ce que le cabeftan
,, eft épais.
,, Selon quelques Charpentiers , la tête du cabeftan doit avoir deux pouces
,, & demi d'épais , par chaque dix piés de longueur qu'on donne au vaif-
,, feau. Les taquets qui le renflent , doivent avoir la moitié de la longueur
,, de la tête ; & les trous , ou amelottes , doivent avoir de largeur la fixiéme
,, partie de fon épaiffeur.
,, Dans un vaiffeau de cent-trente-quatre piés de long , le cabeftan s'élève
,, de cinq piés deux pouces au-deffus de l'étambraie. Le trou de l'étam-
,, braie doit avoir un pié quatre pouces & demi de large , pris par la lon-
,, gueur du bâtiment ; & au-deffus , le cabeftan doit avoir vingt & un pou-
,, ce d'épais. Plus haut , fous fon entaille , il doit avoir vingt & un pouce
,, & demi ; mais vers le bas il ne doit avoir que quinze pouces , & quatorze
,, pouces par le pié.
,, Il y a fix taquets au cabeftan : ils ont chacun deux piés fept pouces de
,, long , & cinq pouces & demi d'épais , & ils y font entez de l'épaiffeur
,, d'un demi pouce. Ils ont huit pouces & demi de large par le bas , &
,, quatre pouces à l'entaille ; & l'entaille qui eft deffous doit avoir vingt &
,, un pouce & demi. Ils ont trois angles , & les petits taquets qui font
,, entre-deux , par le bas , ont cinq pouces de large , & trois pouces & demi
,, d'épais.
,, Chacun des quatre trous qui font au haut du cabeftan , doit avoir quatre
,, pouces de large , & quatre pouces & demi de long. Le pivot qui eft
,, fous le pié doit avoir quatre pouces de long , & fept pouces d'épais , fa
,, pointe tournant fur une plaque de fer , qui fe nomme l'écuelle.
,, Par le haut il eft entouré d'un cercle de fer , qui a trois pouces de largeur,
,, & autant d'épaiffeur. Le cercle qui eft dans l'étambraie , a trois pouces
,, de large , & demi pouce d'épais. Les bandes de fer qui font fous l'étam-
,, braie , ont un pouce & demi de large. Il y a feize autres bandes de fer
,, dans l'étambraie , qui ont chacune neuf pouces de long , un pouce & de-
,, mi de large , & un quart de pouce d'épais. Les élinguets ont feize pou-
,, ces de large , cinq pouces d'épais , & deux piés cinq pouces de long. Le
,, taquet d'élinguet , a un pié cinq pouces de large. Les élinguets font po-
,, fez à un pié dix pouces du cabeftan : ils viennent joindre le cabeftan par
,, un de leurs bouts ; & leur autre bout eft tenu par une cheville de fer.
,, On met affez fouvent un traverfin devant le cabeftan , vers l'avant du
,, vaiffeau , fur le pont , afin que le cable vire mieux , & que rien ne le
,, puiffe arrêter par-deffous. On voit quelquefois , dans les plus grands vaif-
,, feaux marchands , un cabeftan fur le haut pont , où on le fait tourner avec
,, quatre barres , & encore avec deux autres au-deffous , entre deux ponts,
,, afin que la manœuvre fe faffe plus promtement , & avec moins de peine:
,, on met auffi deux cabeftans l'un fur l'autre.
,, Il y a des Charpentiers qui proportionent le cabeftan par la quille : ils lui
,, donnent à la tête l'épaiffeur que la quille à dans l'endroit où elle eft le
,, plus épaiffe ; & vers le pié ils le diminüent d'un quart. Par le bout du
,, haut , qui paroît fur le pont , ils lui donnent cinq piés à cinq piés & demi
,, de

„de hauteur, & même plus, ou moins, felon que le pont ou le demi-pont
„le permettent. Ils donnent de longueur aux taquets, autour defquels tour-
„ne la tournevire, les trois cinquièmes parties de la longueur de la tête.
„Leur épaiffeur fur le cabeftan eft d'un quart du diamétre de la tête, & ils
„ont un quart de largeur plus que d'épaiffeur; & pour faire enfiler le cable
„on les diminüe à-peu-près d'un tiers par le haut.
„Ces mêmes Charpentiers difent, qu'on ne met jamais moins de fix ta-
„quets, parce-que, s'il y en avoit moins, les cerceaux du cable feroient trop
„petits, & il auroit de la peine à enfiler: on n'en met jamais plus de huit,
„parce qu'on auroit auffi de la peine à l'arrêter.
„Il y a encore une nouvelle maniére de faire les cabeftans, & elle eft au-
„jourdhui fort fuivie. On fait monter les taquets jufques au haut, ou juf-
„qu'à la tête & les vuides triangulaires qui font entre-deux, on les gar-
„nit & remplit de piéces de bois: on fait tous les trous d'une égale hau-
„teur, & d'une égale largeur; & on leur donne de profondeur ce qu'il en
„faut pour faire que les bouts des barres qui y entrent, fe touchent pref-
„ques. Par ce moien l'éfort de tous ceux qui virent, agit en un même
„inftant: outre cela ceux qui virent à une barre, font maîtres de la barre;
„au-lieu que quand il y a des trous percez plus haut, & les autres plus bas,
„ainfi qu'on le pratiquoit plus ci-devant, ceux qui viroient les plus hautes
„barres, incommodoient ceux qui viroient les plus baffes, ou en étoient
„incommodez; il arrivoit même que les plus hautes barres étoient trop hau-
„tes, ou trop baffes, par raport à ceux qui viroient, lefquels ne pouvoient
„agir avec tant de force que fi les barres avoient été à la jufte hauteur qu'il
„auroit fallu. Il arrivoit encore que ceux qui viroient à l'un des bouts ou
„des côtés de la barre, la faifoient baiffer ou hauffer, en forte que ceux qui
„étoient à l'autre bout, fe trouvoient hors de portée de déploier leurs for-
„ces. Cette maniére des demies barres vient des Anglois.

CABESTAN double. *Dubbelde fpil, Spil boven en onder.*

C'eft un Cabeftan où l'on peut doubler les forces pour travailler; ce qu'on
fait en mettant des gens fur les deux ponts, pour les faire virer. Il eft pofé fur le premier pont, entre le grand mât & l'écoutille des vivres, vers
l'artimon, & s'élève jufques à quatre ou cinq piés de hauteur au-deffus du
fecond pont. C'eft fur ce fecond pont qu'eft pofé le cabeftan fimple, entre la grande écoutille & l'écoutille de la foffe aux cables. Il fert à faire
iffer les mâts de hune & les grandes voiles, où l'on n'a pas befoin de tant
de force qu'il en faut pour enlever les ancres.

CABESTAN à l'Angloife. *Spil op fijn Engelfch, met halve boomen.*

C'eft celui où l'on n'emploie que des demi-barres, & qui, à-caufe de cela,
n'eft percé qu'à moitié. Il eft plus renflé que les cabeftans ordinaires.

CABESTAN volant. *Een los Spil.*

C'eft celui qu'on peut tranfporter d'un lieu à un autre. Voiez, Vindas.

VIRER au cabeftan, Pouffer au cabeftan, *Winden.*

C'eft-à-dire, Faire joüer le cabeftan.

ALLER au cabeftan, Envoier au cabeftan. *De Schips-jongens voor de fpil ftraf-
fen.*

C'eft quand les garçons, ou pages du vaiffeau, ont commis quelque faute,
le Quartier-maître a droit de les faire aller au cabeftan, pour les y châtier.

On

On y envoie aussi les matelots. Tous ces châtimens, qu'on fait au cabestan chez les François, se font au pié du grand mât chez les Hollandois, Quiconque prendra querelle dans le bord avec son camarade, & le frapera d'un bâton, sera mis aux fers, pendant huit jours, au pain & à l'eau; & en cas de plaie, sera batu au cabestan de douze coups de corde, par le Prévôt de l'équipage. Les soldats qui quitteront leur quart, ou garde, sans être relevez, seront mis sur une barre du cabestan, avec deux boulets aux piés, pendant deux heures, deux jours consécutifs. Châtier au pié du grand mât se dit en Hollandois, *Laarsen*, *Bridsen*.

CABILLOTS. *Wandt-klooten.*

Ce sont de petits bouts de bois, qui sont faits comme les boutons des Recollets, que l'on met aux bouts de plusieurs herses qui tiennent aux grands haubans, pour servir à tenir les poulies de pantoquiére.

CABILLOTS. *Kuvijn-naagels*, *Karviel-naagels.*

Ce sont aussi de petites chevilles de bois, qui tiennent aux chouquets avec une ligne, & qui servent à tenir la balancine de vergue de hune, quand les perroquets sont serrez.

CABLE. *Kaabel*, *Kabel*, *Kaabel-touw*, *Anker-touw*, *Touw.*

C'est une grosse corde faite de trois hansiéres, dont chacune a trois tourons. Il sert à tenir un vaisseau en rade, ou en quelque autre lieu. On apelle aussi cables les cordes qui servent à remonter les bateaux, & à élever de gros fardeaux dans les bâtimens par le moien des poulies. Il y a ordinairement quatre cables dans les vaisseaux, & le plus gros s'apelle Maître cable. Ce maître cable est long de six-vingts brasses, & cela est cause que le mot de cable se prend aussi pour cette mesure; de-sorte que quand on dit, qu'on mouilla à deux ou à trois cables d'un vaisseau, on veut dire, à deux cents-quarante, ou à trois cens-soixante brasses de ce vaisseau. *'t Schip wierdt twee of drie strecken uit des anders stroom geankert.* Voiez, Corde & Cordage.

„Les cables, soit petits ou gros, sont toujours compoſez de trois tourons.
„Quand ils sont trop retors ils crèvent aisément; quand ils sont trop mous
„ils rompent. Lors qu'un cable est tors comme il faut, on en détord
„trois ou quatre tours, afin que le reste demeure mieux en état.
„Pour faire un cable on se sert de bâtons qu'on y passe, afin que les torons
„& les hansiéres tournent mieux les unes sur les autres; & l'on suspend
„aux bouts quelque chose de fort pesant, afin que rien ne se tortille.
„Il ne va point de vaisseau à la mer qu'il n'ait au-moins trois cables. Le
„cable ordinaire, *Het dagelijks touw*: le maître cable, ou le cable de la
„maitresse ancre, *Plegt-touw*: & le cable d'affourché, *Tui-touw.*
„On proportionne souvent la grosseur du cable de la moienne ancre à la
„longueur du vaisseau, & on lui donne un pouce d'épais par chaque dix
„piés de cette longueur. On se sert bien aussi de ces mêmes cables pour la
„maitresse ancre. Dans les violentes tempêtes on met jusqu'à deux cables
„à une même ancre, afin qu'ils aient plus de force, & qu'en même tems
„l'ancre puisse joüer plus facilement.
„Un vaisseau de cent-trente-quatre piés de long, de l'étrave à l'étambord,
„doit être pourvu de quatre cables, de treize pouces de circonférence, &
„de cent brasses de long, & d'un autre de douze pouces, Tous ensemble
„doivent peser 14560. livres.

　　　　　　　　　　　　　　　　　　　　　　„Mais

,, Mais pour les grands navires de guerre, tels qu'on les conſtruit aujour-
,, dhui, ils ſont pourvus de cables de ſix-vingts braſſes, afin qu'ils joüent plus
,, aiſément ſur l'ancre.   Ces cables ont vingt à vingt-deux pouces de cir-
,, conférence, & ſont compoſez de trois hanſiéres; chaque hanſiére eſt de
,, trois torons; & chaque toron eſt d'environ 600 fils; ſi-bien que le ca-
,, ble entier eſt de 1800 fils, pris à vingt pouces de circonférence, & il doit
,, peſer neuf-mille-cinq-cents livres.
,, Un Ecrivain Flamand dit que le maître cable & le cable ordinaire doi-
,, vent être chacun de quatre, cinq, ou ſix hanſiéres, & de cent-dix à ſix-
,, vingts braſſes, parce que plus le cable eſt long, plus l'ancre tient ferme.
,, Il dit auſſi que le cable de toüei n'eſt qu'une ſimple hanſiére, & qu'on
,, ne s'en ſert que dans les riviéres, & dans les endroits où les bancs ren-
,, dent le chenal étroit, & le ſerrent. Le cable d'affourché ſert avec le cable
,, ordinaire, ou avec le maître cable; parce-que ſi les vaiſſeaux n'étoient que
,, ſur une ancre & ſur un cable, ils ne manqueroient pas de tourner, au pre-
,, mier changement de vent & de marée, & le vaiſſeau décriroit un ſi grand
,, cercle, qu'il pourroit donner contre des bancs, ou des roches; ou ſoufrir
,, d'autres incommodités.
,, Lors donc qu'à la faveur du flot, un vaiſſeau eſt entré dans une riviére, on
,, laiſſe tomber l'ancre ordinaire dans l'endroit où l'on croit qu'il y a bon moüil-
,, lage : enſuite on deſcend l'ancre d'affourché dans la chaloupe, & on la por-
,, te, par l'arriére du vaiſſeau, auſſi loin qu'on le juge à propos; & lors qu'elle
,, eſt moüillée, on vire ſur l'ancre ordinaire, juſques à ce qu'on ait fait roidir le
,, cable d'affourché. Par ce moien, le vaiſſeau ne peut plus, ni par le flot, ni par
,, le juſſant, décrire de cercle plus grand que ſa propre longueur, ni être en dan-
,, ger de donner contre aucun écueil.
,, Le même Auteur dit qu'ordinairement un cable, ou un cordage de trois pou-
,, ces en rondeur, & d'un pouce d'épaiſſeur en croix, ou en diamétre, eſt de qua-
,, rante-huit fils ordinaires.   Et ſur ce pié-là il a dreſſé la table que voici, pour
,, marquer de combien de fils ſont compoſez les divers cordages, ſelon l'épaiſ-
,, ſeur qu'il propoſe.

Circonférence	Pouces	Fils.
3		48
4		77
5		121
6		174
7		238
8		311
9		393
10		485
11		598
12		699
13		821
14		952
15		1093
16		1244
17		1404
18		1574
19		1754
20		1943

S   Voici

„ Voici le moien qu'il donne pour savoir le poids que doit avoir un cable
„ de cent-dix à six-vingts brasses de long. Il faut, dit-il, mesurer l'épaisseur
„ que le cable a dans sa rondeur, & voir dans la table précédente combien
„ il doit y avoir de fils dans cette épaisseur, & multiplier par 4. le nombre
„ des fils; parce que chaque fil, de la longueur qu'il le faut pour filer un
„ tel cable, doit peser environ quatre livres; & par ce moien on aura à.
„ peu-près le poids du cable. Par éxemple; un cable de vingt pouces de
„ circonférence, contenant dix-neuf-cents-quarante-trois fils, pesera sept
„ mille-sept-cents-soixante & douze livres. Et ainsi des autres cables qui
„ ne sont pas encore goudronnez, selon qu'on le peut encore voir dans la
„ table suivante.

Circonférence			Poids
	3		192
	4		308
	5		484
	6		696
	7		952
	8		1244
	9		1572
Un	10	Pouces	1940
Cordage	11	d'épais-	2392
ou	12	seur,	2796
Cable de	13	pèse	3284
	14.		3808
	15		4372
	16		4976
	17		5616
	18		6296
	19		7016
	20		7772

(colonne Poids) Livres.

„ Par cette table on peut connoître combien il faut de fils pour chaque tou-
„ ron, selon l'épaisseur qu'on lui veut donner: car, par éxemple, pour un
„ cable composé de trois tourons, & à qui l'on veut donner dix-huit pou-
„ ces en rondeur, on mettra cinq-cents-cinquante fils, & ainsi des autres.
„ Il faut néammoins prendre garde que si l'on veut faire le cable un peu plus
„ serré qu'à l'ordinaire, il sera plus court & plus mince; & si on le veut
„ faire plus lâche, il sera plus long & plus gros.
„ Ce même Ecrivain tire de la largeur du vaisseau les proportions des cables.
„ Il donne autant de demi-pouces d'épaisseur en rond, ou de circonférence,
„ au maître cable, que le vaisseau a de piés de largeur. Il fait tous les ca-
„ bles presque d'égale grosseur, pour les navires de guerre, & pour ceux
„ qui vont aux Indes, & qui portent beaucoup de gens d'équipage. Mais
„ au regard des vaisseaux marchands, dont les équipages sont foibles, il ne
„ leur donne qu'un gros cable pour maître cable, & il fait le cable ordinai-
„ re d'une huitième plus leger, & le cable d'affourché, encore plus leger
„ d'une autre huitième.

COU.

COUPER, Tailler le Cable. *'t Touw kappen, af-kappen, kerven.*

Pour dire, le couper à coups de hache fur l'écubier, & abandonner l'ancre, afin de mettre plus vîte à la voile ; foit pour éviter d'être furpris du gros tems, foit dans le deffein de chaffer fur l'ennemi, ou de prendre chaffe vous-même, n'aiant pas le loifir de lever l'ancre, & de retirer le cable. On laiffe alors une boüée fur l'ancre, atachée avec une corde nommée horin, par le moien de laquelle on fauve l'ancre & le cable qui y tient, lors qu'on a le loifir ou la commodité d'envoier au même endroit.

BITTER le Cable. Voiez, BITTER.

LOVER un Cable. *'t Kaabel rondt-fchieten, opfchieten.*

C'eft le mettre en rond, en maniére de cerceau, pour le tenir prêt à le filer, & en donner ce qu'il faut pour la commodité du moüillage.

DONNER le cable à un vaiffeau. *De paard-lijn aan een ontramponneerde, of log fchip toefmakken, of gooijen, om 't na te fleepen.*

C'eft fecourir un vaiffeau qui eft incommodé, ou pefant à la voile ; ce qu'on fait en le toüant, ou en le remorquiant par l'arriére d'un autre vaiffeau. On dit auffi, Tirer en oüaiche.

LAISSER traîner un cable fur le fillage du vaiffeau. *Een touw agter uit laaten drijven.*

C'eft pour retarder le vaiffeau, & pour le faire porter plus droit. Comme j'étois parmi ces Corfaires je reconnus qu'ils ne fe fervoient pas toujours de leurs cables pour le moüillage, qui en eft l'ufage ordinaire ; & voici comment ils l'emploiérent à une rufe pour atraper des vaiffeaux marchands. Le Capitaine aiant un jour aperçu deux bâtimens chargez pour Génes, qui étoient au vent de lui, réfolut de les atirer, en contrefaifant le méchant voilier, bien-que fon vaiffeau fût extrémement fin de voiles. Il laiffa traîner un cable fur fon fillage, qui rallentiffoit la courfe de notre vaiffeau, & donna loifir aux deux bâtimens de nous joindre. Peut-être même croioientils nous donner chaffe. Mais le Corfaire aiant vîtement lové fon cable, porta fur eux, & leur envoia cinq ou fix bordées, qui les defemparérent, de-forte qu'il s'en rendit maître.

LES CABLES ont un demi tour, ou un tour. *De Kaabels zijn onklaar, of met eenige flagen.*

C'eft lors-qu'un vaiffeau, qui eft moüillé & affourché, a fait un tour ou deux, en obéiffant au vent, ou au courant de la mer, en-forte qu'il ait croifé, ou cordonné près des écubiers les cables qui les tiennent.

FILER du Cable. *Bot geven, Vieren.*

C'eft lâcher & laiffer defcendre le cable.

FILER le cable bout par bout. Voiez, FILER.

LE CABLE apique. *Het Kaabel komt op en neer.*

C'eft lors-que le vaiffeau, aprochant de l'ancre qui eft moüillée, le cable commence à fe roidir pour être à pic, c'eft-à-dire, perpendiculaire.

CABLEAU. *Boots-touw.*

On fe fert de ce mot, pour dire le diminutif d'un cable, c'eft-à-dire la corde qui fert ordinairement d'amarre à la chaloupe d'un vaiffeau, lors qu'elle eft moüillée.

CABLER. *Kabel-flaan, Touw-flaan.*

                    C'eft

C'eſt un terme de Cordier, pour dire, Aſſembler pluſieurs fils, & les tor-
tiller, afin de n'en faire qu'une corde. Cabler de la ficelle.

CABOTER. *Af en aan leggen, of houden ; Hengelen.*

C'eſt aller de cap en cap, & de port en port ; naviguer le long des côtes ;
ainſi il faudroit dire, Capoter, mais l'uſage prévaut ſur l'étimologie. Si
cette barque ne peut ſervir aux grandes traverſées, on l'emploiera au cabotage. Ce bâtiment n'eſt propre qu'au cabotage. Nos galiotes, qui étoient
acoutumées à caboter, ne perdirent point ces deux caps de vüe. Les Corſaires ne font le plus ſouvent que caboter.

CABRE. *Krikkemik.*

C'eſt une eſpéce de chévre, compoſée de deux ou trois pieux, joints enſemble par le haut, qui s'étendent beaucoup par le bas ; au haut deſquels
on met une poulie de caliorne avec une étague, pour enlever, ou plutôt
pour tirer des fardeaux. C'eſt avec cette machine qu'on retire les groſſes
piéces de bois de conſtruction, qui ſont ſur les rivages des riviéres, ou aux
bords des ateliers. Les pieux dont le cabre eſt compoſé s'apellent en Flamand, *Bëenen ;* la caliorne, ou plutôt le palan, *Taakel ;* l'étague, *Mantel ;* & la poulie, *Strop-blok,* ou *Katte-blok.*

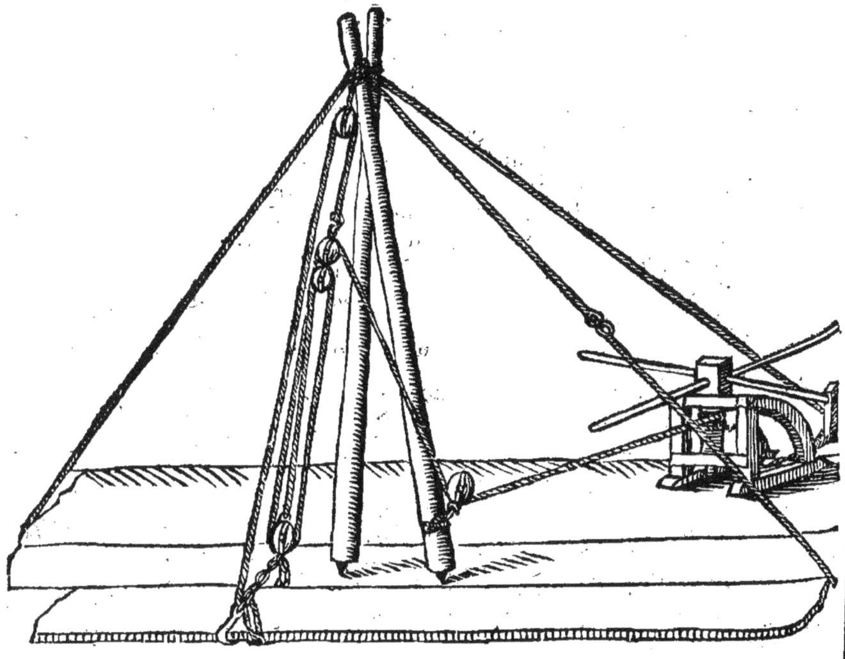

CABRIONS. *Klampen onder de wielen.*

Ce ſont des piéces de bois qu'on met derriére les afûts des canons, quand
la mer eſt groſſe, afin d'empêcher qu'ils ne briſent leurs bragues & leurs palans.

CADENE

CADE'NE. *Ketting.*
  C'eſt une chaîne.
CADE'NES de hauban. *Putting, Puttingen.*
  Ce ſont des chaînes de fer, au bout deſquelles on met un cap de mouton,
  pour ſervir à rider les haubans.
  „On voit à chaque porte-hauban une cadéne, ou chaîne de fer, faite d'une
  „ſeule barre recourbée, & qui ſurmonte. Il y a une corde qui y eſt amar-
  „rée, & qui paſſant dans les trois trous du cap de mouton que la cadéne
  „environne, & qui ſervent comme de roüets, tient ferme les haubans, &
  „les fait rider; & contribüe par ce moien à l'afermiſſement du mât. Les
  „cadénes ſont tenües par de bonnes chevilles de fer. Celles des hunes ſont
  „fort longues, & ſur-tout celles qui ſont aux hunes des mâts d'avant &
  „d'artimon, parce que les haubans des mâts qui ſont entez deſſus, ne deſ-
  „cendent pas juſques aux cercles de hune. Il n'y a point de cadénes à la
  „hune de beaupré. Les cadénes qui ſont aux porte-haubans, font rider les
  „haubans par le moien des palanquins; mais les haubans des hauts mâts ne ſe
  „rident qu'avec des caps de mouton.

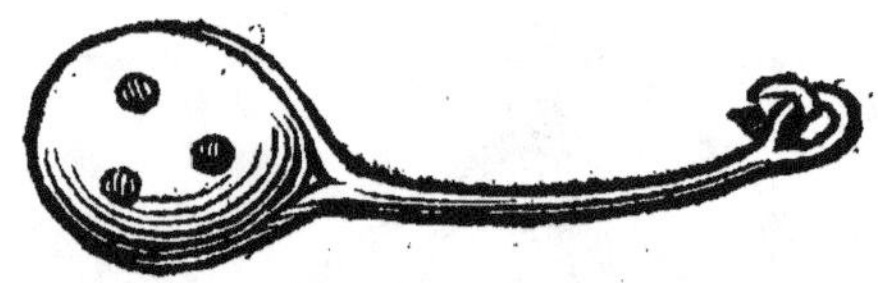

  „Il y a auſſi dans les grands porte-haubans, deux longues barres de fer pla-
  „tes, qui ſont mobiles, & qu'on apelle pareillement Cadénes, *Puttings:*
  „l'une ſert à mettre le palan qui ride les grands haubans, & l'autre ſert à
  „deſcendre la chaloupe à la mer, ou à la haler à bord. Outre, cela il y a
  „dans les petits porte-haubans de groſſes cordes avec des roüets de poulie,
  „où l'on paſſe d'autres palans & des palanquins, pour embarquer & débar-
  „quer de gros fardeaux.
CADRE de charpente. *Raamt.*
  C'eſt l'aſſemblage quarré de quatre groſſes piéces de bois.
CADRE. *Raamt.*
  C'eſt un quarré fait de quatre piéces de bois médiocrement groſſes, miſes
  en quarré long, & entre-laſſées de petites cordes. Il ſert à y mettre un
  matelas ſur lequel on ſe couche.
CAGE. *Mars.* Voiez, Hune.
  C'eſt une eſpéce d'échauguette, qui eſt faite en cage, à la cime du mât d'un
  vaiſſeau: on lui donne le nom de hune ſur l'Océan, & celui de gabie ſur
  la Méditerranée.
CAGOUILLE, Volute du revers d'éperon. *Krul, Knop van 't galioen.*
  C'eſt ce qui fait un ornement au haut du bout de l'éperon d'un vaiſſeau.
  Voiez, Revers d'éperon.
CAGUE. *Kaag, Kaeg.*
  C'eſt une ſorte de bâtiment Hollandois dont voici un devis.
  „La Cague dont il s'agit, a quarante-ſept piés de long de l'étrave à l'étam-
                    S. 3   „bord,

„bord; douze piés six pouces de large de dedans en dedans; & quatre piés
„deux pouces de creux. L'étrave a neuf piés de haut; un pié de large par
„le haut, & cinq piés & demi de quefte. L'étambord a fept piés huit pou-
„ces de haut, & trois piés de quefte : il a fept pouces d'épais en-dedans,
„& cinq pouces en-dehors; & un pié de large par le haut. La fole a huit
„piés cinq pouces & demi de large, & quatre pouces d'épais. Les varan-
„gues ont trois pouces & demi d'épais, & font à un pié de diftance l'une
„de l'autre; les genoux font à même diftance, aïant quatre pouces d'épaif-
„feur vers le haut, & cinq pouces de largeur. Le bordage a un pouce &
„demi d'épais, & la ceinte en a quatre & demi, & autant de largeur. Le
„bordage au-deffus de la ceinte a un pié de large. La ferre-goutiére, qui
„eft au-deffus, a un pié fept pouces de large, & deux pouces d'épais; &
„cinq pouces de large en-dedans. La couverte de l'avant a quinze piés de
„long. La carlingue a un pié deux pouces de large, & trois pouces d'é-
„pais. Le cornet du mât s'élève d'un pié fept pouces au-deffus du tillac,
„& a quatre pouces d'épais : fon étendüe en-dedans eft de treize pouces d'é-
„pais, & quinze pouces de large. L'écoutille qui eft au-devant a fept piés
„fept pouces de long. La lifle a un pouce & demi d'épais. La couverte
„de l'arriére a quatre piés huit pouces de long, & deux écoutilles. Le
„traverfin d'écoutille a deux pouces d'épais, & quatre pouces de large.
„Les courbatons ont quatre pouces d'épais & cinq de large. La ferre-gou-
„tiére a un pié neuf pouces de large. Derriére le mât il y a un bau où
„les femelles font atachées, & un autre au bout de la couverte de l'arriére.
„Les femelles ont onze piés & demi de long; deux piés de large par-de-
„vant; quatre piés & demi par derriére; & deux pouces & demi d'épaif-
„feur. Le gouvernail a deux piés & demi de large par le haut, quatre
„piés cinq pouces & demi par le bas, & d'épaiffeur par-devant autant que
„l'étambord; mais il eft un peu plus mince par-derriére. La barre du gou-
„vernail a huit piés de long, quatre pouces d'épais, & cinq de large. Le
„mât a quarante-cinq piés de long, & neuf palmes de circonférence. Le
„balefton a cinquante piés de long. Il y a dans les courcives un taquet
„au-deffus de chaque courbaton. Les branches fupérieures des genoux abou-
„tiffent fur la préceinte.

CAIC. *De Sloep van een Galey.*

C'eft l'efquif deftiné au fervice d'une galére,

CAIC, Caics. *Caics.*

„Ce font de petites barques, dont les Cofaques fe fervent pour naviguer
„fur la mer Noire. Ils y mettent quarante ou cinquante hommes d'équi-
„page, qui font tous foldats, & ils vont ainfi en courfe. Les bâtimens
„font tout-couvers de peaux de bêtes.

CAICHE. Sorte de bâtiment. Voiez, Quaiche.

CAIES. *Sagte Klippen.*

C'eft un banc de fable, ou de roche, couvert d'une vafe épaiffe, ou de
quantité d'herbages: beaucoup de petits bâtimens s'y échoüent, mais la
plupart s'en relèvent fans danger. Quelques-uns écrivent Cayes & Caiches, & apellent ces bancs de fable, Roches molles.

CAILLEBOTIS. *Roofter, Roofter-werk, Traalie, Traalie-werk, Traalie-luik,
Traalie-luikje.*

C'eft

Kaagh.   Cague.

D.S. Fecit

C'eſt une eſpéce de treillis faits de petites piéces de bois entrelaſſées & miſes à angle droit. Ils ſont bordez par des hiloires, & on les place au
milieu des ponts des vaiſſeaux. Les caillebotis ſervent non-ſeulement à
donner de l'air à l'entre-deux des ponts, mais encore à faire exhaler, par
cet ſortes de treillis, la fumée du canon qui tire ſous les tillacs. On met
des prelarts ſur les caillebotis pour les couvrir.

„Dans un vaiſſeau de cent-trente-quatre piés, les hiloires du grand caillebo-
„tis doivent avoir neuf pouces de large, & cinq pouces d'épais, & le cail-
„lebotis doit avoir ſept piés de large dans ſon milieu. Les vaſſoles doivent
„avoir deux pouces & demi de large, & deux pouces d'épais. Les lattes
„doivent avoir trois pouces & demi de large, & demi-pouce d'épais.
„Le petit caillebotis qui eſt derriére le mât, doit avoir trois piés en quar-
„ré; les hiloires ſept pouces en quarré; les lattes trois pouces & demi de
„large, & demi-pouce d'épais : elles ſont poſées ſur les vaſſoles, par la
„longueur du vaiſſeau.
„Le caillebotis qui eſt devant la grande écoutille, & celui qui eſt ſur le
„château d'avant doivent être de même largeur. Les hiloires de ce der-
„nier doivent avoir huit pouces de large, & quatre pouces d'épais; les vaſ-
„ſoles un pouce & demi de large, & deux pouces d'épais; les lattes trois
„pouces & demi de large, & demi-pouce d'épais. C'eſt à-peu-près la
„même choſe pour le caillebotis qui eſt devant la grande écoutille.

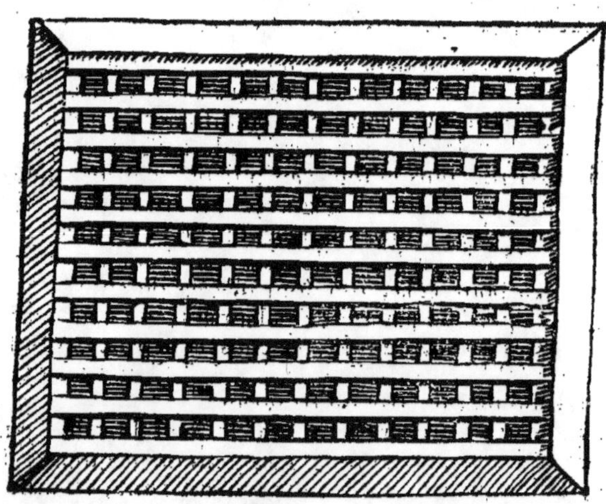

CAJOLER. *Met eb, of vloedt opdrijven; In de windt opdrijven.*
   C'eſt mener un vaiſſeau contre le vent, à la faveur du courant.
CAJOLER. *Met korte gangen laveeren.*
   C'eſt faire de petites bordées, ou atendre ſous voiles, en faiſant peu de
route.
CAIQUE. *Een Schuit op de Middelandtſe Zee.*
   C'eſt un petit bateau du Levant, dans la mer Méditerranée.
CAISSE de Poulie. Voiez, Mouffle.
CAISSONS. *Kaſſen, Kiſten.*

Ce font les cofres qui font atachez fur le revers de l'arriére d'un vaiſ.
ſeau.

CAISSONS. Terme d'Ingénieur. *Vuur-kiſten.*

Ce font les cofres, ou caiſſes, où l'on tient les artifices.

CAJUTES. *Kooijen.*

On apelle ainſi les lits des vaiſſeaux qui font, la plupart, emboîtez autour du
navire. Voiez, Cabane.

CALANGUE, Cale. *Een ſluip-haven.*

C'eſt un abri fur la côte, derriére quelque hauteur, où de médiocres bâtimens
peuvent être à-couvert des vents & des flots. Ils entrérent dans une ca.
langue d'où ils ne purent ſortir.

CALE. Fond de cale. *Ruim.*

C'eſt la partie la plus baſſe d'un navire, qui entre dans l'eau, ſous le franc.
tillac. Elle s'étend de poupe en proüe, & eſt dans un bâtiment de mer
ce qu'une cave eſt dans un bâtiment de terre. Le fond de cale du vaiſſeau
eſt au-deſſus de la carlingue juſques au franc-tillac, ou premier pont. C'eſt
le lieu où l'on met les munitions, & les marchandiſes.

„On tient le fond de cale plus large dans les vaiſſeaux qu'on deſtine pour
„charger à cueillette ou au quintal, que dans les autres ; parce-que la di.
„verſe maniére des paquets, des tonneaux, des caiſſes, & de toutes les cho.
„ſes qu'on y charge, fait qu'il eſt plus difficile de les bien arrimer ; &
„on ne peut empêcher qu'elles n'ocupent beaucoup d'eſpace.

„Il n'y a point d'uſage particulier pour les fronteaux, cloiſons ou cliſſons,
„& ſéparations qui ſe font dans le fond de cale : chacun en uſe à ſa manié-
„re. Dans la plupart des navires de guerre, on y place la cuiſine devant
„le grand mât, à trois ou quatre piés de diſtance, par le travers du vaiſ-
„ſeau ; & l'on place la dépence derriére la cuiſine. Après cela vient la
„chambre du Maître, puis la ſoute au biſcuit, devant laquelle eſt la cham-
„bre de l'Eſquiman, où ſont logez avec lui divers autres Oficiers. Mais
„dans les vaiſſeaux des premiers rangs, on ne fait point de chambre pour
„l'Eſquiman. On ſerre les voiles dans la chambre du Maître, en des
„caiſſes deſtinées pour cela, qui ſont placées du côté de la ſoute aux pou-
„dres. On voit preſque par-tout des hamacs, où couchent les gens de l'é-
„quipage, hormis dans la cuiſine, & dans la dépence. On fait auſſi des ca-
„banes pour les ſoldats, vers l'avant dans la foſſe aux cables, qui eſt ſéparée
„du reſte du fond de cale par un fronteau.

„Dans les vaiſſeaux marchands on tient le fond de câle, ou rum, vuide,
„pour y mettre les marchandiſes. Les gens de l'équipage ſe logent dans
„les hauts ; & l'on place la cuiſine ſur le haut pont, ou dans le gaillard d'a-
„vant.

„Quand il arrive que le feu prend au vaiſſeau, & qu'on ne ſait plus com-
„ment l'éteindre, on a recours à faire un trou dans le fond de cale, pour
„y faire entrer l'eau, & tâcher de ſauver le vaiſſeau par ce moien.

CALE. Donner la cale. *Van de ree laaten vallen, of loopen.*

C'eſt une ſorte d'eſtrapade marine, à laquelle on condamne ceux de l'équipage, qui ſont convaincus d'avoir volé, blasfémé, ou excité quelque re-
volte. Il y a la cale ordinaire, & la cale ſèche. Lors qu'on donne la cale
ordinaire, on conduit le criminel vers le platbord, au-deſſous de la grande
vergue,

vergue, & là on le fait aſſéoir ſur un bâton, qu'on lui paſſe entre les jambes, afin de le ſoulager. Il embraſſe un cordage auquel ce bâton eſt ataché, & qui répond à une poulie ſuſpendüe à un des bouts de la vergue.
Cependant trois ou quatre matelots hiſſent cette corde, le plus promtement qu'ils peuvent, juſques-à-ce qu'ils aïent guindé le patient à la hauteur
de la vergue; après quoi ils lâchent le cordage tout-à-coup, ce qui le préci-
pite dans la mer. Quelquefois, quand le crime eſt tel, qu'il fait condamner celui que l'on veut punir, à une chute plus rapide, on lui atache un
boulet de canon aux piés. Ce ſuplice ſe réïtére juſques à cinq fois, ſelon
que la Sentence le porte. On l'apelle Cale Sèche, quand le criminel eſt
ſuſpendu à une corde racourcie, qui ne deſcendant qu'à quelques piés de
la ſurface de l'eau, empêche qu'il ne plonge dans la mer. Ce châtiment
eſt rendu public par un coup de canon qu'on tire, pour avertir tous ceux
de l'eſcadre, ou de la flote, d'en être les ſpectateurs.

DONNER la grande Cale, ou Donner la Cale par-deſſous la quille. *Kielen,
Kiel-haalen.*

„C'eſt une ſorte de punition qu'on pratique parmi les Hollandois, en cette
„maniére. On mène le coupable au bord du vaiſſeau, & on y atache une
„corde, au milieu de laquelle il eſt lié par le milieu du corps; ou-bien,
„on amène la vergue ſur le vibord, & aïant mis le coupable ſur le bout,
„on y atache la corde. Autour de ſon corps on met quelque choſe de pe-
„ſant, ou-bien on l'atache à ſes piés. La corde eſt auſſi longue qu'il faut
„pour paſſer ſous la quille du vaiſſeau. Un des bouts en eſt tenu de l'au-
„tre côté, par quelques-uns des plus forts matelots de l'équipage; & l'au-
„tre bout eſt celui qui eſt ataché au vibord, ou à la vergue. Le coupa-
„ble, à l'ordre qu'en donne le Quartier-maître, étant jetté à la mer, ceux
„qui tiennent la corde à l'autre bord du vaiſſeau, la tirent le plus vîte
„qu'ils peuvent, de-ſorte qu'il paſſe avec une grande rapidité, dans l'eau,
„ſous la quille. On recommence même quelquefois, & on le jette autant
„de fois que la Sentence le porte. Ce châtiment eſt rude & dangereux,
„car le moindre defaut de diligence ou d'adreſſe, de la part de ceux qui ti-
„rent la corde, ou quelque autre petit accident, peut être cauſe, que ce-
„lui qu'on tire, ſe rompe ou bras, ou jambes, & même le cou, ou quel-
„que autre partie du corps; ſi-bien qu'on le met au rang des peines capita-
„les.

CALE. *Een Sluip-haven.*

C'eſt un abri ſur la côte, derriére quelque hauteur d'un terrein élevé, qui
eſt propre à tenir de petits bâtimens à-couvert du vent, & de la fureur des
flots. Quelques-uns diſent Calange. Le vaiſſeau de ce Corſaire s'éroit
mis en embuſcade derriére une cale, & vint fondre ſur notre brigantin,
qui rangeoit la côte; & après l'avoir enlevé, il ſe retira derriére la même
cale, parce-qu'il y avoit aparence de mauvais tems.

CALE. *Een ſteilagtig ſtrandt.*

C'eſt auſſi un lieu fait en talus, où l'on monte, & d'où l'on deſcend ſans
marche.

CALE. *Lood, Looden.*

Ce mot ſe dit encore d'un plomb dont on ſe ſert à faire enfoncer l'hameçon
au fond de l'eau, dans la pêche de la morüe.

T

CALE.

CALE. *Een Stutje, of Spaantje.*

C'eſt un morceau de bois que les Charpentiers mettent entre deux piéces de bois, afin d'en remplir le vuide, & de les preſſer; & qui ſert auſſi à les hauſſer, & à les tenir fermes.

CALE-BAS, Cargue-bas, Cal-bas, Carque-bas. *Raake-taalie.*

C'eſt un cordage qui ſert à amener les vergues des pacfis. Il eſt amarré par un bout au racage de l'un de ces pacfis, & par l'autre bout, à un arganeau qui eſt au pié du mât; & ce cordage eſt un palan ſimple.

CALE-BAS. *Taalie-reep.*

C'eſt auſſi un petit palan, dont on ſe ſert à la mer, pour rider le grand etai.

CALER. *Induiken, In 't waater diep gaan.*

C'eſt enfoncer dans l'eau. La charge de ce vaiſſeau le fait caler ſi bas dans l'eau, que ſa batterie d'entre deux ponts eſt noïée.

CALER les voiles, ou Caler autre choſe. *Strijken, Neer-laaten.*

C'eſt amener, ou abaiſſer les voiles avec les vergues, en les faiſant gliſſer & deſcendre le long du mât. On dit à préſent, preſque toujours, Amener les voiles; & très-rarement, Caler les voiles.

CALER. *Een ſtutje onder-ſetten, Een ſpaantje onder-ſteeken.*

C'eſt un terme de Charpentier, qui ſignifie, Mettre un morceau de bois ſous quelque ouvrage de charpenterie, pour le tenir ferme.

CALE. *Loſſe, Laat vallen.*

C'eſt un commandement qui ſe fait, pour laiſſer tomber tout-d'un-coup ce que l'on tient ſuſpendu.

CALE tout. *Los al.*

CATFAS. *Kalfaateering.*

C'eſt le radoub d'un navire, qui ſe fait lors qu'on en boûche les trous, & qu'on les enduit de ſuif, de poix, de goldron, afin d'empêcher qu'il ne faſſe eau: ou-bien, c'eſt une étoupe enduite de brai, que l'on pouſſe de force dans les joints, ou entre les planches du navire, pour le tenir ſain, étanche & franc d'eau. Ce terme s'emploie pour ſignifier l'ouvrier, & l'ouvrage auſſi.

CALFAT, CALFATEUR, Calfas, *Breeuwer, Klouwer.*

C'eſt un Oficier de l'équipage, qui a ſoin de donner le radoub aux vaiſſeaux qui en ont beſoin, & qui, ſoir & matin, examine le corps du bâtiment, pour voir s'il ne manque point de cloux, ni de chevilles; s'il n'y en a point qui ſoient mal-aſſurées; ſi les pompes ſont en bon état; & s'il ne ſe fait point quelque voie d'eau, afin de l'arrêter. Il doit avoir l'œil particuliérement à l'endroit de l'étrave, qui eſt l'endroit le plus expoſé aux accidens de la mer; & aux carènes & œuvres de marée. Il éxamine ſi l'étoupe eſt bien pouſſée dans les jointures, & dans les fentes du bordage. Lorsqu'il y a combat, il ſe tient à la foſſe aux cables, avec des plaques de plomb, & autres choſes néceſſaires, & ſe met à la mer, pour boûcher par-dehors les voies d'eau qu'on découvre. Notre frégate aïant reçu des coups à l'eau, le Calfateur chercha pour découvrir la voie d'eau, qui venoit de l'avant; & l'aïant trouvée, il la boûcha avec des plaques de plomb, garnies d'étoupe. Ce mot de Calfat ſignifie quelquefois le radoub, auſſi-bien que l'ouvrier qui radoube.

C A L.

CALFAT. *Werk-beytel.*
C'est l'instrument qui sert au Calfas, pour calfater un vaisseau.

CALFAT-à-fret. *Spijker-yser.*
C'est un certain instrument, qui a le bout à demi rond, & avec lequel on cherche autour des têtes des cloux & des chevilles, s'il n'y a point quelques ouvertures, afin d'y pousser des étoupes, pour les boûcher.

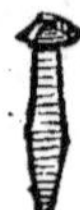

CALFAT simple. *Klavaats-ijser.*
C'est un instrument plus large que le premier, & un peu coupant : on s'en sert à faire entrer l'étoupe jusqu'au fond de la couture.

CALFAT double. *Rabat-yser.*
Il est raïé, & paroît comme double par le bout : on s'en sert à rabatre les coutures.

CALFATAGE. *Kalefaating.*
C'est l'étoupe qui a été mise à force, dans la couture du vaisseau.
CALFATER, CALFADER. Calfeutrer. *Kalefaaten, Kalefaateren, Breeuwen.*
C'est boûcher les fentes des jointures du bordage, ou des membres d'un vaisseau, avec ce qui peut être propre à le tenir sain & étanché, en-sorte qu'il ne puisse y entrer d'eau : on se sert pour cela de planches, de plaques de plomb, d'étoupes, & d'autres matiéres. Nous demeurâmes deux jours à la bande, ocupez à calfater nos voies d'eau.
CALFATER. Pousser l'étoupe dans les coutures. *Drijven.*
CALFATER les sabords. *De poorten breeuwen, Poorten kalefaaten en digt maaken.*

C'est

C'eſt emplir d'étoupe le vuide du tour des ſabords, ainſi que les coutures du vaiſſeau; on ne fait ce calfatage que quand on eſt obligé de tenir la mer.

CALFATEUR. Voiez, Calfat.

CALFATIN, *Breeuwers-maat, Breeuwers-knegt.*

C'eſt celui qui ſert le Calfateur.

CALIBRE. *Caliber, Mondts-diameter, Wijdte van de tromp van een ſtuck geſchuts.*

C'eſt la largeur de la bouche d'un canon, l'ouverture d'un mouſquet & de toute autre arme-à-feu, par où la bale entre & ſort. Les calibres des canons deſtinez pour les vaiſſeaux du Roi de France, ſe trouvent ſous le mot Canon.

CALIBRE de boulet. *Kogels-diameter, Caliber.*

On dit qu'un boulet, qu'une bale eſt de calibre, pour dire, qu'elle eſt proportionée à la groſſeur de la piéce pour laquelle elle eſt deſtinée.

BALE de gros Calibre. *Kogel tot 't grof geſchut, of musket.*

BALE de petit Calibre. *Kogel tot 't klein geſchut, of musket, tot de gootelingen.*

CALIBRE. *Mal.*

C'eſt un inſtrument de cuivre, ou de bois, qui ſert aux Ingénieurs-à-feu, pour leur faire trouver l'ouverture d'un canon, ou d'un mortier, de la largeur qu'il la faut pour le boulet dont ils le veulent charger.

CALIBRE. *Mal.*

C'eſt auſſi un bout d'ais, entaillé par le milieu, dont les Charpentiers ſe ſervent pour prendre des meſures. C'eſt encore un morceau de bois, coupé en creux, à angle droit, pour refaire le bois d'équerre; ce qui veut dire le mettre d'équerre.

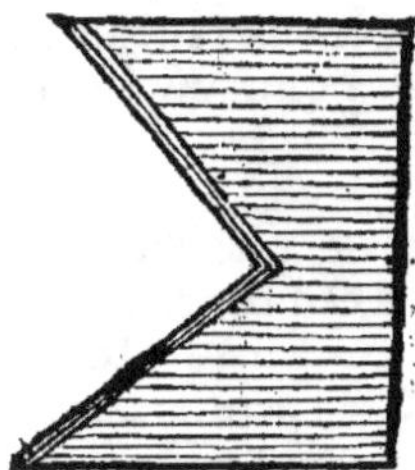

CALIBRE. *Schetz van een ſchip, Model.*

C'eſt un modèle qu'on fait pour la conſtruction d'un vaiſſeau, & ſur lequel on prend ſa longueur, ſa largeur & toutes ſes proportions; c'eſt la même choſe que Gabarit.

CALIBRER, Faire de calibre. *De Koogels door de mal-gaaten laaten gaan, om de ſelve af te meeten; De ſtuk-kogels vormen, of op de wijdte en caliber van 't geſchut maaken.*

On dit, Calibrer des boulets de canon, pour dire, les paſſer dans un inſtrument de cuivre, ou de bois, apellé Calibre, afin qu'ils ſoient proportionez à la groſſeur des canons.

CALINGUE, Carlingue, Contre-quille. Voiez, Carlingue.

CALIORNE. *Jijn, Gein, Gijn.*

La Caliorne eſt un gros cordage, paſſé dans deux moufles à trois poulies chacun, dont on ſe ſert pour guinder & lever de gros fardeaux. On l'atache quelquefois à une poulie ſous la hune de miſéne, & quelquefois au grand étai, au-deſſus de la grande écoutille.

CALME. *Kalmte, Stilte, Stil-weer.*

C'eſt une ceſſation entiére de vent. On dit ſur mer, Calme tout-plat, pour dire qu'il ne fait point-du-tout de vent.

MER Calme. *Vlak-waater, Vlak-zee, Stil-zee, Effen-zee.*

ETRE pris de calme. *In de kalmte leggen.*

C'eſt demeurer ſans aucun vent, en-ſorte qu'on ne va plus qu'au gré du courant de la mer.

TOMBER dans le calme. *In kalmte vervallen.*

C'eſt la même choſe.

CALMER, Apaiſer la témpête. *'t Onweer ſtillen, of doen ophouden.*

CALMER, Devenir calme. *Beſtillen, Bedaaren, Stil worden.* Le tems étoit calmé.

IL CALME, Il commence à calmer. *Het wordt ſtil weer, De windt gaat leggen, De zee ſtilt.*

C'eſt pour dire que le vent diminüe.

CALME tout-plat, Plein calme. *Doodt-ſtil.*

LE Calme qui ſurvient. *De tuſſchen-komende ſtilte.*

IL Y EUT calme dans le parage où ſe donna le combat. *Daar men gevogten heeft, wierdt de windt doodt-geſchooten.*

Le grand nombre de coups de canon qui ſe tirent dans une bataille, fait preſque toujours calmer.

CAMAGNES. *Kooijen.*

Ce ſont des lits de vaiſſeau, dont la plupart ſont emboîtez autour du navire. Ce terme de Camagne n'eſt point uſité dans le Ponant. Voiez, Cabane, & Cajute.

CAMBRER. *Boogen.*

C'eſt courber les membrures, planches, & autres piéces de bois, pour quelque ouvrage cintré. La cambrure ſe fait en préſentant au feu ces piéces de bois, qu'on a ébauchées en-dedans, & en les laiſſant entretenües quelque tems par les outils que les Charpentiers apellent Sergens.

CAMPAGNE. Faire une Campagne ſur mer. *Zee-togt, Een Zee-togt doen.*

C'eſt le tems de chaque année, où l'on peut tenir les armées navales en mer.

CANADE. *De portie van de drank voor 't volk, by de Portugeeſen ; of 't Randt-ſoen.*

C'eſt le nom que donnent les Portugais à la meſure de vin, ou d'eau, que l'on diſtribüe par jour à chacun de l'équipage.

CANAL, *Zee-engte, Kanaal.*

C'eſt un intervalle de mer entre deux terres, dont les deux extrémités vont répondre à la grande mer ; ou-bien les eaux qu'elle pouſſe dans les terres. On l'apelle auſſi Détroit, Bras de mer, Manche, Pas ou Paſſe. Le terme de Détroit, eſt plus afecté à quelques Détroits particuliers, comme au Détroit de Gibraltar, qui eft entre l'Afrique & l'Europe, & qui donne l'entrée de l'Océan dans la mer Méditerranée: au Détroit de Babelmandel, qui eft entre l'Afie & l'Afrique, & qui fait communication de l'Océan avec la mer Rouge: au Détroit de Bahama, qui eft le plus fameux des paffages du golfe de la Méxique, dans la mer du Nord. Les termes de Canal & de Manche, font auffi plus afectez à certains Détroits, comme au Détroit qui eft entre la France & l'Angleterre, qu'on apelle Canal, Manche, ou Manche Britannique; & qui s'apelle, Pas de Calais, ou de Douvres & de Calais, à l'endroit où il eft le plus étroit, ceft-à-dire, à fon entrée du côté de la mer d'Allemagne. Le Bofphore de Thrace s'apelle auffi aujourdhui Canal de la mer Noire, & Détroit de Conftantinople. On dit de même, Le Bras de St. Georges.

CANAL ou Lit de riviére. *De boefem van een rivier, De groeve daar een vloedt loopt.*

C'eft la place par où l'eau d'une riviére coule. C'eft auffi une riviére artificielle, & faite de main d'homme, pour communiquer une riviére à une autre. Il y en a un fort grand nombre en Hollande, & quelques-uns en France, comme le Canal de Briare, le Canal de Languedoc; & dans les Païs-bas Efpagnols, Le Canal de Bruges, Le Canal de Bruxelles à Anvers.

FAIRE CANAL. *In zee fteeken.*

Cette façon de parler eft afectée à la navigation des galéres, & des bâtimens de bas-bord. Une galére fait canal, lors qu'elle fait une fi grande traverfée, ou trajet de mer, qu'elle perd la côte de vüe, ou du-moins qu'elle paffe des nuits entiéres au large en mer, fans aprocher de la terre. Nos galéres firent canal de Minorque à Alger.

„CANAUX de l'Y ou Ey, à Amfterdam. *Waalen aan het Y, Walen, Wallen,* „*Wellen.*

„Ce font des canaux extrémement creux, qui ont été faits proche des
„quais, le long de la ville, par où elle eft bornée de la riviére d'Y, tant
„le long du Vieux-côté, que du Nouveau. C'eft-là que font les gros
„vaiffeaux marchands, & quelquefois en fi grand nombre, tant au-dedans
„de l'eftacade, qu'au-dehors, qu'on ne voit que comme une forêt de mâts,
„fans pouvoir percer de l'œil au-travers, ni découvrir les eaux qui font
„derriére. Ces Wales, ou Canaux, font comme féparez de la riviére par
„deux rangs de gros pieux, avec de groffes barriéres, qui ouvrent au ma-
„tin, & qui ferment au foir, dans les endroits où l'on n'a pas continué
„l'eftacade, afin de laiffer des paffages libres aux vaiffeaux. Cette efta-
„cade les enferme comme dans l'enceinte d'une ville, & les tient en fure-
„té, tant à l'égard des atentats des voleurs, ou d'autres gens mal-inten-
„tionez, qu'à l'égard du feu, des orages, & des glaces. Voiez, Commif-
„faires des Canaux de l'Y.

CANAL, ou Creux autour d'une poulie. *Goot.*

C'eft la canelure qui regne autour du roüet d'une poulie.

CANAL de l'étrave. *De holte van de voor-fteven.*

C'eft le bout creufé ou canelé de l'étrave, furquoi repofe le beaupré, quand on n'y met point de couffin.

CANAL de fût de moufquet, ou de fufil. *De holte daar de loop van een musket of roer op legt.*

C'eſt le creux ſur lequel repoſe le canon d'une arme-à-feu.

CANDE', Conflant, Condé, Cognac. *'t Saamenſtootinge van twee rivieren.*
En pluſieurs endroits Candé eſt la même choſe que Conflant : ainſi on apelle Candé l'embouchure où la Vienne ſe joint à la Loire : on dit Condé en d'autres endroits, & Cognac en d'autres.

CANDELETTE , Boſſe de boſſoir, Jarreboſſe. *Boeg-touw , Partuurlijn.*
C'eſt une corde garnie d'un crampon de fer, dont on ſe ſert pour acrocher l'anneau de l'ancre, lors qu'elle ſort de l'eau, & qu'on veut la boſſer, ou remettre en place : chaque candelette a, de ſon côté, ſon pendour & ſon étrope.

CANEFAS, Canevas, Voiez, Toile.

CANON. *Geſchut, Bus, Buſz, Stuk, Kanon.*
C'eſt une piéce d'artillerie, faite de fer, ou de fonte. Elle eſt creuſe, en forme de tuïau. Les canons des vaiſſeaux, ſont plus peſans de métal que ceux qui ſervent à terre, à-cauſe de l'éfort que reçoivent les piéces ſur mer, par la néceſſité où l'on ſe trouve de les charger quelquefois de boulets à deux têtes. Ils ſont montez ſur des afûts ſemblables à ceux des mortiers. Il y a quatre petites roües, chacune d'une piéce, qui les portent ; & ces roües n'ont point de rais. La drague & le palan ſervent à afoiblir le recul, & à remettre la piéce en batterie. On ne ſe ſert que de ſept différens calibres, pour l'artillerie des vaiſſeaux, ſavoir de trente-ſix livres de bale, de vingt-quatre livres, de dix-huit, de douze, de huit, de ſix, & de quatre : mais le calibre des canons de fer n'eſt que depuis dix-huit livres le boulet, douze livres, & au-deſſous juſques à quatre. Voici de quelle maniére ſe fait la diſtribution du canon ſur les vaiſſeaux de France, ſuivant l'Ordonnance de 1689.

Tous les vaiſſeaux du premier rang, par quelques Officiers qu'ils ſoient commandez, ſeront armez de canons de fonte, ſans mélange d'aucune piéce de fer.

Ceux du ſecond rang, commandez par l'Amiral, Vice-amiral, ou par un Lieutenant général, auront auſſi tout leur canon de fonte, & s'ils ſont commandez par un Chef d'eſcadre, ou par un Capitaine, ils n'auront que les deux tiers de canons de fonte, & un tiers de ceux de fer.

Ceux du troiſième rang, commandez par l'Amiral, Vice-amiral, ou par un Lieutenant général, auront pareillement tout leur canon de fonte ; par un Chef d'eſcadre, les deux tiers de fonte, & le tiers de fer ; mais s'ils ſont commandez par un Capitaine, ils n'auront que la moitié des canons de fonte, & la moitié de ceux de fer.

Les vaiſſeaux du quatrième rang, auront un tiers de canons de fonte, & les deux tiers de canons de fer.

Ceux du cinquième rang, ſeront armez des trois quarts de canons de fer, & d'un quart de ceux de fonte.

Les frégates legéres, & tous les autres bâtimens n'auront que du canon de fer.

Les Canons dont on ſe ſert ſur mer ſont plus courts, & plus épais de métal que ceux dont on ſe ſert ſur terre : auſſi ces premiers ne portent-ils pas ſi loin que les autres. On les fait plus courts parce-que les bordées ſe font d'ordinaire de plus proche, & que d'ailleurs on a moins de peine à les manier

pour

pour les charger; outre qu'ils ocuperoient un trop grand espace pour le recul.

Toutes les piéces d'artillerie dont on se sert en France, sur mer, sont ou Renforcées, ou Légitimes, ou Moindres. Les Renforcées sont celles qui ont à la culasse plus d'un calibre d'épaisseur. Les Légitimes sont celles qui ont trois parties égales de diamétre. Les Moindres sont celles qui n'ont pas le diamétre de l'ame, ou-bien le calibre, proportioné à l'épaisseur du métal.

Toutes les ustensiles du canon doivent être proportionées aux piéces qu'elles servent; ce qui se fait en remarquant le calibre, & la longueur de la piéce.

La charge ordinaire de poudre d'un canon, est environ la moitié du poids de son boulet. Il faut rafraîchir le canon, après une trentaine de décharges, avec du vinaigre. La plus haute élévation où le canon tire, est de qua- rante-cinq degrez. On dit, Fondre, en parlant des canons de fonte, & Couler, en parlant des canons de fer, & des bombes. On apelle Piéces nettes, celles qui n'ont point d'évent, ni d'autres défectuosités; qui n'ont ni chambres, ni fistules, ni souflures, dont le métal est sain, non poreux, ni venteux, ni grumeleux, & où le foret a eû prise par-tout.

„ Pour le coup d'épreuve il faut donner de poudre aux canons qui portent
„ jusqu'à huit livres de bale, le poids de leur boulet; à ceux qui portent
„ depuis huit jusqu'à seize livres de bale, les trois quarts du poids de leur
„ boulet; & à ceux qui portent depuis seize livres de bale jusqu'à quaran-
„ te-huit livres, les deux troisièmes parties du poids de leur boulet; ou-bien,
„ selon d'autres Maîtres Canoniers & Ingénieurs, dix livres & demie de
„ poudre pour un boulet de douze livres; treize livres & demie, pour un
„ boulet de dix-huit livres; seize livres & demie, pour un boulet de vingt-
„ quatre livres; vingt & une livre, pour un boulet de trente-six livres; &
„ vingt-six livres, pour un boulet de quarante-huit livres. Pour les coups
„ ordinaires on prend un tiers moins de poudre, ou la moitié du poids du
„ boulet, ainsi qu'il a été déja dit. D'autres donnent à un petit canon de deux
„ livres de bale une livre & demie de poudre; & aux canons depuis deux
„ livres de bale jusques à douze, une demie livre de poudre plus, par
„ chaque livre de bale. D'autres encore, réglent le poids de la poudre par
„ le poids du métal de la piéce, & mettent une livre de poudre par chaques
„ quatre-cents livres de métal d'une piéce de fonte; & pour les canons de
„ fer, une livre de poudre par chaques cinq-cents livres de leur poids. Lors-
„ que les piéces sont échaufées, on leur donne moins de poudre qu'on ne
„ fait d'abord.

„ Pour donner à un boulet le vent qu'il lui faut dans le canon, il faut di-
„ viser la largeur de la bouche du canon en vingt & une parties, & en don-
„ ner vingt au boulet: ou-bien il faut donner aux canons de fonte, par cha-
„ ques sept livres, une livre pour le vent; & aux canons de fer, par chaque
„ cinq livres, une livre.

„ Si le boulet est trop gros le canon est en danger de crever; & s'il est trop
„ petit il ne porte pas bien droit.

„ On place les plus gros canons vers les hanches du vaisseau, tout-proche
„ de la sainte-barbe, derriére les grands haubans; & ceux qui les suivent
„ sont

„ſont placez au milieu , où le vaiſſeau en peut mieux ſuporter la charge.
„On a coutume de ſoufler les canons, avant que de les charger.
„Il faut que les afûts ſoient placez de telle maniére, qu'on puiſſe faire faci-
„lement hauſſer, & baiſſer ou plonger le canon.
„On proportione le diamétre de la bouche du canon , à la bale qu'on lui
„deſtine , en y comprenant le vent qu'on donne au boulet ; & à propor-
„tion de ce que le canon eſt plus long ou plus court , & que la bouche a
„plus ou moins de diamétre, on le fait plus ou moins épais de métal.
„On donne moins de vent, à proportion, aux gros canons qu'aux petits:
„ceux qui tirent une bale de douze livres doivent avoir leur diamétre à la
„bouche pour un boulet de quinze livres : ceux qui tirent une bale de
„dix-huit livres, le doivent avoir pour un boulet de vingt & une livres,
„& tout-de-même, il faut ajoûter trois livres par chaque plus gros calibre.
„Le diamétre de la bouche du canon ſert de règle pour l'épaiſſeur du mé-
„tal qu'il doit avoir. Les canons de fer d'Angleterre & de Suéde, doivent
„avoir en rondeur ou circonférence , par-derriére , au bout de la culaſſe,
„onze fois le diamétre de la bouche ; & ſept fois , par-devant, au bour-
„let; non compris les plattes-bandes & autres ornemens : ſi-bien que c'eſt
„à la culaſſe trois diamétres & demi de la bouche , & au bourlet , deux
„diamétres & un quart pour le moins. Leur longueur depuis la lumiére
„juſqu'au bourlet, doit être , à-peu-près, de ſix fois le diamétre de la cu-
„laſſe.
„Les canons de fonte verte , ont moins d'épaiſſeur de métal que les canons
„de fer. Ordinairement ils ont, en circonférence, à la culaſſe, neuf fois
„le diamétre de la bouche; ſept fois aux tourillons, & cinq fois au bour-
„let.
„Pour leur longueur , les ſentimens ſont fort différens. La plupart des
„Maîtres leur donnent de longueur ſept fois le diamétre de leur culaſſe;
„& voici comment un Auteur Flamand s'en exprime plus particuliére-
„ment.
„Une piéce de canon de métal , dit-il , de dix-huit livres de bale, doit
„peſer ordinairement 3900. livres , & avoir de longueur, depuis le bour-
„let juſqu'aux tourillons, 6. piés; depuis les tourillons juſqu'à la lumié-
„re, 4. piés; depuis la lumiére juſqu'au bout de la culaſſe, 1. pié & demi.
„Un canon de douze livres de bale , doit peſer 3300. livres , & avoir de
„longueur en tout, 10. piés & demi. Un canon de douze livres de bale,
„doit peſer 2000. livres, & avoir dix piés de long. Un canon de ſix li-
„vres de bale , doit peſer 1730. livres, & avoir huit piés de long. Un
„canon de quatre livres de bale , doit peſer 640. livres , & avoir ſix piés
„de long.
„Un canon de fer de douze livres de bale , doit peſer environ 3100. & a-
„voir de longueur depuis le bourlet juſqu'aux tourillons, 4. piés 9. pou-
„ces; & depuis les tourillons juſqu'au bouton, 4. piés 3. pouces: il doit a-
„voir un pié ſix pouces de diamétre à la culaſſe ; un pié dix pouces aux
„tourillons; au bourlet un pié ; & le tourillon doit avoir ſix pouces de
„diamétre.
„Un canon de fer de ſix livres de bale , doit peſer 2000. livres , & avoir
„de longueur depuis le bourlet juſqu'aux tourillons , 4. piés 4. pouces;

V

depuis

,, depuis les tourillons jufqu'au bouton, 3. piés huit pouces : il doit avoir
,, 1. pié 2. pouces d'épaiſſeur à la culaſſe; 1. pié aux tourillons; 9. pouces
,, au bourlet; & le tourillon doit avoir quatre pouces de diamétre.''

,, Un canon de fer de trois livres de bale, doit peſer 1100. & avoir de lon-
,, gueur depuis le bourlet jufques aux tourillons, 3. piés 5. pouces; depuis
,, les tourillons jufqu'au bouton, 3. piés 1. pouce; & un pié de diamétre à
,, la culaſſe, 10. pouces aux tourillons, 8. pouces au bourlet; & le touril-
,, lon doit avoir 3. pouces & demi de diamétre.

,, Lors-que le livre Flamand dont ces articles ont été extraits, fut mis au
,, jour, c'eſt-à-dire, l'an 1697. le cent de livres des canons de fer, valoit
,, 8. livres & demie.

,, Ce même Auteur dit qu'ordinairement on deſtine pour chaque canon
,, vingt-cinq coups de poudre; trente-ſix boulets; dix ſachets de mitrail-
,, les longues, ou chevilles de fer; quatre ſachets d'autres mitrailles, une
,, aune de toile pour faire des ſachets, une pince de bois & une de fer, u-
,, ne lanterne à gargouſſes, une main de papier à gargouſſes, quatre tam-
,, pons, une plaque de plomb pour couvrir la lumiére, une demie livre de
,, ſuif, trois boutons d'écouvillon avec leurs hampes & leurs cordes.

,, Mais il y a des uſtenſiles, dont on n'en deſtine qu'un pour deux piéces de
,, canon; ſavoir un fouloir, une cuilliére, un écouvillon, dont une peau
,, de mouton en fait deux; trois palans, une roüe d'afût de rechange, une
,, eſſe, une crampe, un gond, une cheville à boucle.

,, Et il y en a d'autres, dont on n'en deſtine qu'un pour quatre piéces; ſa-
,, voir, un aiſſieu, une cheville d'afut, une platebande, un traverſin, un
,, coin de mire; & un baril à bource pour dix piéces.

,, Enfin il y en a, dont on en deſtine très-peu pour beaucoup de piéces; com-
,, me pour quinze piéces, deux maillets; une livre de fil à coudre; douze
,, aiguilles à coudre; une livre de ficelle; deux paquets de lignes; trois
,, paquets de merlin; une demie livre de fil à palans; un paquet de rabans
,, de ſabords demi-uſez; un cric; une lanterne ſourde; trois cornets à épi-
,, cer; deux poinçons à merliner; un cofre à gargouſſes, avec deux balan-
,, ces; des poids différens, en piles & autrement jufqu'à douze livres; des
,, charges & des entonnoirs; deux livres de ſavon; une livre de cire pour
,, les gargouſſes; deux poulies ſimples & deux doubles; cinq paquets de
,, cordage refait; pour amarres & éguillettes;

,, Outre cela on donne de groſſe toile molle pour les friſes des ſabords; de
,, vieux morceaux de voiles pour mettre ſur les dragues; de vieux haubans
,, pour faire des dragues, des écouvillons, & des refouloirs; de la craie rou-
,, ge pour numéroter les gargouches.

,, Et de-plus, chaque mois, cinquante livres de méche, pour les bâtons à mé-
,, che, où elle eſt entretenüe, & pour tout ce qu'il en faut. Enfin le Maître
,, Canonier eſt chargé de pourvoir tout le canon de cornes à amorcer; de
,, dégorgeoirs, de regles à calibrer; de compas & de calibres; de limes &
,, de râpes.

,, Au regard des Afûts, les piéces de la ſole doivent être de la moitié de la
,, longueur du canon : la largeur entre les deux flaſques doit être propor-
,, tionée à l'épaiſſeur de la piéce; & la profondeur tout de même. Voici
,, encore des proportions particuliéres, à l'éxemple de celles qu'on a mar-
,, quées pour le canon.   ,, La

„La fole d'un afut pour un canon de dix-huit livres de bale, doit avoir
„5. piés 10. pouces de long ; les flafques doivent avoir 5. piés 7. pouces
„de long, 1. pié 7. pouces de large; & 1. pié 4. pouces entre les touril-
„lons. Les roües de devant doivent avoir 1. pié 3. pouces de hauteur,
„& les roües de derriére, 1. pié 1. pouce.

„La fole d'un afût pour un canon de douze livres de bale, doit avoir 5.
„piés 2. pouces de long ; les flafques, 5. piés de long, 1. pié 5. pouces
„de large, & 1. pié 3. pouces entre les tourillons. Les roües de devant
„doivent avoir 1. pié 1. pouce de hauteur ; les roües de derriére 1. pié ;
„& les unes & les autres 5. pouces d'épaiſſeur.

„La fole d'un afût pour un canon de huit livres de bale, doit avoir 5. piés
„de long; les flafques, 4. piés 7. pouces de long ; 1. pié 3. pouces de lar-
„ge, & 1. pié 1. pouce entre les tourillons. Les roües de devant doivent
„avoir 1. pié de hauteur, & les roües de derriére 10. pouces.

„Le meilleur bois pour faire les afûts eſt l'ormeau, mais comme il eſt ra-
„re, on n'en fait le plus fouvent que les aiſſieux & les roües, & le reſte
„eſt de chêne. Voici à-peu-près leur prix.

„Les afûts pour les canons de fonte, de trente-ſix & de vingt-quatre livres
„de bale, peuvent valoir 20. livres. Pour les canons de dix-huit & de
„douze livres de bale, ils peuvent valoir 16. livres. Pour les canons de
„huit & de ſix livres de bale, 10. livres. Pour les canons de quatre livres
„de bale, 8. livres.

„Les afûts pour les canons de fer de vingt-quatre livres de bale, peuvent
„coûter 18. livres. Pour les canons de dix-huit livres de bale, 16. li-
„vres. Pour les canons de douze livres de bale, 12. livres. Pour les
„canons de huit livres de bale, 10. livres. Pour les canons de ſix livres
„de bale, 8. livres. Pour les canons de quatre & de trois livres de bale,
„ſix livres.

LES Ordres qui font établis dans les armées navales de Hollande, lorſqu'on
fe difpofe au combat, tant à l'égard du canon que des autres armes, font,
„Premiérement de faire préparer pour chaque piéce de canon tout ce qui
„eſt néceſſaire pour tirer quarante-deux coups.

„De faire ferrer toutes les gargouſſes dans des cofres deſtinez à cet éfet,
„dans le fond de cale, & dans la foute aux poudres.

„De faire choix de gens propres, pour mettre auprès des cofres à gargouſ-
„ſes, & aux écoutilles.

„De couvrir les écoutilles de prelarts.

„D'ordonner à ceux qui font aux écoutilles, de ne mettre entre les mains
„de ceux qui font auprès des cofres à gargouſſes, aucunes lanternes, qu'ils
„ne les aïent tournées fens-deſſus-fous, & viſitées, pour voir s'il n'y a
„point de feu.

„De faire donner deux lanternes à gargouſſes, pour chaque piéce de ca-
„non.

„De diſtribuer les gens qu'on deſtine au fervice du canon, & leur mar-
„quer quelles piéces ils doivent fervir.

„De les faire aller tous les jours, lorſqu'on en a le loiſir, chacun près de
„la piéce qu'il doit fervir, & de leur faire faire l'éxercice.

„De diſtribuer les Canoniers pour les batteries de chaque pont, & de com-

„man-

,,mander un homme en particulier pour la batterie du premier pont, où
,,sont les plus grosses piéces, afin qu'il présente les gargousses.

,,De bien ranger les boulets & les étoupins dans les parquets, sur les
,,ponts.

,,De tenir parez les bailles & les écouvillons, près de chaque piéce.

,,De fraper un clou entre chaque deux piéces de canon, pour y pendre les
,,cornes à amorcer.

,,De faire les valets de la figure d'un peloton, & de les bien serrer.

,,De déclarer & faire bien entendre à tous ceux qui sont distribuez pour
,,servir le canon, qu'au premier ordre de l'Amiral, ou du Capitaine, ils
,,aïent à se rendre chacun auprès du canon qu'il doit servir, & à s'y trou-
,,ver au troisiême coup de cloche; & que quiconque demeurera en défaut
,,à cet égard, païera une amende de six sous pour la premiére fois, aplica-
,,ble au Prévôt & aux pauvres; & de douze sous pour la seconde fois; &
,,pour la troisiême fois il sera soumis à une punition arbitraire.

,,De tenir parez les pots-à-feu & les grenades, & d'ordonner des gens ca-
,,pables pour les jetter.

,,De distribuer les menües armes-à-feu à ceux qu'on trouve les plus capa-
,,bles de les manier, & de leur en faire faire l'éxercice deux fois la semaine.

,,Et que lors que le Trompette sonne la charge, chacun se tienne paré avec
,,ses armes, & vienne sur le pont.

,,De choisir cinquante soldats, pour leur donner des carabines ou arquebu-
,,ses, telles qu'on a coutume de s'en servir sur le haut pont; & de distri-
,,buer les autres pour servir le canon.

,,De tenir aussi parez dans la dunette quelques mousquets, arquebuses &
,,carabines.

,,De tenir sur le haut pont des fusils & de longues piques, & des fusils plus
,,courts sur le second pont.

,,De tenir des seilleaux parez & amarrez tout-au-tour du vaisseau.

,,De tenir des bailles & des écouvillons dans les porte-haubans.

,,De placer sur chaque hune une grande baille, avec des seillaux, & de
,,grosses séringues.

,,De tenir paré à l'arriére, sur la dunette, un cable, ou une hansiére.

,,De mettre des chaînes aux hunes, & des bourlets sous les racages.

,,De tenir parez sur le pont des paquets de commandes, de garcettes, &
,,de culs de porc, pour racomoder en diligence ce qui pourra être endom-
,,magé.

,,De faire choix de cinq ou six matelots bien dispos, pour prendre soin des
,,manœuvres courantes; avec promesse d'une recompense honnête, s'ils
,,s'aquitent bien de leur devoir.

,,De mettre un faux étai au mât de miséne; d'ordonner six Mousquetaires
,,pour la chaloupe avec les rameurs, & d'y placer deux bombardes.

,,De faire garnir de planches les grapins des chaloupes & des canots, afin
,,que les Charpentiers les trouvent parez au besoin, pour s'en servir à
,,l'eau.

,,D'ordonner aux Charpentiers de se tenir parez, avec des ceintures autour
,,du corps, & avec les cloux, chevilles, sacs, palardeaux, suif, plaques,
,,& toutes les autres choses dont ils doivent être pourvus; de les disti-
,,buer

„buer par les hauts & par les bas ; & de leur recommander la vigilance.
„De diftribuer tous les Oficiers, & leur affigner à chacun leur pofte.
„De placer des moufles dans les galeries de fond de cale, & dans les fofles
„aux cables.
„D'ôter toutes les gargoufles vuides, & les mettre dans la foute au bifcuit,
„s'il y a place, ou ailleurs.
„De porter dans la dépence un tapecul, ou une voile pour les malades.
„De faire donner de doubles charges pleines aux Arquebufiers ou Ca-
„rabins.
VOICI la maniére de fervir & de charger le canon dont on fe fert fur mer,
pour l'éxercice ordinaire.

CANONIERS, Chacun à fon pofte. *Bus-fchieters, elk by fijn ftuk.*
DEMARREZ le canon. *Maakt 't gefchut los.*
ROULEZ le palan à côté de la piéce. *Set de taalie aan de zy van uw ftuk.*
OTEZ le tampon de la bouche du canon. *Neemt de prop uit de tromp, Neemt
de prop af.*
DE'COUVREZ la lumiére du canon. *Neemt de plaat van 't laadt-gat af.*
PRENEZ le dégorgeoir. *Neemt uw laadt-priem.*
METTEZ-le dans la lumiére du canon. *Set die in 't laadt-gat.*
CREVEZ la gargouche. *Steek de kardoes door.*
PRENEZ le poulverin. *Neemt de kruidt-hooren.*
AMORCEZ le canon. *Doet 't kruidt in 't laadt-gat.*
COUVREZ la lumiére. *Dek het laadt-gat weer.*
PRENEZ le boute-feu. *Neemt uw londt-ftok.*
POINTEZ le canon. *Pas af uw ftuk.*
SOUFLEZ la méche à l'écart. *Keert u om, en blaaft de londt af.*
E'TES-vous prêts, Canoniers. *Bent-gy klaar om te fchieten.*
DE'COUVREZ la lumiére du canon. *Neemt de plaat van 't laadt-gat af.*
HAUT le bras. *Ligt op uw arm.*
METTEZ feu. *Geef vuur, of, Steek aan.*
QUITTEZ le boute-feu. *Set uw londt-ftok neer.*
BOUCHEZ la lumiére. *Stop 't laadt-gat weer toe.*
PRENEZ le fouloir. *Neemt uw ftamper.*
METTEZ-le dans le canon. *Steek die in de tromp van uw ftuk.*
REFOULEZ le canon. *Set aan, of, Stamp aan.*
TIREZ le fouloir dehors. *Haal uit uw ftamper.*
PRENEZ la gargouche. *Neemt de kardoes.*
METTEZ-la dans le canon. *Steek die in de tromp.*
PRENEZ-le valet. *Neemt de prop.*
METTEZ-le dans le canon. *Steek die in de tromp.*
PRENEZ le fouloir. *Neemt uw ftamper.*
METTEZ le bouton dans le canon. *Steek de knop in de tromp.*
BOURREZ la bale. *Set aan.*
RETIREZ le fouloir dehors. *Haal uit uw ftamper.*
METTEZ-le en fon lieu. *Set die op fijn plaats.*
PRENEZ le levier. *Neemt uw handt-fpaak.*
REDRESSEZ le canon. *Regt uw ftuk.*
PRENEZ la pince. *Neemt uw koevoet.*

V 3

HAUS-

HAUSSEZ la cülasse du canon. *Til, of, Beurt het broek-stuk op.*
PRENEZ le coin de mire. *Neemt de kegge, of wigge.*
POINTEZ le canon. *Pas af uw stuk.*
AMARREZ le canon à simple palan. *Maakt 't geschut vast met een loose taalie.*
METTEZ la platine sur la lumiére du canon. *Set de plaat-loodt op 't laadt-gat.*
METTEZ le tampon à la bouche du canon. *Set de prop in de tromp, Set de prop op.*

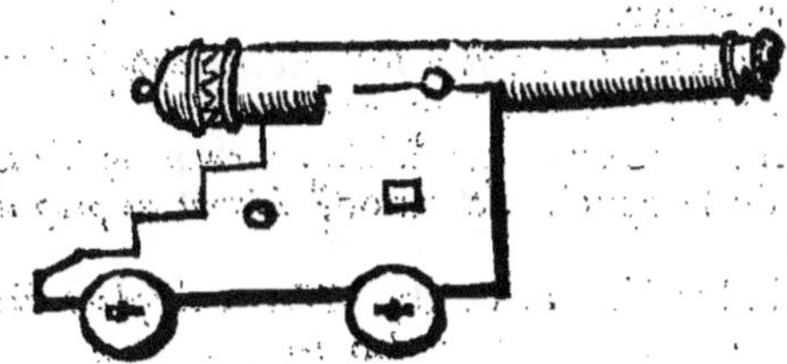

GROS Canon. *Kartouw.*
CANONS du plus gros calibre. *Heele Kartouwen.*
CANONS de demi-calibre. *Halve Kartouwen.*
  C'est-à-dire de la moitié de ceux du plus gros calibre.
CANONS de moïen calibre. *Middelbaare Kartouwen.*
  C'est-à-dire, ceux qui font entre le demi-calibre, & les plus petits.
CANONS des plus petits calibres. *Gootelingen.*
CANONS de fonte. *Leepel-stukken, Metaal-stukken.*
  Ce font les canons de cuivre. Ils font faits d'une compofition ou mélange de métal, favoir fur cent livres d'airain dix ou douze livres d'étaim. Pour faire la fonte verte on fe fert de cuivre tel qu'il vient de la mine, avec moins d'étaim.
CANONS de fer. *Yfere stukken.*
GARNITURE complète du Canon, & fon rechange. *Het Geschut met al fijn toebehooren, en voor-raadt; Een heel toestel van een stuk geschuts, en foo veel voor de loose.*
CANONS du château d'avant. *Boeg-stukken, Voor-stukken.*
CANON à la ferre. *Een geschut dat af en aan staat.*
  C'est un canon qui eft faifi en-dedans, & dont la volée porte contre le haut du fabord.
CANON aux fabords. *Geschut aan boord.*
  Ce font ceux qui font mis en état d'être tirez.
CANON allongé contre le bord. *Een geschut langs 't schip vast.*
  C'est celui qui eft faifi de long, contre le côté du vaiffeau.
CANON détapé. *Een geschut daar de prop uit is.*
  C'est celui qui eft débouché, ou dont la tape, ou tampon, eft hors de la bouche.
DETAPE. *De prop uit, Prop uit.*
CANON démarré. *Een los geschut.*

C'eft

C'eſt un canon qui rompu les cordes qui l'amarroient.

AMARRER le Canon pour long-tems, l'Eguilleter. *De ſtukken met haar taalies wel vaſt maaken, of met vaſte taalies ſorren.*

AMARRER le canon pour peu de tems, & pour tirer de nouveau. *De ſtukken met looſe talies vaſt maaken.*

CANON démonté. *Een geſchut uit ſijn roopaart.*

C'eſt celui qui eſt hors de deſſus ſon afût, ou dont l'afût s'eſt rompu par accident.

UN gros Canon tire de point en blanc ſix-cents pas, & dix coups par heure, ſix-vingts par jour. *Een kartouw ſchiet op een wit van ſes-hondert ſchreeden, en tien ſchooten in een uur; hondert en twintig in een dag.*

QUAND la drague eſt amarrée elle ſert à empêcher le recul du canon. *Met vaſte broekingen belet men het te rug loopen van 't geſchut.*

LE Vaiſſeau n'avoit que quarante canons, quoi-qu'il fût percé pour ſoixante. *'t Schip voerde maar veertig ſtukken, ſchoon het ſeſtig poorten had.*

HALER le canon en-dedans. *De ſtukken inhaalen, ſcheep-waarts inrukken.*

POUR charger le canon il faut le haler en-dedans. *In 't laaden doet men de ſtukken binnens-boords loopen.*

HALER le canon à bord. Voiez, Bord.

ETRE à la portée du canon. *Onder-ſcheut zijn.*

PASSER, ou Pouſſer tout le canon d'un bord. *Alle de ſtukken aan een zy rukken, over een zijde haalen.*

CANON de fuſil, de mouſquet, &c. *De Loop van een roer, van een muſket, enſ.*

C'eſt la partie des mouſquets, fuſils, piſtolets &c. où l'on met la charge de plomb. Le canon eſt poſé ſur un petit fût, pour le tirer à la main. Pour marquer quelles qualités il doit avoir, quel eſt l'uſage, & quelles ſont les proportions de ces ſortes d'armes-à-feu; on ne peut mieux faire que de raporter ici les propres termes de l'Ordonnance du Roi de France, de l'an 1689.

Il y aura de deux ſortes de mouſquets pour le ſervice des vaiſſeaux, les uns ſeront plus fournis de fer, & peſeront huit à neuf livres, dont on ne ſe ſervira que dans le bord; les autres ne peſeront que ſix à ſept livres, & ſerviront à la mer & à terre, dans les occaſions de deſcente, & autres, où l'on pourra en avoir beſoin.

Le Canon du mouſquet ſera de trois piés neuf pouces de long, d'un fer doux, bien lié & bien ſoudé, point pailleux, caſſant, ni brazé, ni éventé, bien foré au-dedans & limé au-dehors, le derriére du canon ſera à pans, renforcé juſqu'au tiers; & le devant ſera rond & déchargé de fer.

Il aura l'embouchure un peu renforcée par le dehors, avec un petit guidon; le calibre ſera d'une once de bale, la culaſſe foncée & taraudée, le baſſinet fort & grand, à couliſſe, tenant à la platine; la couverture ou garde-feu également fort, bien joint au canon & au baſſinet, pour empêcher que l'amorce ne tombe; le bouton de la couverture ſera un peu long, & en-dehors, afin que l'on puiſſe mettre deux doigts entre le canon & le bouton, pour ouvrir le baſſinet.

La lumiére ſera bien percée, en-ſorte qu'un fil de fer y puiſſe paſſer, & que l'on n'ait pas beſoin de grain; le ſerpentin aura ſept pouces de long,

dix-

dix-huit lignes de large, & deux d'épaiffeur ; il fera bien limé & ajufté au fût, & au canon ; le chien fera fort à la tefte & tourné de forte qu'il porte la méche directement dans le milieu du baffinet, aïant une vis, la gachette longue, le reffort fort, comme auffi la noix & la clef qui ne fera point à détente ; les vis auront de bons filets, & toutes ces piéces feront fi juftement attachées au ferpentin, que l'on puiffe les faire joüer fans peine.

Le fût fera de bois de noïer, bien fain, épais fur le derriére de deux pouces & demi ; le canon étant proprement logé dans le fût, aura un peu plus de la moitié dehors ; la baguette fera de bois pliant, ferrée au gros bout, & les porte-baguettes feront de fer forgé.

Les mêmes chofes feront obfervées pour la qualité du fer, & le travail des reffors des fufils, des moufquetons & des piftolets.

CANONNER, Tirer le canon, ou la bordée. *Schieten, De laag geeven, Befchieten.*

SE Canonner de part & d'autre. *Schut-gevaart houden.*

CANONIER, Maître Canonier. *Konftaapel.*

SECOND Maître-Canonier. *Konftaapels-maat.*

Le Maitre Canonier eft un des premiers Oficiers mariniers, & commande fur tout ce qu'il y a d'artillerie dans le vaiffeau. Il doit être préfent à l'embarquement du canon, & enfuite calibrer les boulets qui lui font néceffaires, & les féparer par calibres dans le navire. En recevant la poudre il doit vifiter chaque barril à la fortie du magafin, en préfence de l'Oficier du bord. La poudre étant dans les foutes, c'eft à lui de les faire fermer, & couvrir de cuir. Il ne doit point recevoir de grenades, ni de pots-à-feu faits : il doit faire lui-même les fufées des grenades, & avoir foin de tous les artifices. Avant que de remplir les gargouffes, il doit avertir le Capitaine, lequel fait éteindre tous les feux, & mettre des fentinelles, l'épée à la main, dans les endroits néceffaires, pour empêcher les accidens. Il vifite de tems en tems les poudres, après en avoir donné avis au Capitaine, & empêche que les Canoniers ne defcendent dans les foutes avec des fouliers, des clefs, coûteaux, & autres chofes, qui pourroient en tombant caufer des incendies. Il ne doit point permettre que perfonne couche dans la fainte-barbe que ceux que le Capitaine y a placez. Il fait veiller toutes les nuits un Canonier avec une chandelle allumée dans un fanal ; & à l'égard des méches allumées elles font gardées dans les cuifines.

Le Canonier fera les paquets de fer, remplira les lanternes de mitrailles, & coupera les parchemins pour faire les gargouches.

Le Second Maître a les mêmes fonctions que le Premier en fon abfence.

„ Il faut de néceffité qu'un Maître Canonier ait beaucoup d'expérience, & „ qu'il ait une parfaite connoiffance du calibre de fes piéces, & de la force „ de fa poudre. Il n'y a que lui qui manie le canon & qui defcende dans „ la foute aux poudres, & ceux à qui il le permet, ou l'ordonne.

„ Pour fon foulagement, il eft bon que les noms des Canoniers & Valets „ d'artillerie foient écrits fur des morceaux de parchemin, & mis au côté de „ la piéce qu'ils doivent fervir ; de-même que le poids de la bale doit être „ écrit fur chaque fabord.

„ Il doit auffi partager le foin qui regarde toutes les autres armes, & c'eft „ à lui de faire ou de garder tous les artifices. Il a un Second, ou un Ai-
„ de,

„de; & tous deux enfemble font chargez de la peine de conferver la pou-
„dre, & de la remuer & fécher, lors-qu'il fait beau tems. Il veille auffi
„fur le cable, lors-qu'on moüille, & doit le faire fourrer, quand il en eft
„befoin, afin qu'il ne fe rague pas.

„Le Maître Canonier doit auffi avoir beaucoup de connoiffance de l'éfet
„que peuvent faire les boulets, de leur volée en l'air, & des lignes ou
„cercles qu'ils y décrivent; afin qu'il puiffe prendre des mefures plus juf-
„tes, & que, par éxemple, il ne prétende pas qu'en tirant fous l'eau, le
„coup porte auffi loin que fur terre.

„C'eft à lui de prendre garde que la poudre foit tenüe comme il faut dans
„les barrils, & qu'ils foient bien couverts de cuirs vers; que les roües des
„afûts foient bien graiffées; qu'entre chaques deux piéces il y ait une bail-
„le d'eau; & que le canon foit rafraîchi au feptiême coup, ou au huitiê-
„me. Il a auffi befoin d'une grande expérience pour prendre bien fes mi-
„res, en vifant plutôt trop bas que trop haut, afin que fon coup foit plus
„feur. Le foin des cornets à amorcer, des dégorgeoirs, des régles, des
„modèles, des calibres, & des autres uftenciles, le regarde particuliére-
„ment.

CANONIERS. *Bus-fchieters.*
Ce font ceux qui, fous le Maître Canonier, manient le canon, le mettent
en mire, & le font tirer.
Un navire de guerre doit toujours être pourvu au-moins de fix Canoniers,
ou Aides du Maître Canonier, & de fix autres pour les feconder.

CANONIERS. Matelots commandez pour fervir le canon. *Handt-langers
by het gefchut.*
Dans l'Inftruction pour les Gens de guerre, ils font apellez Valets d'artillerie, qui fervent au Canonier lors-qu'il leur commande, comme de charger le canon, & en ce cas ils s'apellent en Flamand, *Laaders;* de mettre le
feu au canon; de le nétoïer, & d'aporter tout ce qui lui eft néceffaire.

CANOT. *Sloep.*
C'eft une petite chaloupe, ou un petit bateau deftiné au fervice d'un grand
bâtiment.

CANOT, Canot de bois. *Kanoot.*
Dans les païs étrangers on apelle un canot de bois celui qui eft fait d'un feul
arbre que l'on a creufé.

CANOTS de Sauvages, & Canots d'écorce, Canoës. *Kanoos van baft, Kanoe,
Kanoo.*
Ce font de petits bateaux faits d'écorce d'arbre, dont fe fervent les Sauvages de l'Amérique. Ceux de Canada les font d'écorce de bouleau, & affez
grands, quelquefois, pour contenir quatre ou cinq perfonnes.

„Les Canots, qui font fi communs parmi les Indiens, font faits de troncs
„d'arbres, qu'on creufe; & ces fortes de bateaux font plus grands ou plus
„petits, felon la grandeur des piés d'arbres qu'on a pour les faire. Pour
„abatre les arbres, on les fait brûler au pié, ou-bien on les coupe, & en-
„fuite on les dreffe felon la forme qu'on leur veut donner, & on les creu-
„fe. On les conduit avec des pagaies & des rames, mais ils portent rare-
„ment des voiles. On met la charge au fond; mais comme ils ne font
„point leftez, ils tournent fouvent fens-deffus-deffous.

X

„Ils

„Ils n'ont point de gouvernail, & ce sont les rames de l'arriére qui leur en
„servent. En-dedans ils sont renforcez de courbatons & de traversins, de
„peur qu'ils n'éclatent, & ne crèvent.

„La plupart des canots ont à l'avant & à l'arriére des avances, comme les
„navettes, & quelques-unes de ces avances se terminent aussi, de-même, en
„pointe; les autres s'arrêtent plutôt, & font un avant & un arriére tout
„plat: il n'y en a presque point qui aïent un avant arrondi. Dans ceux
„qui portent des voiles le mât est vers l'avant. Les voiles sont ou de nat-
„tes, ou de toile, ou de joncs entrelassez.

„On voit pourtant en Moscovie, sur le lac de Wolda, des canots arron-
„dis à l'avant & à l'arriére, & beaucoup plus larges au milieu que par les
„bouts: on les fait avancer avec une seule rame, dont on se sert à l'arriére.
„Mais tous les autres canots de ce païs-là, sont, aigus à l'arriére & à l'a-
„vant, & ont du relevement par les bouts: on les peint, on leur donne le
„feu, on les braie, & on y met de la cire pour les conserver.

„Les canots dont se servent les Négres, dans la Guinée, sont aussi des troncs
„d'arbres creusez, qu'ils nomment Ehem: il n'y a en-dedans aucune au-
„tre piéce de bois que ce tronc, & ils sont faits d'une autre maniére que
„ceux dont on se sert au Bresil, à St. Thomas, & aux Indes Orientales.
„Ils sont d'une figure longue, & il ne leur reste guére de bois au-dessus de
„l'eau; de-sorte que souvent le Pilote qui est à l'arriére, se trouve dans
„l'eau, & y gouverne. Ils vont fort vîte, & peuvent faire de grandes
„traversées: ils sont longs, bas & étroits; & il n'y a d'espace dans la lar-
„geur que pour un seul homme, & dans la longueur que pour en tenir sept
„ou huit.

„Des Oficiers Hollandois qui, de loin, en voioient passer quatre ou cinq
„cents de file, pour aller donner assaut à une place, dirent assez plaisam-
„ment, que cette flote paroissoit comme un rang de fourmis sur des feüil-
„les d'arbre. Les hommes y sont assis sur de petits siéges de bois ronds,
„& la moitié de leur corps s'élève au-dessus du bord; ils ont à la main une
„rame d'un bois bien-dur, & ils rament tous à-la-fois, à la maniére des
„galéres, & s'acordent; ou si quelqu'un tire trop fort, & que le bâti-
„ment panche, il est redressé par celui qui gouverne; si-bien qu'ils sem-
„blent voler sur la sur-face de l'eau, & il n'y a point de chaloupe qui puis-
„se les suivre de beau tems: mais aussi quand la mer est haute ils ne peu-
„vent siller, l'élévation des flots empêchant leur aire. Un seul homme
„peut conduire & naviguer ces canots. Les Négres savent si-bien leur don-
„ner, avec leur corps, le contrepoids qu'il faut, qu'ils les empêchent de se
„renverser; ce qui, sans cela, ariveroit à tout moment, à-cause de leur
„legéreté: mais lors-que cet accident arive, ils ont l'adresse de les retour-
„ner dans l'eau même, de puiser l'eau qui y est demeurée, de s'y rembar-
„quer, & de les remener à terre. Ils vont jusqu'à quatre licües en mer,
„mais de-peur de gros tems ils n'osent s'engager plus avant, & ils pren-
„nent si-bien leurs mesures, qu'ils sont de retour avant que l'orage vienne.
„Les canots des Négres de Guinée, ont communément seize piés de long,
„& un pié ou deux de large. Mais il y en a de plus grands, qui ont jus-
„qu'à trente-cinq piés de long, cinq piés de large, & trois piés de haut.
„Ils sont plats par l'arriére, où il y a un gouvernail & un banc, taillez
„dans

„dans le même tronc : ceux-ci sont destinez à transporter des bœufs, & à
„faire la guerre.   On en voit beaucoup de cette sorte au Cap des trois
„pointes, où il y a des arbres d'une épaisseur prodigieuse, qui ont seize,
„dix-sept, & dix-huit brasses de tour.
„Les Négres ont apris à faire des voiles de jonc & de nattes, qu'ils met-
„tent à leurs canots.   Quand ils sont de retour, les canots ne demeurent
„pas dans l'eau : on les tire incontinent à terre, où on les enlève par les
„deux bouts, & on les met sécher sur quatre chandeliers ou fourches, qui
„sont faites exprès. Lors-qu'ils sont secs deux hommes peuvent les char-
„ger sur leurs épaules, & les porter.
„Pour les former, les Négres se servent à-présent des haches que les na-
„tions étrangéres leur portent.   Ils leur donnent aux deux côtés un peu
„de rétrecissement par le fond.   Les bouts en sont pointus à l'avant & à
„l'arriére, à-peu-près comme ceux d'un arc point tendu ; si-bien qu'ils ont
„les mêmes façons aux deux bouts, si ce n'est, peut-être, que l'avant est
„un peu plus bas.   A chaque bout il y a une espéce de petit éperon ou
„gorgére, d'un pié de long, & large comme la paume de la main, qui
„sert à donner prise pour enlever le canot.   Le fer dont on se sert pour les
„creuser, est fait comme celui des fondeurs.   Le bord n'a qu'un pouce d'é-
„paisseur, & la sole n'en a que deux.   On leur donne le feu avec de la pail-
„le, pour les garantir des vers & des fentes que le Soleil pourroit causer ;
„& en-suite ils les frotent de peintures, & les entretiennent assez propre-
„ment.   Ils les tiennent tous ensemble sur terre, dans un lieu qui leur est
„destiné, & chacun va prendre le sien, quand il veut aller pêcher.
„Les Canots des Sauvages de la Terra del Fuego, ou Terre de Feu, &
„des autres isles Magellaniques, sont d'une fabrique particuliére, & méri-
„tent bien qu'on en fasse mention.   Les Sauvages prennent des écorces
„des plus gros arbres, qu'ils savent courber pour leur donner des façons,
„en coupant des bandes dans les endroits où il faut ; si-bien qu'ils les ren-
„dent assez semblables aux gondoles de Venise.   Pour cet éfet, ils posent
„les écorces sur de petites piéces de bois, de-même qu'ici on met les vais-
„seaux sur le chantier : & lors que l'écorce a pris la forme de gondole, &
„le pli nécessaire, ils afermissent la sole & les côtés avec des bois assez min-
„ces, qu'ils mettent en-travers, depuis l'avant jusqu'à l'arriére, de-mê-
„me qu'on met ici les membres dans les vaisseaux ; & au haut, sur le
„bord, ils posent encore une autre écorce, qui regne tout-autour, & qui
„sert comme de carreau ; prenant soien de bien lier le tout ensemble.
„Ces Canots ont dix, douze, quatorze, & jusqu'à seize piés de long ; &
„deux piés de large.   Ils sont à sept ou huit places, c'est-à-dire qu'il y
„peut tenir, assez commodément sept à huit hommes, qui rament debout,
„aussi-vîte que fait une chaloupe bien garnie de rameurs.
CANOT Jaloux. *Een rank sloep.*
C'est un canot qui a le côté foible, & qui se renverse aisément.
CANTIBAI. *Gespleeten en gescheurt hout, of balk.*
C'est le nom que les Charpentiers donnent aux dosses, ou piéces de bois,
qui sont pleines de fentes, & qui ne valent guéres.
CANTIMARONS. *Kantimaroens.*
Ce sont deux ou trois canots de piés d'arbres, liez ensemble avec des cor-

X 2

des

des de coco, qui soutiennent des voiles de natte, en forme de triangle, dont les Négres de la côte de Coromandel se servent pour aller pêcher. Ils sont là le cul dans l'eau, assis comme des singes, & ne font aucune difficulté d'aller à dix ou douze lieües au large. La mer en est quelquefois couverte. Ils vont vîte pour peu qu'il vente, & de loin on les prendroit pour des oiseaux qui voltigent sur la sur-face des ondes.

CAP, Proüe. *Boeg, Neus, Hoofdt van 't Schip.*

C'est la tête, l'éperon, la pointe, ou l'avant d'un vaisseau. On dit, Mettre le cap, Porter le cap, Avoir le cap à terre ou au large, pour dire, Mettre la proüe du vaisseau du côté de la terre, ou de la mer. Le vaisseau Corsaire mit le cap sur nous, & nous portions le cap au plus près du vent. Ils mirent le cap sur Malte. Ils avoient le cap sur Messine. Nous avons le cap à l'Est. Nous avons le vent devant, & le cap au Nord-est. Le cap est au trente-quatrième degré. Notre chemin pour ariver se doit faire en longitude, & le cap à l'Est nous y porte. La terre paroissoit au Sud, où, pour-lors, nous avions le cap. On dit aussi, Tourner. Ils tournérent le cap sur nous, à la voile & à la nage.

PORTER le cap, Mettre le cap. *Steevenen, Besteevenen, Aanleggen, Wenden.*

PORTER le cap sur l'ennemi. *Tegen den vyandt aanleggen, of de boeg wenden; Koers op den vyandt aanstellen; Het hoofdt na den vyandt toe leggen.*

PORTER le cap à l'Oüest. *West aanleggen.*

AVOIR le cap au Sud, au Nord. *Met het hoofdt om 't Suid, om 't Noord leggen.*

AVOIR le cap à la mer. *t'Zee-waarts in steeken.*

PORTER le cap à la mer. *t'Zee-waarts aanleggen, inwenden; Aan zee wenden.*

AVOIR le cap à marée. *Voor vloedt leggen, Voor 't ty leggen.*

Cela se dit lors que le vaisseau présente l'avant au courant de la mer.

PORTER le cap au vent. *De neus in de windt setten, Met de neus in de windt steeken.*

C'est présenter le cap au vent, comme si l'on vouloit aller debout au vent.

OU' as-tu le cap? *Waar hebt gy de steven? Hoe leit 't aan? Waar leit 't aan 't kompas? Hoe stuurt gy op 't kompas?*

CAP, Promontoire. *Hoek, Kaap, Zee-hoofdt.*

C'est une pointe ou langue de terre, qui s'avance dans la mer.

DOUBLER le cap, Parer le cap. *Een kaap te boven komen, of raaken.*

C'est passer au-delà du cap. Le vent étant Sud-est nous doublâmes le cap. Comme la nuit s'aprochoit quand il nous fallut doubler le cap, & que même tout le long du jour il avoit fait une grande brume, notre Pilote fit gouverner d'un quart de rumb de plus vers le large de la mer, afin de nous parer des terres; & si la marée eût poussé à la côte, nous eussions alargué d'un demi-rumb de plus.

CAPS de mouton. *Juffers.*

Ce sont de petits billots de bois, taillez en façon de poulie, plus épais par le milieu que par les bords, qui sont environnez & fortifiez d'une bande de fer, pour empêcher que le bois n'éclate. Le cap de mouton est percé par trois endroits sur le plat, aïant à chaque trou une ride, c'est ainsi qu'on
apelle

apelle une petite corde qui fert à plufieurs autres ufages. Il faut, pour l'équipement d'un vaiffeau treize douzaines de caps de mouton. Nous ne pûmes jamais afermir nos haubans faute de caps de mouton.

„Les Caps de mouton fervent principalement à rider les haubans & les é-
„tais. C'eft par leur moien qu'on roidit ou lâche ces manœuvres dorman-
„tes, felon qu'on y eft obligé par le tems qu'il fait. Ils fervent auffi à
„donner la forme aux trelingages, qui font au haut des étais, aïant di-
„vers petits trous par où paffent les marticles. Ils font en même tems une
„efpéce d'ornement au vaiffeau. Ils font de figure ovale, & plats; & ceux
„des haubans font amarrez aux porte-haubans, ou aux cadénes.

„Les Caps de mouton des grands haubans font amarrez aux porte-haubans,
„moitié dans les haubans, moitié dans les cadénes; & comme les corda-
„ges neufs fe lâchent, il faut les roidir autant qu'il fe peut, en funant.

CAP de mouton de martinet, *Dood-mans-oog*.

C'eft un cap de mouton fur l'étai, qui a la figure ovale; d'où partent plufieurs lignes, qui vont en s'élargiffant en patte d'oie, fur le bord de la hune, pour empêcher les huniers de fe couper contre la hune. On apelle ces
lignes, Marticles & Trelingage. Voiez, Martinet, Marticles, & Trelingage.

CAP de mouton à croc. *Een beflaagen Juffer*.

Ce font des caps de mouton où il y a un croc de fer, pour acrocher au côté
d'une chaloupe. C'eft-là qu'on a coutume de les faire fervir, pour retenir
les haubans.

CAP de More, Tête de More, Bloc, Chouquet. Voiez, Chouquet.

CAPACITE'. La Capacité d'un vaiffeau. *De groote van een fchip*.

C'eft fon port, l'étendüe & l'efpace qu'il a pour contenir. Le left étoit
répandu à plomb au pié du grand mât, fans être répandu dans le refte de la
capacité du vaiffeau.

CAPE, ou Grand-pacfi. *Schooverzeil*.

C'eft la grande voile.

ETRE à la cape. *Met 't Schooverzeil byleggen, of Met 't Schooverzeil en de befaan
by-leggen*.

C'eft ne porter que la grande voile bordée, & amurée tout-arriére. On met
auffi à la cape avec la miféne & l'artimon.

CAPE'ER, Capier, Capéier; Aller à la cape, Mettre le vaiffeau à la cape.
*Met een zeil byleggen, of byhouden; Met 't Schooverzeil overftaan; Onder een
Schooverzeil leggen, of zeilen*.

C'eft faire fervir la grande voile feule, après avoir ferlé toutes les autres,
& portant le gouvernail fous le vent mettre le vaiffeau côté-à-travers, pour
le laiffer aller à la dérive, & fe maintenir dans le parage où l'on eft, autant qu'il eft poffible; foit pendant un vent forcé, & de gros tems, foit de
beau tems, quand la nuit ou la brume vous furpend auprès d'une côte que
vous n'avez pas encore reconnüe, & où, par précaution, vous ne voulez
aborder que de jour. Que fi le vent n'eft pas forcé, on porte auffi la miféne,
& quelquefois on y ajoûte l'artimon; mais de gros tems on les amène auffi-bien que les pertoquets & les huniers, pour donner moins de prife au
vent, & fi l'orage eft fi grand qu'on ne puiffe plus capeïer, on fait le jet,
& on met le vaiffeau à fec, le laiffant aller à mâts & à cordes. Nous ca-
piâmes, de crainte de trop aprocher la terre.

CAPELER les haubans. *Het wandt om de maſt aanleggen.*

C'eſt paſſer les haubans par-deſſus la tête du mât, pour les mettre en place.

CAPION, Capion de proüe; Capion de poupe. *Voor-ſteven; Agter-ſteven.*

C'eſt un terme dont les Levantins ſe ſervent, apellant l'étrave Capion de proüe, & l'étambord, Capion de poupe. Voiez, Etrave & Etambord.

CAPITAINE en pié, ſur un vaiſſeau de guerre. *Een ordinaris Kapitein, Een 's Lants-ſchips Kapitein, by de Hollanders.*

C'eſt un Capitaine du grand état, qui a ſa commiſſion du Roi, pour commander un vaiſſeau. Lors qu'il monte un vaiſſeau pavillon, c'eſt-à-dire, un vaiſſeau monté par un Oficier Général, c'eſt au Capitaine à faire faire le détail du ſervice. Le Roi veut qu'il y ait ſur le vaiſſeau Amiral, outre le Commandant, deux Capitaines, deux Lieutenans, & deux Enſeignes, pareil nombre ſur les autres vaiſſeaux du premier rang : ſur ceux du ſecond rang, un Capitaine, deux Lieutenans, & deux Enſeignes : ſur ceux du troiſiême rang, un Capitaine, un Lieutenant, & deux Enſeignes : ſur ceux du quatriême & du cinquiême rang, un Capitaine, un Lieutenant, & un Enſeigne.

,, C'eſt le Capitaine qui lève lui-même tout l'équipage du vaiſſeau, hormis ,, le Lieutenant, le Maître, les Ecrivains, & les Commandans des ſoldats. ,, Mais il a inſpection ſur eux tous, & c'eſt lui qui reçoit les ordres des Su- ,, périeurs & des Souverains, pour la conduite du vaiſſeau, & de tous ceux ,, qui le montent.

,, Il doit être exercé dans tous les arts & toutes les fonctions qui regardent ,, la marine & la guerre. Il doit ſavoir gouverner lui-même ſon navire, ,, tirer le canon, & faire les évolutions navales. Il ſait prévoir ſi ſon en- ,, nemi veut ou peut venir à l'abordage, & doit ſavoir comment, en ce ,, cas, il faut manœuvrer les voiles. Dans les ocaſions difficiles & impor- ,, tantes, il aſſemble les Oficiers, & après avoir imploré l'aſſiſtance de ,, Dieu par une priére, il tient conſeil avec eux. Il doit être ſévére à faire ,, juſtice, & lors qu'il s'agit de quelque malfaiteur, c'eſt lui qui eſt le de- ,, mandeur, & qui conclud contre lui, & le Conſeil prononce. L'Ecrivain ,, tient le régître des Réſolutions du Conſeil.

,, Il a le pouvoir, conjointement avec le Conſeil de guerre, de condamner ,, à la mort; bien-entendu que ce n'eſt pas quand il ſe trouve dans une ar- ,, mée navale, ou dans une flote, mais lors qu'il navigue ſeul. Le Con- ,, ſeil de guerre d'un vaiſſeau eſt compoſé de tous les plus hauts Oficiers. ,, C'eſt avec eux que le Capitaine arrête ce qu'il faut faire, & quelle route ,, il faut prendre, lors que le vaiſſeau s'eſt écarté du gros de l'armée, de ,, l'eſcadre, de ſa flote, ou de ſa compagnie.

,, Il donne les ordres néceſſaires, à ce que les vivres & le bruvage ſoient ,, convenablement diſtribuez. Il ne ſoufre point que les matelots en faſ- ,, ſent des réſerves, encore moins qu'on les gâte, ou qu'on faſſe quelque ,, choſe de mal-propre lors qu'on diſtribüe les rations; ni qu'on en jette, ou ,, qu'on en revende quelque choſe. Lors-qu'il regne des maladies, il prend ,, ſoin de faire bien nétoïer le vaiſſeau.

,, Il ne permet point qu'on joüe aux déz, ou aux cartes; ni qu'aucun allu- ,, me de la chandelle pour ſon uſage particulier; ni qu'il y ait du foin, ou ,, de

„de la paille, dans les cabanes: mais il fait quelquefois mettre de la lumié-
„re dans des lanternes, qui font fermées bien-jufte, & qu'on pend en di-
„vers endroits, fur-tout autour des bittes.
„Le point d'honneur lui doit être en recommandation, lors qu'il rencon-
„tre des vaiffeaux étrangers; & il prend bien garde à l'obferver dans les
„faluts & contre-faluts qu'il leur fait.
„Il tâche d'avoir de bons hommes dans fon équipage, robuftes, fur le cou-
„rage & la fidélité defquels il puiffe compter, qui foient d'un âge conve-
„nable, & qui aïent de l'expérience dans la marine. Il préfére ceux qui
„ne font pas mariez aux autres, & il les prend de toutes nations, fans dif-
„tinction, beaucoup de gens étant perfuadez que cela eft avantageux, &
„fert à empêcher les mutineries & les féditions.
„Incontinent après qu'on a dépaffé les tonnes, & même fouvent avant ce-
„la, il régle les plats de l'équipage, & à quel plat chacun doit manger. Il
„met enfemble ceux qu'il voit qui s'acordent le mieux, & ceux qui font
„de même rang, afin qu'ils puiffent mieux s'acomoder.
„S'il s'agit de s'engager au combat, il ne manque pas de donner fes ordres
„de bonne heure, pendant que tout eft encore tranquille; & il affigne à
„chacun le pofte où il fe doit tenir.
„Quand il eftime qu'il n'eft pas loin de terre, ou de fes ennemis, il fait
„tenir continuellement une fentinelle fur la hune; & lors qu'il découvre
„l'ennemi, & qu'il fe difpofe à combattre, il fait amarrer les grapins d'a-
„bordage, qui pendent au beaupré, & les fait atacher aux bittes, avec des
„chaînes de fer. Il fait faifir les écoutes & les vergues, mettre les bour-
„lets aux mâts fous les racages, épandre du fel fur les tillacs, afin qu'on fe
„tienne plus ferme. Il donne ordre que le vaiffeau foit bien lavé par-tout,
„& qu'il y ait des bailles & des écouvillons auprès de tous les canons. Les
„autres nations tiennent prêts des cuirs verts, pour empêcher l'embrafe-
„ment. On ôte alors les frontéaux, & l'on retire tout ce qui peut voler
„en éclats & nuire.
„Avant que d'entrer en action, il fait donner du vin à tous fes gens, pour
„réchaufer leur courage; il remplit auffi les charges des Oficiers qui font
„morts, & choifit pour cet éfet, entre l'équipage, ceux qui en font les
„plus dignes.
„Les Capitaines des navires de guerre des Etas Généraux, font obligez de
„fournir tous les uftenfiles du Coq & de la Chambre du Capitaine, com-
„me auffi toutes les chandelles, les vadrouilles & autres balais, &c. Voiez,
„Maitre-valet.
„Un Capitaine ne doit jamais fe féparer de l'armée ou de l'efcadre, ni l'a-
„bandonner fans la permiffion ou le commandement du Général, à-moins
„qu'il ne puiffe faire voir clairement qu'il y a été abfolument contraint, pour
„fauver le navire & l'équipage.
„Les Maîtres des vaiffeaux marchands Hollandois, François, Italiens,
„Portugais & Efpagnols, font auffi apellez communément Capitaines, com-
„me étant Commandans dans le vaiffeau; mais, dans le vrai fens, le terme de
„Capitaine doit feulement être atribué à celui qui commande un navire de
„guerre.
„Il faut ici faire remarquer aux Etrangers, que parmi les Hollandois on
„fait

„fait différence fur mer, entre un Capitaine qui commande un vaiſſeau
„par commiſſion, & pendant une certaine expédition ſeulement, auquel
„cas on le nomme auſſi *Commandeur*, & un Capitaine en pié, qui l'eſt pour
„toute ſa vie, recevant gages tous les ans, ſoit qu'il ſerve, ou qu'il ne
„ſerve pas.

„Le Capitaine d'un vaiſſeau Amiral, eſt celui qui ſous l'Amiral donne les
„ordres, & commande dans le vaiſſeau que monte un Amiral.

„L'Etat donne aux Capitaines des navires de guerre, ſept ſous par jour, pour
„la nourriture de chacun des premiers cinquante hommes d'équipage dont
„le vaiſſeau eſt monté ; & ſix ſous & demi pour chacun des autres cin-
„quante hommes qui ſuivent ces cinquante premiers; & ſix ſous pour tout
„le reſte de ce qui ſe trouve ſur le vaiſſeau au-delà de ces cent. Ce ſont
„ordinairement les Bourgeois & Affreteurs d'un vaiſſeau marchand qui en
„font les vivres, & qui en ordonnent la diſtribution.

Les deux pavillons à demi hiſſez & les giroüettes bas, ſont les cérémonies
ordinaires, dont on honore les funerailles d'un Capitaine.

CAPITAINE en ſecond. *Een Capitein-Luitenant.*
Il eſt moins ancien que le Capitaine en pié, & ne commande qu'en ſon abſence.

CAPITAINE de frégate legére. *Een Kapitein, of Kommandeur van een ligte
fregat.*
C'eſt celui qui commande cette ſorte de bâtiment: il eſt du petit état.

CAPITAINE de galiote. *Een galjoots Kommandeur.*
C'eſt celui qui commande cette ſorte de bâtiment: il eſt du petit état.

CAPITAINE de brulot. *Een Branders Kapitein, of Kommandeur.*
C'eſt celui qui commande un brulot: il eſt du petit état.

CAPITAINE de flûte. *Een Kapitein of een Schipper van een Konings-fluit-ſchip.*
C'eſt un Oficier de marine, tiré du petit état, qui monte un vaiſſeau du
Roi, chargé des choſes néceſſaires pour l'armée.

CAPITAINE d'armes. *Kommandeur over ſoldaaten, en Corporaal.*
C'eſt un Oficier qui a ſoin des ſoldats ſur les vaiſſeaux. Il eſt immédiatement au-deſſus des Sergens, & a égard ſur les menües armes du vaiſſeau;
comme auſſi ſur les bales, bandoliéres, pertuiſanes, eſpontons, caiſſes
de tambour, piques, haches d'armes, & autres choſes ſemblables, qu'il
diſtribüe ſelon les beſoins.

„C'eſt au Capitaine d'armes d'avoir ſoin des menües armes, & de ſe met-
„tre à la tête des ſoldats, lors qu'il faut combattre. Sur-tout, il doit, en
„cette ocaſion, viſiter leurs mouſquets, & voir s'ils ſont chargez comme
„il faut, & ſi les ſoldats ont leurs petites gargouſſes toutes prêtes. C'eſt
„lui qui poſe la ſentinelle devant la chambre du Capitaine, & au haut de
„la tire-vieille.

CAPITAINE des matelots. *Onder-Schipper.*
C'eſt un Oficier Marinier qui commande aux matelots, ſous le Maître d'é-
quipage.

CAPITAINE de Port. *Havens-Kapitein.*
C'eſt l'Oficier établi dans quelque port conſidérable, où il y a un arcenal
de Marine ; & qui y commande une garde pour la ſureté de toutes choſes.
Dans les deſarmemens qui ſe font au retour des voiages, les Capitaines &
les

les Oficiers qui ont monté des vaisseaux , les remettent à la charge & à la garde du Capitaine du port. C'est lui qui a soin de l'amarrage des navires de guerre , & qui oblige les vaisseaux qui arivent , à rendre les saluts ordinaires. Il fait les rondes nécessaires autour des bassins , & doit coucher toutes les nuits à bord de l'Amiral. Il y a présentement en France six Capitaines de port : Toulon, Rochefort, Brest, le Havre, Dunquerque, & le Port-loüis ont chacun le leur.

CAPITAINE de marine. *Een Kapitein over de soldaaten die een zee-haven bewaaren.*

C'est celui qui commande les soldats-gardiens d'un port. Il y en a un dans chaque port où il y a des soldats gardiens.

CAPITAINE Garde-côtes. *Een Kapitein over de Krijgs-benden , die de kusten bewaaren.*

Ce sont ceux qui commandent la milice que l'on établit pour garder les côtes, & pour empêcher les ennemis de faire quelque descente.

CAPITANE. Galére Capitane. *Hoofdt-galey.*

C'est la principale galére non-seulement des Puissances maritimes , & des Etats Souverains, qui n'ont pas titre de Roïaume; mais aussi de quelques Roïaumes annèxez à un plus grand. Depuis la suppression de la charge de Capitaine général des galéres de France , que posfédoit le Marquis Hippolite Centurion, qui en 1669. avoit mis la France en possession de sept galéres qui étoient à lui , il n'y a plus eu de galére Capitane : la principale a été nommée Réale , & la seconde Patrone, La Capitane porte trois fanaux posez en ligne courbe, & non-pas en droite ligne comme ceux de la Réale. Voiez, Galére.

CAPON. *Penter, Punter om 't anker op te setten.*

C'est une machine composée d'une corde , & d'une grosse poulie , à quoi l'on joint un gros croc de fer, dont l'usage est de lever l'ancre, lors qu'elle paroît hors de l'eau , & de saisir l'orin ou cordage qui répond à l'arganeau de la boüée.

CROC de capon. *Penter-haak, Anker-haak.*

POULIE de capon, *Penter-blok.*

CAPONNER, l'ancre. *Aanhechten, Aanhaaken, Punteren , met de Punterhaak-vangen.*

C'est acrocher l'arganeau de l'ancre avec le croc de capon , pour la hisser, ou tirer au bossoir.

CAPONNE. *Punter en haal onder de kraan-balk.*

C'est un commandement à ceux de l'équipage , pour les faire haler sur le capon, afin de remettre l'ancre en place.

CAPORAL. *Corporaal.*

C'est un bas Oficier, qui commande une escoüade. C'est lui qui doit & poser & faire relever les sentinelles.

„ Le Caporal doit prendre soin des menües armes, & dans le combat il doit „ être à la tête des soldats, & les faire tenir chacun à son poste. Voiez, Ca„ pitaine d'armes.

CAPOSER, Mettre le navire à la Cape. *Met een zeil byleggen.*

On Capose en amarrant le gouvernail bien-ferme, pour suivre l'abandon du vent. Voiez, Cape, & Capeïer.

Y

CA-

CAPOT. *Kapoot, Nagts-rok, Wolk-vanger, Schans-looper, Zee-kap of keuvel.*
C'eſt un habillement fait en forme de robe capuchonnée, que mettent les gens de mer par-deſſus leur habit ordinaire, contre l'injure du tems.

CAPRE. *Kaaper, Kruiſſer, Vry-buiter, Commiſſie-vaarder.*
C'eſt le nom que l'on donne aux Armateurs, & aux vaiſſeaux qui ſont armez en guerre, pour faire la courſe.

,, Lors que les Particuliers des Provinces Unies arment des vaiſſeaux en
,, courſe, ils les peuvent faire monter par des Oficiers & des équipages
,, de la même qualité, & au même nombre, qu'il y en a ſur les navires de
,, guerre de l'Etat; & ordinairement on tient plus fort le nombre des Ofi-
,, ciers & des équipages d'un capre, que d'un navire de guerre, parce-qu'en
,, ces occaſions il s'agit principalement de l'abordage : & pour cet éfet il
,, faut redoubler le nombre des gens, & par conſéquent celui des Oficiers
,, pour les commander. Ce ſont les Armateurs, ou Propriétaires, qui four-
,, niſſent les vivres, & la ſolde, ou la paie, à proportion du butin qu'on fait,
,, ſelon la charte-partie; à-moins que le tout ne ſoit à la part.

CAPRE qui ſort pour aller en courſe, ou faire le cours. *Een Kaaper die uit-loopt om te kaapen, of vry-buiten.*
C'eſt-à-dire qu'il va à la mer avec commiſſion de ſon Souverain, ou de ſes principaux Oficiers, ſous ſon autorité, pour enlever, tant ſur mer, que dans toutes les eaux, ce qui apartient aux ennemis de l'Etat.

CAPRE à la part, ou qui eſt à la part. *Een Kaaper die op de reine kaap vaart.*
C'eſt-à-dire qu'il va en courſe ſans mois de gages, & dans la ſeule eſpérance d'avoir part au butin qu'il fera.

CAQUE de poudre. *Een ton bus-kruidt.*

CAQUE de harang. *Een ton haring.*
C'eſt le baril où le tonneau dans lequel on l'encaque, c'eſt-à-dire, où on le mer.

CAQUER le harang. *Kaaken, Kaeken.*
C'eſt lui couper le deſſous de la tête, à-meſure qu'on le jette dans la buche, & enſuite lui arracher les entrailles ou breüilles, & l'aprêter pour le mettre dans la caque.

CAQUEURS. *Kaakers.*
Ce ſont les matelots emploiez à caquer le harang. Ceux qu'on emploie à virer les funes ou hauſſiéres, ſe nomment *Spil-loopers*; & ceux qui ſaiſiſſent les filets s'apellent *Wandt-aanhaalders*, ou *Dom-beeſten.* Quelques-uns diſent Etêteur ou Ecaqueur, au-lieu de Caqueur.

CARACORE. *Karakor, Korkor, Korkurre.*
,, C'eſt un bâtiment des Indes, dont les Habitans de l'iſle Borneo ſe ſervent
,, beaucoup: il va à la rame pendant le calme, ou lors-qu'il fait peu de vent.
,, Les rameurs ſont aſſis ſur une galerie de roſeaux qui regne autour: le
,, dernier eſt juſque dans l'eau, & ils ont chacun leur fléche & leur arc à
,, leur côté. Ces bâtimens, bien-loin d'avoir du relevement, baiſſent à l'a-
,, vant & à l'arriére. Lors-qu'il vente, on y met des voiles de cuir. Ils
,, portent cent-cinquante & juſqu'à cent-ſoixante & dix hommes. Ils n'ont
,, de bordages, ou de planches, que quatre ou cinq de chaque côté de la
,, quille. Ils ſont aigus. L'étrave & l'étambord demeurent tout-découverts
,, au-deſſus du bordage de planches. Sur ces bordages il y a de petits bar-
,, rots,

,,rots, qui font faillie fur l'eau, felon la largeur qu'on veut donner au
,,bâtiment, & l'on couvre ces barrots de rofeaux ; ce qui fert d'un pont
,,qui s'étend jufques au bout de l'élancement que les barrots font. Ces
,,rofeaux ont environ l'épaiffeur d'un bras.
,,C'eft fur l'élancement de ce pont, qui fait de chaque côté comme une
,,galerie, que font les rameurs, & il y a entre chaque rang de rameurs
,,une ouverture affez grande, pour donner lieu au mouvement de la pagaie,
,,ou rame. On proportione les rangs des rameurs à la grandeur du bâti-
,,ment: chaque rang eft ordinairement de dix ou douze hommes. Les pa-
,,gaies font compofées de palettes plates avec des manches courts ; elles
,,font toutes égales, & fort legéres. Il y a quelquefois un rang de ra-
,,meurs en-dedans du bordage. C'eft en chantant, en battant la caiffe,
,,ou en joüant de quelque inftrument de mufique, qu'on commande aux
,,rameurs ce qu'ils ont à faire; & ils fe réglent par-là pour la maniére dont
,,ils doivent ramer.
,,Le bâtiment flote fur l'eau, & vogue par le moien du pont de rofeaux,
,,dont la faillie fe trouve fur la furface de l'eau, & fans laquelle le Ca-
,,racore, étroit comme il eft, ne manqueroit pas de fe renverfer. L'a-
,,vant ne s'élève point au-deffus du bordage de planches.
,,Les gens de l'équipage chantent, battent la caiffe, ou joüent des inftru-
,,mens tour-à-tour, & fe répondent les uns aux autres. Quelquefois les
,,faillies, ou galeries du pont, defcendent depuis le haut du bâtiment, en
,,talus fur l'eau, & alors on ne peut ramer du dedans du vaiffeau.

CARAMOUSSAL, Caramouffail, Caramouffaux. *Karmoeffaal.*
C'eft un vaiffeau marchand de Turquïe, conftruit en huche, c'eft-à-dire,
qu'il a la poupe fort haute. Cette forte de bâtiment n'a ni miféne, ni perroquets que le feul tourmentin, & porte feulement un beaupré, un petit
artimon & un grand mât. Ce mât avec fon hunier s'élève à une hauteur
extraordinaire, & il n'a que des galaubans & un étai, répondant, de l'extrémité fupérieure du mât de hune, à la moitié du tourmentin. Sa grande
voile porte ordinairement une bonnette maillée.

CARANGUER. Carangueur. *Swerven. Swerver.*
C'eft un terme dont les matelots du païs d'Aunix fe fervent, pour dire,
Agir. Ce Maître eft un grand carangueur, c'eft-à-dire, qu'il eft agiffant.

CARAQUE, Carraque. *Kraak, karak.*
C'eft le nom que les Portugais donnent aux vaiffeaux qu'ils envoient au
Brezil, & aux Indes Orientales. Ils les apellent Naos, par excellence,
comme qui diroit abfolument Navires. Ce font de très-grands vaiffeaux
ronds & de combat, plus étroits par le haut que par le bas, qui ont quelquefois fept ou huit planchers, & fur lefquels on peut loger jufques à deux
mille hommes. Ils font peu en ufage préfentement; mais on s'en fervoit
autrefois auffi-bien en guerre qu'en marchandife. La Caraque étoit du
port de deux mille tonneaux, c'eft-à-dire de quatre millions de livres.
Les Chevaliers de Rhodes s'en font auffi fervis. Les Portugais ont une
coutume, que les caraques qui viennent des Indes Orientales, ne peuvent
mener de chaloupe, ni autre barque de fervice en-deçà de l'ifle de Sainte
Héléne, auquel lieu ils les coulent à fond, afin d'ôter toute efpérance à
l'équipage de fe fauver.

La

La plus fine porcelaine de Hollande, s'apelle *Kraak porcelein*, parce-que les premiéres porcelaines font venües dans les caraques, & que celles qui font venües les premiéres fe trouvent toujours les plus fines; cette forte de marchandife aïant peu-à-peu diminué de beauté comme de prix, ainfi qu'il arrive dans la plupart des marchandifes qui fe fabriquent. Les Caraques font auffi de grands vaiffeaux de charge.

,, La capacité des caraques confifte plus dans le creux qu'elles ont, que dans ,, leur longueur, ou leur largeur.

,, Cette profondeur des caraques, & la maniére dont elles font conftruites, ,, fort foibles d'échantillon, les rendent fujettes à fe renverfer, comme le ,, marque Linfchot, qui dit qu'il y en eut une devant Goa, qui fe renverfa, étant en charge, & qui périt. Il eft vrai que quand elles font toutes-chargées, elles ne courent pas beaucoup plus de rifque que les autres ,, vaiffeaux, parce-que le grand poids qui eft dedans, les foutient.

CARACON. *Een kleine Kraak.*

C'eft une petite Caraque, ou vaiffeau renforcé.

CARAVANE. *Caravana, Caffila, of Gefelfchap van reifende Turken.*

C'eft un mot Turc, qui fignifie une troupe de voïageurs Marchands, ou Pélerins, foit par mer, foit par terre. Ils s'affemblent dans les païs du Levant, pour marcher de compagnie, & traverfer les deferts & les mers, avec une efcorte pour plus de fureté. Il y en a quatre différentes qui vont tous les ans à la Mèque, vifiter le fépulcre de Mahomet. La premiére part de Damas, où les lé Pélerins de l'Afie & de l'Europe fe trouvent. La feconde part du Caire, qui fert pour les Mahométans de Barbarie. La troifiême part de Zibith, place fitüée à l'embouchure de la mer Rouge, où ceux de l'Arabie & des Indes s'affemblent. La quatriême part de Babilone de Chaldée, où les Perfans & les Indiens fe trouvent. Quelquefois il y a jufqu'à foixante & dix mille Pélerins. Comme la Caravane qui va par mer d'Aléxandrie à Conftantinople, a été fouvent enlevée par les Chevaliers de Malte, on s'eft fervi de ce mot, pour fignifier les premiéres courfes que les Jeunes Chevaliers font contre les Turcs; ou plutôt pour toutes les Campagnes de mer que les Chevaliers font contre les Pirates, & les ennemis de la Religion, afin de parvenir aux Commanderies & aux dignités de l'Ordre. On les apelle auffi Caravanes, parce-qu'ils croifent ordinairement les mers, où paffent les caravanes des Turcs.

ALLER en Caravane. *Op de Turken gaan kruiffen.*

FAIRE une Caravane. *Een zee-togt tegen de Turken doen.*

C'eft faire une campagne fur mer, en allant croifer fur les Turcs.

CARAVELLE. *Karvel.*

C'eft un petit bâtiment Portugais, à poupe quarrée, rond de bordage & court de varangue. Il porte jufqu'à quatre voiles latines, ou à oreilles de liévre, outre les bourfets & les bonnettes en étui. Ces voiles latines font faites en triangles. Cette forte de bâtiment n'a point de hune, & le bois qui traverfe le mât eft feulement ataché près de fon fommet. Le bout d'embas de la voile n'eft guéres plus élevé que les autres fournitures du vaiffeau. Au plus bas il y a de groffes piéces de bois comme un mât, qui font vis-à-vis l'une de l'autre, aux côtés de la caravelle, & s'amenuifent peu-à-peu en haut. Les Caravelles font tenües pour vaiffeaux les meilleurs

leurs voiliers qui foient fur la mer : elles font ordinairement du port de fix-à-fept-vingts tonneaux. Les Portugais fe fervent de ces vaiffeaux en guer-re, pour aller & venir en plus grande diligence ; car ils les font tourner facilement, lèvent & ferrent leurs voiles, & reçoivent le vent comme il leur plaît. Le premier qui s'en fervit pour les Indes & l'Ethiopie , fut Vafco de Gama.

CARCASSE de navire. *Lijk.*
C'eft le corps d'un vaiffeau, qui n'eft point bordé, & dont toutes les piéces de dedans paroiffent au côté comme les os d'une carcaffe.

CARE'NAGE, Cranage, Cran. *Een plaats bequaam om te kielen, Een werf om fcheepen te lappen en kalfaateren.*
C'eft un lieu commode, proche du rivage de la mer, pour donner la caréne à des vaiffeaux. On dit, Cranage, par corruption.

CARE'NE, Quille. *Kiel.*
C'eft une longue & groffe piéce de bois , ou plufieurs piéces mifes bout-à-bout l'une de l'autre , & qui regnent par-dehors , dans la plus baffe partie du vaiffeau, de proüe à poupe, afin de fervir de fondement au navire. On prend fouvent le mot de Caréne plus généralement , & on entend par-là toute la partie du vaiffeau qui eft comprife depuis la quille jufqu'à la ligne de l'eau ; & de-là vient qu'on dit, Caréner un vaiffeau ; Donner la caréne à un vaiffeau, & Mettre un vaiffeau en caréne, pour fignifier qu'on donne le radoub au fond du bâtiment.

CARE'NE, Cran. *De Kalfaatering van 't onderfte eens fchips.*
C'eft le travail qu'on fait pour calfater & radouber un vaiffeau , dans fes œuvres vives, ou qui vont fous l'eau.

CARE'NER, Donner la caréne à un vaiffeau , Mettre un vaiffeau en caré-ne, Mettre un vaiffeau en cran, Carner. *Kielen , Kiel-haalen om te kalfaa-teren ; verftellen , en fchoon-maaken.*
En ce fens général, c'eft donner le radoub à un vaiffeau ; & parce-que les Charpentiers, pour venir à bout de ce travail, mettent le navire fur le cô-té, l'apuïant fur un ponton, afin qu'il leur préfente le flanc, le vulgaire des matelots a nommé cela , par corruption , Mettre un vaiffeau en cran : car ce mot de Cran n'eft autre que celui de Caréne qu'ils ont eftropié, fau-te de bien articuler Caréne. Les navires de guerre reçoivent la caréne, ou les œuvres de marée, au-moins de trois ans en trois ans ; & il n'y faut pas épargner le chaufage : ils ont la demie-caréne chacune des années qu'ils ne doivent point être carénez ; & ils font calfatez, braïez, & enduits de cour-roi, fur toutes les parties qui en ont befoin.

DEMIE-Caréne. *Kieling met de kimme in 't waater , Half-Kieling.*
Cela fe dit lors-qu'en voulant caréner un vaiffeau , on ne peut travailler que dans la moitié de fon fond , par-dehors ; & qu'on ne peut joindre juf-ques vers la quille.

CARE'NE entiére. *Kieling met de kimme uit het waater, Heele Kieling.*
C'eft quand on peut caréner tout un côté jufques à la quille.

CARGAISON, Carguaifon. *Laading, Cargaifoen.*
C'eft le chargement du vaiffeau ; & toutes les marchandifes dont il eft char-gé font enfemble & compofent la cargaifon entiére du bâtiment. Nous avons beaucoup perdu fur toutes les carguaifons qui nous font venües

de Lisbonne. On entend auſſi par le mot de Cargaiſon, la facture des marchandiſes qui ſont chargées dans un vaiſſeau marchand.

CARGAISON. *Laading.*

C'eſt auſſi l'action de charger. Pendant toute cette cargaiſon, il demeura toujours à notre bord.

CARGUE, Cargues. *Gy-touw, Gy-touwen, Gyen, Gorden.*

On apelle ainſi toute ſorte de manœuvre qui ſert à faire aprocher les voiles près des vergues, pour les trouſſer & les relever, ſoit qu'on ait deſſein de les laiſſer en cet état, ou qu'on veüille les ſerrer. Les cargues ſont diſtinguées en cargues-point, en cargues-fond, & en cargues-bouline. Il faut remarquer que quoi-que l'on diſe une Cargue, au féminin, ce mot devient maſculin lors-qu'il eſt joint avec un autre. On dit donc, le Cargue-point, le Cargue-bouline &c.

CARGUES d'artimon. *Beſaans-Gy-touwen.*

Quand on parle de ces ſortes de cargues, on dit, les Cargues du vent, & les Cargues deſſous le vent; les unes ſont du côté d'où le vent vient, & les autres du côté opoſé.

METTRE les baſſes voiles ſur les Cargues, Mettre les huniers ſur les Cargues. *De onder-zeilen op gyen, De mars-zeils in de bandt, of in de gy ſetten.*

Cela ſe dit lors qu'on ſe ſert des cargues, pour trouſſer les voiles par em-bas.

CARGUE-à-vüe. *Mat-reep, Marl-reep, Marl-touw.*

C'eſt une petite manœuvre paſſée dans une poulie, ſous la grande hune, & qui eſt frapée à la ralingue de la voile, pour la lever lors qu'on veut voir par-deſſous. Cette manœuvre n'eſt d'uſage que dans de certains vaiſſeaux.

CARGUE-bas, Cale-bas. *Rakke-taalie.* Voiez, Cale-bas.

CARGUES-bouline, Contre-fanons. *Nok-gordingen.*

Ce ſont des cordes, qui ſont atachées, ou amarrées, au milieu des côtés de la voile, vers les pattes de la bouline, & elles ſervent à trouſſer les côtés de la voile.

CARGUES-point, Tailles de point. *Gy-touwen, Gorden.*

Ce ſont des cordes qui étant amarrées aux angles, ou points du bas de la voile, ſervent pour la trouſſer vers la vergue, en telle ſorte qu'il n'y a que le fond de la voile qui reçoive le vent.

CARGUES-fond, Tailles de fond. *Buik-gordingen, Buik-touwen, Buik-gorden.*

Ce ſont des cordes amarrées au milieu du bas de la voile, & c'eſt par le moien de ces cordes qu'on en relève ou trouſſe le fond.

CARGUES de hune. Voiez, Retraites de hunes.

TENIR les voiles ſur les cargues. *De zeilen in de bandt houden.*

METTRE les perroquets à demi ſur les cargues. *De bram-zeils los in de gy laaten vallen, of waaijen.*

C'eſt les mettre en banniére.

CARGUER. Carguer la voile; Bourcer la voile. *'t Zeil in de bandt ſetten, opgijen, opgeiden; Zeil minderen, opwinden; De gy-touwen op 't zeil brengen.*

C'eſt la trouſſer & l'accourcir par le moien des cargues qui la lèvent en haut, & qui l'aprochent de la vergue juſques à mi-mât, ou juſqu'au tiers du du mât, plus ou moins, selon qu'on veut porter plus ou moins de voiles, aïant égard à la force du vent, & à la diligence qu'on veut faire. Trousser la voile entiérement c'est la ferler, ou la mettre en fagot, & quand elle n'est ni ferlée, ni carguée, cela s'apelle, Mettre la voile au vent, ou la mettre hors. Nos frégates carguérent leurs basses voiles, pour nous atendre.

CARGUER l'artimon. *De befaan korten, of minderen.*

CARGUE le point de la voile qui est sous le vent. *Gy op uw ly-schoot.*

CARGUER. *Op sijn buik zeilen, Op zy zeilen, Hellen, Over zy hellen, Krengen.*

C'est pancher sur le côté en naviguant.

CARGUER à stribord. *Een flag-zy over ftuur-boord maaken.* Voiez, Faux-côté.

CARGUER de l'arriére. *Hielen.*

CARGUER de l'avant. *Voor-over-duiken, Bokken:*

CARGUEUR. *Bram-zeils-val-blok.*

C'est une poulie qui fert particuliérement pour amener & guinder le perroquet. On la met tantôt au tenon du perroquet, & tantôt à son chouquet, ou à ses barres.

CARIÉ. Bois carié. *Verwormt, of, Worm-fteekig hout.*

Les Charpentiers apellent Bois carié celui qui est piqué des vers.

CARLINGUE, Calingue, Escarlingue, Ecarlingue, Contre-quille. *Kolsem, Kolswijn, Saad-hout, Tegen-kiel, Bandt op de kiel.*

On apelle ainsi la plus longue & la plus grosse piéce de bois, qui soit emploiée dans le fond de cale d'un vaisseau. Comme une piéce ne suffit pas, on en met plusieurs bout à bout, & comme on pose cette carlingue sur toutes les varangues, elle fert à les lier avec la quille, ce qui fait que quelques-uns l'apellent Contre-quille. Le pié du grand mât pose dessus.

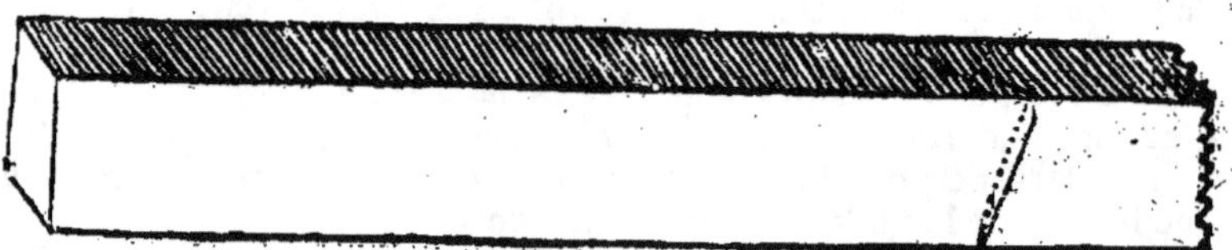

,,La Carlingue doit avoir l'épaisseur des deux tiers de celle de l'étrave.
,,Elle doit être plus large que la quille, à-cause que la carlingue du pié
,,du mât fe pose dessus, & que le ferrage y entre. Elle est jointe à la
,,quille par des chevillés de fer, & fert à l'afermiffement de tout le vaif-
,,feau. On la peut nommer une Quille interne. Elle a fort souvent un
,,écart à l'avant.
,,Les Charpentiers qui ont proportioné le vaiffeau de cent-trente-quatre
,,piés de long, dont il est souvent parlé en ce livre, donnent neuf pouces
,,d'épaisseur à fa carlingue, & deux piés quatre pouces de largeur; cinq
,,piés de long à fon écart; deux pouces & demi d'épais aux bouts de l'é-
,,cart.

,,La Carlingue va en diminuant vers les bouts, tant à l'égard de la lar-
,,geur, que de l'épaisseur. On met à chaque varangue, ou du-moins à u-
,,ne de chaques deux varangues, une cheville de fer, à tête perdüe, qui
,,passe au-travers de la carlingue & de la varangue, & entre dans la quil-
,,le si avant, qu'il ne s'en faut qu'un pouce & demi qu'elle ne passe tout-
,,au-travers; & lors qu'on met le vaisseau sur le côté, on garnit le reste
,,du trou, par-dehors, de bouts de chevilles de bois, qu'on y fait entrer a-
,,vec beaucoup de force, afin qu'il n'y passe point d'eau.

,,On renforce la carlingue d'une autre piéce de bois, qu'on met dessus, à
,,l'endroit qui porte le pié du grand mât.

CARLINGUE, ou Ecarlingue de pié de mât. *Spoor, Spoor-balk.*

C'est la piéce de bois que l'on met au pié de chaque mât, qui porte aussi ce
nom.

,,La grande Carlingue, *'t Groot Spoor*, ou l'Ecarlingue du pié du grand mât

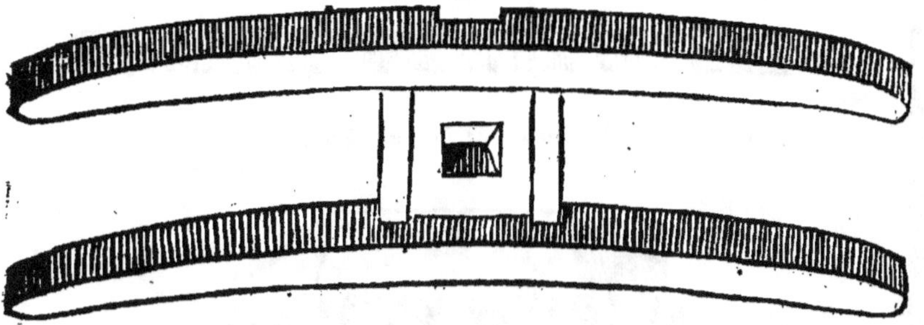

,,se pose droit sur la contre-quille; &, dans un vaisseau de cent-trente-
,,quatre piés, elle est à six piés de distance du milieu de la longueur du
,,vaisseau, en allant vers l'arriére. Elle est assurée par deux porques,
,,qui, dans un vaisseau de la longueur marquée, doivent avoir quatorze
,,pouces de large, & douze pouces d'épais, & être à trois piés & demi de
,,distance l'une de l'autre. La porque qui est vers l'avant, se place derriére
,,le bau de la grande écoutille.

,,Ces porques sont encore fortifiées par quatre genoux, deux du côté de l'a-
,,vant, & deux du côté de l'arriére: ils doivent avoir dix pouces d'épais, & ils
,,sont par le bas de la même largeur que les porques: leurs branches inférieures
,,ont huit piés de long, & leurs branches supérieures sept piés: celles-ci sont
,,moins épaisses de deux pouces que celles d'embas. De chaque côté de la
,,contre-quille on met un billot ou taquet, pour suporter l'avance que la
,,carlingue fait au-delà de la contre-quille, au-dessus de laquelle il doit monter
,,de la hauteur de quatre pouces, & il a quatre pouces d'épais par le haut. La
,,largeur de la carlingue doit être de deux piés six pouces, & celle de la car-
,,lingue du mât de miséne doit être égale; l'épaisseur de l'une & de l'autre
,,doit être de dix pouces. Le billot qu'on pose sur la contre-étrave, sous
,,la carlingue du mât de miséne, doit avoir dix pouces d'épais; & à le
,,prendre par le côté qui regarde l'avant, il est placé à la neuvième partie
,,de

,,de la longueur du vaisseau, où est aussi la carlingue du pié du mât. Il
,,reste au côté du billot une partie de la piéce où le billot a été coupé, qui
,,fait comme une planche épaisse, qui monte avec le mât jusqu'au pont.
,,Les porques de la carlingue du mât de miséne, doivent avoir douze pou-
,,ces de large & dix pouces d'épais. Il y a quatre genoux au-dessous, &
,,deux au-dessus, qui ont dix pouces de large & neuf pouces d'épais: leurs
,,branches ont sept pouces de long. La carlingue du mât d'artimon, qui,
,,dans le vaisseau ci-dessus spécifié, est placée à la cinquième partie du vais-
,,seau, prise de l'arriére, doit avoir quatorze pouces de large, & dix pouces
,,d'épais.

LA Carlingue du pié du mât de miséne s'apelle en Flamand. 't Fokke-spoor;

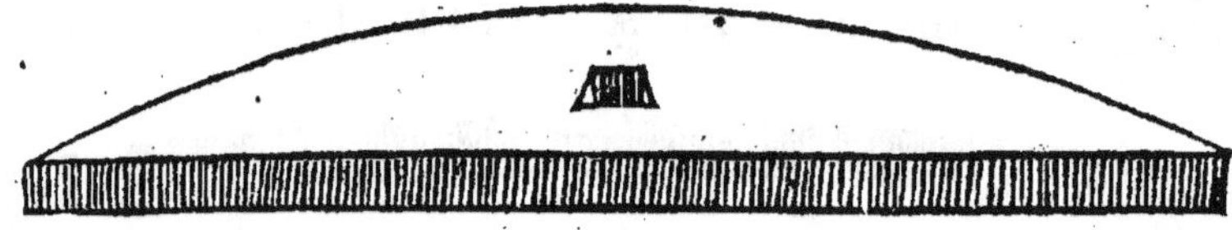

ET celle du pié du mât d'artimon. 't Besaans-spoor.

CARLINGUE de Cabestan. Spil-spoor, Spil-bedde.

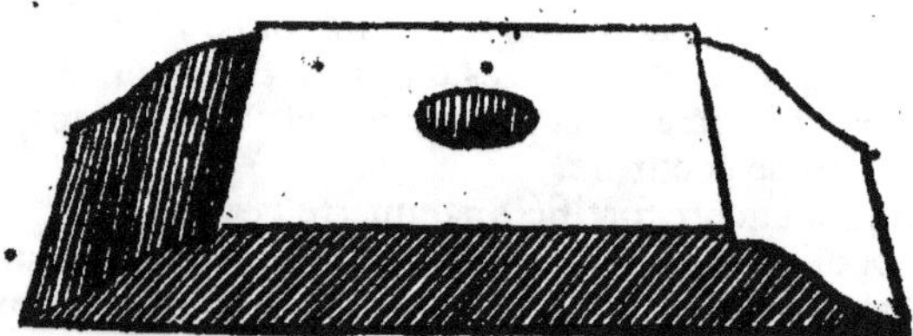

CARLINGUE de cabestan arquée, & cousüe au pont. Een gehangen of geboogen Spil-spoor. De Boog van een gehangen spil.
C'est lors que le pié du cabestan ne descend pas jusques sur le pont, on
lui fait une carlingue courbée, dont les deux bouts sont atachez aux baux,
& le pié du cabestan entre dans son arc, qui est suspendu. Sijn voet staat
veeltijdts onder op een boog.
CARLINGUE de Bittes. Beeting-spoor.
CARREAU, Carreaux. Barrighouten. Le nom de Carreau se donne en
Z
géné-

général à toutes les ceintes, ou préceintes ; mais il se donne aussi bien-souvent en particulier à la Lisse de vibord, qui est la plus haute de toutes les préceintes, & qui forme l'embelle ; Voiez. Ceintes, & Lisse de vibord.

CARREAU de chaloupe. *Barghout van een sloep.*

Ce sont les piéces de bois qui sont le haut des côtés d'une chaloupe.

CARRET. Fil de carret. *Stoot-gaaren.*

C'est un fil tiré de l'un des cordons de quelque vieux cable coupé par morceaux : on s'en sert dans les vaisseaux quand on veut racommoder quelque manœuvre rompüe.

CARTAHU. *Een Garnaat.*

C'est une manœuvre qu'on passe dans une poulie, au haut des mâts, & qui sert à hisser les autres manœuvres, ou quelque autre chose.

CARTE marine, Carte Hydrographique, Cartaux. *Kaart, Zee-kaart, Pas-kaart.*

C'est un plan, ou une surface plane, sur laquelle sont représentez les côtes, les isles, les rochers, les bancs & les dangers de la mer, avec les embouchures des riviéres, & les airs ou rumbs de vent, pour compasser les routes, & régler les estimes. Les Pilotes se servent de deux sortes de cartes : les unes s'apellent Cartes au point réduit ; & les autres, Cartes au point plat, dont on parlera ci-après, aussi-bien que des Cartes au grand point & au petit point.

CARTE Réduite, Carte au point réduit. *Een wassend-graadige Kaart.*

C'est celle qui a ses degrès de latitude, c'est-à-dire, les degrès qui courent Nord & Sud, tous inégaux entre eux, plus petits auprès de l'Equateur, & plus grands à mesure qu'ils s'aprochent des poles ; ce qui vient de la diverse projection de la sphére solide sur un plan. Quant aux degrès de longitude, qui courent Est Oüest, ils sont égaux entre eux.

CARTE plate, ou au point commun. *Een gelijk-graadige Kaart.*

C'est celle qui a les degrès de longitude & de latitude égaux, ce qui est défectueux, & contre les principes de la Géometrie. Mais si elles sont faites pour de petites distances, l'erreur n'est pas sensible. On donne à chaque degré la valeur de vingt grandes lieües, qui en valent vingt-cinq & trente des petites lieües de France.

CARTE à grand point, & Carte à petit point. *Kaart met groot of met klein bestek.*

Ce sont celles où les parties sont ou plus grandes, ou plus petites qu'à une autre.

CARTE par routes & distances. *Een kaart sonder graadt.*

C'est une carte où l'on ne voit ni longitudes, ni latitudes marquées, & où il n'y a qu'une échelle des lieües, avec les rumbs de vent, pour compasser les routes & régler les estimes. On ne s'en sert que sur la Méditerranée.

CARTE bien marquée, & Carte mal marquée. *Een Kaart die wel of qualijk geteekent is.*

Ce sont les cartes où les terres, bancs &c. sont bien ou mal situez.

CARTON. *Zee-boek, Zee-atlas.*

C'est un livre *In folio*, qui contient plusieurs Cartes marines.

CARTOUCHE. *Kardoes.*

C'est un rouleau creux, en forme d'étui, quelquefois de gros papier, de toile,

toile, de carton, ou de parchemin, où eſt envelopée la charge d'une arme-
à-feu. On dit ſur mer, Gargouche, ou Gargouſſe.

CATARACTES. *Waater-vallingen, Waater-vallen.*
Ce mot ſe dit d'une grande abondance d'eaux, qui tombent d'en-haut;
d'où vient qu'on apelle Cataractes les ſauts que fait le Nil, lors-qu'il tombe
de deſſus des rochers eſcarpez.

CATIMARON. *Katteamarouw.*
„C'eſt un bâtiment Indien, compoſé de ſix à huit piéces de bois traverſées
„les unes dans les autres, en forme de loſange, & entretenües en la même
„forme; un homme s'aſſied dedans, & rame avec une pagaie, qui a une
„demie palette de chaque côté. Il y a, pour lui ſervir de ſiége, un fagot
„de feüilles de coco, & quand il vente il met ce fagot debout pour ſervir
„de voiles. Cette ſorte de bateau eſt fort incommode, parce-que l'homme
„qui le conduit, a toujours les jambes dans l'eau, quelquefois même il
„eſt englouti par les vagues. Mais les Indiens ne s'épouvantent pas de
„cela; & comme ils ſont nuds, ils ſe ſauvent à la nage.

CATURI, CATHURI. Voiez, Almadie.

CATURS. *Cathurs.*
Ce ſont des vaiſſeaux de guerre de Bantam, qui ſont courbez & aigus par
les bouts, & qui portent une voile tiſſüe d'herbes & de feüilles d'arbres.

CAYES. Voiez, Caies.

CEDRE, Bois de Cédre. *Ceeder-boom, Ceeder-hout.*
C'eſt un grand arbre qui porte des grains comme le genévre, qui ſont gros
& ronds comme les grains de mirte. Son bois eſt preſque immortel & incorruptible: il eſt très-propre pour la conſtruction des vaiſſeaux, & les
Anciens s'en ſont beaucoup ſervis. Comme il eſt amer, & que les vers
aiment les choſes douces, ils ne l'ataquent pas.

CEINTES, Perceintes, Préceintes, Chaintes, Carreaux, Liſſes. *Barghou-*
ten, Berghouten, Barrighouten, Stoot-kanten, Berkhouten, Banden om 't ſchip.
Ce ſont de longues piéces de bois, qu'on met bout à bout l'une de l'autre,
en maniére de ceinture, dans le corps du bordage d'un vaiſſeau, pour faire
la liaiſon des membres & piéces de charpenterie, dont le corps du bâtiment
eſt formé. Les ceintes ſont poſées les unes parallèles aux autres : les matelots y trouvent une commodité, lors-qu'ils veulent monter dans le vaiſſeau, ou le nétoïer. Il y a des Charpentiers qui mettent quelque diſtinction entre ces différens Cordons, ou Ceintes ; car ils apellent Perceintes
les trois plus baſſes Ceintes, & nomment Carreaux ou Liſſes celles qui ſont
au-deſſus; & la Liſſe de vibord eſt la plus élevée. Voiez, Préceintes.

„Les Ceintes ſont ordinairement de trois ou quatre piéces, aſſemblées en
                                          „écarts

„écarts. Le plus souvent il y en a deux au-deſſous des ſabords, & deux
„au-deſſus : quelquefois il y en a deux au-deſſous , ſans qu'il y en ait au-
„deſſus.

„Les Ceintes font le même éfet en-dehors du vaiſſeau que les Serre-gou-
„tiéres font en-dedans : les unes & les autres ſervent à lier & à afermir le
„bâtiment. Les vaiſſeaux qui ont beaucop d'acaſtillage , ont plus de cein-
„tes que les autres , & cela fait que les hauts ne paroiſſent pas ſi élevez qu'ils
„ſont.

„Le nombre des Ceintes ſe régle par la grandeur du bâtiment.

„On fait ſouvent baiſſer encore les baſſes préceintes vers l'arriére , à-cauſe
„des ſabords.

„La plus baſſe préceinte doit avoir d'épaiſſeur la moitié de l'étrave ; & de
„largeur l'épaiſſeur entiére de l'étrave. Les ceintes qui ſont poſées plus
„haut diminüent un peu par proportion. Mais lors-que les vaiſſeaux ont
„cent-ſoixante & dix piés de long de l'étrave à l'étambord , ou au-deſſus
„de cent-ſoixante & dix piés , on tient les préceintes de deux pouces plus
„minces que la moitié de l'étrave.

„La plus baſſe préceinte d'un vaiſſeau de cent-trente-quatre piés , ſe poſe
„un pié huit pouces au-deſſous du premier pont. Quelques Charpentiers
„lui donnent treize pouces de large , & ſix pouces & demi d'épais. La ſe-
„conde préceinte ſe poſe deux piés cinq pouces au-deſſus de la plus baſſe ;
„elle doit avoir ſix pouces d'épais.

„D'autres Charpentiers proportionent les ceintes par la longueur du vaiſ-
„ſeau , & leur donnent douze pouces de large , quand le vaiſſeau a cent piés
„de long. Par chaque dix piés que le bâtiment a au-deſſous de cent piés ,
„ils ôtent aux ceintes un demi-pouce de leur largeur ; & par chaque dix
„piés que le bâtiment a au-deſſus de cent piés , ils ajoûtent aux ceintes un
„demi pouce de largeur.

„Pour leur épaiſſeur , ils la font de la moitié de la largeur , ou un peu
„moins.

„Preſque tous les grands vaiſſeaux ont deux couples , ou quatre préceintes ,
„au-deſſous des ſabords. Sous la belle , c'eſt-à-dire , à l'endroit où le vaiſ-
„ſeau eſt le plus bas , la plus baſſe préceinte ſe doit trouver autant au-deſ-
„ſous du gros du vaiſſeau , qu'elle a de largeur , ſelon le ſentiment de ces
„mêmes Charpentiers ; & la ſeconde doit être placée au-deſſus de cette pre-
„miére , à la diſtance de la largeur d'une ceinte & demie. Les fermures
„qui ſont entre ces préceintes , & dans leſquelles les dalots ſont preſque
„toujours percez , doivent avoir la même épaiſſeur que le franc-bordage qui
„eſt deſſous. Que ſi le vaiſſeau a trois baſſes préceintes ; comme cela ſe
„pratique quelquefois , la troiſiême doit deſcendre auſſi bas ſous la ſecon-
„de , que la première eſt élevée au-deſſus , & la première peut bien être un
„peu moins épaiſſe que la plus baſſe. Quand on laiſſe trop de diſtance en-
„tre les préceintes , & que les couples ſont fort larges ; cela fait un éfet deſ-
„agréable.

„Il a été bâti un vaiſſeau de cent-cinquante-cinq piés de long de l'étrave
„à l'étambord , pour naviguer au Sud , à qui l'on n'a mis qu'une préceinte
„au-deſſous des ſabords , afin que le doublage qu'on lui vouloit donner ,
„fût uni , & égal depuis le bas juſques au haut. Mais pour lui donner plus
„de

„de façons & de relevement vers l'arriére, à l'endroit où la préceinte com-
„mençoit à s'élever, & à paroître au-deſſus du doublage, on y mit un bout
„de préccinte au-deſſous. D'ailleurs tout le bordage fut fait de planches
„de ſix pouces d'épais; ce qui a fort bien réüſſi, & le vaiſſeau s'eſt trouvé
„très-bon, & s'eſt bien maintenu.

CEINTRAGE. Voiez, Cintrage.

CENSAL. Terme de Provence. Voiez, Courtier.

CENTRE de peſanteur. *Middelpunt des ſwaarheids.*

C'eſt un point d'un corps peſant, autour duquel ſes parties ſont tellement
diſpoſées, que s'il eſt ſoutenu par ce point, & mis en telle ſituation qu'on
voudra, les parties, qui ſont d'une part, n'ont ni plus ni moins de force
pour deſcendre, que celles qui ſont de l'autre part; & qu'elles s'empêchènt
réciproquement de deſcendre.

CERCLES de pompe. *Beugels tot de pomp.*

Ce ſont deux cercles de fer, dont l'un eſt rond, qui embraſſe le haut de la
pompe, pour l'empêcher de ſe fendre; & l'autre eſt quarré, qui ſert à joindre la potence à la pompe. Dans ce dernier il y a un autre petit cercle, qui
en ſort, dans lequel entre le bout de la potence, *'t Oog daar de gek in komt.*

CERCLES de hune. *Mars-randen, Banden.*

Ce ſont de grands cercles de bois, qui font le tour des hunes par-en-haut.
„Autour des hunes on voir des cercles, qui ſervent à aſſurer les matelots,
„pendant qu'ils font leurs manœuvres ſur les hunes, où ils en ont beau-
„coup à faire; & ſans ces cercles ils pourroient facilement tomber. On
„tient les cercles plus bas vers l'avant qu'aux autres endroits, afin qu'ils
„ne raguent pas les cordages, & n'uſent pas les voiles : & pour empêcher
„cela on met encore des ſangles, ou tiſſus de bittord, tout-autour. Voiez,
„Hune.

CERCLES de boute-hors. *Lij-zeils beugels.*

Ce ſont des cercles doubles de fer, qu'on met au lieu des vergues où l'on
paſſe les boute-hors, qui ſervent à mettre les voiles d'étui.

CERCLE d'étambraie de cabeſtan. *Beugel in de viſſcher.*

C'eſt un cercle de fer autour du trou de l'étambraie, par où le cabeſtan
paſſe & tourne.

C H.

CHABLEAU. *Lijntje, Paard-lijn.*

C'eſt une longue corde moïennement groſſe, qui ſert à tirer & à remonter les bateaux ſur les riviéres.

CHAIE, ou Bélandre. Voiez, Bélandre.

CHAINE. *Keeten, Ketting.*

CHAINE de Port. *Ketting om een haven te ſluiten.*

Ce ſont pluſieurs chaînes de fer, ou quelquefois une ſeule, qui ſont tendües à l'entrée d'un port, afin que les vaiſſeaux n'y puiſſent entrer. Lorſ-
que la bouche du port eſt grande, elles portent ſur des pilés, d'eſpace en
eſpace.

CHAINES de vergues. *Kettingen tot de ree, Raa-kettingen, Raas-vangen.*

Ce ſont de certaines chaînes de fer qu'on tient dans la hune du vaiſſeau, &
dont on ſe ſert dans le combat à tenir les vergues, lors qu'il arive que le
canon coupe les cordes ou manœuvres qui les tiennent.

Z 3

CHAI-

CHAINES de chaudiére. *Kettingen tot de kombuis.*

Ce font auffi des chaînes de fer qui fervent à tenir la chaudiére où cuifent les vivres de l'équipage, lors-qu'elle eft fur le feu.

CHALAND, ou Bac. *Een fport van een Praam.*

C'eft un bateau plat, moïennement grand, dont on fert pour amener à Paris les marchandifes qui defcendent par la riviére. Il fe dit plus particuliérement des bateaux de la Loire, qui font legers, & qui vont fouvent à la voile, qui ne font bâtis que de planches encouturées l'une fur l'autre, jointes à des piéces de lieures, qui n'ont ni platbords, ni matiéres pour les tenir fermes. Ce font ceux qui viennent par le canal de Briare. Il y en a de douze toifes de long, de dix piés de large, & de quatre piés de hauteur de bord. Ceux qu'on voit à Paris s'apellent auffi Marnois, parce-qu'ils font conftruits vers la fource de la Marne.

CHALINQUE. *Een Indiaanfche vaartuig fonder fpijkers getimmert.*

C'eft un petit vaiffeau des Indes, qui n'a des membres que dans le fond, & qui n'eft guéres plus long que large : on ne fe fert point de cloux à le conftruire, & les bordages de fes hauts ne font coufus qu'avec du fil de carret fait de coco, autrement de l'étoupe de noix de palme.

La Chalingue, Chalinque, ou Chelingue, eft un bateau plat par-deffous, fait de planches coufües avec de petites cordes de coco; ils font fort legers, & hauts de bord : ils obéïffent à la lame, laquelle ne les a pas plutôt jettez fur le fable, que les Négres defcendent pour vous emporter fur leurs épaules. Plufieurs Oficiciers de Ponticheri, ou Povicheri, fur la côte de Coromandel, vinrent dans des chelingues voir notre Commandant.

CHALOUPE. *Sloep, Chaloep, Boot.* Voiez, Bòt.

C'eft un bâtiment de mer, deftiné au fervice & à la communication des grands vaiffeaux, ou pour fervir à faire de petites traverfées; quoi-qu'il y en ait auffi qui en faffent de grandes, & même des voiages de long cours. Chaque chaloupe deftinée au fervice des grands bâtimens, eft équipée au-moins de trois matelots, du Maître qui la gouverne, *Sloep-meefter*, ou *Stuurman;* du Têtier qui tire la rame devant, *De voorfte floep-roeijer op de eerfte doft;* & de l'Arrimier qui tire au milieu, *De middelfte doft-roeijer;* & c'eft ordinairemeut un Quartier-maître qui la commande.

„ Les vaiffeaux qui doivent aller à la mer, font pourvus d'une chaloupe,
„ & s'ils doivent faire d'affez longs voiages, on y joint un canot. Chacun
„ de ces petits bâtimens a fes ufages particuliers. La chaloupe, entr'au-
„ tres, fert à porter l'ancre de toüeï, quand il la faut moüiller, & à por-
„ ter à bord les munitions, du lefte, & quelques autres chofes pefantes.
„ Le canot fert à ceux qui veulent paffer d'un bord à l'autre, & l'un &
„ l'autre fervent à fauver les hommes & la cargaifon, en cas de naufrage,
„ ou d'autre fortune de mer. On fait ordinairement les chaloupes auffi lon-
„ gues qu'eft large le vaiffeau auquel elles doivent fervir, à-moins que les
„ vaiffeaux n'aient de bau plus d'un quart de leur longueur : en ce cas on
„ tient les chaloupes un peu plus courtes que le vaiffeau n'eft large; de-forte
„ qu'à proprement parler, la chaloupe doit avoir de longueur le quart du
„ navire. On la tient un peu plus large que le quart de fa longueur; & on
„ lui donne de creux, à mefurer au haut, au-deffus de la préceinte, un peu
„ moins que la moitié de fa largeur.

„ A l'a-

„ A l'avant de la chaloupe il y a une poulie, ou un roüet, pour tirer l'an-
„cre, & quand il en est besoin on met un cabestan au milieu, qu'on assure
„par le moïen de deux courbatons qui sont à chaque bord, à l'endroit où
„on le pose. Les membres qui sont sur la sole, sont couverts de planches
„qui ne sont point assujetties, hormis à l'endroit où l'on puise l'eau qui y
„entre, lequel demeure vuide.

VOICI le devis d'une chaloupe de trente-deux piés de long, de l'étrave à
l'étambord, & de huit piés neuf pouces de large.

„La sole doit être de vingt-cinq piés cinq pouces & demi de long, cinq
„piés trois pouces de large, & deux pouces d'épais. Les varangues doi-
„vent avoir trois pouces de large, & deux pouces d'épais; & être à un pié
„cinq pouces & demi de distance l'une de l'autre.

„L'étrave doit avoir six piés cinq pouces de haut, quatre piés neuf pouces
„de quêste, treize pouces de large par le haut, dix pouces par le bas,
„quatre pouces d'épais en-dedans, & trois pouces en-dehors par le bas.

„L'étambord doit avoir cinq piés neuf pouces de haut, un pié dix pouces
„de quêste, deux piés de large par le bas, & un pié par le haut; sept pou-
„ces & demi d'épais en-dedans, & un pouce & demi en-dehors.

„La Chaloupe doit avoir deux piés trois pouces de creux, à prendre au-
„dessous de son carreau; huit piés neuf pouces de large, à mesurer au mê-
„me endroit. Le taquet, ou bloc de la semelle doit être à onze piés de
„l'avant, auquel endroit elle doit avoir trois piés & demi pouce de creux,
„& huit piés deux pouces & demi de large. Au traversin de l'avant elle
„doit avoir sept piés huit pouces de large, & trois piés un pouce de creux;
„& à mesurer à demi pié de l'étrave, elle doit avoir six piés six pouces de
„creux.

„Les genoux doivent être à la distance de seize pouces l'un de l'autre, &
„doivent avoir trois pouces de large, & trois pouces & demi d'épais. Les
„blocs doivent être à la distance de six pouces l'un de l'autre, & à deux
„pouces de l'étrave.

„Le traversin de l'avant doit avoir huit pouces de large, & trois pouces d'é-
„pais, & être à huit piés de l'étrave prise en-dehors.

„La serre doit avoir douze pouces & demi de large, & un pouce un quart
„d'épais. Le virevaut est à un pié & demi du milieu du bâtiment, vers
„l'arriére, posé dans la serre. Le banc du mât doit avoir trois pouces
„d'épais, un pié & demi de large, & treize pouces par les bouts, aïant un
„quart de rond au-devant, à son bord. Le trou où le mât entre, doit
„avoir six pouces & demi de largeur & six pouces de profondeur; & le trou
„du pié du mât, quatre pouces & demi: les planches du cornet doivent avoir
„un pouce d'épais.

„La carlingue doit avoir dix-huit pouces de large en son milieu, & douze
„pouces à son bout de l'arriére, avec deux pouces d'épaisseur. Il doit y
„avoir dix-huit genoux, & un derriére le bloc, faisant dix-neuf en tout.
„Il y a une cheville de fer à chaque genou, qui passe au-travers du car-
„reau. La boucle ou anneau, qui est à l'étrave, & qui sert à haler la
„chaloupe à bord, doit avoir sept pouces & demi de largeur, ou de dia-
„métre.

„Le carreau doit avoir six pouces de large en son milieu, & quatre pou-

,,ces d'épais; deux pouces & demi de large à l'arriére, & trois pouces d'é-
,,pais, & un peu plus à l'avant, où il a deux piés de relevement, & il
,,en a deux & demi à l'arriére. Le platbord doit avoir quatre pouces de
,,large, & trois pouces d'épais. La planche du pourtour a un pouce d'é-
,,pais, & de large entre les carreaux deux pouces & demi à l'arriére, &
,,trois pouces un quart au milieu.

,,Il doit y avoir sept couples d'échomes, savoir cinq derriére le banc ou la
,,toste du mât, & deux devant; la distance entre les deux côtés, où sont
,,les échomes doit être de sept pouces. Au côté du bloc de la semelle qui
,,regarde l'avant, il doit y avoir une crampe, à laquelle l'hauban est a-
,,marré. Le plus bas des gonds qui sont à l'étambord, doit être ataché à
,,un pié du talon, & le plus haut doit être ataché à treize pouces de la
,,tête.

,,Pour construire les chaloupes, & autres semblables petits bâtimens, on
,,ne se sert que de petits pieux qu'on fiche en terre, afin de faire aprocher
,,les bordages, sans avoir recours aux tenailles. On fait des trous dans le
,,fond des chaloupes, pour vuider l'eau quand elles sont amarrées sur le pont,
,,& l'on bouche les trous, quand on veut les mettre à la mer.

,,VOICI un autre devis. Une Chaloupe de quarante-deux piés de long, doit
,,avoir neuf piés de large, & sa sole en doit avoir sept; deux piés de creux
,,sous le carreau, & trois piés & demi dans le reste. L'étrave doit avoir
,,cinq piés un quart de hauteur, & six piés & demi de queste. L'étam-
,,bord doit avoir aussi cinq piés & un quart, & deux piés de queste. La
,,barre d'arcasse doit avoir six piés de long.

,,La chaloupe doit avoir un pié & un quart de relevement à l'avant, &
,,deux piés & un quart à l'arriére. Les varangues doivent avoir trois pou-
,,ces & demi de large, & trois d'épais. Les genoux doivent avoir trois
,,pouces d'épais, & deux pouces dans les fleurs & sur les varangues. Elle
,,doit être bordée d'esquain.

,,Le grand mât doit avoir vingt-quatre piés de long: la vergue doit avoir
,,douze piés & demi; la voile, vingt & un pié de chute; le mât d'avant,
,,quinze piés & demi de long; la vergue, onze piés; & la voile, dix piés
,,& demi de chute.

,,LES Chaloupes qui vont à la pêche de Groenelande sont longues & legé-
,,res, & n'ont point de relevement: on les nage avec quantité d'avirons.
,,Elles ont à l'avant une petite poulie, où l'on passe le cordage, lors-qu'on
,,a tué la baléne. Elles sont suifvées par le dessous, & peintes de blanc.

,,VOICI le devis d'une Chaloupe construite pour aller aux isles du Cap-vert.
,,Elle a cinquante-cinq piés de long, de l'étrave à l'étambord, douze piés
,,& demi de large, six piés & un quart de creux à la hauteur des dalots.
,,L'étrave a huit piés & demi de haut, & l'arcasse cinq piés & demi. La
,,lisse de hourdi a cinq piés un quart de long. Les varangues ont cinq pou-
,,ces d'épais de haut en bas, & sont posées à neuf pouces l'une de l'autre.
,,Les allonges ont trois pouces & demi d'épais par le haut. L'étambord a
,,neuf piés & demi de hauteur, perpendiculairement.

,,ON peut bien donner de largeur à une chaloupe sept, huit, ou neuf piés
,,plus que le tiers de sa longueur; & souvent la sole même a de largeur le
,,tiers de la longueur du bâtiment. Par chaque dix piés de long on a acou-
　　　　　　　　　　　　　　　　　　　　　　　　　　　　　　　,,tume

,, tumé de donner un pié de creux. On leur donne aussi, à l'avant, vers
,, la toste du mât, quatre pouces & demi de largeur, & un pouce de creux
,, plus qu'à l'arriére. Les carreaux ont de relevement à l'avant, vingt pou-
,, ces par le bas, & un pié à l'arriére joignant l'étambord.

DOUBLE Chaloupe. *Een dubbelde sloep.*
C'est un petit bâtiment dont il y en a de pontez, & d'autres qui ont seulement des courcives.

CHALOUPE bonne de nage. *Een wel roeijende sloep.*
C'est celle qui est facile à manier, & qui passe ou marche bien avec les
avirons.

CHALOUPE bien-armée. *Een wel bemant sloep.*
C'est celle qui est équipée du nombre des matelots qu'il faut pour la nager, & dans laquelle on a fait entrer la quantité des soldats qui sont nécessaires pour une expédition.

CHALOUPE à la toüe. *Sloep agter aan, Een sleepende sloep.*
C'est-à-dire, que la chaloupe est amarrée à bord du vaisseau, & qu'elle en
est tirée lors-qu'il est sous les voiles.

CHALOUPE en fagot. Voiez, Fagot.

RETIRER la chaloupe. *De boot aanhaalen.*

HALER la chaloupe à bord. *De boot insetten.*

METTRE la chaloupe à la mer. *De boot uitsetten.*

QUAND il ne reste plus que la grande ancre, il est tems de mettre la chaloupe à la mer. *Voor het uitterste plegt-anker, het schip moet werden geruimt,
en de boot uitgeset.*

CHAMBRE de mortier. *De kaamer van een mortier.*
C'est un espace creux de la piéce, qui contient la poudre, & où va se terminer la lumiére.

CHAMBRES, Terme de fonderie. *Gaten en groeven.*
Ce sont des vuides qui demeurent dans un canon qu'on a fondu, & où le
métal n'a pas coulé.

CHAMBRE des Assurances. *Assurantie-of-Verseekering-kaamer.*
C'est une Chambre qui fut érigée à Amsterdam l'an 1612. Voïez, Assurance.

CHAMBRE de Port. *Dokkie, Kom, Dok.*
C'est une partie du bassin d'un port de mer la plus retirée & la moins profonde. C'est-là qu'on retire les vaisseaux desarmez pour les reparer. Voïez,
Bassin, & Darse.
,, En Angleterre, où le flot monte plusieurs piés sur les côtes, on bâtit les
,, vaisseaux en des lieux bas, ceints de digues, & enfermez par des écluses,
,, qu'ils ouvrent quand la construction est avancée, & que le bâtiment est
,, en état d'être mis à l'eau ; ainsi lors-que la marée vient, & qu'elle entre
,, dans la chambre, elle enlève le vaisseau de dessus son chantier, & il se
,, trouve à flot sans qu'on ait eu la peine de l'y mettre.

CHAMBRES des vaisseaux, Apartemens. *Kaamers.*
Ce sont les lieux où couchent les Officiers Majors. Ces apartemens sont
pratiquez à la poupe, ou à l'arriére du vaisseau.

CHAMBRE du Capitaine, ou Grande-chambre. *Kajuit.*
C'est celle qui est destinée pour loger le Capitaine. Dans les grands vais-

seaux

feaux cette chambre eft au-deffus de celle du Confeil; aux autres elle eft fur la fainte-barbe.

„C'eft-là l'apartement du Commandant. Elle eft placée à l'arriére, parce-que „le mouvement ou balancement du vaiffeau s'y fait le moins fentir, & que „découvrant de-là plus facilement tout le navire, on voit comment les „voiles font manœuvrées, & fi le vaiffeau gouverne bien; outre que c'eft „l'endroit à qui l'on peut donner le plus de largeur, fans incommodité.

„Cette Chambre eft ordinairement acompagnée de galeries, ou du-moins „de bouteilles, aux deux côtés. Dans les vaiffeaux des premiers rangs on la „fépare en deux. Quelquefois même, par le moien d'un petit degré qu'on „y met, on monte dans une efpéce de petit cabinet pratiqué derrière la du- „nette. On fait deux portes à la chambre, quoi-qu'on ne fe ferve guéres „que de celle qui eft à babord; mais il eft befoin d'y en faire deux, parce. „que dans un combat on y fait plus aifément paffer le canon, & qu'elles „fourniffent encore d'autres facilités. Le plancher du haut de la chambre „eft quelquefois parqueté à compartimens, & fort proprement peint.

„On fait jufqu'à trois pointes, en cul-de-lampe, ou en rond, ou d'une au- „tre figure, fur la galerie, dont celle qui eft au milieu eft la plus haute; „& au-dedans, on y fait quelquefois un petit efcalier à vis, pour monter „fur les hauts.

„Autrefois les Hollandois faifoient beaucoup d'ornemens & de fculpture „aux vaiffeaux. Ils y faifoient même des tours à l'arriére, au-deffus du „revers, auffi-bien qu'aux côtés, & à chaque herpe proche de fa liffe. Ils „en faifoient encore au milieu, fur le tillac, & devant la dunette, qui étoient „fort grandes, & dont on fe fervoit comme de remparts, fur lefquels on „mettoit de legéres piéces de canon.

„On fait de petites cheminées dans la chambre du Capitaine des vaiffeaux „deftinez pour la mer Baltique, ou-bien l'on y met des poëles. On y fait „auffi de petites fenêtres, ou des couliffes, afin de regarder par-là dans le „navire.

„Pour les autres fenêtres, on y en fait autant qu'on le juge à propos, & „on les fait prefque toujours ouvrir de bas en haut. On met des bancs à „l'arriére, qui ont une maniére de petits feüillets, a-caufe que le balance- „ment les fait fouvent pancher.

„Lors-qu'il y a beaucoup de revers, ou de faillie à l'arriére, on eft obligé „de faire un trou, dans la chambre du Capitaine, pour y paffer le gou- „vernail, quand on le veut mettre à fa place; mais enfuite on referme l'ou- „verture.

„On peut voir les proportions des barrots de la Chambre du Capitaine, „fous le mot Bau. Les courbatons qu'on y met entre les allonges, dans „un vaiffeau de cent-trente-quatre piés de long, doivent avoir cinq piés de „long, & les branches fupérieures, qui courent fous le pont, douze piés „& demi.

„La ferre-goutiére doit avoir un pié cinq pouces de large, & trois pouces „d'épais.

„Les lattes doivent avoir deux pouces & demi d'épais, & trois pouces & „demi de large: il y en doit avoir trois entre chaque barrot.

„Le fronteau de la chambre eft auprès du mât d'artimon. La porte qui „eft

„est à babord, doit être à quatre piés du bord du vaisseau, & avoir quatre
„piés de large par le bas, & trois piés neuf pouces par le haut. Dans les
„flûtes, la porte qui ouvre ordinairement, se place presque toujours à stri-
„bord. Les montans des portes doivent avoir quatre pouces de large, &
„trois pouces d'épais; les traverses du fronteau, deux pouces de large, &
„un pouce & demi d'épais; les planches doivent être d'un pouce d'épais-
„seur. Chaque porte doit avoir trois barres, & une serrure à la barre du
„milieu.

CHAMBRE, Grande-Chambre. *Groote Kajuit.*
C'est celle qui est prise sur l'arriére du second pont.

CHAMBRE du Conseil, ou Chambre des Volontaires. *Krijgs-raadt-plaats,*
Raadt-kaamer.
C'est un des apartemens de la poupe des grands vaisseaux de guerre. Elle
est sur le second pont, & au-dessus de la sainte-barbe. Le corps de garde
est devant la chambre du Conseil, ainsi nommée parce-qu'on y tient le Conseil.

CHAMBRE du Chirurgien Major. *De kaamer van den Opper-heel-meester.*

CHAMBRE des Canoniers, ou Sainte-barbe. Voïez, Sainte-barbe, où
Barbe.

CHAMBRE de l'Aumônier, du Maître Canonier. Voïez, Loge.

CHAMBRE aux voiles. *Zeil-kaamer.*
C'est le lieu où l'on met les voiles que l'on porte pour en changer au besoin. Il faut souvent visiter la chambre aux voiles, & prendre garde que
tout y soit bien sec, & que les rats ne mangent pas les voiles.

CHAMBRE sous le château d'avant. *Kot.*
„C'est une chambre qu'on pratique sous le château d'avant, dans les vais-
„seaux qui n'ont que deux ponts, & qui est suspendüe entre le bas & le
„haut pont, en-sorte que le haut pont est à-peu-près au milieu de la hau-
„teur de la chambre, ou un peu plus haut.

CHAMBRE aux cables. Voïez, Fosse aux cables.

CHAMBRE d'écluse. *Kom, Kaamer, Kolk.*
C'est un espace de canal compris entre les deux portes d'une ecluse.

CHAMBRE', Canon Chambré. *Een stuk geschuts met kaamers.*
C'est un canon qui n'a pas été bien fondu, & qu'il est dangereux de tirer,
à-cause des fentes & crevasses qui sont en-dedans, & qui pourroient le faire
crever.

CHAMEAU. *Kameel.*
„C'est un grand & gros bâtiment, dont l'invention a été trouvée à Ams-
„terdam, il y a environ vingt-cinq ans, pour enlever un vaisseau & le
„faire passer sur le Pampus à l'embouchure de l'Y. Par le moien de cette
„espéce de machine, qui a été apellée Chameau, parce-qu'elle est fort lour-
„de, & à-cause de sa force, on enlève un vaisseau jusqu'à cinq ou six piés
„de haut. Sa construction est à plates varangues. Il a cent-vingt-sept piés
„de long, vingt-deux piés de large par un bout, & treize piés par l'autre
„bout; onze piés de creux par un bout, & treize piés & demi par l'autre
„bout. Un des côtés de cette machine, a les mêmes façons à l'avant & à
„l'arriére qu'un autre vaisseau; mais de l'autre côté elle est presque droi-
„te, & tombe un peu en-dehors. Le fond de cale est séparé d'un bout à

,,l'autre, par un fronteau bien étanché, & où l'eau ne peut passer. Cha-
,,que côté est aussi séparé en quatre parties, par trois fronteaux aussi étan-
,,chez, si-bien qu'il y a huit espaces séparez l'un de l'autre, dans une par-
,,tie desquels on peut laisser entrer l'eau, & on peut la pomper dans les
,,autres, & par ce moien tenir le chameau en équilibre. Outre cela il y
,,a en chaque espace ou retranchement une dale bien étanchée, par laquelle
,,on y fait entrer l'eau, & qu'on bouche avec un tampon : il y a aussi deux
,,pompes, pour pomper l'eau qu'on y a fait entrer. Il y a dans le bâti-
,,mens vingt tremües, qui passent du tillac au fond du vaisseau, par où l'on
,,fait passer des cordes de neuf pouces de circonférence, lesquelles sortent
,,par les trous qui sont aux bouts de ces tremües, & embrassant la quille
,,vont passer dans un autre Chameau, qui est au côté du premier. Ces
,,cordes se virent par le moien des vindas qui sont sur le pont, auprès de
,,chaque tremüe, & qui servent à roidir les cordes. Le vaisseau qu'on
,,veut enlever étant passé sur les cordes, entre les deux Chameaux, on
,,pompe toute l'eau, & par ce moien les Chameaux devenus plus legers
,,s'élèvent sur la surface de l'eau, & flotent plus haut qu'ils ne faisoient lors-
,,qu'ils étoient plus pleins ; & ils élèvent avec eux le vaisseau qui est sur
,,les cordes, qu'on fait roidir en même tems par les vindas, de-sorte que
,,le vuide des chameaux qu'on pompe, & la manœuvre qu'on fait avec les
,,vindas, concourant en même tems, le vaisseau est comme emporté jusques
,,au-delà des endroits qui ne sont pas assez profonds.

CHAMFRAIN. *Een afgemaakte kant in een stuk houts.*
C'est le pan qui se fait en rabatant l'arrête d'une piéce de bois.

CHAMFRAINER un morceau de bois. *Een kant afmaaken, of afhakken.*
C'est le couper de telle sorte, que s'il est quarré, comme le bord d'une
planche, on abate une des arrêtes, & qu'on le coupe jusqu'à l'autre arrêté ; ce qui se fait lors-qu'on ôte tout le bois depuis le dessus de la planche
en biaisant.

CHAMP. Mettre des solives de champ. *Balken op haar smalle kant setten.*
C'est poser les solives, & autres piéces de bois équarries, sur la partie la
moins large, en-sorte qu'une solive qui a six pouces d'un sens, & quatre de
l'autre, est mise de champ, si elle est posée sur la partie de quatre ; ce qui
lui donnera plus de force, & empêchera qu'elle ne plie.

CHAMPANE, Champanes. *Champan, Champans.*
C'est un bâtiment du Japon, de soixante à quatre-vingts tonneaux, qui est
fait sans cloux, & sans aucuns ferremens. Cette sorte de bâtimens, dont
les bordages sont emboîtez, n'a que des courcives, & les membres n'en sont
cousus qu'avec des chevilles de bois.
,,Les Champanes sont des vaisseaux longs, qui ont leur plus grande hau-
,,teur à l'avant, & leur plus grande largeur à l'arriére. Leur gouvernail
,,est à l'arriére ; il est large, & il y a encore à chaque côté une grosse rame
,,qui aide à gouverner. Tout le bâtiment est à-peu-près aussi plat qu'un
,,Bac. On hisse la voile avec un vindas. Il y a sur le haut une espéce de
,,cuisine assez raisonable, & au fond de cale une citerne.
,,On avoit aussi autrefois au Japon de grandes Jonques, bien pontées, &
,,on se servoit d'un compas à huit pointes : on y avoit beaucoup de con-
,,noissance des étoiles, & on se servoit fort bien de cette connoissance pour
,,régler

„régler la navigation. Mais depuis qu'un des Empereurs eut fait défences
„à tous ses Sujets d'avoir commerce avec les étrangers, soit pour trafi-
„quer, ou par quelque autre motif que ce fût, la défence de la naviga-
„tion se trouvant comprise dans cet Edit, il y eut peine capitale ordon-
„née contre ceux qui bâtiroient de grands vaisseaux; & cette Ordonnance
„fut si rigoureusement éxécutée, qu'il y a eu des Hollandois qui virent
„crucifier un homme en ce païs-là, pour avoir construit un bâtiment qui à-
„peine auroit pu naviguer en haute mer; & l'éxécution se fit sur un port
„de mer, afin d'épouvanter tout le monde. Depuis ce tems-là on a vu la
„navigation réduite presque à rien : Les anciens vaisseaux furent mis en
„piéces, ou servirent sur terre à faire des magazins, & on n'a plus con-
„servé que quatre sortes de petits bâtimens nommez Coubais, Cuserofne,
„Fne, & Phaiofnées.

CHANDELIERS de pierriers. *Basse-klampen, Basse-stutten.*
Ce sont des piéces de bois reliées, & trouées en long : le pivot de fer, sur
quoi tourne le pierrier, est posé dessus.

CHANDELIER de fer de pierrier. *Pinne.*
C'est une fourche de fer avec deux anneaux, dont les deux tourillons des
pierriers sont soutenus. Cette fourche tourne sur un pivot dans un chandelier de bois, & le pivot sur lequel le pierrier tombe, est ce qu'on nomme Chandelier de fer de pierrier.

CHANDELIERS de chaloupes. *Mik : Ysere mikken om boots-mast, geip en
riemen in te setten.*
Ce sont deux fourches de fer qui servent à soutenir le mât, la voile, &
tout ce qui est de la chaloupe, quand on la navigue avec les avirons.

CHANDELIERS de petits bâtimens. *Galg, Galgen.*
Ce sont des apuis de bois, qu'on voit sur le pont de divers petits bâtimens,
comme tialques, damelopres, & autres, sur lesquels le mât est apuïé, quand
il est amené sur le pont.

CHANDELIERS d'échelles. *Ysers met knoopen tot de trappen der scheepen.*
Ce sont des Chandeliers de fer à tête ronde, qu'on met des deux côtés de
chaque échelle. On y amarre des cordes qu'on laisse traîner jusqu'à l'eau, &
qui servent à soulager ceux qui montent dans le vaisseau, ou qui en descendent.

CHANDELIERS de lisses. *Stutten met latten op de regelingen.*
On apelle ainsi les Chandeliers qu'on met dans les lisses, sur le haut des
côtés des vaisseaux.

CHANDELIER de fanal. *Ysere staander tot de lantaarnen, Ysers om de lantaarnen
aan te hangen.*
C'est un grand fer avec un pivot, sur lequel on pose un fanal de poupe.

CHANGER. Ce mot a plusieurs usages en termes de mer.

CHANGER les voiles. *De zeilen veranderen, Omsmakken.*
C'est-à-dire, Mettre un côté de la voile au vent, au-lieu que l'autre côté
y étoit avant ce changement.

CHANGER les voiles de l'avant, & les mettre sur le mât. *De voor-zeilen
veranderen, en op de mast brassen.*
C'est brasser tout-à-fait les voiles du mât de misène du côté du vent, ce qui

se fait afin qu'il donne deſſus, & que le vaiſſeau étant abatu par-là, on puiſſe le remettre en route.

CHANGER de bord, Virer de bord. *Omwenden.*

C'eſt mettre un côté du vaiſſeau au vent pour l'autre, afin de changer de
route.

CHANGER l'artimon. *De beſaan doorkaaijen, of van d'eene zy tot d'andere
brengen.*

C'eſt faire paſſer la voile d'artimon, avec ſa vergue d'un côté du mât à
l'autre.

CHANGE l'artimon, ou Change l'amure d'artimon. *Beſaans-hals over.*

C'eſt, dans le tems que l'on change de bord, changer l'amure d'artimon
d'un côté du vaiſſeau à l'autre; c'eſt-à-dire, de deſſous le vent la paſſer
au vent.

CHANGER le quart. *De wagt wiſſelen, 't Quartier-volk afloſſen.*

C'eſt faire entrer une partie de l'équipage en ſervice, en la place de celle
qui étoit de garde, & que cette autre partie doit relever.

CHANGE la barre. *Smijt of werpt het roer om, Legt 't roer over.*

C'eſt un commandement qu'on fait au Timonier de mettre la barre du gouvernail au côté opoſé à celui où elle étoit.

CHANTIER. *Staapel.*

C'eſt une groſſe piéce de bois qui ſert de chevalet à un Charpentier, pour
en porter ou en élever une autre, afin qu'il la taille & la façonne.

CHANTIER. *Staapel.*

C'eſt un exhauſſement que font des tins, ou de groſſes piéces de bois rangées ſur le bord de la mer, pour ſoutenir la quille, ou la ſole des bâtimens
qui n'ont pas de quille, lors-qu'on travaille à la conſtruction des vaiſſeaux.
Dans les arcenaux de marine le chantier eſt dans une forme. On dit, Mettre un vaiſſeau en chantier, le tenir en chantier, l'ôter du chantier.

„Pour mettre bien une quille ſur ſon chantier, il faut poſer les tins à ſix
„piés l'un de l'autre, & prendre garde que le milieu de la quille porte ſur
„leur milieu.

„Le plus gros tin, qui eſt deſtiné à tenir la quille preſque en équilibre,
„lors-qu'on lance le bâtiment à l'eau, ſe place à cinq piés de la longueur de
„la quille, à prendre du talon. Les tins qui ſont plus à l'arriére n'ont pas
„beſoin qu'on y mette des coins, parce-que dès-que le vaiſſeau panche un
„peu en-avant, il porte moins ſur ces tins-là, & ils tombent d'eux-mê-
„mes: mais il ne faut pas manquer de mettre des coins à tous les autres
„tins, qui ſont en avant depuis le gros tin. Quelques Charpentiers font
„le tin de l'avant, qui eſt ſous l'étrave, d'un bois fort aiſé à fendre, & pour
„mettre le navire à l'eau ils creuſent un peu la terre autour du tin & deſ-
„ſous, en-ſorte qu'il baiſſe un peu, & alors ils le rompent en piéces: d'au-
„tres Maîtres ſe ſervent d'une autre métode.

„Quand la quille eſt bien poſée ſur ſon chantier, on tire une ligne par ſon
„milieu, de l'avant juſqu'à l'arriére, afin de voir ſi elle ne s'eſt point ar-
„quée." La plûpart des Charpentiers la font arquer de ſix à huit pouces
„en-deſſous, ſelon ſa longueur, prétendant qu'elle ſe redreſſe dès qu'elle
„eſt à l'eau, parce-que les vaiſſeaux étant plus aigus par les bouts que dans
„le corps, & y étant, par conſéquent, moins ſoutenus de l'eau, les bouts
„ne

,,ne manquent guéres de baisser un peu dès l'abord ; & en-suite lors-que
,,le vaisseau vieillit ils continüent à baisser peu-à-peu, & la quille s'arque
,,trop en-dedans, ce qui fait un éfet desagréable, & quelquefois dange-
,,reux. Voiez, Quille.

POSER la quille sur le chantier. *De kiel toeleggen, opsetten, staapelen.*
,,En posant la quille sur le chantier, on prend garde à la tenir plus haute
,,à l'arriére, & aussi haute qu'il faut pour lancer le navire facilement à
,,l'eau.

CHANTIER, Atelier. *Werf, Lastadie.*
C'est aussi le lieu où les Charpentiers taillent & assemblent le bois pour les
ouvrages qu'ils ont entrepris.
METTRE un vaisseau sur le chantier. *Een schip opstellen, Op staapel setten,
Staapelen, Aanleggen, Toeleggen, Aanvangen te bouwen.*
LE VAISSEAU est sur le chantier. *Het schip staat op de staapel.*
LE VAISSEAU est encore sur le chantier. *Het schip staat nog op staapel.*
CHANVRE. *Hennip, Kennip.*
C'est la plante dont on fait les cordes & les voiles si nécessaires à l'équipement d'un vaisseau. Les feüilles du chanvre rendent une odeur puante;
ses tiges sont hautes & creuses; elle est distinguée en mâle & fémelle. Le
mâle, qui semble être un arbrisseau, produit de sa tige une grande quantité de branches. Le chanvre fémelle a ses tiges plus minces, il ne jette
aucunes branches, & ne porte point de graines. Il y a du chanvre sauvage, qui a ses tiges de la hauteur d'une coudée. Autour de l'écorce du
chanvre sont quantité de petits filets, dont on fait de la filasse, & ensuite
de la toile & des cordes.
,,On tient en Hollande, que les étais & les haubans doivent être faits de
,,chanvre du païs, pour être meilleurs; parce-qu'il n'est pas sujet à s'éten-
,,dre & à se relâcher : mais il est un peu sale & difficile à nétoïer. Celui
,,qui croît en Italie est estimé le meilleur de tous pour faire des cordages
,,& manœuvres; après lui c'est le chanvre de Riga, & ensuite celui de
,,Russie.
,,Le chanvre dont le brin est fin, fait la meilleure corde; moïennant qu'il
,,ait été bien tillé ou broïé, & bien soigné dans tout le reste ; qu'il n'ait
,,été cüeilli que bien-meur, dequoi l'on peut juger par la tête, dont, pour
,,cet éfet, la couleur doit être entre blanche & verte. Il faut aussi que
,,le fil en ait été bien filé, & bien tors.
,,Les ralingues, les lignes, & le lusin doivent être faits du plus fin chan-
,,vre de Riga, sans qu'il soit permis d'y en emploïer d'autre ; & suivant
,,les Ordonnances d'Amsterdam, le merlin en doit être aussi.
,,Une livre de chanvre doit faire cinquante-deux brasses de fil de cable, &
,,soixante brasses de fil de cableau, ou hansiére à ralingue. Il est exprés-
,,sément

„ sément défendu de filer ces sortes de fils à l'air ; pendant qu'il pleut ; ou „ que le tems est humide, de même que de cabler , mettre les fils au tou- „ ret, & les apareiller.

Au mois de Novembre 1700. le *Schip-pondt* , ou poids de trois-cents livres de chanvre net , valoit à Amsterdam, celui de Riga quarante-sept livres ; celui de Conisberg, quarante-six livres ; celui de Nerve , quarante-cinq à qua- rante-six livres : celui de Riga qui n'étoit pas nétoïé, valoit trente-quatre livres à trente-quatre livres dix sous ; celui de Nerve & de Moscovie tren- te-trois à quarante-six livres ; celui de Courlande & de Memel trente à tren- te-huit livres. Les cordages de chanvre net valoient cinquante-quatre li- vres ; de chanvre de Conisberg , cinquante à cinquante & une livre ; de chanvre de Moscovie, trente-quatre à quarante-quatre livres. Le fil à ca- bles de chanvre net valoit quarante-sept livres ; de chanvre de Moscovie & de Hollande trente-quatre livres.

CHANVRE mâle, Chanvre fémelle. *Zaadling , Helling ; Hardt hennip, Sagt hennip.*

CHANVRE mort, entre-sec. *Verbroeit of verschrokt hennip.*

CHAPELLE. Faire Chapelle. *Een uil vangen , Overstaag vallen , Overstaag raaken , Door windt loopen.*

C'est un revirement inopiné du vaisseau. Faire chapelle est virer malgré soi ; ce qui arive lors-que, par le mauvais gouvernement du Timonier, le vaisseau est venu trop au vent, ou que le vent saute tout d'un coup, & se range de l'avant. Les courans font aussi faire chapelle, & on la fait enco- re, lors-que dans un calme on n'a pu connoître le peu de vent qui regne, de-sorte que le vaisseau a pris vent devant, & contraire à sa route. Quand on a fait chapelle il faut reprendre le vent, & remettre le vaisseau. Sup- posé que la route soit Nord, & le vent Nord-est, & qu'aiant trop serré le vent, & mis le cap au Nord-quart-au-nord-est , on ait fait chapelle, & viré malgré soi ; alors on cargue l'artimon, on largue un demi-pié du bras de grand hunier sous le vent , & on hale tant soit peu sur le bras , qui est au vent ; ce qui remet le vaisseau & fait reporter à route. Notre route fut fort retardée pour avoir fait deux chapelles.

CHAPELLE. *Kapel.*

La Chapelle est le cofre dans lequel font gardez les ornemens qui servent pour dire la Messe , dans les vaisseaux de guerre de France.

CHAPELLE de compas. *De Dop van de naalde.*

C'est un petit cône concave de laiton , qui est placé au milieu de la rose, dans lequel entre le pivot qui suporte la rose de la boussole.

CHARGE d'un vaisseau. *Laading , Inlaading , Last , Vragt.* Voïez, Cargai- son, & Chargement.

LE vaisseau à toute sa charge. *Het schip heeft sijn volle laading.*

CHARGE de fusil, Charge de canon. *Kruidt-maat van een roer , van een stuk geschuts.*

C'est une certaine mesure de poudre, qu'on met dans les armes-à-feu, pour leur faire faire leur éfet. La charge du canon est environ la troisième par- tie du poids de son boulet ; mais on lui donne double charge pour l'es- saier.

CHARGE. *Bandelier.*

Ce sont les fournimens qui sont atachez à la bandouliére, & qui servent à donner la charge aux armes.

CHARGEMENT, Cargaison. *Laading.*

C'est la charge d'un vaisseau, & aussi les marchandises chargées dans un vaisseau marchand. Les vaisseaux Anglois furent déclarez de bonne prise, avec une partie de leur chargement. Un Maître peut pendant le cours de son voiage, mettre des apparaux en gage, ou vendre des marchandises de son chargement.

POLICE de chargement. Voïez, Police.

CHARGEOIR. Lanterne à charger, Lanterne à poudre. *Laadt-leepel, Laader.*

C'est un instrument de Canonier, par le moien duquel il met la poudre dans l'ame de la piéce, & la bale, lors-que l'on charge un canon sur mer. Il est fait de fer joint au bout d'un long bâton.

CHARGER un vaisseau. *Laaden, Inlaaden, Last inneemen.*

CHARGER en grénier. *In 't ruim los laaden, Met stort-goederen laaden.*

C'est charger un vaisseau dans son fond de cale, comme du sel que l'on jetteroit au fond sans précaution; car pour charger en grenier, il faut que la marchandise ne soit ni en fûtaille, ni en balots.

CHARGER la pompe. *Water van boven in de pomp ingieten.*

C'est y jetter de l'eau par le haut pour la faire prendre, quand elle s'est déchargée, & qu'il n'y est plus resté d'eau.

CHARGE' à cüeillette, ou au tonneau. *Met stuk-goederen gelaaden, of bevragt.*

C'est un terme usité sur l'Océan. On dit qu'un vaisseau est chargé à cüeillette, lors-que la charge a été faite de l'amas de diverses marchandises, que le Maître a reçües de divers Particuliers, pour faire le chargement de son vaisseau.

CHARGE' au quintal. *Met stuk-goederen gelaaden.*

C'est un terme de la Méditerranée, qui signifie la même chose que chargé à cüeillette.

VAISSEAUX qui chargent à cüeillette. *Scheepen die op stuk-goederen leggen.*

VAISSEAU trop chargé. *Een overlaaden schip.*

CHARGE' à la côte. Vaisseau qui est chargé à la côte. *Een schip dat op laager wal is, dat benard is.*

C'est quand il a été forcé par le gros vent à se tenir près de la terre, dont il ne peut s'éloigner, quelque éfort qu'il fasse pour cela. Voïez, Affalé.

VENT qui charge sur la côte. *Een windt die op de wal waaijt, die uitter zee komt.*

CHARGEUR. *Laader.*

C'est un Oficier d'artillerie commis pour charger le canon.

CHARGEUR, Marchand chargeur. *Reeder, Bevragter, Belader.*

C'est le Marchand à qui apartiennent les marchandises dont on charge un vaisseau.

CHAROI. *Een dubbelde sloep om bakelliouw na Terre-neuve te overvoeren.*

C'est une grande chaloupe qui est relevée de deux fargues de toile, pour porter la morüe en Terre-neuve.

B b

CHAR-

CHARPENTIER, Charpentier de navire, Maître Charpentier. *Timmerman, Scheeps-timmerman, Bouw-meester, Bijl.*

C'eſt un Charpentier qui travaille aux vaiſſeaux de marine. Les autres Charpentiers qui travaillent aux maiſons, & aux autres édifices qui ſont à terre, ſont apellez par ceux-ci, Charpentiers des groſſes œuvres.

MAITRE Charpentier, Premier Charpentier, Maître de hache. *Oppertimmerman.*

CONTRE-MAITRE Charpentier. *Onder-ſcheeps-timmerman.*

En l'abſence des Maîtres ils ont les mêmes fonctions, & les doivent avertir des remarques qu'ils font dans leurs travaux, afin que les Maîtres y aïent égard.

Le Charpentier doit être préſent à la viſite & à la caréne du vaiſſeau, & pendant le cours de la navigation, il doit veiller à empêcher la pourriture des bois, & que rien ne largue; conſulter ſouvent avec les Maîtres ſur l'état des mâts & des vergues, & dans un combat avoir au fond de cale des tampons & des planches, pour remédier aux coups de canon; & faire de fréquentes viſites, pour voir s'il n'y a point de voie d'eau, obſervant de ne dire qu'au Capitaine le danger auquel pourroit ſe trouver le vaiſſeau, par la faute de quelque piéce de bois.

Il doit faire des obſervations éxactes, dans la navigation, de tout ce qui concerne ſon métier, & en tenir un journal; & lors du déſarmement il en doit mettre copie entre les mains du Gréfier de conſtruction.

„Le Charpentier doit ſe pourvoir de tous les inſtrumens néceſſaires pour „ſon métier, ſoit pour calfater, ou pour tenir le bâtiment ſain, étanche „& franc d'eau, ou pour donner le radoub &c. Il doit auſſi ſe pourvoir „de matériaux, ſavoir de bois, de mâts, d'étoupes, de goldron, de brai, „de mouſſe, de ſuif, de bourrées, de paille ou de roſeaux, & des autres „choſes dont on peut avoir beſoin dans la navigation. C'eſt lui qui doit „regarder aux coutures, aux voies d'eau, à la pourriture & aux autres „défauts du bois, ou aux accidens qui lui arivent: il nétoie les pompes & „les tient en état. Mais il doit bien prendre garde qu'en radoubant quel„que endroit, ou boûchant les voies d'eau, il ne le faſſe pas avec trop de „force, ſur-tout quand c'eſt ſous l'eau; & qu'il ne frape pas ſi rudement „que le vaiſſeau en demeure incommodé.

„Un Charpentier n'eſt point reçu Maître qu'il n'ait fait épreuve; ce qui „conſiſte à dreſſer une planche de vingt-cinq piés, ſans la préſenter, & à la „poſer & la coudre; à calfater une coûture neuve, & à faire un gouvernail „dont la ferrure ſoit de cinq gonds & roſes, ou un cabeſtan à cinq trous.

CHARRIER, Charier. La marée Charrie. *Het tij waamt.*

Elle fait rouler du ſable & de la boüe avec elle.

LA RIVIERE charrie. *Daar ſpant het ijs af van de rivier, Het ijs begint te gaan.*

C'eſt quand il dégèle, & que le cours d'une riviére emporte les glaçons & les bancs de glace qui ſe ſéparent.

CHARTE-PARTIE, *Certe-partije, Contract van Bevragting, Charte-partie.*

C'eſt un Acte conventionel que fait le propriétaire d'un vaiſſeau avec un Marchand qui veut charger ſes marchandiſes dans ce vaiſſeau, pour les porter dans quelque autre lieu ſeurement, ſauf les riſques de la mer. Cet Acte doit

doit contenir le nom & le port du navire ; celui du Maître & de l'Affrе-
teur ; le lieu & le tems de la charge & décharge ; le prix du fret, avec les
intеrêts des retardemens & séjours, & les autres conditions dont les Parties
seront demeurées d'acord. La Charte-partie se fait pour l'entier affretement
du navire, & pour le retour aussi-bien que pour l'aller ; ce qui la distingue
du connoissement, qui ne se fait seulement que pour l'aller, & non pour
le retour.

Le tems de la charge & décharge des marchandises, se régle suivant l'u-
sage des lieux où elle se fait, s'il n'est point fixé par la Charte-partie. Si
le navire est freté au mois, & que le tems du fret ne soit point aussi réglé
par la Charte-partie, il ne court que du jour que le vaisseau fait voiles.

La Charte-partie est aussi un Acte, dans lequel sont rédigées par écrit les
conventions des gens qui font une société pour naviguer ensemble. Ces
Flibustiers firent avec le Capitaine une Charte-partie qui leur étoit desa-
vantageuse.

,, La Charte-partie est une Police de chargement, par laquelle un Maître
,, s'engage à fournir incessamment un vaisseau prêt, équipé, bien étanché,
,, & bien calfaté, pourvû d'ancres, de voiles de cordages, de palans, &
,, de tous les apparaux & agreils nécessaires pour naviguer, & pour faire le
,, voiage dont il s'agit ; comme aussi de fournir l'équipage, les vivres &
,, autres munitions. Et l'Affreteur s'oblige de paier le Maître, suivant la
,, convention contenüe dans le même Acte, dans lequel on exprime le
,, nom du vaisseau, sa capacité, les noms du Maître & de l'Affreteur, avec
,, la somme dont ils sont convenus &c.

CHASSE. Prendre chasse. *Vlugten, Vlieden, Wijken. Sorlen.*
C'est une fuïte ou retraite précipitée. On dit, Prendre chasse, pour dire,
Prendre la fuïte.

DONNER Chasse. *Jaagen, Te rug drijven, Jagt maaken.*
C'est obliger & contraindre un autre à la fuïte. Voïez, Chasser.

SOUTENIR Chasse. *Al wijkende vegten.*
C'est se battre en retraite. Notre galére aïant soutenu trois lieües de chasse, à la fin elle changea de bord, & portant le cap sur l'ennemi, elle fit
joüer son coursier, qui abatit le grand mât de hune du vaisseau Turc qui
l'avoit chassée.

CHASSE de proüe, ou Piéces de chasse de l'avant. *De voorste Boeg-stukken ;*
Voor-stukken.
Ce sont des canons logez à l'avant, pour battre par-dessus l'éperon, & tirer
sur les vaisseaux qui font retraite, qui prennent chasse, ou qui sont à l'a-
vant. Comme les deux corsaires avoient pris chasse, & que nous ne pouvions plus nous servir de nos batteries, & leur envoïer nos bordées, nous
les battîmes de nos canons de chasse de proüe ; pendant-que de leur côté
ils faisoient joüer leurs canons de l'arriére, ce qui favorisoit leur retraite,
& les faisoit voguer plus vîte, à-cause de la poussée des coups.

CHASSER sur un vaisseau. *Jaagen, Jagen, Jagt-maaken.*
C'est courir sur lui. Nous chassâmes tout le jour sur quatre vaisseaux,
mais la nuit étant venüe nous les perdîmes de vüe.

CHASSER, ou Chasser sur ses ancres. *Driftig raaken ; Van anker spoelen, spil-*
len, gesmeeten worden ; Gaande raaken of zijn ; Door-gaan ; Mee-gaan.

C'eft lors-qu'un vaiffeau entraîne fes ancres. Un navire chaffe fur fes ancres, lors-qu'aïant moüillé dans un fond de mauvaife tenüe, & l'ancre n'aïant pas bien mordu le terrein, elle eft entraînée par la tire du vaiffeau, ou par la force des marées, ou des courans, & par ce moïen contrainte d'arer. Les vaiffeaux ne chaffent pas fi-tôt dans un fond de vafe. Comme nous étions en ce moüillage, le vent aïant fecondé la force du juffant, notre vaiffeau chaffa, & nous fûmes contrains de filer du cable.

NOTRE vaiffeau Chaffa fur fon ancre. *Ons fchip ging fijn anker door.*

CHASSER au Sud, Chaffer à l'Eft. *Noord of Ooft over zeilen.*

Quelques-uns fe fervent de ce terme pour dire Courir au Sud &c. Nous chaffâmes à l'Eft-quart-de-Sud-eft, pour terrir.

CHASTAIGNER, Châteigner. Bois de Chaftaigner. *Kaftanie-boom.*

Le bois de Chaftaigner eft bon à faire des poutres, des ais, des douves, de tonneaux, & des cercles pour les relier.

CHASTEAU, Château. *Plegt.*

C'eft une élévation au-deffus des ponts, ou des portions de pont que l'on fait à l'avant & à l'arriére de chaque vaiffeau. Il y avoit des foldats placez fur les dunettes, & fur les châteaux.

CHATEAU d'avant, Château fur l'avant, Château de proüe, Gaillard d'avant, ou Théatre. *Bak, Voor-kafteel, Voor-plegt.*

C'eft l'exhauffement qui eft à la proüe des grands vaiffeaux, au-deffus du dernier pont, vers le mât de miféne. Dans les vaiffeaux François les cuifines font ordinairement dans le château d'avant, à babord & à ftribord, une pour le Capitaine, l'autre pour l'équipage. De tous les vaiffeaux du premier rang il n'y avoit en France que le Roïal Loüis, & le Soleil Roïal, qui euffent un château fur l'avant de leur troifiême pont; & à l'égard des autres vaiffeaux à trois ponts, le Roi de France défendit en 1670. d'y faire des châteaux d'avant, à-caufe que ce haut acaftillage incommodoit.

,, On fait les châteaux d'avant ouverts ou fermez. Ceux qui font ouverts ,, ont un fronteau par où l'on defcend au coltie, & à l'éperon. Les châ- ,, teaux de proüe fermez vont jufqu'à l'étrave, & font de fa même hau- ,, teur. Quelques-uns les font unis, & d'autres leur donnent un peu de ,, pente vers l'avant.

,, La plupart des Charpentiers donnent à la ferre-goutiére du château d'a- ,, vant le quart de l'épaiffeur de l'étrave; & aux baux la moitié de l'épaif- ,, feur de l'étrave; aux ferre-bauquiéres une cinquième partie de cette mê- ,, me épaiffeur; & aux courbatons auffi la moitié.

,, Le fronteau du château d'avant n'eft pas droit; on le fait un peu pancher ,, & courber: on y fait une porte ou deux, & des fabords. On en fait auffi ,, à l'avant, & fur le château même. Il y a des baluftrades fur ce fron- ,, teau, & fur celui qui eft à l'avant fur l'éperon, ou fur le coltie; celles- ,, ci font les plus grandes & les plus belles, comme étant plus expofées en ,, vüe. Outre les fabords des fronteaux du devant & du derriére, on y fait ,, auffi des meurtriéres, & préfentement, tout-autour, fur le château, on ,, fait dans les navires de guerre des fronteaux impénétrables aux coups de ,, moufquet.

CHATEAU d'arriére, Château de poupe, ou Gaillard d'arriére. *Agter-ka- fteel, Agter-verdek, Schans, Stuur-plegt, Stier-plegt.*

C'eft

C'est toute l'élévation qui regne à la poupe, au-deſſus du dernier pont. Le corps-de-garde eſt dans le château d'arriére proche l'artimon.

„Quand le château de poupe eſt bas, on pratique une place pour le Ti-
„monier, qu'on éléve autant qu'il faut, afin qu'il puiſſe s'y tenir commo-
„dément.

„Le château d'arriére d'un vaiſſeau de cent-trente-quatre piés de long, doit
„avoir ſeize piés de longueur, & ſix à ſept piés de hauteur.

CHAT. *Schraaper.*

C'eſt un racloir à grater le long de l'ame d'une piéce de canon nouvellement fondu, pour le rendre plus uni.

CHAT. *Kat, Kat-ſchip.*

C'eſt une ſorte de vaiſſeau du Nord, qui ordinairement n'a qu'un pont: il a le cul rond, & porte des mâts de hûne, quoi qu'il n'ait ni hunes, ni barres de hunes.

„Les bâtimens nommez *Chat*, ſont une eſpéce de flûte, large de l'avant
„& de l'arriére, & qui a une petite arcaſſe: on s'en ſert beaucoup, parce-
„qu'elles ſont d'une grande capacité: d'ailleurs la fabrique en eſt groſſiére,
„ſans aucune forme agréable, & ſans ornement.

„Le Chat ne peut être regardé ni comme une pinaſſe, ni comme une flû-
„te; parce-qu'il eſt conſtruit d'une maniére qui tient de la flûte & de la
„pinaſſe. On donne à ces ſortes de bâtimens, peu de queſte à l'étrave &
„à l'étambord, afin qu'il y ait plus d'eſpace dans le runr. Les mâts ſont
„petits & legers. On améne les voiles ſur le pont, au-lieu de les ferler.
„Ils n'ont point de hunes, & ſont montez de peu de gens d'équipage.
„Ils ont peu d'acaſtillage à l'arriére. La chambre du Capitaine eſt ſuſpen-
„düe, s'élevant en partie au-dehors, & l'autre partie tombe ſous le pont,
„comme dans les galiotes. Ils n'ont point de dunette, mais ils ont une
„chambre ſous le pont à l'avant. La quille eſt le plus ſouvent de bois de
„chêne, & quelquefois auſſi de ſapin. Ils ne tirent que quatre à cinq piés
„d'eau. Leur voile d'artimon eſt faite comme celles des Bélandres, ou des
„bâtimens qui naviguent ſur les eaux internes, aïant un gui par le bas. La
„plupart des voiles ſont quarrées.
„Il faut que les bois dont on ſe ſert pour la conſtruction des Chats, aïent
„beaucoup de courbe: ils ont ordinairement les côtés plats, parce-que le
„ſapin rouge ne plie pas aiſément. Ils ſont à plates varangues; & l'on
„s'en ſert principalement pour naviguer ſur des eaux peu profondes. Ils
„n'ont de façons ou de fleurs, qu'un bordage, qui monte en-travers, de-
„puis le dernier bordage du fond juſqu'au bordage du côté, & ce bordage
„continüe enſuite à monter tout-droit juſqu'au pont, en élargiſſant à-meſure
„qu'il s'éléve; & après cela il commence à ſe rétrecir.
„On ne peut pas donner à un Chat ſa charge entiére de ſel, ni d'autres
„chargemens en grenier; parce-que cela péſe trop, & qu'une pareille car-
„gaiſon, qui n'eſt pas arrimée, & qui roule, pourroit, de gros tems, faire
„périr le vaiſſeau. On met le plus ſouvent des étançons ſous le pont afin
„de l'aſſurer. La barre du gouvernail paſſe ſous la dunette ou chambre du
„Capitaine; mais elle n'a point de manivelle, & elle ſert ſeule à gouver-
„ner. On fait ordinairement devant la chambre du Capitaine de petits cou-
„verts, en forme d'apentis, ſous leſquels l'équipage ſe met, & quelquefois

                                                             „on

„on met à la barre du gouvernail une corde avec laquelle on gouverne. En
„un mot les Chats naviguent mal, mais ils contiennent beaucoup d'espace,
„& portent une grande cargaison.

„Voici le devis d'un Chat de cent seize piés de long de l'étrave à l'étam-
„bord, vingt-trois piés de large de-dedans en-dedans, & douze piés de creux.
„La quille a quinze à seize pouces de large; & quatorze pouces d'épais.
„L'étrave a un pié.

„Les varangues ont huit pouces d'épais, & font moitié de chêne moitié
„de sapin rouge. Sous le mât il y a trois ou quatre genoux de chêne, les
„autres font de sapin. Les allonges font de sapin, hormis celles de l'a-
„vant, qui font de chêne jusques au gabarits: elles ont six pouces d'épais
„dans le gros du bâtiment, & cinq pouces par le haut. La carlingue a
„deux piés & demi de large, & huit à neuf pouces d'épais. Les vaigres
„de fond font de chêne, & ont deux pouces & demi d'épais. Tout le bois
„qui est dans les façons de l'avant & de l'arriére, est de chêne. La vaigre
„d'empature est de chêne, & a trois pouces & demi d'épais; & les vaigres
„qui font entre la vergue d'empature & la ferre-bauquiére, ont deux pou-
„ces d'épais, & font de sapin. Les baux ont un pié en quarré; ceux qui
„font aux côtés du mât, & aux côtés de l'écoutille, font de chêne; le reste
„est mêlé, un de chêne & un de sapin. Les courbes font de sapin rouge,
„ou blanc. Il y a trois baux qui ont de doubles courbes. Il y a trois con-
„tre-listes dans les façons de l'arriére; & à l'avant deux guerlandes, forti-
„fiées par des courbes fous le tillac. Il y a auffi huit porques, avec la car-
„lingue du mât d'avant. Il y a fur les ferre-goutiéres, dans les façons de
„l'arriére, deux courbes, & autant dans celles de l'avant. La ferre-gou-
„tiére a quatre pouces d'épais. Chaque bau est entretenu par deux che-
„villes de fer. Les branches des courbes font auffi affurées par quatre che-
„villes de fer; auffi-bien que les ferre-goutiéres, où il y en a deux en-de-
„hors, entre chaque bau. Les chaintes ont quatre pouces trois quarts d'é-
„pais, & un pié de large, & font de chêne. Les fermures font de sapin;
„les bordages qui couvrent le pont ont deux pouces d'épais, & font de fa-
„pin, dont on a bien ôté l'aubier. Le bas plancher de la chambre du Ca-
„pitaine baisse assez bas au-dessous du pont. Les baux font à la distance
„de trois piés les uns des autres. Les chevilles de fer ont trois quarts de
„pouce d'épais, auffi-bien celles qui entrent dans les branches des courbes
„que celles qui servent ailleurs. Les baux du bas pont font fortifiez de
„deux courbes, de même que les courbatons du pont d'enhaut. La fosse
„aux cables est à l'avant, fufpendüe, & baissant dans le fond de cale autant
„qu'il faut. La cuisine & les cabanes font auffi vers l'avant. Les chevil-
„les de fer, font arrêtées par des clavettes. Il y a de doubles cadénes à
„chaînons, & des anneaux ou boucles pour amarrer les écoutes. Chaque
„membre qui répond à la carlingue est entretenu avec elle par une chevil-
„le de fer.

CHATTE. *Kat fouder ooren.*

C'est une barque qui a les hanches & les épaules rondes, dont les moindres font de foixante tonneaux: elle est rafe, groffiérement conftruite,
presque fans façons, & fans aucun acaftillage; apareillée à deux mâts dont
les

les voiles portent des bonnettes maillées.   On s'en sert à transporter du canon & les provisions d'un vaisseau.

CHAUDERON de pompe, *Pomp-keetel, of Looden-daal van de pomp.*
C'est une piéce de plomb, ou de cuivre, faite en maniére de chauderon, qui
est troüé en plusieurs endroits, & qui embrassant le bout d'embas de la
pompe, empêche qu'il n'y entre des ordures.

CHAUDIE'RE. *Keetel.*
C'est un grand vaisseau de cuivre, dans lequel on fait cuire les viandes, ou
autres vivres de l'équipage.
FAIRE chaudiére. *Keetel kooken.*
C'est faire à manger pour l'équipage.   Il n'y avoit plus de viande à faire la
chaudiére des malades.
CHAUDIE'RE à goldron, Chaudiére à brai. *Pek-keetel, Teer-keetel.*
C'est un grand vaisseau de cuivre, ou de fer, dans lequel on fait chaufer
du goldron   lors-qu'on s'en veut servir.
CHAUDIE'RE d'étuve. *Stoof-keetel.*
C'est une chaudiére de cuivre massonnée, où l'on fait chaufer le goldron,
pour goldronner le cordage.
CHAUFAGE. Voïez, Bois de chaufage.
CHAUFAGE. *Tak-bossen, Brandt-hout.*
Ce sont des bourrées de menus bois, dont on se sert à chaufer le fond d'un
vaisseau, pendant-qu'on lui donne la carène.
CHAUFER un vaisseau, lui donner le feu. *Sengen, Gaar maaken, Blaaken,*
Barnen, Branden.
C'est chaufer le fond d'un vaisseau, lors-qu'il est hors de l'eau, afin d'en
découvrir les défectuosités, s'il en a quelqu'une, & de le bien nétoïer. Il
y a des lieux propres pour chaufer les bâtimens.
CHAUFER un bordage. *Het hout, of een boei-plank, op de loog leggen, of*
gaar-maaken.
C'est le chaufer avec quelque menu bois, afin qu'il prenne la forme qu'on
lui veut donner en le construisant.
„Les planches & bordages qu'on veut chaufer, doivent être tenus plus
„longs que la proportion requise, c'est-à-dire, plus longs qu'il ne faudroit
„qu'ils fussent, s'ils devoient être posez tout de leur long, & en leur état
„naturel; parce-que le feu les acourcit, sur-tout en-dedans, en les fai-
„sant courber; c'est le côté qui se doit mettre en-dedans qu'on présente au
„feu, parce-que c'est le côté sur lequel le feu agit, qui se courbe.
CHAUFER les soutes. *Droogen.*
C'est les sécher afin que le biscuit se conserve mieux.
CHAVIRER, ou Trevirer. *Omkeeren.*

C'est

C'eſt tourner le-deſſus-deſſous une manœuvre qu'on roüe , dont le double eſt deſſous.

CHAUSSE d'aiſance: *Gemak-piip.*

C'eſt le tuïau d'un privé: on le fait de plomb dans les vaiſſeaux.

CHEF. *Steven, Voor-ſteven.*

C'eſt la partie qui termine le devant d'un bateau , & qu'on apelle étrave ſur la mer. Ce foncet a tant de toiſes entre chef & quille , c'eſt-à-dire , depuis le fond qui commence à ſe courber juſqu'à l'autre bout.

CHEF, ou Cap. *Kaap, Hoek, Hoofdt.*

En quelques endroits du païs d'Aunix , de Normandie , & de Picardie, on dit Chef, au-lieu de dire Cap, ou Pointe: ainſi on dit, Le Chef de baie, ou de bois , auprès de la Rochelle; & , Le Ratier eſt un banc entre le Chef de Caux & les falaiſes de Couques , vers l'embouchure de la Seine.

CHEF d'Eſcadre. *Hoofdt van een Eſquadre, Kapitein en Kommandeur, Admiraal van een byſondere hoofdt-deiling.*

C'eſt un Oficier Général qui commande une eſcadre , un détachement, ou une diviſion de vaiſſeaux. Sa Charge eſt à-peu-près ſur mer ce qu'eſt dans les armées de terre la Charge d'un Brigadier des derniéres créations. Le Roi de France a préſentement ſix eſcadres , ſous les titres de Poitou, de Normandie , de Picardie , de Provence , de Guïenne , & de Languedoc. Les Chefs d'eſcadre ont ſéance & voix délibérative dans le Conſeil de guerre , chacun ſelon ſon ancienneté. La cornette eſt le pavillon du Chef d'eſcadre. Le Commandant d'une diviſion , ou d'une troiſième partie d'une eſcadre, ſe nomme en Flamand , *Hoofdt van een ſmal-deeling.* M. Deſroches dit que le Chef d'eſcadre eſt le quatrième Oficier de marine , & qu'il tient à la mer le rang que tient à terre un Maréchal de camp.

CHEF. *Torntouw.*

C'eſt un bout de cable, qui eſt amarré à l'arriére d'un vaiſſeau qu'on veut lancer à l'eau , & à une boucle de fer , ou à un pieu qui eſt en terre, & qui ſert à retenir le vaiſſeau, pendant-qu'on en ôte les acores , & qu'on enfonce les coins deſſous avec le belier; & lors-qu'on voit que l'ouvrage eſt en état , & que le vaiſſeau peut ſe lancer , on coupe le Chef avec une hache. D'autres l'apellent auſſi Clef. Voiez, Lancer.

CHELINGUE. Voïez, Chalingue.

CHEMIN. *Een ſtelling van berkoenen.*

Ce mot ſe dit d'une ſuite de chantiers, ou de groſſes ſolives , ſur leſquelles les Tonneliers, ou ceux qui ont droit de décharger le vin ſur les ports de mer , roulent les tonneaux des bateaux juſques à terre.

CHEMIN du halage. *Trek-weg.*

C'eſt un chemin de vingt-quatre piés de largeur, qui eſt , ou doit être, ſur les bords des riviéres navigables , pour le paſſage des chevaux qui tirent les vaiſſeaux.

CHEMISES à feu, Chemiſes ſoufrées. *Geſwavelde hembden.*

Ce ſont des piéces de vieilles voiles, de différentes grandeurs , qu'on trempe dans une compoſition d'huile , de petrol , de camfre , & d'autres matiéres combuſtibles , que l'on atache avec quatre cloux au bordage du vaiſſeau que l'on veut brûler , & où l'on met enſuite le feu avec une méche.

CHENAL. *Kil, Kille, Guil, Sloef, Slaak.*

C'eſt

C'est le mot corrompu de canal, qui veut dire un courant d'eau, qui est une maniére de riviére, que bornent des terres de chaque côté, soit naturelles, soit artificielles; & dans lequel un vaisseau peut passer.

CHENALER. *In 't vaar-waater zeilen.*

C'est chercher un passage dans la mer, en un lieu où il y a peu d'eau, en suivant ou rangeant les sinüosités d'un chenal, soit par le secours des balises, soit par celui de la sonde.

CHENETS. *Brandt-ysers.*

Ce sont des utensiles de fer, dont les uns servent à la cuisine, & les autres à l'atelier, pour chaufer des planches; & par leur moien les Hollandois donnent le feu aux planches, avec une grande facilité.

CHERSONE'SE, Péninsule, ou Presqu'isle. *Een half-eilandt.*

C'est une terre que la mer environne, à l'exception d'un seul endroit par où elle est jointe au continent. C'est ce que les anciens Géografes ont nommé Péninsule, ou Presqu'isle. La Chersonèse Taurique est célèbre dans les Ecrits des Grecs. On a donné au Jutland, qui apartient au Roi de Danemarc, le nom de Chersonèse Cimbrique; à-cause des Cimbres qui l'ont habité.

CHESNE, Chêne. *Eike-boom.*

Il y a plusieurs espéces de chêne: il n'y a point de meilleur bois pour bâtir les navires, sur-tout depuis cinquante ans jusques à cent-soixante; & il dure jusques à six cents ans sans dégénérer, & jusques à quinze cents, étant emploié en pilotis, c'est-à-dire selon le sentiment de quelques-uns, car il y a beaucoup de gens qui ne le font pas tant durer. Voiez, Bois de chêne.

CHEVAL. *Paart.*

„Pour embarquer des chevaux, il faut premiérement faire des retranche-
„mens dans le fond de cale, & prendre garde à les bien placer, afin que les
„chevaux ne se puissent incommoder les uns les autres, & que pendant
„tout le voiage ils ne se puissent coucher. La paille pour les nourrir, doit
„être botelée, afin qu'on la puisse bien arrimer, & qu'il en tienne beaucoup.
„On place les fûtailles à eau sous les piés des chevaux, & après en avoir
„pompé l'eau au besoin, on les remplit d'eau salée. Le grenier, ou la
„garniture qu'on met sur les fûtailles, c'est-à-dire, sous les piés des che-
„vaux, doit tenir ferme, & être bien atachée.
„Les chevaux sont rangez tête contre tête, l'un devant l'autre; & au mi-
„lieu du vaisseau on laisse entre eux un espace vuide, ou un courroir. Les
„créches où on leur donne à boire & à manger, ne sont point séparées,
„quoi-que chaque cheval le soit, & qu'il ait son retranchement ou écurie
„particuliére. Ils ont besoin qu'on mêle de la farine de froment dans leur
„eau, pour les rafraîchir, & les mieux nourrir. Il faut mettre à part ceux
„qui deviennent malades, & les éloigner des autres, à qui ils communi-
„queroient leur maladie.

CHEVALET. *'t Puns in het center van de wijser van een astrolabium.*

C'est le clou qui atache l'alhidade à l'astrolabe.

CHEVALETS. *Schraagen, Schaagen.*

Ce sont aussi les tretaux qui servent pour scier de long. Voiez, Baudet; & la figure.

CHEVALET. *Rol, Rol-bank.*

C c

C'est

C'eſt une machine avec un rouleau mobile, qui ſert à paſſer des cables d'un lieu à un autre.

CHEVAUCHER. Bois qui ſe chevauchent. *Houten die op malkanderen leggen.*

On dit ce terme à l'égard des piéces de bois qui ſe mettent ou qui ſe croiſent l'une ſur l'autre. Ce barrot doit chevaucher d'avantage ſur cette vaigre.

CHEVET de traverſin de bittes. *Vuuren-wang aan de beeting, of aan de betting-balk.*

C'eſt une doublure de bois de ſapin, qu'on joint au derriére du traverſin de bittes, parce-que le chêne rague trop le cable. Voiez, Bittes, & Traverſin.

CHEVET de canon, Couſſin. *Kuſſen, Groote Wigge.*

C'eſt un gros billot de bois de ſapin, ou de peuplier, qui étant mis dans le derriére de l'afût du canon, en ſoutient la culaſſe.

CHEVILLE de fer. *Bout, Yſere bout, Spije.*

„Pour un vaiſſeau de cent-trente-quatre-piés de long de l'étrave à l'étam „bord, on doit donner aux chevilles de fer deſtinées à être miſes dans le „gros, un pouce d'épais, & trois quarts de pouce pour celles qui ſont em „ploïées au-deſſus. On met huit chevilles de fer à chaque écart de la quille, „& l'on en fait paſſer dans l'étrave quatre', ou cinq, ou davantage. A „l'aſſemblage de la quille & de l'étambord il y en doit avoir ſix qui paſſent „au-travers de la quille, du contre-étambord, & de l'étambord.

CHEVILLE de pompe. *Pomp-bout.*

C'eſt une cheville de fer mobile, qui ſert à aſſembler la bringuebale avec la verge de pompe.

CHEVILLE de potence de pompe. *Bout tot de pomp-knie, of tot de gek.*

Ce ſont certaines chevilles de fer qui paſſent dans les deux branches de la potence de la pompe, & dont l'uſage eſt de tenir les bringuebales : elles ont environ un pié de longueur.

CHEVILLE d'afût. *Bout tot een roopaard.*

C'eſt une autre cheville de fer, qui fait la liaiſon de tout l'afût du canon qu'elle traverſe. Il y en a où ſont des boucles de fer, qu'on apelle chevilles à oreilles, & en Flamand. *Oor-yſers, Boks-ooren, of Boks-hoorens.*

CHEVILLES de fer à charger le canon. *Schiet-bouten.*

Ce ſont des morceaux de fer plus longs que larges, dont on charge les canons, pour mieux couper les manœuvres des vaiſſeaux ennemis. On en met de diverſes longueurs.

CHEVILLES à boucle. *Ring-bouten.*

Ce ſont des chevilles de fer à la tête deſquelles il y a une boucle.

CHEVILLES à grille & à boucle. *Oog-bouten met tacken.*

Ce ſont des chevilles de fer en bois.

CHEVILLES à croc. *Haak-bouten.*

Ce font celles qui ont des crocs , & qui font aux côtés des fabords, pour y amarrer les canons : elles font auffi de fer.

CHEVILLES à tête de diamant , ou à tête ronde. *Bouten met ronde hoof-den.*

Ce font des chevilles de fer dont la tête ne fauroit entrer dans le bois du vaiffeau, à-caufe de fa groffeur.

CHEVILLES à tête perdüe. *Slegte Bouten:*

Ce font d'autres chevilles dont la tête entre dans le bois.

„CHEVILLES à boucles & à goupilles, pour aider à faire venir les piéces d'un „vaiffeau, lors-qu'on les pofe, dont les Hollandois fe fervent au lieu d'an- „toit. *Schot-bouts.* Voiez, Antoit.

CHEVILLES à goupilles. *Oog-bouten met fpeilen.*

CHEVILLES de cadénes de haubans. *Bouts tot de puttings.*

CHEVILLES de bois. *Houte Naagels.*

„Pour lier les membres du vaiffeau , & , fur-tout , le bordage & le ferra- „ge, on fe fert plutôt de chevilles de bois, dans les œuvres vives, que l'eau „couvre, que de chevilles de fer; parce-que l'eau falée ronge & gâte plu- „tôt le fer que le bois.   On trouve des fentons à vendre en divers endroits „de la Hollande, & entr'autres, à Sardam, à dix fous le cent , pour les „plus longues chevilles, & à huit ou neuf fous, fi elles font plus courtes; „car il y en a depuis quatorze jufqu'à vingt-fix pouces de long , & on leur „donne de l'épaiffeur à proportion de la longueur.   On en aporte de toutes „faites d'Irlande, où le bois fe trouve propre à en faire.

CHEVILLER. *Naagelen.*

C'eft mettre, pouffer & fraper les chevilles dans les trous qui ont été per-cez pour les recevoir.   Cès trous fe font par des Maîtres perceurs, c'eft-à-dire par des ouvriers qui ne travaillent qu'à cette forte d'ouvrage , pour lequel il faut une plus grande expérience , que peut-être on ne s'imagine-roit d'abord; car de-là, autant que d'aucune des principales parties , ou d'aucun des principaux membres du vaiffeau, dépend fa confervation. Pour peu qu'on manque à bien cheviller, l'eau s'infinüe & pourrit la cheville & le bois, & les petites voies d'eau qui fe font par ce défaut , étant d'abord imperceptibles, elles ont déja tiré à grande conféquence, lors-qu'on vient à s'en apercevoir ; & fi c'eft en mer, il arive quelquefois qu'il n'eft plus tems, ou qu'il n'y a pas lieu d'y remédier, à-caufe que c'eft fous l'eau. Outre cela il y a des chevilles qui entrent dans la quille, & qui ne vont pas jufques au bout du trou qui eft percé pour les recevoir ; & il faut remplir par-dehors le vuide de ce trou, qui eft d'un, ou deux, ou deux pouces & demi; ce qui demande beaucoup de foin & d'adreffe.

CHE-

CHEVILLOTS. *Karviel-naagels, Kuvijn-naagels, Pennen om touwen aan te beleggen.*

Ce font des piéces de bois tournées , dont on fe fert quand on veut lancer les manœvres le long des côtés d'un vaiſſeau. C'eſt proprement une forte de groſſe cheville. Voiez, Cabillots.

CHEVRE. *Bok,*

C'eſt une machine de Charpentier , par le moien de laquelle on tire avec le cable des poutres , & d'autres groſſes piéces de bois & fardeaux. Elle eſt compoſée de deux piéces de bois qui ſervent de bras, *Beenen, of Paalen,* pour apuïer, & qui font jointes par une clef, & par une clavette, *Sluit-bout in de kop* , & par-embas elles s'écartent l'une de l'autre, & font aſſem-blées en deux différens endroits avec deux entretoiſes, *Klampen , of Scheyen.* Le treüil, *De Spil, of Windas,* eſt au milieu de ces entretoiſes, avec deux léviers, *Spaaken* , qui ſervent de moulinet pour tourner le cable; au bout duquel la poulie eſt atachée. Quand il n'y a point de mur, contre le-quel on puiſſe apuïer les deux premiéres piéces, on y en ajoûte une troiſié-me, qui ſert à les ſoutenir, & que l'on apelle Bicoq, ou Pié de chevre, *Het derde been.* La corde s'apelle *Looper, of Touw ;* & les deux piéces de bois qui ſuportent le treüil, & ſur leſquelles il tourne, s'apellent *Klamp-ſpant.* Voici la figure d'une Chévre dont on ſe ſert ordinairement en France,

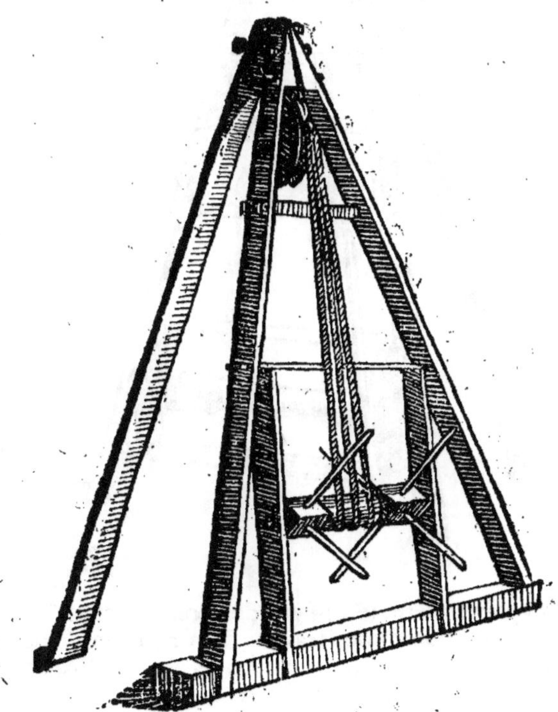

Voici auſſi la figure d'une Chévre dont on ſe ſert dans les ateliers de conſtruction de Hollande. Elle eſt plus haute que la précédente : elle a une
tête, & l'autre n'en a point : elle a diverſes entretoiſes, & il y a de la différence entre la maniére dont les treüils, ou tours, ſont plâcez : mais ces
différences ne ſont pas grandes, & elles n'empêchent pas que l'une & l'autre ne puiſſent être emploiées au même uſage, & produire le même éfet.

Et voici une ſorte particuliére de Chévre dont on ſe ſert auſſi dans les-ate-
liers de Hollande, pour poſer une étrave : Les cordages ſe nomment des
Haubans, *Hoofdt-touwen* : le mât du milieu ſe nomme l'Arbre, *Stut* : la
poulie qui eſt à la tête, ſe nomme Poulie de cartahu, *Katteblok* : la poulie qui eſt au-deſſous avec ſes cordages, eſt une Caliorne, *Gein-blok* : celle
qui

qui eſt au bas, eſt une ſimple poulie, *Een enkel blok :* la piéce de bois ſur laquelle l'arbre eſt poſé s'apelle l'Empattement, *De plaat :* les piéces, billots, ou pieux, où les haubans ſont amarrez, ſont nommez en Flamand,
Paalen ou *Stutten.*

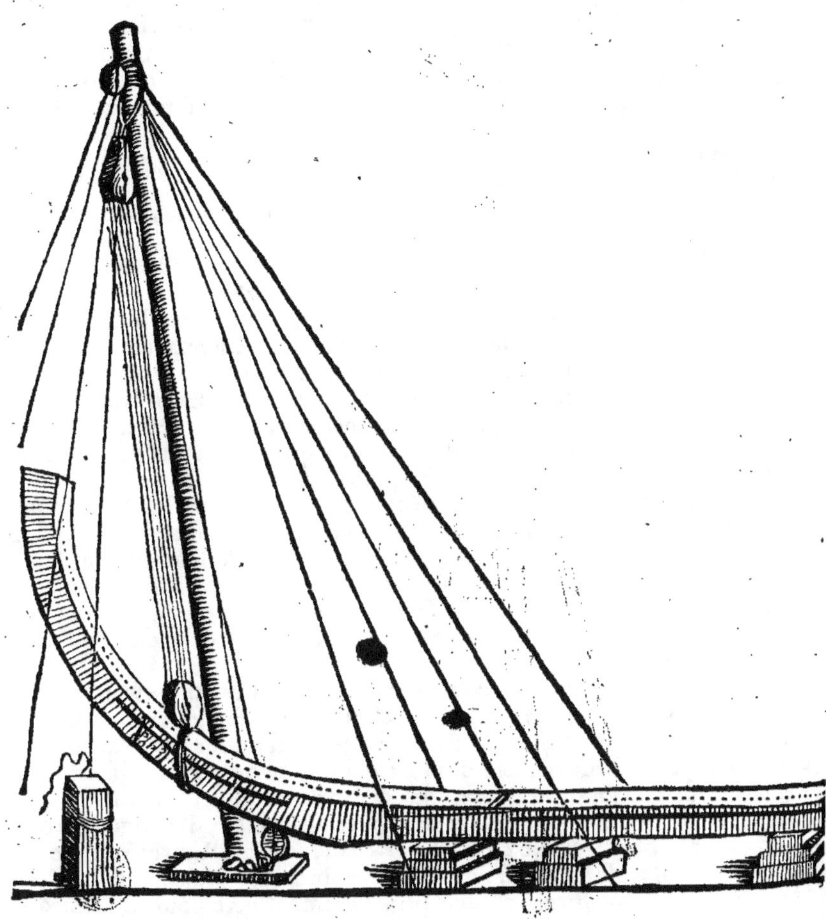

CHEUTE, ou Chute des voiles. *De lengte, of de diepte van 't zeil.*
 C'eſt leur longueur.
CHICABAUT, Chicambaut, Boute-lof. *Bot-loef.*
 C'eſt une longue & groſſe piéce de bois, qui eſt vers l'avant d'un petit
vaiſſeau, & qui lui ſert d'éperon, ou de poulaine. Chicabaut eſt moins en
uſage que Boute-lof.

CHI-

CHICANER le vent. *Waifelen , Worftelen tegen de windt , Schraavelen tegen de windt op , In de windt oplaveeren, opzeilen.*

C'eft prendre le vent en louviant , en faifant plufieurs bordées , tantôt d'un côté , tantôt d'un autre. Voiez, Bord , Tenir bord fur bord.

CHIENS marins. *Zee-honden , Zee-robben.*

C'eft une forte de poiffon long , à nez pointu , & qui a des dents. Il y en a de grands fort dangereux ; & il y en a de petits dont il fe fait une pêche, ou une chaffe, dans l'ifle de Schelling en Hollande , à l'embouchure de la *Zuider-zee.* Les Habitans de cette ifle fe déguifent, & revêtent autant qu'ils peuvent la forme de bêtes, puis ils vont faire des caprioles qui atirent les chiens fur le rivage , & plus loin , où ils leur tendent des filets , & les prennent.

CHIONS de marticles. Voiez, Marticles.

CHIORME , *Roeijers op een Galey.*

C'eft la troupe de forçats & des bonavoglies, ou volontaires, qui tirent la rame dans une galére.

CHIRURGIEN. *Heel-meefter, Genees-meefter, Chirurgijn, Barbier.*

CHIRURGIEN Major. *Opper-heel-meefter , Opper-barbier.*

C'eft celui qui eft prépofé pour penfer & médicamenter les bleffez & les malades qui fe trouvent dans le vaiffeau. Voiez les Ordonnances.

„Le rang du Chirurgien vient après celui de l'Ecrivain. Dans les navi-
„res de guerre il a toujours un fecond , & eft pourvu des inftrumens né-
„ceffaires pour fon art, & de quantité de médicamens. C'eft une grandé
„& dangereufe malverfation que d'en prendre qui n'aïent pas l'expérience
„requife, & à qui on ne faffe pas faire preuve auparavant.

„Outre les onguens & médicamens néceffaires pour les bleffez, il faut que
„le Chirurgien faffe auffi une bonne provifion de ceux qu'on adminiftre pour
„les maladies que la mer engendre, & fur-tout pour le fcorbut ; maladie
„fort commune, qui eft caufée par le genre fédentaire de vie qu'on mène,
„par la qualité des alimens dont on fe fert, par l'air marin, par les peines
„qu'on foufre fouvent , & par le peu de commodité & de moiens qu'on a
„de foigner fa perfonne.

„Le flux de fang eft auffi beaucoup à craindre, & il regne fouvent, ou fe
„fait fentir dans les vaiffeaux. C'eft quelquefois la grande chaleur qui le
„donne; quelque-fois c'eft la quantité de fruits qu'on mange , quand on
„en trouve. Il fe forme encore des hydropifies, & on y eft ataqué de fié-
„vres chaudes, qui font caufées par des vents de terre très-mal-fains. Si
„les voiages font de long cours, & dans des païs chauds, il s'engendre des
„vers dans les jambes; & fi c'eft à *Groene-landt*, ou en d'autres païs froids
„qu'on va, ce font des douleurs dans les membres, & des paralifies qu'on
„a à combatre. Un Chirurgien doit principalement être pourvu de médi-
„camens contre ces fortes de maux.

„Pendant le combat, le Chirurgien fe tient dans la cuifine, ou dans la dé-
„pence, parce-qu'il y a plus d'efpace vuide qu'ailleurs. D'abord on porte
„les bleffez dans la dépence, d'où on les paffe dans la cuifine , chacun à
„fon tour, pour les mettre entre les mains du Chirurgien, lors-qu'il y eft,
„par une fenêtre qui eft dans le fronteau qui fépare la cuifine de la dépen-
„ce, & par laquelle on diftribüe ordinairement les vivres.

„Le

,,Le Chirurgien va se mettre une fois le jour devant le grand mât, sous
,,le haut pont, où les blessez, qui peuvent marcher, viennent à lui, &
,,se font penser; & lors-qu'il vient s'y placer, on l'annonce par une for-
,,te de cri qui est destiné pour cela.
,,On choisit dans un vaisseau la place la moins sujette aux ébranlemens que
,,causent les mouvemens dont il est agité, pour mettre le cofre du Chirur-
,,gien. Pendant le combat il tient ses fers au feu, & tous ses onguens au-
,,près de lui.
,,Il est obligé de penser, sans aucun salaire, toutes les blessures que les
,,matelots se font à la manœuvre du vaisseau, aussi-bien qu'au combat.
,,Lors-qu'il y a un Médecin à bord, le Chirurgien est obligé de le consul-
,,ter, & de suivre son avis.
,,Comme il ne se donne guéres de combat qu'il n'y ait en même tems plu-
,,sieurs blessez, ce n'est pas trop qu'il y ait deux premiers Chirurgiens,
,,& deux seconds, sur un navire de guerre, & on le pratique ainsi le plus
,,souvent.

SECOND Chirurgien. *Onder-barbier, Onder-heel-meester.*

CHOPINE, ou Chopinette de pompe, Pot de pompe. *Pomp-emmertje, Emmertje.*

C'est un petit cylindre qu'on arrête fixe dans le corps de la pompe, un
peu au-dessous de l'endroit où descend la heuse : il est percé au milieu, &
une soupape en couvre le trou.

CHOQUER la tournevire. *De Kabelaaring vervangen.*

C'est rehausser la tournevire sur le cabestan, afin d'empêcher qu'elle ne
se croise, ou qu'elle ne s'embarasse lors-qu'on la vire.

CHOSES de la mer. *Zee-driften, Al het goedt dat aan de strandt drijft.*

C'est tout ce que la mer jette sur ses bords, soit de son propre cru, soit
des debris d'un naufrage, ou par quelque autre accident.

CHOSES du cru de la mer. *Zee-gewas dat komt aan te drijven.*

Ce sont les choses qui sont nées dans le sein même de la mer, & qu'elle
roule à ses bords; comme ambre, corail, poisson à lard &c.

Les choses du cru de la mer, qui n'auront apartenu à personne, demeureront entiérement à ceux qui les auront tirées du fond de la mer, ou pêchées
sur les flots; & s'ils les ont trouvées sur les gréves, ils n'en auront que le
tiers, & les deux autres seront partagez entre le Seigneur ou le Souverain &
l'Amiral.

CHOUQUET, Chuquet, Bloc, Tête de Moré. *Eezels-hoofdt.*

C'est une espéce de billot, taillé à-peu-près en quarré par-dessous, &
rond par-dessus. On s'en sert pour couvrir la tête du mât, & pour empêcher

pêcher que la pluïe ne tombe deſſus , & auſſi pour emboîter un mât à côté de l'autre.   Il eſt percé en mortaiſe, pour embraſſer le tenon des mâts.
Le pendour des balancines & leur branche ſupérieure ſont amarrez au chouquet. Voici deux différentes figures de chouquets.

"Le Chouquet eſt un gros billot à-demi rond , avec une grande entaille
"ou mortaiſe : il eſt de peu d'ornement. Les mâts de hune, les perroquets
"& les bâtons de pavillon, entrent chacun dans un chouquet, qui les
"afermit, & les entretient avec le mât qui eſt au-deſſous, & ce chouquet
"eſt enfermé dans un collier de fer qui l'embraſſe.   On le taille en demi-
"rond, plus pour le décharges que pour l'agrément.
"Au-deſſous du chouquet il y a deux boucles , ou petits cercles de fer ,
"par où paſſent les palans qui ſervent à hiſſer & à amener les mâts de
"hune.
"Il y a auſſi dans les chouquets , des clefs de bois qui ſont garnies de fer ,
"qui embraſſent les vergues.   On les couvre de peaux de mouton, pour em-
"pêcher que les voiles ne ſe gâtent, & ne s'uſent trop contre ces endroits-là.
"Les côtés en ſont garnis d'une grande quantité de petits cloux, afin qu'ils
"en ſoient plus ſolides.
"Le grand Chouquet d'un vaiſſeau de cent-trente-quatre-piés de long de
"l'étrave à l'étambord , doit avoir trois piés & un pouce de long , deux
"piés de large, & quatorze pouces de haut.
"Le Chouquet du mât de miſéne doit avoir deux piés & demi de long,
"vingt & un pouce & demi de large, & douze pouces & demi de haut.
"Les Chouquets de l'artimon , du grand mât de hune, & du beaupré ,
"doivent avoir ſeize pouces de long, douze pouces de large, & ſept pou-
"ces d'épais, ou de haut.
"Les Chouquets du grand & du petit perroquet , doivent avoir quatorze
"pouces de long, un pié de large, & ſix pouces & demi de haut : celui du
"bâton de pavillon doit avoir douze pouces , & celui du petit beaupré ,
"neuf pouces.
"Quelques Charpentiers donnent de longueur au Chouquet du grand mâr,
"*Het Eeſels-hoofdt op de groote maſt* , la ſeptième partie de la largeur du vaiſ-

D d

"ſeau ;

,,feau ; & ils lui donnent de largeur les cinq huitièmes parties de fa propre
,,longueur. Pour fon épaiffeur ils lui donnent les deux tiers de fa largeur.
,,Le Chouquet du mât de mifêne, *Het Eefels-hoofdt op de fokke-maft*, felon
,,ces mêmes Charpentiers, doit être d'une huitième partie plus court que
,,celui du grand mât. Sa largeur & fon épaiffeur doivent être proportio-
,,nées à celles du grand chouquet. Ces deux chouquets, où paffent des
,,driffes, doivent être plus longs que les autres à proportion. Ceux où il ne
,,paffe point de driffe, doivent avoir de largeur les trois quarts de leur pro-
,,pre longueur ; & d'épaiffeur la moitié de leur longueur.
,,Au regard de leur longueur. Le Chouquet du mât d'artimon, *Het Et-*
,,*fels-hoofdt op de befaans-maft*, doit avoir juftement la moitié de celle du
,,grand chouquet. Et le Chouquet du grand mât de hune, *Het Eefels-*
,,*hoofdt op de groote fteng*, doit avoir la même proportion. Le Chouquet
,,du mât de hune d'avant, *Het Eefels hoofdt op, of, van de voor-fteng*, doit
,,être d'une huitième partie plus court que ces deux derniers : celui du
,,beaupré, *Het Eefels-hoofdt op de boegfpriet*, doit être égal à celui du mât
,,de hune d'avant.
,,Le Chouquet, ou Bloc, ou Tête de more qui eft à l'arriére. *Het Agter-*
,,*eefels-hoofdt, ftaande op de kampanie*, doit être d'une huitième partie plus
,,court que celui du mât de hune d'avant : & le chouquet du perroquet
,,d'artimon, *Het Eefels-hoofdt op de kruis-fteng*, doit être d'un tiers plus court
,,que ce dernier. Les Chouquets du grand perroquet, du perroquet de
,,mifêne, & du perroquet de beaupré, *De Eefels-hoofden van de groote-en-*
,,*voor-bram-ftengens, en van de blinde-fteng*, doivent être égaux en longueur
,,à celui d'artimon, & entre eux, à un ou deux pouces près, felon que le
,,Charpentier le juge plus à propos. Néammoins le perroquet de beau-
,,pré doit toujours être le plus gros. Par exemple, fi le chouquet du mât de
,,hune d'avant a vingt-huit pouces, celui de l'arriére en aura vingt-quatre,
,,celui du perroquet de fougue en aura feize, celui du perroquet de beaupré
,,en aura quinze, celui du grand perroquet en aura quatorze, celui du per-
,,roquet de mifêne en aura treize, & les autres à proportion.

CHUTE de voiles. Voiez, Cheute.

C I.

CIEL. Ciel embrumé. *Miftig weer.*
   Lors-que l'on voit l'horifon couvert de nuages, on dit que le Ciel eft embrumé.

CIEL fin. *Helder weer.*
   C'eft quand le Ciel eft clair, & fans nuages.

GROS Ciel. *Swaar weer, Donker en guur weer.*
   Cela fe dit quand de gros nuages paroiffent en l'air.

LE Ciel fe hauffe. *Het weer klaart op.*
   C'eft pour dire qu'il s'éclaircit.

GIMAISE. Voiez, Simaife.

CINCENELLE, ou petit Cable. *Een Paardelijn.*
   C'eft une corde de groffeur moïenne, ou une efpéce de petit cable, dont
les Bateliers fe fervent à remonter leurs bateaux, & à d'autres ufages.

CINGLAGE, Singlage. *De loop van een fchip geduurende een eetmaal.*
   C'eft le chemin qu'un vaiffeau fait en vingt-quatre heures.

CIN-

CINGLAGE. *Zee-volks-loon.*

C'eft le loïer des gens de marine.

CINGLER, ou Singler. *Loopen, Vaart-maaken, Zeilen.*

C'eft, Faire route, Aller ou courir à la voile, ou Conduire un vaiſſeau ſur l'eau.

CINGLER. *Zeilen met alle de zeilen by.*

C'eft auffi, Aller à toutes voiles.

CINTRAGE, Ceintrage. *Touwen, om om te binden, of om te gorden; Sor-touwen.*

On apelle Cintrage toutes les cordes qui ceignent, qui lient & qui entou-rent quelque choſe.

CINTRE, Ceintre. *Boog.* Plein Ceintre. *Ronde boog.*

CINTRER un vaiſſeau quand il largue. *Een ſchip met touwen in noodt om-binden, gorden, ſorren, omgorden.*

CISEAU. *Bytel, Beitel.*

C'eft un ferrement tranchant par une des extrémités, & ſervant à tailler le bois.

GRAND ciſeau. *Breede beitel.*

CISEAU à deux biſeaux. *Een drieling ſteek-beitel.*

CISEAU de lumiére. *Een half-ſteek-beitel.*

C'eft pour percer le bois.

CISEAU Ebauchoir. *Een groote Fermoor.*
C'est celui qui sert à ébaucher les mortaises : il a un manche de bois, avec des viroles par les deux bouts.

CISEAU à manche de bois avec viroles. *Een groote Fermoor met een hecht, met ijsere banden.*
C'est la même chose qu'ébauchoir.
CISEAUX à froid. *Kou-beitels.*
C'est pour couper le fer à froid.
CISEAUX, ou Tranches pour fendre le fer à chaud. *Breek-beitels.*
CISEAU à fiches. *Een Fermoortje.*
C'est pour ferrer les fiches dans le bois.

CIVADIÉRE, ou Sivadiére. *Groot-blindt, Onder-blinde, Blinde.*
C'est la voile du mât de beaupré : comme elle est fort inclinée elle a deux grands trous à chaque point, vers le bas, afin que l'eau qu'elle reçoit se puisse écouler au même instant. Nous nous servîmes utilement de la civadiére, ou voile de beaupré, qui par sa situation a l'avantage de tirer le vaisseau, là où les autres voiles ne font que le pousser. La voile de beaupré prend tout le vent qui échape le long du bordage ; mais à vent en poupe le tappecul y fait quelque obstacle. Quelques-uns estiment que la civadiére sert plus à soutenir le navire, & à le dresser vers le haut, qu'à le pousser en avant. Voiez, Voile.

CLAIRON. *De Roode in den hemel.*

C'est un endroit du ciel qui paroît clair dans une nuit obscure.

CLAMP, Gaburon, Gemelle. Voiez, Iumelle.

CLAMP. *Een schijf in een gat van een dik stuk houts.*

C'est une petite piéce de bois, en forme de rouët, qu'on met, au-lieu de poulie, dans une mortaise.

CLAMP, ou Clan du mât. *De Schijf van 't hombergat, of tuingat, of ommergat.*

C'est un demi-rond dans une mortaise apellée Encornail, qui est au ton du mât; lequel demi-rond est fait dans le bois du même mât, & c'est-là que passe l'étague. Voiez, Encornail.

Il y a deux Clans au grand mât de hune, parce-qu'il y a deux étagues, ou une étague & une guinderesse; mais aux petits mâts il n'y en a qu'un.

CLAMP de beaupré. *Bolster, Twil, Klos.*

C'est une piéce de bois en forme de demi rouët, que l'on met dans une mortaise, & qui soutient le beaupré près de l'étrave.

„On pose le mât de beaupré sur l'étrave, ou sur un clamp qu'on met à „côté de l'étrave. Ce clamp, dans un vaisseau de cent trente-quatre piés, „doit avoir neuf pouces d'épais. On dit aussi Coussin.

CLAPET. *Klap, Klep.*

C'est une soupape qui sert à atirer l'eau.

CLAPET de pompe. *Klap, Klep, Hilletie, Klap en leer.*

C'est une soupape de cuir, cloüée à la chopinette de la pompe d'un vaisseau: elle sert à atirer l'eau du fond.

CLAPETS. *Leertjes tot de maamieringen van de bossen.*

Ce sont les petits morceaux de cuir qu'on met au-lieu de maugéres, devant les dalots des petits vaisseaux.

CLASSE. *Verdeeling van matroosen om by beurten op des Konings oorlog-scheepen te dienen.*

C'est un ordre établi pour faire trouver les matelots par années; ou-bien une division de tous les Pilotes, Maîtres, Contre-maîtres, Calfateurs, Canoniers, & généralement de tous les matelots des provinces maritimes du Roïaume de France, qui par l'ordre du Roi sont enrolez, & distribuez par parties, chacune desquelles on apelle Classe. Ceux des Provinces de Guïenne, Bretagne, Normandie, Picardie, Païs conquis & reconquis, sont divisez en quatre classes; & ceux de Poitou, Xaintonge, Païs d'Aunix, isles de Ré & d'Oleron, Rivière de Charente, Languedoc & Provence, en trois classes. Chaque classe sert alternativement, de trois ou quatre années l'une, suivant la division qui en a été faite, ce qui facilite les armemens, sans qu'il soit nécessaire de fermer les ports, ni d'interrompre la navigation des Particuliers, comme on étoit obligé de faire avant l'établissement des classes. Le dernier enrolement fut distribué en trois classes, & l'Edit en fut donné à Nanci, l'année 1673.

CLAVETTE, ou Goupille. *Schaar, Speil, Spil, Spie.*

C'est un morceau de fer qui passe au-travers d'une cheville de fer, & qui sert à l'arrêter.

CLEF de ton de mât, Clef de mât de hune. *Slot-hout, Slot-ijser.*

C'est le bout d'une grosse barre de fer, ou de bois, qui entre dans une

mortaife, au bout d'embas du mât de hune ; & qui fert à le foutenir debout ; & que l'on ôte chaque fois qu'il faut amener ce mât : ou-bien,
c'eft une cheville quarrée de fer, ou de bois, qui joint un mât avec l'autre, vers les barres de hune ; & que l'on ôte quand il faut amener le mât.

CLEF des eftains, ou Contre-fort. *Broek-ftuk.*

C'eft une piéce de bois triangulaire qui fe pofe fur le bout des eftains, &
qui les entretient avec l'étambord. On dit auffi Contre-fort.

„ La Clef des eftains a un pouce d'épaiffeur moins que l'étrave.

„ Selon le fentiment de quelques Charpentiers, la Clef des eftains d'un vaif-
„ feau de cent-trente-quatre piés de long de l'étrave à l'étambord, ne doit
„ avoir que fept pouces d'épais, & elle doit couvrir les bouts des eftains.

„ Elle eft renforcée de deux courbatons ; & jointe à l'étrave par quelques
„ chevilles de fer qui paffent au-travers, dans fon milieu ; & il y en a
„ quatre autres à chaque côté.

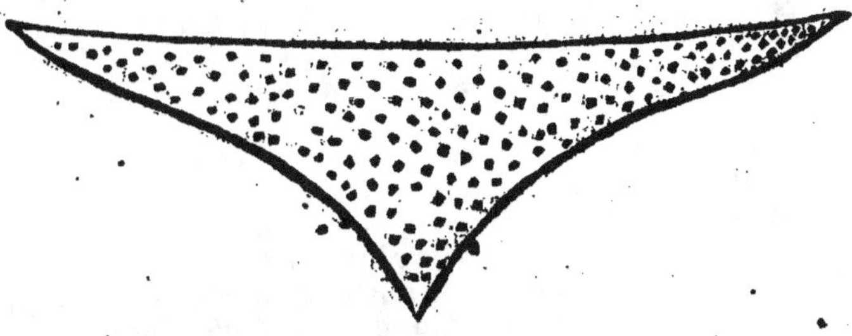

TAQUET de la Clef des eftains. *Klos onder 't broek-ftuk.*

Comme on n'emploie pas de pareille piéce en France, on fe trouve obligé
d'atribuer ce nom à cette piéce, qui eft une piéce de bois d'épaiffeur convenable, qui fe met fous la clef des eftains. La figure fera comprendre ce
que c'eft. La pointe de la clef des eftains tombe dans l'entaille qui eft au
taquet. Les Charpentiers François difent que comme les Hollandois ne
tiennent pas le contre-étambord fort long, ainfi que la figure le fait connoître, ils ont befoin quelquefois d'ajoûter ce taquet entre le contre-fort
& le contre-étambord : mais les François faifant le contre-étambord plus
long, il s'étend jufqu'au contre-fort, & ne laiffe point de place pour un
tel taquet.

CLEF de pierrier. *Spil van een baffe.*

C'eft une clef de fer, faite en façon de goupille, qui tient la boîte du pierrier où elle doit être.

CLEF de pompe. *Pomp-bout.*

C'eft une maniére de cheville de bois quarrée, par le moien de laquelle
la bringuebale eft tenüe fujette avec la pompe.

CLEF

CLEF. *Torn-touw.*

Ce mot se dit aussi d'un bout de cable qui tient un vaisseau par l'arriére, quand on le veut mettre à l'eau. D'autres l'apellent Chef. Voiez, Lancer.

CLEFS du guindas. *Schillipen, Dekstls op de schild-banken.*

Ce sont de petites piéces de bordage, entaillées en rond, qui tiennent les bouts du guindas sur les coites.

CLEF de mousquet. *De Sleutel van een musket.*

C'est un instrument de fer qui n'a qu'un trou quarré, & qui est fait en espéce de manivelle; & qui sert à bander le ressort d'un mousquet.

CLEF de rouët de pistolet. *De Trekker.*

C'est un petit instrument qui n'a qu'un trou quarré, & qui est fait en espéce de manivelle, qui sert à bander le ressort d'un pistolet, ou d'une carabine &c.

„CLERC de la Secretairie, ou du gréfe de l'Amirauté. *Clercq ter Secretarie.*

„Ce sont des Clercs sous le Secretaire ou Gréfier, dont il se sert pour tou-
„tes les dépêches & expéditions. Ils prêtent serment à la Chambre.

CLERC de guet. *Een seeker Beampteling, die de wagt op de kusten doet vergaaderen.*

Celui dont la fonction est d'assembler le guet sur les ports de mer, & sur les côtes, & qui en fait le raport à l'Amirauté.

CLIMAT. *Landt-streek, Landts-douw, Klimaat, Clima.*

C'est un espace de terre dans lequel les plus grands jours d'Eté vont jusqu'à une certaine heure; & un climat n'est différent de celui qui est le plus proche de lui, qu'en ce que le plus grand jour d'Eté est plus long, ou plus court d'une demie-heure en un endroit qu'en l'autre. Il y a vingt-trois climats de chaque côté de la Ligne. Le vulgaire apelle Climat une terre différente de l'autre, soit par le changement des saisons, ou des qualitez de la terre, ou même des peuples qui y habitent, sans aucune rélation aux plus grands jours d'Eté.

„Un Climat est une certaine étendüe de la terre, comprise entre deux pa-
„rallèles, dans laquelle le plus long jour d'Eté est plus long d'une demie
„heure que dans l'étendüe qui en est proche. Quelquefois ces deux ter-
„mes de Climat, & de Parallèle, sont pris dans le même sens, pour cet
„espace entre deux Parallèles. Les Climats sont divisez en Septentrio-
„naux & Méridionaux, les uns étant depuis la Ligne Equinoxiale jusques
„au pole Arctique, & les autres jusques au pole Antarctique.

CLINCART, ou Clincar. *Klinkaart.*

C'est un nom que l'on donne à certains bateaux plats de Suéde, & de Danemarc.

CLISSON. Voiez, Cloison, & Fronteau.

CLOCHE, Clochette. *Klok, Bel, Bengel.*

SONNER la clochette. *Bengelen.*

„On la sonne ordinairement pour avertir l'équipage de venir à la priére,
„ou de venir manger.

CLOCHE. *Klok, Een werktuig daar men mede onder waater gaat.*

„C'est une machine, dans laquelle un homme peut demeurer quelque tems
„sous l'eau.

„Les choses qui sont tombées au fond de la mer, ou ailleurs au fond de
„l'eau,

„ l'eau, soit par naufrage ou autrement, peuvent en être retirées par le
„ moïen de cette machine, dont voici la description & l'usage.
„ Elle doit être de bois, de plomb, de fer, ou de cuivre. Néammoins la
„ matiére la plus pesante est la meilleure pour résister à la force de l'eau,
„ qui brise aisément les matiéres legéres ; & pour plonger & descendre à
„ fond avec plus de facilité, & y demeurer droite dans la même situation
„ où elle y est descendüe.
„ Cette machine a la figure d'une Cloche, ou d'une de ces tonnes qui ser-
„ vent de boüée, & qui seroit ouverte par-dessous. Sa hauteur est à-peu-
„ près comme celle d'un homme de moïenne taille. Par le bas, autour du
„ bord, il y a un gros cercle de fer, pour maintenir la cloche ; autrement,
„ & si ce gros cercle de fer n'y étoit pas en-dedans, la force de l'eau pour-
„ roit enfoncer les côtés de la machine, & les faire joindre l'un à l'autre.
„ Le diamétre de la cloche est de trois grands piés par le bas, (on su-
„ pose que l'Auteur, qui a écrit *Een groote schreede*, Un grand pas, a vou-
„ lu parler d'un pas géométrique) & par le haut elle est fort pointüe, par-
„ ce-que cette sorte de figure coupe mieux l'eau, que ne feroit une plus
„ ronde. Elle est surliée de cordes tout-autour, dont il y en a quelques-
„ unes qui vont jusques au bas ; & en y atache des plaques de plomb d'un
„ pié en quarré, & de l'épaisseur de deux pouces. A chaque coin de ces
„ plaques il y a un trou, par lequel les cordes passent, & ces plaques pen-
„ dent deux piés au-dessous de la cloche.
„ C'est sur ces plaques que l'homme qui est dans la cloche, & qu'on a des-
„ cendu sous l'eau, pose ses piés, & tous les utensiles dont il a besoin pour
„ son travail ; ce qui fait qu'on les tient plus ou moins grandes, se-
„ lon la qualité & quantité des utenciles qui doivent aussi descendre sous
„ l'eau.
„ Au-dessus de la cloche il y a un grand croc, où l'on atache une corde,
„ & cette corde est passée dans une poulie qui est proche de l'étrave du
„ vaisseau, d'où l'on coule l'homme & la cloche dans l'eau : & c'est avec
„ le cabestan, qu'on lâche ou qu'on retire la corde.
„ Toutes les parties des jambes de l'homme qui descendent plus bas que le
„ bord de la cloche, & qui sont apuïées sur les plaques, toutes ces parties,
„ dis-je, & encore deux pouces au-dessus se moüillent en entrant dans l'eau,
„ parce-qu'il entre deux doigts d'eau dans la cloche, lors-qu'elle com-
„ mence à en toucher la superficie.
„ On a déja pû comprendre qu'il faut que la machine soit d'un grand poids
„ pour enfoncer. C'est avec de grandes par le moïen de tenailles, qui se ferment
„ & se serrent avec des cordes, qu'on prend les choses qui sont sous l'eau.
„ Les figures de ces tenailles sont différentes : on les fait par raport aux cho-
„ ses qu'on veut pêcher. Les unes sont destinées à enlever du canon,
„ d'autres à enlever des ancres & des balles de marchandises ; & d'autres à
„ enlever des barres de fer. Les branches étant atachées aux piéces qu'on
„ veut avoir, sont retirées par des cordes atachées aux tenailles, qu'on enlè-
„ ve par le moïen du Cabestan du navire.
„ Il faut laisser couler la cloche fort doucement dans l'eau, autrement elle
„ pourroit tourner sur le côté. Mais quand on la retire il faut le faire
„ plus vîte qu'on peut.

„Un homme qui a été sous l'eau, dans une de ces machines, a raporté
„qu'on y peut demeurer une demie heure, & quelquefois un peu plus, ou
„un peu moins. La vüe y est fort libre : & l'homme qui touche au fond,
„peut voir distinctement l'eau qui monte peu-à-peu dans la machine ; &
„lors-qu'elle lui vient jusques à la gorge, & qu'il se voit en danger de
„noïer, il tire une corde, qui est atachée autour de son corps, & à ce sig-
„nal ceux qui sont dans le vaisseau le retirent. A-mesure qu'on l'enlève
„l'air augmente dans la machine, & l'eau y baisse; & elle se trouve tout-
„à-fait vuide lors-qu'elle vient sur l'eau.

„Plus le plongeur demeure sous l'eau, & plus l'air de la cloche devient
„chaud, si-bien que quelquefois même il saigne du nez.

„Lors-qu'il veut être plus à côté, soit à droite, soit à gauche ; en avant
„ou en arriére, il fait des signaux par des cordes qui sont atachées au bord
„de la cloche, par le bas, & qui répondent au vaisseau, où en est l'autre
„bout.

„A-moins que les éfets naufragez, ou jettez à la mer, ne soient enfoncez
„fort avant dans le sable, on peut compter qu'ils peuvent être retirez par
„le moien de cette machine, dans laquelle on se peut mettre cent fois en
„un jour, & aller visiter les plus profonds abîmes de l'Océan.

„Il est bon aussi d'avertir, que tout ce qui est sous l'eau se trouve ex-
„trémement leger, & comme destitué d'une partie de sa pesanteur natu-
„relle, ensorte qu'un homme peut enlever des fardeaux très-pesans.

„Il est à présumer que si l'on faisoit une telle machine pour enfermer la tête
„où le haut d'un homme seulement, & qu'on trouvât le moien de l'ata-
„cher assez-ferme à son corps, il pourroit marcher sous l'eau comme sur la
„terre.

CLOISON. *Schot, Beschot, Schutting.*
C'est un rang de pôteaux espacez environ à quinze où dix-huit pouces, &
qui étant remplis de panneaux partagent les apartemens des chambres dans
les navires. Les cloisons d'ais sont faites avec de simples ais, & lambrissées
de chaque côté, & les cloisons de menuïserie sont faites de planches à languettes, posées en coulisse.

FAIRE une cloison, Séparer d'une cloison. *Met planken beschieten.*
CLOISON à jour. *Traalie-schot.*
C'est celle qui est faite de barreaux de bois tournez, ou quarrez, qui ne
vont qu'à certaine hauteur, & qui sont à certaine distance les uns des autres.

CLOU. *Spijker, Naagel.*
C'est un petit morceau de métal pointu, qui sert à divers usages dans les
vaisseaux. Voiez, Fer.
„L'usage des cloux est d'atacher un bois à un autre bois, c'est pourquoi
„ils doivent, en général, avoir une fois plus de longueur que n'ont d'é-
„paisseur les bois qu'ils doivent cloüer & joindre ensemble.

CLOUX de poids & de fiches. *Duim-spijkers.*
Ce sont des cloux qui ont depuis un pouce de longueur jusqu'à vingt-sept,
& de largeur depuis une ligne jusques à douze. Il s'en trouve dans les magasins du Roi de France, pour tout ce qui est nécessaire dans la marine,
soit pour joindre des mâts de plusieurs piéces, pour assembler les piéces du

gouvernail, pour cloüer les bordages contre les membres, pendre & doubler les mantelets des fabords, & pour d'autres ufages. Les plus longs cloux dont les Hollandois fe fervent, ne paffent guéres quinze pouces de long.

„Les Cloux de 4. 5. 6. jufqu'à dix pouces de long, valent dix livres les „cent livres pefant.

CLOUX de ferrure de gouvernail & de pentures de fabords. *Roer-naagels, Klamp-fpijkers, Anker-fpijkers, Bandt-naagels.*

Il y en a de trois fortes de longueurs, l'une de trente livres le millier; l'autre pèfe cinquante fix livres le millier; & l'autre eft de cent livres le millier.

CLOUX de double carvelle. *Spijkers van vijf duim.*

Ils ont cinq pouces de long, & trois lignes de large, & pèfent cent livres le millier.

CLOUX de carvelle. *Spijkers van feftig pondt.*

Ils ne pefent que cinquante fix à foixante livres, & ont quatre pouces de long, & deux lignes & demie de large.

CLOUX de demi-carvelle. *Spijkers van dertig pondt.*

Le millier pèfe trente livres, & ils ont trois pouces de long & une ligne & demie de large.

CLOUX de fabords. *Spijkers tot poorten met vijf flaagen op het hoofdt.*

Ceux-ci font à tête de diamant, & fervent à doubler les mantelets des fabords, & le millier pèfe trente livres.

CLOUX de doublage. *Cent-of-zoom-of-huidt-fpijkers.*

Ce font des cloux gros & courts, & le millier pèfe auffi trente livres.

CLOUX de double tillac. *Las-ijfers.*

Ils ont deux pouces un quart de long, & une ligne & un quart de large. Le millier pèfe dix livres.

CLOUX de tillac. *Schot-fpijkers.*

Ils font larges d'une ligne, & longs d'un pouce & demi. Le millier pèfe cinq livres, ou fept.

CLOUX de demi-tillac. *Vier-pondt-fchot-fpijkers, Vier-pondt-fluipers-of-duikers.*

Ils ont quinze lignes de long, & trois quarts de ligne de large. Le millier pèfe quatre livres. Les Hollandois en ont dont le bout eft gros & plat, & les autres ont la pointe quarrée, & pourtant fort pointüe.

CLOUX à river. *Dertig-pondt-klamp-fpijkers, of Bandt-naagels.*

Ils n'ont point de pointe, & font gros & courts : ils fervent à joindre les bouts de cercles de fer enfemble, & pèfent trente livres le millier.

CLOUX de lifle. *Spijkers van feventien pondt.*

Les deux ont fix lignes de long, & une ligne & demie de large, & le millier pèfe dix-fept livres. Chez les Hollandois ils ne font pas de ce même poids.

CLOUX de maugére. *Vier-poudts naagelen met plaat-hoofden.*

Ils ont la tête fort large & plate, & font d'un pouce de large. Le millier pèfe quatre livres.

CLOUX de plomb. *Vier-pondt-lood-naagels met een flag.*

Ils ont un pouce de long, & une ligne de large. Le millier pèfe quatre livres.

CO

COBES, Ancettes. *Leeuwers, Oogen in 't lijk, Leeuwers-oogen.*
Ce font des bouts de cordes qui font jointes à la ralingue de la voile, &
dont la longueur ne paffe pas un pié & demi : elles fervent en ce qu'on y
paffe d'autres cordes nommées Pattes de boulines.

COCHE. Porter les huniers en coche. *Met mars-zeils in de top loopen.*
C'eft les hiffer au plus haut du mât.

COCHE d'afût de bord. *Inkeep.*
C'eft ainfi que quelques-uns apellent les dents, ou entailles, qui font dans
les flafques, au derriére de l'afût, pour y pofer le traverfin.

COCOTIER. *Kokos-boom, Klap-neut-boom.*
Cet arbre eft fi néceffaire à la navigation des Indiens, qu'on à cru le devoir
mettre ici. C'eft une efpéce de palmier le plus beau de tous. Son tronc
n'a pas un pié d'épaiffeur, & n'a fes branches qu'à l'extrémité, où elles
s'étendent comme celles du datier. Son fruit ne vient point aux branches,
mais au-deffous du tronc même, en des bouquets qui ont dix ou douze
noix. Sa fleur reffemble à celle du chateigner, & cet arbre ne vient que
fur les bords des riviéres, & près de la mer, dans une terre fabloneufe, où
il croît fort haut. Il eft extrémement commun dans les Indes, & fon bois
eft fpongieux. Dans les ifles des Maldives les habitans en font des navires, avec lefquels ils paffent la mer, fans y emploïer que ce qui vient du
Cocotier. Ils font leurs cables du brou qui envelope le fruit : les feüilles
leur fervent à faire des voiles ; le bois à faire des planches, des chevilles,
& des ancres ; & le fruit leur fert de vivres.

COFRE de bord. *Kift, Scheeps-kift.*
C'eft un cofre de bois, dont l'affiette eft plus large que le haut, & où les
gens de marine mettent ce qu'ils portent à la mer pour leur ufage.

COFRES à gargouffes. *Kardoes-kiften.*
Ce font des retranchemens de planches, faits dans les foutes aux poudres,
où l'on met les gargouffes après qu'on les a remplies.

COFRES à feu. *Vuur-kiften.*
Ce font des cofres qu'on remplit de feux d'artifices & de matiéres combuf-
tibles, & qu'on tient en quelque endroit, pour endommager les ennemis
qui ont fauté à bord, ou pour faire fauter le vaiffeau entier. On eut recours à deux cofres à feu qui avoient été placez fur la dunette, proche du
mât d'artimon.

COGNAC. *t'Saamen-ftooting, of t'faamen-vloeying van twee rivieren.*
On fe fert en plufieurs endroits de ce mot pour fignifier l'embouchure d'une
riviére en une autre : ainfi on apelle Cognac la jonction de plufieurs ruif-
feaux dans la Charante.

COIGNE'E. Efpéce de hache. *Een Axe, Een Houw-bijl.*
C'eft un outil de fer acéré, plat & tranchant en forme de hache. Toutes
les coignées ont un manche de bois pour les tenir, & il y en a de grandes
& de petites pour les Charpentiers. Les grandes leur fervent, pour équarrir & affembler le bois ; & les petites, qui font à grand manche, pour abatre le bois fur pié, & ébaucher les piéces afin de les équarrir. Il y a d'autres coignées apellées par quelques-uns, Epaules de mouton, à-caufe de
leur grandeur, & d'autres que l'on apelle petits Hacheteaux. Voiez, Hache.

E e 2

COIN.

COIN. *Kegge, Scheeps-wigge, Mooker-bytel.*
C'est un morceau de bois, ou de fer, qui a une tête & un taillant, & dont
on se sert pour fendre le fer, ou le bois. Le Coin est composé de deux
plans inclinez, & pour bien fendre il faut nécessairement que l'angle en
soit aigu.

COINS de fer à fendre du bois. *Mookers-bytels.*
COINS de mât. *Vijstingen.*
Ce sont certains coins de bois, qu'on fait de bouts de jumelles; ils tiennent
de leur rondeur & de leur concavité, & servent à resserrer le mât, lors-qu'il
est trop au large dans l'étambraie du pont. Ces coins sont traversez de chevilles de fer.
COINS de mire. *Koinen, Quoinen, Keggen, Wiggen.*
Ce sont des piéces de bois épaisses d'un côté de deux à trois pouces, & de
l'autre d'un demi pouce, ou d'un pouce tout-au-plus; & qui ont un pié
de longueur, ou environ, & six à huit pouces de largeur. Les Coins de
mire ont un manche du côté le plus épais, & servent à élever la culasse des
canons jusques au point où l'on désire qu'il soit pointé.

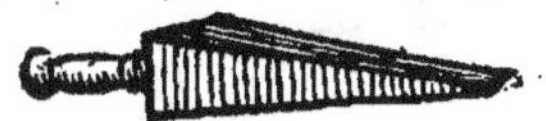

COINS d'arrimage. *Koinen, Quoinen.*
C'est pour mettre entre les fûtailles, en les arrimant, afin de les empêcher
de rouler.
COINS de chantiers. *Stoot-keggen, Keggen, Stoot-wiggen.*
Ce sont des coins qu'on met entre les tins & la quille, lors-qu'on la pose
sur le chantier, afin de les enfoncer à coups de belin, quand on veut lancer
le navire à l'eau. On les met à cinq ou six piés de distance.

COITTE, Coites. *Slag-bed, Bedding.*
Ce sont deux longues piéces de bois qu'on met parallèles sous un vaisseau,
pour le porter quand on le veut tirer du chantier afin de le mettre à l'eau.
Voïez, **Colombiers.**

COI

COITES de guindas. *Koppen, Schildt-banken, Schildt-planken.*
Ce sont des piéces de bordage de quatorze ou seize pouces de large, qui
apuïent les bouts du guindas, & sur lesquelles il tourne horizontalement.

COLLE'GES de l'Amirauté. Voiez, Amirauté.

COLLET de canon, ou de bombe. *Kraag.*
C'est un terme d'artillerie, qui veut dire, dans un canon, la partie la plus
amoindrie entre le bourlet & l'astragal. Le bouton de la culasse du canon
sera bien fait, avec un collet pour amarrer la piéce.

COLLET d'étai. *Stag-kraag, Hals-band.*
C'est ainsi que l'on apèle un tour que fait l'étai sur le ton du mât. Le collet d'étai se place au-dessus de tous les haubans, & il passe entre les deux
barres de hune d'avant.

COLLIER, ou Colier d'étai. *Kraag van de boeg-spriet.*
C'est un bout de grosse corde semblable à l'étai. L'usage du collier d'étai
est d'embrasser le haut de l'étrave, & d'aller se joindre au grand étai, où
il est tenu par une ride.

COLLIERS de défence. *Kraagen, Kransfen.*
Ce sont plusieurs cordes tortillées en rond comme un collier, qu'on met à
l'avant des chaloupes, ou autres petits bâtimens, à la place des défences
ordinaires.

COLLIER du ton. Collier de chouquet. *Eezels-hoofdts-beugel, kalf, of
klink.*
C'est un lien de fer fait en demi-cercle, qui, conjointement avec le ton &
le chouquet, sert à tenir les mâts de perroquet & de hune. Quelquefois
ce lien est aussi fait d'une piéce de bois.
„On peut donner d'épaisseur de haut en bas au collier du chouquet les trois
„cinquièmes parties de l'épaisseur du chouquet: c'est-à-dire, quand il est
„de bois.

COLOMBIERS. *Stutten of Schooren met tanden, dienende om de scheepen te
doen afloopen.*
Ce sont deux piéces de bois endentées, dont on se sert lors-qu'on veut mettre quelque bâtiment à l'eau. Les Hollandois ne s'en servent point; aussi
leur maniére de lancer un navire à l'eau, est-elle bien différente de celle des
François. Chez ceux-ci les coites, *Slag-bedden,* s'en vont à l'eau avec le
bâtiment, & quand le bâtiment vient à flot les coites qui y sont atachées
avec des cordes, venant aussi à floter, on les retire: mais chez les Hollandois les coites demeurent en leur place, & le vaisseau glisse dessus, & s'en
va seul à l'eau: ainsi la plupart des étances & des billots ou coins qui servent
à lancer à l'eau chez les uns, ne sont pas d'usage chez les autres, & il y en
a d'une autre façon. Par exemple; il y a chez les Hollandois, de chaque
côté, sur les coites, des billots ou coins, qui s'apellent *Vang-bedden,* & qui
servent à faire couler le vaisseau sur les coites; mais comme en France
les coites vont à l'eau, on ne peut pas se servir de ces piéces-là, & l'on se
sert de Colombiers, & de quelques autres piéces.

COLOMNE. Marcher en colomne. *In een regte streep zeilen, In 't lang zeilen.*
C'est marcher sur une même ligne, les uns derriére les autres; ce qui ne

se peut faire facilement, que lors-que le vent est en poupe, ou largue.

L'ARME'E marchoit en trois colomnes. *De vloot wierdt in drie rijen ver-deelt.*

COLTIE d'un vaisseau. *Kort-plegtje, Voor-plegtje.*

C'est un retranchement qui se fait au bout du château d'avant, & qui descend jusques sur la plate-forme.

COMBAT naval. *Zee-slag, Zee-gevegt.*

COMBUGER des fûtailles. *Inwaateren, Verwaateren, Doorwaatren.*

C'est-à-dire, Imbiber, Remplir les fûtailles d'eau, afin de les imbiber.

COMMANDE. *Beveelt, of Laat beveelen.*

Ce mot de Commande est crié par l'équipage, pour répondre au Maître qui a apellé de la voix, ou du siflet, pour quelque commandement qu'il veut faire.

COMMANDANT en Chef. *Opper-hoofdt, Als hoofdt commandeerende.*

C'est celui qui a le commandement d'une armée navale, ou d'une escadre, qui se trouve seule en mer ; & qui tient la place & fait les fonctions d'A-miral lui-même.

COMMANDER à la route. *Streeken doen setten of veranderen.*

C'est donner la route, prescrire celle que doivent tenir tous les vaisseaux de flote; ce qui est atribué à l'autorité de l'Amiral, ou du principal Com-mandant, ou du Pilote dans un vaisseau marchand. Le Pilote commandera à la route, & se fournira de cartes, Routiers, arbalêtes, astrolabes, & de tous les livres & instrumens nécessaires à son art.

COMMANDES. *Seisingen.*

Ce sont de petites cordes de merlin, dont les garçons de navires sont tou-jours munis à la ceinture, afin de s'en pouvoir servir au besoin. Elles ser-vent à ferler les voiles, & à renforcer les autres manœuvres. Elles sont faites de deux fils, à la main, dans le bord.

COMMANDES de palan. *Taakel-gaaren.*

COMMANDEUR. *Kommandeur, Commandeur.*

,,C'est un terme dont on se sert fort fréquemment parmi les Hollandois; il
,,veut dire proprement Commandant ; car voici la définition qu'en donne
,,Thiaslens: Le Commandeur est celui qui commande quelques vaisseaux,
,,ou quelques flotes particuliéres. Et en éfet ce terme, dans les meilleurs
,,Auteurs, & dans un même Auteur, est atribué au Commandant en Chef
,,d'une petite armée navale ; à celui d'une escadre qui croise sur les côtes
,,de Barbarie; à un Capitaine de vaisseau, de brulot, de flûte, &c.

COMMERCE. Avoir commerce. Voiez, Avoir pratique. L'Ordonnance dit aussi, Avoir commerce.

COMMIS. *Opper-koopman, Koopman.*

C'est celui qui a la direction de la vente des marchandises qui sont dans un vaisseau.

SOUS-COMMIS. *Onder-koopman.*

C'est celui qui fait la fonction du Commis, en cas de mort, maladie, ou autre empêchement.

COMMIS du Munitionaire. Commis à la distribution des vivres. *Een Com-mis van de Voorraadt-meester. Deese is op koop-vaardy-scheepen de Bottelier.*

C'est un homme embarqué dans le vaisseau, qui fait distribuer les vivres aux

aux équipages, ainſi que le Munitionaire eſt obligé de faire, par le Traité qu'il a paſſé. Le Munitionaire fait embarquer ſur les navires de guerre du premier rang, le nombre de huit perſonnes pour Commis, Maîtres-valets, Coqs & Cuiſiniers; qui paſſent, ainſi que les matelots, en revüe, tant pour les vivres, dont il lui eſt tenu compte, que pour leur ſolde, qui eſt paiée ſur le pié de ſeize livres par mois. Sur les vaiſſeaux du ſecond & du troiſième rang il en met ſix; & ſur les autres, il en met quatre.

COMMIS des bureaux des doüanes, Viſiteurs. *Cerchers, Cherchers, Com-*
„*miſſen ter rechercher, Toeſienders op het regt der convoyen en licenten.*

„Ce ſont des Commis, qui ſous la conduite d'un Commis Général, ont
„inſpeƈtion ſur les bâtimens qui entrent & qui ſortent, ſe tenant pour cet
„éfet dans de petits bureaux & corps de gardes avancez dans l'eau, au bout
„des eſtacades, à toutes les ouvertures & barriéres. Ils éxaminent les
„paſſeports & patentes, & font la viſite des marchandiſes pour connoître
„ſi tout eſt conforme aux déclarations qui en ont été faites; & s'ils décou-
„vrent quelque fraude ils en donnent avis au Commis Général, qui fait
„ſaiſir les éfets ou marchandiſes, & les fait mettre en garde, juſques à ce
„que toutes les formalités aïent été obſervées, pour les confiſquer, & les
„faire vendre, ſi le cas y échoit. Le Commis Général eſt ambulant, &
„n'a point de demeure fixe: mais il change ſouvent, & ſe tranſporte du
„reſſort d'une Chambre, ou d'un département, à l'autre, ſelon les ordres
„qu'il reçoit des Etats Généraux.

„COMMIS Général des Convois & Congez. *Een Commijs Generaal van Con-*
„*voijen ende Licenten.*

„Le nombre en eſt différent, ſelon les divers Quartiers des Provinces U-
„nies. Dans les quartiers où il y a le plus d'afaires, il y en a cinq; &
„dans les autres il y en a moins. Ils ont inſpeƈtion ſur les Receveurs par-
„ticuliers, Controlleurs, Clercs, & Commis des bureaux, qui ſont dans
„leur département. Il leur eſt défendu de faire aucun négoce, pour eux-
„mêmes, ou en qualité de Faƈteurs; ni d'avoir part à quelque commerce
„que ce ſoit, direƈtement, ou indireƈtement; ou d'éxercer d'autres ofi-
„ces; & encore d'acheter aucune part de vaiſſeau, étant même obligez de
„ſe défaire de celles qu'ils pouvoient avoir auparavant.

„Lors-qu'ils découvrent quelque malverſation dans les comptes des Rece-
„veurs particuliers, ou dans les régîtres des Controlleurs, la moitié du qua-
„druple dont les délinquans ſont tenus, tourne à leur profit; Il en eſt de
„même de quelques autres amendes, qui ſont décrétées contre les mêmes
„Oficiers, & autres Commis à eux ſubordonnez, lors-qu'elles ſont encou-
„rües. Mais il y en a auſſi de groſſes décernées contre les Commis géné-
„raux, en cas qu'ils tombent eux-mêmes en malverſation, dont il y en a
„pareillement une partie aplicable au profit de ceux qui découvrent les
„fautes.

„Si lors-que les droits de convois, congés, ou doüanes, ſont afermez, en
„tout ou en partie, le fermier découvre quelque fraude de la part des Mar-
„chands, ou des Maîtres de vaiſſeau, il n'a ſur les éfets qui ſont confiſquez,
„que le droit de dénonciateur, & rien de plus.

„Enfin les Commis généraux doivent faire décharger, & donner ordre
„qu'on faſſe décharger, les charrettes & bâtimens chargez de machandiſes,

„qui

„qui ne peuvent être vifitées autrement : laquelle décharge & charge fe
„doit faire avec toute forte de difcrétion, & aux frais de l'État, s'il ne fe
„trouve point de fraude. Voiez ci-deſſus, Commis des bureaux des doüanes.

COMMISSAIRE Général de la Marine. *De Opper-zee-commiſſaris.*
C'eſt le premier des Oficiers qui foit fubordonné à l'Intendant de Marine
dans fon département.

COMMISSAIRE Général à la fuite des armées navales. *Een Commiſſaris Generaal, of Opper-commiſſaris in een oorlogs-vloot.*
C'eſt une Oficier qui reçoit les ordres & les inſtructions de l'Intendant de
l'armée navale, & qui, en l'abfence de l'Intendant, a les mêmes fonctions
que lui.

COMMISSAIRE Général de l'artillerie de la Marine. *De Opper-commiſſaris,
of Bewindt-hebber van 't gefchut dat te waater gebruikt wordt.*
Il y en a deux, l'un en Ponant, l'autre en Levant. C'eſt auſſi fous les ordres de l'Intendant qu'ils ont infpection fur les fontes & épreuves des canons & des mortiers, & fur toutes les autres armes, poudres, munitions,
inſtrumens & outils fervant à la guerre. Ils ont le commandement des Canoniers & Bombardiers entretenus dans les ports, qui font divifez par efcoüades, commandées fous lui par des Lieutenans de marine, ou de galiotes à mortiers.

COMMISSAIRE Général de la Marine ambulant. *Een Commiſſaris Generaal
over de zee-faaken, die geen vaſt verblijf heeft, maar by d'order van 't Hof ver-
plaatſt wordt.*
C'eſt celui qui n'a point de département fixe, & qui va à ceux que la Cour
lui ordonne.

COMMISSAIRE Ordinaire de la Marine. *Een ordinaris Zee-commiſſaris, of o-
ver de zee-faaken.*
C'eſt un Oficier qui étant dans un port, a l'œil fur les Gardiens, fur les
Ecrivains diſtribuez dans les ateliers de conſtruction, fur les livres de recepte & de dépence du Garde-magafin, & fur l'expédition des armemens &
des defarmemens; & quand il eſt dans une armée navale, il éxamine la conduite des Ecrivains; fait paſſer l'équipage en revüe, & prêter ferment de
fidélité à toüs les Oficiers du vaiſſeau; & fait dreſſer les inventaires des prifes qui fe font.

COMMISSAIRE Ordinaire de l'artillerie de la Marine. *Een ordinaris Commiſ-
faris van 't gefchut dat te waater gebruikt wordt.*
Il y en a d'établis en chacun des arcenaux de Toulon, Rochefort & Breſt.
En l'abfence du Commiſſaire Général le Commiſſaire ordinaire a les mêmes
fonctions: il prend ordinairement foin de ce qui regarde les fontes & épreuves des canons, mortiers, armes & munitions. Il a, conjointement avec
le Garde-magafin, une clé des magafins aux poudres, & de ceux deſtinez
pour tout ce qui regarde l'artillérie, & les outils & inſtrumens fervant aux
defcentes & ataques des places. Il a auſſi une clé de la fale d'armes, dans
laquelle il fait ranger les armes par calibres & longueurs. Il tient régître de
toutes les piéces de canon de fonte qui font dans l'arcenal de fon département, & dans ce régître il marque les fabriques d'où ils font.

COMMISSAIRE prépofé à l'enrollement de matelots. *Een Commiſſaris van
de verdeelingen der matroofen aangenomen om den Koning, alle jaaren, by beurten
te moeten dienen.*

Ils tiennent, chacun dans leur département, le rolle des Oficiers mariniers, matelots & gens de mer, & marquent les vaisseaux sur lesquels ils ont servi, en quelle qualité, & sur quel pié la solde leur a été paiée. Ils font un rolle particulier des mousses, garçons de bord, & autres jeunes gens. Ils délivrent gratis, à chaque Oficier & matelot, un bulletin en parchemin, contenant leurs signaux, leurs priviléges, & les années qu'ils ont servi. Ils visitent les bâtimens marchands, tant François qu'étrangers, & se font représenter les rolles des équipages François &c. Voiez, l'Ordonnance de 1689.

COMMISSAIRE aïant inspection sur les vivres d'un port. *Een Commissaris of Opsiender over de victualien in een haven.*

C'est un Oficier qui est chargé d'éxaminer la qualité des vivres & denrées que le Munitionaire général de marine fait remettre dans ses magasins; & d'empêcher qu'il n'en soit reçu ni embarqué pour les équipages que de bonne qualité. Il fait aussi goûter les vins & autres bruvages.

COMMISSAIRE préposé pour avoir inspection sur les constructions des vaisseaux. *Een Commissaris of Opsiender over den aanbouw der schepen.*

Il a l'œil sur l'Ecrivain & sur les Maîtres Charpentiers, afin qu'ils fassent leur devoir. Il prend soin que le bois de la plus vieille coupe soit le premier emploié, & que les chevilles, cloux, & autres ouvrages de fer, soient des proportions ordonnées, & conformes aux échantillons. Il doit visiter continuellement les ateliers des constructions, & retirer tous les quinze jours les rolles des ouvriers, signez des Ecrivains; il empêche que les Maîtres Charpentiers ne se départent, en aucune maniére que ce soit, des devis qui ont été arrêtez par le Conseil de construction, dont il doit toujours avoir une copie sur lui.

COMMISSAIRE des montres. *Monster-Commissaris.*

„C'est un Oficier, en Hollande, qui va faire les revües sur les vaisseaux,
„lors-qu'il n'y a point de Conseillers de l'Amirauté qui puissent y aller.
„Les Capitaines & Commandeurs sont obligez d'y assister, & de leur te-
„nir la main pour l'éxécution de ce qui regarde leur charge. Le Com-
„missaire doit envoier ses rolles au Conseil de l'Amirauté. Il a le pou-
„voir de faire la destination des convois qui sont en état de mettre à la mer,
„lors-qu'ils se trouvent dans un port où il n'y a point de Conseillers pré-
„sens; & il prend connoissance des fautes qui peuvent avoir été commises
„par les Oficiers, pour en donner avis, ou faire raport au Conseil. Il ré-
„gle ce qui concerne l'Amirauté que font les vaisseaux marchands qui vont
„de conserve, & leur ordonne les signaux dont ils doivent se servir.

„COMMISSAIRES du Vlie, du Texel, de la Meuse, du Wieling, &
„du Sond. *Commissarissen in 't Vlie, Texel, de Maase, de Wielinge, en in
„de Sond.*

„Ce sont des Commissaires établis dans tous ces ports, pour avoir inspection
„sur les vaisseaux des Provinces Unies qui y entrent & qui en sortent, &
„faire exécuter les Réglemens rendus à cet égard.

COMMISSAIRE des ventes. *Vendu-meester, Vendue-meester.*

„C'est un Oficier qui est obligé de prêter le serment, & de donner cau-
„tion. Il prend soin de faire publier & mettre les afiches pour les ventes
„qui se font publiquement de tout ce qui est confisqué, dequoi il reçoit

F f

„le

„le prix , auffi-bien que des prifes qui fe font ; lequel prix il délivre en-
„fuite au Receveur Général des convois , déduits préalablement tous les
„frais , tels qu'ils font portez dans les Réglemens du Confeil de marine;
„fans y comprendre néanmoins les droits dont l'acheteur eft tenu , favoir
„douze gros , ou fix fous par chaque livre de gros qui fait fix florins , defquels
„douze gros la diftribution, fe fait en cette forte. Sept gros pour les néceffités
„des matelots bleffez , qui font remis entre les mains du Receveur Géné-
„ral des convois du lieu où la vente fe fait. Un gros & demi pour les ho-
„pitaux du même lieu , ou ville , en confidération des foldats malades &
„bleffez , qui y font reçus. Deux gros pour le droit & falaire du Com-
„miffaire des ventes , à condition de faire bons les deniers de la vente. Un
„gros pour le Controlleur , s'il y en a un, tant pour la confection de l'in-
„ventaire , que pour le controlle de la vente , & autres foins qu'il prend
„des éfets confifquez , fans qu'il puiffe prétendre aucune autre recompen-
„fe. Et le demi gros qui refte, apartient au Secretaire , moïennant qu'il
„fe foit bien aquité de fes fonctions. Le Commiffaire des ventes eft tenu
„de rendre fon compte au bureau du Confeil de l'Amirauté , dans quinze
„jours après la vente des prifes , ou du butin qu'on a fait.

„COMMISSAIRES de la Chambre des Affurances. *De Regters, of Gemag-*
„*tigde, of Commiffariffen van de Verfeeker-kamer.*
„Ce font les Juges Commis pour régler les afaires de la Chambre des Af-
„furances, qui fut établie à Amfterdam l'an 1598. Ces Juges font au nom-
„bre de trois. Ils fuivent dans leurs Sentences les Réglemens qui ont été
„faits touchant les Affurances ; mais fur-tout ils ne peuvent , à l'égard des
„avaries, charger les Affureurs, que de ce qui eft bien clairement exprimé
„dans ces Réglemens. Ils ont le pouvoir de condamner les Parties en
„tous les dépens , ou en la moitié , ou telle autre portion qu'ils jugent à
„propos ; ou-bien de compenfer les dépens.

„COMMISSAIRE Général des vaiffeaux. *Een Commiffaris Generael van de*
„*fchepen.*
„C'eft un Commiffaire établi pour éxécuter les ordres de l'Amiral , ou du
„Confeil d'Etat , fur le nombre des vaiffeaux qu'il a été réglé de prendre
„pour le fervice de l'Etat ; afin qu'il ne leur foit paié que la taxe ordon-
„née , & qu'ils foient agréez & pourvûs comme il faut , pour l'expédition
„qu'on doit entreprendre. Et s'il y a des Maîtres ou Patrons qui refu-
„fent de fervir, il peut les faire arrêter , avec la connoiffance du Magiftrat.
„Lors-que les vaiffeaux font affemblez, il doit être préfent , pour y faire
„charger les munitions de bouche & de guerre , & les armes qu'ils doivent
„porter ; & faire embarquer les troupes , & avoir des Commis fous lui , qui
„lui aident à faire fes diligences ; aïant pouvoir de caffer & renvoier fur le
„champ tous ceux qui ne voudront pas faire leur devoir , & tous les hom-
„mes & les vaiffeaux qui feront incapables de fervir.
„Il fait donner à une Compagnie de foixante & dix à cent hommes , allant
„de fa garnifon à l'armée , ou retournant de l'armée à fa garnifon , ou de-
„vant être tranfportée ailleurs , deux bâtimens du port de vingt-fix à tren-
„te laftes , & un troifième de feize laftes : à fix-vingts hommes , trois bâ-
„timens de vingt & un à vingt-cinq laftes , & un quatrième de feize laftes :
„à cent-cinquante hommes , trois bâtimens de vingt-fix à trente laftes , &
„un

„un quatriême de feize laftes : à deux cents hommes quatre bâtimens de
„vingt-fix à trente laftes, & un quatriême de feize laftes : & c'eft à quoi,
„de leur part, les Capitaines doivent auffi fe conformer ; & s'il y en a qui
„aient pris plus de bâtimens que ne porte ce Réglement, le Commiffaire
„doit renvoier fur le champ ceux qui font les plus mauvais, ou obliger les
„Patrons de tirer au fort, pour favoir qui demeurera.

„Que s'il ne s'agit que de changer de garnifon, & qu'il y ait beaucoup de
„femmes, d'enfans & de bagage à voiturer, le Commiffaire ajoûte au
„fecond article ci-deffus, un bâtiment de vingt-fix à trente laftes : au troi-
„fiême article, deux bâtimens de vingt & un à vingt-cinq laftes : au qua-
„triême article, deux bâtimens de vingt-fix à trente laftes :

„Le Commiffaire Général eft chargé de faire jauger les vaiffeaux qui font
„venus à l'armée : de les faire marcher foit avec l'armée, foit pour aller la
„joindre, felon la répartition qui en a été faite : de tenir régitre de ceux
„qu'on décharge : de les renvoier en tems & lieu, & de donner des atefta-
„tions aux Patrons.

COMMISSAIRE Général, & Commiffaires Ordinaires des ports. *Een
Opper-commiffaris, en Commiffariffen van de havens.*

„Ils ont infpection fur tout le port, & doivent prende garde à ce que les
„Réglemens & les Ordonnances touchant les ports foient exécutées, auffi-
„bien par les Maîtres des ports, que par tous autres qu'il apartient. Ils
„ont droit d'aller, toutes les fois qu'ils le jugent à propos, vifiter les de-
„hors des eftacades, & les dedans, & les canaux qui y font ; afin de voir
„fi les navires, bateaux, alléges, & toutes fortes de bâtimens, font rangez
„en ordre, & chacun dans le lieu qui lui eft affigné.

COMMISSAIRES des afaires de la Marine. *Commiffariffen van de zee-faaken.*

„Il y a cinq Commiffaires des afaires de la Marine à Amfterdam. Ils chan-
„gent tous les ans, & l'élection s'en fait le huitiême jour de Février. Il
„faut qu'il y en ait au-moins trois, pour tenir le fiége : Ils doivent
„tâcher de terminer, dès la premiére comparution, les différens qui fur-
„viennent entre les Marchands & les Maîtres de vaiffeau ; entre les Mar-
„chands & les Mariniers : entre un Maître & un autre Maître ; un Maître
„& un Matelot ; un Marchand & un Lamaneur ; un Lamaneur & un Maî-
„tre : entre un Chargeur & un autre Chargeur, un Affreteur & un autre
„Affreteur, les Maîtres & les Affreteurs ou Chargeurs, lors-que leurs pro-
„cès font pour le fait de la marine, hormis ceux qui regardent les affuran-
„ces, & ce qui en dépend, lefquels font renvoiez à la Chambre des Affu-
„rances. Et fi le Maître eft à gages, & qu'il n'ait part ni au vaiffeau, ni
„à la cargaifon, ce font les Affreteurs qui comparoiffent pour lui.

„Les citations devant ces Commiffaires fe donnent de jour-à-autre, par un
„des Huiffiers de leur Chambre ; & les Parties font obligées de comparoî-
„tre en perfonne, fans pouvoir fe fervir du miniftére des Avocats, Pro-
„cureurs, ou autres gens de Juftice.

„Si les Commiffaires ne peuvent acomoder les Parties, ils leur font droit
„fur le champ, foit en jugeant une provifion & nantiffement, foit en ren-
„dant une Sentence définitive de condamnation, ou d'abfolution, felon
„qu'il y échoit.

„Que fi l'afaire eft trop embroüillée, & qu'elle mérite un plus grand éclair-

 „ciffe-

,,cifsement, ils peuvent renvoier les Parties à une autre fois, pour recevoir
,,d'elles une plus nette inftruction, & afin qu'on tâche encore de les acor-
,,der avant le jour du retour.

,,Lors-que toutes les Parties comparoissent, & que le Demandeur paroît
,,fondé, fans néammoins qu'il y ait lieu de juger définitivement, les Com-
,,missaires peuvent adjuger la provision jusqu'à une somme de cinq mille
,,livres inclusivement.

,,Si le défendeur ne comparoît point fur une troisième affignation, on ad-
,,juge, pour le profit du defaut, la provision des sommes contenües dans
,,la demande, quelque haut qu'elles se montent; & ensuite la cause eft mi-
,,fe au rolle, pour purger la contumace, fi le cas y échoit, ou pour rendre
,,Sentence au fond; & fi le Défendeur ne comparoît point encore, la Sen-
,,tence provisoire eft déclarée définitive, lors-que l'afaire le peut permet-
,,tre.

,,Les Parties, qui croient avoir reçu des griefs par une Sentence définitive,
,,en peuvent apeller devant les Echevins, & relever leur apel dans trois
,,jours après la prononciation de la Sentence par le Secretaire, s'il s'agit
,,d'une somme de cinq cents livres, ou au-deffous; & dans dix jours, s'il
,,s'agit d'une somme au-deffus de cinq cents livres.

,,L'Apellant étant reçu en fon apel, eft tenu de configner entre les mains
,,des Echevins, la somme de dix livres, qui lui eft reftituée, fi la Senten-
,,ce dont eft apel eft mife à néant.

,,Chaque fois qu'on manque de comparoître, on paie quatre fous d'amende.

,,Et pour prévenir toutes les voies de fait & defordres entre les Maîtres
,,de vaiffeau, ou entre les Maîtres & les Matelots, & même entre ceux-
,,ci & les Chargeurs, ou les Directeurs des Compagnies des Indes Orien-
,,tales & Occidentales, il a été auffi établi un Sous-bailli, où plutôt un
,,Sous-procureur Fifcal des eaux, afin de faciliter aux Commiffaires les
,,moiens de rendre la juftice.

,,C'eft à ce Sous-procureur Fifcal de requérir les peines pour les délits
,,arivez fur les eaux; de lever les amendes; de dénoncer les coupables; &
,,de demander qu'il plaife aux Commiffaires de rendre Sentence; comme
,,auffi de faire arrêter les coupables, & de les livrer entre les mains du Bailli
,,d'Amfterdam.

,,Pour les frais de l'entretien de cette Chambre, & ce qui en dépend, tous
,,les vaiffeaux marchands du port au-deffous de cinquante laftes, qui for-
,,tent des ports & des paffes des Provinces Unies, font tenus de paier cha-
,,cun quinze fous, lequel droit s'apelle *Los-geldt*; mais les vaiffeaux du
,,port au-deffus de cinquante laftes, enfemble ceux qui viennent de l'Oüeft,
,,de la mer Baltique, de Norvège, d'Angleterre & d'Ecoffe, ou des lieux
,,qui en font voifins, paient trente fous; & ceux qui viennent du cap de
,,Finifterre, par l'Oüeft; ou du Hitlandt, par le Nord, paient foixante
,,fous.

,,Un Maître de vaiffeau qui loüe un matelot, eft obligé de lui donner fix
,,fous de denier-adieu, ou pour vin de marché; & c'eft ce qui conclud l'en-
,,gagement.

,,Les matelots font tenus de fe rendre à bord, vingt-quatre heures après
,,la réception du denier-adieu, pour aider à mettre le vaiffeau en état, &

„le lester, & à le charger, sans pouvoir plus aller à terre, & encore
„moins y passer la nuit, qu'avec le congé du Maître.
„Si un matelot qui s'est loüé, ne se rend pas à bord au tems préfix, le Maî-
„tre en peut loüer un autre, & celui qui s'étoit loüé, si c'est un Oficier,
„est sujet à une amende de dix livres; & si c'est un simple matelot, à une
„amende de cent sous, au profit du Sous-bailli des eaux, auquel le Maître
„est obligé d'en faire dénonciation, sur peine de trente livres d'amende,
„en cas de défaut. Et est néammoins le matelot ou Oficier loüé, tenu d'al-
„ler à bord, & de servir, si le Maître le désire.
„Quand le vaisseau est en état de mettre à la voile, l'équipage doit rece-
„voir la moitié de son salaire, & douze heures après il est tenu de se ren-
„dre à bord, si le vaisseau est destiné pour la mer Baltique, ou pour les païs
„de l'Oüest, du Sud, ou du Nord : mais l'équipage a deux fois vingt-
„quatre heures de tems, s'il doit aller jusqu'au cap de Finisterre. Et en
„cas que quelqu'un manque à se rendre à bord dans le tems préfix, la moi-
„tié de ses gages demeure confisquée.
„Si quelqu'un des gens de l'équipage, au-lieu de se rendre à bord, deserte
„après avoir reçu la moitié de ses gages, le Maître est tenu d'aller, avant
„son départ, en donner avis au Sous-bailli; sur peine de soixante livres
„d'amende, qui demeurera par lui encouruë, s'il demeure en défaut de
„faire sa dénonciation.
„Aucun Oficier, ni matelot, ne peut, sous quelque prétexte que ce soit,
„se dédire de l'engagement qu'il a pris, après qu'il est une fois venu à
„bord, ou qu'il a reçu la moitié de ses gages, sur peine de confiscation
„de cette moitié, à-moins qu'il ne se présente devant les Commissaires, &
„qu'il ne leur ait déduit ses raisons; & si elles méritent qu'on y ait égard,
„il doit restituer sur le champ ce qu'il a reçu.
„Si c'est le Maître qui se dédit, & qu'il le fasse sans des raisons valables,
„il est obligé de paier à celui qu'il renvoie la moitié de ses gages.
„Aucun Oficier, ni matelot d'un vaisseau parti d'Amsterdam, ne peut plus
„aller à terre, soit dans ces Provinces, ou en païs étranger, encore moins
„y passer la nuit sans la permission du Maître.
„Si un Maître veut faire débarquer quelque chose d'un vaisseau qui est
„déja chargé, & charger quelque autre chose en la place, l'équipage est
„obligé de lui obéir, sur peine de confiscation d'un mois des gages de
„ceux qui en feront refus. Mais le Maître sera tenu, au retour du voia-
„ge, d'en faire quelque recompense à ses gens.
„S'il arive quelque changement à l'égard du voiage, soit pendant-qu'on
„est encore dans ces Provinces, ou en païs étranger; & que le voiage doi-
„ve être plus court, ou plus long, ou qu'il faille aller d'une place à l'au-
„tre, ou retourner dans un lieu d'où on étoit parti, ou décharger, char-
„ger, & recharger ailleurs qu'au lieu de la destination, l'équipage est
„tenu de le faire, soit qu'il soit loüé pour le voiage entier, ou par mois,
„à-moins qu'on ne le veüille obliger d'aller en des lieux où il n'y a pas
„de seureté : mais à la fin du voiage le Maître est obligé d'en recompen-
„ser ses gens.
„Si le Maître fait un ou plusieurs voiages entiers en païs étranger, il est
„tenu de faire l'entier paiement à l'équipage, au lieu où il décharge, à

Ff 3

„peine

„peine de vingt-cinq livres de dédommagement ; soit même qu'il survint
„quelque différent, au sujet de ce que le voiage auroit été plus long, la
„décision duquel différent demeure sursise, jusques au retour, dans la ville
„d'Amsterdam, sans que les Parties s'en puissent prendre en aucune ma-
„niére l'une à l'autre, pendant le cours du voiage, sur peine de la perte
„de tout le salaire des matelots, s'ils ozent rien entreprendre contre leur
„devoir.

„Si quelqu'un de l'équipage fait de la peine au Maître, il doit paier six li-
„vres d'amende, aplicable aux pauvres.

„Si un Oficier, ou un matelot étant à bord, ou hors le bord, tire le cou-
„teau contre le Maître, ou contre un autre de ceux qui sont au service
„du vaisseau, il en doit être fait, dans la suite, une dénonciation au Sous-
„bailli des eaux, qui ne manque pas de faire arrêter le coupable, & de le
„faire mener dans les prisons du Juge à qui il apartient d'en connoître,
„pour la punition en être faite en tems & lieu.

„Lors-que le voiage est achevé, & que le vaisseau est déchargé dans la
„quinzaine, c'est-à-dire quatorze jours ouvrables après avoir pris terre,
„ou être amarré à quai; si le Maître ne paie pas l'équipage dans les vingt-
„quatre heures après cette quinzaine, il est tenu de paier trois livres aux
„Oficiers, & cinquante sous aux matelots, par chaque jour de retarde-
„ment.

„Mais si c'est par la faute du Marchand à qui les marchandises apartien-
„nent, que le vaisseau n'ait pas été déchargé dans la quinzaine, il est tenu
„des dommages & interêts du Maître, & doit l'aquiter envers l'équipage,
„& le dédommager lui-même.

„S'il survient quelque différent entre le Maître & l'équipage, sur le paie-
„ment du salaire, il est défendu à l'équipage d'user d'aucun terme injurieux
„envers le Maître, sur peine de l'amende d'un demi mois de gages: mais
„les matelots doivent faire assigner le Maître devant les Commissaires, afin
„que leur différent soit acomodé, ou vuidé.

„Un Maître qui doit faire route vers les païs de l'Oüest, où le voiage se
„paie par mois aux équipages, ne peut paier les gages à ses gens, ni leur
„faire lecture du Réglement intitulé *Artijkel-brief*, qu'en présence du Sous-
„bailli des eaux, qui sous-signe lui-même ce Réglement, & le fait sous-
„signer à tout l'équipage; & ce sur peine de vingt-cinq livres d'amende
„contre le Maître, s'il demeure en défaut d'apeller le Sous-bailli. Bien-
„entendu que les susdites Compagnies des Indes ne sont pas comprises en
„ce présent article.

„Quand un vaisseau fait naufrage, soit sur les côtes de ces Provinces, ou
„ailleurs, l'équipage n'a pas la liberté de se retirer sans le congé du Maî-
„tre; mais il est tenu de s'emploier de tout son pouvoir à sauver les appa-
„raux & utensiles du vaisseau, & les éfets des Marchands, qui de leur côté
„sont obligez, avec le Maître, de leur paier raisonablement le sauvage,
„avec leur salaire ordinaire; auquel paiement les utensiles & éfets sauvez
„demeurent afectez.

„Si quelqu'un, qui peut sauver quelque chose, demeure en défaut de le fai-
„re, ou qu'il deserte & se retire, il y aura une amende de vingt livres en-
                                                                „conrüe

„courüe contre lui, avec la perte de la moitié de ses gages, si c'est un Offi-
„cier; & de dix livres si c'est un simple matelot.
„Toutes les afaires sur lesquelles les Commissaires auront rendu Sentence,
„dont il y aura apel devant les Echevins, seront mises au rolle de l'Ordi-
„naire, pour accélérer.
COMMISSAIRES des Canaux de l'Y, ou des Wales, à Amsterdam. *Wal-
redders, *Waal-redders*.
„Ce sont des Commissaires établis pour avoir inspection sur les vaisseaux
„qui sont rangez le long des estacades d'Amsterdam, & sur-tout de ceux
„qui y passent l'hiver. Il y a un Commissaire Général, ou Premier Com-
„missaire & Capitaine, & un Lieutenant, avec d'autres Commissaires qui
„leur sont subordonnez. Voiez, Canaux de l'Y, & remarquez qu'il faut
„écrire Y, & l'Y, & non-pas Ty ou Tey, ni Le Tey, comme font quel-
„ques François, qui joignent le genre *'t*, qui signifie *le*, au mot Y; & il faut
„prononcer Ey & l'Ey, ou même écrire, si l'on veut, Ey & l'Ey, com-
„me on le prononce, parce-qu'il y a peu de gens qui prennent garde que
„l'*y* ou *ij* Flamand se doit prononcer comme *ei* ou *ey*.
„Les fonctions du premier Commissaire, ou Capitaine, & des autres qui
„sont sous lui, aprochent fort de celles du Capitaine de port & de Maître de
„quai en France, & de celles des Matelots Gardiens, ainsi qu'on le peut voir dans
„les Ordonnances & Réglemens qui ont été faits sur ce point, & qu'on in-
„sère ici afin de donner connoissance de l'ordre qui s'observe à Amsterdam.
„Les Commissaires des Wales sont tenus de veiller toutes les nuits pour
„prendre soin de ces canaux, depuis la *Kermisse*, qui est une espéce de foi-
„re, qui tient à Amsterdam à la mi-Septembre, jusques au dernier jour
„du mois de Mars suivant. Le salaire qu'ils reçoivent pour ce travail, est
„deux sous par laste, de chacun des vaisseaux qui passe la mer; sans rien
„plus, & sans pouvoir, sous aucun autre prétexte, soit de frais extraor-
„dinaires, ou autrement, exiger rien au-delà. Ils ont outre cela deux sous
„par laste, c'est-à-dire, par chaque laste que la capacité du vaisseau peut
„contenir, lors-qu'un vaisseau, qui est dans ces canaux, se vend; lesquels
„deux sous sont deus par l'acheteur. Et si le vaisseau se vend & se revend,
„ce droit se paie autant de fois qu'il en est fait de ventes, & il demeure
„spécialement & par privilége afecté au paiement, tant-qu'il est dans le
„canal.
„Pendant tout ce tems-là, c'est-à-dire, depuis la mi-Septembre jusqu'à
„la fin de Mars, les Commissaires sont tenus de faire bonne garde, & tel-
„le que porte l'ordre qu'ils en reçoivent des Seigneurs Bourgmaîtres de
„la ville. Sur-tout ils doivent avoir l'œil sur les bâtimens où il y a des
„marchandises sujettes à se gâter, afin qu'il ne leur arrive point d'accident,
„& que s'ils les voient en état d'empirer, soit par leur propre vice, ou au-
„trement, ils en avertissent, à heure & à tems, les Maîtres, ou les pro-
„priétaires: & s'ils négligent de faire leur devoir à cet égard, ils sont res-
„ponsables de la perte qui se fait. C'est pour y pourvoir, que tant-que
„les eaux sont ouvertes, ils vont jour & nuit dans des bateaux sur les Wa-
„les; ou sur les glaces, lors-que les eaux sont fermées; & ils font cou-
„per les glaces en divers endroits.
„Il leur est défendu de laisser de la poudre entre les mains des Maîtres de
„vais-

„ vaisseau; & c'est de quoi ils sont tenus d'avertir les Maîtres, ou autres qui
„ font entrer des bâtimens.

„ Ils ne permettent à aucun Maître de faire entrer son vaisseau chargé dans
„ les Wales, s'il tire plus de neuf piés d'eau, dequoi le Premier Com-
„ missaire doit prendre connoissance.

„ Lors-que les vaisseaux sont entrez dans les Wales, les Maîtres sont obli-
„ gez de faire haler les ancres à bord, sans qu'elles puissent demeurer sur
„ les bossoirs; de garnir les dehors de leurs vaisseaux de boute-hors & de
„ défenses; & de faire voir aux Commissaires des Wales, où ils ont serré
„ les cordages & les palans: dequoi les Commissaires sont obligez de tenir
„ une note, pour s'en servir en cas de besoin.

„ Les Maîtres sont tenus de haler à bord les chaloupes, qui sont pour le
„ service de leurs vaisseaux, & de les y tenir pleines d'eau; sinon il leur
„ est libre de les laisser hors des Wales.

„ Nul Maître, ni aucun des gens de son équipage, ne peut monter à bord
„ de son vaisseau, ni de jour, ni de nuit, sans la connoissance du Premier
„ Commissaire. Néammoins ils y peuvent coucher, jusques-à-ce qu'il y en
„ ait eu défences de la part de ce Commissaire. Mais il n'est permis à per-
„ sonne du monde, d'y porter, ou d'y avoir du feu, ou de la lumiére, tant
„ qu'ils sont là. Les vaisseaux qu'on veut faire passer dans le Port-à-braier,
„ pour leur donner le radoub, n'y sont point conduits, que les Charpen-
„ tiers ne soient prêts à travailler. Que s'ils tirent trop d'eau, & qu'ils
„ ne puissent passer dans ce Port, ou bassin, le Premier Commissaire est
„ obligé de marquer un endroit où l'on puisse commodément lui donner le
„ feu, & le mettre sur le côté, parce-qu'il est défendu de le faire dans les
„ Wales; & lors-que le vaisseau est espalmé, on le remène dans les Wa-
„ les.

„ Il n'est pas permis de lester un vaisseau dans les Wales, ni de jetter dans
„ l'eau des coupeaux, ou d'autres choses sales, beaucoup moins d'y faire
„ chaufer du brai, du goldron, ou des étoupes. Néammoins le Premier
„ Commissaire peut permettre de lester, pourvû qu'il ait l'œil à ce que les
„ sabords soient bien garnis de toiles, afin que le sable ne puisse tomber dans
„ l'eau. Mais depuis le premier jour d'Avril, jusqu'à la *Kermisse*, ou la
„ mi-Septembre, les vaisseaux qui sont prêts à démarer, & qui ne peuvent
„ sortir des Wales, parce-que l'eau n'est pas assez haute, ont la liberté de
„ calfater leurs vaisseaux en-dedans, moïennant qu'ils en obtiennent per-
„ mission du Premier Commissaire & des autres.

„ Il est défendu de tenir des mâts, ou des radeaux, dans les Wales, depuis
„ la mi-Septembre jusques au dernier de Mars.

„ Le Premier Commissaire, & les autres, peuvent en tout tems passer
„ par les canaux, pour faire leurs visites, & prendre garde à ce que tout
„ soit dans l'ordre requis, & si les veilles se font comme il faut.

„ Les veilles commencent le premier de Novembre, & durent jusqu'à la
„ fin de Mars. Néammoins on peut les avancer, ou les retarder, selon
„ que le tems se porte, & que la gelée vient; ou pour d'autres accidens; &
„ lors-qu'elles sont finies, le droit de veille & de garde se paie au Premier
„ Commissaire, ou à son Adjoint, & non à d'autres.

„ S'il survient quelque différent, c'est aux Commissaires à en connoître,
„ &

„ & à le vuider; & s'il eſt de grande importance, on ſe pourvoit devant le
„Magiſtrat.
„Un vaiſſeau peut entrer dans les canaux, ou dans le Port-à-braïer, pour
„y caréner, ſans en rien paier. Mais s'il y demeure plus de huit jours, &
„juſques à trois ſemaines, il doit paier la moitié du droit de garde & de
„veille; & s'il y demeure au-delà des trois ſemaines il doit paier le droit
„entier.
„Un vaiſſeau qui entre dans le Port-à-braïer, pour eſpalmer, & qui en
„veut ſortir, doit le faire dans trois jours, ſi c'eſt un petit bâtiment; ou
„en ſix jours, ſi c'eſt un bâtiment du port de plus de cent cinquante laſtes;
„à-peine de paier la moitié du droit de veille & de garde; mais il n'eſt per-
„mis à perſonne d'y paſſer la nuit, même pendant qu'on travaille au vaiſ-
„ſeau.
„Un vaiſſeau qui a été conſtruit hors de la ville d'Amſterdam, & qui y eſt
„amené, pour être mis en la garde des Commiſſaires, doit paier le droit
„entier; mais s'il eſt conſtruit à Amſterdam, il ne doit rien qu'un préſent
„à diſcrétion; toutefois s'il eſt vendu, étant en la garde des Commiſſai-
„res, il doit la moitié du droit.
„Les vaiſſeaux de plus de cinquante laſtes, ſont tenus d'hiverner dans les
„Wales, avec défences de demeurer entre la place où ſont les gruaux, &
„le *Stads-herberg*, qui eſt une grande hôtelerie, bâtie ſur des pilotis aſſez à-
„vant dans l'eau, auſſi-bien que les gruaux. Et lors-que l'on fait ſortir
„des Wales des bâtimens dont la capacité n'eſt pas de cinquante laſtes,
„on eſt obligé de prendre un plomb, ou une marque du Premier Com-
„miſſaire, afin qu'ils ne puiſſent ſortir ſans ſa connoiſſance.
„Il n'eſt pas permis de tenir du feu, ou de la lumiére, entre les barriéres des
„Wales & les gruaux.
„Il n'eſt permis à aucuns bâteliers, ouvriers, ou autres, de paſſer de nuit,
„ni de jour, dons les Wales, ſans en avoir donné connoiſſance au Capi-
„taine.
„Les propriétaires des vaiſſeaux qui ont hiverné dans les Wales, ſont obli-
„gez de paier le droit, avant le dernier jour du mois de Mars.
„Il eſt défendu à toutes perſonnes, de quelque qualité qu'elles puiſſent
„être, d'aller de nuit, ou de jour, ſur les glaces, dans les Wales; d'y
„joüer à la longue paume avec le battoir; ou d'y gliſſer ſur les patins.
„Ce ſont-là les Articles & Inſtructions auxquels les Commiſſaires des Wa-
„les doivent ſe conformer. Ces Commiſſaires ſont changez, renouvel-
„lez, ou confirmez tous les ans; mais d'ordinaire ils ſont confirmez; &
„pour cet éfet ils ſe préſentent, la veille du premier jour de Mai, au Ma-
„giſtrat, qui en uſe à leur égard ainſi qu'il le juge à propos, & ſelon qu'il
„eſt informé de leur conduite.

COMMISSION. *Commiſſie, Beſtellinge.*
C'eſt la permiſſion & l'ordre que donnent l'Amiral, le Vice-amiral, ou d'autres Oficiers, aïant pouvoir ſpécial du Roi, ou de l'Etat, pour aller en
courſe, enlever les vaiſſeaux ennemis, & butiner ſur eux tout ce qu'il eſt
poſſible.

ALLER en courſe avec Commiſſion de Leurs Hautes Puiſſances, du
„Lieutenant Amiral, des Conſeillers de l'Amirauté, ou de leurs Com-

G g

„miſſai-

,,miſſaires. *Vaaren op Commiſſie van Haar Hooge Mogende , van den Luite-*
,,*nant Admiraal, Raaden ter Admiraliteit, of haar Commiſſariſſen.*

COMPAGNIE. *Maatſchappy,* Compagnie.

Ce mot, en matiére de négoce, ſe dit d'une Société de Marchands, qui ſe
fait pour établir quelque grand négoce; & ſi c'eſt par mer, on l'apelle auſſi en Flamand, *Waater-ſocieteit.*

COMPAGNIE des Indes Orientales, en Hollande. *De Ooſtindiſche Maat-
ſchappije.*

,,C'eſt une ſociété très-fameuſe dans l'Europe, dans l'Aſie, & dans l'Afri-
,,que. Pluſieurs Marchands Hollandois aïant entrepris d'envoier des vaiſ-
,,ſeaux aux Indes Orientales , & aïant aſſez bien réüſſi dans leur deſſein,
,,obtinrent des Lettres d'Octroi pour former une Compagnie réglée, en
,,date du 20. de Mars, de l'an 1602. & firent un fonds de ſix millions-ſix-
,,cents-mille livres , auquel la Chambre qui fut établie à Amſterdam par-
,,ticipa pour une moitié, ſous vingt Directeurs ; la Chambre qui fut éta-
,,blie en Zélande, pour un quart, ſous douze Directeurs ; la Chambre de
,,Delft & de Rotterdam enſemble, pour une huitiéme, chacune ſous ſept
,,Directeurs ; & la Chambre d'Enchuſe & de Hoorn, pour l'autre huitié-
,,me, auſſi chacune ſous ſept Directeurs ; faiſant tous les Directeurs en-
,,ſemble le nombre de ſoixante , à la charge de rendre compte de leur ad-
,,miniſtration, tous les dix ans.

,,Afin de pourvoir aux afaires communes des quatre Chambres, il y a Dix-
,,ſept Directeurs particuliers, élus d'entre les autres, qui, autant de fois
,,qu'il en eſt beſoin, forment une Aſſemblée, pour en délibérer, & les
,,régler. De ces Dix-ſept il y en a huit de la Chambre d'Amſterdam ; qua-
,,tre de celle de Zélande, deux de celles de Delft & de Rotterdam, & deux
,,de Nord-hollande , & le Dix-ſeptiéme Directeur ſe prend tour-à-tour
,,de Zélande, de la Meuſe, ou de Nord-hollande, par la pluralité des
,,voix.

,,Ce Collége des Dix-ſept régle en quel tems il faut faire les équipemens,
,,quel doit être le nombre des vaiſſeaux, pour quels lieux ils ſeront deſti-
,,nez &c. L'Aſſemblée ſe fait à Amſterdam, pendant ſix années conſécuti-
,,ves, & enſuite en Zélande, pendant deux années : puis on recommence
,,à Amſterdam, & l'on continüe ainſi tour-à-tour.

,,Si les Dix-ſept ne peuvent convenir enſemble ſur quelque point impor-
,,tant, ou qu'ils ſe trouvent embaraſſez, l'afaire ſe raporte devant les Etats
,,Généraux, qui la réglent.

,,Trois mois après le départ des vaiſſeaux, on rend le compte des frais des
,,équipemens , & on l'envoie à toutes les Chambres dans un mois après.

,,Et pour les frais du retour, les Chambres s'en envoient les Etats toutes
,,fois & quantes qu'elles en ſont requiſes les unes par les autres.

,,Le compte général ſe rend en public, & l'on en fait auparavant publier
,,& afficher les avis , afin que ceux qui pourroient déſirer d'y aſſiſter,
,,aïent à le faire.

,,Les Chambres ſont obligées d'envoier aux Provinces ou Villes, dont les
,,habitans ont fourni juſqu'à cinquante-mille livres de ce premier fonds,
,,un état des cargaiſons, au retour des vaiſſeaux ; & auſſi l'état des marchan-
,,diſes qui ont été vendües, lors-que ces Provinces ou Villes le requiérent.

,,Ceux

„Ceux qui font élus Directeurs, doivent avoir un fonds de mille livres de
„gros, c'eft-à-dire, de fix-mille livres, pour le moins, hormis les Di-
„recteurs de la Chambre de Hoorn & d'Enchufe, qui peuvent être reçus,
„moïennant qu'ils participent pour cinq-cents livres de gros. Tous les Di-
„recteurs font tenus de prêter le ferment, fur les points énoncez dans les
„Lettres d'Octroi.

„Ils ont droit de retenir un par cent, fur les équipemens & cargaifons d'en-
„voi, & autant fur les retours : laquelle provifion fe partage, favoir la
„moitié, pour la Chambre d'Amfterdam ; un quart pour la Chambre de
„Zélande ; & pour les Chambres de la Meufe & de Nord-hollande chacune
„un demi quart.

„Les Directeurs ne peuvent lever aucune fomme de deniers pour la Com-
„pagnie & à fa charge, ni donner aucun bénéfice fur les marchandifes, ni
„donner commiffion à qui que ce foit aux frais de la Compagnie.

„Si quelqu'un des Directeurs vient non-feulement à ne s'aquiter pas bien
„de fon adminiftration, mais encore à caufer quelque préjudice à la Com-
„pagnie, la perte en eft portée par la Chambre où eft le Directeur ; mais
„auffi les fommes qu'il a portées dans la Compagnie, demeurent fpéciale-
„ment afectées pour répondre de fon adminiftration.

„Les Directeurs de chaque Chambre demeurent refponfables pour leurs
„Caiffiers.

„La Compagnie peut faire & contracter des Alliances, avec les Princes &
„Potentats, dont les Etats font à l'Eft du Cap de Bonne-efpérance, &
„dans le Détroit de Magellan, & le long du détroit, & au-delà, au nom
„des Etats Généraux des Provinces Unies, ou des Magiftrats & Souverains
„de ces Provinces ; y bâtir des forterefles & places de feureté ; y mettre
„des Gouverneurs & des gens de guerre ; y établir des Oficiers de Juftice
„& de Police &c. Mais ils font tous obligez de prêter le ferment, au nom
„des Etats Généraux, ou des Magiftrats & Souverains des Provinces ; quoi-
„qu'ils le prêtent auffi à la Compagnie, à l'égard de ce qui peut concerner
„le commerce.

„La Compagnie peut deftituer les Gouverneurs & les Oficiers de Juftice,
„lors-qu'elle n'eft pas contente de leur conduite. On ne peut néammoins
„les empêcher de revenir dans les Provinces Unies, pour porter leurs plain-
„tes, s'ils croient en avoir fujet.

„Les prifes que les vaiffeaux de la Compagnie font dans leur route, fur
„les ennemis de l'Etat, fe partagent fuivant l'ordre obfervé dans ces Pro-
„vinces, qui eft que l'Etat & l'Amiral y ont leur droit, lequel, tou-
„tefois, ne fe lève, qu'aprés avoir déduit le dédommagement de la perte
„que la Compagnie a fouferte dans l'action : & c'eft le Collége de
„l'Amirauté du lieu où les vaiffeaux arrivent, qui prend connoiffance fi
„les bâtimens enlevez font de bonne prife.

„Toutes les épiceries de la Compagnie fe vendent à un même poids, qui
„eft celui d'Amfterdam.

„Il eft défendu à toutes autres Perfonnes qu'à la Compagnie, d'envoïer des
„vaiffeaux aux Indes Orientales, & d'y trafiquer.

„Après cet Octroi la Compagnie équipa une flote de quatorze vaiffeaux,

                                                „qui

„qui mit à la mer au mois de Juin 1602. dont elle eut une partie du retour
. „dès l'année suivante.

Le tems des premières Lettres, étant expiré, elles furent renouvellées,
le 22. de Décembre 1622. pour le tems de vingt & un an, à commencer
le 1. de Janvier 1623. avec pareilles défences à qui que ce fût, de trafiquer
dans les Indes Orientales, & sous de nouvelles conditions dont voici les
plus considérables.

„Les Principaux Participans, ou Interessez, sont ceux qui ont, pour le
„moins, dans la Compagnie, autant de fonds que les Directeurs en doivent
„avoir à la Chambre où ils sont; & cela sans fraude, sans le secours de per-
„sonne, & sans avoir chargé ou engagé leurs autres fonds.

„Il doit être choisi Neuf des Principaux Interessés de toutes les Cham-
„bres, savoir quatre d'Amsterdam, deux de Middelbourg, & trois des
„autres Chambres, pour assister, chaque fois, à la reddition des comp-
„tes annuels, que les Chambres se rendent les unes aux autres, ou qu'elles
„rendent aux Dix-sept. Les Directeurs & les Dix-sept doivent écouter
„leurs avis au sujet de la vente des marchandises, & lors-qu'il survient
„quelque importante afaire; le tout sans aucuns frais pour la Compagnie.
„Nul des Directeurs ne peut rien vendre, ni livrer directement ou indi-
„rectement, à la Compagnie; dequoi ils sont tenus de prêter serment,
„de même que les Conseillers de l'Amirauté le font en pareil cas; à-moins
„que ce ne soit du consentement des Etats Généraux, ou des Provinces,
„ou des Magistrats des villes où les Chambres son établies, lequel con-
„sentement on est tenu d'obtenir chaque fois, avant-que de pouvoir rien
„acheter des Directeurs.

„Les Directeurs sont reçus comme les autres à acheter les marchandises
„qu'on taxe à un certain prix, ou qu'on vend publiquement à l'enchére;
„mais aucun des Dix-sept, ni une Chambre en commun, ne peut ache-
„ter, ni enchérir; & il n'est pas fait plus de grace, ou de rabais aux Di-
„recteurs qu'aux autres, sur lequel point ils font aussi le serment. La
„même chose, par conséquent, est permise à tous les autres Interessés.

„Les Neuf Principaux Interessés, dont il a été parlé ci-dessus, peuvent
„assister & prendre séance dans toutes les assemblées que les Dix-sept tien-
„nent, & on doit écouter leurs avis sur les voiages, les équipemens des
„vaisseaux, la vente des marchandises, les levées de deniers, les répar-
„titions à faire, & les autres afaires considérables. Ils ont droit d'assister
„à la lecture des lettres qui viennent des Indes, de visiter les magasins
„des Chambres, & les marchandises qui y sont; & s'ils sont obligez de
„vaquer à cet emploi hors des villes de leur domicile, ils sont paiez de leurs
„salaires, aux dépens de la Compagnie.

„De tout ce qui se vend publiquement à l'enchére, ou qui se met à prix
„pour être exposé, & accepté par ceux qui en désirent, il n'en pourra
„rien être acheté ou accepté par les Directeurs que publiquement; &
„il ne sera conclu aucun marché avec eux, qu'après que les autres person-
„nes qui se présenteront pour acheter, auront été entendües: & les Neuf
„Principaux Interessés seront soumis aux mêmes ordres & Réglemens.

Le tems de ces secondes Patentes étant expiré, elles furent renouvellées
le 21. de Juin 1647. pour le tems de vingt-cinq ans, déja commencez au

mois de Janvier de la même année 1647. sous les conditions & restrictions
des précédens Octrois, & aussi sous les changemens & nouvelles conditions qui suivent.

„Qu'au-lieu de la provision que les Directeurs ont ci-devant eüe sur l'ar-
„gent qui se touchoit, ceux de la Chambre d'Amsterdam auront a l'avenir
„trois mille cent livres d'apointemens fixes; ceux de la Chambre de Zélan-
„de auront deux mille six cents livres; ceux des petites Chambres, tant de
„la Meuse que du Quartier du Nord, auront chacun douze cents livres. Que
„les Directeurs de la part de chaque Province, compris celle de Gronin-
„gue, qui n'en avoit point encore eu, auront chacun douze cents livres,
„le tout annuellement: à condition que chacun des Députés des Provin-
„ces, à l'éxemple des Directeurs, aura, pour son propre compte, un
„fonds de trois mille livres dans la Compagnie.

„Que lors-qu'il y aura des places vacantes, elles doivent être remplies dans
„trois mois, & cependant les apointemens qui courront, tourneront au pro-
„fit de la Compagnie.

„Que les Principaux Interessés, qui sont nommez, & qui prêtent le ser-
„ment, auront tous les ans chacun deux cents livres d'apointement.

„Que les comptes généraux se rendront tous les quatre ans, en présence
„des Députez des Etats Généraux, qui auront dix livres par jour, pen-
„dant l'audition des comptes, non compris les frais des voitures, sans
„aucune autre recompense, sous quelque nom ou prétexte que ce soit.

La Compagnie obtint encore de nouvelles Patentes le 7. de Fèvrier,
1665. qui la continuérent jusqu'à l'an 1700. inclus, sous les mêmes
conditions contenües dans les Lettres précédentes.   Et pour la fin de cette
présente année 1700. elle en à obtenu de nouvelles, en date du 11. d'Août
1698. par lesquelles elle est continuée jusqu'à l'anneé 1740. inclusivement,
toujours sous les mêmes conditions.

„Avec de nouvelles défences aux Sujets de l'Etat d'envoier, ou de trafiquer
„directement ou indirectement, aux Indes; &c. de s'engager au service
„de Rois, Princes, ou Compagnies étrangéres, faisant commerce aux
„Indes Orientales; rapellant tous ceux qui se seroient engagez dans un
„tel service, ou à servir des Marchands étant dans les païs étrangers,
„pour trafiquer aux mêmes Indes; & leur ordonnant de se rendre à leur
„domicile dans trois mois, sur peine de confiscation de leurs biens, & de
„bannissement perpétuel de leurs personnes.   Et à l'égard de ceux qui
„s'engageroient de nouveau, soit dans l'Europe, soit aux Indes, au préju-
„dice de ces Patentes, & du Placard qui en a été affiché, il y a peine
„capitale décernée contre eux.

„Et encore avec défenses à tous les Sujets de l'Etat, de prendre des enga-
„gemens avec aucune Compagnie des Indes Orientales étrangére, & d'y
„avoir part, ou d'entrer dans les commerces que pourroient entreprendre
„des Négocians étant en païs étranger, sur les peines qui y sont énoncées.

„Dès l'an 1606. il avoit été défendu aux Sujets des Etats, non-seulement de
„n'aller point trafiquer dans les Indes; mais même de naviguer ou d'envoier
„des vaisseaux au-delà du cap de Bonne-esperance, ni dans le détroit de
„Magellan: & dès l'an 1616. & diverses fois depuis, il leur avoit été fait
„défenses, de se mettre au service d'aucuns étrangers, pour aller dans les
„Indes.

Gg 3

„Lors

„Lors-que les vaisseaux des Indes sont de retour, il n'est permis à person-
„ne de descendre à terre, ou d'aller de terre à leur bord, sans le consen-
„tement des Directeurs. C'est la Compagnie qui fait établir des Curateurs à
„la succession de ceux qui meurent dans les Indes à son service.

„Pour l'élection des Directeurs, on apelle tous les Principaux Interessés de
„la Chambre pour laquelle il faut élire, afin-qu'ils députent un certain
„nombre d'entre eux, & ces Députés avec les Directeurs, nomment trois
„d'entre les Principaux Interessés, & portent la liste aux Bourgmaistres
„du lieu où est la Chambre, & les Bourgmaistres font le choix d'un des
„trois qui sont sur la liste, & cela en vertu d'un Acte décerné par les
„Etats de Hollande, l'an 1602.

„Cette Compagnie s'est enfin si bien établie, & a tellement prospéré, qu'au-
„jourdhui les actions qu'on a sur elle, valent ordinairement plus de quatre
„au-dessus du premier fonds, & quelquefois même on les pousse presque
„jusques à cinq.

„Ses principaux commerces se font dans les Empires & Roïaumes de Cei-
„lon, Camboie, Martapura, Quinam, Cattaüaringe, & en divers autres.
„Elle a des Comptoirs ou Bureaux à Taïovam sur la côte de la Chine, à
„Nangisac au Japon, à Malacca, à Surate, à Amboine, à Banda, à Chiam,
„aux Moluques, à Jamhy, à Atchin, à Ariacan, à Wingurla, à Ispahan
„en Perse, à Ceilon, le long de la côte de Coromandel, à Palimbang, &
„en plusieurs autres endroits. Chacun de ces Bureaux est obligé d'envoier
„tous les ans son compte à Batavia, & un double en Hollande aux Dix-
„sept.

„Elle possède dans les Indes de grands païs, & quantité de forteresses, &
„& y entretient beaucoup de milices: jusques-là que dès l'an 1645. comme
„il en paroît par le Régitre général du négoce des Indes, arrêté à Bata-
„via le dernier de Novembre 1645. l'entretien des troupes montoit à
„16023246. livres; sans y comprendre la dépence d'une flote, qu'on te-
„noit alors devant Goa, parce-qu'on étoit en guerre.

VOICI une partie des choses qui se pratiquent dans la Compagnie des
Indes Orientales, à l'égard de la navigation aux Indes, & des vaisseaux
qu'on y emploie.

„Les vaisseaux qui vont aux Indes, sont pourvus de plus forts équipages
„que les navires de guerre; mais il y a sur les uns & sur les autres pareil
„nombre d'Oficiers Mariniers. Si le Maître ou Capitaine vient à mourir,
„le Pilote prend sa place. C'est le Commis qui a la direction de la car-
„gaison; il en fait la vente, le trafic & les échanges: il a sous lui des Te-
„neurs de livres & des Ecrivains.

„L'arrière des vaisseaux destinez pour les Indes, est construit comme l'ar-
„rière des autres vaisseaux marchands, avec beaucoup d'acastillage & d'é-
„tendüe en largeur & en profondeur, afin de contenir beaucoup de mar-
„chandises, & qu'on les y puisse facilement arrimer. Les Capitaines, ou
„Maîtres, commandent les équipages, & ont la direction de tout ce qui
„les regarde. Ce sont eux qui ordonnent de la voilure, qui font faire plus
„ou moins de voiles, selon qu'ils le jugent à propos, & qui prescrivent
„la route.

„Lors-que plusieurs vaisseaux vont de flote, on établit un Commandant,
„ou

,, ou Amiral, qui porte pavillon, & qui commande à la route; & s'il n'y en
,, a point, ce sont les Commis qui commandent tour-à-tour.
,, Il y a sur chaque vaisseau un Conseil de cinq personnes qui sont établis
,, Juges, & qui ont le pouvoir de faire justice, & de faire exécuter leurs
,, ordres pour les fautes legéres. Le Commis est le premier de ces Juges,
,, ou le Président; le Maître est le second; le Sous-commis est le troisiê-
,, me; le premier Pilote est le quatriéme; & le Contre-maître est le der-
,, nier. Il n'est pas permis aux Oficiers de divers vaisseaux de faire des as-
,, semblées sur un même bord, soit pour rendre justice, ou sous quelque
,, autre prétexte que ce soit, sans un ordre précis de l'Amiral.
,, Toutes le nuits, pendant chaque quart, on fait trois ou quatre fois la
,, ronde dans les hauts & dans les bas de chaque vaisseau, afin de prévenir
,, tous les accidens, ou d'y remédier promtement; & d'empêcher que l'é-
,, quipage ne s'atroupe pour se mutiner; & si l'on entend quelqu'un qui
,, jure, ou qui prenne le nom de Dieu en vain, & qui tienne des discours
,, profanes, on ne manque pas de le punir.
,, Il n'est point permis de manier la hache, ni de faire aucune fonction de
,, Charpentier, sans l'ordre du Maître Charpentier; ni de conserver aucune
,, portion de ses rations de vivres & bruvages, ou de la vendre; ni de
,, jetter des vivres à la mer, sous prétexte qu'ils soient gâtez, que du con-
,, sentement du Commis & du Maître.
,, Chaque soldat est obligé d'avoir soin de ses armes, & de les tenir nettes,
,, les représentant une fois la semaine devant ses Supérieurs, ou devant ceux
,, qui ont droit de les visiter. Ceux qui jettent contre terre les instrumens
,, du Chirurgien, des Charpentiers, ou des Cuisiniers, ou qui les volent,
,, sont battus de bouts de cordes au pié du mât. Quiconque tire un coup
,, de canon sans ordre, en est puni par la confiscation d'un mois de gages.
,, Tous les jour on lave les vaisseaux par-dehors & par-dedans. On prend
,, aussi un grand soin des malades, & ce soin regarde ceux qui sont du mê-
,, me quart. Lors-que quelqu'un est mort, on fait la vente de ses hardes
,, & de ses éfets au pié du mât. Il n'est pas permis de joüer aux dez, ni
,, aux cartes, sur peine d'être huit jours aux fers; & s'il arrive à quelqu'un
,, de joüer à quelque jeu que ce soit, celui qui perd n'est point obligé de
,, paier.
,, Il est défendu de s'enivrer, de se battre, d'avoir du feu en aucun endroit
,, qu'avec permission, de fumer du tabac que sur le haut pont, ou à l'épe-
,, ron; le tout sur les peines qui y apartiennent.
,, Quand le quart est commencé, chacun doit se tenir en son poste, & ne
,, le plus quitter. Aucun étranger ne doit être reçu à bord, sans permission
,, des Directeurs. On ne porte ni paille ni foin dans les cabanes, ni de lits
,, à bord, sans ordre.
,, L'extravagante coutume du batême est retranchée; mais au-lieu de cela on
,, permet que l'équipage se fasse paier un frison de vin à chaque gamelle.
,, Les afaires qui concernent les soldats qui sont à bord, se vuident par le
,, Conseil de guerre, qui est composé du Commis, du Maître, du Ser-
,, gent, du Caporal, & de l'Anspessade: mais si l'afaire est d'importance,
,, on tient un Conseil général de tous les Oficiers du vaisseau, ou de la
,, flote, s'il y a plusieurs vaisseaux, ou au-moins plus d'un.

,, La

„La lecture des articles fur lefquels on a pris les fermens, doit être réïté-
„rée tous les mois.

„Le Confeil général de la flote, eft compofé de tous les Commis, des
„Maîtres, des Sous-commis, & des premiers Pilotes. Mais dans les afaires
„militaires, les deux premiers Commandans des foldats, foit Capitaines, ou
„Oficiers d'un moindre rang, entrent au Confeil, & les Sous-commis & Pi-
„lotes en font exclus. C'eft le Commandant de la flote qui préfide dans
„ce Confeil, naïant qu'une voix quand le nombre des Oficiers qui affif-
„tent au Confeil, n'eft pas pair; mais il en a deux quand le nombre eft
„pair.

„Ce Confeil a droit de remplir les places qui viennent à vaquer par mort,
„& de deftituer ceux qui font incapables de fervir: il a droit de prononcer
„Sentence de condamnation contre les criminels, à bord de l'Amiral ou
„Commandant de la flote. Il délibére & réfout fur les routes qu'il faut
„prendre, & fur les ports où il faut toucher; & prévient, avec éxactitu-
„de, ou punit la diffipation de la poudre.

„Lors-qu'on veut jetter un mort à la mer, on tire feulement un coup de
„pierrier. Le Pafteur & le Confolateur des malades, ne fe mêlent que
„des chofes qui regardent le fervice divin & la confcience. Le Confeil
„leur fait rendre le refpect qui leur eft deu, & s'ils tombent en quelque
„faute, ils n'en font repris qu'en particulier, à-moins que ce ne fût quel-
„que faute bien fcandaleufe. En exhortant les équipages à la piété & à
„la vertu, ils ont ordre de ne traiter d'aucunes controverfes. A leur tour
„s'ils ont quelque cenfure à faire aux Oficiers, ils la font en particulier.
„Ils font tous les jours publiquement la priére, de laquelle perfonne ne
„s'abfente, non-plus que du fermon aux jours qu'il fe fait. Chaque per-
„fonne de l'équipage doit être pourvu de quelques livres de piété.

„Le Commandant de la flote a droit d'affifter à tous les Confeils particu-
„liers de chaque vaiffeau, & d'y préfider. Les Sentences rendües contre
„les coupables s'éxécutent à bord du vaiffeau où le délit a été commis.
„Lors-que le Confeil particulier a prononcé Sentence dans les afaires qui font
„de fa compétence, & fur lefquelles il a droit de prononcer, le Commandant
„du vaiffeau doit fe tenir, tout le jour qui précéde l'éxécution, auffi pro-
„che qu'il lui eft poffible du vaiffeau de l'Amiral, & faire mettre un pa-
„villon à l'artimon, près de la hune, où il demeure une heure entiére,
„afin-que l'Amiral foit informé que le jour fuivant on doit faire juftice fur
„le vaiffeau, & qu'il y paffe lui-même, ou y envoie quelqu'un avec fes
„ordres. Que fi perfonne de fa part ne vient à bord avant le midi du jour
„marqué, le Confeil du vaiffeau paffe outre; & fi la faute mérite peine
„afflictive, on fait de nouveau le même fignal que le jour précédent, afin
„d'en donner avis à l'Amiral.

„Lors-que les Maîtres & les Pilotes ne fe trouvent pas d'acord fur les rou-
„tes qu'il faut prendre, ils font tenus d'en donner connoiffance au Com-
„mandant ou Commis, afin-qu'il tâche de les faire convenir.

„Les Contre-maîtres & les Efquimans prennent foin de faire bien arri-
„mer, & pour cet éfet ils font percer des trous à bord, & entre les fron-
„teaux, pour charger plus commodément en grenier ce qui doit y être
„chargé. Il ne faut mettre avec le poivre, ni avec les noix mufcades
& le

„& le clou de girofle, aucunes autres marchandises, parce-qu'elles se gâ-
„teroient avec celles-ci, qui échaufent & font fermenter; & chacune de ces
„trois sortes doit être aussi chargée à part, en différens fonds de cale.
„L'huile doit être placée au haut, &, pour ainsi dire, sous la main, afin-
„qu'on puisse veiller à sa conservation: il faut laisser un peu de vuide
„dans les tonneaux où elle est, dont les cercles & le fond doivent être
„frotez d'une composition de sel, de sable & d'eau, pour empêcher le
„coulage.

„Les grosses balles, paquets & fardeaux doivent être arrimez proche des
„épiceries; en mettant néanmoins les plus précieuses marchandises dans
„les rangs du milieu; mais sur-tout il faut prendre garde que le poivre ne
„puisse engorger la pompe.

„Les vaisseaux qui vont aux Indes sont ordinairement pourvus de vivres
„pour douze mois; savoir vingt & une mille livres de biscuit par vaisseau,
„pour cent personnes, & au-dessus à proportion de ce qu'il y a plus de
„gens, ou au-dessous s'il y en a moins; & l'on en donne à chaque hom-
„me quatre livres par semaine: plus vingt tonneaux de viande, chacun de
„cinq-cents-cinquante livres; dont on en donne deux fois la semaine trois
„quarterons à chaque homme: vingt tonneaux de chair de pourceau,
„chacun de trois-cents-cinquante livres, & l'on en sert une fois la semai-
„ne: & trois mille livres de stocfisse, dont on en sert quatre fois la semai-
„ne, chaque fois un quarteron à chaque homme.

„On embarque aussi cinq fromages du poids de six à sept livres pour cha-
„que homme, pendant tout le voïage: trente tonneaux d'eau, tenant deux
„bariques & deux tiers, pour cent hommes, dont chaque homme a un
„plein frison par jour; & dix-huit autres pipes d'eau pour la cuisine: un
„tonneau de biére par tête: dix-huit tonneaux, aussi de deux bariques & deux
„tiers de vin d'Espagne, & deux de vin de France, dont on en donne par
„jour un demi-setier à chaque homme: deux bariques d'eau de vie: dou-
„ze tonneaux de beurre: quatre petits tonneaux de vinaigre d'une bari-
„que & demie; vingt-quatre demi-aemen d'huile; un aemen ou 256. pin-
„tes, mesure de Hollande, de saumure de limon: quatre quartauts de
„prunes: cinquante sacs d'orge mondé; vingt sacs de pois gris, & vingt
„de pois blancs: un gros tonneau d'une certaine espéce de raiforts sauva-
„ges: un demi-tonneau de semence de moutarde: quarante jambons fumez:
„cinquante piéces de viande fumée: huit langues de bœuf fumées. Le tout
„est distribué à l'équipage selon les ordres prescrits, par les soins du Ca-
„pitaine ou Maître.

COMPAGNIE des Indes Occidentales, en Hollande. *De West-indische Maat-*
„*schappije, in Hollandt.*

„Cette Compagnie se forma l'an 1621. & obtint des Lettres d'octroi des
„Etats Généraux le 10. de Juin de la même année, avec divers priviléges,
„& entr'autres.

„Que pendant le tems de vingt-quatre ans aucun des Sujets de l'Etat ne
„pourroit naviger ni trafiquer aux Indes Occidentales, & que ce seroit la
„Compagnie seule qui en feroit tout le commerce, aussi-bien que celui-
„des païs de l'Afrique, qui sont situez depuis le Tropique du chancre jus-
„ques au Cap de Bonne-espérance, & pour ceux de l'Amérique, depuis

H h

„la

„la pointe Méridionale de Terre-neuve, par le détroit de Magellan, ce-
„lui du Maire, ou autres, jufques à celui d'Anjan, tant dans la mer du
„Nord, que dans la mer du Sud : ni dans aucune des ifles gifantes à l'un
„ou l'autre côté : ni dans les païs du Sud, s'étendant entre les deux Mé-
„ridiens, touchant par l'Eft au cap de Bonne-efpérance, & par l'Oüeft à
„la pointe orientale de la Nouvelle Guinée inclufivement.
„La Compagnie eft divifée en cinq Chambres de Directeurs, dont il y en
„a une à Amfterdam, qui a la direction de cinq neuviémes parties : une en
„Zélande, pour deux neuviémes parties : une fur la Meufe, pour une
„neuviéme : une dans le Quartier du Nord, pour une autre neuviéme ; &
„la cinquiéme en Frife, pour les Provinces de Frife & de Groningue, auffi
„pour une neuviéme partie. Et les Provinces où il n'y a point de Cham-
„bre, donnent néammoins autant de Directeurs qu'elles ont fourni de cent
„mille livres de fonds dans la Compagnie, c'eft-à-dire, pour la Chambre
„où elles ont trouvé bon de mettre leur fonds.
„La Chambre d'Amfterdam eft compofée de vingt Directeurs ; celle de
„Zélande de douze ; celles de la Meufe & du Quartier du Nord chacune
„de quatorze ; & celle de Frife auffi de quatorze.
„L'affemblée générale des Chambres fe fait par Dix-neuf Députés ; favoir
„huit de la Chambre d'Amfterdam, quatre de Zélande, deux de la Meu-
„fe, deux du Quartier du Nord, deux de Frife, & un de la part des E-
„tats Généraux, & même plufieurs, & autant qu'ils le jugent à propos.
„Mais quelques réfolutions qu'on prenne dans cette Affemblée, fur le fait
„de la guerre, il faut encore l'aprobation des Etats Genéraux.
„Quand il y a une place de Directeur vacante, les Principaux Intereffés
„nomment trois perfonnes, & en préfentent la lifte aux Etats de la Pro-
„vince où eft la Chambre qui a befoin d'un Directeur, & les Etats en font
„le choix.
Le tems de l'Octroi étant expiré, la Compagnie obtint de nouvelles Patentes en date du 4. de Juin 1647. pour vingt-cinq années confécutives,
à compter du premier de Janvier, du même an 1647.
„Le commerce de cette Société a été fort traverfé par les guerres qu'elle
„a eu à foutenir. D'abord le fuccès en fut favorable : elle fit de grandes
„conquêtes, & parut fort bien établie. Mais comme le fort des armes eft
„inconftant, & qu'il en eft de la guerre comme du jeu, ou ceux qui per-
„dent, perdent beaucoup, & ceux qui gagnent, fe trouvent à la fin
„n'avoir guéres gagné, cette Compagnie, harcelée premiérement par les
„Efpagnols, puis par les Portugais & par les Anglois, fut dépoüillée d'une
„partie de fes conquêtes, & eut affez de peine à fe foutenir.
„Néammoins elle fubfifta jufqu'à la fin du tems de fon Octroi, où elle
„fut diffoute, & comme changée en une nouvelle, qui obtint des Paten-
„tes des Etats Généraux, le 20. de Septembre 1674.
„Cette nouvelle Compagnie s'eft toujours bien maintenüe : elle pofféde
„les païs, forterefles & conquêtes de l'ancienne, & fait un commerce
„avantageux, dont il feroit encore fait plus de mention dans le monde,
„fi le grand éclat de la Compagnie des Indes Orientales n'atiroit pas tous
„les yeux de fon côté.
„COMPAGNIES de Surinam, du Nord, de Groenlandt de la mer Baltique,
„&c.

„&c. en Hollande. *Surinamfe, Noordife, Groenlandtfe, Oofte Maatfchappijen,*
„*in Hollandt.*
„Ce font d'autres Compagnies beaucoup inférieures à ces premiéres, qui
„fe font formées en divers tems, & établies à la faveur de Lettres d'octroi
„des Etats Généraux.
„La Compagnie de Surinam ne s'eft formée que depuis les guerres que
„les Provinces Unies ont eu contre les Anglois, pendant le cours defquel-
„les les Zélandois prirent cette ifle, & l'an 1682. les Etats de Zélande la
„cédérent à la Compagnie des Indes Occidentales, pour une certaine fomme
„de deniers; & la Compagnie obtint des Patentes pour cette ifle, le 23.
„de Décembre de la même année 1682.
„Depuis ce tems-là la colonie de Surinam a été divifée en trois parties,
„dont il y en a une qui apartient à la ville d'Amfterdam, une autre apar-
„tient encore à la Compagnie des Indes Occidentales; & la troifiême,
„aux héritiers du Sieur de Somelsdijk.
„Il y a cinq Directeurs de le part d'Amfterdam, pour la Compagnie de
„Surinam, quatre de la part de la Compagnie de l'Amérique, qui font
„quatre Directeurs de cette même Compagnie, & un de la part de la
„Maifon de Somelsdijk. Le feu Seigneur de Somelsdijk lui-même y
„alla au mois d'Août 1683. comme Gouverneur général établi par tous
„les Interefféz.
„Les Compagnies du Nord, pour la pêche de la nouvelle Zemble & du
„détroit de David, celles de Groenlandt, & de la mer Baltique, ont
„auffi leurs Patentes & leurs priviléges; mais ces établiffemens n'ont pas
„eu grande fuite, & chaque Particulier ne laiffe pas de faire les mêmes
„commerces que font ces Compagnies, & dans les mêmes lieux.
„La différence qu'il y a entré la Compagnie de Groenlandt & les Parti-
„culiers, c'eft qu'il n'eft pas permis à ceux-ci de defcendre à terre; au-lieu
„que ceux qui font incorporez dans la Compagnie, y peuvent aller faire
„fondre le lard des baleines qu'ils pêchent.
„Mais les Particuliers font obligez de couper leurs poiffons par mor-
„ceaux, & de les mettre en des tonneaux, pour être aportez au pais, & y
„être fondus. Il va tous les ans une infinité de bâtimens à cette pêche.
„L'an 1662. la pêche fut fi heureufe, qu'il refta jufqu'à quatorze mille
„bariques d'huile, qui ne purent être vendües; & l'année fuivante il fut
„encore fait trente-fept mille bariques d'huile, des baleines qui furent
„prifes.

COMPAGNIES de Négoce en France. *Franfche Maatfchappijen, tot Koophan-
del, en om 't felfde te bevorderen.*
Il s'eft formé auffi diverfes Compagnies en France, pour faire le commerce aux Indes Orientales, aux Indes Occidentales, dans les païs du Nord,
& à la côte d'Afrique; mais jufques à préfent elles n'ont pas eu un grand
fuccès. Les unes ont manqué, & fe font éteintes; & les autres fubfiftent
avec peine, quoi-qu'il fe faffe tous les jours des mouvemens pour en former
de nouvelles: ce qui fait voir qu'on n'a point encore trouvé de moiens pour
faire de ces grands établiffemens, & folides, tels que font ceux qui fe font
faits en Hollande & en Angleterre.

COMPAGNIE de navires, ou Conferve. *Admiraalfchap, Compagnie.*

Ce font les vaiſſeaux qui ſont obligez de s'atendre les uns les autres, pour faire une flote, & ſe défendre réciproquement pendant un voiage; & cela s'apelle; Aller de conſerve, Aller de flote, ou d'eſcorte réciproque. Comme j'étois deſemparé ma Conſerve ne me voulut pas quiter, & m'aiant donné le cable elle me tira en oüaiche. Nous allions trois vaiſſeaux de conſerve, par un vent de Sud. Voiez, Conſerve.

,, C'eſt une Société de vaiſſeaux pour aller enſemble, & qui font entre eux
,, élection d'un Amiral, tant afin de ſe mieux défendre, en cas d'ataque,
,, que pour leur preſcrire la route; & tous les autres ſe ſoumettent aux or-
,, dres de cet Amiral. Ils s'engagent à demeurer joints, à s'atendre les uns
,, les autres, à ſe donner des avis, & pour cet éfet ils conviennent de cer-
,, tains ſignaux. L'Amiral a droit de faire le ſignal de Conſeil, & d'aſ-
,, ſembler les Oficiers à ſon bord, pour prendre leurs avis, comme dans une
,, eſcadre de navires de guerre. Les bâtimens qui n'ont point de canon, &
,, qui veulent être reçus dans la flote, paient ordinairement en argent la
,, protection que les autres ſeront tenus de leur donner en cas de beſoin.

VOICI un Acte de Société, ou de Conſerve, tel qu'on le fait pour aller en
France, lequel peut auſſi ſervir de modèle pour tous les autres qu'on voudroit faire, en y ajoûtant ou retranchant les clauſes néceſſaires, ſelon le
changement de route & de deſtination.

,, NOUS Sous-ſignez Maîtres de vaiſſeau promettons, & nous engageons par
,, ces préſentes, de faire voiles d'ici à Nantes, à la Rochelle, & à Bour-
,, deaux, en France, au premier bon vent; & d'entretenir tous les points
,, qui ſont contenus dans ce préſent acte de ſociété & compagnie : le tout
,, ſur les peines qui y apartiennent & qui y ſont énoncées.
,, Nous établiſſons & tenons pour notre Amiral, N. N. pour notre Vice-
,, amiral, N. N. & pour notre Contre-amiral N. N. & afin qu'en cas de
,, dommage, (ce qu'à Dieu ne plaiſe) il puiſſe être amendé par la ſus-dite
,, ſociété, chacun de nous a eſtimé & mis à prix ſon vaiſſeau & la cargai-
,, ſon, de bonne foi, & ſelon la connoiſſance que nous pouvons avoir de
,, leur valeur, & en avons fait écrire le prix au pié des préſentes par les
,, Commiſſaires par nous nommez à cet éfet, & en avons auſſi ſigné l'Acte
,, de notre main. En outre chacun de nous qui n'a point de canon ſur ſon
,, vaiſſeau a paié comptant........ par chaque cent florins de la valeur,
,, ſelon la priſée & eſtimation que nous avons faite, pour contribution aux
,, frais & dépences des ſus-dits Amiral & Vice-amiral, & des autres vaiſſeaux
,, qui portent du canon.
,, Il ne ſera permis à aucun de nous de porter des feux, qu'à l'Amiral &
,, au Vice-amiral, qui en mettront toutes les nuits, & qui ſeront toutes
,, les nuits tour-à-tour, l'un à la tête de la flote, & l'autre à la queüe,
,, ſur peine de quatre livres d'amende. Et pour recompenſe de leurs ſer-
,, vices il leur ſera paié la ſomme de dix ſous par chaque bâtiment, dont
,, l'Amiral aura la moitié, le Vice-amiral un tiers, & le Contre-amiral
,, une ſixiême. Sera tenu l'Amiral, ou le Vice-amiral, c'eſt-à-dire, ce-
,, lui qui portera le feu à la queüe de la flote, de ſe tenir toujours de
,, l'arriére du vaiſſeau qui ſera le plus mauvais voilier; & il ne ſera per-
,, mis à aucun vaiſſeau de ſe mettre de l'avant du feu qui ſera à la tête :
,, le tout ſur peine de dix livres d'amende.

,, Si

„Si quelqu'un des vaiſſeaux qui ſont de Compagnie, perd mât, vergue,
„étambord, ou voile, ou qu'il ait quelque voie d'eau, ou qu'il ſoit in-
„commodé en quelque autre maniére, il déploiera de jour un morceau
„de toile, ou une bonnette, à la hune, ou au ton du mât, & de nuit il
„y mettra trois feux l'un ſur l'autre : & les autres voiant ce ſignal, éle-
„veront auſſi un feu pour y répondre, & mettront le cap ſur lui, pour
„aller le ſecourir, ſans l'abandonner, juſques-à-ce qu'ils l'aient conduit
„dans un port, s'il en eſt beſoin, & s'il eſt poſſible; à-peine de cinquan-
„te livres d'amende, paiable par chaque vaiſſeau qui ſera en défaut, la
„moitié aplicable au profit de celui qui aura été abandonné, & l'autre
„moitié aux pauvres.
„Si quelqu'un échoüe en quelque port, ou ailleurs, hors de ces Provin-
„ces, ou qu'il s'y trouve incommodé en quelque autre ſorte, les autres
„ſeront obligez de le ſecourir, & d'atendre pendant vingt-quatre heures,
„qui ſeront emploiées à le déchoüer, ou à le racomoder, ſur pareille pei-
„ne de cinquante livres d'amende aplicable comme deſſus.
„Tous les matins & tous les ſoirs chacun ſera tenu d'aller faire le tour der-
„riére le vaiſſeau qui ſera le plus demeuré de l'arriére : & lors-que l'Ami-
„ral, ou le Vice-amiral jugera à propos de virer de bord, ou de chan-
„ger de route, il ſera obligé de tirer un coup de canon, & de mettre deux
„feux l'un ſur l'autre; mais par un tems embrumé il ne ſera que tirer un
„coup de canon; & ſi c'eſt de nuit, chaque vaiſſeau ſera tenu de mettre
„un feu, & de virer auſſi, afin-qu'on ne s'aproche pas trop les uns des
„autres; & ce ſur peine de trois livres d'amende.
„Si quelqu'un ſe trouvant de nuit en danger cargue ſes voiles, il ſera
„obligé de mettre auſſi deux feux, & tous les autres ſeront tenus de faire
„comme lui; ſur peine de douze livres d'amende, toutes les fois qu'ils ſe-
„ront en défaut:
„Ceux qui apercevront quelques vaiſſeaux étrangers parmi la flote, ſeront
„obligez d'en donner avis, a-cauſe du péril, de jour en hiſſant & amenant
„trois fois la miſéne, & de nuit en élevant un feu; & l'Amiral mettra
„deux feux, & côté en travers, juſques-à-ce que tous les vaiſſeaux ſoient
„auprès de lui; & tous les autres voiant ſa manœuvre, feront la même
„choſe, afin-qu'on puiſſe faire voir qu'on ſe reconnoît; & alors tous ſe
„joindront, afin de s'entre-ſecourir, s'il en eſt beſoin; & ce ſur peine de
„dix livres d'amende.
„Si quelqu'un vient à s'écarter de la flote, par la tempête, par la bru-
„me, ou par quelque autre accident, & qu'enſuite il vienne à découvrir le
„gros, ou quelqu'un des autres vaiſſeaux, il ſera obligé de dreſſer, de
„jour, l'artimon, c'eſt-à-dire de le traverſer horizontalement vers les deux
„bords; & de nuit, de mettre un feu, pour ſignal de reconnoiſſance : & il
„ſera tenu de faire la même choſe, ſi celui qui porte le feu, fait fauſſe route.
„Celui qui ſera en doute ou ſoupçon, ſoit de jour ou de nuit, ſera tenu
„de crier *Hola* &c. & on ſera obligé de lui répondre. Et ſi on ne lui
„fait point de réponce, il en donnera auſſi-tôt connoiſſance, par une ma-
„nœuvre particuliére de l'artimon, ſi c'eſt de jour; & en mettant un feu,
„comme deſſus, ſi c'eſt de nuit; & alors tous les autres feront la même
„manœuvre, & iront ſe joindre à celui qui aura fait le ſignal, pour le ſe-

H h 3

courir

„courir, s'il y a lieu: à peine de dix livres d'amende païable par chacun de
„ceux qui feront en défaut.

„Si la flote moüille l'ancre en quelque rade, ou en quelque port, & que
„l'Amiral, après en avoîr délibéré avec quelques-uns de la Compagnie,
„au-moins s'il lui a été poffible, trouve à propos de mettre à la voile, il
„en avertira par deux coups de canon, afin-que les autres aïent le tems
„d'apareiller. Et fi c'eft de nuit, chacun mettra un feu, afin-qu'on ne s'apro-
„che pas trop les uns des autres. Et perfonne ne pourra faire route juf-
„ques-à-ce que le moins diligent foit fous voiles, chacun étant tenu de
„l'atendre, fur peine de fix livres d'amende.

„Si l'ennemi venoit à fe mêler parmi la flote, (ce qu'à Dieu ne plaife)
„tous les vaiffeaux fe joindront enfemble, auffi-bien ceux qui feront fans
„canon que ceux qui en auront, & ils fe tiendront ferrez afin de réfifter &
„ataquer de toutes leurs forces; mais ceux qui ne feront point armez pren-
„dront garde à n'être pas fous le canon des autres, & à ne les empêcher
„pas de pourvoir à la défence commune, à-moins qu'eux-mêmes n'aïent
„lieu d'entreprendre quelque chofe contre les ennemis. Et feront tous
„les frais, dommages & pertes qu'on foufrira en pareille ocafion, foit
„par le canon des ennemis, ou en quelque autre manière, païez &
„rembourcez par toute la Compagnie en général.

„Si l'Amiral défire que les Maîtres viennent à fon bord, il fera mettre une
„petite enfeigne fur la dunette, & tirer un coup de canon; & à ce fignal tous
„feront obligez de fe rendre auprès de lui, pour lui parler & favoir ce qu'il dé-
„fire; & ce fur peine de fix livres d'amende contre ceux qui feront en défaut.

„Il ne fera permis à aucun de la Compagnie d'entrer dans un port, ou de
„fe rendre à une rade avant l'Amiral & le Vice-amiral, lefquels ne
„pourront non-plus le faire, que le dernier de toute la flote, c'eft-à-dire,
„celui qui fera le plus de l'arriére, ne foit affez avancé, & qu'on ne voie
„qu'il ait affez de jour pour s'y rendre auffi; & ce fur peine de foixan-
„te livres d'amende, contre chacun de ceux qui feront en défaut à ces
„égards; la moitié aplicable au profit de celui qui aura été abandonné, &
„l'autre moitié aux pauvres. En naviguant, tous les vaiffeaux tiendront
„chacun le rang qui leur aura été ordonné. Si quelqu'un fe trouve en péril
„à fon bord, par la mutinerie de l'équipage, il atachera un linceul à une
„éparre, & le mettra à l'arriére, à la chambre du Capitaine, pour en
„donner avis.

„Si quelqu'un de la compagnie découvre une terre, pendant la nuit, ou
„durant une brume, il allumera deux fanaux, & les hiffera & les amene-
„ra, les faifant paffer l'un devant l'autre, enforte qu'ils faffent le même
„éfet qu'une fcie en fciant du bois; & de jour il fera la même chofe avec
„deux juftaucorps de péchina, fur peine d'une amende de fix livres.

„Les amendes qui ne font déclarées aplicables à perfonne dans le préfent
„Acte, tourneront au profit de toute la fociété.

Si l'on a deffein de voir un Acte de Compagnie ou Conferve en François,
on peut lire les Ordonnances. Cependant voici encore quelques-unes des
chofes qui s'obfervent à l'égard des Compagnies ou Sociétés qui fe font,
& qu'on eft même obligé de faire en divers endroits, autres que ceux qui
font fpécifiez dans cet Acte, foit pour aller, ou pour revenir.

„TOUS

„TOUS Les vaisseaux des Provinces Unies qui seront destinez pour la mer
„Méditerranée, feront conserve ou compagnie ensemble, dans les ports;
„& il n'en sera point reçu dans la société qui ne soient montez de canon,
„ou qui n'en soient pas sufisamment montez; ce qui s'entend de ceux qui
„chargent à cüeillette; car les Réglemens sont différens pour les particuliers
„qui ne chargent que pour eux-mêmes. Ceux donc qui chargent au quintal,
„doivent premiérement être du port de cent-quatre-vingts lastes, ou au-des-
„sus, & ils doivent être armez de vingt-quatre petits canons, dont les
„moindres soient de cinq livres de bale. Outre cela ils doivent être pour-
„vus d'autres armes à proportion, & être montez de cinquante hommes,
„en y comprenant deux ou trois mousses; & ils ne peuvent partir qu'ils
„ne soient au-moins trois de compagnie. S'il se trouve des vaisseaux en
„mer, ou en quelque port d'un Etat avec qui l'on soit en paix, ou neu-
„tre, qui soient destinez pour le Détroit de Gibraltar, ils seront aussi obli-
„gez de faire conserve.
„Les vaisseaux qui voudront revenir de Levant, ne pourront mettre à la
„voile, qu'après avoir atendu quatre ou cinq semaines, depuis le tems
„qu'ils seront chargez, afin-qu'ils viennent dans la plus nombreuse com-
„pagnie qu'il sera possible; & tous ceux qui viennent de l'Est du golfe de
„Venise, iront relâcher à Zante, où les vaisseaux qui viendront du golfe
„feront aussi tenus de toucher; & ils s'atendront les uns les autres, pen-
„dant quinze jours, s'il y a lieu de croire qu'il y en doive encore venir.
„Là, tous ceux qui s'y trouveront, feront compagnie, & éliront un Ami-
„ral, pourvû qu'ils soient au-moins trois ou quatre, montez ensemble de
„soixante & dix à quatre-vingts piéces de petit canon; mais s'ils en ont
„moins, ils iront relâcher à Livourne, où se devront rendre aussi tous les
„vaisseaux qui viendront de l'Oüest du golfe de Venise; & les uns & les
„autres feront tenus d'atendre quinze jours pour avoir une plus nombreuse
„Compagnie; le tout sur peine de mille livres d'amende contre les Con-
„tervenans.
„Et afin-que la société s'entretienne avantageusement, tous ceux qui y
„feront entrez, feront tenus de demeurer joints, sans qu'aucun puisse, pour
„quelque raison que ce soit, se séparer de la flote, que lors-qu'on sera ve-
„nu à la hauteur où les diverses destinations en obligeront quelques-uns
„à changer de route. Pour les autres ils continüeront à aller de flote jus-
„ques au lieu où il y aura pareille nécessité de se séparer. Mais il ne sera
„permis à aucun de se séparer sans la permission de l'Amiral, sur peine de
„paier d'amende, au profit de la compagnie, telle somme qu'il aura été ré-
„glé, & qui sera marquée dans l'Acte de conserve. Et en cas de delai,
„ou de refus de paier, le vaisseau qui aura été mis dans la conserve, pourra
„être arrêté par forme d'éxécution: & cela sans préjudice des peines por-
„tées par les Ordonnances & Réglemens de l'Etat en pareil cas; & sans
„que les vaisseaux, qui auront ainsi abandonné leur flote, puissent être re-
„çus en la protection des navires de guerre de l'Etat.

COMPAGNONS de bateau. *Gasten die vaaren op een selve schuit.*
Ce sont les bateliers qui conduisent un bateau, sous celui qui en est le patron, ou le maître.
Il est fait défences à toutes personnes d'acheter des Matelots & Compagnons
de

de bateau, des cordages, ferrailles, & autres utenfiles des navires, à-peine de punition corporelle.

COMPAS, *Paffer*.

C'eft un inftrument de métal, dont on fe fert à tracer des cercles, & à prendre des mefures. Il y en a de différentes fortes, parmi lefquelles le Compas droit eft de plus grand ufage.

COMPAS Droit. *Een regt Paffer.*

Il fert aux Charpentiers & aux Pilotes.

COMPAS courbé. *Een kromme Paffer.*

Il fert pour mefurer les groffeurs d'un corps rond ; ainfi il eft propre pour ceux qui travaillent à la mâture des vaiffeaux.

COMPAS de mer, Compas de route, Bouffole, Volet. *Zee-kompas.*

C'eft un inftrument compofé d'un carton mince, coupé circulairement ; divifé en trente-deux parties égales, repréfentant l'horizon, avec les trente-deux vents. Au centre du compas eft un cône concave de laiton, apellé chapelle, avec une aiguille en lofange, de bon fer, ou d'acier ; cloüée au-deffous du carton, & touchée d'une pierre d'aimant ; & tout ce compofé eft apellé Rofe.

On met cette rofe fur un pivot, puis dans une boîte couverte d'une vitre, & cette boîte eft enfermée dans une autre qui fert à foutenir un ou deux cercles de cuivre, ou de laiton, apellez Balanciers, qui fervent à tenir horifontalement le compas. Voiez, Bouffole, & Aiguille aimantée.

„Avant que l'on eût connoiffance du compas, ou que, du-moins, il eût „été amené à la perfection où on le voit aujourdhui, & qu'on fe fut „avifé de mettre l'aiguille fur un pivot, afin-qu'elle tournât, on la met„toit fur de l'eau, dans un baffin ; & là elle fe tournoit vers le Nord, „à-peu-près de même qu'elle fait fur la pointe du pivot, où elle eft „élevée.

COMPAS de variation. *Peil-kompas.*

Outre tout ce qui a été dit du Compas de route, ou de la Bouffole, le Compas de variation a encore un cercle de cent-foixante & dix degrès, avec un fil qui traverfe par-deffus la vitre, paffant au-deffus du centre, & tombant perpendiculairement le long de la boîte, d'un côté & d'autre. Elle eft ouverte en cet endroit-là avec une vitre, pour aider à obferver la variation de l'aimant.

COM.

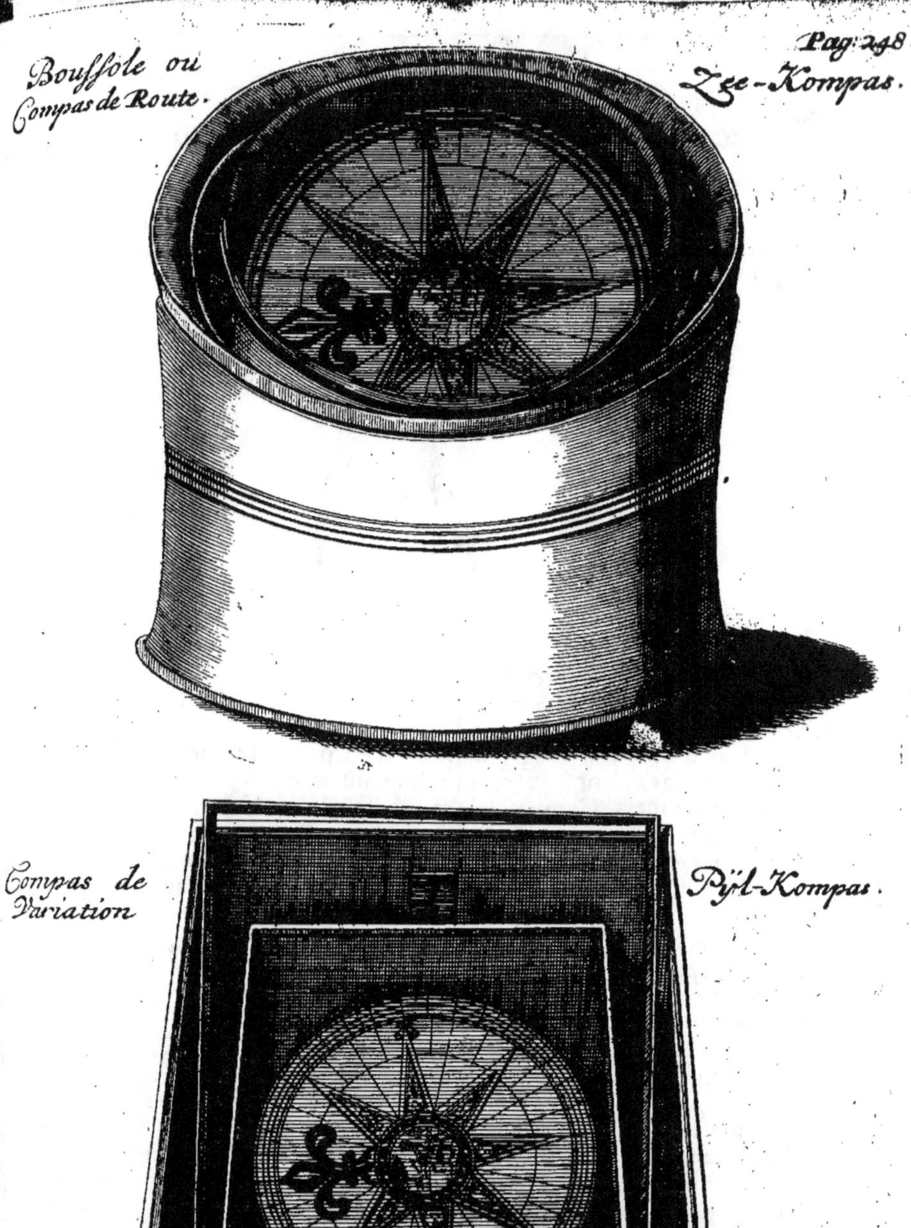

Bouſſole ou
Compas de Route.
Pag: 248.
Zee-Kompas.
Compas de
Variation
Pÿl-Kompas.

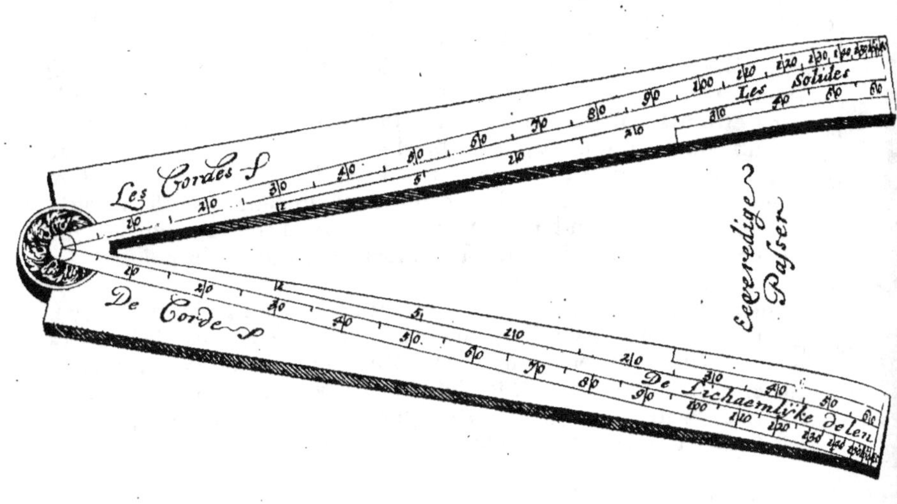
Les Cordes S
De Corde S
Les Solides
De Lichaemlijke deelen
Eevenredige Passer
Les Parties Egales
Les Plans
Les Poligones
De Gedeelte van de hoeken S
De Hoeken van een gelijk Zijde Figuur
Het Plat
Compas de Proportion

COMPAS Equinoxial. *Een Aequinoctiaal Kompas.*

On se sert du compas équinoxial pour savoir à quel point est la Lune. Ce compas étant élevé sur la superficie de la Ligne Equinoxiale, la partage justement en parties égales, comme l'ordinaire compas plat & flotant fait l'horison. On voit dans la figure ici jointe le plat de ce compas. Le trait qui passe au-travers, marque l'aissieu du monde. Le rond qui est devant le compas doit être marqué des deux côtez, tant dessus que dessous, en-de-dans, avec un compas ordinaire, & au bord extérieur avec deux fois douze heures; & aux deux côtés, qui marquent l'Est & l'Oüest, il doit être suspendu sur deux bouts de chevilles, comme sur un aissieu, de-sorte qu'il puisse tourner en-haut & en-bas; & que le bas de la fléche, qui est sur le quart de nonante, puisse être mis sur toutes les hauteurs du pole.

COMPAS de Proportion. *Proportie-kompas.*

C'est un instrument de Mathématique, composé de deux lames de laiton, ou de quelque autre matiére solide, apellées Jambes de compas de Proportion, dont les extrémités sont jointes ensemble par une charniére, autour de laquelle elles sont mobiles, & sur lesquelles il y a des lignes droites divisées en parties égales & inégales. Naviguer par le Compas de proportion, c'est se servir de cet instrument, pour résoudre les problêmes nautiques.

COMPAS démonté. *Een los Kompas.*

C'est celui dont la rose est hors de dessus le pivot.

COMPAS mort. *Een Kompas sonder kracht.*

C'est celui dont l'aiguille a perdu la vertu qu'elle avoit reçüe de l'aimant.

COMPAS renversé. *Een Hang-kompas, Een verkeert Kompas.*

C'est celui qui est suspendu, en-sorte qu'on le voit par le dessous, comme on voit une autre boussole par le dessus.

COMPAS bien touché. *Een wel gestreeken Kompas.*

COMPAS de carte. *Kaart-passer.*

Les Pilotes apellent un Compas de carte celui qui s'ouvre en le pressant du côté de la tête. Il leur sert à compasser les cartes marines.

COMPASSER la carte, Pointer la carte. *Bestek maaken, De Kaart passen.* C'est trouver avec la pointe d'un compas, où peut être le vaisseau.

COMPTOIR. Voiez, Contoir.

CONDE'. *t'Saamen-stooting, t'Saamen-vloeying van twee rivieren.*
C'est un terme dont on se sert en plusieurs endroits, pour dire Confluent.
Il se dit de la jonction de l'Aisne ou Haisne à l'Escaut.

CONDUCTEURS d'ouvriers dans un atelier. *Kommandeurs, Aanvoerders van tsiouwers en timmerluiden.*

CONDUIRE une prise dans un port. *Een prijs opbrengen.*

CONFLUENT de deux riviéres, Conflant. *t'Saamen-stootinge van twee rivieren, t'Saamen-vloeying.*

CONGE', Passe-port. *Affscheidt-brief, Zee-brief.*
C'est une permission de naviguer. On dit Congé pour sortir, & Permission pour entrer. L'Ordonnance défend qu'aucun vaisseau ne sorte des ports du Roïaume de France, pour aller en mer, sans congé de l'Amiral, en-régîtré au Grèfe de l'Amirauté du lieu de son départ, à peine de confiscation. Le Congé doit contenir le nom du Maître, celui du vaisseau, son port & sa charge, le lieu de son départ, & celui de sa destination.

CONNOISSANCE d'une terre, des côtes. *Landt-kenning, Landt-verkenninge, Landt-vallinge; Ontdekking, opdoening van eenig landt.*
Ce terme se dit de tout ce qui peut faire connoître au Pilote le parage où il est arrivé, soit par les marques qui sont à terre, rochers, montagnes, herbes, ou oiseaux; soit par les vents & les courans qui peuvent regner en ces lieux-là, dans de certaines saisons; soit enfin que l'on distingue le fond d'un parage par le nombre des brasses de sa profondeur, ou par la qualité de son sable gros ou delié, blanc, rouge, ou grisâtre, & quelquefois de coquillage, ou de pierre; à quoi on ajoûte les vents & les courans qui peuvent regner en certaines saisons, les poissons & les oiseaux qu'on y voit paroître; enfin tous les indices qui peuvent donner connoissance au Pilote du parage où il est arivé.

AVOIR Connoissance, Découvrir. *Verkent raaken of zijn, Kennis krijgen.*
Avoir connoissance d'une terre, d'un païs, c'est voir les choses qui doivent faire reconnoître cette terre, ou ce païs.

AVOIR la Connoissance d'une terre. *Een Landt in 't gesigt krijgen, ontdekken.*
C'est la voir. Le premier de Juin nous eûmes la connoissance d'une terre, que nous ne connoissions pas.

CONNOISSANCE du fond de la mer. *Zee-kenning, Grondt-kenning.*
C'est la connoissance de l'état du fond, & s'il est de bonne ou de mauvaise tenüe, d'argile, de sable, de vase, de roches &c.

CONNOISSEMENT, Police de chargement. *Connoissement, Vragt-brief.*
C'est une reconnoissance par écrit, que donne le Maître ou le Patron d'un vaisseau, de la qualité & de la quantité des marchandises qui ont été chargées dans son bord. Chacun des Particuliers à qui apartiennent ces marchandises, prend un connoissement pour sa seureté. Quelquefois c'est l'Ecrivain qui les signe. Ils doivent contenir la qualité, quantité & marque des marchandises, le nom du Chargeur, & de celui auquel elles doivent être consignées, les lieux du départ & de la décharge, le nom du Maître & celui du vaisseau, avec le prix du fret. Chaque connoissement doit être fait triple; l'un pour demeurer au Chargeur, l'autre pour être envoié à celui auquel les marchandises doivent être consignées, & le troisième doit demeurer entre les mains du Maître, ou de l'Ecrivain. Vingt-quatre

quatre heures après que le vaiſſeau eſt chargé les Marchands ſont tenus de préſenter au Maître les connoiſſemens, pour les ſigner ; & de lui fournir les aquits de leurs marchandiſes, à peine de paier l'interêt du retardement.

CONSEIL de Marine. *Zee-raadt.*

Ce ſont des Conſeils ſecrets que le Roi de France tient avec ſes Miniſtres. On y délibére de ce qui regarde la guerre ſur mer, & le Roi y apelle quelquefois les Princes & les plus conſidérables Oficiers de ſes armées.

CONSEIL de l'Amirauté, Conſeil de Marine. Voiez, Amirauté.

CONSEIL de guerre. *Krijgs-raadt.*

C'eſt l'aſſemblée des Chefs d'une armée navale, ou d'une flote, pour maintenir en vigueur les loix militaires, ou pour prendre une réſolution ſelon les ocaſions qui ſe préſentent. Conſeil de guerre ſe dit encore de l'aſſemblée des Oficiers d'un vaiſſeau, pour juger les ſoldats & matelots qui ont commis quelque crime.

CONSEIL d'un vaiſſeau. *Raadt, Scheeps-raadt.*

CONSEIL de guerre d'un vaiſſeau. *Scheeps-krijgs-raadt.* Voiez, Capitaine.

Tout ce qui regarde les Conſeils de guerre en France, & les loix militaires qu'il fait obſerver, eſt ſufiſamment connu, par le moien des Ordonnances, & ſur-tout des Nouvelles Ordonnances du Roi à-préſent regnant. Les Hollandois ont auſſi leurs Loix & leurs Réglemens. Entr'autres ils ont un Réglement fameux parmi eux, & comme fondamental pour la marine, & pour la guerre maritime, qu'ils nomment *Artijkel-brief*, auquel ſont rélatifs tous les autres qui peuvent avoir été faits depuis. On ne croit pas qu'il ait été traduit en François, & ſans doute qu'on ne ſera pas fâché de le voir en cette langue, dans laquelle on le donne ici.

„LES ETATS Généraux des Provinces Unies, &c.

„Comme l'ordre & la diſcipline ſont abſolument néceſſaires dans la con-
„duite de la guerre maritime, pour réprimer les courſes des Pirates, réſiſ-
„ter aux ennemis de l'Etat, & maintenir la navigation & le commerce
„des habitans de ces Provinces, Nous avons trouvé bon de faire les Or-
„donnances, & établir les Articles ſuivants, pour être obſervez ſur mer :
„enjoignant à tous Amiraux, Vice-amiraux, Capitaines, Lieutenans,
„Oficiers, Soldats, Matelots, & généralement à tous ceux qui ſeront
„à notre ſervice ſur mer, ou des Colléges de l'Amirauté, de s'y con-
„former, & de les obſerver & faire obſerver éxactement, ſur les pei-
„nes qui y apartiennent, & qui y ſont énoncées.

„L'Amiral, le Vice-amiral, le Capitaine, Lieutenant, ou tout autre
„qui commandera un vaiſſeau, prendra ſoin qu'on faſſe tous les matins &
„tous les ſoirs la priére ſur ſon bord, où tout le monde ſe tiendra prêt
„pour y aſſiſter, ſur peine, en cas de défaut, de quatre ſous d'amende
„pour la premiére fois ; du double pour la ſeconde fois ; & d'être huit
„jours aux fers, au pain & à l'eau, pour la troiſième fois.

„Ceux qui ne ſe comporteront pas comme il faut, pendant qu'on lira la
„Parole de Dieu, ou qu'on fera la priére ; qui riront, qui feront du
„bruit, & qui, de quelque maniére que ce ſoit, ne ſe tiendront pas dans
„un état modeſte, ſeront conduits devant le mât, y recevront des coups

„de

„de corde de tout leur Quart, & paieront fix fous d'amende au profit du
„Prévôt.

III. Quiconque prendra le nom Dieu en vain, ou jurera, fera auffi mené
„devant le mât, & battu de coups de corde par fon Quart; & paiera
„deux fous d'amende, aplicable aux pauvres, & fix fous au Prévôt.

IV. Seront tenus tous en général, & chacun en particulier, de nous fervir
„fidèlement, & de nous obéïr, & à tous autres qui font établis à la di-
„rection de l'Amirauté; & d'éxécuter tout ce qui leur fera enjoint &
„commandé de la part de ces mêmes Officiers de l'Amirauté : d'être tou-
„jours prêts & difpofez pour toutes expéditions, entreprifes, gardes,
„& autres fervices où ils pourront être emploiez, fans pouvoir s'en dif-
„penfer, ni quiter le fervice, pour quelque caufe que ce foit, fans
„congé, fur peine de punition corporelle & de confifcation de biens, fe-
„lon l'éxigence du cas : le tout éxécutable à la rigueur, felon qu'il fera ci-
„après plus amplement déclaré.

V. Perfonne n'entreprendra de faire réfiftance au Grand Prévôt, ou
„à fes Archers & Sergens, ou aux autres Prévôts établis dans chaque
„vaiffeau; ni de leur donner aucun empêchément dans l'éxercice de
„leur charge; de les menacer, ou de les fraper : au-contraire on fera
„obligé de leur prêter la main pour la fonction de leur charge, lors-qu'il
„en fera befoin; d'aider à faifir les coupables, & à les punir, fur peine
„de punition corporelle.

VI. Tous Lieutenans, Maîtres, Pilotes, Officiers & Matelots, feront
„foumis à l'Amiral, au Vice-amiral, & à leurs Capitaines, chacun dans
„le vaiffeau pour lequel il fe fera engagé, ou dans lequel il fera établi,
„fans pouvoir l'abandonner, ni s'en retirer, qu'avec le congé du Capitaine;
„fur peine de punition capitale

VII. Quiconque entreprendra de faire quelque violence à fon Capitaine, ou
„à ceux qui rempliront fa place, ou de leur faire des infultes par mena-
„ces, ou autrement, fera puni de peine corporelle.

VIII. Tous Capitaines, Officiers & matelots, feront tenus de fervir par ter-
„re, quand il leur fera ordonné par les Confeillers de l'Amirauté, fans
„pouvoir abandonner le fervice, jufques-à-ce qu'ils aïent leur congé;
„fur peine de punition capitale.

IX. Les Confeillers de l'Amirauté pourront congédier une partie des équipa-
„ges, foit que les vaiffeaux foient encore en mer; ou qu'ils foient dans
„le port; ou les faire paffer, en tout ou en partie, d'un bord à l'autre,
„fans que perfonne n'entreprenne de s'y opofer, ou refufe d'obéïr, fur
„peine de la perte de leurs gages, & de peine afflictive arbitraire.

X. A l'avenir les mois de gages, & les frais de la nourriture des Capitaines
„& Matelots nouvellement enrollez, ne commenceront à courir que qua-
„tre jours avant-qu'on mette à la voile, quand même ils demeureroient
„au port plus de quatre jours après la revüe : mais auffi quand on met-
„troit à la voile deux jours après la revüe, ils auront toujours leur paie
„pour quatre jours.

XI. Quiconque aïant fait le ferment, aïant reçu de l'argent, ou s'étant fait
„enroller, deferte & s'en va fans paffeport, fera puni corporellement; &
„noté d'infamie, s'il ne peut être faifi.

XII.

XII. Quiconque se sera enroller pour deux ou plusieurs vaisseaux, ou sous
,, deux Capitaines, sera puni du suplice de la cale par-dessous la quille, &
,, mené à terre dans la chaloupe; & il demeurera noté d'infamie.

XIII. Tous ceux qui seront pris à la solde, auront, outre leurs gages, les
,, vivres & le bruvage ordinaire, & tels qu'ils sont réglez pour les navires
,, de guerre; & ils leur seront fournis par les Capitaines de chaque vaisseau,
,, sans qu'il soit permis à aucuns Oficiers, ou matelots, de faire insulte à
,, personne, au sujet des vivres, sur peiné d'être huit jours aux fers, au
,, pain & à l'eau. Que s'il y a quelqu'un qui ne soit pas content des vi-
,, vres qui seront fournis, il pourra le déclarer à l'Amiral, au Vice-amiral,
,, ou à leurs Lieutenans, afin-qu'il y soit pourvu.

XIV. Si quelqu'un descend à terre sans permission, ou sans que ce soit son
,, tour, il ne pourra à son retour se présenter à la gamelle, la première
,, fois qu'on servira, ni demander à boire & à manger; & il paiera, outre
,, cela, vingt sous d'amende, la moitié aplicable aux pauvres, & l'autre
,, moitié au profit du Prévôt; ou-bien il sera puni arbitrairement de telle
,, punition qu'il plaira au Capitaine. Que si quelqu'un se rend à bord après
,, que le Quart sera commencé, il sera quinze jours aux fers, & outre cela
,, puni d'une peine arbitraire. Pour ceux qui ne se rendront point à bord,
,, & qui passeront la nuit à terre, ils seront punis de la cale par-dessous la
,, quille.

XV. Chacun sera tenu de répondre de ce qui regarde son devoir & sa char-
,, ge; savoir, les Maîtres & les Pilotes, pour les choses qui sont de leur
,, fonction; les Canoniers pour le canon, la poudre & le plomb; & ainsi
,, chacun à son regard. Que si par négligence, ou par malice, il arivé
,, quelque desordre, & qu'il y ait quelque chose de perdu, ou de consom-
,, mé inutilement, chacun en son endroit sera tenu d'amender le domma-
,, ge, & de le paier selon l'estimation qui en sera faite par le Conseil : &
,, pour cet éfet chacun de ceux qui ont quelque inspection, & à qui il a
,, été donné quelque chose en gardé dans un vaisseau, sera obligé, au re-
,, tour, de délivrer à son Capitaine un état en forme de toutes les choses
,, qui lui auront été mises entre les mains, des usages auquel elles auront
,, été emploiées, & de ce qu'il en reste; & il ne sera fait aucun paiement
,, de solde, soit entiére, ou en partie, que l'état n'ait été fourni au Capi-
,, taine; que le Capitaine ne l'ait remis au Conseil; & qu'il n'ait été véri-
,, fié. Et afin-que les munitions des vaisseaux soient ménagées & dispen-
,, sées avec plus d'ordre, les Oficiers, ni autres personnes, ne pourront en
,, prendre aucune pour s'en servir, si ce n'est de la connoissance & avec une
,, permission expresse du Capitaine, sur les mêmes peines contenües en ce
,, présent article.

XVI Nuls Oficiers, Canoniers, ni matelots, n'entreprendront de soustrai-
,, re ni poudre, ni boulets, ni autres munitions de guerre; d'en vendre, ou
,, d'en porter à terre, soit dans des barils, dans des cornes, en leurs ha-
,, bits, ou autrement, sur peine de la corde.

XVII. Personne n'entreprendra de transporter les instrumens des Canoniers,
,, ou des Charpentiers, ou de les changer de place, les jetter à terre, ou
,, les soustraire, sur peine d'être puni selon l'éxigence du cas.

XVIII. Les Charpentiers qui serviront sur les navires de guerre, seront obli-

,, gez

„gez de les radouber, calfater, & tenir étanchez d'eau, & de radouber
„tout ce qui fera dans leur pouvoir. Et en cas d'une négligence qui cau-
„sât de l'incommodité & du dommage au vaisseau, où qu'il fallût radou-
„ber dans les bassins du port, ce qui auroit pu être radoubé en mer, le
„coût du radoub fera retenu fur leurs gages, & ils feront encore fujets à
„une punition arbitraire; étant, outre cela, obligez de travailler eux-mê-
„mes au radoub, avec les autres Charpentiers qui font aux gages de l'Etat;
„à peine comme deſſus.

XIX. Tous les Canoniers, & les matelots qui manœuvrent les manœuvres
„hautes, feront tenus de faire le quart, & de prendre le timon à leur tour;
„d'aller fervir dans les chaloupes; de veiller & manœuvrer les étagues,
„les écoutes & les couëts; fur peine d'être jettez trois fois du bout de la
„vergue.

XX. Lors-que le Quartier-maître crie, *Embarque*, *Embarque*, afin-que ceux
„qui font commandez pour la chaloupe y defcendent, fi quelqu'un demeu-
„re en défaut, il fera mis aux fers pour quinze jours, au pain & à l'eau,
„& paiera fix fous d'amende, au profit du Prévôt.

XXI. Lors-que le Quart fera pofé, il ne fera permis à perfonne de parler
„une langue étrangére; ni de faire des fignaux avec du feu, ni aucun bruit,
„ou cri de guerre, à-moins qu'on ne découvre quelque fujet d'alarme: &
„cela fur peine de punition corporelle.

XXII. Il n'eft pas permis de demeurer debout quand le Quart eft commen-
„cé; mais chacun doit fe retirer en fa place, fur peine d'être mis aux fers
„pour quatre jours, au pain & à l'eau.

XXIII. Quiconque excitera ou fomentera une mutinerie, & donnera lieu à
„quelque affemblée féditieufe, à terre, ou à bord, fous quelque prétexte
„que ce puiffe être, fera puni de peine afflictive, ou capitale, felon l'éxi-
„gence du cas. Et fi quelqu'un a connoiffance qu'il fe faffe de telles af-
„femblées, ou qu'on ait projetté d'en faire, ou qu'il ait été follicité d'y don-
„ner fon confentement, il fera tenu d'en avertir, fur l'heure, le Capitai-
„ne, ou le Confeil; fur peine de punition corporelle, en cas de défaut.
„Et fi quelqu'un, qui ait eu part à de telles affemblées, les vient décou-
„vrir, & en nomme les auteurs, non-feulement il fera éxemt du châti-
„ment, mais il aura encore une recompenfe de vingt-cinq livres. Pour
„ceux, qui n'aïant point eu de part à la confpiration, la découvriront, &
„en donneront avis, ils auront cinquante livres de recompenfe, & feront
„pourvus de la premiére charge qui viendra à vaquer, & qui leur con-
„viendra.

XXIV. Perfonne ne recevra de lettres, n'en donnera, ni n'en envoiera,
„qu'en préfence du Capitaine, & après qu'il les aura vifitées; & le Capi-
„taine fera obligé de fe foumettre à la même chofe, à l'égard de l'Amiral
„& du Vice-amiral, fur peine de la hart.

XXV. Les Quartiers-maîtres feront obligez, tant de nuit que de jour, de
„fe tenir fur le haut pont avec leur Quart, & de faire le quart comme les
„autres, fur peine d'avoir la cale par-deſſous la quille.

XXVI. Les Quartiers-maîtres feront tenus de fe trouver fur le pont, lors-
„qu'on fervira à manger à l'équipage, afin d'avoir l'œil à ce que la dif-
„tribution s'en faffe comme il faut, que rien ne fe perde, & que ce
„qui

„qui demeure de reste, soit reporté dans la dépence; & ils ne descendront
„point que l'équipage n'ait achevé de manger; sur peine d'avoir trois fois
„la cale du bout de la vergue.

XXVII. Personne ne quitera son poste, qu'il ne soit relevé par un autre;
„sur peine d'avoir trois fois la cale par-dessous la quille, & d'être battu
„de cordes par tout l'équipage, devant le mât.

XXVIII. Quiconque sera trouvé dormant en faisant son quart, aura trois
„fois la cale par-dessous la quille, & sera battu de cordes par tout l'équi-
„page.

XXIX. Ceux qui demeureront endormis lors-que le siflet se fait entendre,
„& lors-qu'il faut venir faire le quart, seront punis pour la première fois
„arbitrairement, par l'ordre du Capitaine, & de l'avis des Oficiers; pour
„la seconde fois ils seront battus de bouts de corde par tout l'équipage; &
„la troisième fois ils auront la cale par-dessous la quille.

XXX. Lors-qu'on battra la caisse pour mettre à la voile, chacun sera te-
„nu de se rendre à bord, pour aider à conduire le vaisseau à la rade;
„sur peine, pour ceux qui demeureront en défaut, sans congé de leur Ca-
„pitaine, lequel congé ne se pourra donner que pour des raisons très-im-
„portantes, d'être jettez trois fois du bout de la vergue, & de paier
„chaque fois trois escalins de gros, ou trois fois douze sous, les deux tiers
„aplicables aux pauvres, & l'autre tiers au Prévôt, auquel il est enjoint
„de tenir un bon regître des amendes, afin de les faire retenir sur la paie
„de ceux qui y seront condamnez.

XXXI. Lors-qu'il y aura quelque travail à faire au port, ou à la rade,
„comme de charger des vivres, ou de faire quelque autre manœuvre; ceux
„qui seront commandez pour cela, seront tenus de le faire, sur peine,
„pour quiconque demeurera en défaut, d'avoir trois fois la cale du bout
„de la vergue, & de paier chaque fois deux escalins de gros, dont les
„deux tiers tourneront au profit des pauvres, & l'autre tiers au profit du
„Prévôt; auquel il est enchargé d'en tenir bonne note, afin-que les amen-
„des soient rabatües sur la paie de ceux qui les devront.

XXXII. Chacun sera obligé de se rendre à bord, à heure & à tems, lors-
„qu'il faudra mettre à la voile; sur peine, pour ceux qui laisseront par-
„tir les vaisseaux, sans être venus à bord, d'avoir trois fois la cale par-
„dessous la quille. Et à l'égard de ceux qui demeureront à terre, après
„que les vaisseaux auront pris le large, ils seront punis du suplice de la cor-
„de, sans rémission; à-moins qu'il ne parût clairement qu'ils auroient été
„empêchez de s'embarquer par une nécessité inévitable. Pour cet éfet
„les Capitaines seront tenus d'en donner connoissance au Prévôt, par le
„moien des premiers bâtimens qui se rendront au port; afin-que le Prévôt
„fasse saisir les deserteurs, & qu'il les fasse punir.

XXXIII. Si l'on envoie des chaloupes avec quelques gens de l'équipage, pour
„faire des vivres, ou pour d'autres raisons, il ne sera permis à personne
„de demeurer à terre, ni de retarder en aucun endroit; mais chacun
„sera tenu de revenir dans la même chaloupe; sur peine d'être mis huit
„jours aux fers, au pain & à l'eau; & ceux qui passeront la nuit sans re-
„venir à bord, auront trois fois la cale du bout de la vergue, & seront
„battus de bouts de corde de tout l'équipage.

XXXIV.

XXXIV. Celui qui fera envoié par fon Commandant ou à terre, ou à d'au-
,,tres vaiffeaux, ne demeurera dans fon voiage qu'autant de tems qu'il lui eft
,,ordonné, à-moins qu'il ne fût contrarié par le vent ; fur peine d'avoir
,,trois fois la cale du bout de la vergue, & d'être battu de cordes par un
,,quart de l'équipage.

XXXV. Perfonne n'entreprendra de fraper un manant, ou un bourgeois,
,,ou d'en piller le bien ; fur peine de punition corporelle.

XXXVI. Il eft défendu aux Capitaines, aux Oficiers, aux matelots, &
,,aux foldats, de prendre querelle les uns contre les autres ; fur peine
,,d'être punis felon l'éxigence du cas, & à la difcrétion de l'Amiral. Et
,,comme la plupart des defordres font des éfets de l'ivrognerie, il eft dé-
,,fendu très-expreffément par ces préfentes, à tous & chacun, foit Ofi-
,,ciers, ou autres, de s'enivrer à bord, fur peine, pour les Oficiers qui
,,feront reconnus ivres, d'être tenus aux fers pendant quinze jours, pour
,,la première fois ; & au regard des matelots, d'y demeurer pendant huit
,,jours : mais pour la feconde fois les uns & les autres feront punis à la
,,difcrétion de l'Amiral, ou à celle du Capitaine fous lequel feront les
,,gens qui auront été ivres.

XXXVII. Et afin de prévenir auffi toutes les ocafions de différent que font
,,naître les jeux de dez, de cartes, & autres, il eft défendu à qui que
,,ce foit, d'aporter à bord des dez, des cartes, ni aucune de toutes les
,,autres chofes qui fervent à joüer ; fur peine de châtiment arbitraire.

XXXVIII. Ceux qui entreprendront de fraper par méchanceté, foit de coups
,,de poing, ou de bâton, ou de corde, auront trois fois la cale du bout
,,de la vergue, & feront battus de bouts de corde, par un quart de l'équi-
,,page.

XXXIX. Quiconque, étant à bord, tirera le couteau à mauvais deffein,
,,quoi-qu'il n'ait bleffé perfonne, on lui atachera la main au mât avec un
,,couteau qu'on lui paffera au-travers, & fa main demeurera atachée juf-
,,ques-à-ce qu'il retire lui-même le couteau.

XL. Quiconque bleffera un de fes Compagnons, foit à bord, ou à terre,
,,aura la cale trois fois par-deffous la quille, & paiera les frais, avec le fa-
,,laire du Chirurgien.

XLI. Quiconque ofera fe battre à bord, enfuite d'une réconciliation, perdra
,,le main avec laquelle il aura rompu la paix, & enfraint la réconciliation.

XLII. Quiconque donnera la mort à un autre, foit en le perçant, ou en le
,,frapant, fera lié avec le mort, dos contre dos, & tous deux feront jet-
,,tez enfemble à la mer. Que fi le meurtre s'eft fait à terre, le criminel
,,fera puni par le coutelas jufques-à-ce que mort s'en enfuive.

XLIII. Il ne fera permis à perfonne de porter des chandelles au-travers du
,,vaiffeau, ni d'autres lumiéres, qu'à ceux à qui le Capitaine en aura
,,donné charge, ou permiffion ; & cela fur peine de punition arbitraire.

XLIV. Et afin de mieux pourvoir au danger du feu & des incendies, qui
,,peuvent fi aifément ariver dans un vaiffeau, il ne fera permis à perfonne
,,de faire du feu à bord, & il eft défendu aux matelots, & à tous autres,
,,d'avoir à bord, ou d'y porter aucuns facs remplis de foin ou de paille,
,,ni armoires, ni tonneaux, fans un confentement exprès du Capitaine ;
,,fur peine de confifcation d'un mois de gages.

XLV. Il

XLV. Il n'est permis à personne de fumer du tabac en aucun autre endroit
„qu'aux lieux marquez, ni d'aller au soir, avec de la lumiére, ou de la
„méche, dans la fosse aux cables; sur peine d'être condamné, par le
„Conseil de guerre, à telle punition qu'il jugera y écheoir. L'endroit où
„l'on pourra fumer du tabac, sera entre le grand mât & le mât de mi-
„séne: on le pourra faire aussi en quelques autres lieux, lors qu'il en
„aura été donné permission.

XLVI. Ceux qui se seront blessez en faisant la manœuvre, ou qui le seront
„à bord, en guerre, seront pensez & gouvernez aux dépens de l'Etat,
„& leurs gages ne laisseront pas de courir à leur profit, pendant tout le
„tems de leur maladie. Que s'il arive que quelqu'un demeure mutilé de quel-
„que membre, soit dans le combat, ou par maladie, il aura une recom-
„pense selon la qualité de la perte qu'il aura faite.

XLVIII. Tous ceux qui reçoivent la solde de l'Etat, seront obligez, toutes
„les fois qu'il en sera besoin, de se présenter avec les armes qui leur convi-
„ennent, & de se mettre actuellement en défense dans leur quartier, sur
„peine de punition corporelle, pour ceux qui se trouveront en défaut. Et
„s'il y a quelqu'un qui refuse de faire son devoir, & de se battre quand
„l'ocasion l'y appellera, il sera puni de mort, sans rémission.

XLVIII. Personne n'entreprendra de manier le canon, ni de tirer, ni d'aller
„dans la soute aux poudres, que le Maître Canonier, & les Canoniers
„dont il aura besoin pour lui aider; sur peine d'avoir trois fois la cale par-
„dessous la quille, & de confiscation d'un mois de gages.

XLIX. Les Cuisiniers seront obligez de conserver la graisse & le suif qui vient
„des viandes, afin d'employer à faire des potages celui qui se pourra man-
„ger; & ce qui sera mauvais, ou trop salé, servira à l'entretien du vaisseau,
„& ne pourront les Cuisiniers en rien réserver pour eux, ni le faire tour-
„ner à leur profit, sur peine de châtiment arbitraire.

L. Quiconque répandra de la biére pour la perdre, ou qui jettera des vivres
„à la mer, ou en portera à terre, ou en vendra, sera puni de peine af-
„flictive.

LI. Il est défendu, à qui que ce soit, de donner à manger, ou à boire, à ceux
„qui seront détenus dans les fers; à peine de confiscation d'un mois de ga-
„ges, & d'être mis, durant huit jours, au pain & à l'eau.

LII. Quiconque se levera, & quitera sa gamelle, pour aller manger à une au-
„tre, ou prendra quelques vivres, ou en cachera, sera puni arbitraire-
„ment, & selon qu'il sera ordonné par le Capitaine, & par son Conseil.

LIII. Quiconque osera prendre & emporter, par violence, des vivres ou du
„bruvage de la dépense, ou qui trempera dans une telle entreprise, soit
„par conseil, ou actuellement, aura trois fois la cale par-dessous la quille,
„& sera battu de bouts de corde de tout l'équipage.

LIV. Ne pourront les Maîtres-valets faire tourner à leur profit aucune fûtail-
„le vuide, soit petite ou grande; & ils seront tenus de les garder pour le
„service des victuailleurs; sur peine de châtiment arbitraire.

LV. Personne n'entreprendra, soit Nobles, ou Roturiers, Grands, ou Pe-
„tits, de mener quelque femme à bord; à peine d'être puni selon l'éxi-
„gence du cas.

LVI. Ceux qui voleront aux autres de l'argent, ou quelque autre chose, se-

K k

ront

258 C O.

„ront tenus de restituer le quadruple, & seront, outre cela, arbitrairement
„punis, pour la premiére fois : mais s'ils y retournent, ils feront la même
„restitution, & auront la cale par-dessous la quille, avec cent coups de
„bouts de corde ; & pour la troisième fois ils seront punis du suplice de la
„corde, sans rémission.

LVII. Personne n'entreprendra, non-plus, d'ataquer des vaisseaux étran-
„gers, qui viendront des places avec qui on est en alliance, ou du-moins
„avec qui l'on n'est pas en guerre ; ni ceux qui feront route vers ces mê-
„mes places ; on ne leur fera aucun tort, ni on ne leur causera aucun des-
„ordre, de quelque maniére que ce puisse être ; si ce n'est avec permission
„expresse de l'Amiral, ou du Commandant ; sur peine de punition corpo-
„relle.

LVIII. Personne n'entreprendra, soit Capitaines, ou autres, de faire descen-
„te en païs ennemi, pour faire du butin, ou des prisonniers, que par l'or-
„dre ou permission expresse de l'Amiral, ou de celui qui a droit de com-
„mander en sa place.

LIX. Lors-que les vaisseaux entreront dans le port, personne n'entrepren-
„dra de débarquer sans le congé du Capitaine, ou de celui qui remplira sa
„place en son absence ; sur peine d'être huit jours aux fers, au pain & à
„l'eau.

LX. Si l'on prend des vaisseaux ennemis, ou qu'on fasse d'autre butin, per-
„sonne n'entreprendra d'ouvrir cofres, armoires, ou paquets ; ni de visiter
„& lire les lettres, qui seront incessamment portées à l'Amiral, ou, en
„son absence, au Vice-amiral, ou autre Commandant, lequel prendra soin
„de mettre toute la prise en seureté, & de l'envoier aussi-tôt, sans qu'il
„en soit rien ôté, ni soustrait, aux Conseillers de l'Amirauté du quartier,
„& à la même place d'où l'on aura fait voiles, afin-qu'ils déclarent si le
„vaisseau est de bonne prise. Et si un Capitaine, ou plusieurs, sont com-
„mandez pour aller veiller à la conservation de quelques armoires, co-
„fres, ou autre butin, ils seront aussi obligez de les envoier incessamment
„au port, sans atendre d'en parler à aucuns Amiraux, ou Vice-amiraux ;
„le tout sur peine de la corde.

LXI. Personne n'entreprendra de passer à un autre bord, soit de vaisseaux
„marchands, ou autres, sans un ordre formel de son Capitaine ; & encore
„moins d'y commettre quelque violence, soit en jettant ce qui s'y trouve,
„ou en frapant, ou en blessant, ou en faisant d'autres mauvais traitemens ;
„ni d'y rien prendre, ou d'en rien enlever ; le tout sur peine de punition,
„selon l'éxigence du cas.

LXII. Si l'on fait des prisonniers, personne n'entreprendra de les soustraire,
„ou de les cacher : mais sans faire aucune convention avec eux, on les me-
„nera à l'Amiral, ou au Commandant, pour être interrogez. Et il ne
„sera point relâché de prisonniers sans notre participation, ou sans en avoir
„donné connoissance aux Conseillers de l'Amirauté ; sur peine de la corde.

LXIII. Personne ne transportera les armes d'un endroit dans l'autre, ni n'en
„pourra soustraire, ou vendre ; à peine de restitution du prix de leur va-
„leur, & de confiscation d'un mois de gages ; pour la premiére fois ; &
„d'être mis à terre sans passeport ; en cas de récidive.

LXIV. Personne n'entreprendra d'aller à terre avec des armes, sans permission

,, ſion du Capitaine, ou de ſon Lieutenant, en ſon abſence; ſur peine de
,, la cale du bout de la vergue, pour la premiére fois; & ſur la même peine
,, encore, avec conſiſcation d'un mois de gages, au profit de l'Etat, en
,, cas de récidive.

LXV. Tous les Matelots, Soldats & autres, qui voudront ſervir ſur mer,
,, & qui n'auront pas été préſens à la lecture de ce Réglement, & à la preſ-
,, tation du ſerment qui a été fait de s'y ſoumettre, & de l'obſerver; &
,, qui ſe feront encore enrollet ci-après, & prendront l'argent des Etats,
,, ne ſeront pas moins tenus que les autres à l'obſervation de tout ce que
,, les préſens Articles contiennent & tout-de-même que s'ils avoient aſ-
,, ſiſté en perſonnes, lors-que le ſerment a été prêté.

LXVI. Perſonne n'aportera de tabac ni d'eau de vie à bord, pour en re-
,, vendre, ſur peine de conſiſcation de ce qui aura été aporté, & de puni-
,, tion ſelon l'éxigence du cas; ſans que ceux qui pourroient en avoir acheté
,, à crédit, puiſſent être contrains de païer. Et ſeront les choſes conſiſ-
,, quées aplicables, un quart au profit du Prévôt, & le reſte à l'Etat.

LXVII. Tous les autres points convenables, qu'on a coutume d'obſerver,
,, dans la guerre maritime, & qui ont été obſervez de tout tems, quoi-
,, qu'ils ne ſoient pas couchez ici, pourront y être ajoûtez, ſuivant les oca-
,, ſions qui s'en préſenteront. Et ſeront les préſens Articles obſervez &
,, éxécutez reſpectivement, & par chacun en ſon particulier, entant qu'ils
,, le regarderont; tous Capitaines, Lieutenans, Nobles, Maîtres, Ofi-
,, ciers, Soldats, Matelots, & tous autres de quelque qualité & condition
,, qu'ils ſoient, qui ſe ſont engagez & s'engageront au ſervice ſur mer, étant
,, tenus de les obſerver fidèlement, & d'en prêter le ſerment devant les
,, Conſeillers de l'Amirauté, ou tels autres qui ſeront commis à cet éfet.

Preſtation de Serment.

,, NOUS promettons & jurons à L. H. P. Nos Seigneurs les Etats Généraux
,, des Provinces Unis, entant que demeurans atachez à l'Union, & au main-
,, tien de la vraie Réligion Chrétienne Réformée, de les ſervir bien & fi-
,, dèlement: de reconnoître les ordres des Colléges de l'Amirauté, des A-
,, miraux particuliers, des Vice-amiraux, & des Capitaines & autres Chefs
,, ſur nous établis, ou à établir; de les reſpecter & d'y obéir, & de nous
,, conformer en tout aux Articles & Ordonnances publiées ſur le fait de no-
,, tre ſervice. Ainſi Dieu nous aide.

,, C'eſt auſſi une punition fort ordinaire ſur mer, que de mettre un homme
,, à terre ſans paſſeport, ſoit en des lieux connus, ou inconnus; & par-là il
,, ſe trouve ſouvent expoſé à de grands dangers, & eſt en même tems noté
,, d'infamie; dequoi voici un éxemple, qui a quelque choſe de ſingulier.

,, QUELQUES Vaiſſeaux des Indes Orientales étant en route pour le re-
,, tour, & étant moüillez ſous l'iſle Sainte-Héléne, un d'entre eux, qui étoit
,, de Hoorn, avoit à ſon bord un homme qui étoit tombé en beaucoup de
,, fautes, pour leſquelles on le mit à terre, lors-qu'on leva l'ancre. Il n'y
,, avoit point d'habitans dans cette iſle, & ce malheureux ſe voiant ſeul,
,, & voiant les vaiſſeaux qui alloient mettre à la voile ſe trouva réduit au
,, deſeſpoir. Il étoit mort un homme à bord d'un de ces vaiſſeaux devant

Kk 2

l'iſle,

„l'ifle, & on étoit allé l'y enterrer dans un cercüeil. Le rélégué déterre
„le corps, lève le deffus du cercüeil, traîne le cercüeil à la mer, se met
„dedans, & nage vers les vaiffeaux, avec une piéce de bois au-lieu de ra-
„me. Un calme qui survint, favorifa fon deffein, fi toutefois il avoit au-
„tre deffein que de mourir, puis-que fans ce calme, qui vint comme par
„hazard, fa perte étoit inévitable. Les vaiffeaux tombez dans le calme
„n'avançoient point, & l'homme, quoi-que déja dans le cercüeil, ranimé
„par l'efpérance d'en fortir, fit de fi grands éforts qu'il fe rendit à bord, à
„une lieüe & demie de l'ifle. Les équipages voiant ce fpectacle, ne fa-
„voient ce que c'étoit qui s'aprochoit d'eux. On en fut bien-tôt éclairci
„par la venüe de l'homme, qui demandoit fa grace, avec toute l'inftance
„qu'on peut bien s'imaginer. On tint confeil; & comme les Hollandois
„font naturellement pleins de bonté & de compaffion, il fut reçu dans le
„même vaiffeau de Hoorn, d'où il avoit été tiré.
„Quand il s'agit de fautes legéres de quelqu'un des gens de l'équipage, la-
„quelle toutefois mérite correction, on le ceint d'une maniére ridicule, &
„en cet état on lui fait ballier le vaiffeau, afin-qu'il ferve de rifée à tous
„les autres.

CONSEIL de conftruction, *Raadt tot den aanbouw van oorlogs-fchepen.*
C'eft un Confeil compofé des principaux Oficiers de la marine; de l'Amiral, des
Vice-amiraux, des Lieutenans généraux, Intendans, & Commiffaires généraux; des Chefs d'efcadre, des Infpecteurs & Capitaines des ports, qui
délibérent avec des Charpentiers fur le radoub des vaiffeaux, & fur ceux que
l'on conftruit dans les arfenaux de marine. Le Controlleur en chaque port
eft Grêfier de ce Confeil. Voiez, Conftruction.

CONSEILLER de l'Amirauté. Voiez, Amirauté.

CONSERVE Aller de conferve, Aller de flote, Faire conferve. *Onder admi-*
raalfchap vaaren, In Compagnie zeilen.
Ce mot fignifie Efcorte, ou Compagnie. Vaiffeaux de conferve font ceux
qui font même route & vont enfemble. Conferve, ou Convoi, eft auffi un navire de guerre qui conduit des vaiffeaux marchands. Aller de conferve,
Aller de flote, c'eft aller d'efcorte réciproque. Comme j'étois defemparé
ma conferve ne me voulut pas quiter, & m'aïant donné le cable, elle me tira en oüaiche. Nous allions trois vaiffeaux de conferve par un vent de Sud.
Voiez, Compagnie.
„Il ne pourra partir de vaiffeaux des Pais-bas qu'il n'y en ait au-moins qua-
„tre enfemble pour aller de conferve : mais pour y revenir; s'il paroît que
„le Maître ait fait tous fes éforts afin de troüver de la compagnie, fans avoir
„pu y réüffir; & qu'il foit chargé de marchndifes de prix, fujettes à empiran-
„ce & dépériffement, enforte qu'il n'ait pu retarder plus longtems, fans un
„notable intérêt des Marchands, il pourra faire voiles, à condition toutefois
„de chercher des conferves fur la route. Pour ceux qui feront chargez d'au-
„tres mrachandifes, comme laine, fer, alun, paftel, garance, draps &c.
„lors-qu'ils feront en des lieux, où, felon les aparences, ils trouveront bien-
„tôt compagnie, ils y féjourneront jufques-à-ce qu'il y ait au-moins trois
„vaiffeaux pour revenir enfemble; & ils s'acorderont fur le choix d'un Ami-
„ral; & étant en plus grand nombre ils feront un Amiral, un Vice-amiral,
„& un Contre-amiral, fe foumettant aux Réglement faits fur ce point, &

„aux conditions particuliéres qui feront dans leur Acte.

CONSOLE. *Sleutel, Balk-fleutel.*

C'eft la partie d'une piéce de bois qui en foutient une autre, qui eft coupée en diminuant par le bout.

CONSOMMATION. *Slijtagie, Het Slijten, Vernieling.*

C'eft tout ce qui s'eft emploïé au fervice du vaiffeau, pendant le voïage,
comme cordage, toile de voile, poudre & bales. L'Ecrivain doit tenir un
régitre de la confommation. Les magafins doivent être toujours fournis
pour remplacer les confommations.

CONSTRUCTION. *Timmering, Bouwing, Aanbouw.*

C'eft la maniére de bâtir les vaiffeaux, & l'ouvrage même.

On trouve dans les Ordonnances les chofes qu'elles doivent contenir touchant la conftruction, & pour le refte on peut voir ce qu'en dit M. Daffié, & quelques autres. Voici ce qu'en difent auffi quelques Auteurs Flamands, & une table qui aïant été dreffée par un des plus fameux Maîtres
Charpentiers, fe trouve inférée dans les deux meilleurs Auteurs.

„Mr. Witfen dit que le tems qu'on a coutume de mettre, pour la conf-
„truction d'un vaiffeau de cent-trente-quatre piés de long, de l'étrave à
„l'étambord, eft, à-peu-près, quatre mois, & qu'on y emploie vingt à
„vingt-deux ouvriers. Il dit encore que cinquante ouvriers Hollandois
„conftruifent en cinq mois, un navire de cent-quatre-vingts à cent-qua-
„tre-vingts-cinq piés, auffi de l'étrave à l'étambord. A cela on peut ajoû-
„ter qu'on tient communément en Hollande, que le Bourg de Sardam, où
„eft la grande fabrique des vaiffeaux, peut, pendant une campagne en-
„tiére, fournir tous les jours un vaiffeau, en donnant tour-à-tour un du
„plus haut rang, jufques au cinquième & plus bas rang, pourvu qu'on foit
„averti, & qu'on en foit convenu quatre ou cinq mois aparavant. Que fi
„cela n'eft pas tout-à-fait véritable, il eft conftant néammoins que ceux
„qui le difent, ne s'éloignent pas fort de la vérité.

A l'égard des frais de la conftruction d'un vaiffeau, M. Witfen a auffi donné une lifte du coût d'un navire qui fut conftruit au tems qu'il mit fon livre au jour. C'étoit un navire de cent-foixante-cinq piés de long, de l'étrave à l'étambord, de quarante trois piés de large, feize piés de creux du
premier pont à fond de cale ; huit piés du premier au fecond pont ; &
fept piés du fecond pont au troifiême.   Livres.

La Quille, qui étoit de quatre piéces, coûtoit,   2000
   L'Etrave,   300
L'Etambord 120. Les Eftains 200. La Lifle de hourdi 60. faifant enfem-
ble,   380
Deux Contre-lifles 80. La Clef des eftains 15. Les Allonges de poupe 36.
faifant emfemble,   131
Sept Bordages de fond, chacun de quatre planches & un quart de planche
en longueur,   2460
Cinq Bordages des fleurs, chacun de cinq planches, faifant cinquante
planches,   2100
Quatre-vingts-quinze varangues à 40. la piéce. Deux cents Genoux de fond
& de revers à 20. faifant enfemble,   7800
Deux-cens-vingt Allonges à 18.   3960

La Contre-quille, 260. Trois Vaigres d'empature des varangues & des genoux, de cinq pouces 600. faisant ensemble, — 800

Pour les Vaigres de fond & des fleurs, — 2200

Pour deux Serre-bauquiéres l'une sur l'autre, de sept pouces, — 500

Treize Porques à 45. & vingt-six Genoux à 30. ensemble, — 1365

Pour sept Guerlandes, quatre Porques aculées dans les façons de l'arrière,
à 40. & dix-huit Genoux à 30. — 980

Trente Baux pour le bas pont à 85. & soixante Courbes, — 6050

Pour les Serre-goutiéres, & Entremifes. — 450

Pour les Barrots & Arc-boutans. — 150

Pour la Serre-bauquiére & la Vaigre d'empature. — 560

Pour le Serrage, ou les Vaigres entre la Serre-bauquiére & la Vaigre
d'empature. — 560

Trente-deux Baux du second pont à 50. & soixante quatre Courbes à 25.
livres, — 3200

Deux Guerlandes à l'avant. — 150

Six Courbes d'arcasse, — 400

Pour Faix de pont, — 160

Quatre Bordages pour mettre entre les fleurs & la premiére préceinte, chacun de cinq planches, faisant quarante planches, — 1400

Deux Préceintes de neuf pouces d'épais, — 1000

Quatre-vingts-dix Bordages, ou Planches, pour couvrir le pont, à 9.
livres, — 810

Pour le Serrage au-dessus de la serre-goutiére, — 250

Deux-cens-trente Allonges à 15. — 3500

Pour tout le bois des sabords & de leurs fermures, — 300

Une Préceinte 300. & un Couple de Bordages, faisant ensemble, — 550

Une autre Préceinte & deux larges Fermures, — 280

Une Lisse de vibord, & le Bordage au-dessus, — 200

Pour les Lisses, & pour l'Esquain, — 70

Pour les Porte-haubans, bordures & taquets des Dogues d'amure, — 120

Pour l'Eperon, — 300

Pour le bois de sculpture & les Termes tant en-dehors qu'en-dedans, — 400

Pour tout l'ouvrage du dedans, Fronteaux & Voutis, — 150

Pour le bois des Chambres, de la Cuisine &c. — 1600

Pour Planches de deux pouces, — 900

Pour Planches de deux pouces & demi, — 700

Pour Planches d'un pouce & demi, & Lattes, — 700

Trente-huit Barrots pour le troisiême pont, à 25. livres, & soixante &
seize Courbatons à 8. — 1558

Pour Serre-bauquiéres & Vaigres d'empatures des genoux & des varangues, — 296

Pour les Faix de pont du second pont, & pour les Serre-goutiéres, — 300

Pour les Caillebotis & les Vassoles, — 150

Pour les Caillebotis du haut & les Vassoles, — 190

Pour Serre-goutiéres & le serrage. — 192

Pour les Barrots & les Courbatons de la dunette, — 120

Pour tous les Seps de drisse grands & petits, — 200

Pour

Pour les Bittes, Traversins & Courbes, 200
  60
Pour....
Pour Taquets de diverses sortes, Acotards & Platbords, 400
Deux Cabestans & un Gouvernail, 200
Pour Salaires d'Ouvriers, 15000
Pour les Mâts, 4100
Pour le couple de Bordages d'entre les deux plus basses préceintes, 200
Pour Brai, Goldron & Etoupe, 500
Pour Chevilles & échafauts. 600

„ Ainsi toute la dépence du bois d'un vaisseau, tel qu'il est spécifié au
„ commencement de cet article, se monte à 74152. livres : bien-entendu
„ que c'est du meilleur bois; car si l'on vouloit se contenter d'un bois com-
„ mun & mêlé, on pourroit ménager jusqu'à 11070.
„ Tout le fer, ou l'ouvrage de fer qui s'emploie dans un tel vaisseau, revi-
„ ent à. 7784
„ Les Utensiles de la Cuisine, tels qu'ils sont requis dans un navire de cet-
„ te qualité, 352
„ Il faut tirer de la Corderie 35261. livres de Cordages, à quarante-cinq li-
„ vres le Schip-pondt, qui est de trois-cents livres. 5289
„ Les Voiles doivent coûter pour le moins, 2827
„ Toutes les Ancres doivent peser ensemble 6450. livres, à trois sous la li-
„ vre 967
„ Et pour d'autres petites choses, ou de nécessité, ou d'ornement, qu'on
„ n'exprime pas ici en détail, 2264
„ Ensorte que sans compter les apparaux qui regardent la guerre, & les
„ victuailles qu'il faut pour aller à la mer, un tel vaisseau doit coûter au-
„ moins 93635
„ Mais un autre Auteur, qui est un Charpentier Flamand, & qui a éxa-
„ miné ce devis, croit, premiérement qu'il faut augmenter de deux mille
„ livres l'article qui regarde la main de l'Ouvrier. Il estime aussi qu'il y a
„ faute d'impression dans l'article des Cordages, parce-que, non-seulement
„ selon la pratique ordinaire, mais encore selon les règles proposées dans le
„ livre de M. Witsen, il trouve que tous les cordages ensemble doivent
„ peser beaucoup plus, & par conséquent coûter beaucoup plus que l'arti-
„ ticle ne porte. Il juge donc qu'au-lieu de 35261. livres de poids, &
„ 5289. de prix, il faut mettre 78718. livres de poids, & 11807. de prix,
„ à 45. livres le Schip-pondt, ainsi qu'il est porté dans l'article.
„ Il est aussi d'avis qu'il y a erreur à l'égard des ancres; car, dit-il, un tel
„ vaisseau doit être pourvu de trois ancres, pour le moins, chacune du
„ poids de 5000. livres, ce qui fait 15000. livres, à quinze florins le cent;
„ ainsi ce seroit 2250. pour ces trois ancres, & davantage si l'on donnoit
„ plus d'ancres au vaisseau, comme c'est la plus ordinaire pratique:
„ L'article du Poulieur est aussi omis dans le devis, & le Maître Charpen-
„ tier fait monter cet article à-peu-près à 2500. livres. A quoi il ajoûte les
„ ralingues, qu'il estime à-peu-près trois mille livres : si-bien qu'il trouve
„ que le coût du navire proposé dans ce devis, doit monter à 113000. li-
„ vres, sans y comprendre les apparaux & les munitions de guerre.
„ Un navire construit de cette maniére, & où l'on n'a rien emploié que de
  bon,

„bon, peut durer un grand nombre d'années, avant-que d'être dégradé
„hors d'état de plus ſervir, à-moins qu'il ne lui ſurvienne de ces accidens
„ou fortunes de mer extraordinaires, qui hâtent ſa ruïne. Sans cela ſa
„durée peut aller juſqu'à quarante ans, & même juſqu'à cinquante, moi-
„ennant qu'il ſoit bien entretenu. M. Witſen dit qu'il a vû un navire An-
„glois, qu'il y avoit près de ſoixante & dix ans qui étoit conſtruit. Mais
„la plupart des vaiſſeaux n'ont pas le même ſort. Il en périt plus par les
„fortunes de mer, & par les inſultes des ennemis, qu'il n'en eſt dégradé
„a-cauſe de leur vieilleſſe.

VOICI encore ce qu'un autre Auteur Flamand dit des prix de la Conſtruction.

„On ne ſauroit déterminer quelle proportion peut avoir le ſalaire de l'ou-
„vrier avec le bois qui eſt la matiére de l'ouvrage; car il eſt certain que
„les grands navires coûtent beaucoup plus en matiére, & moins en ou-
„vrage, que les petits bâtimens. Ainſi un navire de cent-cinquante à cent-
„ſoixante piés, ne coûtera de ſalaire d'ouvriers qu'environ une ſixième par-
„tie du prix du bois; au-lieu que, par éxemple, le ſalaire d'ouvriers d'une
„buche de ſoixante & dix à ſoixante & douze piés, coûtera bien les deux
„ſeptièmes parties du prix du bois. En éfet, le prix d'une buche, ſans y
„comprendre les mâts, les vergues, ni la groſſe ferrure, monte ordinaire-
„ment à deux mille-ſix-cens, ou deux mille-huit-cens livres, quelque-
„fois plus, quelquefois moins, ſelon que le bois ſe trouve cher, ou qu'on
„les fait plus ou moins grandes. Mais ſur le pié ici marqué pour la gran-
„deur & pour le prix, un Maître fait ordinairement ſon compte de débour-
„cer ſept-cens-cinquante à huit-cens livres pour la main de l'ouvrier.

„UN VAISSEAU de cent-cinquante-trois piés de long, de l'étrave à l'étam-
„bord, dit le même Auteur; de trente-ſept piés de large, & de quinze
„piés de creux, ſans faux-pont, peut coûter de la main de l'ouvrier.

	Livres	Sous	Den
„Pour les Charpentiers de vaiſſeau,	10109 —	17 —	2
„Pour les autres Ouvriers d'atelier, & garçons „Charpentiers,	2303 —	5 —	8
„Pour les Scieurs de bois,	8171 —	0 —	0
„Pour les Perceurs des trous à chevilles,	550 —	0 —	0
„Pour les Perceurs des trous à cloux,	157 —	10 —	0
„Pour les Menuiſiers.	430 —	0 —	0
„Pour la façon de deux chaloupes & d'un canot,	260 —	0 —	0
„Pour le Sculpteur	315 —	0 —	0
„Pour le Peintre.	200 —	0 —	0
En tout	15196 —	12 —	0

„Selon le même Auteur, qui eſt un fameux Maître Charpentier de vaiſ-
„ſeau, une flûte de cent-trente-deux piés de long, trente piés de large,
„treize piés ſix pouces de creux; ſix piés ſix pouces de hauteur entre deux
„ponts, vingt-ſix piés trois pouces de large ſur le haut pont, vingt-quatre
„piés de large à la liſſe de hourdi, & deux piés cinq pouces de ligne
„droite dans la rondeur des fleurs, à ſon gros; le tout, meſure d'Am-
„ſterdam, ou d'onze pouces le pié, a coûté de main d'ouvrier, à paier
tren-

„trente fous par jour aux ouvriers communs, 11632. livres, favoir,

Livres, Sous, Deniers.

	Livres	Sous	Deniers
„Pour les Charpentiers de vaiſſeau, pendant-que le vaiſſeau étoit encore ſur les chantiers,	4338	10	0
„Pour les mêmes Charpentiers, après-que le vaiſ-ſeau a été mis à l'eau,	2040	1	0
„Pour les Scieurs, pendant-que le vaiſſeau étoit ſur le chantier,	459	11	0
„Pour les mêmes Scieurs, après-que le vaiſſeau a été à l'eau,	89	15	0
„Pour les Perceurs ſur le chantier,	320	0	0
„Pour les Perceurs ſur l'eau,	100	0	0
„Pour les Ouvriers d'atelier, & garçons Charpen-tiers, ſur le chantier,	887	14	11
„Pour les mêmes Ouvriers ſur l'eau,	704	5	8
„Pour les mêmes Ouvriers, comme aïant été les Agréeurs,	442	8	0
„Pour les mêmes Ouvriers, pour avoir conduit le vaiſſeau à Helvoëtſluis, & l'avoir là chargé,	1850	0	0
„Pour le Sculpteur,	180	0	0
„Pour le Peintre,	160	0	0
En tout	11632	0	0

„Dans le même livre, le ſalaire de tous les ouvriers qui ont travaillé à la
„conſtruction d'un navire à poupe quarrée, de cent-quarante-ſept piés ſix
„pouces de long, de l'étrave à l'étambord, trente-ſix piés de large, &
„quinze piés de creux, ſe monte à 12913. livres, 12. ſous. Et le ſalaire des
„ouvriers d'un autre vaiſſeau à-peu-près égal en tout, ſe monte à 15231. l.
„Et le prix du bois d'une Buche, avec le ſalaire des ouvriers, ſe monte à
„2166. liv. ſavoir.

	Livres
„Toutes les piéces de bois droites, pour la quille, pour la carlingue, les „ſerre-bauquiéres, les vaigres d'empature, les ſerre-goutiéres, les faix de „pont & les préceintes,	400
„Tous les bois courbes,	400
„Les planches du bordage & du ſerrage,	400
„Trente planches, de deux pouces d'épais, à 2. liv. 10 ſous la piéce.	75
„Pour autres planches,	80
„Pour voiture & frais,	50
„Pour gouvernail, cabeſtans ou virevauts, bittes, coites de virevauts, „chandeliers & écubiers,	150
„Pour le ſalaire des Charpentiers,	400
„Pour les Scieurs,	70
„Pour le Perceur,	10
„Pour les garçons,	15
„Pour étoupe, mouſſe, roſeaux, brai, goldron, épites, coins, échafauts	160

„En tout 2166. livres, non compris la ferrure, le clou, & la mâture.
QICI une Table de conſtruction, ou des proportions des principales par-
tiés d'un vaiſſeau, qui a été autrefois dreſſée par J. D. Grebber, & que
M. Witſen & un Charpentier de la Meuſe ont inſérée dans leurs livres.

L l

T A-

TABLE.

Longueur du vaisseau, de l'étrave à l'étambord.	Largeur de dedans en dedans prise au premier pont.		Creux sous le premier pont.		Largeur du fond de cale.		Rondeur ou façons des côtés.		Largeur dans les fleurs.		Ligne droite des fleurs.		Hauteur de l'étrave.		Sa queste.		Hauteur de l'étambord.		Sa queste.	
Piés.	Piés	Pouces	Piés	Pouces	Piés	Pouces	Piés	Pouces	Piés	Pouces	Piés	Pouces	Piés	Pouces	Piés	Pouces	Piés	Pouces	Piés	Pouces
60	15	0	6	0	10	0	0	6	13	10	2	5½	11	0	10	5½	10	5½	1	
65	15	5½	6	5½	10	3¾	0	6½	13	10	2	6	11	5½	11	0	10	5½	1	
70	17	5½	7	0	11	7	0	7	16	2	2	7	12	0	11	5½	12	2	2	
75	18	8½	7	5½	12	2	0	7½	17	4	2	5½	12	5½	12	0	13	7	2	
80	20	0	8	0	13	3	0	8	18	6	2	8	13	7	13	0	14	0	2	
85	21	2½	8	5½	14	1	0	8½	20	3½	2	9	14	9	14	0	14	6	2	
90	22	5½	9	0	15	0	0	9	21	1	3	0	15	10	15	0	15	8	2	
95	23	8½	9	5½	15	9	0	9½	22	1¾	3	1¾	16	8	16	0	16	4	2	
100	25	0	10	0	16	7	0	10	23	3¾	3	5¼	18	1	17	8	17	5	2	
105	26	2½	10	5½	17	3	0	10	24	8	3	7	19	1	18	5½	18	5	2	
110	27	5½	11	0	18	3	1	0	25	5	3	9	19	6	19	0	19	3	3	
115	28	8½	11	5½	18	9	1	1	26	8	4	0	20	3	20	0	19	9	3	
120	30	0	12	0	20	0	1	1	27	9	4	0	21	3	21	0	21	0	3	
125	31	2½	12	5½	20	7	1	1	28	9	4	4¼	21	5	21	3	21	4¾	3	
130	32	5½	13	0	21	7	1	1	30	1	4	5¼	22	8	22	8	22	4¾	3	
135	33	8½	13	5½	22	5	1	1	31	3	4	4	23	4	23	4	23	3	3	
140	35	0	14	0	23	2	1	1	32	7	4	7½	23	10	23	10	24	5	4	
145	36	2½	14	5½	24	2	1	2	33	8	4	7½	24	3	24	0	25	0	4	
150	37	5½	15	0	24	10	1	2	34	8	4	9	25	4	25	4	26	3	4	
155	38	8½	15	5½	26	1	1	3	35	10	4	10	26	0	26	0	26	9	4	
160	40	0	16	0	27	4	1	4	37	3	5	0	26	6½	26	6	28	0	4	
165	41	2½	16	5½	27	5	1	4	38	2	5	5	27	2	27	8	28	5½	4	
170	42	5½	17	0	28	3	1	5	39	3	5	5	27	8½	27	8	29	6	4	
175	43	8½	17	5½	29	3	1	5	40	3	5	5½	28	3	28	0	30	2½	5	
180	45	0	18	0	30	0	1	6	42	0	5	7	29	5½	29	5½	31	0	5	
185	46	2½	18	5½	30	10	1	6	43	0	5	9	30	1	30	0	32	0	5	
190	47	5½	19	0	31	7	1	7	44	0	6	0	30	8	30	8	33	4	5	
195	48	8½	19	5½	32	5	1	7	45	2	6	2	31	6	31	6	34	0	5	
200	50	0	20	0	33	4¼	1	8	46	4	6	5	32	8	32	8	35	0	5	

TABLE.

Longueur de la lisse de hourdi.		Epaisseur largeur & courbe de la lisse de hourdi qu'on tient toujours deux pouces plus large que ne requiert la proportion.		Relevement des ceintes à l'avant.		Relevement des ceintes à l'arriére.		La hauteur d'entre le haut pont & celui qui est au dessous, prise à la serre-goutiére, au grand gabarit.		Les allonges tombent de		Les estains s'étendent depuis leur bas bout jusques à la lisse de houtdi, de		Les allonges de poupe ont de hauteur au dessus de la lisse de hourdi		Largeur d'entre les allonges de poupe par le haut.		Le rétrecissement des allonges au grand gabarit.	
Piés	Pouces	Piés	Pouces	Piés	Pouces	Piés	Pouces	Piés	Pouces	Piés	Pouces	Piés	Pouces	Piés	Pouces	Piés	Pouces	Piés	Pouces
10	0	0	6	1	5	4	5½	0	0	0	6	5	5	10	5	5	0	0	0
10	3¾	0	6½	1	6	4	9½	0	0	0	6¼	5	5½	10	5½	5	3	0	0
11	7¾	0	7	1	6	5	2¼	0	0	0	7	6	2	12	2	6	0	0	0
12	2½	0	7	1	6	5	4	0	0	0	7½	7	0	13	7	6	3	0	0
13	3¾	0	8	1	7	6	0	0	0	0	8	7	4	14	6	6	8	0	0
14	1¼	0	8½	1	7	6	8	4	6	0	8½	7	8	15	0	7	2	1	2
15	0	0	9	2	2	7	3	4	8	0	9	8	0	15	5	8	0	1	8
15	9	0	9½	2	3	7	5	4	10	0	9½	8	4	16	5	8	3	1	10
16	7½	0	10	2	6	7	8	5	6	0	10	9	0	17	6	8	8	1	10½
17	3½	0	10½	2	5	8	3	6	0	0	10½	9	5	18	1½	9	0	2	0
18	3¼	1	0	2	6	8	5	6	1½	0	11	10	6	19	3	9	3½	2	0¾
18	9½	1	0½	2	7	9	0	6	2	1	0	10	6	19	9	9	5	2	1
20	0	1	1	3	0	9	4	6	3	1	0½	11	8	21	0	10	0	2	1
20	7¾	1	1½	3	1	9	6	6	4	1	1	11	0	21	4	11	0	2	1¼
21	7	1	2	3	3	9	8	6	5½	1	2	11	8	22	8½	11	5½	2	2
22	5½	1	2½	3	4	9	9	6	5¾	1	2½	11	10	23	3	12	0	2	2¼
23	2¾	1	3	3	5	10	10	6	6	1	3	12	5	24	5½	12	5½	2	3
24	2	1	3	3	5½	10	10	6	6½	1	3½	13	0	25	0	12	10	2	3½
24	10¼	1	4	3	8	11	3	6	7	1	4	13	6	26	3	13	6	2	4
26	1	1	4½	3	9	11	3½	6	7½	1	4½	13	10	26	9	13	10	2	4¼
27	4	1	5	3	9	12	0	6	8	1	5	14	5	28	0	14	9	2	5
27	5½	1	5½	3	10	12	0	6	8½	1	5½	14	9	28	5½	14	10	2	5½
28	3¼	1	6	3	10½	12	8	6	9	1	6	15	0	29	8	15	0	2	6
29	3¼	1	6½	4	0	12	9	6	10	1	6½	15	6	30	0	16	10	2	6¼
30	0	1	7	4	5½	13	5	7	0	1	7	16	0	31	0	17	0	2	7½
30	10	1	7	4	6	13	6	7	1	1	7½	17	0	32	0	17	5	2	8
31	7	1	8	4	6½	14	3	7	2	1	8	17	5	33	4	17	10	2	8½
32	5	1	8½	4	7	14	5½	7	3	1	8½	18	0	34	0	18	0	2	9
33	4	1	9	5	2¾	15	0	7	5	1	9	18	0	35	0	18	0	2	10

CON-

CONSTRUIRE, Bâtir. *Bouwen, Timmeren.*
C'eſt faire & fabriquer un vaiſſeau.

CONSULS, Juges & Conſuls. *De Regters van 't handel.*
Ce ſont certains Juges éleus entre les Marchands, & toutes autres perſonnes qui ſe mêlent du négoce pour y trouver du profit, afin de leur rendre gratuitement la juſtice. Ils connoiſſent des lettres de change, & des billets à ordre & au porteur, qui courent dans le commerce. Les Sentences des Conſuls portent contrainte par corps. La juridiction des Conſuls à été établie par le Roi Charles IX. par Edit du mois de Novembre 1563. Dans les Parlemens de Rouën & de Thoulouſe, au-lieu de Juges & Conſuls, on les apelle Prieurs & Conſuls.

CONSUL. *Conſul.*
C'eſt auſſi un Oficier établi en vertu d'une Commiſſion du Roi, dans toutes les Echelles de Levant, ou autres villes de commerce. Sa fonction eſt de faciliter le négoce, & de protéger les Marchands de la Nation. L'Ordonnance de la marine veut qu'un Conſul ſoit âgé de trente ans, & que les Actes expédiez en païs étranger, ne faſſent point de foi en France, que quand le Conſul les a légaliſez. Il y a des Conſuls à Alep, en Aléxandrie, à Smirne, à Saïd, à Tripoli, à Alger &c. Le Conſul du Caire eſt celui qui fait le trafic du ſéné qu'on vend en Europe. Mais il n'y en a plus en France de la part des Etats Généraux des Provinces Unies; ni dans les Provinces Unies de la part de la France, & cela en conſéquence du trente-neuvième article du Traité de commerce, navigation & marine, fait entre les deux Nations le 20 de Septembre 1697. qui porte, qu'à l'avenir aucuns Conſuls ne ſeront admis de part & d'autre.
„Les Conſuls ſont autoriſez à juger les afaires civiles & criminelles qu'on
„introduit devant eux, afin-que les démêlez, qui pourroient ſurvenir entre
„les gens de la nation, ſoient promtement décidez, & que la bonne intel-
„ligence ſe rétabliſſe. Ils prennent des Aſſeſſeurs, lors-qu'ils le jugent à
„propos, & que les afaires ſont épineuſes. Ils ſont tenus de juger ſuivant
„les Us & Coutumes de la mer. Ils peuvent auſſi ſubſtituer, à leurs frais
„des Aſſeſſeurs dans les places qui ſont de leur reſſort, & où ils ne ré-
„ſident pas. Ils prennent, pour leurs vacations, le droit de Conſulat te
„qu'il leur eſt atribué par les Réglemens des Etats Généraux. Lors-qu'il
„eſt fait quelque tort, ou quelque inſulte, aux Marchands qui ſe trouvent
„dans les païs où ils ſont établis, ou à leurs Facteurs, ou à leurs éfets, le
„Conſuls ſont obligez d'agir vigoureuſement auprès des Puiſſances, pour
„faire obtenir réparation & dédommagement; & de donner avis à Leurs
„Hautes Puiſſances de ce qui ſe paſſe. Tous Marchands, Négocians, Maî-
„tres, & Facteurs, ſont obligez de reconnoître leur autorité, de leur por-
„ter reſpect, & de leur obéir ſans réſiſtance, ſur les peines portées par leur
„Inſtruction.

CONTINENT. *Een vaſt landt.*
C'eſt une grande étendüe de la terre qu'aucune mer n'interrompt, ni ne ſépare. Il y a deux grands Continens; L'Ancien & le Nouveau. L'Ancien comprend l'Europe, l'Aſie, & l'Afrique. Le Nouveau Continent eſt ainſi apellé de ce qu'il ne nous eſt connu que depuis la découverte de l'Amérique, que nous apellons autrement le Nouveau Monde. Continent ſe di-

dit par opofition aux ifles. L'Afrique eft un grand Continent qui n'eft ataché à l'Afie que par un ifthme.

CONTOIR, Comptoir. *Komptoyr, Kantoor, Negotie-plaats, Logie.*
C'eft un bureau établi en quelque lieu de commerce, foit dans l'Europe, dans l'Afie, ou dans l'Afrique, pour la facilité du négoce. Il y a des lieux où plufieurs Nations ont des comptoirs, comme à Surate & à Andabar, où les François, les Hollandois & les Anglois en ont. Les plus fameux comptoirs font ceux des villes Hanféatiques, établis à Anvers, à Berghen, à Novograd, & en d'autres villes de l'Europe; car ce font de grandes maifons, magnifiquement bâties, qui ont trois ou quatre cents chambres fuperbement meublées, qui entourent une grande cour, avec plufieurs cabinets, portiques, galeries, magafins & greniers, pour y recevoir toutes fortes de Marchands & de marchandifes. Il y a un Conful ou Juge avec plufieurs Oficiers & Serviteurs de la Nation.

CONTRACT à la Groffe. Voïez, Groffe, & Bomerie.

CONTRARIE' par le vent. *Door tegen-windt verhindert, Van weer en windt belet.*
On dit qu'on a été contrarié par le vent, pour dire que le vent a été long-tems contraire à la route qu'on prenoit, ou qu'on vouloit faire.

CONTRE-AMIRAL. *Schout-by-nacht.*
C'eft un Oficier qui commande l'arriére garde, ou la derniére divifion d'une armée navale. Cette charge n'eft qu'une fimple qualité en France; car il n'y a point de Contre-amiral fixe: il ne fubfifte que pendant un armement confidérable, où les Oficiers Généraux font emploïez. Dans ces ocafions le plus ancien des Chefs d'efcadre porte le pavillon de Contre-amiral, qui eft blanc, de figure quarrée, & qui s'arbore à l'artimon.
Mais en Hollande la qualité de *Schout-by-nagt* eft fixe comme les autres; auffi les fonctions de cet Oficier ne font-elles pas les mêmes en tout, que celles d'un Contre-amiral. Cépendant comme elles en aprochent plus que des fonctions d'aucun autre Oficier, & que c'eft en Hollande, comme en France, le troifième Oficier en rang, on ne peut traduire plus convenablement le terme de Contre-amiral en Hollandois, que par celui de *Schout-by-nagt.*
,,Le Contre-amiral, ou *Schout-by-nagt*, eft le troifième Oficier des armées ,,navales. Ses principales fonctions font d'avoir l'œil, pendant la nuit, a-ce-,,que tous les vaiffeaux gardent leur rang en naviguant, afin-qu'ils ne s'a-,,bordent pas, & qu'il n'y ait point de confufion; & c'eft à lui de dénon-,,cer ceux qui ne font pas leur devoir à cet égard.

CONTRE-BANDE. Marchandifes de contre-bande. *Verbodene Waaren.*
Ce font toutes celles dont le tranfport eft défendu fous peine de confifcation, & qui font déclarées de bonne prife, parce-qu'elles ont été chargées dans un vaiffeau contre le loix d'un Etat, comme font particuliérement les munitions de guerre, pendant-qu'une nation eft en armes contre l'autre.

CONTRE-BITTES, Courbes de bittes. *Beeting-knies of ftuinders, Steek-knies tot de beeting.*
,,Les Contre-bittes d'un vaiffeau de cent trente-quatre piés de long, de l'étra...

„ ve à l'étambord , qui ſont aux piliers de bittes , doivent avoir deux piés
„ ſept pouces de large du côté des piliers , & douze pouces en-devant.
„ Voiez, Bittes, & la Figure.

CONTRE-CARE'NE. *Tegen-Kiel.*
C'eſt une piéce de bois oppoſée au-deſſus à la carène.

CONTRE-ETAMBORD. *Agter-ſtemphout, Knie aan de agterſteven en op de kiel.*
C'eſt une piéce courbe , triangulaire , qui lie l'étambord ſur la quille.

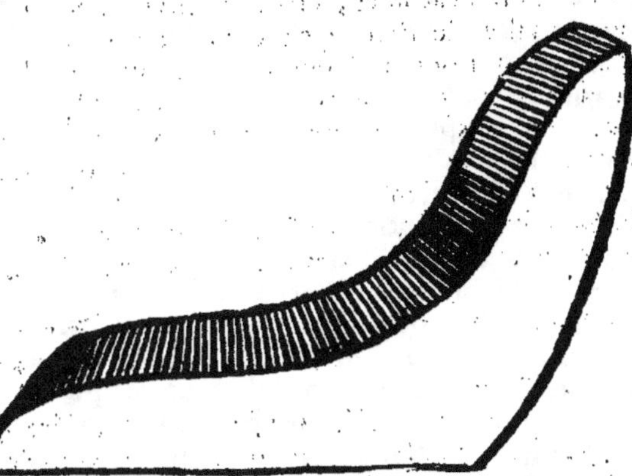

CONTRE-ETRAVE. *Voor-ſtemphout , Binne-ſteven , Slaaper , Knie op de
kiel en aan de voorſteven; of Knoop van de kiel en ſteven in de fluit-ſchepen.*
C'eſt une piéce de bois courbe , poſée au-deſſus de la quille & de l'étrave ,
pour faire liaiſon conjointement.

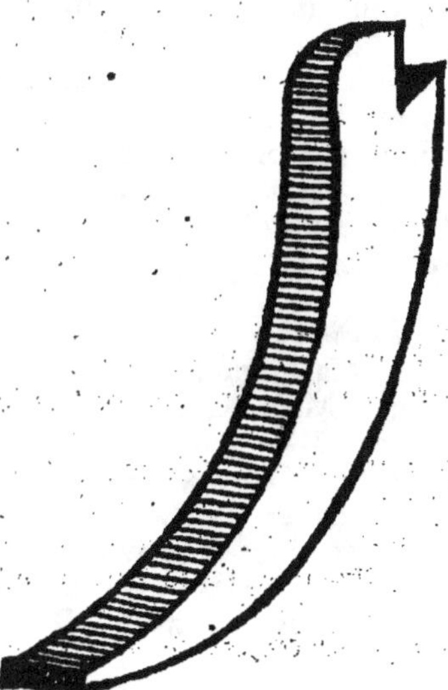

CON.

CONTRE-FANON. *Voiez,* Cargue-bouline.

CONTRE-FORT. *Voiez,* Clef des estains.

CONTRE-LISSES. *Voiez,* Barres d'arcasse.

CONTRE-MAITRE, ou Nocher, *Boots-man, Hoog-boots-man.*
C'est un Oficier de l'équipage qui est l'Aide du Maître, ou Patron. Il éxécute & fait éxécuter dans le vaisseau, tant de jour que de nuit, les ordres du Maître, & en cas de maladie, ou d'absence, il commande en sa place. Il fait faire la manœuvre du mât d'avant & du beaupré, sur la parole du Maître; moüiller & lever les ancres, les bosser & mettre en place, fourrer les cables, & virer au cabestan, quand le vaisseau apareille. Il a soin de faire agréer le vaisseau, & avant-que de faire voiles il voit s'il est sufisamment garni de cordages, poulies, voiles, & de tous les apparaux nécessaires; & en arivant au port il fait préparer les cables, les ancres, & amarrer le vaisseau, ferler les voiles & dresser les vergues. L'Ordonnance dit, Contre-maître & Nocher.

„Le Contre-maître met l'équipage en besoigne; il a inspection sur les „agreils du grand mât & du mât d'artimon.

„Le Contre-maître & l'Esquiman, ont tous deux inspection sur les ma„nœuvres des écoutes & des coüets, ils tiennent les palans parez. Cha„cun d'entre eux a un Aide, ou un Second. Ils sont comme des Sous-„maîtres. Le Contre-maître prend soin de tout ce qui regarde le grand „mât, & le second Contre-maître, a le soin de l'artimon. L'Esquiman „travaille au mât d'avant, & son Second au beaupré. Leur fonction est „encore de faire hisser & embarquer ce qui se présente, & de prendre gar„de qu'il n'y arive point d'accident. Ils ont aussi inspection sur les ver„gues, pour les faire bien amarrer, & tenir toujours parées. Ce sont eux „qui regardent si le vaisseau est bien net, & qui le font nétoïer & laver: „ils empêchent qu'on ne fume du tabac ailleurs que devant le grand mât; „& ils font observer à ceux qui fument en ce lieu-là, de mettre des cor„nets sous leurs pipes, de crainte qu'ils ne causent quelque embrasement.

SECOND Contre-maître. *Bosseman, Hoog-boots-mans-maat.*
C'est l'Aide du Contre-maître. *Voiez,* Bosseman.

CONTRE-MARCHE. Faire la Contre-marche. *Wenden en agter 't agter-ste schip, of smaldeel, een gang gaan, om weer over te wenden.*
Cela se dit, quand tous les vaisseaux d'une armée, ou d'une division, qui sont en ligne, vont derriére le dernier, jusqu'à un certain lieu, pour revirer, ou changer de bord.

CONTRE-MARE'E. *Tegen-stroom.*

CONTRE-QUILLE. *Voiez,* Carlingue.

CONTRE-SABORDS. *Voiez,* Mantelets.

CONTRE-SALUT. *Resalutatie, Weer-groet, Voiez,* Salüer, & Pavillon.

CONTROLLEUR de la Marine. *Contrerolleur.*
C'est un Oficier qui a l'œil sur tous les marchés qui se font dans un arcenal de marine; sur l'achat des marchandises & provisions; sur les receptes & les dépences; sur le travail & le salaire des ouvriers; sur les montres & revües des équipages; & il mêle sa fonction avec celle du Commissaire Ordinaire.

„Les Controlleurs tiennent un controlle, ou régître, de tous les inven-
„taires

„taires & de toutes les ventes, & lors-qu'on décharge les vaiſſeaux ils pren-
„nent connoiſſance des gens qui ſont à bord, & de ce qu'on fait des mar-
„chandiſes; & ſelon les ocaſions ils en donnent avis au Fiſcal.

„Les Controlleurs prêtent le ſerment comme tous les autres Oficiers : ils
„n'ont de gages, ou de profit, qu'un gros des douze gros qui ſont ici men-
„tionez ſous le mot de Commiſſaire des ventes; & néammoins il ſont obli-
„gez d'éxécuter tout ce qui eſt dans leur Inſtruction, & qui les regarde,
„ſans avoir aucune part à l'achat des éfets des priſes, ou d'aucuns autres
„éfets confiſquez.

CONVERSO. *'t Dek tuſſchen de groote en fokke-maſt.*

C'eſt la partie du tillac d'enhaut qui eſt entre le mât de miſéne eſt le grand
mât: C'eſt le lieu où l'on ſe viſite les uns les autres, & où l'on fait con-
verſation : c'eſt un mot de Portugal.

CONVERTIR. Convertir des marchandiſes. *De ſtoffen Verwerken.*

C'eſt les mettre en œuvre. Par éxemple, du chanvre, c'eſt le convertir
que d'en faire des cordes. On évitera, autant qu'il ſe pourra, de donner
des marchandiſes à convertir hors des ateliers des arcenaux, à des Maîtres
particuliers des villes.

CONVERTISSEMENT de marchandiſes. *Het Verwerken der ſtoffen.*

CONUOI. *Geley, Convoy, Geley-ſchip.*

C'eſt un vaiſſeau de guerre qui conduit des vaiſſeaux marchands.

LETTRES de Convoi. *Convoy-of geley-cedullen.*

Ce ſont des billets qu'on donne pour chaque vaiſſeau, par leſquels on lui
permet d'être ſous le convoi.

CHAMBRE des Convois *Convoy-kaamer.*

C'eſt la chambre où ſe délivrent ces billets, & où s'expédie tout ce qui regarde les convois.

CONVOIER des vaiſſeaux marchands. *Koopvaardy-ſchepen geleiden.*

C'eſt le ſoin que le vaiſſeau de guerre prend de leur conduite, la route qu'il
fait pour cela, & le tems qu'il y emploie.

COQ du vaiſſeau. *De Kok.*

C'eſt le Cuiſinier de l'équipage.

„Le Coq doit être propre, & tenir bien nets les vivres qu'il fait cuire;
„mais il ne doit point conſumer d'eau ni de bois inutilement. Il doit
„laver tous les jours ſa cheminée. Il ne ſert à manger que quand il en a
„l'ordre du Capitaine; & il ſonne la clochette pour avertir l'équipage de
„s'aſſeoir.

„Le déjûner qu'il ſert le lundi matin, eſt de l'orge mondé; le dîner eſt
„de-même; ce qu'il continüe juſqu'au jeudi qu'il donne à dîner du lard,
„ou du bœuf, avec des pois gris, & au ſoir des pois gris & du ſtochfiſſel
„Le vendredi & le ſamedi on ſert comme le lundi, & le dimanche com-
„me le jeudi; mais pendant toute la ſemaine, le déjûner eſt toujours
„d'orge mondé.

„Il y a beaucoup de vaiſſeaux marchands, où l'on fait, dans une ſemaine,
„vingt & un repas d'orge mondé, principalement ſur ceux qui ſont deſti-
„nez pour la mer Baltique, ou pour la France; & l'on y joint du lard
„& du bœuf, à certains jours réglez. Il y a des navires de guerre, où
„l'on ne ſert jamais de viande, ſi ce n'eſt lors-qu'on peut envoier à terre,
„& en

„& en faire acheter de fraîche en quelque endroit. On estime que le lard
„vaut mieux que le bœuf pour les gens de mer, parce-qu'il se conserve
„mieux, & qu'il n'est pas de si dure digestion que de la viande de bœuf,
„quand elle est vieille.

„Le fromage, le beurre, & le biscuit se distribüent par mesure, toutes
„les semaines, à chacun des gens de l'équipage en particulier : mais pour
„le beurre on ne leur en donne pas ordinairement ; ce n'est que dans les
„voiages de long cours qu'on leur en donne une demie livre par semaine,
„avec une livre de fromage, & cinq livres de biscuit par tête. Pour la
„biére, ils en ont autant qu'ils en veulent.

„Le Cuisinier doit emploier la graisse qui vient de la viande, à cuire des
„potages de gruau & d'orge ; & celle qui est trop sale, & qui ne se peut
„manger, sert à l'entretien du vaisseau : & comme il s'en faut beaucoup
„qu'il ne puisse sufire à toutes les ocupations de la cuisine, il a d'ordinaire
„un Aide sous lui, avec un Détrempeur de viandes & de poisson, & un
„mousse.

„Dans les vaisseaux marchands il n'y a point de Coq : c'est un mousse qui
„fait la cuisine, & qui sert dans une même gamelle pour tout l'équipage,
„sans qu'il y ait de rations ordonnées comme dans les navires de guerre.

COQUE. *Kink, Draay, Kreuk, Slag.*
C'est un faux pli qui se fait à une corde qui est trop torse, ou qu'on n'a pas
pris soin de détordre.

COQUET. *Koquet.*
C'est une sorte de petit bateau qu'on amène de Normandie à Paris.

COQUETER. *Wrikken, Wiegen.*
Cela se dit d'un homme qui avec un aviron mène & fait aller un bateau en
avant, en remuant son aviron par le derriére.

CORADOUX, Couradoux. *De tusschen-wijdte tusschen twee dekken, De hoogte of diepte tusschen twee dekken.*
C'est proprement l'espace qui est entre deux ponts.

CORALINE. *Koralijn.*
C'est une espéce de chaloupe legére, dont on se sert au Levant pour la pêche
du corail.

CORBEILLON, Corbillon. *Korf, Broodt-korf.*
C'est une espéce de demi-barillet, qui a plus de largeur par le haut que par
le bas, & où l'on tient le biscuit qu'on donne à chaque repas, pour un
plat de l'équipage.

CORDAGE. *Koord, Koordasie, Touwerk.*
C'est le nom que l'on donne à toutes les cordes qui sont emploiées dans les
agrès d'un vaisseau.

„Les cordages se vendent ordinairement au poids. Le prix en augmente
„ou diminüe si considérablement, & en si peu de tems, qu'on n'en sauroit
„rien dire de certain. Quelquefois, par exemple, le *Schip-pondt*, ou trois
„cents livres, de chanvre de Riga, vaut jusqu'à soixante & dix livres, &
„quelquefois il baisse jusqu'à vingt-trois livres. Et pour la façon des cor-
„dages on paie neuf à dix livres, pour ce même poids, soit que le corda-
„ge soit blanc, ou goudronné. Chaque quintal de cordage prend commu-
„nément vingt livres de goudron, mais le chanvre de Riga en prend un

„peu

„peu plus que celui de Hollande. Le gros cordage ne se peut faire sans
„roüe, & sans machine.

M. Dassié dit que les cordages communs, qui servent à toutes sortes de
manœuvres, doivent être de trois torons : que la tournevire est de quatre
torons, avec la méche au milieu, garnie de fusées : que les écoutes du
grand & du petit pacfi doivent être aussi de quatre torons, avec une méche
au milieu, & chaque toron de trois cordons : qu'il en doit être de-même
des écoutes du grand & du petit hunier, aussi-bien que des coüets du grand
& du petit pacfi, qui doivent être faits à queüe de rat.

Selon le même Auteur, le grand étai doit être composé de quatre torons,
au milieu desquels est un nombre de fils de carret qu'on apelle l'ame, ou
la méche; & ces fils se mettent par proportion, sur le nombre des fils qui
font le cordon du toron, dont ils font une quatrième partie; si-bien que
quand le toron est de quarante fils, l'ame est de dix fils, & la grosseur des
fils doit être aussi à-peu-près égale ; car si les fils de la méche étoient plus
petits, il en faudroit davantage. Chaque toron est fait de trois cordons.
L'étai du mât de miséne doit être aussi de quatre torons ; celui du grand
mât de hune tout-de-même ; ceux du mât de hune d'avant, & du mât d'artimon encore de-même : mais l'étai du perroquet doit n'avoir que trois torons, & il doit être de cordage commun.

VOICI l'état des cordages d'un vaisseau de cent-trente-quatre piés de long de
l'étrave à l'étambord, tel qu'il est souvent proposé en ce livre, & par raport à la mâture qui en a été ci-devant décrite sous les mots, Bois, & Négoce du Bois.

„Quatre cables de treize pouces de circonférence, & de cent brasses de
„long, avec un autre de douze pouces de circonférence, tous les cinq pe-
„sant ensemble 14560. livres.

„Le grand étai, qui a treize pouces de circonférence, & vingt-quatre bras-
„ses de long. L'étai du mât de miséne, qui a neuf pouces & demi de cir-
„conférence.

„Les grands haubans, qui ont six pouces un quart de circonférence : les
„haubans de miséne, qui ont cinq pouces & demi de circonférence; les uns
„& les autres pesant ensemble 740. livres. Les haubans d'artimon qui ont
„quatre pouces de circonférence, pesant 208. livres.

„Six paquets de corde tournée à broches de fer, pesant 1290. livres. Deux
„paquets de corde tournée à la roüe, pesant 122. livres. Trente-quatre
„hansiéres, pesant 377. livres. Trois cents livres de fil de carret. Douze
„lignes d'amarrage du poids de 25. livres. Trente-six paquets de lusin, &
„autant de merlin. Deux paquets d'autre corde tournée à la roüe, pe-
„sant 218. livres.

„Les haubans du grand mât de hune, qui ont quatre pouces de circonfé-
„rence : les haubans du mât de hune d'avant, qui ont trois pouces & demi
„de circonférence, pesant ensemble 690. livres.

„L'étai du mât de hune, & les deux guinderesses, qui ont cinq pouces
„& demi de circonférence. Deux paires d'écoutes de hune, pesant 1062.
„livres, & aiant quatre pouces trois quarts de circonférence. Les drisses
„qui ont quatre pouces, ou quatre pouces & demi de circonférence. La
„candelette qui en a cinq pouces & demi.

„L

„La grande étague, qui a six pouces trois quarts de circonférence, &
„vingt-six braſſes de long : l'étague de miſéne qui a six pouces de circon-
„férence, & vingt-quatre braſſes de long ; peſant enſemble 461. livres.
„L'étague du mât d'artimon & celle du grand mât de hune, qui ont qua-
„tre pouces de circonférence ; & l'étague du mât de hune d'avant, qui en
„a trois & demi ; peſant 112. livres.
„Cinq différens paquets de cordage tourné à broches de fer, peſant 883.
„livres. Huit paquets de cordage fait à la roüe, longs chacun de cent
„braſſes, peſant 775. livres. Trois cents livres de fil de carret. Dix-huit
„hanſiéres, de deux cents livres. Vingt-quatre paquets de luſin & vingt-
„quatre de merlin.
„Deux paires d'écoutes, de quatre pouces & demi à cinq pouces de circon-
„férence, & de quatorze braſſes & demie de long ; peſant 521. livres.
„Deux paquets de cordage fait à broches de fer, du poids de 312. livres.
„Sept paquets de cordage fait à la roüe, de dix, douze, quinze, dix-huit,
„& vingt pouces de circonférence, du poids de 512. livres. Vingt lignes
„goudronnées.
„Et lors-qu'un tel vaiſſeau eſt deſtiné à faire un voiage de long cours, il
„eſt néceſſaire de le garnir encore, pour rechange
„De quatre paquets de cordage fait à broches de fer, du poids de 840 li-
„vres : d'une grande étague : de deux étagues de hune , de quatre pouces
„de circonférence, peſant 375. livres : de deux grandes écoutes de ſoixan-
„te braſſes de long, peſant 272. livres ; d'une paire de coüets du poids de
„160. livres. d'une caliorne de quatre pouces de circonférence, & de qua-
„rante-ſix braſſes de long, du poids de 154. livres : de vingt hanſiéres : de
„quatre-cents-cinquante livres de fil de carret : de vingt-quatre paquets de
„cordage blanc : de deux cordes pour une ſeine : de ſoixante paquets de luſin,
„& ſoixante de merlin : de douze piéces de lignes blanches : de douze lignes
„à hameçon : & de deux paquets de cordage blanc fait à broches de fer,
„du poids de 236. livres.
C'eſt-là le devis des cordages que M. Witſen deſtine au vaiſſeau qu'il a propoſé, de la longueur ci-deſſus exprimée, dans les pages 119. & 120. de ſon
Livre. Et comme on en a auſſi trouvé un , dans un autre Auteur pour
un vaiſſeau à-peu-près égal, ſavoir de cent-trente-deux piés de long de l'é-
trave à l'étambord, trente piés de large, & treize piés ſix pouces de creux,
on l'ajoûte ici, pour faire voir les divers ſentimens des Maîtres de l'Art.
„Premiérement ſix cables, de quinze pouces de circonférence, & de cent
„cinq braſſes de long.
„Un cable d'affourché de quatorze pouces de circonférence, & de ſix-vingts
„braſſes de long.
„Un cableau de ſept pouces & demi de circonférence : un autre de ſix pou-
„ces ; un autre encore de ſix pouces pour faire des driſſes : Une hanſiére de
„quatre pouces, & une de deux pouces trois quarts.
„Un grand étai de quatorze pouces de circonférence, long de vingt-deux
„braſſes, le collet compris : un étai de mât de miſéne de douze pouces de
„circonférence, & de douze braſſes de long : un étai de mât d'artimon,
„de ſix pouces de circonférence, & de vingt-trois braſſes de long : un étai
„de grand mât de hune, de cinq pouces un quart de circonférence, & de

M m 2

„dix-

„dix-huit braſſes de long: un étai de mât de hune d'avant, de quatre pou-
„ces de circonférence, & de quinze braſſes de long: tous de cordage à qua-
„tre tourons.

„Une piéce de cordage pour les manœuvres dormantes, ou haubans du
„grand mât, de ſept pouces de circonférence: une piéce de ſix pouces,
„pour les haubans du mât de miſéne: une piéce de cinq pouces pour les
„haubans du mât d'artimon: une piéce de quatre pouces, pour les ma-
„nœuvres dormantes du grand mât de hune: une piéce de trois pouces
„pour le mât de hune d'avant.

„Une piéce de cordage, de huit pouces de circonférence, pour l'étague de
„la grande vergue: une piéce de ſix pouces un quart pour la guindereſſe du
„grand hunier: une piéce de ſept pouces, pour l'étague de la vergue de mi-
„ſéne: une piéce de cinq pouces & demi, pour la guindereſſe du petit hu-
„nier: une piéce de quatre pouces un quart pour l'étague du grand hunier:
„une piéce de trois pouces un quart pour l'étague du petit hunier: une pié-
„ce de quatre pouces trois quarts pour la grande driſſe: & une piéce de
„quatre pouces pour la driſſe de miſéne.

„Quatre coüets pour la grande voile, de ſept pouces de circonférence, &
„de longueur chacun de ſeize braſſes: quatre coüets pour la miſéne, de
„ſix pouces de circonférence, & de douze braſſes de long: quatre écoutes
„pour la grande voile, de quatre pouces & demi de circonférence, & de
„trente-deux braſſes de long: quatre autres pour la miſéne, de quatre pou-
„ces, & de vingt-quatre braſſes: quatre pour le grand hunier, de cinq
„pouces & de vingt braſſes: quatre pour le petit hunier, de quatre pou-
„ces, & de dix-huit braſſes: quatre pour le perroquet d'artimon, de trois
„pouces, & de douze braſſes.

„Deux piéces de cordage de vingt-ſix fils par touron; deux de vingt-qua-
„tre fils; deux de vingt-deux fils; quatre de vingt fils; quatre de dix-huit
„fils; quatre de ſeize fils; quatre de quatorze fils; quatre de douze fils;
„quatre de dix fils; ſix de huit fils; dix de ſept fils; douze de ſix fils;
„douze de cinq fils; & douze de quatre fils.

„Vingt-cinq lignes de neuf fils; quarante de ſix fils: quarante ſortes de lig-
„nes à emmieller aſſorties, quarante piéces d'autres petites lignes; deux
„cents paquets de merlin, & trente pour funer: deux cents paquets de
„luſin, & cent paquets de trois fils, & deux cents de deux fils.

„Douze lignes de ſonde de douze fils, & dix de neuf fils: vingt lignes pour
„pêcher.

On peut voir d'autres devis de manœuvres, pour de plus grands vaiſſeaux
ſous les mots, Manœuvre & Frégate.

CORDAGE étuvé. *Een geſtooft of verwarmt Touw.*

C'eſt celui qu'on a mis dans un lieu fort chaud, ou il a reſſüé, & jetté
toute ſon humeur aqueuſe.

CORDAGE goldronné. *Een geteert Touw.*

C'eſt celui que l'on a paſſé dans un goldron chaud. Il y a un cordage goldronné en fil, & un autre goldronné en étuve. Le premier eſt fait de fil
de carret, que l'on avoit goldronné avant-que de l'emploïer; & l'autre eſt un cordage paſſé dans du goldron chaud, après-qu'il eſt ſorti de
l'étuve.

COR-

CORDAGE filé trop roide, ou trop mou. *Een Touw dat al te stijf, streng, sterk, krap, of al te slap gedraaidt is.*

CORDAGE blanc. *Witte Touw, ongeteerde Touw.*

C'est un cordage que l'on n'a pas goldronné.

CORDAGE Refait. *Opgeslaagen Tros.*

C'est celui qu'on a fait de cordes qui avoient déja servi.

CORDAGES à deux tourons. *Knits, Knitsels.*

VIEUX Cordages qui ne sont propres qu'à faire des étoupes. *Pluis-touwen.*

CORDAGES de rechange. *Touwen van verwisseling.*

CORDAGE moisi, gâté. *Een verstikt Touw.*

CORDAGE rague. Voiez, Rague.

CORDAGER, Faire du cordage, Corder. *Touw spinnen,* c'est pour le menu cordage: *Touw-slaan, Touwen strengelen, Kaabels draaijen,* pour le gros cordage.

CORDAGE de tant de pouces. *Een Touw van 3. 4. 5. 6. duim, enz.*

Quand on dit, par éxemple, qu'un cordage est de six pouces, c'est-à-dire, que sa circonférence est de six pouces.

CORDAGE à tant de fils. *Een touw van 3. 4. 5. draaden, enz.*

Quand on dit, par éxemple, qu'un cordage est de 60. fils, c'est-à-dire, que sa grosseur est composée de 60. fils de carret.

CORDE. *Touw, Lijn.*

C'est un tortis ordinairement fait de chanvre: on en fait aussi de coton, de laine, de soie; d'écorces d'arbres, de poil, de jonc, de boïaux, de brou de noix de coço, de cuir & autres matiéres ploïantes & flexibles.

Pour éprouver la qualité d'une corde il la faut mettre tremper quatre ou cinq jours dans de l'eau salée, après-qu'elle a été goldronnée dans l'étuve; & si le fil en est de mauvaise qualité, elle rompra au premier éfort: mais si le fil en est de bonne qualité, elle n'en durera que plus longtems & n'en sera que plus forte.

CORDE. Piéce de Corde tournée ou faite à la roüe. *Wiel-tros.*

PIÉCE de Corde tournée à-broches. *Ysere Tros; Tros met ysers gedraait en geslaagen.*

CORDE de retenüe, Atrape. *Een Uithouder.*

C'est une corde dont l'usage est de retenir un pesant fardeau lors-qu'on l'embarque.

CORDE de retenüe, Atrape. *Houder, Ophouder.*

C'est une grosse corde, dont on se sert dans les petits bâtimens qu'on emploie, pour coucher un vaisseau sur le Côté. Voiez, côté, Mettre un vaisseau sur le côté.

CORDE de retenüe, Atrape, Chef. *Torn-touw.*

C'est une grosse corde qu'on met à l'arriére d'un vaisseau, lors-qu'on veut le lancer à l'eau, pour le retenir, afin-qu'il ne se lance pas trop vîte.

CORDE à tirer un bateau. *Treil, Lijntje.*

CORDE à tirer un bateau avec un cheval. *Paard-lijn.*

CORDE de Palan. Voiez, Palan.

CORDES de défense. *Willen, en Kransen.*

Ce sont de grosses cordes mêlées ensemble, qu'on fait pendre le long des flancs des petits bâtimens & des chaloupes. On en met aussi aux vaisseaux

qui

qui font à l'ancre, pour les conferver, lors-qu'ils font proches de plufieurs autres bâtimens, qui par leur choc pourroient les incommoder.

CORDELLE. *Lijntje.*

C'eft une corde de moïenne groffeur, qui fert à haler un vaiffeau d'un lieu à un autre. C'eft auffi la corde avec laquelle on conduit une chaloupe de terre à un navire qui eft dans un port, ou que l'on paffe du côté d'une riviére à l'autre.

CORDERIE. *Lijn-baan.*

C'eft le lieu où l'on file & où l'on corde les cables, les hanfiéres, ou hauffiéres, & toutes les autres manœuvres des vaiffeaux.

„ La Corderie de l'Amirauté d'Amfterdam, & celle de la Compagnie des „ Indes Orientales, font proches de la maifon, magafin & atelier de la „ même Compagnie, à Ooftenburg. Elles ont chacune cinquante-cinq „ piés de large, & près de deux mille piés de long.

CORDIER. *Touw-flaager, Lijn-flaager, Lijn-draaijer, Touw-fpinder.*

C'eft celui qui fait ou qui vend de la corde.

MAITRE Cordier. *Opper-lijn-flaager.*

C'eft celui qui a l'intendance & la direction de la corderie d'un arfenal.

CORDON d'une corde. *Een flag.*

C'eft une des petites cordes dont eft fait un toron.

CHAQUE toron eft de trois cordons. *Elk ftreng is van drie flaagen om.*

Les cables font compofez de torons, & les torons de cordons, & lors-que les torons en font détors, tous les fils qui en fortent font apellez Fils de carret.

CORMIÉRE. *Hek-ftut.*

C'eft la derniére piéce de bois au plus haut d'un vaiffeau, laquelle étant affemblée avec le bout fupérieur de l'étambord, forme le bout de la poupe. Voiez, Allonge de poupe, & Trepot.

CORNE de vergue. *Gaffel.*

Ce terme s'emploie pour fignifier une concavité en forme de croiffant, qui eft au bout de la vergue d'une chaloupe, & qui embraffe le mât, lors-qu'on hiffe la voile. Il y a plufieurs fortes de bâtimens qui ont des vergues à cornes.

CORNE à amorcer. *Kruidt-hoern.*

C'eft une groffe corne de bœuf, qu'on remplit de poudre fine, pour amorcer les canons: elle eft garnie de liége, ou d'un autre bois.

CORNET de mât. *Kooker, Keering.*

C'eft une efpéce d'emboîtement de planches, vers l'arriére du mât de divers petits bâtimens, qui eft néammoins ouvert du côté de l'arriére, où s'emboîte le pié du mât qui fe baiffe du côté qui n'eft point fermé, c'eft-à-dire, vers l'arriére, & qui fe reléve, autant de fois qu'il en eft befoin.

CORNET d'épiffe. Voiez, Epiffoir.

CORNETTE. *Een witte-vierkante-vlag op het fchip van een Efquaders-hoofdt.*

C'eft un pavillon quarré & blanc, qui marque la qualité, ou le caractére du Chef d'efcadre qui le porte au grand mât, quand il a le commandement en Chef, & il ne le porte qu'au mât d'artimon, quand il eft en corps d'armée. La Cornette doit être fendüe par le milieu des deux tiers de fa hauteur,

teur, & son battant doit avoir quatre fois la hauteur du guindant. Les Hollandois ne se servent point de cette sorte de pavillon.

CORNIERE. Voiez, Allonge de poupe.

CORPS. Le Corps du vaisseau. *'t Hol van 't schip.*

C'est tout le bâtiment sans apparaux.

LE Corps & les apparaux & agrès. *Het hol en het tuig.*

CORPS de bataille, Esquadre du milieu de la ligne. *Middel-hoop, Middel-togt.*

Dans une armée navale, le corps de bataille est presque toujours la division, ou l'escadre du Commandant, laquelle fait le milieu de la ligne.

CORPS de garde d'un vaisseau, Demi-pont. *Schuns, Half-verdek.*

C'est ordinairement la partie qui se trouve sous le gaillard de l'arrière.

CORPS mort. *Kat.*

C'est une piéce de bois qu'on a mise de travers dans la terre, & à laquelle tient une chaîne qui sert à amarrer les vaisseaux.

CORPS de pompe. *Het breedste van de pijp van een pomp.*

C'est la partie du tuïau d'une pompe qui a plus de largeur que le reste : c'est où le piston agit pour élever l'eau par aspiration, ou la refouler par compression.

CORRECTIONS de quartier. *Verbeetering der zee-vaart.*

Ce sont les métodes par lesquelles on corrige les règles de la navigation.

CORSAIRE, Pirate, Ecumeur de mer. *Zée-roover.*

C'est celui qui court les mers avec un vaisseau armé, sans aucune commission, & pour voler les vaisseaux marchands. Quand on peut atraper un Corsaire, il est pendu sans rémission. Voiez, Forban.

VAISSEAU Corsaire. *Rof-schip.*

C'est un bâtiment de Corsaire, ou de Pirate. Tous les vaisseaux corsaires sont de bonne prise.

COSSE. Voiez, Delot.

COTE, Coste, Côtes. *Kust, Kusten.*

Ce sont les terres, les rivages, ou les rochers du bord de la mer. On dit, Dans ce parage, les côtes du Nord sont basses, & celles du Nord-est sont hautes. Auprès de cette isle le vent de Nord pousse à la côte.

COTE. La côte est saine. *De kust is gesond.*

C'est-à-dire, qu'il n'y a point de rochers, ni de bancs de sable, aux environs.

COTE sous le vent. *Laager-wal.*

C'est la côte où le vent pousse le vaisseau.

COTE d'où le vent vient. *Opper-wal, Hooger-wal.*

COTE en écorre. *Een steil-kust.*

C'est une côte taillée en précipice.

LA Côte court au Nord, au Sud. *De kust strekt na het Noorden, of Suiden.*

C'est-à-dire, qu'elle regarde & est opposée. Par exemple, D'un tel cap à un tel lieu la côte court cinq lieües Nord-nord-oüest ; c'est-à-dire, qu'elle s'avance & regne vers le Nord-nord-oüest.

ALLONGER, Ranger, Raser la côte. *Langs de kust heen zeilen, By de wal langs loopen.* Voiez, Ranger.

ETRE jetté à la côte. *Opspoelen.*

Cela

Cela se dit des choses qui sont dans la mer, ou qui sont jettées à la mer, ou naufragées, & que la mer rejette à la côte.

DONNER à la côte. Voiez, Donner.

VAISSEAU qui est allé à la côte. *Een schip dat gestrandt is.*

C'est-à-dire, qu'il s'est perdu à la côte.

COTES, ou Membres de Marine. *Ribben, Inhouten.*

Ce sont les piéces d'un vaisseau qui sont jointes à la quille, & qui montent jusques au platbord.

CÔTE' du vaisseau. *Zy, Zijde.*

C'est le flanc du vaisseau. Les côtés se distinguent en stribord & en babord, c'est-à-dire, en main droite & main-gauche. Bâtiment qui est sur le côté, qui panche sur le côté. Notre navire se trouva sur le côté, faisant beaucoup d'eau par les canonades qu'il avoit reçües.

METTRE ou Coucher un vaisseau sur le côté. *Een Schip op zy haalen, over kant laaten vallen, doen krengen.*

C'est le faire tourner & renverser sur le côté, par le moien de vérins & d'autres instrumens, pour lui donner le radoub, ou pour espalmer.

„Il y a maintenant beaucoup de gens qui font difficulté de renverser ainsi
„un vaisseau sur terre, soutenant que cela l'incommode, & qu'on ne le peut
„faire sans que ce corps, qui est si lourd, en soit ébranlé, & que ses liai-
„sons en soufrent: c'est pourquoi on ne couche presque plus les vaisseaux
„sur le côté que dans l'eau, laquelle le soutient & facilite le travail.

„Lors-qu'on veut coucher un navire dans l'eau, pour le nétoïer, pour ca-
„réner, ou pour lui donner quelque autre radoub, on apuïe les mâts avec
„des mâteraux, qui viennent se rendre sur le bord du vaisseau, & l'on fait
„aprocher un petit bâtiment, au plus bas bord duquel est amarré un fort
„gros cordage, sur quoi l'on se met pour virer au cabestan qui est dans ce
„petit bâtiment, & qui tire le vaisseau sur le côté par le mât; cette grosse
„corde, sur quoi l'on est, servant à tenir le bâtiment en équilibre, & à
„empêcher qu'il ne renverse; & elle est apellée à-cause de cela Atrape, ou
„Corde de retenüe, & en Flamand *Houder*, ou *Ophouder*. On peut bien
„mettre aussi cette corde de retenüe au plus haut bord du vaisseau, en
„l'amarrant à quelque chose de ferme, qui soit hors le bord. On peut
„bien encore apuïer le vaisseau sur le mât du ponton, ou de l'allége, &
„en ce cas on l'amarre bien avec des cordes.

„Lors-qu'un vaisseau est chargé, & qu'il est dans un endroit où il y a flot
„& jusant, on cherche un fond mou, & aïant mis le bâtiment à sec, on
„passe tous les canons d'un bord, ou-bien l'on met toute la charge à la ban-
„de, ce qui fait doucement tourner le vaisseau, & tomber sur le côté; &
„quand on l'a nétoïé ou radoubé d'un côté, on atend une autre marée, &
„l'on passe toute la charge de l'autre côté, pour donner lieu à le nétoïer
„par-tout; car lors-que la charge est ainsi transportée, le vaisseau se relève
„de lui-même, & va tomber sur le côté où elle est.

PRÉTER ou Donner le côté, Présenter le côté, Se prêter le côté. *Zy bieden, Zy aan zy leggen, Breedt leggen.*

C'est présenter le flanc. Notre frégate, qui étoit dans le dessein de se battre, vint donner le côté à leur Amiral, & lui envoia une bordée.

LE VAISSEAU ennemi étoit à notre côté. *Het vijantlijk schip lag ons op de LE zijde.*

LE COTE' du vent. *Hooger boord.*

C'eſt le côté d'où le vent vient.

LE COTE' ſous le vent. *De zijde aan ly, 't Slag van 't ſchip.*

UN FAUX COTE'. *Een misbouwde of ſcheve ſcheeps zijde, Een ſlag-zy.*

Un vaiſſeau qui a un faux-côté. C'eſt ainſi que l'on parle d'un vaiſſeau qui a le côté foible, droit, & mal-garni. Voiez, Bordier. C'eſt auſſi le côté où le vaiſſeau panche, quand il n'eſt pas bien ſur ſa tonture.

LA LAME prend le vaiſſeau par ſon faux-côté. *Het waater ſlaat tegen de ſlag-zy van het ſchip, Daar ſlaat het waater in 't ſlag.*

C'eſt quand la lame vient du côté qui cargue.

PLIER LE COTE' de ſtribord, Carguer à ſtribord. *Een ſlag-zy over ſtuur-boord maaken.*

METTRE côté en-travers. *Op de ly ſmijten, werpen, gooijen, of draaijen; Onder de windt ſteeken; 't Onder de windt ſmakken; Aan de windt leggen; Onder de windt laaten loopen; Schieten onder zee.*

C'eſt préſenter le flanc au vent, ou mettre le vent ſur les voiles de l'avant, & laiſſer porter le grand hunier, en-ſorte que le vaiſſeau préſente le côté au vent, dans un paragé où il eſt néceſſaire de jetter la ſonde. On met auſſi côté en-travers pour avoir le loiſir de ſonder. On met encore côté en-travers pour atendre quelqu'un. On ſe ſert de la même façon de parler, & l'on dit que l'on a mis côté en-travers, quand le vaiſſeau préſente le côté à une fortereſſe qu'on veut canonner, ou contre quelque vaiſſeau ennemi. Nôtre frégatte ſe voiant à la petite portée du canon, mit côté en-travers, & envoia ſa bordée à l'ennemi.

ETRE Côté en-travers. *Op ly leggen.*

COTIER, Pilotes Côtiers. *Loods-man, Loods-luiden.*

Ce ſont ceux qui ont une grande connoiſſances des côtes, des rades, des ports, des rivages. On leur a donné ce nom pour les diſtinguer de ceux qui gouvernent les vaiſſeaux en pleine mer, en prenant la hauteur des aſtres, & qu'on apelle Pilotes Hauturiers. Voiez, Pilote.

COSTONS. *Wangens.*

Ce ſont des piéces de bois dont on ſe ſort à fortifier un mât, auquel on les joint étroitement. Voiez, Jumelles.

COTONNINE. *Italiaans zeil-doek van half-katoen.*

C'eſt une groſſe toile dont la chaîne eſt de coton, & la trème de chanvre, dont on ſe ſert pour les voiles des galéres, & en certains païs pour les petites voiles des autres vaiſſeaux,

COUBAIS. *Koebais.*

C'eſt un bâtiment du Japon, qui ne ſert qu'à naviguer dans les eaux internes, où il y a environ quarante hommes à ramer, qui le font avancer avec beaucoup de vîteſſe. Il eſt embelli de divers ornemens, qui le rendent fort agréable aux yeux. Il y a une chambre à l'avant, qui s'eleve au-deſſus du bâtiment, & qui forme comme un petit gaillard.

COUCHE. *Een plaat onder een ſtut.*

C'eſt une piéce de bois qui ſe met ſous une étaie qui ſert de patin. On l'apelle ainſi à-cauſe qu'elle eſt couchée de plat. Elle eſt quelquefois élevée à plomb, pour arrêter un étançon.

COUDE d'une équerre. *Hoek.*

C'eft ce qui fait un angle, ou un retour par lignes droites.

COUDE d'une riviére. *Rak.*

C'eft la finüofité qui s'y trouve, & qui va en ferpentant. La riviére faifoit un coude, d'où la rapidité de la marée qui montoit, nous jettoit fur
ces feux.

COUDRAN. *Een byfondere foort van teer tot 't touwerk.*

C'eft une compofition de certaines herbes mêlées de plufieurs ingrédiens,
dont les bateliers de Paris fe fervent, pour empêcher que les cordes ne fe
pourriffent.

COUDRANNER. *Teeren, Smeeren.*

C'eft tremper & paffer plufieurs fois une corde dans le coudran; & l'on appelle Coudranneur celui qui coudranne les cordes.

COÜETS, Ecoits. *Halfen, Smijten.*

Ce font quatre groffes cordes, dont il y en a deux amarrées aux deux points
d'embas de la grande voile, & les deux autres aux deux points d'embas de la
miféne. Les écoutes font amarrées à ces mêmes points; & les coüets s'a-
murent vers l'avant du vaiffeau, & les écoutes vers l'arriére. Les coüets
font beaucoup plus gros que les écoutes. Quand on veut poter la grande
voile, ou la miféne, de l'un des bords du vaiffeau fur l'autre bord, felon
que le vent change, ou qu'on veut changer de route, on largue ou lâche
les écoutes, & on hale fur les coüets, c'eft-à-dire, qu'on les bande pour
ramener la voile fur l'autre bord, & lui faire prendre le vent. La manœuvre des coüets s'apelle Amurer, & lors-que la voile eft apareillée, & qu'elle
prend le vent, les coüets qui la tiennent en état, font dans leurs amures
vers l'avant, tandis que les écoutes font amarrées vers l'arriére. Mais la
manœuvre des coüets eft bien différente de celle des écoutes; car des deux
coüets, & des écoutes qui font au vent, les coüets font halez & les écoutes
larguées; & au-contraire, des deux coüets & des deux écoutes qui font fous
le vent, les coüets font larguez & les écoute halées. On dit, Halez avant
fur les coüets, Halez arriére fur les écoutes; c'eft-à-dire, Bandez les coüets
vers la proüe, & les écoutes vers la poupe. Il y a des coüets à queüe de rat.
En un mot les coüets & les écoutes peuvent être confidérez comme les
mêmes cordages, étant amarrez aux mêmes points de la voile. Il n'y a
prefque de différence qu'en ce que les coüets font deftinez à faire le même
éfet vers l'un des bouts du vaiffeau, que les écoutes font vers l'autre bout.
L'artimon n'a point de coüets.

COUILLARD. *Schoot-hoorn.*

C'eft un vieux terme de marine qui fignifie le point d'embas d'une voile.
Le coüet, dit Mr. Daffié, eft un cordage gros par le bout qui paffe & eft
frapé au Coüillard de la grande voile, & fort menu par l'autre. On
apelloit auffi autrefois Coüillards, des pierriers ou anciennes machines de
guerre, dont on fe fervoit pour jetter des pierres.

COULAGE. *Lekkadie, Lekkagie.*

C'eft la perte ou la confommation qui fe fait de toutes les liqueurs qui compofent la charge du vaiffeau. On dit, Marchandifes fujettes à coulage.

NOUS comptons tant pour le Coulage. *Wy reekenen foo veel voor de lekkadie.*

COULANTES, ou Courantes. *Manœuvres coulantes, ou courantes.*
Voiez, Manœuvres courantes.

COULE'E. *Het wringen, Het draaijen van 't schip; Vereeniging.*
C'est l'évidure qu'il y a depuis le gros d'un vaisseau jusqu'à l'étambord :
ou-bien, l'adoucissement qui se fait au bas du vaisseau, entre le genou &
la quille, afin-que le plat de la varangue ne paroisse pas tant, & qu'il aille en étrecissant insensiblement.

VAISSEAU qui a beaucoup de coulée. *Een schip dat van onder scherp is, dat
wel geveegt is.*

COULER-BAS, Couler à fond. *In de grondt slaan, Te grondt slaan, In de
grondt booren.*
C'est faire enfoncer & périr.   On fit couler bas deux vaisseaux qu'on avoit
pris sur l'ennemi, parce-qu'ils retardoient notre course.

PERCER des trous dans un navire pour le faire couler bas. *Een schip in de
grondt booren.*

COULER bas, Couler à fond.   Le vaisseau coule bas. *Sinken. Het schip
sinkt, gaat te grondt, loopt in de grondt.*
C'est quand le vaisseau s'enfonce sous l'eau, & périt.

COULER à fond.   Le vaisseau a coulé à fond ensorte que rien ne s'est sauvé.
Het schip is met man en muis te grondt gegaan.

COULER bas d'eau. *Onder waater vallen.*
C'est-à-dire, qu'il entre plus d'eau dans le vaisseau qu'on n'en peut jetter,
dehors, de-sorte qu'avec le tems le vaisseau s'en va au fond.

COULER. *Lekken, Lek worden, Lekkinge krijgen.*
C'est quand un vaisseau perd, par quelque fente, la liqueur qu'il contient.
Nos fûtailles avoient toutes coulé.   On avoit fait couler tous les bruvages.

COULEVRINE. *Een Slang.*
C'est une sorte de piéce d'artillerie qui porte d'ordinaire seize livres de bale.
Il y a aussi des Demi-coulevrines.

COULISSE. *Schuif-plank, Schuif-deur, Schuif-venster.*
C'est un canal fait de bois, ou autrement, dans lequel on fait aller & venir un chassis, une fenêtre, ou autre chose.   Quand on fait des écluses on
se sert de planches qui entrent l'une en l'autre, en rainure & en coulisse;
cela s'apelle Mâle & Fémelle, & en Hollandois, *De schuif van de sluis.*

COULOIR, Couroir, Courrier. *Gang.*
C'est le passage qui conduit dans les chambres d'un vaisseau.

COULOIRS, Courcives. *Waaringen, Leg-waaringen, Waringen, Wanderingen.*
Ce sont les petits passages qu'on voit autour des ponts, dans les petits bâtimens, où le pont tout entier n'est que des écoutilles cintrées, ou du-moins
où le pont est cintré, & élevé. Voiez, Courcives.

COUP de partance. *Schoot tot een sein om t'zeil te gaan.*
C'est un coup de canon sans bale, qui se tire par l'ordre du Commandant,
pour donner avis que l'on va partir.

COUP de vent. *Een Storm, Een Storm-windt.*
C'est l'orage, ou le gros tems, qui survient, quelque longue durée qu'il
puisse avoir; ou tout le tems que dure un gros tems de mer.

COUP de mer. *Stamp-zee, Klop-zee, Aanloop van de zee, Slag van de zee,
Een smak-of-worp-waater.*
C'est le coup qu'un vaisseau reçoit d'une vague de la mer.

Nn 2

COUP

COUP de gouvernail. Donner un coup de gouvernail. *'t Roer aan boord steeken.*

On dit, Donner un coup de gouvernail, pour dire, Poufler le gouvernail avec vîtefle à ftribord, ou à babord,

COUP d'épreuve d'un canon. *Een Proef-fchoot.*

C'eft la quantité de poudre, & le coup qu'elle tire, pour éprouver une piéce d'artillerie. Voiez, Canon.

COUP de canon à l'eau. *Een fchoot onder waater.*

On dit auffi, Avoir des coups de canon à l'eau, pour dire, qu'on les a reçus dans la partie du vaiffeau que l'eau couvre.

RECEVOIR des coups à l'eau. *Schooten onder waater, of grondt-fchooten krygen; Onder waater gefchooten zijn.*

COUPS de canon en bois. Recevoir des coups en bois. *Koogels in 't doodt-werk krijgen.*

C'eft les recevoir dans la partie du vaiffeau qui eft hors de l'eau.

COUPE. Coupe perpendiculaire d'un vaiffeau. *Een Schip gefneeden langt fcheeps.*

C'eft le plan d'un vaiffeau pris perpendiculairement.

COUPE horizontale d'un vaiffeau. *Een Schip gefneeden over-dwars.*

COUPE-GORGE. *Onderknies, Schegge.* Voiez, Gorgére.

COUPELLE. *Kruidt-leepel.*

C'eft une efpéce de pelle de fer blanc, ou de cuivre. Elle fert aux Canoniers pour manier la poudre, quand ils en empliffent les gargouffes.

COUPER le cable, Couper les mâts. *Afhouwen, Het kaabel afkappen, De maften kerven.*

C'eft couper le cable fur les bittes, ou fur l'écubier, & le laiffer aller à la mer; ce qui fe fait par commandement, à l'égard du cable, lors-qu'il faut apareiller promtement: ou par néceffité, à l'égard des mâts auffi-bien que des cables, lors-que la tempête preffe, & qu'on craint de choquer contre d'autres vaiffeaux, ou de fancir fous fes amarres.

,, S'il arive qu'un Maître de vaiffeau foit contraint de couper fon mât, par
,, l'éfort de la tempête, il eft obligé d'en communiquer aux Commis, ou
,, au Pilote & aux principaux de l'équipage, s'il n'y a point de Commis
,, ni de Sous-commis, & de prendre leur avis; leur faifant connoître le
,, péril, & qu'il ne paroît point d'autre reffource pour fe fauver. Quel-
,, quefois auffi il eft contraint de couper fes cables, & de laiffer fes ancres.
,, En ce cas il doit faire l'eftimation de fes mâts & de fes ancres, qui font
,, confidérez comme une marchandife dont on auroit fait le jet; & les Mar-
,, chands font tenus d'en faire le rembourcement, avant-que leurs mar-
,, chandifes foient débarquées.

COUPER l'ennemi. *De vyanden affnijden, of onderfcheppen.*

COUPLE. *Een Span, of Spant.*

On apelle Couples les côtes, ou membres, d'un navire, qui étant égaux de deux en deux, croiffent & décroiffent couple à couple également, à-mefure qu'ils s'éloignent de la principale côte.

COUPLE, Couples, Fermures. *Vulling, Spant-vulling.*

Ce font deux planches du franc-bordage entre chaque préceinte.

,, Le Couple d'entre les deux plus hautes préceintes doit être placé en-forte
,, que

„que les dalots du haut pont y puisſent être percez convenablement; & la
„plus basſe planche de ce couple, où ſont les dalots, doit être de la même
„largeur qu'une des préceintes entre lesquelles elle eſt poſée. L'autre
„planche qui eſt ſur cette premiére, doit, en cas que le vaiſſeau ait deux
„batteries avoir autant de largeur qu'il en faut aux ſabords, ſans qu'on ſoit
„obligé de toucher aux préceintes, ou à la liſſe de vibord: maisſi le vaiſſeau
„à trois batteries, il faut prendre d'autres meſures. En un mot il n'y a
„pas de règles certaines à donner; tout dépend du gabarit, & c'eſt au
„Maître Charpentier, qui a donné un beau gabarit pour la forme du vaiſ-
„ſeau en général, à y bien acommoder & proportioner les piéces parti-
„culiéres. Voiez, Bordages.

„COUPLE de haubans. *Een ſpan hooft-touwen.*

„Ce ſont deux haubans.

COURADOUX. *De hoogte van een verdek, Tuſſchen-deks.*

C'eſt l'eſpace qui eſt entre deux ponts.

COURANT, Courans. *Stroomen, Vloeden.*

Ce ſont des mouvemens impétueux des eaux, qui, en de certains endroits,
ou parages, courent & ſe portent vers de certains rumbs de vent. Ordinairement leur force ſe conforme au cours de la Lune, de-ſorte qu'ils ſont
plus rapides quand elle eſt nouvelle & pleine, & plus foibles dans le decours.
On dit, Il y a des courans en ce parage, Les courans portent au Nord. Le
vent portoit contre les courans. Nous fûmes contrains de tenir le cap aux
courans, parce-qu'ils étoient plus forts que le vent. Le vent ſe tourna à
l'Eſt, qui nous fit ſurmonter la force des courans. Les courans qui viennent
de ces iſles, ſuivent quelquefois les vents d'Eſt, & portent à l'Oüeſt. Les
courans nous jettérent au large. La Lune étoit forte, les courans l'étoient
auſſi.

COURANS qui varient, & qui forment des ras, ou qui viennent ſe joindre. *Dwars-ſtroomen, Maal-ſtroomen, Raveling van ſtroom.*

COURANT rapide. *Stroom als een zel, Tij-weg.*

LES COURANS portent contre le vent. *De ſtroomen die loopen tegen de winde
aan.*

COURANS qui portent vers le vent. *Stroomen die windt-waarts loopen.*

COURANS qui portent à l'Oüeſt. *Stroomen die na 't Weſt loopen*

ETRE emporté par les courans. *Afſtroomen.*

DE NOS trois vaiſſeaux, qui étoient alors à l'ancre, il y en eut un qui ſancit
ſous ſes amarres; l'autre, qui avoit coupé ſon cable, fut emporté par les
courans; & l'autre ſe maintint. *Van onze drie ſcheepen, die ten anker laagen,
't een reed onder zee; 't ander, dat ſijn touw afgekapt had, wierd afgeſtroomt;
en het derde bleef behouden voor ſijn anker.*

ETRE porté par le courant. *Aanſtroomen, Aanvlieten.*

COUREAU. *Een ſoort van een ſchuit op de rivier van Bordaux.*

C'eſt un petit bateau de la riviére de Garonne, qui ſert à charger les grands
bateaux.

COURBATONS. *Knies, Knieties.*

On apelle Courbâtons des piéces de charpenterie, fourchües, ou à deux
branches presque courbées à angle droit. On les emploie pour lier les
membres, & pour ſervir d'arc-boutans. Il y en a au-deſſous de chaque

bar-

barrot: il y en a aussi vers l'arcasse & ailleurs. Ce sont proprement des courbes petites ou minces.

COURBATONS, ou Taquets de hunes. *Mars-knien, Klampen op den haart van de marssen.*

Ce sont plusieurs piéces de bois longues & menües, qui sont mises en maniére de raïons autour des hunes, & qui servent à lier ensemble le fond, les cercles, & les garites, qui composent la hune.

„ Le nombre des courbatons de hune se régle sur le nombre de piés que le „ fond a dans son tour où sont les cercles ; si-bien que lors-qu'il y a douze „ piés de tour, il faut mettre vingt-quatre courbatons. En faisant les trous „ par où passent les cadènes de haubans, il faut bien prendre garde qu'il se „ trouve toujours un trou tout-droit devant le courbaton du milieu. Voïez, „ Hune.

COURBATON de beaupré. *Knie op de boegspriet.*

C'est une piéce de bois qui fait un angle aigu avec la tête du mât, au bout duquel est un petit chouquet, où l'on passe le perroquet de beaupré.

„ Le Courbaton qu'on place sur le perroquet de beaupré, doit avoir, en „ sa branche supérieure, un pié de longueur par chaque dix piés de long „ qu'on donne au mât; & pour sa branche inférieure, on la tient aussi lon- „ gue qu'il est possible. Il faut qu'il soit quarré sous le chouquet, & que „ dans ce même endroit il ait la même épaisseur que le perroquet. On doit „ bien se souvenir, en dressant ce courbaton, que le beaupré n'est pas posé „ horisontalement, mais qu'il va toujours en s'élevant, afin-qu'il ne pan- „ che pas en arriére, & qu'il n'y fasse pas pancher le perroquet, ce qui „ seroit un grand défaut: au-contraire, le perroquet peut bien, sans dan- „ ger, pancher un peu en avant.

COURBATONS de l'éperon. *Knies in 't galioen, of op 't galioen.*

Ce sont ceux qui font la rondeur de l'éperon, depuis la fléche supérieure jusqu'au premier porte-vergue.

„ Le premier de ces Courbatons touche à l'étrave, & celui qui le suit doit „ être deux piés au-delà, c'est-à-dire, dans un vaisseau de cent-trente- „ quatre piés : l'un & l'autre doivent avoir sept pouces & demi de large, „ & cinq pouces d'épais. Le troisiême doit être aussi à deux piés du se- „ cond, & avoir sept pouces de large, & six pouces d'épais. Le quatriême „ doit être à deux piés deux pouces du troisiême, & avoir six pouces & de- „ mi de large, & quatre pouces & demi d'épais. Ils sont tous bien liez & „ atachez par le bas à l'aiguille supérieure, & clouez aux porte-vergues par „ le haut. C'est entre ces courbatons que dans les grands vaisseaux on fait „ des commodités pour la décharge des excrémens.

VOICI ce qu'un Charpentier Flamand a écrit touchant ces courbatons.

„ Lors-que le plus haut & le plus bas porte-vergues sont posez, on pose les „ courbatons de l'éperon, qui panchent un peu en avant, en suivant la „ quête de l'étrave, & font une rondeur entre les porte-vergues; puis-après „ on pose le troisiême porte-vergue par-dessus. Les courbatons sont quar- „ rez, & aux endroits où ils portent sur les porte-vergues ils ont autant „ d'épaisseur que le porte-vergue a de largeur. Les bouts d'embas de ceux „ qui sont devant, portent sur l'aiguille inférieure; mais ceux qui sont der- „ riére,

„riére , portent fur de petits barrots , qui font pofez en-travers fur les
„porte-vergues.

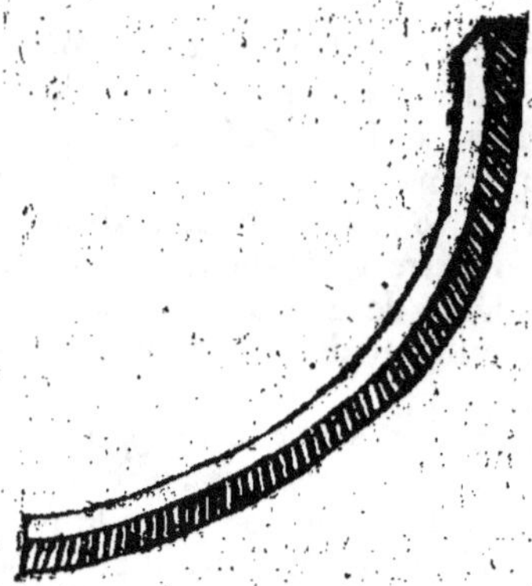

COURBATONS de bittes. *Beeting-knies.*
COURBES. *Knies.*
Ce font des piéces de bois beaucoup plus groffes que les courbatons , dont
elles ont la figure. Leur ufage eft pareillement de lier les membres des
côtés du vaiffeau aux baux, & de gros membres à d'autres. L'angle de la
courbe s'apelle en Flamand, *Knies-hals.*
VOICI ce que le même Charpentier Flamand a écrit au fujet des Courbes.
„Sous chaque bout des baux on met une courbe , ou courbaton, pour le
„foutenir, & pour lier le vaiffeau. Ces courbes font des bois courbez, qui
„ont à-peu-près la figure des genoux d'un homme qui eft affis. On les
„prend ordinairement dans un pié d'arbre, au haut duquel il y a deux bran-
„ches qui fourchent, & l'on coupe ce pié en deux , y laiffant une branche
„fourchüe de chaque côté. On ne fauroit en mettre de trop fortes au grands
„gabarits, & fous toute l'embelle , où le vaiffeau a le plus à foufrir ; à-
„moins qu'on n'aime mieux avoir égard à l'efpace, pour arrimer beaucoup
„de marchandifes, qu'à la force du bâtiment.
„Il y a des Charpentiers qui , pour gagner de l'efpace & ne faire pas les
„courbes trop foibles, font faire des courbes de fer, de trois à quatre pou-
„ces de large, & d'un quart de pouce d'épais, qu'ils apliquent fur les cô-
„tés des courbes qui font les plus foibles, ou qui ont le plus à foufrir ; &
„la branche fupérieure s'aplique aux baux avec des cloux & des chevilles de
„fer. Mais à l'égard des courbes, ou courbatons, qui fe pofent en-travers,
„dans les angles de l'arriére & de l'avant du vaiffeau , on leur laiffe tou-
„jours toute la groffeur que le bois peut fournir, & l'on tâche d'en avoir
„d'un pié d'arbre entier , où il n'y ait qu'une-fourche , & qui n'ait point
„été fcié ; parce-que celles qui font fciées, font bien-plus foibles. Enfin
„on tâche de faire enforte que les courbes, qui fe pofent en-travers, aïent
„à l'endroit du bas des ferre-bauquiéres, autant d'épaiffeur que le bau au-
„quel elles font jointes.
„Dans les endroits où les baux font à plus de diftance les uns des autres,
à-caufe

„ à-caufe des écoutilles, on redouble le nombre des courbes, & on y en met à
„ chaque bout de bau deux ou trois, parce-que ce font cès mêmes endroits
„ qui fuportent le faix des mâts & de la voilure. Celles des angles de l'avant
„ & de l'arriére fe pofent en-travers, parce-qu'il y faudroit trop de fauſſe
„ équaire, & qu'il faudroit que les deux branches s'aprochaſſent trop l'une
„ de l'autre. Celles qu'on met à l'arcaſſe, fur la liſſe de hourdi, doivent
„ être les plus fortes de toutes.

COURBES du premier pont. *Knies in 't ruim.*
„ Les Courbes du premier pont doivent avoir les deux tiers de l'épaiſſeur
„ de l'étrave.
„ Quelques Charpentiers donnent aux courbes du premier pont d'un vaiſ-
„ feau de cent-trente-quatre piés de long, de l'étrave à l'étambord, fept pou-
„ ces & demi, ou huit pouces d'épais. Les branches inférieures doivent
„ être de fept, huit, neuf, dix, ou onze piés de long, felon l'endroit
„ où elles font pofées, c'eſt-à-dire, vers l'avant, ou vers l'arriére, où elles
„ doivent être plus courtes; ou vers le milieu, où elles doivent être plus
„ longues: & les branches fupérieures doivent être de quatre, cinq, ou
„ cinq piés & demi. Les courbes font liées avec les baux par une entaille
„ fous le bau. Celles des deux derniers baux, ou-bien du premier de l'a-
„ vant & du dernier de l'arriére, font à l'équerre. Il y a auſſi deux courbes
„ à chaque contre-liſſe, & quatre à la clef des eſtains.

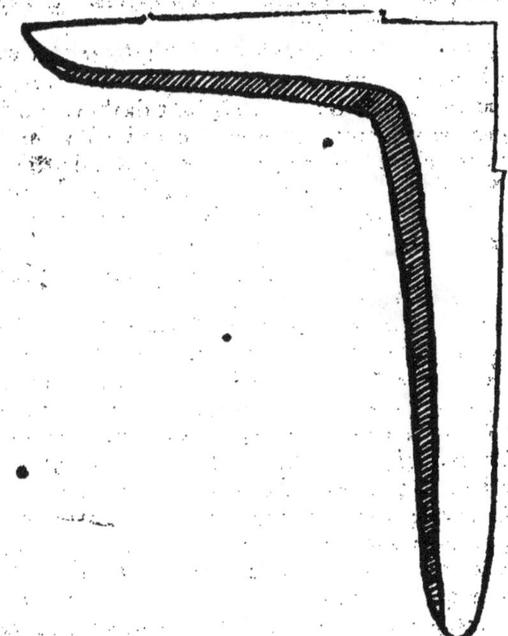

COURBES, ou plutôt Courbatons du haut pont. *Verdeks-knies.* „ Les

„Les Coûrbatons du haut pont doivent avoir le deux tiers de l'épaiffeur de
„l'étrave.   Pour ce qui regarde les proportions particuliéres des courba-
„tons d'un vaiffeau de cent-trente-quatre-piés de long, Voiez fous le mot,
„Barrots du pont d'enhaut.

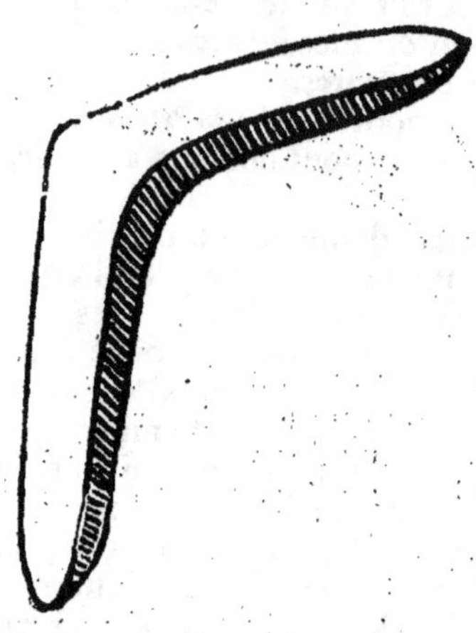

COURBES d'arcaffe. *Hek-knies, Knies aan het hek, Tuimelaars.*
  Ce font des piéces de liaifon affemblées dans chacun des angles de la poupe,
d'un bout contre la liffe de hourdi, & de l'autre contre les membres du
vaiffeau.
  „Les Courbes d'arcaffe d'un vaiffeau de cent-trente quatre piés de long,
„doivent avoir fix piés de long dans l'arcaffe, & neuf piés fur le bordage,
„avec un pié deux pouces de large, & un pié d'épais, & fix pouces d'épais
„par les bouts; mais les bouts doivent être un peu plus larges qu'épais.

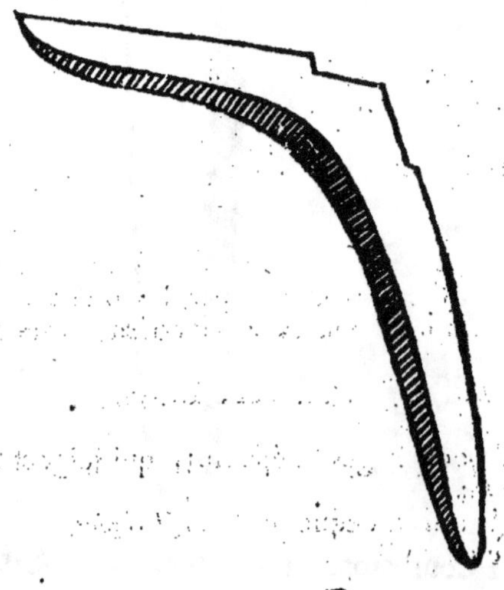

COURBES de contre-arcasse, ou de contre-lisses. *Worp-knies.*

Ce sont des piéces de bois posées en fond de cale, arc-boutées par en-haut contre l'arcasse, & atachées du bout d'embas sur les membres du vaisseau.

COURBE de la clef des estains. *Knie aan het broek-stuk.*

COURBES, ou Courbatons de la chambre du Capitaine. *Knies in de kajuit.*
„Les Courbatons de la chambre du Capitaine doivent avoir la même épais-
„seur que les allonges, ou que les trepots.
„Quelques Charpentiers leur donnent cinq piés de long par le bas entre
„les allonges, & à la branche supérieure douze piés & demi.

COURBES, ou Courbatons de la sainte-barbe. *Knies in de konstaapels-kaamer.*
„Les Courbatons de la sainte-barbe doivent être de la même épaisseur, &
„avoir toutes les mêmes proportions que ceux du haut pont. Il y a dans
„le derriére deux courbatons à l'équerre.

COURBES, ou Courbatons de la dunette. *Knies, of Knietjes in de hut.*
„Dans un vaisseau de cent-trente-quatre piés, ils doivent avoir cinq pou-
„ces de large, & quatre pouces d'épais, deux piés trois pouces de long par
„la branche supérieure, & trois piés & demi en-bas.

COURBES ou Courbatons du château d'arriére. *Knies van de stuur-plegt.*
„Dans un vaisseau de cent-trente-quatre piés, les courbatons du château
„d'arriére doivent avoir six pouces de large, cinq pouces d'épais, cinq piés
„six pouces de long par la branche inférieure, & trois piés par la branche
„supérieure.

COURBES, ou Courbatons du château d'avant. *Knies van de bak.*
„On leur donne souvent la moitié de l'épaisseur de l'étrave.
„Dans un vaisseau de cent-trente-quatre piés, quelques Charpentiers leur
„donnent six pouces de large, & cinq pouces d'épais; quatre piés & demi
„de long aux branches inférieures, & trois piés aux branches supérieures.

COURBES, ou Courbatons de la chambre qui est sous le château d'avant.
Knies in 't kot.
„Dans un vaisseau de cent-trente-quatre piés, ils doivent avoir quatre piés
„& demi de long par le bas, trois piés par les branches supérieures en-
„devant, & quatre piés huit pouces par-derriére, avec huit pouces d'é-
„paisseur.

COURBES de bittes. *Beeting-knies.* Voicz, Bittes.

COURBES d'écubier. *Kluis-knies.*
Ce sont deux piéces de bois larges & épaisses, qui joignent l'étrave, l'une à
droite, l'autre à gauche.

COURBES, ou Courbatons à l'équaire. *Winkel-knies.*
On en met à l'équaire au gaillard.

COUR-

COURBES, ou Courbatons à fauſſe équaire. *Knies binnen de winkel.*
Celles du premier pont ſont à fauſſe équaire.

COURBES étendües, ou Courbatons étendus. *Knies buiten de winkel, die buiten de winkel loopen.*
Ce ſont ceux du ſecond pont. Les jottereaux ſont auſſi des courbatons étendus.

COURBURE. *Boog, Geboogenheid, Kromte.*
C'eſt l'inclination d'une ligne en arc. On apelle auſſi Courbure l'état & la qualité de la choſe courbée.

COURCIVES. *Waringen, Waaringen, Wanderingen, Gangen, Leg-waaringen.*
C'eſt un demi pont que l'on fait de l'avant à l'arriére, de chaque côté, à certains petits bâtimens qui ne ſont point pontez, ou qui ont des ponts élevez: ou-bien, les Courcives ſont des ſerre-goutiéres, ou piéces de bois qui font le tour du vaiſſeau en-dedans, & qui lui ſervent de liaiſon. Voiez, Couloir.

COURE'E, Couroi, Courret. *Pap.*
C'eſt une compoſition de ſuif d'huile, de ſoufre, de réſine ou brai, & de verre briſé, dont on frote le fond des vaiſſeaux qu'on met à l'eau, ou que l'on deſtine à faire un voiage de long cours, afin de conſerver le bordage, & le garantir des vers qui s'engendrent dans le bois, & le criblent. On dit, Donner la courée à un navire, lors-qu'on enduit ſon fond avec la courée.
„Le Couroi dont on frote aujourdhui le deſſous des vaiſſeaux, ſe fait de
„ſuif, de réſine, de ſoufre, d'huile de baléne, & de verre pilé : on tient
„que cela empêche que les vers ne s'y mettent. Quelquefois, lors-qu'on
„ne veut pas faire un long voiage, on-ne les frote que d'oint, ſur-tout
„quand on ne fait pas route vers l'Oüeſt. Cette derniére maniére de les
„ſuifver ne laiſſe pas de les garantir longtems des filandres, & des autres
„ſaletés qui y naiſſent, ou qui s'y atachent.

DONNER le Couroi, ou la Courée. *Pappen.*
C'eſt froter de couroi les parties d'un navire qui entrent dans l'eau. On dit, Donner le feu & le couroi.

COURIR. *Loopen, Zeilen.*
C'eſt faire route. Nous courûmes tout le jour ſur les iſles, & ne les doublâmes que le lendemain. Nous ſommes à cinq cents lieües de terre, on peut laiſſer courir ſans crainte. Avant-que le vaiſſeau pût gagner la terre vers laquelle il couroit.

NOUS courûmes deux jours au Nord. Le navire changea de bord & courut au large. *Wy liepen twee daagen om 't Noord. Het ſchip wende, en liep t'zee-waarts.*

OU COURT ce vaiſſeau? *Waar loopt dat ſchip heen? Waar beſteevent dat ſchip?*
On dit ſur mer, quand on aperçoit un vaiſſeau de loin, Où court ce vaiſ-ſeau? pour dire, Quelle route tient-il? Si l'on répond, Il court à l'autre bord, on fait entendre qu'il fait une route contraire à celle qu'on tient.

COURIR la mer. *De zee door-kruiſſen, In zee ſwerven om te kaapen.*
C'eſt aller & venir, croiſer, & faire diverſes courſes pour butiner. Il eſt défendu aux François de prendre commiſſion d'aucuns Soüverains étran-

gers, pour armer des vaiſſeaux en guerre, & courir la mer ſous leur banniére, à peine d'être traitez comme Pirates.

COURIR une bordée. *Een gang gaan.*
  C'eſt conduire le vaiſſeau à ſtribord, ou à babord, juſqu'à un revirement.
Nous courûmes deux bordées Nord & Sud. Nous fûmes deux jours à louvier, & courûmes différentes bordées, ſelon que le vent ſautoit d'un rumb
à l'autre, tâchant de nous maintenir, & de ne guéres dériver. Quand le
vent me devint contraire, j'allai toujours courant mes bordées avec la grand'
de voile, & n'en fis déploïer que cinq à ſix braſſes. Nous découvrimes
ces iſles, ſur leſquelles nous courûmes juſques au ſoir.

COURIR au large. Voïez, *Large.*

COURIR Nord, Courir Sud. *Noord of Suid over zeilen.*
  C'eſt-à-dire, Aller au Nord, Cingler par le rumb de vent qu'on nomme.
Courir par un tel air de vent.

CE VAISSEAU court comme nous. *Dat ſchip loopt nevens ons.*
  Cela ſe dit d'un vaiſſeau qui fait la même route que le vaiſſeau ſur lequel
on eſt embarqué.

COURIR en longitude. *In de lengte zeilen.*
  C'eſt quand on cingle de l'Eſt à l'Oüeſt, ou de l'Oüeſt à l'Eſt.

COURIR en latitude. *In de breedte loopen.*
  C'eſt lors-qu'on cingle du Nord au Sud, ou du Sud au Nord.

COURIR terre à terre. *Langs de wal, of de kuſt, heen zeilen.*
  C'eſt naviger le long de la côte, ranger la côte.

COURIR toujours ſur un même air de vent, ſans ſerrer aucune voile, non
obſtant l'orage, *Voor-of-door-laaten-ſtaan, Gaande houden, Geen zeil minderen; Niet wenden, maar met een ſelfde ſtreek het ſchip doen zeilen.*

COURIR. *Sig ſtrecken.*
  Ce mot ſignifie auſſi regner & s'étendre ſelon de certains rumbs de vent
quand il faut marquer & diſtinguer les giſemens par raport à la mer. Il y
a une chaîne de rochers dans ce parage, qui court Eſt & Oüeſt, c'eſt-à-dire; que ce banc s'étend en longueur de l'Eſt à l'Oüeſt.

LA CÔTE Court. *De kuſt ſtrekt ſig Noord-noord-weſt en Suid-ſuid-weſt.*
  C'eſt à-dire que la côte regarde & eſt opoſée. Du cap de Matapan à Bytoulo la
côte court cinq lieües Nord-nord-oüeſt; c'eſt-à-dire que la côte s'avance &
regne vers le Nord-nord-oüeſi. On s'exprime encore ainſi: De Matapan
à Bytoulo la côte eſt Nord-nord-oüeſt & Sud-ſud-eſt, à la diſtance de cinq
lieües. On peut dire encore, Matapan & Bytoulo giſent entre eux Nord-
nord-oüeſt & Sud-ſud-eſt, à la diſtance de cinq lieües.

COURIR le bon bord. *Zee-rooven, Kaapen.*
  C'eſt une façon de parler de Corſaires, pour dire, qu'il ne faut inſulter que
les vaiſſeaux marchands, dont la priſe les peut enrichir.

FAIS COURIR. *Hou vol, Man te roer.*
  C'eſt un ordre qu'on donne au Timonier afin-qu'il faſſe porter plein les
voiles, ou qu'il n'aille pas au plus près du vent.

COURIR ſur ſon ancre. *Voor 't anker opkoomen, Op het anker aankoomen.*
  Un vaiſſeau court ſur ſon ancre; lors-qu'il eſt porté par le vent, ou par le
courant de la mer, du côté où ſon ancre eſt moüillée.

COURU, Avoir couru. *Gezeilt, of gevaaren hebben.*

COURONNE Navale, ou Roſtrale. *Steeven-kroon, Scheeps-kroon, Zee-kroon.*
C'étoit chez les Romains un cercle d'or relevé de proües & de poupes de navires, qu'on donnoit à un Capitaine, ou Soldat, qui, le premier, avoit acroché un vaiſſeau ennemi, ou ſauté à ſon bord.

COURONNEMENT. *Spiegel-boog, Het bovenſte hakkebordt van 't agter-ſchip, Doorlugtig hakkebordt, Het vierde en hoogſte hakkebordt.*
C'eſt la partie du haut de la poupe, qui eſt un ornement de menuiſerie & de ſculpture, pour l'embelliſſement de l'arriére.

„Le Courronnement eſt comme une couronne poſée ſur tout le reſte de „l'ouvrage du derrière de la poupe. Ordinairement il eſt orné de Tritons „en ſculpture, de Satires, ou de Lions rampans qui ſoutiennent les armes „du navire, ou de l'Etat, ou celles du propriétaire. Le tout eſt ouvragé „à jour, afin d'être moins expoſé à la force du vent. L'ouvrage doit faire „ſaillie à chaque côté, & y être ſuporté par les Termes, enſorte qu'il en „couvre toute la tête. On a coutume d'y emploïer du bois de ſapin rou-„ge, de poutres de Stolpe ſciées; & quelquefois on ſe ſert de vieux mâts „& de vieilles vergues, qu'on aſſemble bien avec des chevilles. Les An-„glois font tomber en-dehors le couronnement, & tout l'ouvrage de l'ar-„riére; mais les Hollandois le tiennent plus droit.
„Le Couronnement d'un vaiſſeau de cent-trente-quatre piés de long de l'étra-„ve à l'étambord, doit avoir trois piés ſix pouces de large, & cinq pouces „d'épais. Au-deſſus de ce couronnement, qui ſert à s'apuïer, il y a enco-„re une piéce de ſculpture en arc, avec un daufin, ou quelque autre orne-„ment. Voiez, Arcaſſe.

COURRE la bouline. Faire Courre la bouline. *Tuſſchen de daggen door-loo-pen. Tuſſchen de daggen door laaten loopen.*
C'eſt lors-qu'on paſſe d'un bout du pont à l'autre, ou qu'on y fait paſſer quelqu'un, devant l'équipage rangé des deux côtés, qui frape avec des bouts de corde celui qui paſſe. La ſentinelle de la dunette, qui aura manqué d'avertir l'Oficier, lors-que quelque chaloupe ou bateau aura abor-dé, ou débordé du vaiſſeau, courra une fois la bouline, paſſant d'un bout du pont à l'autre, devant l'équipage rangé des deux côtés, qui le frapera de cordes. Voiez, Bouline.

COURROI, Couroi. Voiez, Couréc.

COURROIR, Courrier. *Gang.*
C'eſt une allée, ou petit paſſage étroit, pour aller dans les chambres. Le Courroir de la ſoute aux poudres. Un Courrier de communication de deux piés & demi de large.

COURS, Courſe, Chemin, Sillage, Route. *Koers, Kours, Streek, Loop.*
C'eſt le mouvement du vaiſſeau, & le ſillage & la route qu'il fait par ce mouvement. Par tout ce parage, votre cours doit être Nord-eſt, afin de vous parer des bancs. Durant huit jours le cours de nos vaiſſeaux fut Nord. Notre frégate fit le même cours que la leur, la même navigation, la mê-me route; gouverna de même; fut toujours ſur ſon eau, ſur ſon ſil-lage.

PRENDRE ſon cours vers quelque endroit. *Ergens op aanhouden, Ergens na toe vaaren.*

PRENDRE ſon Cours vers l'Angleterre. *Den koers naar Engelandt ſtellen, Zeil op Engelandt maaken, Naar Engelandt toe zeilen.*

VOIAGES de long Cours. *Verre Reiſen.*

On entend principalement les voiàges où il faut paſſer la Ligne équinoxiale.

COURS, Courſe, Faire le Cours. *Kaapen, Vrij-buiten, Te kaap vaaren.*

C'eſt être en mer avec des vaiſſeaux armez en guerre, pour combattre les Corſaires, ou les ennemis, & enlever les vaiſſeaux marchands. Les Dunquerquois & les Maloüins ſont très-experts, ou s'entendent bien à faire le cours; ils ont toujours beaucoup de vaiſſeaux en cours.

E'QUIPER des vaiſſeaux pour la courſe, les armer en courſe. *Schepen ten prijs ſetten, ten kaap uitruſten, op vrijbuit reeden.*

ALLER en Courſe, ou en Cours, *Op vrijen buit uitgaan, of uitvaaren.*

„ Il n'eſt permis à aucuns vaiſſeaux d'aller faire la guerre, ou d'aller en
„ courſe, ſans une Commiſſion particuliére de l'Amiral Général, & ſans
„ qu'on ait prêté le ſerment devant un des Colléges de l'Amirauté, donné
„ caution, & pris ſon atache du Lieutenant Amiral du Quartier d'où l'on
„ fait voiles.

COURS. Le Cours de l'eau. *De Waater-loop.*

COURSIER. *Een Gang tot een ſtuk geſchuts.*

Ce terme, qui ordinairement eſt de galére, ſe dit auſſi de certaines chaloupes, où l'on pratique un lieu à l'avant & au milieu, pour y mettre une piéce de canon en batterie.

COURTIER. *Een Maakelaar.*

C'eſt celui qui s'entremet pour faire faire des ventes & des prêts d'argent; ce qui a été établi en titre d'ofice en pluſieurs endroits. Il y a des Courtiers ou Agens de change, des Courtiers de marine, & divers autres, chaque corps de Marchands aïant les ſiens.

COURVETTE. *Een ſoort van een dubbelde ſloep.*

C'eſt une eſpéce de barque longue, qui n'a qu'un mât & un petit trinquet, & qui va à voiles & à rames. Les Courvettes ſont fréquentes à Calais, & à Dunquerque. D'ordinaire on en tient à la ſuite d'une armée navale, pour aller à la découverte, & pour porter des nouvelles. L'Ordonnance dit indifféremment, Les Capitaines de barques longues ou courvettes.

COUSSIN de canon, Chevet de canon. *Wigge, Groote kuſſen.*

C'eſt un gros billot de bois, poſé dans le derriére de l'afût, & qui en ſoutient la culaſſe.

COUSSIN ſous le beaupré. *Twil.* Voiez, Clamp.

COUSSINS d'amures. *Matten.*

C'eſt un tiſſu de bittord, qu'on met ſur le platbord du vaiſſeau, à l'endroit où porte la ralingue de la voile, afin d'empêcher qu'elle ne ſe coupe.

COUSSINS. *Matten, Kraag, Touwetjes of preſening om de voorſteven, om de top van de grooten maſt, mars, en randen; ook om de ſtag, en elders.*

C'eſt un ſemblable tiſſu qu'on met ſur les cercles des hunes, autour du top du grand mât, ſur le mât de beaupré, & ailleurs: on l'emploie au même uſage.

COUTEAU. *Een Werk-mes.*

C'e

C'est un Couteau que les Charpentiers ont presque toujours avec eux, &
dont ils se servent, au-lieu de compas, pour tracer des lignes fort fines.

COUTELAS. Voiez, Bonnette en étui.

COUTURE. *Naad, Voege.*

C'est une distance qui se trouve entre deux bordages, & dans laquelle on
a calfaté.

COUTURE ouverte. *Een open naad.*

C'est lors-que l'étoupe, que le Calfat avoit mise entre deux bordages, en est
sortie.

COUTURE de cüeille de voiles. *Pape-naad.*

C'est une couture plate, qui doit être bien faite.

COUVERTE. *Dek.*

C'est le mot des Levantins, pour dire, Pont ou Tillac. Ce bâtiment porte couverte, pour dire, qu'il est ponté, qu'il a un pont. On ne se sert plus
guéres du terme Ponté.

COUVERTURES de fanaux. *Lantaarn-kleeden.*

Ce sont des baquets, ou autres choses, qu'on met dessus, lors-qu'on les serre, pour les couvrir, & les empêcher de se gâter.

C R.

CRAIE. *Kraay.*

C'est une sorte de vaisseau Suédois & Danois, qui porte trois mâts, & qui
n'a point de hune, ni de mât de hune.

CRAMPE. *Kram.*

C'est un crampon de fer dont la tête est arrondie. On dit aussi Crampon.
Pour carguer la voile, il y a huit poulies frapées à la vergue, avec des cram-
pons, savoir quatre en-haut, au-dessus du racage, & deux à chaque côté.

CRAN. Mettre un vaisseau en cran. Voiez, Carène.

CRAQUER. *Kraaken.*

C'est quand le vaisseau ébranlé par les éforts de la tempête, fait un grand
bruit, & semble se séparer. Tout le vaisseau craquoit en ses membres,
& trembloit.

CRAVANS. *Schelpen.*

C'est une sorte de petit coquillage desagréable & vilain, que le tems forme sous les vaisseaux qui ont été longtems sur mer.

CRAYE, Craie blanche. *Krijt.*

C'est une sorte de terre assez dure, dont les Charpentiers se servent pour
tracer, & marquer au juste ce qu'il faut retrancher des piéces de bois qu'ils
équarrissent.

CRAYE rouge. *Roode aarde.*

CREPUSCULE du matin. *Morgen-scheemering.*

C'est le tems où l'on commence à voir un peu clair au matin.

CREPUSCULE du soir. *Avondt-scheemering.*

C'est

C'eſt le tems qui s'écoule depuis que le Soleil ſe couche ſous l'horiſon, juſqu'à-ce que la nuit ſoit venüe.

CREVER. Le canon a crevé. *Het geſchut is geſprongen.*

CREUX d'un vaiſſeau, Pontal. *Het Hol, Holte.*

C'eſt la hauteur qu'il y a depuis le deſſous du premier pont juſques ſur la
quille, où la diſtance qui eſt entre les baux & les varangues.

„Le creux du vaiſſeau ſe meſure du deſſus du fond de cale, juſques au pre-
„mier pont par ſon deſſous & à ſon côté, ſous les goutiéres|, qui eſt l'en-
„droit le plus bas, ſans y comprendre la rondeur des baux & du tillac;
„bien-entendu auſſi que c'eſt à l'embelle qu'on meſure, ou à un tiers de
„la longueur du vaiſſeau, à prendre du devant, qui eſt l'endroit le plus
„bas de tout le bâtiment.

„Pour donner à un vaiſſeau ſon creux par proportion à ſa longueur, il faut
„qu'il ait par chaque dix piés de long de l'étrave à l'étambord, un pié de
„creux. Par éxemple, cent piés de long donneront dix piés de creux ſous
„l'embelle. Néammoins il y a quelquefois des vaiſſeaux qui ont cent
„quatre piés de long, ou qui ſont de deux piés plus courts que les cent
„piés, & qui ont pourtant dix piés de creux; & tout-de-même au-deſſus à
„proportion, mais cela eſt rare.

„Ainſi un vaiſſeau de cent trente quatre piés de long, doit avoir treize piés
„de creux.

„D'autres Charpentiers eſtiment qu'un vaiſſeau doit avoir de creux un quart
„moins qu'il n'a de largeur.

„D'autres diſent qu'on ne doit jamais donner au pontal d'un vaiſſeau plus
„que la moitié de ſa largeur; ni lui en donner moins que les deux cinquié-
„mes parties, parce-que s'il en avoit moins il ne pourroit porter de canon,
„& s'il en avoit plus il ne porteroit pas bien ſes voiles.

CREUX d'une voile. *Buik.*

C'eſt ſon ſein, où elle reçoit & enferme le vent.

CRIBLE'. Vaiſſeau criblé ou percé par les vers. *Een ſchip van de wormen
geſchonden en gegeeten.*

C'eſt un vaiſſeau criblé par ſes fonds, c'eſt-à-dire, qu'il a ſon fond, ou ſes
œuvres vives percées par des trous de vers.

UN VAISSEAU Criblé ou percé de coups de canon. *Een doorgeſchooten ſchip,
doorgeboort met koogels, en doornaagelt.*

VOILES Criblées. *Zeilen doorgeſchooten, en aan flenteren.*

Ce ſont des voiles par où il a paſſé pluſieurs boulets, qui lés ont percées
& déchirées.

CRIC. *Dommekragt.*

C'eſt un inſtrument de grande utilité pour lever toutes ſortes de fardeaux.
Il eſt compoſé d'une roüe dentée, qui ſe meut avec une manivelle, & qui
fait élever une groſſe barre de fer auſſi dentée, lors-que les dents de la
roüe entrent dans celles de la barre. La boîte où le tout eſt enfermé, eſt
auſſi de fer. On s'en ſert utilement dans les vaiſſeaux.

„C'eſt avec le cric qu'on ſerre le franc-bordage, & qu'on le fait aprocher
„des côtes lors-qu'on borde un vaiſſeau, & que les bordages aiant été
„chaufez ont un courbe qui, ſans le ſecours de cet inſtrument, ne ſeroit
„pas facilement réduit. Dans un atelier bien fourni il doit y avoir vingt-
„vingt-cinq crics.

La Roüe du Cric se nomme en Flamand, *Rad*, ou *Rad-werk*; les Barres de fer, *Staven*; & les Dents, *Kammen*.

CRIQUE. *Kreek.*

C'est une espéce de petit port, fait sans aucun art, le long des côtes, où de petits bâtimens trouvent retraite pendant la tempête.

CROC. *Haak.*

C'est un instrument de fer aïant des pointes recourbées, avec lequel on tire, ou pêche, ou arrête quelque chose.

CROC de pompe. *Pomp-haak.*

C'est un crochet de fer, qui est au bout d'une longue vergue. On s'en sert à retirer l'appareil de la pompe, quand on y veut racommoder quelque chose.

CROC de candelette. *Paartuur-lijns-haak.*

C'est un grand croc de fer, avec lequel on prend l'ancre qui est hors de l'eau, pour la remettre à sa place.

CROCS de palans. *Taakel-haaken, Bier-haaken.*

Ce sont deux crocs de fer qui sont mis à chaque bout d'une corde fort courte, que l'on met au bout du palan, quand on a quelque chose à embarquer.

CROCS de palans de canon, Crocs à bressins. *Taalie-haaken tot 't geschut.*

Ce sont aussi des crocs de fer mis à chaque bout de ces palans. Leur usage est de croquer à l'erse de l'afût, ou à un autre croc qui est à chaque côté du sabord.

CROCS de palanquins. *Taalie-haaken.*

Ce sont de petits crocs de fer qui servent à la manœuvre dont ils portent le nom.

P p
CROC,

CROC, Perche de Batelier. *Boom, Haak, Haak-steel, Boots-haak.*
Cette perche a neuf ou dix piés de longueur, & au bout qui touche jusqu'au fond de l'eau une pointe de fer, avec un crochet. Les Bateliers tirent, pouffent, arrêtent leurs bateaux avec des crocs.

POUSSER avec le Croc. *Boomen.*

CROCHETS d'armes. *Rakken, Haaken om 't geweer op te hangen.*
Ce font des crochets de fer, qui fervent comme de râtelier à tenir les armes dans les chambres des vaiffeaux, ou dans les corps-de-garde.

CROCHETS de retraite. *Inwijkende haaken.*
On apelle ainfi, dans l'afût d'un canon, des fers crochus qui fervent à traîner la piéce. L'ufage des crochets les plus élevez eft de la faire avancer, & on la fait reculer par le moien de ceux qui font les plus abaiffez.

CROCHET ou Sergent. Outil de Menuifier. Voiez, Sergent.

CROCHET d'établie. *Klem-haak.*
C'eft une efpéce de crochet de fer à dents, qui eft enfoncé dans l'établie, pour arrêter le bois, que le valet ou varlet tient auffi.

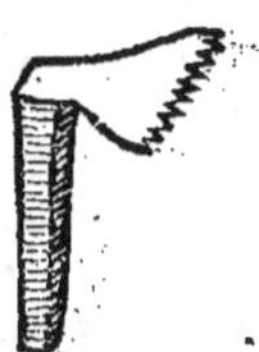

CROISADE. *Suider-kruis.*
C'eft une conftellation qui eft vers le pole Antarctique. Elle eft compofée de quatre étoiles difpofées en croix, & on s'en fert au-delà de la Ligne pour difcerner le Pôle, comme on fait dans l'hémifphére Septentrional pour obferver la conftellation de la petite Ourfe.

CROISE'E de l'ancre. *'t Kruis van 't anker.*
C'eft la partie de l'ancre qui en fait la croix : les deux pattes font foudées deffus, & la croifée eft foudée au bout de la verge. Voiez, Ancre.

CROISE'E du Sud. Voiez, Croifade.

CROISER. *Kruiffen, Heen en weer vaaren.*
C'eft faire des traverfes & des courfes dans un certain efpace de mer, pour empêcher les Corfaires de piller les bâtimens marchands. Notre efcadre a ordre de croifer vers le cap de St. Vincent. On détache auffi des navires de guerre des armées navales, pour aller croifer fur les ennemis.

ON envoia fix navires de guerre pour croifer fur une flote qu'on atendoit, & la conduire. *Daar wierden fes oorlog-fchepen afgefonden, om een vloot, die verwagt wierdt, waar te neemen, en af te haalen.*

CROISER la lame. *Dwars-zees zeilen.* Voiez, Debout à la lame.

CROISER la mer. *De zee bekruiffen.*

CROISIE'RES. *Zee-ftreeken daar men gaat om te kruiffen.*
Ce font des parages, ou étendües de mer, où les vaiffeaux vont croifer & faire des courfes. Nos détachemens ont quité leurs croifiéres ; & fe font rendus fous le pavillon de l'Amiral.

BON-

BONNE Croiſiére. *Een bequaame zee-ſtreek om te kruiſſen.*

C'eſt un endroit favorable, où les vaiſſeaux de guerre peuvent atendre les vaiſſeaux marchands. La vûe de l'Iſle-dieu eſt une bonne croiſiére pour atendre les vaiſſeaux qui veulent entrer dans les ports du païs d'Aunix, de Poitou, & de Saintonge.

VAISSEAUX en Croiſiére, ou Croiſeurs. *Kruiſſers.*

C'eſt-à-dire, Des vaiſſeaux qui ſont dans le parage qu'on a ordre, ou qu'on s'eſt propoſé de tenir.

CROISSANT. Armée navale rangée en croiſſant. *Een Oorlogs-vloot half-maans wiſſe zeilende.*

CROITRE. L'eau croît. *Het waater loopt op, waſt.*

C'eſt-à-dire qu'il y a flux, ou que la marée monte.

CROIX du Sud. Voiez, Croiſade.

CROIX Géométrique, Arbalêtrille, Bâton de Jacob. *Graadt-boog.*

C'eſt un inſtrument compoſé d'un long bâton, & d'un autre plus court, mis en croix, dont les Pilotes ſe ſervent pour meſurer les hauteurs. C'eſt ce qu'ils appellent autrement Arbalêtrille, Bâton de Jacob, Radiométre, Arbalête &c. D'abord il n'a été compoſé que d'une fléche & d'une croix; enſuite on y a mis trois croix, qui ont été apellées Marteaux ou Curſeurs, & enfin on y a ajoûté au bout un petit marteau, qu'on peut dire n'être pas mobile, parce-qu'encore qu'il s'ôte, on ne le fait point courir ſur la fléche, & il demeure toujours ſur le bout. Voiez, Arbalête.

CROIX. Une croix ſur les cables. *Kruis op 't touw, 't Touw onklaar.*

C'eſt-à-dire que les cables qui ſont moüillez, ſont paſſez l'un ſur l'autre.

CRONE. *Een Kraan in een kraan-huis.*

C'eſt une tour ronde & baſſe ſur le bord de la mer, avec un chapiteau qui tourne ſur un pivot: il eſt fait comme celui d'un moulin à vent, & a un bec qui ſert à charger & à décharger les marchandiſes des vaiſſeaux. Cela ſe fait par l'aide d'une roüe à tambour, qui eſt en-dedans, & avec des cordages. Voiez, Grüe.

CROQUER ou Acrocher. *Aanhechten, Aanhaaken, Touwen en haaken aanſlaan.*

CROQUER le croc de palan. *Aan de taakels ſlaan. De hank aan de ankerring aanhechten, Punteren.*

C'eſt-à-dire, le paſſer dans l'arganeau de l'ancre, afin de le remettre au boſſoir.

CROULER ou Rouler un batteau. *Hobbelen.* Voiez, Roller.

CROULER un bâtiment pour le faire lancer à l'eau. *Een Schip wiegen, als het hapert in 't afgaan.*

CROUPIAT. *Springk, Sprenckel, Spring.*

C'eſt un nœud qu'on fait ſur le cable, & l'emboſſure eſt proprement quand on frape, ou l'action de fraper le croupiat ſur le cable. Cependant on ſe ſert indifféremment de croupiat & d'emboſſure pour le nœud même; & l'on ſe ſert plus ſouvent d'emboſſure, parce-que le terme ſent plus ſon François. Voiez, Emboſſure.

PRENDRE un croupiat ſur le cable. *Een springk op den kaabel maaken, of brengen.*

CROUPIE'RE, Croupias. *Meer-touw agter-uit, Agter-dwaars-touw.*

C'eſt une corde qui tient un vaiſſeau arrêté par ſon arriére.

MOÜILLER en Croupiére, ou de Croupiére, ou en Croupe. *Voor en agter vertuijen.*

C'est moüiller à poupe, afin de maintenir les ancres de l'avant, & empécher le vaiſſeau de ſe tourmenter, ou faire enſorte qu'il préſente toujours le même côté. Pour moüiller de croupiére, le cable paſſe le long des ceintes, & de-là il va à des anneaux de fer qui ſont vers la ſainte-barbe. Quelquefois on le fait paſſer par les ſabords de la ſainte-barbe. Quand le Comte d'Eſtrées entra dans le port de Tabago, en 1677. il trouva que les vaiſſeaux Hollandois étoient moüillez en croupiére à l'entrée du port, pour mieux prêter le flanc aux vaiſſeaux François. Quelques-uns diſent, Croupiader, & Se Croupiader. Ce navire moüilla & ſe croupiada à une portée de canon de nos vaiſſeaux, ſi-bien que nous n'eûmes point envie de déchoüer.

NOUS étions croupiadez. *Wy laagen vertuijt.*

CUBE. *Cubijck. Een vaſtigheidt begreepen onder ſes gelijke vlaktens.*

C'eſt un corps ſolide, régulier, que l'on apelle autrement Hexaedre, parce-qu'il eſt compoſé de ſix faces quarrées, qu'il a égales, ainſi que ſes angles. Le nombre cube eſt celui qui eſt multiplié deux fois, l'un par ſa racine, & l'autre par ſon produit. On ſe ſert quelquefois de cubes pour meſurer les bois & bordages, parce-que le cube eſt un corps dont la longueur, la largeur, la profondeur ou l'épaiſſeur ſont égales.

CUBIQUE, Pié Cubique, Toiſe Cubique. *Vier-hoekig, Een vierkantig voet, Cubijk.*

C'eſt un corps qui a la figure d'un cube. Pié Cubique, Toiſe Cubique. Quand on multiplie le quarré par ſa racine quarrée, qu'on apelle Premier Nombre, le produit s'apelle Nombre Cubique, ou Cube du premier Nombre, lequel eſt nommé Racine Cubique du produit.

CÜEILLE. *Een zeils kleedt.*

C'eſt un des lez, ou des bandes de toile, qui compoſent une voile. Cette voile a quinze cüeilles & le pacſi eſt de vingt & une.

CÜEILLETTE, à Cüeillette, Chargé à Cüeillette. *Stuk-goederen. Met Stuk-goederen gelaaden.*

C'eſt un amas de diverſes marchandiſes que le Maître d'un vaiſſeau reçoit de pluſieurs Particuliers, pour en faire le chargement. Voiez, Chargé.

VAISSEAUX chargez à Cüeillette. *Schepen met ſtuk-goederen, en door particuliere Koopluiden bevragt.*

CUILLIÈRE de pompe. *Een Schulper, Een groote Pomp-boor.*

C'eſt un inſtrument de fer acéré & coupant, dont on ſe ſert pour creuſer les pompes: ſa queüe, qui ſe nomme 't Las, eſt de fer, & c'eſt le plus grand des deux outils qu'on emploie à cet ouvrage; le plus petit, qu'on fait ſervir le premier, s'apelle, Boor, Pomp-boor, Klein ſchulper.

CUILLIÈRES pour le canon. *Leepels tot 't geſchut.*

Ce ſont des feüilles de cuivre arondies & ouvertes au tiers. Elles ſont de différentes groſſeurs, & ſervent à retirer la gargouſſe de dedans un canon.

CUILLIÈRE à canon. *Een yſere leepel om de ſwavel in 't geſchut in te ſmelten.*

C'eſt une cuilliére de fer, qui ſert à fondre le ſoufre, & à le jetter dans le canon.

CUIL.

CUILLIERE à brai. *Pek-leepel.*

Elle est de fer, & fort grande, & on s'en sert à prendre le brai chaud dans le pot.

CUIRS verds. *Vellen, Varsche beest-vellen. Vuur-kleeden, Huiden.*

Ce sont certains cuirs qui ne sont point apprêtez, & qui se mettent sur les écoutilles de la sainte-barbe, de crainte du feu: on en couvre aussi les hunes.

CUISINE d'un vaisseau. *Kombuis.*

"Dans les navires de guerre, la Cuisine est ordinairement au fond de cale, "par le travers du vaisseau, & dans les vaisseaux marchands on la place "sous le premier pont, vers l'arriére; & quelquefois elle se trouve en "partie dans un revers qui est au-dessus des fesses de certains bâtimens. "Quelquefois aussi elle est au milieu du vaisseau, & le foïer en est vers "l'arriére. On la place encore dans le château d'avant, à l'un des cô- "tés, ou au milieu contre le fronteau. Et comme chacun de ces endroits "aporte quelque commodité particuliére, & qu'il est aussi acompagné de "quelque incommodité, on ne sauroit déterminer lequel est le plus pro- "pre pour la cuisine, desorte que chacun peut se satisfaire là-dessus, & la "placer selon ses vües particuliéres.

"Il est bon que la plus grande partie de la cuisine soit garnie de cuivre, "dont les piéces soient bien jointes. Quelquefois même on l'en garnit tou- "te entiére. La cheminée doit être de maçonnerie.

"Dans un vaisseau de cent-trente-quatre piés de long de l'étrave à l'étam- "bord, la cuisine doit avoir six piés de long, & cinq piés de large, & être "à huit pouces du devant du grand mât, & par le bas à six piés du bord du "vaisseau. Les planches doivent être d'un pouce & demi d'épais.

"La cheminée doit avoir cinq piés de large, douze pouces de large par le "haut du tuïau, seize pouces par le bas, & quinze pouces de hauteur d'ou- "verture en côté, les trois autres côtés & le dessus, qui est en chamfrein, "étant garnis & couverts de planches.

CUL de lampe. *Een vierkante of seskante Appel, of Spits.*

Ce sont certains ornemens de menuiserie & de sculpture, qui ont la figure de l'extrémité d'une lampe, & qu'on met souvent aux galeries des vais- seaux, ou ailleurs, pour terminer l'ouvrage.

CUL d'un vaisseau, Son Arriére. *Het gat van 't schip.* Voiez, Arriére.

CUL en vent. Mettre Cul en vent. *Lensen, Ter lens vaaren, of gaan, of loo- pen, Voor windt laaten drijven met geen of weinig zeil.*

C'est mettre vent en poupe, soit sans voiles, ou autrement, lors-qu'un gros tems force de le faire.

CUL de port, ou de porc. *Knoop, Waater-knoop, Schildt-knoop.*

Ce sont de certains nœuds qu'on fait à des bouts de cordes. Il y en a de doubles & de simples.

FAIRE des Culs de porc. *Knoopen, Stroppen tot het loopend wandt splitsen.*

CUL-de-sac. *Cul-de-sak.*

C'est le nom que les habitans de l'Amérique donnent à un havre brute. On nomme le principal & meilleur port de la Martinique, Le Cul-de-sac Roïal: il est défendu par un bon fort.

CULASSE. *Broek, of Kaamer van een stuk geschuts.*

P p 3

C'est

C'eſt la partie du canon qui eſt la plus renforcée & la plus baſſe. Elle eſt compriſe entre les tourillons & les extrémités de la piéce. Les autres armes-à-feu ont auſſi une culaſſe, & c'eſt par là qu'on démonte les canons des mouſquets.

CULATTE. *Broek.*
C'eſt la partie qui eſt au-delà de la lumiére, de l'ame, ou du noïau du canon. Elle aboutit à un gros bouton rond de métal.

CULE'E. Donner des Culées. *Stooten, Stampen.*
Cela ſe dit lors-qu'un vaiſſeau aïant touché ſur la terre, ſur la roche, ou ſur le ſable, il donne des coups de ſa quille contre le fond.

CULER. *Agter-uit, of op ſijn gat deiſen, Agter-uit zeilen of drijven, Over ſſtuur drijven, Agter-ſchieten.*
C'eſt aller en arriére.

CULE. *Agter-uit.*
C'eſt un terme de commandement, pour dire, Recule.

CURETTE. *Pomp-ſchraaper.*
C'eſt un petit fer plat & court, qui eſt emmanché de dix à douze piés de long, & dont on ſe ſert pour nétoïer la pompe d'un vaiſſeau.

CURSEURS. *De Kruiſſen van een graadt-boog.*
Ce ſont les bois qui traverſent la fléche de l'arbalête, qui ſe nomment auſſi Marteaux. Voiez, Marteau.

CUSEROFNE. *Kuſerofne.*
C'eſt un petit bâtiment du Japon, dont on ſe ſert pour la pêche de la baléne. Il n'eſt point ponté: il eſt long, & aigu par le bas: on y met beaucoup d'hommes pour ramer.

C Y.

CYCLE Solaire. *Zonnen-cirkel.*
C'eſt la révolution de dix-huit ans, après laquelle toutes les lettres qui marquent le Dimanche & les autres Féries, reviennent dans le même ordre où elles étoient. Il eſt ainſi apellé, non-pas à-cauſe du cours du Soleil, qui ne contribüe rien à cette ſupputation; mais parce-que le Dimanche eſt apellé, par les Aſtronomes, le jour du Soleil, & que la Lettre Dominicale eſt celle qu'on cherche principalement en cette révolution.

CYCLE Lunaire, ou Nombre d'or. *Gulden getal, Maan-cirkel.*
C'eſt une période de la révolution de dix-neuf années, qui fut inventée par Méthon Athénien, aïant obſervé qu'au bout de ce tems la Lune recommençoit à faire les mêmes lunations.

D A.

DAGUE de Prévôt. *Dag, Dagge.*
C'eſt un bout de corde dont le Prévôt donne des coups aux matelots, qui ſe ſont mal comportez.

DAILLOTS, Andaillots. *Leewertjes.*
Ce ſont des anneaux avec leſquels on amarre la voile qu'on met dans le beau tems ſur les étais. Ces anneaux ſont le même éfet ſur l'étai, que ſont les garcettes ſur la vergue.

DALE de pompe. *De daal van de pomp.*
C'eſt un petit canal qu'on met ſur le pont, pour recevoir l'eau. La dale vient juſqu'à la manche, ou juſqu'à la lumiére, quand il n'y a point de manche.

,, La Dale de la pompe fe met ordinairement à fix pouces du mât, par-der-
,, riére.

DALE. *Een Backje.*

C'eſt une petite auge dans un brulot, qui fert à conduire la poudre jufques
aux chofes combuſtibles.

DALOTS. *Gooten, Aeren.*

Ce font des tuïaux dans un brulot qui répondent d'un bout aux dales, où
il y a des trainées de poudre couvertes de toile goldronnée, & l'autre bout
touche aux artifices & autres matiéres combuſtibles. Quelques-uns con-
fondent les Dales & les Dalots, & nomment les tuïaux, Conduits des
dalots.

DALOT, Dalon, Daillon, Goutiére, Orgue. *Bos, Spie-gat. Buis, Bus,
Vitwaatering.*

C'eſt une ouverture de deux ou trois pouces de diamétre, faite dans la longueur d'un bout de bois placé au côté du vaiſſeau, pour l'écoulement des
eaux de la pluïe & des vagues. Ceux que l'on fait fur les ponts d'enhaut,
font de pluſieurs piéces, & ordinairement on les fait quarrés. Voiez, Bordages d'entre les préceintes.

,, Les Dalots du pont d'embas d'un vaiſſeau de cent-trente-quatre piés, doi-
,, vent avoir fix pouces de large, & cinq pouces d'épais, c'eſt-à-dire, les
,, piéces de bois où font les trous, & les trous ont trois pouces de diamétre.
,, Les Dalots du pont d'enhaut, c'eſt-à-dire, les bois où font percez les
,, trous, doivent avoir quatre pouces de large, & quatre pouces d'épais; &
,, les trous ont deux pouces de diamétre.

DAME Janne. *Een Vul-geldt.*

Les matelots apellent ainſi une groſſe bouteille de verre, couverte de natte:
elle tient ordinairement la douziéme partie d'une barique.

DAMELOPRE. *Damlooper.*

C'eſt une forte de bâtiment dont on fe fert en Hollande pour naviguer
fur les canaux, & fur les autres eaux internes. En voici un devis, fur la
mefure du pié de Vefel, ou d'onze pouces.

,, Le bâtiment aura cinquante-fix piés de long de l'étrave à l'étambord. Sa
,, largeur fera telle qu'il faut pour avoir fon évitée en paſſant aux éclufes de
,, Leidfendam, aves fes femelles pendantes, qui touchent au quai, & qui
,, néammoins puiſſent paſſer. Au premier bordage au-deſſus des fleurs,
,, en-dehors, il aura la même largeur qu'aux préceintes, & en-dedans, à
,, prendre entre les ferre-bauquiéres, il aura onze piés un pouce, pour le
,, moins.
,, Il aura quatre piés de creux, à prendre fur les vaigres de fond jufqu'au
,, bordage où les dalots font percez; & cinq piés derriére le côté du bau où
,, le mât touche, qui regarde l'arriére; fans qu'il manque rien des cinq
,, piés, afin-qu'il puiſſe contenir cinquante laftes, fuivant la jauge du païs.
,, L'étrave aura huit pouces d'épais en-dedans, fix en-dehors; un pié qua-
,, tre pouces de largeur en-dehors, fous les liſſes, fans s'élever au-deſſus du
,, bordage. Le Charpentier lui doit donner de la quête à la vuë feule-
,, ment: le plus qu'on en donne à de pareils bâtimens eſt le meilleur.
,, L'étambord aura huit pouces d'épais en-dedans, & un pié fous les liſſes;
,, fans s'élever non-plus au-deſſus du bordage, & on lui donnera auſſi le plus
,, de quête qu'il fera poſſible. ,, L i

„La quille fera d'une feule piéce, & paffera jufqu'au-delà de l'étambord;
„mais il s'en faudra quatre pouces qu'elle ne vienne jufqu'au bout de l'étra-
„ve.   Elle aura quatre pouces d'épais, & un pié de large.

„Les gabords entreront dans le jarlot de la moitié de leur épaiffeur, & de
„trois pouces & demi de large, & ils y entreront de biais, de haut en
„bas, y étant entretenus avec des chevilles de bois de faule. Il y aura auffi
„une cheville à chaque varangue, qui paffera dans la quille, par le ga-
„bord, à côté de l'anguilliére.

„Les autres bordages de fond, auffi-bien que les gabords, auront deux
„pouces d'épais ; mais le bordage qui leur touche, & qui commence les
„fleurs aura deux pouces & demi du côté des fleurs, jufques aux endroits
„où il aura été chaufé.

„Le premier bordage des fleurs aura beaucoup de pente, & paffera affez
„avant en-deffous, & cela à-caufe des baffes qui font dans les eaux : il fera
„d'une feule piéce jufques aux endroits où il n'a pas été chaufé, & de trois
„pouces d'épais aux mêmes endroits ; de quatorze pouces de large en-de-
„hors, & moins large en-dedans, à-caufe du bordage de fond qu'il joint de
„biais.   On y mettra une cheville de fer, qui paffera dans la vaigre d'em-
„pature.

„Le franc-bordage fera pofé à quein, & jufques aux liffes il fera de plan-
„ches de cinq dans un pié d'épaiffeur. Dans le milieu du bordage les plan-
„ches n'auront qu'onze pouces de large, afin de radouber avec plus de fa-
„cilité le bâtiment, lors-qu'il fera vieux. Tout le bordage s'étrecira con-
„venablement, tant à l'avant qu'à l'arriére, & fera fi-bien compaffé que
„toutes les coutures en foient fort droites.

„Les liffes ne feront que d'une piéce, jufques aux endroits où elles ne fe-
„ront pas chaufées ; & de trois pouces & demi d'épais, & neuf pouces de
„large, non-compris la ferre-goutiére, qui paffera en-dehors fur toute l'épaif-
„feur de la liffe.

„Le bordage au-deffus de la ferre-goutiére, aura trois pouces & demi d'é-
„pais, & fera de largeur convenable.

„Les ferre-goutiéres ou courcives entre ce bordage & celui qui foutient le
„pont, ou les écoutilles, auront quatorze pouces de large, & s'étendront
„de chaque côté jufques aux façons de l'arriére & de l'avant. Elles auront
„trois pouces d'épais en-dedans, du côté du pont, & cinq pouces en-de-
„hors, où elles auront en-deffous une rablure de deux pouces de creux,
„afin-qu'une partie des côtes y demeure affemblée & les foutienne, pen-
„dant-que l'autre partie monte par derriére.

„Le bordage entre la courcive & les écoutilles, aura quatre pouces d'é-
„paiffeur par le haut, & un pouce & demi par le bas. Les faix de pont
„auront quatre pouces & demi d'épais en-dedans, & dix-huit pouces de lar-
„ge ; & le pont fera de planches de fix dans un pié d'épaiffeur. Le cornet
„du mât fera de quatre pouces & demi d'épais. Il y aura fur le bout de
„chaque varangue deux entremifes de fix pouces de large, & de quatre pou-
„ces d'épais par le bas, & de trois pouces & demi par le haut.

„Dans chaque efpace d'entre les varangues il y aura un genou, ou bois
„courbe, fcié dans une groffe piéce droite ; il aura fix pouces de large, &
„fera d'une épaiffeur convenable. La carlingue aura vingt pouces de lar-
„ge

„ge sous le cornet , & cinq pouces d'épais , & trois pouces à l'arriére.
„Les vaigres de fond seront de planches de cinq dans un pié d'épaisseur de
„bois, & la vaigre d'empature aura douze pouces de large , & trois pou-
„ces d'épais. Les serre-bauquiéres auront dix-huit pouces de large , & trois
„pouces d'épais, pour le moins.

„Le reste du serrage sera de planches de six par pié d'épaisseur de bois; le
„tout avec les façons requises , & sans qu'il y ait aucun écart dans le bois
„qui doit être dans la longueur, entre les façons.

„Le bau qui sera auprès du mât, aura un pié cinq pouces de large , & huit
„pouces d'épais. Celui qui sera le dernier à l'arriére , aura un pié deux
„pouces de large, & sept pouces d'épais. Celui du milieu sera de sept pou-
„ces en quarré.

„Le bau qui sera à l'écoutille de la chambre de l'arriére, aura huit pouces de
„large, & cinq pouces d'épais.

„Il y aura six courbatons au bau d'auprès du mât : six au dernier bau de
„l'arriére : quatre au bau du milieu : quatre sous la chambre de l'avant :
„deux à celle de l'arriére : deux à l'endroit où sont les semelles qui s'éten-
„dront jusques au petit bordage qui est sur les courcives, & qui soutient le
„pont ; ils seront à quatre piés l'un de l'autre ; & il y aura encore d'au-
„tres courbatons sous les courcives, derriére le serrage , qui viendront de
„leurs bouts embrasser aussi le petit bordage qui soutient le pont.

„L'Entrepreneur sera tenu de livrer tout le bois de chêne & de sapin rou-
„ge qu'il faudra pour les fronteaux de séparation des chambres de l'avant
„& de l'arriére ; & un gouvernail non monté ; & ce sera au Bourgeois à
„paier la main de l'ouvrier.

„L'Entrepreneur sera tenu de livrer un gouvernail neuf ; une barre de
„gouvernail avec son courbaton ; les semelles ; les tillacs ; les planches pour
„mettre sous les piés du Timonier ; les guindas ou rouleaux de l'avant &
„de l'arriére ; les coittes du guindas, les piliers de bittes, les chevillots,
„l'étoupe, la mousse, les chevilles, les épites , le brai , tout le petit clou
„au-dessous du clou de double tillac; & de rendre le vaisseau fait & en état
„d'être accepté , avec toutes les petites piéces ou parties nécessaires , qui
„sont de trop peu d'importance pour être comprises en ce devis. Toutes
„les œuvres vives seront construites à cloux & à chevilles; mais l'œuvre
„morte sera seulement construite à clou. Le bois de chêne sera de Vesel,
„sain, sans aubier, & sans flaches.

„Le Bourgeois sera obligé de fournir toute la grosse ferrure , & le gros
„clou, à descendre jusqu'au clou de double tillac inclus: tout le prélart,
„& le clou pour l'atacher; un tonneau de goldron, & trois demi-tonneaux
„de biére, pour régaler les ouvriers.

„Sous les conditions ci-dessus le marché du Damelopre à été fait à la som-
„me de quinze-cents livres, savoir, trois cents livres à paier lors-que le
„vaisseau sera accepté & sortira de l'atelier, & cent-cinquante livres par
„chacune des années suivantes, jusques à l'entier & parfait paiement.

„La grosse ferrure a monté à cent-cinquante-huit livres, & le gros clou à
„cent-trente livres. Il est vrai qu'on s'est servi du vieux fer d'un vaisseau
„dégradé, sans quoi le prix de la grosse ferrure auroit monté beaucoup
„plus haut.

Q q

DA·

DAMOISELLES. Voiez, Lisses de porte-haubans.

DANGERS. *Blinde klippen, Blinde banken.*
Ce font des rochers, des bancs de fable, ou de vafe, cachez fous l'eau, auxquels un vaiffeau ne peut toucher en paffant deffus fans en être incommodé. On apelle ces fortes de dangers, Dangers Naturels, pour les diftinguer de ceux qui font apellez Dangers Civils ; & autrement, Dangers de la Seigneurie, ou Rifques de Terre : ceux-ci font les défences, les doüanes, & les exactions que les Seigneurs des lieux pratiquent fur les Marchands, & fur ceux qui font naufrage. Les Oficiers des ports marqueront avec des barils flotans & balifes fort reconnoiffables, les roches, bancs & autres Dangers qui feront fous l'eau, dans les abords des terres, entrées & forties des ports.

DANGERS. *Harde ftroomen in een engte van een rivier.*
Cela fe dit encore du détroit d'une riviére, où il y a de grands courans, comme au paffage de l'Ifle-au-coudre, dans le fleuve de St. Laurens.

DARDS-à-feu. *Vuur-fchichten.*
C'eft une forte de feu d'artifice qu'on jette dans les vaiffeaux ennemis.

DARSES, Darfine, Baffin, Chambre, Paradis. *Kom, Dok.*
C'eft la partie d'un port de mer la plus avancée dans la ville. Elle fert à retenir les galéres & autres bâtimens de mer, & eft fermée d'une chaine. Elle eft apellée Darfine fur la Méditerranée ; mais fur l'Océan on apelle Paradis, Baffin, Chambre, les lieux retirez du port, où les vaiffeaux font en plus grande feureté. Voiez, Baffin, & Chambre.

DAUFINS d'un canon. *Delfijns van een gefchut.*
Ce font des figures de daufins, qu'on met fur les torillons.

DAUGREBOT. *Dogger-boot, Dog-boot.*
C'eft une efpéce de bâtiment dont les Hollandois fe fervent pour la pêche fur le Dogre-banc. Il y a un réfervoir dans le fond de cale de ces bâtimens. Voiez, Dogre-bot.

D E.

DE'BACLE, Débaclage. *Het doen fchaaveelen van de fchepen in een haaven.*
C'eft l'action par laquelle on débaraffe les ports. Faire la débacle, c'eft-à-dire, retirer les vaiffeaux vuides qui font dans les ports, afin-que les en aïant débaraffés, on puiffe faire aprocher du rivage ceux qui ont encore leur charge.

DE'BACLE. *Ys-gang.*
C'eft la rupture des glaces qui arive tout-a-coup, après-qu'une riviére a été prife longtems.

DE'BACLER. *De fchepen malkander in een haaven doen fchaaveelen.*
C'eft débaraffer un port.

DE'BACLER. La riviére a débaclé cette nuit. *Daar is van de nagt een fchrikkelijke ys-gang op de rivier geweeft.*
C'eft quand les glaces viennent à fe rompre tout-à-coup.

DE'BACLEUR. *Een Commiffaris van een haaven, die op 't te rug vaaren der leege fchepen en fchuiten order geeft.*
C'eft un Oficier de ville qui donne les ordres fur le port, quand il faut faire retirer les vaiffeaux vuides, pour faire aprocher ceux qui font chargez.

DE'BARCADOUR. *Een Ontlaft-plaats, Een Los-plaats.* C'eft

C'eſt un lieu établi pour débarquer ce qui eſt dans un vaiſſeau, ou pour tranſporter quelque choſe avec plus de facilité du vaiſſeau à terre.

DÉBARQUER. *Ontſcheepen, Loſſen, Ontlaaden, Uit het ſchip loſſen, Waaren af-ſcheepen.*

C'eſt tirer ce qui eſt dans le vaiſſeau, & le mettre ou le porter à terre, après le voiage. Nos navires débarquérent ce qu'on devoit laiſſer à Livourne, & on rembarqua les deux priſonniers.

DÉBARQUER. *Uit het ſchip gaan, Ontſcheepen, Aan landt gaan.*

C'eſt quiter le bord, après avoir fait la traverſée, ou le voiage qu'on vouloit faire.

DÉBARQUEMENT. *Ontſcheeping.*

DÉBILLER. *De lijn afſlaan, of ontſlaan.*

C'eſt détacher la corde de la courbe d'un cheval qui tire un bateau.

DÉBITER le bois. *Hout meeten.*

Les Charpentiers diſent, Débiter le bois, quand ils meſurent les piéces avec la règle & le compas, & qu'ils marquent les grandeurs dont ils ont beſoin avec la pierre blanche, ou la pierre noire.

DÉBITTER le cable. *Het touw los maaken, Bot geeven.*

C'eſt-à-dire, Détacher un tour que le cable fait ſur la bitte.

DÉBORDER, Se Déborder. *Overvloeijen, Overſtroomen, Overloopen.*

Cela ſe dit des riviéres, & des autres eaux qui ſortent de leur lit.

DÉBORDER. Vaiſſeau qui ſe déborde. *Redden, Afarbeiden, Los raaken.*

C'eſt-à-dire qu'il ſe dégage du grapin & des amarres de l'ennemi qui s'y étoit ataché, & ſe ſauve de l'inſulte d'un abordage, ſoit d'un autre vaiſſeau, ou d'un brulot. Le vaiſſeau qui nous avoit abordez, aïant trouvé beaucoup de réſiſtance, fit tous ſes éforts, pour ſe déborder, bien-loin de faire ſauter ſes ſoldats ſur notre pont. Leur Vice-amiral aïant coupé l'amarre ſe déborda.

DÉBORDER. *Afſteeken.*

C'eſt quand un petit bâtiment s'éloigne d'un plus grand, à bord duquel il étoit. Les chaloupes débordérent, dès-qu'elles virent le feu au brulot; mais les grapins, qui n'étoient que des cercles de bariques pliez, s'étant rompus, il ſe détacha, & s'en fût à la dérive. Le Lieutenant ne laiſſera aborder ni déborder aucun bâtiment du navire, ſans en être averti. Le Maître de chaloupe n'abordera, ni ne débordera point du vaiſſeau avec la chaloupe, que le Capitaine n'en ſoit informé, & que l'Oficier de garde n'ait fait viſiter s'il n'y a rien dedans de ce qu'il eſt défendu d'y aporter, ou d'en faire ſortir. Ils rentrérent dans leur bateau, & y furent plus de deux heures, avant-que de déborder. Depuis-que la Lettre A de ce préſent Dictionaire eſt imprimée, on a lu dans un bon Auteur Flamand *Boordeeren*, pour dire, Aborder. *Men moet ook wel toeſien, dat men den vyandt niet en boordeere aan het agter-ſchip, maar liever voor den boeg.* Il faut tâcher d'aborder l'ennemi plutôt par l'avant que par l'arriére.

DÉBORDE. *Steek af.*

C'eſt un commandement fait à une chaloupe de s'éloigner d'un vaiſſeau.

DÉBORDEMENT d'eaux, Inondation. *Overvloeying, Overſtroôming, Overloooping, Waater-vloedt, Inbreuk der waateren.*

DÉBOSSER le cable. *De ſtopper los maaken.*

C'eſt

C'est démarrer la bosse qui tient le cable.

DE'BOUQUEMENT. *Uitzeiling.*

C'est un terme dont on se sert dans les isles de l'Amérique, pour dire, la sortie d'un vaisseau hors des bouches, détroits, ou canaux qui séparent ces isles l'une de l'autre. Le Débouquement de Magellan.

DE'BOUQUER. *Een engte zees uitzeilen, uitloopen.*

Ce mot signifie, Sortir des bouches, ou des canaux, qui séparent les isles l'une de l'autre, ou qui font le trajet des isles & de la terre ferme.

DEBOUT. Donner debout à terre. *Koers regt na 't landt setten.*

C'est-à-dire, Courir droit à terre.

DEBOUT au vent. *Vlak in de windt.*

AVOIR vent debout, Aller debout au vent, Etre debout au vent. *Met de neus in de windt steeken.*

C'est avoir vent contraire, ou vent par proüe, aller contre le vent, présenter l'avant du navire du côté que vient le vent. Comme nous donnions chasse à un petit corsaire, il serra toutes ses voiles, & nagea debout au vent pour se mettre hors de portée.

DEBOUT à la lame. Naviguer debout à la lame, Croiser la lame. *Dwars zees zeilen, Bekken.*

C'est quand la lame prend le vaisseau par l'avant, & qu'il la coupe pour avancer.

ABORDER un vaisseau debout au corps. *In de zy zeilen.*

C'est lui mettre l'éperon dans le flanc.

DE'CHARGER un vaisseau. *Een schip lossen, Last lossen, Lichten, De goederen afscheepen, Ontscheepen, Ontlasten, Ontlaaden, Ontlossen.*

DEBRIS d'un vaisseau péri, ou d'un vieux bâtiment dépecé. *Wrak.*

DE'CHARGE. *Lossing.*

LE premier port où le vaisseau fera décharge. *De eerste haaven daar men 't schip lossen sal.*

DE'CHARGER seulement une partie de la cargaison. *Last breeken.*

DE'CHARGER les voiles. *De zeilen afbrassen, of vol brassen.*

C'est ôter le vent de dessus, pour le mettre dedans.

DE'CHARGE le petit hunier. *Bras 't voor-mars-zeil af.*

C'est un commandement que l'on fait lors-qu'on donne vent devant, pour ôter le vent de dessus le hunier de miséne, & le tenir au plus près du vent.

DE'CHARGER. Se Décharger. *Sig ontlasten, Inloopen, Invloeijen.*

Cela se dit des riviéres qui se déchargent dans la mer, ou dans d'autres riviéres. Plusieurs belles riviéres se déchargent dans ce golfe.

DE'CHARGER. La pompe se décharge. *Het waater loopt weg uit de pomp, of houdt niet.*

C'est quand l'eau s'écoule en-bas.

DE'CHARGEMENT. *Ontlaading, Lossing.*

C'est l'action & le travail de décharger un vaisseau.

DE'CHARGEUR. *Een Opsiender over of op de ontlaadinge der schepen.*

C'est un Oficier de ville commis sur les ports pour décharger les vaisseaux qui arivent.

DE'CHEOIR. *Verliesen, Afvallen, Met 't schip verwijderen.*

C'eſt dériver, s'abatre & ſortir de ſa route. La diverſe variation de l'aiguille aimantée, & le mouvement des courans, qui ont plus de force dans
la nouvelle & la pleine Lune, & moins quand elle eſt en décours, font
auſſi plus ou moins décheoir le vaiſſeau; & de-là vient que quand les Pilotes font leur eſtime, & qu'ils pointent leurs cartes, ils tiennent quelquefois compte de deux quarts de rumb davantage, dans la nouvelle & la pleine Lune, quand ils navigent dans un parage où il y a des courans. Il faut
donc beaucoup de prudence, pour donner plus ou moins de déchet à la route. Un Pilote, qui, dans les voiages de long cours, n'auroit égard qu'à
la force des courans, ne corrigeroit ſa route & ne lui donneroit de déchet
qu'un quart de rumb, ou tout-au-plus qu'un quart & demi; mais à-cauſe
de la variation de l'aiguille, qui indique mal le Nord, & qui s'en éloigne
quelquefois de plus de vingt degrès de part & d'autre, il faut tenir compte
de beaucoup plus, & donner davantage de correction. Par exemple;
Si un vaiſſeau veut faire voiles au Nord, & qu'il ſoit dans un parage où
l'aiguille nordeſte de cinq à ſix degrès, & que les courans portent auſſi au
Nord-eſt, il faudra que ce vaiſſeau, pour faire le Nord & s'empêcher de
décheoir, gouverne au Nord-oüeſt, afin-que ſa route vaille le Nord. Que
s'il navigeoit à l'Eſt, avec les mêmes ſupoſitions, il faudroit qu'il portât
le cap au Nord-eſt, afin-que la route valût l'Eſt. Mais ſi l'aiguille vari-
oit d'un côté, & que les courans portaſſent d'un autre, en-ſorte que ce que
les courans vous donneroient de dérive vous fût ôté par la variation, il faudroit recompenſer un déchet par l'autre, & balancer judicieuſement toutes
choſes.

DÉCHET. *Afvalling, Verlies.*
C'eſt la dérive que fait un vaiſſeau. Voiez, Dérive, & Déchoir.

DÉCHET de chanvre & d'étoupillons. *Afval.*

DÉCHETS pour le biſcuit. *Afval van het hart broodt aan kruimelingen.*

DÉCHOUER. *Van de grondt helpen, afhaalen, Weer laaten vlotten.*
C'eſt relever un bâtiment qui a touché, ou qui eſt échoüé, & le remettre
à flot. Il nous fallut du tems pour déchoüer nos canots. Voiez, Flot,
& Relever.

DÉCLINAISON. *Afwijkinge des zeil-ſteens.*
C'eſt la variation de l'aiguille aimantée, quand elle ne ſe tourne par préciſément vers le Nord. La déclinaiſon va juſqu'à vingt-deux degrès & demi
ſur le grand-banc. Les François ont mis le premier Méridien à l'iſle de
Corvo, qui eſt la derniére des Aſçores, à-cauſe que l'aiguille n'y a point
de déclinaiſon. Voiez, Variation.

DÉCLINAISON du Soleil. *Afwijkinge van de Zon, Afhelling.*
La Déclinaiſon du Soleil & des aſtres, ſignifie la meſure de l'éloignement de
l'Equateur, ou de l'Ecliptique; ainſi on dit qu'on peut ſavoir chaque jour
la déclinaiſon du Soleil, pour dire, qu'on peut ſavoir de combien de degrès
le Soleil eſt éloigné de l'Equateur.

DÉCLINER. *Afwijken.*
Cela ſe dit du Soleil, ou de quelque autre aſtre, quand il s'éloigne de l'E-
quateur en-deçà, ou en-delà.

DÉCLINER. *Waalen, Heen en weer draaijen, Afwijken.*
Cela ſe dit auſſi de l'aiguille de la bouſſole, quand ne tendant pas au point

du Nord, elle s'écarte à droit ou à gauche. L'aiguille décline de tant de degrès. L'aimant ne décline pas toujours d'une même sorte, en un même endroit de la terre.

DE'COLEMENT. Faire un décolement à un tenon. *Een pen aan een zy moeeren, Een pen die aan een zy gemeeerd is.*

C'est en couper une partie, pour faire qu'étant moins large on ne voie pas la mortaise, qui demeure cachée par l'endroit où le décolement a été fait. On dit aussi, Fausséement, mais c'est en Charpenterie de-même que Décolement.

DE'COMBRES & Vuidanges d'un atelier de construction. *Het afval van een timmer-werf.*

C'est tout ce qu'on coupe du bois d'ouvrage, & qui est inutile, comme les coupeaux & autres choses. Les ouvriers enleveront les décombres & vuidanges, & feront place nette.

DE'COUDRE. *Maaken weer los.*

C'est décloüer quelques piéces du bordage, ou du serrage; ce qui se fait pour voir ce qu'il peut y avoir de défectueux sous ces piéces.

DE'COUS ce bordage. *Doet 'er weer uit.*

DE'COUVERTE. Etre à la Découverte. *Uitkijken.*

C'est être en sentinelle au haut du mât.

ENVOIER un bâtiment à la Découverte. *Een vaartuig op kondtschap uitsenden, of afzenden.*

DE'COUVRIR les terres. *Landt ontdekken, Landt opdoen, Landt gewaar worden.*

C'est les voir, & commencer à les distinguer.

DE'COUVRIR la situation des côtes. *Ontdekken hoe hem 't landt uitter zee komende opdoet, of wat merken haar te landt openbaaren.*

DEDANS. Mettre les voiles dedans, ou Metre à sec. *De zeilen inneemen, of beslaan.*

C'est les plier & les serrer. A-peine avions-nous apareillé & mis toutes voiles

les hors, que l'orage survint; de-sorte qu'il falut mettre nos voiles dedans, sans en porter aucune.

DEFENSES, ou Boute-hors. *Spier, Spieren.*

Ce sont des bouts de mâts longs de quinze à vingt piés, & amarrez, pendant un combat, à l'avant & à l'arriére du vaisseau, pour repousser le brulot & empêcher l'abordage de l'ennemi. On s'en sert aussi dans un moüilla-ge, pour empêcher le choc des vaisseaux qui dérivent l'un sur l'autre.

DEFENSES, Boute-dehors. *Wrijf-houten, Oplangers.*

Ce sont aussi des bouts de mâts, de cables, ou de cordes, qu'on laisse pen-dre le long des côtés des vaisseaux, lors-qu'ils sont dans les ports, pour empêcher qu'ils ne s'endommagent en se choquant; ou pour rompre le choc de leurs chaloupes. Au-lieu de bouts de cables on se sert quelquefois de fagots qu'on laisse pendre le long du flanc, pour la même précaution. Sur les petits bâtimens il y a toujours de ces défences qui pendent à des cordes, & qui n'ont qu'un pié & demi, ou deux piés, de long; ils ne sont pas plus gros que des bouts de levier: on les peut bien voir dans les figures des pe-tits vaisseaux qui sont en ce livre.

DEFENSES pour chaloupes. *Wrijf-houten tot de sloepen.*

Ce sont des piéces de bois endentées deux à deux, ou trois à trois, sur les préceintes du vaisseau, & qui servent à conserver les chaloupes contre les préceintes & les têtes des chevilles de fer, quand on les embarque, & quand il les faut remettre à la mer.

DEFENCES de bouts de cables. *Willen en Kransen.*

C'est pour les petits bâtimens. Voiez, Cordes de défences.

VAISSEAUX qui sont hors d'état de défence. *Schepen die in onmagt leggen.*

DEFENS. *Hou af.*

C'est un commandement que l'on fait pour empêcher que le vaisseau n'ap-proche de quelque chose qui le pourroit incommoder.

DEFENDRE de la côte. *Van de wal omstooijen.*

DEFENS du Sud, Défens du Nord. *Hou van 't Suid af, van 't Noord af.*

C'est commander au Timonier de ne pas gouverner de ce côté-là.

DEFERLER, ou Défreler les voiles. *De zeilen los maaken, staaken, laa-ten vallen, ontslaan.*

C'est mettre les voiles dehors, & les déploïer pour s'en servir.

DEFERLE les perroquets. *Stoot uit uw top-zeilen.*

DEFIER. *Afhouden, Van landt zeilen.*

C'est prendre garde pour empêcher que quelque chose n'arive, comme de faire un abordage, ou de toucher la terre.

DEFIE l'ancre du bord. *Hou 't anker van de boeg af.*

C'est-à-dire, Empêche que l'ancre ne donne contre le bord.

DEFIE du vent. *Niet hooger, Man te roér.*

C'est un avertissement qu'on donne à celui qui gouverne, afin-qu'il ne prenne pas vent devant, & qu'il ne mette pas en ralingue.

NOTRE vaisseau ne se Défie que des grains qui paroissent au vent à lui. *Ons schip en heeft geen ongemak te vreesen, als van die buijen, die boven windt zijn.*

VENT qui Défie de la côte. *Een windt die van de wal waaijt.*

C'est-à-dire qu'il vient de la côte.

DEFUNER les mâts. *De masten kaal maaken.*

C'est

C'eſt-à-dire , Dégarnir le mât de ſon étai & de ſes manœuvres.
Quand de gros tems on veut mettre bas le mât de hune , ou le perroquet,
il faut les défuner.

DE'GAGER un vaiſſeau gardé , ou ſur lequel on chaſſe. *Bevrijden , Ont-*
ſetten.
C'eſt le délivrer de ſes ennemis , & le mettre en liberté de faire ſa route.

DE'GARNIR un vaiſſeau. *Onttaakelen , Van wandt kaal-maaken.*
C'eſt en ôter les agrès , ou la garniture.

DE'GARNIR le cabeſtan. *De boomen uit de ſpil haalen.*
C'eſt en ôter les barres & la tournevire.

DE'GAUCHIR une piéce de bois. *Bereiden.*
C'eſt en ôter ce qu'il y a de trop en quelques endroits , pour la rendre unie
& droite, en-ſorte qu'elle ne ſoit plus gauche ; c'eſt-à-dire, faire que ſes angles , ou côtés , répondent à la place où elle doit être miſe.

DE'GORGEOIR , Touche. *Yſer-priem , Laad-priem , Een naalde met een boor*
om het gelaaden kruidt op te booren.
C'eſt un gros fil de fer , ou un poinçon , dont les Canoniers ſe ſervent pour
mettre dans la lumiére du canon , & percer ou crever la gargouſſe. Prenez le dégorgeoir , mettez-le dans la lumiére du canon , & crevez la gargouche.

DE'GORGEOIR. *Ruim-naalde , Een naalde met een ſpits leepeltjen voor, om*
daar mede het laadt-gat te ſuiveren , en wat daar in gevallen is , te neemen.
C'eſt un autre inſtrument dont on ſe ſert pour ouvrir , on dégorger la lumiére du canon , lors-qu'il s'y eſt amaſſé de l'ordure.

DE'GRADER un vaiſſeau. *Een ſleet ſijn tuig wegneemen.*
C'eſt l'abandonner après en avoir ôté tout l'équipement , quand le bâtiment
eſt ſi vieux & ſi incommodé , qu'il eſt devenu inutile.

VAISSEAU Dégradé. *Een Sleet , Slijte , Slete , Wrak.*

IL ACHETA un vieux vaiſſeau dégradé , qu'il fit rétablir. *Hy kocht een oudt*
wrak , dat hy liet opbouwen.

DEGRE' , ou Degrès. *Graadt , Trap , Graaden.*
Ce ſont les diviſions des lignes qui ſe font ſur pluſieurs inſtrumens de Ma-
thématiques , ſur l'arbalête , ou le bâton de Jacob.
„Le terme de Degré eſt pris par les Aſtronomes pour la 360. partie d'un
„cercle. Lors-qu'on dit , telle ou telle place eſt ſituée , ou gît par tant.
„ou tant de degrès , on entend toujours compter ſelon la hauteur du Pole.
„Chaque degré comprend quinze lieües d'Allemagne ; de-ſorte que quand
„on réduit ces 360. degrès au nombre de lieües qu'ils contiennent , en leur
„donnant à chacun quinze lieües , on trouve que le globe de la terre a dans
„ſon contour cinq-mille-quatre-cents lieües d'Allemagne.
„On compte pour chaque rumb de vent onze degrès & un quart, parce-que
„trente-deux fois onze & un quart font trois-cents-ſoixante degrès , & par
„conſéquent le tour de la terre.

DEGRE' de longitude. *Lengte-graadt.*
C'eſt une portion de terre entre deux Méridiens.

DEGRE' de latitude. *Breedte-graadt.*
C'eſt une portion de terre entre deux Parallèles.

DEGRE'. Voiez , Echelle.

DEGREER un vaisseau. *Een schip kaal maaken, onttaakelen, aftaakelen.*
On dit qu'un vaisseau a été dégréé, ou desagréé, pour dire, qu'il a perdu les cordes de sa manœuvre, & le reste de ses agrès. On dit aussi la même chose d'un bâtiment qui n'en a perdu qu'une partie. Dans notre premier combat nous fûmes dégréez du mât d'avant, & au second nous fûmes encore degréez du mât d'artimon. Notre frégate, qui n'avoit été qu'à demi dégréée dans le combat, le fut tout-à-fait par des coups de vent. Notre vaisseau étoit dégréé de plusieurs manœuvres,

VAISSEAU Dégréé, Vergue sans voile, Eperon sans ancre, Mât de hune sans hune. *Een kaal schip, Een kaale ree, Een kaale boeg, Een kaale steng.*

DEGROSSI. Mâts Dégrossis & préparez pour le Maître mâteur. *Masten uitten ruigen, of uit den ruigen gemaakt.*

DEHORS. Mettre un vaisseau Dehors. *Een schip uitlootsen uitbrengen.*
C'est le faire sortir du port. Si le navire est affreté du consentement des propriétaires, & qu'aucuns d'eux fissent refus de contribuer aux frais nécessaires, pour mettre le bâtiment dehors, le Maître pourra en ce cas emprunter à grosse aventure, pour le compte & sur la part des refusans, vingt-quatre heures après leur avoit fait sommation par écrit de fournir leurs portions.

JETTER le fond des huniers ou des perroquets Dehors. *De mars-of-top-zeils uitstooten.*

DEJOUER. *Uitwaaijen.*
On dit qu'un pavillon, qu'une girouëtte déjoüe, pour dire, qu'un pavillon, qu'une girouëtte voltige au gré du vent.

DELAISSEMENT. Delaisser. *Abandonnement en insinuatie aan de Verseekeraar. Abandonneeren.*
C'est un Acte par lequel un Marchand, qui a fait assurer des marchandises sur quelque vaisseau, dénonce la perte de ce vaisseau à l'Assureur, & lui abandonne les éfets sur lesquels l'assurance a été faite, avec sommation de lui païer la somme assurée.

DELARDER. *De kant van een stuk houts afneemen, of billioenen.*
C'est, en terme de Charpentier, rabatre en chamfrein les arrêtes d'une piéce de bois. Quand on en abat une ou deux des arrêtes, on dit Délarder les arrêtiers, & quand on en ôte en creux, en dit, Délarder en creux, *Hol uitbillioenen.*

DELESTAGE. *Het uitschieten van de ballast.*
C'est la décharge qui se fait du lest d'un vaisseau. Il y a des lieux marquez pour cela, hors des rades & des ports où il est important que la mer ne raporte pas le lest dont les bâtimens ont été chargez, parce-qu'il pourroit combler les entrées & les canaux des riviéres, & hausser le fond des ports & des rades, en-sorte qu'il n'y en auroit plus assez pour le tirant de l'eau des grands vaisseaux.

DELESTAGE. *De oude ballast die uit het schip geworpen wordt.*
C'est aussi le vieux lest qu'on tire du vaisseau, & qu'on jette. L'Ordonnance dit qu'il faut avoir des voiles, ou des prelarts, pour empêcher que le délestage ne tombe à l'eau. Ces voiles, ou prelarts, s'apellent en Flamand, *Poort-zeilen.*

DELESTER. *De ballast uitschieten, of uitwerpen.*

R r

C'est

C'eſt tirer le leſt du vaiſſeau, & le porter dans l'endroit marqué par le Rè-
glement.

DÉLESTEUR. *De Commijs op 't uitſchiaten van de ballaſt.*
C'eſt le Commis prépoſé pour ce qui regarde les déleſtages. C'eſt auſſi celui qui vient avec ſon bateau, ou ſa gabarre, recevoir le leſt qu'on jette hors
du vaiſſeau, & qui le porte dans les lieux deſtinez à le recevoir.

DELOT, Coſſe. *Kouſſe.*
C'eſt une eſpéce d'anneau de fer concave, qu'on met dans une boucle de
corde, pour empêcher que celle qui entre dedans ne la coupe.

DÉMAIGRIR, ou Amaigrir. *Wat van de kant afhakken, om vierkant hout te
krijgen.*
Ce terme ſe dit, en charpenterie, pour dire, rendre plus aigu, diminuer
un tenon, & tailler une piéce de bois en angle aigu.

DÉMAIGRISSEMENT. *De plaats daar wat van 't hout afgehakt is.*
C'eſt l'endroit où l'on a démaigri une piéce de bois.

DEMANDE. La demande du bois. *Den eiſch van het hout.*
C'eſt la juſte grandeur que demande chaque membre, planche, ou autre piéce
de bois, dans la conſtruction d'un vaiſſeau. On dit auſſi, Faire une piéce
ſelon la demande du bois, c'eſt-à-dire, ſelon que peut fournir le bois qu'on
a, ſans égard aux proportions, *Na dat 't hout wilt leeveren.*

FILE DU Cable ſi ce navire en Demande. *Geeft 't touw ſoo veel bot als 't vereiſcht.*
Cela ſe dit en certains tems, lors-qu'on a mouillé l'ancre, pour filer du cable, ſi le vaiſſeau le fait roidir.

DÉMARRAGE. *Het los en driftig raaken van een ſchip.*
C'eſt lors-que le vaiſſeau rompt ſes amarres par la force d'une tempête. Il
faut obvier avec ſoin aux démarrages & autres accidens du mauvais tems.

DÉMARRER. *Los maaken.*
Ce mot ſe dit généralement pour toutes les choſes qu'il faut détacher.

DÉMARRE. *Los.*
Ceſt un commandement pour faire détacher quelque choſe.

CANON démarré *Los geſchut.*
C'eſt-à-dire, largué, ou détaché des palans qui le tiennent.

VAISSEAU Démarré. *Los ſchip.*
Cela ſe dit lors-que les amarres qui le tenoient dans le port, ſe ſont rompües.
Ce vaiſſeau s'eſt démarré de lui-même.

DÉMARRER. Vaiſſeau qui démarre. *Uitvaaren, afvaaren, afſteeken, afzeilen, weg-zeilen, weg-vaaren.*
C'eſt-à-dire qu'après-que l'on a levé, ou coupé ſes amarres, il commence
à faire route.

DÉMATER. *De maſten afneemen.*
C'eſt abatre ſes mâts. Etre démâté, c'eſt avoir ſes mâts amenez par l'effet
des guindereſſes. La frégate a démâté de ſon mât de hune d'avant.

DÉMATER dans un port. *De maſten in de haaven afneemen, Een ſchip kaal
maaken.*
C'eſt enlever les mâts hors d'un vaiſſeau.

DÉMATER à la mer, Etre Démâté. *Maſtloos geſchooten zijn, Sijne maſten
afgeſchooten worden, Sijne maſten verlooren hebben.*

C'eſt

C'est avoir perdu ses mâts, ou une partie de ses mâts, par des coups de canon dans un combat. Notre vaisseau fut démâté de son grand mât de hune d'un coup de canon qui vint du port. Il y a deux des vaisseaux ennemis qui sont démâtez de tous mâts, il faut que les chaloupes les touent.

NOTRE vaisseau fut démâté de son grand mât de hune, par un coup de vent. *Ons schip afzeilde sijn groote steng.*

C'est-à-dire que le mât fut emporté par l'orage, ou abatu, ou rompu.

DÉMATER. *Reggen.*

C'est coucher le mât sur le vaisseau dans un petit bâtiment.

DÉMATÉ. Vaisseau démâté. *Een mast-loos schip.*

DEMEURER au Nord, Demeurer au Sud, Demeurer à babord. *Noord-leggen, Suid-leggen, Aan bakbord leggen.*

C'est une expression pour marquer les situations ou gisemens des côtes, ou des parages de la mer. Nous fîmes voiles par le Nord, & les montagnes de cette isle nous demeurérent à l'Oüest. Leur frégate nous demeura au Nord; ou-bien, Nous étions Sud & Nord avec leur frégate. Lors-que nous aperçûmes le navire de Salé, il nous demeuroit au Nord-oüest, *Het lag Nord-west van ons.*

VAISSEAUX Demeurez de l'arriére. *Agter-gebleevene scheepen.*

DEMI-CLEF. *Half-slag.*

C'est un nœud que l'on fait d'une corde sur une autre corde, ou sur quelque autre chose.

DEMI-PIQUE. *Een Half-piek.* Voiez, Pique.

DEMI-PONT, Corps de garde. *Half-verdek, Schans.* Voiez, Corps de garde.

DEMI-SETIER. *Een Mutsje.*

C'est la moitié du setier, ou de la chopine, & le quart de la pinte.

LA moitié d'un Demi-setier. *Een Halfje, Halve-mutsje.*

LE quart d'un Demi-setier. *Een Pimpeltje.*

DÉMONTER un gouvernail. *Een roer afschieten en lossen, afhangen.*

C'est l'ôter de l'arriére du vaisseau, où il étoit ataché, ou suspendu. Voiez, Monter.

DEPARTEMENT. *Een van de beste haavens van een Staat, daar een groote zee-magazijn is.*

C'est un port, ou arcenal de marine, comme Toulon, Rochefort, Brest, le Havre-de-grace, & Dunquerque, où le Roi de France tient ses vaisseaux & ses Oficiers de Marine.

DEPARTEMENT. *Quartier, Bedrijve.*

C'est le ressort & la juridiction, avec son étendüe, qui est commise à un Intendant, ou à quelque autre Oficier & Commissaire envoié par le Souverain.

DEPASSER un vaisseau. *Een ander schip voorby zeilen, doodt-loopen, in 't zeilen voorby gaan; Harder zeilen als een ander; Agter uit zeilen.*

C'est aller plus vîte que ce vaisseau, & le laisser derrière. On dit, Dépasser un vaisseau comme s'il étoit à l'ancre, c'est-à-dire qu'un vaisseau est beaucoup milleur voilier que l'autre. Le courant de la riviére leur fit dépasser ces trois barques.

DEPASSER la tournevire. *De kaabeladring verstsen.*

C'est la changer de côté.

DEPASSER. *Voorby zeilen, Te boven zeilen.*

R r 2

C'est

C'est passer contre son intention au-delà de quelque endroit d'une côte, où l'on vouloit donner fond. Notre Pilote aïant mal pris sa hauteur, nous dépassâmes la Martinique. Notre frégate dépassa le port.

AUSSI-TOT qu'on a Dépassé les tonnes. *Soo draa de tonnen agter uit zijn.*

DÉPECER un bâtiment. *Een schip ontsloopen, sloopen, slijten.*

C'est le détruire & le rompre en piéces, ainsi qu'il arive aux bâtimens vieux, & hors d'état de naviguer.

DÉPENCE. *Bottelerije, Botlarije.*

C'est le lieu où le Maître-valet tient les vivres qu'il distribüe.

„Dans les navires de guerre, on place ordinairement la dépence au fond „de cale, proche de la cuisine, & il y a une ouverture par laquelle on don-„ne les vivres. Mais dans les vaisseaux marchands la dépence est le plus „souvent placée à la même hauteur que la cuisine.

„Dans un vaisseau de cent-trente-quatre piés de long de l'étrave à l'étam-„bord, la dépence doit avoir cinq piés & demi de long, & cinq piés de „large.

DÉPENCIER, ou Dépensier d'un vaisseau. *De Bottelier.*

C'est proprement le Maître-valet. Voiez, Maître-valet.

DÉPENDANT. Aller en Dépendant. *Op de lywaarste man passen.*

C'est suivre toujours un autre vaisseau, le devancer, ou aller à côté, & s'atacher à ne s'en pas écarter.

VENIR en Dépendant. *Allengskens naar den lijwaarste man sakken.*

C'est lors-qu'un vaisseau est au vent d'un autre, & que pour le reconnoî-tre il s'en aproche peu-à-peu, tenant toujours le vent; revirant si l'autre revire, & faisant toujours ensorte de n'être pas mis sous le vent. Les vaisseaux ennemis venoient sur nous en dépendant.

TOMBER en Dépendant. *Na de lijwaarste man affakken.*

C'est s'aprocher à petites voiles, & faire vent arriére pour ariver.

DÉPLOIER une voile. *Het zeil laaten vallen, ontslaan, los maaken.*

Déploier la voile, c'est la mettre hors.

DÉPLOIER le pavillon. *De vlag laaten waaijen, of uitwaaijen.*

C'est l'arborer, & le laisser voltiger au gré du vent.

DÉPRÉDÉ. *Geplondert goedt.*

Ce mot se trouve dans l'Ordonnance de la Marine, en parlant des mar-chandises qu'on a pillées dans un vaisseau. Contribuer au rembourcement des éfets déprédez, ou naufragez. Choses déprédées.

DÉRADER. *Driftig uit de ree raaken.*

On dit qu'un vaisseau à Déradé, pour dire, que le gros tems l'a forcé de quiter la rade où il étoit moüillé, & à chasser sur son ancre, & l'entrainer avec lui.

DÉRANGER, Démailler la bonnette. *'t Bonnet los maaken.*

C'est-à-dire, Déboutonner la bonnette du corps de la voile.

DÉRAPER. *Uit den grondt springen.* Voiez, Ancre.

DÉRIVATION. *Afzeiling.*

C'est lors-qu'on sort hors de sa route. On apelle aussi Canal de dérivation, un canal par où on conduit, ou-bien, où l'on amasse des eaux pour les porter & conduire dans un réservoir.

DÉRIVE. *Het Afdrijven, Afdrijvinge, Afdrift.*

C'est

C'eſt le biaiſement du cours d'un vaiſſeau qui ne porte pas à route, & qui s'abat, ou va de côté ; ou-bien la différence qu'il y a du rumb de vent où l'on va, à celui où l'on veut aller. La marée, les courans & le vent donnent de la dérive au vaiſſeau, & s'ils ſe joignent enſemble la dérive en ſera beaucoup plus grande. Nous étions dans un lieu, qui, pour empêcher la dérive, mit à l'eau ſa ſemelle de babord.

LES Dérives que cauſent les courans, donnent lieu à de grandes mépriſes, en ſondant le fond. *Het afdrijven van de ſtroomen brengt dikwils groote dwaalingen by, in 't peilen van de gronden.*

DÉRIVE, Belle Dérive. *Ver genoeg van de wal, Geen noodt meer van de wal.* On dit qu'il y a belle dérive, pour dire, qu'un vaiſſeau eſt aſſez éloigné des côtes, pour n'avoir rien à craindre pour le rivage.

UN QUART de Dérive. *Een ſtreek aan ly.* On dit, Avoir un quart de dérive, pour dire, Perdre un quart de vent ſur la route qu'on veut faire.

FAIRE de grandes Dérives ſous le vent. *Seer verre beneeden vervallen.*

QUE VAUT la Dérive? *Op wat ſtreek zijn wy afgedreeven?* C'eſt la demande qu'on fait au Pilote, pour ſavoir à quel air de vent la dérive porte.

LA Dérive vaut la route. *Het afdrijven is ſoo goedt geweeſt, als de regte koers.* C'eſt-à-dire que le détour que prend le vaiſſeau porte au chemin qu'il veut faire. Dans cette traverſée notre dérive valut notre route, car les courans & la route étoient Nord ; mais nous étions portez d'un Sud-eſt ſi forcé, qu'il nous fallut ferler toutes nos voiles, & amener nos vergues ſur le vibord ; de-ſorte que laiſſant aller le vaiſſeau à la dérive, côté de travers, au gré des courans, il ſe trouva que notre dérive valut notre route.

COMBIEN y a-t-il de Dérive? *Hoe veel, of hoe verre zijn wy afgedreeven?* C'eſt une queſtion que l'on fait au Pilote, pour ſavoir la différence qu'il y a de la route que le vaiſſeau fait, à celle qu'il doit faire.

DÉRIVE. *Het Afdrijven van de lood-lijn.* Cela ſe dit auſſi de la quantité de braſſes qui ſe trouvent, lors-que l'on ſonde, entre le lieu où l'on a jetté le plomb, & celui où l'on ſe trouve.

DÉRIVE. *Swaard.* Voiez, Semelle. C'eſt un aſſemblage de planches que les Navigateurs du Nord mettent au côté de leurs petits bâtimens, afin d'empêcher qu'ils ne dérivent.

A LA Dérive. *Aan 't drijven.* C'eſt quelque choſe qui flote ſur l'eau, au gré du vent & du courant.

DÉRIVER. *Afdrijven, Afraaken, Vervallen.* C'eſt ſortir de ſa route par la violence des vents, des courans, ou de la marée. On dit qu'un vaiſſeau ſe laiſſe dériver, pour dire, qu'il s'abandonne au gré des vents & des vagues. Les coups de vent firent dériver leurs vaiſſeaux ſur les nôtres, c'eſt-à-dire, les firent abatre ſur les nôtres. Il fallut ſe ſervir des courans, & ſe laiſſer dériver à la marée, quand elle portoit à notre route.

NOUS AVIONS dérivé au Sud, ſelon notre eſtime. *Wy vervielen Suidelijk, als wy giſten.*

DÉRIVER ſous le vent. *Beneeden windt vervallen.*

DÉRIVER par le calme. *Door de ſtilte drijven.*

DE'RIVER à la merci des vents & des vagues, Se laisser aller à la dérive. *In zee, op Gods genaade gedreeven worden.*

DE'ROBER le vent. *Windt onderscheppen.*

Lors qu'un vaisseau étant au vent d'un autre, l'empêche de recevoir le vent dans ses voiles, c'est lui dérober le vent.

LES VOILES de l'arriére dérobent le vent à celles de l'avant. *De voor-zeilen die leggen blindt.* Voiez, Arriére, Faire vent arriére.

DESAFFOURCHER. *Het tui-anker ligten, of op winden.*

C'est lever l'ancre d'affourche, & la raporter à bord.

DESAGRE'ER. *Onttaakelen.*

Nous fûmes desagréez de plusieurs manœuvres. Voiez, Dégréer.

DESARBORER un mât. *Een mast needer-laaten.*

C'est l'abatre, ou le couper.

DESEMPARER un vaisseau. *Een schip reddeloos schieten.*

C'est le démâter, ruïner ses manœuvres, & le mettre hors de service, en lui ôtant ses agrès. Nous eûmes quatre vaisseaux desemparez dans ce combat.

DESARMEMENT. *Affnijding van 't schip en afdanking van 't volk, Ontwaapening.*

C'est le licenciement de l'équipage, & le transport des agreils du vaisseau dans un magasin; ce qui est ordinairement suivi du radoub du vaisseau: ou bien, C'est le tems qu'on le desarme, & l'inventaire qui est fait de son état; lors qu'il se met dans le port. Dans le desarmement on ôte les afûts, les mâts & les vergues. Lors-que les vaisseaux venant de la mer pour être desarmez, seront établis sur leurs amarres, il sera travaillé avec diligence à leur desarmement, & après-qu'ils seront dégarnis & desarmez, tous les hommes de l'équipage seront paiez, & congédiez. Il ne pourra être travaillé au desarmement du vaisseau, que le Capitaine n'en soit averti. L'Ecrivain aura en main l'inventaire d'armement, & verifiera si tous les articles sont remplis, en quantité & qualité; soit en nature, ou en consommation. Tous les agrès seront portez dans le magasin particulier du vaisseau, dans l'ordre prescrit; & il ne restera dans le vaisseau que les cables nécessaires à son amarrage.

DESARMER un vaisseau. *Een schip onttaakelen en opleggen, en het volk afdanken, Een schip affnijen, Een schip afdanken, aftaakelen en opleggen.*

C'est le dégarnir, lui ôter son artillerie & son équipage, & mettre ses agreils dans le magasin, en-sorte qu'il demeure inutile dans le port. L'escadre de Mr. de Relingue doit desarmer à Toulon.

DESARMER un canon. *Een geschut ontlaaden, of ontlossen.*

C'est en ôter le boulet.

DESARME le canon. *Neemt het scherp van uw geschut af.*

DESARRIMER. *Schips laadinge verstuuwen.*

C'est changer l'arrimage, ou l'arrangement qu'on avoit fait de la charge.

DESCENDRE une riviére. *Een rivier affakken, affroomen.*

C'est naviguer sur une riviére, en baissant de sa source vers la mer.

DESCENDRE un vaisseau d'une riviére. *Een rivier afzeilen.*

C'est le faire sortir de la riviére, ou du port.

DESCENDRE à terre, Faire une descente. *Sig aan landt begeeven, Landen, Voet aan landt setten.* Voiez, Descente.

DESCENDRE quelqu'un à terre. *Iemant aan landt setten.*

Il est défendu sur peine de la vie de couler à fond les vaisseaux pris, & de descendre les prisonniers en des isles ou côtes éloignées, pour celer la prise.

DESCENTE de monde, ou de troupes. *Landing.*

DESCENTE, Faire Descente. *Voet aan landt setten, Landen, Aan landt gaan om buit of gevangens te haalen.*

C'est mettre pié à terre dans un païs ennemi. Les François firent descente à Cartagéne.

DESCROIS. *Een Nauw, Zee-engte, Straat.*

C'est un vieux mot de marine qui veut dire un Détroit de mer. On a dit autrefois, Descrois de Maroc, pour Détroit de Gibraltar.

DESEMBARQUER. Desembarquement. *De ingescheepte waaren weer uit het schip haalen,* & pour les personnes, *Uit het schip te rug keeren.*

C'est retirer d'un vaisseau les marchandises qui y avoient été embarquées, sans qu'elles aient été transportées, & que le vaisseau soit parti du lieu où il a chargé. C'est aussi quand on les retire sur la route par quelque accident à-dessein de les rembarquer. On s'aperçut, en levant les ancres, que le navire faisoit eau; il fallut tout desembarquer.

DESEMPARER un vaisseau. *Een schip reddeloos schieten, Ontredderen.*

C'est mettre ses agrès en desordre, ruïner sa manœuvre, le démâter, le mettre hors d'état de service. Trois de nos vaisseaux se retirérent desemparez, car le canon & l'orage leur avoient abatu les mâts, & ruïné la manœuvre.

DESEMPARE'. Vaisseau desemparé. *Een reddeloos schip, reddeloos geschooten, ontredderde, outramponneert, in onmagt leggende, magt-loos.*

C'est un vaisseau qui a perdu ses agrès, ses mâts &c.

DESERTER quelqu'un. *Iemant in 't afscheiden van 't schip, aan landt setten, of laaten.*

C'est-à-dire, Laisser quelqu'un, contre son gré, dans un païs étranger. Voiez sous le mot, Conseil de guerre, à la fin.

DESSUS du vent. Etre au-dessus du vent. *Boven windt zijn, De loef afwinnen.*

On dit qu'un vaisseau a gagné le dessus du vent, pour dire, qu'il a pris l'avantage du vent.

DESSUS. Vingt hommes là-dessus. *Komt hier twintig mannen, en haal dat eens aan.*

Cela se dit par commandement. Mettez-vous vingt hommes là-dessus, c'est-à-dire, sur la chose nommée, afin de travailler à ce que l'on veut faire; car en cette ocasion, Se mettre là-dessus, est la même chose qu'Agir & Travailler.

DESTINATION. Le lieu de la Destination d'un vaisseau. *De los-plaats.*

C'est le port où est envoié un vaisseau, pour y laisser sa cargaison, ou le païs pour lequel le vaisseau est en route. Les vaisseaux seront conduits par leur escorte jusqu'aux lieux de leur destination.

DE'CHARGER ailleurs qu'au lieu de la destination. *Buiten de voorgenomu reis lossen.*

DESTINE'. Vaisseaux destinez pour un certain port. *Schepen de wil hebbende na een seeker haaven.*

DE-

DETACHER. Détacher quelques vaisseaux pour aller à la découverte. *Eenige scheepen op kondtschap uitsenden.*

C'est quand un Commandant en donne l'ordre. On détacha six vaisseaux pour aller en garde à la tête de l'armée. Détacher des vaisseaux étant à l'ancre: les détacher sous les voiles.

SE DETACHER. *Van andere afscheiden.*

C'est se séparer des autres vaisseaux, soit de leur consentement, ou contre leur gré.

DETALINGUER. *'t Kaabel ontsteeken.*

C'est ôter le cable de l'ancre.

DETROIT. *Een Zee-engte, Naauw, Straat.*

C'est un bras de mer qui sépare deux terres fermes, & en général tout lieu étroit, où l'on passe difficilement, soit sur la mer & sur les riviéres, soit en païs de montagnes, Il se dit aussi des isthmes, ou langues de terre, qui étant entre deux mers en empêchent la communication, comme est le détroit de Corinthe.

DETREMPEUR de viandes salées & de poisson. *Verschaalie, Varschaalie.*

C'est un aide du Cuisinier, qui prend soin de mettre les viandes salées & le poisson dans une Baille, qui s'apelle aussi, *Verschaalie*, ou *Week-bak*, ou *Vuilenbras*, afin-qu'elles se détrempent, & se dessalent.

„Le Détrempeur a soin de mettre le poisson tremper dans l'eau, de le bat„tre, & de laver les vivres qui ont besoin d'être lavez. Il faut qu'il fasse „souvent prendre l'air au stocfisse, qui en a plus de besoin que les autres „victuailles, tant parce-qu'il est plus sujet aux mites, que parce-qu'on le „tient au haut du vaisseau, afin-qu'il soit plus à main; & comme le mou„vement est bien plus grand au haut d'un navire qu'au bas, & que le mou„vement cause la corruption, il s'ensuit que les choses qui sont au haut du „bâtiment, sont les plus sujettes à se corrompre.

DEVENTER les voiles. *Te loevert aan brassen, op dat de zeilen niet en draagen, op dat de zeilen killen, of leevendig worden.*

C'est, Brasser au vent, afin d'empêcher que les voiles ne portent.

DEVERS. Marquer le bois suivant son devers. *Hout mallen na dat het vallen kan.*

C'est le gauche d'une piéce de bois. On dit en terme de Charpentier, Piquer, ou marquer du bois suivant son devers, pour dire, suivant son gauchissement, suivant sa pente.

DEVERSE'. Bois Deversé. *Krom-hout.*

On apelle Bois deversé, du bois qui est gauche.

DEVIRER. Le cable dévire de dessus le cabestan. *'t Touw loopt tegen op de spil.*

C'est quand le cable recule par quelque accident, au-lieu d'avancer.

DEVIS. *Certer van een schip, Bestek, Ontwerp.*

C'est une déclaration en détail que fait ou donne un Charpentier, au sujet des vaisseaux qu'il entreprend de construire; par laquelle déclaration il donne à connoître les proportions du bâtiment entier, & celle des principales parties. Voiez, Entrepreneur.

Comme cet article des Devis auroit été trop long, si l'on y avoit mis des devis de diverses sortes de vaisseaux, on s'est contenté d'y en mettre des navires de guerre, & les autres se trouveront sous le nom particulier de chaque vaisseau.

Ce premier Devis est d'un navire de guerre de cent-soixante & dix piés de long,

long, de l'étrave à l'étambord, conſtruit l'an 1667. & nommé, *La Paix.*
„CE Navire aura quarante-quatre piés de bau, treize-piés & demi de creux
„ſous le faux pont; cinq piés & demi de hauteur priſe au bord, entre le
„faux-pont & le premier pont; huit piés du premier pont au ſecond; ſept
„piés trois pouces du ſecond pont au troiſième, & neuf piés vers l'arriére
„devant la chambre du Capitaine.
„A l'Arriére il y aura un grand château, de la longueur de trente-ſix piés,
„depuis le revers d'arcaſſe en-dedans, où il aura ſix piés trois pouces de
„hauteur, priſe au bord du vaiſſeau, & ſept piés au revers d'arcaſſe. Sur
„ce château il y aura une dunette de treize piés de longueur, de quatre
„piés & demi de hauteur en-devant, priſe au bord; & de cinq piés & demi
„par-derriére, au revers.
„La Quille ſera de trois piéces; ſes écarts de dix piés de long; ſa lar-
„geur au milieu, de deux piés quatre pouces; ſa hauteur, ou épaiſſeur au
„même endroit, de deux piés deux pouces, de dix-neuf pouces à l'arrié-
„re, & de deux piés à l'avant; & ſa largeur à l'arriére & à l'avant ſera é-
„gale à celle de l'étambord & de l'étrave.
„L'Etrave aura trente piés de haut à l'équaire; vingt-deux piés de quête;
„vingt pouces d'épaiſſeur en-dedans, & quatorze pouces en-dehors, qua-
„tre piés de large par le haut, & cinq piés au rinjot.
„L'Etambord aura, tout-de-même, trente piés de hauteur à l'équaire;
„quatre piés de quête; vingt pouces d'épais en-dedans, & quatorze pouces
„en-dehors; ſept piés de large au talon, & deux piés par le haut. Il s'é-
„lancera de treize pouces en-dehors de la liſſe de hourdi.
„La Liſſe de hourdi aura trente piés de long en-dehors, vingt pouces d'é-
„pais, deux piés de large de haut en bas, & vingt pouces d'arc. L'Ar-
„caſſe ſera de la hauteur de ſeize piés au-deſſus de la quille. Les Eſtains
„auront quinze pouces d'épais. Les Allonges de poupe auront dix-ſept
„piés de hauteur ſur la liſſe de hourdi, & vingt-deux piés de diſtance de
„l'une à l'autre par le haut.
„Le Fond, ou plat-fond, aura vingt-huit piés de large, & s'élevera de dix
„pouces vers les côtés. Les Varangues auront quatorze pouces d'épaiſſeur
„ſur la quille, & douze pouces dans les fleurs. Les premiéres Allonges
„auront un pié d'épais ſur le franc-bordage, dix pouces à la baloire, &
„cinq pouces & demi dans leur empature avec les ſecondes allonges.
„Les Serre-bauquiéres des baux du faux pont, auront cinq pouces & demi
„d'épaiſſeur; celles des baux du franc-tillac, huit pouces; celles des baux
„du ſecond pont, cinq pouces; & celles des baux du haut pont quatre pou-
„ces & demi.
„Les Faux-baux auront quatorze pouces & demi d'épaiſſeur, & ſept pou-
„ces de rondeur au grand gabarit. Les Baux du premier pont auront ſei-
„ze pouces d'épaiſſeur, & neuf pouces de rondeur, étant à trois piés &
„demi de diſtance l'un de l'autre, hormis ceux des écoutilles qui ſeront à
„cinq piés. Les Baux du ſecond pont auront quatorze pouces d'épais &
„un pouce de rondeur. Les Baux du haut pont auront un pié d'épais, &
„quatorze pouces de rondeur.
„La Carlingue aura treize pouces d'épais, & trois piés de large. La Ser-
„re-goutiére du faux-pont aura ſix pouces d'épais; celle du premier pont,

S ſ

huit

,, huit pouces ; celle du second pont, cinq pouces & demi, & celle du haut
,, pont, quatre pouces & demi.
,, La Chambre du Capitaine aura vingt-quatre piés de long, & neuf piés de
,, haut par-derriére. La Sainte-barbe aura vingt-trois piés de long.
,, Les trois plus basses Préceintes auront seize pouces de large ; & la plus
,, basse aura onze piés quatre pouces de relevement à l'arriére, trois piés &
,, demi à l'avant, & huit pouces d'épaisseur. Les Couples entre les pré-
,, ceintes auront au milieu du vaisseau seize pouces de large, dix pouces en
,, devant, & dix-sept pouces à l'arriére, joignant l'arcasse. La Fermure
,, des sabords aura au milieu du vaisseau trois piés & demi de large, trois
,, piés deux pouces à l'avant, joignant l'étrave, & trois piés six pouces à
,, l'arriére. La Préceinte qui sera au-dessus des sabords, aura quinze pou-
,, ces de large, & sept pouces d'épais. Les Couples qui seront dessus, au-
,, ront au milieu du vaisseau seize pouces de large, treize pouces à l'avant,
,, joignant l'étrave, & seize pouces à l'arriére. La Préceinte qui sera au-
,, dessus de ces deniers couples, aura quatorze pouces de large, & six pou-
,, ces & demi d'épais. La Fermure de la seconde bande des sabords, au-
,, ra au milieu du vaisseau deux pouces & demi de large, & sera de même
,, largeur à l'avant & à l'arriére. La Préceinte qui sera au-dessus, aura
,, treize pouces de large, & cinq pouces & demi d'épais. Les Couples qui
,, seront au-dessus, auront au milieu du vaisseau deux piés de large, & se-
,, ront de même largeur à l'avant & à l'arriére. La lisse de vibord qui sera
,, dessus, aura un pié de large & cinq pouces d'épais.
,, La premiére Herpe sera à quarante-quatre piés du bout de la tête de l'é-
,, peron, à venir vers le milieu du vaisseau, & aura trois piés six pouces de
,, haut. La herpe proche du grand mât sera de la même hauteur, & à
,, trente-neuf piés de la premiére. La seconde herpe, à prendre du grand
,, mât vers l'arriére, sera aussi à trente-neuf piés de la herpe du grand mât,
,, & aura quatorze pouces de haut, & depuis cette seconde jusques aux
,, montans du revers il y aura quarante quatre piés & demi.
,, Les Sabords de la plus basse bande auront trois piés deux pouces de lar-
,, ge, deux piés huit pouces de haut, & seront vingt-cinq pouces au-dessus
,, du premier pont. Les sabords de la seconde bande auront deux piés &
,, demi de large, deux piés de haut ; & seront deux piés au-dessus du second
,, pont. Les sabords de dessus le haut pont, auront deux piés de large,
,, dix-huit pouces de haut, & seront dix-huit pouces au-dessus du pont. Les
,, sabords de la dunette auront deux piés de large, un pié & demi de haut,
,, & seront neuf pouces & demi au-dessus de la sole.
,, L'Eperon aura vingt-huit piés de long ; & le plus haut porte-vergue
,, s'étendra jusqu'à douze piés dans le vaisseau.
DEVIS d'un navire de cent-cinquante-quatre piés de long, de l'étrave à l'étam-
,, bord ; de trente-huit piés de bau, & dix-sept piés trois pouces de creux.
,, La Quille avoit cent-vingt-six piés huit pouces de long, vingt-deux pou-
,, ces d'épaisseur, & autant de largeur en son milieu ; seize pouces d'épais au
,, talon, & dix-sept pouces de large. En son dessous il y avoit une fausse
,, quille d'une planche de chêne de quatre pouces d'épais, qui s'étendoit de
,, châque côté de deux pouces au-delà de la quille, afin d'y poser les dou-
,, bles planches qui montoient en biais contre le fond, & qui étoient atta-
,, chées,

„chées, de six pouces en six pouces, avec trois ou quatre cloux. Le jar-
„lot étoit d'abord de sept pouces de large, puis en montant vers les bouts
„il revenoit à quatre pouces; & avoit trois pouces & demi de profondeur.
„L'écart du rinjot étoit de trois piés de long. Les gournables des écarts
„étoient à douze pouces les unes des autres. La quille étoit arquée de sept
„pouces sur le chantier.
„L'Etrave avoit seize pouces d'épais, avec une rablure d'un pouce de cha-
„que côté; trente-trois pouces de large par le haut, vingt-neuf pouces en
„son milieu, & quatre piés au bas, à la gorgére. Elle avoit six piés &
„demi de ligne courbe en-dedans; quarante piés de hauteur, à mesurer sur
„son courbe en-dehors, & vingt-huit à l'équaire, pris de dessus la quille
„jusques au haut de la tête en-dedans, & autant de quête.
„L'Etambord avoit trente piés de long en-dedans, & vingt-huit piés en-de-
„hors à l'équaire; & trois piés & demi de quête. Il avoit dix-sept pouces
„d'épaisseur en-dedans; douze pouces en-dehors par le haut, à la lisse de
„hourdi, & douze pouces au talon; vingt-quatre pouces de largeur par le
„haut, trente-neuf pouces à l'angle des estains en-dehors, & sept piés &
„demi d'étenduë sur la quille.
„La Lisse de hourdi avoit vingt-sept piés de long en-dehors, vingt-deux
„pouces de large, ou de haut en bas, dix-neuf pouces d'épais sur l'étam-
„bord, seize pouces à l'endroit de la courbe, & quinze pouces aux bouts.
„Les Estains avoient vingt piés de long, en ligne perpendiculaire; onze
„pouces d'épais; vingt-six pouces de large au milieu, & vingt-six aux bouts:
„ils se joignoient à l'étambord, à quinze piés au-dessous de la tête, c'est-
„à-dire, à descendre de haut en bas.
„La plus haute Contre-lisse, ou Barre de contre-arcasse, étoit posée vingt-
„quatre pouces au-dessous de la lisse de hourdi. A l'endroit où elle joig-
„noit l'étambord elle avoit quinze pouces de large, & douze pouces d'épais
„dans l'entaille. La seconde contre-lisse étoit quinze pouces au-dessous
„de l'autre, & avoit quatorze pouces de large, & douze pouces d'épais dans
„l'entaille. Les sabords étoient percez à vingt-huit pouces de l'étambord,
„& avoient seize pouces en quarré. Les courbes avoient huit pouces d'é-
„pais. Les trous qui étoient à l'arriére, & qui étoient aussi quarrez, & en
„forme de sabords, pour y passer certaines piéces longues & pesantes, com-
„me des mâts, avoient tout-de-même vingt-six pouces de large, & le haut
„du contre-fort leur servoit de bas seüillet.
„Les deux grands Gabarits avoient vingt-huit piés cinq pouces de hauteur,
„depuis le dessus de la quille jusques aux bouts du haut des allonges. Les
„allonges tomboient & se rétrecissoient de quatre piés dix pouces, des
„deux côtés, par leur bout d'en-haut. Les gabarits avoient trente-quatre
„pouces à l'équaire dans les fleurs, & leur plus grande largeur à la hauteur
„de seize piés.
„A onze piés de la ligne du milieu de la quille, les varangues s'élevoient de
„deux pouces & un quart, & elles avoient onze pouces d'épaisseur sur la
„quille, & dix pouces de largeur. Les genoux avoient dix pouces d'épais,
„& sept, huit, à neuf pouces de large. Les allonges avoient huit pouces
„d'épais sous la baloire. Les allonges de revers avoient sept pouces d'épais
„par le bas, six pouces au premier pont, & cinq pouces à la lisse de vibord.

S f 2

„Des

„ Des deux grands Gabarits, le devant de celui qui étoit vers l'avant étoit
„ posé à trente-deux piés du bout de l'écart de l'étrave en-dedans: celui qui
„ étoit vers l'arriére, étoit posé derriére six varangues de dix pouces de lar-
„ ge, qui étoient à sept pouces de distance l'une de l'autre ; & au devant de
„ ces deux gabarits il y avoit encore quatre varangues, & six au derriére,
„ qui étoient du même gabarit que celles du milieu.

„ Les Allonges de poupe avoient vingt-six piés de hauteur au-dessus de la
„ lisse de hourdi, & étoient par le haut à la distance de quinze piés l'une
„ de l'autre, à mesurer en-dehors. Le vaisseau avoit vingt-huit piés deux
„ pouces de large à la lisse de vibord, au-dessus des dogues d'amure. Le
„ devant des herpes de l'éperon étoit à onze piés six pouces du derriére de
„ l'étrave : elles avoient vingt-sept piés de distance l'une de l'autre par le haut,
„ & les bouts qui étoient en-dedans, avoient quatre, cinq, ou six-piés dans
„ leurs écarts.

„ Le Gabarit de l'avant, ou le premier gabarit à l'avant, étoit posé sur le
„ bout de la quille, & avoit trente quatre piés de large, ou de distance d'un
„ côté à l'autre, à l'endroit de la baloire. Le gabarit de l'arriére, étoit
„ posé à vingt-deux piés du talon, à mesurer du côté qui regarde l'arriére, &
„ avoit à la baloire trente-trois piés de large d'un côté à l'autre.

„ Les Lattes avoient trois pouces d'épais, & deux pouces & demi de large :
„ il y en avoit onze de chaque côté entre la baloire & les gabords, pour
„ faire les façons du vaisseau. Celle qui étoit la seconde au-dessous de la
„ baloire, se trouvoit juste dans l'angle extérieur du bout des estains & de
„ l'étambord, & le bout de la baloire joignoit le haut de la lisse de hourdi.

„ La Carlingue avoit vingt-cinq pouces de large en son milieu, & vingt
„ pouces à l'avant & à l'arriére ; onze pouces d'épaisseur en son milieu,
„ & dix pouces aux bouts. Les écarts en étoient aussi longs que l'espace
„ que quatre varangues ocupoient, & c'étoient des écarts endentez, qui
„ étoient entretenus par une cheville de fer dans chaque varangue, qui pas-
„ soit au-travers, & dans l'écart, & entroit de deux pouces dans la quille.
„ Les autres chevilles de fer qui devoient aussi passer dans les écarts de la
„ quille, avoient la place de leur trou marquée sur la varangue, afin-qu'on
„ distinguât leurs places, & que les trous des chevilles de la quille & de la
„ carlingue ne pussent se recontrer ensemble.

„ Les Vaigres de fond avoient quatre pouces & un quart d'épais dans leur
„ milieu & trois pouces aux bouts. Les vaigres d'empature avoient seize
„ pouces de large, & cinq pouces & demi à six pouces d'épais ; & les au-
„ tres vaigres des fleurs étoient plus minces d'un demi pouce. Les vaigres
„ qui doubloient le reste du fond du vaisseau vers les côtés, avoient trois
„ pouces d'épais. Les serre-bauquiéres, tant du faux-pont, que du pre-
„ mier pont, avoient vingt-deux pouces de large, & six pouces d'épais, &
„ étoient posées six pouces au dessous des baux. La serre-bauquiére du haut
„ pont étoit posée cinq pouces au-dessous des baux, & avoit vingt pouces
„ de large, & cinq pouces d'épais en son milieu.

„ Dans l'avant du vaisseau, sous le premier pont, il y avoit sept guerlandes,
„ de 22. 23. 24. à 25. piés de long, & qui avoient quinze à seize pouces
„ de largeur & d'épaisseur. La plus basse couvroit le rinjot, ou l'écart de
„ l'étrave & de la quille : la seconde soutenoit l'écarlingue du pié du mât

„miséne; la troisième étoit posée par-devant contre le pié du même mât:
„la quatrième & la cinquième ne servoient qu'à fortifier l'avant : la sixiè-
„me afermissoit le bout du faux pont ; & la septième soutenoit celui du
„premier pont. Il y avoit contre les quatre plus basses guerlandes des ge-
„noux d'une grosseur proportionée.

„Dans les façons de l'arrière il y avoit cinq varangues aculées, & quatre four-
„cats : les varangues aculées étoient de la même proportion que les guer-
„landes. Celle qui étoit le plus à l'arriére étoit assemblée à joints perdus
„sur les bouts des fourcats ; & la première du côté de l'avant étoit juste-
„ment derriére les pompes. Il y avoit derriére & devant le grand mât,
„deux porques à quatre piés l'une de l'autre , entretenües ensemble par
„deux traversins , lesquelles quatre piéces composoient l'écarlingue du pié
„du mât. Les Courbes du faux-pont & du premier pont avoient quinze
„pouces d'épais, au niveau du bas des serre-bauquiéres ; & onze à douze
„pouces de large, le long du bord vaisseau. Les courbatons, qui étoient
„sous les baux du haut pont, avoient neuf à dix pouces de large , & neuf
„pouces d'épais sur la serre-bauquiére.

„Il y avoit neuf Eguillettes à chaque côté, c'est-à-dire, une de deux en
„deux baux : leur épaisseur étoit de quatorze pouces au niveau des deux plus
„basses serre-bauquiéres, & leur largeur de dix à onze pouces. Et depeur-
„que le poids des ancres ne chargeât trop le vaisseau , il étoit fortifié de
„trois autres éguillettes de chaque côté de l'avant dans le gaillard , qui a-
„boutissoient par le bas sur la plus basse serre-bauquiére , & par le haut
„contre le gaillard.

„Les Baux des deux plus bas ponts avoient quatorze, quinze, à seize pou-
„ces de largeur , & à-peu-près autant d'épaisseur. Ceux du haut pont a-
„voient dix, onze à douze pouces d'épaisseur , & pour le moins autant de
„largeur Ceux du premier pont avoient sept pouces de rondeur ou de
„tonture; ceux du faux-pont en avoient deux pouces de moins ; & ceux
„du haut pont en avoient deux pouces de plus. Ils étoient posez, la plu-
„part, à la distance de quatre piés à quatre piés & demi les uns des au-
„tres, hormis ceux qui étoient à-côté de la grande écoutille , qui se trou-
„voient à sept piés quatre pouces l'un de l'autre ; & ceux qui étoient de-
„vant & derriére le grand mât, qui étoient à cinq piés l'un de l'autre. Le
„bau qui étoit devant ce mât, ou du côté qui regardoit l'avant , se trou-
„voit justement, aussi du côté du mât qui regardoit l'avant, au milieu du
„vaisseau, à mesurer de l'étrave à l'étambord , sur le premier pont.

„Les Serre-goutiéres & les Faix de pont avoient six pouces d'épais, & leur
„largeur étoit d'une proportion raisonnable ; mais les faix de pont & les
„serre-goutiéres du haut pont étoient plus minces d'un pouce, hormis les
„faix de pont qui étoient devant le mât , & dans lesquels entroit le caille-
„botis, qui avoient sept pouces d'épais, & qui étoient à sept piés six pou-
„ces l'un de l'autre.

„Afin-que le doublage fût plus uni, le vaisseau n'avoit, sous les sabords,
„qu'une préccinte dont l'épaisseur étoit de huit pouces , & la largeur de
„quatorze à quinze pouces : mais pour lui donner plus de façons , & en
„rendre le gabarit plus agréable, il y avoit encore un grand bout de pré-
„ceinte , de la même proportion que cette première , & qui étoit vingt-

cinq

„cinq pouces au-deſſous, qui commençoit auſſi à l'arcaſſe, & venoit ſe ter
„miner & ſe perdre dans le doublage. De chaque côté, ſous cette précein
„te, le vaiſſeau étoit fortifié de ſix planches, qui avoient chacune ſix pou
„ces d'épais, & qui étoient mêlées à l'avant & à l'arriére, & dans le
„fleurs, avec des planches de quatre pouces. La fermure des ſabords a
„voit quarante-quatre pouces de large, & quatre pouces d'épais. Au-deſ
„ſus des ſabords il y avoit une préceinte de quatorze pouces de largeur &
„de trois pouces & demi d'épaiſſeur. La fermure qui étoit au-deſſus, avoi
„quatorze pouces de large, & trois pouces & demi d'épais. La préceint
„qui étoit au-deſſus de cette fermure, avoit treize pouces de large, & ſi
„pouces d'épais. Le bordage qui étoit au-deſſus avoit vingt-quatre pouce
„de large, & trois pouces d'épais. La liſſe de vibord avoit onze pouces d
„large & ſix pouces d'épais.
„L'Éperon avoit vingt piés & demi de longueur, à prendre ſur le haut d
„l'aiguille inférieure. Le Lion avoit onze piés ſix pouces de long. L
„friſe avoit dix-ſept pouces de large, entre les deux aiguilles du côté d
„l'étrave, & onze pouces en-devant, & toute cette avance du vaiſſeau étoi
„garnie de ſept couples de courbatons.
„Les Boſſoirs étoient quarrez, & avoient quinze pouces d'épais, & faiſoien
„ſaillie ſur l'avant de trente-ſix pouces au-delà des porte-vergues.
„Les Porte-haubans du mât d'avant avoient vingt-huit piés de long, ving
„pouces de large par-devant, & ſeize pouces par-derriére, avec quatre pouce
„d'épais en-dedans, & trois & demi en-dehors; & neuf couples de hauban
„y étoient frapez. Les grands porte-haubans avoient trente-cinq piés d
„long, & la même largeur par-devant & par-derriére que ceux du mât d
„miſéne; mais ils avoient d'épaiſſeur un demi pouce de plus, auſſi tant par
„devant que par-derriére; & dix couples de haubans y étoient frapez. Le
„porte-haubans du mât d'artimon avoient ſeize piés ſix pouces de long
„quinze pouces de large par-devant, & douze pouces à l'arriére; trois pou
„ces & demi d'épais en-dedans, & trois pouces en-dehors.
„Le Gouvernail avoit cinquante-deux pouces de large par le bas, & ving
„ſix pouces à la jaumiére; dix-neuf pouces d'épais par le haut en-devant
„& ſeize pouces par-derriére. La jaumiére avoit dix & douze pouces e
„dedans, huit & dix pouces par-derriére. Le gouvernail étoit ſuſpend
„ſur ſept pentures, dont les mâles, ou gonds, avoient trois pouces tro
„quarts de diamétre. Le timon avoit onze pouces de large à la jaumiér
„& douze pouces d'épais. Le quart-de-rond avoit neuf pouces de largeu
„& autant d'épaiſſeur, & étoit à la diſtance de vingt & un pié du rever
„à meſurer ſur la liſſe de hourdi. Il y avoit dix-huit piés d'étenduë ſu
„quoi le timon pouvoit ſe mouvoir, & dans cette étenduë le quart-de-ron
„avoit quatre pouces d'arc par le haut, & en avant autant qu'on lui en avo
„pu donner. La manuelle avoit douze piés trois pouces de long ſans ſ
„boucle; & la noix, ou le moulinet, qui tournoit dans le hulot, avo
„quatorze pouces de long entre les chevilles. Le dos d'âne étoit élevé
„vingt-trois pouces au-deſſus de la teügue, & long d'onze pouces en-traver
„du vaiſſeau, & large de treize pouces. Il y avoit au-deſſus une petite écou
„tille par où le Maître, ou le Pilote, pouvoit aiſément parler au Timo
„nier.

„Le grand Habitacle du Timonier avoit seize piés six pouces de long, cinq
„piés de haut, & seize piés de large, & étoit séparé en deux. Le petit
„habitacle avoit trois piés six pouces de long, trois piés quatre pouces de
„haut, & treize pouces de large, & étoit séparé en trois.

„La premiére Frise de la poupe, qui étoit au-dessus de la lisse de hourdi,
„avoit dix-huit pouces de large en son milieu, seize pouces aux bouts, &
„cinq pouces d'épais. Elle avoit par-derriére autant de bombement que
„la lisse de hourdi; & de bas en haut autant de rondeur en-bas que les bar-
„rots du haut pont, mais elle en avoit deux pouces de plus par le haut.
„Elle étoit posée cinq piés six pouces derriére les allonges de poupe, &
„dans son milieu elle s'élevoit de dix pouces au-dessus du bordage du haut pont,
„qui la joignoit. Elle étoit soutenuë de quatorze montans de revers, qui
„avoient sept pouces de large, & six pouces d'épais. Les deux du milieu,
„entre lesquels joüoit le gouvernail, étoient à la distance de trente-deux pou-
„ces l'un de l'autre; & ils étoient tous entretenus par une planche de chêne
„qui étoit cousuë dessus. Le voutis étoit fermé avec des planches de deux
„pouces d'épaisseur. Les autres frises, la simaise, les Termes, & les autres
„ornemens, étoient d'une proportion convenable.

„Le pié de la galerie étoit de dix piés de longueur. Il y avoit sept cour-
„batons de six pouces de large, & de cinq pouces d'épais, & il y en avoit
„autant au-haut, sous son couvert. Ils entrent de trente six pouces au-
„dedans du vaisseau, c'est-à-dire au-delà des allonges de poupe. La cloi-
„son de la galerie étoit à la distance de trente-neuf pouces du derriére des
„allonges de poupe. La planche ouvragée de sculpture qui étoit sur le
„côté de la galerie, avoit dix-huit pouces de large à l'arriére, & treize
„pouces à l'avant. Les Termes du haut du couronnement avoient douze
„pouces de large d'un côté à l'autre, & autant d'épaisseur qu'on avoit pu
„leur en donner: ceux qui étoient à l'angle en avoient autant, & tous les
„autres un peu moins.

UTRE Devis d'un vaisseau de cent-quarante piés de long de l'étrave à l'é-
tambord; de trente-quatre piés de bau, quinze piés de creux sous le côté
du premier pont, pris au niveau des goutiéres, & de sept piés & demi de
hauteur entre deux ponts, percé de deux bandes de sabords.

„Il a cent-dix-neuf piés & demi de quille portant sur terre. La quille a
„deux piés de large en son milieu; vingt pouces d'épais, ou de haut en
„bas, & seize pouces à l'avant & à l'arriére; & est par les deux bouts de
„la même largeur que l'étrave & l'étambord. Les écarts sont de douze
„piés de long.

„La hauteur de l'étrave prise à l'équaire, est de vingt-cinq piés & demi.
„Elle a dix-huit piés de quête; trois piés de large par le haut, & trois piés
„& demi par le bas sur la quille. Elle a seize pouces d'épais en-dedans,
„& un pié en-dehors; & quatre piés de ligne courbe jusques à son dehors.
„La hauteur de l'étambord est de vingt-cinq piés à l'équaire. Il a trois piés &
„demi de quête; seize pouces d'épais en-dedans & un pié en-dehors; un
„pié trois quarts de large par le haut, à la lisse de hourdi, & six piés par
„le bas sur la quille, s'avançant en-dehors de douze pouces au-delà de la
„lisse.

„La Lisse de hourdi a vingt-trois piés de long, quatorze pouces de large
au-

Reliure serrée

„ autant d'épaiſſeur & d'arc. Les eſtains ont un pié & demi d'épais. Les
„ allonges de poupe ont vingt-quatre piés de hauteur, au-deſſus de la liſſe
„ de hourdi, & ſont à la diſtance de quatre piés un quart l'une de l'autre,
„ par le haut.
„ Le fond a vingt-deux piés de large, & s'élève de huit pouces vers les
„ côtés. Les varangues ont un pié d'épaiſſeur ſur la quille, & dix pouces
„ dans les fleurs. Les allonges ont huit pouces d'épais ſur le franc-borda-
„ ge entre les fleurs & la première préceinte, ſix pouces & demi à la ba-
„ loire, & quatre pouces & demi par le bout d'en-haut.
„ Les Préceintes qui ſont au-deſſous des ſabords, ont treize pouces de large,
„ ſept pouces d'épais; la fermure, ſeize pouces de large. La plus baſſe
„ préceinte a trois piés & demi de relevement à l'avant, & neuf piés & de-
„ mi à l'arrière. La fermure des ſabords a trois piés un quart de large,
„ & la préceinte au-deſſus a ſix pouces d'épaiſſeur, & douze pouces de lar-
„ geur. La fermure qui eſt au-deſſus de cette préceinte a quinze pouces
„ de large; & la préceinte qui eſt au-deſſus a cinq pouces & demi d'épaiſ-
„ ſeur, & un pié de largeur. La fermure des ſabords de la plus haute ban-
„ de à deux piés & demi de large. La liſſe de vibord a dix pouces de lar-
„ ge, & quatre pouces & demi d'épais. La première planche au-deſſus de
„ la liſſe de vibord a dix-neuf pouces de large.
„ Les Baux du premier pont ont quatorze pouces d'épaiſſeur, & huit pou-
„ ces de rondeur au grand gabarit, & ſont poſez à trois piés & demi l'un
„ de l'autre, hormis les baux de l'écoutille, qui ſont à la diſtance de ſix
„ piés. Les barrots du haut pont ont un pié d'épaiſſeur, & quinze pouces
„ de rondeur au grand gabarit.
„ La Carlingue a deux piés & demi de large & un pié d'épais. Les ſerre-
„ bauquiéres du bas pont ont cinq pouces & demi d'épaiſſeur, & autant de
„ largeur que le bois l'a pu permettre. Les ſerre-goutiéres ont ſeize pouces
„ d'épais du côté du bordage. Les ſerre-bauquiéres du haut pont ont qua-
„ tre pouces d'épais, & les ſerre-goutiéres auſſi quatre pouces.

FAIRE, Fournir, Donner le Devis du radoub d'un vaiſſeau. *Een certer op
ſtellen en overgeven, wat'er aan een ſchip te lappen en te vermaaken is.*

DEXTRIBORD, Tribord, Eſtribord, Tienbord. *Stuurboord.*
C'eſt le côté du vaiſſeau qui eſt à la main droite de celui qui étant à la
poupe fait face vers la proüe. Sur la Méditerranée on dit Eſtribord, &
ſur l'Océan Tienbord, Stribord, ou Tribord. Voiez, Stribord.

D I.

DIAMETRE d'un canon. *Mondt-diameter van een ſtuk geſchuts, Middel-maat,
Middel-lijn.*
C'eſt l'étendüe de l'ouverture d'un canon priſe en droite ligne en-dedans
ou en croix d'un bord à l'autre.

DIAMETRE d'un boulet. *Kogels diameter, Middel-lijn.*
C'eſt la ligne qui paſſe par le centre du boulet, & qui aboutit à ſa circonférence.

DIGON, ou Diguon. *Wimpel-ſtok.*
C'eſt le bâton qui porte un pendant, une flame ou banderolle arborée au
bout d'une vergue.

DIGUE. *Dijk.*

C'eſt

C'eſt un ouvrage de charpenterie, de maçonnerie, ou de faſcinage, dont on fait un obſtacle qu'on opoſe à l'entrée ou au cours des eaux. Les digues ſe font avec des élévations de terre, mêlées de claies, de pieux, de pierres, & autres choſes ſemblables.

DILIGENCE. *Veer-ſchuit.*

On apelle Diligence de certaines commodités de bateaux, dont on ſe ſert pour aller en peu de jours aux lieux pour leſquels on les a établies.

PRENDRE la Diligence, Aller par la Diligence. *Met de veer-ſchuit vaaren.*

DIOPTRES. *Gaaten in 't viſier, of in de pinnule van een aſtrolabium.*

Ce ſont des trous percez dans les pinnules de l'alhidade d'un aſtrolabe. Voiez, Alhidade & Aſtrolabe.

DISPUTER le vent. Voiez, Vent.

DISTANCE des ports. *Afgeleegentheid, Veerheid.*

Les diſtances des ports, des iſles, des côtes, & des vaiſſeaux, s'expriment par le nombre des lieües, & par le rumb de vent qui court en droiture de l'une à l'autre. A ſix lieües, au Sud-oüeſt de cette iſle, on trouve un bas-fond très-dangereux, qui eſt Nord & Sud avec le cap dont nous avons parlé. Il nous fallut tenir à quatre cables de leur frégate, qui nous demeura au Nord.

DISTANCES des ſabords. *De wijdte tuſſchen de poorten.*

Ce ſont les parties du vaiſſeau qui ſe trouvent d'un ſabord à l'autre, ainſi qu'un merlon ſe trouve entre deux embraſures.

DIVISION d'une armée navale. *Smal-deel, Afdeiling, Verdeeling, Smal-verdeeling.*

C'eſt une certaine quantité de vaiſſeaux d'une armée navale, qui ſont ſous le commandement d'un Oficier Général. La ſignification de ce terme n'eſt pas encore bien déterminée, car on s'en ſert quelquefois pour marquer la troiſième partie d'une armée navale, qu'on apelle autrement Eſcadre, & quelquefois c'en eſt la neuvième partie; ce qui arive lors-que l'armée eſt diſtribuée en trois eſcadres; car alors chaque eſcadre eſt diſtribuée en trois diviſions, comme il ſe pratiqua pendant les campagnes navales de 1672. & 1673. dans la jonction des armées de France & d'Angleterre. Celle d'Angleterre formoit deux eſcadres, la rouge & la bleüe, chacune partagée en trois diviſions, & l'armée de France, qui formoit l'eſcadre blanche, étoit auſſi diſtribuée en trois diviſions.

„Le Duc d'York commandoit l'eſcadre rouge, qui formoit le corps de ba-
„taille. Le Comte de Montaigu, ou de Sandwich, commandoit l'eſcadre
„bleüe qui faiſoit l'aile gauche; & le Comte d'Eſtrée commandoit l'eſca-
„dre blanche, qui faiſoit l'aile droite. Il y avoit auſſi trois eſcadres dans
„l'armée de Hollande, & chaque eſcadre étoit pareillement diſtribuée en
„trois diviſions. Sa marche étoit ſur une ligne droite: le Lieutenant-a-
„miral Général de Ruiter étoit au milieu avec la principale eſcadre; Van
„Ghent Lieutenant-Amiral d'Amſterdam, étoit à la droite; & Bankert
„Lieutenant-amiral de Zélande, étoit à la gauche: c'eſt-à-dire, l'an
„1672. Mais l'an 1673. le Comte d'Eſtrée avec l'eſcadre blanche eut le
„corps de bataille; le Prince Robert, qui commandoit l'eſcadre rouge des
„Anglois, eut l'avant-garde; & l'Amiral Spragh, qui commandoit l'eſca-
„dre bleüe, eut l'arriere-garde. Les François ont prétendu que c'étoit

T t   „par

„ par déférence que les Anglois leur avoient cédé la place la plus honora-
„ ble ; & les Anglois, dont la complaifance avoit caufé de la furprife, di-
„ foient qu'ils l'avoient fait pour éviter, en ce combat, les foupçons que l
„ conduite des François leur avoit donnez dans la bataille de l'année pré-
„ cédente.
„ L'armée des Hollandois fut encore divifée en trois efcadres, comme cell
„ de leurs ennemis : le Lieutenant-amiral Géneral de Ruiter commandoi
„ celle du milieu ; Corneille Tromp Lieutenant-amiral d'Amfterdam
„ commandoit l'avantgarde ; & le Lieutenant-amiral Bankert commandoi
„ l'arriére-garde. Chacun des deux partis s'atribua la victoire dans ces deu
„ batailles ; mais s'il en faut juger par les fuites, on fait que les ennemi
„ de la Hollande l'avoient alors réduite aux abois par terre, de-forte que
„ elle eût reçu quelque échec par mer, il n'y a pas de doute qu'elle n'eû
„ jamais pu s'en relever.

Dans un combat naval l'ordre de bataille, quand les armées font en préfence, eft de mettre fur une ligne toutes les efcadres, & toutes les divifions d'un même parti ; & cet ordre de bataille fe garde autant que le vent
la valeur & la fortune le peuvent permettre. Pendant ce combat le vaiffeau du Contre-amiral aïant été très-incommodé, & fe trouvant percé
l'eau, le Commandant choifit un autre vaiffeau de fa divifion pour le monter, ne lui étant pas permis d'en prendre un d'une autre divifion.

FAIRE & Ordonner les Divifions d'une armée navale, pour la mettre en ordre de bataille. *Een oorlogs-vloot fchaaren, of verdeelen.*

COMMANDANT d'une Divifion. *Hooft van een Smal-deel.*

DIXIE'ME. *Tiende verhooginge om de lekkadie.*
C'eft une augmentation que fournit le Munitionaire des vivres, d'une barique fur dix, pour le coulage qui pourroit ariver pendant la campagne.

D O.

DOGRE, Dogre-bot. *Dogger, Dogger-boot, Dog-boot, Puye.*
C'eft une forte de bâtiment qui navigue vers le Doggre-banc, dans la me
d'Allemagne, & dont on fe fert pour y pêcher. Les Dogres ont une fo
que de beaupré, avec une grande voile, & un hunier au-deffus. Le pont e
plat : ils n'ont point de *roef* ou de chambre à l'arriére, mais ils en ont u
à l'avant : ils font bas, & étroits à l'avant & à l'arriére.

CANOT de Dogre. *Dog-fchuit.*

DOGUE d'Amure, Dogues d'Amure. *Hals-klamp, Hals-klampen.*
Il y en a un de chaque côté du vaiffeau. C'eft un trou où il y a par-d
dans un taquet, & une bordure par-dehors. Un de ces trous eft à babor
& l'autre à ftribord, dans le platbord, à l'avant du grand mât, pour am
rer les couëts de la grande voile. La diftance comprife entre l'étambrai
grand mât & l'un ou l'autre des dogues d'amure, eft égale à la longueur d
maître bau.
„ On place ordinairement les Dogues d'amure aux deux cinquiêmes parti
„ de la longueur du vaiffeau, à prendre de l'avant ; ou juftement au-defl
„ du fecond fabord.
„ Le Dogue d'amure d'un vaiffeau de cent trente-quatre piés de long,
„ l'étrave à l'étambord, doit avoir huit pouces de large, & fept pouces
„ demi d'épais, c'eft-à-dire, la piéce de bois où font percez les trous,
„ &

„ & la piéce & les trous conjointement ou féparément s'apellent Dogues
„ d'amure.   Le grand trou du dogue d'amure eft de trois pouces & demi de
„ large , & le trou qui eft au-deffus doit avoir deux pouces.   La bordure
„ qui eft prefque toujours ouvragée au-dehors du dogue d'amure , s'apélle
„ en Flamand, *Hals-hout,* ou *Hals-borduur-hout.* le trou s'apélle proprement,
„ *Hals-gat,* & le taquet qui eft en-dedans, *Hals-klamp ;* mais ce dernier mot
„ eft ufité en Flamand pour le tout enfemble , comme Dogue d'amure eft
„ pris en François en ce même fens.

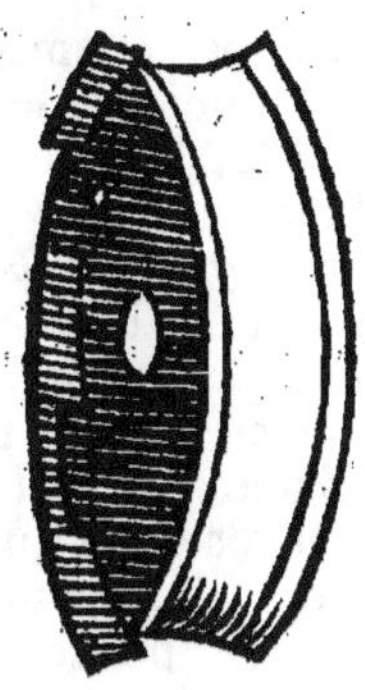

DOIGT. *Vinger.*
C'étoit une ancienne mefure Romaine, qui faifoit neuf lignes du pouce de
Roi.
DONNER des culées. Voiez, Culées.
DONNER un grand hunier à un autre vaiffeau. *Een groot mars-zeil te kloek
een ander fchip vallen in 't zeilen. By een heel mars-zeil beter zeilen.*
C'eft-à-dire que quoi-qu'un vaiffeau eût moins de cette voile , ou de ces
voiles, au vent, il ne laifferoit pas d'aller auffi vîte que cet autre vaif-
feau.
DONNER à la côte. *De kuft verkiefen, Het tegen de kuft fetten , 't Tegens de
wal fetten, Strandt kiefen.*
Cela fe dit pour aller échoüer à terre par néceffité.
DONNER à la côte & contre des rochers. *Aan laager wal en tegens de klip-
pen vervallen, Tegen ftrandt drijven.*
C'eft aller échoüer, ou faire naufrage par accident.
DONNER le feu au canon. *Los-branden.*
DONNER dedans. *Inloopen, Inzeilen, Inboegen.*
Ce terme fe dit pour entrer dans une rade, dans une riviére, dans un havre.
DONNER vent devant. *Door de windt op duuwen, om te wenden.*
C'eft mettre le vent fur les voiles , afin de faire enfuite courir le navire à
un autre air de vent.
DONNE VENT devant. *Legt uw roer aan ly ; Geef uw fokke-boelijn een fchoot-
je ; Los uw maager-mannetje.*
C'eft un commandement que l'on fait au Timonier, pour qu'il mette le
gouvernail de maniére que le vaiffeau préfente le devant au lieu d'où vient

le

le vent, & qu'il mette le vent fur les voiles , pour faire en-fuite courir l[e]
navire à un autre rumb.

DORER. *Smeeren.* Voicz, Efpalmer.

Cela fignifie, Donner le fuif à un vaifleau.

DORMANTE. Eau Dormante. *Staand, of Stil-ftaand waater.*

C'eft une eau qui n'a point de cours, comme celle d'un foflé, ou d'un ma[-]
rais. Voiez, Eau.

DORMANT, Dormans. *Het vaft endt van een loopende touwerk, Staander[.]*

Ce font des bouts, ou des branches, toujours fixes, de quelques cordag[e]
qui manœuvrent fouvent : ainfi les bras ont leurs dormans , c'eft-à-dir[e]
une branche du bras de hune , par éxemple , qui eft frapée ou atachée [à]
l'étai, & qui y demeure fixe, quoi-que le refte du cordage ait du mouv[e-]
ment, & puifle être largué, filé, & halé, felon l'ocafion. Il y a des dor[-]
mans de cargues-point, de bras, de perroquets, de drifles &c.

DOS d'Ane. *Boog boven de ftier-plegt , Bogt boven de kolder-ftok.*

C'eft une ouverture que l'on fait en demi-cercle à quelques vaifleaux, afi[n]
de couvrir le paflage du bout de la manuelle.

  ,,Le Dos d'âne , dans un vaifleau de cent-trente-quatre piés de long , s'[é-]
,,tend à dix-huit pouces du fronteau, & il a quinze pouces de large: il v[a]
,,en étreciflant, & finit à un pié & demi du bord. Ses côtés font faits d'[u-]
,,ne planche coupée de travers , d'un pouce & demi d'épaifleur, & il e[ft]
,,couvert de planches épaifles d'un pouce.

DOSSES, Dofle-flache. *Waan-zijde , of Schraale kant van een-hout, Wa[an-]*
kant.

Ce font des piéces de bois refendües, épaifles , & aflez larges. On don[ne]
ce même nom aux ais de bateau , & proprement les Charpentiers apelle[nt]
Dofles , des planches qui font fciées d'un côté , & qui de l'autre ont pr[ef-]
que toujours l'écorce de l'arbre. Dofle-flache eft dans un arbre que l'[on]
équarrit , la première planche qui s'enlève , & où d'un côté l'on voit l'[é-]
corce.

D'OU eft le Navire? *Hollà, Want Schip?*

C'eft une demande qui fe fait à un vaifleau lors-qu'on le rencontre, foit [en]
mer, ou foit moüillé dans une radé, pour favoir de quel païs il eft.

DOUBLAGE. *Verdubbeling, Voering, Dubbeling.*

C'eft un fecond bordage , ou revêtement de planches , qu'on met par-[de-]
hors aux fonds des vaifleaux qui vont dans les voiages de long cours, [&]
dans les païs chauds. Ces planches ont, d'ordinaire, l'épaifleur d'un po[u-]
ce & demi, & on les fait de chêne , ou de fapin , mais plus ordinairem[ent]
de fapin. Cela fe fait pour la confervation du franc-bord du vaifleau , [&]
pour empêcher que les vers qui s'engendrent en ces mers-là, ne le crible[nt]
par le fond. Lors-qu'on pofe ce doublage , on le garnit de ploc, & ou[tre]
cela il y a des gens qui garniflent le franc-bord de gros papier gris. [Le]
doublage a cette incommodité, qu'il retarde la courfe & coulée du vaif[-]
feau , parce-qu'il le rend plus pefant, & il gâte fes façons. Le doubl[age]
de ce vaifleau l'a beaucoup appefanti.

  ,,Les vaifleaux qu'on deftine pour l'Oüeft , fur-tout pour les lieux clo[-]
,,nez , ont befoin d'un bon doublage , qui foit garni d'une infinité [de]
,,cloux & de ploc entre le doublage & le franc-bord : on y met mê[me]
                ,,[...]

,, quelquefois du cuivre , afin de garantir le bois de la criblure des vers.
DOUBLE d'une manœuvre. Hale fur le double. *Vat , of hijs boven de handt.*

C'eft comme qui diroit , ou le milieu , ou quelque autre partie de cette manœuvre , fur laquelle plufieurs perfonnes tirent de concert , fans qu'il foit néceffaire d'en prendre le bout , lequel demeure roüé , ou plié , dans fa place ordinaire.

DOUBLER un vaiffeau. *Een fchip verdubbelen , of voeren , Een huidt onder embaalen , Met een dubbelde huidt voorfien.*

C'eft lui donner un doublage , ou un revêtement de planches. Voiez , Souffler.

DOUBLER un cap, Parer un cap. *Een kaap te boven komen , raaken , of zeilen ; Boven haalen , of raaken.*

C'eft paffer au-delà , & le laiffer à l'arriére.

DOUBLER une pointe. *Een hoek boven zeilen.*

C'eft auffi paffer au-delà , & la laiffer derriére.

DOUCEUR. Faire une chofe en douceur. *Soetjes of Sachtjes iets doen.*

C'eft faire une chofe doucement.

DOUCIN. *Brak-waater.*

C'eft le nom que quelques-uns donnent à de l'eau douce , mêlée avec de l'eau de mer.

DOUCINE. *Een Holletje.*

C'eft proprement la cimaife , ou gueule droite , dont la partie la plus avancée eft concave.

D R:

DRAGON , Dragons. *Hoos , Hoofe , Onweers-hoofdt.*

Ce font de gros tourbillons d'eau que trouvent fouvent ceux qui navigent fous la Ligne , & entre les Tropiques. Ils briferoient ou feroient couler à fond les vaiffeaux qui paffervoient par-deffous. Voiez , Pompe de mer & Puchot.

DRAGON de vent. *Wervel-windt.*

C'eft un orage violent & fubit , qui d'ordinaire defempare les vaiffeaux , & les feroit tourner , fi l'on n'avoit foin de ferrer les voiles.

DRAGUE. *Een Spade.*

C'eft une pelle de fer plate par le devant , & aïant un rebord de trois côtés. Elle a un long manche de bois , & fert à tirer le fable, la boüe , & les immondices des riviéres & des canaux.

DRAGUE de canon. *Broek , Broekinge.*

C'eft un gros cordage , dont fe fervent les Canoniers fur les vaiffeaux , pour arrêter le recul des piéces , quand elles tirent.

DRAGUE d'avirons. *Een Bos van drie riemen.*

C'eft un paquet de trois avirons.

DRAGUER. *Een gragt met de fpade uitfpitten.*

C'eft nétoïer le fond d'un canal , ou d'une riviére avec la pelle , ou bêche de fer , qui s'apelle Drague.

DRAGUER l'ancre. *Het anker viffchen.*

C'eft auffi chercher une ancre perdüe dans la mer , avec un gros cordage qu'on apelle Drague. On atache cette drague par fes deux bouts aux cô-

T t 3

tés

tés de deux chaloupes qui fe préfentent le flanc, & qui font à quelque diftance l'une de l'autre. Au milieu de la drague, font fufpendus des boulets
de canon, ou quelque autre chofe qui pèfe beaucoup, ce qui la fait enfoncer jufques au fond de la mer, en-forte que les deux chaloupes voguant en
avant, entraînent la drague qui rafe le fond ; ce qui fait que fi elle rencontre l'ancre que l'on cherche, elle l'accroche, & fait connoître l'endroit où elle eft.

DRESSER les vergues. *De reën regt braffen, regt fetten; De reën in 't kruis
fetten.*

Quand les voiles feront ferlées, dreffe la vergue de grand hunier & roüe
les manœuvres. *Als de zeilen beflaagen zijn, regt uw groote mars-ree, en fchiet
dan het loopende goedt.*

DRESSER une piéce de bois. *Slegten.*

C'eft aplanir, ou préparer autrement une piéce de bois avec l'herminette.

DRESSE la chaloupe. Voiez, Barque droite.

DRISSE, ou Iffas. *Kardeel, Val.*

C'eft un cordage qui fert à ifler & amener la vergue, ou un pavillon, le
long du mât. L'étague y répond par le bas, & par le haut elle faifit la
vergue. Les pavillons & chaque vergue ont leurs driffes particuliéres. Il
faut bien prendre garde en lifant les Ecrivains tant François que Flamands,
auffi-bien qu'en parlant avec les Mariniers, à ces deux mots de Driffe, &
d'Etague. Comme ces deux cordages aboutiffent l'un fur l'autre, & que
tous deux ne font que comme une manœuvre, fouvent on ne fe fert que
d'un mot pour les défigner, & l'on dit & écrit tantôt Driffe, & tantôt
E'tague ; tantôt *Kardeel* & tantot *Draay-reep.* Il y a plus ; c'eft que dans
les figures mêmes des vaiffeaux qui font marquées avec des renvois, on ne
fait le plus fouvent qu'un renvoi pour ces deux manœuvres, & par conféquent on ne met auffi qu'un nom. Mais quelquefois la marque du renvoi
eft à la partie baffe de la manœuvre, & alors on trouve Driffe, *Kardeel*
tantôt il eft à la plus haute partie, & alors on trouve Etague, *Draay-reep*
fi-bien que ceux qui ne favent pas la chofe, fe trouvent embaraffez, & ont
de la peine à la démêler. Mais ce qu'il y a de plus fingulier, c'eft que plufieurs mariniers ne la favent pas démêler eux-mêmes, ainfi qu'on en a eu
plufieurs fois l'expérience, en les interrogeant fur cet article. Peut-être
même qu'en écrivant ceci on s'eft encore trompé. Néammoins on peut affurer qu'on a pris toutes les précautions poffibles pour ne s'abufer pas.
Voiez, Etague.

Voici ce qu'en dit un Ecrivain François. Les Driffes fervent pour tirer
l'étague, afin de tirer ou amener les voiles. L'étague fe tient aux driffes
& paffe fur des roüaux qui font à côté du mât, l'un à babord, & l'autre
à ftribord, atachée fous la hune. Elle faifit le mât, & par le bout du bas
s'amarre au marmot nommé fep de driffe. Et ailleurs ; La Driffe de la
grande vergue, qui eft amarrée par le bout d'en-bas au fep de driffe qui
eft au pié du grand mât, vient répondre par en-haut à la corde qui eft appellée Etague, ou Itacle, qui faifit le milieu de la vergue.

LA DRISSE eft jointe par fa poulie à l'étague, pour hifler la vergue. *De val
is vaft, met fijn blok, aan de draay-reep, om de ree op te hyzen.*

DRISSE de la vergue d'artimon. *Het Befaans-kardeel, of val.*

DRIS

DRISSE de la grande vergue. *Het groot Kardeel, of val.*

DRISSE de la vergue de miséne. *Het Fokke-kardeel, of val.*

DRISSE de la vergue de beaupré. *Het Blinde-val.*

DRISSE de la vergue de grand hunier. *Het groot Mars-zeils-val.*

DRISSE de la vergue de petit hunier. *Het Voor-mars-zeils-val.*

DRISSE de perroquet de fougue. *Het Kruis-zeils-val, of reep.*

DRISSE de grand perroquet. *Het groot Bram-zeils-val, of reep.*

DRISSE de perroquet d'avant. *Het Voor-bram-zeils-val, of reep.*

DRISSE de perroquet de beaupré. *Boven-blinde-val, of reep.*

DRISSE de voile d'étai. *Stag-zeils-val, Honde-fok.*

DRISSE de pavillon. *Vlagge-val.*

C'est une petite corde qui sert à arborer & à amener le pavillon.

ALLONGE la Drisse. *Maakt de val klaar.*

C'est un commandement que l'on fait pour faire étendre la drisse, afin-que plusieurs hommes la puissent prendre, & la tirer de concert & tous à la fois. Ce commandement se fait non-seulement pour toutes les drisses, mais encore pour toutes les autres manœuvres sur lesquelles on veut tirer, ou haler.

DROGUERIE. *Het visschen en onder sout brengen van den haaring.*

Ce terme se dit de la pêche & de la préparation du harang.

DROIT de Varech, ou Varet. *Strand-recht.*

C'est tout ce que les Seigneurs des fiefs voisins de la mer des côtes de Normandie prétendent sur les éfets qu'elle pousse sur le rivage, soit de son cru, soit qu'il vienne d'un naufrage & d'un debris de vaisseau.

SEIGNEUR du droit de Varech. *Strandt-heer.*

DROIT d'ancrage. *Ankeraagie, Ankerasie-regt.*

CE QUI se paie pour Droits d'ancrage, de convoi, de havres &c. *Ankeragie-geldt, Gelei-geldt, Haven-geldt.*

„Avant que de mettre à la mer, on ne manque pas de se pourvoir des qui-„tances de paiement des droits d'ancrage, de convoi & de havre, & de tous „les droits & traites qui se lèvent.

DROITURE. Aller en Droiture, ou Faire sa route en Droiture. *Koersregt uit regt aan, Regts-wegs vaaren, Regts-wegs brengen.*

C'est naviger en droite route, sans courir sur des croisiérés, sans relâcher, sans faire escale, ni moüiller dans des ports à côté de la traversée qu'on fait. Nos ordres portent d'aller en droite route à la Martinique. Leurs ordres portent d'aller en droiture à Saint Christophle.

FAIRE route en Droiture en Hollande. *Regt toe na Hollandt zeilen.*

DROSSE, Trosse, ou Trisse, ou Palan de canon. *Taalie tot het geschut.*

Ce sont les cordages, ou palans qui servent à aprocher ou à reculer une piéce de canon de son sabord. Les deux bouts de la drosse tiennent des deux côtés à deux boucles, en-sorte que la piéce de canon ne puisse reculer que jusqu'à demi-tillac.

DROSSE, Trosse, Trisse. *Byvoet.*

Ce mot se dit aussi d'un cordage qui serre le racage de la vergue d'artimon, ou des autres vergues, lors-qu'il s'y en trouve. Quelques-uns l'apellent Laniére.

DROSSE de vergue de sivadiére. Voiez, Trisse.

DUNES.

DUNES. *Duin, Duinen.*

Ce font des hauteurs ou montagnes de fable fur le bord de la mer, qui l'empêchent de s'épandre dans les terres. Ce font quelquefois de fimples hauteurs ou côteaux de fable, quelquefois des levées faites au bord de la mer, & quelquefois des rochers efcarpez. Ce mot eft venu de DUN, ou DUM, qui en ancien Gaulois vouloit dire, Lieu éminent, Mont, Forterefle.

DUNETTE. *Hut, Hutte.*

C'eft le plus haut étage de l'arriére d'un vaiffeau, où font logez ordinairement les Oficiers fubalternes, tels que le Maître & Pilote du navire. Dans les navires de guerre il y a toujours de nuit une fentinelle fur le plus haut de la dunette, pour répondre aux rondes & aux vifites qui font faites par les Oficiers & par le Major, d'heure en heure. Il n'y a point de dunette aux bâtimens dont la quille eft au-deffous de foixante & quinze piés : ce qui fe doit entendre des vaiffeaux de guerre ; car les vaiffeaux marchands en ont, quoi-qu'ils foient plus petits.

LE deffus de la Dunette proche du couronnement. *Kompanie.*

„Dans les grands navires la Dunette fe fépare en deux, & il y a quelque-
„fois encore une dunette au-deffus de la premiére.
„On fait fouvent devant la porte de la Dunette un couvert comme un petit
„appentis, foutenu par des piliers, & aux bouts du demi-pont des apuis
„& de baluftrades, plus hautes en quelques vaiffeaux, plus baffes en d'au-
„tres, fort bien ouvragées ; avec des Termes dans les uns, & fans ces or-
„nemens dans les autres.
„On met au-deffus des dunettes, auprès du couronnement, un banc pour
„s'affeoir, & au-deffous une cage pour des volailles & pour de pigeons.
„On fait de petites ouvertures quarrées dans le derriére de la dunette, pour
„donner du jour, & l'on y met des vitres. Quelques-uns les font rondes.
„On fait même quelquefois un petit caillebotis au-deffus.
„La Dunette d'un vaiffeau de cent-trente-quatre piés de long de l'étrave à
„l'étambord, doit avoir cinq piés de haut à fon bord en-devant,
„& fix piés & demi à l'arriére. Les barrots doivent avoir treize pouces de
„rondeur, quatre pouces de large, & trois pouces & demi d'épais ; & en-
„tre chaque barrot il doit y avoir trois barrotins de deux pouces de large &
„d'un pouce & demi d'épais. Les courbatons doivent avoir trois piés &
„demi de long : leurs branches d'enhaut doivent avoir deux piés trois pou-
„ces de long, cinq pouces de large, & quatre pouces d'épais. La porte
„doit avoir trois piés fix pouces de large ; les montans doivent avoir trois
„pouces & demi de large, & trois pouces d'épais. La piéce de bois qui fait
„l'arc ou l'anfe au-deffus de la porte, doit avoir treize pouce de haut, trois
„pouces & demi de large, & trois pouces d'épais. Les bordages qui cou-
„vrent la dunette doivent avoir un pouce & demi d'épais. Les fabords doi-
„vent avoir quatorze pouces & demi de large, & treize pouces & demi
„de haut.

DUNETTE fur la Dunette, Seconde Dunette. *Boven-hutte.* Voiez, Du-
„nette.
„Il faut que le couvert ou tillac de la feconde dunette defcende à l'arriére
„un peu plus bas que les liffes, pour l'agrément.
„La dunette de deffus eft quelquefois féparée en deux petites chambres, & c.
„c

„ce cas on fait la porte au milieu avec deux battans, au milieu defquels eſt
„la traverſe qui ſert auſſi de montant au bout de la cloiſon.
„Chacun de ces battans ouvre une entrée dans chaque chambre. Le lin-
„teau de la porte eſt élevé un peu au-deſſus du tillac, afin de faciliter da-
„vantage l'entrée.

OFICIERS Mariniers qui couchent dans la Dunette. *Huts-gaſten.*

EAU. *Waater.*
C'eſt un élément humide & froid, un des quatre corps élémentaires, d'u-
ne matiére liquide & tranſparante, & qui par la maſſe & la conſiſtence de
ſes parties ſe rend navigable.

L'Eau de fontaine paſſe pour la meilleure de toutes, pour ſa pureté, étant
coulée à-travers la terre, ou par un canal, ſi ce n'eſt que le canal ſoit de
plomb; car alors elle perd de ſa bonté, à-cauſe de la céruſe que le plomb
produit.

Quelques-uns eſtiment l'Eau de pluïe meilleure que les autres, parce-qu'elle eſt plus legére, & qu'elle ſe fait moins ſentir à la langue; mais quoi-
qu'elle ſoit plus ſaine, le Soleil atirant toujours en haut ce qui eſt le plus ſub-
til, elle contracte de mauvaiſes qualités des riviéres, des étangs, des marais,
& de la mer, d'où elle eſt tirée; outre qu'il s'y mêle des exhalaiſons putrides
des lieux infectez, & des corps morts qui s'élèvent de la terre en l'air, ce
qui fait qu'elle ſe corrompt plutôt qu'aucune autre, & cauſe preſque auſſi-
tôt la toux & le rhume. Il y en a qui préférent l'eau de la roſée de Mai à
toutes les autres eaux, à-cauſe qu'elle les ſurpaſſe en ſubtilité. Elle eſt
en éfet plus pénétrative, étant compoſée d'un ſel plus acre, & d'une liqueur
plus volatile. L'Eau de puits eſt la moindre, étant plus crüe, & ſouvent
plus peſante que celle de fontaine, à-moins qu'elle ne ſorte de vives ſources.
Celle de riviére eſt plus digérée que l'eau de pluïe, à-cauſe des raïons du
Soleil où elle eſt expoſée; mais pour s'en ſervir il faut la laiſſer raſſeoir
quelque tems, afin-que le limon qu'elle a contracté, ou par la diverſité
des eaux qui y afflüent de tous côtés, & qui la troublent, ou par les ordures qui tombent dedans, deſcendent peu-à-peu au fond du vaiſſeau, a-
près quoi elle devient plus claire, plus nette, & plus ſaine. Les eaux de
neige & de glace, dont la menüe ſubſtance eſt ſortie à-meſure que l'eau
s'eſt congelée, ſont à rejetter comme très-mauvaiſes & pernicieuſes, auſſi-bien que les eaux d'étang & de marais, qui étant dormantes, ou coulant
fort lentement, ſont impures & bourbeuſes.

Il eſt aiſé de juger que les meilleures de toutes ces ſortes d'Eaux, ne ſont
pas trop bonnes pour porter ſur la mer, qui étant elle-même une Eau, &
une eau qu'on peut dire incorruptible, à-cauſe de ſa ſalure, ne laiſſe pas,
par les vapeurs qu'elle envoie, de contribuer à la corruption de l'eau qu'on
tranſporte & qui ſe voiture ſur ſa ſurface; concourant ainſi avec la durée &
longueur de tems que les eaux douces demeurent ſur elle, à les gâter. Ainſi
l'on ne ſauroit trop prendre de précaution pour embarquer de bonnes
eaux, & pour les conſerver.

„C'eſt pourquoi il eſt bon de laiſſer repoſer l'eau, quand on le peut, avant-
„que de la mettre dans les fûtailles; leſquelles fûtailles doivent être garnies
„de cercles de fer: & s'il arive qu'elle travaille, il faut auſſi la laiſſer re-

V v

„poſer,

„poſer, parce-que ſouvent après cela elle reprend ſon premier goût.
„Lors-qu'elle ſe corrompt, & qu'elle a pris quelque mauvaiſe odeur, on
„peut la rétablir, en la battant & en la mettant à l'air; ou en y jettant
„de l'argille, ou de la terre-à-potier. Quelquefois l'eau crüe, qui eſt
„mauvaiſe, devient meilleure quand elle eſt boüillie. Quand elle eſt a-
„mére on y mêle un peu de farine, qui en deſcendant à fond lui commu-
„nique un goût plus doux.

EAU douce. *Soet-waater.*

EAU ſalée, *Sout-waater.*

EAU ſommache. *Brak-waater.*

EAUX dormantes. *Staande of ſtil-ſtaande waaters.*

EAUX courantes. *Stroomende of loopende waaters.*

EAU vive. *Springend' waater, Bron-waater.*

EAU HAUTE, ou Haute-eau. *Hoog vloedt, Hoog waater.*
C'eſt quand la marée eſt haute & pleine après ſon montant. Voiez, Haute.

L'EAU MONTE, La mer monte. *Het waater vloeid.*

EAU BASSE, qu Baſſe-eau, ou Le bas de l'Eau. *Laag waater.*
C'eſt quand la mer a refoulé, & qu'elle s'eſt retirée. A dix heures du matin il étoit haute-eau dans ce havre; nous y avions le haut de l'eau. Aujourdhui nous avons eu baſſe-eau une heure plus tard qu'hier.

LE VIF DE L'EAU. *Hoog waater, Peil, Spring-vloedt.* Voiez, Haute.

PENDANT le vif de l'Eau. *Als het waater op 't hoogſte was.*

MORTE EAU, ou Mort-d'eau. *Doodt-ſtroom, Doodt-waater.* Voiez, Morte.

EN MORTE EAU. *Op of By laag waater, Op 't laager waater.*

LE MONTANT de l'Eau. *Waſſend waater, Vloedt.*

L'EAU MONTE. *Het waater loopt, vloeidt, waſt.*

L'EAU BAISSE, ou deſcend. *Het waater valt.*

EAUX fermées, Eaux ouvertes. *Beſlootc waater, Toe-waater. Open waater.*
C'eſt quand elles ſont priſes par les glaces; ou quand il a dégelé, & qu'on
peut naviguer.

IL Y A DE L'EAU, Il n'y a pas d'Eau. *'t Waater is diep genoeg, of is niet
diep genoeg.*
C'eſt-à-dire qu'il ſe trouve aſſez de profondeur pour y mener un vaiſſeau,
ou qu'il n'y en a pas aſſez.

MEME EAU. *Gelijke diepte, Gelijk waater.*
C'eſt-à-dire, la même profondeur.

L'EAU EST changée. *'t Waater is verandert.*
C'eſt-à-dire qu'elle a changé de couleur, ſoit que cela vienne de ce qu'on
aproche des terres, ou d'une autre cauſe.

BASSE EAU; Maigre Eau. *Maager waater, Slegt waater.*
C'eſt un bas-fond où il y a peu d'eau.

L'EAU EST maigre en cet endroit. *Daar is maager waater, of ſlegt waater
in die ſtreek.*
Le commun des matelots dit ainſi, pour dire, qu'il n'y a pas grande profondeur.

FAIRE EAU. Vaiſſeau qui fait Eau. *Een ſchip dat lek is, dat lekt.*
C'eſt-à-dire que l'eau y entre par quelque ouverture ou débris. Nos
vaiſſeaux faiſoient tant d'eau de tous les côtés, que les pompes qui joüoient

inceſſamment ne la pouvoient épuiſer. Il y avoit une demie heure que notre frégate étoit incommodée & faiſoit eau, car les deux derniéres bordées
de l'ennemi l'avoient percée tant à ſtribord qu'à babord, quatre piés au-
deſſus de la quille, comme les Calfas le reconnurent en lardant la bonnette.

PARCE-QUE le vaiſſeau faiſoit Eau. *Mits lekkagie.*

METRE L'EAU haute à un vaiſſeau. *'t Schip met pompen boven houden, of
boven waater houden.*

FAIRE DE L'EAU, Faire aiguade. *Waater haulen, Sig van verſch waater
voorſien, Waater inneemen.*

C'eſt-à-dire, Faire ſa proviſion d'eau douce. Notre chaloupe alla à terre,
à l'iſle de la Guadeloupe, nommée par les Caraïbes, Caracucira, & fit de
l'eau à la Riviére-aux-herbes, qui eſt la meilleure de l'iſle.

PRENDRE tant de piés d'Eau. Navire qui prend, ou qui tire douze piés
d'eau, quinze piés d'eau. *Een ſchip dat twaalf voeten waater trekt, of diep
gaat.*

C'eſt-à-dire, qu'il lui faut douze piés, quinze piés d'eau, pour être à flot,
& en état de naviger. Notre vaiſſeau étoit plat de varangues, & ne prenoit que dix piés d'eau. C'eſt une commodité que d'avoir des vaiſſeaux
qui prennent peu d'eau.

RECEVOIR des coups à l'Eau, Etre percé de coups à l'Eau. *Schooten onder
waater krijgen, Onder waater geſchooten worden.*

C'eſt-à-dire que le vaiſſeau a reçu des coups, qu'il a été percé de coups par
les parties du bordage qui enfoncent en l'eau. Notre Amiral reçut deux
coups de canon à l'eau.

VAISSEAU percé de coups à la ligne d'Eau, ou de fort. *Een ſchip nevens het
waater geſchooten.*

A FLEUR D'EAU. *Tuſſchen windt en waater, Gelijks het waater, Waater-pas.*

VAISSEAU biffé à la ligne d'Eau, ou à fleur d'Eau, & criblé des vers. *Een
ſchip tuſſchen windt en waater bedorven, en van de wormen gegeeten.*

TIRER à fleur d'Eau. *Waater-pas ſchieten.*

PREMIE'RE EAU, Seconde Eau. *Eerſte vloedt, Tweede vloedt na den doodt
ſtroom.*

Cela ſe dit de la premiére & de la ſeconde fois que la mer commence à monter après le mort-d'eau, dans quelques riviéres comme dans la Charante.

EAU du vaiſſeau. *Sog, Waater, Vaar-waater, Selling.*

C'eſt la trace qui paroît en l'eau après-que le navire à paſſé. En cette
ocaſion le mot d'Eau eſt pris pour le Sillage, l'ouaiche, la ſeillure, ou le
chemin du vaiſſeau, ou pour l'eſpace qui eſt proche de ſa trace navale,
tant à ſtribord qu'à babord.

ETRE ſur l'Eau, ou ſur les Eaux, ou dans les Eaux d'un autre vaiſſeau.
In een anders ſchip ſog vaaren, Met een ander in ſijn waater zeilen.

C'eſt-à-dire qu'on le ſuit de près, qu'on fait ſa même route, & qu'on ſille
dans ſon même ſillage. La frégate étoit ſur l'eau de l'Amiral, c'eſt-à-dire,
faiſoit ſa route & en étoit proche. On dit auſſi, Marcher dans les eaux
d'un autre, Revirer dans ſes eaux.

NOTRE vaiſſeau étoit dans les Eaux de l'Amiral. *Ons ſchip voer, of zeilde in
het vaar-waater van den Admiraal.*

V v 2　　　　　　　　　MET-

METTRE UN Navire à l'Eau. *Een schip laaten afloopen.*

C'est le pousser à l'eau, ou le mettre en mer, quand on le lève de deſſu[s]
le chantier, ou qu'il vient d'avoir le radoub à terre. La quille de ce vaiſ[-]
ſeau s'eſt arquée en le mettant à l'eau. On évite cet inconvénient en bâ[-]
tiſſant dans une forme. Voiez, Lancer.

E B.

E'BAROUI. Vaiſſeau Ebaroui. *Een bekaait schip.*

C'eſt un vaiſſeau qui s'eſt deſſéché au Soleil, ou au vent, en-ſorte que l[e]
bordages ſe ſoient retirez, & que les coutures ſe ſoient ouvertes. Pour év[i-]
ter cet inconvénient il faut moüiller très-ſouvent le vaiſſeau, & jetter d[e]
l'eau de tous les côtés.

E'BAUCHER. *Het ruw, of rouw van 't hout afhakken.*

En termes de charpenterie, Ebaucher ſe dit d'une piéce de bois qui eſt tra[-]
cée ſuivant une cherche, lors-qu'on la dreſſe avec la ſcie, ou la coignée
avant-que de la laver ou unir avec l'herminette.

EBAUCHOIR. *Een groote Fermoer.*

C'eſt une ſorte de ciſeau dont les Charpentiers ſe ſervent pour ébaucher l[e]
mortaiſes. Il a un manche de bois avec des viroles par les deux bou[ts.]
Voiez, Ciſeau.

EBE, ou Juſſant. *Eb, Ebbe, Neer-gaande ty, Vallend waater, Het afloopen*
vallen van 't waater.

C'eſt le deſcendant ou reflux de la marée qui refoule, & s'en va. Atende[z]
à faire voiles qu'il ſoit morte-eau, ou qu'il n'y ait plus qu'un tiers d'ebe
afin de découvrir les bancs que le haut de l'eau vous cacheroit. Il ſe leva u[n]
vent de terre qui rendit l'ebe beaucoup plus-forte & plus rapide que le fl[ux]
ne l'avoit été. Le commencement de l'ebe s'apelle en Flamand, *De voo[r-]*
eb; & la fin, *De agter-eb,* ou, *Het laatſte van de eb.* Voiez, Juſſant.

UNE EBE. *Een Ebbe.*

C'eſt comme qui diroit que la mer a deſcendu une fois.

IL Y A EBE. *Het ebt, Het is voor-eb, De vloodt begint af te loopen, 't Waa[ter]*
begint te vallen.

C'eſt-à-dire qu'il y a reflux.

E'BRANLEMENT de toutes les parties d'un vaiſſeau par un coup de m[er.]
Het dreunen van een schip.

Le bruit que fit la miſéne emportée, & l'ébranlement général du vaiſſ[eau]
& de ſes mâts, nous alarma tous.

E C.

E'CARLINGUE. Voiez, Carlingue.

E'CART long. *Haak.*

C'eſt la jonction & aboutiſſement de deux piéces de bois, ſavoir de deu[x]
bordages, ou de deux préceintes entaillées.

E'CART ſimple ou quarré. *Enden vierkant tegen malkander aan.*

C'eſt quand les deux piéces de bois ne font ſeulement que ſe toucher qua[r-]
rément.

E'CART long. *Een Laſch.*

C'eſt un aſſemblage long dans une piéce de bois groſſe & épaiſſe comme d[ans]
une quille.

E'CART long dans une piéce de bois beaucoup plus large qu'épaiſſe.
Haak.

„ C'eſt comme dans un bordage , ou dans une préceinte. Il eſt bon de ne
„ faire dans un bordage que le moins d'écarts qu'on peut , & il faut toujours
„ tâcher d'avoir des planches aſſez longues, pour qu'elles couvrent au-moins
„ trois gabarits.   Ainſi l'on voit qu'en Flamand l'Ecart a deux noms ſelon
„ l'épaiſſeur des piéces où il ſe fait. La piéce du deſſus a auſſi ſon nom par-
„ ticulier , qui eſt *Inſteekende haak* , & celle qui joint par-deſſous s'apelle ,
„ *Onder-hangende haak.* C'eſt proprement le deſſus & le deſſous de l'écart.
„

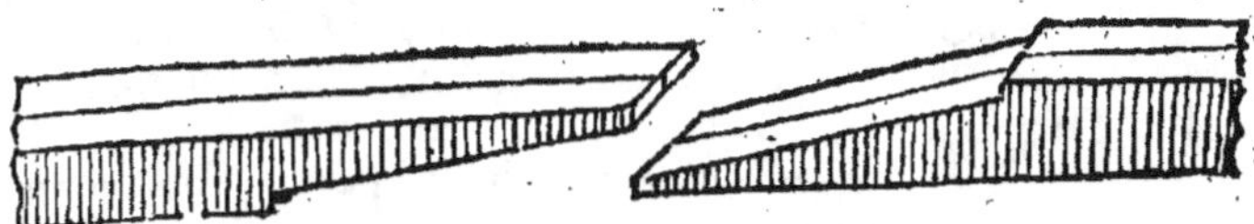

ECART long , double & endenté. *Een Burg-haak , Laſſchen met een haak in
malkander gevoegt.*

ECHAFAUT. *Schavot, Stellazie.*

C'eſt un lieu bâti de bois , qu'on fait en Terre-neuve , ſur le bord de la
mer, où l'on acomode la moruë pour ſécher.

ECHAFAUT, E'chafaudage. *Stelling, Stelling-hout, Stelladie, Stellagie.*

Ce mot ſe dit encore de l'aſſemblage de pluſieurs piéces de bois & de planches, que l'on ſuſpend avec des cordes ſur les côtés du vaiſſeau , pour y
charpenter, ou calfater.   On en fait auſſi avec des traverſins , des accores ,
& des planches. Voiez, Triangle.

ECHAPER. Voiez, Rames, & Voiles.

ECHANTILLON.   Des piéces de bois d'E'chantillon. *Even-dikke ſtukken
houts.*

C'eſt-à-dire, des piéces de bois qui ſont de même groſſeur.

ECHARPES, Aiguilles de l'éperon. *Uitleggers.*

C'eſt un terme de la Manche, qu'on voit dans une figure de vaiſſeau qui a
été gravée à Paris , il n'y a pas longtems.   Ce ſont les Aiguilles de l'éperon. Voiez, Aiguilles de l'éperon, & Fléche.

ECHARPE. *Een Blok ſonder ſchijf.*

C'eſt une piéce de bois , ou de fer, qui ſoutient la roüe d'une poulie & qui
porte le boulon , ou rouët.   On dit auſſi Chape , & quelquefois Moufle.
La poulie ſimple s'apelle Echarpe , mais quand il y a pluſieurs roües , on
l'apelle plutôt Moufle.

ECHARPER. *Het blok op het hout naaijen , Blok op naaijen.*

C'eſt un terme de charpenterie.   C'eſt faire pluſieurs tours avec un cordage autour d'un fardeau qu'on veut lever , afin d'y atacher une écharpe au
bout de laquelle eſt une poulie, où l'on paſſe le cable.

ECHARS. Vent échars. *Een variabel tegen-windt , Een ongeſtaadige windt en
tegen.*

C'eſt un vent peu favorable, & qui ſaute d'un rumb à l'autre.

ECHARSER. Le vent écharſe. *De windt is ſchraal , ſlap , ongeſtaadig , en
by-na tegen.*

C'eſt-à-dire qu'il eſt foible, inconſtant , & peu favorable.

V v 3   ECHEL-

E'CHELLE. *Een Schaal.*

C'eſt une ligne droite diviſée en parties égales, qui repréſentent des piés, des toiſes, ou telle autre meſure qu'on veut. On apelle Echelle de lieuës, cette même ligne droite, diviſée en un certain nombre de parties égales, qui repréſentent des lieuës, des milles, ou autres diſtances itinéraires, que l'on cherche ſur la carte.

E'CHELLE, ou Etape. *Staapel, Staapel-plaats.*

C'eſt un port où lieu de trafic. Le mot d'Echelle ne ſe dit que ſur la Méditerranée. Smirne & Aléxandrie ſont les deux plus fameuſes Echelles du Levant, & il y a peu de nations maritimes de la Chrétienté qui n'y établiſſent un Conſul, des Facteurs, un magaſin, & un bureau.

E'CHELLE, Degré. *Trap, Trappen.*

Ce terme ſe dit en général de tous les endroits par où l'on monte, & par où l'on deſcend dans un vaiſſeau.

„ Les degrès de l'Echelle qui eſt devant le château d'arriére, d'un vaiſſeau
„ de cent-trente-quatre piés, doivent avoir neuf pouces & demi de large,
„ & un pouce & demi d'épais : les montans doivent avoir cinq pouces &
„ demi de large, & deux pouces d'épais. Elle doit être de cinq degrès, ou
„ marches, entre chacune deſquelles il doit y avoir d'eſpace neuf pouces &
„ demi ; & il doit y en avoir deux piés deux pouces entre les montans. On
„ la poſe par le pié à dix-huit pouces du fronteau.

„ Les montans de l'échelle qui eſt devant le château d'avant, doivent avoir
„ cinq pouces de large, & deux pouces d'épais, avec neuf pouces d'eſpace
„ entre chaque marche, & deux piés entre les montans : on la poſe par le
„ pié à dix-neuf pouces du fronteau.

„ Les montans des deux échelles qui ſont devant la dunette doivent avoir
„ ſeize pouces de large & deux pouces d'épais ; & il doit y avoir dix-ſept
„ pouces d'eſpace de l'un à l'autre : il doit y en avoir dix entre les marches,
„ qui doivent être de huit pouces de large, & d'un pouce & demi d'épais.

„ On fait ſouvent des apuis & des baluſtrades aux échelles du château d'ar-
„ riére, & alors on les tient plus larges, ſur-tout dans les navires de guerre
„ des premiers rangs, & on les fait en limaſſe.

E'CHELLE. *Trap, De Trap op zee.*

Par ce mot ſeul on entend l'échelle par laquelle on monte dans le vaiſſeau.

E'CHELLES d'entre deux ponts. *Trappen tuſſchen deks.*

Ce ſont celles par où l'on monte & l'on deſcend d'un pont à un autre.

E'CHELLE de poupe. *Val-reep.*

C'eſt une échelle de corde qui eſt pendüe à l'arriére du vaiſſeau, pour la commodité des gens de la chaloupe, & afin de s'en ſervir par un gros tems, pour plus de facilité.

ON mit l'Echelle de poupe. *Wy lieten de val-reep agter uit hangen.*

AU FOND de cale des vaiſſeaux, on voit quelquefois une poutre debout, juſqu'au pont, qui a des entailles, & qui ſert d'Echelle avec une tire-vieille, qui eſt à côté. *In 't ruim van de ſchepen, ſiet men ſomtijdts een balk regt naar om hoog ſtaan, gehackt als een heugel: deeſe dient voor een trap, waar een touw by neder hangt.*

E'CHOME, Echeomes. *Dol, Dollen.*

C'eſt

C'est une cheville de bois, ou de fer, qui va en amenuifant par les deux bouts, & dont la longueur eft d'un pié, ou environ. On l'apelle auffi Tolet. Cette cheville fert à tenir dans un même endroit la rame du matelot qui nage.

ECHOUEMENT. *Het fitten van een fchip.*

ECHOUER. *Aan de grondt raaken, of fitten, Sitten, Vaft fitten, Op droog fitten, Verleken of beneepen zijn, Op hoog zijn.*

C'est toucher, ou donner de la quille contre un fond de mer, enforte-que faute d'eau le bâtiment ne peut être à flot. Le vaiffeau à qui nous donnions chaffe, alla s'échoüer fous le canon du fort Roïal de la Martinique. Comme notre Pilote n'avoit aucune connoiffance de la côte, il nous fit échoüer fur des bancs, qui étoient à une lieüe au large. Leurs vaiffeaux n'oférent plus tenir la mer à la vüe des nôtres, & prirent le parti d'aller échoüer à cinquante pas de leur forterefle, où ils atendirent que le flot de la nouvelle Lune les relevât. On dit Echoüer, par accident; Echoüer fon vaiffeau, pour le faire échoüer; & S'échoüer, exprès. S'aller échoüer en pleine côte. Nous échoüâmes nos canots, pour les nétoïer.

ECHOUER fur le rivage. *Stranden.*

TOUER pour faire échoüer. *Tegens de grondt haalen.*

ECLAIRCIE. *Een Blinck.*

C'est un endroit clair qui paroît au ciel dans un tems de brume.

ECLAT de bois. *Splinter.*

C'est un morceau de bois qui faute en l'air fous la hache, ou d'un coup de canon.

ECLUSE. *Een Sluis, Schut-fluis, Verlaat.*

C'est un ouvrage fait pour foutenir & pour élever les eaux. Il fe dit plus particuliérement d'une efpéce de canal qui eft enfermé entre deux portes. Ces fortes d'éclufes confervent l'eau dans les navigations artificielles, & rendent le paffage des bateaux facile, lors-qu'ils montent, auffi-bien que quand ils defcendent.

ECLUSE-à-tambour. *Een Verlaat-gaaten-fluis met een fchuif daar 't verlaat agter de flag fteil uitwaatert, Een Sluis met verladen, of rijoelen.*

C'est celle qui s'emplit & qui fe vuide par le moïen de deux canaux voutez, creüfez dans les joüilliéres des portes, dont l'entrée s'ouvre & fe ferme par une vanne à couliffe.

ECLUSE-à-vannes. *Een Sluis met fpring-deuren, of fchuif-deuren.*

Celle-ci s'emplit & fe vuide par des vannes à couliffe, qu'on pratique dans l'affemblage même des portes.

ECLUSE-à-éperon. *Een Sluis met twee regte ftaande deuren op haar fchuinfe aan-flagen.*

C'est celle dont les portes, qui ont deux ventaux, fe joignent en avant-bec du côté d'amont l'eau.

ECLUSE quarrée. *Een Sluis met een regte deur, of met regte deuren.*

Les portes de cette éclufe, n'ont qu'un feul ventail, & elles fe ferment quarrément.

ECLUSE à vis. *Een Schroef-fluis.*

C'est une forte d'éclufe affez commune en Hollande, dont l'eau fort par un trou, ou par deux, qui font pratiquez dans le terrein, ou dans le mur
qui

qui eſt à côté, où aux côtés de la porte de l'écluſe ; & dans le milieu de ce
trou, ou plutôt de ce petit chenal, il y a un trou rond qui deſcend du
haut du terrein dans le chenal qui eſt vouté : ce trou rond eſt fermé par
une vis au-lieu de vanne, & pour le faire ouvrir, afin-que l'eau ſorte, on
tourne la vis, de-même que pour le refermer.

E'CLUSES. *Sluiſen.*
On apelle E'cluſes, en Flandres, pluſieurs ais, gros, grands & forts, aſſemblez avec de fortes bandes de fer. Elles ſervent à retenir l'eau qui
inonderoit les terres qui ſont plus baſſes, ſi elle n'étoit ainſi arrêtée. On
lève ces écluſes quand il eſt beſoin de les noïer.

E'CLUSE. *Een bedijkt water-ſlootje.*
C'eſt une petite digue qui ſert à amaſſer l'eau d'un ruiſſeau, ou d'une
fontaine, pour la faire tomber en-ſuite ſur la roüe d'un moulin.

E'CLUSE'E. *Een uitſtorting van een ſchutting.*
Ce mot ſignifie l'eau qui eſt contenüe & qui coule dans une écluſe, depuis
qu'on l'ouvre juſqu'à-ce qu'on la referme.

E'CLUSE'E. *Een half vlot houts, of een klein vlot, na de breedte van een ſluis.*
C'eſt un demi-train de bois, propre à paſſer dans une écluſe.

E'COBANS, ou E'cubiers. Voïez, E'cubiers.

E'COLE. *Een School om de zee-vaart te leeren.*
C'eſt une Académie établie dans un département, pour aprendre aux jeunes Oficiers, & aux Gardes de marine ce qu'il faut qu'ils ſachent.

E'COLE. *Een ſchip toegemaakt om te leeren de oeffening van de zee-vaart.*
C'eſt un vaiſſeau que le Roi de France fait armer pour l'inſtruction des mêmes Gardes de marine.

E'COPE, E'ſcope. *Hoos-vat, Gieter.*
C'eſt une eſpéce de pelle un peu creüſe, qui a un rebord de chaque côté,
& avec laquelle on vuide l'eau qui entre dans les bateaux ſur les riviéres,
& dans les chaloupes. Voïez, Eſcoupe.

E'CORE. Côte en E'core. *Een ſteile kuſt.*
C'eſt une côte eſcarpée. On apelle côte en écore une côte qui eſt taillée
en précipice, & à plomb. Au Nord de cette rade la côte eſt en écore,
ce qui la rend nette & ſaine, car il y a preſque toujours bon fond au pié des
côtes qui ſont en écore. C'eſt auſſi le bord, l'aproche, ou l'extrémité
d'un banc, ou d'une baſſe. Il n'y a point d'écores plus célébres que celles
du banc de Terre-neuve. Au Sud de l'iſle, on voit de petites écores, ou
pilons, & la baſſe qui eſt à demie lieüe, eſt taillée en écore par la bande
du Sud.

E'CORES. *Schooren.*
Ce ſont auſſi les étaies qui ſoutiennent un navire, tandis-qu'on le conſtruit
ou qu'on le refait. Voïez, Accores.

E'COTARD, ou Porte-hauban. Voïez, Porte-haubans.

E'COUETS, E'coits. Voïez, Coüets.

E'COUTES. *Schooten.*
Ce ſont des cordages qui font deux branches, & qui ſont amarrez aux coins
des voiles par-embas, pour les tenir dans une ſituation qui leur faſſe recevoir le vent. Il y a des écoutes à queüe de rat, c'eſt-à-dire, qui ont le
bout plus menu & moins garni de cordons que le reſte du cordage. Voïez,
Coüets.

GRANDES E'coutes. *Groote Schooten, Schooten van 't fchooverzeil.*
Ce font celles qui fervent à border la grande voile.

„Les grandes Ecoutes font frapées au-deſſous des bouts de la grande ver-
„gue, où elles paſſent d'abord par leurs poulies fimples, puis elles vont
„paſſer dans les poulies de retour. On les amarre à des cabillots, ou à
„des taquets. Elles fervent, comme toutes les autres écoutes, à border
„la voile, & à la larguer.

E'COUTES de miféne. *Fokke-fchooten.*
Ce font celles qui fervent à border la voile de miféne.

E'COUTE d'artimon. *Befaans-fchoot.*
C'eſt celle qui borde la voile d'artimon à la poupe du vaiſſeau. Il n'y a
qu'une écoute à cette voile qui ferve à la fois, Elle fe rend au bout de l'arriére du vaiſſeau, & fe borde à une poulie qui y eſt fur le haut.

E'COUTES de grand hunier. *Groote Mars-zeils-fchooten.*
Ce font celles qui fervent à border le grand hunier.

E'COUTES de hunier d'avant. *Voor-mars-zeils-fchooten.*
Ce font celles qui fervent à border le hunier d'avant.

E'COUTES de fivadiére. *Blinde-fchooten.*
Ce font celles qui fervent à border la voile de mât de beaupré. Les écoutes de fivadiére font l'ofice des boulines & des coüets, cette voile n'en
aïant point. Elles viennent fe rendre à deux ou trois piés des écoutes de
miféne, au-lieu que toutes les autres manœuvres du beaupré répondent
au château d'avant.

E'COUTES de grand perroquet. *Groote Bram-zeils-fchooten.*
Ce font celles qui fervent à border & acoſter la voile de grand perroquet.

E'COUTES de perroquet d'avant. *Voor-bram-zeils-fchooten.*
Ce font celles qui fervent à border la voile de perroquet d'avant.

E'COUTES de perroquet de fougue, ou d'artimon. *Kruis-zeils-fchooten.*
Ce font celles qui fervent à border la voile nommée perroquet de fougue.

E'COUTES de perroquet de beaupré. *Boven-blinde-fchooten.*
Ce font celles qui fervent à border la voile de perroquet de beaupré. M.
Defroches a fait un article des E'coutes des perroquets, c'eſt pourquoi on
en a auſſi fait mention en ce lieu, quoi-que M. Daſſé n'en parle point,
& qu'on life dans les meilleurs Auteurs Flamands, que les balancines des
mâts de hune fervent d'écoutes aux perroquets.

E'COUTES des bonnettes en Etui. *Ly-zeils-fchooten.*
C'eſt ce qu'on apelle Fauſſes-écoutes. Elles font tenuës par les arc-boutans.

E'COUTE de voile d'étai. *Stag-zeils-fchoot.*

HALER fur les E'coutes. *Schooten haalen.*
C'eſt bander les écoutes.

ALLER ENTRE deux E'coutes. *Met een gevloogen fchoot vaaren, Met een
gefprongen fchoot vaaren, Tuſſchen twee halfen vaaren, Met open halfen zeilen.*
C'eſt aller vent en poupe.

AVOIR LES E'coutes largues. *Met loſſe fchooten loopen.*
C'eſt lors-que les écoutes ne font point halées, & que le vent eſt favorable,
quoi-qu'on ne l'ait pas en poupe.

LARGUER, ou Filer l'E'coute. *De fchoot vieren.*

X x

LAR-

LARGUER l'E'coute en douceur. *Schoot ruimen.*

FILER toute l'E'coute. *De fchooten laaten vliegen, of loopen.*
„ Cette manœuvre fe fait de gros tems, & lors-qu'il furvient des grains,
„ & qu'on craint que les voiles ne foient emportées. On la fait auffi lors-
„ que le vaiffeau cargue extraordinairement, & que l'eau couvre la bafe des
„ fabords.

NAVIGUER l'E'coute à la main, *Op de fchooten paffen.*
C'eft lors-qu'étant, par un gros tems, dans une chaloupe, on eft contraint de
tenir l'écoute, pour la larguer felon qu'il en eft befoin.

BORDER les E'coutes. *De fchooten aanhaalen.*
C'eft les étendre & les tirer.

BORDER plat les E'coutes. *De fchooten toefetten.*
C'eft les haler & les border autant qu'elles le peuvent être.

LES FAUSSES-E'COUTES. *De ly-zeils-fchooten.*
Ce font les écoutes des bonnettes en étui.

E'COUTE de revers. *Ly-fchoot.* Voiez, Revers.

FILE de l'écoute de revers. *Los de ly-fchoot.*

E'COUTILLE. *Luik, Luik-gaaten.*
C'eft une ouverture quarrée dans le tillac, & faite comme une trape, pour
defcendre fous le pont, qui eft bordée par les hiloires. Il y a ordinairement
quatre E'coutilles. La grande E'coutille. *Het groot luik;* celle de la foffe
aux cables, *Het luikje daar men iets in weg legt;* celle des vivres, *Het luikje
agter de groote maft;* & celle des foutes, *Het luikje van de broodt-kaamer.* La
premiére eft entre le mât de miféne & le grand mât: la feconde, entre le mât
de miféne & la proüe; la troifiéme, qui eft l'écoutille des vivres, ou du
Maître-valet, eft entre le grand mât & l'artimon; & la derniére, ou l'écoutille des foutes, entre l'artimon & la poupe. Mettez les panneaux fur les écoutilles, & le prelart fur les panneaux; ou-bien on dit, Fermez les écoutilles
„ Il y a encore d'autres E'coutilles dans les grands vaiffeaux, comme l'é-
„ coutille de la pompe, *Het luikje agter de broodt-kaamer;* la petite écoutille
„ devant le mât, *Het luikje voor de maft,* les écoutilles fur les piliers de
„ bitte, *Luikjens boven de fpeenen.* Enfin le Maître Charpentier en ufe à
„ l'égard de toutes ces petites écoutilles, ainfi qu'il le juge à propos.
„ En général les hiloires des E'coutilles doivent avoir un tiers de l'épaiffeur
„ de l'étrave. La tringle ou bordure qui eft en-dedans, doit avoir de lar-
„ geur & d'épaiffeur une cinquiême partie de celle des hiloires: la feüillure
„ doit être d'une huitiême partie: les vaffoles doivent avoir de largeur &
„ d'épaiffeur un quart de celle des hiloires, & le traverfin un tiers.
„ Selon le fentiment de quelques Charpentiers, la grande E'coutille d'un
„ vaiffeau de cent-trente-quatre piés de long, doit avoir fept piés de long
„ & autant de large: la feuillure doit être d'un pouce: la bordure du de-
„ dans doit avoir deux pouces de large, & autant d'épais: le traverfin
„ doit avoir de large quatre pouces trois quarts.
„ L'E'coutille devant le mât en doit être à la diftance de deux piés cinq
„ pouces, & doit avoir deux piés quatre pouces en quarré. L'écoutille
„ derriére les bittes en doit être à la diftance de trois piés, & avoir trois
„ piés en quarré: la bordure du dedans doit avoir deux pouces de large &
„ un pouce d'épais; les vaffoles, trois pouces de large, & trois pouces
„ dem

,,demi d'épais ; la feüillure un pouce de large ; la bordure autour du trou,
,,fur le pont, huit pouces de large, & deux pouces & demi d'épais, & un
,,pouce & demi à l'extrémité en-dedans & en-dehors, & il y a à chaque
,,côté un planche coupée en talus, ou chamfrein. Les petites Ecoutilles
,,qui font fur les piliers de bitte, doivent avoir deux piés en quarré. Voici
,,la figure de la grande Ecoutille.

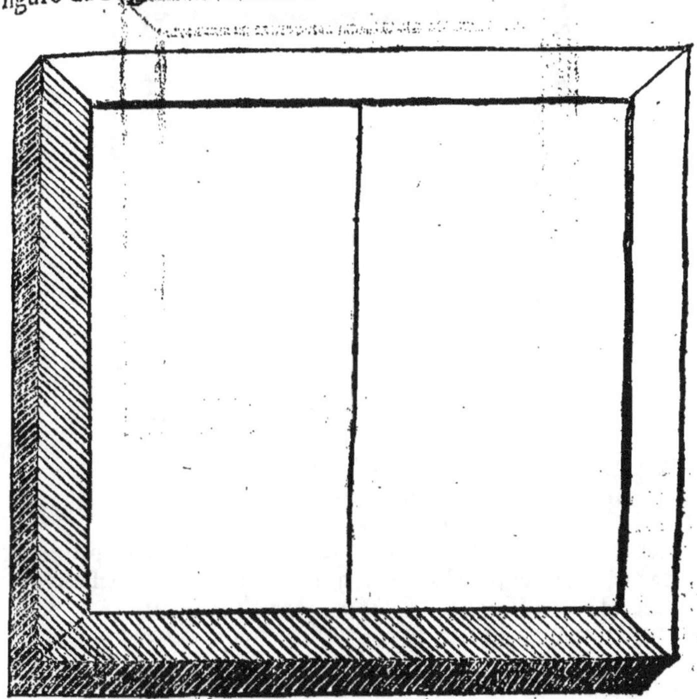

ECOUTILLE à huit pans, E'coutille du mât. *Speel-luik, Luikje om de maft.*
C'eft un affemblage de plufieurs petites piéces de bois plates, qui ont la
figure d'un octogone.   On couvre cette écoutille d'une braie, & elle fert
à couvrir l'étambrai de chaque mât fur le pont.

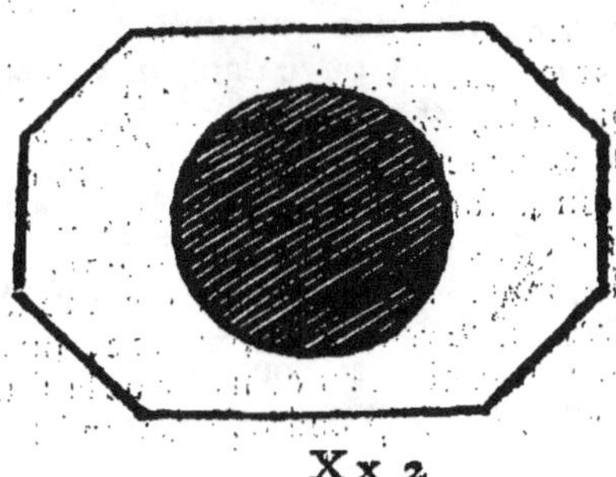

E'COUTILLE qui s'emboîte. *Stulp-luik.*

C'eft quand au-lieu de feüillure dans laquelle l'écoutille tombe, il y a une bordure autour du trou, & une autre autour de l'écoutille, dans laquelle entre celle qui eft autour du trou.

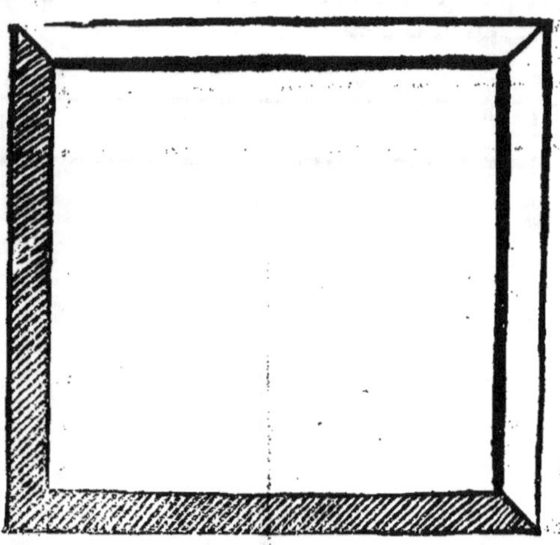

FERMER LES E'coutilles. *De luiken toedoen.*

C'eft fermer le fond de cale d'un vaiſſeau.

E'COUTILLONS. *Looſe luiken midden in de groote.*

Ce ſont des diminutifs d'écoutilles, que l'on fait dans les panneaux, c'eſt à-dire, dans les trapes, ou portes, qui ferment les écoutilles.

E'COUVILLON, Eſſuïeux: *Wiſſcher, Brandt-ſwabber.*

C'eſt un inſtrument propre à nétoïer un canon. On le fait proportioné à la longueur de la piéce, & il ſert à la rafraîchir, lors-qu'elle a tiré. Cet inſtrument eſt compoſé d'une hampe & de deux boîtes de bois, avec un morceau de peau de mouton & de la laine autour de l'une des boîtes, pour nétoïer le dedans des canons.

E'COUVILLON de corde. *Touw-wiſſcher.*

E'COUVILLONNER. *Wiſſchen, Afwiſſchen.*

C'eſt ſe ſervir de l'écouvillon, pour nétoïer une piéce d'artillerie.

E'CRITURES. *Alle de brieven, Dag-regiſters enſ. die in een ſchip zijn.*

Ce ſont tous les papiers journaux, régîtres, paſſeports, connoiſſemens lettres, & enfin tout ce qui ſe trouve dans un vaiſſeau.

E'CRIVAIN du Roi. *Schrijver op een Koninklijk ſchip.*

C'eſt un Oficier que commet le Roi de France, non-ſeulement pour écrire les conſommations qui ſe font dans un vaiſſeau, mais encore pour tenir régître de tout ce qui y entre, & de ce qui en ſort. Il ſert dans les magaſins, ainſi que ſur les vaiſſeaux, & tenant compte de ce qui reſte dans les uns ou dans les autres, il le rend à l'Intendant, ou au Commiſſaire Géneral. Dans un combat il ſe tient au courroir de la ſoute aux poudres, pour y écrire les conſommations, & prendre garde que les gargouſſes ſoient diſtribuées

tribuées éxactement & avec ordre. Enfin ses fonctions sont si étendües qu'il seroit trop long de les raporter ici. On les peut voir au Titre 11. du Livre premier de l'Ordonnance de 1689.

„La fonction de l'Ecrivain d'un navire de guerre, est de tenir régître du
„nombre des gens de l'équipage & de leurs qualités; de ceux qui meurent
„dans le voiage, ou dans l'expédition; du tems de leur mort, & de ce qui
„provient de la vente de leurs hardes, qui se fait au pié du grand-mât.
„Il tient aussi régître de tous les apparaux du navire; de ce qui y entre,
„& de ce qui en sort; des vivres; des noms des matelots, & du lieu de
„leur naissance. Il écrit les ordres du Capitaine, & en fait des afiches au
„pié du grand mât: il tient note de tout ce qui se passe, & qui peut con-
„cerner le service de l'Etat: il tient un rolle des gens de l'équipage tou-
„jours prêt, & leur fait lecture tous les mois de l'Ordonnance des Etats
„intitulée *Artijkel-brief.* Il tient régître de ceux qui obtiennent leur con-
„gé, & de ceux qu'on enrolle de nouveau. Il ne doit prendre de présens
„de personne, sous quelque prétexte que ce soit. Il écrit tout ce qui se
„fait, même jusqu'au nombre des coups qui se tirent. Depuis que le vais-
„seau, soit de guerre, soit marchand, est au-delà du golfe de Gascogne,
„& qu'il avance vers l'Oüest, il ne doit laisser passer aucune des ocasions
„qui se présentent d'écrire à ses Seigneurs, ou Maîtres, de qui il reçoit la paie,
„& de les informer de l'état du vaisseau & de l'équipage, ne paiant jamais
„aux matelots plus du quart de leurs gages sur la route. De toutes les-
„quelles choses il est obligé de présenter, à son retour, le régître au Con-
„seil de marine; sur lequel régître il met la figure d'un gibet à côté du
„nom de chacun de ceux qui ont deserté pendant l'expédition.

ECRIVAIN Principal. *Opper-schrijver.*

C'est un Oficier qui tient le milieu entre le Commissaire & l'Ecrivain du Roi. Mrs. Ozanan & Desroches aïant marqué cette qualité, on n'a pas voulu l'omettre ici: cependant on ne la trouve pas dans les derniéres Or-donnances; on n'y voit point de milieu: on trouve seulement, que l'Ecri-vain du Roi rendra compte au Commandant & à l'Intendant; & en l'absen-ce de ce dernier au Commissaire embarqué.

ECRIVAINS emploiez aux constructions. *Schrijvers aan timmer-werven.*

Ils ont inspection sur la construction d'un vaisseau, tenant un rolle des ou-vriers qui y sont emploiez, & ils y marquent la paie. Ils les apellent & en font la revüe toutes les fois qu'ils entrent au travail. Ils reçoivent du Gar-de-magasin les chevilles, cloux, & ferrailles servant à la construction, & les distribüent en-sorte qu'ils en puissent rendre compte. Ils font écrire dans les magasins les piéces de bois que les Charpentiers font prendre dans le parc aux bois, & marquent sur le régître, tous les bois & autres ma-tiéres qui entrent dans la construction d'un vaisseau; & ils en donnent à la fin de chaque mois un état & détail à l'Intendant, aussi-bien que du nom-bre & montant des journées des ouvriers.

ECRIVAIN emploié aux radoubs. *Schrijver op een timmer-werf tot 't her-stellen der scheepen.*

Il a le même soin, & fait les mêmes choses qui sont prescrites à celui qui est emploié aux constructions.

ECRIVAIN de la corderie. *Schrijver aan de lijn-baan, of van de lijn-baan.*

Il affiste à la reception des chanvres, dit fon fentiment fur leur qualité, &
eſt préfent lors-que le Garde-magafin les délivre au Maître Cordier; & il
en tient un régître, auffi-bien que de la qualité, quantité & poids des cables qui en proviennent, des étoupillons & des déchets. Il fait pefer tous
les Samedis au foir, en-préfence du Commiffaire & du Controlleur, le fil
qui a été fait pendant la femaine, & enrégîtrer le poids. Il a infpection
fur les ouvriers & journaliers, & obferve la même chofe pour la tenuë des
rolles, que les Ecrivains des conftructions & des radoubs.

E'CRIVAIN du Roi établi dans l'hopital. *De Schrijver van 't zee-mans-ga-*
huis, of Hopitaal.

Il ne permet de recevoir dans l'Hopital que les malades & bleffez qui ont
ordre du Commiffaire qui en a la direction. Il écrit leurs noms, & le lieu
de leur naiffance, leurs fonctions, maladies, bleffures; le jour qu'ils font
entrez, & celui qu'ils fortent, foit par mort, ou autrement. Il fait inventaire de leurs hardes, les enferme &c. Il fait arrêter tous les jours,
par le Commiffaire de l'Hopital, fur fon régître la quantité, de rations qui
ont été fournies &c. Il tient un rolle des gens de fervice, & un inventaire
des meubles, linges, & utenfiles de l'Hopital.

E'CRIVAINS & Commis des claffes des màtelots. *Schrijvers en Commiffen*
van de verdeelinge der matroofen aangenomen om den Koning, alle jaaren, by beur-
ten, te moeten dienen.

Ils lifent & font éxécuter les Ordonnances. Ils tiennent des rolles des Of-
ciers mariniers & matelots, & des lieux où ils font établis. Ils arrêtent &
vifitent les rolles de équipages, & vifitent les bâtimens marchands, François & étrangers, & en tiennent des états. Ils reçoivent les ordres du Commiffaire prépofé au lieu où ils font établis, & lui rendent compte de tout
ce qui fe paffe au fujet de l'enrollement des matelots.

E'CRIVAIN d'un vaiffeau marchand. *Schrijver op een koopvaardy-fchip.*

Cet Ecrivain eft tenu d'avoir un régître, ou journal, cotté & parafé en chaque
page, par le Lieutenant de l'Amirauté, ou par deux des principaux propriétaires du navire.

Il écrit dans ce régître les agrès & apparaux, armes, munitions & victuailles du vaiffeau; les marchandifes qui font chargées & déchargées; le nom
des paffagers, le fret ou nolis par eux deu; le rolle des gens de l'équipage
avec leurs gages & loïers; les noms de ceux qui décédent dans le voiage,
le jour de leur decès, &, s'il eft poffible, ▮▮▮▮ té de leur maladie, & le
genre de leur mort; les achats qui fe font pour le navire depuis le départ,
& tout ce qui concerne la dépence du voiage.

Il écrit auffi les délibérations qui font prifes, & le nom de ceux qui ont
opiné, les faifant figner s'ils le peuvent. Il veille à la diftribution & confervation des vivres, & en fait rendre compte au Dépencier de huitaine en
huitaine. Il reçoit les teftamens de ceux qui meurent fur le vaiffeau, &
fait l'inventaire de ce qu'ils y laiffent de biens & de hardes; defquels tef-
taments, informations & inventaires, il remet les minutes au Grefe de
l'Amirauté, vingt-quatre heures après le voiage fini. Son régître fait foi
en Juftice. Il ne peut quitter le vaiffeau que le voiage entrepris ne foit
achevé, à peine de perte de fes gages & d'amende arbitraire. Il fert de
Grefier aux procès criminels.

ECUBIER, E'cubiers. *Kluis, Kluisen, Kluis-gaaten, Bois-touws-gaaten.*
Ce sont des trous ronds qu'on fait aux deux côtés de l'avant du vaisseau,
à stribord & à babord de l'étrave, pour passer les cables, quand on veut
moüiller. A Marseille on les apelle, Oeüils.

„Ordinairement il y a deux E'cubiers, un à chaque côté de l'étrave, &
„quelquefois il y en a quatre, deux à chaque côté. Plus ils sont proches
„de l'étrave, moins le vaisseau se tourmente.

„Les E'cubiers d'un vaisseau de cent-trente-quatre piés de long, doivent
„être proportionez de cette maniére. Le premier doit avoir douze pou-
„ces de diamétre; le second, dix pouces, & le troisiême neuf pouces: ou
„bien les plus grands doivent avoir un pié de diamétre, & les autres dix
„pouces.

„Dans les navires de guerre qui ont deux ponts, les écubiers sont percez
„au-dessus du premier ou plus bas pont; & autrefois on les y perçoit aus-
„si dans les vaisseaux marchands. Mais aujourdhui, dans ces derniers, &
„dans ceux de la Compagnie des Indes Orientales, on les perce au second
„pont, à-cause de la grande charge qu'on leur donne, qui les fait presque
„enfoncer jusques à l'endroit ou l'on plaçoit les écubiers ci-devant.

„La raison qui a donné lieu à ce changement dans les vaisseaux de la Com-
„pagnie des Indes, mérite bien de trouver place ici. Pendant-que les Ca-
„pres Anglois infestoient la mer d'Allemagne, il y eut des Particuliers,
„qui, avec la permission des Etats Généraux, équipérent des vaisseaux en
„course, pour aller croiser sur ces Armateurs. Depuis, les afaires aïant
„changé de face, & les Capres s'étant retirez, il y eut un de ces vaisseaux
„qui fut vendu aux Directeurs de la Compagnie, qui lui donnérent la
„charge ordinaire des vaisseaux des Indes, pour l'y envoier.

„Ce vaisseau étant dans la Manche, eut un vent si contraire, & la mer fut
„si grosse, que les écubiers, qui n'avoient pas encore leurs tampons, &
„dont les cables n'étoient pas ôtez, ni les ancres mises en place, à-cause
„de la proximité des côtes, se trouvoient incessamment dans l'eau, si-bien
„qu'il en entroit beaucoup dans le navire. A la vérité la gatte en ren-
„voioit la plus grande partie; mais il y en entroit, sans cesse, une si grande
„quantité, qu'y en aïant toujours, il en couloit quelque partie entre les
„membres, ou côtes, qui sont aux écubiers, avec lesquels le bordage, ni le
„serrage, n'étoient pas assez joints pour empêcher que l'eau ne passât.

„Le Contre-maître étant descendu dans la fosse aux cables, & voïant les
„guerlandes toutes moüillées, & beaucoup d'eau au bas, quoi-qu'il les
„trouvât bien jointes ensemble, s'écria que le vaisseau faisoit eau, & que
„l'étrave se séparoit. On fit par-tout une visite éxacte; mais comme on
„ne put rien découvrir, le Conseil du vaisseau s'assembla, & l'on fut d'a-
„vis de retourner en Hollande, y aïant trop de péril à faire un voiage de
„long cours sur un tel vaisseau.

„Au retour, on fit de nouvelles visites; on leva les tambours d'éperon;
„on examina les deux joües, & le jarlot de l'étrave, & n'y aïant rien trouvé
„de défectueux on visita les écubiers, & l'on reconnut enfin la cause de
„cet accident. Alors, par l'avis des Charpentiers, on plaça les écubiers au
„second pont, quelque difficulté qu'il parût y avoir. En éfet il fallut fai-
„re de grands changemens à l'avant & à l'éperon; mais enfin la chose
                                                „réüssit,

„réüssit, & le navire aïant depuis commodément & heureusement fait le
„voiage des Indes, on a toujours continué à construire les vaisseaux de la
„Compagnie de cette même maniére.

E'CUBIERS. *Kluis-houten, Boeg-stukken.*
Ce sont les piéces de bois où le trou est percé. Ces piéces sont de grosses
planches, fort épaisses, cousües dans le bordage, qui se joignent à l'étrave.
Il y a des bordures autour des trous, qu'on nomme en Flamand *Bandt,*
Krans, ou *Dop,* pour renforcer les piéces, & empêcher qu'elles ne se gâ-
tent. Cet article détruit celui qui a été mis ci-devant au mot, *Allonge de*
cubier, qui a été emploié sur un mauvais mémoire, puis-que les piéces, où
sont percez les trous des écubiers ne sont point des Allonges, & que le mot
d'Ecubier se prend & pour le trou, & pour la piéce où ils sont percez.
Ainsi il ne faut point y avoir égard.
E'CUEIL. *Klip, Rots.*
C'est une roche, ou une sorte de terrein dangereux, où l'on peut faire nau-
frage.
E'CUELLE de cabestan. *Metaal-bos.*
C'est une certaine plaque de fer sur laquelle tourne le pivot du cabestan.
Quelques-uns l'apellent Noix.
E'CUMER. La mer E'cume. *De zee schuimt.*
C'est quand elle s'agite, & qu'elle élève comme une écume blanche.
E'CUMER la mer, Pirater. *Opschuimen, Zee-rooven, Zee-schuimen, Stroopen*
op zee.
C'est voler sur les mers.
E'CUMEURS de mer. Voiez, Pirates.
E'CUSSON, E'cu d'armes. *Schildt, Schildt-waapen.*
C'est un ornement qu'on voit souvent aux vaisseaux, en divers endroits,
comme au fronteau du château d'arriére, *Schildt op, of, aan het stuur-plegt,*
& au fronteau du château d'avant en-dedans, *Schildt op 't henne-schot;* sur
tout au fronteau de l'avant sur le coltie, *Schildt op 't voor-plegt,* où les
grands vaisseaux en ont deux. On met divers ornemens à ces écus-
sons, & le plus souvent celui du fronteau du corps de garde, ou château d'arriére, est chargé des armes du propriétaire du vaisseau, ou de
la ville, ou de la province de laquelle on a donné le nom au navire:
car la figure qui représente la chose marquée par le nom, se met au miroir. Les Hollandois y mettent ordinairement des noms de villes, ou
de Provinces, ou d'autres places. La Compagnie des Indes, de ce même
Etat

Etat, dont chaque Directeur, à son tour, donne le nom aux vaisseaux nouvellement construits, observant de ne donner les noms des grosses villes & des provinces, qu'à des navires de cent-trente piés de long, de l'étrave à l'étambord, ou au-dessus; mais au-dessous on leur donne les noms des autres moindres places. Les Espagnols donnent des noms de Saints ; & les François donnent maintenant des noms de certaines qualités qu'ils supposent que les vaisseaux auront.; par éxemple, le Froudroïant, l'Invincible &c. Voiez, Miroir.

E F.

EFFLOTE'. *Afgescheiden, Van andere scheepen afgeraakt.*
C'est un terme dont quelques navigateurs se servent pour dire écarté d'une flote, ou d'un autre vaisseau avec qui l'on alloit de compagnie. La prise se trouva efflotée du navire de guerre qui l'avoit prise.
NOUS eûmes un grain qui nous Efflota les uns des autres. *Wy kreegen een bui, die ons van malkanderen heeft verspreidt.*

E G.

E'GOHINE. *Stoot-saag.*
C'est une sorte de scie-à-main, avec une poignée droite.
E'GOUTOIR. *Rooster in de teer-baalie, Rooster tot geteerde touwen.*
C'est un treillis dont on se sert pour mettre égouter le cordage qui a été goudronné.
E'GUILLES de Tré, d'éperon &c. Voiez, Aiguilles.
E'GUILLETER les canons. *Het geschut overal wel vast maaken, met vaste taalies sorren.*
C'est les amarrer extraordinairement dans le gros tems, ou les amarrer pour un long tems.
E'GUILLETTES. *Spieren, Stutten.*
C'est le nom qu'on donne à des mâts, lors-qu'on les veut faire servir à la carène du vaisseau, pour soutenir & renforcer les mâts du même vaisseau. Ce sont aussi les mâts qui renforcent celui d'une machine à mâter.
E'GUILLETTES. *Stropjes, Ree-banden, Bindtsels.*
C'est le nom que l'on donne à de menües cordes qui servent à divers usages.

<table><tr><td>Y y</td><td>E'GU-</td></tr></table>

354

E'GUILLETTES. *Stuinders, Steunders.*

,,Ce font des piéces qu'on met fur le ferrage, comme les allonges fon
,,deffous, pour renforcer les gros navires, qui portent beaucoup de canon
,,On en met rarement dans les vaifleaux au-deffous de cent-trente piés de
,,long de l'étrave à l'étambord. Elles font une nouvelle liaifon entre le
,,bas & le haut du bâtiment, & fortifient les endroits que la quantité de
,,fabords afoiblit, étant pofées pour cet éfet entre chaque fabord. Au
,,ferre-goutiéres, où elles ont le plus d'épaifleur, on leur en peut donner
,,les deux tiers de celle de l'étrave, avec les fept huitiêmes parties de fa lar
,,geur; c'eft-à-dire, à prendre du dedans du vaifleau au bordage, & leur
,,épaifleur fur le bordage. Sur le faux-pont, il faut que les courbes & les
,,éguillettes, foient à-peu-près de même groffeur, afin-que la vaigre qui
,,eft au-deffus du pont puiffe avoir fes façons. Les plus grands navires
,,qui ont deux bandes de fabords, ont befoin d'avoir doubles E'guillettes
,,à l'arriére, & encore plus fous le château d'avant, à-caufe des ancres
,,qu'on y retire, & qui caufent beaucoup d'ébranlement. Celles-ci doi
,,vent defcendre d'un bout jufques au bas-pont, & monter de l'autre bout
,,jufqu'au demi-pont à l'arriére, & jufqu'au tillac du château d'avant.

E'GUIL

EGUILLETTES à éguilletter les canons. *Schut-taalien, Staart-taalien aan de knoop.*

EGUILLETTES de voiles. *Ree-banden.*

Ce sont des bosses qui servent à tenir la tête des grandes voiles dans les râteaux.

EGUILLETTES de ponton. *Dwars-houten op een onderlegger.*

Ce sont des piéces de bois qui sont posées sur le haut des côtés d'un ponton, où l'on amarre les atrapes.

EGUILLETTES de bonnettes. *Lijst-lijnen.*

Ce sont les menuës cordes qui servent à lasser les bonnettes aux voiles. Voiez, Lignes.

E H.

EHEM, Canot des Négres. Voiez, Canot.

E L.

ELANCEMENT, ou Quête. *Het vallen, uitschieten, of overschieten van de stevens.*

C'est la longueur d'un vaisseau qui excéde celle de la quille. Voiez, Quête.

ELARGIR. Un vaisseau s'Elargit. *Een schip dat jaagt, of gejaagt wordt.*

C'est-à-dire, qu'il prend ou donne la chasse.

ELEVATION du pole. *De Hoogte van 't aspunt.* Voiez, Hauteur.

ELEVATION. Terme d'artillerie. *Verhooging, Elevation.*

La plus grande élévation qu'on doit donner, pour faire tirer un canon, est de quarante-cinq degrès. Plus le canon a d'élévation sur l'horizon, plus ses coups sont foibles; moins il a d'élévation, ou plus il est abaissé, & plus il agit avec force.

ELEVER. Un vaisseau qui s'Eléve. *Uitraaken, Zee-winnen, Hoe langer hoe meer t'zee geraaken.*

C'est-à-dire qu'il court au large; & qu'il s'éloigne de la côte, ou d'un moüillage pour tirer à là mer, courir au large, & tenir le vent. Il nous fut impossible de nous élever, parce-que le vent & la marée étoient contraires. Nous portâmes au Sud-est pour nous élever au vent. Nous eûmes un Nord qui nous éleva à une certaine hauteur, où les vents d'Oüest regnoient. Le courant est si rapide qu'il est capable de faire élever un canot jusqu'à deux lieuës par heure.

S'ELEVER après avoir été affalé à la côte. *Van laager wal geraaken.*

ELEVER en latitude. *Naar 't Noorden of Suiden gezeilt hebben.*

C'est avoir fait route vers le Nord, ou vers le Sud.

ELEVER en longitude. *Est of West geloopen hebben, In lengte af-of-op-gezeilt hebben.*

C'est avoir fait route vers l'Oüest, ou vers l'Est.

ELINGUES. *Lengen, Strikken, Schuif-knoopen.*

Ce sont des cordes, ou c'est une corde, qui a un nœud coulant à chacun de ses bouts. On s'en sert à entourer les fardeaux qu'on veut tirer d'un vaisseau, ou qu'on veut mettre dedans.

ELINGUE à pattes. *Een Leng met haaken.*

C'est celle qui n'a point de nœuds coulans, mais deux pattes de fer. On se sert de celle-là pour tirer du fond de cale les fûtailles pleines.

ELINGUET, Linguet, Hinguet. *Pal.*

C'est

C'eſt une piéce de bois, qui tourne horiſontalement ſur le pont du vaiſſeau.
Elle a d'ordinaire un pié & demi, ou deux piés de longueur, & ſert à arrêter le cabeſtan, ou à empêcher qu'il ne dévire. Il y a auſſi un E'lingue
de virevaut, qui eſt une petite piéce de bois droit, qui a le même uſage pour les virevaux, qu'ont les autres élinguets à l'égard des cabeſtans.
Voiez, Cabeſtan, & la Figure qui eſt ſous ce mot.

ELME. Feu St. Elme. *Vree-vuuren, Caſtor en Pollux.*

C'eſt une exhalaiſon ſèche & ſubtile, qu'on voit courir quelquefois ſur la
ſurface de la mer, lors-que la chaleur de l'air l'a enflammée. Elle voltige
& s'atache ſur les vaiſſeaux qui navigent. Les matelots en tirent divers
préſages; car ſi ce feu s'atache aux mâts, aux vergues & aux manœuvres,
ils conclüent que l'air n'étant agité d'aucun vent qui puiſſe diſſiper ces feux,
il y aura en-ſuite un calme profond: mais ſi les feux voltigent, c'eſt, ſelon eux, le préſage d'un gros tems.

E M.

EMBANQUE'. Etre Embanqué. *Op de bank van Térreneuve zijn.*

C'eſt être ſur le grand banc de Terre-neuve. Nous étions embanqués
huit jours devant les vaiſſeaux qui étoient partis avec nous de la riviére de
Scudre.

EMBARCADE'RE, Embarcadour. *Een groote ſtnapel-plaats van de ſcheep-*
vaart by de Spanjaards.

C'eſt le lieu ou les Eſpagnols font leurs embarquemens dans l'Amérique.

EMBARDER. *Afhouden, Geeren, Bakboord of ſtuurhoord geeren.*

C'eſt s'éloigner. On dit, Embarde babord, ou Embarde ſtribord, ou Embarde au large, lors-qu'étant auprès d'un navire avec une chaloupe, on la
jette de côté ou d'autre pour s'en éloigner. On dit auſſi, Embarder, quand
on oblige un vaiſſeau qui eſt à l'ancre, à ſe jetter d'un côté ou d'autre,
en lui faiſant ſentir ſon gouvernail.

EMBARGO. Mettre un Embargo. *Beſlag. Beſlaan, In beſlag neemen.*

Ce terme ſe prend pour arrêt, ou pour les ordres que les Souverains donnent d'arrêter tous les vaiſſeaux dans leurs ports, & d'empêcher qu'il n'en
ſorte aucun, afin de les prendre & retenir eux-mêmes pour le ſervice de
l'Etat, & les contraindre de ſervir en paiant; ce que les Anglois & les Hollandois apellent Preſſer. Voiez, Preſſer.

EMBARQUEMENT. *Inſcheeping, Affcheeping.*

EMBARQUER. *Inſcheepen, Scheepen.*

C'eſt mettre quelque choſe dans le vaiſſeau. Nous avons fait embarquer
notre eau, il ne reſte plus qu'à embarquer les moutons & les poules.

EMBARQUER. *Scheepen, Te ſcheep gaan.*

C'eſt entrer dans le vaiſſeau pour faire voiage.

EMBARQUE dans la chaloupe. *Val val, Val in de boot, Matroos ſtijg in de*
boot om te roeijen.

EMBELLE. *Hals van 't ſchip.*

C'eſt la partie du vaiſſeau, qui eſt compriſe depuis la herpe du grand mât
juſqu'à celle de l'avant, ou depuis le grand mât juſqu'au dogue d'amure.
Comme c'eſt la partie la plus baſſe des côtés du navire, on y met des fargues, lors-qu'on veut donner bataille. Voiez, Belle, & Fargues.

EMBLIER. *Een groote plaats beſlaan.*

C'e

C'eſt, ſelon M. Daſſié, ocuper beaucoup de place.

EMBODINURE, Emboudinure, Boudinure. *Anker-roering*.

On apelle Embodinure pluſieurs menus bouts de corde, dont l'arganeau de l'ancre eſt environné: on le fait pour empêcher que le cable ne ſe gâte contre le fer.

EMBOITURE. Voiez, Encocure.

EMBOSSURE. *Springk, Sprenckel, Springel, Sprengkel*.

C'eſt un nœud que l'on fait ſur une manœuvre, & auquel on ajoûte un amarrage. Voiez, Croupiat.

FAIRE une Emboſſure au cable. *Een ſpringk op de kaabel maaken. Sprengkels op de touwen ſteeken*.

ETRE moüillé ſur une Emboſſure. *Op een ſpringk leggen*.

EMBOUCHURE, ou Bouche de canon. *De mondt van een ſtuk geſchuts*.

C'eſt l'ouverture du canon, par où l'on met le boulet & la poudre. Voiez, Bouche.

EMBOUCHURE de riviére. *De Mondt van een rivier, uitloop, invloedt*.

C'eſt l'endroit par où une riviére ſe décharge dans la mer.

EMBOUCHURE d'une baie. *De Mondt van een baai*.

C'eſt l'entrée de la baie.

EMBOUQUER. *Een engte zees inzeilen, inloopen; Tuſſchen de eilanden door vaaren*.

C'eſt comme quand on entre dans les iſles des Antilles. Lors-qu'on commence à enfiler un paſſage étroit entre des iſles, ou des terres, cela s'apelle Embouquer dans l'Amérique. Voiez, Bouque.

EMBRAQUER. *Een touw haalen, of t'huis haalen*.

C'eſt mettre ou tirer une corde dans un vaiſſeau à force de bras.

EMBREVEMENT. *Een ſtuk houts met een pen die geſnooten is*.

C'eſt une maniére d'entailler une piéce de bois, afin d'empêcher qu'une autre piéce jointe & aſſemblée avec la premiére, ne ſe hauſſe, ni ne ſe baiſſe.

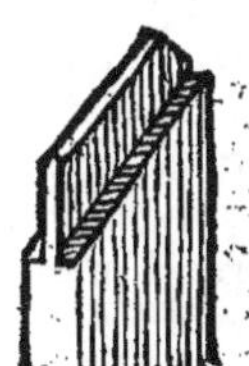

EMBROUILLER les voiles, *De zeilen opgyen*.

C'eſt les carguer, ou les ferler. Ce mot vient de celui de Breüils, dont on ſe ſert le long de la Manche, pour dire, Cargues.

EMBRUMÉ. Tems Embrumé. *Deiſig weer, mottig, miſtig; Dikke en overtogen lugt*.

C'eſt un tems de broüillards, pendant lequel on a peine à ſe connoître. Ce mot vient de Brume, qui veut dire, Broüillard de mer.

TERRE Embrumée. *Een beneeveldt landt*.

C'eſt un terre couverte de broüillard.

EMMANCHEZ. Voiez, Enmanchez.

EMMARINER un vaiſſeau. *Een ſchip mannen, en in zee brengen.*
C'eſt-à-dire, Mettre du monde deſſus, & le faire aller en mer.
GENS EMMARINEZ. *Bevuare luiden.*
Ce ſont ceux qui par de longs voiages ſe ſont acoutumez à la mer; ou ceux
qui ſe ſont embarquez depuis peu, & qui aïant été travaillez du mal de mer
ſont remis, & ſe portent bien. Nous ſommes emmarinez, nous danſons au
roulis, & quand la mer eſt groſſe nous en avons meilleur apétit.
NOUS ſommes Emmarinez. *Wy zijn de zee akgewend.*
EMMIELLER un E'tai. *Een ſtag trenſen, of betrenſen ; Tuſſchen de ſtangen met
dunne draaden woelen.*
C'eſt-à-dire, Remplir le vuide qui eſt le long des tourons des cordes dont
l'étai eſt compoſé.
EMMORTOISER, ou Emmortaiſer. *Inlaaten.*
C'eſt faire entrer dans une mortaiſe le bout d'une piéce de bois, ou de fer
diminué quarrément environ du tiers de ſon épaiſſeur.
EMPATTEMENT d'une gruë. *Bedding.*
Ce ſont les piéces de bois ſur leſquelles elle eſt élevée.
EMPATURE. *Verſcherving.*
On apelle Empature dans un vaiſſeau, la jonction de deux piéces de bois mi-
ſes à côté l'une de l'autre.
EMPATER, Faire des Empatures. *Verſcherven.*
C'eſt mettre les deux bouts de deux piéces de bois l'un à côté de l'autre,
& les faire joindre.
EMPECHE'E. Une manœuvre Empêchée. *Onklaar, Een touwerk dat on-
klaar is.*
C'eſt-à-dire qu'elle eſt embaraſſée.
EMPENELLE. *Kat.*
C'eſt une petite ancre que l'on mouille au-devant d'une groſſe. Il y a un pe-
tit cable qui la tient, & ce cable eſt frapé à la groſſe ancre, afin-que le
vaiſſeau ſoit plus en état de réſiſter à la force du vent.
MOUILLER l'Empenelle. *De kat uitwerpen.*
EMPESER la voile, la mouiller. *'t Zeil natten, of begieten.*
C'eſt jetter de l'eau deſſus. Quand ſa toile eſt ſi claire par les cücilles du
milieu, que le vent paſſe au-travers, ſon tiſſu ſe reſſerre par l'eau qu'on
jette, & cela fait que la voile prend mieux le vent.
EMPIRANCE. *Slimmering, Vermindering in prijs, Het verargeren.*
Ce terme ſe dit du déchet, corruption, ou diminution qui arive aux mar-
chandiſes que la tempête, ou quelque autre accident contraint de jetter de
côté & d'autre dans le vaiſſeau. On dit auſſi Empirance & Empirer par ſon
propre vice, quand la corruption ou diminution arive ſans accident, & ſans
autre cauſe que des cauſes naturelles, qui en font l'altération.
EMPORTER. Le grand mât fut emporté à la mer. *De groote maſt wierd
over boord gezeilt.*
EMPOULETTE, Ampoulette. *Glas, Looper, Sandt-looper.*
C'eſt un aſſemblage de deux fioles faites en poires, & jointes l'une à l'autre
par un cou qui eſt étroit, & qui ſert à faire paſſer du ſable très-delié de la
fiole de deſſus dans celle d'embas : la quantité de ce ſable eſt meſurée pour
déterminer l'eſpace d'une demie-heure. Voiez, Horloge.

E

ENCABANEMENT. *Het intrekken, Het inkomen, Het invallen der zijden van een schip.*

On apelle ainsi la partie du côté d'un navire qui rentre depuis la ligne du fort jusques au platbord.

ENCAPÉ. Etre Encapé. *Tusschen twee kaapen zeilen, Tusschen twee kaapen geraakt zijn.*

C'est être entre les caps. Cela se dit, par éxemple, lors-qu'on revient de la mer, & qu'on se croit entre les caps de Finisterre & d'Oüeslant.

ENCASTILLAGE. *Vertuining.*

C'est l'élévation de l'arriére & de l'avant, & tout ce qui est construit depuis la lisse de vibord jusques au haut. Voiez, Acastillage.

ENCLAVER. *In de sponning setten, of steeken.*

C'est, en terme de charpenterie, Enfermer une chose dans une autre, ensorte qu'elle l'environne si-bien, qu'elle ne puisse s'en détacher qu'avec fracture, ou grande peine. C'est ainsi que les gabords sont enclavés dans la rablure de la quille, & qu'un tenon est enclavé dans une mortaise.

ENCOCURE. Voiez, Encoquure.

ENCOGNEURE. *Hals.*

C'est le courbe, ou le coude d'une piéce de bois courbe, comme d'un genou, d'un courbaton &c. & l'endroit où elle fait un angle, ou presque un angle.

ENCOMBREMENT. *Het verwart leggen der waaren door malkanderen in 't schip, Quaade stuuwinge, of stellinge.*

C'est l'embaras que causent, dans un vaisseau, les marchandises qui font sa charge. Le Roi de France, par une Ordonnance de l'année 1662. défend à tous Oficiers commandans sur les vaisseaux de guerre, d'embarquer des marchandises sur leurs bords, tant à-cause de l'encombrement, que parceque ce trafic seroit préjudiciable au commerce, & atacheroit tellement les Oficiers qu'ils négligeroient le service.

IL Y A trop d'Encombrement dans ce vaisseau, & l'on n'y sauroit conserver l'estive & l'arrimage. *Alles leit overhoop in 't schip, het en kan niet bequaamelijk geregt nog gestuuwt worden.*

ENCOQUER. *De beugels aan de ree schuiven, of slaan; Insteeken.*

C'est faire couler un anneau de fer, ou la boucle de quelque cordage, le long de la vergue, pour l'y atacher. L'étrope des pendours de chaque bras est encoquée dans le bout de la vergue.

ENCOQUE. *Slaa de beugels om de ree.*

ENCOQUER le fer de boute-hors. *De lyzeils-beugels aan de ree schuiven.*

ENCOQUURE, Encocure. *Het slaan van de beugels, of van de ringen om de ree, Het insteeken.*

C'est cet enfilement qui fait entrer le bout de la vergue dans une boucle, ou dans un anneau, pour y suspendre quelque poulie, ou quelque boute-hors.

ENCOQUURE, Encocure. *De Nok van de ree.*

C'est l'endroit du bout de chaque vergue, où l'on amarre les bouts des voiles par en-haut. L'encocure du fer des boute-hors est à-peu-près à un quart de distance du milieu de la vergue.

ENCORNAIL. Trou, ou Trous du clan. *Homber-gat, Tuin-gat.*

C'est

C'est un trou, ou une mortaise, qui se pratique dans l'épaisseur du sommet
d'un mât, le long duquel court la vergue, par le moien d'un rouët de poulie dont l'encornail est garni. L'étague y passe & saisit le milieu de la vergue, pour la faire courir le long du mât.

ENDENTE'. *Met burg-haaken gevoegt, Met haaken in malkanderen gevoegt.*
Cela se dit de deux piéces de bois qui, de distance en distance, entrent l'une
dans l'autre, pour plus de liaison.

ENCOUTURE'. Bordages Encouturez l'un sur l'autre. *Boei-planken over*
malkanderen gevlerkt, Zoom-werk.
C'est quand les bordages passent l'un sur l'autre, au-lieu de se joindre quarrément. Les bateaux chalands de la Loire sont fort legers, & vont à la
voile: ils ne sont bâtis que de planches encouturées l'une sur l'autre, jointes à des piéces de lieure qui n'ont ni platbords, ni matiéres pour les tenir fermes.

ENDORMI. Vaisseau Endormi. *Een schip dat geen meer vaart heeft.*
Cela se dit d'un vaisseau qui a perdu son erre, soit après avoir pris vent devant, soit pour avoir mis côté en-travers, ou soit pour avoir mis les voiles
sur le mât.

ENFILER. Le cabestan Enfile les cables en virant. *In het winden gaat 't touw*
om de spil.
C'est-à-dire que le cable tourne en rond autour du cabestan.

ENFILEMENT du cable. *Ligting, Draaijing van 't touw, Kring-rondt om*
de spil.

ENFLE'CHURES, Figures, Figules. Enfléchures est plus en usage.
Weevelingen, Weef-lijnen.
Ce sont des cordes qui traversent les haubans en forme d'échellons. Elles
servent à monter aux hunes, & au haut des mâts. Il ne paroissoit personne
ne dans leurs enfléchures, que nous ne jettassions à bas.

ENGAGE', ou Trente-six-mois. *Een Slaaf voor drie jaaren, om in de Westin-*
dies te dienen.
C'est celui qui voulant passer aux isles de l'Amérique Françoises, sans
païer son passage au Capitaine du vaisseau, s'oblige de servir, durant trois
ans, la personne à qui le Capitaine le donnera, ou le négociera. Les Anglois demandent sept années d'engagement pour les passer à leurs colonies.
En France les Engagez n'en donnent que trois pour aller aux isles, ce qui
les fait apeller, Trente-six-mois.

ENGIN. *Een Draai-kraan die regt opgaat.*
C'est une machine pour enlever des fardeaux. L'Engin n'est différent du
gruau, qu'en ce que la piéce de bois qui se nomme fauconneau, ou
tourneau, est posée horisontalement sur le poinçon & sur les liens de l'engin, & est un peu plus courte que celle du gruau, qui est posée de bas en
haut. Voiez, Gruau.

ENGAGEMENT d'un matelot. *De huur van een matroos.*
C'est la convention qui se fait avec lui de la part du Capitaine, ou du Maître de vaisseau.

ENGORGE'E. Voiez, Pompe.

ENGRAISSEMENT. Joindre du bois par Engraissement. *Stijf inslaan.*
C'est-à-dire, l'assembler à force, en-sorte que les tenons ne laissent aucun
vuide dans les mortaises.

ENGRENER la pompe. *De pomp lens pompen.*
C'est-à-dire, Atirer dans la pompe l'eau qui reste au fond du vaisseau, afin de mettre ce reste dehors.

ENHUCHE'. Voiez, Huche.

ENJALER une ancre. *Het anker stocken.*
C'est atacher à l'ancre deux piéces de bois qu'on apelle Jas, & les empater étroitement ensemble vers l'arganeau; & ce Jas sert à contre-balancer dans l'eau la patte de l'ancre, pour la faire tomber sur le bon côté. On dit aussi, Enjauler une ancre. Voiez, Jas.

ENLAÇURE. Faire une Enlaçure. *Een sluit-gat maaken.*
C'est un terme de charpenterie, pour dire, Percer les mortaises & les tenons, afin d'y passer une cheville qui arrête & fasse tenir fermes les piéces assemblées.

ENLIGNER le bois avec une règle. *Met een ry Krabben:* Avec un cordeau, *Lijnen, Belijnen, Sloeren.*
C'est mettre les piéces sur une même ligne, ce qui se fait avec une règle, ou avec un cordeau.

ENMANCHEZ. Nous sommes Enmanchez. *Ons schip is in 't kanaal gezeilt.*
Cela se dit lors-qu'on est entré dans la Manche Britannique.

ENSEIGNE de poupe. *De Vlag van agteren, De Prinse Vlag.*
C'est le pavillon qui se met sur la poupe. L'Enseigne de poupe des navires de guerre François est blanche, & celle des vaisseaux marchands est bleüe. Voiez, Pavillon.

ENSEIGNE. *Vaan.*

ENSEIGNE de vaisseau. *Een Vaandriger op een schip.*
C'est un Officier qui doit obéïr au Lieutenant, & avoir, par subordination & en son absence, les mêmes fonctions que lui. Les Capitaines de brulots commandent aux Lieutenans de frégates legéres, & aux Enseignes de marine, & les Enseignes de vaisseau aux Lieutenans de frégates legéres.

ENSEIGNE en pié. *Een Opper-vaandriger.*

ENSEIGNE en second. *Een Onder-of-tweede-of-provisioneel Vaandriger.*

ENTAILLE. *Keep, Inkeep, Borst.*
C'est l'ouverture qu'on fait dans un bois, qu'on taille en certain endroit, pour y en faire entrer un autre que l'on y veut joindre. On fait des entailles quarrément, en adent, & à queüe d'aronde; c'est-à-dire, quand on enléve quelque chose d'un morceau de bois, pour en joindre un autre morceau sur celui dont on a enlevé quelque chose.

ENTAILLE perdüe, ou à bouts perdus, ou a siflet. *Een voege met verlooren lippen.*
C'est lors-que les deux morceaux de bois qu'on veut joindre, sont coupez en chamfrein.

ENTAILLE quarrée. *Een borst met regte lippen.*
C'est lors-que les morceaux de bois se joignent quarrément dans leurs entailles.

ENTAILLES, ou Dents d'afût de bord. *Trappen van een roopaart.*
Ce sont des hoches, ou coches, qu'on fait au derriére de l'afût, dans les flasques; pour y mettre le traversin, sur lequel se pose le coin de mire.

Z z

EN-

ENTAILLE pour limer les fcies. *Een vijl-blok.*

 C'eft un billot de bois fendu, dans lequel les Menuifiers font entrer le fer
de leurs fcies, quand ils veulent en limer les dents : & pour tenir la fcie
plus ferme dans la fente du billot, ils y mettent auffi un coin de bois.

ENTALINGUER un cable. Voiez, Talinguer.

ENTENNES. *Drie maften die op de zy van een byfondere foort van een onder*
legger ftaan.

 Les Entennes d'une machine à mâter font trois mâts, qui font plantez fur
le côté de la machine, où font frapées les caliornes qui fervent à élever
les mâts.

ENTER. *Pennen, Inpennen, Inborften, Invoegen, Inflaan.*

 C'eft un terme de charpenterie, qui veut dire, Joindre bout à bout, &
plomb, deux piéces de bois de charpente de même groffeur; les affembler
foit par mortoife & tenon, foit par une entaille.

ENTERRER les fûtailles. *De water-vaaten in 't ballaft fetten.*

 C'eft-à-dire, les mettre en partie dans le left du vaiffeau.

ENTONNOIR à poudre. *Een Tregter, of Trechter.*

ENTRE'E. L'Entrée d'une riviére. *De mondt van en rivier.*

 C'eft fon embouchure.

ENTREMISES. *Kloffen, Karviel-houten.*

 Ce font de petites piéces de bois, qui étant pofées dans un vaiffeau entre deux
autres, les tiennent fujettes, & fervent auffi à les renforcer.

ENTREMISES emmortaifées dans les E'guillettes, & regnant le long de
ferre-bauquiéres. *Stuinder-kalven.*

ENTREMISES. *Voering van de beeting, die komt tuffchen de klampen in.*

 Ce terme fe dit encore de certaines piéces de bois, qui font pofées entre les
taquets, ou fufeaux de cabeftan, pour les tenir.

ENTREPRENEUR. *Aanncemer, Bouw-meefter en Verkooper.*

 C'eft celui qui s'engage à faire, fabriquer & fournir un vaiffeau tout con-
truit, aux termes d'un certain devis qui fe fait entre lui & l'Acheteur,
pour le prix dont ils font convenus.

 ,,Lors-qu'on fait marché pour la conftruction d'un vaiffeau, il eft libre au
,,Bourgeois, ou Acheteur, en Flamand *Befteeder*, de propofer telles con-
,,ditions qu'il lui plaît, & quand elles font acceptées de l'Entrepreneur, on
,,les rédige par écrit, ce qui s'apelle Devis, *Certer*, & il faut qu'elles foient
,,éxécutées.

ENTREPOST, Entrepôt, Lieu d'Entrepôt. *Staapel-ftad, Staapel-plaats.*

 C'eft un port de mer où l'on a établi un magafin pour y recevoir les marchandifes qui doivent être transportées ailleurs.

ENTREPOST, Entrepôt. *Staapel.*

 Ce mot fe dit auffi d'un magafin, où une Compagnie de Négocians fait
mettre fes marchandifes, dans quelque ville de commerce que ce foit.

ENTRER dans le port. *Binnen loopen, Inzeilen, Inboegen, Oploopen, In-*
vallen.

LA FLOTE eft Entrée. *De vloot is binnen, of binnen gaats.*

ENTRE-SABORDS, *Schut-vullingen.*

 Bordages qui font entre les ouvertures des fabords, ou dans la diftance des
fabords. Voiez, Bordages.

ENTRE-TOISE. *Klos, Karviel-hout.*

En terme de charpenterie, c'eft une piéce de bois qui fe met de travers dans un pan de charpente pour en entretenir d'autres.

ENTRE-TOISE dans une chévre. *Een Klamp, of Schey, Een regte Schey.*

C'eft auffi une piéce de bois qui traverfe les bras de la chévre, & fert à les tenir en état.

ENTRE-TOISE croifée. *Een Kruis-fchey.*

C'eft celle dont l'affemblage fe forme en croix de St. André.

ENTRE-TOISE d'afût. *Kalf.*

Ce mot fe dit encore d'une piéce de bois qui eft pofée entre les flafques d'un afût de canon de marine, & qui fert à les joindre, à les entretenir, à les affurer, & à fuporter le canon.

ENVERGUER une voile, ou Enverguer les voiles. *De zeilen aanflaan, of aan de ree vaft binden.*

C'eft atacher les voiles aux vergues.

ENVERGUER les voiles d'un petit bâtiment. *Doeken, Dokken.*

ENVERGUER tout proche de la vergue, fans laiffer de jour entre-deux. *Doodt-aanflaan, Digt-aanflaan.*

ENVERGURE. *Even-maat van de reën.*

C'eft la pofition & l'affortiment des vergues avec les mâts & les voiles. Le Maître-voilier n'a pas encore pris la mefure de l'envergure du bâtiment. Il faut diminuer l'envergure. Ce mot fe dit auffi de la largeur des voiles.

NAVIRE qui a beaucoup d'Envergure. *Een breedt-getuigdt fchip.*

NAVIRE qui a peu d'Envergure. *Een fmal-getuigdt fchip.*

ENVOIE. *Roer aan ly.*

C'eft ainfi que l'on commande au Timonier de pouffer la barre du gouvernail, pour mettre le vaiffeau vent devant.

ENVOIER. Voiez, Avoïer.

E P.

EPACTE. *Epacta.*

C'eft une règle fondée fur ce que l'année lunaire, qui n'eft que de trois-cents-cinquante-quatre jours, a onze jours moins que l'année folaire, qui en a trois-cents-foixante-cinq. Pour trouver l'âge de la Lune, il faut ajoûter l'épacte de l'année courante au nombre des mois qui font écoulez depuis celui de Mars, & au nombre des jours du mois où l'on eft, & fi tous ces nombres mis enfemble paffent 30. il faut ôter ce nombre de 30. & ce qui refte fera l'âge de la Lune. L'Epacte augmente d'onze chaque année.

EPARRES. Voiez, Efparres.

EPARS du pavillon. *Vlagge-ftok.*

EPAVE de mer. Voiez, Efpave.

EPAULE de mouton. *Een groote Bijl.*

C'eft le nom que quelques Charpentiers donnent à une forte de grande coignée.

EPAULES d'un vaiffeau, Virures de l'avant. *Draaijing, Het breeken, draaijen, of wringen van de boeg.*

Ce font les parties du bordage qui viennent de l'éperon vers les haubans de miféne, où il fe forme une rondeur qui foutient le vaiffeau fur l'eau. La rondeur au-deffus des façons de l'avant.

Z z 2

EPAU-

E'PAULEMENT d'un tenon. *Een verlooren pen, of Een pen met een verlo-ren borſt.*

C'eſt un terme de charpenterie. C'eſt une partie d'un des côtés d'un te-non qu'on diminuë plus que l'autre, afin-que la piéce de bois en ait pl[us] de force.

E'PE'ES. Voiez, Barres de Virevaut.

E'PERON, Poulaine, Cap, Avantage. De tous ces divers noms cel[ui] d'E'peron eſt le plus en uſage. *'t Galjoen.*

L'E'peron eſt un aſſemblage de pluſieurs piéces de bois, qui fait une gran[de] de ſaillie à l'avant du vaiſſeau, & qui s'avance la premiére en mer : il e[ſt] ſoutenu par l'étrave. Les piéces principales dont il eſt compoſé ſont, le[s] Porte-vergues, les Courbatons, les Aiguilles, le Lion ou Beſtion, l[a] Cagoüille, la Friſe, & la Poulaine priſe dans ſa ſignification étroite de T[aille]-le-mer.

,, Les longs E'perons retardent le ſillage du vaiſſeau à-cauſe de leur peſan[-]
,, teur, c'eſt ce qui a fait venir la coutume de les faire courts & arrondi[s.]
,, Mais il n'y a point de meſure particuliére à preſcrire à cet-égard, le Maî[-]
,, tre Charpentier en uſe comme il lui plait, & ſelon l'expérience qu'il a[.]
,, Autrefois on les faiſoit généralement longs, aujourdhui on les fait géné[-]
,, ralement courts & arrondis, quoi-que la plupart des Charpentiers demeu[-]
,, rent d'acord que les grands navires ne devroient pas avoir des éperons [ſi]
,, courts, parce-qu'ils ne contiennent pas aſſez d'eſpace pour les uſages aux[-]
,, quels-ils ſont deſtinez.
,, Il eſt vrai que les E'perons des vaiſſeaux qui ſont conſtruits principalemen[t]
,, en vüe qu'ils ſoient legers à la voile, doivent être courts, auſſi-bien qu[e]
,, leurs beauprés, parce-que plus ils ſont longs, plus ils retardent le mou[-]
,, vement du vaiſſeau, en l'ébranlant trop lors-que la lame le prend pa[r]
,, l'avant. Plus les éperons ſont legers, moins réſiſtent-ils à l'eau qui rou[-]
,, le contre eux, & par conſéquent ils communiquent au vaiſſeau moins d[e]
,, mouvement contraire à ſa route.
,, Lors-que les E'perons ſont trop peſans & trop longs, & qu'il leur ariv[e]
,, quelque accident en mer, on eſt ſouvent obligé de les couper, n'y aïan[t]
,, pas moien de les rétablir, à-cauſe de leur grandeur; & ſi on les laiſſoit à[-]
,, demi ſéparez, & comme pendans, ou que quelques-unes de leurs piéce[s]
,, le fuſſent, ils feroient rouler le vaiſſeau, & pourroient cauſer d'autre[s]
,, deſordres.
,, Outre cela ceux qui ſont trop peſans, font trop tomber le vaiſſeau ſur l[e]
,, nez. Quoi-qu'il en ſoit pourtant, il eſt beſoin que les navires de guerr[e]
,, aïent des éperons au-moins d'une certaine grandeur convenable, parce[-]
,, qu'ils ſervent beaucoup à l'équipage qui va s'y décharger, s'y nétoier[,]
                                     & [c.]

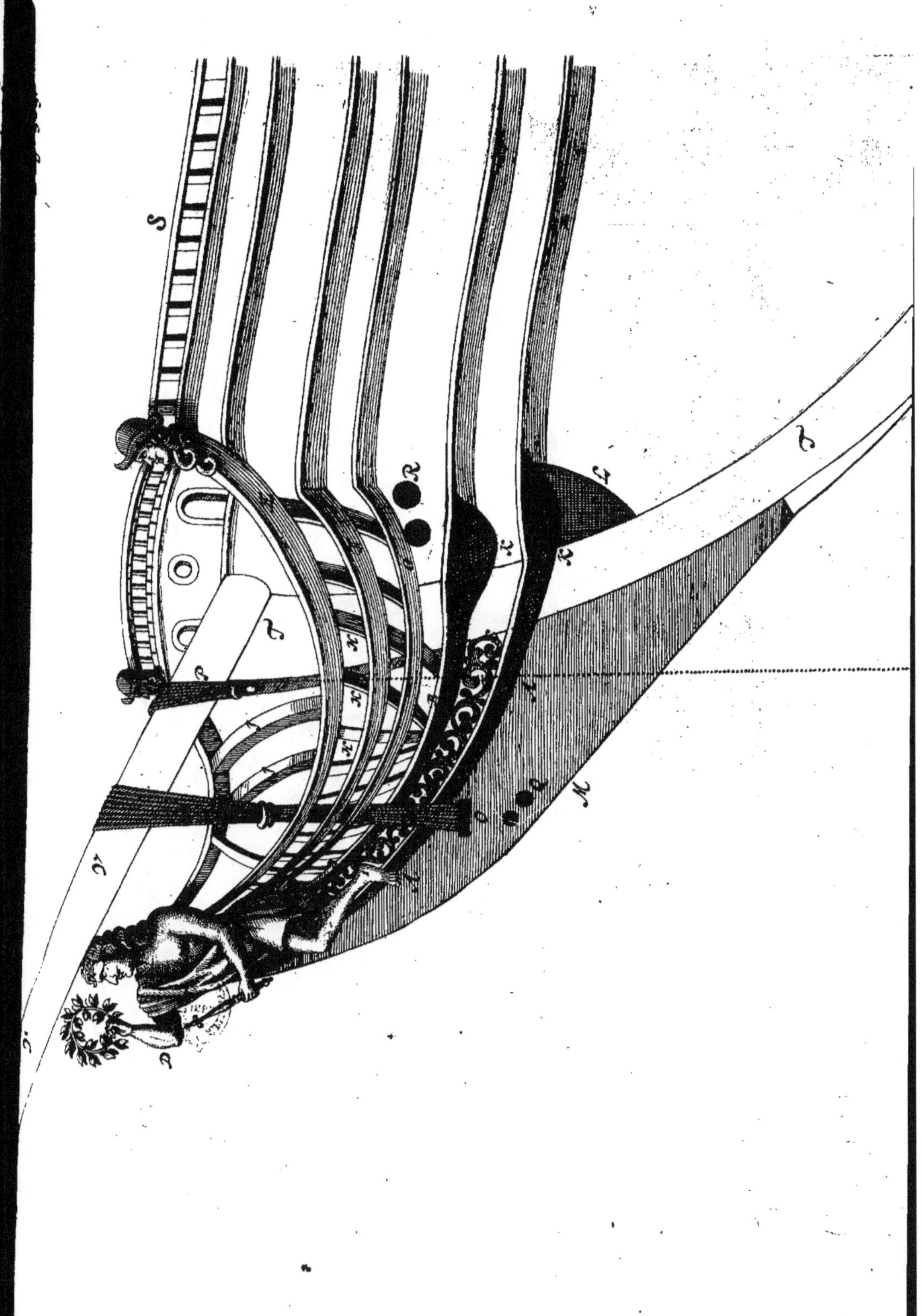

„& y prendre l'air commodément & sans embarasser : on en fait aussi plus
„facilement toute la manœuvre de beaupré ; & sur-tout ils font un bel
„ornement.

„Dans les mêmes navires de guerre, ils servent aussi de prison : on y tient
„aux fers les insolens & les mutins, qui y demeurent jour & nuit, & y sont
„au pain & à l'eau.

„Pour afermir l'Eperon on le surlie avec de fortes cordes. Il y a des gens
„d'expérience dans la marine, qui prétendent qu'on ne doit pas faire les é-
„perons soit legers, ou pesans, pour suivre la mode qui est le plus en vo-
„gue lors-qu'on construit le vaisseau, mais par raison ; & que cela doit dé-
„pendre de l'état du vaisseau, & de ce que son gabarit, ou la maniére de
„sa construction, lui donne de force ou de foiblesse ; & qu'on doit avoir é-
„gard à ce que l'éperon, par sa pesanteur ou par sa legéreté, contribüe à
„l'équilibre. C'est par cette raison qu'on a été souvent obligé de chan-
„ger les éperons de certains vaisseaux, & de leur en faire de plus pesans, ou
„de plus legers, selon que les corps des vaisseaux étoient forts ou foibles
„d'échantillon ; & c'est par cette même raison qu'on y met aussi des mâts
„& qu'on y fait des hauts plus ou moins pesans en certains endroits. L'on
„est même quelquefois contraint de faire ces sortes de changemens long-
„tems après que les vaisseaux ont été construits, lors-qu'on leur a mis un
„doublage, ou par quelque autre accident qui les a rendu plus durs qu'ils
„n'étoient.

„Dans les Provinces Unies on a coutume de mettre au bout de l'éperon
„un Lion, comme étant les armes de l'Etat ; & à l'arriére, au miroir, on
„y met les armes de la place où ils ont été construits, & à laquelle ils apar-
„tiennent. Mais à-présent, parmi les autres nations on a coutume de met-
„tre au bout de l'éperon une Sérène, ou une figure humaine.

„Aujourdhui la plupart des Maîtres Charpentiers donnent de longueur à
„l'éperon la huitième partie de la longueur du vaisseau, & d'autres lui en
„donnent encore moins : mais ceux-ci pourroient bien se tromper quel-
„quefois, sur-tout quand il s'agit d'un grand corps de bâtiment, auquel
„un nez si court ne convient ni pour la beauté, ni pour le besoin.

„Les Eperons des navires de guerre qui sont montez par les Amiraux, &
„par les autres Oficiers Généraux, ont presque toujours des ornemens par-
„ticuliers, pour marque de distinction. Par éxemple, entre les courba-
„tons on les garnit de planches en ceintre, & l'on fait des festons, des ou-
„vrages de relief, & d'autres ornemens de sculpture aux porte-vergues. On
„en met même aussi sur les courbatons, & ce sont des figures de Naïades,
„ou d'autres, telles qu'il plaît à l'ouvrier.

Voici l'explication de la figure d'Eperon qui est ici à côté, & les noms de
ses principales parties : surquoi il faut remarquer que chaque pouce qu'a
cet éperon, ou quelqu'une de ses parties, doit faire six piés, & par conséquent
le demi-pouce fait trois piés, & ainsi à proportion. Le vaisseau pour lequel
un tel éperon est proportioné, doit être de cent-quarante-cinq piés de long,
de l'étrave à l'étambord, trente-six piés de bau, & quinze piés de creux.

S. marque tout l'Avant du vaisseau.

TT. C'est l'Etrave, qui a vingt-huit piés de long ; un pié cinq pouces d'é-
pais ; trois piés cinq pouces de large par le haut, deux piés dix pouces par

Zz 3

le

le milieu, & trois piés cinq pouces par le bas, avec douze piés de queste.

AA. L'Aiguille inférieure, qui a un pié quatre pouces de large, & un pié cinq pouces d'épais, par le bout qui joint l'étrave; & dix pouces de large, & dix grands pouces d'épais par l'autre bout.

BB. L'Aiguille supérieure, qui a dix pouces & demi de large, & dix pouces d'épais, par le bout qui joint l'étrave, & six pouces & demi d'épais, & autant de large par l'autre bout. Les Jouttereaux s'étendent sur les aiguilles & sur les préceintes.

CC. La Frise, qui a quatre pouces d'épais, & un pié trois pouces de large par le bout qui joint l'étrave; & dix-pouces par le bout qui est en devant.

D. Le Bestion, au-lieu duquel est ici une autre figure, qui a douze piés de long.

E. Le plus haut Porte-vergue, qui a dix pouces de large, à l'endroit qui joint l'étrave; six pouces par le bout qui joint le bestion, ou la Figure; & treize pouces par l'autre bout qui joint la tête de More.

F. Le second Porte-vergue, ou le porte-vergue du milieu, qui a une seizième partie de largeur & d'épaisseur moins que le plus haut.

G. Le plus bas Porte-vergue, qui a une seizième partie de largeur & d'épaisseur moins que celui du milieu.

HHH. Les Courbatons de l'éperon, faisant sa rondeur, depuis l'aiguille supérieure jusqu'au premier porte-vergue : ils ont la même épaisseur que les porte-vergues ont à l'endroit où les courbatons les joignent.

JJ. Les Traversins, qui ont aussi la même épaisseur que les porte-vergues, à l'endroit où ils les joignent ; mais ils sont d'un pouce à deux plus larges : ils ont un grand demi-pié de rondeur par le haut.

KK. Les Jouttereaux, qui se posent sur les aiguilles, sur l'étrave, & sur les préceintes. Ils ont, à l'endroit où ils joignent l'étrave, la même épaisseur qu'ont les aiguilles au même endroit ; mais par leur bout de devant ils sont moins épais, & plus épais par celui de derriére. Le plus bas jouttereau a seize pouces de large sur l'étrave, & le plus haut a quinze pouces au même endroit.

L. Le Tambour de l'éperon, qui s'aplique au plus bas jouttereau.

M. La Gorgére, qui a vingt-sept grands piés de long, & cinq piés de large.

NN. La Lieure de beaupré V qui passe par le trou O dans la gorgére.

Q. Les Trous des amures de miséne.

R. Les Trous des écubiers qui ont douze pouces de diamétre.

UN E'PERON arrondi. *Een stomp galioen.*

E'PINEUX. *Klippig.*

Un endroit épineux, c'est-à-dire, qu'il y a beaucoup de roches, qui se découvrent de basse mer, ou qui sont découvertes.

E'PISSER une corde. *Splitsen.*

C'est l'assembler avec une autre, en entrelassant leurs fils, ou cordons, l'un avec l'autre; ce qui se fait par le moien d'une broche de fer, apellée Cornet d'épisse, ou Epissoir. Après le combat nous fûmes contraints d'épisser toutes nos manœuvres qui avoient été coupées, parce-que nous n'en avions point de rechange.

Pour épisser deux cables ensemble, il faut premiérement détordre les trois torons,

torons, autant l'un que l'autre , environ deux braffes ; puis paffer chaque
toron dans le cable, tant d'un bout que de l'autre, à la maniére des autres
épiffures, par trois fois. Les torons étant ainfi paffez, on décorde un cordon de chaque toron , on le coupe à l'endroit où il eft paffé , & on y fait
entrer les bouts de ces cordons coupez ; enfuite on paffe chaque toron des
cordons reftans, deux fois dans les cables, & cela de la maniére ordinaire,
& de chaque côté : après cela on les décorde encore , & l'on coupe un des
cordons de chaque toron , à l'endroit qui eft paffé dans le cable, & on l'y
fait entrer : enfin on paffe chacun des cordons qui reftent dans les torons
du cable, une fois de l'un & de l'autre bout, & on les coupe.

E'PISSOIR, Cornet ou Corne à épiffer. *Splits-hoorn.*
C'eft un inftrument pointu par un bout, de bois de gaïac ou de bouïs, de
fer, ou de corne, avec lequel on épiffe les cordes. On dit auffi, Cornet
d'épiffe.

E'PISSURE. *Splitfing.*
C'eft un entrelaffement de deux bouts de cordes, que l'on fait au-lieu de faire
un nœud, afin-que la corde puiffe paffer dans la poulie, ce qui ne fe pourroit faire s'il y avoit un nœud.

E'PISSURE longue. *Een Spaanfche of lange Splitfing.*
L'E'piffure longue fe fait avec des bouts de corde inégaux , qu'on affemble de telle forte qu'ils puiffent paffer fur une poulie.

E'PISSURE courte. *Een korte of ronde Splitfing.*
C'eft celle où les deux bouts de corde qu'on veut épiffer font égaux, c'eft-
à-dire, coupez de même longueur.

E'PITE, E'pites. *Deutelen, Dreutelen, Wiggen, Pluggen.*
C'eft un petit coin ou cheville de bois quarrée & pointüe , qui étant mife
dans le bout d'une autre cheville, fert à la groffir.

E'PITIE'. *Kogel-bak.*
C'eft un petit retranchement de planches fait le long du côté du vaiffeau ,
pour mettre les boulets; ou en quelque autre lieu.

E'PITOIR. *Deutel-yfer.*
C'eft un inftrument de fer, long d'un pié, qui eft pointu & quarré, & dont
l'ufage eft d'ouvrir le bout d'une cheville de bois , & la renfler en y mettant un coin qui eft une autre petite cheville quarrée de bois.

E'PONTILLE, Efpontille. *Berkoen.*
C'eft une piéce de bois qui fert à divers ufages, felon qu'elle eft longue &
groffe. Il y en a qui ont environ trois piés de longueur, & qu'on met au
bout des côtés du vaiffeau , afin d'y paffer de menües cordes. Leur ufage
eft de foutenir les pavois & les garde-corps.

E'PONTILLES, ou Pontilles d'entre les ponts. *Stutten, Berkoenen dienende tot ftutten.*
Ce font proprement des étances, qui font pofées fur un des ponts du vaiffeau, pour foutenir l'autre pont qui eft au-deffus , étant mifes fous les barrots de ce pont.

E Q

E'QUAIRE. Voiez, Equerre.
E'QUARRIR. *In den haak fchaaven.*

C'eft

C'eſt dreſſer du bois , & le rendre égal de côté & d'autre. On dit auſſi Equairir & E'querrir, mais le grand uſage eſt Equarrir.

E'QUARRISSAGE. Piéce de bois de tant de pouces d'E'quarriſſage. *Een ſtuk houts van ſoo veel duim vierkant.*

On dit qu'une piéce de bois a ſix ſur huit pouces d'équarriſſage, pour faire entendre ſes deux plus courtes dimenſions : ſi elles ſont égales, c'eſt-à-dire, ſi elles ſont, par éxemple, chacune d'un pié, on dit alors que la piéce de bois a douze pouces de gros.

E'QUARRISSEMENT. *Het vierkant maaken , of in den haak ſchaaven van een ſtuk houts.*

C'eſt la réduction d'une piéce de bois en grume à la forme quarrée. Il faut ôter, pour cela, ſes quatre doſſes-flaches, ce qui diminuë environ la moitié de ſa groſſeur.

E'QUATEUR , Equinoctial , ou E'quinoxial. *Evenaar , Aequinoctial Linie.*

C'eſt l'un des grands cercles mobiles de la ſphére, qui étant également diſtant de l'un & de l'autre pole, nous repréſente auſſi dans le Ciel un cercle que nous concevons en être de-même également éloigné, & diviſer le monde en deux hémiſphéres, dont l'un eſt ſeptentrional , & l'autre méridional. On l'apelle auſſi E'quinoctial, à-cauſe que le Soleil le coupant deux fois l'année, ſavoir vers le 20. de Mars, & vers le 23. de Septembre, fait les équinoxes, ou les nuits égales aux jours, en demeurant autant ſur l'horiſon qu'il demeure deſſous. Il faut néceſſairement que cela arive, parce-que l'horiſon ne coupe jamais l'Equateur qu'en deux parties égales, l'une qui ſe trouve ſupérieure , & l'autre inférieure. On peut dire que l'E'quateur eſt la principale meſure du tems, parce-que c'eſt principalement ſur le mouvement de ce cercle que ſe marque la révolution du premier mobile. Si cette révolution eſt entiére, c'eſt-à-dire, de trois-cents-ſoixante degrès, on dit que la durée, ou l'eſpace, du tems qui s'eſt écoulée, eſt d'un jour; ſi elle eſt ſeulement de la vingt-quatriéme partie, ou de quinze degrès, on dit que la durée eſt d'une heure. Voiez, E'quinoctial & Ligne.

E'QUERRE, ou E'quaire. *Winkel-haak.*

C'eſt un inſtrument de Géometrie , fait de fer , de cuivre , ou de bois, qui ſert à tracer & à vérifier un angle droit. Il eſt compoſé de deux régles immobiles , dont l'une eſt élevée perpendiculairement au-deſſus de l'autre. Les Charpentiers ſe ſervent de l'équerre, & divers autres Artiſans auſſi ; & ils apéllent, A l'équerre, ce qui eſt nommé, A angles droits, par les Géometres.

EQUERRE de bois à épaulement. *Een Ry-haakje.*

FAUS-

FAUSSE-E'QUERRE, ou E'querre pliante. *Een Swei, of Een beweegende Winkel-haak.*

On apelle Fauſſe-équerre, un inſtrument ſemblable aux autres équerres, dont les deux règles ſe meuvent comme les jambes d'un compas, autour du clou par lequel elles ſont jointes. On s'en ſert à meſurer & à conſtruire toutes ſortes d'angles aigus & obtus.

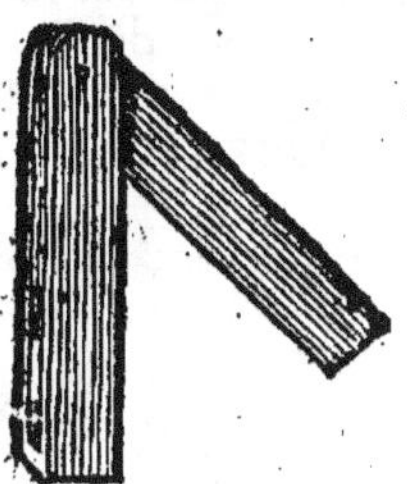

E'QUERRE de bois à épaulement. *Een Ry-haak.*

C'eſt un équerre pour faire des épaulemens. Voiez, E'paulement d'un tenon.

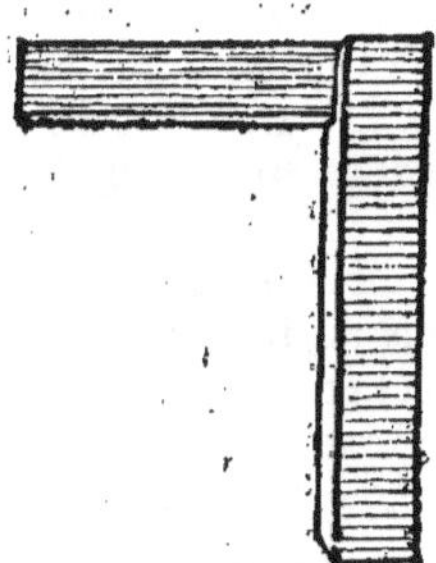

E'QUERVE. *Verſcherving.*

C'eſt le nom que l'on donne dans la Manche à la jonction de deux piéces de bois miſes dans un vaiſſeau l'une à côté de l'autre. C'eſt ce qu'on apelle ailleurs, Empature. Les genoux & les varangues ſont équervez les uns avec les autres, au-moins de quatre piés.

E'QUIGNETTES, ou E'quilles de giroüettes. *Hekjes, Hekken.*

Ce ſont certains petits bois qui ſervent à tenir le haut & le bas des giroüettes.

E'QUINOCTIAL, E'quinoxial, Cercle E'quinoctial, ou Ligne E'quinoxiale. *Evenaar, Linie, Middel-lijn.*

On apelle Cercle E'quinoctial, le cercle qui coupe en deux également la ſphére droite, & on dit, Ligne E'quinoctiale, ou abſolument, La Ligne, à-cauſe que ceux qui habitent ſous cette Ligne, ont toujours les jours égaux aux nuits, ou un équinoxe perpétuel ; ce qui n'arive pas aux autres

A a a

peuples

peuplés, qui n'ont cette égalité que deux fois l'année, savoir vers le 20. d
Mars, lors-que le Soleil entre au signe du Belier, où il fait l'équinoxe du
Printems ; & vers le 23. de Septembre, lors-qu'entrant dans la Balance
il fait l'équinoxe de l'Automne. Voiez, Équateur, & Ligne.

E'QUIPAGE. *Scheeps-volk, Vlootelingen.*
C'est le corps, ou la troupe des Oficiers mariniers, des soldats, des mate
lots, & des mousses & garçons qui servent dans un vaisseau, & qui le
montent. La moitié de l'équipage de ce bâtiment est morte du scorbu
pendant cette traversée. Les gens de l'équipage ne peuvent faire aucun
demande pour leurs gages & loiers, un an après le voiage fini. E'quipag
complet, *Volle bemanninge.*

Les E'quipages des navires de guerre, se doivent former avec le plus d'ég
lité qu'il se peut, & l'on observe d'y emploier, sur chaque centaine d'hom
mes, un certain nombre de matelots, qui n'aïant fait aucun voiage de lon
cours, ont peu d'expérience. Ce sont aussi les *Hoop-loopers* des Flamands
Voiez, Garçons de bord. Cela se fait suivant ce qu'en réglent le Com
mandant & l'Intendant du port, pour instruire ces matelots dans la naviga
tion, & les rendre plus capables de servir.

Les E'quipages étant formez, le Commissaire général du bureau des classe
en doit dresser les rolles sur son Journal, & séparer les départemens en chaqu
rolle ; & sur ces rolles il doit faire ensuite les revües finales en rade, &
faire prêter le serment tant aux Oficiers qu'à l'équipage.

,,Si quelqu'un des gens de l'équipage d'un vaisseau marchand, s'abandon
,,ne à quelque mutinerie, desobéissance, & refus de faire son devoir, u
,,sixième partie de ses gages demeurera confisquée, pour la première fois
,,au profit de l'E'tat ; & pour la seconde fois les deux tiers, savoir un tiers a
,,profit de l'E'tat, & l'autre tiers au profit des Oficiers, le droit de l'Am
,,ral préalablement levé : mais pour la troisième fois le tout sera confisqué
,,& en cas de récidive, il y écherra punition arbitraire. Que si cette mu
,,tinerie causoit quelque dommage, le délinquant sera tenu de paier le dou
,,ble du prix auquel le dommage sera aprécié. Et si ce dommage se faiso
,,en la personne de quelqu'un, ou au corps du vaisseau, en-sorte que l'u
,,ou l'autre fût en danger, le délinquant sera puni de peine corporelle ; &
,,à cet éfet le Prevôt le fera mettre aux fers, en quoi tout le reste de l'é
,,quipage sera tenu de lui prêter main forte, & de lui obéïr, sur peine d
,,confiscation de gages, & de châtiment arbitraire.
,,En tems de paix, les Navires de guerre des Provinces Unies ne sont mon
,,tez le plus souvent que de deux cents hommes d'équipage : mais en tem
,,de guerre, il y en a trois ou quatre cents, ou davantage : bien-entendu
,,que les vaisseaux pavillons sont toujours plus forts d'équipages que le
,,autres, & que les uns & les autres en sont pourvus à proportion de leu
,,grandeur.
,,Pour les Vaisseaux marchands, voici comme ils sont ordinairement mon
,,tez d'équipages, & pourvus d'armes.
,,Les Bâtimens du port de quarante à cinquante lastes, portent ordinaire
,,ment sept hommes d'équipage, un moussé, deux petits canons chacu
,,du poids de huit cents livres ; deux pierriers, quatre boîtes chacune du
,,poids de cent livres, quatre mousquets, ou fusils, seize longues piques
,,& douze courtes. ,,Depuis

„Depuis cinquante jufqu'à foixante laftes, ils portent huit hommes, & un
„mouffe.

„Depuis foixante jufqu'à foixante & dix laftes, ils portent neuf hommes,
„& un mouffe.

„Depuis foixante & dix jufqu'à quatre-vingts laftes, ils portent dix hom-
„mes, & deux mouffes.

„Depuis quatre-vingts jufqu'à quatre-vingts-dix laftes, ils portent onze
„hommes, & deux mouffes.

„Depuis quatre-vingts-dix jufqu'à cent laftes, ils portent douze hommes,
„& deux mouffes.

„Depuis cent jufqu'à cent-dix laftes, ils portent treize hommes, & deux
„mouffes.

„Depuis cent-dix jufqu'à fix-vingts laftes, ils portent quatorze hommes,
„& deux mouffes.

„Depuis fix-vingts jufqu'à cent-trente laftes, ils portent quinze hommes,
„& deux mouffes.

„Depuis cent-trente jufqu'à cent-quarante laftes, ils portent feize hommes,
„& deux mouffes.

„Depuis cent-quarante jufqu'à cent-cinquante laftes, ils portent dix-fept-
„hommes, & deux mouffes.

„Depuis cent-cinquante jufqu'à cent-foixante laftes, ils portent dix-huit
„hommes, & trois mouffes.

„Depuis cent-foixante jufqu'à cent-foixante & dix laftes, ils portent dix-
„neuf hommes, & trois mouffes.

„Depuis cent-foixante-& dix jufqu'à cent-quatre-vingts laftes, ils portent
„vingt hommes, & trois mouffes.

„Depuis cent-quatre-vingts jufqu'à cent-quatre-vingts-dix laftes, ils por-
„tent vingt & un homme, & trois mouffes.

„Depuis cent-quatre-vingts-dix jufqu'à deux cents laftes, ils portent vingt-
„deux hommes, & trois mouffes, avec huit piéces de petit canon, du poids
„de quatorze cents livres, pour le moins; huit pierriers, & feize boîtes,
„du poids de douze cents livres, pour le moins; & feize moufquets ou fu-
„fils, deux douzaines de longues piques, & deux douzaines de courtes, &
„les bâtimens qui font entre quarante & deux cents laftes, doivent être
„pourvus d'armes à proportion de ce qui eft marqué dans le premier arti-
„cle & dans celui-ci.

„Pour les vaiffeaux qui font du port de plus de deux cents laftes, on les
„équipe à fon gré, néammoins prefque toujours par proportion avec les
„bâtimens qui font au-deffous, ainfi qu'ils viennent d'être marquez, c'eft-
„à-dire qu'ils portent toujours plus d'hommes & de canon, & jamais moins.

„Les flûtes font montées de dix ou douze hommes, pour le moins, avec
„deux mouffes. Les équipages des pinaffes font plus forts, & fouvent de
„foixante & dix ou quatre-vingts hommes, felon le canon qu'elles por-
„tent. Pour les Armateurs & Capres on en tient les équipages auffi forts
„que leur grandeur le peut permettre, & jufqu'à en être tout-remplis.

„Voiez, Compagnie.

„Les vaiffeaux Anglois ont de plus forts équipages que les Hollandois,
„parce-que ceux-ci s'épargnent moins, quoi-qu'ils foient plus fobres.

A a a 2

E'QUI.

E'QUIPAGE d'atelier. *Gereedtfchap van een timmer-werf.*

C'eft tout ce qui fert pour la conftruction, ou pour le tranfport des matériaux, c'eft-à-dire, les gruës, les chévres, les crics, &c.

E'QUIPAGE de pompe. *Pomp-gereedtfchap.*

Ce qu'on apelle E'quipage de pompe confifte en toutes les pièces avec leurs
garnitures.

E'QUIPEMENT, Armement. *Toerufting, Equipagie, Waapening en monture, Manning.*

C'eft la provifion de tout ce qui eft néceffaire à la fubfiftance auffi-bien qu'à
la feureté & à la manœuvre de l'équipage d'un vaiffeau, & l'équipage
même.

E'QUIPER un navire. *Een fchip mannen, of bemannen.*

C'eft l'armer, y mettre les matelots & les foldats qu'il faut. La chaloupe
fera équipée de fept hommes pour faire les rondes.

E'QUIPER un vaiffeau. *Een fchip reeden, of uitruften, toeruften, toetaakelen en mannen.*

C'eft-à-dire, Munir un vaiffeau de fes apparaux, de fes victuailles, & de
fes agrès. C'eft auffi le pourvoir de toutes ces chofes, & de fon équipage.
Ce vaiffeau eft équipé en guerre; celui-là eft équipé en marchandife; &
cet autre vaiffeau eft équipé en guerre & en marchandife.

E'QUIPE' en guerre. *Een Schip ten oorlog toegeruft.*

E'QUIPER une flote. *Een vloot uitruften.*

E'QUPER des matelots. *Boots-volk uitruften.*

E'RISSON, Riffon, Grapin de fer. *Een Dregge met vier armen.*

C'eft une ancre à quatre bras, dont on fe fert dans les bâtimens de bas
bord, & dans les galéres.

ERMINETTE, Herminette. *Een Kuipers-diffel.*

C'eft un outil de Menuïfier & de Charpentier, dont ils fe fervent pour aplanir & doler le bois. Il eft fait en maniére de hache recourbée. Les Tonneliers s'en fervent auffi.

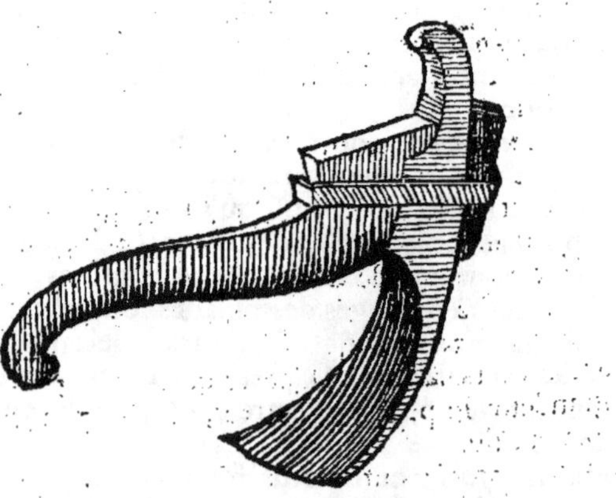

ERMINETTE, Hachette à marteau. *Een Diffel daar een lange kromme kop aan is.*

C'est une autre forte d'Erminette, dont fe fervent auffi les Charpentiers & les Menuifiers François.

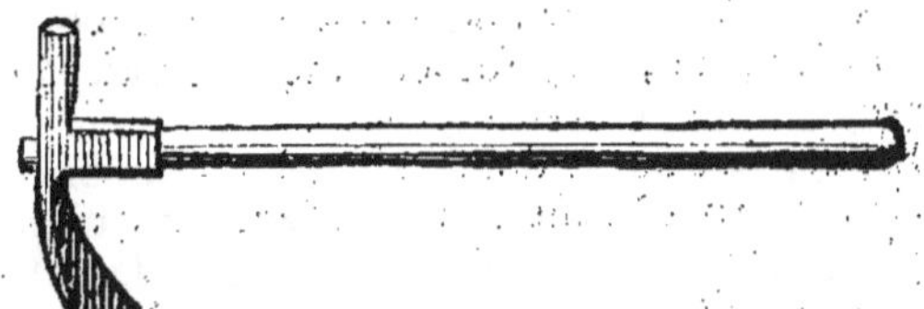

ERMINETTE. *Een Diffel.*

C'eft celle dont fe fervent les Charpentiers Hollandois.

ERRE. L'ERRE d'un vaiffeau. *Vaart.*

C'eft-à-dire, Train, Allure. On dit en termes de marine, lors-qu'on par-le d'un vaiffeau qui a été arrêté par quelque caufe, qu'il n'a pas repris fon erre, pour dire, qu'il ne s'eft pas encore remis dans la lenteur ou dans la viteffe avec laquelle il a coutume de paffer.

ERSES. Voiez E'tropes.

ERSES, ou Etropes d'afût. *Stropjes.*

Ce font des Erfes avec des coffes, qui font paffées au bout du derriére du fond de l'afût du canon, où l'on croque les palans.

ERSE de poulie. *Een Bindtfeltje, Een Stropje tot een blok.*

C'eft une corde qui entoure le moufle de la poulie, & qui fert à l'amar-rer. Voiez, Etrope.

E S.

ESCADRE. *Hoofdt-deilinge, Efquadre, Verdeiling, Afdeiling.*

C'eft un détachement particulier de vaiffeaux de guerre; ou bien un des trois corps, qui dans un ordre de bataille, compofent l'avant-garde, le corps de bataille, & l'arriére-garde; chacun defquels, eft quelquefois partagé & diftribué en trois divifions comme les Anglois & les François l'ont pratiqué en 1672. & 1673, contre les Hollandois. Voiez, Divifion.

En 1670. le Roi le France ordonna que le pavillon Amiral ne fût arboré qu'avec un acompagnement de vingt vaiffeaux de guerre, & le Vice-ami-ral,

ral , & le Contre-amiral avec douze vaiffeaux , dont le moindre porta
trente-fix canons, afin-qu’ils fuflent en état de défendre l’honneur & la pré
rogative du pavillon , & d’en foutenir la dignité.

„Dans une armée navale il faut que les efcadres fe tiennent toujours à un
„diftance raifonable les unes des autres , & que les vaiffeaux de chaqu
„efcadre ne foient pas auffi trop ferrez , afin-que quand on fera engagé a
„combat , il n’arive point de confufion.

„Il n’eft pas avantageux de diftribuer une armée navale en trop d’efca
„dres , ou de divifions. Un Amiral diftribue ordinairement fon armée e
„efcadres , & les efcadres en divifions , & ordonne que chacun fe tienne dan
„la divifion où il eft rangé , fur les peines qui y apartiennent. La plus or
„dinaire diftribution d’une armée fe fait en trois efcadres , qu’on compof
„à-peu-près également , leur donnant à chacune un pareil nombre de vai
„feaux , de la même qualité ; c’eft-à-dire , à l’une autant de frégates , d
„galiotes , de brulots , & même de canon , que l’autre en a. Il en eft de
„même à l’égard des trois divifions dans lefquelles chaque efcadre eft pref
„que toujours diftribuée.

„Néammoins une fois l’illuftre Amiral Tronip , étant fur le point de li
„vrer bataille aux Anglois , diftribua fon armée en quatre efcadres. Il
„en eut trois qui s’avancérent fur une même ligne & portérent fur les en
„nemis ; & la quatrième , qui fut comme une arriére-garde , fervit d
„corps de réferve.

„Dans le fanglant combat qui fe donna entre les Républiques d’Angleterr
„& de Hollande , le 10. d’Août , l’an 1653. & qui fut foutenu ave
„beaucoup de gloire par le même Héros , Martin Harpertsz. Tromp , qu
„commandoit l’armée des E’tats Généraux , cette armée fut divifée e
„cinq efcadres. Il y en eut une qui fe mit un peu de l’avant ; les trois autre
„la fuivirent fur une même ligne , & la cinquième fervit d’arriére
„garde.

Il y a beaucoup de François , fur-tout de ceux qui donnent des rélation
de combats , qui ne diftinguent point entre Efcadre & Divifion , princi
palement quand il s’agit d’Efcadre, & qui emploient indifféremment ces deu
termes ; mais il eft conftant , felon les plus éxacts E’crivains , qu’il y a d
la différence , & qu’Efcadre eft un corps de la première diftribution qui f
fait d’une armée ; & Divifion eft un des petits corps de la diftribution qu
fe fait d’une efcadre. Lors-que le Chef d’efcadre fe trouve Commandant
en l’abfence du Lieutenant Général , il a les mêmes fonctions que lui dan
les ports & à la mèr. Voiez , Chef d’efcadre. Selon l’Ordonnance , on n
donne point en France le nom d’efcadre , qu’il n’y ait quatre vaiffeaux pou
le moins. Voiez auffi , Divifion.

L’ESCADRE bleuë , L’Efcadre blanche , L’Efcadre rouge. *Het Efquad*
van de blaauwe , van de witte , van de roode vlag.

DISTINGUER de loin trois Efcadres dans une armée navale. *Drie efquadr*
van verre in een oorlogs-vloot onderkennen.

L’ARME’E fut divifée en trois Efcadres , & chaque Efcadre diftribuée en
trois Divifions. *De vloot wierd in drie efquadres , en elk efquadre in drie fma*
deelen verdeelt , of gefchaart.

ESCALE. Faire efcale dans un port. *Een haaven aandoen , Inloopen.*
　　　　　　　　　　　　　　　　　　　　　　　　　　　　　C’e

C'est y moüiller, soit pour éviter la tempête, ou les ennemis, ou soit qu'on y veüille prendre langue. Nous fîmes escale [...]

ESCARBITE. *Een Waater-bakje.*

C'est une forte de petit vaisseau de bois creusé, qui a environ huit pouces de long, & qui est large de quatre. On y met l'étoupe moüillée, pour tremper les ferremens dont se servent les Calfats, quand ils travaillent.

ESCARLINGUE. Voiez Carlingue.

ESCARPE'. Côte escarpée. *Een steil of schor kust.*

C'est un endroit coupé à plomb, ou avec peu de talus. Une falaise escarpée. Une roche escarpée. Voiez, E'core.

ESCHAFAUT. Voiez, E'chafaut.

ESCHANCRE', E'chancré. Une Girouette E'chancrée. *Een gesplitst vleugel.*

C'est-à-dire, qui est coupée en ligne courbe, ou fendüe par le milieu, & qui a deux pointes vers le bas.

ESCHARS. Voiez, E'chars.

ESCHILLON. *Een Hoose.*

C'est un terme de marine du Levant, qui signifie une nuée noire, d'où sort une longue queüe, qui est une sorte de météore que les matelots craignent autant & plus que la plus forte tempête. Cette queüe va toujours en diminuant, & en s'allongeant dans la mer. Elle en tire l'eau comme une pompe, en-sorte que l'on voit cette eau qui bouillonne tout-autour, tant l'attraction paroît violente. La superstition de ceux qui craignent cette nuée fait qu'ils piquent dans le mât un couteau à manche noir, persuadez qu'en faisant cela ils détourneront l'orage. Voiez, Puchot.

ESCLAVE. *Een Slaaf.*

C'est un captif pris sur mer par des Corsaires, tels que ceux des côtes de Barbarie, qui font souvent des Chrétiens esclaves. On apelle encore ainsi les Nègres dont on se rend maître dans l'Amérique, & dont on fait un grand trafic.

ESCOPE. *Gieter, Zeil-gieter, Spoel-gieter.*

C'est un brin de bois d'une très-médiocre grosseur, dont on se sert à jetter de l'eau de la mer le long du vaisseau, pour le laver & pour moüiller les voiles. Il est creusé par le bout, & tient de la ligne droite & de la courbe, aïant un manche assez long.

ESCOPE, E'cope, Escoupe. *Hoos-vatje, Hoos-vat, Spoel-gieter.*

C'est une sorte de petite pelle creuse, avec laquelle on puise & on jette l'eau qui entre dans une chaloupe, ou dans un canot. Il n'y a de manche qu'autant que la main en peut empoigner.

ESCOPERCHE. *Een schuins legger, op een kraan.*

C'est comme un second faucon neau élevé sur un gruau, ou sur un engin: ou-bien, c'est une pièce de bois ajoûtée sur un gruau, au bout de laquelle il y a une poulie. Ce mot se dit aussi de toutes les pièces de bois qui sont debout, & qui ont une poulie à l'extrémité, par le moien de laquelle on élève du bois, ou des pierres. On apelle aussi Escoperche une solive, ou autre pièce de bois, qui a une poulie, & dont on est quelquefois obligé de se servir en des endroits où il est impossible de placer un engin, ou une grüe, quoi-que cette pièce de bois ne soit pas toujours dressée debout, mais qu'elle soit panchée comme sur une avance de corniche, ou dans une

lucar-

lucarne. Voiez la figure des deux gruaux d'Amfterdam, fous le mot, Gru
il y a une Efcoperge fur le plus petit, qui eft plus fimple que celle qu'o
voit ici, dans cette figure.

ESCOT. *De Schoot-hoorn van een driehoekig zeil.*
C'eft l'angle le plus bas de la voile latine qui eft triangulaire.
ESCOUADE. *Het derde deel van een krijgs-bende.*
C'eft une partie d'une compagnie d'infanterie. Chaque compagnie eft o
dinairement divifée en trois efcoüades. Une efcoüade de cinquante homm
Capitaine de vaiffeau commandant les efcoüades des foldats.
ESCOUPE. Voiez, Efcope.
ESCOUVILLON. Voiez, E'couvillon.
ESPALMER. *Breeuwen, Schoon-maaken en beftrijken.*
C'eft nétoïer, laver & donner le fuif depuis la quille jufqu'à la ligne
l'eau, pour faire voguer les bâtimens avec plus de vîteffe. Mr. Guillet
que le mot d'Efpalmer s'aplique plutôt aux galéres qu'aux vaiffeaux,
l'égard defquels il faut dire, ou Nétoïer, ou Caréner, ou Donner les œ
vrés de marée.
ESPARRES, Eparres, *Sparren, Spieren, Noordfe fpierijes.*
Ce font des gaules de fapin, ou d'un autre bois leger, qui viennent de N
vège-

„On donne ordinairement onze esparres pour dix quand on les vend en
„gros, ou que du-moins on n'en vend pas au-deſſous de dix. Les Eparres
„qui viennent de Pernau en Livonie, ſe vendent à la toiſe, qui eſt de ſix
„piés ; & les autres ſe vendent au pié.

ESPAVES de mer, E'paves, Choſes du flot. *Zee-driften.*
Les Procureurs du Roi aux Siéges d'Amirauté, ont un régître qui contient l'état de tous les échouëmens, bris, naufrages, & généralement de
toutes eſpaves trouvées en mer, ou ſur les gréves. Voiez, Choſes du flot.

DROIT d'E'pave. *Strandt-regt.*
C'eſt un Droit Seigneurial, par lequel les choſes égarées, & qui n'étant
reclamées de perſonne ſe trouvent dans l'étenduë de la Seigneurie, apartiennent au Seigneur, & les choſes qui viennent floter ſur le rivage, ſont
auſſi réputées telles.

ESPAVRE. *Een balkje tot een ſchuit.*
On apelle Eſpavres, certaines ſolives qui ſervent à faire la levée d'un bateau foncet, ou autres.

ESPOIR. *Een ſoort van een Valkenet.*
C'eſt un fauconneau, ou petite piéce de bronze, qui eſt montée ſur le pont
d'un vaiſſeau, & dont on ſe ſert pour les deſcentes. On en a vu quelquefois ſur les hunes des grands vaiſſeaux, comme aux carraques de Portugal.

ESPONTILLES. Voiez, E'pontilles.

ESPONTON. *Braadt-ſpit, Een ſoort van een half-piek.*
Cette ſorte d'arme eſt une eſpéce de demie-pique, dont on ſe ſert particuliérement ſur les vaiſſeaux, quand on vient à l'abordage.

ESQUIF. *Een ſchuit, Een ſloep.*
C'eſt un petit bateau, ou chaloupe, deſtiné pour le ſervice d'un navire,
ou d'une galére. On s'en ſert pour mettre les perſonnes à terre, quand
on eſt arivé à quelque port, ou pour ſe ſauver dans un débris de vaiſſeau.
Voiez, Chaloupe & Canot.

ESQUAIN, Quein, Qlin. *Vertuining-bladt, Vertuining-plank, Vertuining-*
hout, Wagenſchot, Fortuining-hout.
Ce ſont les planches qui bordent les deux côtés de l'acaſtillage de l'arriére
au-deſſus de la liſſe de vibord. Elles ſont beaucoup moins épaiſſes que les
autres bordages, & vont toujours en diminuant vers le haut. Il y a de l'a-
parence que ce mot eſt emprunté du Flamand *Klein*, qui ſignifie Petit.
„L'Eſquain, ou le bordage de l'acaſtillage, eſt tout ce qui ſe poſe, du
„côté de l'arriére, au-deſſus de la liſſe de vibord. La première planche
„qu'on met au-deſſus de cette liſſe, doit être de chêne, & aſſez épaiſſe,
„à-cauſe du calfatage : il faut qu'elle ait au-moins la moitié de l'épaiſſeur
„des planches du franc-bordage. Quelques-uns l'apellent en Flamand
„*Zet-gang.* On y fait une rablure, ſur le côté qui eſt par le haut, pour
„y faire entrer la première planche du véritable eſquain. Voiez, Bordages
„de l'eſquain.
„Dans les grands vaiſſeaux, les planches de l'Eſquain ont d'ordinaire un
„pouce, ou un pouce & un quart d'épaiſſeur, & elles doivent être cha-
„cune un peu plus étroite en avant que vers l'arriére.
„La plus baſſe planche de l'eſquain, dans un vaiſſeau de cent-trente-quatre
„piés de long, de l'étrave à l'étambord, doit avoir dix pouces de large vers

B b b

„l'ar-

„ l'arriére, & neuf & demi en avant, & un pouce d'épais; & le reſte de
„ bordages, qui doivent être au nombre d'onze, doivent auſſi avoir un pouce
„ d'épais & un pié de large, tant à l'avant qu'à l'arriére. Voiez, Acaſtillage.

ESQUIMAN. *Schieman, Hoog-boots-mans-maat.*

C'eſt le nom que les Hollandois donnent à l'Oficier Marinier qu'on apelle
Quartier-maître. C'eſt celui qui a l'œil particuliérement ſur le ſervice des
pompes, & qui eſt comme l'Aide du Maître & du Contre-maître d'un
vaiſſeau : auſſi ſe ſert-on quelquefois du mot d'Eſquiman, pour dire, Second
Contre-maître.

ESSES, ou Aiſſes d'afût. *Aſſen-bouts.*

Ce ſont les chevilles de fer, en forme de la lettre S, qui tiennent les rouës
des afûts de canon aux eſſieux.

ESSIEU, ou Aiſſieu d'afût de bord. *Ax.*

C'eſt la piéce de bois qui traverſe l'afût par-deſſous la ſole, & dont chaque
bout entre dans une rouë, avec laquelle il eſt entretenu par une eſſe. Il y
en a deux, un à l'avant pour les deux rouës qui ſont aux deux côtés ; &
un à l'arriére tout-de-même.

ESSUIEUX. Voiez, E'couvillon.

EST. *Ooſt.*

C'eſt l'Orient. Ce terme eſt emploié à deux uſages. Il ſignifie un des quatre points cardinaux du monde, par raport au monde entier; & il ſignifie
le côté où eſt l'Orient, par raport à la place où ſe trouvent un homme ou
un vaiſſeau.

EST, Vent d'Eſt. *Ooſte-windt, Ooſtelijke windt.*

C'eſt le vent qui vient d'Orient, l'un des quatre vents cardinaux.

D'EST à Oüeſt. *Van Ooſt tot Weſt.*

C'eſt-à-dire, D'Orient en Occident, ou, Du Levant au Couchant.

EST-NORD-EST. *Ooſt-Noord-Ooſt.*

C'eſt un vent entre-mitoïen, qui tire ſon nom de l'Eſt & du Nord.

EST-SUD-EST. *Ooſt-Suid-Ooſt.*

C'eſt auſſi un vent entre-mitoïen, qui tire ſon nom de l'Eſt & du Sud.

EST-QUART-DE-NORD-EST, ou quart-au-nord-eſt. *Ooſt-ten-noor-
den.*

EST-QUART-DE-SUD-EST, ou, quart-au-ſud-eſt. *Ooſt-ten-ſuiden.*

ESTACADE. *Paalen en ſlag-boomen, Boomen.*

Ce ſont pluſieurs groſſes & longues piéces de bois, garnies de fer & de
chaînes, que l'on met à l'entrée d'un port pour le fermer.

ESTAINS. *Randtſoen, Randtſoen-houten.*

Eſtains. Il faut prononcer la premiére S. Ce ſont deux piéces de bois
d'une même figure, qui font portion de cercle, & forment le rond de l'arriére d'un vaiſſeau. Elles ſont aſſemblées par les bouts d'embas à l'étambord, & par les autres aux deux allonges de trepot, qui achèvent la hauteur & la rondeur de la poupe.

„ Les Eſtains ſont aſſemblez à entailles perduës avec les bouts de la liſſe de
„ hourdi. Leurs pointes qui s'aſſemblent avec l'étambord, deſcendent
„ plus, ou moins, ſelon que le Charpentier le juge à propos, par raport
„ aux façons entiéres qu'il donne au vaiſſeau. Néammoins la plupart des
„ Charpentiers les placent ſur le milieu de l'étambord.

„ On

„On donne le plus fouvent aux Eftains les deux tiers de l'épaiffeur de la
„liffe de hourdi , ou-bien l'épaiffeur qu'elle a dans les bouts , à fon jarlot
„près. On leur donne autant de largeur que le bois en peut fournir , &
„pour le moins une fois autant que d'épaiffeur. Mais tous les Charpentiers
„ne font pas d'un même fentiment à l'égard des proportions de ces piéces ;
„& même auffi le bois les gène quelquefois , & ils font obligez de s'y affu-
„jettir. Voici une table où l'on voit les diverfes proportions qui leur font
„données , & leur figure fe voit dans les deux figures de l'arcaffe , fous le
„mot Arcaffe.

	Piés.		Pouces.		Pouces.
	80		5		18
	85		5		15
	93		8		17
Un vaiffeau long de	101		6		18
	113	Les Eftains ont	7		18
	114	d'épaiffeur	10	Et de largeur.	16
	132		8		18
	144		10		20
de l'é-trave à l'étambord	155		12		24
	158		12		22
	160		11		22
	177		11		26

ESTAMBOT , E'tambot. Voiez, E'tambord.

ESTANCES. *Schooren , Stutten.*

Ce font des piliers pofez tout le long des hiloires, & qui foutiennent les barrotins. Leur longueur eft de la hauteur qui fe trouve entre deux ponts.

ESTANCE à taquets. *Een fchoor met klampen in 't ruim , dienende om af , of ,
op te klimmen.*

C'eft une maniére d'échelle de fond de cale, avec fa tirevieille.

ESTERRE. *Een Sluip-haven.*

C'eft un terme fort ufité parmi les Avanturiers de l'Amérique. On comprend que ce doit être une efpéce de petit port, comme une Cale, ou Calangue. Voiez ces deux mots. Nos canots fortirent d'une efterre, & nous
firent le fignal, auquel nous les fûmes prendre. Nous nous cachâmes dans
une efterre fur la même ifle.

ESTIME. *Giffing.*

L'Eftime eft une préfomption & conjecture du chemin que le vaiffeau peut
avoir fait , & du parage où il fe rencontre. Chaque jour le Pilote fait fon
eftime, examinant quelle eft fa route, quel eft le vent qui regne, & quel
eft le fillage ordinaire de fon vaiffeau, c'eft-à-dire, combien il fait de chemin par jour, foit de vent arriére, de vent largue, ou de vent de bouline,
felon-que le bâtiment eft bon ou mauvais voilier , ce que l'expérience &
les réflexions lui doivent avoir apris. Un fage Pilote fait toujours monter fon eftime plus que moins , & aime mieux préfumer qu'il eft vingt

 lieues

lieuës de l'avant vers la côte, que vingt lieuës de l'arriére vers le large de
la mer, parce-que se croiant toujours plus près de la côte, il est plus cir-
conspect, plus atentif, & se prépare de bonne-heure à la découvrir & la
reconnoître; de-sorte qu'il n'est pas en danger d'y être jetté inopinément
& de se perdre par non-vuë. Nous prenions souvent hauteur, pour cor-
riger les erreurs de l'estime, & distinguer la véritable latitude de la présomp-
tive que le pointage nous avoit donnée.

FAIRE l'Estime. *Landt peilen, Gissing maaken.*

SE TROMPER dans l'Estime. Erreur dans l'Estime. *Misverstandt van streek.*
Vergissen.

ESTIMER, ou Calculer le sillage d'un vaisseau par le moien d'un instrument de bois nommé petit Navire. *Sog peilen, Suigen.*

ESTIVE, Assiette. *De evenwigtigheid des schips, De regte stuurwinge van een*
schip.

C'est le juste contrepoids qu'on donne à chaque côté d'un vaisseau, ou d'u-
ne galére, pour balancer leur charge avec tant de justesse, qu'un côté ne
pèse pas plus que l'autre; ce qui les rend plus legers & facilite leur cours.
Voiez, Assiette.

METTRE le vaisseau en Estive. *Het schip regten.*

C'est le mettre en assiette; & le mettre hors d'estive, c'est lui ôter son
juste contrepoids.

ESTOC, ou E'tau, pour le Maître d'armes, pour limer. *Een Schroef.*

C'est une petite machine, qui sert aux artisans à soutenir & arrêter le fer
& autres matiéres sur lesquelles ils travaillent pour les limer, polir, for-
rer &c.

ESTOUPE. Voiez, E'toupe.

ESTOUPIN, E'toupin, ou Valet. *Een Prop.*

C'est un peloton de fil de carret, sur le calibre des canons : on s'en sert à
bourrer la poudre, quand on les charge.

ESTRAN. *Strandt.*

C'est ainsi que l'on parle en Picardie & dans le Pais conquis & reconquis,
pour dire, une côte de la mer qui est plate & sabloneuse.

ESTRAPADE Marine. *Het loopen, of vallen van de ree.*

C'est le châtiment d'un matelot, qu'on lui fait soufrir en le guindant à la
hauteur d'une vergue, & le laissant ensuite tomber dans la mer, où on le
plonge une ou plusieurs fois, selon-que le porte la Sentence. C'est ce
qu'on apelle autrement, Donner la cale. Voiez, Cale.

ESTRAPONTIN, Hamac. *Hang-mak.*

C'est une espéce de lit que les Sauvages suspendent en l'air, en l'atachant à
deux arbres : on s'en sert aussi dans les vaisseaux.

ESTRIBORD, ou Stribord. *Stuur-hoord, Stier-boord.*

C'est-à-dire, le côté droit du vaisseau, si l'on a égard à celui qui est assis à
la poupe. Il est mieux de dire Stribord. Voiez, Stribord.

ESTROP, Estrope. Voiez, E'trope.

ESTROP, Astroc, E'trope. *De Strop van de riem.*

C'est une grosse corde, que l'on atache à une grosse cheville de bois ape-
lée Escheome.

E'TA

E'TABLE. *Voor-steven.*
C'est la continuation de la quille du navire, laquelle commence à l'endroit
où la quille cesse d'être droite. Voiez, E'trave.
E'TABLE. S'aborder de franc-étable. *Met de boeg tegens malkanderen aan-*
leggen.
C'est lors-que deux galéres, ou deux vaisseaux, s'aprochent en droiture,
pour s'enferrer, ou s'enfoncer, avec leurs éperons. S'aborder en belle,
ou debout au corps, c'est s'aborder par les flancs.
E'TABLIR les voiles. Voiez, Dresser les voiles.
VAISSEAU E'tabli sur ses amarres. *Een schip leggende voor sijn anker.*
C'est lors qu'il a jetté ses ancres, & qu'il est amarré pour séjourner. Lors-
que les vaisseaux seront établis sur leurs amarres, il sera travaillé avec di-
ligence à leur desarmement; & après-qu'ils seront entiérement dégarnis &
desarmez, tous les hommes de l'équipage seront paiez; & l'équipage con-
gédié.
E'TABLI, Sitüé, Gisant. *Leggende.* Etre E'tabli. *Leggen.*
C'est être sitüé. Tout le continent qui regarde la mer du Sud, est établi
Est & Oüest, & presque toutes les isles Nord & Sud de lui; & il refuit
du côté du Levant au Sud-est, & au Sud & Sud-oüest. Un rocher établi
Est & Oüest.
E'TABLURE. Voiez, E'trave.
E'TAGUE, Itaque, E'taque, Itacle. Voiez, Itaque.
E'TAI. Voiez, E'tay.
E'TALER les marées. *Stoppen, Afstoppen, Overtijden, Ty-stoppen.*
C'est moüiller pendant un vent & une marée contraire à votre course, en
atendant une autre marée favorable qui vous puisse porter à route. Le
vent fut si forcé pendant huit jours qu'il nous fut inutile d'étaler les marées, & nous fûmes contrains de relâcher à St. Malo. Refouler la marée
est le contraire de l'étaler.
E'TALINGUER les cables. Voiez, Talinguer.
E'TAMBORD. *Agter-steven, Achter-steven.*
C'est une piéce de bois, élevée & mise en saillie sur le bout de la quille, à
l'arriére du vaisseau, pour soutenir la poupe, & aussi le gouvernail qui y
est ataché. C'est sur cette piéce de bois que l'on coûd tous les bordages
dont les façons de l'arriére sont couvertes. On divise ordinairement la hauteur de l'étambord, afin de pouvoir connoître combien le navire tire de
piés d'eau quand il a sa charge, & pour cet éfet on le marque par une mesure de pié de Roi, ce qui s'apelle Piéter.
„L'E'tambord doit être plus élevé que l'étrave, & plus large, parce-qu'il
„sert d'ornement au vaisseau, & qu'il est comme le soutien de la poupe.
„Quoi-que dans ce Livre on ait pris l'étrave pour la règle des proportions
„de toutes les autres parties d'un vaisseau, on pourroit néammoins se ser-
„vir aussi de l'étambord pour le même usage, parce-que sa proportion se
„tire aussi de la longueur du vaisseau. On peut lui donner un peu de ron-
„deur en-dedans; mais au-dehors il faut qu'il soit taillé en ligne droite, a-
„fin-que le gouvernail puisse facilement joüer. Pour donner à l'étambord
„sa juste longueur, il faut prendre la hauteur du creux du vaisseau, &
„celle du relevement du pont & de ce qui est au-dessus. Par éxemple;

Bbb 3

Prenez

„Prenez trois piés pour l'acaftillage de l'arriére, dix piés de creux, & ci
„piés dix pouces de relevement, vous trouverez dix-huit piés dix pou
„pour la hauteur de l'étambord.

„Pour fon épaiffeur en-dedans, auffi-bien que pour l'épaiffeur de l'étrav
„il faut prendre un pouce d'épaiffeur par chaque dix piés de la longueur
„l'étrave à l'étambord. En-dehors, l'étambord doit avoir d'épaiffeur l
„trois quarts de fon épaiffeur du dedans.

„Le haut de l'E'tambord doit avoir de largeur une cinquiême plus qu
„n'a d'épaiffeur, & le bas doit être cinq fois plus large qu'épais : ou, f
„lon le fentiment de quelques autres Charpentiers, le bas doit être le tie
„plus large que le haut.

„On laiffe l'E'tambord quarré dans l'endroit où il fe joint à la liffe de hou
„di, ou grande barre d'arcaffe. Le bas de l'E'tambord porte ordinaireme
„fix ou fept piés fur la quille, felon-que le bois permet, & dans fa part
„qui eft en-dehors on prend un pié ou un pié & demi de bois pour y tai
„ler un tenon qui entre dans une mortaife, qu'on fait dans l'extrémité
„la quille, afin-que ces deux importantes piéces s'entretiennent mieu
„La partie intérieure de l'étambord eft jointe à la quille par des clou
„& des chevilles de fer & de bois.

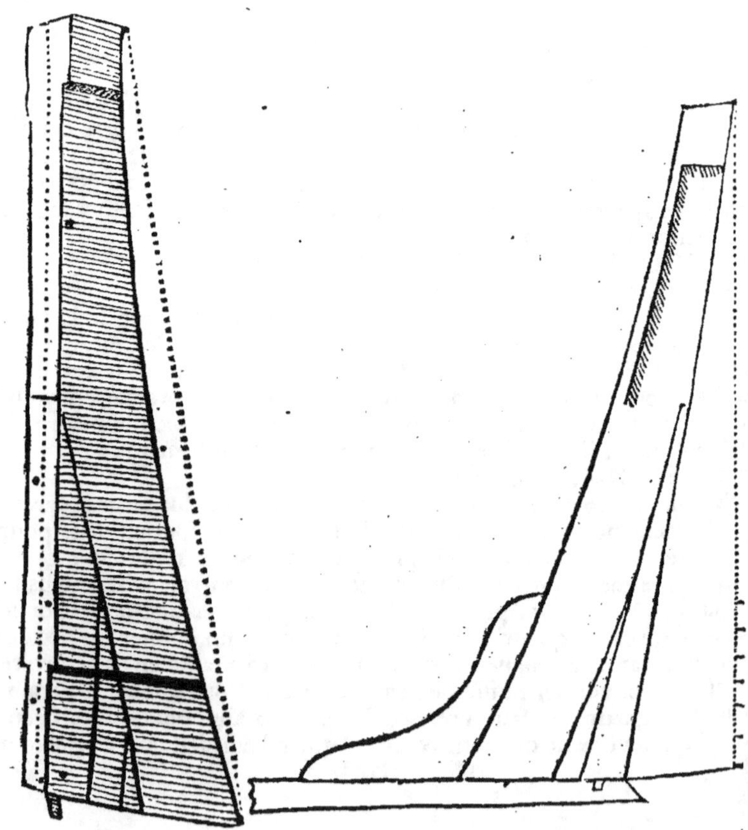

„En-dedans on met une courbe, dont une branche porte sur la quille, &
„l'autre branche contre l'étambord; & cette courbe s'appelle Contre-étam-
„bord. Voiez, Contre-étambord.
„Pour mesurer la hauteur de l'Etambord, il faut prendre la mesure sur
„le bout du talon de la quille. Au regard de la quête, beaucoup de gens
„lui en donnent un pié par chaque six piés qu'il a de hauteur.
„Les Charpentiers qui ont donné les proportions d'un vaisseau de cent-
„trente-quatre piés, marquent vingt-quatre piés un quart pour la hauteur
„de l'Etambord, & quatre piés pour la quête; neuf pouces d'épaisseur à
„l'arriére, ou en-dehors sous son quarré, & treize pouces & un quart en-
„dedans; dix-neuf pouces de largeur par le haut, & six piés par le bas.
„La rablure doit être à quatre pouces & demi du bord, & avoir trois pou-
„ces & demi de largeur, & trois pouces de profondeur.
Un autre Auteur Flamand parle ainsi touchant l'Etambord.
„L'Etambord termine la longueur du vaisseau par-derriére, comme l'étra-
„ve la termine par-devant. Il sert principalement à porter le gouvernail,
„& à enfermer dans sa rablure les bouts des bordages. On lui donne la
„même épaisseur qu'à l'étrave, ou un peu plus, parce-qu'il doit soutenir le
„gouvernail. On lui donne un quart plus de largeur que d'épaisseur, mais
„à l'assemblage des estains on lui en donne un tiers plus que par le haut;
„& par le bas on lui donne un pié de largeur par chaque quatre piés qu'il
„a de hauteur. Il est joint par le haut, en-dehors, à la lisse de hourdi,
„& pour cet éfet on lui fait une entaille d'un quart de son épaisseur. On
„ne lui donne pas à-présent tant de quête qu'on lui en donnoit autrefois.
„On peut lui en donner un pié par chaque sept piés qu'il a de hauteur,
„hormis dans les flûtes, où c'est assez d'un demi-pié.
„Il faut bien prendre garde à la hauteur qu'on-donne à l'Etambord, & à
„la bien proportioner à tout le gabarit du vaisseau; afin-que cette piéce ne
„soit ni trop longue, ni trop courte. Si elle est trop courte, il en résulte
„divers inconvéniens. Par éxemple; Il faut que le bas pont soit, dans le
„milieu du vaisseau, justement à la hauteur déterminée pour le creux, &
„qu'il s'élève un peu & presque insensiblement vers les bouts, afin-que
„toute l'eau qui peut tomber sur ce pont, en quelque endroit que ce soit,
„coule vers le milieu, & sorte par les dalots qui y sont. Mais si l'étam-
„bord est trop court, on ne peut donner au pont ce relevement vers l'ar-
„riére; si-bien que dans un vaisseau où ce défaut étoit, on fut contraint de
„donner de la pente au pont vers l'arriére, & de percer des dalots dans
„l'arcasse; & même de faire des entailles dans la lisse de hourdi, pour don-
„ner une hauteur convenable aux sabords.
„D'autres Charpentiers, au-contraire, entêtez de la beauté du gabarit, &
„y aïant plus d'égard qu'à tout le reste, donnent tant de hauteur à l'étam-
„bord, sur-tout dans les flûtes, & par-conséquent tant de relevement à
„tout l'arriére, que les ponts, qui doivent dépendre de ce relevement,
„& y participer pour se joindre à la lisse de hourdi, sont tout-à-fait in-
„commodes, & aportent beaucoup de difficulté à la manœuvre, & à tout
„ce qu'on doit faire.
„Pour trouver la hauteur de l'Etambord il faut prendre premiérement ce
„que le vaisseau a de plus de tirant d'eau à l'arriére qu'à l'avant; ce qu'on
                                                            „peut

„peut régler à-peu-près à un pié par chaque cinquante piés que le vaisseau
„a de longueur. Ensuite, il faut prendre le creux du vaisseau, c'est-à-dire
„la hauteur du premier pont ; &, en troisième lieu, la hauteur d'entre
„deux ponts, au grand gabarit, où cette hauteur se divise ordinairement
„en trois parties égales pour les sabords.

„En quatrième lieu il faut prendre le relevement qu'a le pont à l'arriére
„ce qui se peut faire, à-peu-près, sur le pié de deux pouces par chaque
„dix piés de la longueur qu'a le vaisseau. Enfin il faut prendre la largeur
„de la lisse de hourdi ; & tout cela ensemble fera la hauteur de l'étam-
„bord.

„Par exemple : La hauteur de l'Etambord d'un vaisseau de cent piés de
„long, de dix pouces de creux, six piés de hauteur d'entre deux ponts
„sera de dix-neuf piés trois pouces, en comptant 2. piés de tirant d'eau
„l'arriére plus qu'à l'avant ; 10. piés de creux ; 1. pié 9. pouces de rele-
„vement du pont ; 2. piés pour les sabords du premier pont ; 2. piés pour
„les sabords du haut ; & 1. pié 5. pouces de largeur de la lisse de hourdi
„le tout mesure d'Amsterdam.

VOICI une Table, qu'on trouve dans le même Auteur, pour marquer di
verses proportions qu'on peut donner à l'Etambord, & qui sont dans des
devis qu'il a vus : il donne avis que par-tout où il a mis des zeros, il n'a
trouvé aucune marque de chifre dans les mémoires.

Vaisseau qui a de long	Vaisseau qui a de creux	Hauteur de l'Etambord.	Epaisseur de l'Etambord.	Largeur de l'Etambord.	Longueur de la rablure de l'Etambord	Quête de l'Etambord.
Piés.	Piés, Pouces.	Piés, Pouces.	Pouces.	Pouces.	Piés, Pouces.	Piés, Pouces.
80	7 — 0	11 — 6	9	0	4 — 0	1 — 6
85	11 — 0	14 — 0	9	12	5 — 6	0 — 0
90	9 — 0	17 — 0	0	0	0 — 0	0 — 0
93	7 — 6	15 — 10	12	15	5 — 0	2 — 0
101	7 — 6	15 — 0	9	0	5 — 0	0 — 0
113	9 — 0	17 — 0	12	18	6 — 0	0 — 0
114	12 — 0	21 — 0	16	0	0 — 0	3 — 6
132	12 — 0	21 — 6	13	20	7 — 0	3 — 4
140	14 — 6	28 — 6	15	24	9 — 0	1 — 8
144	13 — 8	26 — 0	18	20	7 — 0	0 — 0
154	17 — 0	27 — 0	17	21	7 — 6	3 — 6
155	17 — 3	28 — 0	17	22	7 — 6	3 — 6
158	16 — 0	27 — 6	18	22	7 — 0	6 — 0
160	16 — 0	27 — 0	20	23	8 — 0	4 — 0
168	18 — 8	31 — 0	19	24	0 — 0	0 — 0
170	16 — 6	29 — 0	20	24	0 — 0	0 — 0
177	16 — 0	27 — 0	18	0	7 — 0	6 — 6

ETAMBRAIES, Etambaies, Etrambrais, Etambres, Serres de mâts. I'
fers, of *Visschers*, *Vissing*, *Vissingen*.

Ce font des ouvertures rondes, faites aux ponts du vaiſſeau, pour paſſer les mâts : ou-bien deux groſſes piéces de bois, qui accolent un trou rond qui eſt dans le tillac, par où paſſe le mât, afin de renforcer le tillac en cet endroit, & de tenir le mât plus ferme. Quelques-uns donnent auſſi le nom d'Etambraie à une toile poiſſée qui ſe met tout-autour des mâts, ſur le plus haut tillac, de-peur que l'eau ne les pourriſſe. Voiez, Brayes.

„L'Etambraie du grand mât d'un vaiſſeau de cent-trente-quatre piés de „long, doit avoir cinq piés trois pouces de long, quatre piés ſix pouces de „large, & ſix pouces d'épais. L'étambraie du mât de miſéne, qui eſt „ſur le château d'avant, doit avoir quinze piés & demi de long, trois piés „& demi de large, & quatre pouces & demi d'épais. L'étambraie du „mât d'artimon doit avoir deux piés cinq pouces de large, & quatre pou-„ces & demi d'épais. Le trou de cette étambraie & du pont, doit avoir „dix-ſept pouces & demi de diamétre. Le trou de l'étambraie du mât „de miſéne, doit avoir un pié huit pouces & demi; & celui du grand mât „doit avoir plus de diamétre, par proportion. Les piés doivent être en-„tendus piés d'onze pouces.

ETAMBRAIE du grand mât. *De Viſſer van de groote maſt.*

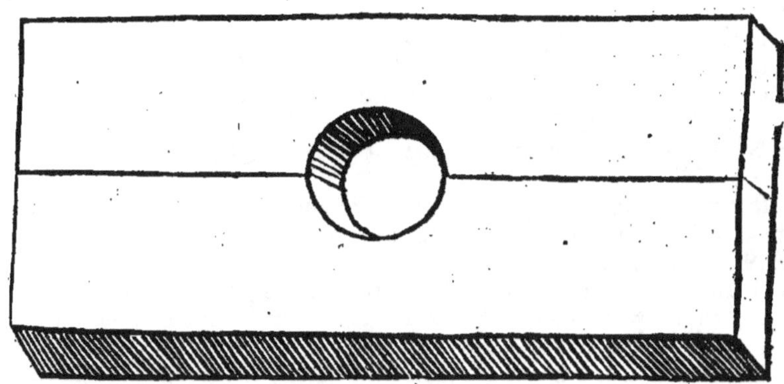

ETAMBRAIE du mât de miſéne. *De Viſſer van de fokke-maſt.*

ETAMBRAIE. *Spoor-gat.*

C c c

Ce mot se dit encore du lieu où porte le pié du mât, dans le fond du vaisseau.

E'TAMBRAIE du cabestan. *Visscher van de spil.*

Il se dit aussi des ouvertures par où passent les cabestans & les pompes.

„ L'E'tambraie du cabestan d'un vaisseau de cent-trente-quatre piés de long „ doit avoir huit piés de long, deux piés trois pouces de large, & quatre „ pouces d'épais.

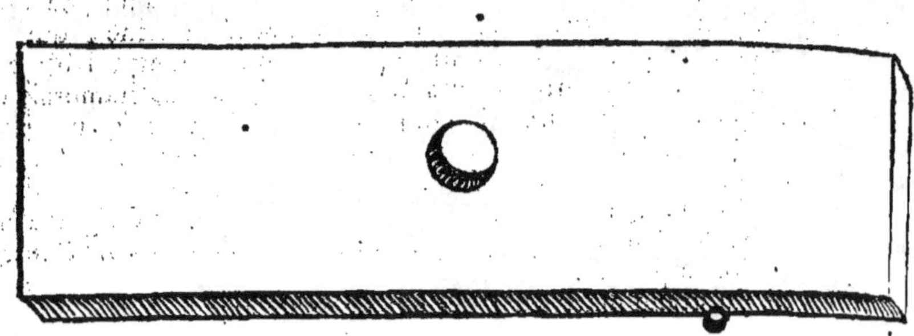

E'TAMINE. *Haar-doek, Vlagge-doek.*

C'est l'étofe dont on fait les pavillons. La piéce est d'environ trente-six aunes & demie, & coûte sept livres dix sous à huit livres à Amsterdam.

E'TANCES. Voiez, Estances.

E'TANCHER une voie d'eau. *Een gat of een lek stoppen.*

E'TANÇONS. *Stutten.*

Il est bon que les ponts soient garnis d'étançons sous tous les baux, pendant-que les vaisseaux demeurent amarrez au port.

E'TANG. *Een Poel.*

C'est un grand réservoir d'eau dans un lieu bas, fermé par une chausse ou digue, qu'on peut lâcher quand on veut, en levant l'écluse qui arrête les eaux des sources, & les décharges des pluies. Ordinairement les eaux des étangs sont douces, & on y met du poisson. La différence qu'il y a d'un étang à un lac, c'est que l'étang se desseche quelquefois l'E'té.

E'TANG de mer, ou E'tang salé. *Een Sout-meir.*

C'est un étang de certaines eaux dont la mer s'est déchargée, & qui d'ordinaire retiennent leur sel.

E'TAPE. *Staapel.*

C'est une place publique, où les Marchands sont obligez de faire aporter leurs marchandises, pour être achetées par le peuple. Il se dit aussi d'un port, & d'une ville de commerce; & dans ce sens on dit que le port de Redon en Bretagne est l'étape des vins pour Rennes. Dordregt, en Hollande, est l'étape des vins de Rhin, & des bois.

L'ESPAGNE a été autrefois l'étape des marchandises des Indes Orientales. *Spanje behieldt voor deesen de staapel der Oost-indische waaren.*

E'TAQUE. Voiez, Itaque.

E'TARCURE. *De diepte of lengte van de zeilen.*

Ce mot se dit par quelques-uns pour la hauteur des voiles.

E'TAT d'armement. *Een Lijst van de Zee-officiers, die in dienst ten oorlog aangenomen.*

C'est une liste envoiée de la Cour, de tous les vaisseaux, Oficiers Majors,
& autres Oficiers qui sont destinez pour armer.

E'TAT d'armement. *Staat van uitrusting.*

C'est aussi un Imprimé qui marque le nombre, la qualité & les proportions des agrès, apparaux & munitions qu'on a dessein d'emploïer aux vaisl-
seaux qu'on veut armer.

E'TAT. Capitaine du grand E'tat. *Een Kapitein die sijn commissie van den Koning gekreegen heeft.*

C'est un Capitaine de vaisseau qui a sa commission du Roi.

CAPITAINE du petit E'tat. *Een Kapitein, of Kommandeur van een ligte fregat, galjoot, fluit, of brandt-schip.*

C'est un Capitaine de frégate legére, de galiote, de brulot, ou de flûte.

E'TAY, E'tai. *Staag, Stag.*

C'est un gros cordage à douze tourons, qui par le bout d'enhaut se termine à un collier, pour saisir le mât sur les barres; & par le bout d'embas
il va répondre à un autre collier qui le bande, & le porte vers l'avant du
vaisseau, pour tenir le mât dans son assiette, & l'afermir du côté de l'a-
vant, comme les haubans l'afermissent du côté de l'arriére.

LE Grand E'tai, L'E'tai du grand mât. *De groote stag.*

Il descend depuis la hune du grand mât jusques au haut de l'étrave, où il
est tenu par son collier.

„Son épaisseur en rond, ou sa circonférence, selon un E'crivain Flamand,
„doit être une huitiême partie moindre que celle du maître cable. Voiez,
„Cordage.

E'TAI du grand mât de hune. *De groote Steng-stag.*

Il descend depuis la hune du grand perroquet jusques à la hune du mât de
miséne, avec une poulie courante au-dessous de la hune du mât de miséne;
& delà il descend jusques au bas.

„Sa circonférence doit être de même que celle du mât d'artimon, qu'on
„voit ci-dessous.

E'TAI de voile d'étuï. *Bras van ly-zeils spieren.*

C'est la manœuvre qui tient l'arc-boutant en avant.

FAUX-E'TAI. *Een loose Stag.*

C'est l'étai qui se met pour renforcer le grand, & pour servir en sa place,
s'il étoit coupé par quelque coup de canon.

FAUX-E'TAI. *De Draaireep van 't Stag-zeil.*

Ce mot se dit encore d'une manœuvre qu'on met le long de quelques étais
pour placer les voiles d'étai.

E'TAI du grand perroquet. *De groote Bram-steng-stag.*

Il descend du mât de hune devant l'étai du bâton du grand pavillon, & répond au perroquet de miséne.

E'TAI de miséne, ou du mât de miséne. *De Fokke-stag.*

Ordinairement il répond & finit en marticles sur les deux tiers du beaupré.

„Sa circonférence doit être une huitiême moindre que celle du grand
„étai.

E'TAI du mât de hune d'avant. *De Voor-steng-stag.*

Il répond au bout du beaupré „& doit avoir de circonférence une huitiê-
„me moins que l'étai du grand mât de hune.

Ccc 2

ETAI

E'TAI du perroquet de miséne. *De Voor-bram-steng-stag.*

E'TAI du mât d'artimon. *De Besaans-stag.*

Il vient descendre au pié du grand mât sur le tillac. ,, Sa circonférence est de la moitié de celle du grand étai.

E'TAI du perroquet d'artimon, ou de foule. *De Kruis-steng-stag.*

Il se fourche, & va se terminer en marticles aux haubans du grand mât.

E'TAI de perroquet de beaupré. *De Blinde-steng-stag, Knik-stag.*

E'TENDART. Voiez, Etandart.

E'TE'SIES, ou Vents Etésiens. *Mouzon.*

Ce sont des vents anniversaires & réguliers, qui ne manquent point à souffler en de certaines saisons, & pendant un certain tems. Voiez, Vents alisez, & Mouson.

E'TIER. *Een Hok tot masten.*

C'est une espéce de fossé faite par art, ou naturellement, qui se dégorge dans la mer, ou dans quelque riviére qui en est proche. On apelle pareillement Etier le conduit qui sert à recevoir l'eau de la mer dans les marais salans.

E'TOILE. *Star.*

C'est un Astre, un globe lumineux qui est au ciel. Les Astres sont des corps denses, divisez en Errans apellez Planètes, & en Fixes nommez simplement E'toiles. Ces E'toiles fixes gardent toujours la même distance entre elles, comme toutes celles du firmament que l'on distingue aisément par leur grandeur, leur couleur & leur splendeur. On divise les E'toiles en six classes. Celles qu'on apelle de la premiére grandeur, sont, selon quelques-uns, cent-huit fois plus grandes que la terre ; celles de la seconde, quatre-vingt-dix fois ; celles de la troisième, soixante & douze fois ; celles de la quatrième, cinquante-quatre fois ; celles de la cinquième, trente-six fois ; & celles de la sixième dix-huit fois. D'autres veulent que les E'toiles de la premiére grandeur, ne soient que cent deux fois plus grandes que la terre, & celles de la sixième grandeur seize fois. Vénus est la plus claire, & paroît la plus grande étoile du ciel. Quand elle va devant le Soleil on l'apelle E'toile du jour ; & quand elle suit le Soleil, elle est nommée E'toile du soir.

E'TOILE Polaire, ou E'toile du Nord. *Noord-star.*

C'est l'E'toile qui est dans la queuë de la petite Ourse, & on lui donne ce nom d'E'toile Polaire, à-cause qu'elle est fort proche du pole. Elle n'en est éloignée que de deux degrès & demi, ou environ. Cela fait qu'elle paroît à l'œil dans une même place, & qu'en la regardant, on est assuré d'être tourné droit au Septentrion. On connoît facilement cette E'toile, parce qu'elle fait presque une ligne droite avec les deux derniéres des quatre rouës du Chariot de David. Ainsi on dit, en termes de mer, que le vent se range à l'étoile, pour dire qu'il se range vers le Nord, à-cause que l'E'toile polaire est de ce côté-là. Les gens de mèr l'apellent aussi E'toile du Nord.

E'TOUPE. *Pluis, Pluisje, Harpluis, Werk.*

Vieux cordages qu'on défait, qu'on bat, qu'on met bouillir, & qu'on séche en-suite au Soleil, ou au four. Après cela on les file fort lâche, & gros comme le bras, pour en calfater les coutures des vaisseaux. Voiez, Mousse.

,, L'E.

„L'E'toupe blanche qui tombe du chanvre qu'on broie, ou qu'on peigne,
„& dont on calfate les coutures d'un vaisseau, coûte à-peu-près dix flo-
„rins le cent pesant. La grosse étoupe qui est faite de vieux cordages,
„coûte sept livres dix sous à huit livres.

ETOUPE goudronnée. *Geteert werk.*
C'est parce-qu'elle est faite de cordes goudronnées.

ETOUPE blanche. *Wit werk.*
C'est l'étoupe qui est neuve, & qui n'est point goudronnée.

ETOUPE noire, Vieille étoupe. *Swart werk.*

ETRAQUE. *De breedte van de boei-planken.*
C'est la largeur d'un bordage. Un autre Auteur dit que c'est la largeur
des planches du franc-bordage. Un devis d'un Charpentier de la Manche
apelle E'traques les planches ou bordages mêmes. Quatre E'traques de trois
pouces sur les empattemens des genoux & des varangues.

ETRAQUE de gabord, Première E'traque. *De breedte van de kiel-gang,*
of van de sandt-strook.
C'est la largeur du bordage qui est entaillé dans la quille.

ETRAVE, E'table, E'tante, E'taule. De tous ces termes celui d'E'trave est
le plus en usage. *Steven, Voor-steven.*
C'est une grosse piéce de bois courbe, ou deux piéces mises bout-à-bout,
l'une de l'autre, courbées en arc, & élevées en saillie, sur l'extrémité de
la quille, à l'avant du vaisseau, pour soutenir & former la proüe. Elle est
élevée jusqu'au-dessus du second pont, & c'est où aboutissent tous les
bordages & toutes les perceintes, qui sont conduites jusqu'à l'avant. Quand
l'E'trave est de deux piéces, la plus haute s'apelle Brion. On a dit ci-devant sous le mot Brion, que les Hollandois ne faisoient point leurs étraves de
deux piéces, ce qui n'est pas véritable.

„On prend ordinairement l'E'trave pour un fondement sur lequel on
„proportione toutes les autres parties d'un vaisseau; quoi-que pour cet
„éfet on puisse bien prendre aussi quelqu'une des autres principales piéces,
„& sur-tout l'E'tambord. D'ailleurs on n'a point d'autre raison à rendre
„des proportions qu'on prend sur l'étrave, pour toutes les autres parties,
„que l'expérience, qui a fait connoître que toutes les autres piéces, ainsi
„proportionées sur celle-ci, ont toute la force & la grandeur qui leur sont
„nécessaires.
„Il faut que l'E'trave soit faite en ligne courbe, pour mieux résister à la
„violence de la mer: & comme les proportions qu'on donne tant à l'étra-
„ve qu'aux autres piéces, & à tout le bois d'un vaisseau, leur sont don-
„nées en vuë de les faire résister à la mer, de laquelle on ne peut pas sa-
„voir précisément la force & l'impétuosité, qui est tantôt plus grande,
„tantôt moindre; il est facile de comprendre qu'on ne peut rendre aucune
„autre raison de ce qu'on fait pour résister à cette force, que l'expérience.
„C'est donc sur elle qu'on se fonde, en donnant à l'étrave, & à toutes
„les autres piéces, les proportions qu'on leur donne ordinairement, & qui
„leur sont données ici.
„Il est vrai que les habiles Maîtres ne s'atachent pas toujours servilement
„à ces règles des proportions. Ils proportionent eux-mêmes, à leur gré,
„chaque partie, selon la connoissance qu'une longue expérience leur a don-

Ggg 3

„née,

,, née, fans avoir aucun égard ni à l'étrave, ni à aucun des autres princi-
,, paux membres, pour y proportioner le refte. Mais quoi-qu'ils ne pren-
,, nent pas ainfi leurs mefures, néammoins lors-que les vaiffeaux font conf-
,, truits, il fe trouve que leurs proportions fe raportent, à-peu-près, à
,, celles qui font preferites par les règles.

,, On propofe ici pour éxemple un navire de cent-trente-quatre piés de
,, long, de l'étrave à l'étambord, qui a cent-quatre piés de quille portant
,, fur terre, parce-qu'étant d'une grandeur médiocre, il peut mieux fervir
,, à faire trouver les proportions qui conviennent à de plus grands & à de
,, plus petits vaiffeaux. On fe fert auffi de l'Etrave, comme de fonde-
,, ment, afin de faciliter la connoiffance de la conftruction à ceux qui veu-
,, lent s'y apliquer, & parce-qu'on eft affuré qu'en fuivant cette règle, on
,, ne peut commettre de faute confidérable, ni s'éloigner de ce qui eft pra-
,, tiqué par le plus grand nombre dès Charpentiers.

,, L'Etrave doit être de la hauteur du creux du vaiffeau, à prendre depuis
,, le haut pont. Son épaiffeur fe prend fur la longueur du navire; favoir,
,, Dix piés de long donnent un pouce pour l'épaiffeur de l'étrave en-dedans;
,, & en-dehors elle doit avoir les trois cinquièmes parties de l'épaiffeur du
,, dedans. D'autres, pour lui donner une épaiffeur convenable en-dedans,
,, prennent les trois quarts de fa hauteur perpendiculaire, & lui donnent
,, autant de pouces d'épaiffeur qu'il y a de piés dans ces trois quarts de fa
,, hauteur: mais on lui donne plus d'épaiffeur dans les vaiffeaux qui ont un
,, château, que dans ceux qui n'en ont point.

,, Pour fa hauteur on prend encore deux onzièmes parties de la longueur du
,, vaiffeau, de l'étrave à l'étambord, bien-entendu que c'eft en droite ligne,
,, & non felon la rondeur de la piéce. Quelques Charpentiers prennent onze
,, foixantièmes parties de la longueur. D'autres joignent enfemble le creux,
,, le relevement de l'avant, & ce qui eft conftruit au-deffus, comme le
,, château, ou une chambre. Par éxemple: Dix piés de creux, deux piés
,, de relevement, ou trois quand ils s'y trouvent, fix piés de hauteur d'en-
,, tre deux ponts, prife au bord, cela fait dix-huit piés de hauteur pour
,, l'étrave, & il lui faut donner autant de quête, ou à-peu-près.

,, En parlant de la hauteur de l'Etrave, il faut premiérement favoir fi le
,, vaiffeau aura un château d'avant, ou non. S'il n'en a point il faudra que
,, l'étrave foit plus baffe, & qu'elle ne vienne que jufques à la moitié de
,, la hauteur du haut pont.

,, Pour la quête de l'Etrave on prend le plus fouvent les vingt-huit vingt-
,, neuvièmes parties de fa hauteur, en ligne perpendiculaire.

,, Le milieu de l'Etrave doit être une fois plus large qu'épais; mais elle
,, doit être plus large par le haut & par le bas. Quelques-uns ne lui don-
,, nent de largeur par le haut que deux fois l'épaiffeur qu'elle a en-dedans;
,, & felon eux les trois quarts de cette même épaiffeur du dedans font fon
,, épaiffeur en-dehors. Elle eft pofée fur la quille, & jointe avec elle par
,, un écart auffi long que le bois le permet. La rablure pour les bordages
,, qui y entrent, fe fait à un quart de fon épaiffeur en-dedans, c'eft-à-dire
,, à prendre de dedans en dehors.

,, Pour trouver la quête, il faut tirer une ligne horizontale depuis le rin-
,, jot jufques au-deffous de la tête de l'étrave, d'où l'on tire une ligne per-
,, pendiculaire fur la ligne horizontale.

„Les Charpentiers qui ont proportioné le vaiſſeau de cent-trente-quatre
„piés de long, de l'etrave à l'étambord, qu'on prend ici pour modè-
„le, donnent à ſon étrave vingt-cinq piés de hauteur, & vingt-quatre
„piés de quête.
„L'épaiſſeur de cette étrave en-dedans eſt de treize pouces & un quart,
„& de neuf pouces en-dehors. Sa largeur eſt de trois piés par le bas, &
„de deux piés par le haut. Sa ligne courbe eſt de cinq piés en-dedans. Son
„rinjot eſt de huit piés de long, ſon écart de ſix piés. Son épaiſſeur par le
„bout eſt de trois piés & demi, & il y a quatre bonnes chevilles de fer dans
„l'écart.
„VOICI ce qu'un autre Auteur a écrit touchant l'E'trave.
„L'E'trave eſt comme un bouclier devant le vaiſſeau pour ſa défence. Les
„bouts des bordages y entrent. Elle eſt jointe en-bas à la quille par un
„écart qui eſt entretenu avec diverſes chevilles de fer. On lui donne
„aujourdhui moins de quête qu'on ne faiſoit autrefois, & l'on tient le bas
„du vaiſſeau plus long, ce qui le rend beaucoup plus propre à bien bou-
„liner.
„La hauteur de l'E'trave ſe prend ſur la quille juſques au haut en-dedans.
„Pour la régler il faut prendre la hauteur du creux du vaiſſeau, & la hau-
„teur du relevement du bas pont, qui doit être d'un pouce par chaque dix
„piés de la longueur du vaiſſeau ; enſuite il faut compter la hauteur
„qu'on veut donner entre deux ponts ; & ſi le beaupré eſt couché ſur le
„haut pont, ou que le vaiſſeau ait un château fermé, il faut prendre la
„hauteur qui eſt entre le pont & le beaupré contre l'étrave, ce qui va à
„quatre, cinq, ou ſix piés, ſelon la grandeur du vaiſſeau, ou ſelon la vo-
„lonté de celui qui en fait le gabarit, n'y aïant point de règles certaines
„à quoi l'on ſe doive aſſujettir. Tout cela compté enſemble doit faire la
„hauteur de l'étrave. Par éxemple ; Un vaiſſeau de cent piés, qui aura
„dix piés de creux, dix pouces de relevement du premier pont, ſix piés de
„hauteur d'entre deux ponts, trois piés ſix pouces de hauteur priſe en-de-
„vant entre le haut pont & le beaupré; tout cela fait vingt piés cinq pou-
„ces, & ce doit être la hauteur de l'étrave.
„Son épaiſſeur doit être d'un pouce par chaque dix piés de la longueur du
„vaiſſeau, ou d'un peu plus, ſi les vaiſſeaux ne ſont pas des premiers rangs.
„Elle doit avoir dans ſon milieu une fois autant de largeur qu'elle a d'é-
„paiſſeur ; mais elle doit être plus large par le haut & par le bas, ſans néam-
„moins qu'il y ait rien de déterminé pour cette derniére largeur qui dépend
„de la conduite du Maître Charpentier. On lui donne ſa quête tout-de-
„même, ſelon que le Maitre juge qu'il eſt convenable pour la piéce même,
„& pour la quille. Elle doit avoir ſa rablure comme la quille, la largeur
„de laquelle rablure doit être proportionée, pour contenir les planches
„qui doivent y entrer ; mais elle doit avoir un tiers moins de profondeur
„que de largeur, & elle ne doit pas deſcendre trop bas, à-cauſe de la con-
„tre-étrave ; ni monter trop haut, à-cauſe des préceintes.
„VOICI une table que donne le même Auteur, par laquelle on voit les
„divers ſentimens des Charpentiers ſur la hauteur, l'épaiſſeur & la quête
„qu'ils veulent qu'on donne à l'étrave ; par où l'on peut connoître qu'il
„n'y a point de règles tout-à-fait certaines pour ces proportions, & qu'il
faut

„ faut avoir égard au gabarit entier; parce-qu'il y a des vaisseaux qui o[nt]
„ plus de ponts, ou plus de hauteur entre deux ponts les uns que les au[t-]
„ tres. C'est par cette raison qu'il croit qu'il n'y a pas tant de différen[ce]
„ qu'il en paroît dans les diverses proportions que cette table contient. A[u]
„ reste il dit que son sentiment est qu'il y a erreur dans l'article, qui ma[...]
„ que pour un vaisseau de cent & un pié de long, une étrave qui n'a q[ue]
„ huit pouces d'épais.

	Piés.	Piés, Pouces.	Piés, Pouces.	Pouces.	Piés
	85	11 — 0	16 — 3	9	16
	93	7 — 6	16 — 3	10	18
	101	7 — 6	14 — 0	8	20
Un vaisseau long de	113	9 — 0	17 — 0	11	22
	132	12 — 9	20 — 10	13	18
	140 a de creux	14 — 6	27 — 9	15 de quête	22
	144	15 — 0	29 — 0	16	30
	154	17 — 3	28 — 0	16	28
de l'é-	155	17 — 0	27 — 9	16	22
trave à	160	17 — 0	27 — 0	16	27
l'étam-	160	16 — 0	28 — 0	16	30
bord	177	19 — 0	31 — 0	17	33

(l'Etrave a de hauteur / d'épaisseur)

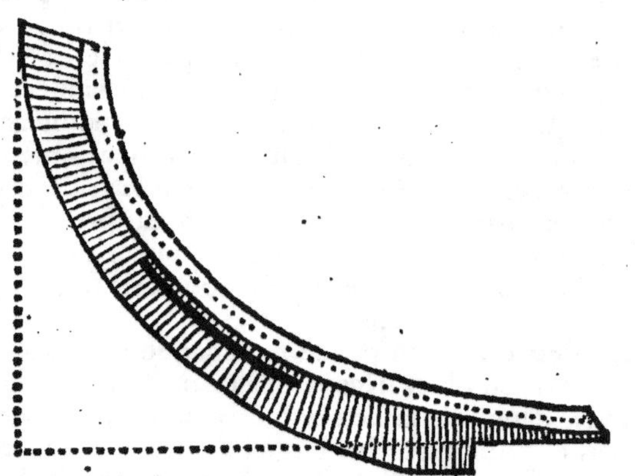

ETRIER. *Bengel.*

C'est, en terme de Charpenterie, une barre de fer plate & coudée qua[-]
rément en deux endroits, pour soutenir une poutre, & l'atacher à un poin[-]
çon.

ETRIER. *Een platte Schalm.*

C'est un des chaînons des cadènes de hauban, qu'on cheville sur une se[-]
conde préceinte, afin de renforcer ces cadènes.

ETRIER. *Bengel.*

C'est aussi une bande de fer, faite en forme de crampon, par le moien d[e]
laquelle on joint une principale piéce de bois avec une autre.   ETRIER[S]

ETRIERS. *Stroppen.*

Ce font de petites cordes, dont les bouts font joints enfemble par des épiſ-
fures. On ne s'en fert pas feulement pour faire couler une vergue, ou
quelque autre chofe, au haut des mâts, le long d'une corde; mais on s'en
fert auſſi dans les chaloupes pour tenir l'aviron au tolet.

ETROPES. *Stroppen.*

En général les Etropes font des bouts de cordes épiſſez, à l'extrémité deſquels on a coutume de mettre une coſſe de fer, pour acrocher quelque
chofe.

ETROPE, Gerſeau, Erſe, ou Herſe de poulie. *Strop, Strop-touw, Strik.*

C'eſt une corde qui eſt bandée autour d'un moufle ou arcaſſe de poulie,
rant pour la renforcer & empêcher qu'elle n'éclate, que pour fufpendre
la poulie aux endroits où elle doit être amarrée.

ETROPES de marchepiés. *Stopjes tos juffers van de hengſt.*

Ce font les anneaux de corde qui font le tour de la vergue, au bout deſquels, & dans une coſſe, paſſent les marchepiés. Ils ont chacun un cap de
mouton pour roidir ces marchepiés, les faiſiſſant vers le bout de la vergue.

ETROPES d'afût. *Stropjes.*

Ce font des erſes avec des coſſes, qui font paſſées au bout du derriére du
fond de l'afût d'un canon, où l'on acroche les palans.

ETUVE de corderie. *De Stoove van een baan, of lijn-baan.*

C'eſt un lieu muni de fourneaux & de chaudiéres, où l'on goudronne les
cordages qui doivent fervir aux vaiſſeaux.

E V.

EVENT. *Het fpeelen van de kogel in de mond van een ſtuk geſchuts.*

C'eſt l'aifance qu'on donne au boulet, pour rouler dans le calibre d'un
canon. Voiez, Vent.

EVENTER une piéce de bois. *Uithouden.*

C'eſt la tirer avec le cordage, pendant-qu'on la monte, afin d'empêcher qu'en donnant contre la muraille la piéce de bois ne gâte quelque
chofe.

EVENTER les voiles. *De zeilen byſtaan, byhaalen en uitfetten, dat ſy beginnen te draagen; Ter windt-vank ſtellen; Wenken.*

C'eſt mettre le vent dedans, afin-que le vaiſſeau faſſe route. Nous arrivâmes fous le vent à lui; mais il éventa fes voiles, & paſſa fous le vent
à nous. L'ennemi éventa tout d'un coup fes voiles, qui n'étoient ferlées
qu'avec des amarres legéres.

LES Voiles s'Eventent. *De zeilen fcheppen of vatten windt.*

EVITE'E. *De wijdte van de vaart van een rivier.*

C'eſt la largeur que doit avoir le lit ou le canal d'une riviére, pour fournir un libre paſſage aux vaiſſeaux.

CANAL, ou petite Riviére, où les grands vaiſſeaux n'ont pas leur E'vitée.
Een vaart, of klein rivier, daar men met groote fchepen niet in mag.

LES GRANDS Vaiſſeaux n'ont pas leur Evitée dans cette riviére, & quoi-
qu'elle ait aſſez de profondeur, elle n'eſt navigable que pour les petits bâtimens. *Deefe rivier is te nauw voor groote fchepen, ſy is maar vaarbaar voor
klein vaartuig.*

RÉTRECISSEMENS d'une riviére où de médiocres bâtimens n'ont p[..] aſſez d'E'vitée pour tourner. *Engtens van een rivier , daar middelbaare vaar[..] tuigen ſig niet konnen keeren.*

IL N'Y a d'E'vitée dans le canal que pour un bâtiment. *De diepte van [..] vaart is ſoo naauw , dat'er niet meer dan een ſchip te gelijk kan inkomen.*

E'VITÉE. *Ruimte tuſſchen leggende ſchepen om te konnen ſwaaijen.* Ce mot ſe dit auſſi d'un eſpace de mer où le vaiſſeau peut tourner à [..] longueur de ſes amarres.

CHAQUE vaiſſeau qui eſt à l'ancre, doit toujours avoir ſon E'vitée. *E[..] ſchip moet ſoo veel plaats hebben , dat omſwaaijenden den ander niet en raake.*

E'VITÉE. *Het omſwaaijen van een ſchip.* C'eſt le tour qu'un vaiſſeau a fait en évitant, ou tournant ſur ſon cable.

E'VITER. *Vaiſſeau qui a E'vité. Een ſchip dat omgeſwaaijt heeft.* C'eſt-à-dire qu'il a changé bout pour bout, à la longueur de ſon c[..] ble, ſans qu'il ait levé les ancres. C'eſt un port qui n'a d'étendüe qu[..] pour contenir dix ou douze navires, encore faut-il qu'ils ſoient tenus d[..] vant & derriére ; car s'ils n'avoient que leurs ancres devant le nez , ils [..] briſeroient les uns contre les autres, lors-qu'ils éviteroient au changeme[..] des marées & du vent. Du côté que la galére évita , la marée paſſoit [..] long de ſon bord avec autant de vîteſſe que le courant d'une riviére , [..] portoit au Nord-eſt.

E'VITER au vent. *Op de windt ſwaaijen, of draaijen.* Cela ſe dit d'un vaiſſeau , lors-qu'il préſente l'avant au lieu d'où le ve[..] vient.

E'UITER à marée. *Op ſtroom ſwaaijen.* C'eſt lors-que le vaiſſeau préſente l'avant au courant de la mer, à la lo[..] gueur de ſes amarres.

E'VITER. *Afdrijven, Omduuwen.* C'eſt quand un corps ſolide céde la place à un autre corps ſolide qui [..] preſſe.

LE RAT E'vite. *De vlot drijft af, duuwt om,* C'eſt, par éxemple, quand on lance une chaloupe à l'eau, & qu'il y a [..] rat au-devant qui recule lors-que la chaloupe commence à le toucher.

E'VOLUTIONS militaires. *Het op ſeinen keeren en wenden , tegens elkander[..] aanzeilen , ſoeken elkanderen den windt af te winnen , en voordeel af te ſien , v[..] vyandtlijke ſcheepen, of vlooten, Het drillen.* Ce ſont les changemens & mouvemens qui ſe font , lors-qu'on range [..] bataille une armée navale , ainſi qu'une armée de terre , ou un certa[..] nombre de ſoldats ; ou qu'on fait faire l'éxercice aux vaiſſeaux.

E X.

E'XERCICE du canon. Faire l'E'xercice du canon , *Oeffening in 't manier[..] of hanteeren van 't geſchut. 't Volk by 't ſchut doen gaan en drillen.* L'E'xercice du canon, dans un vaiſſeau, eſt un mouvement qui repréſen[..] celui du canon dans un combat , & le maniment des utenſiles & des m[..] nœuvres qui y ſervent. On dit auſſi, Faire l'E'xercice du mortier.

E'XERCICE de la manœuvre. *Oeffening in 't ſcheeps-werk.* C'eſt la démonſtration & le mouvement de tout ce qu'il faut faire pour [..] pareiller un vaiſſeau.

EXER[..]

EXERCICE des menuës armes. *Oeffening in 't gebruik van 't handt-weer.*
EXPEDITION maritime. *Een Zee-togt.*
C'est une campagne sur mer, ou un long voiage.

F A.

FABRIQUE des vaisseaux. *Maaksel.*
C'est tout ce qui se peut observer dans leur construction, & la maniére dont ils sont construits. Le Grêfier doit tenir un rolle des Maîtres, matelots, pêcheurs, & mariniers, étant dans le ressort du Siége, avec le nom, port, & fabrique des vaisseaux apartenans aux bourgeois demeurans dans son étenduë.
ON dit que ces vaisseaux sont de fabrique de Suéde. *Deese schepen segt men van Sweedsch maaksel te zyn.*
FABRIQUER des vaisseaux. *Schepen bouwen.*
C'est les construire. Voiez, Construire, & Construction.
FAÇONS de vaisseau. *Verenging, Snijding, Opschorting, Het wringen, het draaijen, het breeken van het schip, Het fatsoen, Beloop.*
Ce sont les diminutions qu'on fait à l'avant & à l'arriére du dessous d'un vaisseau.
LES FAÇONS de l'avant & de l'arriére considérées en-dedans. *Voor-piek, en Agter-piek.*
LES FAÇONS de l'arriére. *Opschorting, Sog.*
FAÇONS de l'arriére bien évidées & bien faites. *Een wel geschort schip, of na agteren toe wel verengt.*
FAÇONS sous les estains. *Sog.*
FAGOT. Barque en Fagot, Chaloupe en Fagot. *Een Ongemaakte sloep, of bark, Een los bark, dat men in 't schip overvoert.*
C'est une barque, une chaloupe, qu'on monte sur le chantier, & qu'on démonte en-suite, pour la mettre dans un vaisseau, & la monter dans les lieux où l'on en pourra avoir besoin. On embarque même des maisons en fagot, c'est-à-dire, des piéces de charpenterie destinées à bâtir une maison, pour les assembler quand on aura pris terre, & qu'on voudra faire une habitation, soit aux isles de l'Amérique, soit ailleurs.
FUTAILLES conservées en Fagot. *Vaten aan schooven geslagen en bewaart.*
FAGOTS d'artifice. *Vuur-bundels.* Voiez, Feux.
FAILLOISE *De plaats daar de Zon onder-gaat.*
C'est l'endroit où se couche le Soleil.
FAIRE le Nord, le Sud, l'Est, l'Oüest. *Om 't Noord, of 't Suid, Oostelijk of Westelijk loopen ; Oost aan zeilen, Suid-oost over loopen.*
C'est naviguer, gouverner, courir, cingler sur ces airs de vent. Depuis ce cap jusques à l'isle il faut faire le Nord-est, autrement on donnera sur des bancs de sable.
FAIRE canal. *Oversteeken.*
C'est passer une mer pour aller d'une terre à une autre. Cette façon de parler est plus affectée aux galéres qu'aux navires.
FAIRE vent arriére. *Voor de windt af loopen.*
C'est prendre vent en poupe.
FAIRE Tête. *Dat is als een schip hardt en heel stijf aan sijn touw haalt.*

Ddd 2

C'est

C'est présenter le cap au vent, ou au courant, ce qui se dit d'un vaisseau
qui fait roidir son cable.

FAIRE route. *Voort-vaaren, Voort-zeilen.*

C'est courir, naviguer, cingler sur l'eau.

FAIRE droite route. *Regt koers zeilen.*

C'est courir en droiture au parage où l'on a dessein d'aller, sans dériver
l'on peut.

FAIRE plusieurs routes. *Heen en weer wenden, Laveeren.*

C'est courir plusieurs bordées en louviant. Voiez, Route.

FAIRE voiles, Faire voile. *Zeil maaken, Afloopen, Afzeilen, Wegzeilen,
Afvaaren, t'Zeil gaan.*

C'est partir & faire sa route. Il y a présentement beaucoup de gens qui
écrivent Faire voile, quoi-que Faire voiles soit mieux. Par exemple,
On ne dit point, Faire petite voile, mais bien

FAIRE petites voiles. *Klein zeil maaken, of voeren.*

C'est ne porter qu'une partie de ses voiles

FAIRE plus de voiles. *Meer zeil maaken.*

C'est déferler & déploier plus de voiles qu'on n'avoit fait.

FAIRE servir les voiles. *De zeilen ter windt-vanck stellen.*

C'est mettre le vent dedans, ou les empêcher de fasier.

FAIRE plus ou moins de voiles. *Meer of min zeilen maaken.*

C'est mettre plus ou moins de voiles au vent.

FAIRE force de voiles. *Alle de zeilen byfetten.*

C'est porter autant de voiles qu'il est possible, pour faire son cours avec
plus de diligence. Voiez, Voiles.

FAIRE un bord, une bordée. *Een gang loopen.*

C'est faire une route, soit à babord, soit à stribord. Voiez, Bord & Bordée.

FAIRE la parensane. *Alles klaar maaken om te zeilen.*

C'est mettre les ancres, les voiles & les manœuvres en état de faire route.
Ce terme est particulier aux Levantins.

FAIRE eau. *Lek zijn.*

C'est être gagné de l'eau qui entre dans le navire par quelque ouverture.
Voiez, Eau.

FAIRE de l'eau, Faire aiguade. *Waater haalen, inneemen, binnen scheeps-boord
haalen.*

C'est se pourvoir d'eau douce, pour la provision d'un vaisseau. Voiez,
Eau.

FAIRE du bois. *Hout inneemen, Sig met hout voorsien.*

C'est se fournir de bois. Voiez, Bois.

FAIRE du biscuit. *Broodt inneemen, Sig met hardt broodt voorsien.*

C'est se fournir de biscuit.

FAIRE chapelle. *Een uil vangen, Overstaag vallen.*

C'est revirer malgré soi. Voiez, Chapelle.

FAIRE pavillon. *De vlag van bovenen voeren.*

Ce terme ainsi emploié, se prend pour porter le pavillon de Commandant
d'une flote, ou d'une armée, ou de tel gros de vaisseaux qui se trouvent
ensemble.

FAIRE

FAIRE pavillon, Faire banniére de France, ou d'une autre Nation. *De vlag laaten waaijen, De vlag van Vrankrijk opfetten.*

C'eſt-à-dire, Arborer le pavillon de France, ou d'une autre Nation.

FAIRE pavillon blanc. *De witte vlag laaten waaijen.*

C'eſt déploier le pavillon blanc, pour faire connoître dans un combat que l'on demande la paix. On le dit auſſi pour faire un ſignal de paix, quand on veut avoir pratique avec une nation ſuſpecte.

FAIRE pavillon rouge. *De roode vlag laaten waaijen.* Voiez, Pavillon.

FAIRE des feux. *Vuuren.*

Cela ſe dit d'un vaiſſeau qui, étant incommodé, met des fanaux la nuit en pluſieurs endroits, afin qu'étant vu de la flote, il puiſſe en recevoir du ſecours.

FAIRE honneur à une roche. *Van een klip afhouden.*

C'eſt-à-dire, s'en éloigner, ne la pas aprocher en paſſant avec un vaiſſeau.

FAIRE une choſe en douceur. Voiez, Douceur.

FAIRE quarantaine. Voiez Quarantaine.

FAIRE le quart. Voiez, Quart.

FAIRE feu des deux bords. Voiez, Feu.

FAIRE abatre. Voiez, Abatre.

FAIRE gouverner. *Op de man te roer paſſen.*

Cela ſe dit du ſoin qu'un Pilote prend de faire que le Timonier gouverne droit au rumb de vent qu'on veut tenir.

FAIT. Un vent Fait. *Een doorgaande koelte.*

C'eſt un vent qui a déja ſouflé quelque tems d'un certain rumb, & qu'on préſume qui doit durer.

FAIX de pont. *Schaar-ſtokken.*

„Ce ſont des planches épaiſſes & étroites, qui ſont entaillées pour mettre „ſur les baux, dans la longueur du vaiſſeau, depuis l'avant juſqu'à l'ar„riére, de chaque côté, à-peu-près au tiers de la largeur du bâtiment. „Les barrots y ſont auſſi entez, pour afermir le pont qui repoſe deſſus. „Il y a des faix de pont qui viennent juſqu'à la largeur des écoutilles, & „qui ſervent à les borner. Ceux qui ſont poſez derriére les mâts, avan„cent plus vers le milieu du vaiſſeau, que ceux qui ſont le long des écou„tilles. Leurs entailles ſous les baux doivent être de la moitié de leur é„paiſſeur, & il doit y avoir auſſi un pouce d'entaille dans le deſſus du bau „pour les y loger, & pour les entretenir enſemble. „On donne ſouvent aux Faix de pont le quart de l'épaiſſeur de l'étrave, „& de largeur un quart plus que l'épaiſſeur de l'étrave. „Les Charpentiers qui ont réglé les proportions d'un vaiſſeau de cent„trente-quatre piés de long, donnent aux faix de pont dix-ſept pouces „de large, & quatre pouces & demi d'épais : à ceux qui ſont ſous le châ„teau d'avant, quatorze pouces de large, & trois pouces d'épais : à ceux „qui ſont ſur le même château, ſept, huit, ou neuf pouces de large, „& deux pouces d'épais. L'un vient depuis l'arriére juſqu'au devant „de la grande écoutille, & l'autre s'étend depuis l'étambraie juſqu'à l'a„vant. Ils ſont un peu plus étroits à l'avant & à l'arriére qu'ailleurs, „& ils ont des entailles juſqu'à la moitié de leur épaiſſeur, à l'endroit

D d d 3

„où

„ où ils portent fur les baux qui ont auſſi une entaille d'un pouce au mê-
„ me endroit. Voici la figure d'un Faix de pont du haut pont.

FALAISE. *Een ſteil oever, Een ſteil ſtrand.*
C'eſt un rivage, ou bord de mer, dont le terrein eſt haut, eſcarpé, & en
écore, ou taillé en précipice. Défenſes ſont faites aux Particuliers emploiez au ſauvement, & a tous autres, de porter dans leurs maiſons, ni ailleurs qu'aux lieux deſtinez à cet éfet ſur les dunes, gréves, ou falaiſes, &
de receler aucune portion des biens & marchandiſes des vaiſſeaux échoüez
ou naufragez. Falaiſes ſe prend quelquefois ſeulement pour des terres élevées & des ſables.
FALAISER. La mer Falaiſe. *De zee brandt.*
C'eſt lors-que la mer ſe vient briſer contre une falaiſe, ou côte eſcarpée, &
lors-qu'il n'y a point de ſable ou de gréve ſur ſes bords.
FANAL. *Lantaarn, Lantaren.*
C'eſt une eſpéce de groſſe lanterne, ou falot, dont les vaiſſeaux ſe ſervent
pour la navigation. Lors-qu'on dit ſimplement, Fanal, on entend le
grand fanal de poupe. *De groote agter-lantaarn.* L'Amiral en porte trois.
Drie lantaarnen agter op, Drie lantarens om agter op te ſtaan, & un à la hune,
pour ſe faire ſuivre des autres vaiſſeaux de guerre. Le Vice-Amiral, Contre-amiral, & Chefs d'eſcadre, en portent chacun trois à la poupe, & tous
les autres vaiſſeaux, tant de guerre que marchands n'en peuvent porter
qu'un. Quand il fait gros tems tous les vaiſſeaux mettent des fanaux à
l'arriére pour s'empêcher de dériver l'un ſur l'autre. Parmi la plupart des
mariniers tout eſt Fanal, hormis la lanterne ſourde, & une autre petite
lanterne claire, qui garde auſſi ſon nom. L'Ordonnance porte, qu'un
Canonier veillera dans la ſainte-barbe avec une chandelle allumée dans un
fanal.
FANAL de hune. *Mars-lantaarn.*
C'eſt celui que porte à la grande hune le vaiſſeau du Commandant, ou
pour faire des ſignaux, ou pour quelque autre beſoin.
FANAUX de combat. *Slag-lantaarnen.*
Ce ſont ceux qui ne donnent de la lumiére que d'un côté, l'autre étant
plat & ſans ouverture, de-ſorte-qu'on peut l'apliquer contre le côté du
vaiſſeau, en-dedans, lors-qu'il faut donner un combat la nuit.
FANAL de ſoute. *Kruidt-lantaren.*
C'eſt un gros falot qui ſert à tenir une lampe pendant le combat, afin d'é-
clairer dans les ſoutes aux poudres.
PETITS FANAUX. *Vuuren, Lantaarnen.*
Il y a auſſi de petits fanaux; ce ſont ceux qu'on met aux côtés du grand
fanal à la poupe d'un vaiſſeau.
FANAUX pour ſignaux, ou Fanaux de ſignal. *Sein-vuuren.*
Ce ſont les fanaux dont on ſe ſert pour faire les ſignaux qui ſont ordonnez
ou dont on eſt convenu.

FANAL

FANAL, Tour à feu. *Vuur-baak, Brandaaris.*

C'en une tour où l'on met du feu la nuit, pour avertir les vaisseaux qui font en mer. Voiez, Phare.

FANAL. *Vuur.*

C'est aussi le feu même qui est allumé sur le haut de la tour.

FANON, Prendre le Fanon de l'artimon. *De besaan bollen.*

C'est le racourcissement du point de la voile, que l'on trousse & ramasse avec des garcettes, pour prendre moins de vent, ce qui ne se fait que de très-gros tems. Ce mot est particuliérement pour la voile d'artimon, & quelquefois pour la miséne.

FARAILLON. *Een Sandt-plaatie.*

C'est un petit banc de fable que quelque passage ou fil d'eau tient féparé d'un grand banc.

FARDAGE. *Garniering.*

Ce font des fagots qu'on met au fond de cale, quand on charge en grenier.

FARE. Voiez, Phare.

FARGUES ou Fardes *Hals-maft, Schildt, Set-gangen, Set-borden.*

Ce font des planches, ou bordages, qu'on élève, fur l'endroit du platbord apellé la Belle, pour tenir lieu de garde-corps, afin de défendre le pont, & d'ôter à l'ennemi la vuë de ce qui fe passe. On couvre les fargues d'une baftingure rouge, ou bleuë.

„Les Fargues fervent à clorre le vaisseau par l'embelle. On les ôte & on
„les remet quand on le iuge à-propos. Dans les navires de guerre on y fait
„des meurtriéres rondes, & de petites portes pour defcendre à la mer, &
„retirer ce qu'on veut.

„Les Fargues d'un vaisseau de cent-trente-quatre piés de long, de l'étrave à
„l'étambord, ou pluôt les bordages des fargues, doivent avoir cinq pouces
„de large, & trois pouces d'épais; leurs montans doivent être au nombre de.
„cinquante-fix de chaque côté, & doivent avoir deux pouces & demi d'é-
„pais. Les Fargues doivent être élevées de quinze pouces au-deffus de
„la liffe de vibord, & par le haut elles doivent être au niveau du haut de la
„plus baffe liffe; elles font jointes aux montans avec de petites chevilles de
„fer. On peint les fargues de rouge, & les baftingures font rouges auffi
„fur les vaisseaux Hollandois, de-même que fur les Anglois. Voiez, Gar-
„de-corps.

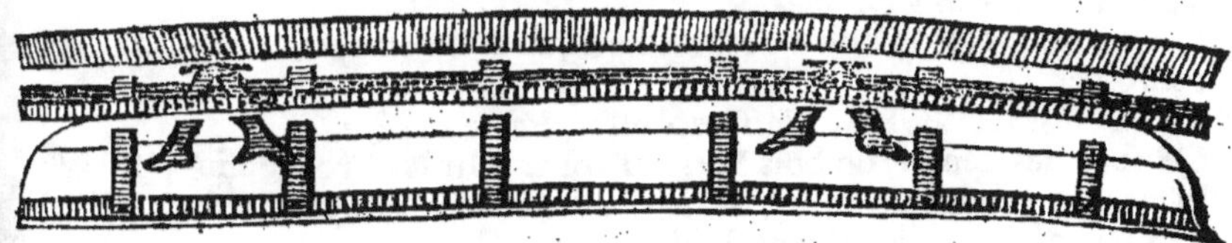

FASIER Les voiles fafient. *Wapperen, De zeilen wapperen, of lauieren.*

On dit que les voiles fafient, pour dire que le vent n'y donne pas bien, & que la ralingue vacille toujours.

FAU-

FAUBER, ou Vadroüille. *Een Swabber, Een Dweil.*

C'eſt une ſorte de balai fait de fils de vieux cordages, avec lequel on né-
toïe le vaiſſeau.

FAUBERTER. *Swabberen, Dweilen.*

C'eſt nétoïer le vaiſſeau avec le fauber.

FAUCON. *Een Valk, of dubbelde Valkenet.*

C'eſt une eſpéce de canon qui a trois pouces de diamétre, & dont le boulet
pèſe une livre & demie.

FAUCONNEAU. *Een Valkenet.*

C'eſt une autre eſpéce de canon de ſix à ſept piés de long, qui a deux pouces de diamétre, & dont le boulet pèſe une livre à une livre & demie.

FAVORABLE. Vent Favorable. *Een gunſtig of dienſtig windt, Een goed
windt, Open windt.*

C'eſt un vent qui porte à la route.

LE Vent leur étoit Favorable, mais il tomba. *De windt was hen mede, daar
na ging hy leggen.*

FAUTIF. Bois Fautif. *Een Hout met een wanſtekje.*

C'eſt une piéce de bois qui n'eſt pas quarrée, & qui eſt défectueuſe.

FAUX. Fauſſe-coupe. *Een verſtek van een agtkantig hoek, Een oploopende of
inloopende verſtek.*

C'eſt une ſorte d'aſſemblage qui n'eſt ni à l'équerre, ni à onglet, & qui
ſe trace avec la ſauterelle, ou fauſſe équerre.

FAUSSE-E'QUERRE. *Een Swei.*

C'eſt un inſtrument dont les Charpentiers ſe ſervent pour les angles qui ne
ſont pas droits. La Fauſſe-équaire des Menuiſiers s'apelle auſſi Sauterelle. Voiez, Sauterelle & E'querre.

FAUSSE-E'TRAVE. *Slaaper, Binne-ſteven.*

C'eſt une piéce de bois que l'on aplique ſur l'étrave, en-dedans, pour la
renforcer.

FAUSSES-LANCES, Paſſe-volants. *Houte ſtukken.*

Ce ſont des canons de bois faits au tour. On les bronze afin-qu'ils reſſemblent aux canons de fonte verte, ou de fer cerclé; & qu'étant pris pour
de vrais canons, ils ſervent à faire peur.

FAUSSE-QUILLE. *Dé looſe kiel.*

C'eſt une ou pluſieurs piéces de bois, qu'on aplique à la quille par ſon de-
ſous, pour la conſerver.

FAUX-COTE' d'un vaiſſeau. *De ſlag-zy van 't ſchip.*

C'e

C'eſt le côté par lequel il cargue le plus. Voiez, Côté.

FAUX-étambord. *Een looſe agter-ſteven.*

C'eſt une piéce de bois apliquée ſur l'étambord pour le renforcer.

FAUX-feux. *Blik-vuuren, Haaſtige vuuren met kruidt gemaakt.*

Ce ſont de certains ſignaux que l'on fait avec des amorces de poudre.

FAUX-pont. *Koebrug.*

C'eſt une eſpéce de pont, que l'on fait à fond de cale, pour la conſerva-tion & pour la commodité de la cargaiſon.

„C'eſt une ſorte de ſecond pont, au-deſſous du premier ou bas-pont, qui
„baiſſe dans le fond de cale, & qui a peu de hauteur. Il ſert à la liai-
„ſon du vaiſſeau, & contribuë beaucoup à l'afermir. On y fait coucher
„des ſoldats & des matelots, & ils y ſerrent leurs hardes. Les faux-ponts
„s'étendent d'un bout à l'autre du vaiſſeau ; mais quelquefois juſqu'à la
„moitié ſeulement. Voiez, Pont, & Baux.

FAUX-racage. *Borg van 't rak.*

C'eſt un ſecond racage qu'on met ſous le premier, afin-qu'il ſoutienne la
verge, au cas que le premier ſoit briſé par quelque coup de canon.

FAUX-rinjot. Voiez, Safran.

FAUX-ſabords. *Looſe poorten.*

Ce ſont des figures de ſabords faites dans le bois, ou-bien avec de la pein-ture.

F E.

FELOUQUE. *Een Feloek, of Bark, Een klein open vaartuig.*

C'eſt une chaloupe la Méditerranée qui va à la voile & à la nage. Ce bâti-ment a cela de particulier qu'il peut porter ſon gouvernail à l'avant, ou à
l'arriére, ſelon le beſoin, a-cauſe que ſon étrave & ſon étambord ſont éga-lement garnis de pentures pour le ſoutenir. Ce bâtiment a ordinairement
ſix ou ſept rameurs, & va d'une grande vîteſſe.

FEMELLES. *Duimelingen, Stellen.*

Ce ſont des anneaux qui portent le gouvernail. On apelle Mâles les fers
qui entrent dans ces anneaux. Voiez, Ferrure de gouvernail.

FENTONS. *Gekloofde, en ruig of rude geſneedene naagels.*

Les Charpentiers apellent Fentons les morceaux de bois coupez de lon-gueur, avant qu'ils ſoient arondis pour faire des chevilles. Voiez, Chevil-les de bois.

FER. *Yſer.*

C'eſt un métal imparfait, qui contient très-peu de mercure, mais beau-coup de ſoufre terreſtre & de ſel fixe. Le fer s'emploie dans pluſieurs ou-vrages, & principalement dans la conſtruction des vaiſſeaux. Il y en a de
pluſieurs natures ; de pliant comme de l'argent ; d'autre caſſant ; & d'autre
qui eſt aiſé à ſe roüiller. Ce qui le rend ainſi ſujet à la roüille, c'eſt qu'il
eſt compoſé, comme il a déja été dit, d'une terre, d'un ſel, & d'un ſou-fre impurs, mal-digérez, & mal-unis. Le fer épuré, qu'on apelle acier,
étoit nommé *Chalybs* par les Anciens, de Chalybone, ville de Sirie, où l'on
en fait de très-bon. D'autres diſent qu'ils l'ont apellé *Chalybs*, à-cauſe de la
trempe qu'ils lui donnoient dans l'eau d'un fleuve qui eſt en Eſpagne, dans
le Roïaume de Galice, autrefois apellé *Chalybs*, & aujourdhui Cabé. Le fer
eſt par piéces en barres différentes longueurs & groſſeurs ; & pour en con-

E e e

noitre

noître la qualité, il faut obferver fi la barre eft pliante fous le marteau
& s'il y a de petites veines qui aillent en long. Quand cela fe trouve ainf
& fur-tout quand il n'y a point de petites fentes, ou de coupures, qui aille
en travers, ce que l'on nomme gerfures, c'eft une marque que le fer e
bon : mais s'il s'y trouve des gerfures, il n'y a point à douter que le f
ne foit rouverin, c'eft-à-dire, caflant à chaud, & qu'il ne donne de la pe
ne à forger. Tout le vieux fer, qui a été longtems à l'air, ou au féreir
devient ordinairement rouverin; ce qui eft atribué par quelques-uns à u
qualité corrofive & mordicante qui fe rencontre dans la rosée. Le fer e
quelquefois dangereux dans les bâtimens, à-caufe qu'il fe roüille, & qu'
fe roüillant il s'enfle & fait éclater le bois ; comme auffi parce-que cet
roüille fe détache, & la cheville de fer étant devenuë beaucoup plus min
que le trou, il fe fait une voie d'eau. Le reméde qu'il y a pour garantir
fer de la roüille, c'eft de le bien étamer, ou de le peindre de plufieurs co
ches. Voiez, Ferrure.

FER PLAT. *Staaf-yfer.*
C'eft celui dont les barres qu'on aporte, ont neuf à dix piés de long,
quelquefois plus, fur deux pouces & demi de large, & ont enviro
quatre lignes d'épais.

FER MEPLAT. *Een ftaaf-yfer dat eens foo breedt is als dik.*
C'eft celui qui eft une fois plus large qu'il n'eft épais.

FER APLATI, ou à la mode. *Schaar-yfer.*
C'eft celui qui n'a que trois à quatre lignes d'épaiffeur, fur vingt à ving
quatre de largeur.

FER QUARRE'. *Een vierkant ftaaf-yfer.*
C'eft le fer en barres de différentes longueurs, & de deux pouces, ou env
ron, en quarré.

FER QUARRE' bâtard. *Ander-half-duims yfer.*
Il a neuf piés de long & feize à dix-huit lignes en quarré.

FER CORNETTE. *Een plat ftaaf-yfer.*
Il eft long de huit ou neuf piés; large de trois pouces, & épais de quatre
cinq lignes.

FER ROND. *Drie quartiers rondt yfer.*
Il a fix à fept piés de long fur neuf lignes de diamétre : il eft propre à fai
les chevilles.

FER ROUVERIN. *Rood-bros-yfer.*
C'eft un fer qui caffe facilement à chaud.

FER AIGRE. *Bros yfer.*
C'eft celui qui fe caffe facilement à froid.

FER CENDREUX. *Bevlekt yfer.*
C'eft un fer auquel on ne fauroit donner le poli, à-caufe de fes taches grif
de couleur de cendre.

FER. Galére fur le Fer, ou grapin, ou ériffon. *Een galey op fijn anker, op*
dreg.
En terme de mer, Fer fe prend pour le grapin, ou l'ancre d'une galére. O
dit, Galére fur le fer, pour dire, Galére qui eft à l'ancre. Plufieurs d
fent auffi, Vaifleau fur le fer. Nos galéres demeurérent huit jours fur le fe

FER de girouëtte. *Spil, Priem tot de vleugel.*
C'e

C'est une certaine verge de fer, que l'on met au bout du plus haut mât où la girouëtte est passée.

FER de chandelier de pierrier. *Een ysere plaatje.*

C'est une bande de fer qui est trouée par le haut, & que l'on aplique sur un chandelier de bois, par où passe le pivot du chandelier de fer sur lequel le pierrier tourne.

FERS d'arc-boutans, ou boute-hors. *Gijk-ysers, Ysers van de onder-spier.*

Ce sont des fers à trois pointes qu'on met au bout d'un arc-boutant, avec un piton à grille.

FERS pour prison. *Boeyen, Ysers.*

Ce sont des entraves, que l'on met aux jambes de ceux qui ont commis quelque faute dans un vaisseau.

FER blanc. *Blik.*

C'est du fer doux battu, qui est réduit en lames deliées, qu'on trempe dans de l'étaim fondu, après l'avoir un peu trempé dans de l'eau forte, afin que la teinture s'y arrête; ce qui n'ariveroit pas s'il étoit trop poli.

FERLER, ou Serrer le voiles. *De zeilen inbinden, inhaalen, inneemen, inbreeken, beslaan.*

C'est les plier & les trousser en fagot, car lors-qu'on ne les trousse qu'en partie, cela s'apelle, Carguer. Voiez, Voiles.

FERMETURE des ports. *Het sluiten of besluiten der havens, Sluiting.*

C'est un terme dont l'Ordonnance se sert. Voiez, Port.

FERMETURE. *Vulling.* Voiez, Fermure.

FERMETURE de bordage. *Stop-stuk.*

C'est ainsi qu'on croit pouvoir nommer en François la piéce, ou les piéces de bordage qui ferment un grand trou que les Charpentiers Hollandois laissent sous la premiére ou plus basse préceinte, pour passer les baux, barrots, courbatons & autres grosses piéces, & qu'ils ne ferment que quand le vaisseau est prêt à lancer à l'eau. Les Charpentiers de la Meuse laissent ce trou auprès de la quille.

FERMOIR. Espéce de ciseau. *Een Fermoor.*

C'est un outil de fer acéré, avec un manche de bois, dont les Charpentiers se servent. C'est une espéce de ciseau, & il y en a de différentes grandeurs de grands, de petits, & à nez rond.

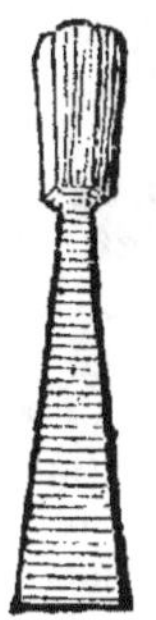

FERMOIR à nez rond. *Schiet-beitel-of-bytel.*

FERMURES. *Vullingen.*
Ce font les bordages qui fe mettent par couples entre les préceintes : il
s'apellent auffi Couples.   Voiez, Bordages & Couples.
FERMURE de fabords. *Breegang, Gefchut-gang, Schut-vulling.*
C'eft le bordage d'entre les deux préceintes où font percez les fabords.
Voiez, Bordages.
  ,, La Fermure des fabords de la plus baffe batterie. qui s'apelle en Flamand
  ,, *Breegang*, doit avoir de hauteur plus du tiers de la hauteur d'entre les
  ,, deux ponts, à l'embelle, afin que les fabords ne puiffent incommoder
  ,, les préceintes.
FERRER. *Met yfer beflaan, Blaauw infetten.*
C'eft garnir de ferrure.
FERRURE d'un vaiffeau. *Al het yfer-werk van een fchip.*
C'eft tout l'ouvrage de fer qui s'emploie dans la conftruction d'un vaiffeau,
cloux, pentures, ferrures de fabords &c. garnitures de poulies &c. & les
ancres.
  ,, Les barres de fer plates, qui font marquées de la lettre F. font les plus
  ,, eftimées en Hollande; enfuite celles qui ont pour marque un H couron-
  ,, né; & l'on donne le troifiême rang à l'H point couronné. Le fer d'Or-
  ,, gron paffe pour être trés-bon: il valoit à Amfterdam huit livres dix fous
  ,, le cent, au commencement de l'an 1701. Le fer commun de Suéde va-
  ,, loit fix livres dix fous. Le fer d'Efpagne valoit fix livres. Les verges
  ,, de Liége valoient fix livres dix fous: les verges de Suéde fept livres dix
  ,, fous.
  ,, Ordinairement le fer de Stokholm ne fe trouve pas fi bon que le fer d'Ef-
  ,, pagne. Le fer de Dantfig, qui eft en longues barres, eft auffi meilleur
  ,, que celui de Stokholm, qui eft tout-de-même au-deffous de celui de Got-
  ,, tenbourg.
  ,, On allie le gros fer avec un peu de fer d'Efpagne pour faire des ancres,
  ,, d'autant plus que ces deux fortes de fer s'allient aifément : mais le fer
  ,, d'Efpagne feul eft trop doux & trop foible pour cette forte d'ouvrage.
  ,, Le fer de Suéde eft le meilleur de tous pour faire du clou ; auffi le clou
  ,, qui eft fait en Hollande de ce fer-là eft-il le plus eftimé, & après lui c'eft
  ,, le clou de Liége, d'où il en vient en grande quantité.

  ,, Il

„ Il est bon que le clou qu'on emploie à la construction des vaisseaux, soit
„un peu plus gros que celui dont se servent les Charpentiers des grosses
„œuvres, parce-qu'il est plus sujet à se roüiller. Il faut sur-tout qu'il
„ait la tête bien-faite, afin-que les coups qui le doivent faire enfoncer,
„portent bien, & que les marteaux, ni les cloux, n'ofensent pas le bois.
„Il n'y a que le double clou, dont on en met quatre sur un pouce de bois
„en quarré, qui doive avoir une large tête, afin de couvrir plus de bois. C'est
„de ce clou-là qu'on couvre les doubles planches de sapin blanc, ou rou-
„ge, dont on fait le doublage des vaisseaux qui sont destinez pour navi-
„guer au Sud, ou à l'Oüest ; le doublage & le clou y étant également
„mis pour les garantir des vers, qui s'engendrent dans les mers de ces
„climats.

„Tout le clou doit être quarré vers la tête, mais il doit être mince & lar-
„ge par le bout. Les ouvriers qui font entrer le côté mince du clou le long
„du fil du bois, font ceux qui entendent le moins bien leur métier, par-
„ce-que la largeur du clou par cet endroit, fait quelquefois séparer le bois,
„qui a déja de la disposition à éclater par son fil. Mais ceux qui font tra-
„verser le fil par la largeur du clou, & qui le font passer par le bois qui
„est au-dessus & au-dessous du fil, marquent avoir plus d'expérience &
„d'intelligence. Néammoins le meilleur est encore de percer des trous pour
„faire passage aux cloux ; car par ce moien il n'y a point à craindre que le
„fil du dehors, ni ceux du dedans puissent se séparer, ni que le bois soit
„ofensé en aucune autre maniére.

„Il faut qu'un ouvrier prenne garde à fraper bien-droit & bien-fort,
„afin de ne fraper que peu de coups ; car on n'en peut fraper beaucoup,
„ou les fraper de travers, que le marteau n'ofense le bois, ce qui donne
„lieu à l'eau de s'y insinuer, & de le pourrir : ainsi c'est faire prudemment
„que de se servir d'un repoussoir sur la tête du clou, pour le faire en-
„foncer.

„Cent livres de fer font ordinairement quatre-vingts livres de clou : le reste
„se consume par le feu.

„Le prix du clou de Liége augmente, ou diminuë, de-même que celui des
„autres marchandises. Sur la fin de l'an 1700. le cent pesant de clou de
„quatre pouces jusques à quinze, valoit à Amsterdam dix livres : le cent
„de clou simple dont le millier pèse vingt livres, valoit aussi dix florins :
„le cent de double clou, dont le millier pèse quarante livres, valoit onze
„florins : le cent de livres de clou de double tillac, valoit douze florins :
„le clou du poids de six livres le millier, valoit vingt sous le millier : le
„millier de clou du poids de quatre livres, valoit seize sous : le millier de
„clou de tillac, dix-sept sous : le millier de clou du poids de trois livres,
„onze sous : le millier de clou à tête plate du poids de quatre livres, quinze
„sous : le millier de clou à pompe, six sous : les cloux de ferrure de sa-
„bords, de gouvernail, & autres, qui font fabriquez en Hollande de fer
„d'Espagne, font plus chers.

„Le cent pesant de chevilles de fer valoit dix livres : le cent des ancres,
„onze à douze livres : le cent des ferrures de poulies & de gouvernail,
„treize livres : le cent d'ouvrage de fer acéré, dix-huit livres.

„Pour un vaisseau de cent-cinquante piés de long, de l'étrave à l'étam-

bord,

„bord, trente-huit piés & demi de bau, & quinze piés de creux, il faut
„à-peu-près, 80000. livres de poids de toute sorte de ferrure, avec 15000
„livres de clou.

„Pour un vaisseau de cent-quarante piés de long, trente-sept piés de bau
„& treize piés & demi de creux, il faut 70000. livres de poids de toute sor-
„te de ferrure, & 13000. livres de clou.

„Pour un vaisseau de cent-trente-six piés de long, trente-quatre piés de
„bau, & treize piés de creux, il faut 66000. livres de toute sorte de fer-
„rure, & 11000. livres de clou.

„Pour un vaisseau de cent-trente piés de long, trente-deux piés de bau
„& treize piés de creux, il faut 55000. livres de ferrure, & 9000. livres
„de clou.

„Pour un vaisseau de cent-vingt-six piés de long, trente & un pié de bau
„& douze piés de creux, il faut 50000. livres de ferrure, & 7500. livres
„de clou.

„Pour un vaisseau de cent-vingt & un pié de long, trente piés de bau
„& douze piés de creux, il faut 40000. livres de ferrure, & 5000. livres
„de clou.

„Pour un vaisseau de cent-trois piés de long, vingt-cinq piés de bau
„& dix piés de creux, il faut 34000. livres de ferrure, & 4300. livres
„de clou.

„Pour un vaisseau de cent piés de long, vingt-quatre piés de bau, &
„dix piés de creux, il faut 30000. livres de ferrure, & 4000. livres
„de clou.

„Les François, les Espagnols & les Suédois emploient plus de ferrure que
„les Hollandois, dans leurs constructions de vaisseaux, & moins de chevil-
„les de bois.

„C'est-là ce qu'un Auteur Flamand a écrit au regard de la quantité de fer-
„rure qu'il faut pour les vaisseaux. Voici la métode d'un autre Auteur
„à l'égard du clou. Par chaque six piés cubes, dit-il, de toute la grandeur
„d'un vaisseau, il faut, à-peu-près une livre de clou : c'est-à-dire qu'il faut
„joindre & multiplier ensemble la longueur de l'étrave à l'étambord, la
„largeur, & le creux pris au milieu, pour trouver le nombre de piés que
„le vaisseau peut avoir, & après cela on trouve aisément la quantité de clou
„qu'il lui faut. Par exemple; Pour un vaisseau long de cent-soixante piés
„de l'étrave à l'étambord, large de quarante piés de dedans en dedans
„& de dix-huit piés de creux, il faudra 19200. livres de clou.

„La ferrure des petits bâtimens est toujours plus chére à proportion que
„celle des grands vaisseaux. Que si le Maître Charpentier, ou le Bour-
„geois, veut fournir le fer, tout le travail de l'ouvrier, avec le charbon,
„se paie environ six florins par cent livres pesant; & l'ouvrier rend le fer
„au poids, sur le pié ci-dessus marqué. Le vieux fer, qu'on veut faire servir,
„se racomode pour la moitié de ce prix. Toutes les piéces particuliéres de
„fer qui pèsent moins d'une livre, ensemble les serrures & les pentures,
„ne sont point mises au rang de cette ferrure. On les nomme Piéces par-
„ticuliéres, & on les paie comme telles, suivant ce qu'il y a de façon.
„Pour un vaisseau qui a des porques & des éguillettes il faut demie livre de
„ferrure par chaque pié cube qu'il a; & il en faut un quart moins pour le

„bâtimens qui n'ont ni éguillettes ni porques : mais s'il y a un faux-
„pont il en faut un quart plus, c'eſt-à-dire, en y comprenant les ferrures
„des poulies, mais non-pas les ancres. Par éxemple; Pour un vaiſ-
„ſeau de ſoixante piés de long, de l'étrave à l'étambord, quarante piés
„de bau, & dix-huit piés de creux, ſans faux-pont, mais qui a des por-
„ques & des éguillettes, il faut à-peu-près 576000. livres peſant. Dans
„le fond on ne ſauroit donner de règles certaines ſur ce point, non-plus
„que ſur beaucoup d'autres ; la choſe dépend beaucoup de la volonté, du
„caprice, ou de l'expérience du Maître Charpentier.

FERRURE de chaloupe. *Sloeps beſlag.*
Par ce terme l'on entend ce qu'il faut pour ferrer le gouvernail, les mâts
& le gui d'une chaloupe.

FERRURE de gouvernail, Pentures, Mâles & Fémelles, Gonds & Roſes ou Roſettes, Vittes de gouvernail. *Duimen en duimelingen ; Stellen aan*
de ſteven, haaks aan 't roer ; Beſlag ; Vingerlingen.
C'eſt-à-dire les gonds & les roſettes qui atachent le gouvernail à l'étambord du vaiſſeau, & ſur quoi il tourne & ſe meut d'un côté & d'autre.
„Les roſes ſont cloüées à l'étambord & les gonds au gouvernail. Un vaiſſeau
„de cent-trente-quatre piés de long, de l'etrave à l'étambord, doit avoir
„à ſon gouvernail, ſix gonds de trois pouces de large, & leurs mamme-
„lons doivent avoir dix-ſept pouces de long. Les bandes des roſes doi-
„vent être d'un pouce & demi de large, & d'un demi pouce d'épais. Le
„collier doit avoir deux pouces de large, & demi pouce d'épais.
„Quelques Maîtres donnent aux gonds un pouce de diamétre par chaque
„quarante pouces que le vaiſſeau a de longueur : mais ſur-tout il faut pren-
„dre ſoin qu'ils ſoient du meilleur fer.

FERRURE de gouvernail. *Een ſtelſel roer-haaks.*
C'eſt toute de la garniture priſe enſemble.

AVOIR dans le vaiſſeau une Ferrure entiére de gouvernail de rechange.
Een ſtelſel nieuwe roer-haaks, in voorraadt, te ſcheep hebben.

FERRURE de ſabords. *Poort-hangſels, Poort-duimen-en-haaken, Poorts-be-*
ſlag, Poort-hangen.
Ce ſont les pentures de fer qui font mouvoir les mantelets des ſabords.
„Dans un vaiſſeau de cent-trente-quatre piés de long de l'étrave à l'étam-
„bord, où les mantelets doivent avoir deux piés de largeur, & autant de
„hauteur, les ferrures ou pentures doivent avoir deux pouces & demi de
„large, & un quart de pouce d'épais ; & les gonds doivent avoir un pouce
„de large. Elles ſont atachées aux feüillets du haut, & les mantelets bat-
„tent contre les feüillets du bas.

FERSE. Ferſe de toile. *Een kleedt zeils.*
On apelle Ferſe de toile, un lé de toile, & dans ce ſens on dit qu'une
voile a tant de ferſes, & que chaque ferſe a tant de cannes, pour dire,
que la voile a tant de hauteur, & tant de largeur. C'eſt la même choſe
que Cüeille. Voiez, Cüeille.

FESSES d'un vaiſſeau. *Billen.*
Ce mot ſe dit particuliérement des flûtes, & de la rondeur, ou des façons
qui ſont à l'arriére, ſous les trepots.

FEU. Faire feu ſur quelqu'un. *Vuur op iemant gheven.*

C'eſt

C'eft tirer deffus.

FAIRE FEU des deux bords. *De beide laagen geven.*

C'eft tirer le canon des deux côtés du vaiffeau.

FEU. *Vuur, Lantaarn.*

C'eft le fanal, ou la lanterne que l'on allume de nuit fur la poupe des vaif-feaux, pour faire fignal, & régler la route, la voilure, & la manœu-vre, lors-qu'on va de flote. Quand il fait un gros tems, qui donne fujet de craindre que les vaiffeaux ne s'abordent les uns les autres, ils met-tent tous des feux à l'arriére. La fituation & le nombre des feux de cha-que vaiffeau, qui porte pavillon, fe régle fur le rang des Comman-dans. Le Roi de France, par une Ordonnance de l'année 1670. veut que le Vaiffeau Amiral faffe fanal de quatre feux: que le Vice-amiral, le Contre-amiral, & le Chef d'efcadre en portent chacun trois en poupe. Les autres vaiffeaux, foit de guerre, ou marchands, n'en doivent porter qu'un feul. Mais felon les diverfes ocafions & les différentes néceffités de fe fe-courir de nuit contre les voies d'eau, ou contre l'embrafement, ou-bien de changer de route, de porter plus ou moins de voiles, de moüiller, de mettre en panne, ou de faire quelque autre manœuvre, on porte des feux de diverfes maniéres, aux haubans proche de la hune, à la grande hune, à celle d'artimon, au bâton de pavillon ; felon que le Comman-dant l'a prefcrit, & que les Oficiers l'ont concerté. Sur le minuit notre Chef d'efcadre aïant réfolu de moüiller, fit tirer deux coups de canon fans bales, & laiffant deux feux à l'arriére, en mit un aux haubans du grand mât de hune ; & les Chefs de nos divifions y répondirent cha-cun par un feu aux haubans de leur grand mât de hune, & tirérent cha-cun un coup de canon fans bale. On dit, Faire fanal de trois feux, Faire fanal de quatre feux. Voiez, Fanal.

„L'Amiral Général portera de nuit ordinairement deux feux, & les autres
„Amiraux particuliérs, ou Oficiers Généraux qui commandent les efcadres,
„en porteront chacun un. Mais fi l'Amiral Général en met trois, ils en
„mettront chacun deux, & tous les vaiffeaux particuliers en mettront
„chacun un. Et lors-que l'Amiral Général ôtera fon troifiême fanal, les
„autres Amiraux ôteront auffi leur fecond, & tous les vaiffeaux particu-
„liers retireront en même tems les leurs.

PORTER le Feu, Faire fanal. *Vuuren, Vuur voeren.*

C'eft mettre un ou plufieurs fanaux fur la poupe, pour guider les vaiffeaux d'une flote; ce qui n'apartient qu'à certains Oficiers.

FAIRE des Feux pour fignaux. *Blikken, Blik-vuuren.*

C'eft lors-qu'un vaiffeau aïant befoin de fecours, met des fanaux en plufi-eurs endroits, pour être vu de la flote.

FEU Grégeois. *Waater-vuur-ballen, Waater-ballen.*

C'eft une forte de feu d'artifice qui brûle jufques dans la mer, & dont la violence augmente dans l'eau. Son mouvement eft contraire à celui du feu naturel, ce feu fe portant en-bas à droit & à gauche, felon qu'on le jette. Il eft compofé de foufre, de naphte, de bitume, de gomme & de poix, & on ne le peut éteindre, qu'avec du vinaigre mêlé d'urine & de fable, ou avec des cuirs verds. Les uns foutiennent qu'il a été inventé, par un Ingénieur de Héliopolis, ville de Sirie, apellé Gallinicus, qui s'en fervit avec

avec tant d'adreſſe dans un combat naval, qu'il brûla toute une flote ennemie, ſur laquelle il y avoit trente mille hommes. On a nommé ce
feu, Grégois, a-cauſe que les Grecs s'en ſont ſervis les premiers.

FEU St. Elme. *Vree-vuuren.*

Ce ſont des feux volants, qui s'atachent quelquefois ſur les vergues &
& ſur les mâts des vaiſſeaux. C'eſt ce que les Anciens nommoient Caſtor
& Pollux. Les mariniers les apellent, Saint Nicolas, Sainte Claire, Sainte Héléne; les Italiens, Hermo; & les Caſtillans, San Elmo. S'il n'en
paroît qu'un, on tient cela de mauvais préſage, & on l'apelle Furol-
le ou Héléne. Si l'on en voit deux les mariniers, en marquent leur joie
en les ſalüant avec leurs ſiflets. Ces feux ne ſont autre choſe que des
exhalaiſons qui voltigent ainſi autour des objets qui ſe rencontrent au-devant.

DONNER le Feu à un batiment. *Sengen, Branden, Blaaken, Met brandende riet buiten om ſengen.*

C'eſt-à-dire, Mettre le vaiſſeau en état d'être braïé. Cela ſe fait par les
Calfateurs, qui après avoir rempli d'étoupe les jointures du bordage, allu-
ment de petits fagots faits de branches de ſapin, & emmanchez au bout d'un
bâton : ils les portent tout-flambans ſur la partie du bordage qui a beſoin
d'être carénée, & quand elle eſt bien chaude par le feu qu'on y a mis,
ils apliquent le brai deſſus. Voiez, Chaufer un vaiſſeau.

DONNER le feu à une planche. *Een plank gaar maaken.*

C'eſt la mettre ſur le feu & la chaufer, pour la courber. Voiez, Chaufer
un bordage.

FEUX d'artifices. *Vuur-werken, Konſt-vuur-werken.*

Ce ſont des feux artiſtement faits avec de la poudre à canon, & d'autres
matiéres. On s'en ſert à deux uſages; pour les réjoüiſſances publiques, &
pour détruire & brûler les villes, maiſons, fortifications, & navires des
ennemis. Il y en a diverſes eſpéces des uns & des autres.

„Parmi les feux d'artifice dont on ſe ſert ſur les vaiſſeaux, on ne doit pas
„regarder comme un des moins utiles, les piques au bout deſquelles il y
„a des fagots d'artifice atachez; car elles ſervent, en même tems, à bleſ-
„ſer les ennemis avec la pointe, quand on vient à l'abordage, & à met-
„tre le feu à leurs vaiſſeaux. On ſe ſert auſſi de dards à feu, qui ont des
„pointes fort aiguës, afin d'entrer avant dans le vaiſſeau ennemi, & qui
„ſont envelopées dans de petits ſacs, remplis de matiéres propres à y met-
„tre le feu : ſur-tout on ne manque pas de mettre de petits crochets dans
„le bois, afin-qu'ils s'acrochent aux voiles, & qu'ils y demeurent pendus.
„On trempe encore dans de l'eau de vie des morceaux de vieille toile,
„dont on charge les canons, & ils ſont très-propres à mettre le feu aux
„voiles.” Outre cela on ſe ſert ſouvent de bouteilles de verre & de pots de
„terre, remplis de divers artifices, qu'on jette dans les vaiſſeaux ennemis,
„ſoit de deſſus les hunes, ſoit à l'abordage. Les meilleures grenades ſont
„celles qui ſont un peu longues, afin-qu'elles puiſſent paſſer au-travers des
„caillebotis. Les bales à feu ſe jettent ou avec la main, ou avec la
„fronde.

FEÜILLERET. *Een breed Boor-ſchaaf.*

C'eſt une eſpéce de rabot dont les Charpentiers ſe ſervent, à pouſſer les

feüillures. Le fût de cet inftrument a une feüillure au bas de la lumiére
& le fer n'a que deux pouces de large.

FEUILLURE. *Groeve.*
C'eft un terme de Menuïfier, qui fe dit des canelures à angles droits
qui fe font aux bords des portes, fenêtres, volets, & de toutes les chofe
qu'on veut fermer jufte, qui entrent les unes dans les autres.
FEUILLURE. *Sponning.*
C'eft un terme de Charpentier, qui veut dire un bord de porte, de fe
nêtre, ou de fabord, où s'emboîtent les fermetures.
FEUILLURE du haut des fabords, où font les ferrures. *Opflag van de poorten*

FIGALE. *Fiegale.*
C'eft un bâtiment des Indes, qui ne porte qu'un mât qui eft placé au milie
Il y a une dunette qui eft toute ouverte, & qui fait une petite faillie fu
l'eau. On y rame continuellement quoi-que la voile foit déploiée. Il n'y
qu'une groffe cheville de bois à l'avant pour fervir d'éperon.
FIGURES, Figules, Enfléchures. *Weevelingen, Weef-lijnen.*
Ce font de petites cordes, en maniére d'échelons, en-travers des hauban
Figure eft un terme de la Manche, il faut dire Enfléchures.
FIL de carret, *Schiemans gaaren, Gefponnen gaaren.*
Ce fil eft d'un grand ufage fur la mer, pour racommoder des manœuvre
rompuës. On le tire d'un des cordons de quelque vieux cable coupé p
piéces. C'eft un fil de chanvre de la groffeur de deux lignes, qu'un Co
dier file pour en affembler plufieurs, afin de faire des cordes. Voiez, Co
des.
„ Pour bien garnir un vaiffeau de cent-trente-quatre piés, il y faut mett
„ trois cents livres de fil de carret.
FIL pour faire des cables. *Kaabel-gaaren.* Voiez, Cable. & Chanvre.
FIL pour faire des câbles ou hanfiéres à ralingue. *Lijk-gaaren.* Voiez, C
ble, & Cordage.
FIL à gargouffe. *Kardoes-gaaren, Naai-gaaren tot kardoes.*
C'eft du fil de chanvre à l'ordinaire, avec lequel on coûd les gargouffe
Les Danois ne fe fervent pour cela que de fil de laine.
FIL de voile, ou de Tré, ou de Trevier. *Zeil-gaaren.*
Il eft ainfi apellé parce-qu'on en coûd les voiles. C'eft un fil gros comm
le ligneul des Cordoniers.
FIL blanc. *Witte gaaren.*
C'eft celui qui n'eft point paffé dans le goldron.
FIL goldronné. *Geteert gaaren.*
C'eft celui qui a paffé dans du goldron chaud.

FIL dans le bois. *Draadt in 't hout.*

FIL. Bois de Fil. *Een ſtuk houts dat langer als dik is.*

C'eſt celui qu'on emploie plus long que large.

FILADIE'RE. *Een ſoort van een Franſche ſchuit.*

C'eſt un petit bateau à fond plat, dont on ſe ſert ſur quelques riviéres, & particuliérement ſur la Garonne.

FILANDRES. *Groente.*

Ce ſont des herbes de mer qui s'atachent ſous le vaiſſeau, & retardent ſon cours; & quand ce ſont comme des excrémens, ou de la pourriture du bois qui pouſſe de petits jets pourris, ainſi qu'il arive ſous les vaiſſeaux qui font des voiages de long cours, cela s'apelle en Flamand *Lang-halſen.*

FILER les manœuvres, ou, Larguer les manœuvres. *Bot geven, Vieren, Loſſen, Laaten gaan.*

C'eſt les lâcher. On dit, File les écoutes, ou de l'écoute. Nous carguâmes nos voiles, & larguâmes de bord une de nos pirogues, à laquelle nous filâmes devant le nez ſoixante braſſes de grêlin, frapé ſur un grapin; & du côté qu'elle évita la marée paſſoit le long de ſon bord avec autant de vîteſſe que le courant d'une riviére, & portoit au Nord-eſt.

FILER du cable. *'t Touw bot geven, ſcheut geven, vieren, toeſteeken, 'toe-ſchaaken, uitſteeken.*

C'eſt lâcher le cable, & en donner ce qu'il faut pour la commodité du moüillage. Comme ces deux vaiſſeaux avoient moüillé trop près l'un de l'autre, & que leurs amarres s'étoient mêlées & entrelaſſées, ils filérent du cable pour les débaraſſer. Nous filâmes du cable pour ſoulager le vaiſſeau qui travailloit trop pendant ce gros tems. Il faut que cette frégate file encore dix braſſes de cable, pour ſoulager l'ancre.

CABLE Filé & manœuvres larguées juſques au bout. *Kaabel en wandt die eindt voor eindt zijn.*

NE FILE plus, Amarre. *Stop, Hou op en beleg, Hou op 't anker-touw uit te vieren.*

FILER de l'écoute. *De ſchoot loſſen, uitſteeken.*

C'eſt la faire ſortir du vaiſſeau, & la lâcher autant qu'il eſt néceſſaire.

FILER toute l'écoute. *De ſchooten laaten vliegen.*

FILE le couët ou l'amure de miſéne. *Steek op uw fokke-hals.*

FILER le cable bout par bout, ou bout pour bout, *'t Touw uit laaten ſlippen.*

C'eſt-à-dire, lâcher & abandonner tout le cable de l'ancrage, & le laiſſer aller à la mer avec l'ancre, quand on n'a pas le tems de lever l'ancre, & de les bitter. Auſſi-tôt que l'ennemi fut à vuë, nous nous mîmes promtement ſous voiles, & pour ne perdre aucun tems nous filâmes nos cables bout par bout.

FILER ſur ſes ancres. *Driftig raaken, Van ſijn anker ſpoelen.*

Quelques-uns diſent, Filer ſur ſes ancres, pour dire, Chaſſer ſur ſes ancres, mais improprement. Filer ſur ſes ancres ne ſignifie rien autre choſe que Filer du cable pour ſoulager l'ancre quand le tems eſt gros. Voiez, Ancre, & Chaſſer ſur ſes ancres.

FILE bouline. *Laat gaan de boelijn.*

C'eſt un commandement que fait celui qui commande à la manœuvre d'un

 vaiſ-

vaiſſeau, afin-qu'on démarre & laiſſe aller la bouline, quand on vire vent devant.

FILE du cable, File de l'écoute. *Viert, Geef bot, Los.*

C'eſt auſſi un commandement pour faire lâcher le cable, ou l'écoute.

FILE à bon compte. *Viert goedt koop.*

FILE du cable ſi ce navire en demande. Voiez, Demande.

FILET de merlin. *Marling-draudt.*

Il ſert à ferler les voiles dans les marticles.

FILET. *Een Kantje, of Biſſe.*

C'eſt un petit membre ou ornement de menuiſerie & d'architecture, qui eſt quarré, & dont on ſe ſert en diverſes ocaſions : on l'apelle auſſi Réglet & Linteau.

FILEUX, ou Taquets. *Klampen.*

Ce ſont des crochets de bois à deux branches courbées en façon d'un croiſſant, que l'on atache ordinairement au vibord, pour amarrer les manœuvres. Voiez, Taquets.

FIN de voiles. Un vaiſſeau Fin de voiles. *Sneedig in 't zeilen. Een ſnel en hard zeilende, of wel bezeilt ſchip.*

C'eſt-à-dire qu'un tel vaiſſeau eſt leger à la voile, qu'il eſt excellent voilier.

FINITEUR, ou Horiſon. *Sigt-eindiger.*

Finiteur eſt le nom que pluſieurs Aſtrologues donnent à l'Horiſon, à-cauſe qu'il termine ou finit la vuë. Voiez, Horiſon.

FISCAL, Avocat Fiſcal. *Fiſcaal, De Advocaat Fiſcaal.*

,,C'eſt un Oficier de l'Amirauté, & d'une armée navale. Cette char-
,,ge, à ce dernier égard, fut établie l'an 1629. ſur la requête qu'en
,,fit le Lieutenant-amiral Pierre Hein. L'Avocat Fiſcal de l'Ami-
,,rauté a voix délibérative au Conſeil, hormis dans les afaires où il eſt
,,dénonciateur & Partie. Il eſt particuliérement chargé de prendre
,,ſoin qu'aucuns armateurs n'aillent en courſe que ſous les conditions
,,& avec les formalités requiſes ; & qu'aucun des Oficiers auxquels
,,en eſt fait défences, n'ait part à ces ſortes d'armemens & aux pri-
,,ſes. Il doit faire recherche des contraventions qui ſe font aux Ordon-
,,nances & Réglemens, & dénoncer en juſtice ceux qui les font. Il pour-
,,voit à toute la procédure qu'il faut faire au ſujet des priſes qui ſont con-
,,duites dans les ports. Il viſite & éxamine tous les mois les régitres des
,,Oficiers & Commis des convois & congés ; & ſi les Controlleurs & Com-
,,mis manquent de lui porter ces régitres dans dix jours après le mois,
,,en fait dénonciation contre eux. Il introduit ſous ſon nom & inſtruit tou-
,,tes les afaires qui regardent les contraventions aux Ordonnances ou Pla-
,,cards des convois & congés, ſans qu'aucun Procureur, ou autres gens du
,,Palais puiſſent plaider pour les Capitaines, ou autres défendeurs & acuſez,
,,ſi ce n'eſt par permiſſion particuliére du Conſeil, & lors-que le Fiſcal a
,,achevé de plaider. Il eſt obligé d'avoir ſon domicile dans la ville où
,,réſide le Conſeil de l'Amirauté, d'où il ne lui eſt pas permis de s'abſenter
,,ſans la permiſſion de l'Amiral, ou du Conſeil ; & en ce cas le Conſeil pour-
,,voit à ce qu'une autre perſonne faſſe ſa charge en ſon abſence. Ses gages
,,ſont de quarante ſous par jour, & il a le douzième denier de toutes les
,,confiſcations, & des amendes qui ſont décrétées pour cauſe de contra-

,, ventions aux Ordonnances, Inſtructions & Placards ſur le ſujet des
,, convois & congés; lequel douzième denier ne ſe prend qu'après-que les
,, frais ont été levez. Il a auſſi, en conſéquence d'une Réſolution de E'-
,, tats Généraux de 1636. une certaine portion dans les priſes.
,, Le Fiſcal de l'armée navale demeure à bord de l'Amiral. Pendant le com-
,, bat il doit ſe mettre dans un petit bâtiment leger, & courir ſans ceſſe
,, de tous côtés, pour obſerver s'il y a quelqu'un qui ne faſſe pas ſon de-
,, voir; & s'il y en a de tels il doit ſe rendre dénonciateur contre eux a-
,, près-que le combat eſt fini,

FISOLERES. *Kleine en ſeer ligte Venetiaanſche ſchuiten.*
Ce ſont des bateaux de Veniſe ſi legers, qu'un ſeul homme pourroit les
porter ſur ſes épaules.

FISSELLE, Ficelle. *Bandt-draadt, Bendel-gaaren.*
C'eſt une petite corde deliée qui ſert à lier des paquets, & à faire des ſan-
bles, des filets, & autres choſes ſemblables.

FLACHE. *Wannigheid van 't hout.*
En terme de charpenterie c'eſt ce qui paroît de l'endroit d'une piéce de bois
où étoit l'écorce, après-qu'elle eſt équarrie, & qu'on ne ſauroit ôter ſans
qu'il y ait beaucoup de dechet.

FLACHEUX. *Een oneffen en wan-zijdig hout.*
On appelle Bois flacheux les bois qui ne ſont qu'à demi battus & équarris,
qui ne ſont ſont pas bien quarrés, ni faciles à toiſer.

FLAME. *Wimpel.*
C'eſt une longue banderole, ordinairement d'étamine, qu'on arbore aux
vergues & aux hunes, ſoit pour ſervir d'ornement, ſoit pour donner un
ſignal. Par l'Ordonnance du Roi de France donnée en 1670. les Capitaines
de ſes vaiſſeaux de guerre qui commandent quelques vaiſſeaux ſéparez, doivent porter au grand mât une flame blanche, qui ait de guindant la moitié
de la cornette, & dont le battant ſoit au-moins de dix aunes. Les vaiſſeaux qui ne ſont pas montez par un Commandant, ne peuvent porter de
flames blanches; ce qui eſt auſſi défendu aux vaiſſeaux marchands. Les
flames ſont de figure fourchuë, larges par le haut, & extrémement longues; & par le bas elles ſe terminent en pointe. C'eſt la marque du commandement quand on ne porte point de pavillon aux mâts; & pour cela
il faut que la flame ſoit ſans girouëtte; car autrement elle n'eſt priſe que
pour enjolivement, comme les vaiſſeaux marchands en portent. Lors que
pluſieurs Chefs d'eſcadre ſe trouvent joints enſemble dans une même diviſion,
ou eſcadre particuliére, il n'y a que le plus ancien qui puiſſe porter la cornette, les autres portent une ſimple flame. Il eſt permis à celui qui commande une flote de bâtimens marchands, de porter une flame blanche au
grand mât, lors-qu'ils ſont route; laquelle il eſt obligé d'ôter à la vuë des
vaiſſeaux de guerre du Roi. Les vaiſſeaux marchands peuvent, les jours
de fête & de réjoüiſſance, être parez de flames, & autres ornemens de
toutes couleurs, excepté le blanc.

,, Le premier uſage auquel on emploie les flames & les pavillons, c'eſt pour
,, honorer quelque perſonne conſidérable qui eſt à bord. Et comme c'eſt
,, un honneur rélatif, qui retourne auſſi ſur celui qui le rend, ces mêmes
,, ornemens & ſignaux ſont auſſi emploiez non-ſeulement pour relever en

 géné-

,, général la gloire de la Nation qui a donné les Patentes & paſſeports
,, ſous le ſauf-conduit deſquels les vaiſſeaux naviguent; mais ils ſervent en
,, core à honorer ceux qui ont fait l'armement. Les deux pointes qu
,, forment l'échancrure de la flame, & celle des girouëttes, ſe nommen
,, en Flamand, *Splits-tongen*. Voiez, Pavillon.

FLAME d'ordre. *Wimpel om aan boord te ſeinen.*
C'eſt la Flame que le Commandant d'une armée, ou d'une eſcadre, fa
arborer au haut de la vergue d'artimon. Elle fait connoître aux Oficie
de chaque vaiſſeau qu'il faut qu'ils aillent à l'ordre.

FLAMMEROLES, Flambars, Furoles, Feu S^t. Elme. *Vree-vuuren*. Voi
Feu S^t. Elme, qui eſt le terme le plus en uſage.

FLANC de vaiſſeau. *Schips zijde.*
C'eſt la partie qui ſe préſente à la vuë de l'avant à l'arriére, ou de la po
pe à la prouë.

ETRE Flanc à Flanc. Voiez, Prolonger.

FLASQUES. *Zijdel-planken.*
Ce ſont les deux piéces de charpente qui compoſent les deux côtés d'u
afût de canon, & qui ſont entretenuës l'une avec l'autre, de diſtance en di
tance, par des entre-toiſes.

FLE'CHE, ou Arbre d'une gruë, *Staander.*
C'eſt dans une gruë le principal arbre qui eſt poſé à plomb, & ſur lequ
la gruë tourne. Voiez, Gruë, & Arbre.

FLE'CHE d'éperon, Fléche de l'éperon. *Legger, Onder-en-boven-uitlegger*
On trouve quelque embaras ſur ce mot, qui ſignifie la même choſe qu'A
guille de l'éperon; mais il y a deux aiguilles, & pour le mot de Fléche, o
ne l'a point vu au plurier; ſi-bien qu'il ſemble qu'il ne doive être atribué qu
une des aiguilles, & que c'eſt à l'éguille ſupérieure; car voici la deſcriptio
qu'en donne Mr. Guillet. C'eſt la partie de l'éperon compriſe entre la fr
ſe & les herpes, au-deſſus de la gorgére. Un autre Auteur dit que le
courbatons de l'éperon ſont ceux qui font la rondeur de l'éperon depu
la Fléche ſupérieure juſqu'au premier porte-vergue. Selon ce dernier,
peut dire Fléches, & Fléche ſupérieure & inférieure. Voiez, Aiguilles
l'éperon.

FLE'CHE d'arbaleſtrille, ou bâton de Jacob. *De ſtok van de graadt-boog.*
C'eſt un bâton qui a trois piés de longueur: il eſt équarri à quatre face
égales, où ſont marquez les degrès de latitude, pour trouver la hauteur a
Soleil & aux étoiles.

FLETTE. *Een ſchuitie.*
C'eſt un petit bateau dont on ſe ſert à paſſer une riviére, ou à faire des voitur
de marchandiſes en petite quantité. Il y en a qui le dérivent de Flûte, vai
ſeau de mer, dont ils font un diminutif, & d'autres du mot Flot corromp

FLEURS d'un vaiſſeau. *Kim, Kimmen.*
Ce ſont les parties du vaiſſeau qui ſont faites par les extrémités, ou p
les empatures des varangues, avec les membres courbes qui ſe mettent a
fond, & qu'on appelle Genoux.
,, C'eſt la rondeur qui ſe trouve dans les côtés d'un vaiſſeau, ou toute
,, les planches qui forment cette rondeur dans le bordage extérieur, dont
,, plus baſſe eſt poſée auprès de la derniére planche du bordage de fond,

„ la plus haute joint le franc-bordage. Voiez, Bordages des Fleurs.
„ Pour la beauté du gabarit d'un vaisseau il faut que les Fleurs montent &
„ s'élèvent avec une rondeur agréable à la vuë, & bien proportionée.
„ Selon quelques Charpentiers le rétrecissement que fait la rondeur
„ des fleurs de haut en bas, depuis le gros jusqu'au platfond, doit être
„ du tiers du creux du vaisseau pris sous-l'embelle. Par éxemple; Dix
„ piés de creux doivent donner trois piés un tiers de rétrecissement.
„ Selon d'autres Charpentiers, les fleurs d'un vaisseau de cent-trente-quatre
„ piés de long, de l'étrave à l'étambord, doivent faire au grand gabarit
„ quatre piés cinq pouces & demi de retrécissement dans la rondeur jusques
„ au bas : à douze piés du grand gabarit vers l'avant, elles doivent faire qua-
„ tre piés huit pouces de rétrecissement; & à onze piés au-delà vers l'avant,
„ quatre piés quatre pouces.
„ A douze piés cinq pouces du grand gabarit vers l'arriére, les fleurs doi-
„ vent faire quatre piés cinq pouces & demi de rétrecissement : à onze piés
„ dix pouces au-delà vers l'arriére, elles doivent en faire cinq piés un pouce :
„ à dix-huit piés cinq pouces & demi au-delà, toujours vers l'arriére, el-
„ les doivent en faire sept piés demi pouce ; & à quatorze piés six pouces &
„ demi au-delà, elles doivent en faire neuf piés neuf pouces.

FLEURS. Donner les Fleurs à un vaisseau. Voiez, Florer.

FLEUR. A Fleur d'eau. *Waater-pas, Langs waater heen.*

C'est-à-dire, au niveau de la surface de l'eau.

TIRER à Fleur d'eau. *Waater-pas schieten.*

C'est tirer au niveau & tout de long sur la surface de l'eau.

FLIBOT. *Vlie-boot.*

C'est une petite flûte qui ne passe pas cent tonneaux, & qui a, pour l'ordinaire, le derriére rond. Ce bâtiment est creux & large de ventre, & n'a point
de mât d'artimon, ni de perroquet.

FLIBUSTIERS, ou Corsaires. *Vrij-buiters, Kaaper-gasten.*

C'est le nom que l'on donne aux Corsaires ou Avanturiers des isles de l'Amérique. Ce mot vient de l'Anglois.

FLORER un vaisseau, ou, Lui donner les fleurs. *Smeeren.*

C'est lui donner le suif.

FLOT, Flots. *Baaren, Golven, Waater-golven.*

C'est l'eau agitée par le vent, ou par quelque obstacle qu'elle trouve en
son cours : on le dit de la mer, des lacs, & des grandes riviéres. Ce vaisseau
est à la merci des flots. Cette construction au milieu de la riviére repousse
ses flots jusqu'au rivage.

ABANDONNER un vaisseau à la merci des Flots. *Een schip aan wind en
zee ten besten geven.*

FLOT. *Vloedt, Opgaande tij, Wassend waater.*

C'est le flux de la mer qui vient de l'Océan, ou le regorgement la marée,
quand elle commence & qu'elle monte. Le flot monta ce jour-là beaucoup
plutôt qu'à l'ordinaire, ce que les matelots prirent pour un présage de gros
tems.

NOUS entrâmes dans le port, à la faveur du Flot. *Wy quaamen met de vloedt
binnen.*

DEMI-FLOT. *Halve-vloedt; Half-ty.*

QUART

QUART de Flot. Trois quarts de Flot. *Anderhalf uur of een quartier vloedt*
Vijfde-half uur of drie quartiers vloedts.

C'eſt-à-dire le quart, & les trois quarts du montant de la mer.

IL Y A FLOT. *Het waater begint te vloeijen, loopt op, waſt ; De vloedt begin*
weer te gaan.

C'eſt-à-dire que la mer commence à monter.

IL y a deux Flots contre un juſſant. *Daar zijn twee-vloeden tegèn een ebbe.*

C'eſt-à-dire qu'il y a deux flux contre un reflux, qui ſervent ou nuiſent
la route qu'on veut faire.

ETRE à Flot. *Vlot zijn, Driftig zijn, Vlooten.*

N'ETRE pas à Flot. Voiez, Toucher.

METTRE un bâtiment à Flot. *Een ſchip weer laaten vlooten.*

C'eſt le relever. Notre navire étoit échoüé ſur ces bancs, mais la mer aïant
monté il fut mis à flot. Il y a ſi peu d'eau dans ce port qu'on n'y ſauro
mettre à flot les bâtimens qui tirent huit piés d'eau. Le canot étoit échoü
ſur ces caies, mais des coups de vent le relevérent, & le mirent à flot.

ETRE remis à Flot. *Los raaken, Geredt worden, Weer vlot raaken.*

FLOTAISON. *Uit-waatering.*

C'eſt la partie d'un bâtiment qui eſt à fleur d'eau.

FLOTE. *Vloot.*

C'eſt un corps de pluſieurs vaiſſeaux qui font même route. Les Eſpagnols don
nent le nom de Flote, *Flotta, Flotilla,* aux vaiſſeaux qui vont tous les ans
Vera-crus, port de la Nouvelle Eſpagne ; & ils apellent les Galions, la Flo
des vaiſſeaux, grands ou petits, qui vont à Cartagéne & à Porto-bello.

ALLER de Flote, Aller de conſerve. *Onder Admiraalſchap, of in compagn*
zeilen.

C'eſt naviguer de compagnie. Voiez, Compagnie.

FLOTES de la Chine. *Waater-vlotten, Dorp-vlotten, Drijf-dorpen, in Sina.*
„C'eſt un aſſemblage de divers vaiſſeaux, dans la Chine, qui naviguer
„ordinairement enſemble, & font comme des villages. Ils traverſent tou
„le païs, dans les endroits où il y a aſſèz d'eaux, & ces endroits ſont fr
„quens, ſi-bien qu'il ſe fait un grand commerce avec ces flotes. Le fon
„de la liaiſon de tous ces vaiſſeaux eſt de jonc, ou de bambouc, entr
„laſſé de liens de bois, qui ſont entretenus par de groſſes poutres, ſu
„leſquelles repoſe tout l'ouvrage.
„Pour faire avancer ces villages, on les pouſſe à l'avant & à l'arriére av
„de grandes perches ; & il y a une groſſe piéce de bois debout à l'arriér
„pour ſervir à amarrer la flote à quai avec un cordage, lors-qu'il en e
„beſoin.
„Outre ces grandes Flotes qui ſont comme des villages, & où les Maîtres
„propriétaires des bâtimens paſſent leur vie, avec toute leur famille, il y
„encore à la Chine de ſimples bâteaux, *Vlot-ſchuiten,* ou petits vaiſſeaux
„qui ſervent de demeure à une famille. Ils n'ont ni rames, ni voiles,
„on ne les fait avancer qu'avec le croc. Les marques des marchandiſes q
„ſont à vendre dans ces bateaux, ſont ſuſpenduës à une perche qui y eſt
„levée en quelque endroit.
„On voit auſſi de ces Flotes ſur la côte de Sumatra ; mais elles ne ſont q
„comme de petits hameaux, n'y aïant pas plus de quatre ou cinq ma
„ſon

„fons, & elles ont un mât & une voile de feüilles de coco. Elles ont
„auffi une ancre à l'avant & une à l'arriére, par le moien defquelles on
„les amarre la nuit à terre.

FLOTER. *Vlotten, Vlooten, Vlot zijn, Driftig zijn.*
C'eft nager, ou demeurer fur l'eau.
FLOTER à la merci des vents & des vagues. *Over Godts genaade drijven,*
Sig aan het geweldt der winden en baaren overgeven.

FLOUETTE. Voiez, Girouëtte.

FLUTE, ou Pinque. *Een Fluit, Een Fluit-fchip.*
C'eft un bâtiment de charge apareillé comme les autres vaiffeaux, mais fort
plat de varangues, & dont les ceintes vont de telle forte, depuis l'étrave
jufqu'à l'étambord, qu'il eft auffi rond à l'arriére qu'à l'avant, aïant le
ventre fi gros, qu'il a une fois plus de bouchin vers le franc-tillac qu'au
dernier pont. On donne en France le nom de Flûte, ou de vaiffeau armé
en flûte, à tous les bâtimens qu'on fait fervir de magafin, ou d'hopital,
à l'armée navale; ou qui font emploiez au tranfport des troupes, quoi-
qu'ils foient bâtis à poupe quarrée, ou à cul-quarré, & qu'ils aient été autrefois en guerre. Voiez, Vaiffeau.

„Comme la grandeur la plus commune des Flûtes, eft à-peu-près de
„cent-trente-piés, c'eft auffi le devis d'une flûte de cent-trente piés de
„long, de l'étrave à l'étambord, vingt-fix piés & demi de large, &
„treize piés cinq pouces de creux, qu'on donne ici.
„La hauteur du haut pont eft de cinq piés fix pouces, foit qu'il y ait un
„acaftilage, ou des gaillards à l'avant & à l'arriére, ou qu'il n'y en ait pas.
„La plus baffe préceinte a douze pouces de large & cinq pouces & demi
„d'épais; la fermure au-deffus, douze pouces de large, & la préceinte auffi
„douze pouces. La fermure des fabords a deux piés fept pouces de large,
„& la préceinte au-deffus un pié. La fermure au-deffus a dix póuces de lar-
„ge, & la préceinte dix pouces. La fermure au-deffus a huit pouces de
„large, & la liffe de vibord, huit pouces.
„Une Flûte deftinée pour naviguer dans la mer Baltique, qui a cent piés
„de long, de l'étrave à l'étambord, doit avoir à-peu-près vingt-deux piés
„de large de dedans en dedans, & onze piés de creux; & fur ce pié-là elle
„eft du port de cent laftes.
„Si elle a cent quinze piés de long, & vingt-trois piés & demi de large,
„elle peut contenir cent-cinquante laftes. Les flûtes de cette grandeur
„n'ont qu'un feul pont.
„Celles qui ont cent-vingt-cinq piés de long, vingt-quatre piés de large,
„& douze piés de creux, font du port de deux cents laftes.
„Mais on donne aux flûtes qui font deftinées pour le commerce & la navi-
„gation du Nord, deux piés de creux de plus qu'à celles de la mer Bal-
„tique, fur les mêmes proportions de longueur & de largeur. La raifon
„en eft qu'il faut beaucoup plus de place pour du bois, à-caufe de la ma-
„tiére & de l'arrimage, que pour des grains.
„Les Flûtes qui vont au Nord ont fouvent au-deffus du virevaut une
„petite couverte, ou efpéce de dunette, de huit à dix piés de long, &
„quelquefois le milieu du tillac n'en eft point fermé, c'eft-à-dire, entre
„le grand mât & le mât de miféne, afin d'y pouvoir mieux arrumer le bois.

G g g   „Au-

,,Au-reste la largeur de cette sorte de bâtimens est fort souvent de la cinqui
,,me partie de leur longueur. On y fait des trous ronds dans le vibord,
,,l'avant & à l'arriére, pour servir de faux-sabords.
,,On met à l'avant, en-dehors contre l'étrave, aux Flûtes qui n'ont poin
,,d'éperon, des courbatons, ou des jottereaux. Celles qu'on fait étroit
,,donnent lieu d'épargner sur les manœuvres courantes & dormantes, sur l
,,ancres, sur les cables, & sur le nombre des gens qu'il faut pour les monte
,,On ne tient pas les équipages des Flûtes qui naviguent au Nord, & da
,,la mer Baltique, si forts que ceux qui vont à l'Oüest, parce-qu'à l'é
,,gard des premiers il n'y a pas tant d'aparence de guerre qu'à l'égar
,,des derniers. On sert à manger, sur ces premiers bâtimens, sans ratio
,,ni mesure, & tant que les équipages en désirent; mais sur les derniers, o
,,y regarde de plus près, & les portions sont réglées.
,,VOICI encore un devis d'un autre Maître Charpentier, d'une Flûte d
,,cent-trente-deux piés de long, trente piés de bau, treize piés six pou
,,ces de creux, & six piés six pouces de hauteur entre deux ponts.
,,La quille avoit cent-quatorze piés de long, deux piés quatre pouces d
,,large, & deux piés d'épais. L'étrave avoit un pié deux pouces d'épais
,,& seize piés de quête. L'étambord avoit un pié trois pouces d'épais, &
,,deux piés trois pouces de quête. Le grand gabarit avoit trente piés d
,,large au premier pont, vingt-six piés trois pouces au second pont, &
,,vingt-quatre piés à la lisse de vibord. Il y avoit deux piés cinq pouces
,,l'equaire dans les fleurs. Les côtes qui étoient sur la quille, avoien
,,neuf pouces d'épais; celles qui étoient dans les fleurs, neuf pouces; &
,,la baloire elles en avoient six. Les baux du premier pont avoient u
,,pié deux pouces d'épais, & un pié quatre pouces de large. Les baux d
,,haut pont avoient huit pouces d'épais, & dix pouces de large. Ceu
,,des gaillards d'avant & d'arriére, avoient cinq pouces d'épais, & six pou
,,ces de large; & ceux de la dunette, quatre pouces d'épais & cinq pou
,,ces de large. La carlingue avoit huit pouces d'épais, & deux piés deu
,,pouces de large. La vaigre d'empature avoit cinq pouces d'épais, l
,,serre-bauquiére cinq pouces, & les autres vaigres quatre pouces & dem
,,Les serre-goutiéres & les faix de pont avoient aussi cinq pouces d'épais
,,les planches qui couvroient le premier pont, deux pouces & demi; cel
,,qui bordoient le second pont, deux pouces; celles qui bordoient le
,,gaillards, un pouce & demi; & celles qui couvroient la dunette, u
,,pouce & un quart. Tout le franc-bordage, ou bordage extérieur, étoi
,,de quatre pouces d'épaisseur.
,,On tient les Flûtes, qui sont destinées pour les voiages de long cours
,,comme aux Indes, bien-plus fortes de bois que les autres: on y met d
,,doubles cadènes de fer aux porte-haubans, afin-que les haubans en soien
,,plus fermes. On donne à cette sorte de bâtiment beaucoup de revers
,,l'arriére, afin-que la chambre du Capitaine soit plus grande; & comm
,,ce grand revers afoiblit le vaisseau, on met dans tout l'arriére des côtes &
,,des barres d'arcasse très-fortes, & capables de le bien soutenir. La fos
,,aux cables est à l'avant, dans le bas, & n'est séparée que par deux portes
,,Les Flûtes naviguent bien, & perdent peu de vent, parce-qu'elles son
,,étroites. Les dalots en sont quarrez, & garnis de cuivre. La dunette e

Fluit Schip.
Flute.
D. S. Fecit.

„le plus souvent féparée en trois, & la place où le Timonier fe tient, qui
„d'ordinaire eft découverte dans les flûtes, a un petit couvert dans celles-ci. La
„chambre qui eft au-deflous de celle du Capitaine eft auffi féparée en trois
„ou quatre parties, pour y mettre le bifcuit, les utenfiles du vaifléau, &
„ceux du Canonier; & au-deflous il y a une foffe, parquet, ou efpace féparé,
„qui fert de foute aux poudres; & derriére cette foute, auprès du gouvernail,
„il y a une autre foffe, qui defcend plus bas, pour y ferrer ce qui fe trou-
„ve gâté, ou hors d'état de fervir, & d'autres petites chofes peu confidé-
„rables. Le cabeftan eft fi proche du mât que les barres y touchent pref-
„que en virant; mais en lui affignant fa place il faut bien prendre garde à
„ce qu'elle ne fe rencontre pas fous un bau, de peur que le bau ne l'em-
„pêche de virer comme il faut. Tous les angles de l'étrave & de l'étam-
„bord font garnis de cuivre.

„Enfin ces fortes de Flûtes ont ordinairement, à l'avant, un peu plus d'a-
„caftilage que les autres, aïant un petit gaillard, dans la chambre duquel
„on defcend par quelques marches. Il y a foixante ans que tous les vaif-
„féaux qui alloient aux Indes, de quelque efpéce qu'ils fuffent, étoient
„ouverts à l'avant, & fans gaillard; & les cabanes pour coucher les gens
„de l'équipage y étoient ftables de chaque côté. On defcendoit de deffus
„le haut pont, par un petit degré, dans la fainte-barbe qui baiffoit juf-
„qu'au niveau du faux-pont, avec lequel toutefois elle n'avoit aucune com-
„munication. Les foldats couchoient au milieu du faux-pont, & à-côté
„étoient arrimez les mâts & les autres bois, qu'on y faifoit entrer par un
„fabord de l'arriére, de même qu'on le pratique encore aujourdhui, à
„l'égard des bâtimens deftinez pour le Nord, à l'arriére defquels on fait
„un trou pour les charger.

„Le faux-pont avoit très-peu de hauteur. Il y avoit une écoutille ou-
„verte, par où les foldats paffoient, & une grande écoutille à caillebotis
„pour donner de l'air. Aujourdhui on fait les vaiffeaux des Indes plus re-
„levez & plus acaftillez à l'arriére, qu'on ne faifoit en ce tems-là.

FLUX & Reflux de la mer. *Vloedt en Eb, Waffend en vallend waater, Het
waffen en het vallen van 't waater.*

C'eft une agitation réglée des eaux de la mer, qui fait qu'elle fe hauffe vers
fes bords, ou s'en retire. On obferve aux côtes de France que les eaux de
l'Océan paroiffent, à certain tems, prendre leur cours du Midi au Septentrion. Ce mouvement, que l'on appelle Le Flux de la mer, dure environ fix heures, pendant lefquelles la mer s'enfle peu-à-peu, & s'élève
contre les côtes, entrant même dans les riviéres, dont elle force les eaux de
retourner vers leur fource, enforte qu'il y en a où le flux remonte plus de
quarante lieues. Après ces fix heures de flux, la mer femble demeurer
dans un même état, pendant un quart d'heure; & enfuite elle prend fon
cours du Septentrion au Midi, dans l'efpace de fix autres heures, pendant
lefquelles fes eaux baiffent contre les côtes, & celles des riviéres prennent
leur pente pour retourner vers la mer. C'eft ce qu'on nomme Reflux.
Il eft fuivi d'une efpéce de repos qui dure un quart d'heure, & auquel
fuccéde un nouveau Flux & Reflux. Ainfi la mer hauffe & baiffe deux
fois le jour, non-pas précifément à la même heure, à-caufe que chaque
jour fon flux retarde de trois quarts d'heure & de cinq minutes; & com-

me il s'en faut ce tems-là même que la Lune ne passe tous les jours dan[s]
le Méridien, à la même heure qu'elle y avoit passé le jour précédent[.]
l'opinion de M. Rohaut est que la mer hausse autant de fois que la Lun[e]
passe dans notre Méridien, tant dessus que dessous l'horison, & qu'elle baiss[e]
de la même sorte, autant de fois que la Lune se rencontre dans l'horison[,]
soit en se couchant, soit en se levant. L'on remarque de plus, dit-il, u[n]
certain accord entre la Mer & la Lune, en ce qu'encore que la mer croiss[e]
tous les jours, ce n'est pourtant pas de la même quantité; mais cette cru[e]
est d'autant plus grande que la Lune aproche davantage de sa conjonction
ou de son oposition, & elle est d'autant moindre qu'elle aproche plus de[s]
quadratures. Enfin la mer croît beaucoup plus sensiblement aux nouvel[-]
les & pleines Lunes, qui arivent vers les équinoxes, qu'aux nouvelles &
pleines Lunes de tout le reste de l'année.

L'on observe à-peu-près la même chose dans toutes les côtes de l'Europe
qui sont sur la mer Océane; mais le flux est d'autant plus tard que la côt[e]
contre laquelle il se fait, est plus Septentrionale; & au-contraire le flu[x]
de la mer n'est presque pas sensible entre les deux Tropiques. La me[r]
Méditerranée ne paroît par s'enfler, si ce n'est vers le fond du golfe d[e]
Venise, savoir à Venise même, & autres lieux circonvoisins. Par-tou[t]
ailleurs on n'observe qu'un simple mouvement des eaux qui glissent le lon[g]
des côtes: cela fait croire à plusieurs qu'il n'y a ni flux ni reflux dans l[a]
Méditerranée; mais beaucoup d'autres sont persuadez qu'il n'y est pas moin[s]
réglé que sur l'Océan, & que si on ne le remarque presque point, c'e[st]
à-cause que cette mer est extrémement creuse & profonde. En pleine me[r]
l'eau ne s'élève jamais que d'un pié ou deux. La Mer Baltique, le Pont[-]
euxin ou la Mer Majeure, & la Mer Morte de l'Asie, n'ont aucun flux
ni reflux. On a cherché jusqu'à-présent assez inutilement la cause de c[e]
mouvement de la mer; mais comme il y a beaucoup de conformité entr[e]
ses mouvemens & ceux de la Lune, il y aura toujours plus de sujet d'atri[-]
buer le flux & le reflux de la mer à l'influence de cet astre, qu'à aucun[e]
autre raison, quoi-que nous ignorions la maniére dont se fait cette influence[.]
Voiez, Flot, Ebe, & Jusant.

F N.

FNE'. *Fne.*

„ C'est une des sortes de bâtimens dont on se sert encore au Iapon, après l[a]
„ défence qui y a été faite d'en plus avoir pour passer la mer, & aller faire com[-]
„ merce avec les étrangers. Il sert à porter de grosses charges, & à trans[-]
„ porter les marchandises dans tout l'Empire, tant sur les grandes riviéres[,]
„ que sur les chenails qui se trouvent vers la haute mer, au-delà des pass[es]
„ & entrées des ports, & le long de la côte, d'un port à l'autre.
„ Les Fnés ont l'avant & le dessous fort aigus; ils coupent bien l'eau, &
„ prennent facilement de l'aire. Ils n'ont qu'un mât, qui est placé ver[s]
„ l'avant, & quarré jusques au ton qui est rond: il peut être mis bas & s[e]
„ coucher vers l'arriére; ce qui se pratique par un vent contraire; & alor[s]
„ on prend les rames pour nager, & le mât sert de banc pour s'a[s]
„ seoir: c'est par cette raison qu'on le fait quarré. On se sert de rouleaux
„ pour le mettre dans l'endroit du vaisseau qu'on veut. Il y a une ouver[-]
„ ture pour mettre le pié du mât, quand on l'arbore, & pour le souteni[r]
„ i[l]

„il y a des étais à l'avant & à l'arriére, qui font amarrez à des traverfins
„qui font vers ces deux bouts. On fe fert de racages pour hiffer la ver-
„gue & la voile.
„Les voiles font prefque toutes de toile de lin tiffue, & rarement de paille,
„ou de rofeaux entrelaffez. Comme chaque bâtiment n'a qu'un mât, il
„n'a auffi qu'une voile. Les Pilotes ont très-peu d'expérience à louvier,
„c'eft pourquoi, par un vent contraire, ils amènent le mât, & nagent, ce
„qu'ils font debout, & à-peu-près comme ce qu'on apelle ici Coqueter,
„hormis qu'ils le font des deux côtés; & ici cela fe fait feulement à l'arriére.
„Le bord contre lequel font les rameurs, avance un peu fur l'eau, &
„eft affez artiftement ouvragé. Les rames font amarrées à une certaine
„forte de tollets, afin-qu'elles ne puiffent pas s'avancer trop, & qu'el-
„les demeurent juftement au point qu'il faut. Le travail eft adouci par u-
„ne mufique, ainfi que cela fe pratique dans la plupart de ces païs-là.
„Les ancres font de bois, de la figure de deux courbes, auxquelles eft
„bien amarrée une pierre très-pefante. Chaque bâtiment en porte cinq
„ou fix, fur-tout lors-qu'ils doivent ranger la côte de bien-près, & paffer
„entre des rochers. Ils ont auffi quelquefois des grapins de fer, comme
„ceux qu'on a ici, mais cela eft rare. La plupart des cables font de paille
„broïée, qu'on entrelaffe avec un artifice admirable, & ils ont vingt à
„trente braffes de long. Il y en a auffi de brou, qui font legers, & qui
„nagent fur l'eau, mais on en voit rarement de chanvre, & leur longueur
„n'eft que de cinquante braffes.
„Ils ne portent point de pavillons, fi ce n'eft quelquefois un petit à l'ar-
„riére, où font les armes du Seigneur du lieu, ou-bien du lieu même d'où
„vient le vaiffeau. Le bois dont les Fnés font faits, eft fort blanc & s'apel-
„le Fenux, excepté que la fole eft de bois de camfre, dont on fe fert en
„cette ocafion, parce-qu'il n'eft pas fujet à être criblé des vers, n'y aïant
„point d'infecte qui puiffe fubfifter avec l'odeur du camfre. Jamais on ne
„les braie, mais une fois le mois on les tire à terre, où on les râcle, on leur
„donne le feu, & on les fuifve un peu par-deffous. Ils ne font que du port
„de foixante laftes tout-au-plus; mais les bâtimens qui chargeoient au-
„trefois des marchandifes du Iapon, pour les vendre aux autres Indiens,
„portoient jufqu'à cinq & fix cents laftes.
„Le mât d'un Fné n'a pas beaucoup de hauteur. Le gouvernail paffe par
„une ouverture qui eft à l'arriére; mais il ne defcend pas droit & en ligne
„perpendiculaire; il defcend tout-à-fait de biais, & eft fort large, & plus
„épais que la quille : on le fait joüer avec des cordes, ou avec la main.
„L'étrave eft ronde. Il y a beaucoup de ces bâtimens qui font tout-ou-
„verts : d'autres ont un pont volant, qui eft plat & fans tonture, & qui
„s'ôte & fe remet, parce-que s'il étoit coufu, le vaiffeau ne feroit pas ca-
„pable de paffer la mer : c'eft pourquoi on a des nattes de quatre pouces
„d'épais, pour en couvrir le pont lors-qu'il pleut, & empêcher que les
„marchandifes ne fe moüillent; lefquelles nattes on met en pente fur le
„vaiffeau de-même que le toit d'une maifon. Ce font ces mêmes nattes,
„ou celles qui font de rechange, qui fervent de lits à l'équipage.
„Il y a une petite chambre à l'arriére, dont la cloifon eft en couliffe : elle eft
„pour le Maître & pour le Pilote, qui, par le moien de ces couliffes, peu-

Ggg 3.

„vent

„ vent voir & ce qui se passe dans tout le vaisseau, & la mer, laquelle il
„ voient aussi par l'ouverture où passe le gouvernail.
„ Les Fnés ont de largeur dans leur milieu le tiers de leur longueur. Il
„ font un peu plus étroits par le haut que par le bas. Ils ont de creux en
„ viron quatre piés dans l'œuvre morte, ou au-dessus de l'eau, outre
„ quelque planche ouvragée, qui est sur la lisse de vibord, & qui fait un
„ petite saillie à côté. Ils ne sont propres ni à servir en guerre, ni à navi
„ guer en pleine mer.
„ La cuisine, qui n'est qu'un foïer tout-ouvert, se place sous le pont a
„ milieu du bâtiment. Les victuailles ordinaires sont du ris, du poisson
„ & d'autres choses que la mer fournit. Le bruvage est ou de l'eau, ou
„ une espéce de biére brassée avec du ris, qu'on nomme Zacki. Le vai
„ seau est souvent enjolivé en-dedans de papier marbré, qui y est collé
„ Il a des côtes & un serrage, comme ceux qu'on fait en Europe ; & le
„ coutures sont calfatées de brou.
„ Le principal instrument dont on se sert pour la construction, est très
„ petit, mais fin & bien-fait ; & ce qui est admirable c'est que les ouvrier
„ y travaillent étant assis. La fosse aux cables est sous l'éperon qui s'élan
„ ce en-dehors sur l'eau. Il y a d'ordinaire une chaloupe à la touë, mai
„ le gros tems contraint quelquefois de la haler à bord. Elle sert à alle
„ querir de l'eau douce à terre, dequoi on a beaucoup de besoin, parce
„ qu'on ne prend aucun soin de la ménager.

F O.

FOESNE. *Elger, Helger.*
C'est un instrument de fer, propre à la pêche, dont on se sert, dans le
vaisseaux, pour harponner la dorade & la bonite, à l'avant du navire. L
foësne est faite en maniére de trident, & a une corde atachée à son man
che, pour la retirer après-qu'on l'a lancée dans le poisson.

FOIER. *Vuur, Blik-vuur, Blik-vuuren.*
Ce sont des feux que l'on allume la nuit au haut de quelque tour élevée
pour servir de guide aux vaisseaux par leur lumiére. Voiez, Phare.

FOIT de mât. *Een langdragig mast, Een langwerpig mast.*
Ce terme n'est en usage qu'en cette phrase, Un grand Foit de mât, pou
dire, une grande longueur de mât.

FONCET. *Een groote schuit om op de rivieren te vaaren.*
C'est une sorte de bateau qui est l'un des plus grands dont on se serve su
les riviéres. Il y en a qui ont jusqu'à vingt-sept toises entre chef & quille.

FOND. *Grondt.*
C'est le sol, ou la superficie de la terre au-dessous des eaux. On lui don
ne différens noms, selon la diversité des terres que l'on y trouve. On dit
Nous sondâmes les fonds de cette baie, où nous trouvâmes douze & quin
ze brasses d'eau, fond de pré.

FOND. *De gedaante der gronden.*
C'est l'état & la qualité du fond.

FOND de sable. *Sandt-grondt, Saandtagtig grondt.*

FOND de pré. *Groene grondt.*
On apelle Fond de pré la terre au-dessous de l'eau, où il y a de l'herbe.

FOND de roche. *Klippig grondt.*

FOND d'aiguilles. *Naaldt-grondt.*

C'est où il y a de petits coquillages de la grosseur d'un petit ferret d'aiguillette, & qui se terminent en pointes.

FOND pierreux. *Steenagtig grondt, Singel-grondt.*

FOND de coquilles pourries. *Schulpagtig grondt.*

C'est celui qui est tout semé de morceaux de petites coquilles.

FOND de roches aiguës, ou coupantes. *Scharp-grondt.*

FOND mou. *Weeke grondt, Sagt grondt, Dari-grondt.*

C'est un fond qui n'est pas assez ferme, pour être de bonne tenuë.

FOND de son. *Roodtagtig grondt.*

C'est celui dont le sable est de la couleur du son.

FOND de cailloüage. *Kei-grondt, Kegel-grondt.*

FOND de banche. *Gladt-steen-grondt.*

FOND vasard, Fond de vase. *Modderagtig of slijkerig grondt.*

C'est quand le fond est de vase.

FOND de vase molle. *Sagt-slijk-grondt.*

POINT DE FOND. *Geen grondt.*

C'est-à-dire, qu'en jettant la ligne & le plomb de sonde, on ne trouve point de fond.

MÊME FOND. *De selve diepte, en de selve grondt.*

Cela se dit quand on trouve la même profondeur d'eau, ou la même terre au fond de la mer, qu'on avoit déja trouvée.

FOND de bonne tenuë. *Anker-grondt, Goedt grondt, Vaste grondt, Steck-grondt.*

C'est-à-dire, que l'ancrage y est fort bon, & que les vaisseaux n'y peuvent chasser sur leurs ancres.

„Dans les endroits des Cartes marines où l'on voit la figure d'une ancre,
„cela veut dire que le fond est de bonne tenuë dans ce parage, ou qu'il y
„a bon moüillage.

FOND de mauvaise tenuë. *Los grondt, Vuil of quaadt grondt, Dari-grondt.*

C'est un fond où le vaisseau chasse sur son ancre.

FOND mouvant. *Wel-grondt.*

PRENDRE FOND, Toucher, Relâcher. *Aandoen.*

C'est moüiller dans une rade, ou dans un port.

DONNER FOND. *'t Anker werpen.*

C'est-à-dire, Moüiller l'ancre. Voiez, Moüiller.

ALLER A FOND, Couler bas. *Sinken, Te grondt gaan.*

ON VIT tout le butin couler à Fond. *Men sag alle de buit versinken.*

TROUVER FOND. *Grondt krijgen.*

PERDRE FOND. *Uit de grondt raaken, Drifsig worden.*

C'est-à-dire, Arer, Chasser sur les ancres.

FOND, Plat-fond d'un vaisseau. *'t Vlak, Bodem, Boom.*

„Pour donner une largeur convenable au plat-fond, quelques Charpen-
„tiers prennent les deux tiers de toute la largeur du vaisseau, c'est-à-dire,
„à mesurer dans son gros sous les goutiéres, & à un tiers de sa longueur
„à venir de l'avant vers l'arriére. Par exemple; Quand il y a vingt-cinq
„piés de largeur en cet endroit-là, ils donnent seize piés sept pouces & de-
„mi de largeur au plat-fond. Par chaque pié de largeur qu'a le fond, ils
„le

„le font élever d'un demi pouce de chaque côté, fous les grands gab
„rits.
„On tient le fond d'un vaiſſeau marchand bien plus large que celui d'u
„frégate. Mais il y a un milieu pour les navires de guerre, dont le fon
„ne s'élève pas tant vers les côtés que ceux des frégates; mais il s'élèv
„beaucoup plus que ceux des groſſiers bâtimens de charge, & plus au
„que ceux des vaiſſeaux marchands, qui font le mieux conſtruits, & d
„plus beau gabarit. Il faut avoüer que plus le fond d'un vaiſſeau a d
„rondeur, & plus le gabarit en eſt agréable : cependant, en Holland
„l'uſage l'a emporté fur l'agrément, & l'on y tient un milieu, en ne do
„nant au plat-fond qu'une médiocre rondeur. Au-reſte c'eſt l'œil & le go
„du Maître Charpentier qui déterminent la choſe, & c'eſt comme d'u
„commun conſentement que le goût des Charpentiers de Hollande ſe trou
„ve tourné du côté de la médiocrité à cet égard.
„Les Charpentiers qui ont marqué les proportions d'un vaiſſeau de ce
„trente-quatre piés de long, donnent à fon plat-fond vingt & un pié d
„large fous les deux grands gabarits. A douze piés du grand gabarit de l'
„vant, en tirant vers l'avant, ils le rétreciſſent d'un pouce, ou d'un pou
„& demi : ils le font élever de cinq pouces en fes deux côtés, fous l
„grands gabarits, & un peu plus vers l'avant. A onze piés au-delà ve
„l'avant, ils le rétreciſſent de deux pouces, & il s'élève encore de quat
„pouces. A douze piés cinq pouces du grand gabarit de l'arriére, en tira
„vers l'arriére, ils le font rétrecir de deux pouces, mais il s'élève plus q
„fous les grands gabarits. A onze piés huit pouces au-delà, vers l'arriér
„ils le font rétrecir de deux pouces à deux pouces & demi. A onze pi
„dix pouces au-delà, il ſe rétrecit encore depuis trois juſqu'à dix pouce
„mais il s'élève auſſi davantage ; & peu après il ſe rétrecit depuis quat
„juſqu'à dix pouces, & il continuë ainſi juſques au bout.
„D'autres Charpentiers proportionent le plat-fond fur la liſſe de hourdi, e
„prétendent que le fond doit être de la même largeur que cette liſſe. Ma
„cette proportion paſſe pour n'être plus réguliére, aujourdhui qu'on do
„ne à la liſſe de hourdi les trois quarts de la largeur entiére du vaiſſeau, e
„même un peu plus ; ſi-bien qu'une telle largeur excéderoit, fur-tout pou
„les navires de guerre, & pour les bâtimens qui doivent être legers d
„voiles.
„Dans la Nord-hollande, c'eſt-à-dire, à Amſterdam & dans l'Oüeſt-friſ
„on ne ſe ſert pas de lattes & gabarits pour former les premiéres façons d
„bas d'un vaiſſeau, comme on fait le long de la Meuſe : on les forme ſeu
„lement par les planches qui font le tour du vaiſſeau ; & lors-qu'on po
„ces bordages-là, on apelle cela *Boeijen*, Bâtir, Former le bâtiment. Da
„cette forte de conſtruction il y a des Charpentiers qui joignent la premié
„planche des fleurs à la derniére du fond, en telle forte que cette premié
„étant rabatuë en chamfrein par-dedans, forme en-dehors une couture q
„s'arrondiſſant un peu commence l'arrondiſſement des côtés ; ſi-bien qu'
„le fait remarquer le commencement des fleurs, qui paroît comme ſepa
„du plat-fond. Cette maniére n'eſt pas ſuivie le long de la Meuſe, où le
„fleurs ne font qu'une continuation de l'arrondiſſement qu'on a déja com
„mencé à donner au fond.

FON

FOND de cale. *Ryim, Run, Reun.*

C'est ce qui est contenu sous le premier pont du vaisseau.

Le Fond de cale, selon M. Dassié, se divise en six parties égales, depuis l'étrave jusqu'à l'étambord. On prend deux de ces parties au derriére, dans lesquelles sont les chambres, ou soutes de la poudre & du pain. La soute aux poudres a de longueur une sixiême partie de la longueur de l'étrave à l'étambord, du côté de l'étambord : la soute au pain a aussi une sixiême partie, & il y a deux chambres séparées par un courrier de communication d'environ deux piés & demi de largeur, qui sont toutes lambrissées de sapin. Avant que d'y mettre le pain & la poudre on les chaufe, pour en ôter l'humidité.

Au-devant du vaisseau, dans le fond de cale, en la sixiême partie de sa longueur, est faite une séparation qui se nomme Fronteau, ou Clisson, en laquelle partie sont deux chambres destinées pour les voiles du vaisseau, & pour les cables.

Les autres parties composent le véritable fond de cale, où sont placez les tonneaux. La chambre du Chirurgien est aussi dans le fond de cale, joignant la chambre aux voiles & aux cables. Voiez, Cale.

FOND de voile. *Buik.*

C'est le milieu d'une voile par le bas, & ce qui retient le vent par le milieu.

FOND de la hune. *Haart.*

C'est la sole, ou les planches qui sont suportées par les barres, & sur quoi l'on marche.

FOND d'afût. *Bom-stukken.*

C'est un assemblage de petits madriers, dont le fond de l'afût d'un canon de vaisseau est composé.

FOQUE de beaupré. *Kluiffok, Kluisfok, Lul.*

C'est une voile à trois points, qu'on met avec une espéce de boute-hors en avant, sur certains petits bâtimens, quand le vent est foible.

FOQUES de miséne. *Bree-fok en Stag-fok.*

Comme on ne sait point quel nom ont en François ces deux voiles qu'on voit, en Hollande, aux galiotes, & à diverses sortes de petits bâtimens, on prend la liberté de leur donner celui-ci, qui peut assez leur convenir, si en éfet il n'y en avoit point encore d'autres; & s'il y en a d'autres on sera obligé à ceux qui voudront les aprendre. Cependant on ne voit pas qu'on puisse se dispenser de parler de ces sortes de voiles. Elles servent toutes deux tour-à-tour, selon le vent, & jamais ensemble. C'est le mât où est la grande voile, qui les soutient aussi : elles sont par-devant vis-à-vis de la foque de beaupré. Celle qui s'apelle *Bree-fok*, est une voile quarrée qui sert quand on a vent arriére, ou vent largue; & quand on va à la bouline on l'ôte, & on lui substituë l'autre voile, apellée *Stag-fok*, qui est à tiers point, & fort pointuë par le haut. Voiez, Fortune.

FORBAN. *Een Zee-roover, Zee-strooper, Zee-schuimer.*

C'est un Pirate écumeur de mer, qui faisant pavillon de toutes maniéres, ataque amis & ennemis sans distinction. Les Forbans sont traitez comme des voleurs publics, lors-qu'on les peut prendre. Le Roi de France ordonne, par un Réglement de 1674. que tous les armateurs François, qui vont faire le cours sur les ennemis, donnent caution aux Siéges des Amirautés,

qu'ils ne feront aucune prise fur les Sujets de ſes Alliés , & qu'en cas que
les armateurs ſe trouvent ſaiſis de pavillons contraires , leur·procès leur
ſoit fait comme à des forbans & voleurs publics. Enfin les Forbans ſont
ceux qui vont faire le cours , ou ſans commiſſion , ou avec pluſieurs com-
miſſions.

FORCE de voiles , Faire Force de voiles. *Alle zeilen by ſetten , Sig op zijne
zeilen verlaaten.*

C'eſt-à-dire , porter le plus de voiles qu'on peut , afin de faire ſon cours
avec plus de diligence. Nous forçâmes de voiles , afin de gagner l'avan-
des ennemis.

FORCE de rames , Faire Force de rames. *Kragt van roeijen , Hardt roeijen.*
C'eſt-à-dire , Redoubler les éforts des rameurs. Comme notre galére a
voit vent debout , elle ſerra ſes voiles , & fit force de rames , pour gagner
la rade des iſles d'Hiéres.

FORCE. Cela nous ôte la force d'un hunier , ou d'un perroquet. *Het houd
ſoo veel tegen , als een mars-zeil , of bram-zeil trekken kan ; Dat doet ons ſoo vee
minder loopen als een mars-zeil trekken kan.*

Cela ſe dit lors-que l'on traîne quelque choſe après le vaiſſeau , ou qu'il
arive quelque accident , comme de mauvais arrimage , ou de pluſieurs gen
qui ſe promènent ſur les ponts , & que cela empêche l'aire du vaiſſeau , &
le retarde d'autant de chemin qu'un hunier , ou un perroquet le pourroi
faire avancer.

OTEZ le cable qui traîne à notre arriére , & nous aurons encore la Forc
d'un hunier. *Neemt dat touw weg dat agter aan ſleept , en dan ſullen wy ſo
veel harder loopen als een mars-zeil trekken kan.*

CELA nous donnera la Force d'un hunier. *Het ſchip ſal beter zeilen , by ee
heel mars-zeil.*

FORCER , Le vent Force. *De windt wakkert hand over handt , Het begint t
kluiſen.*

On dit que le vent force , qu'il eſt forcé , pour dire , que le vent eſt vio
lent. Ce jour-là le vent étant trop forcé nous relâchâmes à Livourne.

FORCE'. Vent Forcé. *Stijf-windt , Hardt-windt.*

FORME. *Dok.*

C'eſt un eſpace , ou réduit , creuſé dans la terre , ſur le bord de l'eau , o
l'on fait des vaiſſeaux , & où l'on met ceux qu'on veut radouber. L
forme eſt enfermée de murailles , pour empêcher que la mer n'y entre
juſques-à-ce que les œuvres vives ſoient faites , ou que le radoub ſoit ache
vé ; car alors on ouvre une écluſe , qui laiſſe entrer la mer dans la forme
& mettant le vaiſſeau à flot , donne moien de le pouſſer à l'eau , ſans aucu
danger pour la quille , qui ſe peut arquer dans les chantiers ordinaires.
y a une très-belle forme dans l'arſenal de Rochefort , & elles ſont commu
nes en Angleterre.

FORME en talus. *Helling , Een timmerwerf dat naa het waater ſchuins afgaan
de is.*

C'eſt un eſpace en talus , ſur le bord de l'eau , où l'on conſtruit des vai
ſeaux , & d'où on les met facilement à l'eau.

FORME à gargouſſes. *Kardoes-ſtok.*

C'eſt un morceau de bois taillé pour former les gargouſſes deſſus.

FORT

FORT. Mettre du bois fur fon Fort. *Een ftuk houts op fijn neer fetten.*
Lors que la piéce eft cambrée, on met le cambre deffous, pour réfifter à
la charge.

FORT de virer. *Hou op, Wind niet meer.*
C'eft un terme en ufage parmi le commun des matelots, pour dire, Halte;
Ne virez plus.

FORTUNAL. *Ruk-windt, Bui, Onweer.*
C'eft un coup de mer, une tempête, un orage.

FORTUNE de vent. *Storm-windt, Hardt-weer; Fortuin van weder en windt.*
C'eft un gros tems où les vents font forcez. Une Fortune de vent nous
obligea de ferrer toutes nos voiles, & d'aller à mâts & à cordes.

FORTUNE de mer. *Quaade fortuijn van zee of fandt, Groot ongemak van zee.*
Ce font les accidens que caufe la tempête, & les autres auxquels on eft
fujet fur mer, comme d'échoüer, de couler bas d'eau, de rencontrer des
pirates &c.

FORTUNE. Voile de Fortune. *Bree-fok.*
La voile de fortune eft la voile quarrée d'une tartane, ou d'une galére;
car leurs voiles ordinaires font latines, ou à tiers point, & elles ne portent
la voile de fortune, qu'on nomme auffi Treou, que pendant l'orage. Les
galiotes en ont auffi. Voiez, Treou.

FOSSE-AUX-CABLES. *Kaabel-gat, Kabel-ruim, Kaabel-kot.*
C'eft un réduit fous le tillac, vers le mât de miféne, & à l'arriére de la
foffe-à-lion. Il eft deftiné à lover & renfermer les cables.

„La Foffe-aux-cables eft un retranchement à l'avant d'un vaiffeau, ou au
„fond de cale dans quelques-uns, en d'autres fous le premier pont, & en
„d'autres fur le faux-pont, dans lequel on ferre les cordages. Dans les
„vaiffeaux qui vont aux Indes on y fait coucher des foldats: les cabanes,
„qui y font par étages les unes fur les autres, font fort étroites.

„Ordinairement, dans les navires de guerre, la foffe-aux-cables eft placée
„proche de la cuifine, vers l'avant, & on y retranche encore, ou tout-
„auprès, une loge pour le Contre-maître, droit devant le traverfin de bit-
„tes par le bas, de-même que la loge du Pilote fe place contre la foute aux
„poudres & devant la dépence, c'eft-à-dire, dans les navires où le fond de
„cale eft féparé en divers apartemens; car dans les vaiffeaux marchands le
„fond de cale demeure tout en fon entier, & fans aucune clifton, afin d'y
„charger les marchandifes.

„IL SE tient dans la Foffe-aux-cables, pendant le combat. *Hy laat fig in het
„kaabel-gat befchieten, om fchent-vry te zijn.*
„Il arive quelquefois que des matelots qui ont peu de courage, fe gliffent
„dans la foffe aux cables, & fe mettent au milieu des cables lovez, qui
„leur fervent comme de rempart, parce-que le canon ne paffe pas au-tra-
„vers.

FOSSE-à-LION. *Hel.*
C'eft un réduit fous le tillac à l'avant du vaiffeau, contre les guerlandes,
deftiné à mettre le funin, les poulies & les caps de mouton de rechange, &
qui fert auffi de chambre au Contre-maître. En tems de combat, on met

H h h 2

quel-

quelquefois la poudre dans la foſſe-à-lion. Dans cette même circonſtance
on met à la foſſe-à-lion un Gardien, qui eſt un matelot entendu, pour
donner ce qui lui ſera demandé pour le ſervice du vaiſſeau.

FOSSE-AUX-MATS. *Een hok tot maſten.*

C'eſt un lieu rempli d'eau ſalée : on y conſerve les mâts qu'on n'a point
encore mis en œuvre.

FOSSE. *Een zee-ſtreek, niet ver van de wal, die beſchut is voor de winden,*
bequaam om te ankeren.

C'eſt un eſpace de mer près des terres, où les vaiſſeaux peuvent moüiller
à l'abri.

FOSSE. *Een kuil ſonder grondt.*

C'eſt un endroit où il n'y a point de fond, proche d'un banc.

FOUETER. Les voiles fouëtent contre le mât. *De zeilen ſlaan tegen d
maſt.*

C'eſt quand elles ſont ſur le point d'être entiérement ſur le mât, & qu'el
les battent un peu plus fort contre le mât que quand elles ne ſont qu'e
ralingue.

FOUGON. *Haart.*

C'eſt un mot dons les Levantins ſe ſervent pour ſignifier le lieu où l'on fai
la cuiſine dans certains petits vaiſſeaux. Le fougon des galéres eſt dans l
milieu des bancs.

FOUGUE. Mât de fougue, ou foule. *De beſaans maſt.*

C'eſt le mât d'artimon. Voiez, Mât.

FOUGUE. Vergue de fougue, ou foule. *De Begijn-ree.*

C'eſt une vergue qui ne porte point de voiles, & qui ne ſert qu'à border
& étendre par le bas la voile du perroquet d'artimon. Voiez, Vergue.

FOUGUE, Foule. Perroquet de fougue. *De Kruis-ſteng.*

C'eſt le perroquet d'artimon. Voiez, Mât.

FOULOIR, Refouloir. *Stamper, Aanſetter.*

C'eſt un inſtrument dont les Canoniers ſe ſervent pour nétoïer une piéce
de canon lors-qu'elle a tiré. Comme le fouloir a un bouton par ſon autre
bout, ils s'en ſervent auſſi à battre la charge de poudre qu'on a miſe dans
la piéce.

FOURCATS, Fourçats, Fourques, Fours, Sanglons. *Sog-ſtukken, Gaffel
ſtukken.*

Ce ſont des piéces de bois triangulaires, dont l'une des extremités eſt po
ſée ſur la quille, à chaque bout, vers l'arriére & vers l'avant, au lieu de
varangues ; les deux autres extrémités qui ſont en haut ſe joignent au
bouts des genoux, apellez de revers. Elles ſont fourchuës & ſe mettent a
près les varangues aculées, vers l'endroit où le vaiſſeau s'étrecit le plus
Elles ſont bien plus cintrées que les varangues aculées, & achèvent de don
ner les façons au vaiſſeau. On leur donne les noms de Fourques & de Four
cats, à cauſe qu'elles ſont fourchuës.

„ Il y a des vaiſſeaux de Barbarie, conſtruits exprès pour faire le cours &
„ pirater, qui, au-lieu de divers membres ſéparez qu'on fait joindre, n'on
„ dans toutes leurs façons de l'avant & de l'arriére que des fourcats, qu
„ ſont poſez ſur la quille, & qui ſont garnis d'argille par le bas. Leur a
„ vant & leur arriére ſont aſſez arrondis ; ſi-bien que tout l'avant du vaiſſeau
„ juſques

„ juſques au gros, a déja franchi la lame lors-que la force de l'eau commen-
„ ce à lui réſiſter. Ces bâtımens portent de grandes voiles, & ſont bons
„ voiliers, ainſi que les vaiſſeaux marchands des Chrétiens l'ont ſouvent
„ éprouvé à leur dommage. Leurs mâts ſont d'un très-bon bois, & meil-
„ leur que celui de Norvège. Mais quand la mer n'eſt pas agitée, ils
„ n'ont point d'avantage ſur les autres vaiſſeaux; car alors il n'importe pas
„ dequel gabarit ſoit le vaiſſeau, plat, rond, ou aigu, parce-qu'il n'y a
„ que peu d'eau qui lui faſſe réſiſtance. En tout autre état où eſt la mer,
„ les avants arrondis ſont plus propres que les autres à rompre le coup & la
„ force des vagues.

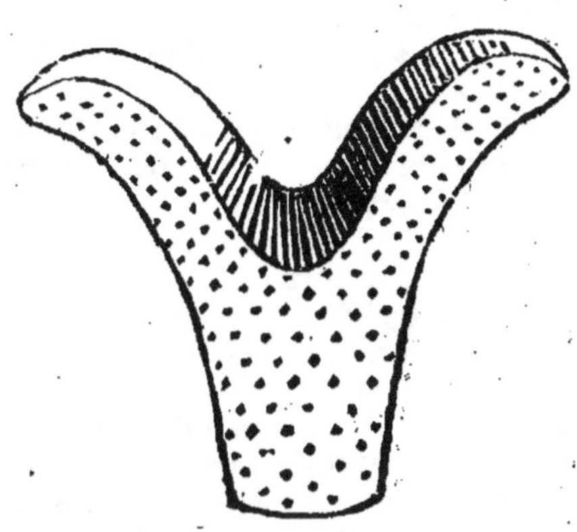

FOURCHES pour caréner. *Vork, Vorken.*
Ce ſont de longues & menuës fourches de fer, que l'on emmanche au bout
d'une éparre, pour prendre le chaufage dans la carène, & le porter au vaiſ-
ſeau, ou en tel autre lieu qu'il eſt beſoin.
FOURCHE de potence de pompe. Voiez, Potence.
FOURCHONS de la Fourche de la potence, Oreilles ou Branches de la
fourche. *Dè ooren van de knie, of van de gek van de pomp.*
FOURNIMENT. Voiez, Charge de mouſquet.
FOURRER les cables, les mâts, & les manœuvres. *Kleeden, Bekleeden,
Bewoelen.*
C'eſt les garnir de toile, ou de petites cordes, en certains endroits, pour
les conſerver & empêcher qu'ils ne s'uſent.
FOURRURE, ou Rombaliére. *Waagering.*
C'eſt un revêtement de planches qui couvrent par-dedans les membres des
grands bâtimens à rames.
FOURRURE. *Kleedt, Kabel-kleedt, Muis, Slabbing, Woeling, Beſlag.*
C'eſt une envelope de vieille toile à voile, ou de fils ou cordons des vieux
cables, que l'on met en treſſe; ou petite natte, & dont on envelope toutes les manœuvres de ſervice, pour les conſerver. On en met auſſi autour
du cable, pour le conſerver à l'endroit où il paſſe dans l'écubier, & lors-
que l'ancre eſt mouillée. Pendant les glaces, nous défendîmes nos cables

H h h 3

avec

avec de bonnes fourrures , & des chaînes de fer. Il y a une toile con[...]
fur la fourrure.
FOYER. Voiez, Foïer.

FRAICHEUR. *Koelte.*
On dit qu'un navire cingle avec bonne fraîcheur , pour dire que le ven[...]
eft égal & raifonablement fort. Nous eûmes une bonne fraîcheur , qu[...]
nous fit doubler ce jour-là le cap de Finifterre.

FRAICHIR. *Koelen , Wakkeren.*
C'eft quand le vent augmente & devient plus fort qu'il n'étoit. Un O[...]
cier dît, ferrez les deux huniers, car le vent Fraîchit.

VENT qui Fraîchit. *Een aanneemende koelte.*

FRAIS. Vent Frais. *Een wakkere , heldere , of friffche koelte , kou , koude[...]
Een fraai koudje*
C'eft un vent favorable. Nous eûmes un beau frais toute la matinée. L[...]
lendemain nous fûmes portez d'un vent frais jufqu'à midi ; après il devin[...]
échars, & fur le foir il devint forcé.

BON FRAIS. *Een ftijve of ftevige koelte.*
C'eft un vent qui vente affez fort.

BEAU FRAIS. *Bagftags koelte.*
C'eft un beau vent, qui vente raifonablement. Il ventoit beau frais.

PETIT FRAIS. *Slappe , labbere , of flegte koelte.*
C'eft-à-dire, un petit vent, qui a peu de force.

FRANC d'eau. Rendre le navire Franc d'eau. *Een fchip bevryden , met pom[...]
pen droog houden , verloffen van 't waater , dat daar buiten in fijpt.*
C'eft y mettre l'eau haute, & le vuider par la pompe.

FRANC-FUNIN. *Gijn-touw.*
C'eft une longue corde, plus ronde & plus arondie que le cordage ordina[...]
re. Elle eft blanche, c'eft-à-dire qu'elle n'eft pas goudronnée, & fert dan[...]
un vaiffeau à plufieurs ufages , comme pour embarquer le canon , pou[...]
mettre en carène &c. Le franc-funin eft compofé de cinq torons tellemen[...]
ferrez, que le cordage en paroît plus arondi que le cordage ordinaire. Il fe[...]
pour les plus rudes manœuvres. M. Daffié dit que les franc-funins des gran[...]
des caliornes ne doivent être que de quatre tourons.

FRANC-TILLAC. *Den overloop, Het onderfte dek.*
C'eft le pont le plus proche de l'eau , ou à fleur d'eau ; celui qui eft élev[...]
fur le fond de cale. C'eft comme l'étage du rez de chauffée , dans les bâ[...]
timens de terre, puis-qu'il eft à-fleur d'eau. Tout-autour font placez l[...]
plus gros canons , & l'on nomme cet endroit-là la grande batterie. Ve[...]
la poupe eft la gardiennerie, ou fainte-barbe.

FRANC-E'TABLE. Voiez, E'table.

FRANCHE. La pompe eft Franche & haute. *De pomp is lens.*
C'eft-à-dire, que l'offec eft vuide, & qu'il ne refte plus d'eau à pomper.

FRANCHE Bouline. Voiez, Bouline.

FRANCHIR. Franchir l'eau de la pompe. *Bevrijen , Bevrijden , De pom[...]
lens pompen, lens krijgen.*
C'eft-à-dire, que l'eau diminuë, ou s'épuife, ce qui s'entend de l'eau qu[...]
entre dans le vaiffeau par des ouvertures, ou autrement. Quoi-que notr[...]
voi[...]

voie d'eau nous fît craindre de couler bas ; nous fîmes tant en pompant à nos deux pompes, que l'eau franchit. Ce vaiſſeau faiſoit tant d'eau qu'il ne la pouvoit franchir à une pompe. On dit auſſi que l'eau ſe franchit. Voicz, Franc d'eau.

FRANCHIR la lame. *Door de baaren zeilen, De zeën ſnijden, Dwars-zees zeilen.*

C'eſt couper les vagues, les houles, les lames, qui traverſent l'avant du vaiſſeau, & paſſer au-travers.

FRANCHIR deux ou trois lames à la fois. *Twee of drie zeën te gelijk ſnijden, en doorzeilen, of beſlaan.*

FRANCHIR une roche. Le vaiſſeau toucha ſur une roche qui étoit ſous l'eau, mais enfin il la franchit. *Het ſchip ſtiet tegen een blinde klip, maar hy raakte daar over.*

C'eſt paſſer par deſſus. La machine venant à pleines voiles fut détournée par le vent, & n'aïant pu franchir une roche, elle alla ſe briſer d'un autre côté.

FRAPER une manœuvre. *Tſorren, Vaſt maaken, Aanſetten.*

C'eſt-à-dire, Atacher cette manœuvre à une des parties du vaiſſeau, ou à quelque autre manœuvre. Fraper ſe dit pour les manœuvres dormantes, ou pour des cordes qui doivent être atachées à demeure; car on dit, Amarrer, pour les autres qu'on doit détacher ſouvent. Le dormant du bras du hunier de miſéne, eſt frapé ſur l'étai du grand hunier.

FRAPER une poulie. *Een blok naaijen, of hechten, of vaſt maaken.*

FREGATE. *Fregaat, Fregat.*

C'eſt un vaiſſeau de guerre, peu chargé de bois, & qui n'eſt pas haut élevé ſur l'eau, leger à la voile, & qui ordinairement n'a que deux ponts. On dit, Voilà une frégate bien-coupée, bien-alongée & d'un beau gabarit. Les Anglois ſont les premiers qui aïent apellé Frégates, ſur l'Océan, les bâtimens longs armez en guerre, qui ont le pont beaucoup plus bas que celui des galions & des navires ordinaires. Ce mot de Frégate tire ſon origine de la Méditerranée, où l'on apelloit Frégates de longs bâtimens à voile & à rame, qui portoient couverte, & dont le bord, qui étoit beaucoup plus haut que celui des galéres, avoit des ouvertures, comme des ſabords, pour paſſer les rames. On tient que l'embarras du pont & des œuvres mortes rendant ces frégates peſantes à la voile & à la rame, a fait que peu-à-peu on en a négligé la conſtruction.

„Les frégates tombent plus ſur le nez que les flûtes, parce-qu'on les tient „plus fortes de bois à l'avant.

VOICI le Devis & la Coupe d'une Frégate de cent-vingt-huit piés de long, de l'étrave à l'étambord, treize piés de creux, & trente-deux piés de beau, avec les noms des principales parties & manœuvres de ce vaiſſeau. C'eſt une piéce nouvelle, qui n'a jamais vu le jour, & qui a été faite l'an 1700. par un excellent Maître. Il y a plus de noms des piéces d'un vaiſſeau & des manœuvres, qu'on n'en a encore vu juſques à préſent dans aucune autre figure, & elles y ſont ſi-bien diſtinguées qu'on les trouve très-facilement.

La Frégate a cent-dix piés de quille portant ſur terre. L'étrave a vingt-quatre piés de hauteur à l'équaire, & quinze piés de quête. La hauteur

de

de l'étambord est aussi de vingt-quatre piés, & il a trois piés de quête. La lisse de hourdi a vingt-deux piés huit pouces de long.

Le grand mât a quatre-vingts-deux piés de long : le mât de miséne, soixante & douze piés : le mât d'artimon, soixante & un pié : le beaupré, quarante-huit piés : le grand mât de hune, cinquante-deux piés six pouces : le mât de hune d'avant, quarante-six piés six pouces : le grand perroquet, vingt-quatre piés : le perroquet d'avant, vingt piés : le perroquet d'artimon, vingt-six piés six pouces : le perroquet de beaupré, dix-sept piés.

La grande vergue a soixante & dix piés de long : la vergue de miséne, soixante piés : la vergue d'artimon, soixante-quatre piés : la vergue de grand hunier quarante piés : la vergue de petit hunier, trente-quatre piés cinq pouces : la vergue de sivadiére, quarante-quatre piés : la vergue de foule, trente-huit piés : la vergue de perroquet de foule, vingt & un pié : la vergue de grand perroquet vingt piés : la vergue de perroquet d'avant dix-sept piés six pouces : la vergue de perroquet de beaupré, quinze piés.

L'éperon a vingt-cinq piés de long : les grands porte-haubans, vingt & cinq piés : les porte-haubans de miséne, vingt & un pié : les porte-haubans d'artimon, douze piés.

La grande hune a treize piés de largeur en croix : la hune de miséne, onze piés six pouces : la hune d'artimon, sept piés. La galerie a huit piés de long.

La figure est faite & proportionée de telle maniére, que les proportions des trois principales piéces ici marquées, peuvent servir de règle pour tous les autres principaux membres du vaisseau ; & qu'en augmentant ou diminuant les proportions de ces trois piéces, on peut augmenter aussi ou diminuer les autres tout-de-même, & par proportion ; ensorte qu'elle peut servir de modèle pour la construction entiére des vaisseaux de toutes grandeurs.

VOICI le raport des lettres & des chifres à la figure, & les noms des parties du vaisseau, & des manœuvres qu'ils marquent.

A. La Quille.	S. Les E'cubiers.
B. L'E'trave & l'E'tambord.	T. Le Cable qui est moüillé.
C. Le Gouvernail.	V. La Boüée & son Orin.
D. Le Voutis, ou Revers d'arcasse.	W. Mât d'artimon.
E. La Galerie.	X. Grand Mât.
F. La Frise.	Y. Mât de miséne, ou d'avant, ou de bourcet.
G. L'E'pars, ou le Bâton du pavillon.	Z. Mât de beaupré.
H. Le haut de la dunette à l'arriére.	a. Mât de perroquet d'artimon.
I. Vergue de hunier de rechange.	b. Grand Mât de hune.
K. Le Corps de garde, ou Demi-pont.	c. Mât de grand Perroquet.
L. Le Château d'avant.	d. Mât de hune d'avant.
M. Le Bossoir.	e. Mât de perroquet d'avant.
N. L'E'peron.	f. Mât de perroquet de beaupré.
O. Les Préceintes.	g. Girouëttes sur les mâts de perroquet d'artimon & d'avant.
P. Les Sabords.	h. Pavillon du grand mât, ou du grand perroquet.
Q. Le Dogue d'amure.	
R. La grande Ancre.	i. Pa-

1. Pavillon de l'arriére.
k. Pavillon de beaupré.
l. Vergue & Voile d'artimon.
2. Vergue de foule.
3. Vergue & Voile de perroquet de foule.
4. Grande Vergue, & grande Voile, ou grand Pacfi.
5. Vergue de grand hunier, & le grand Hunier.
6. Vergue de grand perroquet, & Voile de grand perroquet, ou le grand Perroquet.
7. Vergue de miséne, & la Miséne, ou la Voile de miséne.
8. Vergue de petit hunier, & le petit Hunier.
9. Vergue de perroquet d'avant, & Voile de perroquet d'avant, ou le Perroquet d'avant, ou de miséne.
10. Vergue & Voile de fivadiére.
11. Vergue & Voile de perroquet de beaupré.
12. Les Tons des mâts.
13. Les Chouquets.
14. Les Hunes avec leurs cadènes.
15. Les Tons des mâts de hune.
16. Les Chouquets des mâts de hune, & les Bâtons de pavillon.
17. Haubans du mât d'artimon.
18. Porte-haubans & Cadènes du mât d'artimon.
19. Haubans du grand mât, ou grands Haubans.
20. Grands Porte-haubans & leurs Cadènes.
21. Haubans du mât de miséne.
22. Porte-haubans du mât de miséne, & leurs Cadènes.
23. E'tai d'artimon & fa Voile.
24. Grand E'tai & fa Voile.
25. E'tai du mât de miséne.
26. Haubans du perroquet de foule.
27. Haubans du grand mât de hune.
28. Haubans du mât de hune d'avant.
29. Haubans du grand perroquet.
30. Haubans du perroquet d'avant.
31. Haubans du perroquet de beaupré.

32. Cargues d'artimon.
33. Cargues de la grande voile.
34. Cargues de miséne.
35. Cargues de la fivadiére.
36. E'coute d'artimon.
37. E'coute de la grande voile.
38. E'coute de miséne.
39. E'coute de fivadiére.
40. Amure d'artimon.
41. Couëts de la grande voile.
42. Couëts de la miséne.
43. Hource, ou Ourfe d'artimon.
44. Bras de la grande vergue & leurs Pendeurs.
45. Bras de la vergue de miséne & leurs Pendeurs.
46. Bras de la vergue de fivadiére, Palans de bout, & les Pendeurs.
47. Martinet, fes marticles & araignées.
+. Balancines de la vergue de foule.
48. Balancines de la grande vergue.
49. Balancines de la vergue de miséne.
50. Balancines de la vergue de fivadiére qui font proche du mât.
51. Cargues-bouline de la grande voile.
52. Cargues-bouline de la miséne.
53. Cargues-fond de la grande voile.
54. Cargues-fond de la miséne.
55. Cargues-fond de la fivadiére.
56. E'coutes de perroquet de foule.
57. E'coutes de grand hunier.
58. E'coutes de petit hunier.
59. E'coutes de grand perroquet, qui fervent de balancines à la vergue de grand hunier.
60. E'coutes de perroquet de miséne, qui fervent de balancines au petit hunier.
61. E'coutes de perroquet de beaupré, qûi fervent de balancines au bout de la vergue de fivadiére.
62. E'tai de perroquet d'artimon.
63. E'tai de grand mât de hune, & fa Voile.
64. E'tai de mât de hune d'avant, & fa Voile.

65. E'tai de-grand perroquet.
66. E'tai de perroquet de miséne.
67. E'tai de perroquet de beaupré.
68. Sauvegarde de beaupré.
69. Galaubans du grand mât de hune.
70. Galaubans du mât de hune d'avant.
71. Bras & Pendeur de la vergue de foule.
72. Bras & Pendeur de la vergue de perroquet de foule.
73. Bras & Pendeur de la vergue de grand hunier.
74. Bras & Pendeur de la vergue de grand perroquet.
75. Bras & Pendeur de la vergue de petit hunier.
76. Bras & Pendeur de la vergue de perroquet de miséne.
77. Bras & Pendeur de perroquet de beaupré.
78. Cargues de la voile de perroquet de foule.
79. Cargues de grand hunier.
80. Cargues de petit hunier.
81. Cargues de grand perroquet.
82. Cargues de perroquet de miséne.
83. Cargues de perroquet de beaupré.
84. Balancines de la vergue de perroquet de fougue.
85. Balancines de la vergue de grand perroquet.

86. Balancines de la vergue de perroquet de miséne.
87. Balancines de la vergue de perroquet de beaupré.
88. Bouline de perroquet d'artimon.
89. Bouline de la grande voile.
90. Bouline de miséne.
91. Bouline de grand hunier.
92. Bouline de grand perroquet.
93. Bouline de petit hunier.
94. Bouline de perroquet de miséne.
95. Drisse de flame de la vergue d'artimon.
96. E'tague & Drisse d'artimon.
97. Grande E'tague & Drisse.
98. E'tague & Drisse de miséne.
99. E'tague & Drisse de perroquet de foule.
100. Drisse de grand hunier.
101. Drisse de petit hunier.
102. E'tague & Drisse de grand perroquet.
103. E'tague & Drisse de perroquet de miséne.
104. E'tague & Drisse de perroquet de beaupré.
.:.   Grands Palans.
.:.   Palans de miséne.
X....   Cette marque qui est à l'étambord fait voir le tirant de l'eau du bâtiment, qui est de quatorze piés à l'arriére & de douze piés à l'avant.

VOICI un autre devis d'une frégate de cent-quarante-cinq piés de long, de l'étrave à l'étambord, trente-six piés de bau, & quinze piés de creux, dressé par le même Maître Charpentier.

La Frégate a cent-trente piés de quille portant sur terre, & la quille a un pié neuf pouces en quarré.

L'E'trave a vingt-huit piés de hauteur à l'équaire; un pié cinq pouces d'épaisseur; trois piés cinq pouces de large par le haut; deux piés dix pouces au milieu; trois piés cinq pouces par le bas; trois piés trois pouces de ligne courbe; douze piés quatre pouces de quête.

L'E'tambord a vingt-sept piés de long à l'équaire; un pié sept pouces d'épais; deux piés de large par le haut; deux piés sept pouces à la pointe de l'arcasse; sept piés par le bas; neuf pouces de ligne courbe; deux piés sept pouces de quête.

La Lisse de hourdi a vingt-sept piés de long; un pié neuf pouces d'épais; un pié sept pouces de large en son milieu; un pié cinq pouces par les bouts; un pié d'arc, ou de rondeur.

L

La pointe de l'arcasse en-dehors, est à douze piés au-dessous de la tête de l'étambord, ou de son bout d'enhaut.

Les Allonges de poupe ont vingt-quatre piés de hauteur prise au niveau de la tête de l'étambord, & sont à la distance de seize piés l'une de l'autre. Des deux grands Gabarits celui qui est le premier du côté de l'arriére est posé à soixante & quinze piés du dehors de l'étambord, & l'autre est onze piés plus en-avant. Le premier gabarit de l'avant est posé sur le rinjot, & a trente-deux piés six pouces de distance d'un de ses côtés à l'autre, à la baloire. Le dernier gabarit, ou le premier de l'arriére, est posé à autant de distance de l'étambord que l'étrave a de quête, ou un peu plus, c'est-à-dire, à douze piés six pouces : il y a de distance de l'un de ses côtés à l'autre vingt-neuf piés six pouces, pris à la baloire ; & vingt-quatre piés pris à neuf piés de hauteur au-dessus de la quille.

La plus basse Préceinte a un pié trois pouces de large, & sept pouces d'épais : la seconde a un pié deux pouces de large, & sept pouces d'épais : la fermure qui est entre-deux a un pié neuf pouces de large : la troisiême préceinte a un pié un pouce & demi de large, & la fermure, qui est la fermure des sabords, a deux piés six pouces : la quatrième préceinte a un pié un pouce de large, & six pouces d'épais ; & la fermure entre la troisième & la quatrième a un pié quatre pouces, aussi de largeur : la lisse de vibord a un pié de large, & six pouces d'épais : le bordage entre la quatrième préceinte & la lisse de vibord a deux piés trois pouces, & les sabords de la seconde bande y sont percez.

Le grand Mât a quatre-vingts-six piés de long, & deux piés six pouces d'épais dans l'étambraie : le ton pris sur les barres de hune a neuf piés de hauteur, & sous les barres de hune six piés neuf pouces. Le mât de miséne a soixante & dix-sept piés de long, & deux piés trois pouces & un quart d'épaisseur, ou de diamétre dans l'étambrai : le ton pris sur les barres de hune a six piés de long, & quatre piés six pouces sous les barres. Le mât d'artimon a soixante quatre piés cinq pouces de long, & un pié sept pouces & demi d'épais dans l'étambrai : le ton pris sur les barres de hune a six piés de long, & quatre piés six pouces sous les barres. Le mât de beaupré a cinquante-quatre piés de long, & deux piés quatre pouces & demi d'épais sur l'étrave en-dedans. Le grand mât de hune a soixante piés de long ; le mât de hune d'avant, cinquante-quatre piés ; le grand perroquet, vingt-sept piés ; le perroquet d'avant vingt-trois piés.

DEVIS d'un autre Maître Charpentier, pris dans un Auteur Flamand, d'une Frégate de cent-quarante-huit piés de long, de l'étrave à l'étambord ; trente-six piés de bau, & quinze piés de creux, construite l'an 1670.

„ La Frégate avoit cent-vingt-huit piés de quille portant sur terre : la quil-
„ le avoit deux piés deux pouces en quarré, & deux piés quatre pouces d'é-
„ pais à l'avant ; & sept pouces d'arc.
„ L'Etrave avoit trente-trois piés de long à l'équaire ; un pié cinq pouces
„ d'épais ; trois piés de large en son milieu, & trois piés sept pouces par le
„ haut ; six piés six pouces de ligne courbe, & dix-neuf piés de quête.
„ L'Etambord avoit vingt-sept piés de long à l'équaire ; deux piés deux
„ pouces de large par le haut, & neuf piés par le bas ; un pié six pouces
„ d'épais ; un pié neuf pouces de ligne courbe ; & un pié un pouce de quête.

I i i 2

„ Les

,, Les Varangues avoient un pié & un pouce de large, & dix pouces d'épais
,, les genoux, un pié un pouce d'épais ; les allonges huit pouces d'épais
,, la baloire : les allonges de revers, quatre pouces d'épais par le haut :
,, carlingue, trois piés de large, & un pié d'épais : les ferre-goutiéres & l
,, faix de pont six pouces d'épais : les vaigres d'empature & les ferre-bau
,, quiéres, six pouces d'épais, & les autres vaigres, quatre pouces :
,, Les Baux du premier pont avoient un pié huit pouces de large, & u
,, pié six pouces d'épais : les barrots du haut pont, un pié deux pouces
,, large, & un pié d'épais : les barrots des châteaux d'avant & d'arriére u
,, pié de large, & dix pouces d'épais ; les barrots de la dunette, six pouce
,, de large & cinq pouces d'épais : les barrotins, trois pouces & demi d'
,, pais.
,, Les planches, ou bordages qui couvroient le bas pont avoient trois pouc
,, d'épais : celles qui couvroient le haut pont, deux pouces : celles qui co
,, vroient les gaillards, un pouce & demi : celles qui bordoient le deff
,, de la dunette, un pouce & un quart.
,, Le Franc-bordage avoit quatre pouces & un quart d'épaisseur : les deux pi
,, basses préceintes, huit pouces : la fermure des sabords, quatre pouces
,, demi : la troisiême préceinte, six pouces : la fermure au-dessus, de
,, pouces & demi : la lisse de vibord, quatre pouces & un quart : le premi
,, bordage de l'acastillage, au-dessus de la lisse de vibord, deux pouces.
,, L'Aiguille de l'éperon avoit vingt piés de long, & le Lion, douze pi
,, La hauteur d'entre deux ponts, prise contre le bord, étoit de sept pi
,, La hauteur du demi pont étoit de six piés six pouces : celle du châte
,, d'avant étoit de six piés : celle de la dunette étoit de six piés contre
,, bord.

FREGATE Legére. *Een ligte Fregaat.*
C'est un vaisseau de guerre, bon voilier, qui n'a qu'un pont : il est ord
nairement monté depuis seize jusques à vingt-cinq piéces de canon. P
une Ordonnance du Roi de France les Capitaines de frégates legéres co
mandent aux Lieutenans de vaisseaux & aux Capitaines de brulots.

FREGATE d'avis. *Advijs-jacht.*
C'est un petit vaisseau qui porte des paquets, & des ordres à l'armée.
s'en sert aussi pour aller reconnoître les vaisseaux.

FREGATON. *Fregata, Een klein zee-vaartuig, Een soort van een klein F
gaat.*
C'est un bâtiment Vénitien commun sur le golphe Adriatique, coup
coupe quarrée, & qui porte un artimon, un grand mât & un beaupré.
y en a qui portent depuis huit jusqu'à dix mille quintaux.

FREINS, ou Refreins. *Brandingen.*
Ce sont les vagues qui après avoir frapé rudement contre les rochers, bo
dissent bien-loin.

FRELER les voiles, les plier, les atacher contre les vergues. Voie
Ferler.

FREQUENTER un port. *Een haaven dikwils bevaaren.*
C'est y aller souvent.

FRET, ou Nolis. *Huur-geldt, Vragt.*
C'est le loïer des vaisseaux, & c'est aussi le port & la voiture qu'on p
po

pour quelque portion de marchandiſe qu'on charge dans un vaiſſeau qui
charge au tonneau, au quintal, ou à cüeillette, & en quelque autre maniére que ce puiſſe être.   Si le vaiſſeau eſt loüé en entier, & que l'afreteur
ne lui donne pas toute ſa charge, le Maître ne peut, ſans ſon conſentement,
prendre d'autres marchandiſes pour l'achever, ni ſans lui tenir compte du
fret.   Si un vaiſſeau eſt chargé à cüeillette ou au quintal, ou au tonneau,
le Marchand qui veut retirer ſes marchandiſes avant le départ du vaiſſeau,
peut les faire décharger à ſes frais en païant la moitié du fret.   Le Maître
doit être païé du fret des marchandiſes qui ſont jettées à la mer pour le ſalut commun, à la charge de la contribution : il en eſt de même des marchandiſes qu'il eſt contraint de vendre, pour victuailles, radoub, & autres
néceſſités preſſantes, en tenant compte de leur valeur, au prix que le reſte
ſe vend au lieu de la décharge.   Il n'eſt deu aucun fret des marchandiſes
perdües par naufrage, ou échoüement, pillées par les pirates, ou priſes
par les ennemis, & en ce cas le Maître eſt tenu de reſtituer ce qui lui a été
avancé s'il n'y a convention contraire; mais ſi elles ſont rachetées, il doit
être païé de ſon fret juſques au lieu de la priſe.

FRETEMENT. *Bevragting.*
C'eſt la convention qu'on fait pour le loüage d'un vaiſſeau : ainſi Affreter
ſignifie prendre un vaiſſeau à loüage, & on dit dans ce ſens, que le Maître
frete ſon navire, & le Marchand l'affrete.

FRETER. *Verhuuren.*
C'eſt loüer ou donner un vaiſſeau à loüage.   Dans l'uſage ordinaire on confond ſouvent les termes de Freter & d'Affreter, en prenant ce premier pour
le dernier.   On dit, Freter un navire à quelqu'un; Un Maître freté pour faire un voiage.

FRETEUR. *Verhuurder.*
C'eſt le propriétaire, ou le maître d'un vaiſſeau, qui le donne à loüage à
un Marchand, & ce Marchand eſt nommé Affreteur.

FRETER cap & queuë. Vaiſſeaux fretez cap & queuë par des Particuliers.
Schepen by byſondere luiden heel bevragt.
C'eſt faire le fretement de tout le vaiſſeau, quand un ou pluſieurs Particu-
liers le loüent & le chargent tout-entier.

FRIBUSTIER, Flibuſtier. *Vrybuiter.*
Ce mot eſt principalement en uſage dans les iſles Françoiſes de l'Amérique,
pour dire, un vaiſſeau armé en courſe.   Le Commandant & les gens de
l'équipage d'un tel vaiſſeau ſont tout-de-même apellez Fribuſtiers.   On dit
auſſi Flibuſtiers.   Voiez, Flibuſtiers.

FRIOU. *Een vaar-waater, Een zee-gat.*
C'eſt un terme dont ceux du Levant ſe ſervent pour ſignifier un Canal, une
Paſſe.

FRISE. *Hakkebord.*
C'eſt un ornement de ſculpture qui ſe trouve en pluſieurs endroits d'un
vaiſſeau.   Elle arrête ce qui eſt ſur les gaillards, & orne ſur-tout la dunette.

FRISE de l'éperon. *Kam.*
C'eſt un ornement d'architecture, fait d'une piéce de bois plate, en ſculpture, qui regne entre les deux aiguilles de l'éperon, depuis l'étrave juſqu'à la pointe du même éperon.

„Les trous des amures, qui font ordinairement dans la gorgére, fe font au[…]
„quelquefois dans la frife, contre le bout de laquelle, en avant, le de[…]
„riére du lion vient fe rendre.
„La Frife doit avoir de largeur en-devant, un pouce & demi plus qu[…]
„le tiers de la largeur qu'elle a par-derriére, c'eft-à-dire, contre l'étrave[…]
„Quelques Charpentiers donnent à la frife d'un vaiffeau de cent-trente-qu[…]
„tre piés, fept pouces de largeur en-devant, vingt pouces par-derriére[…]
„& trois pouces d'épaiffeur; & la font entrer d'un pouce & demi dans la r[…]
„blure des aiguilles.

FRISE pour les fabords. *Poort-laakens, Suigers.*

FRISER les fabords. *De poorten met laaken digt toe ftoppen.*
C'eft mettre une bande d'étofe de laine autour des fabords qu'ou ne ca[…]
fate pas, afin d'empêcher que l'eau n'entre dans le vaiffeau.

FRISER. Les voiles frifent le mât. *De zeilen vallen op de maft.*

FRISONS. *Flap-kannen, Pullen, Flabben, Kitten, Flip-kannen.*
Ce font des pots de terre, ou de métal, dont on fe fert fur quelques vai[…]
feaux, pour tenir la boiffon.

FRONTEAU. *Schildt, Hakke-bord.*
C'eft une piéce de bois plate, & ouvragée de fculpture, qui eft auffi lon[…]
gue que le vaiffeau eft large, & qui fert non-feulement à orner le deff[…]
des dunettes, mais auffi les gaillards. Quelquefois ce fronteau eft fur un[…]
baluftrade, & il fert d'apui.
„Au-deffus du demi-pont on met ordinairement un fronteau fur le bord[…]
„qui eft élevé d'un pié, & qui eft joint aux planches par une latte. Da[…]
„un vaiffeau de 134. piés de long, ce fronteau doit avoir fept pouces & d[…]
„mi de large, quatre pouces d'épais par le haut, & un pouce par le ba[…]
„Il y a de petits piliers au-deffous, qui font une baluftrade à jour.

FRONTEAU de féparation, Cliffon, Cloifon de bois. *Schot, Befchot.*

FRONTEAU du gaillard d'avant. *Schot voor de bak.*

FRONTEAU du gaillard d'arriére, ou corps de garde. *'t Schot van de ftuu[…]*
plegt.

FRONTEAU du château d'avant en-dedans, & qui regarde le grand mâ[…]
't Henne-fchot.

FRONTEAU de mire. *Verfigt-top.*
Il eft de cuivre ou de bois, & a la figure ronde, & fon diamétre eft ég[…]
à celui de toute la piéce de canon vers la platebande. Son ufage eft de f[…]
pofer un point autant élevé fur l'ame du canon que le fauroit être cel[…]
qui eft formé par la platebande.

FRONTON, Miroir, Dieu-conduit. Le mot de Miroir eft à préfére[…]
Waapen-vlak.
C'eft un cadre, ou une cartouche, de menuiferie, qui eft placé fur la vo[û]
te à l'arriére du vaiffeau. On l'apelle auffi Dieu-conduit, ou le Miroir[…]
& on le charge des armes du Prince qui a fait conftruire le navire. Que[l]
quefois il a la figure dont le vaiffeau porte le nom. Voiez, Miroir, &[…]
Écuffon.

F U.

FUNER un mât. *Een maft betouwen en betaakelen.*
C'eft garnir le mât de fon étai, de fes haubans & de fa manœuvre. I[…]

défuner, c'est les ôter. Quand de gros tems on veut mettre bas les mâts de hune, ou le perroquet, il faut les Défuner, *Kaal-maaken.*

FUNEURS. *Toetaakelaars.* Voiez, Agréeurs.

FUNIN. *Touwerk.*

C'est le cordage d'un vaisseau. On dit le funin d'un tel mât, d'une telle vergue, par éxemple, du mât & de la vergue de grand hunier, pour dire, les cordes qui doivent servir à ce mât & à cette vergue.

METTRE un vaisseau en funin. *Een schip toetaakelen, betouwen.*

C'est le funer, & l'agréer de tous ses cordages.

FUNIN. Voiez, Franc-funin.

FURIN. Mener un vaisseau en furin. *Een schip uit-loodsen.*

C'est-à-dire, le mener hors du havre, & en pleine mer, ce qui se fait par des Pilotes des lieux, qui connoissent les endroits où il y a du danger.

FUSEAUX ou Taquets de cabestan. *Klampen om de spil.*

Ce sont de courtes piéces de bois que l'on met au cabestan pour le renfler. Ils sont nommez Taquets seulement dans l'article qui est sous le mot Cabestan, au-lieu qu'on avoit eu dessein de mettre Taquets & Fuseaux. Voiez, Cabestan.

FUSE'ES d'artifices, Fusées de poudre à canon. *Vuur-pijlen.*

C'est un feu d'artifice qui s'élève en l'air. — C'est aussi une traînée de poudre pour mettre le feu en d'autres artifices.

FUSE'E dans un brulot. *Een pijp.*

C'est un canon de bois percé qu'on remplit ; on s'en sert pour les cofres à feu.

FUSE'E d'aviron. *Muis, Beslag van de riem.*

C'est un peloton d'étoupe goudronée, avec un entrelassement de fil de carret qui se fait vers le menu bout de l'aviron, pour empêcher qu'il ne sorte de l'étrier, & ne tombe à la mer, quand on le quitte le long de la chaloupe.

FUSE'ES de tournevire. *Muisen.*

Ce sont des entrelassemens de fil de carret : on les fait sur la tournevire de distance en distance, pour retenir les garcettes, & les empêcher de glisser le long de la corde.

FUSE'E de vindas, ou de cabestan volant. *Stut van de kaapstaander.*

C'est la piéce ou l'arbre du milieu du vindas, dans la tête duquel on passe les barres.

FUSIL. *Roer, Snaphaan.*

C'est une arme tout-à-fait semblable au mousquet, si ce n'est qu'on y a joint un chien, qui porte une pierre, & qui s'abatant avec ressort, fait feu sur le bassinet, au-lieu que l'on joint un serpentin à la platine du mousquet, qui peut-être a son calibre encore plus grand, & est un peu plus pesant. Les fusils boucaniers sont les meilleurs armes dont on puisse se servir dans un vaisseau ; mais il faut observer qu'ils soient de même calibre.

FUST, ou Fût de girouëtte. *Vlag-hek.*

C'est un bois plat comme une latte, & qui n'a de largeur que quatre doigts, où l'on coûd la girouëtte.

FUST d'un arme-à-feu. *De houte laade van een schiet-geweer.*

C'est le bois sur lequel on monte un mousquet, un fusil, un pistolet & autres armes.

FUST,

FUST, ou Fût d’une scie. *Stelling.*
   C’est le bois sur lequel la scie est montée.
FUSTE. *Een soort van een laag vaartuig.*
   C’est un bâtiment de bas-bord & de charge, qu’on navige à voiles &
rames.
FUTAILLES. *Fustagie, Vaaten, Vat-werk.*
   Ce sont les tonneaux où l’on met l’eau & d’autres provisions, dans un na-
vire.

G A.

GABARE, Gabarre. *Een groote schuit, of ligter, op de rivier van Loire, Ee
Gabaar.*
   C’est un bateau plat & large, qui va à la voile & à la rame, & qui est très
commun sur la rivière de Loire, au-dessous de Nantes, pour servir à trans-
porter les cargaisons des vaisseaux qui ne peuvent monter la riviére, faut
de profondeur.   Les frais des gabares entrent en avaries ordinaires.
GABARRE qui sert à transporter les bouës qu’on tire des canaux de Hollande. *Modder-praam, Modder-schouw.*
GABARIER. *De Schipper, of Voerder van een Gabaar.*
   C’est le Maître d’une gabare, celui qui la conduit. Ce mot se dit aussi d’un
porte-faix que l’on emploie à charger & à décharger la gabare.
GABARITS. *Mallen, Models, Spanten, Uitspanten, Omspanten, Scheer-
strooken.*
   Ce sont des modèles que les Charpentiers font avec des piéces de bois for
minces, pour représenter la longueur, la largeur, & le calibre des membres & des parties d’un vaisseau, quand ils veulent travailler à sa construction, & le mettre en chantier.
   „C’est un assemblage de piéces de bois, au nombre de cinq ou de sept, qu
   „avec des lattes qui se courbent autour, dans les endroits qu’il faut, don
   „nent au vaisseau le tour & les façons requises, en largeur & en hauteu
   „mais non-pas en longueur.
GABARIT, Figure & Façon d’un vaisseau. *Beloop, Strookinge, Omtrek.*
   C’est la forme même qu’on lui donne en sa construction.
VAISSEAU d’un beau gabarit. *Een schip dat wel strookt, dat van een goedt be
loop, of zwiering is.*
   C’est-à-dire, que ce vaisseau est d’une belle construction.
PREMIER GABARIT, Maitresse côte. *Meester rib, Middel-rib, Mid-
del-spant.*
   La varangue qui se met sous le maître bau, & qui y répond, ce qui e
la plus large partie du vaisseau, s’apelle Premier Gabarit, & tout le mo
dèle qui s’élève perpendiculairement là-dessus s’apelle aussi Premier Ga
barit.
SECOND GABARIT, Troisième, Quatrième Gabarit de l’avant. *Tweede, derde, vierde Spant-hout na vooren toe.*
   Ce sont les autres modèles, qui s’élèvent sur les autres varangues, en tiran
vers l’avant, selon leur ordre.   On dit donc, Second Gabarit de l’avant
troisième Gabarit de l’avant, quatrième Gabarit de l’avant.   On dit d
de même Second Gabarit de l’arriére, troisième, quatrième Gabarit d
l’arriére.

         „Lo

„Les deux grands Gabarits, ou Gabarits du milieu, qui font entiérement
„égaux entre eux, font pofez à-peu-près vers le milieu du vaiſſeau, & à
„cinq, fix, huit, dix, ou douze piés l'un de l'autre, felon que le requiert
„la longueur du bâtiment. En les plaçant il faut prendre garde à ce qu'ils
„s'ajuſtent bien avec les varangues, & qu'elles aient juſtement leur place
„entre tous les deux. Il n'y a que cette partie d'un vaiſſeau qui eſt entre
„les deux grands gabarits, où toutes les piéces fe reſſemblent, & foient
„d'une proportion égale, chacune dans fon eſpéce. Toutes les autres pié-
„ces changent de figure, ou de proportion entre elles.

„Voici la règle que quelques Charpentiers obſervent, pour pofer conve-
„nablement le grand gabarit qui regarde l'arriére. Ils prennent la moitié
„de la quête de l'étrave avec la longueur du vaiſſeau, & la moitié des piés
„que donnent ces deux nombres enſemble eſt la place où ils pofent le
„gabarit, à compter depuis l'étambord. Par éxemple; Supofé qu'un
„vaiſſeau ait cent-cinquante-huit piés de long, & que l'étrave ait trente-
„deux piés de quête, dont la moitié fait feize piés; cette moitié & la lon-
„gueur du vaiſſeau faifant cent-foixante & quatorze piés, il faudra que
„le grand gabarit de l'arriére foit pofé à quatre-vingts-fept piés de l'étam-
„bord.

„A l'égard de l'eſpace qui doit être entre les deux grands gabarits, ces
„mêmes Charpentiers prennent le reſte de la longueur de la quille, depuis
„le grand gabarit de l'arriére juſques au bout de l'écart du rinjot en-de-
„dans, & l'aïant diviſé en quatre parties égales, ils en mettent une dans
„cet eſpace, y ajoûtant néammoins, ou retranchant quelque chofe, lorſ-
„que la fituation des varangues les y oblige.

„Une varangue, deux genoux, & deux, quatre, ou fix allonges, pofez en
„la forme où ils doivent fe trouver dans le vaiſſeau, font apellez un Ga-
„barit, à quoi l'on peut ajoûter fi l'on veut, les autres piéces qui les a-
„compagnent. Plus il y en a plus le gabarit eſt parfait.

Voici deux figures de gabarits, non pour faire voir quelque différence par
raport à l'avant ou à l'arriére, car il n'y en a point, ni ne doit point y en
avoir entre les deux grands gabarits, qui font ceux qu'on prétend donner
ici. Mais on a voulu faire voir certaines piéces, chacune en leur place,
qui ne peuvent pas paroître affez dans un même gabarit, comme les courbes & les éguillettes. Dans cette vuë ces deux figures auroient deu être
égales, & on avoit eu auſſi intention de les donner telles; mais comme les
ouvriers n'éxécutent pas toujours ce qu'on leur marque, le graveur a fait
un de ces gabarits plus grand que l'autre & il les a rendus fi tard, qu'on n'a
pas eu le tems d'en faire refaire un autre. Il ne faut donc pas s'arrêter à la
grandeur du dernier, mais feulement à celle du premier, qui eſt felon le
modèle qui avoit été donné; car eu égard à chaque piéce qui eſt défignée,
& en vuë dequoi on ajoûte ce dernier gabarit, il n'importe pas de quelle
grandeur ou largeur il foit.

t. Eſt une Courbe du premier pont.
i. Eſt un Courbaton du haut pont.
c. Eſt la Serre-goutiére.
u. Eſt un Dalot.
x. Eſt un Faix de pont.

K k k

f. Ce

f. Ce font les.bordages qui couvrent le pont.
g. Eſt le Traverſin de l'afût.
h. Eſt le Bau.
k. Eſt la rouë de l'afût.
l. Ce font les Allonges.
m. Eſt un Genou de fond.

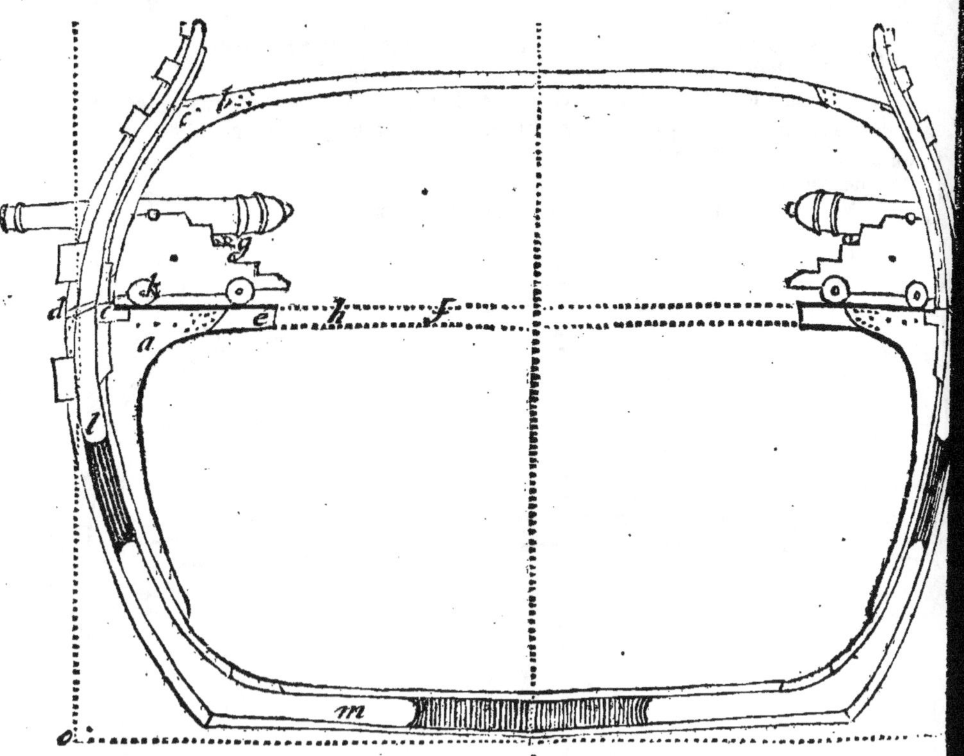

SECONDE FIGURE.

a. Eſt la Quille.
b. Eſt le Plat-fond, qui commence à *b* & finit à *b.*
c. Eſt une Varangue qui traverſe ſur la quille & ſur tout le fond.
d. Eſt une Allonge qui forme le creux & la largeur du vaiſſeau. Par éxemple ; quand on préſente le modèle, il faut mettre un clou à l'endroit où commence le creux, & y atacher le plomb, & ſur ce niveau on meſure ce que
le vaiſſeau a de ſaillie, ou de façons, depuis les fleurs juſques au gros:
car un vaiſſeau de cent-trente-quatre piés de long, a vingt-ſept piés de large à la fin des fleurs par le haut, & il en a vingt-neuf en toute ſa largeur;
de-ſorte qu'il faut que depuis les fleurs il y ait de chaque côté un pié de
ſaillie: c'eſt-à-dire, en un mot, qu'on prend vingt-ſept piés pour la largeur
au haut des fleurs, & un pié de chaque côté pour la ſaillie juſques au gros,
ce qui fait vingt-neuf piés.　　　　　　　　　　　　　　　　　　　　*e.* Eſt

t. Eſt une Allonge de revers.

f. Eſt la Serre-bauquiére, dans laquelle les baux ſont entez, & joints à queuë d'aronde.

s. Eſt la Vaigre au-deſſus de la ſerre-goutiére, ou la Vaigre d'empature des allonges.

t. Eſt le Bau du premier pont.

i. Eſt le Franc-bord entre les fleurs & la plus baſſe préceinte.

… Ce ſont les Fleurs.

l. Ce ſont les Fermures, Couples ou Bordages entre les préceintes.

m. Ce ſont les Préceintes avec leurs avances en-dehors.

x. Eſt la liſſe de vibord qui fait la derniére & plus haute ceinte ou ceinture du vaiſſeau, & qui eſt preſque ſemblable aux autres préceintes.

s. Eſt un Bau du haut pont.

y. Eſt une E'guillette.

p. Eſt la Vaigre d'empature des genoux & des varangues.

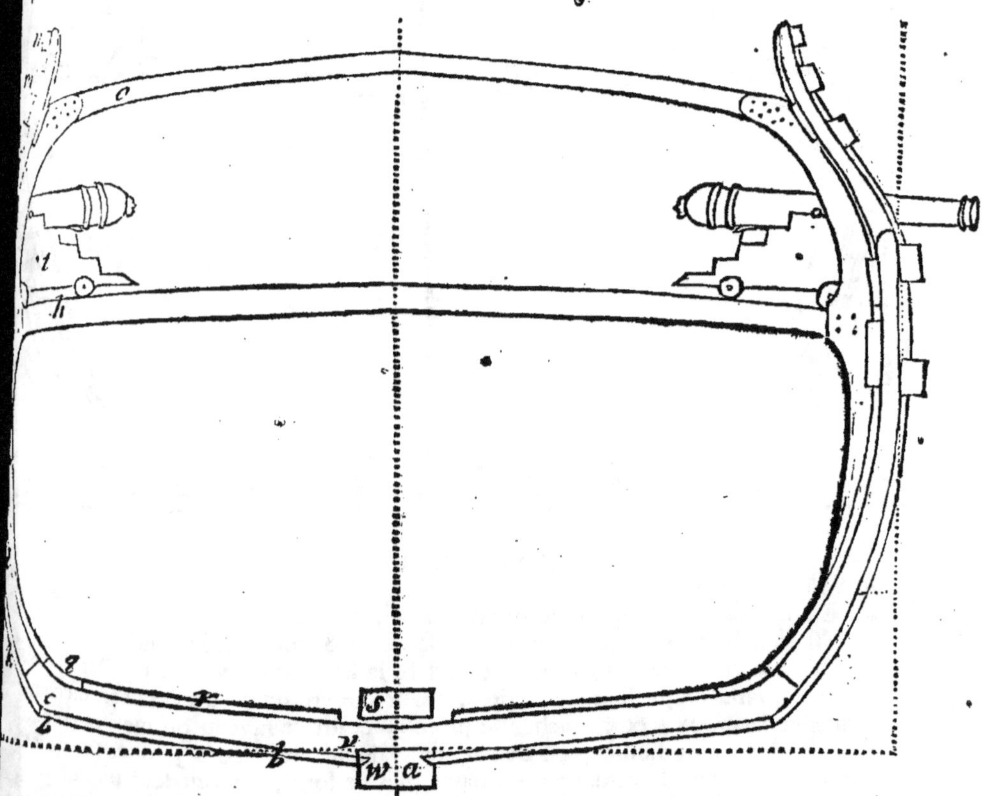

r. Ce ſont les Vaigres de fond, & du deſſous de la premiére préceinte.

ſ. Eſt la Carlingue.

t. Eſt un Afût de bord.

K k k 2

u. Eſt

u. Est la Planche qui aide à former les anguilléres & qui les couvre.

w. Est la Rablure ou le Jarlot de la quille, où entre le gabord.

x. Est le point, ou la ligne qui pendant au niveau du gros se trouve éloignée d'un pié du franc-bord, à l'endroit où il finit & où les fleurs commencent en descendant, & c'est-là la largeur du gros, ou la largeur entiére du vaisseau dans son gros.

Comme ces deux figures de Gabarits ne sont faites que pour faire voir distinctement les piéces dont elles sont composées, on ajoûte cette troisiéme figure, pour faire voir ces mêmes piéces d'une autre maniére, mais principalement pour faire voir la rondeur du vaisseau, qui n'est pas si-bien observée dans les deux premiéres figures.

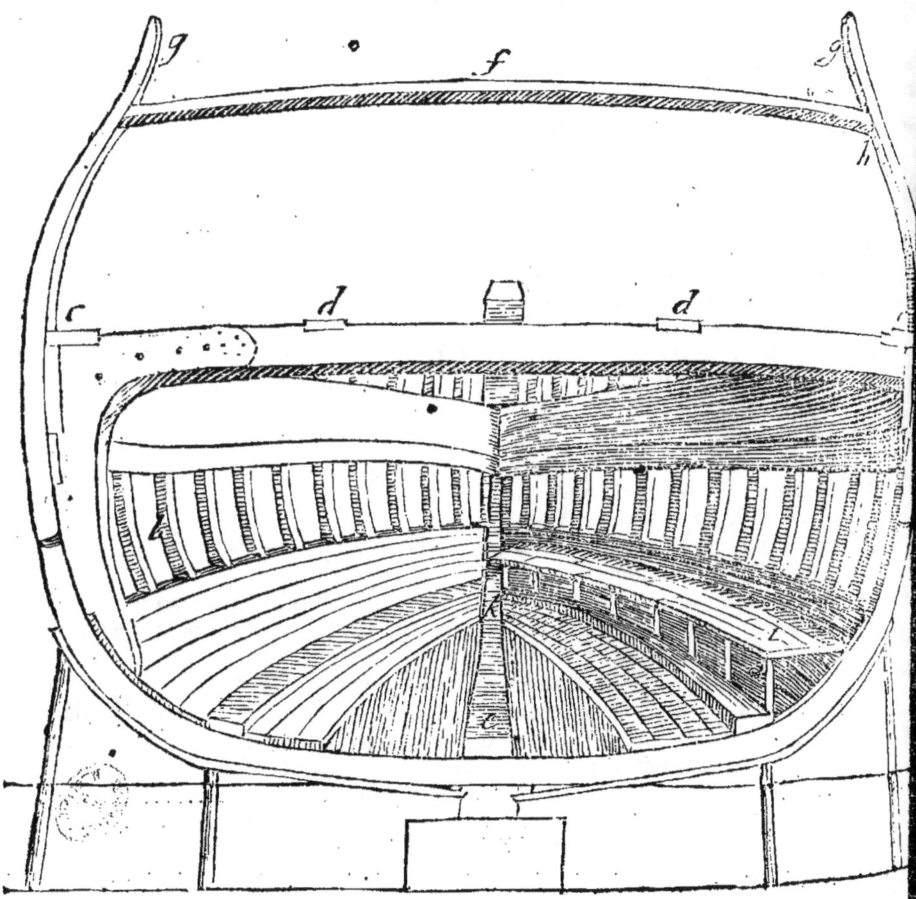

b. Ce sont les Courbes sous les faux baux.

c. Ce sont les Serre-goutiéres.

d. Ce font les Faix de pont.
e. Eſt la Carlingue.
f. Ce font les Barrots du haut pont.
g. Ce font les Allonges de revers.
h. Eſt la Serre-bauquiére.
i. Eſt un échafaut ſur lequel ſe mettent les ouvriers.
k. Eſt l'étrave en-dedans.

GABARIT de l'avant. *Voor-ſpant*, *Voorſte Spant.*

GABARIT de l'arriére. *Agter-ſpant*, *Agterſte Spant.*

„Le premier gabarit de l'avant ſe poſe toujours ſur l'écart de la quille &
„de l'étrave en-dedans; mais le dernier gabarit, ou-bien le premier à pren-
„dre de l'arriére, ſe poſe plus ou moins proche de l'étambord, ſelon que
„le requiérent les façons qu'on a deſſein de donner au bâtiment. Les Maî-
„tres de l'Art ſavent de quelle importance ſont ces deux gabarits, & com-
„bien ils doivent contribuer à former les façons du vaiſſeau. En éfet ce ſont
„eux qui déterminent la longueur du bâtiment, & ſi l'un des deux eſt
„trop grand, ou trop petit, le vaiſſeau ne manquera pas de carguer de
„l'avant ou de l'arriére, & de tirer trop d'eau de l'un ou de l'autre bout,
„ce qui eſt un grand defaut à l'égard des façons, & qui rend le vaiſſeau
„peſant à la voile.

GABARIT de gouvernail. *Stuur-mal.*

FAIRE les Gabarits d'un vaiſſeau, *Web-ſcheeren.*

GABET, Girouëtte. *Vleugel.*

En pluſieurs endroits de la Manche on dit Gabet pour Girouëtte; mais il
vaut mieux dire Girouëtte. Voiez, Girouëtte.

GABIE, Hune. *Mars.*

Ce terme eſt en uſage ſur la Méditerranée, pour dire la Hune qui eſt au
haut du mât. A Marſeille le mât de hune s'apelle auſſi Gabie. Ce mot
vient de l'Italien *Gabbia*, Cage.

GABIER, *Uit-kijker.*

C'eſt un matelot qui eſt ſur la hune à faire le guet & la découverte, pendant ſon quart. Voiez, Hune.

GABIER du mât de miſéne. *Neus-kijker.*

GABIER. *Een ervaren matroos geſtelt om 't ſchip, en ſchips ſtaande en loopende
wandt, alle morgens te viſiteeren.*

Quelques-uns emploient ce terme pour dire, un Matelot qui a ſoin de viſiter, tous les matins, les manœuvres du vaiſſeau, afin de voir ſi rien ne
ſe coupe, & ſi tout eſt en bon ordre.

GABORDS. *Kielgangen, Gaarborden, Sandt-ſtrooken, of Streeken.*

Ce ſont les premiéres planches d'embas, qui font le bordage extérieur du
vaiſſeau, & qui forment par-dehors un coude en arc concave, depuis la
quille juſqu'au-deſſus des varangues. Ce coude, ou retraite, qui adoucit
inſenſiblement le plat de la varangue, le long du bordage, depuis l'avant
juſqu'à l'arriére, s'apelle la coulée du vaiſſeau. Le rang de planches qui
ſe met au-deſſus du Gabord s'apelle Ribord. Voiez, Bordages de fond.
„Il eſt bon que la largeur des gabords ſoit de 18. 20. ou 22. pouces, ſi le
„bois le peut permettre, & pour leur épaiſſeur elle doit être la même que
„celle du frant-bordage.

GABURONS, Clamps, Jumelles. Voiez, Jumelle.

GACHE. *Een Riem.*

C'est un vieux mot qui veut dire Aviron, ou Rame. Voiez, Rame.

GAFFE. *Boots-haak.*

C'est une espéce de croc de fer, dont on se sert dans une chaloupe, pour s'éloigner de terre, ou d'un vaisseau, ou pour quelque autre besoin. Ce croc a deux branches; il y en a une droite, & l'autre courbe, & son manche est une perche, qui a dix à douze piés de long. C'est le même instrument que les Bateliers apellent Croc.

GAFFER quelque chose. *Aanhaaken.*

C'est-à-dire l'accrocher avec une gaffe.

GAGES des matelots. *Soldije, Maandt-geldt, Wedde, Maandt-wedde.*

C'est la solde qu'on leur paie. On dit aussi Solde.

GAGNER, au vent, Gagner le vent, Gagner le dessus du vent. *Op laveeren, Boven de windt komen, De windt van den vyandt grijpen, De loof afwinnen, of afknijpen.*

C'est prendre l'avantage du vent sur son ennemi, ce qui se fait en courant plusieurs bordées, en changeant promtement de bord, lors-que le vent a donné, & en faisant bien gouverner. Voiez, Vent.

GAGNER au vent, Monter au vent. *By laaten komen, Op loeven.*

C'est lors-qu'un vaisseau qui étoit sous le vent se trouve au vent par la bonne manœuvre qu'il a faite.

NE GAGNER, ni ne perdre ou déchoir. *Nog winnen, Nog verliesen.*

GAGNE' sur un vaisseau, Avoir Gagné. *Voorby gezeilt, Te boven gekomen zijn.*

C'est-à-dire qu'on cingle mieux que lui, & qu'on s'en est aproché, ou qu'on l'a dépassé.

GAGNER. *Harder zeilen als een ander, Een ander schip doodt-loopen, in 't zeilen voorby gaan.*

GAI, Voiez, Guai.

GAILLARD, ou Château, Châteaux. *Plegt, Plegten.*

C'est un étage du vaisseau qui n'ocupe qu'une partie du pont. Il y a le gaillard d'avant, & le gaillard d'arriére. Voiez, Châteaux.

GAILLARD d'avant. *Voor-kasteel, Bak, Voor-plegt.*

C'est l'exhaussement qui est à la proüe des grands vaisseaux, vers le mât de miséne, au-dessus du dernier pont.

GAILLARD d'arriére. *Agter-kasteel, Stuur-plegt, Schans, Agter-verdek.*

C'est l'élévation qui regne à la poupe, au-dessus du même pont.

GAILLARDELETTES, Galans. *Vlaggen van de fokke-mast, en van de besaans-mast.*

Quelques-uns apellent ainsi les pavillons arborez sur le mât de miséne, & sur l'artimon.

GAILLARDET. *Splits-vleugel.*

C'est une sorte de petite girouëtte, échancrée en maniére de cornette.

GAINE de flame. *De band van een wimpel.*

C'est une maniére de fourreau de toile, dans lequel on fait passer le bâton de la flame.

GAINE de pavillon. *De band van een vlag.*

C'est une bande de toile, cousuë dans toute la largeur du pavillon : les rabans y font paſſez.

GAINES de girouëttes. *Banden van de vleugels.*

Ce font des bandes de toile, par où l'on coûd les girouëttes au fût.

GALAUBAN, Galaubans, Galebans, Galans. *Perdoen, Perdoens.*

On apelle galaubans de longues cordes qui prennent du haut des mâts de
hune juſques aux deux côtés du vaiſſeau. Ils ſervent à tenir ces mâts, &
ſecondent l'éfet des haubans. Chaque mât de hune a deux galaubans, l'un
à ſtribord, l'autre à babord.

„La plus grande utilité qu'on tire des galaubans, c'eſt quand on fait vent
„arriére, parce-qu'ils afermiſſent les mâts de hune, & les empêchent de
„tomber, ou de pancher trop en avant. L'épaiſſeur des galaubans doit être
„des trois quarts de celle de l'étai de leur mât de hune.

GALE'ASSE. *Een Galeas.*

C'eſt un gros bâtiment de bas-bord, qui va à voiles & à rames, & qui
porte trois mâts, ſavoir, artimon, meſtre, & trinquet, en quoi la galéaſſe eſt différente de la galére, qui n'a point d'artimon, & qui met les deux
autres bas quand il eſt néceſſaire, au-lieu que la galéaſſe ne peut deſarbo-
rer les ſiens. La galéaſſe eſt le plus grand de tous les bâtimens qui ſont à
rames. Elle a trente-deux bancs, & ſix ou ſept forçats à chacun. Elle
a trois batteries à prouë ; la plus baſſe eſt de deux piéces qui portent chacune trente-ſix livres de bale ; la ſeconde eſt auſſi de deux piéces, qui en
portent vingt-quatre; & la troiſiême eſt de deux autres piéces, qui portent
dix livres de bale. Elle a deux batteries à poupe, chacune de trois piéces
par bande, & chaque piéce de dix-huit livres de bale. Ces ſortes de bâtimens égalent les plus grands vaiſſeaux en longueur & en largeur : leur équipage eſt de mille à douze cents hommes, de-ſorte que les galéaſſes ſont comme de véritables fortereſſes ſur mer : c'eſt pourquoi, comme le gain d'un
combat naval dépend ordinairement des galeaſſes, non-ſeulement elles ne
peuvent jamais être commandées que par des Nobles Vénitiens, mais encore ceux qui les commandent s'obligent par ſerment, & répondent ſur
leur tête, qu'ils ne refuſeront pas de combattre contre vingt-cinq galéres
ennemies. „Pendant qu'un canon tire l'autre ſe hale en ſa place, & s'y
„trouve dès que le coup eſt tiré. Pour cet éfet on y voit un grand atirail
„de rouëts & de poulies, ce qui ſoulage beaucoup les équipages. Tout
„ce dont on a beſoin s'y trouve à vendre.

GALE'RE. *Een Galey.*

C'eſt un bâtiment de bas-bord, qui va à voiles & à rames, & qui a ordinairement vingt à vingt-deux toiſes de longueur, trois de largeur, & une
de profondeur. Elle a deux mâts & deux voiles latines, cinq piéces de
canon, ſavoir deux bâtardes, & deux plus petites piéces, & un courſier.
Ce courſier qui eſt logé ſur l'avant, pour tirer par-deſſous l'éperon, porte
de bale trente-trois à trente-quatre livres. Les mâts s'apellent le Meſtre &
le Trinquet, & ils ſe deſarborent. Quoi-que les galéres aïent coutume
d'aller terre à terre, elles ne laiſſent pas quelquefois de faire canal. Elles ont de chaque côté vingt-cinq à trente bancs, à chacun deſquels, il y
a cinq, ou ſix rameurs. On les diſtingue ordinairement en galéres ſubti-
les ou legéres, & en galéres bâtardes ou communes. Les meſures dont on

ſe

se sert en Provence pour la fabrique des galéres s'apellent Gouës, chacune étant composée de trois pans, ou de trois palmes, dont chaque
pan revient à neuf pouces; si-bien que la canne de Provence étant de huit
pans, elle vaut six piés de Roi. La longueur d'une galére est d'ordinaire
de cinquante-huit gouës, ou environ vingt-deux toises, savoir d'un capion
à l'autre; ce qu'on dit aux navires, de l'étrave à l'étambord. Sa largeur
au milieu est d'environ trois toises, & sa hauteur d'une toise, au même
endroit.

,, Pendant les guerres des Provinces Unies contre l'Espagne, on se servit
,, de petites galéres sur les eaux internes, Elles étoient toutes ouvertes, &
,, la prouë faisoit une grande saillie sur l'eau. Il y avoit des rames de chaque
,, côté, selon la longueur du bâtiment, & un rameur à chaque rame. Il
,, y avoit une petite tente ronde à la poupe, & un grand mât vers la prouë,
,, ou l'étendard étoit arboré. Les soldats étoient au milieu, & aux deux
,, bouts il y avoit de petites piéces de campagne. Elles pouvoient con-
,, tenir jusqu'à cent hommes.

Les termes de la navigation, de la manœuvre & de la construction de la
Galére, étant particuliers, & en fort grand nombre, il auroit fallu en faire
une étude particuliére, pour les pouvoir placer en ce Dictionaire. Mais le
travail eût été trop long; & d'ailleurs, comme il ne se construit point
de galéres en Hollande, & qu'on ne s'en sert pas pour la navigation, il n'y
a pas aussi de termes particuliers pour cette sorte de bâtiment; si-bien que
les Auteurs Flamands qui ont éfleuré la matiére, se sont servis des mêmes
termes dont on se sert pour les autres vaisseaux, & qui se trouvent ici.
Ainsi on n'auroit eu presque rien de nouveau à dire en cette Langue, ni
rien de nouveau en François, puis qu'on n'auroit pu que copier ce que d'autres ont déja dit.

GALE'RES subtile ou legére. *Een ligt galey, op een oude wijse getimmert.*
Les Galéres subtiles ont la poupe étroite & aiguë, & sont bâties à l'an-
tique.

GALE'RE bâtarde. *Een Galey met een breedt spiegel, gelijk men se in Vrankrijk timmert.*
C'est une galére commune, telle que sont celles de France. Elles ont la
poupe large.

GALE'RE Réale. *Een Koninglijke galey.*
C'est la principale galére d'un Roïaume indépendant. Celle de France est
distinguée des autres par l'étendard Roïal, & par trois fanaux posez en ligne droite. Elle est destinée pour la personne du Général des galéres. La
premiére des galéres du Pape est aussi nommée Réale. Voiez, Réale.

GALE'RE Capitane. *Hoofdt-galey, Capitaan-galey.* Voiez, Capitane.

GALE'RE Patrone. *De tweede galey van Vrankrijk, Toscana, en Malta.*
C'est la seconde des galéres de France, de Toscane, & de Malte; mais elle
n'est que la troisiême des Etats maritimes qui ont une Capitane outre la
Réale. Elle est considérée dans les escadres des galéres de la même
sorte que le vaisseau Vice-amiral est considéré entre les vaisseaux de haut-
bord.
C'est le Lieutenant Général des galéres qui monte, en France, la galére
Patrone, & elle porte deux fanaux, & un étendard quarré long à l'arbre

de meſtre. Si le Vice-amiral & la Galére Patrone de France ſe rencontrent, la galére patrone eſt obligée de ſalüer la premiére ; & ſi c'eſt le Contre-amiral , il faut qu'il ſaluë le premier ; mais le ſalut ſe doit rendre coup pour coup.

DEMIE-GALE'RE. Voiez, Galiote.

GALLE'RE. *Een groote ruige Roffel.*

C'eſt une eſpéce de gros rabot, ou riflard, dont les Charpentiers & Menuïſiers ſe ſervent pour dégroſſir les piéces de charpente. Le fût en eſt traverſé de deux groſſes chevilles qui ſervent à le pouſſer, & à le manier.

GALERIES, ou Balcons. *Galderijen.*

Les Galeries dans les vaiſſeaux, ſont des balcons couverts, ou découverts, avec apuï, qui font ſaillie hors du bordage, vers l'arriére du vaiſſeau. Ces balcons ne ſe font pas ſeulement pour l'ornement, mais encore pour la commodité de la chambre du Capitaine. En 1673. le Roi de France ordonna que les vaiſſeaux de cinquante canons, & au-deſſous, n'auroient plus de galeries ni de balcons derriére.

„Les Galeries ſervent à prendre l'air, à ſe promener, à mettre des armoi-
„res, de petits lits, & des aiſemens. Les Hollandois les placent à côté
„de la chambre du Capitaine , & elles ſont d'un grand ornement aux na-
„vires de guerre. Quelquefois on en fait auſſi à l'arriére, ſur-tout aux
„vaiſſeaux marchands, & à ceux qui vont naviguer par le détroit de Gi-
„braltar.

„Il y en a de couvertes, & il y en a d'ouvertes & en plein air: il y a mê-
„me des navires qui en ont deux l'une ſur l'autre; mais ce n'eſt que pour
„la magnificence, car on n'en retire pas beaucoup d'utilité.

„Les navires Anglois ont de grandes & ſuperbes galeries : les Hollandois
„n'en ont que de petites, telles qu'il les faut pour le beſoin, afin-qu'elles
„coûtent peu, ne ſe mettant pas tant en peine de tels ornemens. Les
„vaiſſeaux deſtinez pour la mer Baltique n'en ont point-du-tout.

„Autrefois on faiſoit deux galeries par-dehors autour de l'arriére, pour al-
„ler s'y promener tant de la chambre du Capitaine que de la ſainte-barbe.
„Elles étoient ouvertes & s'apelloient auſſi Jardins. Elles étoient atachées
„par le haut avec des demi cercles de fer.

„On place les Galeries ſelon que le gabarit du vaiſſeau le permet, en-ſorte
„que les façons n'en ſoient point défigurées, & pour cet éfet il faut qu'el-
„les ſoient de biais par le haut & par le bas, en ſuivant celui qu'ont les
„préceintes. On les couvre de plomb, ou de cuivre. On y fait divers
„ornemens de ſculpture : on met des Termes & d'autres figures ſur les

L l l

„mon-

,, montans ; & fur le haut on fait de petites tours , des culs-de-lampe &c.
,, Il y a diverfes frifes , des fimaifes , des tores au haut , fous les fenêtres,
,, & au bas, felon l'imagination de l'Ouvrier.
,, Le pié ou le fuport de la galerie d'un vaiffeau de cent-trente-quatre piés
,, de long, doit avoir fix piés de longueur , cinq pouces de largeur en-de-
,, vant , & fept pouces & demi par-derriére.

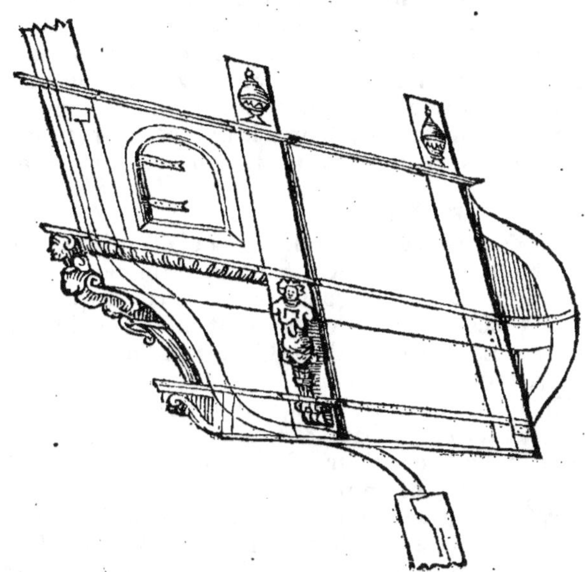

GALERIES du fond de cale. *Loop-graaven.*
    Une Galerie du fond de cale eft un paffage large de trois piés , pratiqué le
long du ferrage , de l'avant à l'arriére des vaiffeaux qui font au-deffus de
cinquante piéces de canon.   Cette galerie donne moien aux Charpentiers
de remédier aux voies d'eau , que caufent les coups de canon donnez à l'eau.
Ceux qui fans ordre vont aux galeries qui joignent les foutes , doivent ê-
tre condamnez aux galéres , fuivant l'Ordonnance de 1689.

FAUSSES-GALERIES. *Loofe Galderijen.*
    Ce font des ornemens de fculpture placez aux côtés du vaiffeau , à l'arriè-
re , pour lui faire avoir plus d'agrément.

GALERNE. *Noord-weft-windt.*
    C'eft un vent qui foufle entre le Septentrion & le Couchant , & qu'on ap-
pelle Nord-oüeft.   Il eft très-froid en France. Voiez, Nord-oüeft.

GALETTE. *Een plat en rondt twee-bak, of hardt broodt.*
    C'eft un bifcuit qui eft rond & plat.

GALIONS. *Galioenen.*
    C'eft le nom qu'on donnoit autrefois en France aux vaiffeaux de guerre qui
avoient trois ou quatre ponts ; mais ce mot n'eft plus en ufage que parmi
le

les Espagnols, qui le donnent aux vaisseaux dont ils se servent pour faire le voiage des Indes Occidentales, qui sont proprement des Caraques, ou vaisseaux de haut-bord, qui ont trois ou quatre ponts, & qui ne vont qu'à voiles. Cependant les Espagnols atribüent ce nom à tous les vaisseaux, grands ou petits, qu'ils envoient tous les ans à Vera-crus, dans la Nouvelle Espagne; & ils nomment Flote les vaisseaux qui vont au Pérou : si-bien qu'un bâtiment grand ou petit, qui fait la traversée de Vera-crus, est nommé Galion; mais il perd ce nom s'il est emploié à quelque autre traversée.

GALIOTE. *Een Galioot, Een klein roey-zee-vaartnig.*

C'est une sorte de petite galére propre à aller en course, à-cause de sa legéreté. Elle ne porte qu'un mât, & n'a que seize ou vingt bancs à chaque bande, avec un seul homme à chaque rame : elle n'est montée que de deux ou trois pierriers. Les matelots y sont soldats, & prennent le fusil en laissant la rame. C'est un vaisseau qui ne se voit que dans la mer Méditerranée.

GALIOTE, Galiotte. *Een Galjoot.*

C'est un bâtiment de grandeur moïenne, & qui est mâté en heu : on s'en sert beaucoup en Hollande, & on leur fait faire de grandes traversées, même jusques aux Indes. Leur longueur ordinaire est de quatre-vingts-cinq à quatre-vingts-dix piés, quoi-qu'on en construise de moindres, & aussi de beaucoup plus grandes. Le devis d'une Galiote ordinaire fera connoître ce que c'est que cette sorte de bâtiment.

„DEVIS d'une Galiote de quatre-vingts-cinq piés de long, de l'étrave à l'é-
„tambord, vingt & un pié de bau, & onze piés de creux.
„L'Etrave avoit un pié d'épaisseur, & dix piés de quête. L'Etambord
„avoit la même épaisseur, & un pié de quête. La Quille avoit quatorze
„pouces en quarré. Le Franc-bordage jusqu'à la premiére préceinte, étoit
„de trois planches de Prusse, ou de Pologne. Le Plat-fond avoit quinze
„piés & un quart de large, & s'élevoit de deux pouces vers les côtés.
„Les Varangues avoient huit pouces & demi d'épais, & les genoux leur
„étoient proportionez, mais ils n'avoient que demi-pié d'épaisseur par le
„haut, contre le franc-bordage. La Carlingue avoit deux piés de large,
„& neuf pouces d'épais. Les Allonges avoient un demi pié d'épaisseur par
„le bas, & quatre pouces & demi par le haut.
„La Vaigre d'empature avoit quatre pouces d'épais, & treize ou quatorze
„pouces de large, & le reste du serrage du fond, & depuis le fond jus-
„qu'à la serre-bauquiére étoit de planches de deux pouces d'épaisseur. La
„Serre-bauquiére avoit quatre pouces d'épais; les Baux un pié d'épais, &
„onze, douze, ou treize pouces de large; ils étoient posez à trois piés & demi
„l'un de l'autre. Chaque bau avoit deux courbatons posez de haut-en-bas.
„Il y avoit quatre baux proche du mât, deux par-devant, & deux par-
„derriére; & chacun avoit quatre courbatons, deux posez de haut-en-bas
„& deux en travers. Les Serre-goutiéres avoient quatre pouces d'épais.
„Il y avoit des Barrotins de planches de chêne de deux pouces, en-travers,
„sous le tillac. L'Ecoutille avoit sept piés de long, & six pouces de lar-
„ge. Les deux plus basses Préceintes avoient cinq pouces d'épais, & la
„fermure entre-deux avoit un pié de large. La plus haute Préceinte avoit
„neuf pouces de large, & trois pouces d'épais; & la fermure qui étoit

L l l 2

„dessous,

„deſſous, un pié de large; & celle qui étoit au-deſſus, neuf pouces. La
„Liſſe de vibord avoit ſix pouces de large, & trois pouces d'épais, & ter-
„minoit les côtés du vaiſſeau par le haut, ainſi que c'eſt l'ordinaire dans les
„galiotes.

„Le mât tomboit un peu plus vers l'arriére, qu'il ne fait dans les flûtes,
„pour empêcher que les voiles qui ſont à de tels bâtimens, & qui donnent
„aux mâts beaucoup de poids en avant, ne le fît trop pancher de ce côté-
„là; ce qui pourroit faire tomber le vaiſſeau ſur le nez.

„La chambre de prouë s'étendoit à onze piés de l'étrave; & la chambre
„de poupe à onze piés & demi de l'étambord, deſcendant de trois piés &
„demi au-deſſous du tillac, & s'élevant de deux piés & demi au-deſſus.
„Le bâtiment avoit cinq piés de relevement à l'avant, & huit piés & de-
„mi à l'arriére.

„Le petit Mât d'artimon que le bâtiment portoit, étoit poſé juſtement
„devant la place du Timonier, ou deux piés & demi devant la chambre de
„poupe. Le grand mât étoit placé à un tiers de la longueur du vaiſſeau,
„à prendre de l'avant, de-même qu'il ſe pratique auſſi dans les boïers.

„Le Gouvernail avoit par le bas la même largeur que l'étambord, mais
„par le haut il étoit plus étroit. La barre paſſoit au-deſſus de la petite
„voute qui couvroit la chambre de l'arriére, en-ſorte qu'on la pouvoit tour-
„ner & faire joüer hors le bord; & c'eſt ce qui a fait auſſi donner à ces
„ſortes de bâtimens le nom de *Draai-over-boord*, *Tourne-hors-le-bord*.

„Quelquefois on leur donne à l'arriére la figure d'une flûte, & alors on
„les apelle Bots. C'eſt au haut de leur avant qu'ils ont leur plus grande
„largeur. Les derniéres planches du haut de l'arriére avancent un peu
„hors le vaiſſeau, de-même que dans les ſemales, afin-que le gouvernail
„ſe puiſſe arrêter plus facilement, & qu'il ne s'élève pas en haut, auquel
„éfet on y met auſſi une planche de-travers, qui ſert encore de banc pour
„s'aſſeoir.

„On bâtit une autre ſorte de petits vaiſſeaux en Hollande, qui ont la for-
„me de galiotes par le bas, & celle de pinaſſes par le haut, avec un demi-
„pont, & l'on s'en ſert pour des voiages de long cours. Ils ont un vire-
„vaut, & une grande écoutille qui s'emboîte; mais ils n'ont point de du-
„nette. La gardiennerie, qui eſt ſuſpenduë & fort baſſe d'étage, ſert de ſou-
„te aux poudres & au biſcuit, & l'on y ménage encore aſſez d'autres com-
„modités pour les perſonnes, par raport à ſa grandeur. La chambre de
„prouë ſert de cuiſine, & il y a des cabanes & des aiſemens, de-même
„qu'à l'arriére dans la chambre du Capitaine, où il y a auſſi une petite che-
„minée.

„Les Galiotes deſtinées pour ſervir de Yachts d'avis, & non pour porter
„des cargaiſons, comme ſont celles ci-deſſus mentionées, ſont un peu dif-
„férentes des autres dans la forme. Ce ſont des bâtimens ras à l'eau, & foi-
„bles de bois par le haut. Le plat-fond s'élève moins vers les côtés, &
„elles ſont plus aiguës que les autres galiotes, & ont moins de largeur,
„mais leurs mâts ſont plus épais, & portent plus de voiles.

„Celles dont on ſe ſert pour la pêche, ſont auſſi d'une forme différente
„des autres. Elles ſont plus petites, & le fond de cale eſt ſéparé en di-
„vers retranchemens, pour y mettre le poiſſon.

„Pour

„Pour conftruire une Galiote telle qu'elle eft décrite dans le devis ci-def-
„fus, il faut douze bonnes planches pour le fond ; cinquante varangues ;
„douze guerlandes & barres d'arcaffe; feize baux pour le pont ; deux vai-
„gres d'empature ; cent allonges ; trente-deux courbatons; trois planches
„pour le franc-bord; deux précceintes; une autre précceinte avec la fermu-
„re des fabords & la lifle de vibord; cent allonges de revers, cent-trente
„florins pour le clou, & quarante-cinq florins pour les chevilles.

„Le mât d'une Galiote de quatre-vingts-cinq à quatre-vingts-huit piés,
„c'eft-à-dire, le grand mât, doit avoir cinquante-huit à foixante piés de
„long, & le ton doit être de dix-huit à vingt piés, fi-bien qu'en tout le
„mât doit avoir foixante & dix-huit à quatre-vingts piés, & vingt palmes
„de diamétre. Le mât de hune, ou perroquet, doit avoir quatorze piés
„de hauteur au-deffus du ton du grand mât, & dix palmes de diamétre.
„La vergue, qui eft à corne, doit avoir quarante-quatre ou quarante-fix
„piés de long, & dix à onze palmes de diamétre. Le beaupré doit avoir
„quarante-fix à quarante-huit piés de long, & douze palmes de diamétre.
„Le mât d'artimon doit avoir trente-fix à quarante piés de haut au-deffus
„du pont, & cinquante-trois à cinquante-cinq piés à fond de cale, & neuf
„pouces de diamétre. La vergue de mifénе, ou de la foque de mifénе,
„doit avoir quarante à quarante-deux piés.

„Le grand étai doit avoir douze braffes de long, & neuf pouces & demi
„d'épaiffeur : l'étai de mât de hune, quatorze braffes de long, & fix pou-
„ces d'épaiffeur : chaque couple de haubans, dix-huit braffes de long, &
„fix pouces d'épaiffeur : le pendour & la caliorne, quarante-cinq braffes
„de long, & cinq pouces d'épaiffeur : les pendours des bras, huit braffes
„& demie de long, & trois pouces & un quart d'épaiffeur : les garants des
„bras, vingt-fix braffes de long : la driffe de mifénе, trente-fept braffes de
„long : la driffe de la foque de beaupré, trente-fept braffes : les deux ga-
„laubans, vingt & une braffe de long, & fix pouces d'épaiffeur : la corde
„qui defcend comme un étai, du haut du mât à l'étrave, quinze braffes de
„long, & trois pouces d'épaiffeur : la grande écoute vingt braffes de long,
„& trois pouces & demi d'épaiffeur : l'écoute d'artimon, dix braffes de long:
„les galaubans de perroquet d'artimon, quinze braffes de long : les gros
„cables, chacun cent braffes de long, & neuf pouces & demi d'épaiffeur :
„une hanfiére, fix-vingts braffes de long, & trois pouces d'épaiffeur : le
„palan & fon étague, onze braffes de long, & le garant vingt-quatre
„braffes.

„Les Galiotes & les Boïers font ordinairement montez de cinq ou fix hom-
„mes, & quelquefois plus, quelquefois moins, felon leur grandeur. C'eft
„le Maître, ou Patron, qui y commande, & qui prend foin de tout ce qui
„regarde la charge du bâtiment.

„L'étrave d'une Galiote eft à-l'ordinaire plus haute, & fes joües font plus
„rondes que ne font celles des Boïers.

GALIOTE à bombe. *Een Spring-fchip, Een Bombardeerd-galjoot.*
C'eft un vaiffeau à varangue plate, & très-fort de bois. Il n'a que des
courcives fans ponts, & on s'en fert à porter des mortiers. On met ces
mortiers en batterie fur un faux tillac que l'on fait à fond de cale.

GALOCHE. *Een platte blok.*

L l l 3

C'eft

C'eft une poulie qui a fon moufle fort plat, fur-tout d'un côté. On l'applique fur la grande vergue, & fur la vergue de miféne, afin d'y faire paffer des cargues-bouline.

GALOCHE. *Klamp van 't kruis-hout.*

C'eft une piéce de bois, en forme de demi-rond, qui fert à porter les taquets d'écoutes.

GALOCHE. *Een gat in een luik, om 't kaabel door te fchieten.*

C'eft un trou à demi couvert par une petite piéce de bois voutée, qu'on
fait dans le panneau d'une écoutille, pour faire pafler un cable.

GAMBES de hune. *Spree-touwen, Sprie-touwen.*

Ce font de petites cordes, qui font tenuës à une hauteur déterminée des
haubans des deux grands mâts, & qui fe terminent près de la hune, à des
barres de fer plates, dont l'ufage eft de retenir les mâts de hune. C'eft la
defcription des Gambes de hune, qu'on trouve dans M. Defroches.
Mais en voici une autre. Ce font des crochets & des bandes de fer qui entourent les caps de mouton des haubans de hune, & qui font atachez à la
hune. Quelques-uns difent auffi, Jambes de hune. Suivant cette derniére defcription les Gambes de hune fe doivent nommer en Flamand
Mars-puttings. On n'a pu encore trouver d'éclairciffement fur cet article,
quoi-que M. Daffié en ait auffi parlé. A chaque bout, dit-il, des haubans
en-bas, un cap de mouton à chaque jambe de hune. Cela ne paroît pas
affez clair.

GAMELLE. *Bak, Een houte Bak, of Schotel.*

C'eft une jatte, ou plat de bois profond & fans bord, dans lequel on met
le potage, ou ce qui eft deftiné pour le repas de chaque plat des gens de
l'équipage. Deux Volontaires de notre vaiffeau, qui avoient la table du
Capitaine, furent envoiez à la gamelle, pour avoir fait quelques fautes
contre la bienféance. Voiez, Plat de l'équipage.

GAMELLES creufes. *Holle bakken.*

GAMELLES plattes. *Vlakke bakken.*

ETRE à la Gamelle. *Aan de bak eeten.*

C'eft être nourri des vivres que les Munitionaires fourniffent aux gens de
l'équipage, & manger avec les matelots.

„ Le nombre des gens qui doivent manger à un même plat, n'eft pas fixe
„ ni réglé; on met fix, fept, ou huit perfonnes à chaque gamelle.
„ Les matelots malades, ou bleffez, font fervis & foignez par ceux qui man-
„ geoient avec eux a la même gamelle.

GANTERIAS, Barres de hune. *Mars-faalingen.*

C'eft le terme des Levantins: les navigateurs de l'Océan difent, Barres de
hune. Voiez, Barres.

GARANT. *Onder-houder.*

C'eft un bout des cordages qui paffent par les poulies, ou qui fervent à
quelque amarrage. Les matelots halent fur les garants pour faire joüer le
refte du cordage.

GARANS de palan. *De loopers van of aan de taakels.*

TENIR en Garant. *De looper in de handt houden, Afhouden, Onderhou-
den.*

C'eft tenir une corde qui étant chargée de quelque fardeau, eft tournée deux
ou

ou trois tours autour d'un bois, ou d'une autre chose, & on la retient afin d'empêcher la force de la charge.

GARBIN. *Suid-west-windt.*

C'est le nom que l'on donne au vent de Sud-oüest, sur la Méditerranée. Voiez, Vent de Sud-oüest.

GARCETTES. *Seisingen, Bindsels, Benzels, Beslag-lijnen.*

Ce sont des cordes faites de fils de carret de vieux cordages, de grosseur à discrétion, dont on se sert à plusieurs usages.

GARCETTES de fourrures de cables. *Servings.*

Ce sont celles qui servent à fourrer les cables; celles qui fourrent de moindres cordages se nomment *Loerding*, & *Schiemans-gaaren.*

MAITRESSE Garcette. *Buik-seising, Buik-touwtje.*

C'est celle qui étant au milieu de la vergue, sert à ferler le fond de la voile.

GARCETTES de ris. *Reef-seizingen.*

Ce sont celles qui prennent les ris des voiles, quand il y a trop de vent. Elles sont grosses par le milieu, & vont en amenuïsant par les bouts.

GARCETTES de tournevire. *Plaating aan de kaabelaaring.*

Elles servent à joindre le cable à la tournevire, quand on lève l'ancre, & sont d'une égale grosseur par-tout.

GARCETTES de voiles. *Beslag-lijnen.*

Ce sont celles qui servent à plier les voiles. Elles ont une boucle à un bout, & vont en amenuïsant de l'autre.

GARCETTES de bonnettes. *Lijst-lijnen.*

Ce sont de petites cordes qui amarrent les bonnettes à la voile.

SERRE la Garcette, ou Bonne Garcette. *Seiz wel op.*

C'est un commandement que l'on fait pour bien faire joindre la tournevire au cable, lors-qu'on lève l'ancre.

GARÇONS de bord. *Hoop-loopers, Half-wassen-brazems van 16. tot 18. jaar ten oudt.*

Ce sont de jeunes Garçons, plus grands & plus âgez que les mousses, ou pages ordinaires, & qui servant comme les mousses commencent pourtant aussi à travailler à la manœuvre. Les Garçons qui auront servi sur les barques de pêcheurs & traîneurs de seine, seront réputez matelots à l'âge de dix-huit ans, & ne pourront plus être retenus comme garçons de bord par les Capitaines & Maîtres. Il sera tenu un rolle des mousses & Garçons de bord, & autres jeunes gens qui s'apliquent à la navigation, pour être enrollez comme matelots à l'âge de dix-huit ans.

„Les Garçons de bord travaillent à la manœuvre comme les matelots, mais „ils ne gagnent que peu au-dessus des mousses.

GARÇONS de bord sur les buches qui vont au harang. *Scheeps-kinderen.*

GARÇONS Charpentiers. *Werk-gesellen van scheeps-timmer-meesters.*

Ce sont les aprentis & serviteurs des Maîtres.

GARDE-ménagerie, Poulailler. *De Pluim-graaf.*

C'est celui qui a le soin de la volaille.

„C'est celui qui est chargé du soin des volailles & des bestiaux qui peu-„vent être dans un vaisseau.

GARDES. Les Gardes. *De Wagters.*

Ce

Ce sont trois étoiles situées auprès de l'étoile Polaire. Il y en a deux qui font les derniéres du chariot, où de la petite-ourse ; l'autre n'apartient à aucune constellation, & est du nombre de celles qu'on apelle Informes. Quand on veut prendre de nuit la hauteur du pole Arctique, par le moien de l'étoile Polaire, on observe de quelle façon elle est située sur l'horison au respect de ces trois gardes.

GARDES, ou Quart. *Wagt.* Voiez, Quart.

GARDES avancées. *Buiten-wagt, Brandt-wagt.*

RELEVER la garde. *De man van de wagt verlossen.*

GARDE de la Marine. *Een Adelborst-wagter ter zee.*

Il y a un nombre de jeunes Gentis-hommes choisis, qui servent dans les navires en vertu d'un brevet du Roi. Ils y sont distribuez par l'état de l'armement, pour aprendre le métier de la mer, & ils parviennent à être ensuite Oficiers. Ils servent auprès de la personne de l'Amiral quand il commande l'armée, ou en son absence ils sont distribuez dans chaque vaisseau, pour y soulager les Oficiers dans leurs fonctions, particuliérement dans le service des batteries.

GARDE-CORPS. *Servings, Boevenet.*

Ce sont des nattes ou des tissus que l'on fait avec des cordages tressez, & qu'on met sur les hauts des côtés des vaisseaux de guerre, pour garantir les soldats des coups de mousquet de l'ennemi. Ces garde-corps sont hauts de deux piés, ou de deux piés & demi, & ont cinq à six doigts d'epaisseur. Ils sont soutenus par des espontilles avec des pavois par-dessus. Il y a des garde-corps qui sont faits de gros cables nattez, pour mieux résister aux décharges de l'ennemi. Ils ne descendent pas jusques sur le pont, afin de laisser un intervalle pour faire tirer le mousquet.

GARDE au mât, Gabier. *Uitkijker.*

C'est un matelot que l'on met en sentinelle au haut d'un mât.

GARDE-COTES. *Uitleggers.*

Ce sont des vaisseaux de guerre qu'on fait croiser sur les côtes, pour tenir le commerce de la mer libre contre les insultes des Corsaires, & servir d'escorte aux vaisseaux marchands.

IL y a des Garde-côtes à toutes nos rades, & à toutes les entrées de nos ports, ils seront bien gardez. *De Uitleggers zijn geleit overal, op onse stroomen, sullen wel bewaart worden.*

CAPITAINES Garde-côtes. *Kapiteinen van 't krijgs-volk, dat op de kusten legt.*

Ils ont chacun un Lieutenant & un Enseigne, & chacun d'entre eux veille le long des côtes de la mer à leur conservation, & à empêcher les descentes dans une certaine étenduë de païs qui dépend de leur Capitaineries. Il y a trente-sept Capitaineries Garde-côtes en Normandie, quatre en Poitou, deux en Guïenne, deux en Languedoc, & six dans la Flandre Françoise, la Picardie, le Boulonnois, le Païs conquis & reconquis. Les Capitaines Garde-côtes sont exemts de l'arriéreban.

GARDE-FEUX. *Kardoes-kisten.*

Ce sont des caisses de bois qui servent à mettre les gargousses, après qu'on les a remplies de poudre pour la charge des canons, & à les garder dans le fond de cale.

GAR.

GARDE-MAGASIN. *De Kompanie-meefter.*

C'eft l'Oficier d'un arfenal de marine, qui a foin & qui tient regître des agreils, apparaux, poudres, artifices, canons, boulets, armes, provifions, & généralement de tout ce qui eft commis à fa garde, tant pour la recepte, que pour la dépence. Il eft auffi chargé des corps des vaiffeaux, & autres bâtimens du Roi qui font dans le port; & de marquer leur fortie, ou s'ils ont été vendus, & le prix de la vente; ou s'ils ont été dépecez. Il garde les clefs des magafins, & n'en donne l'entrée qu'aux Oficiers qui la doivent avoir, & aux heures prefcrites.

GARDER un vaiffeau. *Benarren, Benauwen, Befet houden, Een vyandtlijk fchip waarneemen.*

Cela fe dit d'un vaiffeau de guerre qui en obferve un autre, foit de jour ou de nuit, afin d'empêcher qu'il ne s'échape. Nous nous obftinâmes à garder les deux bâtimens qui venoient de Lima. Ils gardoient la flote du Perou, c'eft-à-dire, ils croifoient fur la flote du Perou, pour la furprendre. On mit le bâtiment en carène, pendant-que les trois autres nous gardoient, c'eft-à-dire, étoient-là pour nous défendre.

GARDIENS. Matelots Gardiens. *Waakers, Matroofen die de wagt in een haven hebben.*

Ce font des matelots commis dans un port pour la garde des vaiffeaux, & pour veiller à la confervation des arfenaux de marine. Ils font divifez en trois brigades égales, commandées chacune par un Maître de l'équipage, fous les ordres du Capitaine de port. Leurs fonctions font décrites en détail dans l'Ordonnance de 1689. Celles des Commiffaires des canaux de l'Y à Amfterdam font à-peu-près femblables. Voiez, Commiffaires des canaux de l'Y. Il y a auffi des Soldats Gardiens entretenus dans les ports, auxquels on aprend le maniment des armes, & à qui l'on fait faire l'éxercice en corps deux fois la femaine. Il y en a d'autres qui font entretenus à la demie folde. Voiez auffi l'Ordonnance de 1689. & Soldats.

GARDIEN de la foffe à lion. *Een Oppaffer in de boots-mans-kot, of in de hel.* C'eft celui que l'on y commande avec ordre de fournir ce qu'on lui demandera pour le fervice du vaiffeau.

GARDIENNERIE, Chambre des Canoniers. Voiez, Sainte-barbe.

GARES. *Wijk-plaatfen op grachten, of kleine rivieren.*

Ce font des lieux préparez fur les riviéres qui ont le canal étroit, & où fe retirent les bateaux, afin-que ceux qu'ils rencontrent puiffent paffer fans leur caufer d'embarras.

GARGOUCHE, Gargouffe. *Kardoes.*

Ce mot eft corrompu du mot Cartouche, & fignifie une envelope, ou rouleau de parchemin, ou de gros papier, qu'on remplit d'autant de poudre qu'il en faut pour la charge qu'on doit donner au canon. On tient la gargouffe toute-prête, afin d'être plus promt à tirer, & l'on doit proportioner chaque gargouffe au calibre de la piéce. Il y en a auffi de bois & de fer blanc. Celles du canon contiennent de petites balles, des cloux, des chaînes, des ferrailles, & font envelopées dans de la carte. On dit, Gargouffes de quatre, de fix, de huit, de douze, de dix-huit, de vingt-quatre, & de trente-fix, pour dire qu'elles fervent à la charge des canons de ces fortes de calibre.

Mmm

GAR-

GARGOUSSE ou Cartouche à fusils, mousquets, pistolets. *Patroon.*
Elle contient seulement de la poudre & du plomb, envelopez dans de gros papier.

REMPLIR des gargousses. *Kardoesen vullen.*

GARGOUSSIERES. *Tassen tot patroonen.*
Ce sont des gibeciéres où l'on met les petites gargousses.

GARITES. *Schampelioen, Schampelioens.*
Ce sont des piéces de bois plates & circulaires, qui entourent la hune, étant posées sur leur plat tout-autour du fond, au-lieu que les cercles sont à côté, mis en forme de cerceaux. C'est dans ces piéces de bois qu'on passe les cadènes des haubans. Voiez, Hune.

GARNIR un vaisseau. *Een schip toetaakelen.*
C'est placer & passer toutes les manœuvres, poulies, & autres choses qui servent à mettre un vaisseau en état d'aller à la mer. Voiez, Agréer.

GARNIR le cabestan. *De spil klaar maaken om te winden.*
C'est y passer la tournevire & les barres pour s'en servir.

GARNITURE complète de canon, Premiére Garniture & Rechange. Voiez, Canon.

GARNITURE d'un vaisseau, d'un mât. *Toetaakel van een schip, van een mast.*
Ce sont toutes les manœuvres qui sont nécessaires pour mettre le vaisseau ou le mât en état.

GARNITURE d'un vaisseau. *Het uitrusten van een schip.*
C'est l'action de le garnir. Il ne sera ordonné aucune fourniture de vivres aux Oficiers Mariniers, lors-qu'ils seront à terre, s'ils ne sont point emploiez à la garniture & armement du vaisseau.

GARRER un vaisseau. *Breeuwen.*
C'est un vieux terme, qui veut dire Calfater. Voiez, Calfater.

GARRER un bâteau, Garrer un train de bois. *Beleggen, Vast-maaken, Binden.*
Les Bâteliers disent, Garrer un bateau, pour dire, l'atacher ; & Garrer un train de bois, pour dire, le lier.

GATTE, Jatte, Agathe. *Pis-bak, Waater-bak.*
C'est le retranchement que l'on fait au-dedans d'un vaisseau, à l'avant, pour recevoir l'eau que les coups de mer font entrer par les écubiers. Voiez, Jatte.
„On pratique sur le bout du pont, à l'avant, un retranchement pour arrêter
„l'eau qui entre quelquefois par les écubiers, & qui s'écoule ensuite par
„les côtés : on le nomme *Pis-bak* à-cause du raport qu'il a avec l'autre es-
„pace en pente & retranchement qui est sur le haut pont, ou les mate-
„lots vont lâcher leur urine, & qui a ce même nom.

GATTES, Gathes. *Waater-borden, Uitwaateringen.*
Ce sont aussi les planches qui sont à l'encognure ou à l'angle commun que font le platbord & le pont. Voiez, Gouttiéres.

GAUCHE. Une piéce de bois Gauche. *Een wan-stuk hout.*
C'est-à-dire qu'elle n'est pas droite, qu'on ne l'a pas bien équarrie.

GAVITEAU, Boüée. *Boei.*
Ce terme de Gaviteau se dit sur les côtes de Provence. Il signifie une marque que

que faite d'un morceau de bois ataché à l'orin, qu'on laisse floter pour faire connoître l'endroit où l'ancre est moüillée. C'est ce qu'on apelle Boüée
sur les côtes de l'Océan. Voiez, Boüée.

GAIAC. *Pok-hout.*

C'est un bois qu'on aporte de l'Amérique. Il est semblabe à l'ébéne, si ce
n'est que l'ébéne est parfaitement noir, & que le gaïac tire un peu sur le
blanc. Il y en a de trois sortes. La premiére montre un bois massif &
fort, qui étant mis en piéces est noir au-dedans, & blanchâtre au-dehors.
L'autre est moins gros & moins massif; son noir est plus petit, & le blanc
plus grand. Le troisiême que les Italiens & Espagnols apellent *Lignum
Sanctum*, à-cause de ses qualités merveilleuses pour guérir certaines maladies, est plus menu que les deux autres. Il tire sur le blanc dedans & dehors: il est plus odorant & plus pénétrant que les autres. Cette différence
de pesanteur, de couleur, de grandeur & de grosseur, ne vient que de ce
que l'un est plus vieux que l'autre. Le plus noir est le plus vieux, & celui qui blanchit dedans & dehors est le plus jeune & le plus succulent. Ce
bois est le plus propre de tous à faire des rouëts de poulies.

G E.

GEMELLE. Gemeller. Voiez, Jumelle.

GENERAL des galéres. *Den Overste over de galeijen.*

C'est celui qui les commande.

GENOUX, Genoüils, ou Courbatons. *Sitters,* & le long de la Meuse *Buikstukken.*

Ce sont des piéces de bois de charpenterie qui sont courbées, & qu'on place
en divers endroits quand on construit un navire.

GENOUX de fond, *Sitters, Sitters in 't ruim.*

Ce sont des membres courbes, qui sont une partie du fond du bâtiment.
On les empatte avec les varangues & les premiéres allonges, & ils servent
ensemble à faire la rondeur du bordage, ou les fleurs: ils ne touchent point
à la quille.

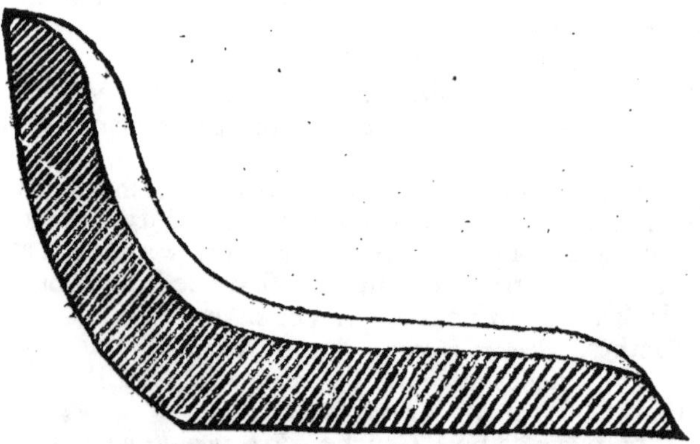

„Les Genoux, dans leur encognure, doivent avoir la moitié de l'épaisseur
„de l'étrave.

,, Quelques Charpentiers donnent aux genoux d'un vaiſſeau de cent-
,, trente-quatre piés de long, ſept pouces & un quart d'épaiſſeur.
,, D'autres Charpentiers donnent aux genoux la même épaiſſeur qu'ont les
,, varangues & les allonges auxquelles ils ſont joints ; & pour la largeur
,, ils leur en donnent autant, s'il ſe peut, qu'il y a d'eſpace pour les poſer.

GENOUX de porques. *Sitters by de ſtuinders op de waager.*

Ce ſont ceux qui ſont poſez ſur le ſerrage, & qui ſe poſent par le bas le
long des porques & vont s'empater par le haut avec les éguillettes.

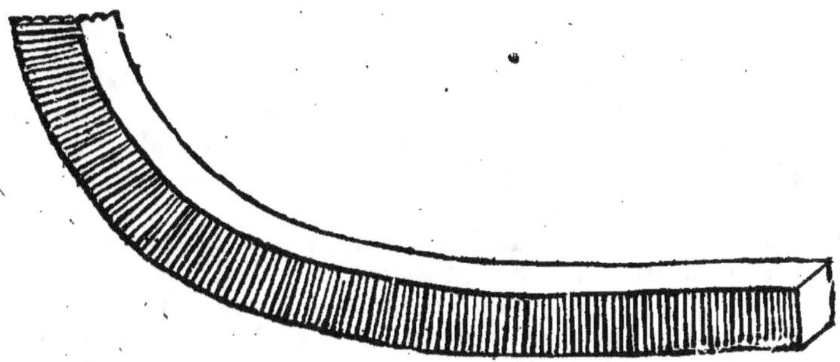

GENOUX de revers. *Steekers in 't ſog, Leggers, Piek-houten.*

Ce ſont auſſi des membres courbes qu'on place aux extrémités du vaiſſeau
au-deſſus des fourcats & des varangues les plus acculées.

,, Les Genoux de revers d'un vaiſſeau de cent-trente-quatre piés de long, qui
,, ſont dans les façons de l'avant, doivent avoir ſix pouces & demi d'épaiſ-
,, ſeur ſur le franc-bord, neuf pouces contre l'étrave, cinq pouces & demi
,, à la baloire, & cinq pouces à la latte au-deſſus de la baloire. Ils ſont
,, poſez par le bas à la diſtance de neuf pouces les uns des autres.

GENOUX de petits bâtimens, comme Buches, Chaloupes, Cagues. *Korven.*

GENS du Munitionaire. *Commiſſen van de Voorraadt-meeſter.*

Ce ſont l'E'crivain de fond de cale, le Tonnelier, le Maître-valet, & le
Coq, qui ſont ceux que le Munitionaire fournit ſur un vaiſſeau qui arme.

GENS de mer. *Zee-luiden.*

Ce ſont ceux qui s'apliquent à la marine. Il y a un Titre dans l'Ordonnance de 1681. Des Gens & des Bâtimens de mer.

LES GENS de l'équipage. Voiez, E'quipage.

GERSAU. *Strop.*

C'eſt la corde dont le mouſle de la poulie eſt entouré, & qui ſert à l'amarrer au lieu où elle doit être placée. Voiez, E'trope.

GERSE'. Bois Gerſé. *Geſcheurt hout.*

C'eſt-à-dire, du bois qui ſe fend, ce qui arive à-cauſe de ſa grande humidité.

GERSURES. *Scheurtjes in 't yſer.*

C'eſt un defaut qui ſe trouve dans le fer, & qui conſiſte en de petites fentes
ou decoupures qui vont en-travers des barres.

GESO.

GESOLE. Voiez, Habitacle.

G I.

GIARRE. Voiez, Jarre.

GIBELOT, Giblet. *Knietje aan 't galioen.*
C'eſt une piéce de bois de forme courbe: ſon uſage eſt de lier l'aiguille de l'éperon à l'étrave d'un vaiſſeau.

GINDANT, Guindant. *De lengte van het zeil.*
C'eſt un terme pour exprimer la hauteur ou longueur des voiles, ſelon M. Ozanan & Guillet. On dit, par éxemple, Cette voile a vingt aunes de gindant.

GINGUET. Voiez, E'linguet.

GIROUETTES. *Vleugels, Top-ſtaanders, Vaantjes, Splits-vaanen.*
Ce ſont de petites piéces d'étoffe, ordinairement de toile, ou d'étamine, qu'on met au haut des mâts des vaiſſeaux. Ces ſortes de girouëttes ſervent au même uſage que les girouëttes de terre, ſavoir à marquer d'où vient le vent. Voiez, Pavillon.
„L'uſage des Giroüettes, outre l'ornement qu'elles donnent à un vaiſſeau,
„eſt de faire connoître d'où le vent vient: car s'il falloit chercher le rumb
„du vent par d'autres voies, on courroit ſouvent riſque de ſe mépren-
„dre de deux & trois rumbs. Outre cela, on fait auſſi connoître par la
„couleur qu'on donne à la girouëtte de l'artimon, ou par les armes qu'on
„y peint, dequelle ville ou dequel endroit eſt le navire. Les Friſons di-
„ſent, *Vaanen, Vaantjes.*

GIROUETTES quarrées. *Vierkante vleugels.*
Elles ſont faites de pluſieurs cüeilles, & ont la figure d'un quarré long.

GIROUETTES à l'Angloiſe. *Lange en ſmalle vleugels, op ſijn Engelſch.*
Celles-ci ſont longues & étroites.

GIROUETTES Flamandes. *Geſplitſte vleugels, op ſijn Nederduitſch.*
Elles ſont échancrées par-dedans, en maniére de cornette; leur couleur eſt rouge, blanc & bleu.

GISEMENT. *Het leggen der kuſten.*
Ce terme ſe dit de la ſituation des côtes & des parages, ſelon les rumbs de vent qui regnent en droiture de l'un à l'autre.

GIST, Gît, & Giſent. *Legt, Leggen.*
Ce ſont deux termes dont on ſe ſert pour exprimer les ſituations ou giſe-mens de la marine. On dit, Ces iſles giſent Nord & Sud, à la diſtance de trois lieuës, c'eſt-à-dire, qu'au reſpect l'une de l'autre, la premiére eſt au Nord & l'autre au Sud. Ce rocher gît Eſt & Oüeſt avec ce havre, à la diſtance d'une lieüe. Ce cap & ce port ſont à cinq milles l'un de l'autre, & giſent entre eux Nord peu à l'Eſt, & Sud peu à l'Oüeſt.

G L.

GLACE. *Ys.*
COUPER les glaces autour d'un vaiſſeau. *Een ſchip uitbijten.*

GLAÇONS, Bancs de glace. *Schot-ijs.*
Ce ſont de grandes piéces de glaces qui ſe détachent & qui flotent ſur l'eau, & s'y maintiennent longtems en divers païs froids, comme du côté de la Nouvelle Semble, où l'on voit des vaches de mer, ou Walruſſes, ainſi que les Hollandois les nomment, qui ſe repoſent & gîtent ſur ces glaçons.

                    GOE-

GOEMON, *Gouësmon*. Voiez, Sart.

GOLDRON. Voiez, Goudron. L'Ordonnance dit Goldron.

GOLFE. *Inham, Inwijk der zee, Zee-boesem, Bogt, Galf.*
C'est un grand bras de mer qui se jette entre deux terres, plus grand qu[e]
la baie, comme la baie est plus grande que l'anse, & l'anse plus grand[e]
que le port. Il y a, par éxemple, le golfe de Venise, autrement Golf[e]
Adriatique, & le golfe Persique entre l'Asie & l'Afrique. Quand les gol[-]
fes ont une fort grande étenduë ils prennent le nom de mers, & il y en [a]
de deux sortes, savoir, les golfes propres, qui sont comme séparez d'ave[c]
la mer, parce-qu'ils n'ont communication avec elle que par un ou plusieu[rs]
détroits, s'insinuant dans les terres qui les environnent presque de tous cô[-]
tés; & les golfes impropres, qui ont une ouverture très-large vers la mer
dont ils font partie. Ils conservent alors le nom de golfe, comme ceu[x]
de Bengala & de St. Thomas, sur les côtes de notre continent; & les go[l-]
fes de Panama & de St. Laurent dans l'Amérique.

GONDS & Rosettes. *Duimen en Duimelingen.* Voiez, Ferrure de gouver[-]
nail.

GONDOLE. *Gondel.*
C'est une petite barque plate & longue, qui ne va qu'avec des rame[s.]
L'usage en est particulier sur les canaux de Venise. La figure & la leg[e-]
reté des gondoles, est tout-à-fait extraordinaire. Les moïennes ont tre[n-]
te-deux piés de long, & n'ont que quatre piés de large dans le milieu, f[i-]
nissant insensiblement par les deux bouts en une pointe très-aiguë qui s'[é-]
lève toute-droite de la hauteur d'un homme. L'on met sur la prouë un f[er]
d'une grandeur extraordinaire : il n'a pas un demi travers de doigt d'ép[ais]
sur plus de quatre doigts de large, posé sur le tranchant ; mais la partie s[u-]
périeure de ce fer plus aplatie que le reste, avance un long & large cou, [en]
forme d'une grande hache, de plus d'un pié de face, de-sorte que fenda[nt]
l'air comme en menaçant, à-cause du mouvement de la gondole, il sem[-]
ble qu'il va couper tout ce qui s'oposera à son passage.

GONDOLIERS. *Gondeliers.*
Ce sont ceux qui mènent les gondoles à Venise Ils ne sont jamais q[ue]
deux dans les gondoles, même dans celles des Ambassadeurs, excepté lor[s]
que les personnes de marque vont à la campagne ; car alors ils se mette[nt]
quatre. Les Gondoliers sont debout, & rament en poussant devant eu[x.]
Celui qui vogue devant est dans l'espace qu'il y a depuis la partie couver[te]
de la gondole jusqu'aux deux marches de l'entrée, apuïant sa rame, [du]
côté gauche, sur le tranchant d'une piéce de bois plus haute d'un pié q[ue]
le bord de la gondole, épaisse de deux doigts, & échancrée en rond, po[ur]
y loger le manche de la rame. Le Gondolier de derriére est élevé sur [la]
poupe, afin de voir la prouë par-dessus la couverture ; mais il ne se tie[nt]
que sur un morceau de planche qui déborde de quatre doigts sur le côté ga[u-]
che de la gondole, ne se tenant qu'au manche de sa longue rame, qui [est]
apuïée au côté droit.

GONNE. *Een Ton, of Tonne.*
C'est un vaisseau qui est d'un quart plus grand qu'un baril, dans lequel [on]
met de la biére, ou d'autres liqueurs.

GORET, *Gorret. Schrobber, Varken.*

C'est un balai plat fait entre deux planches, & emmanché d'une longue
perche.   On s'en sert à nétoïer les bas du vaisseau que l'eau couvre.
Si le balai nommé Goret dont les François se servent est plat, c'est une maniére différente de celle des Flamands, dont les Gorets sont de gros balais
cloüez entre deux planches, qui sont amarrées à une corde. On porte cette
machine au bout du vaisseau, on la met dessous, & on la tire par l'autre
bout avec le cabestan, de-sorte qu'en passant elle nétoie & grate le vaisseau.

GORETER. *Schrobben ; Varkenen.*
C'est nétoïer avec un goret la partie du vaisseau qui est cachée dans l'eau.
GORGE'RES, Coupe-gorges. *Onderknies.*
Ce sont des piéces de bois recourbées en arc, qui s'élèvent au-delà de l'é-
trave, & viennent regner sous l'éperon du navire, du côté de l'eau.
GORGE'RE, Coupe-gorge, Taillemer. *Schegge, Knie aan 't galjoen.*
Ce mot au singulier se prend en général pour toutes les piéces, où gorgé-
res ensemble, c'est-à-dire pour le dessous de l'éperon, ou la partie infé-
rieure qui regarde l'eau, & qui est formée par des courbes de charpenterie.
Et comme c'est la gorge du vaisseau qu'elles forment, on les a apellées
Courbes de gorge; mais le vulgaire des matelots a dit par corruption, la
Coupe-gorge, & la Gorgére. Voici une figure de gorgére empruntée d'un
Auteur Flamand: on la peut aussi voir dans la figure d'un éperon, sous le
mot E'peron.

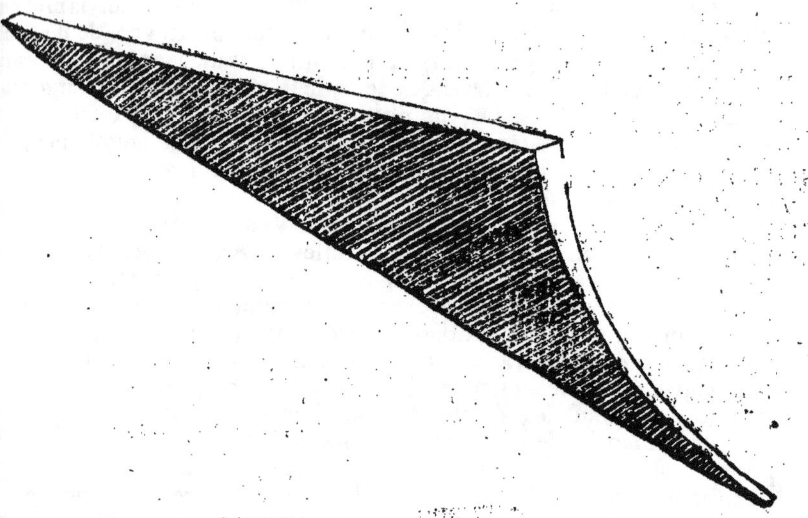

GOSSE. Voiez, Cosse.
GOUDRON, Goldron, Goudran, Gouldron. *Teer.*
C'est une composition noire & liquide, qui est une sorte de raisine gluan-
te, qui dégoute des pins & des sapins, soit naturellement, soit par les
incisions qu'on y fait; & qui devient noire quand elle est cuite. On en
                                                                imbibe

imbibe le bois & les cordages des vaiſſeaux ; afin-qu'ils réſiſtent à l'eau, au
vent, & à l'ardeur du ſoleil. On l'aporte de Dantzic & de Baïonne. O[n]
dit, Goudronner un vaiſſeau ou quelque autre choſe. La derniére Ordonnance de marine dit Goldron & Goldronner. Le Goldron doit avoir le grai[n]
fin & liquide, ſans être brûlé, ni mêlé de craſſe, ni d'eau: celui de Wey[-]
bourg du barrillage de chêne eſt préféré à tout autre, hormis à celui d[u]
Roïaume, dans les arcenaux où l'on en peut avoir.

„ Le Goudron dont on frote les vaiſſeaux par-dehors, & dans les hauts, pou[r]
„ empêcher le bois de ſe fendre & de ſe pourrir, nous vient de Moſcovi[e]
„ & de Suéde. On le tire du bois qui n'eſt pas propre à mettre en œuvr[e]
„ qu'on fait brûler, & qui en brûlant rend cette ſorte de liqueur. O[n]
„ l'aporte en des tonneaux aſſez étroits, & il ſe vend par leſte, ou douz[e]
„ tonneaux, mais parce-qu'il s'en faut toujours quelque choſe que les ton[-]
„ neaux ne ſoïent pleins, on en donne treize pour douze. Sa couleur fa[it]
„ juger de ſa bonté. Le meilleur eſt celui qui eſt le plus clair, & qui tir[e]
„ le plus ſur le jaune ; & l'on eſtime le plus celui qui vient de la ville d[e]
„ Weybourg, & qui eſt marqué d'un W couronné. Il valoit à Amſte[r-]
„ dam, à la fin de l'an 1700. vingt à vingt & une livre de gros le leſt[e]
„ c'eſt-à-dire, ſix-vingts à ſix-vingts-ſix livres: celui de Moſcovie valoi[t]
„ vingt livres dix ſous de gros à vingt & une livre dix ſous ; & celui d[e]
„ Stokolm dix-neuf livres dix ſous à vingt livres. Il faut prendre garde [de]
„ ne mettre pas le goldron trop épais ſur les vaiſſeaux, ſur-tout dans l[e]
„ dedans, parce-qu'il empêche les humidités qui corrompent le bois de s'é[-]
„ vaporer. On ne doit point s'en ſervir pour les dedans, ni pour les de[ſ-]
„ ſus des bâtimens qui vont à la pêche du harang vers la St. Jean d'Eté,
„ parce-que l'eau des fréquens coups de mer qui y entre, détrempe à la fi[n]
„ le goldron, & le harang en prend le goût ; dequoi on a eu diverſes fâ[-]
„ cheuſes expériences.

GOUDRONNER, Goldronner des cordages neufs. *Touwen in de ſto[ck]
teeren.*

GOUDRONNER ſur le vaiſſeau des cordages où il n'y a plus de goudro[n]
Lap-ſalven.

GOUESMON. Voiez, Goëſmon, & Sart.

GOUFRE, Abîme, *Afgrondt, Draai-kolk, Maal-ſtroom.*
C'eſt l'endroit d'un fleuve, ou d'une riviére, très-profond dans lequel l'eau
en tournoïant, engloutit ce qu'elle peut.

GOUGE. *Guds.*
C'eſt un outil de fer qui a un manche de bois : il eſt taillant par le bout, &
fait en forme de demi-canal : il ſert aux Charpentiers & Menuïſiers. Un[e]
petite Gouge s'apelle en Flamand, *Steek-guds,* & on apelle une grande Gou[-]
ge, *Dop-guds.*

GOUJON. *Een Spilletje.*
C'eſt une cheville de fer à pointe perduë.

„bale, dix-sept pouces & demi de longueur, & cinq pouces d'épaisseur.

LANTERNE à poudre, Lanterne à charger. Voiez, Chargeoir.

LANTIONE. *Lantione.*

„C'est une sorte de bâtiment de la Chine à seize rangs de rameurs, huit de
„chaque côté. Les Lantiones aprochent assez des galéres de l'Europe.
„Ils sont fort-longs & bien-larges. Il y a six hommes à chaque rang. C'est
„de ce bâtiment que les Corsaires de ces païs-là se servent le plus.

LARDER la bonnette. Voiez, Bonnette Lardée.

LARGE. Courir au Large, Se mettre au Large. *In de ruime zee raaken, De
ruime zee kiesen, Dieper in zee loopen, 't Zee-waarts in steeken.*

C'est s'éloigner de la côte, ou de quelque vaisseau. S'élever, ou tirer à la
mer signifie la même chose.

AU LARGE. *Hou af.*

Cela se dit par la sentinelle pour empêcher une chaloupe, ou un autre bâtiment, d'aprocher du navire.

AU LARGE. *Dieper in zee.*

C'est plus avant en mer.

NOUS étions environ vingt lieuës au Large. *Wy waaren omtrent twintig mijlen
buiten 't landt.*

LA mer vient du Large. *De baaren die komen uitter zee.*

Cette maniére de parler veut dire que les lames sont poussées du vent de
la mer, & non pas de celui qui vient de terre.

ATIRER l'ennemi au Large. *De vyandt in ruime zee trekken, 't Zee-waarts in
lokken.*

LA flote a pris le Large. *De vloot is buiten gaats.*

LARGE. *Breedt.*

„On construit un vaisseau plus large par l'avant que par l'arriére, parce-
„que s'il étoit plus large par l'arriére, il ne sentiroit pas assez son gouver-
„nail, & il feroit un trop large sillage, ce qui retarderoit son cours. Ou-
„tre cela un sillage large fait baisser l'eau, en-sorte qu'elle ne donne pres-
„que pas contre le gouvernail; & avec ce que cela empêche l'éfet du gou-
„vernail, le vaisseau en est aussi beaucoup plus sujet à rouler vers l'arriére.
„C'est ordinairement à un tiers de la longueur d'un vaisseau, à prendre de
„l'étrave en allant vers l'arriére, qu'est sa plus grande largeur; & depuis
„cet endroit jusqu'à l'arriére qu'il va en rétrecissant, le sillage se rétrecit
„aussi peu-à-peu, & l'eau tombant doucement donne une aire facile au
„vaisseau.
„Que si l'on plaçoit la plus grande largeur du vaisseau plus vers l'avant,
„il ne couperoit pas assez l'eau: les expériences qu'on en a faites, ont éta-
„bli cette règle que la plus grande largeur d'un bâtiment doit être au tiers
„de sa longueur, à prendre de l'avant. D'ailleurs on peut inférer, en
„faisant atention sur les poutres qu'on met floter, que pour rendre meil-
„leur le sillage d'un vaisseau il est bon qu'il ait de l'épaisseur à son avant.
„Les bâtimens qui sont trop larges, ne se portent pas bien à la mer, &
„roulent beaucoup. La raison en est, qu'étant durs & ne se maniant pas
„bien, ils résistent à la lame, qui les agite & les fait comme trembler par
„une espéce de lutte, au-lieu que les vaisseaux étroits se maniant facile-
„ment obéïssent à lame, & montent & descendent avec elle, sans rouler

T t t

„beau-

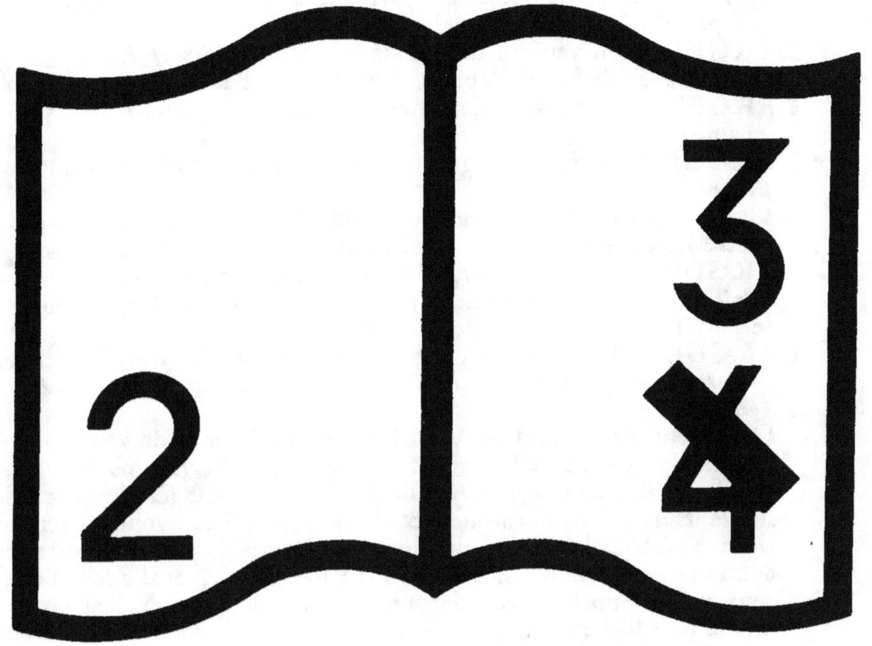

Pagination incorrecte — date incorrecte

NF Z 43-120-12

„ beaucoup.　On a pris garde que bien des mâts ont panché en bas, & fai
„ carguer de larges vaisseaux, pendant-qu'il y avoit proche d'eux d'autres
„ mâts de même mesure, sur des bâtimens plus étroits, qui demeuroient
„ droits & sans pancher.　Plus les vaisseaux sont longs, plus il faut qu'il
„ soient larges par la proüe, parce-que les vaisseaux longs aïant plus d'aire
„ les coups de mer donnent plus rudement contre leur avant, à quoi un
„ avant foible & étroit ne pourroit pas résister.

„ Il y a des Charpentiers qui établissent que la largeur d'un vaisseau en son
„ gros, doit être de la sixième partie de sa longueur de l'étrave à l'étambord
„ à prendre de dehors en dehors.

LARGEUR du vaisseau de dedans en dedans.　*Binnen-breedte van een schip.*
Wijdte binnen de huidt.　Voiez, Bouchain & Bau.

LARGEUR du vaisseau de dehors en dehors.　*Buiten-breedte.*　Voiez, Bouchain.

LARGUE. Prendre le Largue, ou la Largue; Tenir le Largue.　*Dieper in ze*
steeken.

C'est prendre la haute mer.　Ces vaisseaux se sont mis à la largue de-peur
d'être jettez sur les côtes. C'est la même chose que Large. Voiez, Large.

LARGUE.　Aller vent Largue, ou de vent Largue. *Ruim-schoots zeilen.*
C'est pour dire qu'un vaisseau a le vent par-travers, & qu'il cingle à sa route sans que les boulines soient halées.

LARGUE.　Vent Largue, Vent de quartier. *Breedt-windt, Ruim windt, Ruim-*
schoots windt, Bakstags windt, Greeps-tonws-windt. Half windt, Bakstag-
koelte.

On entend par ce mot de Vent Largue tous les airs de vent compris entre
le vent de bouline & le demi-rumb qui aproche le plus du vent arriére.
Par éxemple; La route étant Oüest, le vent d'Est sera le vent arriére, &
les vents de Nord-nord-oüest & de Sud-sud-oüest seront les vents de bouline; ainsi tous les autres airs de vent compris de part & d'autre depuis ces
deux derniers vents, jusqu'à ceux d'Est-nord-est, & d'Est-sud-est, seront
ceux qu'on appellera vent largue, ou vent de quartier; car on comprend
même sous le vent largue le vent de grasse bouline.　Le vent largue est
le plus favorable de tous, pour faire avancer le sillage d'un vaisseau, & vaut
mieux que vent arriére, suposé qu'ils soient tous deux d'égale force.　La
raison est que le vent largue porte dans toutes les voiles, de-sorte qu'elles
servent toutes; mais lors-que le vent est en poupe les voiles de l'arriére dérobent le vent aux voiles de l'avant, tellement que si un vaisseau fait trois
lieües par heure de vent largue, il n'en fera que deux & demie de vent
en poupe, suposant toujours que le vent soit d'égale force : & selon la
même suposition, il ne fera que deux lieües s'il est porté d'un vent de
bouline, ou de côté. Notre Vaisseau avoit vent largue, faisoit vent largue.

„ De vent largue toutes les voiles portent, ce qui ne se peut de vent ar-
„ riere, parce-qu'il faut alors mettre la grande voile sur les cargues pour
„ faire porter les voiles de l'avant.　C'est par cette raison qu'un vaisseau
„ sille bien plus vîte de vent largue, & même souvent de pleine bouline,
„ que de vent en poupe.

LARGUER, ou Filer les manœuvres. *Bot geven, Vieren, Lengen, Schau-*
ken, Scheut geven.

C'e…

c'eſt les lâcher lors-qu'elles ſont halées. On dit, Largue l'écoute, ou File
l'écoute, ce qui eſt la même choſe. On dit auſſi, Larguer le canot. Il fallut larguer les canots qui étoient à notre touë, pour mieux aller. Larguer
les amarres.

LARGUE les cargues. *Laat vallen.*

LARGUER. Vaiſſeau qui a Largué. *Bekaait komen. Een bekaait ſchip.*
 C'eſt lors-que ſes membres, ou les bordages, ſe quittent les uns les autres,
ou qu'il s'eſt ouvert par quelque endroit. Il faut aporter tous les ſoins poſ-
ſibles pour empêcher la pourriture du bois, & que rien ne largue.

LARGUER une amarre. *Een touw los maaken.*
 C'eſt détacher une corde d'où elle eſt atachée.

LARGUER les écoutes. *Schooten opgeven, vieren, loſſen.*
 C'eſt les détacher pour leur donner plus de jeu, & à la voile auſſi.

VAISSEAU qui a Largué. *Een ſchip dat afgehouden heeft.*
 C'eſt-à-dire que ce vaiſſeau s'eſt ſervi du vent pour fuïr l'ocaſion de combatre.

LASSER une voile. *Aan-rijgen.*
 C'eſt-à-dire, Saiſir la voile à la vergue avec un quarantenier qui paſſe dans
les yeux de pie, ce qui ſe fait lors-qu'on eſt ſurpris d'un gros vent, &
qu'il n'y a point de garcettes aux ris.

LASTE. *Laſt.*
 C'eſt le nombre de deux tonneaux. Les vaiſſeaux Hollandois ſe meſurent
ordinairement par laſtes. On dit, Un vaiſſeau de cent-cinquante laſtes,
c'eſt-à-dire qu'il eſt de trois cents tonneaux. Laſte eſt un terme général qui
dans les païs du Nord ſe prend quelquefois pour la charge entiére du vaiſſeau, & quelquefois pour un poids, ou pour une meſure particuliére:
mais cette meſure change non-ſeulement eu égard aux lieux, mais même eu égard à la différence des marchandiſes, ſi-bien-que pour déterminer
ce que contient un laſte, il faut ſavoir dequel endroit & de quelle ſorte de
marchandiſe ou veut parler.

LATINE. Voile Latine, Voile à oreille de liévre, Voile à tiers point. *Een
drie-hoekig zeil.*
 Les Voiles Latines ſont fréquentes ſur la mer Méditerranée: elles ſont en
triangle, ou à tiers point: celles des galéres ſont Voiles Latines. Voiez, Voile.

LATITUDE. *Breedte.*
 C'eſt la diſtance compriſe depuis un certain lieu juſqu'à la Ligne E'quinoxiale. Cette diſtance eſt toujours égale à la hauteur du Pole de l'horiſon
de ce même lieu. La Latitude eſt Septentrionale, lors-que le lieu eſt compris entre la Ligne & le Pole Arctique, que l'E'toile polaire fait diſcerner
aux Pilotes; & elle eſt Méridionale, quand le lieu eſt ſitué entre la Ligne
& le Pole Antarctique, que les Pilotes diſcernent par la Croiſade. cette
latitude, ou diſtance, ſe compte par degrès, c'eſt-à-dire, par des arcs de
cercles qui ne paſſent jamais nonante degrès, ce qui eſt le quart du Cercle.

LATITUDE d'une E'toile. *De breedte, of de veerheid van een ſtarre.*
 C'eſt ſon éloignement de l'E'cliptique, en tirant vers l'un ou l'autre Pole
du zodiaque.

LATTES. Lattes à baux. *Latten, Ribbetjes, Grieten.*
 Ce ſont de petites piéces de bois fort minces, qu'on met entre les baux,

les barrots & barrotins d'un vaiſſeau , & qui ſervent de garnitúres pour ſou
tenir le tillac. On confond quelquefois les noms de lattes & de barrotin
Voiez, Barrotins.

LATTES de Caillebotis. *Latten, Grieten, Ribbetjes.*

Ce ſont de petites planches reſciées, dont on ſe ſert pour couvrir les ba
rotins des caillebotis , & qui en ſont le treillis.

LATTES de gabarits. *Latten, Centen, Zenten.*

„ Ce ſont ces Lattes qui ſervent à former les façons du vaiſſeau , qui pren
„ la rondeur qu'elles lui donnent dans leur tour. Elles ſont rondes par l'a
„ vant, & dans les flûtes elles le ſont auſſi par l'arriére, en allant joind
„ l'étambord. Elles ſont minces , & ovalles en tirant de l'avant vers le m
„ lieu du vaiſſeau , & quarrées au milieu. Entre les gabarits elles ſo
„ ſoutenuës par de petites lattes qui les traverſent de haut en bas, & q
„ ſont poſées deſſus en-dehors ou en-dedans , ſelon qu'il eſt néceſſaire po
„ bien former les façons , & l'on y en met autant qu'il faut , pour fa
„ rentrer ou ſortir les lattes de gabarits, juſques-à-ce qu'on voie que
„ gabarit, ou les façons, ou virures, paroiſſent bien-faites & bien-tournées. L
„ nombre qu'on en met eſt différent, ſelon la diverſe grandeur des vaiſſeau
„ Il y en a huit, neuf, dix, ou onze, entre les gabords & la baloire. Dan
„ les petits bâtimens il les faut mettre bien plus près les unes des autres qu
„ dans les grands, parce-que les virures ſont plus courtes.

LATTER. *Houtjes, of lattjes tuſſchen de planken leggen.*

C'eſt mettre des petits morceaux de bois, ou de lattes, entre les planche
lors-qu'on les met en pile, afin d'empêcher qu'elles ne ſe gâtent.

LAVER une piéce de bois. *Een ſchaal van een ſtuk houts afzaagen.*

C'eſt en ôter une doſſe avec la ſcie pour l'équarrir, au-lieu d'en ôte
avec la hache.

LAZARET. *Het huis van geſondtheid, Lazareth.*

On apelle Lazaret dans quelques villes maritimes de la Méditerranée, qu
ſont habitées par les Chrétiens , une grande maiſon bâtie hors de la ville
où les équipages qui viennent des lieux où l'on ſoupçonne que regne
peſte, ſont mis dans des logemens iſolez & ſéparez les uns des autres, pou
y faire quarantaine.

L E.

LEBESCHE, ou Sud-oüeſt. *Suid-weſt-windt.*

C'eſt le nom qu'on donne ſur la Méditerranée au vent qui ſouſle entre l
Couchant & le Midi, nommé ſur l'Océan, Sud-oüeſt.

LE'GE. Vaiſſeau qui fait un retour Lége. *Een ſchip dat leeg wederom komt
Een leedig ſchip.*

C'eſt un vaiſſeau qui revient ſans charge. Si un vaiſſeau aïant été affret
allant & venant, eſt contraint de faire ſon retour lége, l'interêt du reta
dement & le fret entier ſont deus au Maître.

LE'GE. Vaiſſeau Lége. *Een ranck ſchip.*

C'eſt un vaiſſeau qui n'a pas aſſez de leſt , ou qui eſt trop leger par quelqu
autre defaut , comme de conſtruction, & qui, par conſéquent, eſt trop hau
ſur l'eau. Quelques-uns diſent auſſi Liége.

LEST, ou Ballaſt. *Ballaſt.*

C'eſt ce qui ſert à faire entrer un vaiſſeau dans l'eau , & à lui donner
juſt

juste pesanteur, & un contre-poids qui l'empêche de se renverser. Quand on dit Lest, sans rien ajoûter, on entend seulement des pierres, du sable, ou quelque autre chose que l'on met à fond de cale. Il n'y a point de règle certaine ni de proportion assûrée pour la quantité de lest qu'il faut à chaque vaisseau; car il ne s'ensuit pas qu'un bâtiment de huit cents tonneaux doive avoir le double du lest qu'on donne à un vaisseau de quatre cents. Il y a des vaisseaux à qui il en faut environ la moitié de leur charge, à quelques-uns le tiers, & il n'en faut que le quart à quelques autres; ce qui dépend de la construction du vaisseau. Ceux qui sont à plate varangue demandent plus de lest, & il en faut moins à ceux qui ont les varangues courtes & qui sont arondis par le fond, parce-que ces derniers enfoncent mieux dans l'eau qui les soutient davantage à-cause de cette rondeur. On dit Quintelage sur la Méditerranée. Voiez l'Ordonnance de 1681. Tit. 4.

BON LEST. *Goedt Ballast.*
C'est le lest de petits cailloux que l'on arange aisément. C'est ordinairement celui des vaisseaux de guerre: le fond de cale en est plus propre, & il n'embarasse par les pompes comme fait quelquefois le lest de terre, ou de sable.

GROS LEST. *Grof Ballast.*
C'est le lest composé de très-grosses pierres & de quartiers de canons crevez. Ce lest a l'incommodité d'empêcher l'arrimage, & d'être difficile à remuer.

MAUVAIS LEST. *Slegt Ballast.*
C'est celui qui peut fondre à fond de cale, comme du sel; ou encore le lest qui peut entrer dans les pompes & les engorger, ou boûcher, comme du sable, du gravier; & tout ce qui peut gâter l'arrimage, comme de grosses pierres & des quartiers de canon.

VIEUX LEST. *Oudt Ballast.*
C'est du lest qui a déja fait un voiage, ou une campagne. Il est fait défences à tous Capitaines & Maîtres de navires de jetter leur vieux lest dans les ports, canaux, bassins & rades, à peine de cinq cents livres d'amende pour la première fois, & de saisie & confiscation de leurs bâtimens; en cas de récidive, & aux délesteurs de le porter ailleurs que dans des lieux à ce destinez, à peine de punition corporelle.

LEST LAVE'. *Gewasschen ballast.*
C'est le lest qu'on lave après-qu'il a déja servi, pour s'en servir de nouveau. Ordinairement on met du lest neuf une fois en deux années.

VAISSEAU à qui l'on a donné beaucoup de Lest, afin-qu'il porte mieux ses voiles. *Een schip, om zeil-voerens wil, diep geballast.*

LE LEST roule. *De ballast schiet, rold van sijn plaats, raakt gaande.*

VOILES à Lest, ou Prelarts. *Poort-zeilen.*
Ce sont de vieilles voiles qu'on étend sous les sabords, quand on embarque ou qu'on décharge le lest, de-peur-qu'il n'en tombe dans l'eau. Tous bâtimens embarquans ou déchargeans du lest, auront une voile qui tiendra aux bords tant du vaisseau que de la gabarre, à peine de cinquante livres d'amende solidaire, contre les Maîtres des navires & gabarres.

LEST, ou Laste. *Last.*
C'est le poids de quatre mille livres, ou de deux tonneaux, dans les vaisseaux Hollandois. Voiez, Laste.

Tit 3

LEST,

LEST, Leth, Grand Left, & Petit Left. *Groote en kleine Laſt.*
On apelle Grand Left en Suéde & en Moſcovie, le poids de douze baril
ou petits tonneaux étroits, & le Petit Left celui qui n'eſt que de ſix.

LESTAGE. *Het inſchieten van de ballaſt.*
C'eſt l'embarquement du leſt dans le navire. Jauger les bateaux & gabar
res ſervant au leſtage. Défenſes ſont faites aux Maîtres & Patrons de g
barres & de bateaux leſteurs, de travailler au leſtage ou déleſtage pendant
nuit. Tous les mariniers pourront être emploiez au leſtage & déleſtage de
vaiſſeaux, avec les gens de l'équipage.

LESTER. *Ballaſt inwerpen, inſchieten; Ballaſten, Verballaſten.*
C'eſt mettre du caillou, du ſable, & autres choſes peſantes, au fond d'u
vaiſſeau, pour le faire tenir droit, & pour qu'il porte mieux ſes voiles. O
dit, Embarquer & Décharger du leſt, auſſi-bien que Leſter & Déleſte

LESTEURS. Gabarres & bateaux Leſteurs. *Ballaſt-ſchuiten.*
Ce ſont les bateaux qui ſervent à porter & raporter le leſt.

PATRONS de gabarres, ou bateaux Leſteurs. *Ballaſters.*

LETH. Voiez, Grand Left.

LETH, ou Laſt, ou Left de harangs. *Een laſt haaring.*
On ſe ſert de ces termes, pour ſignifier une certaine quantité de harang
L'Ordonnance règle çombien il faut emploier de ſel pour la ſalaiſon de ch
que leth de harangs. Le Leth eſt de dix mille milliers, chaque millier e
de dix centaines, & chaque centaine eſt de ſix-vingts. En Hollande o
compte par cent-douze tonnes, caques, ou barils pour un leth, & chaqu
tonne contient environ neuf cents harangs.

LETTRES de repréſailles, ou Lettres de marque. *Brieven van ſchaa-ve*
haaling.
Ce ſont des Lettres que les Rois & Souverains acordent à leurs Sujets
en grande connoiſſance de cauſe, pour reprendre ſur les premiers bie
apartenans à quelqu'un du païs ennemi, l'équivalent de ce qu'on leur au
ra enlévé violemment, & dont le Souverain ennemi ne leur aura point voul
faire juſtice. Voiez le Titre X. de l'Ordonnance de la marine de 1681.

LETTRE de Garde de marine. *De Brief van een adelborſt wagter ter zee.*
C'eſt une Lettre de la Cour, adreſſée à l'Intendant du département, pou
recevoir le Garde dans la compagnie.

LETTRES de Mer. *Zee-brieven.*
Ce ſont des Patentes qu'on obtient pour naviguer. Auſſi-tôt que les C
pitaines des vaiſſeaux armez en guerre, ſe ſeront rendus maîtres de quelqu
navire, ils ſe ſaiſiront des congés, paſſeports, lettres de mer, chartes
parties, connoiſſemens, & de tous autres papiers concernant la charge
deſtination du vaiſſeau, enſemble des clefs des cofres, armoires, cham
bres, & feront fermer les écoutilles, & autres lieux où il y aura des mar
chandiſes.
,,Lors-que les vaiſſeaux marchands veulent mettre à la mer, les Capitai
,,nes, ou Maîtres, prennent des Lettres de mer dans le lieu du partement
,,qui leur ſont délivrées par les Magiſtrats ou Directeurs du lieu, afin
,,qu'en cas de beſoin ils puiſſent faire connoître d'où ils ſont. Ces Lettre
,,contiennent le nom du Capitaine, le nom du vaiſſeau, ſa capaci
,,té, quel en eſt, ou quels en ſont les propriétaires en tout ou en partie
,,tou

"tous lesquels faits doivent être afirmez par le serment du Capitaine.

LETTRES de santé, Patentes de santé. *Gesondt-brieven.*

"Quand la peste infecte quelques païs, les navigateurs ne manquent
"pas aussi de se pourvoir de Lettres de santé, dans lesquelles on marque
"le nom du Capitaine & du maître, & le nom du vaisseau, d'où il est, le
"lieu de sa destination, & en quoi consiste sa charge.

LEVANT, ou Orient. *Oost.*

C'est la partie du monde qui est à l'Orient. Les navigateurs de l'Océan
entendent aussi par le terme de Levant la mer Méditerranée. On dit
donc, Mer de Levant, L'escadre du Levant. L'escadre du Levant n'avoit
pu joindre M. de Tourville lors-qu'il eut vingt & un gros vaisseaux brûlez
à la Hogue. Ceux qui passent du Levant en Ponant. Quand on se sert
du terme de Levant, on lui opose celui de Ponant.

LEVANTINS. *Oostersche Volkeren, Oosterlingen.*

ceux qui sont des païs du Levant. On apelle dans les ports de l'Océan,
E'quipage Levantin celui qui est levé sur les ports de la Méditerranée. Les
Levantins passent pour mauvais canoniers, & pour être peu propres à la
fatigue. D'ailleurs ils sont très-agiles pour courir sur les vergues.

LEVE'E. *Een sit-bank rondtom een schuit.*

Ce sont trois ou quatre aix atachez au-dessus du rez ou du fond d'un bateau, sur lesquels on peut s'asseoir.

LEVE'E. Il y a de la Levée. *De baaren die beginnen sig te verheffen, of hol te
gaan.*

C'est-à-dire que les vagues s'élèvent, & que la mer n'est pas unie.

LEVER l'ancre. Voiez, Ancre.

LEVER l'ancre avec la chaloupe. *'t Anker met de boot opligten.*

C'est lors-qu'on envoie la chaloupe qui tire l'ancre par son orin, & qui la
porte à bord.

LEVER l'ancre d'affourché avec le navire. *'t Tui-anker met het schip opligten.*

C'est lors-qu'on file du cable de la grosse ancre qui est mouillée, & que
l'on vire sur l'ancre d'affourché jusqu'à ce qu'elle soit à bord. Voiez, Ancre.

LEVER une amarre, ou une manœuvre. *Een touw los maaken.*

C'est démarrer cette amarre, ou cette manœuvre. On dit, Lève l'amure,
pour changer de bord; mais on ne dit pas, Lève l'écoute.

LEVER le lof. *De loevert-hals lossen, en 't zeil, of de schoot-hoorn opgijen.*

C'est démarrer le couët qui tient le point de la voile, & peser sur le cargue-
point.

LE'VE le lof de la grande voile, Lève. *Los uw loevert smijt, en gijt uw schooverzeil op.*

C'est de cette sorte que l'on fait le commandement pour lever le grand
lof. On dit, Lève le lof de miséne, Lève, lors-qu'on commande pour
la voile nommée Miséne.

LEVER la fourrure du cable. *De kaabel ontkleeden.*

C'est ôter de dessus le cable la garniture de toile, ou de corde, qu'on y a-
voit mise pour sa conservation.

LEVER quelque chose à l'éguille de la boussole. *Op 't kompas sien hoe dat
een landt, of schip, van u leit.*

C'est

C'eſt voir avec la bouſſole à quel air de vent reſte la choſe obſervée.

LEVER les terres. *De kuſten afteekenen, na dat ſy haar opdoen, of ſoo als ſy zijn.*
Ontwerp maaken.

C'eſt en reconnoître la ſitüation, & en faire une repréſentation éxacte ſur le papier.

LE'VE rame. *Geroeit, 't Is geroeit.*

C'eſt un commandement que l'on fait à un équipage de chaloupe, ou autre ſorte de bâtiment, afin-qu'on ceſſe de nager, & qu'on tienne les rames hors de l'eau.

LEVIER. *Spaak, Handt-ſpaak, Hevel.*

C'eſt un inſtrument de bois ou de fer, par le moien duquel, on ſoulève de peſans fardeaux avec peu d'hommes. Quand le Levier eſt de fer on l'apelle Pince. Le Levier eſt la premiére des machines. Les rouës, les poulies, le tour, le cabeſtan, n'agiſſent que par la force du levier. Le coin n'eſt qu'un double levier. On doit conſidérer le levier comme une ligne droite qui a trois points principaux, ſavoir, celui où on veut poſer le fardeau, qu'on veut mouvoir; celui de l'apui, qui eſt ſon centre ſur lequel il tourne, & que les artiſans appellent Orgueil; & celui de la main, qui eſt la puiſſance qui meut le levier. La différente diſpoſition de ces trois points, ou l'inégalité des diſtances, eſt ce qui lui donne la force qu'il déploie.

LEVIER à croc. *Een houte Haak.*

C'eſt un levier dont on ſe ſert pour mouvoir facilement les groſſes piéces de bois. Le manche eſt de bois, & il y a un fer qui s'y emmanche & qui a le bout retourné comme un crochet. Voiez, Renard.

L I.

LIAISON. *Verbinding.*

C'eſt l'aſſemblage de toutes les parties d'un vaiſſeau, par lequel elles s'entretiennent enſemble. Il faut que toutes les liaiſons ſoient bien-faites.

LIE'GE, *Korck, Kurck.*

C'eſt un arbre toujours vert, & qui a une écorce fort épaiſſe laquelle ſert à ſoutenir les filets des pêcheurs, & quelquefois à faire des boüées pour les ancres. On s'en ſert auſſi à faire des tampons de canons, & des bondes pour les bariques.

LIENS. *Stutten.*

Les liens dans une grüe ſont les bras qui apuïent l'arbre : ils ſont au nombre de huit aſſemblez par le bas dans l'extrémité des racinaux, & par le haut contre l'arbre avec tenons & mortaiſes, avec abouts. Voiez, Grüe & Gruau.

LIEN de fer. *Beugel.*

C'eſt un morceau de fer meplat, qui eſt coudé, ou cintré : il ſert à retenir une piéce de bois dans un aſſemblage de charpenterie.

LIEN du gouvernail. *Bandt, Beugel om de kop van 't roer.*

C'eſt un lien de fer, ou deux, qu'on met autour de la tête du gouvernail.

LIEUë. *Een Mijl.*

C'eſt un eſpace de terre conſidéré dans ſa longueur ſervant à meſurer le chemin & la diſtance d'un lieu à l'autre, & contenant plus ou moins, ſelon le différent uſage des provinces & des païs. On ſe ſert auſſi de ce terme ſur mer pour meſurer par eſtime, & les Lieuës ſont différentes ſelon les nations.

tions. La plus commune mesure est d'une heure de chemin. Un degré du Ciel répond à quinze lieuës d'Allemagne sur terre, & à vingt lieuës de France, & c'est par-là qu'on mesure les distances sur mer.

LIEURES. *Korven.*

En terme de charpenterie, ce sont des piéces de bois courbes par un bout, qui servent à élever les bords d'un bateau foncet avec les clans. C'est comme les genoux dans les navires.

LIEURE, ou Saisine de beaupré. *Woelinge van de boegspriet.*

Ce sont plusieurs tours de corde qui tiennent l'aiguille de l'éperon avec le mât de beaupré.

LIEUTENANT Amiral. *Een Luitenant Admiraal.*

„ C'est proprement le Vice-amiral. Il y a dans les Provinces Unies un Lieu-
„ tenant Amiral Général, & des Lieutenans Amiraux de chaque Collége,
„ ainsi qu'on le voit sous le mot Amiral. Voiez aussi, Vice-amiral.

„ Les Lieutenans Amiraux, les Conseillers de l'Amirauté, ni aucun des
„ autres Oficiers & Supôts de l'Amirauté, ou Oficiers Généraux, Capitai-
„ nes, & autres Oficiers de guerre, ne peuvent armer des vaisseaux en cour-
„ se, ni avoir part, directement ou indirectement, à ceux qui y sont en-
„ voiez, à-moins qu'ils n'en aïent obtenu une permission expresse des E'tats
„ Généraux.

LIEUTENANT Général des armées navales de France. *Een Luitenant Ge-*
neraal van de oorlogs-vlooten in Vrankrijk, Een algemeene Stede-houder.

C'est un Oficier qui commande sous le Vice-amiral : il précéde les Chefs d'escadre, & leur donne l'ordre qu'ils distribüent en suite aux Oficiers inférieurs. Voiez l'Ordonnance de 1689. Tit. 111.

LIEUTENANT de vaisseau. *Een Luitenant op een schip.*

C'est le premier Oficier sous le Capitaine, en l'absence duquel il comman-
de. Lors-qu'il est dans le port il doit assister réguliérement tous les jours aux écoles & éxercices qui y sont établis pour l'instruction des Oficiers, s'il n'en est dispensé; & tous les mois aux conférences qui se doivent tenir chez le Commandant. Il doit être présent au radoub & carène, & rendre compte à son Capitaine de tout ce qui se passe. Il doit tenir un journal de sa navigation, & embarquer à cet éfet les instrumens nécessaires. Voiez la même Ordonnance, Tit. ix.

„ C'est le Lieutenant qui conjointement avec le Maître, marque à chacun
„ des gens de l'équipage à quoi il doit s'emploier, en quel lieu il doit cou-
„ cher, & où il doit placer son cofre.

„ Il reçoit les ordres de la propre bouche du Capitaine, soit pour les por-
„ ter lui-même, ou les éxécuter; ou pour les donner aux Oficiers inférieurs
„ afin-qu'ils les éxécutent. Il est chargé du soin de conduire ceux qui vont
„ faire de l'eau, & de prendre garde à ce qui se passe aux repas des mate-
„ lots. C'est lui qui reçoit la commission d'aller faire les afaires les plus
„ importantes qui se présentent à diriger hors le bord avec d'autres vais-
„ seaux en mer, ou à terre. C'est lui qui va faire les remontrances de la
„ part de l'équipage au Capitaine, lors-qu'il y a lieu. Il tient un régître
„ du chemin que fait le vaisseau, & du pointage, & sur-tout il marque
„ éxactement les choses qu'il a compassées, & dont il est convenu avec le
„ Pilote.

V v v

LIGNE

LIGNE E'quinoxiale, La Ligne, l'E'quateur. *Linie, Lijn, Middel-lijn, Evenaar, Nagt-evenaar, Aequinoctiaal, Aequator.*

La Ligne eſt un grand cercle que le Soleil décrit d'Orient en Occident, environ le 21. de Mars & le 21. de Septembre, dans une partie du ciel qui eſt également éloignée des deux poles. Cette Ligne eſt le terme d'où l'on commence à compter les latitudes, & ſous la Ligne il n'y a aucune élévation de pole, car les poles y ſont toujours dans la circonférence de l'horiſon. On batiſe ceux qui paſſent ſous la Ligne la première fois. Voiez, Batême, & E'quinoxial.

LIGNE. *Streep, Regt ſtreep, Linie, Rij.*

C'eſt la diſpoſition des poſtes d'une armée navale le jour d'un combat. L'avant-garde, le corps de bataille, & l'arrière-garde ſe mettent ſur une même ligne, quand les eſcadres, ou les diviſions, ſont unies. Cela ſe fait, autant que l'on peut, non-ſeulement pour conſerver l'avantage du vent, & afin-que tous les vaiſſeaux courent un même bord, mais parce-que s'ils étoient mis par files les uns derrière les autres, ceux qui ne ſeroient point au premier rang ne pourroient tirer leurs bordées ſur les vaiſſeaux ennemis, parce-qu'ils en ſeroient empêchez par les vaiſſeaux de leur parti. On dit, Garder ſa ligne, Venir à ſa ligne, Se rendre ſur ſa ligne.

MARCHER en Ligne. *In een regte linie zeilen.*

C'eſt lors-qu'une armée navigue ſur une même ligne, & que tous les vaiſſeaux vont de ſuite.

LES TROIS Eſcadres marchoient chacune en leur rang, & les diviſions de chaque eſcadre auſſi, preſque en droite Ligne. *De drie eſquadres zeilden elk in den rang van hun drie ſmaldeelen, byna als in een regte linie benevens malkanderen.*

LIGNE. Voiez, Navire de Ligne.

LIGNE du fort. *'t Hart van 't ſchip.*

C'eſt l'endroit du vaiſſeau où il eſt le plus gros.

LIGNE de l'eau. *Waater-lijn.*

C'eſt l'endroit du bordage ou l'eau ſe vient terminer, quand le bâtiment a ſa charge, & qu'il flote.

VAISSEAU percé d'un coup de canon à la Ligne d'eau, ou à fleur d'eau. *Een ſchip nevens het waater geſchooten.*

METTRE le vaiſſeau à la bande pour le nétoïer à la Ligne de l'eau, & lui donner enſuite les œuvres de marée. *Een ſchip krengen, om tuſſchen waater ende windt ſchoon te maaken, ende voort van de kimme tot de kiel toe.*

LIGNE. *Lijn.*

C'eſt un petit cordage. Les lignes, ſoit pour ſonder, ou pour pluſieurs autres uſages, ſont ordinairement de trois cordons, & de trois à quatre fils à chaque cordon.

LIGNES d'amarrage, *Steek-lijnen, Stik-lijnen.*

Ce ſont de petites cordes goldronnées, qui ſervent à amarrer d'autres cordes.

LIGNES de ſix fils, ou de neuf fils &c. *Lijnen van ſes, of van ſes draad, van negen draad.*

LIGNES d'amarrage. *Sortouwen.*

Ce ſont les cordes qui ſervent à lier & atacher le cable dans l'arganeau, & qui renforcent & aſſurent les hanſiéres & les manœuvres.

LIGNES ou E'guillettes. *Lijſt-lijnen.*

C'eſt pour laſſer les bonnettes aux grandes voiles.

LIGNES pour pêcher du poiſſon, de la morüe &c. *Lijnen, Snoeren.*

LIGNES de trelingage. Voiez, Marticles.

LIGNE de ſonde. *Een Lijn om te looten, Een Lood-lijn.*

C'eſt une corde d'environ trois quarts de pouce de circonférence, non goldro-
née, de cent à ſix-vingts braſſes, à laquelle on atache un plomb, & qu'on fait
deſcendre dans la mer pour en ſonder le fond, lors-qu'on aproche des côtes.

„Les plus longues Lignes de ſonde ne ſont que de deux cents braſſes,
„parce-que dès-qu'il y a plus de deux cents braſſes de profondeur,
„il n'y a preſque plus de fond, ou-bien il eſt trop difficile de le ſonder.
„La ligne eſt marquée à deux braſſes, avec un petit cuir noir; & elle l'eſt
„preſque toujours auſſi à la troiſiême braſſe, mais avec cette différence
„que le cuir eſt fendu ou déchiré. Au bout de cinq braſſes elle eſt marquée
„d'un petit morceau de quelque choſe de blanc, comme d'étofe. Au bout
„de la ſeptiême braſſe il y a un petit morceau de cuir rond; & au bout
„de la quinziême braſſe, un morceau de cuir blanc. Celui qui jette la ſon-
„de eſt placé dans les grands porte-haubans, & lors-qu'il la jette on pouſſe
„un peu la barre à ariver.

LIGNE courbe de l'éperon. *De boog van 't galioen.*

LIGNE. *Lijn, Rigt-ſnoer.*

C'eſt un cordeau ou petite corde avec laquelle on trace, & qu'on frote ordinairement de craie blanche, ou d'autre couleur, afin-que la marque en
demeure dans l'endroit où on l'aplique.

JETTER la Ligne pour enligner. *De lijn ſlaan, De lijn ſmijten om te belijnen.*

C'eſt quand deux hommes tiennent par les deux bouts la ligne frotée de
craie, & qu'ils la pincent & l'enlèvent par le milieu, pour la laiſſer tomber
avec force ſur la piéce de bois qui eſt deſſous, afin-qu'elle la marque. Quand
on la fait un peu biaiſer & aller en coté, cela s'apelle en Flamand, *Wapperen.*

LIME de la mer. *Merk van de zee, Moet van de zee.*

C'eſt le nom que quelques-uns donnent à une certaine ligne qui paroît autour des côtes, où la mer a laiſſé des herbes en ſe retirant.

LIME. *Een Vijl.*

C'eſt un outil qui ſert aux ouvriers qui travaillent ſur les métaux, pour
les polir, tailler, dégroſſir, ou courber. Elle eſt faite d'acier trempé &
inciſé en forme de pluſieurs petits ſillons.

LINGUET. Voiez, E'linguet, & Cabeſtan.

LIOUBE. *Inkeep, Kluft.*

C'eſt un terme de Charpentier de vaiſſeau, pour ſignifier l'entaille qu'il
faut faire, ſur ce qui eſt reſté debout d'un mât rompu par la violence de
la tempête, ou autrement, afin d'y enter un autre bout de mât qui le re-
mette en ſon entier.

LION. *Leeuw.*

C'étoit autrefois l'ornement le plus commun de la pointe de l'éperon, &
aujourdhui c'eſt encore preſque toujours un Lion qu'on y met en Hollan-

de, parce-que c'eſt un Lion qui eſt dans les armes de l'E'tat. Mais parmi
les autres nations on y met préſentement des Sérénes, ou des figures humaines.
Le terme général étoit Beſtion. On diſoit auſſi Chapiteau, Voiez, Beſtion.
„ Pour un vaiſſeau de cent-trente-quatre piés de long, de l'étrave à l'étam-
„ bord, il faut un Lion de neuf piés de long, & de dix-neuf pouces d'épais,
„ hormis par-derriére, où il n'a qu'un pié d'épaiſſeur. La tête fait ſaillie
„ de quatorze pouces en-avant de la pointe de l'éperon, & s'élève de deux
„ piés ſept pouces au-deſſus du bout de l'aiguille.

LISSES. Voiez, Ceintes.

LISSE de vibord, ou Carreau. *Raahout, Rechout, Stelhout, Ring-bord, Zee-hout.*
C'eſt une préceinte un peu plus petite que les autres qui tient le vaiſſeau
tout-autour par les hauts.

„ La Liſſe de vibord, qui eſt la plus haute ceinte du vaiſſeau, à l'embelle,
„ & qui eſt polie & rabatuë en quart de rond, à la maniére des autres liſ-
„ ſes, doit autant différer de la plus haute préceinte, en épaiſſeur, que
„ celle-ci différe de celle qui eſt au-deſſous, c'eſt-à-dire qu'elle doit avoir
„ une dixiême moins.

„ Les Charpentiers qui ont marqué les proportions d'un vaiſſeau de cent
„ trente-quatre piés de long, donnent à la liſſe de hourdi huit pouces &
„ demi de large, & trois pouces & demi d'épais, & la placent à neuf pou-
„ ces de diſtance, ou de hauteur, au-deſſus de la liſſe de pont, à prendre
„ en devant à huit piés de l'étrave. Son avance en-dehors, au-delà des fer-
„ mures, doit être de deux pouces & demi, & elle doit être pouſſée en
„ quart de rondt à l'embelle, où elle eſt à cinq piés de hauteur au-deſ-
„ ſus de la liſſe de pont.

LISSE de pont, ou Seconde Liſſe de vibord. *Het bovenſte barrighout onder*
raahout.
C'eſt la préceinte qui ſe trouve au niveau du tillac, ou haut pont.

LISSE de hourdi, Barre d'arcaſſe, Grande Barre d'arcaſſe. *Hek, Hek-balk.*
C'eſt une longue piéce de bois, qui eſt le dernier des baux de l'arriére
& qui fait l'afermiſſement de la poupe. Elle eſt auſſi longue que le vaiſſeau
eſt large, & ſa longueur eſt à-peu-près des deux tiers de celle du maitre-bau.
Elle eſt poſée par ſon milieu ſur le haut de l'étambord, & par les bouts
ſur les eſtains, avec leſquels elle forme ce demi-rond qui ſe voit à l'arrière, & auquel on donne le nom d'arcaſſe. Voiez, Barre d'arcaſſe.

„ La Liſſe de hourdi eſt un peu arquée en-dehors ou par le haut, & ſou-
„ tient l'œuvre morte. Elle a en-deſſous une rablure dans laquelle entrent
„ les bordages de l'arcaſſe. Son aſſemblage avec le haut de l'étambord
„ eſt à queuë d'aronde, auſſi-bien que ſes bouts, dans leſquels on met en-
„ core des chevilles de fer & de bois, qu'on fait paſſer au-travers des cor-
„ niéres ou allonges de poupes, & on la clouë par le bas. Sa rablure doit
„ être de largeur non-ſeulement à contenir les bouts des bordages qui y en-

"entrent, mais aussi une lisse ou frise, qui tombe sur les bordages, & qui
"sert d'ornement.
"Pour donner la longueur convenable à la Lisse de hourdi, il faut
"prendre les deux tiers de la largeur du vaisseau: & pour sa largeur, son
"épaisseur & son courbe, il faut prendre autant de pouces qu'elle a de
"longueur. Quelques Charpentiers prennent pour sa longueur la largeur
"du fond du bâtiment; & pour sa largeur, son épaisseur & son courbe,
"l'épaisseur de l'étrave en-dedans.
"D'autres lui donnent, par chaque dix piés de long qu'elle a, huit pou-
"ces d'arc, un pouce de large par chaque pié de long, & un peu moins
"d'épais. D'autres encore lui donnent d'autres proportions aussi tirées de
"sa longueur.

Les Charpentiers qui ont réglé les proportions d'un vaisseau de cent-trente-
quatre piés de long, donnent à la Lisse de hourdi dix-neuf piés six pouces
de long, un pié deux pouces & demi d'épais, un pié trois pouces & demi
de large, & un pié deux pouces d'arc.

VOICI une Table des diverses longueurs que différens Maîtres donnent à la
Lisse de hourdi: surquoi il faut remarquer qu'autrefois on les faisoit plus
courtes qu'on ne les fait aujourdhui, & que celles qui sont marquées les
plus courtes sont d'anciens vaisseaux. Entre celles qui sont les plus longues, l'Auteur marque qu'il a travaillé lui-même aux deux navires de 144.
& 168. piés de long, & que les proportions de leurs deux lisses ont été fort
aprouvées, aussi-bien que tout le gabarit de ces vaisseaux.

Vaisseau long de	Large de	La Lisse de hourdi longue de	Large de	Épaisse de	A d'arc.
Piés.	Piés, Pouces.	Piés, Pouces.	Pouces.	Pouces.	Pouces.
80	17—9	11—0	14	8	7
85	22—0	15—0	14	9	7
90	23—0	18—0	0	0	0
93	21—0	14—0	14	10	8
101	24—0	16—0	17	11	9
113	24—1	15—0	18	12	10
132	29—0	19—8	19	15	12
144	35—0	20—0	22	16	12
154	38—0	27—0	22	19	12
155	36—0	25—6	22	18	11
158	36—2	22—0	22	18	12
160	36—0	24—0	22	18	10
168	41—0	31—0	24	20	14
170	39—0	25—8	0	0	0
177	38—3	23—0	22	18	10

ET Voici une autre Table qui marque les proportions des Corniéres, ou
Allonges de poupe, ou de trepot, prises sur la Lisse de hourdi.

	Piés, Pouces.		Piés, Pouces.		Piés, Pouces.
Longueur de la Lis̃se de hourdi.	11—6	Longueur, ou hauteur des Allonges de poupe.	12—0	La distance de l'une à l'autre par le haut.	7—8
	14—0		13—0		9—0
	14—0		16—0		8—0
	15—0		20—0		10—0
	20—0		27—0		11—6
	25—6		27—6		14—4
	27—0		26—0		15—0

LISSE du Couronnement. Voiez, Barre.

LISSES. *Reegelingen., Richels, Riggels.*

Ce sont de longues piéces de bois que l'on met en divers endroits, sur l[e] bout des membres des côtes d'un vaisseau, autant pour servir d'ornemen[t] que par nécessité.

„Il y a des Lissles en divers endroits d'un vaisseau. Les principales sont a[u] „haut des acastillages à hauteur d'apui. Il y en a aussi sur les fronteau[x] „des deux gaillards.

LISSES de porte-haubans, Demoiselles. *Latten van de rusten.*

Ce sont de longues piéces de bois plates, que l'on fait regner le long d[es] porte-haubans, & qui servent à tenir dans leurs places les chaînes de hau[-] bans.

LISSES de gabarits. *Set-gangen, Set-planken, Centen.*

C'est la baloire, les lattes, & toutes les planches qui sont emploiées pou[r] modèles, & pour former les façons d'un vaisseau.

LITS de marée. *Harde stroomen die in sommige zee-streeken bevonden worden.*

Ce sont des courans rapides qui se trouvent en certains lieux de la mer.

LIT de riviére. *De grondt van een rivier tusschen twee wallen.*

C'est le canal, ou l'espace dans lequel coule une riviére entre les deu[x] rivages. Voiez, Canal.

LIT du vent, ou Lis. Etre au Lit du vent, ou Vent de bouline. *By de wind, ofte een streek of twee in 't zeil zeilen.*

C'est cingler à six quarts de vent près du rumb d'où le vent vient.

LIVRE-à-livre. *Soo veel stuivers van de guldens af.*

C'est-à-dire, au sou la livre. Par éxemple; On dit que la perte du jet qu[i] a é[té]

a été fait doit être portée par tout le reste de la cargaison livre-à-livre.
Alle de Reeders moeten foo veel van de guldens miffen.

L O.

LOCMAN. Voiez, Lamaneur.

LOF. *Loef.*

C'est une moitié du vaisseau confidéré par une ligne qui le diviseroit également de prouë à poupe, laissant une moitié à stribord du grand mât, &
l'autre moitié à babord, & celle qui fe trouve au vent s'apelle Lof.

ALLER au Lof. *Loeven.*

C'est aller auprès du vent.

TENIR le Lof, ou Se tenir au Lof. *Loef houden, Hoog by de windt zeilen.*

C'est-à-dire, Serrer le vent.

TENIR le Lof. *Open houden, Een fchip open houden.*

C'est garder l'avantage du vent pour s'en fervir à ariver fur un autre vaiffeau qu'on obferve.

ETRE au Lof. *De loef hebben, Te loevert leggen.*

C'est-à-dire, Aprocher du vent.

LOF. AU LOF. *Loef, Loef; Hou by de windt; Loef aan.*

C'est un terme de commandement, pour faire mettre le gouvernail de telle
forte qu'il fasse venir le vaisseau vers le lof, c'est-à-dire vers le vent.

LOF POUR LOF. *In 't wenden voor de windt omdraaijen.*

C'est virer vent arriére, en mettant au vent un côté du vaisseau au-lieu
de l'autre côté.

LOF. *De Loef-hals.*

C'est le point d'une basse voile, qui est vers le vent. On dit, Lève le lof
de la grand voile, ou Lève le grand lof. Voiez, Lever.

LOGE. *Kaamer.*

C'est le nom qu'on donne aux apartemens de certains Oficiers inférieurs dans
un vaisseau. On dit, Loge de l'Aumônier, Loge du Maître Canonier. On
dit aussi, Logemens, *Vertrekken.* Régler la difpofition des logemens des vaiffeaux de chaque rang.

LOIER d'un matelot. *Huur-geldt, Soldy, Wedde.*

C'est fon paiement fuivant la convention. Sur peine de perte d'un mois de
loïer. L'Ordonnance dit aussi Loüage. Quand le matelot est loüé au mois,
on dit, *Huur op maandt-geldt;* & quand c'est au voiage, on dit, *Huur op
de reis.*

LONGITUDE. *Lengte.*

C'est la distance du Méridien d'un certain lieu jufqu'au premier Méridien.
Cette distance fe compte par les degrès de l'Equateur d'Occident en Orient,
jufqu'à trois-cents foixante degrès, & on la marque dans les cartes par les
Méridiens dont l'Equateur est coupé. Les Pilotes comptent ordinairement
la longitude depuis le Méridien du port d'où ils partent. On compte en
France la longitude depuis le premier Méridien qui paffe en l'ifle de Fer
l'une de Canaries. Les Efpagnols ont mis ce premier Méridien aux ifles
des Afçores, & les Hollandois le font paffer par le Pic de Ténériffe, qui est
la plus haute montagne du monde. De ce premier Méridien, comme d'un
terme, on commence à compter la longitude en tirant vers l'Orient, de-
forte que plus un terme est Oriental au refpect d'un autre, plus il y a de
                                                                 longi-

longitude. Jufqu'à préfent l'Art de la navigation eft imparfait, à-cau[fe] qu'on n'a pu trouver le fecret d'affurer les longitudes terreftres; car [le] mouvement du Ciel qui fe fait en vingt-quatre heures d'Orient en Occiden[t] ne laiffe aucun terme fixe d'où l'on puiffe commencer à compter la longitu[de]. On connoît fur mer fi l'on avance vers l'Orient, ou vers l'Occiden[t] par les degrès de longitude. Cette fcience a été cherchée inutilement ju[f]ques-à-préfent. La France, l'Angleterre, & la Hollande ont prom[is] de grandes recompences à celui qui trouveroit la véritable fcience d[es] longitudes. Il y a eu ci-devant des Aftronomes qui ont écrit du moi[en] de trouver les longitudes par la Lune & par les éclipfes de la Lune. Ma[is] cette voie eft incertaine, auffi-bien que celle des pendules, dont [le] mouvement n'eft pas affez éxact. Le plus feur moien dont fe ferve[nt] aujourdhui les Aftronomes pour trouver les longitudes, eft par l'ob[-] fervation des éclipfes des Satellites de Jupiter, qui font très-fréquentes [&] très-nombreufes, parce-qu'il y en a plus de treize cents par an. Il y [a] des Pilotes qui fe fervent de deux ou trois horloges, ou poudriers de fabl[e] ou-bien de quelques bonnes montres, & lors-qu'ils fortent d'un port i[ls] obfervent quelle heure on y compte, & le marquent fur leurs montres qui par ce moien demeurent montées pour ce lieu-là: puis étant arivez dan[s] quelque autre port, s'ils trouvent qu'il y foit midi, foit en prenant hau[-] teur, ou par quelque autre voie, ils verront alors par leurs montres s'il e[ft] auffi midi dans le lieu du partement; & quand cette conformité fe réncon[-] tre, le port où l'on eft arivé & le lieu du partement font fous le mêm[e] Méridien, & ont la même longitude. Mais s'il eft midi dans le port d[e] l'arivée, & que les montres marquent qu'il eft feulement onze heures dan[s] le lieu du partement, ce lieu du partement fera plus Oriental que le po[rt] de l'arivée, & leur longitude différera de quinze degrès qui répondent [à] une heure. Mais au-contraire, fi lors-qu'il eft midi dans le port de l'arivé[e] vous trouvez par vos montres qu'il foit une heure dans le lieu du partemen[t] le port de l'arivée fera plus Oriental, & aura quinze degrès de longitud[e] plus que le lieu du partement. Ceux qui font des Journaux & d[es] Rélations de leurs voiages, doivent bien fpécifier en quel lieu ils pofe[nt] leur premier Méridien, lors-qu'ils font mention des longitudes; car autre[-] trement on n'y peut rien comprendre.

LONGUEUR d'un cable. *Kaabels-lengte.*

C'eft-à-dire, fix-vingts braffes de long, qui eft la plus grande longueur des ca[-] bles. Notre vaiffeau s'aprocha du mole à la longueur d'un cable. Voiez, Cable[.]

LONGUEUR de l'étrave à l'étambord. *De Lengte over fteven.*

C'eft la diftance en ligne droite qu'il peut y avoir de l'un à l'autre.

„La mefure d'un vaiffeau fe prend ordinairement depuis l'étrave, en fo[n] „dehors, par le haut, jufques à l'étambord, auffi en fon dehors, fans [y] „comprendre l'éperon, ni le revers d'arcaffe, ou aucune autre faillie.

LONGUEUR de la quille portant fur terre. *De lengte van de kiel; D[e]* *kiels lengte, het vallen van de fteven afgetrokken.*

C'eft-à-dire, la longueur de la quille en ligne droite: c'eft dans la conf[-] truction ce qui porte fur les tins. On fe fert peu en Flamand, de cett[e] expreffion fi commune en François. La maniére de parler de la longueu[r] d'un vaiffeau, eft de dire, De l'étrave à l'étambord, parce-que c'eft auffi l[a] maniére de mefurer.

LOQUETS d'écoutilles. *Grendels aan de luiken.*
Ils servent à fermer les écoutilles, & il y en a aussi aux cabanes.

LOVER un cable, ou Roüer un cable. *Een touw, of kaabel opschieten.*
C'est mettre un cable en rond en façon de cerceau, afin de le tenir prêt à
filer lors-qu'il faut moüiller. Les cables doivent toujours être lovez dans le
vaisseau, car ils tiennent ainsi moins de place, & le Contre-maître doit a-
voir soin qu'ils soient bien secs lors-qu'on les met en-bas, & que l'eau qui
entre dans le lieu où ils sont lovez ne les touche pas. Pour cet éfet on met
quelques bois dessous, sur lesquels on les love, afin-qu'il y ait du passage
pour l'eau, & que les cables n'y croupissent pas. Lover se dit plus des cables, & Roüer des manœuvres.

CABLE tout Lové, Manœuvre toute Roüée. *Bogt, Touw-bogt.*

LOVER une manœuvre. *Een touwerk rondt-schieten, of opschieten.*
C'est un vieux mot duquel on se sert peu, & l'on dit, Roüer une manœuvre. Voiez, Roüer.

LOUVE. *Een vat wiens bodem uitgestooten is.*
C'est un baril défoncé qu'on met sur l'une des écoutilles, dans les navires
de Terre-neuve. C'est par ce baril que passent & tombent les moluës,
lors-qu'elles sont habillées.

LOUVIER, ou Louvoier. *Laveeren, Boeg-kruisen, Waisselen, 't Waater met
de boeg kruisen.*
C'est courir au plus près du vent, tantôt à stribord, tantôt à babord, en
portant quelque tems le cap d'un côté, puis revirant & le portant d'un
autre côté, ce qui se pratique quand on a le vent contraire, & qu'on veut
chicaner le vent & maintenir le vaisseau dans le parage où il est, afin de ne
se pas éloigner de la route. Les Provençaux disent Bordeger & Carreger. Il
n'y a point de bâtiment qui louvie mieux que la Hourque. Comme notre
route étoit Nord, le vent se fit aussi Nord, & parce-qu'il n'est pas possible d'aller debout au vent, il nous fallut louvier deux jours durant, & faire nos bordées Est & Oüest, pour nous maintenir avec le moins de dérive
qu'il nous fut possible. Je fus quatre jours à louvier, ne portant que les basses voiles carguées jusques à mi-mât, quelquefois même je n'en faisois
déploier que quatre brasses.

LOUVOIER à petites bordées. *Gieren, Met korte gangen laveeren.* Voiez,
Bord, & Courir.

LOUVOIER sur onze pointes quand on va à la bouline, ou qu'on tient
le lit du vent. *Op elf streeken laveeren, als men by de windt zeilt.*
C'est conduire le vaisseau sur un air de vent, qui soit éloigné du vent de
la route par un intervalle d'onze traits ou pointes de compas, en-sorte
que cet air de vent s'aproche du lieu de la route par un intervalle de
cinq traits de vent, ou de six, en comptant pour un trait celui sur lequel
on navigue. Par éxemple; Si le lieu de la route est à l'Est, le vent d'Oüest
sera le vent de la droite route; mais si le vent se fait Nord-est-quart-au-
nord, ou-bien Sud-est-quart-au-sud, le vaisseau qui sera porté par l'un ou
l'autre de ces deux vents, louvoiera sur onze pointes.

EN LOUVOIANT le vaisseau panche sur le côté. *Met 't laveeren soo zeilt
't schip op sijn buik, of op de zy.*

LOXODROMIE, ou Course oblique. *Een dwars koers.*

Xxx

C'est

C'eſt une Science qui par un calcul géometrique, enſeigne à faire ſur mer u
plus ſeure eſtime, & un plus éxact pointage que celui des cartes ma
nes; de-ſorte-qu'en donnant pour fondement du calcul les rumbs de
route, & le chemin qu'a fait le vaiſſeau, on trouve en quel lieu il eſt a
vé. Ce calcul ſe fait par des ſuputations diſtribuées en pluſieurs colomne
où l'on met en tête les rumbs de vent, la longitude, la latitude, & le ch
min qui a été fait par le vaiſſeau.

LOXODROMIQUE. Tables Loxodromiques. *Streek-taafels.*

On apelle Tables Loxodromiques, les Tables de la Loxodromie qui ſe
vent à réſoudre promtement & facilement les problêmes principaux de
navigation. Quand la route que fait un vaiſſeau, en ſuivant un des trente
deux vents marquez ſur la bouſſole, ne ſe fait pas en ligne droite, ce
ligne eſt apellée Ligne Loxodromique. Cela arive toujours dans les grand
navigations, à-cauſe que les lignes des rumbs qui ſont marquez ſur la bou
ſole, repréſentent les cercles verticaux dont elles ſont les communes ſe
tions avec l'horiſon. Le rumb que l'on prend, quand on part d'un certai
lieu pour aller à un autre qui eſt un peu éloigné, & qui fait un angle ave
la ligne méridienne du lieu d'où le vaiſſeau part, ne peut faire le même a
gle avec la ligne méridienne de celui où l'on a deſſein d'aller, quand ce lieu
ſe trouve dans une diſtance conſidérable; de-ſorte qu'en ſuivant le même ve
marqué dans la bouſſole, il eſt impoſſible que l'on marche en ligne droit

LUMIE'RE du canon. *Laad-gat.*

C'eſt un trou par où le feu ſe communique dans la piéce.

NE'TOIER la Lumiére d'un canon. *Oproeden.*

LUMIE'RES. Voiez, Anguilléres.

LUMIE'RE de pompe. *Pomp-gat.*

C'eſt l'ouverture qui eſt au côté de la pompe, & par laquelle l'eau ſor
pour entrer dans la manche.

LUNE. La Lune. *De Maan.*

C'eſt une Planette qui éclaire pendant la nuit, & qui eſt plus proche d
la terre que toutes les autres. Son corps eſt ſphérique, denſe & opaque
& n'a de lumiére que celle qu'il reçoit du Soleil. On apelle Nouvelle Lune
quand la Lune étant en conjonction avec le Soleil, & ſe rencontrant au mêm
degré du zodiaque, ne nous fait voir aucune lumiére, à-cauſe qu'elle n'e
éclairée que du côté que nous ne voions pas. La Lune eſt pleine quand ſe trou
vant opoſée au Soleil, dont elle eſt éloignée alors de cent-quatre-vingt
degrès, qui font la moitié du zodiaque, elle nous montre toute ſa parti
éclairée, & nous paroît toute lumineuſe. Elle fait le tour du zodiaque en vingt
ſept jours, ſept heures, quarante & une minute; & elle ne ratrape le So
leil qu'en vingt-neuf jours, douze heures, quarante minutes; mais elle n
nous aparoît que vingt-ſix jours, & douze heures.

LUNETTE d'aproche, ou de longue vuë. *Verre-kijker.*

C'eſt une ſorte de lunette en forme de tuïau, qui, à chaque bout, & quel
quefois au milieu, a un verre, qui ſert à faire voir les objets de loin
Il y en a qui ont quatre verres. On les apelle auſſi Lunettes de Galilée
Lunettes de Hollande, & Teleſcopes. Elles ſont d'un grand uſage ſur mer

LUSIN, Luzin. *Huiſing.*

C'e

C'eſt un menu cordage, un peu plus gros que celui que l'on apelle Merlin. On s'en ſert à faire des enfléchures : on le fait de trois fils.

PAQUET de Luſin. *Een bos-huiſing.*

M A.

MACHEMOURE. *Kruimelingen, Gekruimelt beſcuyt of broodt.*

C'eſt le menu débris d'un biſcuit égrené & réduit en miettes. Par un Réglement du Roi de France il eſt ordonné que le morceau de biſcuit qui ſera
auſſi gros qu'une noiſette, ne ſera pas réputé Machemoure, & qu'il ſera dé-
livré à l'équipage avec le reſte de leurs portions.

MACHINE à mâter. *Een Onderlegger, Een Ligter met een kraan.*

C'eſt une machine qui ſert à poſer les mâts dans les vaiſſeaux. On la place
ſur un ponton, & elle eſt faite-à-peu-près comme une gruë, ou comme un
engin. En quelques endroits on ne ſe ſert que d'un ponton avec un mât,
un vindas, ou un cabeſtan, & des ſeps de driſſe.

„Dans les ateliers de fabrique de mâts, on ſe ſert d'une chévre commune
„pour mâter les petits bâtimens; mais pour mâter les grands vaiſſeaux
„on en a d'extraordinaires, qui ont ſept, dix, & quatorze palmes d'épaiſſeur.
„Voiez, Chévre. Pour mâter en mer, où l'on n'a point de chévre, on fait
„une autre machine de deux piéces de bois qu'on fait croiſer vers le haut,
„& elles s'apellent en Flamand, *Koppel, Een koppel maken.*

MACLES, ou Macques. *Rombuis-wijs geſchoorene lijnen.*

Ce ſont des cordes qui traverſent, & qui étant ridées en loſange font une
figure de Mailles.

MADIERS. *Balk-planken.*

Ce ſont de groſſes planches épaiſſes de cinq ou ſix pouces.

MAëSTRAL, ou Nord-oüeſt. *Noord-ooſt-windt.*

On apelle Maëſtral dans la Méditerranée, une ſorte de vent nommé Nord-
oüeſt dans la Marine du Ponant. Ce vent, qu'on apelle autrement Galliego,
ſoufle entre l'Occident & le Septentrion, & eſt opoſé à Siroco, qui eſt
Sud-eſt ſur l'Océan. Ce terme eſt Provençal.

MAëSTRALISER. *'t Afwijken van de kompas-naalde naar 't Noord-ooſt.*

C'eſt-quand le bout de l'aiguille aimantée ſe retire du Nord vers le Nord-
oüeſt, c'eſt-à-dire, vers l'Occident, ce qui fait apeller Variation Occidentale. On dit alors ſur la Méditerranée que la bouſſole Maëſtraliſe, à-
cauſe que le rumb de vent qui eſt entre le Septention & l'Occident, eſt
nommé Maëſtral, & par les Italiens Maeſtro.

MAGASIN général. *Een generaal zee-magazijn, Een generaal ammonitie-
huis, Tuig-huis.*

Le Magazin général d'un arcenal de marine eſt, en France, celui où ſe
diſtribuent les choſes néceſſaires pous les armemens des vaiſſeaux du Roi.

MAGAZIN particulier. *Een byzonder zee-magazijn, of Het tuig-huis van een
byſonder ſchip.*

C'eſt celui qui renferme les agrès & les apparaux d'un vaiſſeau ſeulement.

MAGASIN de proviſions, ou de victuailles. *Voorraadt-huis.*

MAGASINS. *Vaartuigen waar in ſcheeps-behoeften worden in voorraadt omtrent
een oorlogs-vloot bewaart.*

Ce ſont des bâtimens où il y a des munitions de réſerve, qui ſuivent une
armée navale.

NOUS AVIONS deux flûtes pour servir de Magafin. *Wy hadden twee behoe-fluiten, of twee fluiten dienende tot proviant en ammonitie fchepen.*

MAHONNE. *Een Mahon.*

C'eft une forte de galéaffe dont les Turcs fe fervent. Elle eft plus petite & moins forte que les galéaffes de Venife. Voiez, Galéaffe.

MAL, Voiez, May.

MAIGRE. Une piéce de bois trop Maigre. *Een ftuk houts, dat te dun is; Een mager, of te ligt hout.*

Les Charpentiers difent qu'un morceau de bois eft trop maigre, pour dire qu'on en a trop ôté en le taillant, & qu'il laiffe du vuide à l'endroit qu'il doit remplir, comme lors-qu'un tenon ne remplit pas la mortaife.

EAU MAIGRE. *Maager waater, Slegt waater.* Voiez, Eau.

MAILLE. *Stikken en fluitels van 't bonnet.*

C'eft un menu cordage, ou ligne, qui fait plufieurs boucles au haut d'une bonnette, & qui fert à la joindre à la voile.

MAILLES, *Wijdte tuffchen de inhouten in, Perken en vakken.*

Ce font les diftances qu'il y a entre les membres d'un vaiffeau.

MAIL de bois, Maillet. *Een houte Haamer, Een Sley.*

C'eft une efpéce de marteau de bois qui a deux têtes. Les Charpentiers en ont de gros & de médiocres.

MAILLET Gros Maillet, ou Mailloche. *Beuk-haamer, Moskwil.*
C'eft celui dont on fe fert pour l'ouvrage le plus fort & le plus rude.

MAILLET de Calfas. *Klavaats-haamer. Moskwil, Klouwer, Breeuwers-haamer,*

C'eft un mail emmanchs fort court, & qui fert pour calfater. Il a la manche fort longue & menuë, avec une mortaife à jour de chaque côté. Ses têtes font reliées de cercles de fer.

MAIN.

MAIN-AVANT. *Hijs voor de handt.*

C'eſt une eſpéce de commandement, pour faire paſſer alternativement les mains des travailleurs l'une devant l'autre, en tirant une longue corde, ce qui avance le travail.

MAIN-AVANT. Monter Main-avant. *Voor-ſcheen klimmen.*

C'eſt monter ſans échelle, monter aux hunes le long des manœuvres ſans enfléchures, mais ſeulement par adreſſe de mains & de jambes.

MAIN-CHAUDE. Ioüer à la Main-chaude. *Handtje-klap, Handtje-plak, Handtje-klap geven.*

C'eſt un divertiſſement des gens de l'équipage, qui ſe mettent dix ou douze enſemble, & l'un d'eux eſt pris au ſort : celui-là ſe panche, & apüiant ſa tête dans le giron d'un autre matelot qui eſt aſſis, il tient ſur le dos une de ſes mains ouverte, ſur laquelle chacun des compagnons vient, l'un après l'autre, fraper avec le plat de ſa main, de toute ſa force ; & cela dure juſques-a-ce qu'il ait deviné qui l'a frapé, & alors celui-là ſe met à la place du premier. Il n'en ſort guére qui n'aient la main bien-chaude par les coups qu'ils ont reçus.

MAIN. *Een yſere vorksken.*

C'eſt une eſpéce de petite fourche de fer, dont on ſe ſert à tenir le fil de carret dans l'auge, lors-qu'on le goldronne.

MAJOR. *Een Majoor.*

C'eſt un Officier qui a ſoin de faire aſſembler, à l'heure acoutumée, les ſoldats gardiens, pour monter la garde, & il doit être toujours préſent lors-qu'elle eſt relevée, pour indiquer les poſtes. Il doit viſiter, une fois le jour, les corps-de-garde, & rendre compte de tout au Commandant. Voiez l'Ordonnance de 1689.

MAITRE des ports. *Haaven-meeſter.*

On apelle ainſi l'Oficier qui eſt commis pour lever les impoſitions & traites foraines dans les ports de mer.

MAITRES des ports. *Haaven-meeſters.*

„Ce ſont des inſpecteurs qui prennent ſoin des ports, d'y entretenir la pro-
„fondeur néceſſaire, les eſtacades, & les quais, & d'y faire ranger les vaiſſeaux,
„afin qu'ils ne ſe puiſſent cauſer de deſordres les uns aux autres.

L'Ordonnance de 1689. parle auſſi des Maîtres entretenus dans les ports, qui ont inſpection ſur le travail d'eſcoüades de gardiens & matelots, aux garnitures, carènes & autres ouvrages. Ils ſont auſſi tenus de veiller à la conſervation & amarrage des vaiſſeaux, &c.

MAITRES des ponts & pertuïs. *Een Brugge-meeſter en Binnen-loods.*

Ce

Ce sont ceux qui résident sur les riviéres, & qui ont soin de faire passer les bateaux dans les passages difficiles.

MAITRE de vaisseau, ou Capitaine, apellé sur la Méditerranée Patron, *Schipper*.

C'est un Oficier marinier qui commande tout l'équipage & toute la manœuvre, & qui est chargé de tout le détail du bâtiment; mais il a l'œil particuliérement sur la manœuvre du grand mât & de l'artimon. Autrefois les Maîtres de chaque vaisseau du Roi y tenoient taverne de vin, d'eau-de-vie, & de tabac; ce qui leur est aujourdhui défendu pour empêcher l'équipage d'y consumer ses gages, ou sa solde, & ses hardes.

Aucun ne peut être reçu Capitaine, Maître ou Patron de navire, qu'il n'ait navigé pendant cinq ans, & n'ait été examiné publiquement sur le fait de la navigation, & trouvé capable par deux anciens Maîtres, en présence des Oficiers de l'Amirauté, & du Professeur en hydrographie s'il y en a. Il apartient au Maître d'un vaisseau marchand de choisir & loüer les Pilote, Contre-maître, Matelots & Compagnons; ce qu'il doit néammoins faire de concert avec les propriétaires, lors-qu'il est dans le lieu de leur demeure. Il est responsable de toutes les marchandises chargées dans son bâtiment, dont il est tenu de rendre compte sur le pié des connoissemens. Il est tenu d'être en personne dans son bâtiment lors-qu'il sort de quelque post, havre, ou riviére. Il peut, par l'avis des Pilote & Contre-maître, faire donner la cale, mettre à la boucle, & punir d'autres semblables peines les matelots mutins, ivrognes & desobéissans &c. Lors-qu'on fait des voiages de long cours il doit assembler chaque jour, à l'heure de midi, & toutes les fois qu'il est nécessaire, les Pilote, Contre-maître, & autres qu'il juge experts au fait de la navigation; & conférer avec eux sur les hauteurs prises, les routes faites & à faire, & sur leur estime. Il ne peut abandonner son bâtiment pendant le voiage, pour quelque danger que ce soit, sans l'avis des principaux Oficiers & matelots, & en ce cas il est tenu de sauver avec lui l'argent, & ce qu'il peut des marchandises plus précieuses de son chargement. Si le Maître fait fausse route, commet quelque larcin, soufre qu'il en soit fait dans son bord, ou donne frauduleusement lieu à l'altération ou confiscation des marchandises, ou du vaisseau, il doit être puni corporellement &c. Voiez, l'Ordonnance de 1681. liv. 2. tit. 1.

A l'égard des navires de guerre, il est défendu par l'Ordonnance de 1689. aux Oficiers des Siéges de l'Amirauté, de recevoir aucuns Maîtres, Pilotes, & Pilotes lamaneurs, qu'ils ne soient âgez de vingt-cinq ans, & qu'ils n'aient fait deux campagnes de trois mois chacune, au-moins, sur les vaisseaux du Roi, outre les cinq années de navigation qu'il faut que les Maîtres aient faite, ainsi qu'il a été dit ci-dessus. Les Maîtres doivent assister à la carène, prendre soin de l'arrimage & assiette, être présens au magasin pour prendre leur premiére garniture, & pour recevoir le rechange, dont ils doivent donner un inventaire signé de leur main au Capitaine. En faisant éxécuter les commandemens qui leur sont donnez pour la manœuvre, ils ne doivent point y mettre la main, mais observer le travail des matelots, afin d'instruire ceux qui manquent par ignorance, & châtier ceux qui ne font pas leur devoir par paresse.

„Le rang du Maître vient après celui du Lieutenant. C'est un Oficier
„qui

„qui doit avoir foin du vaiſſeau & de tout ce qui eſt dedans, dequoi il eſt
„auſſi chargé, pour diſtribuer ce qu'il faut à chacun. Il doit prendre ſoin
„de faire bien nétoïer le navire; de le faire laver; de le faire ſuifver, braïer
„& goldronner; avoir l'œil ſur tous les agrès; & faire mettre chaque
„choſe en ſa place. Il doit, de-même-que le Lieutenant, prendre
„garde comment ſe fait le quart, & ſi le Timonier ne mange point ſon
„fable; à quel air de vent on court, & quel eſt le préſage du tems; faire
„ſon eſtime, & la donner au Pilote, pour découvrir en quel lieu l'on eſt.
„Mais à l'égard de l'eſtime, on laiſſe ſouvent le Pilote ſeul chargé de la
„faire, & de la communiquer au Maître & aux Hauts Oficiers. Voiez
„Lieutenant.
„Les Maîtres des vaiſſeaux marchands ſont obligez de faire ſervir à manger
„trois fois de jour aux équipages, & de leur donner du bruvage bien-con-
„ditioné. Ils doivent faire garder une bonne diſcipline à leurs gens, leur
„lire la parole de Dieu, & faire des priéres en leur préſence, ſans per-
„mettre qu'on jouë, ou qu'on jure, ni qu'on faſſe du bruit, de-peur de
„troubler le Timonier. Ils doivent tenir conſeil & prendre avis dans le
„beſoin & dans le danger; faire de leur côté leur pointage, & diſtribuer
„bien les quarts, tant pour la nuit que pour le jour. Si le vaiſſeau eſt char-
„gé de goldron, de brai, ou de ſel, le Maître doit prendre un ſoin parti-
„culier des pompes, d'où dépend quelquefois la conſervation du bâtiment,
„& qui ſont en danger d'être engorgées & miſes hors d'état de ſervice
„par ces ſortes de marchandiſes, dont une partie fond & coule facilement.
„En revenant des païs froids un Maître ne ſauroit regarder de trop-près à
„l'état de ſon vaiſſeau, pour découvrir s'il n'y a point de voies d'eau qui
„ſoient bouchées par de la glace, qui ſe fondant lors-qu'on vient dans un
„climat plus chaud, laiſſe la voie d'eau ouverte, & l'augmente même,
„& met ainſi le bâtiment en danger de périr. Un Maître expérimenté
„fait toujours enſorte que l'arrimage & l'aſſiette du vaiſſeau ſoient comme il
„faut, & que le pont ſoit dégagé, afin de pouvoir commodément manier
„le canon, en cas de beſoin. Quoi-que le Maître ait pouvoir ſur les gens
„de l'équipage, & qu'il puiſſe les châtier juſques à un certain point, il
„ne peut néammoins paſſer juſques aux peines afflictives; mais lors-que
„quelqu'un les a méritées il peut le livrer aux Capitaines des navires de
„guerre, s'il en rencontre ſur ſa route, ou-bien il le fait à ſon rétour.
„D'ailleurs il ne lui eſt pas permis de faire plus de mauvais traitement à
„ſes gens, qu'il eſt permis à un Maître d'en faire à ſon valet, ou domeſ-
„tique, c'eſt-à-dire que cela ne peut aller qu'à donner un ſouflet.

MAITRE d'équipage, ou Maître entretenu dans le port. *Beſtierder des ſcheeps-*
uitruſting, Equipagie-meeſter, Meeſter der toetaakelinge.
C'eſt un Oficier marinier choiſi entre les plus expérimentés, & établi dans
chaque arſenal, afin d'avoir ſoin de toutes les choſes qui regardent l'équip-
pement, l'armement & le deſarmement des vaiſſeaux, tant pour les a-
gréer, garnir & armer, que pour les mettre à l'eau, les caréner, & pour
ce qui ſert à les amarrer & tenir en ſeureté dans le port. Il fait diſpoſer
les cabeſtans & manœuvres néceſſaires pour mettre les vaiſſeaux à l'eau,
& eſt chargé du ſoin de préparer leurs amarres, & de les faire amarrer
dans le port. Voiez l'Ordonnance de 1689.

„L'ofi.

„ L'ofice & la fonction d'un Maître d'équipage est proprement de pourvo
„ les navires de guerre de tout ce dont ils ont besoin ; d'avoir inspectio
„ sur l'achat, sur la construction & sur l'équipement, afin-que l'Etat so
„ bien servi en toutes ces choses, & qu'il ne se passe rien qui ne soit juste, ta
„ dans le paiement des ouvriers, que dans l'emploi de leurs journées. C'e
„ lui qui a la garde des matériaux, du canon, des menuës armes, &
„ tous les apparaux & autres choses nécessaires pour l'armement des navir
„ de guerre, & qui a soin de tenir le tout en bon état, & prêt quand il
„ faut. Il doit répondre de la délivrance qu'il en fait, & généralement
„ doit prendre soin de tout ce qui regarde les armemens de mer.
„ C'est lui qui cherche, qui engage, & qui fait aller les bâtimens de tran
„ port dont on a besoin pour transporter des soldats, ou des munitions
„ ou pour quelque expédition particuliére : il en fait le marché & en pa
„ le fret. C'est lui qui en fait les vivres, s'il en est besoin, selon les ordr
„ que chacun des Maîtres d'équipage en reçoit du Collége sous lequel
„ est.

MAITRE de quai. *Kaai-meester*.

C'est un Oficier de ville qui fait les fonctions de Capitaine de port dan
un havre. Il doit veiller à tout ce qui concerne la police des quais ports &
havres ; empêcher que de nuit on ne fasse du feu dans les navires, bar
ques & bateaux ; indiquer les lieux propres pour chaufer les bâtimens
goudronner les cordages, travailler aux radoubs & calfats, & pour lest
& délester les vaisseaux. Il doit faire poser & entretenir les fanaux, les balis
tonnes & boüées, aux endroits nécessaires ; visiter une fois le mois, & tou
tes les fois qu'il y aura eu tempête, les passages ordinaires des vaisseaux
pour reconnoître si les fonds n'ont point changé ; couper, en cas de nécessit
les amarres que les Maîtres, ou autres, étant dans les vaisseaux refuseron
de larguer &c.

MAITRE de hache, ou Maître Charpentier de vaisseau. *Opper-scheeps-tim
mermam, Bijl, Bijltje, Bouw-meester*. Voiez, Charpentier.

MAITRE de grave. *Meester der grave*.

C'est celui qui ordonne aux échafaux, & qui a soin de faire sécher le poi
son en Terre-neuve.

MAITRE-VALET. *Bottelier*.

C'est un homme de l'équipage, qui a soin de distribuer les provisions d
bouche : l'écoutille où il se poste est entre le grand mât & l'artimon.
„ C'est le Maitre-valet qui met les vivres entre les mains du Cuïsinier, se
„ lon l'ordre qu'il en reçoit du Capitaine ; & il distribuë le bruvage au
„ matelots. Dans les navires de guerre Hollandois le Capitaine reçoit d
„ l'Etat sept sous par tête pour la premiére cinquantaine d'hommes dont i
„ sont montez ; six sous & demi par tête pour la seconde cinquantaine ;
„ six sous pour tout le reste, moïennant quoi ils les doivent nourrir. Mai
„ dans les vaisseaux marchands les affréteurs & chargeurs font les vivres pou
„ leurs équipages.
„ Le soin des vivres est commis au Maître-valet : il est obligé de prendr
„ garde à ce qu'ils ne se corrompent pas, & d'avertir les Hauts Oficiers d
„ vaisseau de l'état où ils sont, afin-que si l'on craint d'en avoir faute, o
„ diminuë les rations peu-à-peu, & qu'on ne soit pas contraint de le fair
tout

„tout-d'un-coup : il en fait la diftribution en préfençe du Lieutenant ; &
„il a un Aide, ou Affiftant, qu'on apelle Maître-valet d'eau, qui fait une
„partie de fes fonctions, lors-qu'il ne peut tout faire.

MAÎTRE-VALET d'eau, Second Maître-valet. *Botteliers-maat*, *Waater-*
bottelier.

C'eft celui qui a foin de la diftribution de l'eau douce, qu'on porte dans
un vaiffeau. Il eft l'Aide du Maître-valet.

MAÎTRE Mâteur. *De Opper-maft-fetter.*

Il affifte à la vifite & recepte des mâts, a foin de leur confervation, qu'ils
foient toujours affujettis fous l'eau falée dans les foffes, & qu'ils ne demeurent pas expofez à la pluïe & au foleil. Il fait fervir les arbres du Nord
aux beauprés & mâts de hune, & autre mâture d'une feule piéce. Il fait
faire les hunes, barres & chouquets, des grandeurs & proportions qu'ils doivent être, &c.

MAÎTRE Canonier. *Konftaapel.*

C'eft un des principaux Oficiers mariniers, & celui qui commande fur
toute l'artillerie du vaiffeau.

SECOND MAÎTRE Canonier. *Konftaapels-maat.*

Le Second Maître Canonier a les mêmes fonctions que le premier, en
fon abfence.

MAÎTRE de chaloupe. *Sloep-meefter.*

C'eft un Oficier marinier qui conduit la chaloupe, & qui a en fa garde
tous les agrès : il la fait embarquer, débarquer, & apareiller, & il empêche que les matelots ne s'en écartent lors-qu'ils vont à terre.

MAL de Mer. *Zee-fiekte.*

C'eft un bondiffement d'eftomac qui fait aller par-haut & par-bas ceux qui
n'ont pas encore pris l'habitude de la mer.

ETRE Malade de la mer. *Zee-fiek zijn.*

MAL de terre. *Scheur-buik.*

C'eft le Scorbut. Voiez, Scorbut, & Chirurgien.

MALEBESTE, Malebête, ou Petaraffe. *Klammaje-yfer.*

C'eft une efpéce de hache à marteau, dont le côté du taillant eft fait comme
un calfat double. On s'en fert à pouffer l'étoupe dans les grandes coutures. Voiez, Petaraffe.

MALES & Fémelles. Voiez, Mafles.

MALINE. *Vol zee, Hoog-waater.*

On apelle ainfi fur mer un tems de grande marée, qui arive toujours au
plein & au défaut de la Lune.

DEFAUT de Maline. Voiez, Morte-eau.

MAL-SAIN. Côte Mal-faine. *Een vuile kuft, gevaarlijk om de quaade gron-*
den, ongefondt.

C'eft quand le fond n'eft pas net, & qu'il y a du danger. C'eft une petite ifle mal-faine à aprocher. Les environs font mal-fains à-caufe des roches
fréquentes qui y font.

MAMMELON d'un gond. *Duim.*

C'eft le bout du gond qui fort pour entrer dans la penture ou repli de la
barre de fer. Voiez, Ferrure de gouvernail.

MANCHE à eau, ou Manche pour l'eau. *Waater-lang, Lange mammiering.*

Y y y

C'eft

C'eft un long tuïau de cuir, fait en maniére de manche ouverte par les deux
bouts. On s'en fert à conduïre l'eau que l'on embarque, du haut d'un
vaiſſeau juſques aux fûtailles qui ſont rangées dans le fond de cale. On s'en
fert auſſi dans le même fond de cale pour faire paſſer l'eau, ou les liqueurs
d'une fûtaille dans l'autre. On aplique pour cela une des ouvertures de
la manche ſur la fûtaille vuide, & l'autre ouverture ſur celle qui eſt pleine,
& où l'on a mis une pompe qui fait monter l'eau. On ſe fert de ce moien
pour conſerver l'arrimage & l'aſſiette, ou l'eſtive d'un vaiſſeau, en rem-
pliſſant les fûtailles vuides, où il faut que le vaiſſeau ſoit plus chargé.

MANCHE de pompe. *Mammiering.*

C'eſt une longue manche de toile goldronnée, qui étant cloüée à la pompe, reçoit l'eau qu'on en fait ſortir, & la porte juſque hors le vaiſſeau.

MANCHE. *Een kanaal, Een engte zees.*

C'eſt une longueur de mer entre deux terres. Il y a des endroits dont l'on
dit Manche plus particuliérement que des autres, comme la Manche Britannique, la Manche de Briſtol.

MANE'AGE. *Den arbeid van laaden of loſſen met de handt.*

C'eſt une forte de travail des matelots, qu'on apelle ainſi à-cauſe qu'il ſe
fait avec les mains. C'eſt la charge & décharge qu'ils ſont obligez de faire
des planches, du merrein, du poiſſon tant vert que ſec, ſans qu'ils en puiſſent demander aucun ſalaire au Marchand.

MANGER du ſable. *De glaaſen van de Man te roer eer ſy uit zijn omkeeren.*

Avoir mangé du ſable. Cela ſe dit d'un Timonier qui étant au gouvernail
a ſecoüé le ſable de l'horloge pour le faire paſſer plus promtement, ou
qui a tourné l'horloge, quoi-que le ſable ne fût pas tout paſſé.

REGARDER ſi le Timonier ne Mange point ſon ſable. *Letten dat de glaaſen wel gekeert worden.*

MANGER. La Lune a Mangé, ou-bien La Lune Mangera. *De maan ſal de
wolken verdrijven.*

C'eſt-à-dire que la Lune diſſipera les nüages dont on parle. Cette maniére
de parler n'eſt que du commun des matelots, mais pourtant fort en uſage.

MANGER. Etre Mangé pas la mer. *Deur-rijden, Gieren, Onder-door-
rijden.*

C'eſt-à-dire que la mer étant extrémement agitée entre par les hauts dans
le navire, ſoit étant à l'ancre, ſoit étant ſous voiles. La mer nous mangeoit.

MANIVELLE. *Handt-vat.*

C'eſt un manche replié deux fois à angles droits, qui eſt d'ordinaire au
bout de la broche de l'eſſieu d'une machine pour la faire tourner.

MANIVELLE d'une meule à émoudre, *Kruk.*

MA-

MANIVELLE de gouvernail. *Kolderſtok, Kanter-ſtok, Kalder-ſtok.*
C'eſt la piéce de bois que le Timonier tient à la main qui fait joüer le gouvernail. Voiez, Manuelle.

MANNE. *Korf, Broodt-korf.*
C'eſt une eſpéce de corbeille qui ſert à divers uſages dans les vaiſſeaux.

MANOEUVRES. *Touwerk, Loopende en ſtaande wandt.*
Ce mot ſignifie toutes les cordes qui ſervent à gouverner les vergues, les
voiles & l'ancrage, & à tenir les mâts dans leur aſſiette. Il y a des gens
qui ne ſont pas d'avis que les cables & les hanſiéres ſoient compriſes ſous
le mot de manœuvres, & qui ſoutiennent que ce mot de manœuvre eſt
afecté au funin qui ſert dans le vaiſſeau, & non-pas à celui qui ſert au-dehors, comme la hanſiére & le cable. Durant ce gros tems notre mât d'avant ſe rompit, & généralement toute les manœuvres furent en deſordre.

MANOEUVRES courantes, ou coulantes, & Manœuvres dormantes. *Het
loopende en ſtaande wandt.*
Les premiéres ſont celles qui paſſent ſur les poulies, comme les bras, les
boulines, & autres ſervant a manœuvrer le vaiſſeau à tout moment. Les
Manœuvres dormantes ſont les cordages fixes, comme l'étague, les haubans, les galaubans, les étais, & autres qui ne paſſent point par des poulies,
ou qui ne ſe manœuvrent que rarement.

MANOEUVRES hautes. *Touwerk dat boven de ree beſtiert wordt.*
Ce ſont les manœuvres qui ſe font de deſſus les hunes & les vergues, & de
deſſus des cordages.

MANOEUVRES baſſes. *Touwerk dat boven 't verdek beſtiert wordt.*
Ce ſont celles qui ſe peuvent faire de deſſus le pont.

MANOEUVRES à queuë de rat. *Touwen met een katte-ſtaart.*
Ce ſont celles qui vont en diminuant, & qui vers le bout ſont moins garnies de cordons, que le reſte du cordage.

MANOEUVRES majors. *Swaar Touwerk.*
Ce ſont les gros cordages, tels que ſont les cables, les hauſſiéres, l'étai, les
grêlins, & autres.

MENUES Manœuvres. *Klein Touwerk.*
Ce ſont les petites cordes qui ſervent à manœuvrer tant les vergues que les
voiles: les bras, les cargues & les boulines, ſont de ce nombre.

FAUSSES Manœuvres. *Looſe Touwen.*
Ce ſont celles qu'on met lors-qu'on ſe prépare à un combat, & qu'on fait
ſervir quand les autres ſont coupées.

MANOEUVRE trop roide, ou trop halée. *Een al te ſtrak Touw.*

MANOEUVRE qui ne fait rien, ou Manœuvre en bande. *Een los Touw.*
C'eſt une corde qui n'étant ni tenuë, ni amarrée, ne travaille pas.

MANOEUVRES paſſées à contre. *Touwerk dat voor heen gehaalt wordt.*
Ce ſont celles qui ſont paſſées de l'arriére du vaiſſeau à l'avant, comme celles du mât d'artimon.

MANOEUVRES paſſées à tour. *Touwerk dat agter heen gehaalt wordt.*
Ce ſont les manœuvres paſſées de l'avant du vaiſſeau à l'arriére, comme
les cordages du grand mât & ceux des mâts de beaupré & de miſéne.

MANOEUVRE qui apelle de loin. Voiez, Apelle.

MANOEUVRE. *Werk, Scheeps-werk.*

Yyy 2

C'eſt

C'eſt le ſervice des matelots, & l'uſage qu'on fait de tous les cordages.
Leurs matelots n'entendoient pas ſi-bien la manœuvre que les nôtres. Notre équipage ne pouvoit plus faire de manœuvre.

MANOEUVRE fine. *Een behendig werk.*

C'eſt quand on a fait tout-d'un-coup ce qu'il y avoit de plus avantageux
à faire.

MANOEUVRE hardie. *Een ſtout werk.*

C'eſt quand on a entrepris une manœuvre périlleuſe & difficile.

GROSSES MANOEUVRES. *Een ſwaar werk.*

C'eſt l'embarquement des cables, des canons, & enfin tout ce qui regarde
le gros travail comme celui de mettre les ancres où elles doivent être placées.

MANOEUVRE tortuë. *Het neemen van een quaade ſtreek, Verzeilt zijn.*

MAUVAISE, ou Méchante Manœuvre. *Een verkeert ſcheeps-werk.*

C'eſt quand on ne commande pas la manœuvre néceſſaire, ou qu'on ne la
fait pas bien.

MANOEUVRES. Des Manœuvres d'atelier & de port qui travaillent à la
groſſe peine, qu'on nomme *Paucrins* à Rochefort. *Siouwers, Tſiuuwers, Chan-
wers.* Voiez, Ouvriers.

MANOEUVRER. *Scheeps-werk doen.*

C'eſt travailler aux manœuvres, ou cordages, les gouvernér, & faire agir les
vergues & les voiles d'un vaiſſeau. Les ennemis ont perdu trois vaiſſeaux
faute de gens pour les manœuvrer.

L'EQUIPAGE refuſa de Manœuvrer. *'t Volk weigerde de handt aan 't werk
te ſlaan.*

MANOEUVRER les voiles. *De zeilen beſtieren, regeeren, opſchikken.*

IL NE reſtoit pas aſſez de monde pour Manœuvrer les voiles. *Daar was ſo
veel volk niet over, dat het ſijn zeilen koſt gebruiken.*

ILS SE prêtérent tous deux le côté pendant ſept horloges, ſans Manœuvrer
les voiles, & ne ceſſant pas de s'envoier leurs bordées, & de faire feu de
leur mouſqueterie. *Sy bleven elkanderen, ſonder zeil te reppen, omtrent ſeven
glaaſen, op zijde leggen, ſonder ophouden op elkander ſchietende met geſchut en
muſquetten.*

MANOEUVRIER. *Een bevaaren man, en ſeer ervaaren in ſcheeps-werk.*

C'eſt un Oficier, ou autre, qui eſt intelligent dans toutes les choſes qui
regardent la manœuvre d'un vaiſſeau. M. de Ruiter & M. du Queſne ont
paſſé pour les meilleurs manœuvriers qui fuſſent au monde.

MANQUER. Une manœuvre qui a Manqué. *Een touw dat los geworden,
of gebrooken is.*

Cela ſe dit d'une manœuvre qui a largué, ou lâché, ou qui s'eſt rompuë.

MANTEAUX de porte. *Twee halve-deuren.*

Ce ſont les deux piéces d'une porte qui s'ouvre des deux côtés, comme il
y en a aux chambres & aux dunettes des vaiſſeaux.

MANTELETS, ou Contre-ſabords. *Poorten.*

Ce ſont les fenêtres qui ferment les ſabords: ils ſont atachez par le haut &
battent ſur le ſeüillet du bas: ils doivent être bien doublez, & cloüez fort
ſerré en lozange. La doublure en doit être un peu plus mince que le deſſus. „On les peint ordinairement de rouge en-dedans. On fait de faux-
mantelets, ou de faux-ſabords peints de blanc, à quelques vaiſſeaux marchands,

chands ; afin de les faire paroître plus en état de défence.　Voici la figure d'un Mantelet & de fa doublure.

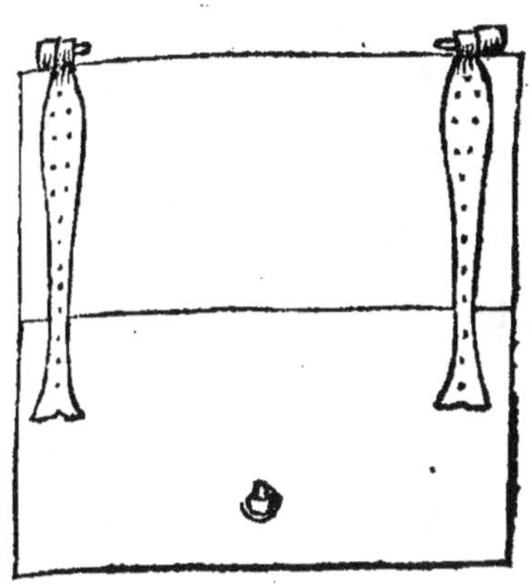

MANTURES. *Deiningen, Zeën, Worpen waaters.*
Ce font des coups de mer & l'agitation des houles.　Voiez, Houles, Lames, & Coups de mer.

MANUELLE du gouvernail. *Kolder-ftok, Kanter-ftok, Kalder-ftok.*
C'eft une barre de bois que le Timonier tient à la main pour gouverner le
vaiffeau.　Il y a une boucle de fer qui la joint à la barre du gouvernail, ce
qui fait joüer le gouvernail.　Elle eft auffi quelquefois nommée la Barre.
Voiez, Barre.
„La Manuelle du gouvernail, doit être à-peu-près de la longueur d'un tiers
„de la largeur du vaiffeau, & avoir un pouce d'épaiffeur au bout qui joint
„la barre, par chaque deux piés qu'elle a de longueur ;　mais elle ne doit
„avoir que la moitié de cette même épaiffeur par le bout d'en-haut.
„La Manuelle d'un vaiffeau de cent-trente-quatre piés, doit avoir neuf piés
„de long, & être ronde, ou quarrée, par le deffus, felon le fentiment de
„quelques Charpentiers.

MANUELLE, Manivelle, ou Barre de Goûvernail, dans les petits bâtimens où il n'y a point de timon. *Helm-ftok.*

MAPPEMONDE. *Een Wereldt-kaart, Een algemeene Wereldt-kaart.*
C'eft la defcription ou délinéation de la figure du Monde, fur un plan,
ou dans une carte.　Elle eft comprife en deux cercles, qui font les deux
hémifphéres, & dont l'un contient le Monde ancien, & l'autre le nouveau
Monde.

MAQUILLEUR. *Een fchuit met een ruim, of beun, om makereel te vangen,
en levendig te houden.*
C'eft un bateau de fimple tillac, dont on fe fert pour la pêche du maque-
reau.

MARAIS SALANS. *Soute moeraffen, Soute landen.*
Ce font de certains endroits près des côtes de la mer, où l'on met de l'eau
<table><tr><td>Y y y 3</td><td>falée</td></tr></table>

ſalée pour faire le ſel. Les marais ſe repréſentent dans les cartes par de petite
ondes mélangées de quelques points & herbages.

MARANDER. *Vaiſſeau qui ſe Marande.* *Een ſchip dat wel na ſijn roer luiſtert.*
C'eſt-à-dire que ce vaiſſeau gouverne bien.　Ce terme eſt bas, & peu d'autres gens s'en ſervent que ceux des côtes de la Manche.

MARCHEPIE. *Paard-lijn, Hengſt, Paarde, Paarel-lijn, Peert.*
C'eſt un cordage, ou des cordages avec des nœuds, qui ſont ſous les vergues, & ſur leſquels les matelots poſent les piés lors-qu'ils prennent ou
larguent les ris des voiles, lors-qu'ils les ferlent ou les déferlent, & lors-
qu'ils veulent mettre ou ôter les boute-hors.

MARCHEPIE'. *Pad, Jaagers-pad.*
On apelle auſſi Marchepié, dans les bords des riviéres, l'eſpace qu'on laiſſe
libre de la largeur de trois toiſes, afin-que les bateaux puiſſent remonter
facilement.

MARCHER dans les eaux d'un autre vaiſſeau.　*In 't ſog, ofte in het waater*
van een ander ſchip vaaren.
C'eſt faire même route que lui, paſſer incontinent après lui où il a paſſé.
Voiez, Eau.

MARCHER en colomne.　Voiez, Colomne.

MARE'AGE. *Een huur van ſcheeps-lieden om eene vragt.*
C'eſt une maniére de loüer des matelots pour tout un voiage, quel qu'il
puiſſe être, même plus long qu'on ne le projette, & toûjours pour le même
prix, au-lieu que d'ordinaire les matelots loüez au voiage, ſont plus paiez
quand le voiage eſt plus long qu'il n'a été propoſé.

MARE'E, ou Flux & Reflux.　*Ty, Gety.*
C'eſt un mouvement de la mer qui ſe fait ſentir deux fois le jour, les eaux
montant pendant ſix heures, & s'en retournant pendant ſix autres heures,
ce qu'elles font encore de la même ſorte pendant les douze autres heures;
en ſorte que ce mouvement réïtéré s'achève en vingt-quatre heures & quarante-huit minutes.　Chaque mois les marées augmentent vers la nouvelle
& la pleine Lune, & elles ont leurs baſſes eaux, ou leur diminution, vers
le premier & le dernier quartier, c'eſt-à-dire, environ le huitiême & le
vingt & uniême jour de la Lune.　Elles ont leur mouvement beaucoup
plus conſidérable aux nouvelles & aux pleines Lunes de Mars & de Septembre, tems des équinoxes, que dans toutes les autres Lunes : & au-contraire, la mer ne refoule jamais plus ſenſiblement, & n'a ſon reflux plus grand
que dans les nouvelles & les pleines Lunes de Juin & de Décembre, tems
des ſolſtices, & particuliérement au ſolſtice d'hiver qui arive en Décembre.

MORTES MARE'ES. *Laag waater, Doodt-waater, als het ty vergaſt.*
Ce ſont les baſſes marées.

BONNE MARE'E. *Luſtig-ſtroomende waater.*

MARE'ES qui portent au vent.　*Windt-waarts ty.*
C'eſt-à-dire que ces marées vont contre le vent.

LA MARE'E eſt haute.　*De vloedt is hoog, 't Is hoog waater.*

MARE'E qui ſoutient.　*Stroom aan ly.*
La Marée nous ſoutient eſt une expreſſion qui ſe dit d'un vaiſſeau qui faiſant route au plus près du vent, & aiant le courant de la marée favorable,
ſe

se trouve soutenu par la marée contre les lames que pousse le vent, en-sorte que le vaisseau va plus facilement où il veut aller.

VENT ET MARE'E, Marée qui suit le vent. *Ly-waarts ty, Voor de windt en voor de stroom.*

C'est quand on a le vent & le courant de l'eau favorable.

AVOIR LA MARE'E pour soi. *Vaaren voor stroom, voor de stroom af, met de stroom.*

ALLER contre vent & Marée. *Tegen de windt en stroom opstoppen.*

PORT propre pour entrer & sortir de toutes Marées. *Een haaven, of gat, daar men in-of-uit-zeilen t'alle tijden kan.*

Cela se dit d'un lieu où l'on peut entrer & d'où l'on peut sortir en quelque état que soit la mer. C'est-à-dire qu'il y ait maline, ou non.

LA MARE'E n'est encore montée que d'un quart. *'t Is nog maar een vieren-deel vloedts, De vloedt is even doorgebrooken.*

On dit, La marée n'est encore montée que d'un quart, & il ne faut sortir de ce port qu'à demie-marée, afin-que dans le tems que la mer se retire on puisse découvrir un banc qui gît par le travers du port.

MARE'E de douze heures. *Een vloedt van twaalf uuren.*

Ce sont des marées Nord & Sud, c'est-à-dire, des marées dont les havres, les rades, ou les terres, sont en oposition avec la Lune, lors-qu'elle passe par cet air de vent. L'on s'explique de la même maniére à l'égard des autres airs de vent, en augmentant de 48. minutes, allant du Nord à l'Est, & du Sud à l'Oüest.

MARE'E & Contre-marée. *Wanty.*

Ce sont deux marées qui se rencontrent, en venant chacune d'un côté, & qui forment souvent des courans rapides & dangereux, qu'on apelle des Ras.

CHANGEMENT ou retour de Marée. *Weer-ty.*

C'est un nouveau flux.

ETALER les Marées. Voiez, E'taler.

OEUVRES de Marée. Voiez, OEuvres.

MARGUERITES. *Een staande-wandt-knoop, Een schildt-knoop.*

Ce sont de certains nœuds que l'on fait sur une manœuvre, pour agir avec plus de force.

MARIN. *Zees, 't Geen uit de zee komt, of tot de zee dient.*

C'est ce qui vient de la mer, ou qui apartient à la mer.

MARIN. Avoir le pié Marin. *Zee-handen-en-voeten hebben, Zee-schoenen hebben.*

C'est être acoutumé à naviguer; aimer la navigation; être durci à l'air & aux fatigues de la mer. Voiez, Pié.

MARINE, Mer. *Zee.*

GENS de Marine. *Zee-luiden, Zee-volk, Vaarend-volk.*

MARINE. La Marine. *De Zee-kunst-en-manschap, De ervaarentheid van de zee-vaart, of in de zee-vaart.*

MARINE. La Marine. *Het lichaam van zee-volk.*

C'est le corps qui compose la Marine.

OFICIERS de Marine. *Amptelingen ter zee, Zee-officiers.*

Ce sont les Oficiers du corps de la Marine.

NOUVELLE MARINE. Oficiers de la Nouvelle Marine. *Nieuwe Ze[e] officiers.*

Ce font ceux qui font entrez dans le corps de la Marine avec commiffio[n] du Roi de France.

VIEILLE MARINE. *Oude Zee-officiers.*

Ce font les Oficiers qui ont eu leurs premiéres commiffions de M. de Va[n]dôme & de Beaufort.

MARINE, Navigation. *Zee-vaart, Schip-vaart, Scheep-vaart.*

ENTENDRE bien la Marine. *De zee-vaart wel verftaan.* Voiez, Bon M[a]rinier.

MARINIER. *Een Scheepeling, Een Vaarend-man, Een Vaarend-gefel, E[en] Zee-man.*

C'eft un homme qui va à la mer, & qui fert à la conduite, ou à la m[a]nœuvre d'un vaifleau. Autrefois on a dit Maronier.

OFICIERS MARINIERS. Voiez, Oficiers.

BON MARINIER. *Een regt-fchaapen zee-man, Een wind-en-weer-wijs ze[e]man, Een bevaaren man.*

TOUS les gens de notre équipage font bons Mariniers. *Daar is een uitgelee[zen] volk van zee-lui aan boord.*

MARINIER. *Een fchuit-voerder.*

Ce terme fe dit auffi en particulier de ceux qui conduifent les grands b[a]teaux fur les riviéres.

MARITIME. *Aan de zee gelegen.*

On apelle places Maritimes, celles qui font fituées fur le bord de la mer[.]

FORCES MARITIMES. *Zee-magt.*

Les forces Maritimes d'un E'tat.

L'ART MARITIME. Voiez, Marine, La Marine.

EXPLOITS MARITIMES. *Zee-daaden.*

MARNOIS. Bateaux Marnois. *Schuiten die op de rivier Marne vaaren.*

Ce font des bateaux de médiocre grandeur, qui viennent de Bric & d[e] Champagne jufqu'à Paris, fur la Marne & fur la Seine. Il y en a qui fo[nt] longs de douze toifes, & larges de feize piés en fond, & qui ont le bo[rd] haut de quatre piés.

MARQUES. *Merken, Kendt-teekens.*

On apelle Marques de certaines connoiflances qui font à terre, comme mo[n]tagnes, clochers, moulins à vent, arbres &c. qui fervent aux Pilotes à r[e]connoître les dangers & les paffes.

MARQUES. *Tonnen en Baaken.*

Ce font les tonnes & les balifes qu'on met en mer pour faire auffi reco[n]noître les bancs, les dangers & les paffes.

METTRE des Marques. *Betonnen, Baakenen.*

MARSILIANE. *Een Marffiliaan, Een foort van een Venetiaans vaartuig.*

C'eft un bâtiment à poupe quarrée, dont fe fervent les Vénitiens pour n[a]viguer dans le golfe de Venife, & le long des côtes de Dalmatie. Il a [le] devant fort gros, & porte jufqu'à quatre mâts. Les petites Marfilian[es] n'ont point d'artimon, & les plus grandes ont quatre mâts, & porte[nt] quatorze à quinze mille quintaux, ce qui eft environ fept cents tonneaux[.]

MARTEAU d'arbaleftrille. *'t Kruis, of Kruis-hout, of Schuif van een graadt-bo[og.]*

C'est un traverſier de l'arbalête , ou bâton de Jacob. Les marteaux ſont des piéces de bois plates, & qui ont de longueur trois, ſix, neuf, & douze pouces. Elles ſont percées d'un trou quarré par le milieu, afin d'y paſſer la fléche de l'arbalête. A l'un des bouts de ces marteaux eſt placée une pinnule qui fait trouver l'horiſon qu'on apelle ſenſible. L'autre marteau ſert à faire ombre, quand on veut prendre la hauteur du Soleil. Les deux ou trois premiers marteaux s'apellent auſſi Curſeurs, & ceux qui les nomment ainſi, donnent au petit marteau, ſimplement le nom de Marteau. Voiez, Arbalête.

GRAND MARTEAU d'arbaleſtrille. *Het eerſte kruis, Eerſte ſchuif.*
C'eſt le marteau dont on ſe ſert lors-que le Soleil n'eſt pas éloigné de votre zénith.

MOIEN MARTEAU. *'t Tweede kruis.*
C'eſt celui qui ſert lors-qu'on n'eſt ni trop près du Soleil, ni trop loin des poles.

TROISIEME MARTEAU. *'t Derde kruis.*
Il y a des arbalêtes qui n'ont que trois marteaux, le grand, le moien, & le petit; & il y en a auſſi qui ont quatre marteaux.

PETIT MARTEAU. *Orizondt-kruis, het Orizondtje.*
C'eſt celui duquel on ſe ſert lors-qu'on eſt éloigné du Soleil.

MARTEAU de pompe. *Een haamertje met klouwen.*
C'eſt un marteau tout de fer , & de moienne groſſeur, où il y a un tire-clou au bout du manche, comme auſſi à l'un des côtés de la tête.

MARTEAU. *Een Haamer.*
C'eſt un inſtrument de fer qui ſert à battre, & qui eſt néceſſaire à preſque tous les ouvriers : il eſt compoſé d'une tête & d'un manche, & l'œil eſt le trou où l'on fourre le manche.

MARTEAU de Menuïſier. *Een ijſere haamer.*
MARTEAU à dents. *Een haamer met klaauwen.*
Ceſt un marteau fourchu, qui ſert à arracher des cloux quand on conſtruit ou que l'on radoube un bâtiment.

MARTICLES, Lignes de trelingage. Quelques-uns diſent, Chions de Marticles, ou Martinet. *Haanepotje, Hannepot, Haanepot, Scheer-lijntjes.*
Ce ſont de petites cordes diſpoſées par branches , ou pattes , en façon de fourches , qui viennent aboutir à des poulies apellées araignées. La vergue d'artimon, qui n'a point de balancines, eſt portée à leur defaut par des Marticles, qui prennent le bout d'enhaut de la vergue, & ſe terminent à des araignées, pour aller répondre par d'autres cordes au chouquet du perroquet d'artimon. L'étai du perroquet de beaupré vient finir par marticles ſur l'Etai de miſéne. Au bout de chaque marticle , dit M. Daſſié,

Z z z

eſt

est une étrope par où passe une poulie , sur laquelle est frapé le marti
de la vergue (cela s'entend de l'artimon) servant le-dit martinet pour l
piquer. Voiez, Araignées, Cap de mouton & Trelingage.

MARTICLES. *Beslag-lijnen.*

Quelques-uns donnent aussi ce nom aux petites cordes qui embrassent
voiles qu'on ferle.

MARTINET. *Bokaajer, Besaans-toppenant.*

C'est proprement la manœuvre ou corde qui commence à la poulie no
mée Cap de mouton, ou Moque de martinet, qui est au bout des mar
cles, & qui sert à faire hausser ou baisser la vergue d'artimon. Mais ce no
se donne aussi aux marticles , à la moque & aux araignées , si-bien que le
tout ensemble s'apelle tantôt Martinet, tantôt Marticles & Trelingag
tantôt Araignées. Néammoins cela ne se fait que par ceux qui ne son
pas éxacts. La meilleure distinction qu'on peut aporter en cela , est q
le plus souvent on apelle le total Trelingage ou Martinet. Mais encore T
lingage ne doit-il convenir qu'au cap de mouton & aux lignes ensembl
puis-qu'on apelle aussi Trelingage le cap de mouton & les lignes qui son
l'étai, où il n'y a point de martinet. Le plus seur est donc d'apeller
cap de mouton & les lignes ensemble Trelingage ; la manœuvre Martine
le cap de mouton Moque ; & les lignes Marticles, ou Lignes de trelingage.
n'y a pas moins de confusion à cet égard dans le Flamand, car on nomm
aussi le tout ensemble , *De Kruis-steng-hannepot*, pour la vergue d'artimon
& *knik-stags-hannepoye*, pour le perroquet de beaupré.

MASCARET. *De ebbe in de mondt van de rivier Dordogne.*

C'est un reflux violent de la mer dans la riviére de Dordogne , ou elle r
monte avec une grande impétuosité. C'est la même chose que ce qu'on a
pelle la Barre sur la riviére de Seine, & en général le nom que l'on do
ne à la premiére pointe du flot, *Voor-vloedt*, qui fait remonter le coura
des riviéres vers leurs sources, proche de leurs embouchures.

MASLES, ou Mâles, & Fémelles. *Duimen en Duimelingen, Haaken
Stellen.*

Ce sont les pentures & les charniéres qui entrent réciproquement l'une da
l'autre, & qui servent de ferrure pour tenir le gouvernail d'un navire su
pendu à l'étambord. Voiez, Ferrures de gouvernail.

MASSE. *Mooker, Beuk-haamer.*

C'est un gros marteau ou maillet de fer dont se servent les Charpentie
dans la construction des navires. Chez les Hollandois il y en a de deu
maniéres, dont voici les figures.

MASSE. *Roer-pen.*
C'est une piéce de bois longue de quarante-deux piés, qui sert à tourner le gouvernail d'un bateau foncet.

MASULIT. *Een soort van een Indiaansche sloep.*
C'est une chaloupe des Indes dont les bordages sont cousus avec du fil d'herbes, & dont les calfatages sont de mousse.

MâT, MAST. *Mast.*
C'est un grand arbre, ou une longue piéce de bois, qu'on pose dans un navire, & où l'on atache les vergues, voiles & manœuvres qui sont nécessaires pour faire naviguer le vaisseau. Les grands vaisseaux ont quatre mâts; & chacun de ces mâts est divisé en deux ou trois parties, ou brisures, chacune desquelles porte aussi le nom de mât. Ces parties se distinguent vers le tenon de puis les barres de hunes jusques aux chouquets, qui sont les endroits où chaque arbre est assemblé avec l'autre; car le chouquet afermit la brisure par-en-haut, & par-en-bas elle est liée & entretenuë par une clef, c'est-à-dire par une grosse cheville qui est de fer, & forgée ordinairement à quatre pans. On ajoûte quelquefois un cinquiéme mât aux quatres dont on a parlé, & c'est un double artimon. Les mâts ne sont pas posez à plomb; ils doivent pancher un peu vers l'arriére, pour mieux résister à la poussée de la voile qui prend le vent du côté de la poupe.

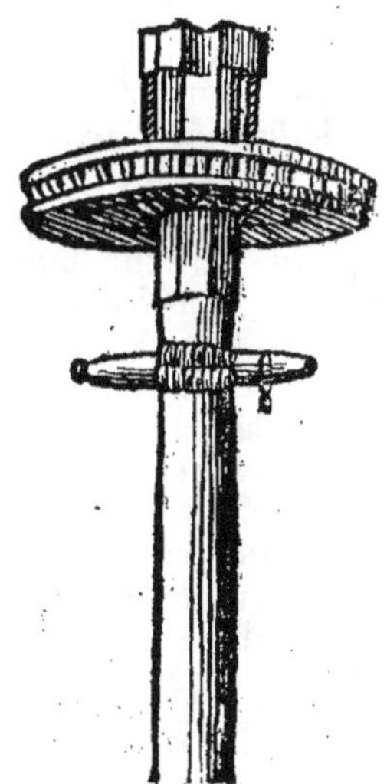

LE GRAND MâT. *De groote mast, De middel-mast.*
C'est celui qui est placé au milieu du premier pont, ou franc-tillac, & qui descend au fond de cale sur la contre-quille, ou carlingue.

„Les petits bâtimens n'ont qu'un Mât; ceux qui sont plus grands en ont „deux, & les grands vaisseaux en ont trois, c'est-à-dire, debout & sans „compter le mât de beaupré. On met assez souvent des cercles de fer vers „le bas des mâts. „Il

„ Il y a beaucoup de Maîtres qui réglent la hauteur des Mâts par la largeu
„ & le creux du vaisseau qu'ils prennent deux fois pour trouver la longueu
„ du mât, prétendant que l'expérience a fait connoître que les mâts qu
„ ont plus de hauteur tombent & rompent aisément, & que ceux qui e
„ ont moins laissent trop perdre de vent, puis-qu'on éprouve tous les jour
„ qu'un vaisseau qui a peu de mâture ne fille pas vîte.
„ On divise les Mâts en deux ou trois parties, non faute d'arbres qui soien
„ aussi hauts qu'il faut, parce-qu'en ce cas on pourroit les allonger, &
„ joindre des arbres bout à bout par divers moiens; mais parce-que le
„ mâts étant de plusieurs piéces il y en a quelqu'une qui demeure en son
„ entier, si l'autre, ou les autres, viennent à manquer. Un autre grand
„ avantage qu'on en retire, c'est que de gros tems on amène les mâts du
„ haut, & qu'on les remet quand on veut, soit par un calme, soit pour
„ hâter sa course, & selon le besoin. La maniére dont on se sert aujour
„ dhui pour joindre les mâts, & les tenir l'un sur l'autre, fut inventée
„ environ l'An 1570. par Krein Wouterz. Maître de vaisseau d'Enchuise
„ car auparavant on ne faisoit que les lier l'un à l'autre, ce qui causoit beau
„ coup de difficultés & d'incommodités qu'on évite aujourdhui: aussi
„ cette maniére eut-elle bien-tôt la vogue parmi tous les peuples de l'Eu
„ rope.
„ Le Mât qui est à l'avant, s'apelle Mât de miséne, & Mât d'avant, &
„ par quelques-uns, Mât de bourcet, Trinquet par les Levantins, & en Fla
„ mand, *De Fokke-maft*. Le Mât qui est au milieu, prend son nom de sa figu
„ re, & se nomme le Grand Mât, *De groote maft*, *De middel-maft*. Celu
„ qui est à l'arriére s'apelle le Mât d'artimon, ou Mât d'arriére, *De Be*
„ *faans-maft*. Celui qui est couché à l'avant & sur l'éperon, où il fait une
„ grande saillie, s'apelle Mât de beaupré, ou simplement le Beaupré, *De*
„ *Boeg-fpriet*. Le Mât qui est enté sur le mât de miséne à l'avant, s'apelle
„ Mât de hune d'avant, *De Voor-fteng*, ou *Fok-fteng*. Celui qui est enté
„ sur le grand mât se nomme le Grand Mât de hune, *De Groote fteng*. Le
„ Mât qui est enté sur le mât de hune d'avant s'apelle Mât de Perroquet
„ de miséne, de Perroquet d'avant, ou simplement, Perroquet de miséne,
„ ainsi que la voile qui y est atachée, *De Voor-bram-fteng*. Le Mât qui est
„ enté sur le grand mât de hune, se nomme le Grand Mât de Perroquet,
„ ou simplement, le Grand Perroquet, *De groote Bram-fteng*. Le Mât qui
„ est enté sur le mât d'artimon, se nomme Mât de Perroquet d'artimon,
„ ou simplement, Perroquet d'artimon, Perroquet de foule, Perroquet de
„ fougue, *Kruis-fteng*. Le Mât qui est enté sur le beaupré s'apelle Mât de
„ Perroquet de beaupré, ou simplement, Perroquet de beaupré, ou Tour
„ mentin, ou Petit beaupré, *De Blinde-fteng*, *Boeg-fteng*, *Boom-blindi*.
„ On frote les mâts de goldron vers le haut, autour des hunes & de tout
„ le ton, & en divers autres endroits, selon qu'il en est besoin afin de les
„ conserver.
„ Il y a dens gens qui courbent un peu les Mâts au tiers de leur hauteur,
„ à prendre du bas en haut, prétendant que ce soit un ornement. Leurs
„ piés, aussi-bien que les tons, sont taillez hexagones, ou octogones, &
„ quand on les trouve trop foibles en quelque endroit on y met des jumel
„ les pour les renforcer. On les courbe par le moien des étais. Les mâts
„ &c.

„des plus grands vaiſſeaux ſont ſouvent faits de pluſieurs piéces , & outre
„le ſoin qu'on prend de les bien aſſembler , on les ſurlie encore avec de
„bonnes cordes.   On les peint auſſi aſſez ſouvent par le bas.   Les mâts
„des galiotes ſont preſque toujours de deux brins pour le moins , tant afin
„qu'ils ſoient plus forts , que parce-qu'il eſt difficile d'en trouver d'un ſeul
„brin tels qu'il les faut.   Les mâts des boïers doivent être fort épais , tant
„à-cauſe de la quantité de poulies , qu'a-cauſe de la grande voile , de la
„grande corne ou vergue , & de tout le reſte des agrès qu'ils portent.
„Le Mât de miſéne eſt plus leger , ou moins fort que le grand mât , parce-
„que le vaiſſeau eſt plus foible à l'avant qu'au milieu , & par conſéquent
„il n'a pas tant à ſoufrir.   Son pié ne porte pas ſur le plat-fond , à-cauſe
„de la rondeur de l'avant qui l'en empêche; mais il eſt poſé juſtement ſur
„l'aſſemblage de l'étrave & de la quille , & il contribuë à mieux entretenir
„ces deux piéces enſemble.   On prend ordinairement cet endroit pour la
„cinquième partie de la longueur du vaiſſeau , de l'étrave à l'étambord ,
„ſi-bien qu'on peut établir pour maxime , que ſelon la plus grande partie
„des Maîtres , le mât d'avant doit être placé à une cinquième partie de
„la longueur du vaiſſeau , à prendre de l'avant à l'arriére.
„Si le Mât de miſéne étoit placé plus vers l'avant , il faudroit que ſon pié
„portât plus haut , ce que la foibleſſe de l'avant ne peut pas permettre ;
„& s'il étoit plus en arriére , les voiles du grand mât déroberoient le vent
„aux ſiennes , & de gros tems il aporteroit beaucoup d'incommodité &
„d'embaras à la manœuvre des voiles de grand mât.
„Le Grand Mât ſe poſe a-peu-près au milieu du vaiſſeau , dans l'endroit
„où eſt la plus grande force du bâtiment. Mais ſi le vaiſſeau , par ſa conſ-
„truction , ſe trouve foible à l'avant , on place le grand mât un peu plus
„vers l'arriére ; & cela ſe pratique même preſque toujours dans les plus
„grands vaiſſeaux Hollandois. Cependant ce reculement des mâts vers l'ar-
„riére , ne doit pas être de plus de trois piés.   Dans les autres vaiſſeaux
„on les recule auſſi , ou-bien on les tient avancez , ſelon que le requiert le
„gabarit & la conſtruction du bâtiment , & ſelon qu'on a beſoin d'eſpace
„vers l'arriére.
„On place le Mât d'artimon auſſi-loin du grand mât qu'il eſt poſſible ,
„afin-que ſa voile ſoit auſſi grande qu'il ſe peut , enſorte néammoins que
„l'on puiſſe aiſément manœuvrer par-derriére , & qu'il reſte aſſez d'eſpa-
„ce pour faire joüer la barre du gouvernail.   L'endroit le plus propre à
„poſer ce mât , en conſervant tous ces avantages , ſe trouvera ſi l'on par-
„tage la longueur du vaiſſeau en cinq parties & demie , à prendre de l'ar-
„riére à l'avant , & qu'on place le mât entre la première partie & la ſecon-
„de.   Par éxemple ; Partagez un vaiſſeau de cent-ſoixante-cinq piés en
„cinq parties & demie , chaque partie ſera de trente piés , & la demie de
„quinze piés; le mât ſera poſé à trente piés de l'arriére.
„Quoi qu'extérieurement il paroiſſe beaucoup de diverſité dans la maniére
„& à l'égard des endroits où ce mât eſt placé dans les vaiſſeaux , il n'y en
„a pourtant point , ou preſque point.   Cela ne vient que de ce que les
„hauts qui ſont proches du mât , comme la dunette &c. ſont diverſement
„diſpoſez.
„Dans les flûtes de la grandeur la plus commune , on place le mât au mi-
Zzz 3   lieu

„lieu, ou un peu plus vers l'arriére, derriére l'écoutille. Dans les femn-
„ques ordinaires on le place à un tiers de la longueur, à prendre de l'avant
„à l'arriére.

„En général on peut dire que les mâts se trouvent toujours bien placez
„quand ils sont posez dans des endroits où ils contribüent à tenir le vaisseau
„en équilibre; car plus l'équilibre est parfait & mieux le navire fille.

„Le grand Mât est le plus haut, parce-qu'il est placé à l'endroit où
„est la plus grande force du bâtiment, & où il peut le plus contribuer à
„l'équilibre.

„Les Mâts des vaisseaux qui sont destinez à faire des voiages de long
„cours, doivent être plus courts que les autres, & leur funin doit être plus
„gros.

„Le Mât d'artimon est plus court que le grand mât, comme portant bien
„moins de voiles; & il porte moins de voiles, parce-que les voiles du grand
„mât empêchent qu'il n'en porte davantage. Outre cela les bâtimens n'ont
„pas assez de force, & n'ont pas une force égale par-tout, pour porter
„par-tout des mâts égaux. D'ailleurs l'usage auquel l'arriére du vaisseau est
„destiné, ne le permet pas aussi, savoir toutes les chambres qui sont l'une
„sur l'autre, & sur les hauts. Enfin s'il y avoit au mât d'arriére autant de
„voiles & aussi grandes qu'au grand mât, elles déroberoient le vent à celles
„du grand mât, & contribüeroient moins que ces derniéres au sillage du
„vaisseau, tant parce-qu'elles le feroient trop tourmenter à l'arriére, &
„qu'il ne sentiroit pas si-bien son gouvernail, que parce-que l'endroit ne
„leur permettroit pas de contribuer autant que les voiles du grand mât à
„tenir le vaisseau en équilibre. Joignez encore à cela que pour mettre de
„plus grandes voiles au mât d'artimon, il faudroit nécessairement le placer
„plus en arriére, & alors il empêcheroit le jeu de la barre du gouver-
„nail.

„Les vaisseaux peu allongez ont besoin de beaucoup de mâture & de peu
„d'envergure, mais les vaisseaux bien allongez doivent avoir des mâts
„courts & de longues vergues. Si les vaisseaux qui sont bien longs, a-
„voient des mâts bien hauts, il ariveroit que le vent souflant le long de
„la surface de l'eau, & continuant à souflér de même en l'air, ces hauts
„mâts ne manqueroient pas de faire tomber le vaisseau sur le nez, ce qui
„n'a pas lieu quand les bâtimens sont courts. C'est une maxime, que plus
„les lignes sont longues, plus grands sont les cercles, qu'elles décrivent
„lors-qu'elles sont en mouvement.

„Les Turcs se piquent d'avoir des mâts fort hauts, & de longues vergues,
„afin-que les vaisseaux portent plus de voiles; mais cela leur fait plier le côté
„Le grand Mât & le Mât d'artimon tombent ou panchent en arriére,
„mais le mât d'avant est posé à plomb, si ce n'est lors-que le vaisseau se
„trouve fort foible de l'avant, car alors on fait un peu tomber ce mât en
„arriére; mais sans cela on le fait plutôt pancher de deux ou trois pouces en
„avant. Pour donner au grand mât justement ce qu'il lui faut de pente en
„arriére, il faut prendre le creux, depuis la quille jusques au premier pont
„par-dessous, où jusqu'au-dessus des faux-baux s'il y en a, & donner autant
„de pouces de pente au mât qu'il y a de piés. On donne la même pente
„au mât d'artimon.

„Quand

„ Quand un vaiſſeau ne vient pas bien au vent, on fait un peu moins tom-
„ le mât qu'à l'ordinaire ; & quand il vire aiſément par l'arriére, mais qu'il
„ refuſe par l'avant, & qu'il ne veut pas ariver, on place les mâts un peu
„ plus vers l'avant qu'on n'a coutume de le faire.

„ La pente en arriére qu'on donne au grand Mât & au Mat d'artimon, fait car-
„ guer le vaiſſeau par l'arriére, & contribuë à lui donner ce qu'il faut qu'il
„ ait de tirant d'eau plus qu'à l'avant, afin-que le gouvernail ſoit auſſi a-
„ vant dans l'eau qu'il eſt néceſſaire, & que le vaiſſeau vienne mieux au vent.

„ Il y a des ſemaques où l'on place le mât bien avant vers l'arriére, afin-
„ qu'il porte une plus grande voile, & alors on fait tember le mât vers
„ l'avant.

„ On fait beaucoup tomber vers l'arriére les mâts des vaiſſeaux qui vont
„ aux Indes, & l'on en ride extrémement les étais à l'avant ; au-lieu que
„ les galaubans tiennent les mâts de hune par l'arriére, ſi-bien que toute la
„ mâture paroît tout-à-fait difforme.

„ La règle qu'on ſuit le plus communément pour les proportions des Mâts
„ eſt de leur donner autant de piés de hauteur qu'il y en a en deux fois la
„ largeur & le creux du vaiſſeau. Par éxemple ; Vingt-neuf piés de large
„ & douze piés de creux font quarante & un pié ; deux fois quarante & un
„ pié font quatre-vingts deux ; ce doit être la hauteur du mât.

„ Pour l'épaiſſeur, quelques-uns la proportionent par raport au creux du
„ vaiſſeau. Ils donnent au mât un pié d'épaiſſeur dans l'étambraie par cha-
„ que ſix piés de creux qu'a le bâtiment. L'épaiſſeur du ton eſt des trois
„ quarts de celle du mât dans l'étambraie. Par éxemple ; Si le mât a dix-
„ huit palmes d'épaiſſeur dans l'étambraie, le ton en doit avoir treize pal-
„ mes & demie.

„ L'épaiſſeur des Mâts de hune ſe proportione ſur celle des tons des mâts
„ ſur leſquels ils ſont entez, dont on leur donne les cinq ſixiêmes parties.
„ Par éxemple ; ſi le ton du grand mât a treize palmes & demie d'épaiſſeur,
„ ou de diamétre, le grand mât de hune doit avoir onze palmes & demie
„ dans le chouquet.

„ Les Mâts ſont un peu plus épais dans leurs tons qu'au-deſſous, à-cauſe
„ des manœuvres qui y paſſent. Les tons ſont octogones.

„ Les hauts Mâts, en y comprenant les bâtons des pavillons ſe mettent bas
„ par les trous d'entre les barres de hune de devant, parce-qu'on auroit trop
„ de peine à les amener par-derriére, à-cauſe de la pente qu'on donne aux
„ mâts de deſſous. Néammoins les Anglois les baiſſent par derriére.

„ Selon quelques autres Maîtres la proportion du grand Mât ſe trouve de
„ cette ſorte. On lui donne un pié d'épaiſſeur dans l'étambraie, par cha-
„ que ſix piés de creux qu'a le vaiſſeau. Lors-qu'il a ſeize palmes de dia-
„ métre dans l'étambraie, il doit avoir douze palmes ſous le ton, & onze
„ palmes au-deſſus du ton. Lors-qu'un mât de hune a dix palmes de dia-
„ métre dans l'étambraie, il doit avoir ſix palmes & demie par le haut. Le
„ mât d'artimon doit avoir par le haut les deux tiers de l'épaiſſeur qu'il a
„ par le bas ; & il en doit être de même à l'égard de tous les perroquets.

„ La mâture ordonnée par les Charpentiers qui ont réglé les proportions
„ d'un vaiſſeau de cent-trente-quatre piés de long ; de l'étrave à l'étambord,
„ ſe trouve ci-devant ſous le mot Bois, page 97.

„ Dic-

„ Différens Maîtres réglent différemment les mâtures, ainsi qu’on le voit da[ns]
„ les articles suivans. Un vaiſſeau de cent-ſoixante piés de long , & qu[a]
„ rante piés de de large, doit avoir un grand mât de 90. à 91. piés de haut[,]
„ & 24. palmes de diamétre. Un vaiſſeau de cent-trente-cinq piés de long
„ (il faut toujours entendre de l’étrave à l’étambord), & de trente-quat[re]
„ piés de large , doit avoir un mât de 85. piés de haut, & de vingt palm[es]
„ & demie de diamétre.   .
„ Un Vaiſſeau de cent-trente piés de long , & de trente piés de larg[e]
„ doit avoir un mât de 83. piés de haut , & de 20. palmes de diamétre.
„ Un Vaiſſeau de cent piés de long, doit avoir un mât de ſoixante & qu[a]
„ torze piés de haut, & de 15. palmes & demie de diamétre.
„ Une Buche de ſoixante & quatorze piés de long , doit avoir un mât d[e]
„ cinquante-cinq piés de long, avec une voile à trait quarré, & d’onze pa[l]
„ mes de diamétre.
„ Un Boïer de quatre-vingts-ſix piés, doit avoir un mât de cinquante-hu[it]
„ piés de haut ſous le ton, & de vingt palmes de diamétre, & le ton do[it]
„ être de dix-huit piés de haut.
„ Un grand Yacht qu’on a vu, avoit un mât de 54. piés de haut ſous l[e]
„ ton, & le ton étoit de 17. piés ; ſon diamétre étoit de ſeize palmes & d[e]
„ mie.
„ Le grand mât d’un Chat de cent-ſeize à cent-dix-huit piés de long[,]
„ avoit ſoixante & treize piés de haut, & quinze palmes de diamétre.
„ Le grand mât d’une galiote de quatre-vingts-huit piés, avoit 59. piés d[e]
„ haut ſous le ton, dix-neuf piés dans le ton, & vingt palmes de diamé[
„ tre.
„ Le grand mât d’un vaiſſeau marchand, de cent-douze piés de long, deſtin[é]
„ pour la mer Baltique, avoit 78. piés de haut, & dix-ſept palmes de di[a]
„ métre.
„ Le grand mât d’une frégate de cent-quinze piés de long, vingt-ſi[x]
„ piés de large, & onze piés de creux, avoit ſoixante & dix-neuf piés d[e]
„ long, & ſeize palmes & demie de diamétre.
„ Le grand mât d’une frégate de cent piés de long , vingt-quatre piés d[e]
„ large, & onze piés de creux , avoit ſoixante & ſeize piés de haut , [&]
„ quinze palmes de diamétre.
„ Les Anglois donnent de hauteur à leurs mâts trois fois les quatre cinquiè[
„ mes parties de la largeur du vaiſſeau. Par exemple ; Vingt-cinq piés d[e]
„ largeur du vaiſſeau, donnent vingt piés pour les quatre cinquièmes par[
„ ties, & trois fois vingt piés font ſoixante piés pour la hauteur du gran[d]
„ mât. Ils donnent au mât d’avant les quatre cinquièmes parties de la hau[
„ teur du grand mât, & font le beaupré égal au mât d’avant. Ils donnen[t]
„ au mât d’artimon la moitié de la hauteur du grand mât.
„ Pour mâter un vaiſſeau on enlève les mâts avec des machines à mâter[
„ des grues, des alléges , & quoi-qu’ils ſoient déja arborez on ne laiſſe pa[s]
„ quelquefois de les changer de place , en coupant les étambraics ; en [ſ]
„ ſervant de coins pour les repouſſer ; & en les tirant par le moien de[s]
„ étais & des galaubans.
VOICI ce qu’un autre Auteur Flamand établit au ſujet des Mâts.
„ Comme on a beaucoup de peine à trouver des mâts tout d’une piéce, o[u]
                                                                „ d’u[ne]

„d'un brin; pour les grands vaiſſeaux, on eſt ſouvent obligé de les fai-
„re de trois, quatre, ou cinq piéces, qui ſont aſſemblées à queuë d'aron-
„de, & à queuës perduës, ce qui demande beaucoup d'induſtrie, de
„travail, & de coût. Les tons des plus grands mâts ſont ordinairement
„de chêne.
„La meſure des mâts en Hollande s'exprime d'ordinaire par piés en longueur,
„& par palmes en diamétre, ou épaiſſeur.
„Les grands vaiſſeaux ne peuvent pas porter des mâts dont la hauteur
„réponde à leur grandeur, par raport aux petits bâtimens; c'eſt à dire
„que la hauteur du mât d'un grand navire n'augmente pas à proportion
„de ſa grandeur, eu égard à la hauteur du mât & à la grandeur d'un pe-
„tit bâtiment. Mais ce qui ne peut ſe pratiquer dans les mâts, non-ſeule-
„ment parce-qu'on ne pourroit manœuvrer des voiles ſi hautes, mais enco-
„re à-cauſe de divers autres inconvéniens, on le pratique dans les vergues,
„qu'on tient plus longues; ſi-bien que les grands vaiſſeaux ont à propor-
„tion moins de mâture & plus d'envergure que les petits; & les petits ont
„moins d'envergure & plus de mâture.
„Il y a diverſité de ſentimens entre les Maîtres ſur la mâture, comme
„ſur beaucoup d'autres points; outre que la deſtination des vaiſſeaux, la
„qualité du bois & le gabarit du bâtiment, donnent auſſi lieu à cette
„diverſité. Il y a beaucoup de Maîtres qui donnent un, deux, ou trois piés de
„mâture moins aux vaiſſeaux qui ſont deſtinez pour naviguer dans les païs
„chauds, où les vents le ſont auſſi, qu'à ceux qui doivent aller vers les
„Poles. Mais ces conſidérations particuliéres n'empêchent pas que les Rè-
„gles générales n'aïent lieu, ſauf à la prudence de ceux qui ſe mêlent du
„métier, d'en faire une aplication particuliére aux faits particuliers.
„L'épaiſſeur du grand Mât & du Mât d'avant ſous le ton, ne doit être
„que d'une cinquiême partie moindre que celle qu'il a dans l'étambraie,
„& cette diminution ne doit commencer qu'à deux fois la longueur du
„ton, à meſurer un peu au-deſſous des hunes, parce-que ces mâts ont
„beaucoup à ſoufrir par le haut, a-cauſe des mâts de hune dont le bout les
„preſſe: auſſi eſt-ce ſouvent par-là qu'ils rompent. Il eſt vrai que la plu-
„part des Maîtres les diminüent du quart, mais c'eſt trop ſans doute, &
„ſi l'on prenoit bien ſoin de s'informer de tous les accidens qui arivent en
„mer, l'expérience feroit connoître que c'eſt trop.
„L'épaiſſeur du grand Mât de hune & du Mât de hune d'avant doit être
„moindre d'un tiers ſous le ton que dans les chouquets; & la diminu-
„tion du mât d'artimon doit être de même, parce-qu'il n'a qu'un perro-
„quet à porter.
„Tous les Perroquets doivent avoir d'épaiſſeur ſous le ton, les cinq hui-
„tièmes parties de ce qu'ils en ont dans les chouquets.
„Tous les Mâts de hune & les Perroquets, doivent être quarrés par le bas,
„dans toute la longueur où ils ont une double épaiſſeur, afin d'y pouvoir
„mieux placer les trous du clan & de la clef, & qu'ils s'entretiennent mieux
„avec les barres de hune.
„La hauteur du ton des trois Mâts doit être d'une dixiême partie de leur
„hauteur entiére; & la hauteur du ton des mâts de hune & des Perro-
„quets doit être d'une douziême partie de leur hauteur entiére. On peut

A a a a

bien

„bien quelquefois leur en donner un peu plus ; mais on ne doit jama[is]
„leur en donner moins.

„C'eſt le plus ou le moins de largeur du vaiſſeau qui contribuë à lui fai[re]
„donner plus ou moins de mâture & de voilure, & à lui faire prendre plu[s]
„ou moins de vent.

„Quand la largeur d'un vaiſſeau ne paſſe pas vingt-cinq piés, ſon gran[d]
„mât ſur lequel tous les autres doivent être réglez, doit avoir de hauteu[r]
„trois fois la largeur du bâtiment. Que ſi le navire a plus de vingt-cinq
„piés de large, on ajoûte un pié de hauteur au mât par chaque pié de lar-
„geur que le vaiſſeau peut avoir au-deſſus des vingt-cinq piés.

„On doit donner autant de pouces d'épaiſſeur au grand Mât qu'il y a de
„piés dans les trois quarts de la largeur du vaiſſeau. Il eſt même bon de
„lui en donner un peu davantage, puis-que l'expérience fait ſouvent con-
„noître qu'il en eſt beſoin.

„Le Mât d'avant doit être d'une dixième partie plus coûrt & plus mince
„que le grand mât. On peut y ajoûter ou diminuer un peu, à proportion
„de ce que ſon écarlingue eſt poſée plus haut, ou plus bas.

„Le Mât d'artimon, ſupoſé que ſon écarlingue ſoit poſée ſur le bas pont,
„ainſi qu'il ſe pratique ordinairement, doit avoir de hauteur les trois quarts
„de celle du grand mât. Cependant il faut auſſi avoir égard au gabarit de
„l'arriére du vaiſſeau, car ſelon qu'il y a beaucoup ou peu d'acaſtillage, on
„tient auſſi le mât d'artimon plus ou moins haut d'un, deux, ou trois
„piés. Les plus agréables figures du haut de ces trois mâts, c'eſt quand les
„hunes ſont à même hauteur, ou que celle du milieu s'élève & que les au-
„tres ſont à même hauteur. Que ſi le pié du mât d'artimon deſcend ſur
„la carlingue, il faut augmenter la longueur du mât, & lui ajoûter la hau-
„teur du creux. Mais d'un autre côté ſi le pié eſt placé ſur le haut pont,
„ainſi qu'il arive quelquefois, il le faut tenir plus court à proportion.

„Le Mât de beaupré doit avoir de longueur les trois huitièmes parties de l[a]
„longueur du vaiſſeau. Son épaiſſeur doit être entre celle du grand mâ[t]
„& du mât d'avant, c'eſt-à-dire, priſe au bord de l'étrave en-dedans, & i[l]
„eſt bon qu'il conſerve cette épaiſſeur juſqu'à un tiers de ſa longueur depui[s]
„l'étrave en-dedans, & tout-de-même depuis l'étrave en-dehors, parce
„qu'il eſt néceſſaire qu'il ait beaucoup de force. Mais à un tiers au-dela
„de l'étrave, on le tient d'une huitième partie moins épais qu'il n'eſt à
„l'étrave; & aux deux tiers au-delà de l'étrave il ne doit avoir que la moiti[é]
„de l'épaiſſeur qu'il a ſur l'étrave. Il faut remarquer qu'ordinairement l[a]
„partie du beaupré qui ſort & s'élance au-delà de l'étrave, ſe conſidére, à-cau-
„ſe de cette proportion, comme diviſée en trois, & que le tiers qui eſt ver[s]
„le bout s'apelle en Flamand, *De Nok van de boegſpriet*, de-même que le[s]
„bouts des vergues, *De Nokken van de reën.*

„Quand les Mâts de deſſous ſont courts, on tient les mâts de hune plu[s]
„longs, & quand ils ſont longs on tient les mâts de hune plus courts.
„Le grand mât de hune doit avoir autant de longueur que le vaiſſeau a d[e]
„largeur, avec les deux tiers encore de cette même largeur. Par éxem-
„ple; Si le vaiſſeau a trente-ſix piés de large, le grand mât de hune doi[t]
„avoir ſoixante piés de long. Son épaiſſeur par le bas doit être égale [à]
„celle du ton du mât ſur lequel il eſt, ou un peu moindre. Le mât d[e]
hun[e]

„hune d'avant doit avoir de longueur les neuf dixièmes parties de la lon-
„gueur du grand mât de hune; de-même que le mât de miséne qui le sou-
„tient, à l'égard du grand mât. Son épaisseur se doit proportioner com-
„me celle du grand mât de hune.

„Le grand Perroquet doit avoir de longueur les trois quarts de la largeur
„du vaisseau , & son épaisseur dans le chouquet doit être d'une huitième
„partie moindre que l'épaisseur du ton du mât de hune sur lequel il est
„enté. Le Perroquet d'avant doit être d'une sixième partie plus court
„que le grand perroquet, & son épaisseur se doit proportioner de même.
„Le Perroquet d'artimon doit être d'une dixième partie plus long & plus
„épais que le grand perroquet. Le Perroquet de beaupré doit avoir les
„cinq sixièmes parties de la longueur du perroquet d'avant, mais son épais-
„seur dans le chouquet doit être égale à l'épaisseur du grand perroquet.
„L'Auteur reconnoît que souvent on le tient plus épais, mais il décla-
„re que cette pratique est contre son sentiment, aussi-bien que contre le
„sentiment de plus de la moitié des Maîtres.

„Le Bâton du Pavillon du grand mât, ou de l'Amiral, en Flamand *Stok*,
„*Steng*, *Vlagge-stok*, *Teken-stok*, *Vlagge-standaart*, doit être d'une septième
„partie plus long que le grand perroquet sur lequel il est arboré , mais il
„doit être d'une sixième partie moins épais.

„Le Bâton du Pavillon du mât de miséne , ou du Vice-amiral , doit être
„aussi d'une septième partie plus long que le perroquet de miséne , & son
„épaisseur doit être proportionée comme celle ci-dessus.

„Le Bâton du Pavillon de l'artimon, ou du Contre-amiral, doit être d'une
„sixième partie plus court , & d'une moitié plus mince que le perroquet
„sur lequel il est arboré.

„Le Pavillon de beaupré ne s'arbore guéres qu'aux jours de réjoüissance,
„ou de parade , ou pour faire reconnoître le vaisseau par d'autres vais-
„seaux. Son Bâton, qu'un Auteur Flamand apelle, *Spriet* , doit avoir
„les trois quarts de la longueur & la moitié de l'épaisseur du perroquet
„de beaupré.

„Le Pavillon , ou Enseigne de poupe , est commun à toutes sortes de
„vaisseaux, & chacun a la liberté de le mettre. Son Bâton , ou sa Gau-
„le, doit être de la longueur & de l'épaisseur qui est ci-dessus marquée pour
„le bâton du pavillon du grand mât. Il semble qu'il seroit raisonable que
„ce pavillon & son bâton fussent plus grands que ceux du grand mât, par-
„ce-qu'ils sont plus bas, & qu'ils peuvent tenir plus ferme; mais ils se trou-
„vent assez grands, & paroissent même beaucoup plus grands que les autres,
„qui étant guindez si haut en paroissent beaucoup plus petits.

„Les Bâtons des Pavillons, qui s'arborent sur des mâts de hune , doivent
„être plus longs que ne seroient les perroquets; mais ceux qui se mettent
„sur les perroquets, en comprenant le perroquet d'artimon , doivent être
„plus courts que les perroquets.

„Les Bâtons des Girouëttes, apellez en Flamand , *Stoelen* , auxquels les
„girouëttes sont atachées, doivent avoir un quart de la longueur du mât
„de hune , ou du perroquet sur lequel ils sont arborez; & ils doivent avoir
„assez d'épaisseur pour remplir la place du bâton de pavillon. Les Anglois
„les tiennent unis depuis le dessus du chouquet jusques au haut; mais les

„Hollandois y font un petit ton par le haut, lequel nom de petit Ton
„qui eſt en Hollandois comme en François, on prétend venir d'une To‑
„ne, ou d'un Tonneau, qu'on mettoit autrefois au haut des mâts pou
„tenir le gabier, ou la ſentinelle.

MAT Forcé. *Een gekrenkt, of gekraakt maſt, die een kraak of een breuk heeft.*
C'eſt un mât qui a ſoufert un éfort, & qui eſt en danger de ſe rompre dan
l'endroit où il eſt incommodé.

MAT Gemellé, jumellé, reclampé, renforcé. *Een gewangt maſt.*
C'eſt un mât qui n'aïant pas aſſez de groſſeur, ou qui aïant quelque éfor
eſt fortifié par des jumelles, ou piéces de bois, qui empêchent qu'il n'é
clate & ne rompe; & pour le mieux renforcer on lie les jumelles tout‑a
tour avec des cordes, de diſtance en diſtance, ce qu'on apelle Lieure.

MAT de rechange. *Een looſe maſt, Een maſt in voorraadt, of tot waar‑nood:*
Ce ſont des mâts de hune qu'on porte dans un voiage, afin de pouvoir ſu
pléer dans le beſoin à ceux qui pourroient manquer.

MAT de cinquante ou de ſoixante palmes. *Een maſt van vijſtig of ſeſtig pal*
in 't rondt.
C'eſt-à-dire, un mât qui a cinquante ou ſoixante palmes de circonférence.

ALLER à Mâts & à cordes, Mettre à Mâts & à cordes, Se mettre à ſe
Drijven ſonder zeil; Onder zee leggen, geleit, of gelegt zijn.
On dit, Aller à Mâts & à cordes, quand l'impétuoſite du vent a contrain
d'abaiſſer toutes les voiles & les vergues. Le vent devint ſi violent qu
nous fûmes obligez d'aller vent arriére à mâts & à cordes, les mâts de hu
ne bas, & les vergues ſur le vibord.

MATS ſont venus à bas. *De maſten die ſijn afgebrooken, of afgeſchooten.*
On dit que les mâts ſont venus à bas quand ils ſe ſont rompus, ou que le
canon les a coupez.

MATS de hune hauts. *De ſtengen op.*
Avoir les mâts de hune hauts, c'eſt les avoir élevez où il faut qu'ils ſoien
pour faire route.

MATS de hune qui s'emmanchent par derriére. *Stengen die agter de maſte*
ſchieten.
Ce ſont des mâts de hune qu'on amène, ou deſcend, au contraire des au
tres; car pour l'ordinaire ces ſortes de mâts, s'amènent par-en-avant de
mâts ſur leſquels ils ſont poſez.

MAT de chaloupe, Mât de canot. *Een Boot-maſt, Een Sloep-maſt.*
C'eſt un mât qui ſert à la chaloupe, ou au canot.

MAT de pluſieurs piéces. *Een maſt van veel in malkandere ingevoegde ſtukken*
dat van veel ſtukken by malkander geſet wordt, Kluſt-werk, Schaak-werk.
C'eſt un mât qui eſt fait de pluſieurs autres mâts joints enſemble.

MAT d'une piéce, ou Mât d'un brin. *Een maſt van een enkel hout, die va*
een ſtuk is.
C'eſt un mât fait d'un ſeul arbre. Les beauprés & les mâts de hune ſon
d'une ſeule piéce. On y fait préférablement ſervir les mâts du Nord.

MâTE. Vaiſſeau Mâté en caravelle. *Een ſchip met vier maſten ſonder ſtengen*
On dit qu'un navire eſt mâté en caravelle, pour dire qu'il n'a point de mâ
de hune, mais ſeulement quatre mâts.

VAISSEAU Mâté en chandelier. *Een ſchip met een regt over endt ſtaande maſt*
met een maſt die regt op ſtaat, niet voor over.
U

Un navire est mâté en chandelier quand il a ses mâts fort droits , ou à plomb.

MATE' en frégate. *Een schip met masten voor over-hellende.*

On dit qu'un vaisseau est mâté en frégate , quand il a ses mâts arquez en avant.

MATE' en galére. *Een schip met twee masten, sonder stengen.*

C'est lors-qu'un vaisseau n'a que deux mâts, sans avoir de mât de hune.

MATE' en heu. *Een mast met een emmer-zeil-ree.*

On dit qu'un vaisseau est mâté en heu, quand dans son milieu il n'a qu'un mât qui lui sert aussi de mât de hune , avec une vergue qui ne s'appareille que d'un bord.

MATE' en fourche , ou à corne. *Een mast met een gaffel.*

Un bâtiment est mâté en fourche quand il porte une corne à demie hauteur de son mât, laquelle corne est posée en saillie sur l'arriére, & sur laquelle il y a une voile appareillée, de-sorte-que la corne est proprement une vergue. Cette sorte de mâture est propre aux yachts , aux caiches, ou quaiches, aux boïers bâtimens de charge des Païs-bas, & à d'autres semblables.

MATE' en semaque. *Een mast met een spriet, of dwars-spriet.*

C'est un mât au pié duquel il y a un boute-hors, ou baleston, qui prend la voile de travers par son milieu. Voiez, Vergue en baleston.

MaTER, Master un vaisseau. *De masten insetten, Een schip bemasten.*

C'est-à-dire, Planter les mâts dans un vaisseau, garnir un vaisseau de tous ses mâts. Voiez, Machine à mâter.

NAVIRE qui est Mâté. *Een bemast schip.*

C'est qu'il a ses mâts posez en leur place.

MATER, Master. *Over endt setten.*

Ce terme, en sa signification générale , signifie non-seulement planter les mâts dans un vaisseau, mais il signifie encore mettre quelque chose sur le bout, comme un muid, une barique, qu'on met debout sur ses fonds.

MATEREAU, Mastereau, Mâterel. *Stomp.*

C'est un petit mât, & un bout de mât. Il y en a qui apellent quelquefois Mâtereau le mât de hune d'avant, mais cela ne se peut dire que de ceux des petits vaisseaux. Les Normans disent Mâterel.

MATEREAUX à croc. *Handt-spaaken.*

MaTEUR Masteur. *Een Mast-zetter, Een Mast-maaker.* Maître Mâteur ; *Opper-mast-maaker.*

C'est un ouvrier qui fait les Mâts des vaisseaux, & qui fait toutes les proportions qu'ils doivent avoir. Voiez, Maître Mâteur.

MaTURE , Masture. *Mast-werk, Mast-hout, Rondt-hout.*

C'est en général tous les mâts d'un vaisseau. On dit, Ce vaisseau a un belle mâture.

MaTURE d'une seule piéce, ou de plusieurs piéces. Voiez, Mât.

VAISSEAU qui a beaucoup de Mâture, *Een hoog-getuigdt schip.*

C'est-à-dire que ses mâts ont beaucoup de longueur.

„Il faut prendre garde à ne donner pas trop de mâture à un vaisseau, parce-„que les mâts se rompent, & que le vent les emporte à la mer, ou qu'ils „font tourner le vaisseau.

VAISSEAU qui a peu de Mâture. *Een laag-getuigdt schip.*

„Il ne faut pas non-plus lui donner trop peu de mâture, parce-qu'il per-„droit trop de vent & qu'il ne silleroit pas si-bien.

                                        LA

LA MÀTURE, ou Maſture. *Maſt-maakers-werf, Maſt-maakerij.*

C'eſt le lieu où l'on fait les mâts.

MATAFIONS. *Lijnen, Steek-lijnen.*

Ce ſont de petites cordes qui ſont comme des éguillettes : on s'en ſert pour atacher les moindres piéces.

MATELOT. *Matroos, Geſel, Boots-geſel, Maat.*

C'eſt un homme de mer qui eſt emploié pour faire le ſervice d'un vaiſſeau. Ce qui regarde les fonctions, les engagemens & les loiers des Matelots ſe trouve dans l'Ordonnance de 1681. livre 2. tit. 7. & liv. 3. tit. 4. „Chaque matelot eſt obligé d'aller à ſon tour, à l'ordre du Capitaine, „faire la ſentinelle ſur la hune, pendant le jour, & on fait quelque gra-„tification à celui qui découvre quelqu'une des choſes qu'on déſire ; par „éxemple, les terres, ou d'autres vaiſſeaux.

MATELOTS-GARDIENS. *Wagters Matrooſen.*

Il y en a huit entretenus ſur les vaiſſeaux du premier rang, ſix ſur ceux du ſecond rang, quatre ſur ceux du quatriême & cinquiême rang &c. deſquels Gardiens il y en a toujours le quart qui ſont Calfats, ou Charpentiers. Les Matelots-gardiens etant dans le port couchent à bord, & ſont diviſez pendant le jour, pour le ſervice du port, en trois brigades égales en nombre & forces. Les Oficiers Mariniers & Gardiens de chaque vaiſſeau ſont diviſez par les deux quarts de la nuit.

MATELOT. Il eſt bon Matelot. *Hy verſtaat hem het matroos-werk, Hy is ervaaren in 't ſcheeps-werk.*

Cela ſe dit d'un Oficier, ou d'un autre, qui entend bien le métier de la mer, c'eſt-à-dire qu'il eſt bon manœuvrier. Mr. de Gabaret étoit un bon Matelot, c'eſt-à-dire qu'il étoit très-intelligent dans les choſes de la marine.

MATELOT. Vaiſſeau Matelot, Vaiſſeau Second. *Byſtander, Macker, Noodt-hulp.*

Il y a deux ſortes de vaiſſeaux Matelots, car en de certaines armées navales on aſſocie deux-à-deux les vaiſſeaux de guerre, pour ſe prêter du ſecours mutuellement en cas de beſoin, & ces vaiſſeaux ſont Matelots l'un de l'autre. L'autre ſorte de matelots eſt dans toutes les armées navales, mais elle a ſeulement lieu pour les Oficiers Généraux qui portent pavillon. Ainſi, l'Amiral, le Vice-amiral, & enfin chaque Commandant d'une diviſion, ont deux vaiſſeaux matelots pour les ſecourir, l'un à leur avant, apellé Matelot de l'avant, & l'autre à leur arriére, appellé Matelot de l'arriére, ou Second de l'arriére. Quelquefois, quand l'Amiral tient la mer, il n'y a que lui qui par prérogative ait deux vaiſſeaux ſeconds, & les autres pavillons n'en ont que chacun un. „Dans les armées navales on range deux ou trois navires de guerre auprès „de chaque pavillon, d'où ils ne s'éloignent jamais: ils doivent leur don-„ner toute ſorte de ſecours, & recevoir & éxécuter les ordres. Ils ſe tien-„nent le plus ſouvent au lof & un peu de l'avant, & quelquefois ſous le „vent par le travers des hanches du vaiſſeau pavillon, l'un devant l'autre.

NAVIRE, ou Vaiſſeau Matelot. *Een ſchip bequaam om onder admiraalſchap te zeilen.*

C'eſt un navire qui étant paſſablement bon de voiles, peut aller de compagnie avec une flote, ſans lui cauſer de retardement en ſa route.

MATE-

MATELOTAGE. *Matroos-geldt.*

C'eſt le ſalaire des Matelots.

MÂTER, Mâteur, Mâture. Voiez ci-deſſus, après Mât.

MAUGÉRE, ou Mauge qui eſt moins en uſage. *Mammiering.*

Ce ſont des bources de cuir, ou de groſſe toile goldroneé, longues d'environ un pié, & qui reſſemblent à des manches ouvertes par les deux bouts, pour mettre à chaque dalot, ou delot, & ſervir à l'écoulement des eaux qui ſont ſur les tillacs, ſans que l'eau de la mer puiſſe entrer dans le vaiſſeau, parce-que les vagues aplatiſſent la maugére contre le bordage.

MAY, Mai. *Een traalie-werk om touwen nit te lekken.*

C'eſt un grand eſpace de bois grillé par le fond, où l'on met égouter le cordage, lors-qu'il eſt nouvellement ſorti du goldron.

M E.

MÉCHE. *Londt.*

C'eſt un bout de corde allumé, qui ſert pour mettre le feu au canon, aux artifices, & aux mouſquets. On s'en ſert auſſi pour mettre le feu aux brulots. La méche ſe fait de vieux cordages battus, que l'on fait boüillir avec du ſoufre & du ſalpêtre, & qu'on remet en corde groſſiére après l'avoir fait ſécher.

„On compte cinquante livres de mêche par mois pour l'entretien des mé„ches & bâtons à méche dans un vaiſſeau, & on compte que chaque livre „de méche doit brûler trois fois vingt-quatre heures.

MÉCHE ardente, ou allumée. *De roode haan, Een brandende londt.*

COMPASSER la méche. *De londt paſſen.*

PAQUET de méche. *Een kippe londt.*

MÉCHE. *Tintel, Vonk-doek.*

C'eſt de méchant linge brûlé, propre à prendre feu lors-que l'on bat le fuſil.

MÉCHE de villebrequin. *'t Yſer van een ſpijker-boor.*

C'eſt le fer qui ſert à percer, c'eſt-à-dire, la partie du villebrequin qui eſt atachée au fût.

MÉCHE de tariére. *'t Yſer van een avegaar.*

MÉCHE d'une corde. *'t Hart van een touw.*

C'eſt le touron de fil de carret qu'on mêle au milieu des autres tourons pour rendre la corde ronde. On dit auſſi Ame, Voiez, Ame.

MÉCHE de mât. *De lengte van een maſt, van de voet tot onder de ommers.*

Cela ſe dit du tronc de chaque piéce de bois, depuis ſon pié juſqu'à ſa hune.

MÉCHE de mât. *De tong van de maſt.*

C'eſt auſſi la principale piéce & celle qui eſt au milieu d'un mât, lors-qu'il eſt compoſé de pluſieurs piéces. Celles qui y ſont ajointes s'apellent *Swalpen, Zwalpen,* ou *Wangen.*

MÉCHE du gouvernail. *Schaft van 't roer, De poſt van 't roer.*

C'eſt la premiére piéce de bois qui en fait le corps.

MÉLIE, ou Mélis. Voiez, Toile.

MEMBRES d'un vaiſſeau. *Inhouten, Ribben, Scheeps-leeden.*

Le Membre eſt dans un vaiſſeau toute groſſe piéce de bois qui eſt néceſſaire pour le conſtruire, comme varangues, allonges, genoux &c.

MÉPLAT. Voiez, Bois.

MER.

MER. *Zee.*

C'eſt l'amas des eaux qui compoſent un globe conjointement avec la terre, & qui la couvrent en pluſieurs endroits. La plupart de ſes partie[s]
ont un flux réglé, & les autres n'ont de mouvement que ce qui leur e[ſt]
eſt donné par les vents. Il y a des embouchures de riviéres ſi vaſtes qu'o[n]
leur donne quelquefois le nom de Mer : ainſi l'embouchure de la Garonne eſt appellée Mer de Gironde. La Mer a divers noms ſelon les divers païs, ou climats, où elle s'étend, & les diverſes maniéres dont ell[e]
s'étend. La grande Mer s'apelle la Mer Océane, dans laquelle eſt le flu[x]
& reflux. Depuis l'E'quateur, du côté de deçà, on la nomme la Mer d[u]
Nord, ou Atlantique. Au-delà des terres de l'Amérique on l'apelle [la]
Mer du Sud, ou la Mer Pacifique. Sous le Pole on l'apelle la Mer Gla-
ciale, ou la Mer Blanche, à-cauſe de ſes glaces : vers la Suéde & le Danemarc, c'eſt-à-dire, au-delà du détroit nommé le Sond, la Mer Baltique; en venant du Sond vers le Pas de Calais, la Mer d'Allemagne; ſu[r]
les côtes de Bretagne & d'Angleterre, la Mer Britannique.

La Mer Méditerranée eſt celle qui entre dans les terres, & qui diviſe l'Europe, l'Afrique & l'Aſie. On l'apelloit autrefois la Mer des Grecs,
ou la Grande Mer. On l'apelle Liguſtique & de Toſcane vers l'Italie; Adriatique dans le golfe de Veniſe; Ionique & Aegée vers la Gré-
ce; Mer de Marmora, ou Mer Blanche, parce-qu'on tient qu'elle eſt for-
ſeure, entre l'Heleſpont & le Boſphore; & au-delà c'eſt la Mer Noire,
parce-que la navigation y eſt très-dangereuſe, ou Mer Majour, que les Anciens ont apellée Pont-euxin. Il y a encore d'autres mers particuliéres, comme le Lac Aſphaltite; la Mer Caſpie, Caſpienne, ou de Bahu, ou de
Sala; la Mer Rouge, Arabique, ou Vermeille, ou de la Mecque; & pluſieurs autres plus petites étenduës d'eaux, à qui l'on a auſſi donné ce nom,
& dont on ne peut pas faire ici mention.

MER Océane, Mer de Ponant. *De groote woeſte zee, Den Oceaan.*

MER Méditerranée, Mer de Levant. *De Middellandtſche zee.*

PLEINE Mer, Haute Mer, *Vlakke zee, Vlakte, Ruime zee.*

EN pleine **MER.** *In de ruime zee.*

PAR Mer. *Ter zee.*

METTRE à la Mer, Faire voiles. *Zee kieſen. In zee loopen, t' Zee leggen,*
   Uitloopen, In zee ſteeken.

C'eſt partir & faire ſa route. Ce vaiſſeau doit mettre à la mer en deu[x]
jours.

REMETTRE à la Mer. *Weer in zee ſteeken.*

METTRE un vaiſſeau à la Mer, ou, Le mettre à l'eau. *Een ſchip laaten afſlui-*
   pen.

C'eſt-à-dire, ôter un vaiſſeau de deſſus le chantier & le mettre à flo[t.]
Voiez, Lancer.

METTRE une flote en Mer. *Een ſcheeps-vloot in zee brengen, in zee laaten*
   gaan, op het waater brengen.

METTRE une flote à la Mer. *De vloot uitbrengen.*

C'eſt partir du port.

METTRE une chaloupe à la Mer. *De ſloep uitbrengen, in zee ſetten, over*
   boord krijgen, over boord ſchuiven.

                                                                    C'e[ſt]

C'eſt ôter la chaloupe de deſſus le tillac & la mettre dans l'eau. Nous mîmes notre chaloupe en mer parce-que pendant le combat elle nous embarraſſoit trop ſur le tillac.

TENIR la mer. *Zee houden, In zee blijven.*

C'eſt courir en haute mer loin des ports & des rades. Quoi-que notre vaiſſeau fût fort incommodé du combat nous tinſmes pourtant la mer.

TIRER à la Mer, Porter le cap à la Mer. *t'Zeewaarts in ſteeken.*

C'eſt ſe mettre au large de la terre. Après avoir bien atendu quelques matelots qui étoient reſtez à terre, nous tirâmes à la mer.

LA MER eſt courte. *De zee loopt kort, of krap, De zee-golven zijn klein en kort.*

C'eſt-à-dire que les vagues de la mer ſe ſuivent de près les unes des autres.

LA MER eſt longue. *De zee loopt lang, Daar zijn lange golven.*

C'eſt-à-dire que les vagues de la mer ſe ſuivent de loin & lentement.

LA MER briſe. *De zee ſchiet aan, of brandt.*

C'eſt lors-qu'elle boüillonne en frapant contre quelques roches, ou contre la terre.

LA MER mugit. *De zee raaſt, baart, bruiſt.*

C'eſt lors-qu'elle eſt agitée, & qu'elle fait un grand bruit.

LA MER blanchit, ou moutonne. Voiez, Moutonner.

MER étale. *Daar gaat geen zee meer, De zee is ſtil.*

C'eſt lors-qu'elle ne fait aucun mouvement ni pour monter, ni pour deſcendre.

LA MER raporte. *De ſpring-vloedt die begint weer.*

C'eſt-à-dire que la grande marée recommence.

LA MER va chercher le vent. *De zee komt tegen de windt aan.*

C'eſt-à-dire que le vent ſoufle du côté où va la lame.

MER qui va contre le vent. *Een zee die in de windt loopt tegen malkander.*

Cela arive lors-que le vent change ſubitement après une tempête.

LA MER ſe creuſe. *De zee gaat hol en bol.*

C'eſt-à-dire que les vagues deviennent plus groſſes & s'élèvent davantage, que la mer s'enfle & s'irrite.

DEUX MERS ſe battent. *De zeën die loopen tegen malkander aan, Twee golven die tegen aan komen.*

C'eſt-à-dire que deux vagues de la mer, pouſſées par deux vents opoſez, ſe rencontrent.

LA MER a perdu. *Het ty heeft verloopen.*

C'eſt-à-dire qu'elle a baiſſé.

IL Y A de la Mer. *'t Is hol waater, De windt maakt verbolgen ty.*

C'eſt-à-dire que la mer eſt agitée.

IL N'Y A plus de Mer. *De windt is op en neer, De zee is ſlegt, Het wordt ſtil.*

C'eſt-à-dire que la mer eſt calme, ou qu'après qu'elle a été agitée elle s'adoucit, ou ſe calme, à-cauſe que le vent a ceſſé. Il n'y avoit plus de mer, ce qui fut favorable pour nos galéres.

LA MER nous mangeoit. Voiez, Manger.

LA MER eſt lime, calme & unie. *De zee is ſtil, Het is vlak waater, ſlegt waater, effen zee.*

C'eſt-à-dire que la mer eſt unie; mais le terme de lime eſt des plus bas.

MER Pacifique. *Een ſtil zee.*

C'eſt une mer qui ſoufre peu d'agitation, telle qu'eſt la mer du Sud

Bbbb

dans

dans l'Amérique, qui est apellée proprement Pacifique. La Mer du Sud est pacifique au large, & impétueuse le long de la côte. Celle du Nord est gros
au large & presque toujours calme le long de la terre. Nous arivâmes e
un endroit où la mer étoit plus pacifique, tranquille, & paisible.

GROSSE MER. *Bol waater, Grof zee, Hol waater, Hooge zee, Verbolgen waater*
C'est l'agitation extraordinaire de la mer par les lames.

LA MER est grosse & fort agitée *De zee staat hoog, en met swaare storting:*
Het scholckt veel.

LA FURIE de la Mer agitée. *De woeede der ontroerde zee.*

LA MER s'abaisse. *De zee-baaren vallen neder.*

TEMS de Mer. *Een stinkende storm.*
C'est un orage violent.

COUPS DE MER, Mantures. *De slag van 't waater; Aanloop van de zee*
Worpen van de zee; Zeën die overslaan, overspringen, overspatten; Een stamp
zee, klop-zee, schock-waater.
Ce sont les mouvemens violens des houles, ou des vagues, que le ven
pousse, & l'eau qu'elles jettent contre le vaisseau, ou dedans.

RECEVOIR un coup de Mer. *Een zee krijgen.*

LA MER monte. *Het waater vloeidt, wast, loopt.*
C'est le commencement du flot.

LA MER descend, La Mer refoule. *Het gety verloopt, waalt, keert, afloopt*
valt. Voiez, Refouler.

A LA MER. Tomber à la Mer, Jetter à la Mer. *Over boord vallen, Ove*
boord smijten.

ETRE à la Mer. *Ter zee vaaren.*
C'est être sur la mer.

ALLER en mer. *t'Zee gaan; Sig ter zee, of in zee begeeven.*

SE METTRE sur Mer. *In zee raaken.*

LA MER roule. *De zee rolt.*
Cela se dit lors-que les vagues de la mer s'élèvent & se deploient sur un ri
vage uni.

LA MER brûle. *De zee vuurt.*
Cela arive la nuit, de gros tems: il semble que la mer soit alors en feu.

MER sans fond. *Een zee-streek te diep om te ankeren, Een grondt-zee.*
C'est un parage qui est trop profond pour y pouvoir ancrer.

MERIDIEN, ou Premier Méridien. *Middag-lijn, Meridiaan, Middag*
kring, Middag-rondt.
C'est un grand cercle qu'on imagine être décrit sur le globe terrestre, pou
établir & fixer un terme d'où l'on puisse commencer à compter la longi
tude terrestre, & conclurre ensuite combien un lieu, ou un parage, e
plus ou moins Oriental qu'un autre. Mais pour des interêts d'Etat cha
que nation a fait passer ce Méridien, selon son gré, par différens endroits d
la terre, prétendant par-là assurer ses découvertes & ses conquêtes dans le
Nouveau Monde, & en exclure les autres nations. Les François ont éta
bli ce premier Méridien dans la partie la plus Occidentale d'une des isle
Canaries, apellée, isle de Fer, ce qui est suivi par les Géographes de Fran
ce. Mais dans les voiages de long cours, la plupart des Pilotes commen
cent à compter leur longitude par le partement, se proposant en cela plu
de

de commodité & de facilité pour le pointage des cartes marines, & plus de certitude dans leur eftime. Les Hollandois le font paffer par le Pic de Ténériffe, qui eft la plus haute montagne du monde. Les Aftronomes divifent le Méridien en Senfible & en Rationel. Le Méridien fenfible, ainfi apellé de ce qu'il tombe fous les fens, eft un efpace du ciel terminé par deux grands demi-cercles, tirez par les deux poles du monde & par les zéniths, de deux lieux de la terre qui font éloignez entre eux de cinquante-mille pas géométriques ; & le Méridien rationel, auquel on donne ce nom parce-que c'eft l'entendement feul qui le conçoit, eft ce grand cercle que nous repréfentons comme paffant par les deux poles du monde & par les deux poles de l'horifon. Le Méridien détermine le point où les aftres font plus élevez fur notre horifon, & cela s'apelle Hauteur Méridiéne. Les Portugais avoient placé le premier Méridien aux Afçores, fous prétexte qu'ils avoient obfervé que l'aiguille aimantée n'y faifoit aucune déclinaifon ; mais cela n'eft pas particulier à ces ifles.

LIGNE Méridiéne. *Middag-lijn.*

On apelle Ligne Méridiéne une ligne qu'on trace du pole du Nord à celui du Midi, qui défigne fur un plan le cercle Méridien. Elle eft toujours perpendiculaire à l'horifon, & fert à dreffer les cadrans horifontaux, & à faire les obfervations des aftres dans les cadrans verticaux.

MERLIN. *Marling, Meerling.*

C'eft un petit cordages ou ligne à deux fils. On s'en fert à faire des rabans. Il y en a auffi de trois fils. Voiez, Lufin.

„On fe fert du merlin pour amarrer de petites poulies, & les bouts des gros „cordages, quand on met un vaiffeau en funin.

MERLINER une voile. *Marlen.*

C'eft coudre la voile à la ralingue par certains endroits avec du merlin.

MESTRE, ou Grand mât. *De groote maft.*

Meftre eft un mot Levantin, pour dire le Grand mât. Ils difent auffi, Arbre de Meftre.

MESURE. *Maat.*

C'eft ce qui fert de règle pour déterminer l'étenduë d'une quantité. La mefure nouvellement réglée de l'arpentage des eaux & forêts, eft de douze lignes par pouce, douze pouces pour le pié, vingt-deux piés pour perche, & cent perches pour arpent. On apelle Mefures Itinéraires, des mefures de la terre qui ont des noms différens & des longueurs différentes, felon les païs, comme les milles en Italie, & les lieuës en France ; & l'on fe fert des mêmes termes fur mer.

MESURE à poudre. *Kruidt-maat.*

METAL. E'paiffeur du métal d'un canon. *Spijs, Behoorlijke spijfe tot een ftuk gefchuts.*

C'eft la proportion & l'épaiffeur qu'on donne à la matiére d'une piéce de canon, felon les divers endroits de fon étenduë.

METTRE le linguet. *De fpil met de pal vaft maaken.*

C'eft mettre la piéce de bois nommée Linguet, ou E'linguet, contre une des fufées, ou taquets, du cabeftan, pour l'empêcher de dévirer ou retourner en arriéré.

METTRE une ancre en place. *'t Anker opkippen, op de zy opfetten.*

C'eft l'amarrer dans la place où elle doit être au côté de l'avant du vaiffeau.

METTRE un navire à l'eau. *Een schip uithaalen, laaten afloopen, in 't waater brengen.*
C'est le mettre à la mer de dessus les chantiers où il étoit. Voiez, Lancer.
METTRE dehors. Voiez, Dehors.
METTRE un navire en rade. *Een schip ter reede brengen.*
METTRE à la voile. *Onder zeil gaan, Weg zeilen.*
C'est partir d'un port. Voiez, Faire voiles.
SE METTRE de l'avant. Il tâcha de se Mettre de l'avant. *Hy maakte de voorste te zijn.* Voiez, Avant.
NOUS l'avons Mis de l'arriére. *Wy zijn hem voor uitgeschooten, voor uitgegaan.* Voiez, Arriére.
METTRE cul en vent. Voiez, Cul en vent.
METTRE au plus près du vent. *In de windt wenden, Overstaag wenden, By steeken.*
METTRE les voiles dedans, Mettre à sec, ou Mettre à mâts & à cordes. *Alle de zeilen beslaan, Sonder zeilen drijven.*
C'est trois termes signifient la même chose, & qu'il faut ferler & plier les voiles, sans en avoir aucune qui soit déploiée.
METTRE la grande voile à l'échelle. *'t Schooverzeil aan de val-reep beleggen.*
C'est amarrer le point de cette voile vis-à-vis de l'échelle par où l'on monte à bord, ou-bien au premier des grands haubans.
METTRE les basses voiles sur les cargues. *De onder-zeilen opgijen.*
C'est se servir des cargues pour trousser les voiles par en-bas.
METTRE à terre. *Aan landt setten.*
C'est descendre du monde, ou autre chose, du vaisseau à terre. Il ne purent mettre qu'une fois à terre sur cette côte, toute la mer y étoit grosse.
METTRE un matelot à terre. *Een matroos uitsetten, aan landt setten.*
C'est pour s'en défaire quand il ne fait pas son devoir.
METTRE un vaisseau à flot. *Een schip vlot houden en laaten blijven.*
C'est le faire floter sur l'eau, afin qu'il puisse naviguer.
METTRE à bord. *Aan boord haalen; Te scheep haalen.*
C'est tirer ou porter dans le vaisseau.
METTRE le feu aux poudres & faire sauter un vaisseau. *De roode haan insteeken, en het schip in de lugt laaten vliegen, of springen.*
MEULE à émoudre. *Een Slijp-steen.*
C'est une pierre dure qui sert à aiguiser les fers destinez à trancher & à couper.

MEURTRIE'RES, ou Jaloufies. *Schiet-gaaten, Mufquet-gaaten.*
Ce font des trous, ou petites ouvertures, par où l'on peut tirer.

MIDI. *Suid, 't Suiden.*
C'eft le Sud, ou le Pole Auftral & toutes les parties du monde qui font de
ce côté-là. Voiez, Sud.

M I.

MI-MÂT. Voiez, Huniers.

MINOT, Boute-dehors, Défenfe. *Een Haak-boom om 't anker uit te houden.*
C'eft une longue piéce de bois au bout de laquelle eft un crampon de fer
dont les matelots fe fervent quand on lève l'ancre, pour la tenir éloignée
du bordage du vaiffeau, afin d'empêcher qu'elle ne l'endommage quand
on veut la guinder en haut. Il n'y a que les gros vaiffeaux qui ont des mi-
nots. Les Hollandois ne s'en fervent pas, ils tiennent leurs boffoirs affez
longs pour que l'ancre ne touche pas à l'avant du vaiffeau quand on la
lève.

MINUTE. *Een Minuut.*
C'eft une mefure de tems qui vaut foixante fecondes, & dans une heure
il y a foixante minutes.

MINUTE. *Een feftigfte deel van een graadt.*
En terme de géometrie & d'aftronomie c'eft la foixantiême partie d'un degré,
lequel degré n'eft qu'une des parties d'un cercle qui fe divife en trois-cents-
foixante degrès. Suivant cela on dit que l'élévation du pole à Paris eft de
quarante-huit degrès cinquante minutes, & à Amfterdam de cinquante-
deux degrès quarante minutes.

MIRE, & Coins de Mire. *Mick en koinen, of keggen en wiggen.*
C'eft le point où l'on vife pour tirer une arme, & l'action de celui qui vife. Les Canoniers ont des Coins de mire qu'ils mettent fous la culaffe d'un
canon, pour le hauffer ou baiffer, vers le point où ils veulent tirer. Ces
coins de mire font faits de bois, & longs environ d'un pié; leur largeur eft
de fix à huit pouces, & leur épaiffeur de deux à trois d'un côté, & d'un
demi-pouce ou d'un pouce au-plus de l'autre: ils ont un manche du côté
le plus épais.

METTRE une piéce en Mire. *Een ftuk afpaffen.*
C'eft la pointer afin de donner où l'on a deffein que le pié du canon porte.

PRENDRE fa Mire, ou Chercher fa Mire, Mirer. *Affien, Micken.*
C'eft-à-dire, Regarder, en pointant un canon, en quel endroit on pourra
donner.

MIRER. La terre fe Mire. *'t Landt fteekt boven de nevel, De nevel leit laag op het
landt, Men fiet 't landt boven de nevel.*
C'eft-à-dire que les vapeurs font paroître les terres de telle maniére, qu'il
femble qu'elles foient elevées fur de bas nuäges.

MIROIR, Fronton, Dieu-conduit. *Vierkant wulf, Waapen-vlak.*
C'eft une cartouche de menuïferie placée au-deffus de la voute à l'arriére.
On charge le Miroir des armes du Prince, & on y met quelquefois la fi-
gure dont le vaiffeau a tiré fon nom. Voiez, Fronton & E'cuffon. Mais
Miroir eft le plus en ufage.

MISE'NE, ou Voile de Miféne. *De Fok.*

Bbbb 3

C'eft

C'eft la voile qui eft dans l'article fuivant. On écrit auffi Mifaine. Voiez, Voile.

MISE'NE. Mât de Miféne. *De Fokke-maft,*

On l'apelle auffi Mât d'avant. Quelques-uns l'apellent Trinquet, Mât de bourcet, Màterel & Mâtereau; mais il eft mieux de dire, Mât de miféne, ou mât d'avant. Ce mât eft celui qui eft mis debout fur l'avant du vaiffeau entre le beaupré & le grand mât. Quand on dit fimplement la Miféne on entend la voile de ce mât. Voiez, Mât.

MITAINES de matelots. *Wahten.*

MITRAILES. *Los fcherp, Kardoes-fcherp, Kardoes-fchroot.*

Ce font de vieilles ferrailles, menuës, ou brifées, de toutes fortes, dont on charge les canons, principalement fur la mer.

CANON chargé à Mitrailles. *Een gefchut met fchroot, of los fcherp gelaaden.*

C'eft un canon chargé de bales de moufquet, de petits morceaux de fer, & de têtes de cloux.

M O.

MODE'LE, Modelle, *Model, Schets.*

C'eft un patron artificiel qu'on fait de bois, ou d'autres matiéres, avec toutes fes proportions, afin de conduire plus feurement un grand ouvrage. On fait des modèles pour la conftruction des vaiffeaux, qu'on apelle Gabarits, Serfes, ou Calibres. Voiez, Gabarit.

MOIS de gages. *Maandt-geldt, Wedding, Maanden-folds van de matroofen.*

Ce font les gages des matelots.

MOISE. *Een Legger.*

C'eft un terme de charpenterie, qui fignifie un lien de bois qui afermit & lie les piéces qui font à plomb, ou inclinées dans un engin, un gruau, une grüe, une machine, ou un pont. Voiez, Gruau.

MOLE de port. *Een Steen-fluis, Een Steen-muur in een zee-haaven, Mole, Moelie, Hooft.*

C'eft une jettée de groffes pierres dans la mer, en forme de digue, qu'on fait dans les ports contre l'impétuofité des vagues, & pour empêcher que les vaiffeaux ennemis n'y entrent: ou-bien; C'eft une muraille circulaire, ou angulaire, faite dans la mer, qui enferme un port propre à mettre des vaiffeaux.

MOLETTES. Voiez, Amolettes.

MOLER en poupe, ou Pouger. *Voor de windt om wenden, Voor de windt zeilen.*

C'eft un terme des Levantins, pour dire, faire vent arriére, ou prendre le vent en poupe. Voiez, Vent.

MOLLIR. Le vent Mollit. Voiez, Vent.

MOLLIR une corde. *Bot geven, Vieren, Lengen.*

C'eft-à-dire, lâcher une corde afin-qu'elle ne foit pas fi roide.

MONDER, Mondé. Orge Mondé, Blé Mondé de plufieurs fortes, *Gruau, Grut, Gort.*

C'eft du blé dont on ôte l'écorce, foit qu'il foit concaffé, ou qu'il demeure en fon entier.

POTAGES de blé Mondé. *Grutte.*

„Ce font les potages que les Hollandois donnent aux équipages de leurs „vaiffeaux:

"vaiſſeaux, & dans la plupart des navires de guerre, on leur en ſert vingt &
"une fois par ſemaine, c'eſt-à-dire, trois fois par jour, au matin, à midi,
"& au ſoir : cela leur ſert comme d'avant-mets, & les rafraîchit.
"Plus les blés mondez & les légumes ſont bien renfermez & mieux ils ſe
"gardent, moïennant qu'on les ait pris bien ſecs. Il n'eſt pas beſoin de leur
"donner de l'air & de les remuer pendant-que les tonneaux n'ont point été
"ouverts ; mais depuis qu'ils le ſont une fois il faut remuer le blé ſouvent,
"& lui faire prendre l'air, ou-bien il court riſque de ſe gâter.

MONSON, Mouſon, Mouſſon. *Monzon.*

C'eſt un mot Arabe, qui ſignifie, Vent de ſaiſon, ou Vent réglé. Les Mouſſons regnent en de certains parages ſur la mer des Indes, cinq ou ſix mois
de ſuite ſans varier, & puis ſouflent cinq ou ſix autres mois du côté opoſé.
Quelques-uns diſent que Monſon eſt le nom d'un très-ancien Pilote, qui fut
le premier qui ſe haſarda à traverſer cette mer. Voiez, Alizé, & Vent Réglé.

MONTANT, Montans. *Stijl, Stijlen, Stutten.*

C'eſt une piéce de bois dreſſée debout : ainſi les piéces de bois qui ſont debout aux fenêtres, ſur leſquelles portent les battans des chaſſis, ſont des
montans, & les montans des cloiſons ſont des maniéres de pilaſtres longs
& étroits, qui ſervent à ſéparer & à fortifier les compartimens des cloiſons.
Les Montans ſont auſſi de piéces de bois perpendiculaires qui ſont retenuës
par des arcs-boutans dans les machines. Dans un vaiſſeau on apelle Montans toutes les piéces de bois droites qui ſont emploiées aux cuiſines, aux
ſoutes, & autres ouvrages du dedans.

MONTANS du youtis, ou du revers d'arcaſſe. *Gilling-houten, Wulf-ſtutten,
Stutten tot de krom-wulf.*

Ce ſont ces petites piéces d'apui en revers qui font ſaillie à l'arriére, &
qui ſoutiennent le haut de la poupe avec tous ſes ornemens. On les apelle auſſi
Courbatons.

MONTANS des ſabords. *Stutten.*

MONTANT du bâton de pavillon. *Knie aan de vlag-ſtok.*

C'eſt une piéce de bois droite, à laquelle eſt une tête de More, où paſſe
le bâton, ou la gaule d'enſeigne de poupe. Voiez, Mât.

LE MONTANT de l'eau, Le Flot. *De vloedt, Waſſend waater.* Le Montant & le deſcendant de l'eau. *Op-en-neer-gaande tij.*

MONTE', Vaiſſeau Mónté de 50. ou 60. canons. *Een ſchip voerende 50. of
60. ſtukken geſchuts, of gemonteert met 50. ſtukken.*

Ce terme de Monté eſt pour exprimer le nombre des canons qui ſont dans
un vaiſſeau. Lors-que le Soleil Roïal fut brûlé à la Hogue par les Anglois
& par les Hollandois il étoit monté de cent-quatre canons. Il y fut brûlé
vingt & un gros vaiſſeaux montez depuis 70. juſqu'à 104. canons, à la
réſerve d'un. On détacha deux chaloupes montées des équipages des vaiſſeaux, pour leur porter en rade les rafraîchiſſemens néceſſaires.

VAISSEAU Monté de trois cents hommes. *Een ſchip met drie hondert mannen
gemant, of bemant.*

C'eſt-à-dire qu'il y a trois cents hommes d'équipage. "Les galiotes & les
"boïers de la grandeur la plus commune, ſont montez de cinq à ſix hommes,
"& l'on y ajoûte, ou diminuë ſelon que les bâtimens ſont plus ou moins
grands.

grands. Les Pinques font montées de quatre hommes, outre le Pilote. Les belandres ne font montées que d'un, deux, ou trois hommes tout-au-plus.

MONTER au vent. *De loef affteeken, Boven de windt komen, De loef winnen.*

C'eft louvier pour prendre l'avantage du vent. Voiez, Gagner.

LA mer Monte. Voiez, Mer.

MONTER & Démonter un gouvernail. *'t Roer aan-en-af-hangen.*

C'eft le pofer & l'atacher à l'étambord par le moien des rofes & des vittes, ou l'ôter.

MONTURE, Armement, E'quipement. *Waapeninge en manninge, Uirruftinge, Equipagie.*

Ce font les hommes & les canons dont un vaiffeau eft armé.

„La monture ordonnée par les Réglemens pour les vaiffeaux deftinez pour „la Méditerranée, doit être pour le moins de 24. piéces de petit canon „dont les plus petits doivent être de cinq livres de bale, avec 50. hommes „y compris deux ou trois mouffes, & encore n'en doit-il point partir fans „être en compagnie d'un autre, pour le moins, également armé: & cela eu „égard aux vaiffeaux qui chargent à cüeillette. Pour ceux qui font en-„tiérement chargez par quelques Particuliers, leur monture doit être pro-„portionée à leur grandeur; favoir un vaiffeau du port de 100. laftes doit „être monté de 10. petits canons & de 20. hommes, un vaiffeau de 100. à „150. laftes, de 12. petits canons & de 24. hommes; un vaiffeau de 150. à „200. laftes, de 14. petits canons & de 32. hommes; tous les canons étant „au-moins de 4. livres de bale. Il en doit être de-même de tous les autres „vaiffeaux qui partent des Provinces Uniés pour la France, l'Angleter-„re, l'Irlande, Terre-neuve & autres lieux, lors-qu'ils doivent paffer la „Manche.

MONTURE, ou Afût de fcie. *De Raam van eén faag.*

C'eft le bois & la corde qui tiennent une fcie.

MOQUE. *Doodts-hoofdt-blok.*

C'eft une efpéce de moufle, percé en rond par le milieu, & qui n'a point de poulie. Le trou de ce moufle s'apelle, *Doodt-mans-oog.*

MOQUE de fivadiére. *Kondtwagter, Kontwagter, Koufwagter.*

C'eft la moque où paffe l'écoute de fivadiére.

MOQUES du grand étai. *Stag-bloks, Groote ftag-bloks daar de ftag-taalie door gaat*

Ce font deux gros caps de mouton qui font fort longs, & prefque quarrés en groffeur; dont l'un eft mis au bout de l'étai, & l'autre au bout de fon colier. Il y a une ride qui leur fervant de lieure fait qu'ils peuvent fe joindre; enforte qu'ils ne font qu'un même corps, ou une même manœuvre.

MOQUES de pattes de bouline. *Spruit-blokken.*

MOQUES de trelingage. *Blokken tot de hannepotjes aan ftagen en marffen.*

Ce font des efpéces de caps de mouton où paffent les lignes des trelingages des étais des vaiffeaux François, les vaiffeaux Hollandois n'aïant point de pareils trelingages. Voiez, Trelingage. Cela n'a été bien éclairci que depuis que l'article *Cap de mouton de martinet* a été imprimé. Ainfi pour démêler la confufion qui eft dans cet article, il faut favoir que le Cap de mouton de mar-

GOUJONS de poulie. *Bouten tot de bloks, Spilletjes.*

GOUJURE. *Goot.*
C'eſt une entaille faite autour d'une poulie, afin d'encocher l'étrope. Ce mot ſe dit auſſi de celles qu'on fait autour d'un cap de mouton ou qui ſer-vent à tenir les haubans.

GOUJURE de chouquet. *Keep, Goot.*
C'eſt l'entaille qu'on fait à chaque bout, par où paſſe la grande étague.

GOULDRON. Voiez, Goudron.

GOUPILLE. *Spie, Speil.*
C'eſt une ſorte de petite clavette, faite de fer, plate & en forme de lan-guette, & que l'on met dans les ouvertures des chevilles de fer pour les te-nir fermes.

GOURMETTE. *Een Jong, Een Swabber.*
C'eſt un valet, ou garçon, qu'on emploie dans le navire à toute ſorte de travail. Ses fonctions ſont particuliérement de nétoïer le vaiſſeau, & de ſervir l'équipage. Ce terme eſt Provençal.

GOURMETTE. *Een Wagter, of Waaker, op een ſchuit, of op een ligter.*
C'eſt la garde que les Marchands mettent ſur un bateau, ou ſur une allé-ge, pour la conſervation des marchandiſes.

GOURNABLES. *Naagels, Houte-nagels, Naai-naagels.*
On apelle ainſi certaines chevilles de bois qui ne ſont point façonnées, & dont on ſe ſert pour atacher les planches du bordage avec les genoux, les allonges, & les autres membres d'un vaiſſeau. Voiez, Chevilles de bois.

GOURNABLES pour les écarts de la quille. *Schei-nagels, Keer-naagels.*
„Les Gournables des écarts doivent avoir un pouce d'épais, ou de diamé-„tre, par chaque cent piés de la longueur du vaiſſeau: ceux qu'on emploie „dans un vaiſſeau de cent-trente-quatre piés de long, doivent avoir un „pouce & un quart d'épaiſſeur.

GOURNABLER un vaiſſeau. *Naagelen.*
C'eſt mettre des chevilles pour la conſtruction & liaiſon du bordage d'un vaiſſeau.

GOURNABLE'. *Afgenaagelt.*

GOUSSET. *Helm-ſtok.*
Voici encore un de ces termes ſur leſquels on ne ſait quel parti prendre, à-cauſe des différens ſentimens qu'on trouve tant dans les Auteurs, que par-mi les Mariniers. Les uns diſent que le Gouſſet eſt la barre du gouvernail dans les petits bâtimens, & en ce cas c'eſt *Helm-ſtok* en Flamand. D'au-tres diſent que c'eſt la boucle de fer qui eſt autour du bout du timon du gouvernail, & où la manuelle entre pour le joindre; & en ce cas c'eſt *Beugel om de roer-pen daar de kolder-ſtok heen ſteekt.* D'autres diſent que c'eſt un morceau de bois, au bout duquel il y a deux tourillons, qui entrent dans deux barrotins au deuxième pont du vaiſſeau: ils ajoûtent qu'il eſt percé au milieu pour laiſſer paſſer la barre du gouvernail, c'eſt-à-dire, la manuelle qui fait tourner & arrêter le timon. C'eſt-là une deſcription du hulot, où eſt la noix; & en ce cas c'eſt, *Bril, en Bril-gat.*

GOUTTIÈRES, Goutiéres. *Waater-borden, Waater-gangen, Uitwaaterin-gen.*
Ce ſont de longues piéces de bois, qui ont aſſez d'épaiſſeur, & qu'on fait

regner le long du pont , tout-autour du vaiſſeau , en-dedans. C'eſt dans ces piéces de bois que ſont percez les dalots par où l'eau d'entre les ponts trouve à s'écouler. Les dalots mêmes s'apellent auſſi Gouttiéres.

GOUTTIERES. *Buſſen.*

Ce ſont des trous dans le bois du vaiſſeau , par leſquels l'eau paſſe. Voiez, Dalots.

GOUVERNAIL. *Roer, Stuur.*

C'eſt une longue piéce de bois , plate & large , ou un aſſemblage de pluſieurs piéces , qui ſe met ſur des pentures de fer à l'arriére du vaiſſeau , le long de l'étambord , de-ſorte qu'elle eſt mobile , & portant dans l'eau elle diviſe les vagues , & les jettant ou à-droit , ou à-gauche , par le mouvement que lui donne la barre du Timonier , elle fait auſſi mouvoir le corps du vaiſſeau , tantôt à ſtribord , tantôt à babord , ſelon les diverſes néceſſités de la navigation.

„ Selon le ſentiment de quelques Charpentiers , on doit donner quatre pou-
„ ces de largeur au gouvernail , par chaque douze piés de la longueur du
„ vaiſſeau ; ſi-bien que le gouvernail d'un vaiſſeau de cent piés de long , de
„ l'étrave à l'étambord , doit avoir trente-trois pouces de large.
„ Les Charpentiers qui ont proportioné le vaiſſeau de cent-trente-quatre piés
„ de long , donnent à ſon gouvernail vingt-ſix pouces de long , trois piés
„ ſix pouces de large par le bas , douze pouces d'épais en-dedans , & dix
„ pouces en-dehors. Il ne peut être plus long , parce-qu'il donneroit con-
„ tre le voutis , qui en empêcheroit le jeu ; & d'ailleurs cela ſeroit inutile
„ parce-que jamais l'eau ne monte ſi haut. Il ne peut auſſi être plus court,
„ parce-qu'il faut que le timon ſoit juſtement contre le haut de la gardien-
„ nerie , vu-que s'il étoit plus bas il l'embarraſſeroit tellement qu'il n'y au-
„ roit pas moien de s'en ſervir. Il ne doit pas auſſi deſcendre plus bas que
„ la quille , parce-qu'il pourroit donner contre le fond.
„ Pour ſa largeur de trois piés ſix pouces par le bas , la raiſon que ces mêmes
„ Charpentiers en rendent , eſt que s'il étoit plus large le vaiſſeau en ſeroit plus
„ difficile à gouverner à-cauſe de la peſanteur , & qu'il y auroit plus de danger
„ qu'il ne fût briſé par les coups de mer ; car tout le monde ſait que l'eau trou-
„ ve plus de priſe & fait plus d'éfet ſur les corps étendus & peſans , que ſur
„ ceux qui ſont plus petits & plus legers. Que ſi l'on faiſoit auſſi le gou-
„ vernail trop étroit , il ne ſe feroit pas aſſez ſentir au vaiſſeau. On le tient
„ plus large par le bas que par le haut , parce-que c'eſt la partie qui eſt dans
„ l'eau qui produit tout l'éfet , & que pouvant ſans incommodité être plus
„ étroit par le haut , il en a plus de force ; car le vent & l'orage ont moins
„ de priſe ſur une petite étenduë de bois , que ſur une plus grande.
„ Les vaiſſeaux ne ſentent pas leur gouvernail , quand les courans viennent
„ en côté , & qu'ils ont plus de force que n'en a l'aire du vaiſſeau ; ou quand
„ le gouvernail étant trop étroit , la quantité d'eau qui l'environne n'eſt
„ pas aſſez grande , & par-conſéquent n'a pas aſſez de force pour le faire
„ mouvoir ; éfet qui eſt auſſi produit par le calme. Cela arive encore lorſ-
„ que le gouvernail n'eſt pas bien proportioné , ou quand les vaiſſeaux n'ont
„ pas aſſez de tirant d'eau à l'arriére ; ou quand ils ont l'arriére trop large ,
„ & que leur largeur rompt la force de l'eau , & l'empêche de donner aſſez
„ contre le gouvernail. Quand le gouvernail eſt opoſé au vent , c'eſt le
„ moien

„moïen de faire droite route. Par éxemple,
„fi le vent pouffe le vaiffeau à l'Eft, & que
„le jeu du gouvernail le veüille faire tour-
„ner à l'Oüeft, le vaiffeau fillera jufte au
„milieu de ces deux rumbs, & courra ou au
„Nord, ou au Sud. C'eft ce qui rend le
„vent de bouline fi commode & fi utile.

„On met des clavettes dans les gonds du
„gouvernail pour empêcher qu'il n'en for-
„te; & pour le mieux arrêter encore on
„fait paffer une fauvegarde au-travers, qui
„eft amarrée au vaiffeau. On voit affez fou-
„vent des trous dans le bas plancher de la
„chambre du Capitaine, par où l'on paffe le
„gouvernail pour le fufpendre, & en ce cas
„on n'eft point obligé de changer de place
„les bancs qui font dans la chambre : mais
„cela ne fe peut pratiquer à-moins que les
„vaiffeaux n'aïent beaucoup de revers.

„Pendant les grandes tempêtes, on n'ata-
„che pas toujours la barre du gouvernail fous
„le vent, pour fe laiffer aller à la dérive ;
„on le fait tenir par quatre ou cinq hom-
„mes, qui lui laiffent un peu de jeu, & qui
„le gouvernent par le moïen de palans qui
„font amarrez à la barre. Cela fe peut faire
„auffi par deux hommes qui font fur le pre-
„mier pont, & pour cet éfet il y a quelque-
„fois un rouët fous la manuelle, par où
„paffe une corde avec laquelle ils gouver-
„nent. La même chofe fe pratique dans les
„autres ocafions où le vaiffeau ne font pas
„bien fon gouvernail. Plus le gouvernail
„eft en-travers plus eft-il difficile à faire
„joüer.

VOICI ce qu'un autre Auteur a écrit fur ce
fujet.

„Le Gouvernail doit être de même épaiffeur
„que le derriére de l'étambord auquel il eft
„ataché. S'il eft plus épais, il retarde le
„fillage du vaiffeau; & s'il eft moins épais,
„le vaiffeau ne gouverne pas comme il faut.

„Les Gouvernails des bâtimens qui navi-
„guent fur les eaux internes, lacs, rivié-
„res &c. qui ne font que de petites bor-
„dées, & qui revirent inceffamment, com-
„me les femalles & les wydts, les cagues,
„les damelopres &c. ont ordinairement un
„pié de large par chaque dix piés de la lon-

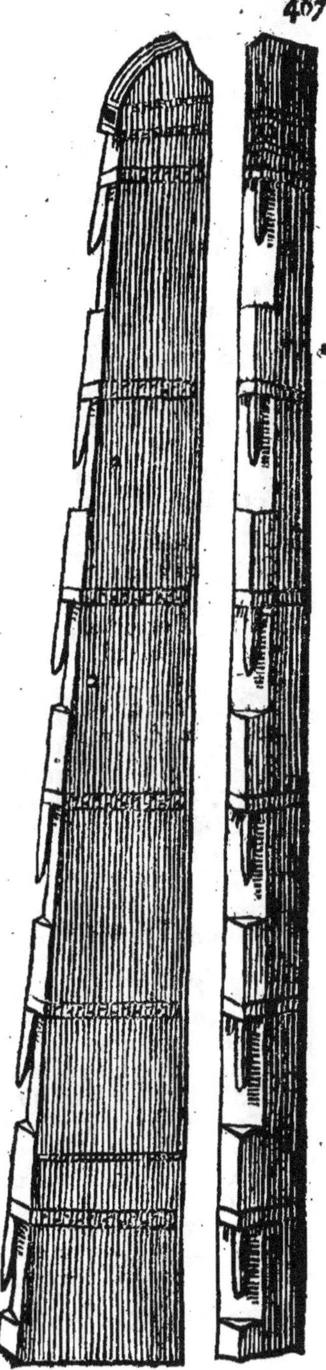

Nnn 2

„gueur du bâtiment; mais la partie qui est sous l'eau, doit être plus large
„On ne tient pas le gouvernail d'un grand vaisseau si large à proportion
„parce-que cela seroit inutile, & que le gouvernail se briseroit bien plu-
„tôt en revirant. Depuis quelque tems on ne lui donne que trois pouces
„de large au bas, par chaque dix piés de la longueur du vaisseau, & la
„moitié moins au-dessus de l'eau. Les vaisseaux qui doivent naviguer au
„Sud, ou à l'Oüest, doivent avoir la partie de leur gouvernail qui regar-
„de l'étambord, garnie de cuivre, à-cause des vers.
„On ne doit jamais manquer d'avoir dans un vaisseau un gabarit bien éxact
„de son gouvernail, & du talon de la quille, de l'étambord, & des pen-
„tures, afin-qu'en cas d'accident, on puisse s'en servir pour faire un nou-
„veau gouvernail.

*VAISSEAU qui ne sent point son Gouvernail. *Een roer-hardt en ongefond*
schip, dat niet wil vallen, dat uit sijn roer is.

GOUVERNEMENT. *Schips-bestier.*
C'est la conduite du vaisseau. Le Maître & le Pilote ne font pas respon-
sables de la force des courans, ni des vents contraires; mais ils le doivent
être de la manœuvre & du mauvais gouvernement. On dit, que le suc-
cès d'un voiage dépend du bon gouvernement du Pilote.

GOUVERNER. *Stieren, Stuuren, Aan 't roer staan.*
C'est tenir le timon, & porter le cap sur le rumb de vent que l'on veut
suivre. On dit aussi, Gouverner au Nord, Faire route au Nord, Faire le
Nord, Porter au Nord, Courir au Nord, Faire sa course au Nord, Naviguer au Nord, Faire voiles au Nord, & Gouverner Nord. Tout cela
signifie la même chose. Nous marchions à petites voiles, gouvernant sur
un vaisseau qu'on voioit à l'ancre, à deux lieuës de nous. L'Oiseau, qui
tenoit la tête de l'escadre, s'aprocha à la portée du canon, & l'on crut
qu'il falloit gouverner droit à son arriére.

GOUVERNER au Nord, ou Gouverner Nord, *Noord aanleggen.*
C'est-à-dire, Faire route au Nord. Voiez, Faire route, Porter & Mettre le cap.

IL GOUVERNA sur la principale escadre. *Hy hielt 't op het hoofdt-esquadre*
aan.

NOUS ne pouvions plus Gouverner. *Wy hadden het schip niet meer in ons ge-*
weldt.

GOUVERNE où tu as le cap. *Hou soo regt heen, Man te roer; Soo houdt,*
soo heen.
C'est un commandement que l'on fait au Timonier, de gouverner le vaisseau à l'air, ou rumb de vent, où il est.

GOUVERNE à tel air de vent. *Hou die streek, Hou sulke of sulke streck.*
C'est un autre commandement qu'on fait au Timonier, afin-qu'il gouverne au rumb de vent qu'on lui marque.

LE NAVIRE Gouverne-t-il. Voiez, Navire.

IL GOUVERNE comme un poisson. *Het loopt door waater als een visch,*
Het zeilt als een haaring.
Cette comparaison est pour faire entendre que le vaisseau gouverne bien.

PRENS garde à Gouverner. *Pas wel op uw stuur.*
C'est un avertissement au Timonier de bien gouverner à l'air de vent que
le Pilote lui a marqué.

ON

ON A DE la peine à bien Gouverner ſur les grands vaiſſeaux. *Groote ſchee-
pen leggen ongemanieert in zee.

GOUVERNEUR, ou Timonier. *De man te roer.*

C'eſt celui qui tient la barre du gouvernail pour conduire le vaiſſeau ſelon
ſon quart. Voiez Timonier.

G R.

GRAIN d'orge, ou Ligne. *Het twaalfſte deel van een duim.*

C'eſt la douzième partie d'un pouce, qu'on apelle autrement ligne, meſure
dont les Charpentiers ſe ſervent.

GRAIN de vent. *Kaak, Bui, Vlaag, Donder-windt met vlaagen.*

C'eſt un nuage comme un tourbillon qui paſſe en fort peu de tems, &
qui donne du vent, ou de la pluïe, & quelquefois les deux enſemble. Il faut
alors avoir ſoin de ſe tenir prêt aux driſſes & aux écoutes, pour les larguer
s'il eſt néceſſaire. Nous découvrîmes à la bande de l'Eſt un nuage, qui étant
venu à nous nous deſempara de nos deux huniers, parce-qu'on négligea
de les amener aſſez tôt. Le Gabier aïant aperçû à l'Oüeſt un petit nuage
dont l'étenduë ne paroiſſoit que de dix à douze piés, cria trois ou quatre
fois, Au Grain, *Daar komt een bui op.* En éfet un moment après nous en-
durâmes pluſieurs grains, qui portérent ſur nos voiles & ſur la manœuvre,
de-ſorte que le vaiſſeau demeura deſemparé. Nous fûmes pris d'un grain.
Il ſe forma des grains qui nous donnérent le vent de Sud.

GRAIN peſant, ou Grain qui pèſe. *Een ſwaare bui.*

C'eſt celui qui eſt acompagné d'un gros vent.

GRAPIN, Hériſſon, Riſſon, Harpeau. *Dreg, Dregge, Enter-dregge.*

C'eſt une petite ancre qui a cinq pattes, & qui ſert à tenir une chaloupe
ſur le rivage, ou en quelque autre endroit. Le terme de Grapin, eſt le
meilleur.

MOÜILLER le Grapin. *Dreggen.*

GRAPIN à main, ou Grapin d'abordage. *Dregge, Enter-dregge, Handt-en-
ter-dregge.*

C'eſt un croc, qu'on jette avec la main, de deſſus les haubans & le beaupré, ſur un vaiſſeau ennemi qu'on veut acrocher, ce qui le fait apeller
auſſi Grapin d'abordage. Les matelots qui le doivent jetter, ſe mettent ou
ſur les haubans, ou ſur le beaupré, & ſouvent ſur les écotars, & lors-que
le grapin a ſaiſi quelque choſe du vaiſſeau ennemi, on hale la corde qui
eſt atachée au grapin, & on fait aprocher les deux vaiſſeaux.

Pour les Anglois ils jettent ordinairement les grapins dans les hauts du vaiſſeau, & tâchent d'acrocher la dunette ou le château d'avant, & d'y ſauter
en même tems, étant, pour cet éfet, bien pourvus de haches d'armes, de
ſabres, & de mouſquets.

GRAPIN de brulot. *Enter-dregge.*

C'eſt un grapin qui a des crochets au-lieu de pattes. On les met au-bout
du mât de beaupré & des vergues des brulots, pour acrocher le navire qu'on
veut brûler.

JETTER le Grapin d'abordage. *Dreggen, De dreggen werpen en vaſt hechten.*

GRAPINS de Charpentier. *Timmermans-haaken.*

GRAS. Bois ou bordage trop gras. *Een hout of plank die dik is over den eiſch.*

C'eſt un terme de Charpentier pour dire qu'une piéce de bois, qu'un bordage à trop d'épaiſſeur, ou de largeur, qu'il ne peut entrer dans le lieu où on le veut placer, & qu'il faut le diminuer ; ce qu'ils apellent Démaigrir.

GRASSE BOULINE. Voiez, Bouline.

GRATTER un vaiſſeau. *Schrappen.*

C'eſt râcler & purger le bois du vieux goudron qui eſt deſſus. On gratte les dehors du vaiſſeau, ſes ponts & ſes mâts, lors-que le Capitaine trouve qu'il eſt néceſſaire, & cela ſe fait avec un outil nommé Râcle pour le moins une fois l'An, vers le Printems. Auſſi-tôt qu'on a gratté ou râclé les bordages des côtés, il faut les goudronner avec du goudron chaud, par-ce-qu'autrement le bordage ſe noircit, ſur-tout s'il pleut deſſus avant qu'on le goldronne.

GRATOIR, Gratoirs. *Schrab-yſer, Schrap-yſer.* Voiez, Râcle.

GRAVE, La Grave. *Een ſteenagtige ſandt aan den oever van de zee.*

Ce mot ſignifie parmi les équipages des vaiſſeaux de Terre-neuve, un eſpace plein de cailloüage ſur le bord de la mer, où les pêcheurs font ſécher au Soleil leur moruë & d'autres poiſſons.

GRELIN, Greſlin, Guerlin. *Greling.*

C'eſt le plus petit des cables du vaiſſeau, & qui ſert à l'ancre d'afourché: il ſert auſſi à toüer les vaiſſeaux. On dit, Nous donnâmes un grêlin au vaiſſeau que nous avions pris, afin de le toüer. M. Daſſié dit que les grêlins & les cables doivent être de trois torons, & chaque toron de trois cordons, & que les grêlins doivent avoir ſix-vingts braſſes de long, & les gros cables cent-cinq braſſes ſeulement.

GRENADE à main *Handt-granaat.*

C'eſt une petite boule de fer, creuſe en-dedans. Il y en a auſſi de fer blanc, de verre, de bois, ou de carton: La grenade a deux pouces & demi de diamétre. On la remplit d'étoupe & de poudre, & on lui fait prendre feu par le moien d'une fuſée miſe à ſa lumiére. Elle ſe jette à la main dans des poſtes où les ſoldats ſont preſſez, & elles ſont trés-bonnes dans un abordage, & pour faire rendre le vaiſſeau à ceux qui ſe ſont retranchez ſous un corps-de-garde, ou entre deux ponts. Mais il faut bien prendre garde à ne la pas tenir longtems, quand le feu a pris à la fuſée.

CHARGER & jetter des Grenades. *Handt-granaaten laaden en werpen, of ſmijten.*

GRENADIER. *Granadier.*

C'eſt le ſoldat qui eſt prépoſé pour jetter les grenades dans le navire ennemi. Il faut qu'il s'éxerce ſouvent avec des grenades faites de carton.

GRENADIE'RES. *Taſſen tot handt-granaaten.*

Ce ſont des gibeciéres où les Grenadiers mettent leurs grenades.

GRENIER. *Garnier, Garnieringe.*

Ce ſont des planches qu'on met au fond cale & aux côtez, juſques aux fleurs, quand on veut charger en grenier, pour mieux conſerver les marchandiſes.

GRENIER. Mettre en Grenier, Charger en Grenier. *Met ſtort-goederen laaden.*

C'eſt-à-dire, Embarquer du ſel, du blé, des légumes, au fond de cale ſans les embaler.

GREVE.

GREVE. *Voet-ſtrandt.*

C'eſt un terrein plat, ſur le rivage de la mer, ou ſur le bord d'une riviére.

GRIBANE. *Een Gribaan, Een boot die op de kuſt van Normandije vaart.*

C'eſt une ſorte de barque ordinairement bâtie à fole, & qui eſt depuis trente juſques à ſoixante tonneaux. On ſe ſert de ce bâtiment pour naviger en marchandiſe aux côtes de Normandie. Il porte un grand mât, un mât de miſène ſans hunier, & un beaupré. Ses vergues ſont miſes de biais comme celles de l'artimon.

GRIGNON. *Hardt-broodt, of Tweebak aan ſtukken.*

C'eſt du biſcuit qui eſt par morceaux, & non en galettes.

GRIP. *Een ſoort van een Brigantijn.*

On apelloit ainſi autrefois un petit bâtiment que l'on équipoit pour aller en courſe, tel qu'eſt aujourdhui le brigantin.

GROS. Le Gros d'un vaiſſeau. *Het Hart van 't ſchip.*

„C'eſt le milieu du vaiſſeau. On y met les plus épais bordages par„ce-que le bâtiment ſoufre plus en cet endroit, & qu'il a moins de force „qu'à l'avant & à l'arriére. La hauteur du gros d'un navire ſe prend à la „premiére préceinte, au milieu.

GROS-TEMS. *Swaar weer, Hardt weer, Ruuw weder.*

C'eſt un tems orageux. On ſe ſert préſentement beaucoup de ce terme. Voiez, Tempête & Tems.

GROSSE, Groſſe Avanture. *Bodemerij.*

C'eſt un argent qu'on prête ſur le corps d'un vaiſſeau, ou ſur le corps & la cargaiſon.

On dit, Contract à groſſe avanture, ou à la groſſe, ou à retour de voiage. L'argent à la Groſſe peut être donné ſur le corps & quille du vaiſſeau, ſes agrès & apparaux, armement, & victuailles, conjointement ou ſéparément, & ſur le tout ou partie de ſon chargement, pour un voiage entier, ou pour un tems limité. Il eſt fait défenſes de prendre des deniers à la groſſe, au-delà de la valeur des choſes ſur quoi ils ſont aſſignez, & ſur le fret à faire par le vaiſſeau, & ſur le profit eſpéré des marchandiſes, même ſur les loïers des matelots, ſi ce n'eſt du conſentement du Maître, & au-deſſous de la moitié du loïer. On peut voir tout le reſte des Réglemens faits ſur les prêts à la groſſe, dans l'Ordonnance du Roi de France touchant la Marine, de l'an 1680. Voiez, Bomerie.

METTRE de l'argent à la Groſſe avanture. *Geldt op de bodemery doen, Geldt op caſk en corpus van 't ſchip leenen.*

GRUAU. *Grut, Gort.*

C'eſt du blé mondé, aliment ordinaire parmi les Hollandois, qui en font leurs potages ſur les vaiſſeaux, & qui même en quelques vaiſſeaux en ſervent juſqu'à vingt & une fois par ſemaine. Voiez, Monder.

GRUAU. *Een regt-opgaande Kraan.*

C'eſt une machine dont on ſe ſert pour élever des fardeaux. Le Gruau n'eſt différent de l'Engin qu'en ce que la piéce qui ſe nomme Fauconneau, ou Etourneau, eſt poſée de haut en bas, & eſt plus longue que celle de l'Engin.

Le Gruau & l'Engin ſont donc compoſez d'un étourneau, ou fauconneau,

nom-

nommé *Schuins-kraan-balk*, felon les ouvriers qui font emploiez à cet ouvrage, ou *Het uitfteekende Eefels-hoofdt*, felon un bon Auteur ; avec la fellette, *Dwars-fchoor* ; & les liens, *Schuins-of-dwars-fchoortjes* ; pofez au haut
d'une longue piéce de bois qu'on nomme poinçon, *Pin, of Punt van d*
ftaander. Ce poinçon eft affemblé par le bout d'embas à tenon & mortaife
dans ce qu'on apelle la fole, *Bedding* ; affemblée à la fourchette, *Dwars*
balk onder. Il eft apuïé par l'échelier ou rancher, *Staart-balk* ; & par deux
bras ou liens en contrefiche, *Schuins-ftutten*. Les bras font pofez par en
bas aux deux extrémités de la fole, & par en-haut dans un boffage, *Bor*
onder de pin, qui eft un peu plus bas que la fellette. L'échelier eft affemblé par en-bas dans une mortaife au-bout de la fourchette, & par en-hau
dans le même boffage où font arrêtez les bras : il a un tenon qui paffe tou
au-travers d'une mortaife & au-delà du boffage du poinçon, où il e
arrêté avec une cheville.

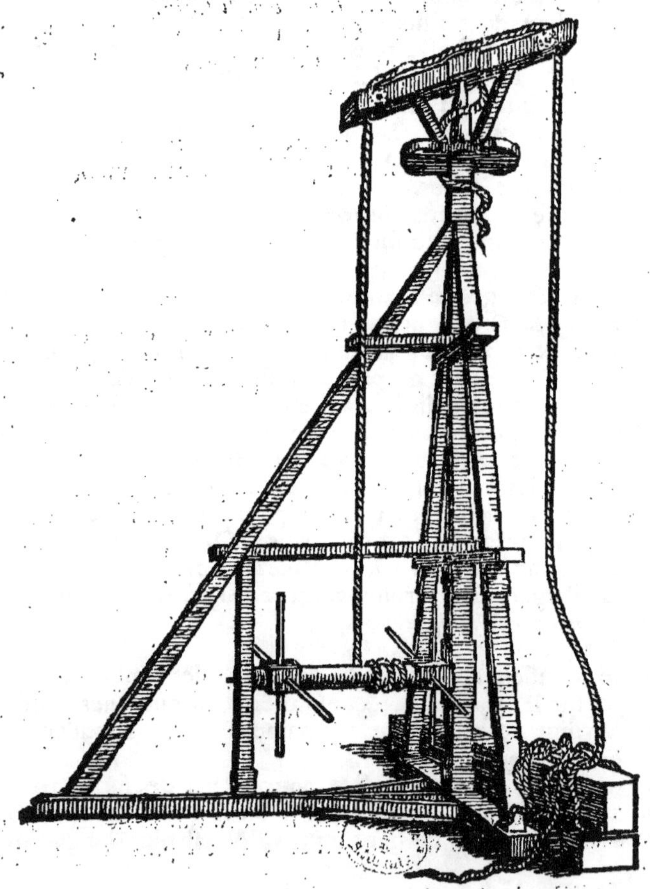

Les bras & le rancher font encore liez & arrêtez aux poinçons avec d
　　　　　　　　　　　　　　　　　　　　　　　　　　　　　　mo

moifes, *Leggers*, affemblez avec tenons & mortaifes, & des chevilles cou-
lifles qui fe mettent & s'ôtent quand on veut. L'on met plus ou moins de
moifes l'une fur l'autre felon la hauteur du Gruau, ou de l'Engin. Le rancher eft garni de chevilles de bois qu'on nomme ranches, *Klampen tot de
trap*, qui paffent au-travers, & fervent d'échelons pour monter au haut de
la machine, & pour y mettre la fellerte, le fauconneau, les poulies & le
chable. Il y a une jambette, *'t Been daar de fpil in legt*, emmortaifée par
un bout dans le rancher. Un des trous du treüil, ou tour, *Spil*, paffe
dans la jambette, & l'autre bout eft foutenu par le poinçon. Les leviers
qui fervent à faire tourner le treüil, s'apellent auffi bras, *Spaaken*. L'arbre au bout duquel eft le poinçon s'apelle en Flamand, *Staander;* les poulies, *Schijven;* le chable, *Goin*, ou *Gijn-touw*. Voiez, Efcoperge.

„Il y a des Gruaus à Amfterdam en deux endroits fur le bord de l'eau,
„ou plutôt dans l'eau même, les deux qui font au *Kampers-hoofdt* étant
„éfectivement affèz avancez dans l'eau, de-forte qu'on n'y peut aller qu'en
„bateau : ils font apellez les grands Gruaus, & le petit eft dans le *Bik-
„kers-eilandt*. Tous deux, c'eft-à-dire, les grands & le petit, apartiennent
„en propre à l'Hôpital par achat qu'il en a fait.
„Les deux grands Gruaus fe touchent prefque, & par cette raifon on
„ne les nomme que le Grand Gruau, qui eft tout conftruit de bonnes pou-
„tres & foliveaux de chêne, & dont l'arbre a plus de cent piés de haut, fans
„y comprendre le fauconneau.

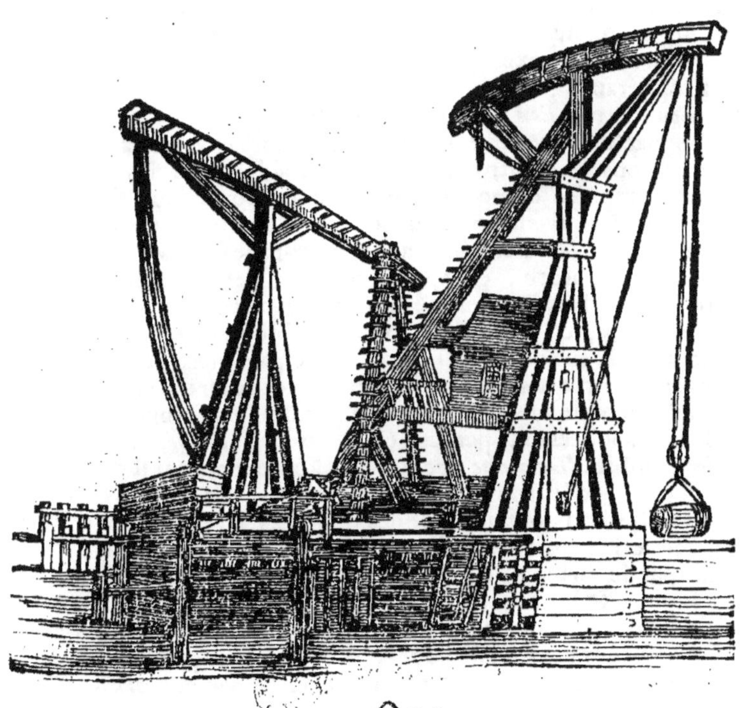

„Ce

„Ce Gruau fert à mâter & à démâter les vaiſſeaux, à charger & à déchar-
„ger de gros paquets de marchandiſes , & tout ce qui eſt d'une peſanteur
„extraordinaire comme les tombes , les lourdes maſſes de pierre , les fou-
„dres de vin de Rhin , le canon &c. Les meules de moulin ſe chargent
„& déchargent au petit gruau , à-moins qu'elles ne ſoient trop peſantes;
„car il y en a de ſi peſantes que c'eſt tout ce qu'on peut faire que de les
„décharger avec le grand gruau , puis-qu'autrefois on a veu une meule du
„poids de vingt & une mille livres l'ébranler tout-à-fait & en emporter le
„rancher.
„Les propriétaires de ces Gruaux les donnent à ferme ou loïer , & les fer-
„miers ſont obligez de les entretenir , avec les caliornes , poulies & tout
„ce qui en dépend. Les droits qu'ils lèvent ſont limitez par divers Ré-
„glemens.
„Les Marchands & Maîtres de vaiſſeau , qui , par quelque accident , ſont
„obligez de démâter ou remâter leurs propres vaiſſeaux , peuvent envoïer
„querir tout l'équipage qui ſert au gruau , & faire eux-mêmes leur ou-
„vrage , mais ils n'en paient pas moins le droit. Ceux qui veulent em-
„barquer ou débarquer eux-mêmes leur canon , & ſe ſervent des bateaux,
„vaiſſeaux , palans & cordages d'autrui , paient auſſi , & ils doivent donner
„avis au Commis des gruaux qu'ils veulent eux-mêmes faire leur ouvra-
„ge.
„Il y a encore un Gruau au bout de l'arſenal de marine , ou de l'Amirauté
„du côté de la ville , où l'on peut embarquer le canon , & les autre peſans
„faix , dans les alléges , ou les ſemaques , & les débarquer en païant les
„droits qui ſont annèxez à l'ancien Gruau , & qui ſont levez par les mê-
„mes propriétaires.

GRUE. *Een Kraan, Een ſchuins opgaande Kraan.*
C'eſt une machine avec une roüe qu'on emploie à embarquer & débarquer des canons & d'autres poids conſidérables pour les vaiſſeaux. La
Grüe eſt compoſée d'une groſſe piéce de bois , qui ſert de poinçon
par enhaut , & qui eſt poſée ſur le milieu de huit autres piéces de bois
miſes en croix , & aſſemblées avec entre-toiſes. Cette groſſe piéce de
bois qu'on apelle arbre , eſt apuïée par huit liens en contrefiches, aſſemblez par le bas dans l'extrémité des autres piéces de bois nommées racinaux, *Beddingen*, & par le haut contre l'arbre avec tenons & mortaiſes,
avec abouts. L'échelier, qui eſt la principale piéce de bois qui porte &
ſert à lever les fardeaux, eſt poſé ſur un pivot de fer qui eſt au bout du poinçon. Il eſt aſſemblé avec pluſieurs moiſes à des liens montans , & il y a des
piéces de bois apelleés ſous-pentes, *Onder-hangende balkjes*, atachées à la grande moiſe d'embas, *De groote legger*, & à l'échelier, qui ſervent à porter la
roüe, *Radt*, & le treüil, autour duquel ſe devide le cable qui paſſe
dans des poulies qui ſont au bout des moiſes & à l'extrémité de l'échelier.
Cet échelier eſt garni de chevilles pour y monter, & tourne ſur le pivot
Punt, autour de l'arbre & de ſon pié, ainſi que les moiſes, les liens, les ſous-
pentes, la roüe & le treüil. Il y a des grües qui ſont enfermées dans
des planches, qui font comme un cabinet portatif qui tourne avec la
grüe, les planches étant ſuſpenduës; & il s'en faut plus de demi-pié qu'elles ne portent à terre. Ce revètement de planches s'apelle en Flamand *Kraan*
huiſ

buis: le mammelon du treüil de la roüe, *De pinne... 't punt van 't agter-*
endt van de spil: le bout qui entre dans la lumiére, *De pinne van 't voor-endt*
daar 't radt in is: la lumiére, *'t Bus-gat daar de pinne van de spil in loopt.*

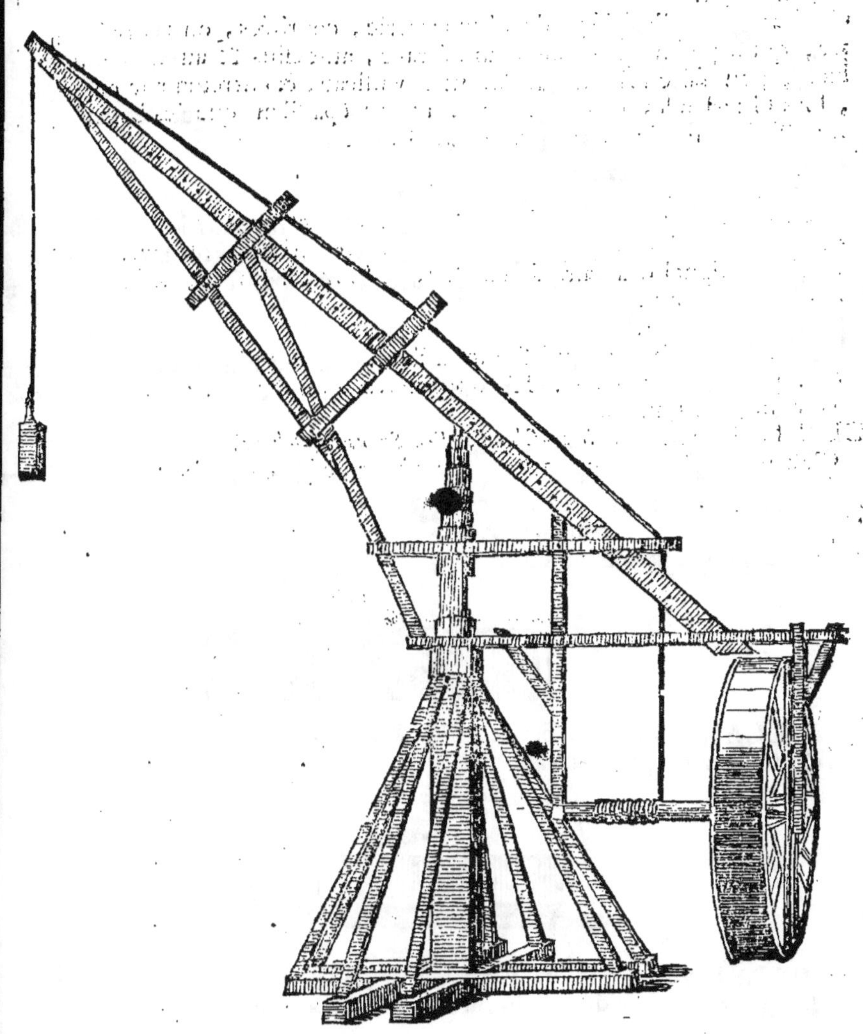

GRUME. Bois en Grume. *Ruig Hout, Onbeslaagen Hout.*
C'est du bois qui n'est point équarri, & à qui on a laissé son écorce.
G U.
GUAI. Mât, ou autre Bois trop Guai. *Een mast, of ander hout, dat in sijn*
gat speelt, of los in sijn gat is; Het los of vast staan des masts.

O o o 2

Quel-

Quelque chofe de trop Guai, c'eft-à-dire, une chofe qui eft trop au large dans le lieu qu'elle ocupe.

GUÉRIDON. Voiez, Efcoupe.

GUERLANDES, Guarlandes, Guirlandes, *Banden, Banden in de boeg, Krop-wrangen.*

Ce font de groffes piéces de Charpenterie, courbées, ou tournées en cintre, qui fe pofent quarrément fur l'étrave, au-deffus & au-deffous des écubiers, pour faire la liaifon de l'avant du vaiffeau, & entretenir le bordage. ,,Les Guerlandes doivent avoir la même épaiffeur que les baux. Il y a ,, auffi des Guerlandes à l'arriére des flûtes.

GUERLIN. Voiez, Grêlin.

GUET de la mer. *De Wagt op de kuften.*

C'eft la garde que les habitans des paroiffes font tenus de faire fur les côtes, ou dans les villes, châteaux, & places fortes fitüées fur la mer. En pareille ocafion le fignal ordinaire fe doit faire de jour par fumée, & de nuit par feu.

GUI. Voiez, Guy.

GUIDON. *Verfier.*

C'eft un petit bouton qui fe met à l'embouchure d'un canon de moufquet, &c. pour guider la vuë. L'embouchure d'un canon de moufquet doit avoir un petit guidon.

GUILLAUME. *Een Boor-fchaaf, Een Sponning-fchaaf.*

C'eft un outil de Charpentier, qui eft une efpéce de rabot, dont il y en a de plufieurs fortes, fuivant les ouvrages.

GUILLAUME à ébaucher. *Een ruig Boor-fchaaf.*

C'eft pour dégroffir le bois.

GUILLAUME à plate-bande. *Een Rabat-fchaaf.*
C'eft pour les panneaux.

GUILLAUME à recaler. *Een foet Boor-fchaaf.*
Il a moins de jour dans la lumiére que n'en ont les autres.

GUILLAUME debout. *Een fteil-trap-fchaaf.*

Il est apellé ainsi à cause que le fer est debout.

GUINDAGE. *Het winden.*
C'est le mouvement des fardeaux que l'on hausse & baisse. L'issas sert au guindage des vergues.

GUINDAGE. *Wind-geldt.*
C'est la décharge des marchandises du vaisseau, & le salaire qu'on donne aux matelots qui font cette décharge. On dit, Action de Guindage, en parlant d'un différent à juger entre compagnons matelots.

GUINDAGE. *Taakels, en al het touwerk dat gebruikt wordt om te winden.*
Ce font les palans & autres cordages qui servent à guinder. Le dommage qui arive aux marchandises par la faute du Maître & de l'équipage, ou pour n'avoir pas bien fermé les écoutilles, amarré le vaisseau, fourni de bons guindages & cordages, ou autrement, font avaries simples, qui tombent sur le Maître, le navire & le fret.

GUINDANT d'un pavillon. *Vlag-breedte.*
C'est la hauteur qui regne le long du pavillon, ou sa largeur, selon M. Desroches. Le Guindant, dit aussi M. Ozanan, c'est la hauteur du pavillon qui regne le long du bâton qu'on apelle E'pars. Le battant du pavillon, dit M. Guillet, c'est sa longueur qui voltige en l'air, & le guindant c'est sa hauteur qui regne le long du bâton.

GUINDANT d'une voile. Voiez, Gindant.

GUINDAS, Guindeau. Voiez, Virevaut.

GUINDER. *Winden.*
C'est tirer & élever quelque chose, ce qui fait nommer Guindage le mouvement des fardeaux qu'on hausse & qu'on baisse. Quelques-uns disent aussi, Ginder.

GUINDERESSE. *Wind-reep, Steng-wind-reep.*
C'est un cordage qui sert quelquefois à guinder & à amener un mât de hune, comme font les guinderesses des deux mâts de hune.

GUINDERESSE de voile d'étai. *Stag-zeils-val.*
C'est le cordage qui sert à guinder & à amener les voiles d'étai.

GUIRLANDES. Voiez, Guerlandes.

GUISPON. *Quaft, Smeer-quaft, Smeer-quasje.*
C'est une espéce de gros pinceau, ou brosse, fait de pennes de laine, dont on se sert à braïer, ou à suifver les coutures & le fond d'un vaisseau.

GUITERNE. *Een stut schuins tegen de mast en tegen de boord van een onder-legger geset.*

C'est

C'eſt une ſorte d'arc-boutant qui tient les antennes d'une machine à mâter
avec ſon mât.

HUITRAN. Voiez, Goudran, ou Goudron.

HUY, Gui. *Gijp, Geip.*

C'eſt une piéce de bois ronde & de moïenne groſſeur. On y amarre le
bas de la voile d'une chaloupe, & de quelques autres petits vaiſſeaux. Il
tient la voile étenduë par le bas, & vient apuïer contre le mât. C'eſt proprement une vergue qui eſt au bas de cette ſorte de voile, au-lieu que les
vergues ſont par le haut dans les voiles à trait quarré.

H A.

HABIT de bord. *Plunje.*

C'eſt l'habit qu'un homme de marine porte à la mer.

HABITACLE. *Nagt-huis, 't Huisje, Kompas-huis.*

C'eſt une eſpéce d'armoire à un ou à deux étages, devant le poſte du Timonier, vers le mât d'artimon. Il eſt fait avec des planches aſſemblées par
des chevilles de bois, ſans qu'il y entre aucune ferrure, de-peur-que le
fer n'ôte la direction naturelle de l'aiguille aimantée du compas de route
qui y eſt enfermé. On y enferme auſſi l'horloge & la lumiére qui ſert
à éclairer le Timonier. Les grands vaiſſeaux ont deux habitacles, un
pour le Pilote, & un pour le Timonier.

„L'Habitacle qui eſt devant le Timonier, eſt une eſpéce d'armoire, qui
„dans les petits vaiſſeaux eſt ſéparée en trois eſpaces, ou apartemens, &
„en cinq dans les grands. On met les horloges dans les deux qui ſont les
„plus en-dehors, & les compas dans les deux qui ſont le plus en-dedans.
„Celui du milieu ſert à placer la lampe qui éclaire toute l'armoire. Sa lar-
„geur eſt ordinairement d'une ſixième partie de celle du vaiſſeau, & ſa hau-
„teur eſt des cinq ſixièmes parties de ſa largeur. Pour ſa profondeur, on
„la proportione enſorte que chacun des retranchemens ſoit à-peu-près
„quarré. Les trois retranchemens des habitacles des petits bâtimens ſer-
„vent à mettre le compas, la lampe & l'horloge.

HACHE, Coignée. *Bijl.*

C'eſt un outil de fer tranchant qui ſert aux Charpentiers & à pluſieurs autres ouvriers, pour fendre & couper le bois. Il y en a qui ont un manche
court, & d'autres en ont un plus long. Le fer en eſt large & aigu. La hache eſt fort néceſſaire dans les vaiſſeaux. On apelle un Charpentier, un
Maître do hache.

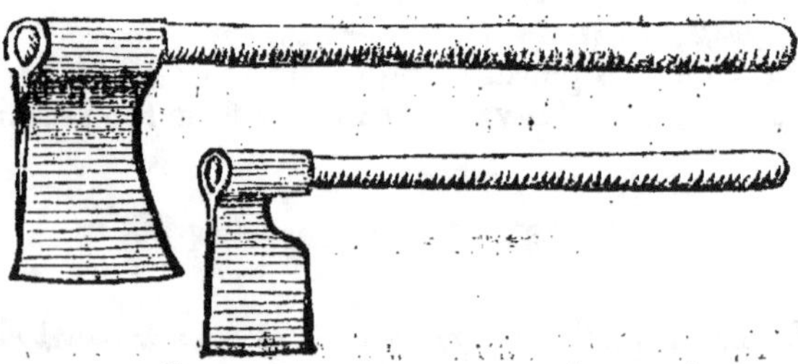

La Coignée n'est auſſi autre choſe qu'une grande hache , quoi-que quelques-uns diſent qu'il y en a de grandes & de petites. C'eſt proprement une
diſpute de mots , car s'il y en a de grandes & de petites , c'eſt que la hache
& la coignée ſont la même choſe; ou ſi l'on veut , on apellera Haches celles qui ſont moïennes & petites , & les plus grandes ſeront nommées Coignées. Voiez , Coignée.

Il y a une autre eſpéce de hache , dont on ſe ſert beaucoup en France , &
dont on ne ſert pas en Hollande , qui ſe nomme Beſaiguë , ou Beſiguë ,
qu'on a omiſe ſous la lettre B & dont voici la figure. Elle eſt coupante
par les deux bouts , dont l'un eſt un bec d'âne , & l'autre planché à biſeau ,
aïant une poignée au milieu. Elle ſert à tailler & unir le bois , & aux
feüillures , ou rablures , mortaiſes & tenons.

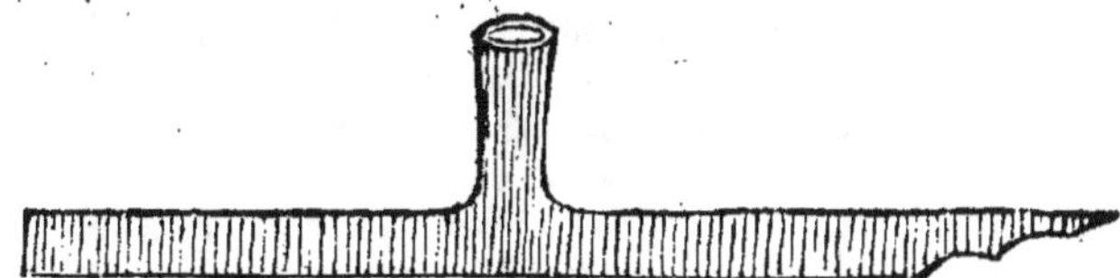

HACHE d'armes. *Enter-bijl.*
   C'eſt auſſi une hache qui coupe d'un côté , & qui eſt pointuë de l'autre.
C'eſt de cette hache qu'on ſe ſert pour aller à l'abordage.

HACHER. *Keepen met de bijl hakken.*
   C'eſt faire des hoches avec la hache.

HACHEREAU. *Een Bijltje, Een klein Bijl, Een Houw-mes.*
   C'eſt une ſorte de petite coignée , ou hache , dont ſe ſervent les Charpentiers.

HACHETTE à marteau. Voiez , Erminette.

HAIE. Voiez, Haye.

HAIN, ou Hameçon. *Hoek.*
   On ſe ſert du terme de Hain en quelques endroits , & ſur-tout à la pêche
de Terre-neuve.

                                        HALA-

HALAGE. *Haaling.*

C'eſt le travail qui ſe fait pour tirer un vaiſſeau, un bateau, ou autre choſe. Les Iuges de l'Amirauté connoiſſent de tout ce qui regarde les chemins deſtinez pour le halage des vaiſſeaux venant de la mer.

HALEBARDE, Hallebarde. *Een Hallebardt.*

C'eſt une ſorte d'arme compoſée d'une longue hampe, & d'une lame qui doit être d'un fer bon, net, & point pailleux, de neuf à dix pouces de long, avec une canelure au milieu.

HALE-BAS. *Neer-haulder, Rakke-taalie.*

C'eſt une corde, ou manœuvre, qui aide à amener la vergue quand elle ne deſcend pas aſſez facilement: elle tient au racage. Voiez, Cale-bas.

HALER. *Haalen.*

C'eſt tirer, ou peſer de toute ſa force ſur un cable, ou ſur une manœuvre, pour la faire bander ou roidir. Quand les matelots halent ſur une manœuvre il faut qu'ils donnent la ſecouſſe au cordage tout d'un même tems, pour le bander avec plus de force; & afin de concerter le tems de cette ſecouſſe le Contre-maître, ou quelque autre, dit à haute voix ce mot, Hale. Tout-de-même quand il faut haler ſur une bouline le Contre-maître les fait tenir prêts par ces trois paroles, ſavoir, Un, Deux, Trois; & au mot de Trois ils donnent tous, d'un commun éfort, la ſecouſſe à la bouline. Quand les matelots qui font cette cette manœuvre, veulent railler les Oficiers de la marine, ils prononcent eux-mêmes trois autres paroles, & au-lieu de dire, Un, Deux, Trois, ils diſent, Capitaine, Lieutenant, Enſeigne. En manœuvrant les couëts, on crie auſſi trois fois, Amure; & pour l'écoute on crie trois fois, Borde; & au troiſiême cri on hale ſur la manœuvre.

HALER. *Haalen.*

Ce terme eſt auſſi uſité pour faire tirer ce que l'on veut qui ſoit roidi, ou changé de ſitüation. On dit, Hale ce bateau à bord, ou Haler à terre, ce qui ſe fait en tirant la corde où il eſt ataché. Ils envoiérent une chaloupe lever notre ancre, que nous n'avions pas eu le tems de haler le jour précédent.

HALER le canon à bord. *Het geſchut te boord of te poort haalen.*

HALER le canon en-dedans, Mettre la batterie dedans. *Het geſchut inhaalen.* Voiez, Canon.

HALER la bouline. *De boelijn aanhaalen.*

C'eſt tirer la manœuvre nommée bouline, pour faire roidir la ralingue de la voile vers le vent. On dit, Haler la grande bouline, Haler la bouline du grand hunier, Haler les boulines des perroquets; & on commande ainſi; Hale la grande bouline, Hale; Hale la bouline du grand hunier, Hale.

HALER fort ſur la bouline & l'amarrer. *De boelijn uithaalen, ſterk uithaalen, en veſten.*

CETTE corde eſt trop Halée. *Dat touw is al te ſtrak, Het heeft niet bots genoeg.*

HALER le vent. Voiez, Mettre au plus près du vent.

HALER à la cordelle. *In het lijntje loopen, Een ſchuit met een lijn op trekken.*

C'eſt tirer une corde pour faire ſiller ou marcher un vaiſſeau dans une riviére.

HALEUR. *De man die de ſchuit voort trekt, die in de lijn, of het lijntje loopt.*

C'eſt le Batelier qui tire un bateau avec un corde paſſée autour de ſon corps, ou de ſes épaules. Voiez, Arrache-perſil.

HALE

HALE-à-bord. *Ophaalder.*

C'eſt une corde qui ſert à la chaloupe pour s'aprocher du bord, lors-qu'elle eſt amarrée à l'arriére du vaiſſeau.

HALE-BOULINE. *Een Haal-over, Een Oorinbaar, Een Groentje.*

C'eſt le nom que l'on donne par raillerie à un nouveau matelot, qui n'entend pas encore les manœuvres.

HAMAC. *Hang-mack.*

C'eſt une ſorte de lit de coton. Il conſiſte dans une grande mante, ou couverture, dont on fait trafic avec les Sauvages de l'Amérique. Ceux qui s'en veulent ſervir le ſuſpendent à deux arbres, ou à deux pieux, & les Flibuſtiers s'en ſervent pour y dormir lors-qu'ils ſont en mer. C'eſt ce qu'on apelle Branle dans les vaiſſeaux, hormis que les branles ne ſont que de toile : pour la façon elle eſt peu différente. Les petites cordes qui ſont au bout des branles, ou hamacs, pour les terminer & contribuer à les ſuſpendre, s'apellent *Scheer-lijnen,* & le bois par où elles paſſent, *Krans-houtje.*

HAMPE d'écouvillon. Hampe de cuillier. Hampe de refouloir. *Stok. Viſſchers-ſtok. Lepel-ſtok. Aanſetter-ſtok.*

Hampe veut dire manche, & c'eſt un perche proportionée à la longueur du canon, où l'écouvillon, le cuillier, & le fouloir, eſt emmanché.

HAMPE de hallebarde. *De ſchacht, ſcaft, of ſtang van een Hallebardt.* Hampe de pique, *Piek-ſtok.*

Les hampes de hallebarde & de pertuïſane ſont de bois de frêne. Le fer y eſt ataché par les oreilles qui ſont endentées, & bien cloüées.

HANCHE. *Windt-veeringe.*

C'eſt la partie du vaiſſeau qui paroît en-dehors, depuis le grand cabeſtan juſqu'à l'arcaſſe : ou-bien, C'eſt la partie du bordage qui aproche de l'arcaſſe, au-deſſous des bouteilles qui ſont ſous les flancs. Notre brulot ſe devoit tenir ſous la hanche de notre Amiral. Quelques-uns l'apellent Feſſe dans les flûtes.

HANGARD, Hangars. *Een Loos, Een zy-afdak in een ſcheeps-timmer-werf tot 't timmer-hout.*

Ce ſont de longs apentis dans les arſenaux & âteliers de conſtruction, ſous leſquels on met à couvert & l'on range en ordre les bois de conſtruction, les afûts &c. Que les afûts ſoient rangez ſous leur hangard, après les avoir fait goldronner.

BOIS rangez ſous des Hangars. *Hout onder de loos geſet en geſtaapelt.*

HANSE TEUTONIQUE. *Hanſe-ſteeden, Aan zee ſteeden.*

C'eſt une ſociété de Marchands de pluſieurs villes libres d'Allemagne & du Nord, qui par l'alliance qu'ils ont faite entre eux, ſe ſont fait une communication réciproque de leurs priviléges. Elle fut nommée d'abord, *Aan zee ſteden,* ce qui ſignifie, Villes ſur mer; & par abréviation on a dit Hanſée, & les François ont prononcé Hanſe, & ont entendu par ce mòt, Alliance, ou Compagnie. Les quatre premiéres villes qui compoſérent cette Hanſe, furent Lubec, Brunſwic, Dantſig, & Cologne, & à-cauſe de cela elles furent apellées, Méres Villes. Depuis, pluſieurs villes déſirérent d'entrer dans cette alliance, & elles ſe dirent filleules de ces quatre, de-ſorte qu'il y en eut juſqu'à ſoixante & douze, ou même juſqu'à quatre-vingts-une, & elles furent apellées Villes Hanſéatiques, ou Anſéatiques. „L'An

,, 1370. il fut fait un Traité d'alliance entre le Roïaume de Danemarc &
,, les villes Hanféatiques, entre lefquelles Amfterdam & les autres ville
,, dé Hollande font comprifes, ainfi qu'il paroît par la copie de ce Trait
,, qui fe trouve dans Boxhoorn.

HANSIERE, Auffiére, Hauffiére. *Paarde-lijn, Paarel-lijn.*

C'eft un gros cordage qui fert à toüer un vaifleau, ou à le remorquer. I
fert auffi à jetter aux chaloupes, ou bâtimens, qui veulent venir à bord d'u
autre. Notre vaifleau étant moüillé à l'entrée du havre, le Capitaine en
voit amarrer une hanfiére dans le havre, afin de fe remorquer dedans. L
hanfiére fert à la plus petite ancre nommée Ancre de toüei. M. Daffié di
que les hanfiéres font de trois cordons, & qu'elles doivent avoir fix-vingt
brafles.

HARANG, Hareng, Haran. *Haaring.*

C'eft un petit poiflon blanc, dont la grande pêche fe fait à la fin du Prin
tems & en Automne. On le trouve en de grofles troupes dans la mer du
Nord & ailleurs. Les harangs fuivent les feux, & en paflant ils femblent u
éclair. La pêche & préparation du harang fe nomme Droguerie. Voiez
Droguerie. On apelle Harengaifon la faifon où l'on pêche les harangs, l
tems de leur paflage, ou de l'éclair des harangs, *van het vuuren van de Ha*
ring, & la pêche même de ce poiflon. Le tems où l'on n'en pêche poin
eft apellé par les Mariniers, Morte-faifon. Voiez, Caqueur, & l'Ordon
nance de 1681. liv. 5. tit 5.

,, Les buches, ou flibots, qui vont à la pêche du harang, & qui font d
,, port de vingt-quatre jufqu'à trente laftes, doivent être pourvuës de deu
,, petits canons, chacun du poids de huit cents livres, de quatre pie
,, riers, huit boîtes, fix fufils, fix longues piques & fix courtes. Le
,, buches du port au-deflus de trente laftes, doivent être pourvuës d
,, quatre petits canons, du poids de quatre mille livres tous enfemble, d'au
,, tant de pierriers, de boîtes, & de fufils, que les autres, & de huit lon
,, gues piques & huit courtes.
,, Il n'eft pas permis de faire fortir les buches des ports fans efcorte, à
,, moins que tout ce qui en fort enfemble n'ait dix-huit ou vingt piéces d
,, petit canon, & douze pierriers, & qu'elles n'aillent de conferve, fan
,, pouvoir prendre fous leur efcorte d'autres bâtimens point armez. Et en ce ca
,, les conventions qui ne fe font que verbalement pour la conferve, ont l
,, même force que celles qui fe font par écrit. Chacun des bâtimens d
,, la conferve doit être pourvu de poudre, de bales & de mitrailles, pou
,, tirer au-moins feize coups.
,, Quand il fait beau tems & que quelqu'un veut pêcher, il faut que le P
,, lote faffe hifler l'artimon, & ceux qui ne pêchent pas ne doivent pas
,, mêler parmi les pêcheurs: ils doivent être à la voile.
,, La pêche des harangs a commencé l'An 1163. & on a commencé à l
,, faler en 1416. Ce fut Guillaume Bukelsz. de Bier-vliet, qui s'en avifa
,, Autrefois on alloit faire cette pêche par le travers de Schoonen, dans
,, Norvège. Aujourdhui on la fait au Printems le long des côtes d'E'cofle
,, & en Automne le long des côtes d'Angleterre, au Nord de la Tamif
,, Il fe pêche auffi d'excellens harangs dans le lac qu'on nomme *Zuider-z*
,, en Hollande, entre le Texel & Amfterdam, mais il y en a peu. Néam
,, moin

„ moins pendant la guerre que les Hollandois foutinrent contre l'Angle-
„ terre, fous le Roi Charles II. la pêche dans la mer du Nord aïant ceffé,
„ il vint tant de harang dans ce lac, que quelques pêcheurs en prirent,
„ dans le tems d'un mois, jufqu'à huit cents leftes, faifant environ quatre-
„ vingts fois cent milliers.

HARES, Riortes, Rouëlles. *Strengen, Rijfen daar de vlotten houts mee gebonden worden.*
Ce font les branches d'arbres torfes qui lient les trains de bois floté, & qui
tiennent les piéces jointes enfemble.

HARPEAU. Voiez, Grapin d'abordage.

HARPON, Main de fer. *Harpoen.*
C'eft un grand javelot forgé de fer battu, auquel on ente un manche de bois
long de fix ou fept piés, où l'on atache une corde. Ce harpon a la pointe
acérée, tranchante, & triangulaire, en forme de fléche. C'eft par fon
moien qu'on prend les balénes, les porcilles, & d'autres gros poiffons.
Dans le bout du harpon eft un anneau, où eft atachée une corde qu'on
laiffe filer auffi-tôt que l'on a bleffé la baléne, qui ne manque point d'aller fe tapir au fond ; & au bout de cette corde tient une courge fèche qui
fuit la baléne, & qui fert d'indice.

HARPONS. *Dreggen aan de ree.*
Ce font des fers tranchans mis aux bouts des vergues, faits en forme de
S, pour couper à l'abordage les haubans & autres manœuvres de l'ennemi.
A Dieppe on les apelle Cerpes, ou Serpes.

HARPONNER. *Met Harpoenen fchieten.*

HARPONNEUR, *Harpoender, Harponnier, Harpoenier.*
C'eft celui que le Capitaine de vaiffeau engage pour jetter le harpon, lors-
qu'il va à la pêche de la baléne. Il lance de toute fa force fur la bête, en-
forte qu'il perce le lard, & qu'il entre fort avant dans la chair. La baléne fe lance au fond quand elle fe fent bleffée, & quand elle revient en
haut pour refpirer, le harponneur la bleffe tout de nouveau ; après quoi
les autres pêcheurs l'aprochent par les côtés, & lui pouffent fous les nageoires une longue lance ferrée, dans la poitrine, à-travers les intef-
tins. Alors la baléne qui eft aux abois, fait rejaillir le fang par la fiftule
de l'évent, après quoi le cadavre flote fur fon lard, & les pêcheurs toüent
la baléne, & la tirent à terre comme un vaiffeau : ils la dépecent & la bo-
nifient promtement, ou en font fondre le lard fur la gréve.

HAUBANS, Aubans, Haut-bans. *Hoofdt-touwen, Wandt.*
Ce font de gros cordages à trois tourons, avec lefquels on foutient les
mâts d'un vaiffeau à ftribord & à bâbord, par-derriére. Ils font amarrez par
le haut des mâts à l'endroit des barres de hunes, & au bas ils font roidis
par le moien des caps de mouton. Ils fervent auffi aux matelots pour
monter aux hunes. A la réferve du beaupré tous les mâts ont leurs haubans. Les petites cordes qui les traverfent en forme d'échellons, &
qui font paroître les mêmes haubans comme des échelles de corde, s'appellent
Enfléchures, ou Figures. Les haubans ont double rang de caps de mouton,
les uns qui tiennent au corps du vaiffeau, & les autres font amarrez aux
haubans. Les haubans des huniers & des perroquets font amarrez aux
hunes, favoir au grand hunier quatre par bande, au petit hunier trois,

au

„ au perroquet de miféne deux, felon la grandeur du vaiſſeau.

„ Les haubans font tendus & ferrez en travers, par de groſſes cordes, &
„ même par des morcéaux de bois, afin-qu'ils foient plus roides, & il
„ font capelez & frapez autour du mât au-deſſus de la hune. Par le haut il
„ font couverts ou fourrez de cuir, comme tous les autres gros cordages.
„ Un E'crivain Flamand dit qu'il doit y avoir ſix couples de haubans à cha
„ que côté du grand mât d'un vaiſſeau de cent piés de long, de l'étrave
„ l'étambord; & qu'il en faut ajoûter un couple par chaque quinze ou ſei
„ ze piés de plus que le vaiſſeau peut avoir, lors-qu'il eſt plus long. L
„ mât de de miféne doit avoir de chaque côté un couple de haubans moin
„ que le grand mât, & le mât d'artimon n'en doit avoir que la moiti
„ de ce qu'en a le grand mât, non-plus que le grand mât de hune; & l
„ mât de hune d'avant en doit avoir un couple moins que ce dernier.
„ Le même Auteur dit que chaque neuf piés de bau, ou de largeur du vaiſ
„ ſeau de dedans en dedans, doit donner deux pouces d'épaiſſeur en rond
„ ou en circonférence, aux grands haubans, hormis dans les vaiſſeaux qu
„ doivent naviguer dans les païs froids, où les cordages ne roidiſſent pa
„ tant: car alors il ne leur faut donner que deux pouces par chaque di
„ piés de bau. Il faut auſſi donner un peu plus d'épaiſſeur aux hauban
„ des petits bâtimens où l'on met moins de couples.
„ Selon le même Ecrivain encore, chaque touron des haubans du mât de mi
„ féne doit être moindre de dix fils que les tourons des grands haubans. Les hau
„ bans du mât d'artimon & des mâts de hune, ne doivent avoir de fils, ni auſſ
„ de couples, que la moitié de ce qu'en ont les mâts fur quoi les mâts de hun
„ font entez. La même proportion doit être obſervée à l'égard des perro
„ quets, tant par raport au mât d'artimon, qu'aux mâts de hune.
„ Les haubans d'un vaiſſeau de cent-trente-quatre piés de long, font pro
„ portionez fous le mot Cordage, mais au-lieu de circonférence, il y fau
„ lire épaiſſeur ou diamétre. Voiez les notes à la fin de ce livre.

HAUBANS du grand mât, *Grands Haubans. Hoofdt-touwen op de groot
maſt.*

HAUBANS du mât de miféne. *Hoofdt-touwen op de fokke-maſt.*

HAUBANS d'artimon. *Hoofdt-touwen op de befaans-maſt.*

HAUBANS du mât de hune d'avant. *Het Voor-ſteng-wandt, Hoofdt-tou
wen op de voor-ſteng.*

HAUBANS du grand mât de hune. *Het groot Steng-wandt, Hoofdt-touwen o
de groote ſteng.*

HAUBANS de perroquet d'avant. *'t Voor-bram-ſteng-wandt, Hoofdt-touwe
op de voor-bram-ſteng.*

HAUBANS de fougue, ou de perroquet de fougue. *Kruis-ſteng-wandt, Hoofd
touwen op de kruis-ſteng.*

HAUBANS de beaupré. *Spaanſche toppenant.*

Ce font deux eſpéces de balancines qui faiſiſſent la vergue de ſivadiére pa
le milieu, au-lieu que les balancines faiſiſſent vers les bouts. Il y a pour te
nir cet hauban un cap de mouton, qui eſt frapé au beaupré, & l'autre e
frapé à la vergue de ſivadiére, c'eſt-à-dire que ces manœuvres, au-lieu
de tenir les mâts, ainſi que les autres haubans, font frapées à leurs mâts &
aident à foutenir leurs vergues.

HAU

HAUBANS de perroquet de beaupré. *Boven-blinde-wandt , Hoofdt-touwen op de boven-blinde-steng.*

HAUBAN de voile d'étui. *Staart-touwtje ,*

Ce n'est autre chose que la manœuvre qui tient l'arc-boutant en avant, lors-que l'on met ces sortes de voiles.

HAUBANS de chaloupe. *Het wandt van een sloep.*

Ce sont ceux qui tiennent les mâts d'une chaloupe, lors-qu'elle est mâtée.

HAUBANS de chaloupe. *Sortouwen.*

Ce sont aussi les cordages dont on se sert pour saisir la chaloupe, quand elle est sur le pont du vaisseau.

HAUBANER. *Het wandt van een kraan aan eenige paalen vast maaken.*

C'est atacher à un piquet le hauban d'un engin, ou de quelque machine sem-ble , pour l'arrêter & le tenir ferme, quand on élève un fardeau.

HAVRE. *Haaven , Aanvaart.*

Ce mot signifie en général un port de mer, où les vaisseaux qui arivent, peuvent être en sureté. Il signifie plus particuliérement un port fermé d'une chaîne , & qui a souvent un mole, ou une jettée. Les havres se dis-tinguent encore en havres de barre, & en havres d'entrée.

HAVRE de barre. Havre d'entrée. Voiez, Port.

HAUSSER un vaisseau. *Een schip naaderen , inhaalen.*

C'est lors-qu'on donne chasse de loin à un navire dont l'on ne voit que les voiles, & qu'on s'en aproche insensiblement, en-sorte qu'on peut reconnoî-tre plus à plein sa fabrique , & alors on dit, Nous haussons ce navire, c'est-à-dire, nous aprochons de ce navire. En ce moment un des deux navires nous haussa, qui aïant reconnu le nôtre, fit le signal de reconnois-sance.

HAUSSIE'RE. Voiez, Hansiére.

HAUT. Mettre les mâts de hune hauts. *De stengen om hoog wenden.*

HAUT-BORD. Voiez, Vaisseau.

HAUTE-MER. Vaisseau en haute mer. *Vlakke zee , Vlakte.*

Cela veut dire qu'il est éloigné des terres.

HAUTE marée , Haute eau , Le vif de l'eau , Pleine marée. *Hoog waater, Vol zee.*

C'est le plus grand acroissement de la marée , qui arive deux fois le jour, de douze en douze heures , & paroît extraordinaire deux fois le mois, à la nouvelle & pleine Lune ; & qui est encore plus remarquable proche des sols-tices & des équinoxes.

HAUTE-SOMME. *De Hoofdt-somme om tot koopmanschap te gebruiken.*

C'est la dépence qui ne regarde ni le corps du navire, ni les loïers des hom-mes, ni les victuailles, mais ce qui s'emploie par tous les Interessés pour l'avantage du dessein qu'on a entrepris. Ordinairement le Maître en four-nit un tiers , & les Marchands le surplus.

HAUTS-FONDS. *Ondiepte.*

C'est un terme dont quelques-uns se servent, aussi-bien que de Basses, & Bas-fonds , pour dire un endroit où il y a peu d'eau. Nous envoiâmes nos pirogues sur des hauts-fonds, où les grands vaisseaux ne pouvoient al-ler, parce-qu'ils tiroient plus d'eau qu'elles. On pêcha des huîtres à per-les sur des hauts-fonds de rochers.

HAUTS

HAUTS d'un vaisseau. *'t Boven-schip, Boven-werk.*

On dit absolument les Hauts du vaisseau par oposition à ce qu'on apelle les Bas. Les Hauts font le châteaux, les mâts, & toutes les autres parties qui font sur le pont d'en-haut. On entend aussi par les Hauts d'un vaisseau les parties qui font hors de l'eau ; & les Bas d'un vaisseau signifient celles qui font dessous, ou dans l'eau.

„Lors-que les vaisseaux font trop foibles d'échantillon, & qu'ils se tour-
„mentent trop, on les rase quelquefois, & on leur ôte tous les hauts;
„mais cela fait perdre beaucoup d'espace, & rend la manœuvre des écou-
„tes & des couëts plus difficile. Au-contraire il y a des vaisseaux étroits
„par le bas qu'on tient larges par le haut, pour gagner de l'espace, afin
„qu'ils foient plus propres au combat.

HAUTES Voiles. *Boven-zeilen, Bovenste zeilen.*

Ce font les huniers & les perroquets.

HAUTEUR. *Hoogte, Pools-hoogte.*

C'est l'élévation du Pole, du Soleil & des E'toiles, ce qui se mesure & détermine par un arc de cercle, compris depuis l'horifon jusqu'au pole, & depuis le même horifon jusqu'à l'astre dont l'on prend la hauteur. On prend ordinairement hauteur avec l'arbalête, ou l'astrolabe, pour en conclure la latitude du lieu où on fait l'observation. La hauteur des astres ne se prend que quand ils font au cercle de Midi, excepté la hauteur de l'E'toile Polaire, qui, par le moien des Gardes, se peut prendre hors du Méridien.

HAUTEUR, ou Latitude. *Hoogte.*

Ce terme se prend aussi pour la distance qui est comprise entre le vaisseau où l'on est en prenant la hauteur, & la Ligne équinoxiale ; & par le mot de hauteur on fous-entend la hauteur du pôle, qui est toujours égale à la latitude. On dit dans ce fens, que l'on navigue par la hauteur de tant de degrès, pour dire, à tant de degrès de la Ligne équinoxiale. Nous louviâmes trois jours par la hauteur de cinq degrès. Cette isle est par les sept degrès de la hauteur, ou de la bande Sud.

PRENDRE Hauteur. *Hoogte neemen, De Zon peilen, De Zon schieten, of metten.*

PRENDRE Hauteur par-devant. *De Hoogte voor op neemen.*

C'est-à-dire, avoir l'instrument du côté de l'astre en prenant hauteur.

PRENDRE Hauteur par-derriére *De hoogte agter op neemen.*

C'est avoir l'instrument oposé à l'astre.

IL y aura Hauteur. *Daar sal goede hoogte zijn.*

C'est-à-dire qu'il y aura du Soleil à midi qui permettra de la prendre.

IL n'y aura pas Hauteur. *Daar sal geen hoogte te krijgen.*

C'est-à-dire qu'il y a du broüillard, & que le ciel est trop couvert de nuées pour pouvoir trouver l'élévation du pole par les instrumens.

NOUS avons bonne Hauteur. *Wy hebben een klaaren orizon, Goede observatie.*

C'est-à-dire que le ciel est dégagé de tous nuages & broüillards, & qu'on pris la hauteur avec justesse.

HAUTEUR d'entre deux ponts. *De hoogte tusschen deks, De tusschen-wijdte tusschen twee dekken, De hoogte of wijdte tusschen twee dekken.*

C'est l'espace qui se trouve entre les deux tillacs.

HAU

HAUTEUR de l'étrave. *De lengte of de hoogte van de voor-steven.*

C'est sa hauteur perpendiculaire, depuis le haut de l'étrave jusques au niveau de sa quille.

HAUTEUR de l'étambord. *De lengte of de hoogte van de agter-steven.*

C'est la hauteur qu'il y a depuis le bout d'en-haut de l'étambord jusques sur la quille.

HAUTEUR de l'E'quateur. *Hoogte van de Eevenaer.*

C'est l'arc du Méridien compris entre l'horison & l'E'quateur.

HAUT-PENDU. *Een wolkje daar uit een harde windt komt waaijen.*

Ce mot se dit d'un petit nuage, qui cause un gros vent.

HAUTURIER. Pilote Hauturier. *Een Schipper.*

C'est le Pilote qui sait l'usage de l'arbalête & de l'astrolabe, pour prendre hauteur & en faire une éxacte aplication touchant la latitude du parage. Voiez, Pilote.

HAYE, Haie. *Blinde klippen, Een blindt recif.*

On dit, Haye de pierre, Chaîne de pierre, ou Banc qui est à fleur d'eau, ou sous l'eau.

HAYE. Soldats en Haye. *Soldaaten gerangeert van vooren tot agteren toe, Soldaaten in rinquet, of in ry.*

C'est quand un Oficier commande aux soldats de se mettre en haie, faisant face au côté du vaisseau pour recevoir quelque Oficier qui vient à bord. Si c'est un Oficier Général, ou quelque personne de considération, ces soldats prennent les armes, & on fait battre aux champs.

HAUT & BAS. *Pomp-hardt.*

C'est un commandement que l'on fait aux gens de la pompe de mouvoir haut & bas la bringuebale, afin-que l'eau sorte avec plus de force.

H E.

HEAUME. *Helm-stok.*

C'est la barre du gouvernail dans de petits bâtimens.

HELER un vaisseau. *Preijen, Verpreijen.*

C'est faire un grand cri à la rencontre d'un autre vaisseau, & demander, D'où est le Navire? Lors-que nous fûmes à deux longueurs de cable du vaisseau à qui nous donnions chasse, notre Capitaine ordonna de le heler. On lui cria donc, D'où est le Navire, Holà; & il répondit, d'Alger. Le long de la Manche on dit aussi Heuler.

HE'MICYCLE. *Een half-cirkel.*

C'est-à-dire, Demi-cercle. Il y a deux demi-cercles dans les cartes que l'on fait du monde, l'un apellé Hémicycle Septentrional, & l'autre Hémicycle Méridional.

HEMISPHE'RE. *Een Halve-sphere, Half-rondt, Half-kloot.*

C'est la moitié du globe terrestre. L'E'quateur divise le monde en deux hémisphéres, dont l'un, depuis la Ligne jusqu'au pole Arctique, est apellé Hémisphére Septentrional; l'autre, depuis la même Ligne jusqu'au pole Antarctique, a le nom d'Hémisphére Méridional. Le Méridien divise le ciel en deux hémisphéres, l'un apellé Hémisphére ascendant, ou oriental; & l'autre, Hémisphére descendant, ou occidental.

HERMINETTE. Voiez, Erminette.

HERPE de platbord. *Gilling-hout.*

mât

C'eſt la coupe d'une liſſe qui ſe trouve à l'avant & à l'arriére du haut de
côtés d'un navire. On y met un ornement de ſculpture, & cet ornemen
eſt auſſi apellé Herpe. Il y en a quatre qui ſont au platbord, deux à ſtri
bord & deux à babord.

HERPES d'éperon. *Oorſtutten, Verkeerde ſtutten.*

Ce ſont des piéces de bois taillées en baluſtre qui forment la partie ſupé
rieure de l'éperon, & qui ſe répondent l'une à l'autre par des jouttereaux

HERPES Marines. *De Schatten die de zee geeft, uitwerpt, en uitſpoelt ; Zee*
driften; Zee-gewas.

Ce ſont toutes les richeſſes que la mer tire de ſon ſein, & qu'elle jette na
turellement ſur ſes bords. Tel eſt l'ambre gris en Guïenne, l'ambre jaun
ſur l'Océan Germanique, & le corail rouge, noir, & blanc, ſur la côt
de Barbarie. On peut les apeller E'paves de mer. Le mot Herpes vient d
mot Gaulois Harpir, qui ſignifie Prendre. Elles ſont auſſi apellées Gay
mon, & Choſes gayves.

HERSE de poulie, E'trope, Gerſeau. *Strop.*

C'eſt un bout de corde épiſſé, qui entoure le moufle de la poulie, & qu
ſert à l'amarrer aux endroits où elle doit ſervir.

HERSES d'afût. *Stropjes.*

Ce ſont des herſes avec des maniéres d'anneaux concaves, apellez Delots o
Coſtes, & ces herſes ſont poſées au bout du derriére du fond de l'afût d'u
canon, où l'on acroche les palans. Voiez, Erſes.

HERSE de gouvernail. *Roer-ſtrop.*

C'eſt la corde qui joint le gouvernail à l'étambord.

HERSILLIERES. *Gilling-houten, Gilling-houtjes.*

C'eſt un terme qui ſignifie des piéces de bois courbes, qu'on met au bou
des platbords d'un navire, ou d'un bateau, qui ſont ſur l'avant & ſur l'ar
riére, pour les fermer. Voiez, Herpes.

HEU. *Hui, Hulk.*

C'eſt un bâtiment qui eſt plat de varangue, & qui tire peu d'eau, Il eſt d'u
grand uſage parmi les Hollandois, les Flamands, & les Anglois. Il n'a qu'u
mât, dont le ſommet jette en ſaillie du côté de la poupe une longue piéc
de bois nommée la Corne ; & cette corne & le mât n'ont qu'une mêm
voile, qui court de haut en bas de l'un à l'autre. Ce même mât porte un
vergue de foule, & eſt tenu par un gros étai, qui porte auſſi une voil
nommée, Voile d'étai. Les Allemands l'apellent Hulec, & les Angloi
Hulke.

HEULER. C'eſt un terme de la Manche. Voiez, Heler.

HEURE. *Uur.*

C'eſt un certain eſpace de tems qui fait la vingt-quatriême partie du jou
naturel ; & cette vingt-quatriême partie du jour naturel eſt la duré
du mouvement que fait chaque jour le Soleil, pour revenir au poin
d'où il étoit parti. L'Heure eſt compoſée de ſoixante minutes. Le Solei
fait quinze degrès par heure. Voiez, Jour.

HEUSE. *Pomp-hartje.*

C'eſt le piſton, ou la partie mobile de la pompe. Voiez, Piſton.

H I.

HIEMENT. *Kraak.*

C'e

C'est un terme de Charpentier, qui se dit du mouvement involontaire d'un assemblage de piéces de bois que cause quelque violent éfort des vents, ou le branle des cloches & des vagues,

HIEMENT. *Het kert, of kerte.*

C'est aussi le bruit que fait une machine en élevant un pesant fardeau.

HILOIRES, Iloires, Ailures. *Koppen, Hoofden.*

Ce sont des piéces de bois longues & arondies, qui bornent & soutiennent les écoutilles & les caillebotis, comme les bordures d'un chassis. Voiez, Ailures, E'coutille, & Caillebotis.

HINGUET. Voiez, E'linguet.

HISSER, Isser. *Hyzen, Ophyssen, Ophaalen.*

C'est hausser quelque chose ou l'élever. On dit Hisse la grande vergue, Hisse la vergue de miséne. Il nous le fit connoître en hissant & amenant sept fois le pavillon. Il amena le pavillon qu'il voulut rehisser sur le champ. On dit, Hisse de la caliorne; Hisse du palan; Hisse d'avant; Hisse d'arriére; Hisse du palan d'étai; Hisse du bredindin; Hisse par-tout. C'est ainsi qu'on nomme la manœuvre, pour faire hisser un fardeau à bord.

HISSER en douceur. *Soetjes hyssen.*

C'est hisser lentement, ou doucement.

HISSE. *Hys op.*

C'est ainsi que l'Oficier commande pour faire hisser quelque chose.

HISSE, Hisse de force. *Hys lustig op.*

C'est ainsi que l'Oficier commande en répétant le commandement, pour faire entendre qu'il faut hisser promtement. Il dit, par éxemple, Hisse le grand hunier, Hisse; Hisse de la caliorne, Hisse; & ainsi des autres choses qu'il faut hisser, en nommant la manœuvre sur laquelle les matelots doivent hisser.

HIVERNER. *In winter-laag leggen, Overwinteren.*

C'est passer l'hiver dans un port.

VAISSEAU qui hiverne dans un port. *Een Winter-laager, of Winter-legger.*

H O.

HOIRIN, Orin. *Een Boei-reep.*

Quelques-uns prennent aussi Hoirin pour Boüée. Voiez, Orin.

HOLA'. *Holla.*

L'on crie ainsi lors-qu'on veut parler à quelque vaisseau qu'on rencontre en mer, ou dans quelque rade. Il faut dire, Holà, fort lentement, & prononcer l'H.

HOLA'-HO. *Holla.*

Ces deux termes sont usitez à la mer pour apeller quelqu'un, comme celui de Hai est usité à terre. On dit, Ho du Soleil Roïal, Holà; Ho de la chaloupe, Holà; en prononçant fort lentement.

HOMME, Bon Homme. *Een goedt Zee-man, of Boots-gesel, Windt-en-weer-wijs.*

C'est-à-dire, un bon Matelot, un bon homme de mer. L'isle de Ré & l'isle d'Oleron fournissent de bons hommes.

HOMME marin. *Zee-man, Meer-man.*

Ce sont des hommes qu'on prétend qui se trouvent dans la mer, aussi-bien que des femmes, dequoi on raporte diverses histoires anciennes; mais il n'y en a pas de nouvelles.

HONNEUR. Faire Honneur. *Afhouden, Ruimte geven, Schouwen.*

Faire

Faire Honneur à quelque-chofe, comme à une pointe de terre, ou à une ro
che, c'eft ne la pas trop aprocher en paffant avec un vaiffeau.

HOPITAL, Hofpital. *Een Galjoot, of ander vaartuig by de vloot, dienende t*
de fieken.

C'eft un vaiffeau qui fuit une armée navale, ou une efcadre compofée pou
le moins de dix vaiffeaux , lequel eft fous la direction de l'Intendant d
l'armée, ou du Commiffaire général, ou ordinaire, prépofé à la fuite de l'a
mée, ou efcadre.   On y embarque les bleffez & les malades qui font dan
les vaiffeaux de guerre, afin qu'ils n'incommodent pas ceux qui fe porten
bien.   Le bâtiment choifi pour fervir d'hopital, fera garni de tous les agr
néceffaires à la navigation : il doit être obfervé que les ponts en foient hau
& les fabords bien ouverts ; que les cables fe virent fur le fecond pont,
que l'entre-deux-ponts foit libre , afin qu'on y puiffe placer plus comm
dément les lits deftinez pour les malades, & que l'air y puiffe entrer, pou
éviter la corruption & les mauvaifes odeurs.   Voiez l'Ordonnance de 1689

HORISON, Orifon. *Sigt-of-gefigt einder , Orizon , Gefigt-kring-en-kim , G*
figt-lijn.

C'eft un des grands cercles de la fphére, qui coupe le Ciel & la Terre e
deux parties égales, ou en deux hémifphéres ; & alors on l'apelle Horifo
Rationel.   Cet horifon rationel doit s'imaginer comme un plan qui paf
par le centre de la Terre, & qui eft prolongé jufques dans le ciel.

HORISON fenfible. *Het figtbaar Orizon.*

C'eft la partie du Ciel & de la Terre enfemble qui borne notre vuë, o
que nous pouvons découvrir de nos yeux.

HORISON droit. *Regt Sigt-einder.*

C'eft celui que l'E'quateur coupe à angles droits.

HORISON oblique. *Schuins Orizon.*

C'eft celui où l'un des poles eft élevé.

HORISON parallèle. *Even-wijdig Orizon.*

C'eft-à-dire, l'horifon où le pole eft dans le zénith.

HORISON fin. *Een klaar Orizon.*

C'eft-à-dire, qu'il eft net & fans nuages.

HORISON gras. *Een vuil of valfch Orizon.*

C'eft-à-dire qu'il eft embroüillé.

HORISONTAL, Parallèle à l'horifon, Niveau. *Gefigt-einderfch, Sigt-ei*
derlijk, Waater-pas.

HORLOGE, Poudrier, Ampoulette, Empoulette, Sable. *Looper, Sand*
looper, Glas, Uur-glas.

C'eft un petit vaiffeau de verre rempli de fable , ou plûtot de poudre fo
deliée , qui détermine fur mer l'efpace d'une demi heure , & de-là vie
que le mot d'Horloge eft pris pour une demi-heure.   Car les matelots o
divifé en quarante-huit parties égales, c'eft-à-dire , en quarante huit de
mi-heures , les vingt-quatre heures comprifes d'un midi à l'autre, & on
donné le nom d'horloge à chacune de ces quarante-huit parties.   Ainfi fi
horloges répondent à trois heures, qui eft le tems que doit durer le quart
c'eft-à-dire, la faction de chaque homme de l'équipage, & au bout de ce tem
ils font alternativement relevez les uns par les autres , pour continuer l
manœuvre.   Il y a beaucoup de vaiffeaux où le quart eft de huit horloge

ou de quatre heures. Notre vaisseau porté d'un petit vent de bouline fit une lieuë en six horloges. Quand ce matelot est à l'habitacle il a bien-tôt fini ses six horloges, car il a acoutumé de manger son sable. Voiez, Sable, & Empoulette.

L'HORLOGE dört, *De Sandt-looper die staat stil.*

C'est-à-dire que le sable s'arrête. Ainsi le Timonier doit y prendre garde, & le secoüer un peu, lors-qu'il le voit arrêté.

L'HORLOGE moud. *De Sandt-looper die loopt.*

C'est-à-dire que l'horloge passe, ou que le sable coule bien.

DONNER le tems d'une Horloge pour penser à ce qu'on doit faire. *Soo veel tydts geven, om sig te bedenken, dat men een glas soude omkeeren.*

HOÜACHE, Oüaiche, Sillage, Hoüage. *Sog.*

C'est la trace que fait un vaisseau sur mer. En Normandie on dit, Hoüai-che, ou Ouaiche.

HOUCRE. Voiez, Hourque.

HOULES, ou Lames de la mer. *Zee-golven en baaren, Zee-waaters, Deinin-gen, Schoffels, Waater-golven.*

Ce font les vagues que la mer agitée poussé les unes contre les autres. La houle étoit si grosse que notre première batterie nous demeura inutile pen-dant le combat, parce-que notre frégate faisoit eau par les sabords. Pen-dant cet orage les houles de la mer ont fait chasser le grapin de la galiotte. Nous nous moquons des Houles quelque coupées qu'elles soient.

HOUPE'E. *De verheffing van een waater-golf.*

C'est un terme bas, qui veut dire l'élévation de la vague, ou de la lame de la mer.

PRENDRE la Houpée. *Een slagje, of slinger-slag waarneemen*

C'est prendre le tems que la vague s'élève, pour s'embarquer d'une cha-loupe dans un gros vaisseau, quand la mer est agitée.

HOURAGAN, Ouragan. *Orkaan.*

C'est un orage violent, qui s'élève principalement aux isles Antilles, dans l'Amérique, & qui en vingt-quatre heures saute tous les rumbs de vent. Voiez, Ouragan.

HOURCE, Ource. *Pispot, Lorre, Lorretje, Besaans-bras.*

C'est une corde qui tient à babord & à stribord la vergue d'artimon : elle ne sert jamais que du côté du vent. Elle a un croc à un bout, qui se cro-que dans l'étrope du bout de la vergue d'artimon, & va passer à une pou-lie amarrée au-derriére des haubans. Elle se met de côté, & sert de bras à la vergue d'artimon. L'étrope où elle se croque, à une cosse à chaque bout pour la croquer.

HOURDI. Voiez, Lisse de hourdi.

HOURQUE, Oucre, Houcre. *Hoeker, Hoek-boot, Hoekertje.*

C'est un bâtiment Hollandois, à plate varangue, bordé en rondeur comme les flûtes, & qui est mâté & apareillé comme un Heu, si ce n'est qu'il porte de plus un bout de beaupré avec une sivadiére. Avec cet apareil il est ex-cellent pour louvoier & aller à la bouline, & beaucoup mieux que s'il é-toit apareillé à trait quarré. Il y a des hourques de cinquante ou soixante jusqu'à deux cents ou trois cents tonneaux, & il y en a qui font le voia-ge des Indes Orientales, montées seulement de cinq ou six matelots. On

dit qu'E'rafme les inventa pour aller commodément fur les canaux de Ho
lande, où l'on voit que ces hourques navigent, quoi-que le vent foit co
traire, à force de faire de petites bordées : car pendant un horloge elles f
ront quelquefois jufques à vingt bordées différentes, fur des canaux qu
le plus fouvent, n'ont pas plus de largeur que quatre ou cinq longueurs
bâtiment.

„ DEVIS d'une Hourque de quatre-vingts piés de long, de l'étrave à l'étan
„ bord, vingt piés de bau, & onze piés de creux, mefure d'Amfterdam
„ deftinée pour les Indes Orientales.
„ La Quille avoit foixante-fix piés fix pouces de longueur ; un pié ne
„ pouces d'épaiffeur à l'avant, & un pié cinq pouces en fon milieu ; un p
„ trois pouces de large en fon milieu, & dix pouces en quarré à l'arrié
„ L'écart du milieu avoit fix piés de long. Elle avoit une fauffe-quill
„ par-deffous d'une planche de chêne, ou de hêtre, de deux pouces d'épa
„ atachée avec des cloux de cinq pouces de long, qui étoient à cinq pouc
„ l'un de l'autre, & trois ou quatre en triangle, ou en quarré, en ch
„ que rang.
„ L'Etrave prife au-deffus de la quille avoit vingt piés de hauteur, à l'
„ quaire ; & l'écart, deux piés fix pouces de long fur la quille. Elle av
„ en-dedans quatre piés fix pouces de ligne courbe, avec quatorze piés
„ quête, à mefurer du dedans de l'écart ; neuf piés d'épaiffeur ; deux pi
„ fept pouces de largeur par le haut ; trois piés par le bas, & en-dedans s
„ levoit de deux piés huit pouces au-deffus du bordage.
„ L'Etambord avoit neuf pouces d'épais, & un pié cinq pouces de lar
„ par le haut, dans l'endroit où il étoit le plus étroit ; fix piés de rablu
„ par le bas ; vingt & un pié neuf pouces de hauteur, à prendre par-deho
„ & deux piés de quête.
„ Les Gabords avoient deux pouces & demi d'épaiffeur : ils étoient do
„ blez par-dedans d'une doffe-flache, dont le côté défectueux fervoit à fo
„ mer les anguilléres.
„ Les Varangues avoient fept pouces de large, fept pouces d'épais fur
„ quille, & fix pouces dans les fleurs, étant à la diftance de fept pouces l
„ unes des autres, & il y avoit une cheville de fer à chaque varangue q
„ paffoit dans la quille. Les Allonges avoient cinq pouces d'épais à la b
„ loire.
„ Les deux grands Gabarits avoient deux piés & un pouce à l'équaire, da
„ les fleurs ; & au haut ils tomboient d'un pié cinq pouces en-dedans. Le
„ plus grande largeur, ou diftance de l'un à l'autre, étoit à huit piés
„ hauteur au-deffus du plat-fond. Il y avoit quatre varangues entre eu
„ De ces deux gabarits le premier vers l'avant, pris en fon devant, étoit p
„ fé à dix-neuf piés du dedans de l'écart de l'étrave. Le devant du gab
„ rit de l'avant, ou du premier gabarit à l'avant, étoit placé fur le deda
„ de l'écart de l'étrave ; & le dernier gabarit à l'arriére étoit à treize p
„ fix pouces du talon de la quillé & de l'étambord.
„ La Carlingue étoit d'une feule piéce, & avoit un pié neuf pouces de l
„ ge, & cinq pouces d'épais. De chaque côté il y avoit trois vaigres
„ fleurs, de trois pouces d'épais, & d'une largeur convenable, avec u
„ ferre-bauquiére auffi de chaque côté, de trois pouces & demi d'épaiffeu
„ & to

Hoecker.
Houcre.
D. S. Fecit.

„& tout le reſte du ſerrage étoit de planches de deux pouces à deux pouces
„& demi d'épais, mais plus minces à l'avant & à l'arriére.
„Le bas du plus haut Gabarit, ou de la plus haute latte, tomboit juſte ſur
„l'endroit de l'embelle où le vaiſſeau étoit le plus bas, & il avoit quatre
„piés ſix pouces de relevement à l'avant, & ſept piés quatre pouces à l'ar-
„riére, avec ſix pouces de large.
„Le bâtiment avoit trois Préceintes, dont la plus baſſe avoit dix pouces de
„large & cinq pouces d'épais; celle du milieu, neuf pouces de large & qua-
„tre pouces d'épais; la plus haute, ſept pouces de large & trois pouces d'é-
„pais. La fermure entre la plus baſſe préceinte & celle du milieu avoit
„ſept pouces de large, & deux pouces d'épais; & la fermure au-deſſus avoit
„ſix pouces de large & un pouce & demi d'épais. Le bordage entre les
„fleurs & la plus baſſe préceinte, avoit un pié trois pouces de large & deux
„pouces d'épais. De chaque côté il y avoit quatre ſabords.
„Il y avoit trois Contre-liſſes dans les façons de l'arriére, & quatre Guer-
„landes à l'avant ſur l'étrave, & deux plus haut, qui étoient ſur les pré-
„ceintes; toutes ces piéces bien-aſſurées par des chevilles de fer.
„Les Barrots avoient un pié & un pouce de large, & dix pouces d'épais:
„ils étoient à la diſtance de trois piés ſix pouces l'un de l'autre, & ceux de
„la grande écoutille à cinq piés. Il y avoit à chaque barrot deux courba-
„tons, de toute la longueur que le bois avoit pu le permettre. Ils étoient
„entretenus avec les baux par trois chevilles de fer, & par quatre avec les
„côtés du vaiſſeau. Entre chaque bau il y avoit trois ou quatre barrotins
„de trois pouces d'épais, & de largeur convenable.
„Les Serre-goutiéres avoient quatre pouces & demi d'épaiſſeur, & au-
„tant de largeur que le bois l'avoit pu permettre. Les faix de ponts a-
„voient quatre pouces d'épais; & les bordages qui couvroient le pont, deux
„pouces. Il y avoit de bons étambrais autour du mât; un ſep-de-driſſe
„pour la grande driſſe; deux pompes; cinq écoutilles, une devant la
„foſſe aux cables, une pour deſcendre dans la chambre de l'avant, la
„grande écoutille, une derriére le mât, & une pour entrer dans la cham-
„bre du Capitaine.
„La Vaigre au-deſſus du pont avoit trois pouces d'épais, & la largeur re-
„quiſe pour y pouvoir poſer les accotards. Il y avoit encore une autre
„guerlande, tout-au-haut de l'avant, ſous les coittes ſur leſquelles étoit
„poſé le virevaut, avec un petit traverſin de bittes.
„Le Gouvernail avoit quatre piés de largeur par le bas, & un pié dix
„pouces par le haut, & ſept pouces d'épaiſſeur: ſa tête, à prendre de
„l'endroit où entre la barre, avoit ſept pouces de long.
„Les Bordages depuis les gabords juſques aux préceintes avoient deux pou-
„ces & demi & deux pouces & un quart d'épaiſſeur. Ils étoient couſus
„à cloux & à chevilles dans l'œuvre morte; mais outre cela il y avoit en-
„core des chevilles de bois dans l'œuvre vive.
„Le bâtiment étoit doublé de planches de ſapin bien gorldronnées, de-
„puis la quille juſqu'aux préceintes, à la hauteur de dix piés à l'avant, &
„d'onze piés à l'arriére, clouées de cloux du poids de quinze livres le millier.
„Il y avoit ſur le vaiſſeau une cuiſine mobile, *Een los ſtaande kombuis*,
„qu'on pouvoit changer de place par le moien des cordes qu'on mettoit en

„des

„des boucles & en des crampes pour la tirer. Elle avoit fix piés de haut
„par fes côtés, quatre piés de large en un fens, & trois piés en l'autre
„fens. Il y avoit deux portes doublées de fer blanc en-dedans : la couver-
„ture étoit doublée de cuivre, & derriére la maffonnerie tout étoit garni
„de cuivre & de plomb.

„Sur la place du Timonier il y avoit une teugue pour le couvrir, qui étoit
„foutenuë de huit montans, & couverte de quatre Barrotins, avec des plan-
„ches deffus.

„La Foffe aux cables avoit dix piés de long : la chambre de l'avant, qui
„étoit derriére la foffe aux cables, avoit onze piés huit pouces de longueur
„avec doubles cabanes de chaque côté, c'eft-à-dire, deux deffous en lon-
„gueur, & deux deffus, ou en hauteur, pour coucher feize perfonnes.

„La Chambre du Capitaine avoit douze piés fept pouces ; l'éntrée étoit à
„ftribord : elle étoit faite en partie de planches refenduës : il y avoit de-
„dans des armoires, un banc, & un bois de lit. Devant cette chambre
„il y en avoit encore une autre qu'on apelle *Roef*, ou *Rouf*, avec quatre
„cabanes ; & au-deffous il y avoit une foute aux poudres, & une cham-
„bre aux voiles. A ftribord il y avoit deux foutes au bifcuit, qui joignoient
„les autres & étoient l'une fur l'autre.

„L'Habitacle, qui étoit fait de planches minces de chêne, avoit trois piés
„fix pouces de long, trois piés & un pouce de haut, & un pié & un pouce de
„large, avec trois couliffes.

„La Chaloupe avoit vingt piés de long, fix piés de large, & deux piés
„quatre pouces de creux. Elle étoit du gabarit des chaloupes de Bifcaie,
„mais plus forte de bois, afin de pouvoir fervir à lever l'ancre.

„Le grand Mât avoit fous l'encornail foixante piés de long, & le ton fix
„piés, avec un pié huit pouces de diamétre dans l'étambraie. La hune a-
„voit quatorze courbatons & trois cadènes, fix piés de diamétre, & le trou
„trois piés fix pouces en quarré.

„Le Mât d'artimon avoit cinquante-quatre piés de haut, & un pié & un pou-
„ce de diamétre : la foque de beaupré avoit quarante-fix piés de haut & un
„pié deux pouces de diamétre : le mât de hune, trente & un pié de haut,
„& neuf pouces de diamétre : le grand perroquet, onze piés de haut, &
„fix pouces de diamétre : le perroquet d'artimon, treize piés de haut, &
„fix pouces de diamétre.

„La grande Vergue avoit quarante-quatre piés de long, & un pié de diamé-
„tre : la vergue de hune, vingt-neuf piés de long, & fix pouces de dia-
„métre : la vergue de foque de beaupré, trente piés de long, & fept pou-
„ces de diamétre : les boute-hors d'embas, trente piés de long, & fept
„pouces de diamétre : les boute-hors d'enhaut, feize piés de long, & qua-
„tre pouces de diamétre.

„Le grand chouquet avoit trois piés de long, deux piés de large, & un
„pié deux pouces d'épais : le chouquet d'artimon, un pié quatre pouces
„de long, un pié de large, & fix pouces d'épais : le chouquet du grand
„mât de hune, un pié deux pouces de long, neuf pouces de large, & fix
„pouces d'épais.

„Les grandes barres de hune qui étoient par la longueur du vaiffeau, avoient
„fix piés neuf pouces de long : celles du mât d'artimon, trois piés fix pouces :
„celles

„celles du grand mât de hune, trois piés. Celles du grand mât qui étoient
„en-travers, avoient six piés de long: celles du mât d'artimon, trois piés,
„& autant celles du grand mât de hune.
„Chaque Ancre étoit à-peu-près du poids de neuf cents livres : les cables
„étoient de neuf pouces. Toutes les ancres ensemble pesoient 2863. livres;
„toute la grosse ferrure, 6500. livres ; & celle de la chaloupe 280. livres,
„La largeur de la grande Voile contre la vergue, étoit de seize aunes, &
„sa hauteur avec les bonnettes de dix-huit aunes : la largeur du hunier,
„de dix aunes, & sa chute de huit aunes : la largeur de l'artimon par le bas,
„de treize aunes, & sa hauteur à l'arriére de douze aunes : la largeur de
„la voile de foque de beaupré, de douze aunes, & sa chute de cinq aunes
„& demie : la largeur de la voile d'étai par le bas, de neuf aunes.
„Il y avoit trois pavillons du Prince, qui avoient chacun sept cücilles & de-
„mie de guindant, & dix aunes de battant : une flame de trois cücilles de
„guindant, & de seize aunes de battant: trois girouëttes du Prince, ou de
„l'E'tat, d'une aune trois quarts de guindant, & de quatre aunes & demie
„de battant: trois girouëttes du lieu d'où étoit le vaisseau, d'une aune & de-
„mie de guindant, & de trois aunes & demie de battant : trois girouëttes
„échancrées d'une aune & demie de guindant, & de trois aunes & demie
„de battant.

HOURVARI. *Een hardt landt-windt die 's avondts uit eenige Westindische eilanden waait.*
Ce terme se dit, par certaines gens de marine, d'un vent qui vient tous
les soirs de terre, dans quelques-unes des isles de l'Amérique, & qui est
acompagné de pluïe & de tonnerre.

H U.

HUCHE. Navire en Huche, ou Enhuché. *Een schip dat agter hoog opgeboeit is.*
On apelle Navire en Huche celui qui a la poupe fort haute. Dans le païs
d'Aunix on dit, Navire Enhuché.

HUILIE'RES. *Oli-kannen.*
Ce sont de petites cruches dans lesquelles on tient l'huile dont on se sert
dans un vaisseau.

HULOT, Ulot. *Bril, Kolder-gat, Bril-gat, Tol-gat, Klos.*
C'est l'ouverture où est mis le moulinet de la barre nommée manuelle, ou
manivelle.

HULOTS, Ulots. *Gaaten in 't luik van het kaabel-gat.*
Ce sont aussi les ouvertures qui sont faites dans le panneau de la fosse aux
cables.

HUNE. *Mars.*
C'est une espéce de petite plate-forme, soutenuë par des barres de bois, &
qui regne en saillie & en rond autour du mât dans le ton. Quoi-qu'ordinairement les plus grands vaisseaux n'aïent que quatre hunes, savoir, la
grande hune, celle de miséne, celle de beaupré, & celle d'artimon, & qu'il
n'y ait que des barres aux brisures qui sont aux autres mâts, on ne laisse pas
de donner le nom de hunes à ces barres. Les étais & les haubans de chaque mât sont amarrez aux hunes. Le gabier se poste ordinairement sur la
hune de grand hunier, & lors-que de beau tems la voile de perroquet est
aparcillée, & qu'elle couvre cette hune, ôtant par ce moien la liberté de
la-

la vuë au matelot qui fait le quart, il se va poster sur la vergue de perroquet pour découvrir avec plus d'avantage; mais pendant la brume, & dans un parage dangereux par les brisans, ou par les corsaires, il monte sur celle de miséne, & même sur celle de beaupré. On peut voir les proportions des Hunes dans le livre de M. Dassié, page 35.

,, L'usage des hunes est de servir à la manœuvre, les matelots y montant
,, pour cet éfet: elles servent aussi à amarrer divers cordages, & l'on y tient un
,, matelot pour faire la sentinelle, & découvrir de plus loin. On les couvre de
,, peaux de mouton, afin d'empêcher que les voiles & les cordages qui don-
,, nent contre elles, ne se gâtent. Il y a dans le fond de la hune des trous
,, par où passent des cordages, & il est bon qu'ils soient garnis de fer.
,, On ne met ordinairement qu'une hune à chaque mât: néammoins on en
,, met aussi deux au grand mât & au mât de miséne, dans quelques ocasions,
,, sur-tout quand on doit naviguer quelque tems sous la zone torride, où
,, les calmes sont fréquens, parce-qu'elles aident à bien manœuvrer les per-
,, roquets. Pour cet éfet on porte ces deux hunes toutes prêtes dans le
,, vaisseau. Il y a souvent, dans les grands navires des balustrades autour
,, des hunes, qui vont jusqu'à la ceinture d'un homme.
,, Quelques Charpentiers donnent à la grande hune, autant de neuf pouces
,, de large que le vaisseau a de dix piés de long.
,, Ceux qui ont proportioné un vaisseau de cent-trente-quatre piés de long,
,, de l'étrave à l'étambord, donnent à la grande hune dix piés de diamé-
,, tre, & neuf piés à la hune du mât de miséne. La sole, ou les piéces du
,, fond, doivent avoir trois pouces & demi d'épaisseur. Il doit y avoir qua-
,, torze courbatons de quatre pouces de largeur, & de deux pouces & demi
,, d'épaisseur. Les garites doivent avoir cinq pouces de large, & surmon-
,, ter la sole de deux pouces & demi. Les cercles doivent avoir trois pou-
,, ces & demi de large, & trois quarts de pouce d'épais. Les autres hunes
,, doivent avoir quatre piés & demi de diamétre sur la sole, & la sole doit
,, avoir deux pouces d'épaisseur. Les caps de mouton des hunes sont d'on-
,, ze pouces, de huit, & de sept.
,, Un autre Auteur dit, touchant les hunes, que les vaisseaux qui ont de-
,, puis seize piés de large jusques à vingt, n'en doivent avoir qu'une; que
,, ceux qui ont depuis vingt piés jusqu'à vingt-cinq, n'en doivent avoir que
,, deux; & que ceux qui ont au-dessus de vingt-cinq piés de large en doi-
,, vent avoir trois, ou quatre: c'est-à-dire que cela se pratique ordinaire-
,, ment, quoi-que beaucoup de Maîtres en usent autrement.
,, Jamais les Hunes, dit-il, ne doivent presser les mâts, parce-que cela
,, contribuëroit beaucoup à les faire rompre. Au-contraire, il doit y avoir
,, toujours entre la hune & le mât autant d'ouverture qu'il en faut, pour
,, y faire passer & baisser les mâts de hune, ou les perroquets, en cas de be-
,, soin, pendant la tempête.
,, C'est par cette raison qu'il faut que les Hunes aïent toujours dans la croix,
,, ou par les angles de leur ouverture qui est quarrée, en les croisant par le
,, milieu, les deux cinquièmes parties de leur largeur entiére pour le moins.
,, Par éxemple; une hune qui a dix piés de largeur d'un bord à l'autre,
,, l'ouverture en doit avoir quatre piés. Le double du nombre de piés que
,, la hune a de diamétre, doit être la règle du nombre de taquets, ou cour-
                                        ,, batons,

„batons, qui doivent être sur la sole. Par éxemple; quand une hune a
„douze piés d'un bord à l'autre, il doit y avoir vingt-quatre taquets sur
„la sole. En faisant les trous pour les cadènes, il faut bien prendre garde
„que la cadène se rencontre sur le taquet du milieu.
„Plus les Hunes sont grandes, & plus elles sont propres pour les usages
„auxquels elles sont destinées : néammoins il faut aussi regarder à ne les
„faire pas trop grandes, parce-qu'elles seroient trop pesantes, & qu'elles
„défigureroient le vaisseau.
„La Hune du grand mât; *De groote Mars*, *De Mars die op de groote mast*
„*vaart*, doit avoir de diamétre les deux cinquièmes parties de la largeur du
„vaisseau, d'un bord à l'autre, en-dehors. Par éxemple; la hune d'un
„vaisseau de trente-cinq piés de large doit avoir quatorze piés de diamétre;
„& la hune du mât d'avant, *De Voor-mars*, doit être moins grande seule-
„ment d'une dixième partie.
„La Hune du mât d'artimon, *De Besaans-mars*, est ordinairement un peu
„plus large ou plus grande que la moitié de la grande hune ; & celle du
„beaupré, *De Boeg-spriet-mars*, est un peu plus petite que cette même moi-
„tié. Celle du grand mât de hune, *De groote Steng-mars*, est un peu plus
„petite que celle du mât de beaupré : & la hune du mât de hune d'avant
„*De Voor-steng-mars*, est plus petite que celle du grand mât de hune, à
„proportion de ce que la hune du mât de miséne est plus petite que celle
„du grand mât.

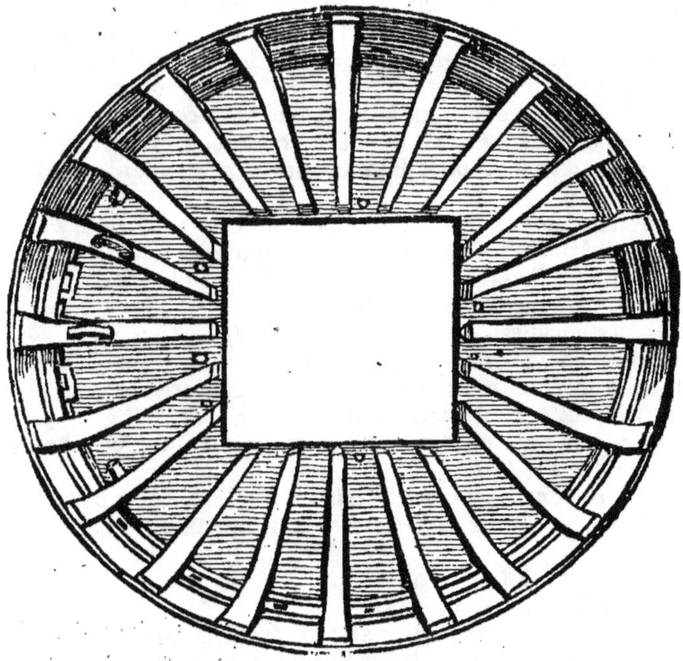

„Les Hunes des navires de guerre sont souvent couvertes de bastingures,

c'est-

„c'eſt-à-dire, lors-qu'on ſe prépare au combat. On y place auſſi du pe-
„tit canon, & de menuës armes, avec une baille remplie de grenades, &
„une autre remplie d'eau, pour éteindre le feu : & ces armes ne ſont pas
„celles qui incommodent le moins les vaiſſeaux ennemis.

HUNIERS. *Mars-zeilen.*
Ce ſont des voiles qui ſe mettent aux mâts de hune, & les mâts de hune
ſont ceux qui ſont poſez au-deſſus du grand mât & du mât de miſéne.
Voiez, Voiles. Quelques-uns apellent auſſi Huniers les mâts de hune même.

LE GRAND HUNIER. *'t Groot Mars-zeil.*
C'eſt la voile qui eſt portée par le grand mât de hune.

LE PETIT HUNIER, ou Hunier d'avant, ou Hunier de miſéne. *Het
Voor-mars-zeil.*
C'eſt la voile qui eſt portée par le mât de hune d'avant.

HUNIERS à mi-mât. *Mars-zeils ter halver ſteng, Mars-zeils voor top en taakel.*
On dit, Hunier à mi-mât, quand la vergue qui tient la voile du hunier n'eſt
hiſſée ou élevée qu'à la moitié du mât.

AVOIR les Huniers dehors. *De mars-zeilen uit hebben.*
C'eſt avoir les huniers au vent pour le recevoir.

METTRE le vent ſur les Huniers. *De mars-zeilen op de maſt braſſen.*
C'eſt mettre les voiles nommées huniers de telle ſorte que le vent donne
deſſus, & ne les rempliſſe pas.

HISSER & amener les Huniers. *De mars-zeilen byſen en ſtrijken.*
C'eſt hauſſer & baiſſer les voiles du grand mât de hune d'avant. Cela ſe
fait ordinairement pour un ſignal. Sur les deux heures après midi la
frégate qui avoit été détachée pour aller à la découverte, revint en a-
menant & hiſſant ſes deux huniers, pour faire connoître qu'elle avoit découvert l'armée ennemie, ce qui étoit le ſignal ; & notre Amiral fit amener ſon hunier d'avant, pour faire connoître qu'il avoit conoiſſance du ſignal de la frégate.

AMENER les Huniers ſur le ton. *De mars-zeils op de randt ſtrijken.*
C'eſt-à-dire, baiſſer les voiles nommées huniers juſques à la partie du mât
qui ſe nomme le Ton, ce qui eſt les amener au plus bas. On dit par commandement, Amène les huniers ſur le ton.

HUTTER les vergues. *Kaaijen, Kaejen, Pieken, Optoppen.*
C'eſt amener les vergues juſques à la moitié du mât, & les mettre en
croix de St. André, afin-qu'elles prennent moins de vent dans un gros tems,
& que le vaiſſeau ſe tourmente moins.

HUTTER en amenant un des bouts de la vergue juſqu'au vibord, Apiquer.
De ree pieken, in piek ſetten.
C'eſt-là proprement Apiquer, & Hutter c'eſt quand on baiſſe le bout de la
vergue, ſans que néammoins elle vienne juſqu'au vibord.

H Y.

HYAC. Voiez, Yacht.

HYADES. *De ſeven ſterren.*
C'eſt une conſtellation compoſée de ſept étoiles, qui ſont dans la tête du
Taureau, & dont la principale eſt l'œil gauche. Elles paroiſſent rarement
ſans amener de fort grandes pluies.

HY.

HYDROGRAPHIE. *Waater-befchrijving.*
C'eſt la Science par le moien de laquelle on s'inſtruit dans l'Art de naviger, enſorte qu'on eſt capable de faire des cartes marines, de conduire les
vaiſſeaux, & de connoître préciſément le lieu où l'on eſt, lors-qu'on fait
un voiage de long cours.

CARTES Hydrographiques. *Zee-kaàrten.*
Ce ſont des Cartes Marines que l'on dreſſe exprès pour les Pilotes, où
tous les rumbs de vent ſont marquez. On y marque auſſi les bancs, les
baſſes & les rochers, & les Méridiens y ſont parallèles les uns aux autres.
Voiez, Carte.

I A.

IAC, IACHT, IAGT. Voiez, Yacht.
IAC, IACQ, Iacque. Voiez, Pavillon.
JALOUX. Bâtiment Jaloux, Galére Jalouſe. *Een vaartuig dat geen ballaſt*
genoeg heeft.
C'eſt un mot de Levant qui ſignifie un bâtiment qui roule & qui ſe tour-
mente trop, en danger de ſe renverſer faute d'avoir aſſez de leſte & ſon
arrimage propre à lui donner ſa bonne aſſiette.
JALOUX. Vaiſſeau Jaloux. *Een rank ſchip.*
C'eſt auſſi un vaiſſeau qui a le côté foible.
JAMBES de compas. *Pooten van een paſſer, Voeten.*
On dit qu'un compas a deux jambes, pour dire qu'il a deux pointes, deux
piés.
JAMBES de hune. Voiez, Gambes de hune.
JARDIN. *Een open Galdery.*
C'eſt un nom que quelques-uns donnent aux balcons d'un vaiſſeau qui ſont
ouverts.
JARLOT, Rablure. *Sponning, Sponde, Spongie.*
C'eſt une entaille faite dans la quille, dans l'étrave, & dans l'étambord d'un
bâtiment, pour y faire entrer une petite partie du bordage qui couvre les
membres du vaiſſeau. Voiez, Rablure.
JARRES, ou Giarres. *Groote ſteen-kruicken-of-kannen, om ſoet-waater in 't ſchip*
te bewaaren.
Ce ſont de grands vaiſſeaux de terre, qui ſervent ſur la mer à conſerver
de l'eau douce. On les met ordinairement dans les galeries du vaiſſeau.
JARREBOSSE. Voiez, Candelette.
JAS d'ancre, Eſſieu ou Jouët d'ancre. *Anker-ſtok.*
C'eſt un aſſemblage de deux piéces de bois de même figure & de même
échantillon, étroitement empatées emſeinble vers l'arganeau de l'ancre,
afin-que quand on la jette en mer ce jas empêche qu'elle ne ſe couche ſur
le ſable, & qu'il donne le moien à l'une ou à l'autre des pattes de s'enfoncer dans le terrein, & de mordre le fond pour arrêter le vaiſſeau.
„Le Jas de l'ancre qui lui eſt ataché & joint proche de l'arganeau par des
„chevilles de fer, doit être ſelon le ſentiment de la plupart des Maîtres,
„auſſi-long que la vergue, & avoir une cinquième partie du poids entier de
„l'ancre, ou à-peu-près. Ce bois ſert à faire tourner l'ancre ſur l'un de ſes bras,
„en empêchant, qu'elle ne tombe à terre tout-plat ſur ſa croiſée, & par
„ce moien la patte du bras qui s'eſt tourné contre le fond, y mord & y

„enfonce ; car on fait qu'un bois qui eft dans l'eau ne fe porte jamais à y
„demeurer perpendiculairement fur l'un des bouts, mais il y demeure ho-
„rifontalement & en long, à-moins-qu'il n'y ait quelque chofe qui l'en
„empêche, Ainfi le jas de l'ancre, renverfant néceffairement l'ancre, &
„la faifant tourner fur fa patte, lui donne moien de mordre.

JATTE, Agathe, Gatte. *Pis-bak.*
C'eft une enceinte de planches mifes vers l'avant du vaiffeau, qui fervent
à recevoir l'eau qui entre par les écubiers, lors-qu'elle eft pouffée par un
coup de mer, ce qui donne facilité de la vuider. Voiez, Gatte.

JAVEAU. *Aanwas.*
C'eft une ifle nouvellement faite au milieu d'une riviére par alluvion, ou
amas de limon & de fable.

JAUGE. *Yking, Ycking, Meeting en begrooting van een fchip.*
C'eft la jufte mefure que doit avoir un vaiffeau qui doit contenir quelque
liqueur, ou quelques grains.

JAUGEAGE. *Meeting-geldt.*
C'eft un droit que font paier les Oficiers jaugeurs, pour la jauge des vaiffeaux.

JAUGER. *Doppen, Een fchip meeten, Yken.*
C'eft mefurer un vaiffeau, pour voir s'il eft de la mefure qu'il doit être.
Tous navires feront jaugez incontinent après leur conftruction par les Gar-
des-jurez, ou Prudhommes du métier de Charpentier, qui donneront
leur ateftation du port du bâtiment. Pour connoître le port & la capacité d'un vaiffeau, & en régler la jauge, le fond de cale, qui eft le lieu
de la charge, fera mefuré à-raifon de quarante-deux piés cubes pour tonneau de mer.

JAUGEUR. *Dopper, Ycker.*
JAUMIE'RE. *Hennegat, 't Gat voor de roer-pen.*
C'eft une petite ouverture à la poupe d'un vaiffeau, proche de l'étambord;
c'eft par-où le timon vient répondre au gouvernail pour le faire joüer.
„La Jaumiére doit avoir de large les deux tiers de l'épaiffeur du gouver-
„nail, c'eft-à-dire, en-travers du vaiffeau, & elle doit avoir un peu plus de
„hauteur; mais fa largeur par-dehors doit être un tiers moindre qu'en-
„dedans.
„Lors qu'on eft en mer, on garnit la jaumiére avec des toiles goudron-
„nées, pour empêcher que l'eau n'entre dans le vaiffeau. Il y a des vaif-
„feaux où l'on ne prend pas cette précaution; on y laiffe entrer l'eau, &
„elle s'écoule par les côtés.

JAUTEREAUX. Voiez, Joutereaux.

J E.

JET de voiles, Jeu de voiles. *Een ftel zeilen.*
C'eft l'appareil complet de toutes les voiles d'un vaiffeau.

JET & CONTRIBUTION. *Het werpen van goederen over boord in zee, en
de verbeeteringe en vergelijkinge van de fchaade.*
C'eft un terme ufité entre les Marchands, par lequel on entend tout ce
qu'on eft contraint de jetter à la mer par un mauvais tems, à-caufe du péril preffant, & la répartition qui fe fait du prix & valeur de ce qui a été
jetté, tant fur le vaiffeau que fur la cargaifon.

JET.

JET. Faire le Jet. *Uitwerpen, Werpen.*

C'eft, de gros tems, jetter à la mer la marchandife, les mâts & le canon, pour alléger le vaiffeau & l'empêcher de faire naufrage. Les répartitions pour le paiement des pertes & dommages fe doivent faire fur les éfets fauvez & jettez, & fur moitié du navire & du fret, au marc la livre de leur valeur. Les munitions de guerre & de bouche, ni les loïers & hardes des matelots, ne contribüent point au jet, & néammoins ce qui en eft jetté fe paie par contribution fur tous les autres éfets. Les uftenfiles du vaiffeau, & autres chofes les moins néceffaires, les plus pefantes, & de moindre prix, fe jettent les premiéres, & enfuite les marchandifes du premier pont ; le tout au choix du Capitaine, & par l'avis de l'équipage. Voiez, l'Ordonnance de 1681. liv. 3. tit. 8.

EFETS dont on a fait le Jet. *Geworpen goedt.*

JETTE'E. *Hoofdt.*

C'eft le mur d'un quai, ou d'un mole de port, fait pour arrêter l'impétuofité des vagues. On le conftruit de gros quartiers de pierre, ou de caiffons remplis de matériaux que l'on jette dans la mer fans aucun ordre, quand il n'eft pas poffible de fonder à fec, en faifant des bâtardeaux.

JETTER quélqu'un à la mer. *Jemant over boord fmijten, de voeten fpoelen.*

JETTER un navire fur un banc, ou fur un rocher, ou à la côte. *'t Schip op ftrand, of op een klip jaagen; 't Op ftrand fetten.*

C'eft aller donner exprès contre un banc, un rocher, ou une côte, parcequ'on en regarde le péril comme incertain, & qu'on croit éviter par-là un péril tout-a-fait certain. Les Lamaneurs qui par ignorance auront fait échoüer un bâtiment, feront condamnez au fouët, & privez pour jamais du pilotage. Et à l'égard de celui qui aura malicieufement jetté un navire, fur un banc ou rocher, ou à la côte, il fera puni du dernier fuplice, & fon corps ataché à un mât planté près le lieu du naufrage.

JETTER du blé ou d'autres grains à la bande. *Stort-goederen overgooijen, overfmakken, verfchieten.*

C'eft jetter fur tout un côté du vaiffeau les grains qui étoient uniment chargez dans le fond de cale, quand on y eft contraint par la tempête pour faire un contre-balancement.

JETTE dehors le fond du hunier. *Stoot uw mars-zeil uit, Stoot uit uw groot-en-voor-mars-zeil.*

C'eft un commandement à ceux qui font à la hune, de pouffer dehors la voile du mât de hune.

JEU. Le Jeu du gouvernail. *Het fpeelen, Het fchieten van 't roer.*

C'eft fon mouvement.

JEU DE Voiles. Voiez, Jet de voiles.

JEU-PARTI. *Set-koop, Zet-koop.*

On dit, Faire Jeu-parti, quand de deux ou de plufieurs perfonnes qui ont part à un vaiffeau, il y en a une qui veut rompre la fociété, & qui demande en jugement que le tout demeure à celui qui fera la condition des autres meilleure, ou-bien qu'on faffe eftimer les parts.

ILOIRES. Voiez, Hiloires & Ailures.

<h2 style="text-align:center">I N.</h2>

INCOMMODE'. Vaiffeau Incommodé. *Een fchaadeloos of befchaadigdt fchip, dat letfel gekreegen heeft.*   Rrr 3   C'eft

C'eſt-à-dire un vaiſſeau qui a perdu quelqu'un de ſes mâts, qui a ſa manœuvre en deſordre, & qui étant deſemparé a beſoin du radoub. Après-que
nous eûmes eſſuié les bordées de trois vaiſſeaux ennemis, notre vaiſſeau ſe
trouva fort incommodé, & nous fûmes obligez de quitter notre poſte.

INCOMMODITE' d'un vaiſſeau. *Schaade, Letſel, Verlegentheid.*

LES VAISSEAUX furent Incommodez en leurs manœuvres. *De ſchepen die
leeden ſchaade aan touwerk.*

INDICATION de l'aiguille aimantée. *Afwijſinge des zeil-ſteens.*
C'eſt l'indication qu'elle donne, & qui fait reconnoître les parages & les
lieux où l'on eſt.

INGENIEUR du feu, Artificier. *Vuur-werker.*
C'eſt un Oficier qui fait les feux d'artifice de guerre, & qui a ſoin de char-
ger les grenades, bombes, pots-à-feu, & toutes ſortes de machines de feu.
On dit, Ingénieur de Marine. *Een Vuur-werker ter zee.*

INGENIEUR. *Een krijgs-bouw-meeſter.*
C'eſt l'Oficier qui conduit les travaux de la guerre, ſoit pour fortifier les
places, ou pour les ataquer.

INONDER. *Overſtroomen, Overvloeijen, Overloopen, Inbreeken.*
C'eſt noïer un païs par un débordement d'eaux.

INSPECTEUR des conſtructions. *Een Opſiender op de ſcheeps-bouw.*
C'eſt un Oficier qui fait prendre devant lui les plans & les profils, avant
que de commencer la conſtruction. Il fait faire un devis éxact des bois qui
doivent y entrer. Il enſeigne aux Charpentiers la maniére de conduire par
règles les fonds, les hauts, le fort, les batteries & les ponts &c. Enfin
il prend garde à tout ce qui regarde la conſtruction & le radoub.

INSULTER un vaiſſeau, Inſulter les ennemis. *Af-breuk doen.*
C'eſt ataquer & cauſer quelque dommage. Il étoit trop tard pour inſulter
ce navire, & diſcerner au vrai s'il étoit échoüé.

INTENDANT de Marine. *Een Zee-intendant.*
C'eſt un Oficier qui doit avoir de la capacité; qui réſide dans un port; qui
a ſoin de faire éxécuter les Réglemens qui concernent la Marine; qui pourvoit à la fourniture des magaſins; qui ordonne tout ce qui dépend des choſes de la Marine, & de la conſervation des proviſions; qui fait la revuë des
équipages, quand ils ſont à bord, & fait punir les deſerteurs & les coupables; & qui met la taxe aux denrées.

INTENDANT Général de la Marine & des claſſes. *Een Opper-hoofdt van de
zee-ſaaken, en verdeelingen der matrooſen.*
C'eſt un Oficier qui a l'intendance de tous les ports, arcenaux & claſſes de
tout le Roïaume.

INTENDANT des armées navales. *Een Opſiender of Intendant over de oorlogs-
vlooten.*
C'eſt un Oficier ordonné pour la Juſtice, Police & Finances d'une armée
navale. Ses fonctions & celles des Intendants ci-deſſus, & celles de l'Intendant d'un port, ſont décrites dans l'Ordonnance de 1689.

INTERLOPRES. *Lorren-draaijers.*
Ce ſont des bâtimens qui entrent dans un port en cachette, pour ne pas
paier les droits, ou qui y portent des marchandiſes de contrebande.

INTERRESSE'S. Les Interreſſés à un navire. *De Reeders.* Voiez, Chargeurs.

INVESTIR. *Aan de grondt raaken, Stranden.*
C'eſt un terme du Levant, pour dire, Toucher, ou échoüer, ſoit de bon
gré, ſoit par contrainte. On dit, Notre bâtiment vouloit inveſtir à Ca-
po-paſſaro, voiant que le Corſaire avoit inveſti à une heüe de-là.

JOIAUX, Pierreries. *Juweelen.*
,,Lors-qu'un Maître de navire a des joïaux à transporter, il en doit pren-
,,dre un ſoin particulier, & s'il voit le vaiſſeau menacé de quelque dan-
,,ger, il doit atacher les joïaux autour de ſon corps, afin-que ſi le vaiſſeau
,,fait naufrage & qu'il puiſſe ſe ſauver, il ſauve les joïaux avec lui.

JOINTS quarrés. Joints à onglet. Joints d'abouëment. Joints à queüe d'a-
ronde. Voiez, Aſſemblage.
BORDER à Joints quarrés. *Met karviel-werk opboeijen.*
JOINTS perdus. Aſſemblé à Joints perdus. *Met een verlooren lip ingelaaten
of ingeleit:* à Joints perdus quarrez, *met een regt verlooren lip:* à Joints perdus
en talus, *Met een ſcherp verlooren lip.*
C'eſt un aſſemblage où les joints ne ſe voient que quand on eſt tout proche.

IOL. *Een Jol.*
Ce ſont des barques dont on ſe ſert en Danemarc. Les Ruſſes ſe ſervent
auſſi de petits bâtimens ainſi nommez.

JONCTION de deux flotes, ou de deux armées navales. *De by-eenkomſte
van twee vlooten, of oorlogs-vlooten.*

JONQUE, Jonc, ou Jonkos. *Een Jonk.*
C'eſt une ſorte de vaiſſeau, ou pluſieurs ſortes, dont on ſe ſert dans les
Indes Orientales, & le long des côtes de la Chine.
,,Les Jonques ſont des bâtimens fort communs dans les Indes, à-peu-près
,,de la grandeur des flibots. Elles ont différentes figures, ſelon les diverſes
,,nations qui ſont en cette région, & qui s'en ſervent. Les voiles ſont ſou-
,,vent de roſeau & de nattes, & les ancres de bois. Tout l'ouvrage eſt aſ-
,,ſemblé à queüe d'aronde.
,,Le Pilote eſt aſſis à l'arriére, d'où avec un petit tambour il marque
,,au Timonier comment il doit gouverner. Outre le gouvernail ils gou-
,,vernent encore avec de groſſes rames, qui ſont à chaque côté de l'ar-
,,riére, ſoit de gros tems, ou lors-que le vaiſſeau ne ſent pas bien ſon gou-
,,vernail. Il y en a de haut-bord, & qui ont des acaſtillages; d'autres
,,de bas-bord. Il y en a qui portent beaucoup de voiles, & d'autres peu.
,,Les Jonques de Nanquin ſont conſtruites à plates varangues, à-cauſe
,,des baſſes qui ſont dans les riviéres, & leur avant eſt plat. Elles ont deux
,,ſemelles. On ſe ſert de cordes pour faire joüer le gouvernail, ce qui ne
,,ſe pratique pas ailleurs. Il y en a d'autres qui ont beaucoup de releve-
,,ment à l'avant, & dont le nez s'élance en haut, & eſt pointu comme
,,un crochet. Elles ont un petit mât d'avant, & une teugue fort baſſe qui
,,fait ſaillie ſur l'eau à l'arriére.
,,M. Witſen a eu entre les mains un gabarit de bois d'une Jonque de la Chi-
,,ne, dont la quille étoit de trois piéces, & la piéce du milieu étoit en lig-
,,ne droite, comme on les fait en Europe; mais les deux autres piéces,
,,qui étoient plus courtes que celle du milieu, avoient à l'arriére & à l'a-
,,vant un relévement de quatre à cinq piés. L'avant étoit plat & preſque
,,en triangle, dont la pointe la plus aiguë étoit en-bas, & il y avoit un peu
                                                          ,,de

,, de quêté, L'arriére étoit aussi plat, de-même qu'une arcasse, mais il
,, rentroit en-dedans depuis le bord jusqu'au milieu; si-bien qu'il n'y avoit
,, ni étrave ni étambord.

,, Le Gouvernail étoit suspendu à l'arriére, & ataché de chaque côté avec
,, des cordes qui passent au-travers par le bas, & qui sont amarrées au
,, bord par le haut, pour aider à gouverner, parce-que le gouvernail étant
,, fort grand, la barre ne sufit pas pour le faire joüer par un gros tems.

,, Il n'y avoit qu'une préceinte, qui étoit posée à la hauteur du premier
,, pont, & étoit ronde par-dehors, avec un relevement proportioné à tout
,, le gabarit. Sous cette préceinte le vaisseau alloit en arondissant par le
,, bas, mais au-dessus, jusques au haut pont, il avoit les côtés plats. Les
,, deux ponts étoient également ouverts dans le milieu, par la longueur du
,, bâtiment, & autour de ces ouvertures il y avoit des bordages. A l'ar-
,, riére, proche du gouvernail, il y avoit quelques marches sur le bas pont
,, pour descendre au fond de cale, & le vaisseau y étoit ouvert au-dessus
,, de l'arcasse, laquelle étoit aussi haute que le pont, en-sorte que le vent y
,, pouvoit entrer par l'arriére.

,, Le grand mât étoit plus proche de l'avant que de l'arriére: il tomboit un peu
,, vers l'arriére. Il y avoit sur le bas pont un bau, ou traversin, tout-rond,
,, qui par chaque bout étoit joint avec la préceinte, & dans lequel le mât
,, étoit enchassé, & tenu par un cercle de fer; mais par le bas, il n'y avoit
,, aucune piéce qui l'arrêtât sur le plat-fond, où il étoit quarré. A l'avant
,, il y avoit un autre mât un peu plus petit, qui tomboit en avant. On pou-
,, voit les démâter & coucher tous deux vers l'arriére. Ils avoient des tons
,, fendus en échancrure, dont les deux côtés sont entretenus avec des che-
,, villes, & les bouts en sont liez ensemble au haut. C'est-là que s'ente le
,, bâton de pavillon, si-bien que quand on couche le mât on en peut ôter le ton.
,, On monte le long du mât par des taquets qui y sont cloüez. Toutes les voiles
,, se hissent avec des vindas. L'ancre étoit de bois, & de la figure de deux
,, coudes courbez & atachez l'un a l'autre. Sous les bras, qui n'avoient point
,, de pattes, il y avoit un bois en-travers, qui étoit enté de chaque côté
,, dans la vergue: le bois en est fort-pliant, mais il n'est pas gros.
,, Dans le milieu du bâtiment, sous le premier pont, il y avoit de chaque
,, côté une porte quarrée, pour entrer dans le vaisseau, & pour embarquer
,, la charge. On met sur le bas pont quatre piéces de canon de chaque cô-
,, té, deux posées sur le tillac même, & deux un peu plus élevées; & il
,, y a de faux-sabords, les uns ronds, les autres quarrez, peints en-dehors
,, avec de la couleur noire, mais on ne peint aucun autre endroit du vais-
,, seau, si ce n'est les listes à l'avant & à l'arriére. Il y a aussi au haut du
,, bordage, à l'un & l'autre bout, des balustres qui se peuvent ôter & re-
,, mettre. C'est un bâtiment de bas-bord. Dans le haut il y a contre le
,, bord, en-dehors, une espéce d'échafaut, où les matelots montent pour
,, puiser de l'eau dans la mer, ou pour faire leurs nécessités.
,, Il y a de petites teugues sur le haut, à l'arriére & à l'avant. Le pont est
,, plus étroit à l'avant qu'à l'arriére, & le vaisseau plus étroit par le haut que
,, par le bas. A l'arriére on voit à babord, en-dedans contre le bord, un long
,, épars, où l'on hisse un pavillon, & même une petite voile au besoin.
,, Les Jonques sont aussi les principaux bâtimens, dont se servent les peuples

,, de

„de Javä. **Elles font du port d'environ vingt laftes, &-à-peu-près du ga-
„barit des buches. Tout le creux du bâtiment eft aſſemblé à tenons &
„mortaiſes. De l'avant à l'arriére ils ont un pont fait comme un toit de
„maiſon, couvert de joncs, ſous lequel ils ſont à-couvert du ſoleil, de la
„roſée, & de la pluïe : il y a une chambre pour le Capitaine, ou pour le
„Maître, & le creux eft diviſé en pluſieurs petits eſpaces, où la cargai-
„ſon demeure bien arrimée. On y entre par les deux côtés, & proche des
„entrées eft la cuiſine. Il y a un beaupré à l'avant, & un grand mât, &
„un mât d'artimon, avec un grand artimon & une ſivadiére. Lors-que les
„Jonques font vent arriére on amure les couëts à l'avant de chaque côté,
„ceux de la grande voile d'un côté, & ceux de la miſéne de l'autre. Les
„voiles font de jonc, ou de bois entrelaſſé. Les ancres font auſſi de bois.
„Les plus grands vaiſſeaux des Chinois, qu'on équipe & en marchandiſe
„& en guerre, s'apellent Tſoen, ou Soen, ou Soun, mais la plupart des
„Chrétiens les apellent auſſi Jonques, parce-que les Chinois nomment
„Jonques les vaiſſeaux des Chrétiens, ce que ceux-ci entendant ils ont don-
„né le même nom aux vaiſſeaux Chinois; mais les Chinois ne leur don-
„nent jamais ce nom-là. Voiez, Soen, ou Soun.

JOTTE, Jottes. Vieux mot, qui ſignifioit les jouës d'un vaiſſeau. *De bor-
ſten, of boegen van het ſchip.*
Ce font les deux côtés de l'avant depuis les épaules juſque à l'étrave.

JOTTEREAUX. Voiez, Jou, tereaux.

JOUES d'un vaiſſeau. Voiez, Jottes.

JOÜER. *Speelen, Schieten, Bewoogen en beheert worden.*
Cela ſe dit du gouvernail quand on le fait mouvoir avec ſa barre.

JOUER ſur ſon ancre. *Rijden op ſijn anker, omdraaijen.*

JOUER. Le mât jouë. *De maſt ſpeelt, of is los in ſijn gat.*
On dit qu'un mât, ou quelque autre choſe jouë, lors-que cette choſe a
du mouvement dans le lieu où elle eft placée.

FAIRE Joüer le canon. *Het kanon laaten ſpeelen.*
C'eft faire diverſes décharges.

JOUES de Virevaut. *Klampen.*

JOUETS. *Yſere Plaatjes.*
Ce font des plaques de fer de différentes longueurs, dont l'uſage eft d'empêcher que la cheville de fer qui les traverſe, n'entre dans le bois où elles
font poſées.

JOUETS de pompe. *Plaatjes.*
Ce font des plaques de fer cloüées aux côtés des fourchons de la potence
d'une pompe, au-travers deſquels on fait paſſer les chevilles, qui ſervent à tenir la bringuebale.

JOUETS de ſep de driſſe. *Plaaten, Yſere Plaaten aan de knegten.*
Ce font auſſi des plaques de fer qu'on cloüe aux côtés du ſep de driſſe,
pour empêcher que l'eſſieu des poulies n'entaille le ſep.

JOUR. *Dag.*
C'eft la durée d'un tour entier du Soleil autour de la terre. Cette durée
eft de vingt-quatre heures, & c'eſt ce qu'on apelle Jour Naturel, ou Solaire. On apelle Jour Aſtronomique, la durée d'une revolution entiére
de l'Équateur, & de la portion du même Équateur que parcourt le Soleil

S ſſ pen-

pendant un jour naturel, par son propre mouvement. On apelle Jour Civil, celui que l'usage commun d'une nation détermine à l'égard de son commencement, ou de sa fin. Les Babiloniens le commençoient autrefois d'un Orient à l'autre, ce qui est encore aujourdhui pratiqué par ceux de Nuremberg. Les Italiens l'ont déterminé d'un Occident à l'autre Occident. Les Astronomes d'un Midi à l'autre Midi. Toutes les nations de l'Europe qui navigent sur mer, commencent à le compter depuis minuit. Le Jour Artificiel est la durée du tems que le Soleil est sur l'horison, qui est inégal selon les tems & les lieux, à-cause de l'obliquité de la sphère. Ainsi l'on voit par expérience que les jours croissent fort-sensiblement autour des équinoxes, & très-lentement proche des solstices.

On a en Hollande une maniére particuliére de diviser le jour, ou de compter les heures sur mer. On divise le jour & la nuit en huit parties, de trois heures en trois heures, en cette sorte.

SIX heures du matin. *Ooster-zon.*

NEUF heures du matin. *Suid-ooster-zon.*

MIDI, ou Douze heures. *Suider-zon.*

TROIS heures après midi. *Suid-wester-zon.*

SIX heures après midi, ou du soir. *Wester-zon.*

NEUF heures du soir. *Noord-wester-zon.*

MINUIT. *Noorder-zon.*

TROIS heures après minuit, ou du matin. *Noord-ooster-zon.*

JOURS de planche. *Leg-dagen.*

On dit jours de planche pour les vaisseaux marchands, & jours de séjour pour les navires de guerre.

JOUR. *Een opening tusschen 't hout dat op staapel leit.*

C'est un terme de Charpentier, qui signifie le vuide qu'on laisse entre deux piéces de bois pour empêcher qu'elles ne s'échaufent.

JOUR. *Een Reete.*

C'est une ouverture des portes, des fenêtres, & de tout autre endroit, par où passe la lumiére.

JOUR d'aissieu d'un afût. *Het gat van de as.*

JOUR d'esse. *Het gat van de dissel-bout.*

JOUR de boulon. *Het gat van de dwars-bout.*

JOURS de tourillon. *Oor-gaaten.* Voiez, Tourillon.

JOURNAL de Pilote. *Dag-register, Journaal van een Stuurman.*

C'est un régître que tient un Pilote de tout ce qui est arivé à son vaisseau, jour par jour, & d'heure en heure. Il est ordinairement divisé par colomnes, & le Pilote y écrit par quel rumb de vent un vaisseau est porté chaque jour; par quel air de vent doit être sa route; quel changement arive durant chaque horloge; quelle est la latitude qu'il a trouvée par l'observation des hauteurs; quelle est la latitude donnée par le pointage de la carte; quel a été le sillage du vaisseau durant chaque quart; quelle est la longitude estimative donnée par le pointage; enfin ce qui est arivé de remarquable, comme la rencontre de quelque vaisseau, la vüe de la terre, une tourmente, & pareilles choses.

JOUTEREAUX, Jouttereaux, Jauterâux, Jottereaux. *Knies aan de uitleggers, Sloot-knies, Die zijn Slemp-houten genaamt in de boeijers, smal-en-wijdt-schepen.*

Ce font des piéces de bois courbes, qui étant mifes en-dehors de l'avant du vaiffeau fervent à foutenir l'éperon, & répondent d'une herpe à l'autre en-bas. On les met parallèles, pour faire l'affemblage des herpes. Le porte-vergue eft au-deffus.

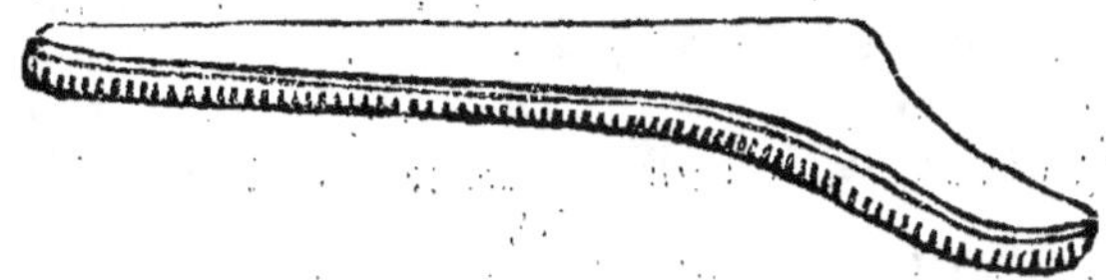

JOUTTEREAUX de mât. *Klampen.*
Ce font deux piéces de bois pareilles, que l'on coûd au haut des mâts, de chaque côté, & qui fervent à foutenir les barres de hune.

ISLE. *Een Eilandt.*
C'eft une terre environnée d'eau de tous les côtés, comme l'Angleterre & l'E'coffe. Le Continent, à l'égard de l'Océan qui l'environne, pourroit bien paffer pour une ifle, s'il n'avoit trop d'étenduë. Les ifles étant dans un trop grand nombre, les Géographes les confidérent par corps, c'eft-à-dire, par certains amas de plufieurs ifles, qui enfemble paffent fous un mê-me nom, comme les ifles Açores, les ifles de Canarie, les ifles du Cap-vert, les ifles du Japon, les ifles Philippines, & les ifles de Salomon par-mi le grand nombre defquelles on en compte dix-huit principales, dont quelques-unes ont trois cents lieuës de tour, d'autres deux cents, d'autres cent, & quelques-unes cinquante. La plus grande des ifles dont nous aïons connoiffance, eft celle de Borneo, qui eft juftement fous la Ligne équi-noxiale.

ISLET, Iflot, Iflotte. *Een Eilandtje.*
C'eft une très-petite ifle.

ISLES du vent. *Boven Eilanden, Eilanden te loef-waarts.*
C'eft ainfi que les gens de mer apellent les ifles Antilles au continent de l'Amérique. Ce font celles qui font le plus vers l'Orient. On les nom-me Ifles du vent, par la raifon que les vents regnent prefque toujours de cette partie du monde. Rochefort dit que les Ifles du vent font, Tabago, la Grenade, Bekia, S. Vincent, la Barboude, Ste. Lucie, la Martinique, la Dominique, Mari-galante, les Saintes, la Défirade, la Guardeloupe, Antigo, Montferrat, la Barbade, la Redonde, Nieve, & S. Chriftofle.

ISLES d'avau le vent, Ifles de deffous le vent. *Eilanden te ly-waarts.*
Ce font celles qui font opofées aux Ifles du vent, & qui, par conféquent, font plus à l'Oüeft. Rochefort en compte neuf principales qui font, S. Euf-tache, S. Barthelemi, Saba, S. Martin, L'anguille, Sombrére, Anega-de, les Vierges, Ste. Croix.

ISSAS, Driffe. *Kardeel, Val.*
C'eft une corde qui fert à hauffer & à baiffer une vergue, ou un pavillon; car les pavillons & chaque vergue du vaiffeau ont leurs iffas, ou driffes par-ticuliéres. Voiez, Driffe.

Sff 2

ISSER.

ISSER, *Hyſen, Ophyſen.*

C'eſt tirer en-haut. On dit , Iſſer les vergues, Iſſer les voiles, Iſſer le pavillon, pour dire, les faire monter en-haut. Voiez, Hiſſer.

ISOP, ou Iſſop. *Hys op.*

Ce terme ſe dit par une eſpéce de commandement entre matelots, pour s'animer à hiſſer quelque choſe. Si ce mot n'eſt pas emprunté du Flamand, il y a lieu au-moins de le conjecturer.

ISTHME. *Landt-engte, Een engte landts tuſſchen twee zeën.*

C'eſt une langue de terre qui joint deux terres, & qui ſépare deux mers.

I T.

ITAGUE, E'tague, Itacle, Itagle, Itaque, E'tagle. De tous ces termes ceux d'Itague & E'tague ſont le plus en uſage dans les vaiſſeaux de guerre François. *Reep, Draai-reep.*

C'eſt un cordage amarré par le bout d'en-haut au milieu d'une vergue, contre les racáges, & qui va paſſer par l'encornail ; & par le bout d'en-bas il eſt amarré, à la driſſe ou iſſas, pour faire couler la vergue le long du mât.

ITAGUE, ou E'tague de la grande vergue, Grande Itague. *De groote, Draai-reep.*

ITAGUE de la vergue de grand hunier. *De Reep van 't groote Mars-zeil.*

ITAGUE de grand perroquet. *De groote Bram-zeils-reep.*

ITAGUE de la vergue de miſéne. *De Fokke-reep-of-draai-reep.*

ITAGUE de la vergue de petit hunier. *De Voor-mars-zeils-reep.*

ITAGUE de perroquet de miſéne. *De Voor-bram-zeils-reep.*

ITAGUE de la vergue d'artimon. *De Beſaans-reep.*

C'eſt une itague ſimple.

ITAGUE de la vergue de perroquet de fougue. *De kruis-zeils-reep.*

ITAGUE de la vergue de ſivadiére. *De reep van de groote blinde.*

ITAGUE de perroquet de beaupré. *De boven-blinde-reep.*

FAUSSE Itaque. *De burg van de draai-reep.*

C'eſt une manœuvre qui eſt ordinairement frapée au côté gauche du vaiſſeau, & va paſſer par une poulie au derriére du mât de hune, & ſe va joindre à la driſſe du hunier par une poulie de palan. Son uſage eſt de ſervir à hiſſer le hunier, & par ocaſion à ſoutenir le mât de hune.

ITAGUE de palan. *Mantel, Staander.* Voiez, Palan.

I U.

JUMELLER un mât. *Een maſt wangen.*

C'eſt le fortifier par des jumelles.

JUMELLES, Gemelles, Gaburons, Clamps, Coſtons. *Wangen, Klampen aan d'eene zijde uitgehold, die een maſt vervangen.*

Ce ſont de longues piéces de bois de ſapin, qui ſont arondies & creuſées, & que l'on atache autour d'un mât avec des cordes, quand il eſt beſoin de le renforcer.

JUSSANT, Juſant, Ebe. *Eb, Ebbe, Vallend waater, Verloopende tij.*

C'eſt le reflux, ou le deſcendant de la marée. Le 14. de Juillet 1672. il y eut ſur les côtes de Hollande un Juſſant de douze heures. Voiez, Ebe, & Flot.

DEUX JUSSANS contre un flot. *Twee Ebben tegen een vloedt.*

C'eſt lors-que, dans une navigation, on a deux reflux contre un flux.

LE JUSSANT eſt à ſa fin. *Het tij breekt den hals.*

LA.

LABOURER. Le vaiſſeau Laboure. *Het ſchip maakt 't waater vuil.*
C'eſt-à-dire qu'il paſſe par un lieu où il y a peu d'eau, & qu'il y touche
terre.

L'ANCRE Laboure. *Het anker gaat deur.*
C'eſt-à-dire que l'ancre aïant été jettée dans un fond qui n'eſt pas bon
pour ancrer, elle ne peut s'y tenir ferme. Voiez, Ancre, & Chaſſer.

LAC. *Meer.*
C'eſt un grand amas d'eaux douces, & le plus ſouvent dormantes, qui
ſont enfermées en quelque endroit, ce qui arive plus entre des montagnes
qu'ailleurs.

LACERET, Petit tariére. Voiez, Tariére.

LAGON. *Een Meir.*
C'eſt un terme de Rélations. Il y a dans le le fond de cette derniére baie
un lagon qui porte le nom de la baie, avec laquelle il avoit autrefois communication, & dont à-préſent l'embouchure eſt barrée par le ſable que
l'impétuoſité des lames y aporte. Ce lagon renferme trois iſles, toutes trois proches de ſon embouchure : il aboutit par ſon autre extrémité
dans la riviére de Veſtaqua, qui ſe va rendre dans l'accul de la Nouvelle
Eſpagne.

LAGUE. La Lague d'un vaiſſeau. *Sog, Vaar-waater.*
C'eſt l'endroit par où il paſſe.

VENIR dans la Lague d'un vaiſſeau. *In de ſog van een ander ſchip wenden.*
C'eſt quand après être venu à lui côté à-travers, ou prouë à ſon côté, on
revire & on vient dans ſes eaux, & dans ſon ſillage. On dit fort bien, Revirer dans les eaux.

LAISSES & Relais. *Aanwas, Aanwaſſing, Aanſpoeling.*
Ce ſont les terres que la mer a laiſſées au rivage, & qui s'afermiſſent peu-
à-peu.

LAMANAGE. *Het loodſen van een ſchip.*
C'eſt le travail des mariniers qui conduiſent les vaiſſeaux quand ils ſortent
d'un port, ou quand ils y entrent.

LAMANEUR, Pilote Lamaneur, Locman. *Loods-man, Loods-luiden.*
Ce ſont les Pilotes qui réſident dans les ports dont ils connoiſſent les entrées
& les iſſuës. Ils conduiſent les vaiſſeaux qui ont beſoin d'y entrer, ou d'en
ſortir, & leur font éviter tous les dangers du parage. Il y a auſſi des Lamaneurs pour les riviéres, & comme les bancs y changent de place fort ſouvent par la force des courans, il eſt très-néceſſaire d'avoir de ſemblables guides. Ils ont un ſalaire réglé pour cela par l'Ordonnance qui les condamne
à de grandes peines, ſi manque de ſavoir leur métier ils font échoüer un
vaiſſeau, & s'ils le font par malice ils ſont punis de mort. Aucun ne pourra faire les fonctions de Lamaneur qu'il ne ſoit âgé de vingt-cinq ans, &
qu'il n'ait été éxaminé & reçu dans les formes requiſes par les Ordonnances. Voiez les Ordonnances de 1681. tit. 3. & de 1689. Le Lamaneur
doit avoir connoiſſance & expérience des manœuvres & fabrique des vaiſſeaux, enſemble des cours & marées, des bancs, courans, écüeils & autres empêchemens qui peuvent rendre difficiles l'entrée & ſortie des riviéres, ports, havres & lieux de ſon établiſſement. Le Lamaneur qui entreprend, étant ivre, de piloter un vaiſſeau, doit être condamné en cent ſous

d'amende, & interdit pour un mois du pilotage. Il eſt libre aux Maîtres & Capitaines de navires François & étrangers, de prendre tel Lamaneur que bon leur ſemblera pour entrer dans les ports & havres, ſans que pour en ſortir ils puiſſent être contrains de ſe ſervir de ceux qui les auront fait entrer.

PORTS & Havres du lieu de l'établiſſement d'un Lamaneur. *Loods-mans-waater.*

LAMES de la mer, Houles. *Schoffels, Baaren, Zee-baaren, Zee-waaters, Zee-golven, Holle deiningen, Waater-golven.*

Ce ſont les flots ou les vagues de la mer, qu'elle pouſſe les unes contre les autres quand elle eſt bien agitée. Il y a difficulté à débarquer, parce-que la mer tout le long de la côte forme ſur le bord du rivage de groſſes lames, qui pourroient remplir ou renverſer les chaloupes, ſi elles s'y expoſoient, de-là vient qu'elles moüillent un peu au large. Voiez, Houles.

LA LAME vient de l'avant, ou vient de l'arriére; La Lame prend le vaiſſeau par l'avant. *De zee ſlaat tegen 't ſchip van vooren aan, of van agteren aan; De deining ſchiet van vooren, of van agteren.*

C'eſt-à-dire que le vent pouſſe la vague devant le navire, ou derriére. Voiez, Debout à la Lame.

LA LAME vient du large. *De baaren die komen uitter zee.* Voiez, Large.

LA LAME prend par le travers. *De baaren ſlaan tegen het hart van 't ſchip.*
C'eſt-à-dire que la vague donne contre le côté du vaiſſeau.

ETRE pris de la Lame par le travers. *Dwars-zees leggen, Dwars in 't waater leggen.*
C'eſt quand le vaiſſeau eſt à l'ancre.

COURIR au-devant de la Lame. *Voor zee loopen.* Changer de bord pour courir au-devant de la Lame. *Wenden om voor zee te loopen.*

Nous étions ocupez à enverguer une ſivadiére à la vergue de miſéne, afin de courir au-devant de la lame dont le vaiſſeau étoit ſi travaillé, que les gros cloux ſortant du bord ſe détachoient eux-mêmes.

NOUS reçûmes trois Lames qui remplirent nos pirogues. *Wy kreegen drie zeën, waar van onze praeuwen vol waater raakten.*

LA LAME eſt longue, la Lame eſt courte. Voiez Mer.

PRESENTER à la Lame, ou le càp à la Lame. Voiez, Préſentet.

LAMPES d'habitacle. *Kompas-lampen, Nagt-lampen.*
Ce ſont des vaſes où l'on met de l'huile avec de la méche pour éclairer.

LAMPE. Cul de Lampe. Voiez, Cul.

LAMPION. *Een kleine lamp.*
C'eſt un diminutif de lampe, duquel on ſe ſert dans les lanternes lors-qu'on va dans les ſoutes aux poudres.

LANCES-à-feu. *Vuur-ſchichten.*

LANCER une manœuvre. *Beleggen.*
C'eſt amarrer une manœuvre, en la tournant autour d'un bois mis exprès pour cet uſage.

LANCER. Navire qui Lance babord, ou ſtribord. *Een ſchip dat bakboord, of ſtuurboord giert.*

Cela

Cela fe dit d'un vaiffeau qui au-lieu d'aller droit à fa route, fe jette d'un côté ou d'autre, foit que le Timonier gouverne mal, foit par quelque autre raifon.

ON pouffa toute la barre à l'autre bord, & par ce moien le navire lança. *Men liet 't roer van het eene boord aan het ander leggen, waar door het fchip een gier maakte.*

C'ela fe dit d'un vaiffeau qui eft à l'ancre.

LANCER, ou Mettre un navire à l'eau, Mettre un vaiffeau à la mer. *Een fchip uithaalen, laaten afloopen of afgaan, te waater of in 't waater brengen, van de werf op ftroom haalen, wiegen, los wricken, en aan 't glijen helpen, in 't waater doen glijen.*

„En relevant le vaiffeau on y met des coittes aux deux côtés pour l'arrêter;
„on frote la quille & les coittes d'oint, ou de fuif; & l'on prépare tout pour
„le lancer à l'eau. A cet éfet on prend le belier, & l'on chaffe les coins
„qui font fous la quille; on y atache auffi des cordes à l'avant, des deux
„côtés, & il y a des hommes qui les tirent; s'il en eft befoin on met
„des crics à l'arriére, contre l'étambord, aux deux côtés, afin-que le vaif-
„feau ne tourne pas fur un côté, & quand les blocs & coins qui l'arrêtoient
„ont été chaffez par le belier, on coupe les accores & étances du devant &
„des côtés, & la corde de retenuë qui eft atachée à l'arriére, à un des
„gonds du gouvernail & a un gros pieu qui eft en terre.

„Dès-que toutes ces chofes font en état, on fait de promts éforts pour
„faire couler le vaiffeau: parce-que s'il demeuroit quelque tems fans apui,
„& fuporté tout-entier par la quille feule, il pourroit foufrir, & recevoir
„quelque incommodité. Que fi, par quelque raifon, l'on eft obligé d'aten-
„dre, il faut y remettre des étances. Tous les bois qu'on met fous le bâ-
„timent, & fur lefquels il doit gliffer doivent être mouillez, de-peur que
„le choc ne produife du feu.

„Les Portugais mettent leurs vaiffeaux fur le chantier tout-autrement que
„les autres nations; car c'eft l'arriére du vaiffeau qui eft en-bas & du
„côté de l'eau, & qui y defcend le premier. Ils prétendent parce moien
„éviter divers inconveniens qui arivent dans le lancement.

„Au bourg de Sardam, dans la Nord-hollande, où il y a une très-grande
„fabrique de vaiffeaux, on eft obligé de les faire paffer fur une digue, pour
„les conduire à l'eau. Cette digue s'élève en talus des deux côtés, & eft
„bien pavée & frotée d'oint. On amarre deux cordes à l'étrave, en deux
„endroits, & autant à la quille, qui paffent par divers vindas, ou cabef-
„tans, en chacun defquels il y a deux poulies, & trois rouëts en chaque
„poulie; & il y a vingt à trente hommes qui virent ces machines; & fi l'on
„craint que le bâtiment ne recule, on le retient avec des cordes dont il eft
„cintré à l'arriére. Mais il faut auffi qu'il foit bien apuïé d'étances en-de-
„dans, qui prennent fur la carlingue, & qui aillent donner contre les
„courbes, & cela de biais, & non-pas en ligne droite. Il faut auffi prendre
„garde que les cordes dont il a été parlé, qui font dans la quille & dans l'é-
„trave, autour des chevilles de fer qu'on y a frapées, foient bien ferrées
„contre l'étrave & contre la quille, & mifes enforte qu'elles faffent leur
„éfet à la fois & conjointement, parce-que fans cela le vaiffeau en pourroit
„foufrir de l'incommodité. Il eft dangereux de faire paffer les vaiffeaux
„fur

,, fur cette digue par un tems bien fec, & quand on y eft obligé il ne faut
,, pas manquer d'oindre & humecter le pont à rouleaux & le moulinet plu-
,, fieurs jours avant que de l'entreprendre. Les cabeftans ne virent d'abord
,, que fort lentement, & jufques-à-ce que le vaifleau foit guindé au plus
,, haut, mais quand il y eft, & qu'il commence à prendre de la pente en-
,, devant, on ne fauroit virer trop vîte ; de-peur-que s'il demeuroit ainfi
,, comme fufpendu fur ce haut, il ne lui en arrivât quelque fâcheux acci-
,, dent.
,, Cette pratique de faire ainfi rouler des vaifleaux affez loin fur terre, n'eft
,, pas nouvelle, car on tient que Lifandre de Macedoine en faifoit autrefoi
,, pafler d'un port à l'autre fur des rouleaux ; & Trajan fit charger fur
,, des chariots une flote qu'il avoit devant la ville de Nifibe, ou Nifibin, en
,, Méfopotamie, dans le Diarbech, & la fit tranfporter par terre jufque
,, à l'Euphrate. On lit encore d'autres hiftoires qui font mention de quel-
,, ques entreprifes à-peu-près femblables.

On voit ici à côté deux figures, l'une d'un vaifleau qu'on lance à l'eau,
& l'autre d'un vaifleau qui y a été lancé depuis peu, & à l'arriére duquel
l'échafaut eft déja placé. Cette derniére figure eft la plus bafle dans la
planche. Dans l'une & dans l'autre on voit jufques à quel point la conftruction d'un bâtiment eft avancée lors-qu'on le met à l'eau.

LANGUE de voile. *Geer, Tong.*

C'eft une cüeille, ou une demie cueille de voile, étroite par le haut & large par le bas, qui fe trouve dans les côtés de plufieurs voiles.

LANGUETTE. *Meffing.*

C'eft la partie qu'on a rendu la plus mince d'un paneau, ou d'une planche, qui entre dans des rainures préparées pour la recevoir, quand on fait
des affemblages de menüiferie.

LANIE'RE. Voiez, Drofle de racage.

LANTERNE claire. *Een Lantaarn, Een open Lantaarn.*

C'eft une forte d'utencile de verre, de corne, ou d'une autre chofe tranf-
parente, où l'on enferme la chandelle, de-peur-que le vent ou la pluïe
ne l'éteigne. On la porte à la main pour s'éclairer en travaillant aux afaires du navire.

LANTERNES fourdes. *Dieve-lantaarnen, Provooft-lantaarnen, Toe-lantaar-
nen, Kruidts-lons-lantaarnen.*

LANTERNE à mitraille. *Schroot-lantaarn.*

C'eft un bois rond concave en forme de boîte, que l'on remplit de mitrailles dont on arme ou charge un canon, lors-qu'on le veut tirer de près fur
l'ennemi.

LANTERNE à gargoufles, Porte-gargoufle. *Kooker, Kardoes-kooker, Kar-
does-dosje.*

C'eft un étui de bois dans lequel on met les gargoufles pour les porter au
haut.

,, Il faut deux Lanternes à gargoufles par chaque piéce de canon. Un Por-
,, te-gargoufle pour un canon de dix-huit livres de bale doit être de vingt
,, & un pouce de longueur, & de fix pouces & demi d'épaifleur. Pour un
,, canon de douze livres de bale, il doit avoir dix-neuf pouces de longueur,
,, & cinq pouces & demi d'épaifleur ; & pour un canon de huit livres de
,, bale,

martinet qui eſt une eſpéce de Moque, ſe nomme en Flamand *Blok tot de bekaajer*, & que c'eſt le cap de mouton du trelingage, ou des marticles qui ſont au bout du martinet de l'artimon & à la vergue. Mais le Cap de mouton ſur l'étai, qui a la figure ovale, d'ou partent pluſieurs lignes qui vont en s'élargiſſant en patte d'oie, ſur le bord de la hune, pour empê-cher les huniers de ſe couper contre la hune, c'eſt la Moque de trelingage dont il s'agit ici.

MORDRE. *Vatten.*

Cela ſe dit de la patte de l'ancre lors-qu'elle tombe ſur le fond, & qu'elle s'y enfonce.

MORNE. Un Morne. *Een kaap met een bergje.*

C'eſt le nom que les François habitans de l'Amérique donnent à un cap éle-vé, ou à une petite montagne qui s'avance en mer. Deux Mornes, ou petites montagnes, font les deux pointes de la paſſe.

MORT. Un Mort. *Een Doodt, Een Verſtorvene.*

„Les Morts ſont enſevelis & couſus dans la couverture de leur lit, & jet-
„tez à la mer à ſtribord, & pour la cérémonie de leurs funérailles on tire
„un coup de canon. C'eſt un deſhonneur parmi les gens de mer de jetter
„les Morts à babord: on ne jette par ce côté-là que les charognes des bêtes
„qui meurent à bord, & l'on met encore une grande différence pour le deſ-
„honneur entre ceux qui ont la cale du bout de la vergue à babord, ou à
„ſtribord. Mais ſi l'on eſt proche de terre & qu'on puiſſe aller enterrer le
„Mort, on ne regarde point ſi on le deſcend du vaiſſeau à babord, ou à
„ſtribord. Ceux qui expirent de nuit ſont jettez à la mer au matin, a-
„près la priére ; & ceux qui expirent de jour y ſont jettez après la priére
„du ſoir.

MORTAISE, Mortoiſe. *Gat.*

C'eſt une entaillure faite dans une piéce de bois de menuïſerie, ou de char-penterie, pour y aſſembler une autre piéce avec des tenons. Cette entail-lure ſe fait en longueur, & eſt creuſe quarrément de certaine profon-deur.

MORTAISE de gouvernail. *'t Gat in 't roer daar de roer-pen in ſtaat.*

C'eſt le tou quarré qu'on fait dans la tête du gouvernail, afin d'y paſſer la barre.

MORTAISE du mât de hune. *'t Slot-gat.*

C'eſt le trou qui ſe fait dans le pié du mât de hune pour paſſer la clef.

MORTAISE de poulie. *Gat, Schijf-gat, Bos.*

C'eſt le vuide du mouſle où on met le rouët.

MORT-D'EAU, Morte-eau, *Doodt-ſtroom, Doodt-waater.*

C'eſt le tems que la mer monte peu, ce qui arive entre la nouvelle & la pleine Lune, & entre la pleine Lune & la nouvelle, c'eſt-à-dire, le ſept & le vingt-deux de la Lune. On apelle auſſi Morte-eau le plus bas de l'eau, lors-qu'elle eſt entre la fin du reflux & le commencement du flux.

MORTIER. *Een Mortier.*

C'eſt une piéce de fer, ou de fonte, faite à-peu-près comme un mortier à piler, dont on ſe ſert à jetter des bombes, des carcaſſes, des pierres, & des cailloux. Les mortiers dont on ſe ſert ſur la mer ſont placez au milieu d'une galiote, ſur une plaque poſée ſur une groſſe piéce de bois quarrée.

Cccc

Cet-

Cette plaque jointe au mortier & au madrier fur lequel il eft placé, affure fi-bien la piéce, qu'elle eft inébranlable & toujours élevée de quarante cinq-degrès, de-forte-que fi on affiége une place maritime, les galiotes qui ont ordinairement un ou deux mortiers chacune, s'en éloignent environ de la portée de la piéce à quarante-cinq degrès. Sa charge de poudre eft à-peu-près de vingt-quatre livres. Il y en a dont la charge n'eft que de huit li-vres, de quatre, & de trois. Avant que de fe mettre fur mer il faut éxa-miner la portée de chaque mortier, pour être certain de fes entreprifes.

MORUE, Moluë. *Bakkeliauw, Bakkeliaauw.*

C'eft un poiffon large d'un pié, & qui croît jufqu'à une coudée. La mo-ruë a fes dents au fond du gofier, & quoi-qu'elle ait de grands yeux on tient qu'elle ne voit guére clair. Il y a le Grand-banc des moruës, qui eft autrement nommé le Grand-banc de Terre-neuve, qui a cent-cinquante lieuë de longueur, & cinquante de largeur. Il y a des endroits où il s'élève juf-ques à quinze braffes, & en d'autres il eft plus profond, fi-bien que le moiens vaiffeaux y peuvent demeurer à flot. Il eft à l'Eft, ou Sud-eft de l'ifle de Terre-neuve. Il eft couvert de quantité de coquillages & de petits poiffons dont les moruës fe nourriffent. Le tems de la grande pêche eft dans les mois de Septembre & d'Octobre. Elle fe fait avec des lignes de la groffeur d'un tuïau de plume, & garnies d'un hameçon, où l'on met pour amorce des foies de moruë, avec un morceau de harang dont la peau a un certain éclat que les moruës aperçoivent, & qui les atire.

MORUE féche. *Bakkeliauw die men flokvifch noemt, Gedroogde Bakkeliauw.*

C'eft celle qui eft propre à être féchée, & qui fe conferve long-tems qu'on apelle vulgairement Merluche. Elle fe pêche entre les ifles de l'Af-fomption & du Cap Breton.

MORUE verte ou blanche. *Groene Bakkeljauw.*

Elle fe pêche fur le grand-banc, & l'on en porte beaucoup à Par's, où elle eft fort eftimée.

MOUCHETTES. *Een Kraal-fchaaf.*

C'eft une efpéce de rabot dont le fer & le fût font caves, pour faire & pouffe un quart de rond.

MOUDRE. Voiez, Horloge.

MOUFLE de Poulie. *Een blok fonder fchijf, De blok daar de fchijf ingeflooten is.*

C'eft le morceau de bois, où la poulie, c'eft-a-dire le rouët, eft emboitée On apelle Moufles tout ce qui eft fait comme pour faire des poulies, quoi qu'il n'y en ait pas, & que ce foit des piéces de fer, ou autres chofes, qu fe lient enfemble avec des chevilles.

MOUILLAGE, ou Ancrage *Anker-grondt.*

C'eft

C'eſt un endroit de mer propre à donner fond, ou à jetter l'ancre. On dit, Il y a moüillage en ce lieu-là, mais le meilleur eſt au Sud ſur vingt-braſſes, fond de bonne tenuë.

IL Y A MOUILLAGE. *De grondt is daar bequaam om te ankeren, Daar is anker-grondt.*

C'eſt-a-dire que l'on peut moüiller l'ancre en l'endroit nommé.

MAUVAIS MOUILLAGE. *Los grondt.*

C'eſt un endroit où le fond de l'eau eſt rempli de roches, ou autres choſes qui coupent les cables; ou un fonds ſur lequel l'ancre ne peut tenir.

MOUILLER l'ancre, ou abſolument, Moüiller, ou, Mettre ſur le fer. *'t Anker werpen, of laaten vallen; Ankeren, Setten.*

C'eſt jetter l'ancre pour tenir le vaiſſeau. Les vaiſſeaux François furent obligez de moüiller l'ancre. Il faut que les vaiſſeaux moüillent à telle diſtance l'un de l'autre que les ancres & les cables ne puiſſent ſe mêler & ſe porter dommage.

MOUILLER l'ancre de toüei. *Het anker opwerpen.*

C'eſt la porter avec la chaloupe, & la jetter dans l'endroit qu'il faut, puis virer pour toüer.

ETRE MOUILLE' en patte d'oie. *Met drie ankers voor hoofdt leggen.*

C'eſt être moüillé ſur trois ancres à l'avant du vaiſſeau, en égale diſtance l'une de l'autre, enſorte que les trois ancres ſoient diſpoſées en triangle, ce qui forme une patte d'oie, au dire des gens de l'équipage.

MOUILLER deux ancres à terre & deux au large. *Vertuyen met twee touwen aan landt, en twee in het waater.*

MOUILLER en croupiére. *Voor en agter vertuyen.*

Pour moüiller en croupiére on fait paſſer le cable le long des préceintes, & il va de-là à des anneaux de fer qui ſont vers la ſainte-barbe, par les ſabords de laquelle on le fait auſſi quelquefois paſſer. On moüille en croupiére pour faire que le vaiſſeau préſente un de ſes côtés au vent, afin de mieux canonner ſoit un fort, ou des vaiſſeaux ennemis qui veulent entrer dans un port, ou une rade.

VAISSEAU MOUILLE' entre vent & marée. *Een ſchip dat tuſſchen windt en ſtroom aan anker legt.*

VAISSEAU MOUILLE' à une ancre de flot & une ancre de juſſant. *Een ſchip dat over eb en vloedt legt.*

MOUILLER à la voile. *Onder zeil 't anker werpen.*

C'eſt lors-qu'on jette l'ancre dans le tems que le vaiſſeau a encore des voiles au vent.

NE MOUILLEZ pas à la voile. *Laat geen anker vallen, voor dat de zeilen in zijn.*

MOUILLER par la quille. *Aan de grondt raaken.*

On dit par plaiſanterie qu'un vaiſſeau a mouillé par la quille, quand il a échoüé, ce qui lui a fait donner de la quille à terre.

MOUILLER les voiles, les empeſer. *De zeilen begieten, natten.*

Cela ſignifie ſimplement, jetter de l'eau deſſus afin-que devenant plus épaiſſes elles tiennent mieux le vent. On moüille les voiles avec l'eſcope. Les Hollandois ſe ſervent auſſi d'une eſpéce de pompe.

IL EST MOUILLE', ou, Ce navire eſt Moüillé. *'t Schip legt ten anker.*

Cela ſe dit d'un vaiſſeau qui a jetté ſon ancre à la mer, afin de demeurer dans cet endroit autant que la nécessité le requiert.

MOUILLE. *Laat uw anker vallen.*

C'est un commandement que l'Oficier fait de laisser tomber l'ancre à la mer.

BIEN-MOUILLE'. Un vaisseau bien-moüillé. *Een wel geschokkeert schip.*

C'est un vaisseau qui a jetté son ancre dans un bon fond, & dans une bonne rade, & à la distance qu'il faut de tout autre vaisseau.

MAL-MOUILLE'. Etre mal-moüillé. *Qualijk geseten zijn.*

C'est lors-qu'un vaisseau à jetté l'ancre dans un méchant fond, ou dans une mauvaise rade, ou à trop peu de distance d'autres vaisseaux.

MOULE à bales. *Een kleine kogel-vorm.*

C'est une espéce de petite tenaille creuse, dans laquelle on fait des bales de plomb.

MOULINE'. Bois Mouliné. *Van de wormen geschonden en doorgeboort hout.*

C'est du bois corrompu, ou gâté par les vers qui s'y sont mis.

MOULINET, Treüil. *Spil, Windas.*

C'est un tour qui est traversé & tourné par deux leviers, & qui s'aplique aux engins, gruaux, grüës, cabestans, & autres màchines, pour tirer les cordages & élever des fardeaux: Voiez, Grüë.

MOULINET, Virolet, Noix. *Pen-rad, Draai-klos, Rol in den bril.*

C'est une noix de bois en maniére d'olive, qu'on met dans le hulot d'un gouvernail de navire, & au-travers de laquelle la manivelle passe.

MOULINET à bittord. *Wuit.*

C'est un tour, ou touret, qu'on a dans un vaisseau pour faire du bittord.

MOURGON. *Duikker.*

C'est le nom que l'on donne sur la mer Méditerranée à celui qui plonge dans la mer, afin de chercher ce qui tombe des galéres. Le terme dont on se sert sur l'Océan est Plongeur, ou Plongeon. Voiez, Plongeon.

MOUSQUET. *Een Musquet, of Handt-bus.*

C'est une arme-à-feu composée d'un fût, d'un canon, d'un serpentin & d'une détente. Sa longueur est réglée à trois piés huit pouces, depuis l'extrémité jusqu'au bassinet. Sa bale doit peser une once. On s'est servi de cette arme sur les vaisseaux, mais elle n'est pas si commode que le fusil ou que le mousqueton.

MOUSQUETON. *Een kort Roer, Musketton.*

C'est une espéce de fusil, dont le canon est plus court que les fusils ordinaires & le calibre gros comme un mousquet. Le mousqueton est propre à se servir dans les chaloupes, ou quand on est retranché dans les corps de-garde, devant ou en arriére du vaisseau.

MOUSSE. *Kuil-haar, Kuil-moes, Mosch.*

C'est une petite herbe grisâtre qui croît sur le tronc & sur les branches de quelques arbres, & quelquefois sur la terre & sur les pierres. La mousse se trouve aux cédres, aux trembles & aux chênes: la meilleure est celle du cédre, & on peut l'emploier à calfater les vaisseaux au-lieu d'étoupe.

„La Mousse est meilleure que l'étoupe à mettre entre les planches, par„ce-qu'elle ne se pourrit pas si-tôt, mais l'étoupe est meilleure entre les cou„tures à-cause de la maniére dont elle se file de long. On bouche aussi fort

„ fort-bien les fentes d'un vaiſſeau avec de gros papier gris, parce-qu'il
„ s'enfle quand il eſt mouillé, & qu'il tient fort-bien avec le goudron. Il y
„ en a une eſpéce qui croît dans l'eau, & l'on en trouve dans les eaux de
„ Hollande, mais encore plus dans celles du Braband.

MOUSSE, Page, ou Garçon de bord. *Een Jong, of Muſſe, Scheeps-jong.*
C'eſt un jeune matelot qui ſert les gens de l'équipage, & qui eſt aprentif
matelot.   On en met ſur les navires de guerre au nombre de ſix pour chaque cent hommes.

„ Les Mouſſes baleient le vaiſſeau, & font ce qui leur eſt commandé par
„ les Oficiers.   Ce font les mouſſes qui vont appeller les gens de l'équipa-
„ ge quand quelque Oficier veut parler à eux aux tems extraordinai-
„ res: ils ſervent ces mêmes gens à table; ils leur aportent les vivres & le
„ bruvage.   Que s'ils manquent en quelque choſe ils ſont bien châtiez, &
„ ſont ſi peu épargnez que même autrefois, & maintenant encore, quel-
„ ques-uns pratiquent de les châtier une fois la ſemaine, bien-qu'ils ne
„ l'aïent pas mérité.

MOUSSON, ou Monſon. Voiez Monſon.
MOUTONNER. La mer Moutonne. *De zee loopt wit.*
C'eſt-à-dire que l'écume des lames blanchit, en-ſorte-que les houles,
ou vagues, paroiſſent comme des moutons, ce qui arive quand il y a beaucoup de mer pouſſée par un vent frais.

M U.

MUGIR. La mer Mugit. *De zee baart, bruiſcht.*
MULET. *Een ſoort van een Portugeeſch ſchip-*
C'eſt le nom qu'on a donné à un vaiſſeau de Portugal qui eſt de moienne
grandeur. Ce vaiſſeau porte trois mâts avec des voiles latines.
MUNITIONS de guerre & de bouche. *Scheeps-behoeften, Mondt-en-oorlogs-*
tuig, Ammonitie.
MUNITIONAIRE. *Voorraadt-meeſter.*
C'eſt un Traitant qui fournit les vaiſſeaux du Roi de France de biſcuit, de
bruvage, de chair, poiſſon, légumes, comme ris, pois & fèves, & autres
proviſions qui ſervent à la ſubſiſtance des équipages. Le Munitionaire a un
ou deux Commis ſur chaque vaiſſeau, qui font placer les vivres dans le fond
de cale, & le biſcuit dans les ſoutes.   Autrefois les Capitaines avoient le
ſoin de nourrir les équipages, mais comme ils s'en aquitoient mal pour
gagner davantage, on a trouvé à propos d'en traiter avec un Munitionaire.
Il n'y a qu'à l'égard des frégates legéres, brulots & flûtes, que le Roi fait
armer, & dont les équipages ſont de quarante à cinquante hommes, que les
Commandans ſe chargent de l'œconomie & diſtribution des vivres.
COMMIS du Munitionaire. *Een Commys van den Voorraadt-meeſter.*
C'eſt celui que le Munitionaire établit ſoit dans un port, ſoit dans les vaiſ-
ſeaux, pour avoir ſoin des vivres. Voiez, Commis.

N A.

NACELLE. *Een Schuit.*
C'eſt un petit bateau dont on ſe ſert pour paſſer une riviére, & qui n'a
ni mât, ni voile.
NADIR. *Nadir, Needer-aſpunt, 't Leegſte punt.*
C'eſt le Point du Ciel qui eſt directement opoſé au Zénith, ou Point Ver-
tical. Voiez, Zénith.   Cccc 3   NAGE.

NAGE. *Riem-klamp.*

C'eſt un terme de Bâtelier qui ſignifie un morceau de bois du bachot, où il
poſe la platine de l'aviron quand l'anneau de l'aviron eſt au touret.

NAGER. *Swemmen.*

C'eſt s'agiter de telle maniére, quand on eſt dans l'eau, qu'on n'aille point
au fond.

NAGER, Ramer, Voguér. *Roeijen, Voort-roeijen.*

C'eſt ſe ſervir des avirons pour faire avancer un vaiſſeau, ou une chaloupe. Au milieu du combat le calme nous prit, & nous bordâmes des avirons pour nager notre navire. Il calma & nous nous trouvâmes ſans pirogues pour nous nager au vent.

NAGER, ou faire Nager un vaiſſeau par une chaloupe à ſon avant. *Boegſeeren,
Boegharden.*

LA chaloupe Nage à l'avant du vaiſſeau, La chaloupe Nage le vaiſſeau. *De
boot roeit het ſchip voor hoofdt.*

NAGER la chaloupe à bord. *De ſloep aan boord brengen.*

C'eſt la mener à bord, l'y conduire.

IL ſe fit Nager vers la pinque. *Hy liet ſig aan de pink roeijen.*

SE faire Nager de bord en bord, pour animer les gens au combat. *Sig doen
van boord tot boord roeijen, om de gemoederen ten ſtrijde te wecken.*

NAGER debout. Rameur qui Nage debout. *Staande roeijen, Vrikken.*

Pour dire qu'un rameur rame ſans être aſſis.

NAGER à tant d'avirons par bande. *Roeijen met ſoo veel roeijers aan elk zy.*

C'eſt-à-dire, Ramer, ou voguer, à tel nombre d'avirons de chaque côté.

NAGER en arriére. *Averregts roeijen, Deiſen, Riemen ſtrijken.*

C'eſt quand on fait reculer ou arêter un petit vaiſſeau avec un des avirons,
ce qui ſe pratique ſur tous les bâtimens à rames, afin d'éviter le revirement, & de préſenter toujours la prouë.

NAGER ſur le fer. *Een ſchip van de wal af korten, van een haven uitkor-
ten.*

Les Levantins diſent, Nager ſur le fer, quand, par le ſecours de quelques
moiennes ancres, ils mettent à la mer, ou au large, un navire que le vent
a jetté à la côte, ou qu'il faut toüer pour le faire ſortir du port.

NAGER à ſec. *Het wordt geſegt als de riemen grondt raaken, of de grond
ſlaan.*

On dit, Nager à ſec, en parlant d'un aviron dont la pale porte ſur la terre, lors-qu'avec une chaloupe on paſſe dans un canal étroit.

NAGE SEC. *Roei droog.*

C'eſt un commandement que l'on fait à l'équipage d'une chaloupe, afin
qu'en nageant il trempe ſon aviron de telle ſorte dans l'eau, qu'il ne le
faſſe pas ſauter, & qu'il ne moüille pas ceux qui ſont auprès.

NAGE qui eſt paré. *De geene die klaar zijn die moeten roeijen.*

C'eſt un commandement de nager à qui eſt prêt; ce qui ſe fait lors-qu'il n'eſt
pas d'une néceſſité abſoluë que tout l'équipage de la chaloupe nage tous enſemble.

NAGE à faire abatre. *Roey om af te houden, of om af te vallen.*

C'eſt un commandement que l'on fait aux gens de la chaloupe qui toüent
un vaiſſeau, afin-qu'ils nagent du côté où l'on veut que le vaiſſeau s'abatte.

NAGE

NAGE ſtribord & Scie babord, ou Nage babord & Soie ſtribord. *Roey ſtuur-*
boord en ſtrijk bak-boord.
Ce ſont des commandemens à l'équipage d'une chaloupe, pour faire naviguer la chaloupe & gouverner en moins d'eſpace.

NAGE à bord. *Roey na boord.*
C'eſt pour aller au vaiſſeau.

NAGE au vent. *Roey aan te loevert.*
C'eſt un commandement que l'on fait aux gens de la chaloupe qui touë un
vaiſſeau, de nager du côté d'où vient le vent.

NAGE. *Roey.*
C'eſt un commandement que l'on fait à l'équipage de la chaloupe de nager,
ou autrement, ramer.

NAGE de force. *Roey hardt.*
C'eſt auſſi un commandement fait à l'équipage afin-qu'il redouble ſes é-
forts.

NATTES. *Matten.*
C'eſt un entrelaſſement de certains petits roſeaux fendus, ou d'écorces d'arbres, de dix-huit à vingt pouces en quarré, qu'on fait ſervir dans les vaiſſeaux comme pour garnir la ſoute au biſcuit, les ſoutes aux voiles, & le
fond de cale du vaiſſeau lors-qu'on charge des grains, car ces nattes empêchent l'humidité.

NAVAGE. *Een vloot.*
C'eſt un vieux mot qui ſignifioit une flote. Voiez, Flote.

NAVES. *Schepen.*
C'eſt auſſi un vieux mot pour dire, Navires.

NAVETTES. *Een Indiaanſch ſchepje.*
C'eſt un petit bâtiment des Indiens de Mouſtique. Nous prîmes une navet-
te, avec trois Indiens qui étoient dedans.

NAUFRAGE. *Schip-breuk.*
C'eſt le bris, rupture, fracaſſement & perte d'un vaiſſeau qui donne
contre de rochers, ou qui coule à fond & périt par quelque autre voie.

FAIRE NAUFRAGE. *Schip-breuk lijden, Verongelukken, Vergaan.*

NAUFRAGE. Vaiſſeaux Naufragez. E'fets Naufragez. *Verongelukte ſche-*
pen. Verongelukt goedt.
Ce ſont les vaiſſeaux & les marchandiſes qui ont enfoncé au fond de la mer.
Il eſt défendu de receler aucune portion des biens & marchandiſes des vaiſſeaux
échoüez, ou naufragez. Si les éfets naufragez ont été trouvez en pleine
mer, ou tirez de ſon fond, la troiſiême partie en doit être délivrée inceſſamment & ſans frais, en eſpéce ou deniers, à ceux qui les auront ſauvez,
& les deux autres tiers doivent être dépoſez, pour être rendus aux pro-
riétaires s'il les reclament dans l'an & jour, ſi-non ils ſont également partagez entre le Roi de France & l'Amiral.

NAVIGABLE. Eau Navigable. *Bevaarlijk, Bezeilbaar. Vaart.*
C'eſt une eau qui peut porter des bateaux, ou des navirez chargez, & ſur laquelle on peut naviguer.

NAVIGATEURS. *Zee-bouwers, Zee-vaarders.*
Ce ſont ceux qui ont fait beaucoup de voiages, ou des voiages de long
cours, ſur la mer.

NAVI-

NAVIGATION. *Scheep-vaart, Zee-vaart, Zee-vaarten:*

C'eſt la ſcience de la marine, & la maniére de conduire un vaiſſeau ſur les eaux, & particuliérement ſur la mer; ce qui ſe fait par le ſecours des cartes maritimes, des bouſſoles, des vents, des voiles, du gouvernail, des rames; à quoi on ajoûte les obſervations de la hauteur du Soleil & des E'toiles. Ce ſont auſſi les voiages mêmes qui ſe font ſur les mers, ſur les riviéres, ou ſur les lacs, dans des bateaux, ou des navires.

BELLE NAVIGATION. *Voorſpoedig weer en windt, Goedt reiſen, Mooi weer op de reis.*

Cela ſe dit lors-que dans un voiage on a eu le vent favorable, acompagné d'un beau tems.

HEUREUSE NAVIGATION. *Behoudens koers, Voorſpoedig reis.*

Cela ſe dit quand on eſt arivé au port, ſans avoir couru aucun danger.

BONNE NAVIGATION. *Een vaart die wel vervallen is, die wel met 't beſtek uitkomt.*

C'eſt celle où l'on a eſtimé juſte le ſillage d'un vaiſſeau.

NAVIGATION par eſtime. *Vaart by giſſing.*

C'eſt la navigation qui ſe fait de l'Eſt à l'Oüeſt, & de l'Oüeſt à l'Eſt.

NAVIGUER, Naviger. *Vaaren, Te ſcheep of ter zee vaaren, Zee-bouwen, Zeilen, Boegen.*

Les gens de mer uſent de ce mot, Naviguer, pour dire, Naviger, c'eſt-à-dire, Faire route, Faire un voiage par eau, & ſur-tout par mer. Naviguer au Nord, Naviguer aux Indes. Les derniéres Ordonnances diſent auſſi Naviguer. On dit, Naviguer, d'un vaiſſeau & des gens qui ſont à ſon bord. *Het ſchip zeilt, en de luiden zeilen.*

NAVIGUER. *Verbe Actif.* Naviguer une chaloupe. *Een ſloep voeren, of ſtuuren.*

Il ſera établi une chaloupe-de garde, armée des hommes néceſſaires pour la naviguer.

NAVIGUER un vaiſſeau. *Een ſchip bevaaren.*

NAVIGUER par les ſinus, Naviguer par les loxodromies, Naviguer par le quartier. *Door de ſinus, Door de ſtreek-taffels uitreekenen, Door het quadrant afpaſſen.*

C'eſt-à-dire, Réſoudre les problêmes nautiques par les tables de ſinus, par les tables des loxodromies, par un inſtrument apellé quartier de réduction. Cette façon de naviguer n'eſt bonne que dans les petites navigations; car dans les navigations de long cours elle manque ſenſiblement.

NAVIGUER par le compas de proportion. *'t Evenreedig of proportionaal kompas gebruiken.*

C'eſt-à.dire, Faire uſage de cet inſtrument pour réſoudre les mêmes problêmes.

NAVIGUER ſur le plat. *De plat-kaart, of gelijk-graadige pas-kaart gebruiken.*

C'eſt ſe ſervir d'une carte où les degrès de longitude & de latitude ſont égaux.

NAVIGUER par le rond, ou Naviguer par le réduit. *De ronde of waſſende-graadt-kaart gebruiken.*

C'eſt naviguer ſur une carte où les degrès de latitude vont en croiſſant en aprochant des poles, afin de compenſer l'inégalité des parallèles.

NAVIGUER par terre, ou dans la terre. *Over landt zeilen.*

Cela

Cela fe dit quand un Pilote a plus estimé de chemin que fon vaiſſeau n'a
fait, de-forte que felon fon eſtime il eſt arivé bien-avant dans la terre, quoi-
que fon navire & lui foient encore bien-loin en mer.

NAVIGUER jufte. *Wel uitkomen met de giffing.*

C'eſt fe trouver éfeĉtivement où on croioit être par eſtime.

NAVIGUER la fonde à la main. *Al peilende vaaren, Al lootende vaaren.*

UN Pilote qui Navigue bien. *Een goedt Stuurman.*

C'eſt-à-dire qu'il fait fes règles de navigation avec éxaĉtitude.

UN Capitaine qui Navigue bien. *Een goedt Zee-kapitein.*

C'eſt qu'il fait bien mener fon vaiſſeau.

OFICIER Général qui Navigue bien. *Een goedt Zee-hoofdt-officier.*

C'eſt-à-dire qu'il fait bien conduire une armée, ou une efcadre.

VAISSEAUX qui Naviguent bien. *Schepen die goede zee-bouwers zijn.*

NAVIGUER à profit commun. *In gemeen part vaaren.*

Les Maîtres & Pátrons qui naviguent à profit commun, ne peuvent faire
aucun négoce féparé, pour leur compte particulier, à peine de confifcation
de leurs marchandifes au profit des autres Intereſſez.

NAVIRE. *Schip.*

C'eſt un bâtiment de charpenterie compofé de plufieurs piéces, cloüé &
chevillé de bois & de fer, & qui eſt d'une conſtruĉtion propre à floter, &
à être conduit à la faveur du vent, & à l'aide de fes mâts & de fes voiles,
par-tout où l'on veut aller fur la mer. On dit à l'égard de la France, Navire du Roi, & Navire de guerre : à l'égard de la Hollande Navire des
Etats des Provinces Unies, Navire du Collége de la Meufe, du Collége
d'Amſterdam &c. Voiez, fous le mot Devis, des devis de navires de divers
rangs & différentes grandeurs. On avoit deſſein de donner encore ici d'autres devis, mais on s'en défiſte, parce-que ce volume groſſit trop. Voiez auſſi
l'Ordonnance de 1681. Liv. 2. Tit. 10. Voiez encore ci-après, Vaiſſeau, &
fous ce mot vous trouverez les qualités d'un navire qui peuvent manquer ici.

NAVIRE du 1. 2. 3. rang, &c. Voiez, Rang.

NAVIRE du Roi. *Een Franfch Oorlog-fchip, Een Franfch Koninklijk Schip.*
Les Navires que les François apellent Navires du Roi tout-court, font
les navires apartenans au Roi de France, qui font armez en guerre, & commandez par des Oficiers de marine.

NAVIRES capitaux. *Kloeke fchepen.*

NAVIRE de guerre. *Een Oorlog-fchip.*

SERVIR fur un Navire de guerre. *Ten oorlog vaaren.*

NAVIRE marchand. *Een Koopvaardy-fchip.*

C'eſt-un navire qui va en mer pour faire feulement le commerce.

NAVIRE en courfe. *Een Schip ten kaap uitgeruſt.*

C'eſt celui qui étant armé en guerre a commiſſion de l'Amiral.

NAVIRE en guerre & en marchandife. *Een fchip ten oorlog en te koopvaardy
uitgeruſt.*

C'eſt celui qui étant marchand ne laiſſe pas d'avoir commiſſion pour faire
la guerre.

NAVIRE à fret. *Een gehuurt fchip.*

C'eſt un navire de louáge.

NAVIRE armé, Navire bien-armé. *Een wel bemant fchip.*

C'eſt un navire qui eſt fort d'équipage & en état de faire la guerre.

Dddd

NAVI.

NAVIRE defarmé. *Een onttaakelt en ongemandt fchip.*

C'eft un navire qui eft dans le port, qui n'a ni agrès, ni canons, ni hommes.

NAVIRE bien-lié. *Een hecht fchip, Een wel gebonden fchip, en met yfer-werk wel geflooten.*

C'eft lors-qu'un navire a les empatures de fes membres bien longues, qu'il a de bonnes courbes, le tout bien cloüé, chevillé & gournablé.

NAVIRE enfellé. *Een fchip dat voor en agter alte veel opfpringt, of opgefet is, dat al te hol in 't midden is, dat naa vooren en agteren toe alte veel oprijft.*

C'eft-à-dire qu'il a fon milieu bas & le devant & l'arriére trop élevez. Voiez, Vaiffeau gondolé.

NAVIRE frégaté. *Een lang en fmuik, of fmoeg fchip.*

C'eft un navire qui eft long & ras.

NAVIRE qui a beaucoup de revers & de largeur. *Een over oor gebouwt fchip.*

Cette forte de conftruction rend le vaiffeau plus propre pour le combat, mais il en porte plus mal la voile.

NAVIRE encaftillé. *Een hoog opgeboeit fchip.*

C'eft lors-qu'il eft fort élevé par les hauts.

NAVIRE dur. *Een fteevig en wreedt, of wreeg fchip.*

C'eft celui qui tanque rudement, ou qui gouverne mal.

NAVIRE doux. *Een fchip dat gladde vaart heeft, en wel door zee gaat.*

C'eft un navire qui ne fe tourmente point à la mer.

NAVIRE fale. *Een vuil fchip.*

C'eft celui dont la partie qui eft dans l'eau eft pleine de mouffe, ou de co-quillage.

NAVIRE condamné. *Een Sleet, Een Wrak.*

C'eft celui qui n'eft plus eftimé propre à faire voiage.

NAVIRE de haut-bord, ou de bas-bord. Voiez, Vaiffeau.

NAVIRE de ligne. *Een capitaal oorlog-fchip, Een hoofdt-oorlog-fchip.*

C'eft celui qui eft affez fort pour fervir en corps d'armée.

NAVIRE bâti au quart. *Een fchip op de vierde part van de kiel getimmert.*

C'eft celui dont largeur eft de la quatriême partie de la quille.

NAVIRE bâti entre le tiers & le quart. *Een fchip tuffchen de derde en de vier-de part van de kiel getimmert.*

C'eft celui qui a de largeur entre le tiers & le quart de la longueur de la quille.

LE NAVIRE eft pris. *'t Is door de windt.*

On dit qu'un navire eft pris, pour dire, qu'il a le vent fur les voiles, & qu'il vient au vent quand on lui veut faire prendre vent devant.

LE NAVIRE fait tête au vent. *'t Schip leit regt op fijn touw.*

C'eft lors-qu'il fait roidir fon cable, & qu'il préfente fon cap au vent, ou au courant.

NAVIRE qui va de l'avant. *Een fchip dat goedt loop, of goede voort-gang heeft.*

C'eft lors-qu'il' marche & fait chemin.

NAVIRE qui fe hale au vent. *Een loef-gierig fchip.*

C'eft-à-dire qu'il a fon inclination à courre du côté du vent.

NAVIRE qui tombe. *Een fchip dat niet wel op de windt legt, en veel valt.*

C'eft-à-dire qu'il ne vient pas autant au vent que feroit un autre, ou qu'il dérive beaucoup.

NAVIRE pris dans les glaces. *Een fchip dat in 't ijs beklemt, of op 't ijs befet is.*
C'eft

C'est un navire qui est enfermé dans les glaces, & qui n'en peut sortir.

NAVIRE bien-amarré. *Een schip met goede kaabel-touwen voorsien.*

C'est celui qui a de bons cables, & qui en a beaucoup.

NAVIRE bien-amarré. *Een schip dat op goede ankers en kaabels legt.*

Cela se dit encore de celui qui est bien-mouillé, avec de bons cables & de bonnes ancres.

NAVIRE abandonné. *Een verlaaten schip.*

C'est un navire que l'on trouve à la mer, ou le long des côtes, sans équipage.

NAVIRE qui présente au vent, qui a le cap plus au vent qu'un autre. *Een schip dat meer als een ander aanloeft.*

LE NAVIRE gouverne-t-il? *Stiert het schip wel.*

C'est une question que l'on fait au Timonier, afin de savoir si le vaisseau a assez d'aire pour sentir son gouvernail.

BEAU NAVIRE en rade. *Een mooi pronker, maar slegt zeilder.*

Cela se dit d'un navire qui se montre beau, & qui navigue mal,

PETIT NAVIRE. *Lock-lijn.*

Les Pilotes apellent Petit Navire un instrument de bois qu'ils jettent à la mer, afin de connoître le sillage du vaisseau.

NAULAGE. *Vragt-geldt.*

C'est un vieux terme, pour dire, ce qu'on paie au Patron d'un bâtiment pour le passage.

NAUMACHIE. *Scheeps-spiegel-gevegt , Vrije lust-gevegten en scheeps-strijden , scheeps-strijdt, scheeps-speel-gevegt-of-strijdt, Waater-slag.*

C'est un combat, course, ou éxercice qu'on fait sur l'eau. Les Anciens ont souvent donné des naumachies au peuple. Ce spectacle se donnoit dans un cirque environné de portiques & de siéges, dont l'enfoncemenr tenoit lieu d'aréne. Cet enfoncement se remplissoit d'eau par le moien de plusieurs tuïaux que l'on ouvroit.

NEF. Vieux mot. Voiez, Navire.

NEURE. *Een Haaring-buis.*

C'est une espéce de petite flûte dont les Hollandois se servent pour la pêche du harang. Elle est d'environ soixante tonneaux. Ce terme est aparemment le mot François, & celui de Buche doit venir du Flamand *Buis:* ou-bien il faut que le terme de Neure soit pour les buches du port de trente lastes, ou soixante tonneaux seulement, puis-qu'il y en a de beaucoup plus grandes : car d'ailleurs la description d'une Neure, qui est une espéce de petite flûte, ou flibot, convient également à une Buche. Voiez, Buche.

NEIE', Noïé, Etre Néïé. *Geen orizon konnen sien , Geen goede hoogte konnen neemen om dat 'er geen klaar orizon is.*

C'est ainsi que quelques-uns écrivent, au-lieu de Noïé. Cela se dit d'un Pilote qui en prenant hauteur ne découvre point assez l'horison avec l'instrument dont il se sert.

NEZ. Le Nez du navire. *Neus, Snuit, Sneb, Snebbe.*

C'est la premiére partie du navire qui finit en pointe. On dit aussi la même chose d'un bateau.

ETRE trop sur le Nez. Vaisseau qui est trop sur le Nez. *Duiken , Voor bucken , Een schip dat te seer induikt, dat voor onder waater bokt.* Voiez, Vaisseau.

„ Quand un vaisseau est trop sur le nez par sa construction, il faut faire
„ pancher le mât de miséne un peu en arriére, afin-que l'avant du bâtiment
„ soit plus déchargé.

N. I.

NIVEAU grand & petit. *Waaterpas , Een groot waaterpas , Een klein waaterpasje.*

C'est un instrument qui sert à poser horisontalement les piéces de bois qui
servent à la construction des vaisseaux, & généralement à dresser & aplanir
tout ce qui doit être horisontal. Il s'est fait plusieurs instrumens d'une construction, & d'une maniére différente, pour parvenir à la perfection du
nivellement.

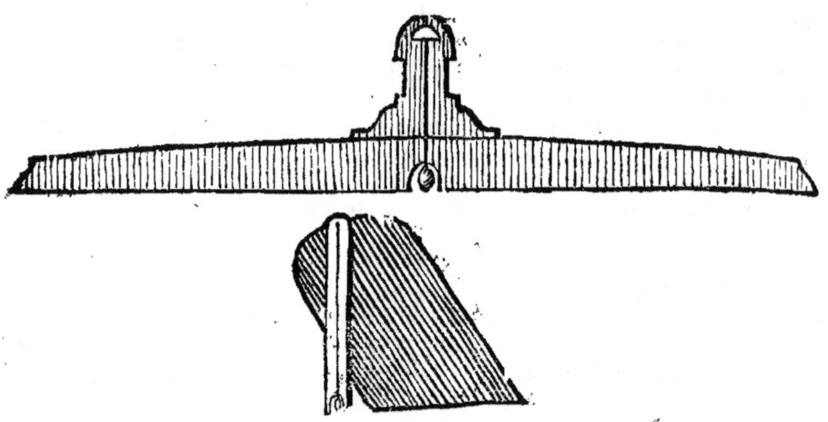

NIVEAU à plomb plein. *Schiet-lood.*

NIVEAU à plomb percé. *Bedrag-lood.*

METTRE à Niveau. *Op waaterpas setten.*
C'est non-seulement mettre une ou plusieurs choses de niveau, suivant la
ligne horisontale, mais encore les mettre à niveau suivant leur pente sur
une même ligne inclinée.

NO

Arbalête à Glace.
Spigelboogh

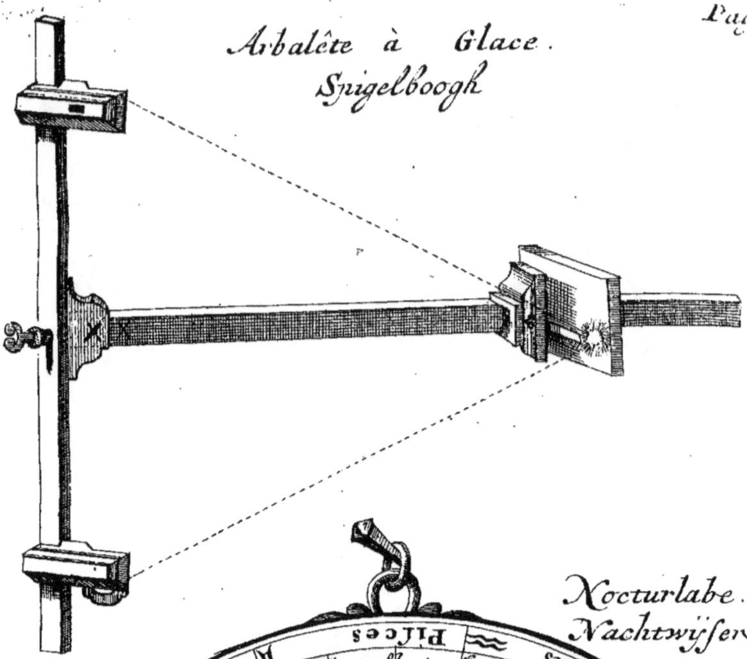

Nocturlabe.
Nachtwijsen

Pisces
Aries
Taurus
Gemini
Cancer
Leo
Virgo
Libra
Scorpius
Sagittarius
Capricornus
Aquarius

IANNUARIUS FEBRUARIUS MARTIUS APRILIS MAIUS IUNIUS IULIUS AUGUSTUS SEPTEMBER OCTOBER NOVEMBER DECEMBER

De achterste wielen vanden grooten Wagen
Les dernieres roües du grand Chariot

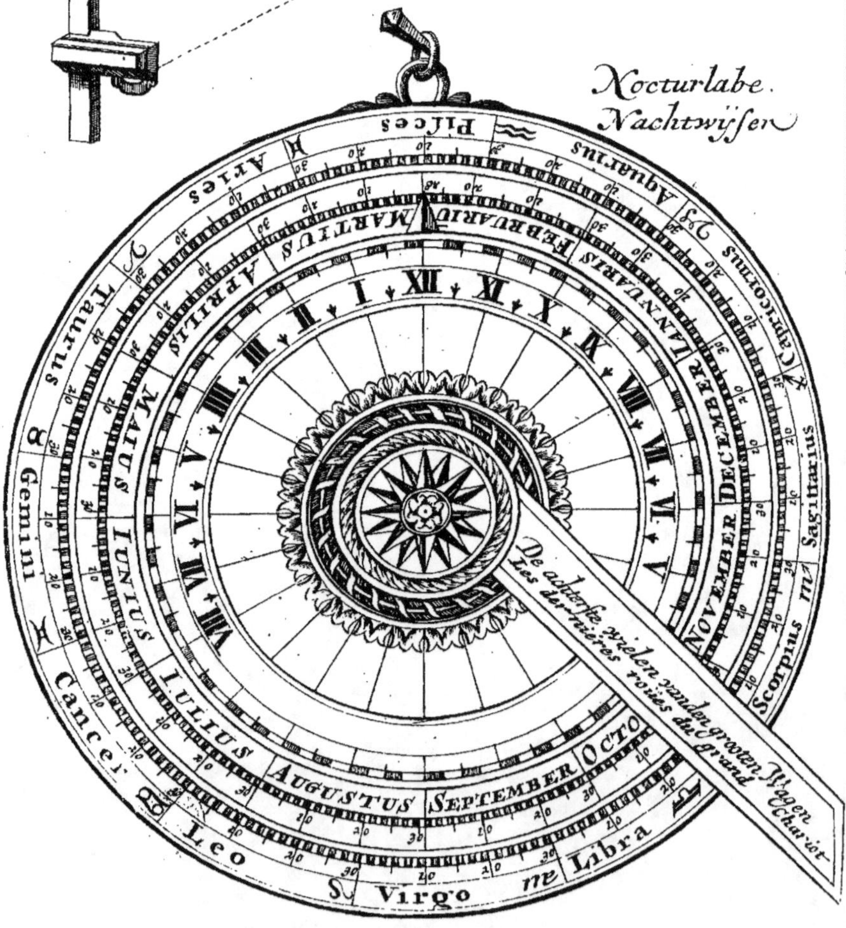

NOCHER. *Stuurman.*

C'eft un vieux terme qui fignifioit Pilote. On l'emploie encore quelque-fois dans les vers. Quelques-uns s'en fervent auffi pour dire Contre-maître, & c'eft en ce fens qu'il eft pris dans l'Ordonnance. Voiez, Contre-maître.

NOCTURLABE. *Nacht-wijfer.*

C'eft un inftrument dont on fe fert pour trouver dans toutes les heures de la nuit combien l'Etoile du Nord eft plus haute ou plus baffe que le Pole.

NOEUD. *Quaft, Knoeft van een boom, of van hout.*

C'eft non-feulement la partie de l'arbre par laquelle il pouffe fes branches, ou fes racines, mais encore certaine boffe, ou tumeur, qui eft une efpéce de maladie qui vient aux bois rabougris, & que l'on apelle autrement Loupes. Les Charpentiers doivent bien prendre garde aux nœuds qui fe trouvent aux bordages qui doivent fervir de franc-bord.

NOIALE. Voiez, Toile.

NOIER, Noyer. Pilote Noïé. Voiez, Neïé.

NOIE'. Etre Noïé. *Onder waater zijn.*

C'eft être fous l'eau. La charge de cette hourque la fit entrer fi bas en l'eau, que fa batterie d'entre deux ponts étoit noïée.

NOIAU. *Al het hol van een ftuk gefchuts, De ziele.*

C'eft tout le creux, ou le vuide du dedans d'un canon. Sous le Noïau on comprend le diamétre de la bouche, la volée, la culaffe, & la lumiére. Voiez, Ame.

NOIR de fumée, on Noir à noicir. *Swartfel.*

C'eft la fumée de la poix réfine brûlée, qu'on ramaffe dans une chambre, ou vaiffeau fermé par-en-haut & tapiffé de peaux de mouton, d'où l'on fait enfuite fortir le Noir en les fecoüant.

NOIRCIR les mâts & les vergues. *Schilderen, De maften en de reën fchilderen.* On noircit les mâts près des jautereaux & près de l'étambrai, & on noircit les vergues par-tout. La mixtion dont on noircit, eft faite de noir de fumée & de goldron, ou d'huile & de noir de fumée.

NOIX où paffe la manuelle du gouvernail. *Rol in den bril.* Voiez, Moulinet.

NOIX du cabeftan. Voiez, Ecuelle.

NOLIS, ou Naulis. Voiez, Fret.

On dit le long de la Méditerranée Nolis, pour dire, Fret, le louäge d'un vaiffeau.

NOLIGER, Naulifer. Termes de la Méditerranée. Voiez, Freter.

NOLLISSEMENT, ou Affretement *De huure van een fchip.*

Nolliffement eft un terme de la Méditerranée, qui fignifie la convention qui fe fait pour le louäge d'un vaiffeau: c'eft ce qu'on apelle fur l'Océan Affretement. Voiez, Affretement.

NOMBRE d'or. *Gulden getal.*

C'eft une révolution de dix-neuf ans. Voiez, Cycle Lunaire.

NON-VUE. *Quaade toefigt.*

C'eft un terme dont on fe fert quand la brume eft fi épaiffe, qu'on ne peut avoir connoiffance du parage où l'on eft, ce qui fait craindre la côte, ou les roches. On dit, Il y a Non-vuë, & d'autres difent Ne-veuffe ou

Non-veuste , pour dire que l'épaisseur du brouillard empêche de voir clair. Voiez, Veuë.

NORD. *'t Noord.*

C'est un terme dont on se sert sur l'Océan pour signifier le Pole Septentrional, qui est élevé sur notre horison

E'TOILE du Nord. *Noord-sterre.*

On apelle E'toile du Nord la derniére étoile de la queuë de la petite Ourse, qui est à deux degrès du Pole.

ETRE NORD de la Ligne. *Benoorden van de Middel-lijn zijn.*

On dit, Etre Nord de la Ligne, pour dire, Etre Nord, ou en deçà de l'E'quateur.

NORD. *Noord.*

Le Nord est la partie du monde la plus Septentrionale à l'égard d'un autre païs. On dit en ce sens que les Païs-bas sont au Nord de la France, & on apelle Païs du Nord la Suéde, le Danemarc, la Lapponie &c.

AU NORD. *Benoorden.*

C'est-à-dire, Du côté du Nord.

NORD, Vent de Nord, ou Vent de Bise. *Noord-windt.*

C'est le nom qu'on donne à un vent froid & sec qui vient du Septentrion, & qui est un des quatre vents cardinaux.

NORD-Est, ou Galerne. *Noord-oost.*

C'est un vent collatéral, entre le Nord & l'Est, ou autrement entre le Septentrion & l'Orient.

NORD-OUEST. *Noord-west.*

C'est aussi un vent collatéral, entre le Nord & l'Oüest, ou autrement le Septentrion & l'Occident.

NORD-NORD-EST. *Noord-Noord-oost.*

NORD-NORD-OUEST. *Noord-Noord-west.*

Ce sont deux vents entre-mitoïens.

NORD-QUART-DE-NORD-EST, ou quart-au-nord-est. *Noord-ten-oosten.*

NORD-QUART-DE-NORD-OUEST. *Noord-ten-westen.*

NORD-EST-QUART-DE-NORD. *Noord-oost-ten-noorden.*

NORD-OUEST-QUART-DE-NORD. *Noord-west-ten-noorden.*

NORD-EST-QUART-DE-L'EST. *Noord-oost-ten-oosten.*

NORD-OUEST-QUART-DE-L'OUEST. *Noord-west ten westen.*

NORDESTER, ou Décliner, ou Se tourner du Nord vers le Nord-est. *Noordoosteren.*

Ce mot est fort en usage dans les voiages de long cours en parlant de la variation de l'aiguille du compas, qui quelquefois se tourne vers le Nord-est, au-lieu de regarder le Nord directement, suivant les qualités de l'aimant dont elle est frotée. En de certains parages elle décline plus ou moins, & cette inégale déclinaison, ou variation, cause de grandes erreurs, & fait souvent faire une mauvaise route ; car comme l'aiguille indique mal le rumb du Nord, elle indique mal aussi les autres airs de vent.

NORDOUESTER, ou Décliner, ou Se tourner vers le Nord-oüest. *Noord-westeren.*

Cela arive en de certains parages, où l'aiguille s'écarte du Nord pour se tour-

tourner vers le Nord-oüeſt. Auprès de l'iſle de Madagaſcar l'aiguille varie de dix-huit degrès Nord-oüeſt ; & un peu plus avant, proche l'iſle de Diego-rois, elle nordoüeſte de vingt-deux degrès.

NOYALE, Noïale. Toile de Noyale. Voiez, Toile.

NOYE', Pilote Noyé. Voyez, Neyé.

N U.

NUAGE. *Wolke, Gewolkte, Beneeveling.*

  C'eſt une vapeur humide qui obſcurcit l'air.

NUAGE qui a le pié à l'eau. *Een wolk die blijft dik in de kim.*

  Cela ſe dit d'une nuée qui ſort de l'horiſon, ſans que le pié en ſorte.

NUAISON. *Paſſaat-windt.*

  C'eſt tout le tems qui dure un vent fait & uni. Voiez, Monſon & Alizée.

NUE, ou, Nuée. *Wolke.*

  C'eſt un amas de vapeurs élevées en l'air, & qui ſe réſolvent ordinairement en pluïes.

LES NUE'ES chaſſent de l'Oüeſt. *De wolken drijven uit Weſt.*

  On dit que les Nuées chaſſent de l'Oüeſt, ou du Sud, ou de quelque autre air de vent, pour dire qu'elles viennent du côté qui eſt nommé.

O.

O ! du Navire, Holà. *Soo preit-men een ander ſchip wiens naam onbekent is.*

  C'eſt ainſi que l'on crie lors-qu'on veut parler à un navire dont ou ne ſait pas le nom.

O ! du Soleil Roïal, Holà, ou d'un autre nom. *Dus roept-men na een bekent ſchip.*

  C'eſt ainſi que l'on crie lors-qu'on veut parler à un navire dont on ſait le nom.

O ! d'en-haut. *Soo roepen de geene die op den overloop ſtaan, na de geene die boven op marſſen en maſten zijn.*

  C'eſt-ainſi que ceux qui ſont ſur le pont du vaiſſeau, crient à ceux qui ſont ſur les mâts, ou ſur les vergues.

O ! de la chaloupe, Holà. *Dus roept-men na 't volk van een ſloep.*

  C'eſt-ainſi que l'on crie lors-qu'on veut parler a une chaloupe.

O ! Hiſſe, O ! Hale, O ! Saille ! O ! Ride. *Dus roept-men na 't volk, om de handt aan 't werk te ſlaan.*

Tous ces termes ſont criez par un matelot, dans de certains travaux, mais en différens tems, ſoit-qu'il faille hiſſer quelque choſe, ou la hâler, ou la pouſſer, ou rider. Ce cri ſe fait pour faire réünir toutes les forces des travailleurs, afin d'agir de concert ; car lors-que celui qui donne la voix prononce un O ! avec une voix lente, chacun ſe prépare pour l'éfort qu'il faudra faire, & en achevant le mot, comme par éxemple, Hiſſe, tous travaillent à la fois.

OCCIDENT, ou Oüeſt. *Weſt.*

C'eſt celle des quatre parties du monde qui eſt du côté où le ſoleil ſe couche. Il y a un Occident d'E'té & un Occident d'Hiver. Le premier eſt le point de l'horiſon, où ſe couche le Soleil lors-qu'il entre au ſigne de l'E'crevice : c'eſt le tems où ſe font les plus grands jours. L'Occident d'Hiver eſt l'endroit de l'ho-riſon où il ſe couche, quand il entre au ſigne du Capricorne : c'eſt en ce tems-là

là que les jours font les plus courts. Ces deux Occidens d'E'té & d'Hiver
ne font pas éloignez également, en tous païs, de l'Occident des équinoxes
plus la sphére est oblique, plus cet éloignement est grand, c'est-à-dire que
le pole est plus élevé sur l'horison, ou que les païs font plus éloignez de la
Ligne E'quinoxiale. On dit sur mer, Vent d'Oüest, au-lieu de Vent d'Occident.

OCE'AN. *Oceaan, De groote en woeste zee.*
C'est ce grand amas d'eaux qui environnent la terre, & qui est le plus grand
de tous les amas d'eaux falées & navigables qui foient sur le globe terreftre.
L'Océan est joint à la Méditerranée par le détroit de Gibraltar, & détaché
de la mer Cafpienne par la partie du vieux continent qui regne au Sud dans
le Roïaume de Perfe. On ne navigue point fur l'Océan avec des galéres,
mais feulement avec des vaifleaux élevez. Néammoins, l'An 1690. les
François firent conftruire quinze galéres à Rochefort qu'ils firent naviguer
jufques à Roüen. Voiez, Galére. On dit auffi la Mer Océane. Voiez,
Mer.

O E.

OEIL DE BOEUF. Voiez, Yeux.
OEIL DE PIE, Yeux de pie. *Leeuwers-oogen, Reef-gaaten, Rif-gaaten.*
Ce font les trous, ou œillets, qu'on fait le long du bas de la voile au-def-
fus de la ralingue, pour y pafler des garcettes de ris.
OEIL, Yeux, ou Trous de la voile de fivadiére. *Blinde gaaten.*
Ce font deux trous aux deux points d'embas de la fivadiére, par où s'écou-
le l'eau que la mer jette dans la fivadiére.
OEIL de roüe. *Het gat van een wiel.*
C'est le trou rond, par où pafle l'aiffieu dans la roüe d'un afût de canon.
OEIL DE BOUC. *Offen-oog.*
C'est un phénoméne qui paroît comme le bout de l'arc-en-ciel, & qui
précéde quelquefois l'ouragan, ou quelque tempête.
OEIL. *Oog.*
Ce font les ouvertures, ou trous, par où plufieurs outils d'artifans font
emmanchez, ainfi l'on dit l'œil de la hache, de l'erminette, &c.
OEIL au bout de la verge de l'ancre, où entre l'arganneau. *Oog in 't anker-*
fchagt.
OEILLET. *Oog.*
C'est une boucle que l'on fait au bout de quelque corde.
OEILLET d'étai. *'t Oog van de ftag.*
C'est une grande boucle qu'on fait au bout de l'étai, vers le haut. C'est
par-dedans cette boucle que pafle le même etai après-qu'il a fait le tour du
ton du mât.
OEILLETS de la tournevire. *Oogen van de kaabelaaring.*
Ce font des boucles qu'on fait à chacun des bouts de la tournevire pour les
joindre l'un à l'autre avec un quarantenier.
OEUVRES de marée. *Schoonmaaking en kalefaatering in zee met getij van laag*
waater.
C'est le raboub & le carénage que l'on donne aux vaifleaux dans le tems
que la mer s'est retirée, & que le vaifleau est échoüé. Mais cette diftinction,
Dans le tems que la mer s'est retirée, paroît inutile, car on donne auffi les
œu-

œuvres de marée en pleine mer, & ce terme signifie tout le carénage qui se fait en mer, soit en haute mer vers le bord, ou sur un banc, lors-que la mer a refoulé.

OEUVRES vives. *Onder-huidt, Het schips onder waater zijnde deel, ofte ook, De buiten-huidt.*

C'est la partie d'un vaisseau qui entre dans l'eau ; & selon cette description si commune, il sembleroit que ce mot ne devroit s'entendre que de ce qui est compris depuis la quille jusques au premier ou plus bas pont, ou jusques à la ligne d'eau, ou du-moins aux goutiéres du bas pont. Aussi y a-t-il des gens qui l'entendent de cette maniére, & M. Desroches paroît être de ce nombre, puis-qu'il dit que l'œuvre morte se dit de la partie du vaisseau qui est hors de l'eau, d'où il s'ensuit que l'œuvre vive est la partie qui est dans l'eau. Mr. Dassié paroît aussi être de ce sentiment, puis-que dans l'état de dépence pour la construction d'un navire, il marque le nombre des piéces de préceintes pour les deux premiers rangs, puis un autre nombre de piéces de préceintes pour l'œuvre morte. Or si par l'œuvre mor il n'entendoit que la dunette, l'acastillage, les galeries &c. il ne leur destineroit pas des préceintes. Outre cela il destine, pour border l'œuvre morte, deux cents bordages de 26. piés de long, 16. pouces de large, & 3. pouces d'épais ; puis dans l'article suivant il ordonne les bordages pour couvrir le second pont & doubler l'œuvre morte : or la largeur & l'épaisseur de ces bordages destinez à border l'œuvre morte, ne convient nullement à la dunette, à l'acastillage &c. mais bien au bordage extérieur entre le premier pont & le second ; l'article des bordages duquel second pont, & de ceux de la doublure, ou serrage de l'œuvre morte, vient immédiatement aprés cet article de deux cents bordages pour border l'œuvre morte, qui par ces raisons, doit être entendu des bordages qui doivent border depuis les dalots, ou goutiéres du premier pont jusques au haut.

Cependant voici comme M. Guillet & Ozanan s'expriment. Les Oeuvres vives sont toutes les parties du corps du bâtiment comprises depuis la quille jusqu'au vibord, ou au pont d'enhaut. Les Oeuvres mortes comprennent la dunette, l'accastillage, les galeries, bouteilles, teugues, couronnement, vergues & hunes. Les vaisseaux de guerre doivent être déchargez de bois par les œuvres mortes, le plus qu'il est possible, pour être plus legers à la voile.

OEUVRES mortes. *Doodt-werk, Huising.*

Elles comprennent toutes les parties du vaisseau qui sont hors de l'eau, ou bien tous les hauts d'un vaisseau. Voiez l'article qui précéde celui-ci.

OFICIERS. *Amptelingen in een vloot, of op een schip, Amptenaars, Beampten, Officiers.*

Il y a plusieurs sortes d'Oficiers sur mer, savoir, Oficiers Généraux, Oficiers Majors, Oficiers subalternes, Oficiers en second, Oficiers bleus, Oficiers de port, & Oficiers Mariniers, de chacun desquels on parle ici en son rang. Pour ce qui est de leurs apointemens, table, valets, &c. on peut voir l'Ordonnance in 4. page 152. & l'Ordonnance de 1689. Livre 9. Titres 1. 2. 3. & 4.

OFICIERS Généraux. *Vloots-hoofden, Hoofdt-officiers, Hoofdt-bevelhebbers.*

Ce sont en France l'Amiral, qui a sous lui deux Vice-amiraux l'un du Ponant

nant, l'autre du Levant; trois Lieutenans Généraux, six Chefs d'escadre. Dans les Provinces Unies il y a un Amiral Général, un Lieutenant-amiral Général, cinq Lieutenans-amiraux. Voiez, Amiral.

„ Il est de la gravité des Oficiers Généraux, & même des Capitaines, de se
„ tenir derriére le grand mât. Ce seroit s'avilir que de se tenir devant le
„ mât, & parmi l'équipage.

OFICIERS Majors. *Majors Officiers, Hooge Officiers, Hoofden.*
C'est-à-dire, le Capitaine le Lieutenant & l'Enseigne du vaisseau.

OFICIERS subalternes. *Onder-amptenaars, Onder-officieren, Mindere Officiers.*
Ce sont les Lieutenans & les Enseignes.

OFICIERS en second. *Een tweede Kapitein, Een tweede Luitenant.*
Ce sont des Oficiers qui sont moins anciens que ceux qui sont en pié, & qui font les fonctions des autres en leur absence.

OFICIER Bleu. Voiez, Bleu,

OFICIERS de port. *De Officiers van een haven.*
Ce sont les Capitaines, les Lieutenans & les Enseignes, qui sont commis dans les arcenaux de marine du Roi de France, pour avoir soin de faire amarrer les vaisseaux, de les faire caréner, radouber, mâter, râcler, calfater, braïer, goldronner, garnir, & enfin de toutes les choses dont les vaisseaux pourroient avoir besoin.

OFICIERS de la santé. *De Visiteurs over de besmettelijke siekten, en andere Oficiers daar toe gestelt.*
Ce sont ceux qui font les visites, qui donnent les Lettres de santé, qui font faire la quarantaine. Ne pourront les Oficiers de la santé des ports de Provence, donner des patentes de santé à aucun matelot, s'il n'est compris dans le rolle de l'équipage de chaque vaisseau; ni même à aucun matelot s'il n'a le congé du Commissaire des classes.

OFICIERS de la Marine, ou de Marine. *Hooge Officiers.*
Ils sont aussi apellez Oficiers Majors à l'égard des Oficiers Mariniers. On voit dans l'Ordonnance de 1689. les peines qui sont décernées contre les Oficiers Mariniers qui se revoltent contre leurs Oficiers Majors. Dans une signification plus étenduë de ce mot on y comprend l'Amiral les deux Vice-amiraux, les Lieutenans Généraux, les Chefs d'escadre, &c.

OFICIERS Mariniers. *Scheeps-officiers, Mindere Officiers, te weeten de Schipper, en alle de andere die onder hem zijn.*
Ceux-ci forment ordinairement la sixième partie des gens de l'équipage, que l'on choisit tant pour la conduite, que pour la manœuvre & le radoub des vaisseaux, savoir, le Maître, le Bosseman, le Maître Charpentier, le Voilier, & les autres.

O I.

OINT. *Smeer, Reusel.*
C'est pour graisser les mâts, les rouëts & diverses autres choses.

ONGLET. Voiez, Assemblage.

O R.

ORAGE. *Onweer,* Voiez, Tempête.

ORDONNANCES & Réglemens de Marine. *Zee-wetten, en Artijkel-brief.* Voiez, Conseil de guerre.

ORDONNATEUR. *Een Gemagtigde om de ordres te geven.*

                                                     C'est

C'eſt un terme qui eſt fort commun dans les Ordonnances de la marine.
L'Intendant, ou celui qui ſe trouve Ordonnateur en ſon abſence.

 OREILLES de l'ancre. *Anker-ooren.*
C'eſt la largeur des pattes de l'ancre.

OREILLE de liévre. *Een drie-kantig, of drie-hoekig zeil.*
Une voile apareillée en oreille de liévre eſt une voile latine, ou à tiers
point, ce qui la rend différente des voiles à trait quarré.

ORGANEAU, Arganeau. *Anker-ring.*
C'eſt un gros anneau de fer, qui eſt paſſé au bout de la verge de l'ancre,
& qui ſert à amarrer le cable, ou à étalinguer le cable.

ORGUES. *Orgel-pijpen.*
C'eſt une machine compoſée de pluſieurs canons d'arquebuſes, ou de mouſquets, atachez & enclavez ſur une piéce de bois, qui ſe tirent ou tout-à-
la-fois, ou ſéparement. On s'en ſert pour défendre les bréches & autres
lieux qu'on ataque, & les Eſpagnols s'en ſervent ſur leurs vaiſſeaux pour défendre l'abordage.

ORGUES. *Roosters.*
Quelques-uns apellent Orgues les dalots qui ſont faits dans le premier
pont de certains vaiſſeaux, comme de ceux que les Hollandois envoient aux
Indes, pour faire tomber à fond de cale l'eau qui pourroit entrer dans le
vaiſſeau.

ORIENT. *Ooſt.*
L'Orient eſt le premier des quatre points cardinaux du monde, & celui où
ſe lève le Soleil lors-qu'il eſt dans l'E'quateur, ce qui le fait auſſi apeller
Orient équinoxial. Il y a l'Orient d'E'té & l'Orient d'Hiver; l'un où le Soleil ſe lève dans les plus longs jours de l'année, & l'autre où il ſe lève dans les
plus courts. On apelle Orient du Soleil ſon amplitude Orientale, laquelle
eſt l'arc de l'horiſon terminé par le point où il ſe lève & le point de l'Orient
équinoxial.

ORIENTER quelque choſe. *Het Ooſt, Weſt, Suid, en Noord, ten opſigt van
een ſeekere plaats afteekenen.*
C'eſt diſpoſer, ſitüer à l'égard de l'Orient & des autres points cardinaux.
La bouſſole eſt d'un grand uſage pour orienter un plan; ce qui veut dire, marquer la ſituation d'un plan ſur la terre, à l'égard des quatre parties
cardinales du monde.

ORIENTER quelque choſe. *Een plaats of een ſchip op ſijn regte breedte en lengte ſetten.*
C'eſt la tourner de telle ſorte qu'elle ſoit dans la ſituation que l'on ſouhaite
à l'égard de quelque partie du monde.

ORIENTER les voiles. *De zeilen redderen, kant ſetten, ſchavieelen, ſchevieelen.*
C'eſt les braſſer & ſituer de maniére qu'elles reçoivent le vent.

ORIENTE les voiles pour tenir le vent. *Set de zeilen by de windt.*

ORIN, Hoirin. *Boei-reep.*
C'eſt une groſſe corde atachée à la croiſée de l'ancre par l'un de ſes bouts,
& qui tient par l'autre bout à une boüée qui marque l'endroit précis où eſt
l'ancre.

ORISON. Voiez, Horiſon.

ORLE, Ourlet autour des voiles. *Zoom.*

OR-

ORSE. *Bakboord.*

C'eſt un terme de Levant pour dire Babord, ou main gauche.

ORSE. *Te loef.*

Parmi les Levantins Orſe eſt auſſi un terme de commandement, pour dire, Au lof, quand on a beſoin de ſerrer & de tenir le vent.

ORSER. *Tegen de windt, of in de windt oproeijen.*

C'eſt aller contre le vent, aller à vent contraire par le moien des rames.
Ce terme n'eſt en uſage que chez les Provenceaux.

ORTHODROMIE. *Regt koers.*

C'eſt la route en droite ligne que fait un vaiſſeau, en ſuivant un des trente-deux vents qui ſont marquez ſur la bouſſole. Orthodromie ſignifie droite Courſe, comme Loxodromie ſignifie Courſe oblique.

ORTIVE. Amplitude Ortive. *Een ſtaars-eevenaars-breedte, of hoe ver van 't Ooſt een ſtar rijſt.*

C'eſt l'arc de l'horiſon qui ſe trouve entre le point où ſe lève un aſtre & celui du vrai Orient, où ſe fait l'interſection de l'horiſon & de l'Équateur. Il y en a une Boréale, & une Auſtrale. On dit auſſi, Latitude Ortive.

O S.

OSSEC, Sentine. *Durk, Sood.*

C'eſt la ſentine, le bas de la pompe où ſe reçoivent toutes les eaux. Quelques-uns croient que comme on entend, par ce mot ce qui ſert à mettre le navire au ſec, il a été fait par corruption du mot, Au ſec. Voiez, Sentine.

OSSEC. *Hoos-gat.*

On apelle auſſi Oſſec ſur les riviéres, l'endroit où s'amaſſent les eaux du bateau qu'on vuide avec l'eſcope.

OSTRELIN. *Ooſterling.*

Ce mot vient de l'Anglois, & on apelle Oſtrelins ceux qui ſont Orientaux à l'Angleterre. Il ſe dit particuliérement des villes confédérées dont Lubec eſt la capitale.

O U.

OUAGE, ou, Oüaiche. *De laag, Sog.*

C'eſt le ſillage, ou la trace que le vaiſſeau fait ſur la mer.

TIRER un vaiſſeau en Oüaiche, ou le toüer, ou remorquer. *Naſleepen.*

C'eſt ſecourir un vaiſſeau qui eſt incommodé, ou peſant à la voile, en le toüant, ou remorquant, par l'arriére d'un autre vaiſſeau : ce qui ſe fait de la ſorte. Le vaiſſeau qui remorque, ou tire en oüaiche, atache le bout d'un cable, ou d'une hanſiére, au pié de ſon grand mât, & faiſant paſſer l'autre bout par un ſabord de l'arriére, il fait porter ce bout à bord du vaiſſeau incommodé, & l'y aïant fait amarrer au pié du mât de miſéne, il tire & remorque ce même vaiſſeau incommodé. Le vaiſſeau matelot de l'Amiral, le voiant deſemparé lui donna un cable & le tira en oüaiche.

TRAINER un pavillon ennemi en oüaiche. *Een vyandtlijke vlag, tot eer-teeken van overwinning, agter uit laaten ſteeken, of ſleepen.*

C'eſt pour marquer qu'on revient victorieux qu'on met à l'arriére de ſon navire quelque pavillon qu'on a pris ſur l'ennemi, & on le laiſſe pendre en bas juſqu'à fleur d'eau. Nous mîmes un pavillon Eſpagnol ſur nos bâtimens, & ſur ceux que nous venions de prendre, avec le pavillon Anglois & François en oüaiche.

OVER-

OVERLANDRES. *Overlanders.*
Petits bâtimens qui naviguent fur le Rhin & fur la Meufe, & qui chargent ordinairement de la terre, pour faire des ouvrages, de la potterie, & du verre.

OUEST, ou Occident. *Weft.*
C'eft un des quatre points cardinaux du monde, c'eft-à-dire, du ciel, ou de
la terre; le lieu où le Soleil & les autres aftres fe couchent à notre égard.
Voiez, Occident.

OUEST, Vent d'Oüeft. *Weft-windt, Weft.*
C'eft le vent qui vient du côté du Couchant, & qui eft l'un des quatre
vents cardinaux éloignez entre eux chacun de quatre-vingts-dix degrès.

OUEST-NORD-OUEST. *Weft-noord-weft.*
C'eft un des deux vents qui font entre l'Oüeft & le Nord-oüeft.

OUEST-SUD-OUEST. *Weft-fuid-weft.*
C'eft un des deux vents qui font entre l'Oüeft & le Sud-oüeft.

OUEST-QUART-DE-NORD-OUEST, ou quart-au-nord-oüeft. *Weft-
ten-noorden.*
C'eft le vent qui eft entre l'Oüeft & l'Oüeft-nord-oüeft, parce-qu'il eft le
quart de l'efpace entre l'Oüeft & le Nord-oüeft, & qu'il eft le plus proche
de l'Oüeft.

OUEST-QUART-DE-SUD-OUEST, ou quart-au-fud-oüeft. *Weft-ten-
fuiden.*
C'eft le vent qui eft entre l'Oüeft & l'Oüeft-fud-oüeft, ainfi nommé parce-
qu'il eft au quart de l'efpace entre l'Oüeft & le Sud-oüeft, & qu'il eft le plus
proche de l'Oüeft.

OURAGAN. *Orkaan, Ouragan, Orcaon, Hercan, Orcan.*
C'eft une tempête horrible & très-violente. Elle fe forme par la contra-
riété de plufieurs vents qui fouflant tantôt d'un côté & tantôt d'un autre,
élèvent des flots prodigieux qui fe brifent les uns contre les autres. Ces
ouragans n'arivoient autréfois que de fept ans en fept ans, mais depuis ils
ont été plus fréquens; ils arivent ordinairement depuis le vingt ou vingt-
cinq de Juillet jufques au quinze d'Octobre dans les ifles Antilles. Quand,
l'ouragan doit venir, la mer vient d'ordinaire, tout-à-coup, auffi unie qu'une
glace, fans faire paroître le moindre foulevement de fes eaux fur fa furface,
après quoi l'air s'obfcurcit, & s'étant rempli de toutes parts d'épais nuages,
il s'enflame & s'entrouvre de tous côtés par d'éfroïables éclairs, qui durent
affez longtems, & qui font fuivis des accidens les plus afreux. Ceux qui
font alors moüillez dans les rades doivent appareiller au plutôt, & s'éloigner
des terres, pour laiffer paffer la fureur de l'ouragan, en fe laiffant dériver
après avoir mis leur mâts de hune & leurs vergues bas. Les Habitans des
ifles Antilles fe retirent pendant l'Ouragan dans de petites cabanes bâties fur
le modèle de celles des Caraïbes: car on a remarqué par expérience, que
ces petites hutes de figure ronde, qui n'ont point d'autre ouverture que la
porte, & dont les chevrons touchent la terre, font ordinairement épargnées,
pendant-que les maifons élevées font renverfées.

OURSE. La petite Ourfe, ou, Le Chariot. *De Beer, De kleine Beer.*
La petite Ourfe comprend fept étoiles qui font ordinairement apellées le
Chariot.
C'eft elle qui a donné le nom au Pole Arctique du mot Grec qui fignifie
Ourfe.

OURSE, La grande Ourse. *Den grooten Beer.*

C'est une constellation voisine de la petite Ourse, qui selon quelques-uns est composée de cinquante-six étoiles, & qui a une situation contraire. Elle a sept étoiles plus visibles & brillantes, disposées aussi-bien que la petite Ourse, en Chariot, dont l'une est de la troisiême grandeur, & les six autres de la seconde.

OURSE d'artimon. Voiez, Hource.

OUTIL, Outils. *Werktuigen.*

C'est tout instrument dont les artisans se servent pour l'éxécution manuelle de leurs ouvrages. Les Charpentiers de navire en ont de diverses sortes, dont la plupart sont ici mentionez en leur rang.

OUVERT. Etre à l'ouvert d'une passe. *Oopen-gaats zijn.*

C'est être vis-à-vis de quelque chose comme de l'entrée d'un port, d'une rade, ou d'une riviére.

OUVERTURE. *Glop.*

C'est un petit détroit entre deux éminences, ou montagnes.

OUVERTURE & Fermeture de la chaîne d'un port. *Het openen en sluiten van de ketting, of van de boomen.*

OUVRIERS, Travailleurs, Manœuvres. *Siuuwers, Chiouwers, Tsiuuwers, Arbeiders.*

Ce sont ceux qui travaillent à quelque partie particuliére d'un vaisseau & qui ne sont pas Charpentiers. Ce sont aussi tous ceux qui travaillent dans les ateliers de construction, à quelque sorte d'ouvrage que ce soit. Les Ouvriers journaliers, ou travaillant à la journée dans le parc, commenceront leur travail pendant l'Hiver à sept heures du matin, & ils firniront à six heures du soir. En E'té ils commenceront à cinq heures & finiront à huit. Il leur sera donné une demie-heure le matin pour déjeuner, une heure entiére depuis onze heures jusques à midi pour le dîner, & une autre demie-heure pour la collation, qui sera retranchée dans les mois d'Hiver, & dans ce tems-là les Ouvriers ne feront que deux repas. Le déjeuner & la collation se feront toujours dans le parc, sans qu'il soit libre d'en sortir pour ce sujet. Les heures du travail & du repos seront marquées par le son d'une cloche, & aucun des Ouvriers ne quittera l'ouvrage que cette cloche n'ait sonné, à peine &c. Voiez, Manœuvres.

OUVRIR. *Twee voorwerpen, als twee toorens, van malkanderen onderscheidelijk sien.* Voir l'un par l'autre, ou l'un dans l'autre. *Over malkandere, of door malkanderen sien.*

On dit, Ouvrir deux pointes, ouvrir deux clochers, ouvrir deux moulins à vent, c'est-à-dire qu'on est sitüé de telle sorte qu'on ne voit pas l'un par l'autre, ou l'un dans l'autre, les deux objets, comme deux pointes, deux clochers &c. & qu'au-contraire on les voit séparément.

O X.

OXYCRAT. *Eek-waater. Azijn-waater.*

C'est une portion de vinaigre sur cinq ou six fois autant d'eau. C'est un remède facile & promt qui sert à adoucir les ardeurs des inflamations, & à guérir les douleurs que cause la trop grande chaleur. On s'en sert pour rafrâichir le canon dans un combat : on en donne aussi quelquefois aux équipages.

PA

PACFI, ou Pafi, Le grand Pacfi. *'t Groote zeil, Schooverzeil.*
 C'eſt la grande voile, la plus baſſe voile, qui eſt au grand mât. Voiez,
 Voile.

PACFI, Le petit Pacfi, ou Pacfi de bourcet. *Fok-zeil, Fokke-zeil, Fok.*
 C'eſt la voile de miſéne. Voiez, Voile.

ETRE aux deux Pacfis. *Met de onder-zeilen loopen.*
 C'eſt être aux deux baſſes voiles.

PACIFIER. Se Pacifier. *Stil worden, Beſtillen.*
 On ſe ſert de ce terme ſur mer. La mer ſe Pacifia. L'air fut Pacifié par un
 grand calme.

PACIFIQUE. Voiez, Mer.

PAGAIE. *Schepper, Pagaai.*
 C'eſt le nom que les Sauvages donnent à l'aviron dont ils ſe ſervent pour nager dans une maniére de canot qu'ils apellent Pirogue.

PAGES, Mouſſes, Garçons, *Jong, Jongens, Muſſen.*
 Ce ſont les jeunes gens de l'équipage, aprentis matelots, ou élèves de la
 navigation. Voiez, Mouſſes.

PAGE de la Chambre du Capitaine. *Kajuit-wagter.*
 C'eſt le garçon qui ſert le Capitaine.

PAILLASSES. *Bult-ſakken.*
 C'eſt pour coucher les matelots.

PAILLES de bittes. *Beeting-bouts.*
 Ce ſont de longues chevilles de fer qu'on met à la tête des bittes pour tenir
 le cable ſujet.

PAIS SOMME. *Ondiepte.*
 C'eſt un bas-fond où il y a peu d'eau.

PALAN. *Taakel.*
 C'eſt un aſſemblage d'une corde, ou de deux, d'un moufle à deux poulies,
 & d'une poulie ſimple qui lui eſt opoſée. On s'en ſert pour embarquer &
 pour débarquer des marchandiſes & autres peſans fardeaux. Une de ces cordes s'apelle E'tague, *Mantel*, & l'autre Garant, *De Looper*, ou *Val.* Le
 Palan, dit un autre Auteur, eſt la corde qu'on atache à l'étai, ou à la
 grande vergue, ou à la vergue de miſéne, pour tirer quelque fardeau, ou
 pour bander les étais. Il eſt compoſé de trois cordes, ſavoir celle du palan,
 l'étague & la driſſe. Il a des pattes de fer au bout qui deſcend en-bas. Il a
 trois poulies, l'une deſquelles eſt double. Celui du mât de miſéne ne s'en
 détache jamais, comme étant du ſervice ordinaire.

GRANDS PALANS. *De groote Taakels.*
 Ce ſont ceux qui tiennent au grand mât.

PALAN ſimple. *Een enkelde Taakel.*

PALANS de miſéne. *Fokke-taakels.*
 Ce ſont ceux qui ſont atachez au mât de miſéne, & qui ſervent à haler à
 bord les ancres & la chaloupe, à rider les haubans &c.

PALAN à caliorne. *Gijn.*
 C'eſt la caliorne entiére. Voiez, Caliorne.

PALAN à candelette. Voiez, Candelette.

PALANS d'étai. *Taakels in de ſtag.*
 On entend ceux qui ſont amarrez à l'étai.

PALAN de ſurpente. *Uithouwer.*

PALAN d'amure. *Hals-taalie.*

C'eſt un petit palan dont l'uſage eſt d'amurrer la grande voile par un gros vent.

PALANS de bout. *Treiſen, Trenſen, Trijſen.*

Ce ſont de petits palans frapez à la tête du mât de beaupré par-deſſous, dont l'uſage eſt de tenir la vergue de ſivadiére en ſon lieu , & d'aider à la hiſſer lors-qu'on la met à place.

PALANS pour rider les haubans. *Wandt-taalies.*

PALANS de retraite. *Taalies tot 't geſchut, Inwijkende Taalies.*

Ce ſont auſſi de petits palans, dont les Canoniers ſe ſervent pour remettre le canon dedans, quand il a tiré, lors-que le vaiſſeau eſt à la bande.

PALANS de canon. *Taakels tot 't geſchut.* Voiez, Droſſe, ou Triſſe.

PALANQUER. *Taakelen, Taalien.*

C'eſt ſe ſervir des palans, ſoit pour mettre les fardeaux dans un vaiſſeau, ou pour les débarquer.

PALANQUE. *Taalie aan, Taalie aan.*

C'eſt un commandement pour faire ſervir, ou tirer ſur le palan.

PALANQUIN. *Taalie.*

C'eſt un petit palan qui ſert à lever de médiocres fardeaux. Il y en a de doubles & de ſimples.

PALANQUINS de ris. *Reef-taalien.*

Ce ſont des palanquins que l'on met aux bouts des vergues des huniers, par le moien deſquels on y amène les bouts des ris , quand on les veut prendre.

PALANQUINS ſimples de racage, *Rakke-troſſen, Rakke-taalies.*

On s'en ſert pour guinder ou amener le racage de la grande vergue, lors-qu'il faut guinder ou amener la vergue.

PALANQUINES. Voiez, Balancines.

PALARDEAUX. *Lappen, Moſch-lappen, Houte-proppen, Sluit-ſtukken.*

Ce ſont des bouts de planches que les Calfateurs couvrent de goldron & de bourre, pour boûcher les trous qui ſe font dans le bordage. Quelques-uns apellent auſſi Palardeaux des tampons qui ſervent à boûcher les écubiers.

PALE d'aviron, Palme d'aviron. *Spaan, Handt, of Bladt van de riem.*

C'eſt le bout plat de l'aviron qui entre dans l'eau.

PALE'AGE. *Sout-of-kooren-ſchicting*

C'eſt l'action de mettre hors d'un vaiſſeau les grains, les ſels, & autres marchandiſes qui ſe remüent avec la pelle, & l'obligation où les matelots ſont de les décharger. Les matelots n'ont point de ſalaire pour le paléage & le manéage, mais ils en ont pour le guindage & le remuage.

PALME, E'tenduë de la main. *Palm, Span.*

Les Anciens avoient le grand Palme & le petit Palme , qui partageoient le pié en deux parties inégales. Le grand palme, qui étoit de la longueur de la main, étoit de douze doigts, ou neuf pouces de Roi; & le petit, de quatre doigts, trois pouces. On ſe ſert encore aujourdhui de cette meſure en Italie, où le palme y eſt différent ſelon les lieux. Le Palme Romain moderne eſt de huit pouces trois lignes & demie; celui de Naples eſt de huit pouces ſept lignes ; & celui de Génes, de neuf pouces deux lignes. La plus

plus commune étenduë du palme est de huit pouces. Il faut quatre palmes
& quatre cinquiémes pour faire une aune de Paris. Le Palme, dit un Auteur, contient cinq doigts; le doigt est la seizième partie du pié; le pié est
de douze pouces; le pouce contient douze lignes; la ligne est l'épaisseur
d'un grain de blé, ou environ.

"Dix Palmes font un pié Rhénan, ou de douze pouces.

PALME d'aviron. Voiez, Pale.

PANNE, Mettre en Panne. *Een bylegger maaken, Byleggen, te weeten als de
voor-zeilen op de mast leggen, of op de windt gebraft worden, en de agter-zeilen
draagen.*

C'est virer le vaisleau vent devant, & mettre le vent sur toutes les voiles,
ou sur une partie, afin de ne pas tenir ni prendre le vent, ce qui se fait
quand on veut retarder le cours du vaisleau, pour atendre quelque chose,
ou laisler pasler les vaisleaux qui doivent aller devant; mais cela ne se fait que
de beau tems. Nous mîmes nos voiles d'avant en panne, & notre grand
hunier à porter, pour laisler pasler les vaisleaux qui avoient ordre de chasler
de l'avant.

ETRE en Panne. *Met de zeilen op de mast leggen. In de windt leggen.*

C'est ne pas tenir, ni prendre le vent.

ETRE pris sur Panne. *In de windt krijgen.*

METTRE un vaisleau en Panne. *Op de windt braffen.*

C'est faire pancher un vaisleau, en mettant le vent sur ses voiles sans qu'il
fasle de chemin, & cela se fait afin d'étancher une voie d'eau qui se trouve
de l'autre bord du vaisleau, du côté que le vent vient.

PANEAUX, *Luiken, Dekfels.*

C'est l'assemblage des planches qui servent de trapes, ou mantelets, qui
ferment les écoutilles d'un vaisleau. Les paneaux communs s'apellent
paneaux à vasloles.

PANEAUX à boîte. *Stulp-luiken.*

Ce font des paneaux qui s'emboîtent avec une bordure qu'on met autour de
ces sortes d'écoutilles, au-lieu que les paneaux à vasloles tombent dans les
feüillures des vasloles. Voiez, E'coutille.

LE grand Pancau. *'t Groot luik.*

C'est la trape, ou mantelet, qui ferme la plus grande écoutille, laquelle
est toujours en avant du grand mât.

PANON. Voiez, Plumet.

PANTENNE. Voile en Pantenne. Voiez, Voile.

PANTOQUIE'RES, Pantochéres. *Scheer-lijnen, Scheer-lijntjes om het wandt
te swichten.*

Ce font des cordes de moienne grosleur, qui font un entrelaslement entre
les haubans de stribord & de babord, pour les tenir plus roides & plus
fermes, & pour assurer le mât dans une tempête, sur-tout lors-que les rides
ont molli: elles traverfent les haubans d'un bord à l'autre.

PAPIERS & Enseignemens. *Brieven.*

Ce font tous les papiers & manuscrits qui se trovent dans un vaisleau. Les
Papiers & enseignemens du vaisleau échoüé.

PAPIER de cartouche, ou de gargousle. *Kardoes-pampier.*

C'est de gros papier gris dont on se sert pour faire les gargousles: on le for-

me

me fur un moule, puis on l'emplit de mitrailles.

PAQUEBOT, Paquet-bot, Paquet-boot. *Pak-boot.*

C'eſt le nom des vaiſſeaux qui ſervent au paſſage de Douvres à Calais, & de Calais à Douvres ; de la Brille à Harwich, & de Harwich à la Brille, d'Angleterre en Eſpagne &c. Voiez, Bot.

PAR. *Op.*

C'eſt une prépoſition dont on ſe ſert ſur mer d'une façon particuliére. Nous étions Par la hauteur des trente degrès. On n'ataque pas un vaiſſeau quand il eſt Par huit braſſes d'eau.

PARADE. Faire la Parade. Tous les vaiſſeaux firent la Parade, & chacun déploia tous ſes pavillons. *Alle de ſchepen praalden met al de vlaggen die ſe hadden, en lieten uitwaaijen.*

C'eſt orner un vaiſſeau de tous les pavillons qui ſont à ſon bord, & de tous ſes pavois. On dit auſſi, Parer. Les vaiſſeaux ſeront parez de flames.

PARADIS, Baſſin. *Dock, Kom.*

C'eſt la partie d'un port où les vaiſſeaux ſont en plus grande ſureté. Voiez, Baſſin & Chambre.

PARAGE, *Streek, Zee-ſtreek.*

C'eſt un eſpace, ou étenduë de mer ſous quelque latitude que ce puiſſe être. On dit, Dans ces parages on voit beaucoup de vaiſſeaux. Il fait bon croiſer à la vuë de Belliſle & de l'Iſle-dieu ; c'eſt un bon parage pour croiſer ſur les vaiſſeaux qui veulent entrer dans les ports de Bretagne, de Poitou & de Saintonge.

VAISSEAUX qui ſont en Parage. *Schepen die uit zijn om te kruiſſen.*

C'eſt à-dire que ces vaiſſeaux, ſont en certains endroits de la mer où ils peuvent trouver ce qu'ils cherchent.

CHANGER de Parage. *Verzeilen, Herwaarts of derwaarts verzeilen.*

VAISSEAU mouillé en Parage. *Een Schip in zee ten anker leggende.*

C'eſt à-dire que ce vaiſſeau eſt moüillé dans un lieu d'où il peut apareiller quand il voudra.

PRALLELES de l'E'quateur. *Paralels, of Evenwydige kringen.*

Ce ſont des cercles qui marquent la latitude ſur des cartes géographiques, & qui ſont en éfet parallèles à l'E'quateur, aïant le Pole pour leur centre commun. Les deux Tropiques, & tous les autres cercles de déclinaiſon ſont des Parallèles.

PARC. *Hock.*

C'eſt dans un arcenal de marine le lieu où les magaſins généraux & particuliers ſont renfermez, & où l'on conſtruit les vaiſſeaux du Prince. Après que la retraite aura été ſonnée perſonne ne pourra entrer dans l'enclos du parc & des magaſins, ſi ce n'eſt par un ordre exprès des principaux Oficiers du port, & pour quelque afaire extraordinaire.

PARC de l'artillerie. *Schut-werf.*

PARC dans un vaiſſeau. *Een Hock tot de beeſten in een ſchip.*

C'eſt un lieu qui eſt fait de planches, entre deux ponts, pour renfermer les beſtiaux que les Oficiers font embarquer pour leur proviſion. L'Ordonnance dit, Parcs & cages de moutons, volailles & beſtiaux.

PARCLOSES *Vullingen in 't ruim.*

Ce ſont des planches qu'on met à fond de cale ſur les piéces de bois nommées

mées Vitonnieres. Ces planches sont mobiles & elles se lèvent quand on veut voir si rien n'empêche le cours des eaux qui doivent aller à l'archipompe.

PARCOURIR les coutures & changer les étoupes. *De naaden besoeken, en 't werk veranderen.*

C'est les visiter pour calfater où il en est besoin.

PARE'. *Klaar, Gereedt, Vaardig, Paraat.*

C'est-à-dire, prêt à faire quelque chose, ou à être manœuvré, ou à se battre.

ETRE PARE' *Klaar zijn, Klaar raaken.*

Ce vaisseau tâcha de nous aborder pendant plusieurs jours, mais nous trouvant aussi parez la nuit que le jour &c,

CANONIERS, qu'on tienne tout Paré, & que rien n'embarasse le pont. *Konstaapels, siet dat alle ding klaar is, en dat niets onse dek en belemmeri.*

PAREAU, Parcaux, Parres. *Paro, Paros.*

C'est une sorte de grande barque des Indes, qui a le devant & le derriére fait de la même façon. On met indifféremment le gouvernail dans l'un & dans l'autre quand il faut changer de bord.

„Les Parres sont des vaisseaux dont on se sert vers Ceilon, qui ont beau„coup de raport aux cagues de Hollande. Ce sont des bâtimens de char„ge qui ne perdent point de vuë les côtes. On s'en sert principalement „dans la Tutocorie, aux côtes de Malabar, où les habitans, qui vivent de „l'industrie qu'ils ont à pêcher les perles, s'apellent *Paruaes*, à-cause qu'ils „vont à cette pêche avec cette sorte de bâtiment.

„Les Corsaires de Malabar se servent aussi d'un bâtiment à rames qu'ils „nomment Paro, ou Pareau; ce peut bien être le même.

PARENSANE. Faire la Parensane. *Sig klaar maaken om te zeilen.*

Les Levantins disent, Faire la Parensane, pour dire, mettre les ancres, les voiles & les manœuvres en état de faire route. Voiez, Appareiller.

PARER un cap. *Boven komen, of raaken.*

C'est-à-dire, Doubler un cap, passer au-delà & le laisser à côté. Nous fûmes trois jours à Parer le cap. Voiez, Doubler.

PARER quelque chose. *Jets klaar maaken.*

C'est la débarasser & se mettre en état de s'en servir. Pare le cabestan, Pare une barique de vin pour faire du bruvage.

PARER un cable. *Een kaabel klaar houden.*

C'est mettre un cable en état de s'en servir.

PARER une ancre. *Een anker klaar houden.*

C'est mettre une ancre en état de s'en servir; c'est-à-dire qu'on l'a débarassée, & qu'elle est prête pour la moüiller.

PARE à virer. *Maakt klaar om te wenden; Ree, Ree, elk op sijn werk.*

C'est un commandement que le Capitaine fait à l'équipage, & qu'il répéte deux fois à haute voix, quand on est prêt à changer de bord, afin-que chacun se prépare à faire comme il faut la manœuvre de revirement.

PARE à carguer. *Sta klaar by uw gordings.*

PARER un banc, Parer un danger. *Afhouden.*

C'est éviter un banc. On dit, Nous fîmes le Nord-est pendant quatre horloges pour parer le banc.

SE PARER. *Sig klaar maaken, Alles klaar maaken.*

C'eſt agir pour ſe tenir prêt & en état. Nous aperçûmes deux navires au vent à nous, qui avoient le cap ſur nous, ce qui fit que nous virâmes pour nous parer.

PARFUMER un vaiſſeau. *Genever-beſien en teer in 't ſchip tuſſchen deks branden, en met azijn beſprocijen en beſprengen.*

C'eſt faire brûler du goldron & du genévre, & jetter du vinaigre entre les ponts d'un vaiſſeau. Les bâtimens & les hommes ſeront parfumez.

PARQUET. *Kogel-bak.*

C'eſt un petit retranchement fait ſur le pont avec un bout de cable, ou d'autre groſſe corde : on met dans ce retranchement des boulets de canon, pour les avoir tout-prêts quand on en a afaire.

C'eſt auſſi le retranchement où l'on tient les boulets dans un magaſin. Le Commiſſaire général de l'artillerie de la marine doit tenir la main à ce que les canons & les mortiers qu'on tire des vaiſſeaux qu'on deſarme, ſoient portez où ils doivent être; que les canons de fonte ſoient ſéparez de ceux de fer, & rangez par calibres; que les boulets ſoient mis dans leurs parquets, & les bombes & les grenades chargées, ſéparées de celles qui ne le ſont point.

PART. Etre à la part. *Op reine kaap vaaren.*

C'eſt-à-dire que l'équipage d'un vaiſſeau aura ſa part des priſes qu'on fera ſur les ennemis. On ſe ſert de la même expreſſion pour ceux qui vont aux pêcheries, & qui ne reçoivent point de gages, mais ont une certaine part réglée.

PARTAGER le vent. *Over beide zijden even hoog loeven.*

C'eſt prendre le vent en pluſieurs bordées a-peu-près égales, tantôt d'un côté, & tantôt de l'autre.

PARTAGER le vent, Partager l'avantage du vent. *Even hoog loeven.*

C'eſt louvoier ſur le même rumb de vent que celui à qui on le veut gagner, ou qui le veut gagner ſur vous, & ne pouvoir parvenir à le gagner, quoi-que ſans le perdre auſſi, c'eſt-à-dire, ſans tomber ſous le vent ; mais ſe maintenir toujours l'un & l'autre. Notre vaiſſeau ne pouvant mettre la frégate à-vau-le-vent de lui, tâcha du-moins d'en partager l'avantage.

PARTANCE. *De tijdt van t' zeil te gaan.*

C'eſt le tems qu'on part de quelque lieu. C'eſt auſſi le départ même. Nous avons toujours de belles partances.

COUP de Partance, ou de Partement; Signal de Partance. *Schoot, of Sein om t'zeil te gaan, of om onder zeil te gaan.*

C'eſt le coup de canon ſans balé qu'on tire pour avertir qu'on eſt ſur le point de mettre à la voile. Notre Amiral tira le coup de partance.

ETRE de Partance. *Onder zeil zijn.*

C'eſt être en état de partir.

BANNIERE de Partance. *De Blaauwe Vlag.*

C'eſt le pavillon qu'on met à la poupe, pour avertir l'équipage qui eſt à terre qu'il ait à venir à bord pour appareiller.

„C'eſt une banniére bleuë chez les Hollandois.

ARBORER la banniére de Partance. *De blaauwe vlag agter af laaten waaijen.*

PARTEMENT. Le lieu du Partement d'un vaiſſeau. *De plaats van daar 't ſchip vaart.*

PAS,

PAS, Un Pas. *Een treede, Een fchreede.*

C'eft une forte de mefure qui fe prend de l'efpace qui eft entre les deux piés d'un animal quand il marche. Le Pas Commun eft de deux piés, de Roi, & le Pas Géometrique de cinq piés. Le mille d'Italie eft de mille pas geómetriques; la lieuë de France de trois mille pas; & la lieuë d'Allemagne de quatre mille.

PAS, Pas de Calais. *Engte zees, De hoofden in 't Kanaal.*

Pas fignifie un détroit entre deux terres, comme celui qui eft entre Calais & Douvres, qu'on apelle le Pas de Calais.

PAS de haubans. Voiez, Enfléchures.

PASSAGERS. *Scheepelingen, Paffagiers.*

Ce font ceux qui paffent fur un vaiffeau fans être de l'équipage, & qui pour cet éfet paient leur paffage ainfi qu'il a été convenu.

PASSE. *Zee-gat, Gat, Vaar-waater.*

C'eft un canal, ou largeur de mer, ou paffage entre deux terres, ou entre deux bancs, par où paffent les vaiffeaux pour entrer dans un port, ou dans une rivière. Dans les ifles de l'Amérique au-lieu de dire Paffe, on dit Débouquement. Nous nous trouvâmes entre l'ifle & un rocher où il n'y avoit que la paffe d'un navire.

ENTRER dans une Paffe. *Binnen-gaats loopen.*

PASSER fous le beaupré. Ce navire a paffé fous notre beaupré. *Voor-overloopen, Dwars voor de boeg komen, Voor, of voor-by de boeg van een ander fchip zeilen. Dat fchip heeft voor ons overgeloopen.*

C'eft une maniére de parler qui veut dire qu'un vaiffeau à paffé fort-près de l'avant d'un autre.

„On regarde en mer comme une civilité, de ne paffer pas fous le beaupré „d'un autre, quand on peut y paffer.

PASSE du monde fur le bord. *Val, Val op de reep-val.*

PASSE-PAR-TOUT. Voiez, Scie.

PASSEPORT. *Geleide-brief, Zee-brief, Paspoort.*

„Les Maîtres de vaiffeau des Provinces Unies ne vont point en mer qu'ils „n'aïent pris un congé & paffeport au lieu du partement, lequel paffeport „leur eft donné par la Régence. Les paffeports doivent contenir le nom „du Maître & du vaiffeau, la capacité du vaiffeau, & quels en font les „propriétaires en tout ou en partie; & ces déclarations du Maître doivent „être afirmées par ferment.

PASSER au vent d'un vaiffeau. *Boven de windt komen; De löef afwinnen, afflecken, afknijpen.*

On dit, Paffer au vent d'un vaiffeau lors-qu'on lui gagne le vent. Voiez, Gagner.

PASSE-VOLANT. *Kneepeling, Mortepaye.*

C'eft un faux matelot qu'un Capitaine, ou un Maître de vaiffeau, fait paffer en revuë pour faire trouver fon équipage complet.

PASSE-VOGUE. *Een groote kragt van roeijen.*

C'eft un éfort qu'on fait de ramer plus fort qu'à l'ordinaire.

PASSE-VOLANTS. *Houte ftukken.* Voiez, Fauffes-lances.

Lors-que M. de Pontchartrain entra dans la Marine, il fit ordonner qu'il n'y auroit que les vaiffeaux portant feize canons qui pourroient naviguer

Ffff 3 aux

aux isles de l'Amérique. Pour satisfaire à ce nouvel ordre si génant, on mit des canons de bois apellez Passe-volants,

PATACHE. *Petas, Petaszon, Uitlegger.*
C'est un petit vaisseau de guerre qui est destiné pour le service des grands navires, & qui moüille à l'entrée d'un port pour aller reconnoître ceux qui viennent ranger les côtes. Ainsi la patache sert de première garde pour arêter les vaisseaux qui veulent entrer dans le port. Le corps-de-garde de la patache doit être composé de son équipage, ou de soldats détachez à cet éfet. Les Fermiers Généraux ont aussi des pataches qui se tiennent à l'entrée des ports, pour avoir inspection sur ceux qui entrent. On dit Pataches des fermes, & Bacs, Bateaux, & Chaloupes des Gouverneurs.

PATACHE d'avis, ou Frégate d'avis. *Advijs-fregat, Advijs-jacht.*
C'est un petit vaisseau qui porte les paquets à l'armée.

PATARASSE, ou Male-bête. *Een klammaje-ijser.*
C'est une espéce de ciseau à froid, dont on se sert pour ouvrir les joints d'entre deux bordages, quand ils sont trop serrez, afin de mieux faire la couture.

PATENTES de santé. Voiez, Lettres.

PATRON. *Schipper.*
C'est le Maître, ou le Commandant d'un bâtiment marchand. Ce mot de Patron est Levantin; sur l'Océan on dit Maître.

PATRON de barque, ou de quelque autre petit bâtiment. *Schipper, Patron.*
C'est la qualité que l'on donne à ceux qui commandent ces sortes de petits bâtimens. On dit, Patrons de bâtimens, bateaux & gabarres.

PATRONS de chaloupes. *Sloep-meesters.*
C'est ainsi que l'on apelle de certains Oficiers mariniers qui servent sur les vaisseaux de guerre François, à qui on donne la conduite des chaloupes & des canots. On dit, Patron de chaloupe, & Patron de canot.

PATRONE. Voiez Galére Patrone.

PATTES de bouline. *Boelijns-spruit, Boelijns-spruiten.*
Ce sont des cordages qui se divisent en plusieurs branches au bout de la bouline, pour saisir la ralingue de la voile par plusieurs endroits, en façon de marticles. Ces pattes répondent l'une à l'autre par des poulies.

PATTES d'ancre. *Anker-tanden, Anker-handen, Klouwen.*
Ce sont deux plaques de fer triangulaires, qui sont soudées sur chaque bout de la croisée de l'ancre, & recourbées pour pouvoir mordre dans la terre.

LA PATTE de l'ancre tourne. *Het anker kentert om.*
C'est quand la patte quittant le fond tourne en-haut, & que le jas va toucher le fond.

LAISSER tomber la Patte de l'ancre. *'t Anker onder de kraan laaten hangen.*
C'est mettre l'ancre perpendiculaire à la mer, afin de la tenir toute prête à être moüillée.

PATTES de voiles. *Boutjens in de zeilen.*
Morceaux quarrés de toile qu'on aplique aux bords des voiles, proche de la ralingue, pour les renforcer, afin d'y amarrer les pattes de bouline.

PATTES d'anspects, *Set-of-kenter-haaken.*
Ce sont des pattes de fer qu'on met au bout d'un levier pour servir à mouvoir les gros fardeaux.

PAT-

PATTE d'oie. Voiez, Moüiller en Patte d'oie.

PAUCRAINS. Voiez, Manœuvres.

PAVIER. Voiez, Pavoifer.

PAVILLON. *Vlag.*

C'eſt une banniére, ordinairement d'étamine, qu'on arbore ſur le bâton de l'arriére, ou à la pointe de quelque mât. Ce pavillon, ou banniére, eſt chargé d'armes & de couleurs particuliéres, non-ſeulement pour faire diſcerner les nations, mais auſſi pour faire diſtinguer les Oficiers Généraux d'une armée navale.

C'eſt la banniére qu'on arbore à la pointe des mâts, ou ſur le bâton de l'arriére, pour faire connoître la qualité des Commandans des vaiſſeaux, & de quelle nation ils ſont. Le Pavillon eſt coupé de diverſes façons, & chargé d'armes & de couleurs particuliéres, tant pour le diſcernement des nations que pour la diſtinction des Oficiers Généraux d'une armée navale. Par les Ordonnances de 1670. & 1689. il eſt réglé que quand l'Amiral en perſonne ſera embarqué, il portera le pavillon quarré-blanc au grand mât; le Vice-amiral, le pavillon quarré-blanc au mât d'avant; le Contre-amiral, ou premier Lieutenant Général, ou Chef d'eſcadre qui en fera la fonction, le pavillon quarré-blanc au mât d'artimon, chaque pavillon aïant un quart de battant plus que de guindant. Les Chefs d'eſcadre portent une cornette blanche avec l'écuſſon particulier de leur département au mât d'artimon, lors-qu'ils ſont en corps d'armée; mais ils le portent au grand mât quand ils ſont ſéparez & qu'ils commandent en Chef. Le battant de leur cornette doit avoir quatre fois le guindant. Elle doit être fenduë, par le milieu, des deux tiers de ſa hauteur, & les extrémités ſe doivent terminer en pointe. Il eſt défendu aux vaiſſeaux particuliers François de porter le pavillon blanc qui eſt afecté aux navires du Roi. Les pavillons ſont ordinairement d'étamine. Aux navires vaincus, ou menez en triomphe, on atache les pavillons aux haubans, ou à la galerie de l'arriére, & on les laiſſe traîner & pancher vers l'eau, & tels vaiſſeaux ſont toüez par la poupe.

Les Pavillons d'Amiral, Vice-amiral, & Contre-amiral, & les Cornettes, ne doivent être portez que lors-qu'ils ſont acompagnez, ſavoir, l'Amiral de vingt vaiſſeaux de guerre; les Vice-amiral & Contre-amiral, de douze, dont le moindre doit porter trente-ſix piéces de canon; & les Cornettes, de cinq. Les Vice-amiraux, Lieutenans Généraux, & Chefs d'eſcadre, qui commandent un moindre nombre de vaiſſeaux, doivent porter une ſimple flame. Lors-que pluſieurs Chefs d'eſcadre ſe trouvent joints enſemble dans une même diviſion, ou eſcadre particuliére, il n'y a que le plus ancien qui doive arborer la cornette, les autres portent une ſimple flame. Les Capitaines, commandant plus d'un vaiſſeau, portent une flame blanche au grand mât, qui a de guindant la moitié de la cornette, & qui ne peut être moindre que de dix aunes de battant.

Il n'eſt arboré ſur les navires de guerre François aucun pavillon, flame, ni enſeigne de poupe, que de couleur blanche, ſoit pendant la navigation, ou dans les combats. Il leur eſt ſeulement permis de ſe ſervir de la couleur rouge & autres pour les ſignaux. L'Oficier Général commandant en Chef porte, tant dans les ports & rades qu'à la mer, une enſeigne blanche à l'avant de ſa chaloupe, pour le diſtinguer des autres Oficiers qui la portent à la poupe. Voiez l'Ordonnance de 1689. Liv. 3. Tit. 2.   En

En général les vaiſſeaux Chrétiens portent le pavillon quarré, & les vai-
ſeaux Turcs portent le pavillon fendu & coupé en flame.

„Tous les vaiſſeaux peuvent, à l'ocaſion, mettre une enſeigne ou pavil-
„lon de poupe, & un de beaupré; mais il n'y a que l'Amiral qui porte le
„pavillon au grand mât. Il porte encore une flame au-deſſous, ſi l'armé
„eſt diviſée en pluſieurs eſcadres, qui aïent chacune leur Amiral particu-
„lier. Voiez, Amiral. Le Vice-amiral porte le pavillon au mât d'avant
„& le Contre-amiral au mât d'artimon.

„Les Pavillons des Provinces Unies ſont ordinairement de trois couleurs
„Blanc, Bleu, & Orangé: quelquefois ils ſont auſſi tout-jaunes. Leur uſa
„ge, parmi les Hollandois, eſt de faire connoître à quel rumb de vent o
„va, de quelle nation ſont ceux qui naviguent le vaiſſeau; & de ſervir de
„ſignaux en différentes maniéres, & en diverſes ocaſions.

„Le Pavillon de l'arriére mis en berne marque ordinairement que quelqu'u
„qui eſt hors du vaiſſeau, eſt rapellé à bord, ou qu'on a un preſſant be
„ſoin de quelque choſe.

„Le Pavillon à mi-mât marque qu'il y a quelque perſonne conſidérable
„morte dans le vaiſſeau. Lors-que Witte Corneliſz. de Wit, Vice-ami
„ral de Hollande fut tué dans la bataille du paſſage du Sond, qui ſe don
„na entre les Suédois & les Hollandois l'an 1658. & que les Hollandois
„gagnérent, aïant forcé le paſſage, le vaiſſeau de ce Vice-amiral péri
„dans le tems que les Suédois s'en rendoient maîtres, & il ne leur en reſta
„que le corps de Witte de Wit. Le Roi de Suéde fit revêtir ce corps de ſatin
„blanc; fit couvrir ſon cercüeil d'un magnifique drap mortuaire avec le
„armes du défunt; le fit mettre dans une galiote peinte de noir, où il n'y
„avoit pour pavillons que des flames noires, & le renvoia au Lieutenant
„amiral Général de Waſſenaar, ou d'Opdam. Le Chevalier Barclei
„Vice-amiral de l'eſcadre blanche d'Angleterre, aïant été tué, & ſon vaiſſeau
„aïant été pris dans un combat entre les Anglois & les Hollandois, au moi
„de Juin 1666. ſon corps fut renvoié à Londres dans une galiote qui po
„toit un pavillon noir & une flame noire.

„Lors-qu'un équipage ſe mutine contre les Oficiers, & qu'il ſe rend ma
„tre du vaiſſeau, ainſi qu'il arive quelquefois dans les voiages de long
„cours, les revoltez ont coutume de ne mettre que le pavillon de beaupré
„& ils ôtent tous les autres.

„Le Pavillon blanc ſe met pour ſignal de paix, & le pavillon rouge pour
„ſignal de combat.

„Les vaiſſeaux vaincus, qu'on conduit dans les ports des victorieux, ont
„leurs pavillons à l'arriére, où ils traînent en oüaiche, c'eſt-à-dire, la poin
„te en l'eau. Enſuite on les pend en des Egliſes, ou en d'autres lieux
„publics. Le Pavillon Amiral du Comte de Boſſu Général des Eſpagnol
„pend encore dans l'Egliſe de Hoorn. Tous les ſignaux qu'on a coutume
„de faire en Europe par le moien des pavillons, les Chinois les font pa
„le moien de deux bâtons, perches, ou gaules, qu'ils tiennent dans leu
„mains; & par ces ſignaux ils ſe font fort-bien entendre de tous ceux qu
„peuvent les voir.

„Le Commandant en Chef d'une armée navale des Provinces Unies, por
„te le pavillon au grand mât; le ſecond Oficier Général le porte au mât
　　　　　　　　　　　　　　　　　　　　　　　　　　　　d'avant

„d'avant ; & le troifiême le porte à l'artimon ; chacun aïant une flame
„au-deffous.
„Les fimples navires de guerre ne portent point de pavillon, mais feule-
„ment de doubles girouëttes, à-moins qu'ils ne foient à la tête de quelque
„flote de vaiffeaux marchands pour l'efcorter. Autrefois ils portoient des
„pavillons aux mâts, mais on a jugé à propos de ceffer cet ufage, pour
„éviter les différens, dans un tems où les étrangers paroiffent être fi chatoüil-
„leux fur un point de fi peu de conféquence pour le bien de l'Etat. Dans les
„armées navales le pavillon du grand mât s'arbore par le Commandant,
„ou Oficier, qui eft du plus ancien Collége. Le premier Oficier du fe-
„cond Collége, c'eft-à-dire, de celui qui fuit en ancienneté, porte le pa-
„villon au mât d'avant, & l'Oficier du troifiême Collége le porte au mât
„d'artimon. Et afin de bien reconnoître tous les vaiffeaux, & fous quels
„Chefs ils font rangez, chacun porte la flame au même mât où fon Chef
„a la fienne.
„Il n'y a point de règle générale pour la grandeur des pavillons; chacun
„en ufe à fon gré à cet égard.
„Les navires de guerre du premier & du fecond rang des Provinces Unies, ont
„des pavillons de poupe de quinze cüeilles , & de dix-huit aunes de bat-
„tant. Les pavillons de beaupré font de fix cüeilles & de fept aunes de
„battant. Les flames font de vingt-cinq à trente aunes de battant, & les
„girouëttes de quatr aunes, & de quatre cüeilles & demie, ou de cinq.
„Les navires de guerre du troifiême rang ont des pavillons de douze cüeil-
„les, & de quinze aunes de battant; des pavillons de beaupré de fix cüeilles,
„& de fept aunes de battant; des flames comme celles des vaiffeaux des
„deux premiers rangs ; des girouëttes de trois cüeilles & demie , ou de
„quatrè, & de trois aunes de battant.
„Les navires du quatrième & du cinquième rang portent des pavillons, des
„flames, & des girouëttes, comme ceux du troifiême rang.
„Les navires du fixième rang ont des pavillons de neuf cüeilles, & de dix
„aunes de battant; des pavillons de beaupré de quatre cüeilles & demie ,
„& de cinq aunes de battant; des flames de vingt-cinq aunes; des girouët-
„tes de trois cüeilles, ou trois cüeilles & demie, & de deux aunes & de-
„mie de battant.
„Les navires du feptième rang ont des pavillons de fept cüeilles & demie,
„& de neuf aunes de battant ; des pavillons de beaupré de trois cüeilles ,
„& de quatre aunes de battant ; des flames de vingt-cinq aunes, & des
„girouëttes de deux cüeilles & demie, ou de trois cüeilles, & de deux
„aunes de battant.
„Quand les vaiffeaux doivent faire voiage , on les pourvoit ordinaire-
„ment de deux grands pavillons, & de deux de beaupré; de deux flames
„& de fix girouëttes.
„Outre les pavillons ci-deffus fpécifiez , l'Amiral prend encore un pavil-
„lon de douze cüeilles, & un de neuf cüeilles, avec un ou deux pavillons
„de beaupré; une flame ou deux, un pavillon blanc, une flame bleuë, u-
„ne rouge, & une jaune, pour faire des fignaux.
„Quelquefois dans les flotes particuliéres de Provinces Unies, les vaiffeaux
„portent tour-à-tour le pavillon au grand mât, & des feux pendant la nuit.

G g g g

„Pour

„ Pour tromper ſes ennemis & les ſurprendre on arbore des pavillons étran-
„ gers.   Les Rois défendent ordinairement aux navires qui portent leurs
„ pavillons, de les baiſſer devant qui que ce ſoit, ou de ſaluer les premiers.
„ C'eſt pourquoi les vaiſſeaux qui apartiennent aux Têtes Couronnées s'é-
„ vitent en mer, autant qu'il eſt poſſible.
„ On voit ſouvent au mât d'artimon des vaiſſeaux marchands , de petits
„ pavillons où ſont les armes du lieu de la ville où le Maître fait ſon do-
„ micile; & au mât d'avant les armes du lieu où demeurent les Afreteurs.

PAVILLON Roïal de France. Il eſt blanc, ſemé de fleurs de lis d'or, &
chargé d'un écuſſon des armes de France entouré des colliers des Ordres de
St. Michel & du St. Eſprit.

PAVILLON de l'Amiral de France. L'Ordonnance du Roi, de 1689.
porte que le pavillon de l'Amiral de France doit être quarré-blanc , & arboré au grand mât , lors-que l'Amiral en perſonne eſt embarqué , ainſi
qu'il eſt dit ci-deſſus.

L'ETENDARD Roïal des galéres de France eſt rouge, ſemé de fleurs
de lis d'or.

PAVILLONS des vaiſſeaux marchands François. La même Ordonnance porte que l'enſeigne de poupe des vaiſſeaux marchands doit être bleuë
avec une croix blanche traverſante , & les armes du Roi ſur le tout, ou
telle autre diſtinction qu'ils jugeront à propos, pourvu-que leur enſeigne de
poupe ne ſoit pas entiérement blanche. M. Daſſié dit en général que les
vaiſſeaux marchands François portent des pavillons de différentes maniéres
d'argent & d'azur.

PAVILLON de Dunquerque. Il eſt de ſix bandes mêlées de bleu & de blanc.

PAVILLON des E'tats Généraux des Provinces Unies. Il eſt rouge,
chargé d'un lion d'or, qui tient en ſa patte droite un ſabre d'argent, &
en ſa patte gauche un faiſceau de ſept fléches d'or , dont les pointes & les
pennes ſont d'azur: ce ſont les armes de l'E'tat.

PAVILLON de Hollande. Il eſt de trois bandes , la premiére orangée ,
la ſeconde blanche, & la troiſiême bleuë. On le nomme auſſi *de Prins-vlag,*
le Pavillon du Prince.

AUTRE PAVILLON du Prince qui eſt double, c'eſt-à-dire qu'il eſt
de ſix bandes, deux de chaque couleur.

AUTRE PAVILLON du Prince qui eſt triple , c'eſt-à-dire, de neuf
bandes, des mêmes couleurs & arangées comme deſſus.

PAVILLON de beaupré de E'tats Généraux. Il eſt tranché & taillé d'o-
rangé & de bleu, & coupé d'une croix d'argent avec un écuſſon en cœur
de gueules; au même lion d'or ci-deſſus blaſonné.

PAVILLON de beaupré du Prince, ou de Hollande. Il eſt comme celui des Etats Généraux, hormis qu'il n'y a point d'écuſſon. Il y en a encore
core un autre que eſt gironné d'une autre maniére, d'argent , de gueules
& d'azur. Il y en a encore un autre, qu'on apelle ſimple, qui eſt gironné
d'argent par le milieu, de gueules dans les deux pointes du haut, & d'azur
dans les deux pointes du bas.

AUTRE PAVILLON des Provinces Unies. Il eſt chargé de trois Lettres P. qui ſignifient *Pugno Pro Patriâ* , Je combats pour la Patrie. Lors-
que le Comte de la Marc vint devant la Brille avec ſes vaiſſeaux ,
por-

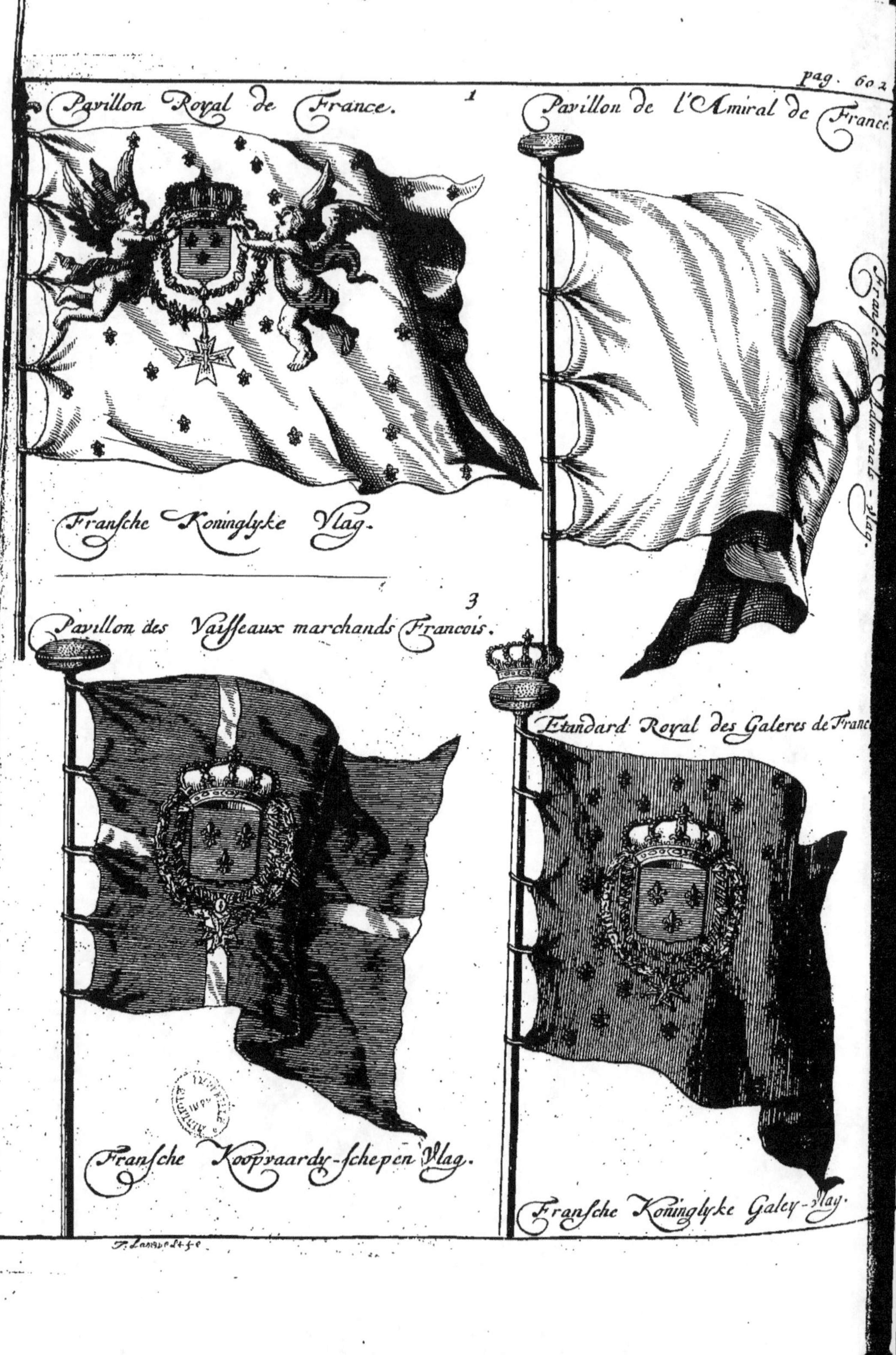
Pavillon Royal de France.
Pavillon de l'Amiral de France.
Fransche Koninglyke Vlag.
Fransche Admiraals-Vlag.
Pavillon des Vaisseaux marchands Francois.
Etandard Royal des Galeres de France.
Fransche Koopvaardy-schepen Vlag.
Fransche Koninglyke Galey-Vlag.
T. Lanst se.

Pavillon des Etats Généraux des Provinces Onies.
Pavillon de Hollande ou Pavillon du Prince
5
6
Vlag van de Staaten Generaal der Vereenigde Nederlanden
Staaten-Vlag of Prins-Vlag.
Pavillon d'Amsterdam.
7
Pavillon de beaupré des Etats Généraux.
8
Vlag van Amsterdam.
De Staaten Generaals Geus.
T. Lampe St. Le

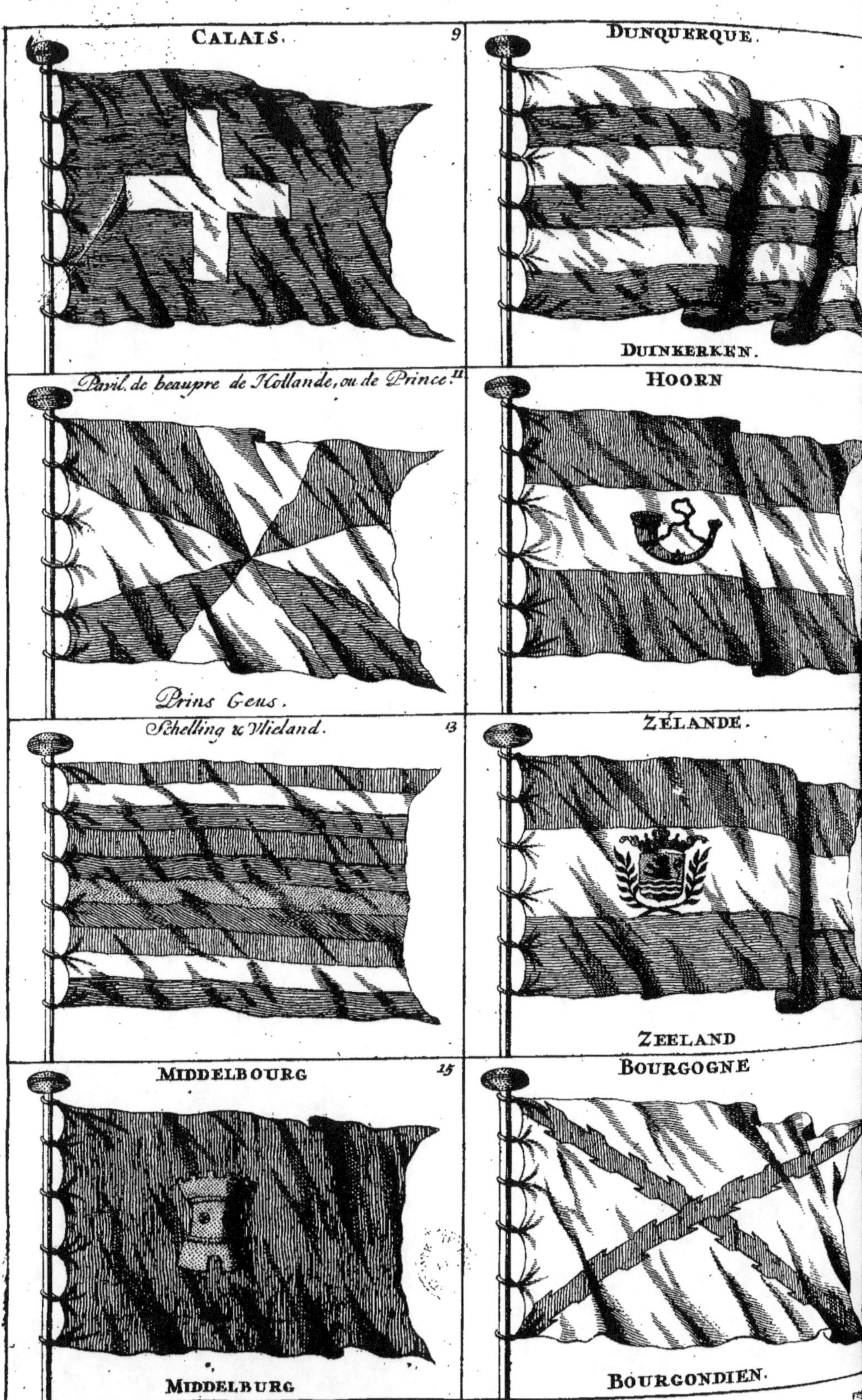

CALAIS.
9
DUNQUERQUE.
DUINKERKEN.
Pavil. de beaupre de Hollande, ou de Prince. 11
HOORN
Prins Geus.
Schelling & Vlieland.
13
ZELANDE.
ZEELAND
MIDDELBOURG
15
BOURGOGNE
MIDDELBURG
BOURGONDIEN.

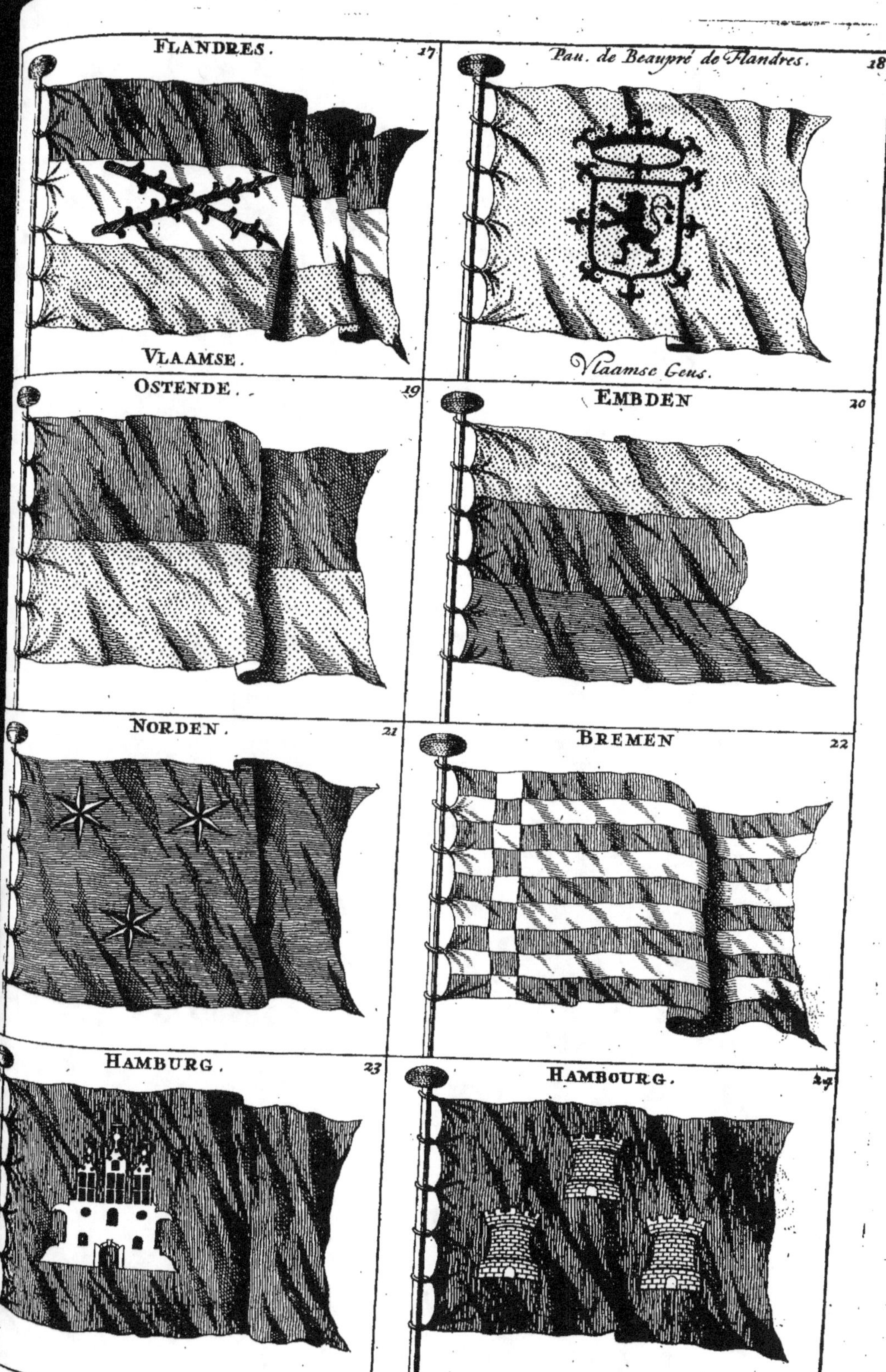

FLANDRES. 17
VLAAMSE.
Pau. de Beaupré de Flandres. 18
Vlaamse Geus.
OSTENDE. 19
EMBDEN 20
NORDEN. 21
BREMEN 22
HAMBURG. 23
HAMBOURG. 24

portoit dix deniers dans son Pavillon, pour marquer qu'il venoit s'opoſer à la levée du dixiême denier que le Duc d'Albe vouloit éxiger.

PAVILLON d'Amſterdam. Il eſt de trois bandes; la plus haute eſt rouge, celle du milieu eſt blanche, & la plus baſſe eſt noire. Sur la bande du milieu ſont les armes d'Amſterdam, de gueules à un pal de ſable chargé de trois ſautoirs d'argent, aïant pour cimier une couronne Impériale, & pour ſuports deux lions de ſable.

PAVILLON de Hoorn en Nord-hollande. Il eſt de trois bandes, deux rouges & une blanche au milieu, ſur laquelle eſt une corne de gueules, garnie de cercles d'or, & pendante à un cordon de gueules.

PAVILLON des iſles de Schelling & du Vlie. Il eſt de dix bandes, qui ſont, à commencer par la plus haute, Rouge, blanche, bleuë, rouge, bleuë, jaune, verte, rouge, blanche, & bleuë.

PAVILLON de Zélande. Il eſt de trois bandes, l'une orangée, l'autre blanche, & l'autre bleuë, dont la blanche, qui eſt au milieu, eſt chargée des armes de Zélande, qui ſont, Coupé d'or en chef, au demi-lion de gueules, ou au lion de gueules ſortant de trois ondes, ou trangles ondées d'azur, en champ d'argent, en pointe.

PAVILLON dé la ville de Middelbourg capitale de Zélande. Il eſt de trois bandes, l'une rouge, l'autre blanche, l'autre jaune.

PAVILLON de beaupré de Middelbourg. Il eſt rouge, chargé d'une tour crenelée d'or

PAVILLON de beaupré de Fleſſingue, dans la même Province. Il eſt rouge, chargé d'une urne d'argent, couronnée de même,

PAVILLON de beaupré de Terveer, dans la même Province. Il eſt rouge, chargé d'un écuſſon de ſable, à la faſce d'argent.

PAVILLON des Païs-bas Eſpagnols. Il eſt de Bourgogne, c'eſt-à-dire, blanc, traverſé d'un ſautoir ou d'une croix St. André baſtonnade rouge.

AUTRE PAVILLON de Bourgogne. Il eſt bleu, chargé de la même croix.

PAVILLON de Flandres. Il eſt de trois bandes, l'une rouge au haut, l'autre blanche au milieu, & la troiſiême jaune. Celle du milieu eſt chargée d'une croix de Bourgogne de pourpre.

PAVILLON de beaupré de Flandres. Il eſt jaune, chargé d'un lion de ſable enfermé dans une orle de ſable poſée en écuſſon, cantonné de huit fleurs de lis de ſable, trois au haut & cinq autour, & ſurmonté d'une couronne de ſable avec trois fleurs de lis auſſi de ſable pour fleurons.

PAVILLON d'Oſtende. Il eſt mi-parti, rouge par le haut & jaune par le bas.

PAVILLON d'Embden en Ooſt-friſe. Il eſt de trois bandes, l'une jaune, l'autre rouge, & l'autre bleuë.

PAVILLON de Norden, auſſi en Ooſt-friſe. Il eſt bleu chargé de trois étoiles d'or.

PAVILLON de Bréme dans la baſſe Saxe. Il eſt de neuf bandes, cinq rouges & quatre blanches, chargé, proche du bâton, d'un pal échiqueté d'argent & de gueules.

PAVILLON de Hambourg. Il eſt rouge, chargé d'une groſſe tour d'argent, ſommée de trois donjons de même.

Gggg 2   AUTRE

AUTRE PAVILLON de Hambourg. Il est rouge, chargé de trois tours d'argent, une & deux, les unes près des autres.

PAVILLON de Danemarc. Il est fendu en cornette rouge & est traversé d'une croix blanche. Le Pavillon des vaisseaux marchands est quarré.

PAVILLON de Berg en Norvège. Il est rouge traversé d'une croix d'argent, chargée en cœur d'un écusson d'argent à un lion de gueules tenant en sa patte droite une épée d'azur, avec une poignée de sable, & entouré de deux branches d'arbres avec leurs feüilles de sinople en couronne.

PAVILLON de Lubec. Il est mi-parti de deux bandes; la plus haute est blanche & la plus basse est rouge.

PAVILLON de Rostoc. Il est de trois bandes; la plus haute est bleuë, celle du milieu est blanche, & la plus basse est rouge.

PAVILLON de Brandebourg. Il est blanc, chargé d'un aigle de gueules tenant dans sa serre droite une épée d'azur à la poignée de sable, & dans sa serre gauche un sceptre d'or.

AUTRE PAVILLON de Brandebourg. Il est de sept bandes, quatre blanches & trois noires, chargé d'un écusson d'argent à une aigle de gueules.

PAVILLON de Stralsund en Poméranie. Il est rouge, chargé d'un Soleil d'or.

PAVILLON de Stetin. Il est mi-parti; le haut est blanc chargé d'une billette de gueules, & le bas est rouge, chargé d'une billette d'argent.

PAVILLON de Dantsig en Prusse. Il est rouge, chargé, proche du bâton, de deux croix d'argent l'une sur l'autre, la plus haute couronnée de même.

AUTRE PAVILLON de Dantsig. Il est rouge, à quatre croix d'argent, deux & deux, couronnées de même.

PAVILLON d'Elbing, aussi en Prusse. Il est mi-parti; la bande du haut est blanche, chargée d'une croix de gueules, & la bande du bas est rouge chargée d'une croix d'argent.

PAVILLON de Courlande. Il est rouge, chargé d'un cancre de sable.

AUTRE PAVILLON de Courlande qui est mi-parti; la bande du haut est rouge, & la bande du bas est blanche.

PAVILLON de Pologne. Il est rouge, chargé d'un bras qui sort d'un nüage d'azur, tenant au poing une épée d'argent à la poignée de sable, vêtu jusqu'au coude de toile blanche avec une manchette d'or.

PAVILLON de Moscovie. Il est de trois bandes; la plus haute est blanche, celle du milieu est bleuë, & celle du bas est rouge. Celle du milieu est chargée d'une aigle à deux têtes éploiée d'or, couronnée d'une couronne Impériale, chargée en cœur d'un écusson d'or à un St. Georges d'argent, sans dragon.

AUTRE PAVILLON de Moscovie. Il est aussi de trois bandes des mêmes couleurs que ces premiéres, traversé d'une croix St. André bleuë.

AUTRE PAVILLON de Moscovie. Il est traversé d'une croix bleuë, la pointe du haut du pavillon proche le bâton étant blanche; la pointe du haut, à l'autre bout, rouge; la pointe du bas, proche le bâton, rouge; & la pointe du bas à l'autre bout, blanche. C'est-à-dire qu'il est écartelé

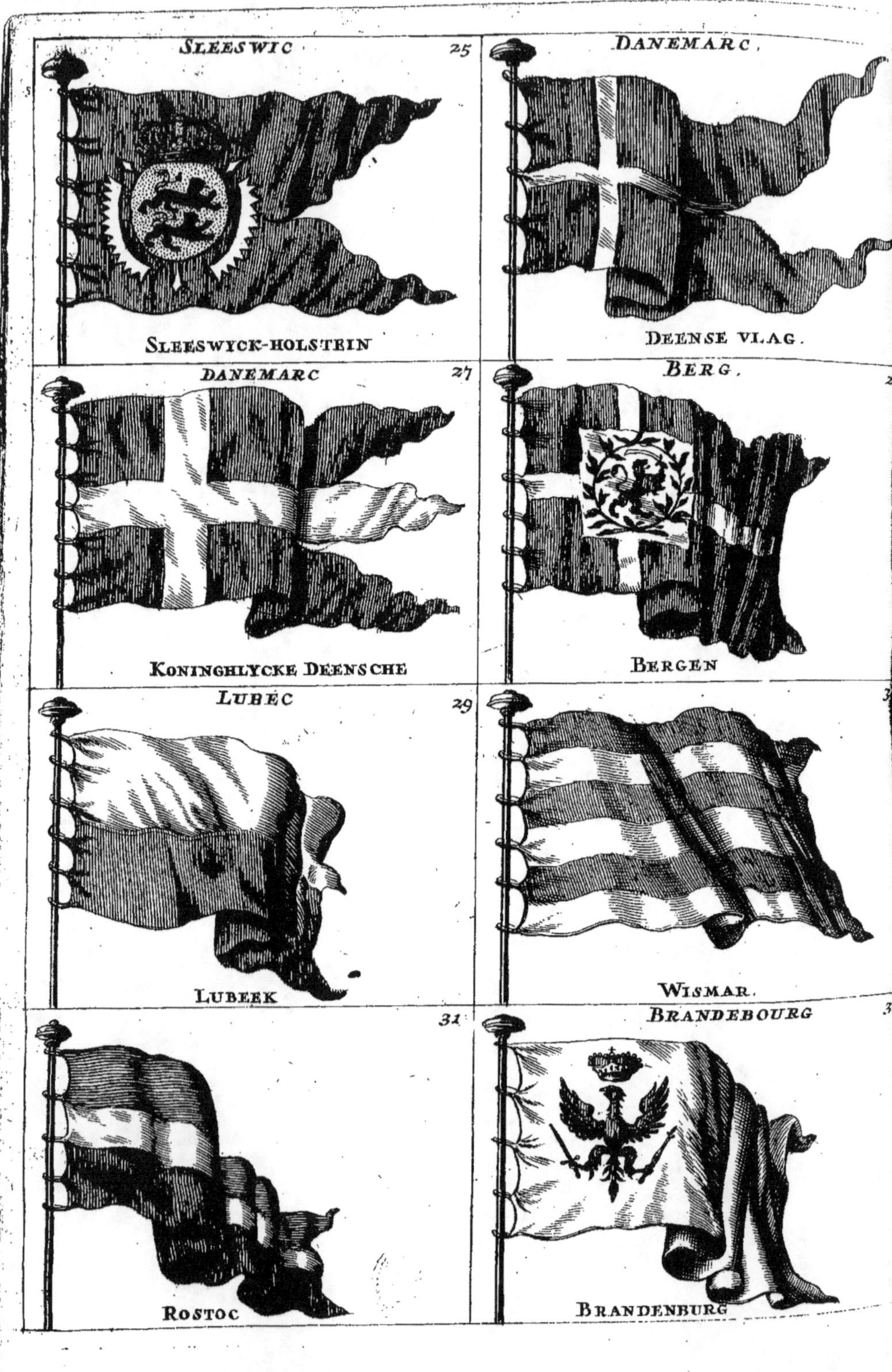

SLEESWIC 25
SLEESWYCK-HOLSTEIN
DANEMARC
DEENSE VLAG.
DANEMARC 27
KONINGHLYCKE DEENSCHE
BERG
BERGEN
LUBEC 29
LUBEEK
WISMAR.
ROSTOC 31
BRANDEBOURG 32
BRANDENBURG

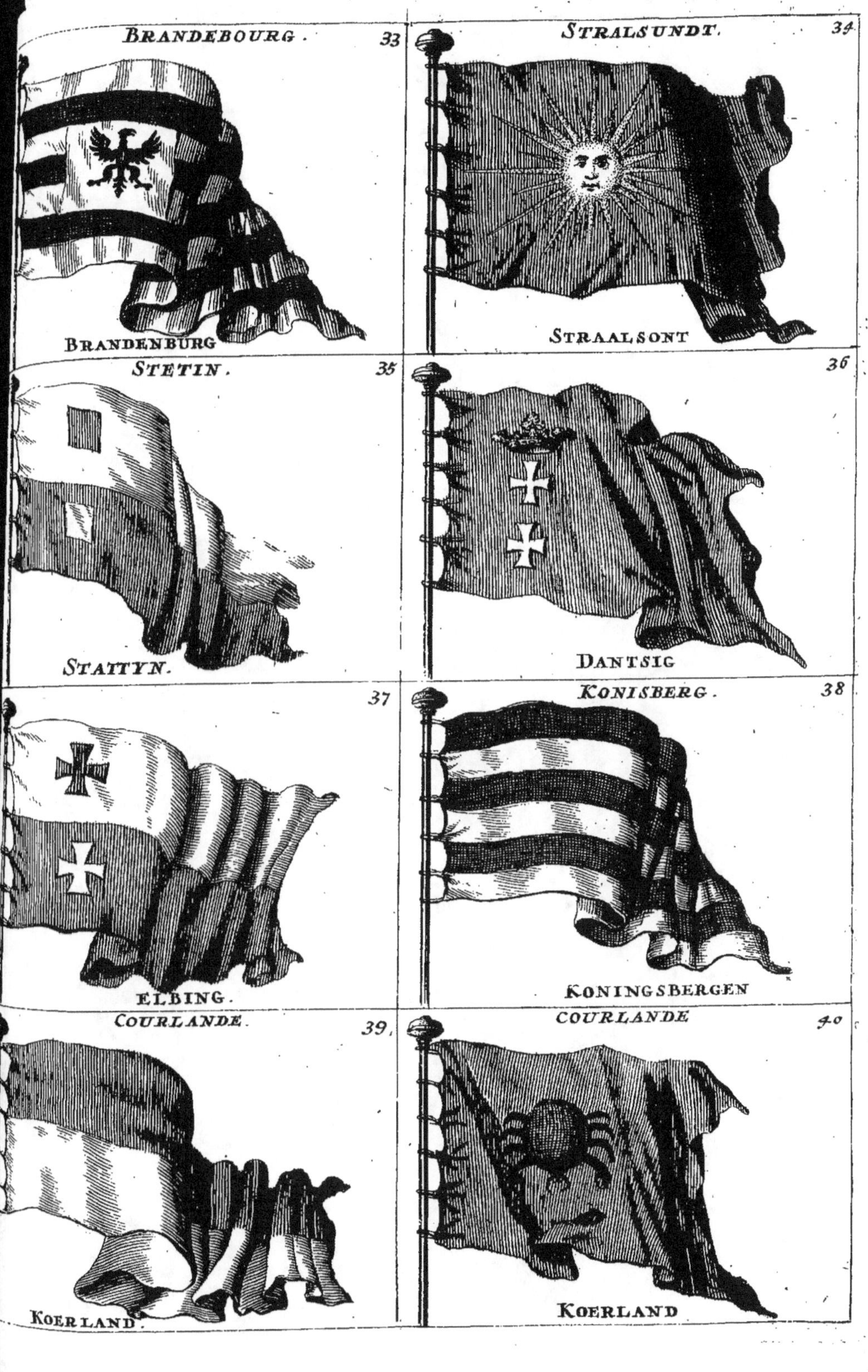

BRANDEBOURG. 33
BRANDENBURG
STRALSUNDT. 34
STRAALSONT
STETIN. 35
STATTYN.
DANTSIG 36
ELBING. 37
KONISBERG. 38
KONINGSBERGEN
COURLANDE. 39
KOERLAND.
COURLANDE 40
KOERLAND

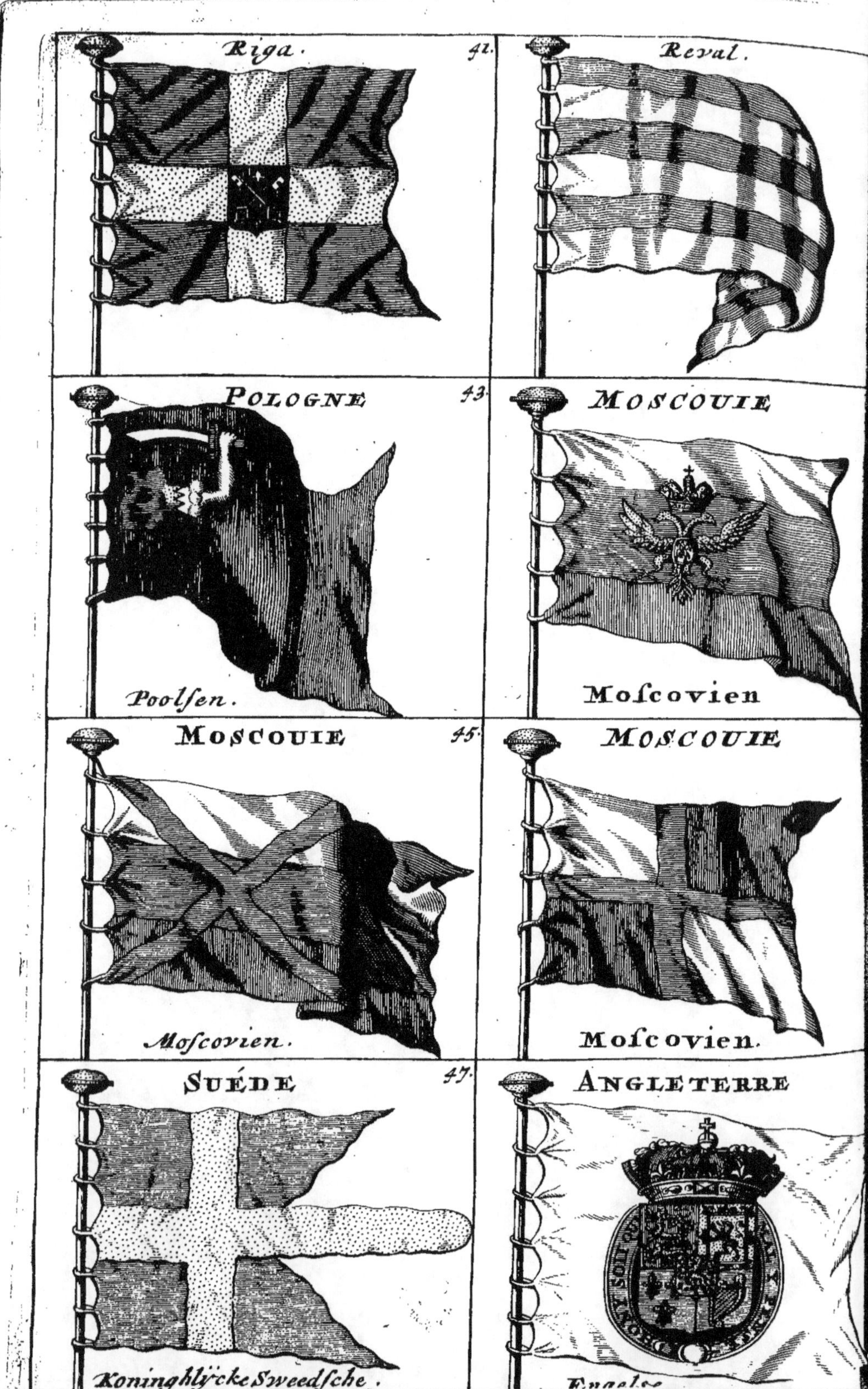

Riga. 41.
Reval.
POLOGNE 43.
MOSCOUIE
Poolsen.
Moscovien
MOSCOUIE 45.
MOSCOUIE
Moscovien.
Moscovien.
SUÉDE 47.
ANGLETERRE
Koninghlycke Sweedsche.
Engelse

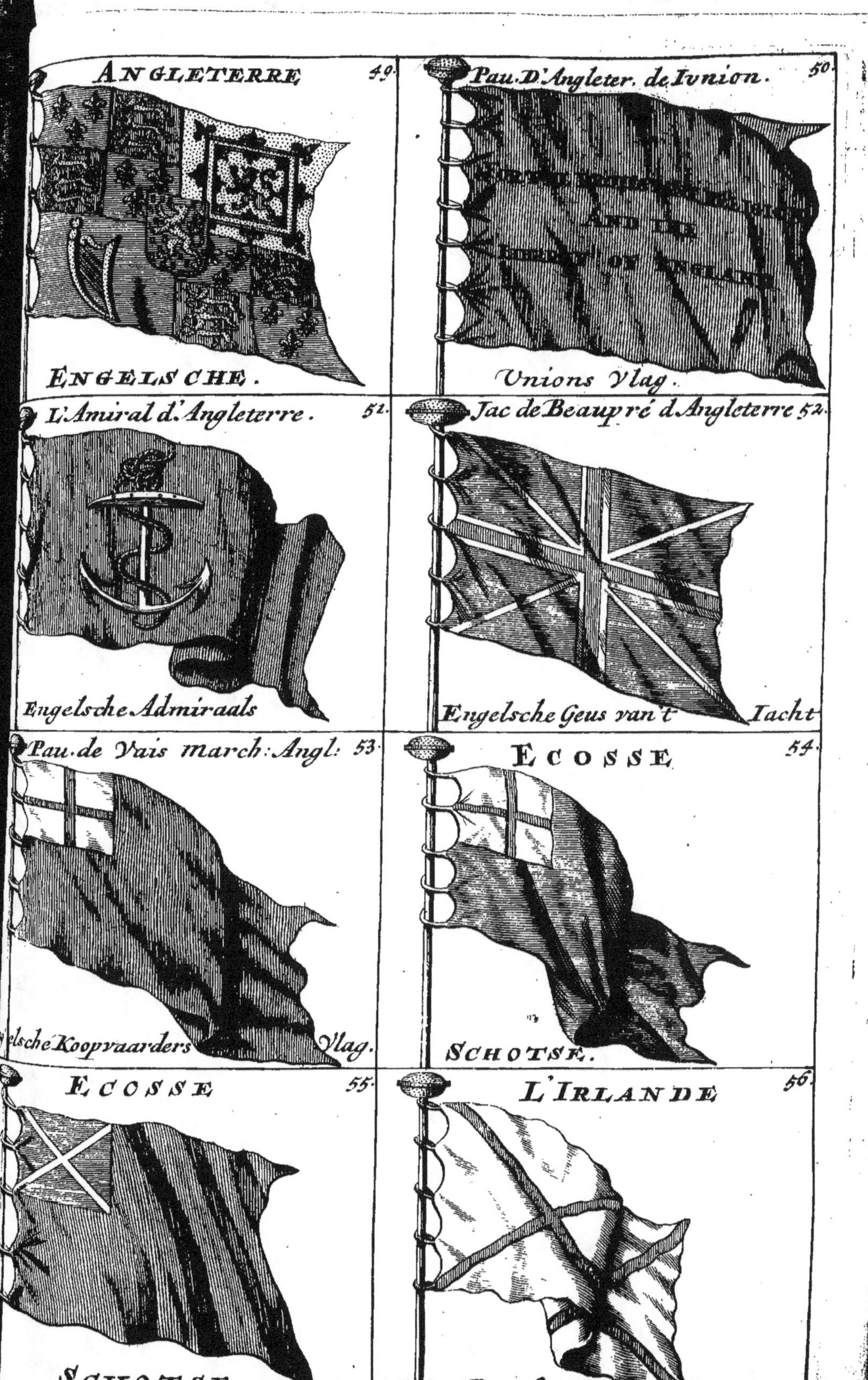
ANGLETERRE 49.
Pau. D'Angleter. de Ivnion. 50.
ENGELSCHE.
Vnions Vlag.
L'Amiral d'Angleterre. 51.
Jac de Beaupré d'Angleterre 52.
Engelsche Admiraals
Engelsche Geus van 't   Iacht
Pau. de Vais march: Angl: 53
ECOSSE 54.
...elsche Koopvaarders   Vlag.
SCHOTSE.
ECOSSE 55.
L'IRLANDE 56.
SCHOTSE

telé d'une croix d'azur, au premier quartier & au quatrième d'argent; au
fecond & au troifiême de gueules.

PAVILLON de Suéde. Il eft fendu, & eft bleu, traverfé d'une croix
d'or, dont la pointe qui vient dans la fente en fort en échancrure. Les
vaiffeaux marchands portent le pavillon quarré.

PAVILLON Roïal d'Angleterre. Il doit être jaune, ou d'or, felon Mr.
Defroches; mais blanc, ou d'argent, felon les Auteurs Flamands, char-
gé d'un écuffon écartelé, d'Angleterre, d'E'coffe, de France, & d'Irlande.
Il ne peut être porté que par le Roi, ou par commiffion.

AUTRE PAVILLON Roïal d'Angleterre. Il eft parti & coupé tout-
entier, ou écartelé en écuffon. Le premier quartier & le quatrième,
font auffi partis & coupez; au premier & au quatrième de France; au fecond & au troifiême d'Angleterre. Le troifiême quartier du pavillon eft
d'E'coffe & le quatrième d'Irlande. Il eft auffi chargé en cœur d'un écuffon de Naffau fous le Roi aujourdhui regnant, c'eft-à-dire, d'azur femé de
billettes d'or, au lion d'or brochant fur le tout.

PAVILLON d'Angleterre, qu'on nomme de l'Union. Il eft de gueules
avec ces paroles en Anglois. POUR LA RE'LIGION PROTES-
TANTE, ET POUR LA LIBERTE' DE L'ANGLETER-
RE.

PAVILLON d'Amiral d'Agletterre. Il eft rouge chargé d'une ancre
d'argent mife en pal, entalinguée & entortillée d'un cable de même.

Lors-que les armées navales des Anglois font divifées en trois efcadres, & en
neuf divifions, chaque efcadre a fon Amiral, & chaque Amiral a fon pavillon qui donne le nom à l'efcadre, fi-bien que l'efcadre du premier Amiral
dont le pavillon vient d'être blafonné, s'apelle l'Efcadre rouge. Les autres fe nomment l'Efcadre blanche & l'Efcadre bleuë. Le Pavillon de l'efcadre blanche eft blanc, au franc-quartier à une croix de gueules; & celui
de l'efcadre bleuë eft bleu, au franc-quartier d'argent à une croix de gueules.

PAVILLON de beaupré d'Angleterre qu'on nomme Jac, ou Jaque. Il
eft bleu, chargé d'un fautoir d'argent, & d'une croix de gueules bordée
d'argent. Mr. Defroches dit que le fautoir d'argent eft bordé de gueules.

PAVILLON des vaiffeaux marchands Anglois. Il eft rouge au franc-
quartier d'argent, chargé d'une croix de gueules.

PAVILLON d'E'coffe. Il eft bleu, au franc-quartier d'argent, chargé
d'une croix de gueules.

Il y a un autre PAVILLON d'E'coffe qui eft rouge, au franc-quartier
d'azur, chargé d'un fautoir ou croix St. André d'argent.

PAVILLON d'Irlande. Il eft blanc chargé d'une croix St. André de
gueules.

PAVILLON d'Efpagne. Il eft blanc chargé de l'écu des armes du Roïaume.

AUTRE PAVILLON d'Efpagne. Il eft blanc, chargé d'un écuffon
écartelé de Caftille au premier & au quatrième, & de Léon au fecond &
au troifiême: c'eft le Pavillon que les galéres d'Efpagne, qui tiennent le
premier rang, portent auffi.

PAVILLON de Portugal. Il eft blanc, chargé des armes du Roïaume de
Portugal.   Gggg 3   AU-

AUTRE PAVILLON de Portugal. Il eſt blanc chargé d'une ſphére céleſte d'or, ſurmonté d'une ſphére du monde d'azur avec un horiſon d'or, & une croix de pourpre au-deſſus. Ce Pavillon & les deux ſuivans ſont ceux que portent les vaiſſeaux qui vont aux Indes.

AUTRE PAVILLON de Portugal. Il eſt blanc, chargé d'une ſphére céleſte de pourpre, avec deux croix de gueules au côté, & une de même au-deſſus, placée ſur une ſphére du monde d'azur avec un horiſon d'or, & au milieu de la ſphére céleſte eſt une autre ſphére du monde d'azur ſur un pilier d'or.

AUTRE PAVILLON de Portugal. Il eſt blanc, chargé vers le bâton des mêmes armes du Roïaume, & d'une ſphére céleſte de pourpre au milieu, ſurmontée d'une ſphére du monde d'azur, avec un horiſon d'or & une croix de gueules au-deſſus, ſoutenuë par un pilier d'or, & aïant deux boules d'or. Et vers l'autre bout il y a au côté de la ſphére un Moine vêtu de noir, qui tient une croix de gueules en ſa main droite, & un chapelet en ſa gauche.

PAVILLON de Port-à-port. Il eſt d'onze bandes, ſix vertes & cinq blanches.

PAVILLON de Savoie. Il eſt rouge, traverſé d'une croix d'argent qui le diviſe en quatre quartiers, dans chacun deſquels eſt une de ces quatre Lettres. F. E. R. T. qui s'expliquent *Fortitudo Ejus Rhodum Tenuit*. Sa valeur a ſauvé Rhodes.

AUTRE PAVILLON de Savoie. Il eſt blanc, chargé d'une image de Notre-dame.

PAVILLON de Génes. Il eſt blanc traverſé d'une croix de gueules.

PAVILLON de Monaco, ou Morgue. Il eſt blanc, chargé d'un écuſſon fuſelé d'argent & de gueules.

PAVILLON de Toſcane. Il eſt blanc, chargé d'un écuſſon des armes du Grand Duc.

AUTRE PAVILLON de Toſcane. Il eſt blanc, chargé d'une croix St. E'tienne, qui eſt de gueules à la bordure d'or, & de la même figure que celle de Malte.

PAVILLON de Livourne, ou Ligourne. Il eſt blanc, chargé d'une croix de gueules, dont les bouts ſe terminent en demie-lune, & à chacun deſquels il y a une boule.

PAVILLON du Pape. Il eſt blanc, chargé des images de St. Pierre & de St. Paul, celle de St. Pierre tenant dans ſa main droite deux clefs paſſées en ſaùtoir, & aïant un livre ſous ſa main gauche ; & celle de St. Paul tenant eu ſa main droite un livre, & en ſa gauche une épée. Les flames ſont de trois bandes, l'une blanche, l'autre jaune, & l'autre rouge.

PAVILLON de Veniſe, ou de St. Marc. Il eſt rouge, chargé d'un lion aiſlé d'or, placé ſur une petite bande d'azur, tenant en ſa patte droite une croix d'or, & en ſa gauche un livre où ſont écrits ces mots. *Pax tibi, Marce Evangeliſta meus.*

AUTRE PAVILLON de Veniſe. Il eſt ſemblable à ce premier, hormis que le lion tient en ſa patte droite une épée d'azur, à la poignée de ſable.

AUTRE PAVILLON de Veniſe. Il eſt blanc, chargé du même lion.

PAVILLON de Raguſe en Dalmatie. Il eſt blanc, chargé d'un écuſſon

où

ESPAGNE. 57.
ESPAGNE.
SPAANSE.
SPAANSE
Pau. de Vais marchand Espagne. 59.
PORTUGAL.
Spaense Koopvaarders.
Portugeese
PORTUGAL. 61.
PORTUGAL.
Portugeese.
Portuge
PORTUGAL. 63.
Marchand de Portugal
Portugeese.
Portugeese Koopvaard.

PORT-A-PORT. 65.
PORT-A-PORTSE.
SAUOIE. 66.
FERT
SAVOYER.
GÉNES. 67.
GENUA
MONACO. 68.
MODÉNE. 69.
MODENA.
TOSCANE. 70.
LIVOURNE. 71.
LIVORNE.
DU PAPE. 72.
DEN PAUS.

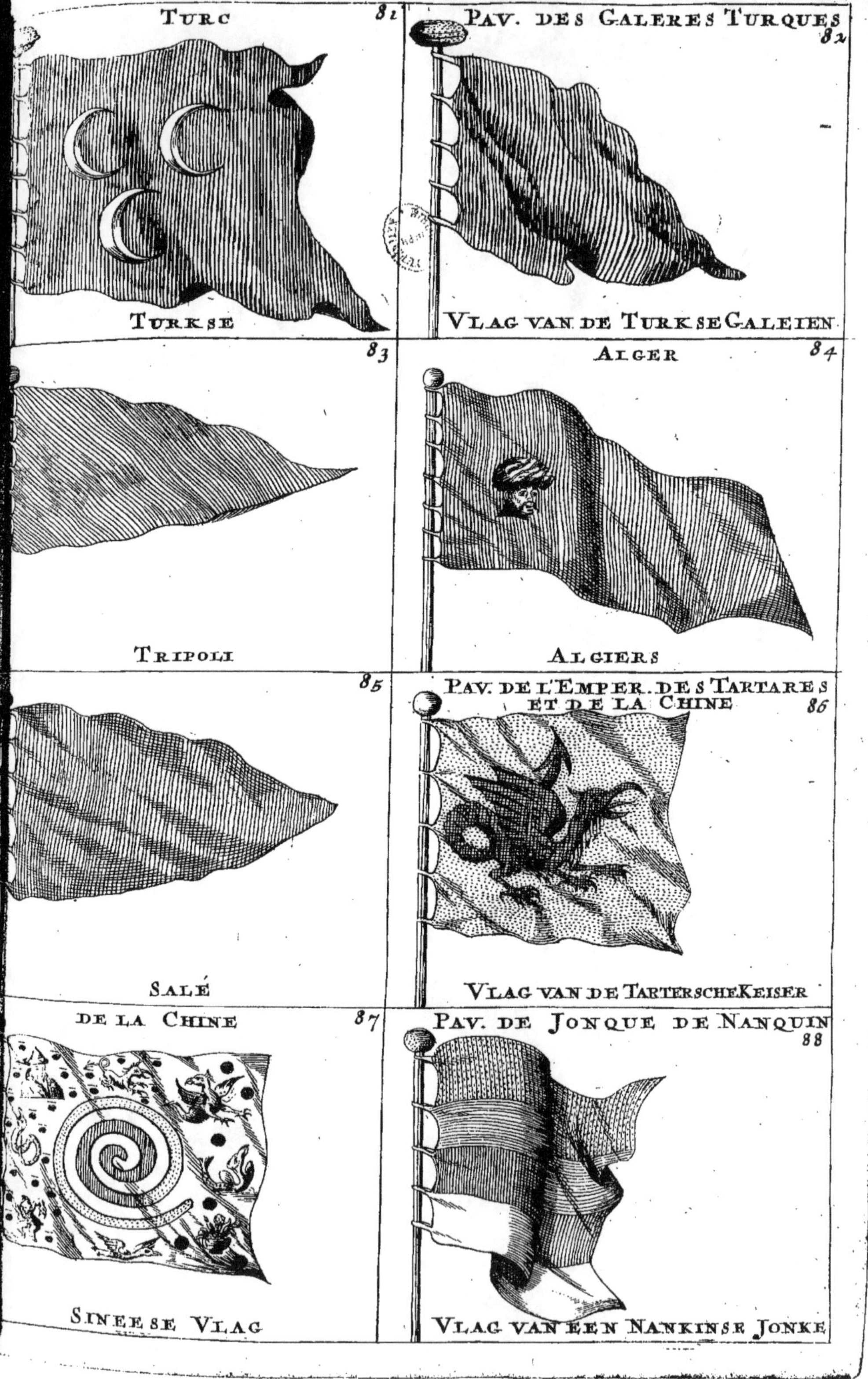

TURC
81
PAV. DES GALERES TURQUES
82
TURKSE
VLAG VAN DE TURKSE GALEIEN
83
ALGER
84
TRIPOLI
ALGIERS
85
PAV. DE L'EMPER. DES TARTARES
ET DE LA CHINE
86
SALÉ
VLAG VAN DE TARTERSCHE KEISER
DE LA CHINE
87
PAV. DE JONQUE DE NANQUIN
88
SINEESE VLAG
VLAG VAN EEN NANKINSE JONKE

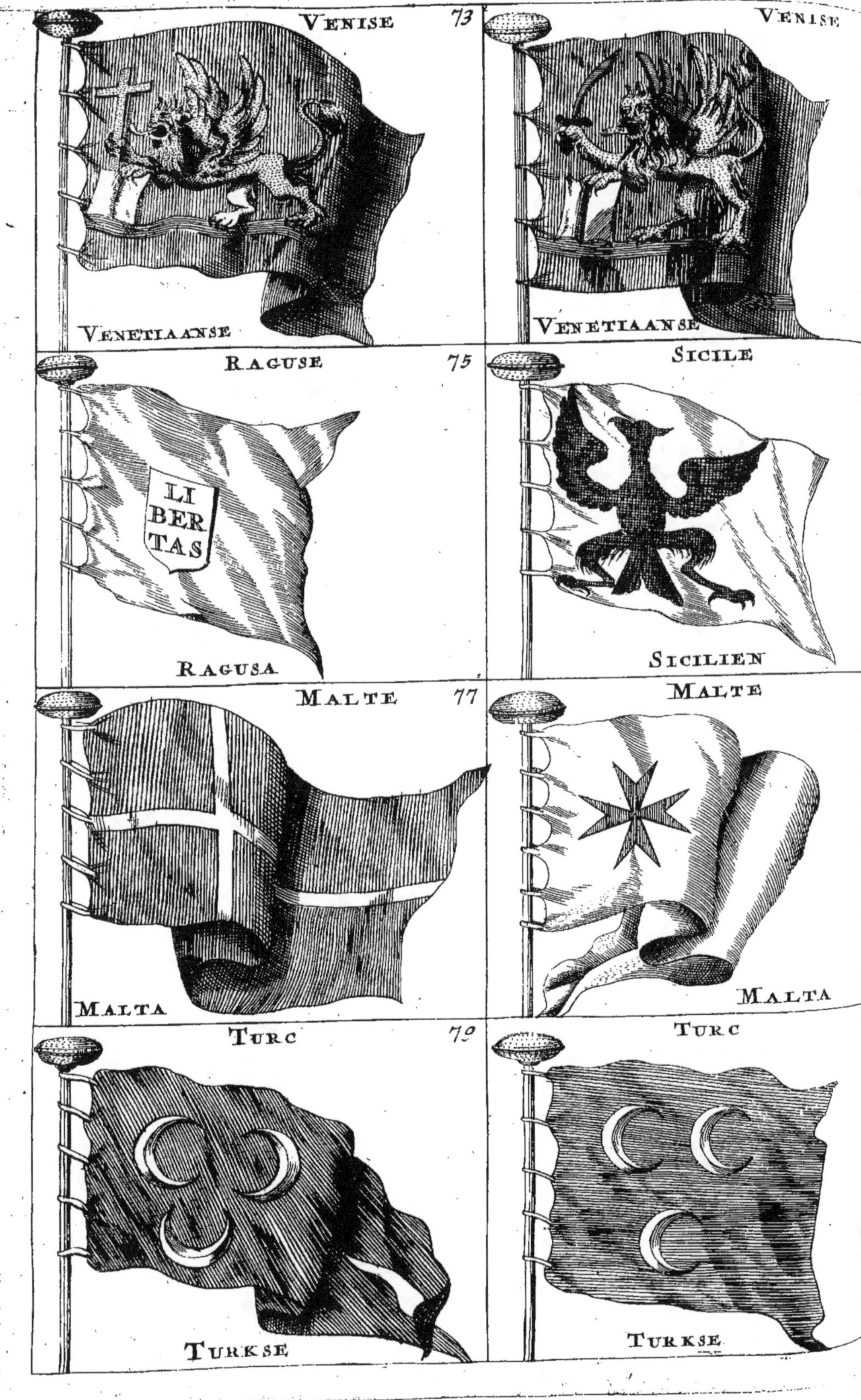
VENISE
73
VENISE
VENETIAANSE
VENETIAANSE
RAGUSE
75
SICILE
LI
BER
TAS
RAGUSA
SICILIEN
MALTE
77
MALTE
MALTA
MALTA
TURC
79
TURC
TURKSE
TURKSE

où est le mot, **LIBERTAS**.

PAVILLON de Sicile. Il est blanc, chargé d'une aigle de sable.

PAVILLON de Malte. Il est blanc, chargé d'une croix de Malte rouge, c'est-à-dire d'une croix pattée à huit pointes.

AUTRE PAVILLON de Malte. Il est rouge, traversé d'une croix blanche.

PAVILLON du Grand Seigneur Turc. Il est vert, chargé de trois croissans d'argent dont les pointes se regardent. M. Desroches dit qu'il est rouge chargé de ces trois croissans, ou-bien, d'un seul. Il ne se peut porter que par le Grand Seigneur, où par commission.

AUTRE PAVILLON Turc. Il est bleu, chargé de trois croissans d'argent, dont toutes les pointes sont en-dehors.

AUTRE PAVILLON Turc. Il est rouge, chargé de trois croissans d'argent, rangez comme ce dernier. Il y a divers Pavillons de Turquie qui sont différemment distinguez, mais tous par ces trois couleurs, la rouge, la blanche, & la verte, & ils sont chargez de diverses lettres noires.

PAVILLON des galéres Turques. Il est rouge & se termine en pointe.

PAVILLON de Tripoli en Barbarie. Il est vert, selon M. Desroches, & en pointe un peu plus longue que celle des autres Pavillons de Barbarie, qui se terminent tous en pointe.

PAVILLON d'Alger. Il est hexagone, rouge, avec un marmot, ou tête de Turc coëfée de son turban.

Au Japon, les fnés, qui en sont les plus considérables bâtimens, ne portent point de pavillons, si ce n'est quelquefois un petit pavillon de poupe où sont les armes du Seigneur du lieu, ou du lieu même d'où les vaisseaux ont fait voiles.

„Les jonques de Nanquin portent au grand mât un pavillon tout-droit qui „est blanc & rouge, & un rouge au mât d'avant, avec deux enseignes de „poupe, qui sont grises, bleuës, rouges, & blanches. Elles ont aussi deux „pavillons de beaupré qui sont de pourpre. Les flames sont rouges blan-„ches & bleuës, & le pavillon du grand mât qui traverse, est jaune, rou-„ge, & bleu.

„L'Empeur de la Chine, qui entretient plusieurs flotes entiéres, pour as-„surer la navigation, leur fait porter des pavillons où sont ses armes, sa-„voir un dragon à huit griffes à chaque patte; & ces pavillons sont tel-„lement respectez que tous les vaisseaux qui se rencontrent devant eux, „se retirent.

„Linschot a écrit que dans les pavillons des Chinois on voit des étoiles, „& des demi-lunes; mais il s'est trompé. Il est vrai qu'il y en a qui ont „une espéce de volute ronde, qui est divisée par deux couleurs, une par-„tie étant rouge, & l'autre jaune. Autour de ces cercles il y a huit mar-„ques, ou caractéres, dans une moitié desquels il y a six points, & dans „l'autre moitié quatre points à chacun, & une raie au-dessus. Leurs fla-„mes sont fenduës par le bas, & sont noires par le haut & par le bas, & „grises au milieu, étant faites d'une toile de coton bien-fine.

„L'an 1662. lors-que l'Amiral Bort fut envoié de Batavie à la Chine, avec „une flote considérable, pour aider aux Tartares à reprendre les isles d'Ei-„moi & Queimoi, les jonques des Tartares, qui se joignirent aux Hol-„landois, portoient les pavillons suivans, savoir, les jonques de Single-„mon

,,mon Gouverneur de Fokien portoient un pavillon noir, où il y av[…]
,,une pleine Lune de gueules, ou rouge, car on ne porte jamais de dem[…]
,,Lune.
,,La jonque de Matthithelauïas, qui étoit son Lieutenant, portoit des […]
,,villons jaunes & des flames blanches, & les jonques qui étoient sous […]
,,portoient le pavillon blanc où il y avoit une Lune rouge, avec une fla[…]
,,rouge. Ses Mandarins portoient un pavillon vert, où il y avoit une Lu[…]
,,rouge, avec une flame rouge.
,,Suntokquon Amiral de Lipoui, portoit des pavillons bleus, où il y av[…]
,,une Lune noire, avec des flames blanches. Sulauïa portoit des pavillo[…]
,,verds où il y avoit une Lune rouge. Schunluwan portoit des pavillo[…]
,,rouges, où il y avoit une Lune noire. Quolauïa portoit des pavillo[…]
,,verds, où il y avoit une Lune blanche, ou d'argent. Jan Sumpin, por-
,,toit des pavillons verds. Goo Sumpin portoit des pavillons noirs, &
,,des flames bleuës. Toutes les jonques avoient un cercle noir dans leu[…]
,,voiles, dans lequel cercle il y avoit une lettre noire. Le nombre d[…]
,,jonques qui étoient sous ces Commandans Tartares, & qui livrérent le
,,combat aux rebelles Chinois, sous le nom de l'armée des Provinces U-
,,nies, étoit d'environ deux cents.

PAVILLON quarré. *Een vierkante vlag.*
C'est celui qui a la figure d'un quarré long. Il n'y a que les Oficiers Généraux qui puissent le porter au haut des mâts, ou celui qui a ordre du Roi
de France.

PAVILLON de poupe, Enseigne de poupe. *De vlag van agteren.*
C'est celui qui est porté sur l'arriére du vaisseau.

PAVILLON de beaupré. *Geus.*
C'est un petit pavillon qui se porte sur le mât d'avant, ou de beaupré.

BATON de Pavillon. Voiez à la fin de l'article qui est sous le mot Mât.

PAVILLON de commandement. *Bevel-vlag.*

PAVILLONS pour faire des signaux. *Sein-vlaggen.*

PAVILLON de Conseil. *Pitsjaars-vlag.*
C'est un petit pavillon qu'on arbore à bord du Commandant, quand il veut
tenir conseil. Ce pavillon est blanc chez les Hollandois.
,,Cependant on arbora le pavillon blanc, à la vuë duquel tous ceux qui
,,étoient du Conseil de guerre se rendirent à bord de l'Amiral.

PAVILLON de combat, Pavillon rouge. *Bloedt-vlag, Roode vlag, Vegt[…]
vaan.*
On ne s'en sert plus en France. Ne pourra être arboré sur les vaisseaux de
sa Majesté aucun pavillon, flames, ni enseigne de poupe, que de couleur
blanche, soit pendant la navigation, ou dans les combats; leur sera seulement permis de se servir de la couleur rouge & autres pour les signaux.
,,On met ordinairement neuf cüeilles au pavillon rouge.

VAISSEAU PAVILLON, ou simplement, Pavillon. *Vlag-schip, Vloots-
hoofdt-schip.*
C'est le vaisseau qui est commandé par quelqu'un des Oficiers Généraux
qui ont droit de porter pavillon dans une armée navale, & qui d'ordinaire
sont acompagnez de vaisseaux seconds, ou de vaisseaux matelots. Notre
vaisseau avoit été matelot de trois différens pavillons dans ces trois batailles.
On

On dit encore ; Les pavillons des ennemis ont été fort incommodez , &
ont quitté leur poſte pour ſe radouber. On dit encore ; Le pavillon de la
premiére diviſion vint à bord de notre vaiſſeau qui étoit de ſa diviſion ;
car il ne lui étoit pas permis de monter un vaiſſeau d'une autre diviſion. Il
y eut à la Hogue bien des vaiſſeaux brûlez qui auroient pu ſe ſauver s'ils
n'avoient pas trouvé plus à propos de ſuivre leur pavillon.

ETRE ſous un tel Pavillon. *Onder de vlag van iemandt zijn.*
 C'eſt-à-dire, Etre ſous un tel Commandant.

SE rendre ſous le Pavillon. *Onder de vlag komen.*

PAVILLON en berne. *Siuuw , Chiouw , Tſiouw , Het rollen van de vlag.*
 Voiez, Berne.

METTRE le Pavillon en berne. *Siouwven , Tſiouwven , Chiuwven.*
 On met l'Enſeigne de poupe en berne en mettant toute ſa largeur enſemble, & la hiſſant tout au haut du bâton , & l'autre bout du pavillon pend
vers l'eau, de maniére qu'il ne peut voltiger que tout enſemble, & comme s'il étoit rollé. L'uſage de ce pavillon en berne eſt de ſervir de ſignal , ſoit pour apeller la chaloupe du vaiſſeau , ſi elle n'eſt pas à bord , ou
pour demander du ſecours.

AMENER le Pavillon. *De vlag ſtrijken.*
 C'eſt le baiſſer, ou le mettre bas par reſpect, ce qui eſt la plus grande ſou-
miſſion qu'un vaiſſeau puiſſe rendre à un autre quand il le rencontre. Les
vaiſſeaux des Oficiers Généraux qui ſont obligez d'amener le pavillon ,
abaiſſent celui qui marque leur rang. Les autres vaiſſeaux , tant de guerre que marchands, amènent celui qui eſt arboré à leur poupe.

FAIRE PAVILLON blanc. *Een witte vlag uitſteeken.*
 C'eſt arborer un pavillon blanc en ſigne de paix, lors-qu'on veut entrer en
traité avec quelque nation ennemie, ou ſuſpecte. On le fait auſſi quand on
demande quartier.

FAIRE PAVILLON d'Angleterre , Faire Pavillon de France. *De vlag
van Engelandt, van Vrankrijk, laaten waaijen.*
 C'eſt arborer le pavillon d'Angleterre , & arborer le pavillon de France.
Nous trouvâmes à la vuë de Madére un forban qui faiſoit pavillon de toutes
les maniéres. En moins de ſix horloges il fit pavillon d'Angleterre de
Hollande, de France & de Salé.

EMBRASSER le Pavillon. *De wimpel, of vlag op ſchoot haalen.*
 C'eſt raſſembler le pavillon entre les bras d'un matelot qui ſe tenant auprès
du bâton du pavillon , fait du pavillon une eſpéce de fagot, le ramaſſant d'une
embraſſade , lors-qu'il eſt déploié. On a introduit cet uſage de notre tems
parmi quelques nations du Nord, pour remédier aux conteſtations qui arivoient touchant les ſaluts de mer. C'eſt une ſorte de tempérament entre
amener le pavillon & le laiſſer arboré.

PAVILLON de chaloupe. *Sloeps-vlag.*
 C'eſt un pavillon quarré que les Oficiers Généraux , ou les Capitaines de
vaiſſeaux portent dans leurs chaloupes lors-qu'ils y ſont.

PAUMER. *Een ſchip met de handt treilen, of aanhaalen.*
 Les Levantins ſe ſervent de ce terme, pour dire, ſe toüer en halant à force de bras.

PAUMET. *Plaat.*
 C'eſt un dé concàve, qui tient à un cuir à la paume de la main du Voilier, &

il s'en fert pour pouffer fon aiguille lors-qu'il coûd les voiles.

PAVOIS, Pavefade, Paviers, Baftingue, ou Baftingure, *Schans-kleedt.*
C'eft une tenture de frife, ou de toile, que l'on tend autour du platbord des vaiffeaux de guerre, & qui eft foutenuë par des pontilles, pour cacher ce qui fe paffe fur le pont pendant un combat: on s'en fert auffi pour orner un vaiffeau dans un jour de réjouïffance. Les Pavois des Anglois font rouges. Pour ceux des François & des Hollandois, Voiez, Baftingue, ou Baftingure.

PAVOISER, Pavier fes navires, Se Pavoifer. *Defchepen rondtom met fchans-kleeden bedekken.*
C'eft entourer le bord d'un vaiffeau d'un tour de drap, ou d'une toile large d'une aune, c'eft-à-dire, aune de France, ce qui fe fait aux jours de réjouïffance & de combat, tant pour l'ornement, que pour ne pas laiffer voir les foldats. Quelques-uns veulent que cela vienne d'une coutume des Anciens, qui lors-qu'ils avoient envie de combattre, rangeoient leurs pavois fur les bords de leurs vaiffeaux afin de pouvoir fe cacher derriére.

PAUSES. *Paufen.*
Ce font des bateaux fort larges & fort longs, dont les étrangers fe fervent à Arcangel en Mofcovie, pour porter les marchandifes à bord.

P E.

PEAUX de mouton pour garnir les hunes. *Mars-vellen.*

PEAUX de mouton non aprêtées pour garnir en d'autres endroits. *Schaa-pen-vacht.*

PêCHER, Pefcher. *Viffchen.*

PêCHER une ancre. *Een anker viffchen.*
C'eft raporter une ancre du fond de l'eau avec celle du vaiffeau, lors-qu'on la relève, ce qui arive quelquefois quand on moüille dans des rades fort fréquentées.

PêCHER un bris de naufrage. *Een wrak ten grondt uithaalen.*

PêCHEUR, Pefcheur. *Een Viffcher.*

PELARDEAUX. Voiez, Palardeaux.

PELLES de bois fimples, ou garnies de fer. *Houte fchoppen met beflag, of be-flaagen, en onbeflaagen.*
C'eft un inftrument purement de bois, ou de bois garni de fer, qui eft compofé d'un manche & d'une partie apellée le plat de la pelle. On s'en fert pour remuer le left lors-qu'il eft de terre, de fable, ou de petits cailloux. On s'en fert auffi pour remuer les blés, le fel, & les autres chofes de cette forte, qu'on charge dans les vaiffeaux.

PENDANT, ou Flame. *Wimpel.* Voiez, Flame.

*PENDEURS, Pendours. *Schenkels, Schinkels.*
Le Pendeur eft un bout de corde moïennement longue, à laquelle tient une poulie pour paffer la manœuvre. Les Provençaux difent Pendour, & ce mot eft reçu eft ailleurs auffi-bien que celui de Pendeur.

PENDEURS de balancines. *Toppenants-fchenkels.*
Ce font ceux qui font paffez à la tête des grands mâts & des mâts de miféne, qui pendent fous les hunes, & où font paffées les balancines.

PENDEURS d'écoutes de fivadiére. *De fchenkels van de blinde fchooten.*

PENDEURS de Bras, *Bras-fchenkels.*

Ce font ceux qui font frapez aux bouts des vergues, & où les bras font paffez.

PENDEURS de caliornes. *Gijn-fchinkels, of ftroppen.*

Ils fervent à tenir les poulies de caliorne des deux mâts : ils font frapez &
paffez comme ceux des balancines.

PENDEURS de palan. *Taalie-fchenkels.*

Ce font ceux qui tiennent les poulies où font paffez les palans des deux
mâts.

PENES. *Dreum, Drum, Drom.*

Ce font des bouchons de laine que le calfateur atache à un manche, apellé
le Bâton à vadel, & dont il fe fert à braïer le vaiffeau.

PENINSULE, Prefqu'ifle. Voiez, Cherfonèfe.

PENNE. *De bovenfte hoorn van een drie-hoekig zeil.*

C'eft le point, ou le coin d'en-haut des voiles latines, ou à tiers point.
On dit dans une galére, Faire la penne, pour dire, joindre la longueur de
fon antenne à la longueur de fon arbre, ce qui fait que la penne de la voile
répond au bâton de l'étendard, & cela fait une élévation où l'on fait monter un mouffe, quand on veut faire quelque découverte, comme le gabier monte au haut du mât pous faire le quart.

PENTURE de gouvernail. Voiez, Ferrure de gouvernail.

PENTURE de fabords. Voiez, Ferrure.

PENTURES à gonds. *Duim-hangfels.*

Ce font des bandes de fer, ou des plaques, qu'on clouë en quelque endroit
pour y faire entrer un gond, fur lequel elle fe meuvent comme fur un pivot, pour s'ouvrir & fe fermer.

PEOTE. *Een Peot.*

C'eft une efpéce de chaloupe très-legére qui eft en ufage parmi les Vénitiens. Comme cette forte de petit vaiffeau va d'une très-grande vîteffe, ils
s'en fervent quand ils veulent envoier des avis en diligence.

PERCEINTES, Préceintes, Ceintes. *Berghouten, Barrig-houten, &c.*

Les Perceintes font des rebords, cordons, ou piéces de bois qui regnent
en-dehors le long du bordage d'un navire, & qui fervent à la liaifon des
tillacs. Voïez, Ceintes.

PERCEUR. *Een Boorder.*

Les Perceurs font ceux dont le métier eft de percer les navires pour les
cheviller. Selon l'Ordonnance du Roi de France de l'année 1681. une même perfonne peut éxercer les métiers de Charpentier, de Calfateur, & de
Perceur de vaiffeau.

„Pour le falaire d'un Perceur on lui donne d'ordinaire trois fous huit de-
„niers par chaque double planche de la longueur de 15. à 16. piés, & de
„9. 10. à 11. pouces de large.

	Livres.
„Ordinairement on paie aux Perceurs pour une	
„hourque de 80. à 82. piés de long,	50 à 55.
„Pour un vaiffeau de 90. à 100. piés de long.	75 à 80.
„Pour un vaiffeau de 105. piés à 110.	90 à 100.
„Pour un vaiffeau de 115. piés à 120.	185 à 200.
„Pour un vaiffeau de 125. piés à 130.	290 à 300.
„Pour un vaiffeau de 135. piés à 140.	450.

Hhhh 2

Pour

,, Pour un vaisseau de 145. piés à 150.

,, Pour un vaisseau de 155. piés à 160.

,, Pour un vaisseau de 165. piés à 170.

600.
700.
800.

PERçOIR. *Een Zwijkie, Een Frettje.*

C'est une espéce de villebrequin dont on se sert pour percer les muids de vin & autres. C'est aussi un tariére. Voiez, Tariére.

PERIOECIENS. *Onze zijde omwoonders, Periesi.*

On apelle ainsi ceux qui habitent sous le même méridien & sous le même parallèle, mais non-pas sous le même demi-cercle du méridien, ensorte-que le pole est entre deux. Les Périoeciens sont également éloignez de l'Equateur, & étant dans la même zone ils ont le même Eté & le même Hiver, & les mêmes acroissemens de jours & de nuits.

PERME. *Een Perm.*

C'est un petit vaisseau Turc, fait en forme de gondole, dont on sert à Constantinople pour le trajet de Péra, de Galata, & autres lieux.

PERROQUET. *Bram-steng.*

C'est le mât le plus élevé du vaisseau. Il y en a un arboré sur le grand mât de hune; un autre sur le mât de hune d'avant, ou, de miséne; un sur le mât de beaupré, & l'autre sur le mât d'artimon. Voiez, Mât.

PERROQUETS. *Bram-zeilen, Top-zeilen.*

Ce sont aussi les voiles des Perroquets. Voiez, Voiles.

PERROQUETS volans. *Loose Bram-zeilen.*

Ce sont deux perroquets que l'on met & que l'on ôte facilement, & que l'on amène étant sur le pont du vaisseau.

TEMS à Perroquet. Voiez, Tems.

PERROQUET en banniére, Mettre les Perroquets en banniére *De bram-zeils-schooten los laaten springen of loopen.*

C'est lâcher les écoutes des voiles de perroquet, en-forte-qu'on les laisse voltiger au gré du vent. Cela se pratique lors-qu'on veut donner de jour quelques signaux dont on est convenu. Voiez, Banniére.

PERROQUETS d'Hiver. *Winter-bram-zeilen.*

Ce sont des perroquets qui sont plus petits que ceux que l'on porte d'ordinaire dans les belles saisons.

PERTUIS. *Een engte in een rivier.*

Cela se dit d'un passage étroit pratiqué dans une riviére, aux endroits ou elle est basse, pour en hausser l'eau qu'on resserre & qu'on rétrecit par une espéce d'éluse qu'on fait à la maitresse arche d'un pont, par le moien de batardeaux & de palissades, ou aiguilles mobiles, ce qui facilite la navigation des bateaux qui montent, ou qui descendent. Ce pertuis ne se ferme pas seulement avec des aiguilles, comme sur la riviére d'Yonne, mais avec des planches en travers, comme sur la riviére de Loin; ou avec des portes à vannes, ainsi-qu'au pertuis de Nogent sur Seine. On fait aussi des pertuis avec des moulins. Ce sont des écluses, où passages, pour les bateaux.

PERTUISANE. *Spies, Speer, Pertisanne.*

C'est une forte d'arme composée d'une hampe, & d'un fer large, aigu & tranchant au bout de la hampe. C'est une maniére de halebarde très-propre à défendre un vaisseau à l'abordage. La lame est de dix-huit à dix-

neuf

neuf pouces de long, avec une canelure au milieu, & la hampe est de bois de frêne.

PESER. *Aanhaalen.*

C'est tirer de haut en bas.

PESER sur une manœuvre, ou sur quelque autre chose. *Een touwerk aanhaalen.*

C'est-à-dire, Tirer sur cette manœuvre pour la faire baisser.

PESER sur un levier. *Op een handt-spaak neer-drukken.*

C'est aussi le faire baisser.

PESON, ou Romaine. *Unster, of Boeren-balans.*

C'est une sorte d'instrument avec quoi on pèse ce qui est difficile à peser avec des balances. Il est composé d'une vergue, ou verge, d'une masse qu'on apelle aussi Peson, & d'où cet instrument à pris ce nom; d'un crochet pour la suspendre, & d'autres petites choses que les balanciers apellent broches, jouës, gardes & tourets. Ce Peson est très-necessaire dans les vaisseaux qui vont négocier à la côte d'Afrique & aux isles de l'Amérique, afin de peser les marchandises, d'autant plus que les habitans y sont encore moins fidèles qu'ailleurs.

PETARASSE. Voiez, Patarasse.

P H.

PHAïOFNE'E. *Phajofnee.*

C'est un bâtiment du Japon dont les grands Seigneurs se servent pour aller se promener, à-peu-près comme on se sert des yachts en ces païs-ici. Il y a dans le milieu une chambre pour le maître du bâtiment. Elle est couverte de nattes, & les armes du propriétaire sont élevées au-dessus.

PHARE, Tour-à-feu. *Vuur-boete, Vuur-baake, Brandauris.*

C'est une tour élevée sur la côte, & dont le sommet porte un feu, ou un fanal, qu'on allume de nuit pour indiquer la route aux vaisseaux, & empêcher qu'ils ne donnent contre la côte par non-vuë. On dit, Le Phare de Messine, Le Colosse de Rhodes servoit de Phare, La tour de Cordouën est un Phare sur la Garonne. Ce mot de Phare vient d'une grande tour que Ptolemée Philadelphe, Roi d'Egipte, fit élever sur le sommet d'une montagne de l'isle apellée Pharos, l'An 470. de la fondation du monde, & qu'il apella la Tour de Pharos du nom de l'isle. Elle a passé pour une des sept merveilles du monde.

P I.

PIC-à-PIC. *Op en neer, Regtstandiglijk.*

C'est-à-dire, A plomb, ou perpendiculairement.

A PIC sur une ancre. *Op en neer.*

Hhhh 3

C'est

C'eft-à-dire que le vaiſſeau eſt perpendiculairement ſur cette ancre, & qu'elle eſt dégagée du fond.

DES ſauts à PIC dans une riviére. *Een ſteile afvalling van 't waater, of van een rivier.*

C'eſt quand il ſe trouve un rocher eſcarpé, ou un ſaut dans une riviére, où toute l'eau tombe de haut en bas comme dans une caſcade, ainſi qu'il s'en trouve dans de grandes riviéres de l'Amérique. Voiez, Portage, Faire Portage.

LE vent eſt à PIC. Voiez, Vent.

PIE'CE de charpente. *Timmer-hout.*

C'eſt tout morceau de bois taillé pour un bâtiment, & qu'on fait entrer dans la conſtruction d'un vaiſſeau.

PIE'CE. *Stuk.*

En terme d'artillerie c'eſt un canon. Ainſi on dit ſur mer, Piéce de douze, de dix-huit, de vingt-quatre, & de trente-ſix, pour dire, des canons de douze, de dix livres, de vingt-quatre, de trente-ſix livres de bale. Voiez, Canon.

PIE'CES de chaſſe. *Voor-ſtukken, Voorſte Boeg-ſtukken.*

Ce ſont des canons logez à l'avant d'un vaiſſeau, dont on ſe ſert pour tirer par-deſſus l'éperon ſur les vaiſſeaux qui ſont à l'avant, ou ſur ceux qui prennent chaſſe. Mais cette maniére de tirer retarde le cours du vaiſſeau.

TIRER des Piéces de l'avant. *Voor uit ſchieten.*

PIE'CE. Une Piéce de corde. *Een tros touw.*

C'eſt un paquet de corde, ſoit qu'elle ſoit liée en paquet, ou en cerceaux. „Une piéce de corde eſt de quatre-vingts braſſes.

PIED, Pié. *Voet.*

C'eſt une meſure imitée de la longueur du pié de l'homme, & qui eſt différente ſelon la diverſité des lieux. On s'en ſert à meſurer les ſuperficies & les ſolides. On donne le nom de Pié à certain inſtrument en forme de petite règle, qui a la longeur de cette meſure, & ſur lequel ſes parties ſont gravées. Le Pié des anciens Romains étoit diviſé en palmes, pouces, & doigts, & il avoit quatre palmes, douze pouces, & ſeize doigts. Le Pié de Roi eſt une meſure de douze pouces, chaque pouce diviſé en douze lignes, & chaque ligne en dix parties.

„On ſe ſert beaucoup du Pié Rhénan dans la Province de Hollande, pour „meſurer: il eſt de douze pouces.

„Le Pié de la Nord-hollande qui comprend Amſterdam, eſt d'onze pou„ces, & même tant-ſoit-peu moins.

„Le Pié de Veſel, dont on ſe ſert à Dordregt pour le grand commerce de „bois qui s'y fait, & dont on ſe ſert pareillement pour la jauge de tous les „bâtimens qui naviguent ſur les eaux internes, afin de connoître de quel „port ils ſont, eſt auſſi d'onze pouces, ou un peu plus, car il eſt d'onze „poucés & un quart, eu égard aux pouces du Pié Rhénan.

„Le Pié de Liége eſt de dix pouces; mais ces dix pouces font juſtement „onze pouces & demi du Pié Rhénan.

„Le Pié de Maſtricht eſt de dix pouces, qui font juſtement dix pouces trois „quarts du Pié Rhénan.

„Le Pié de Paris eſt de douze pouces, qui font douze pouces trois quarts du
Pié

Pié Rhénan..

PIE' courant. *Een voet op sijn lengte gemeeten.*
C'eft celui qui eft mefuré de fa longueur.

PIE' quarré, ou fuperficiel. *Een voet op sijn lengte en op sijn breedte gemeeten;*
Een fes-vierkant voet.
C'eft celui qui aïant douze pouces par chacun de fes côtés, contient cent-
quarante-quatre pouces fuperficiels.

PIE' Cube, ou Cubique. *Een Cubijk voet, Cubus-voet, Een fes-vierkant voet.*
C'eft celui qui contient mille fept cents vingt-huit pouces cubes, ou folides.

MARCHANDISES en Pié. *Waaren die nog in weezen zijn.*
Ce font des marchandifes qui font encore en nature, & qu'un Marchand
peut révendiquer en païant les frais du fauvement.

PIE' marin. Un homme qui a le Pié marin. *Zee-handen-en-voeten hebben,*
Zee-fchoenen hebben.
On apelle ainfi un homme qui a le pié fi feur & fi ferme, qu'il peut fe tenir
debout pendant le roulis d'un vaiffeau. Il fe dit auffi de celui qui entend
bien la navigation, & qui eft fait aux fatigues de la mer. Lors-qu'un O-
ficier a le pié marin les gens de l'équipage ont bien plus de confiance en fa
conduite.

N'AVOIR pas le Pié marin. *Geen fcheeps verftaan, Geen zee-voeten hebben.*

PIE' de vent. *De roode in den hemel.*
Cela fe dit d'une éclaircie qui paroît fous un nuäge d'où il femble que le
vent vienne.

PIE' de chévre, Pince de fer. *Koevoet.*
C'eft une barre de fer courbée & refenduë par le bout, qui eft une forte
de levier fervant à remuer des fardeaux. & fur-tout les canons qui font aux
fabords.

PIE' de chévre. *'t Derde been.*
C'eft une troifiême piéce de bois qu'on ajoûte à une chévre pour lui fervir de jambe, lors-qu'on ne peut l'apuïer contre un mur pour enlever un
fardeau à plomb de peu hauteur.

PIE'S droits. *Een balk tot een heugel gehakt, dienende tot een trap in 't ruim.*
Ce font des étances pofées fur le fond de cale & fous quelques baux, dans
les plus grands vaiffeaux, où il y a des hoches taillées comme celles d'une
cremaillière, par où les matelots montent & defcendent avec le fecours d'une
tire-vieille.

PIERRIER, Perrier. *Baffe, Kaamer-ftuk.*
C'eft une forte de canon fait de fer, ou de fonte. Il eft compofé d'une volée, d'une culaffe, de tourillons, d'un renfort, & des mêmes chofes qu'un
autre canon. On s'en fert à jetter des cailloux & de la mitraille, des bales
& des ferremens empaquetez & bien-ferrez dans les cartouches. Il fe charge
par la culaffe avec une boîte, & eft monté fur un chandelier au-lieu d'afût,

ce

ce qui donne la liberté de le pointer haut & bas, & horifontalement.

PIE'TER le gouvernail. *Merken aanfetten.*

C'eft y mettre des marques par mefure, de lieu en lieu, afin de connoître combien il enfonce dans l'eau.

PIEUX deftinez à amarrer les vaiffeaux. *Paalen en boomen.*

On dit, Les pieux & anneaux deftinez à amarrer ; les pieux, boucles & anneaux deftinez pour l'ancrage.

PIGOU, ou, Picou, *Steeker, Infteeker.*

C'eft une forte de chandelier de fer à deux pointes, dont on fe fert dans les navires, & qui eft fort propre à tenir une chandelle. L'une de ces pointes eft pour piquer de côté, & l'autre pour piquer debout.

PILIERS de bittes. *Speenen, Monniken, Beeting-ftutten.*

Ce font deux groffes piéces de bois pofées debout, & entretenuës par un traverfin. Comme ce font les principales piéces de toute la machine des bittes, on leur donne fouvent le nom de Bittes. Voiez, Bittes.

„ Les Piliers de bittes font ordinairement un tiers plus
„ épais que l'étrave.
„ Le fentiment de quelques Charpentiers eft que les
„ Piliers de bittes d'un vaiffeau de cent-trente-quatre
„ piés de long, de l'étrave à l'étambord, doivent avoir
„ quinze pouces d'épais, & feize de large : la tête doit
„ avoir dix-huit pouces de long & demi-pouce de ca-
„ nelure par le bas, avec un pié & un pouce de large :
„ ils font élevez de quatre piés au-deffus du premier
„ pont, & pofez à vingt trois pouces l'un de l'autre.

PILLAGE. *Plonderagie.*

Le pillage eft la dépoüille des cofres & des hardes de l'ennemi pris, & l'argent qu'il a fur lui jufqu'à trente livres : le refte qui eft le gros de la prife, s'apelle Butin.

„ Le Capitaine, où les Capitaines qui auront abordé
„ un vaiffeau de guerre ennemi & qui l'auront pris,
„ retiendront par préférence tous les vivres & les me-
„ nuës armes, & les matelots auront le pillage : mais
„ pour le corps de la prife, le prix en fera diftribué
„ felon les divers Réglemens qui font faits pour diver-
„ fes ocafions.

PILON, ou Petite écore. *Een klein fteilte, Een fteilagtige kuft.*

C'eft une côte qui a peu de hauteur, mais qui eft efcarpée, ou taillée en précipice.

PILOTAGE. *Hey-werk.*

C'eft un ouvrage de fondation fur lequel on bâtit dans l'eau. Cette fondation fe prépare par plufieurs fils de pieux fichez en terre par force, & à refus de mouton.

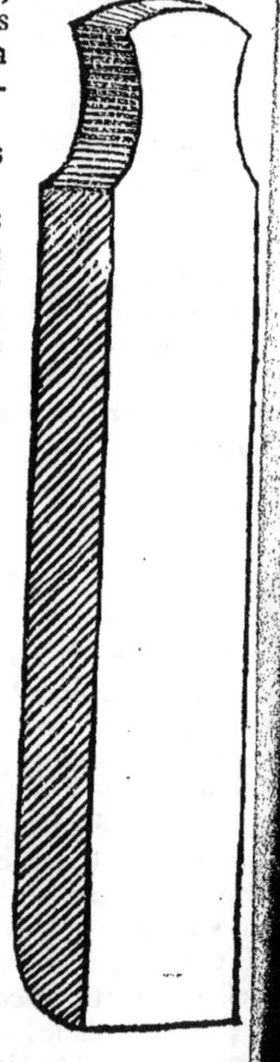

PILOTAGE. *Het loodfen van een fchip, om in-of-uit een haven te loopen.*
C'eſt la conduire qui ſe fait d'un vaiſſeau, pour le faire entrer ou ſortir d'un port, de-peur-qu'il n'aille donner ſur des bancs. Les lamanages, toüages & pilotages pour entrer dans les havres, ou riviéres, ou pour en ſortir, ſont menuës avaries, qui ſe paient un tiers par le navire, & les deux autres tiers par les marchandiſes.

PILOTAGE. *Stuurmanſchap, Stuurmans-konſt.*
C'eſt l'art de bien conduire un vaiſſeau, & de tout ce qui regarde la ſcience de la navigation.

PILOTE. *Stuurman, Stierman.* Premier Pilote. *Opper-ſtuurman.* Second Pilote. *Onder-ſtuurman.* Troiſiême Pilote. *De derde Waak.*
Le Pilote eſt un Oficier de l'équipage qui prend garde à la route du vaiſſeau, & qui le gouverne. Le ſecond & le troiſiême Pilotes ſecondent le premier dans ſes fonctions. Il n'y a trois Pilotes que dans les plus grands vaiſſeaux, ou quand il s'agit de voiages de long cours. Dans les autres vaiſſeaux il y a un ou deux Pilotes, ſelon la qualité du vaiſſeau & du voiage. Voiez, l'Ordonnance de 1681. Liv. 2. Tit. 4. & celle de 1689. Liv. 1. Tit. 15.
„Le Pilote doit être continuellement au gouvernail, & faire de tems en „tems ſon raport au Capitaine, au ſujet du parage où il croit que le vaiſ-„ſeau eſt. Il doit être inſtruit & expérimenté dans les cartes marines de „toutes les différentes ſortes, dans les tables, dans l'aſtronomie, dans l'uſage „de l'aſtrolabe & de l'arbalête; avoir connoiſſance des marées & des chan-„gemens qui y arivent ſelon les païs; des mouſſons &c.
„C'eſt le Pilote qui commande dans les buches & dans les pinques, & qui „ordonne de jetter les filets & de les retirer. C'eſt lui encore qui le plus „ſouvent tient le gouvernail.

PILOTE hauturier. *Een Stuurman.*
C'eſt celui qui dans un voiage de long cours fait prendre la hauteur ou l'é-lévation du pole, par le moien de l'arbalête & de l'aſtrolabe.

PILOTE Côtier, ou Coſtier, Pilote de havre, Pilote lamaneur, *Locman. Loods, Loods-man, Lochman.* Voiez, Lamaneur.

BONS PILOTES, Pilotes expérimentés. *Kundbaare beſtierders, die weer en windt vaſt, of weer-wijs zijn.*

PILOTE qui a entré & ſorti un vaiſſeau. *Een Loods-man die een ſchip in-en-uit-gelooſt heeft.*
Cela ſe dit d'un Pilote qui a mis un vaiſſeau dans une rade, dans une rivié-re, ou dans un havre, & qui l'en a reſſorti.

PILOTE hardi. *Een ſtout Stuurman.*
Cela ſe dit d'un Pilote qui entreprend des choſes difficiles, comme d'entrer dans une riviére inconnuë, dans un havre où il ne ſeroit pas pratique; de chercher une terre de non-vuſte, & autres choſes ſemblables.

IL n'y a point de Pilote côtier en tems de brume. *By miſt is 't niet wel te lood-ſen.*

LES bons Pilotes ſont à terre. *De beſte Stuurluiden zijn altijdt aan landt.*
Cela ſe dit par plaiſanterie de ceux qui ſe vantent de ſavoir beaucoup du pilotage, & qui ſont des ignorans quand ils ſont en mer.

PILOTER. *Loodſen, In-en-uit-loodſen.*
C'eſt ce que font les Pilotes côtiers, ou Lamaneurs, qui conduiſent les

vaiſſeaux hors des embouchures des riviéres , des bancs , & des dangers. Ceux qui ne voient point venir de lamaneurs à leur bord peuvent ſe ſervir de pêcheurs pour les piloter.

PILOTER un navire dehors , ou hors du port. *Een ſchip uitloodſen.*

PINASSE. *Pinas.*

C'eſt un bâtiment fait à poupe quarrée, dont l'origine vient du Nord, & qui eſt fort en uſage en Hollande. On croit qu'on l'a apellé ainſi *de Pinus*, Pin, à-cauſe que les premiéres pinaſſes ont été faites de pin. Comme le vaiſſeau de 134 piés de long , de l'étrave à l'étambord , dont les proportions ſe trouvent ici ſous chaque mot de conſtruction, ou de membres de vaiſſeau, eſt une pinaſſe, il n'eſt pas beſoin d'en donner encore d'autres devis.

PINASSE. *Pinas.*

C'eſt un petit bâtiment de Biſcaie, qui a la poupe quarrée. Il eſt long, étroit & leger, ce qui le rend propre à la courſe, à faire des découvertes, & à deſcendre du monde en une côte. Il porte trois mâts & va à voiles & à rames.

PINCEAU à goldronner. *Teer-dweil-en-quaſt.*

C'eſt un pinceau de ſoie de cochon ; il eſt emmanché de côté , & ſert à goldronner le vaiſſeau, les mâts & les vergues.

PINCES de fer. *Een yſere handt-boom.*

Ce ſont des barres de fer de différente façon , dont on ſe ſert avec un pié de chévre à manier & à remuer une piéce de canon dans la batterie. Voiez , Pié de chévre.

PINCES de bois. *Een Hevel, Een Handt-ſpaak, Een houten Hevel.*

C'eſt un levier dont le bout eſt un peu courbé.

PINCER le vent. *De windt knijpen, of prangen ; Tegen de windt inkrimpen.*

C'eſt aller au plus près du vent, cingler à ſix quarts de vent près du rumb d'où il vient. Voiez , Ranger.

PINNULE. *Viſier, Pinnule.*

C'eſt une petite plaque de cuivre élevée perpendiculairement ſur les bords d'un inſtrument propre à obſerver. Elle a un petit trou par où entre la lumiére des aſtres. C'eſt par cette petite fente que les raïons viſuëls ſe portent vers les objets.

PINQUE, ou Pinke. *Een Pink.*

C'eſt une ſorte de flûte , bâtiment de charge fort plat de varangue, & qui a le derriére long & élevé.

PINQUE. *Een Pink.*

C'eſt-auſſi un flibot d'Angleterre.

Pipris. *Pipris, Praauw.*

C'eſt une eſpéce de Pirogue, dont ſe ſervent les Négres du Cap Vert & de Guinée.

PIQUE. *Piek.*

C'eſt

C'est une forte d'arme compofée d'un bois arrondi, & de la groffeur a-
peu-près du bois. La pique eft longue de treize à quatorze piés, & il y a
au bout un fer forgé, limé, aplati & pointu par le bout; épais & large, &
bien-ataché par fes oreilles, qui font enchaffées dans le bois, & bien-cloü-
ées. On fe fert plutôt de demi-piques dans les vaiffeaux, car les piques
entiéres font trop embaraffantes.

PIQ. Voiez, Pic.

PIRATE. *Een zee-roover, Een ftroper op zee, Een zee-fchuimer.*

PIRATER. *Zee-rooven, Op zee ftroopen.*

PIROGUE, ou, Piraugue. *Praauwe, Praauw.*

C'eft une forte de bateau fait d'un feul arbre, dont les Sauvages de l'Amérique Méridionale ont acoutumé de fe fervir. Les grandes pirogues font quelquefois élevées tout-autour, & fur-tout au derriére, de quelques planches
ajoûtées. Quelquefois ils y peignent leur Maboïa, ou-bien des Sauvages,
ou des grotefques. Ces fortes de bateaux, ou chaloupes, portent fouvent
jufqu'à cinquante hommes, avec leurs munitions de guerre. Avant-que ces
Sauvages euffent communication avec les Européens, qui leur ont fourni
des outils de charpenterie, ils avoient mille peines à venir à bout de faire
leurs pirogues.

PISTOLET. *Piftool, Zink-roer.*

C'eft une arme-à-feu très-utile dans un vaiffeau pour ceux qui fautent à
l'abordage. Il eft compofé d'un fût, d'une batterie & d'un canon. Sa longueur avec fon fût eft d'environ deux piés.

PISTON. *Pomp-hartie, De zuiger.*

C'eft la partie de la pompe qui entre dans le tuïau, ou le corps de la pompe, & qui étant levée, ou baiffée, afpire ou pouffe l'eau en l'air. C'eft
un gros bout cylindrique, qui entre dans le corps de la pompe, & qui eft
ataché à une barre de fer qui s'élève & qui s'abaiffe par le moien d'une
manivelle apellée bringuebale, qui fait agir la force mouvante. Pifton &
Appareil fignifient la même chofe. Appareil, *Pomp-hartie,* eft le terme dont
on fe fert dans les vaiffeaux, & Pifton, *Zuiger,* eft le terme dont on fe
fert pour les autres pompes.

PITON. *Een Bout, ook Een fpijker, of fpeil daar een oog aan is.*

C'eft une cheville de fer. C'eft auffi une fiche en forme de clou dont la tête eft percée.

PITONS à boucles. *Ring-boutjes.*

Ce font des chevilles de fer, où il y a des boucles.

PITONS d'afût. *Bouten tot d'yfere planten van een roopaardt.*

Ce font des chevilles de fer dont on fe fert pour tenir les platebandes d'un
afût de canon.

PIVOT. *Punt, 't Punt van de fpil, of, De pen draaijende op een punt.*

                                    C'eft

C'eſt un morceau de fer, ou d'un autre métal, dont le bout eſt arondi en pointe, pour tourner facilement dans une virole, ou dans une crapaudine. Le cabeſtan tourne ſur un pivot.

PIVOT de bouſſole. *Punt.*

C'eſt la pointe ſur laquelle la roſe eſt en équilibre.

P L.

PLAGE. *Een regt ſtrandt daar ſlegt waater is.*

C'eſt une mer baſſe vers un rivage étendu en ligne droite, ſans qu'il y ait ni rades, ni ports, ni aucun cap aparent où les vaiſſeaux ſe puiſſent mettre à l'abri.

PLAINE, Plane. Voiez, Galére.

PLANCHE. *Plank, Deel.*

C'eſt une piéce de bois ſcié en long, & qui a ordinairement un, deux, ou trois pouces d'épaiſſeur, & environ un pié de large.

PLANCHE reſciée. *Spreidſels*

PLANCHE. Mets la Planche. *Legger, Gang. Set de legger aan.*

C'eſt un commandement que l'on fait à l'équipage de la chaloupe de mettre une planche dont un bout porte ſur le bord de la chaloupe & l'autre à terre, pour ſervir de paſſage, à ceux qui veulent s'embarquer dans la chaloupe, ou débarquer.

LA PLANCHE eſt halée, La grande Planche eſt halée. *De legger is ingehaalt.*

C'eſt une maniére de parler pour dire qu'on ne va plus à terre, qu'on eſt embarqué pour reſter à bord du navire.

PLANCHE, ou autre piéce de bois qui flote ſur l'eau après le naufrage. *Wrak.*

PLANETTE, ou, E'toile errante. *Een Dwaal-ſtar, Planeet.*

C'eſt un aſtre qui a un mouvement propre & périodique, contraire à celui du premier mobile. On compte ordinairement ſept Planettes, qui ſont le Soleil, la Lune, Saturne, Jupiter, Vénus, Mars, & Mercure. Elles ſont différentes en grandeur, les unes étant plus grandes que la terre, ſavoir le Soleil, Jupiter, Saturne, & Mars. Les autres Planettes ſont plus petites que la terre. Mars, Jupiter, & Saturne ſont apellées Planettes ſupérieures, parce-qu'elles ſont au-deſſus du Soleil, & la Lune, Mercure & Vénus Planettes inférieures.

PLANGE. La mer eſt Plange. *De zee is vlak.*

C'eſt un terme bas dont ſe ſervent les matelots de Poitou, de Saintonge & & d'Aunix, pour dire que la mer eſt unie.

PLAQUES de plomb pour divers uſages. *Lood-plakken, Dek-lood.*

Il y en a pour couvrir la lumiére des canons, & pour en boucher l'ame; pour étancher les voies d'eau qui ſe font dans un combat &c.

PLAT de l'équipage, ou, Un Plat des matelots. *Bak.*

C'eſt un nombre de ſept rations, ou portions, ſoit de chair, ſoit de poiſſon, ou de légumes; pour nourrir ſept hommes qui mangent enſemble, chaque plat de l'équipage étant pour ſept hommes.

„Six, ſept, ou huit hommes à chaque plat; c'eſt-à-dire, chez les Hollan-
„dois: les Anglois ne ſont que quatre à chaque plat, Voiez, Gamelle.

CEUX qui mangent à même plat. *Bak-geſellen.*

PLATS

PLATS de bois. *Houte Bakken.* Voiez, Gamelle.

PLAT des malades. *Kranken en gequetsten bak.*

Etre mis au Plat des malades par le Chirurgien du vaisseau, c'est être rangé au nombre des malades pour avoir la subsistance qui leur est ordonnée.

„Les malades sont soignez par ceux qui mangent ordinairement à même „plat qu'eux.

PLAT. Le Plat de la maîtresse varangue. *Het vlak van 't eerste buikstuk, of van 't middel-buikstuk.*

C'est la partie de la varangue qui est le plus en ligne droite.

PLATAIN, Platin. *Een vlakke, of laage kust.*

C'est le nom qu'on donne dans le païs d'Aunix à une côte de la mer qui est plate. Il y a près de la Rochelle le Platin d'Angoulin & le Platin de Chatelaillon, lieux très-propres à faire une descente.

PLATBORD. *Dolbord, Bosbank, Rogbord, Rosbank.*

C'est l'extrémité du bordage qui regne par en-haut sur la lisse du vibord autour du pont, & qui termine les allonges de revers; ou-bien, plusieurs piéces de bois endentées tout-le-long du haut des côtes d'un vaisseau, pour empêcher que l'eau n'entre dans les membres.

„Les Platbords se posent sur les bouts des allonges de revers, contre les „lisses, & sont assemblez à joints perdus pour tenir plus ferme : on y fait „des trous pour des chevillots, où l'on amarre des manœuvres.

„Le Platbord d'un vaisseau de cent-trente-quatre piés de long de l'étrave „à l'étambord, doit avoir huit pouces de large & quatre pouces & demi „d'épais.

PLATBORD. *Hout-voor-schoen.*

C'est-à-dire, Vibord. C'est ainsi que les gens des équipages, & la plupart des autres après eux, ont confondu le Vibord & le Platbord, & ont donné au Vibord ce dernier nom, qui est devenu même plus commun en ce sens que celui de Vibord. Il est pourtant bon de les distinguer, parce-que cela cause beaucoup de confusion. L'élévation des platbords doit être telle que les Mousquetaires puissent tirer commodément par-dessus. Voiez, Vibord.

LE PLAT-BORD à l'eau. *'t Boord leit aan 't waater.*

C'est une maniére de parler qui signifie que le vaisseau étoit si fort couché sur le côté, que le platbord touchoit à l'eau. Notre vaisseau portoit si rudement les voiles pour parer un cap sur lequel nous étions afalez, qu'il avoit le platbord à l'eau.

PLATBORD. *Een loose set-gang, of losse stelling.*

Ce mot signifie aussi un retranchement, ou batardeau de planches, que l'on fait sur le haut du côté d'un vaisseau, pour empêcher que l'eau n'entre sur le pont & dans le vaisseau, lors-qu'on le met sur le côté pour le caréner.

PLATE-BANDE d'un canon. *Agter-bandt, De bedding met de krans van een stuk geschuts, Platte-bandt.*

C'est la partie de la culasse d'un canon, qui regne toute unie autour de la piéce, & sur laquelle on passe l'archet de fer, ou platine de lumiére, pour fermer la lumiére qui est ordinairement au milieu.

PLATE-BANDES D'AFUTS. *Yfere plaaten tot de rampaarden.*

Ce sont des bandes de fer, dont l'usage est de retenir les tourillons des canons dans les entailles des flasques.

PLATE-FORMES pour le canon. *Beddingen.*

Ce sont des arangemens de planches pour les batteries du canon. On fait une élévation irréguliére sous chaque canon, lors-que le pont du vaisseau a trop de rondeur, ou de tonture; ce qui se pratique sur-tout dans les flûtes, à-cause-que leur arriére va en montant de proue à poupe.

PLATE-FORME de l'éperon. *Het Dekkje van 't galioen.*

C'est la partie du vaisseau contenuë depuis l'étrave jusques au coltie.

PLATINES de lumiére. *Lood-plakken, Plaaten.*

Ce sont des plaques de plomb en table, qui servent à couvrir la lumiére du canon.

PLEIN. Le Plein de l'eau. *De vlakke zee, De ruime zee.*

PLEIN. Voiez, Porte plein.

PLEMPE. *Plemp.*

C'est une sorte de petit bateau de pêcheur.

PLI de cable. *Touw-bogt.*

C'est la longueur de la rouë du cable, de la maniére qu'il est roüé dans sa place qu'on nomme la fosse aux cables.

NE moüille qu'un Pli de cable. *Laat uw anker vallen met een bogt touws, of twee.*

C'est-à-dire qu'il ne faut filer que très-peu de cable en moüillant l'ancre, ce qui se fait quand on moüille en un lieu où l'on n'a envie de demeurer que fort peu de tems.

PLIER les piéces de bois. *Buigen.*

C'est les faire courber en les chaufant. Les frais du feu pour chaufer le brai & goldron, & pour plier les piéces de bois.

PLIER le côté. Un vaisseau qui Plie le côté. *Een rank schip, dat helt, en op zy zeilt.*

C'est-à-dire que ce vaisseau a le côté foible, & qu'il porte mal la voile. Ainsi il ne demeure pas droit, mais il se couche lors-que le vent est frais. Notre navire porte mal la voile, car il plie le côté au moindre vent.

PLIER le pavillon. *De vlag rollen.* **Plier les voiles.** *De zeilen beslaan, of inneemen.*

C'est les atacher, & ne laisser ni voltiger le pavillon, ni les voiles étenduës.

PLOC. *Haar.*

Le Ploc est proprement du poil de vache, ou de bœuf; mais comme il fait la principale partie d'un sorte de Couroi, ou de Coureé, qui est une composition qu'on met entre le doublage & le franc-bord d'un navire, on confond ces deux termes, & l'on donne le nom de Ploc au Couroi. On dit de-même, Ploquer, pour Donner le Couroi. Voiez, Courée.

PLOCQUER, Ploquer. *Haar aanleggen.*

C'est mettre du poil de vache entre le doublage & le bordage des vaisseaux qu'on double pour la navigation qui se fait entre les Tropiques, où il s'engendre des vers dans le bordage, qui le percent. On plocque pour em-

empêcher que ces vers, qui s'atachent premiérement au doublage, ne gagnent aussi jusqu'au franc-bord, ce qu'ils ne peuvent faire lors-qu'il y a du ploc entre-deux, & ce ploc sert aussi à empêher que le bordage & le doublage, qui sont l'un sous l'autre, ne s'échaufent.

PLOMB. *Lood.*

Ce mot est pris bien-souvent pour signifier toute la sonde, parce-que la principale partie est de ce métal. On dit; Les côtes de Hollande sont si dangereuses qu'il faut toujours avoir le plomb à la main. Voiez, Sonde.

PLOMB de sonde. *Lood, Diep-lood.*

C'est un plomb fait en cône, & ataché à une corde nommée ligne, avec lequel on sonde dans la mer, pour savoir combien il y a de brasses d'eau, & dequelle qualité est le fond, s'il est de roche, de vase, ou de sable &c.

PLOMB de six, de douze, de vingt-cinq, de trente six &c. *Een lood van ses, twaalf, vijf en twintig, ses en dartig pondt.*

C'est-à-dire un plomb de sonde qui pèse six, douze, vint-cinq, ou trente-six livres.

PLOMB. *Schiet-lood.*

C'est un petit poids de quelque métal dont les Charpentiers se servent pour niveler & pour prendre des à-plombs. Ce plomb est fort plat, & percé à jour, afin de donner passage à la veuë, pour pouvoir mieux adresser à l'endroit où les Charpentiers veulent marquer le bois. Voiez, Niveau à Plomb plein, & Niveau à plomb percé.

PLOMBER un navire. *Een schip waater-passen, of het voor-of-agter-lastig gaat.*

C'est voir avec un instrument, ou avec de l'eau, si le navire est droit, s'il est sur l'arriére, ou s'il est sur l'avant.

PLOMBER les écubiers. *De kluisen met lood beslaan.*

C'est coûdre, ou clouër du plomb en table tout-autour des écubiers, tant pour leur conservation que pour la conservation des cables qui y passent. En clouänt ce plomb il faut faire ensorte qu'il soit retourné l'un sur l'autre, & ataché avec de bons clous à tête large; ce qui empêche le plomb de se casser par le grand froid; & il faut observer la même chose dans tous les endroits où l'on en doit coûdre.

PLONGEONS, Plongeurs. *Duikers.*

On apelle Plongeons certains nageurs qui descendent au fond de l'eau & trouvent moien d'y demeurer quelque tems, pour y chercher les choses que l'on voudroit retirer, ou pour faire quelque chose de singulier, soit en matiére de radoub de vaisseaux, soit à-dessein de faire périr un vaisseau ennemi; ou pour pêcher des perles, & ceux-ci s'apellent aussi Urinateurs.

PLONGER. *Verdrinken, In 't waater stooten.*

C'est mettre & enfoncer quelque chose dans l'eau.

PLONGER. *Duiken, Onder-duiken, Duikelen, Dompelen.*

C'est s'enfoncer dans l'eau, tant qu'on ne paroisse point. Les bons nageurs prennent plaisir à plonger souvent.

LE CANON PLONGE. *Het geschut smkt.*

C'est quand les décharges se font de haut en bas.

FAIRE PLONGER. *Dempen, Neer-dempen.*

PLUMET

PLUMET de Pilote, ou Panon. *Een veertje op een korkje in 't wandt vaſt gemaakt, om te ſien waar de windt van daan komt.*

Ce ſont pluſieurs plumes que l'on met dans un petit morceau de liége, & qui voltigeant au gré du vent, font connoître d'où il vient plus préciſément que les girouëttes. Les mariniers Hollandois ne s'en ſervent point: ils ne ſavent ce qu'on veut dire quand on leur en parle.

P O.

POGE, ou Pouge. *Laat voor de windt vallen.*

C'eſt un terme de commandement dont les Levantins ſe ſervent ſur mer & qui ſignifie, Arive tout. L'Oficier prononce ce mot, Poge, quand il veut que le Timonier pouſſe la barre ſous le vent, comme ſi on vouloit faire vent arriére. Voiez, Pouger.

POIDS. *Swaarte.*

C'eſt la qualité de ce qui eſt lourd.

POIDS. *Gewigt.*

Ce mot ſe dit auſſi de certaines maſſes de fer, ou de plomb, dont on ſe ſert pour connoître combien une choſe pèſe. Les poids ſont différens ſelon les tems & les lieux, & celui qui frette un vaiſſeau doit être bien informé des divers poids.

POINçON. *Staander.*

C'eſt la principale piéce de bois qui ſoutient les gruës, engins, & autres machines à élever des fardeaux. Ce poinçon eſt aſſemblé par le bout d'embas à tenon & à mortaiſe dans ce qu'on apelle la ſole aſſemblée à la fourchette, & il eſt apuïé par l'échelier & par deux liens en contre-fiche. Voiez, Gruau.

POINT d'un Pilote. *Beſtek.*

C'eſt le lieu marqué ſur la carte de l'endroit où le Pilote croit être à la mer.

POINT du bas de la voile. *Schoot-hoorn.*

C'eſt le coin, ou l'angle du bas de la voile. Les points du grand & du petit pacfi portent des écoutes, des couëts & des cargues-point.

POINT du haut de la voile. *De nok van 't zeil.*

POINTAGE de la carte, ou, Le Point du Pilote. *Beſtek in de kaarten.*

C'eſt la déſignation que fait le Pilote ſur la carte marine du lieu où il croit qu'eſt arivé le navire. Cette déſignation ſe fait par le moien de deux compas communs, ou d'une roſe de vents faite de corne tranſparente, & apliquée ſur la carte ſur laquelle le Pilote établit & marque le point de la longitude & de la latitude où ſes eſtimes lui font préſumer que le vaiſſeau doit être arivé.

POINTE. *Zee-hooft, Hoek, Kaap, Uithoek.*

Ce mot ſe dit d'une longueur de terre qui avance dans la mer, comme la pointe de Scage en Jutlande. La pointe d'un mole, d'une digue, eſt la partie de ces conſtructions la plus avancée dans l'eau.

A LA POINTE de l'Eſt, de l'Oüeſt, du Nord, du Sud. *Aan de Ooſtelijke hoek, Weſtelijke, Noordelijke, Suidelijke.*

C'eſt-à-dire, à la pointe d'une terre qui regarde quelqu'une de ces différentes parties du monde.

POINTE de l'éperon. *Neus, Bek.*

C'eſt

C'eſt la derniére piéce de bois & la plus avancée au-devant du vaiſſeau, ſur laquelle quelque figure d'un monſtre marin, ou d'un lion, eſt ordinairement apuïée. Voiez, E'peron.

POINTES de compas de mer, ou, de bouſſole; ou Traits de compas. *De ſtreeken van een zee-kompas.*

C'eſt chacune des marques & des diviſions de la bouſſole, ou du compas de mer. Il y en a trente-deux qui marquent les vents. Un rumb de vent vaut quatre pointes; un demi rumb vaut deux pointes; & un quart de de rumb en vaut une, en ſupoſant huit rumbs de vent principaux. Lorsque nous eûmes paſſé la hauteur de la Vermude, le vent fut ſi forcé & ſi variable qu'en vingt horloges, il ſauta tous les rumbs & parcourut toutes les pointes du compas.

POINTER le canon. *Een ſtuk geſchuts ſtellen.*

C'eſt dreſſer le canon, & l'ajuſter pour lê tirer.

POINTER à démâter. *Schieten den vyandt na ſijn rondt-hout, of na ſijn boven-werk; Afpaſſen om'in 't rondt-hout te ſchieten.*

C'eſt pointer le canon haut, afin de couper les mâts ou les manœuvres du vaiſſeau qu'on veut mettre hors de combat.

POINTER à couler bas. *Schieten na de grondt.*

C'eſt pointer le canon enforte que le boulet perce la partie du navire qui eſt dans l'eau.

POINTER à donner dans le bois. *Schieten den vyandt na ſijn doodt-werk.*

C'eſt quand on pointe d'une maniére que le boulet donne dans la partie du vaiſſeau qui eſt hors de l'eau.

POINTER la carte. *Beſtek maaken, 't Bekomen beſtek in de kaart ſtellen.*

C'eſt ſe ſervir de la pointe d'un compas pour trouver ſur la carte en quel parage le vaiſſeau peut être, ou quel air de vent il faut faire pour ariver au lieu où l'on veut aller.

POINTURE. *Het bollen van de beſaan en de fok.*

C'eſt un racourciſſement de la voile, dont on ramaſſe & trouſſe le point pour l'atacher à la vergue, & bourcer la voile, afin de ne prendre que peu de vent; ce qui ſe fait de gros tems à l'artimon, & à la miſéne.

POITRAL. Voiez, Architrave.

POIX, & Poix réſine. Voiez, Réſine.

POIX navale. Voiez, Zopiſſa.

POLACRE, Polaque. *Polaka, Polaak.*

C'eſt un petit vaiſſeau Levantin dont on ſe ſert dans la Méditerranée, & qui porte des voiles quarrées au grand mât & au beaupré, & des voiles latines à la miſéne & à l'artimon. Ce bâtiment porte couverte & va à voiles & à rames, en façon de tartane, portant un grand mât & ſon hunier. Il eſt quelquefois armé de quatre ou ſix canons, & a toujours quelques pierriers.

POLAINE. Voiez, Poulaine.

POLE. *Pool, As, Aſpunt.*

C'eſt l'un des points ſur leſquels tourne le globe céleſte. Il y a le Pole Arctique, & le Pole Antarctique. Le Pole Arctique, apellé ainſi à-cauſe du voiſinage de l'une & de l'autre Ourſe, eſt celui qui eſt dans la partie du ciel que nous voions. Il eſt auſſi apellé Pole Septentrional, à-cauſe des

Kkkk

ſept

ſept étoiles de la Petite Ourſe , & Pole Boréal, ou Aquilonaire, à-cauſe que le vent de Nord, en Latin *Aquilo*, ſoufle de ces quartiers-là. Le Pole Antarctique, ainſi nommé comme pour dire Contre-ourſe, eſt celui qui étant diamétralement opoſé à l'Arctique, ne paroît jamais ſur notre hémiſphére. On lui donne auſſi quelquefois le nom de Pole Méridional, ou de Pole Auſtral, du vent de Midi qui vient de ce côté-là , & que les Latins apellent *Auſter*. Ces deux Poles ſont auſſi nommez Poles du premier mobile, pour les diſtinguer des Poles du zodiaque , ſur leſquels les ſeconds mobiles, ou les cieux inférieurs , & particuliérement ceux du Soleil, tournent & font leurs mouvemens propres, tendant obliquement de l'Occident à l'Orient. Comme de Soleil marche toujours, pour ainſi dire, ſur la ligne dite E'cliptique, ſans s'en écarter jamais , cela eſt cauſe que les Poles du zodiaque ſont nommez plus fréquemment Poles de l'E'cliptique.

POLE Arctique. *Noord-pool, Noorder-pool.*

POLE Antarctique. *Suid-pool, Suider-pool.*

POLICE d'aſſurance. *Aſſurantie-brief, Verſeker-brief.*

C'eſt un contract par lequel un Particulier s'oblige de reparer les pertes & les dommages qui ariveront à un vaiſſeau, ou à ſon chargement, pendant un voiage, ce qui ſe fait moiennant certaine ſomme que l'Aſſuré paie à l'Aſſureur , ſoit comptant , ou au terme dont on convient , & ce paiement eſt apellé Prime.

„Il ne faut pas manquer d'exprimer dans la Police, ou le Contract d'Aſſu„rance , le nom du vaiſſeau ; ſoit qu'il parte des ports des Provinces U„nies, pour aller en des ports étrangers, ſoit qu'il revienne d'ailleurs dans „les ports des Provinces Unies. Il y faut auſſi emploier le nom du Maî„tre , & le lieu où le vaiſſeau doit charger auſſi-bien que celui de ſa deſ„tination , ſur peine de nullité de l'Acte & de la convention , ſi le defaut „vient de la part de l'Aſſuré: mais en cas que ce ne ſoit pas ſa faute, il a „droit de prétendre ſes dépens, dommages & interêts, contre celui qui a „dreſſé le Contract , s'il apert que ce ſoit celui-ci qui ait fait la faute.

„Il y faut auſſi exprimer en particulier certaines marchandiſes , comme „l'or, l'argent monnoïé & non monnoïé , le beſoard , les pierreries & „toutes ſortes de joïaux ; & encore les munitions de guerre s'il y en a. „Pour toutes les autres marchandiſes, ſoit ſolides, ſoit ſujettes à empire„ment & dépériſſement, on ne les énonce que ſous les termes généraux de „marchandiſes & éfets.

„Les Polices d'Aſſurance, ſe paſſent autentiquement devant un Notaire ; „& quelquefois auſſi en double, ſous ſein privé, ſoit entre les Parties, ou „en préſence de têmoins, ſi elles y en veulent apeller.

POLICE de chargement. *Vragt-brief, Connoiſſement.*

On dit ſur la Méditerranée, Police de chargement, & c'eſt ce qu'on apelle ſur l'Océan Connoiſſement. Voiez, Connoiſſement.

POMMES. *Hooftjens, Hoofjens.*

Ce ſont certains ornemens faits comme de groſſes boules de bois, qu'on met ſur mer aux flames, aux girouëttes & aux pavillons.

POMMES de flames. *Wimpel-hoofjes.*

Ce ſont des maniéres de pommes de bois que l'on tourne en rond , ou en
cul-

cul-de-lampe, & qui se mettent à chaque bout de bâton de la flame.

POMMES de girouëttes. *Vleugel-hoofjes.*

Les Pommes de girouëttes sont aussi en cul-de-lampe. On les met au haut des fers des girouëttes pour les empêcher de sortir de leur place. L'An 1666. l'Electeur de Brandebourg, le Prince d'Orange, & plusieurs autres Princes & grands Seigneurs, étant allez visiter l'armée navale de Hollande, il y eut un matelot qui, pour les divertir, monta à la girouëtte du grand mât, & se mit sur la pomme, la tête en bas & les deux piés en l'air.

POMME de Pavillon. *Knoop van de vlagge-stok, Spil-hoofje.*

Les Pommes de pavillon se mettent sur le haut du bâton de pavillon & d'enseigne, & sont tournées rondes & plates.

„Les Pommes de pavillon du grand mât, & celle d'enseigne ou du pavil-
„lon de l'arriére, doivent avoir de diamétre un pouce par chaque deux
„piés de la largeur du bâtiment.

POMMES de raque. *Rak-klooten.* Voiez, Raque.

POMPE. *Pomp.*

C'est une machine longue & creuse, faite de bois en canal, ou tuïau, propre à puïser & à faire monter les eaux qui entrent dans le fond de cale, & qui de la pompe vont tomber dans les dalots. Il y a ordinairement deux pompes dans les vaisseaux médiocres, l'une à stribord & l'autre à babord, & quatre dans les plus grands. On les place entre le grand mât & le cabestan; & s'il y en a plus de deux dans le vaisseau on place les autres près de l'artimon.

„Pour empêcher que le bois des pompes ne séche trop, & qu'el-
„les ne se fendent, on les goldronne, on les entoure de pre-
„larts, & on les surlie avec des cordes. Celles qu'on place vers
„l'artimon & qui descendent dans le bout des façons de l'arriére
„du vaisseau rendent plus de service que les autres, & sont d'un
„usage plus fréquent, pour décharger l'arriére, qui par sa cons-
„truction doit avoir de la disposition à carguer. Pour celles
„qui sont proche du grand mât, on ne s'en sert que dans les ac-
„cidens, & lors-qu'il entre beaucoup d'eau. Leur longueur doit
„être celle du creux que le vaisseau a dans l'endroit où elles sont
„placées, & environ trois piés au-dessus. Leur diamétre entier
„doit être de trois fois le diamétre de leur trou. La potence
„doit s'élever environ deux piés au-dessus de la pompe. La
„brimbale doit avoir deux fois la hauteur de l'espace qui est de-
„puis le pont jusqu'à la potence: son épaisseur doit être un peu
„moindre que celle du franc-bordage; mais elle doit avoir la
„moitié plus de largeur que d'épaisseur, & la potence prise dans
„le travers du vaisseau doit avoir une fois autant de largeur que
„la brimbale. La brimbale & la verge doivent se joindre, &
„être entretenuës ensemble par une cheville de fer, & la brim-
„bale doit être jointe de même avec la potence. Un des bouts
„de la brimbale pend vers le pont, & l'autre bout, où la verge
„entre, doit être si justement placé à l'égard du trou de la
„pompe que la verge y tombe dans le milieu, afin-que l'ap-

pa-

„pareil ne preſſe pas un des côtés du corps de la pompe plus que l'au-
„tre. Il y a des vaiſſeaux marchands où l'on place les pompes le plus
„à l'arriére qu'il eſt poſſible; afin-que le fond de cale ſoit plus ſpacieux, &
„qu'il contienne plus de marchandiſes. Voici la figure du corps de la
„pompe.

POMPE à la Vénitienne. *Een Venetiaanſe Pomp.*

Elle eſt ainſi nommée à-cauſe qu'elle eſt d'un fort grand uſage parmi les
Vénitiens. Elle eſt percée par-tout également, & a une verge de bois qui agiſ-
ſant avec un contre-poids jette plus d'eau que les autres pompes.

POMPES à rouë & à chaîne. *Ketting-pompen.*

„Ce ſont des pompes à l'Angloiſe. Les Anglois les placent au milieu du
„vaiſſeau. Elles jettent plus d'eau que les autres pompes, & ſe maintiennent
„mieux, mais elles embaraſſent beaucoup le fond de cale, & font un bruit
„bien-deſagréable. Elles ſont faites à-peu-prés comme une meule à émou-
„dre, étant deux l'une auprès de l'autre, dont l'une deſcend & l'autre
„monte tour-à-tour.

CHARGER la Pompe. *Waater van boven in de pomp ingieten, of gooijen.*

C'eſt-à-dire, mettre de l'eau dans la pompe pour atirer celle qui eſt au fond
du vaiſſeau.

CHARGE la Pompe. *Giet'er wat laf in de pomp.*

LA POMPE eſt chargée. *De pomp heeft laf.*

Cela ſe dit lors-qu'on a mis de l'eau dans la pompe pour atirer celle du
fond de cale.

LA POMPE n'eſt pas chargée. *De pomp heeft geen laf.*

C'eſt-à-dire qu'il n'y a pas d'eau dans le haut de la pompe pour atirer celle
du deſſous.

LA POMPE eſt priſe. *De pomp heeft waater gevat.*

C'eſt-à-dire qu'on a mis de l'eau dedans, & qu'elle en a aſſez retenu pour
póuvoir ſervir.

LA POMPE ſe décharge. *Het waater loopt weg, De pomp en houdt niet.*

C'eſt-à-dire que l'eau qui y étoit demeurée après avoir pompé retombe
dans le fond de cale, & que cette pompe n'eſt point en état de ſervir à-
moins, qu'on ne la recharge.

LA POMPE eſt haute, ou, La Pompe eſt franche. *De pomp is lens.*

C'eſt-à-dire qu'il n'y a plus d'eau dans le vaiſſeau, & qu'il n'en vient plus
à la pompe.

POMPE éventée. *Een pomp die onder 't hart lekt, of geſcheurt is, en geen waater kan opgeven.*

C'eſt une pompe qui eſt fenduë, & qu'il faut acommoder ſi on la veut
faire ſervir.

POMPE engorgée. *Een pomp die onklaar en beloopen is, Een verſtopte pomp.*

C'eſt celle où il vient du ſable avec de l'eau, ou quelque autre choſe qui
l'empêche de bien atirer l'eau.

ETRE à une ou à deux Pompes. *Pompen met een, met twee, met alle pompen.*

C'eſt ſe ſervir continuellement d'une ou de deux pompes, pour jetter l'eau
du vaiſſeau.

AFRANCHIR, ou Franchir la Pompe. *De pomp lens pompen.*

C'eſt jetter plus d'eau avec la pompe qu'il n'en entre dans le vaiſſeau. On dit
Pen-

Pendant que le mauvais tems dura nous ne pouvions afranchir la pompe, mais lors-qu'il fut paſſé nous l'afranchîmes facilement, ce qui nous fit connoître que le navire larguoit de mauvais tems.

POMPE en bon état, Pompe libre. *Een pomp die goedt en klaar is.*

A LA POMPE. *Sta by de pomp.*

C'eſt un commandement que l'on fait à ceux qui doivent pomper, d'aller vuider l'eau qui peut être dans le vaiſſeau.

POMPES du Maître-valet, Pompes pour fûtailles. *Pompkens, Botteliers-pompen.*

„Beaucoup de gens, & ſur-tout les Anglois, tirent l'eau & les autres li-„queurs des fûtailles par le haut, avec de petites pompes de ſureau, de „fer blanc, ou de cannes; cette maniére contribuë à faire mieux conſerver „les liqueurs.

POMPE de mer. *Hooſe, Onweers-hoofdt.*

„C'eſt une groſſe colomne qui paroît ſur la ſurface de la mer, preſque en „figure d'un fagot long & étroit, avec ſes branches & ſon pié, c'eſt-à-„dire, large au haut & au bas; ou comme un arbre arraché qui a ſes „branches & ſes racines. Cette colomne eſt d'eau, & cette eau qui ſemble être „tirée de la mer par une pompe, retombe ſouvent tout-d'un-coup. Quel-„ques-uns croient qu'elle vient de la mer, & qu'elle en a été atirée par le So-„leil. Les matelots s'affligent quand ils voient cette pompe, tant parce-que „ſi elle venoit à tomber ſur leur vaiſſeau elle pourroit le couler à fond, „ou le faire ſombrer ſous voiles, que parce-qu'ordinairement elle eſt ſui-„vie de violentes tempêtes, qui ne ſont pas moins à craindre pour eux. „Voiez, Siphons, & Puchot.

POMPER. *Pompen.*

C'eſt faire joüer la pompe. Nous fûmes contrains de pomper nuit & jour juſques à faire cinq cents bâtonnées d'eau par horloge.

PONANT. *Weſt.*

Ce mot veut dire l'Occident; mais dans la marine Françoiſe il eſt pris auſſi pour la mer Océane diſtinguée des mers du Levant, ou de la Médi-terranée, par le détroit de Gibraltar. Ainſi les François diſent, Mers du Po-nant, Vice-amiral du Ponant, Eſcadre du Ponant, & Oficier & équipage Ponantin.

PONT, ou Tillac. *Dek, Verdek, Overloop, Overdek.*

C'eſt un des étages du vaiſſeau. Les plus grands vaiſſeaux de guerre n'ont que trois ponts à cinq piés de hauteur l'un ſur l'autre. Les frégates de guerre n'en ont que deux. Le premier pont eſt celui qui eſt le plus près de l'eau. Cela eſt ainſi entendu parmi les Charpentiers, quoi-que quelques Oficiers entendent que le premier pont eſt celui qui eſt le plus élevé, & qu'ils apellent, ſecond, ou troiſiême pont, ſelon qu'il y a deux ou trois ponts dans un vaiſſeau, celui qui regne ſur le fond de cale. Il eſt certain, ce-pendant, qu'on donne le nom de premiére batterie à celle qui eſt ſur le pont le plus bas, & le nom de ſeconde batterie à celle qui eſt au-deſſus; de-ſorte qu'il ſemble qu'il faut donner le nom de premier pont à celui d'em-bas, qu'on nomme auſſi Franc-tillac. Chaque pont eſt ſoutenu par des poutres apellées Baux, ou Barrots. Voiez, Baux.

PREMIER PONT, ou, Franc-tillac. *Overloop, Dek, Schut-overloop.*

C'eſt

C'est le pont qui est le plus près de l'eau à un vaisseau qui a plusieurs ponts.

SECOND PONT. *Overloop, Verdek, Tweede Dek.*

C'est le pont qui est au-dessus du premier pont.

TROISIEME PONT. *'t Verdek, 't Bovenste dek, Boevenet.*

C'est le pont le plus haut du vaisseau, lors-qu'il est à trois ponts.

„En Hollande il se construit plus de vaisseaux à deux ponts qu'à trois
„ponts, quoi-que beaucoup de gens estiment que les vaisseaux à trois ponts
„soient plus propres pour le combat, parce-qu'ils sont plus difficiles à a-
„border; mais ils ont aussi l'incommodité de la fumée qui ne s'évapore
„pas assez, & qui y demeure. Le vibord du troisième pont est fort bas,
„& l'on y place peu de canon, de-peur-que le bâtiment ne soit trop pe-
„sant par ses hauts. On y place les soldats & les mousquetaires, pendant
„le combat. Il est en hauteur au niveau du château-d'avant.

„Au-lieu de ces troisiêmes ponts, on a coutume de faire un demi pont,
„qui s'apelle Suzain dans les vaisseaux marchans, & qui s'étend jusqu'au
„milieu du navire, laissant peu d'espace entre lui & le gaillard d'avant;
„lequel espace, ou ouverture, on ferme, lors-qu'il en est besoin, par
„un pont qui est fait ou de caillebotis, ou de cordes; & l'on trouve aussi
„beaucoup de gens, qui estiment plus cette sorte de construction qu'un
„troisième pont courant-devant-arriére. On porte même en fagot ces ponts
„de caillebotis & de cordes, pour ne s'en servir qu'au besoin.

„Pour les mettre on les attache au château d'avant, & au demi-pont,
„ou château d'arriére. Aux côtés ils sont soutenus par des montans ou
„pontilles, avec des apuis ou balustrades autour, qu'on couvre de bastin-
„gures, & l'on passe les mousquets au-travers pour tirer. On les fait de
„huit à dix piés de large sur le milieu d'un vaisseau de cent-trente-quatre
„piés de long, & l'on y amarre des cordes qui viennent aussi s'amarrer
„aux côtés du vaisseau.

FAUX-PONT. *Koe-brug.*

C'est une espéce de pont fait à fond de cale, pour la commodité & pour
la conservation de la charge du vaisseau, ou pour loger des soldats. Voiez,
Faux-baux.

PONT volant. *Vinkenet.*

C'est un pont de vaisseau qui est si leger, qu'on ne sauroit poser de canon
dessus.

PONT de cordes. *Een dek van t'saamen-gevlogte touwen.*

C'est un entrelassement de cordages dont on couvre tout le haut d'un vaisseau en forme de pont. Il n'y a guére que les vaisseaux marchands qui portent cette sorte de pont. Il sert à se défendre contre les ennemis qui viennent à l'abordage, parce-que de dessous ce pont on perce aisément à coups
d'épée, ou d'esponton, ceux qui ont sauté dessus.

PONT coupé. *Een voor-en-agter-plegt in een open schip, Een open schip met twee
plegten voor en agter.*

C'est celui qui n'a que l'accastillage de l'avant & de l'arriére sans regner
entiérement de prouë à poupe. Ainsi le pont coupé est le contraire du pont
courant-devant-arriére.

VAISSEAUX à pont coupé. *Half-verdek-schepen.*

PONT courant-devant-arriére. *Een doorgaande dek, Een heel-verdek-schip.*

C'est

C'eft-à-dire qu'il eft entier à la différence des ponts coupez.

PONT à caillebotis, ou à treillis. *Een Dek met roofter-werk in de midden.*
Ces fortes de ponts font affectez aux vaiffeaux de guerre, pour laiffer évaporer la fumée du canon.

PONT à rouleaux, fur lequel on fait paffer des bâtimens d'un eau à l'autre, par le moien d'un moulinet. *Overtoom, overhaal.*

PONT de bateaux. *Scheep-brug.*
Ce font des bateaux qu'on joint enfemble par divers moiens pour paffer une riviére.

PONTAL, ou, Creux d'un navire. *Het Hol, of de Holte van een fchip.*
Pontal fe dit fur la Méditerranée, & Creux fur l'Océan. Voiez, Creux.

PONTE', Vaiffeau Ponté. *Een fchip met een dek.*
C'eft un vaiffeau qui a un pont. On ne fert fert plus guéres de ce terme.

VAISSEAU non Ponté. *Een open fchip.*

PONTENAGE, ou Pontonage. *Brug-en-fchouw-regt.*
C'eft un droit que le Seigneur féodal tire des marchandifes qui paffent fur les riviéres, fur les bacs, & fur les ponts.

PONTILLES, Voiez, E'pontilles.

PONTON. *Ponton, Scheep-brug.*
C'eft une machine dont on fe fert quand on a quelque bras d'eau à paffer. C'eft proprement un pont compofé de deux bateaux qui font à quelque diftance l'un de l'autre, & tous deux couverts de planches, ainfi que l'intervalle qui eft entre-deux. Ils ont des apuis & des garde-fous, & la conftruction en eft fi folide, que cette forte de pont peut tranfporter du canon & de la cavalerie.

PONTON. Voiez, Bac.

PONTON. *Legger, Onder-legger.*
C'eft un grand bateau plat, qui a trois ou quatre piés de bord, qui porte un mât, & qui fert à foutenir les vaiffeaux quand on les met fur le côté pour leur donner la carène, auquel éfet, à defaut d'un ponton, on peut fe fervir d'un vaiffeau. Le ponton eft garni de cabeftans, de vis & autres machines, qui fervent à coucher & relever les grands vaiffeaux, & à netoïer les ports, & en tirer la vafe, les pierres, ancres, bris de vaiffeaux, & autres chofes qui les pourroient combler. Le ponton fert auffi à mâter, la machine à mâter n'étant même qu'une efpéce de ponton.
„Les Pontons ont ordinairement foixante piés de long, feize piés & demi
„de large, & fix piés & demi de creux.

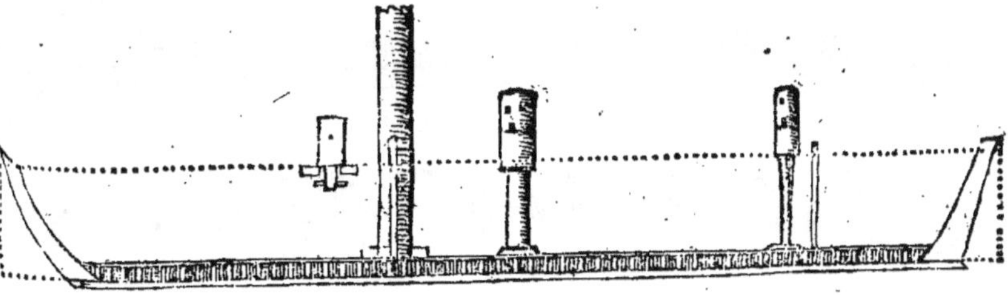

PONTONNIER. *Schouw-voerder, Pont-voerder.*

C'eſt un bâtelier qui tient un bac, ou un grand bateau, pour traverſer les
riviéres aux lieux où les ports ſont établis. On a dit autrefois Pantonnier
& Pautonnier.

PORQUES. *Katteſpooren, Banden.*

Ce ſont des piéces de charpenterie, qui ſe mettent ſur la carlingue, &
qui ſont parallèles aux varangues. Leur uſage eſt de faire la liaiſon des
piéces qui förment le fond du bâtiment, & chaque porque a ſes allonges qui
ſervent à entretenir & à lier toute la maſſe du bâtiment.

PORQUES de fond. *Katteſpooren, Banden in 't ruim.*

Celles-ci ſe mettent vers le milieu de la carlingue, & ſont moins cintrées
& plus plates que les porques nommées Porques aculées, parce-que le
fond du vaiſſeau eſt plus plat vers le milieu de la carlingue.

„Dans les navires de guerre on met des porques ſur le ſerrage du fond, à huit
„ou dix piés les unes des autres : elles font le même éfet ſur le ſerrage que
„les varangues ſur le bordage. On proportione leur épaiſſeur & largeur
„à leur longueur & à la grandeur du navire. En général on tient celles
„qui ſont au milieu tout-auſſi-groſſes qu'il ſe peut, mais on ne les tient pas
„ſi groſſes dans les bouts. On n'en met point dans les vaiſſeaux marchands;
„elles ocuperoient trop d'eſpace dans le fond de cale.
„Il y a deux porques au pié du grand mât : elles ont quatorze pouces de
„large, & douze pouces dépais.
„Elles ſont poſées, dans un vaiſſeau de cent-trente-quatre piés de long de l'é-
„trave à l'étambord, à trois piés & demi l'une de l'autre. Celle qui eſt au
„côté de l'avant répond au derrriére du bau de la grande écoutille.
„Elles ſont fortifiées de quatre genoux, dont il y en a deux du côté de
„l'avant & deux du côté de l'arriére : ils ont dix pouces d'épais & par le bas
„leur largeur eſt égale à celle des porques. Leurs branches d'embas ont
„huit piés de long, & celles d'enhaut ont ſept piés, & ſont moins larges de
„deux pouces que celles d'embas.
„A chaque côté de la carlingue il y a un traverſin, qui la ſurmonte de
„quatre pouces, & il a quatre pouces d'épais.
„Les porques au-deſſus & au-deſſous du pié du mât de miſéne, doivent
„avoir douze pouces de large, & dix pouces d'épais. Il y a quatre genoux
„par le bas & deux par le haut, larges de dix pouces & épais de neuf. Voiez,
„Carlingue de pié de mât. La premiére de ces figures eſt d'une porque de
„fond, & la ſeconde d'une porque de carlingue.

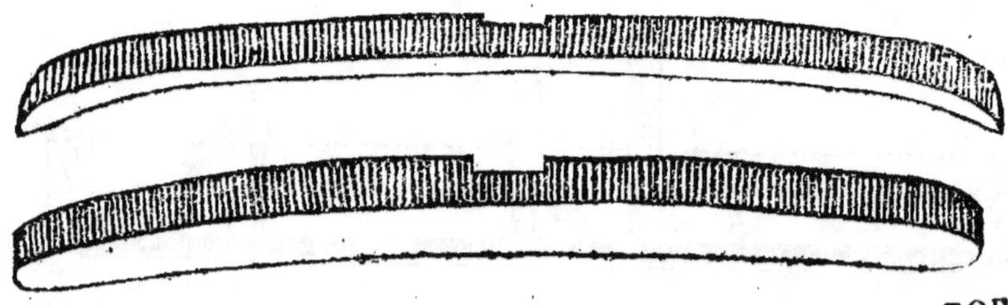

PORQUES acculées. *Kattespooren, Agter-banden, Spooren agter in 't sog.*
On met ces porques vers les extrémités de la carlingue à l'arriére.
,,On met dans l'arriére quatre porques acculées : c'est-à-dire, dans un vaif-
,,feau de cent-trente-quatre piés de long, & chacune a fes genoux : elles
,,ont dix pouces de large, & fept pouces & demi d'épais : les branches des
,,genoux ont fix, fept, ou huit piés de long.
ALLONGES de Porques. *Oplangen op de kattespooren.*
Ce mot a été omis fous la lettre A. Ce font des allonges qui viennent joindre les porques, & qui font dans les côtés des plus grands vaifleaux par-
deffus le ferrage.
PORT. *Haaven, Haven, Zee-haven.*
C'est un pofte de mer proche des terres, deftiné au moüillage des vaiffeaux, & qui y eft plus ou moins propre felon-qu'il a plus ou moins de
fond & d'abri.
PORT de havre, Havre d'entrée, Havre de toute marée. *Een open Haa-
ven, Een Haaven daar men ten alle tijden in en uit kan.*
Ce font ceux où les vaifleaux peuvent entrer en tout tems, y aïant toujours
affez de fond. Voiez, Marée.
PORT brute, Havre brute. *Een haaven uit de natuur.*
C'est celui qui eft fait fans art & fans artifice.
PORT de barre, Havre de barre. *Een Tij-haven, of Vloedt-haven, daar men
moet op 't getij paffen om in te loopen, of met hoog waater en flegte zee inkomen.*
Ce font les ports où les vaifleaux ont befoin du flot & de la haute marée
pour y entrer, parce-qu'ils ne font pas affez profonds, ou parce-que l'entrée en eft fermée par quelques bancs de fable, ou de roches. Il y a une infinité de femblables ports fur l'Océan. Voiez, Barre.
C'EST UN PORT de barre, l'entrée en eft fermée par un banc, on n'y
peut entrer que pendant le vif de l'eau. *Het is een vloedt-haaven, daar leit
een bank voor, men kan met 't laag waater niet over, maar met hoog waater
wel.*
PORT à l'abri par les montagnes qui l'environnent. *Landt-flot.*
AVOIR un Port fous le vent. *Een haven aan ly, of onder de fchoot hebben.*
On dit, avoir un port fous le vent, pour dire, avoir un lieu de retraite pour
le befoin.
ENTRER dans le Port. *Inzeilen, Inloopen, Binnen loopen, Bezeilen, Bevaaren.*
FERMER les Ports, ou Ports fermez. *Een beflag doen, Beflaan en perffen.*
C'est empêcher la fortie de tous les bâtimens qui y font. Quand le Roi de
France veut faire un enrollement de matelots pour fervir fur fes vaifleaux,
il ordonne la fermeture des ports afin de faire faire revuë des matelots, & de
choifir ceux qui font capables du fervice. On a permis l'ouverture des ports
après un mois de fermeture.
FERMER un Port avec des chaînes, des barres, & des bateaux. *Een ha-
ven met keetenen, boomen en fchuiten ftoppen, of fluiten.* Voiez, Bacler.
CONDUIRE heureufement dans le Port. *Ter behouden haven brengen.*
PORT. *Haven.*
Ce mot fe dit auffi de certains lieux fur les riviéres, où les bâtimens qui
abordent fe chargent & fe déchargent.

LI11

PORT,

PORT d'un vaiſſeau, *Portée*, *De groote*, *De dragtbaarheid.*

Ce mot ſe prend pour exprimer la capacité des vaiſſeaux, ce que l'on ſpé-
cifie par le nombre des tonneaux que le vaiſſeau peut contenir : ainſi on
dit qu'un vaiſſeau eſt du port de deux cents tonneaux, *dat een ſchip van
twee hondert tonnen groot is*, pour dire que ſa capacité eſt telle qu'il pourroit porter une charge de quatre cents mille livres, parce-que chaque tonneau eſt pris pour un poids de deux mille livres. On compte qu'un tel
vaiſſeau, chargé de deux cents tonneaux, ocupe en enfonçant un eſpace qui contiendroit deux cents tonneaux d'eau de mer. Suivant l'Ordonnance, il n'eſt réputé y avoir erreur en la déclaration de la portée du vaiſſeau, ſi elle n'eſt au-deſſus du quarantiême.

DE quelque Portée que les vaiſſeaux puiſſent être. *Van wat dragt de ſchepen
mogen zijn.*

PORTAGE. *Voer, Voering.*

C'eſt le privilége par lequel chaque Oficier, ou chaque matelot d'un vaiſſeau, a pouvoir d'y embarquer pour ſoi juſques au poids de tant de quintaux, ou juſqu'à un certain nombre de barils.

PORTAGE. *Voering.*

C'eſt auſſi la quantité de poids ou d'arrimage que peuvent porter ou embarquer des paſſagers ſur le prix de leur paſſage.

FAIRE PORTAGE. *Een ſchuitje op 't landt haalen, en op 't boven-waater
brengen.*

C'eſt-à-dire, Porter le canot par terre, avec ce qui eſt dedans, pour
paſſer les chutes d'eau qui ſe trouvent dans quelques fleuves, tels qu'eſt
celui de St. Laurens, où il y a des chutes d'eau qui empêchent de remonter en canot.

PORTE d'écluſe. *Een ſluis-deur, 't zy in twee toeſlaande, of ſchuins toeſlaande, 't zy regt.*

C'eſt une grande clôture de bois qui arête l'eau dans les écluſes. Les deux
battans de clôture ſe joignent en angle au milieu, & ſouvent par le moien
d'une grande queuë, qui a la force du levier.

PORTE-BAGUETTE d'un fuſil. *Roering.*

PORTE-BOSSOIR. *Drukker, Hoek-man.*

C'eſt un apui ſous le boſſoir, en forme d'arc-boutant, dont le haut eſt ordinairement ouvragé en tête de More.

„Dans un vaiſſeau de cent-trente-quatre piés de long, de l'étrave à l'étam-
„bord, les porte-boſſoirs doivent avoir dix pouces d'épaiſſeur, & un pié
„de largeur. Voiez, Boſſoir, où la figure du porte-boſſoir eſt jointe à cel-
„le du boſſoir.

PORTÉE, ou PORT. Voiez, Port d'un vaiſſeau.

PORTÉE. Etre à Portée, à bonne Portée du canon, des armes-à-feu. *On-
derſcheut zijn.*

PORTE-GARGOUSSES. *Kardoes-kiſt.* Voiez, Lanterne à gargouſſes.

PORTE-HAUBANS, ou Ecotards. *Ruſten.*

On apelle ainſi de longues piéces de bois miſes en rebord & en ſaillie, & qui
ſont cloüées & chevillées de côté, à l'arriére de chaque mât, ſur les côtés
du haut d'un vaiſſeau, pour ſoutenir les haubans & les mettre au large,
afin d'empêcher qu'ils ne portent contre le bordage. Les écotards qui ſont
ſur

fur l'avant du vaiſſeau, vers les boſſeurs, fervent auſſi à placer l'ancre. Les
matelots vont s'y repoſer de beau tems.

„ Les grands Porte-haubans doivent avoir de longueur une cinquiême par-
„ tie de la longueur du vaiſſeau : leur largeur doit être de l'épaiſſeur de
„ l'étrave, & leur épaiſſeur doit être d'un tiers de celle de l'étrave. Les
„ porte-haubans du mât d'avant doivent avoir un peu moins de longueur,
„ de largeur & d'épaiſſeur. Les porte-haubans du mât d'artimon ne doi-
„ vent avoir que le tiers de la longueur & de la largeur des grands porte-
„ haubans, mais ils doivent avoir autant d'épaiſſeur que ceux du mât d'a-
„ vant.

„ Les Charpentiers qui ont réglé les proportions d'un vaiſſeau de 134. piés
„ de long, donnent 28. piés & demi de long aux grands porte-haubans,
„ 17. pouces de large, & 3. pouces & demi d'épais. Leur bout qui re-
„ garde l'avant doit être au niveau du devant du grand mât, & porter
„ ſur la plus haute ceinte. Les liſſes qui ſont en-dehors doivent avoir 3.
„ pouces & demi de large, & 2. pouces & demi d'épais. Il y a ſept cadènes,
„ la première en avant eſt auſſi au niveau du devant du mât. Les che-
„ villes des cadènes doivent avoir 2. pouces de diamétre.

„ Les Porte-haubans du mât d'avant doivent avoir 22. piés 3. pouces de
„ long, 16. pouces de large, & trois pouces d'épais. Leur bout qui re-
„ garde l'avant paſſe de ſix pouces le devant du mât, & porte ſur la
„ liſſe de vibord. Leurs liſſes doivent avoir 3. pouces de large & 2. pou-
„ ces d'épais. Il y a ſix cadènes, dont la première du côté de l'avant eſt
„ au niveau du mât. Les chevilles ont auſſi deux pouces de diamétre.

„ Les Porte-haubans du mât d'artimon doivent avoir 10. piés de long, 9.
„ pouces de large, 2. pouces & une cinquiême de pouce d'épais. Leur
„ bout qui regarde l'avant eſt au niveau du dérriére du mât, & porte
„ ſur la liſſe de vibord. Leurs liſſes ont 2. pouces & demi de large, &
„ 2. pouces d'épais. Il y a quatre cadènes dont la première eſt au niveau
„ du dérriére du mât. Les chevilles ont un pouce & demi de diamétre.

PORTELOTS. *Boei-planken van een ſchuit.*
Ce ſont les piéces de bois qui regnent au pourtour d'un bateau foncet,
ou autre petit bâtiment au-deſſous des plat-bords.

PORTE-VERGUES. *Reegelingen, Regelingen.*
Ce ſont des piéces de charpenterie qui ſont preſque en forme d'arc, &
qui faiſant la partie la plus élevée de l'éperon dans un vaiſſeau, regnent
ſur l'aiguille, depuis le chapiteau, ou beſtion, juſqu'au-deſſous des boſſeurs.

„ Ce ſont les Porte-vergues qui donnent à tout l'éperon l'air qu'il doit avoir :
„ ils s'étendent juſqu'au revers, & il y en a ordinairement trois de chaque
„ côté. Le plus haut s'étend depuis le bout de la herpe d'éperon juſqu'au
„ revers, où il eſt cloüé ſous la cagoüille ; & on y met un marmot ſur le
„ bout qui eſt du côté de la herpe, Par ce même bout il doit avoir de lar-
„ geur la moitié de la largeur de l'étrave en-dedans, & le quart de la mê-
„ me largeur de l'étrave par le bout du devant.

„ Les Charpentiers qui ont proportioné le vaiſſeau de 134 piés de long,
„ donnent au plus haut porte-vergue 8. pouces de large par-derriére & 4.
„ pouces & demi d'épais ; 5. pouces de large par-devant, & 3. pouces &

 demi

„ demi d'épais. Ils donnent au second porte-vergue 6. pouces de large &
„ 4. pouces & demi d'épais par-derriére; 4. pouces & demi de large & 3.
„ pouces & demi d'épais par-devant. Ils donnent au plus bas porte-vergue
„ 6. pouces & demi de large, & 4. pouces d'épais par-derriére; & 5. pou-
„ ces de large par-devant. Voiez la figure des porte-vergues dans celle d'un
„ E'peron, fous le mot E'peron.

PORTE-VOIX. *Roeper, Een fpreek-trompet.*

C'eſt une forte d'inſtrument de fer blanc, dont l'uſage eſt de porter la voix
dans un lieu fort éloigné.

PORTER. *Draagen.*

TOUTES les voiles Portent, Le vent eſt dans les voiles. *Alle de zeilen
draagen, hebben windt gevat, ſtaan geſpannen van de windt, ſtaan ter dragt.*

PORTE-PLEIN les voiles, ou ſimplement, Porte-plein. *Stuur vol.*

C'eſt un commandement que fait le Pilote, le Capitaine, ou quelque Oſicier qui s'aperçoit le premier que le Timonier ſerre le vent de trop près,
& fait barbeïer ou friſer la voile du côté du lof. A ce commandement on
arive tant-ſoit-peu, pour faire porter plein & empêcher de prendre le vent
ſur la voile, ou autrement, de prendre vent devant. Enfin c'eſt un commandement pour gouverner en-ſorte-que les voiles ſoient toujours pleines.
Ce n'eſt pas un avantage de chicaner le vent, ſur-tout dans les longues routes, & il vaut mieux faire porter plein.

PORTER peu de voiles. *Klein zeil maaken.*

C'eſt n'en déploier qu'une petite partie.

PORTE tant de long, tant de gros. *Een hout ſoo lang, en ſoo breedt.*

On dit qu'une piéce bois porte tant de long & tant de gros, pour dire,
que cette piéce de bois a tant de longueur & de groſſeur.

PORTER. *Aanleggen, Aanſetten, Aanwenden.*

C'eſt-à-dire, Gouverner, faire route, courir, ou faire voiles. Ainſi l'on
dit d'un vaiſſeau qu'il porte au Sud, qu'il porte le cap au Sud, pour dire
qu'il fait route au Sud. On dit qu'il eſt porté d'un vent de Sud, qu'il eſt
porté d'un vent d'Eſt, pour dire qu'il eſt conduit de l'un ou de l'autre de ces
vents. On dit auſſi qu'il eſt porté d'un vent frais.

PORTER ſur l'ennemi. Porter ſur l'eſcadre rouge. *Tegens de vyanden aanleggen. Op de roode vlag toeſetten.* Voiez, Cap, Porter le cap, Gouverner.

PORTER à route. *Koers houden, Behouden koers ſonder afvallen zeilen.*

C'eſt aller en droiture, ſans louvier, au lieu où l'on doit aller.

PORTE à route. *Zeilt regt koers.*

PORTE à route. *Gaa weer uwe gang.*

C'eſt quand par accident on a été contraint de courir ſur un autre air de vent
que celui de la route, & qu'on commande au Timonier de ſe remettre ſur
ce rumb.

PORTEREAU. *Een ſluis, of ſas, met een ſchiet-deur.*

C'eſt une conſtruction de bois qui ſe fait ſur de certaines riviéres pour les
rendre plus hautes en retenant l'eau, ce qui en facilite la navigation. Le
Portereau eſt fait en forme de pompe d'étang. C'eſt une grande palle de
bois qui barre la riviére, & qui, à l'arivée de quelque bateau, ſe lève par
le moien d'un grand manche tourné en vis, qui eſt dans un écrou étant au
milieu d'un fort chevalet.

POSER

POSER les piéces d'un vaiffeau. *Leggen.*

POSER un bordage. *Aanvoegen, Een huidt-plank aan een voegen.*

POSER de champ. *De dunne kant om laag fetten.*

C'eft lors-qu'on met une piéce de bois fur fa plus étroite face.

POSER de plat. *De breede kant om laag fetten.*

C'eft lors-qu'on met une piéce de bois fur fa plus large face.

POSER en décharge. *Schuins leggen.*

C'eft lors-qu'on met une piéce de bois obliquement, foit pour empêcher la charge, foit pour arc-bouter & contre-éventer.

POSTE. Garder ou tenir fon Pofte. *Sijn beftelde ftee houden.*

POSTILLON. *Een klein petas in een haven, om op kondtfchap uit te fenden, Een Poft-vaartuig.*

C'eft une petite patache qu'on entretient dans un port, & dont on fe fert lors-que l'on veut envoier à la découverte, ou porter quelque nouvelle.

POT-A-BRAI, *Een Pek-pot.*

C'eft un pot de fer, dans lequel on fait fondre le brai.

POTS-A-FEU. *Vuur-potten, Smook-en-ftink-potten.*

Le Pot-a-feu eft une efpéce de bombe, longue & creufe en-dedans. Il y en a qui pour faire des pots-à-feu prennent une des plus groffes grenades chargées: ils la mettent dans un pot de terre rempli de poudre & couvert d'une peau: au-deffus de cette peau font des bouts de méche allumez & atachez en croix. On jette ce pot par le moien d'une corde que l'on atache à fon anfe, & en fe brifant il ne manque point de prendre feu, de-même que la grenade qui eft enfermée dedans.

POT de pompe. *Emmertje, Pomp-emmertje.*

C'eft la même chofe que chopinette; mais Pot fe dit plus fur mer, & Chopinette fur terre. Voiez, Chopinette.

POTENCE de bringuebale. *Gek, knie, of mik van de pomp, Waag-knie.*

C'eft une piéce de bois fourchuë qui eft foutenuë par la pompe dans laquel-le entre la bringuebale. Voiez, Pompe.

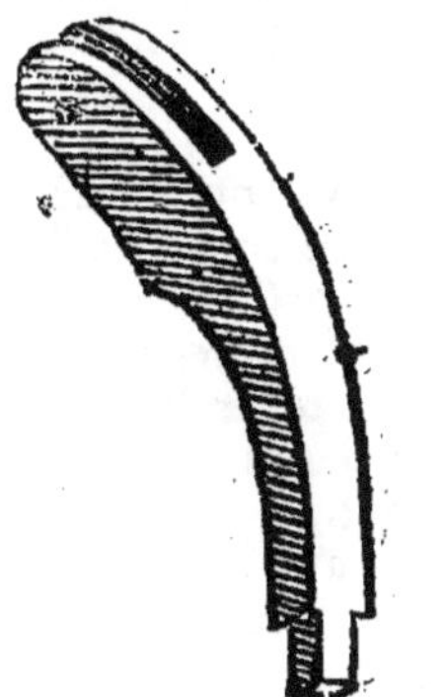

POUCE. *Duim.*

C'eft une mefure qui en Frange comprend la douzième partie d'un pié de

Roi.

Roi. Le pouce contient douze lignes dont chacune est large de la groſſeur d'un grain d'orge. Le pouce ſuperficiel quarré a cent quarante de ces lignes, & le pouce cubique en a mille-ſept-cents-vingt-huit. Voiez, Pié.

POUDRE à canon. *Kruidt, Bûs-kruidt, Bus-poeder.*

POUDRE, muëtte, Poudre ſourde. *Stil-kruidt.*

Elle ſe fait avec de la poudre commune, en y ajoûtant du borax, de la pierre calamine, ou du ſel armoniac, ou des taupes vives calcinées, ou de la ſeconde écorce du ſureau.

POUDRE neuve. *Nieuw Bus-kruidt.*

C'eſt de la poudre qui n'a point encore été portée à la mer.

POUDRIER. *Sandt-looper, Glas.*

C'eſt un horloge de ſable, dont on ſe ſert ſur mer, qui dure demi-heure. Voiez, Horloge & Empoulette.

POUGER, ou Moler en Poupe. *Voor de windt om wenden.*

Ces termes ſont en uſage ſur la Méditerranée, pour dire, Faire vent arriére. On dit nos galéres commencérent à pouger vers Majorque. Voiez, Poge.

POULAINS, E'tances. *Slooi-ſchooren.*

Les Poulains tiennent l'étrave du vaiſſeau dans le tems qu'il eſt ſur le chantier. On ôte ces poulains ou ces étances|les derniéres, quand on veut le mettre à l'eau. On dit auſſi Poulains à l'égard de l'étambord. E'tances & Accores ſont plus uſitez. Les ſous-barbes ſont les étances du bas qui ſoutiennent l'étrave & tout l'avant vers le rinjot.

POULAINE, Polaine, E'peron. *Galioen.*

C'eſt un aſſemblage de pluſieurs piéces de bois qui font une portion de cercle, & qui ſe terminent en pointe : on en fait la partie de l'avant du vaiſſeau qui s'avance la premiére en mer par une grande ſaillie qu'elle fait. C'eſt dans la poulaine que l'on va laver & blanchir le linge, & ſe décharger le ventre. Les Normands & les Malouïns diſent Poulaine. Dans les vaiſſeaux du Roi on dit E'peron. Quelques-uns apellent auſſi Poulaine le Taillemer, ou la derniére & plus baſſe coupe-gorge, ou courbe de gorge, qui fend l'eau. Voiez, E'peron.

POULIE. *Blok.*

C'eſt un corps rond fait de bois, ou de métal, en forme de diſque, ou d'aſſiette, avec un creux tout-au-tour pour entortiller une corde. Elle a un trou dans le centre, pour y paſſer un eſſieu autour duquel elle tourne. On ſe ſert dans les vaiſſeaux de différentes ſortes de poulies, & on s'en ſert auſſi aux gruës, engins, & autres machines, pour empêcher que les cordages ne ſe frotent en élevant des fardeaux. La poulie eſt emboîtée dans ce qu'on apelle écharpe, ou moufle, & par ce terme de Poulie on comprend le tout enſemble, ſavoir le moufle, la poulie ou rouët, & l'eſſieu.

„Il y a diverſes ſortes de poulies, ſelon les divers uſages auxquels elles ſont „deſtinées. Les unes ſont rondes, les autres longues, Il y en a qui ont „deux, trois, & quatre rouëts les uns ſur les autres, & on les apelle „de doubles poulies. Les unes ſont frapées, les autres s'ôtent & ſe remét„ten. La plupart ſont frapées par-deſſus, ou par-deſſous, & quelques„unes le ſont par ces deux endroits. Les plus petites ſont dans une étro„pe qui les ſuſpend par le moien d'une goujure, ou entaille, qu'elles ont
au

„au côté, & où l'étrope entre. Il y en a qui font tenuës par des croes, &
„elles s'ôtent & fe remettent.   On fait les rouëts du bois le plus folide
„& le plus uni, & auffi de cuivre.
„Quelques-uns veulent qu'on donne de large aux poulies deux fois la grof-
„feur, ou l'étenduë de la rondeur des cordes qui doivent paffer dans les
„poulies.

Poulie fimple. Poulie de palan. Poulie à trois rouëts. Poulie commune.

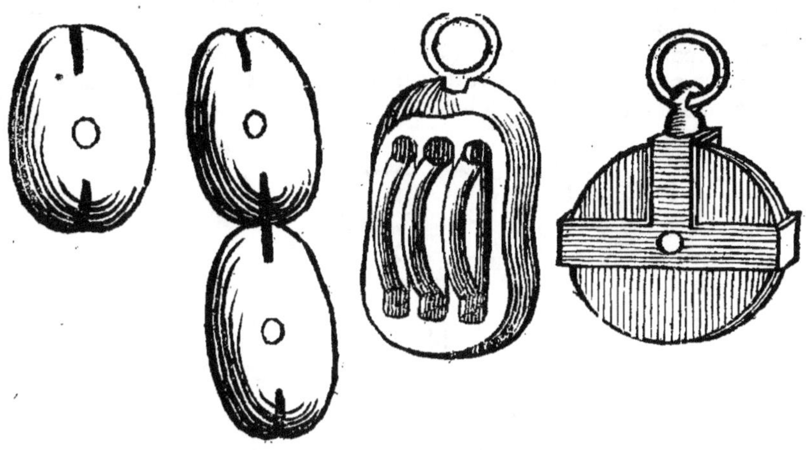

POULIE fimple. *Een enkelde Blok.*
  C'eft un moufle où il y a feulement une poulie.
POULIE double. *Een dubbelde Blok.*
  C'eft celle où il y en a deux fur un effieu, l'une à côté de l'autre.
POULIE courante. *Een loopende Blok.*
POULIES plates de bouline. *Boelijns-bloks.*
  Ce font des poulies qui tiennent à un pendeur fous la hune. C'eft où font
  paffées les balancines des grandes vergues.
POULIE de palan. *Taakel-blok.*
  C'eft un moufle double où il y a deux poulies l'une fur l'autre, quelque-
  fois trois, & quelquefois jufqu'à quatre, & alors ces moufles, ou poulies,
  s'apellent, *Spaans-taakels-bloks.*
POULIE de palan de bout. *Trijs-blok.*
POULIE de fabord. *Poort-touws-blok.*
POULIE de grande driffe. *Het groote kardeel-blok.*
  C'eft un moufle fort long qui fert à hiffer & à amener la grande vergue.
  C'eft où la grande étague eft paffée. Il y a dans ce moufle trois poulies
  fur le même effieu fur quoi paffe la grande driffe, dont l'ufage eft de hiffer
  & d'amener la grande vergue.
POULIE de driffe de miféne. *Het fokke-kardeel-blok.*
  C'eft celle qui avec l'étague fert à hiffer & à amener la vergue de miféne.
POULIE de driffe de fivadiére. *Blinde-val-blok.*
                                                          POU-

POULIE d'étague du grand hunier. *Karviel, Karvil-blok,*

C'eſt une poulie qui eſt double , ou ſimple. Elle tient au bout de l'étague de hune. La fauſſe-étague y eſt paſſée, & elle ſert à hiſſer & à amener la vergue de grand hunier.

POULIE de guindereſſe. *Steng-winder-blok,*

C'eſt une groſſe poulie qui a ſa moufle entourée d'un lien de fer, au bout duquel eſt un croc dont l'uſage eſt de hiſſer & d'amener les mâts de hune.

POULIE de pendeur. *Hangers-blok, Hanger.*

POULIE coupée, ou à dents. *Kinnebaks-blok, Katte-blok.*

C'eſt une poulie qui a ſa moufle échancrée d'un côté, pour y paſſer la bouline quand il eſt beſoin de la haler.

POULIE de retour. *Een enkelde Blok tegen en dubbelde.*

C'eſt une poulie qui eſt opoſée à une autre poulie qu'on emploie au même uſage.

POULIES de retour d'écoutes de hunes. *Mars-ſchoot-bloks onder de raa, Hangers.*

Ce ſont de groſſes poulies qui tiennent par une erſe ſous les vergues, près des hunes, par où ſont paſſées les écoutes des hunes.

POULIE étropée. *Een geſtropte Blok.*

C'eſt une poulie qui a une étrope, autrement, une erſe.

POULIE détropée. *Een kaal blok.*

C'eſt une poulie qui eſt ſortie de l'étrope.

POULIE d'écoute de miſéne, & d'écoute de ſivadiére. *Fokke-ſchoot-blok, Onder-blindt-ſchoot-blok.*

Ce ſont des poulies qui ſont à l'avant des grands haubans, dont le côté du vaiſſeau ſert de moufle.

POULIES d'écoutes de hune. *Mars-ſchoot-bloks op de nok.*

Ce ſont celles qui ſont au bout des grandes vergues, où ſont paſſées les écoutes des hunes & les balancines.

POULIES de caliornes. *Gein-bloks, Jijn-bloks, met twee en drie ſchijven.*

Ce ſont des poulies à trois rouëts ſur un même eſſieu.

POULIE de capon. *Taalie-blok tot 't anker.*

POULIE de bloc. *Nok-gording-blok.*

C'eſt la poulie qui ſert à la cargue-bouline.

POULIES de tant de pouces, par éxemple, de ſix pouces. *Een Blok van ſoo veel duimen, van ſes duimen.*

C'eſt-

POULIEUR, Faiseur de Poulies. *Blok-maaker.*

POUPE. *'t Agter-schip.*

C'eſt l'arriére du vaiſſeau, apellé Queuë par quelques-uns, à-cauſe que le gouvernail qu'on y atache fait le même éfet aux navires que la queuë fait aux poiſſons. Le pourtour de la poupe eſt orné de balcons, de galeries, de baluſtres, de pilaſtres & autres ornemens, avec les armes du Prince; le tout richement doré, ou peint. Voiez, Arriére, & les figures qui y ſont.

POUPE quarrée. Vaiſſeau à Poupe quarrée. *Een Spiegel-schip.*

Ce ſont les vaiſſeaux qui ont l'arcaſſe conſtruite ſelon la largeur & la ſtructure des grands vaiſſeaux de guerre. Le Roi de France ordonna en 1673. qu'à l'avenir, la poupe de ſes vaiſſeaux ſera ronde au-deſſous de la liſſe de hourdi, & non quarrée comme il avoit été pratiqué juſques alors. On apelle les grands navires de guerre, Vaiſſeaux à poupe quarrée, par opoſition aux flûtes & autres bâtimens qui n'ont point d'arcaſſe, & qui ont des feſſes rondes à l'arriére, de-même que le ſont les joüës à l'avant. Quelquesuns diſent auſſi Cul quarré.

VOIR par Poupe. *Agter om ſien.*

C'eſt voir les choſes derriére ſoi. On dit, Nous vîmes leur flote par poupe, c'eſt-à-dire que de notre poupe nous la vîmes ſur notre ſillage, ou derriére nous. En faiſant route ils virent cette iſle par poupe.

MOUILLER en Poupe, ou à Poupe. *Agter vertuijen.*

C'eſt-à-dire, Jetter une ancre par l'arriére du vaiſſeau. On fait ainſi pour moüiller en croupiére. Nous moüillâmes à poupe, ou nous moüillames en croupiére. Voiez, Croupiére, & Moüiller.

VENT en Poupe. *Voor-windt.*

METTRE vent en Poupe. *Voor de windt om wenden.*

C'eſt tourner le derriére du vaiſſeau contre le vent.

AVOIR vent en Poupe. *Voor de windt zeilen, loopen.*

C'eſt Faire vent arriére, & porter à doiture également entre deux écoutes.

POUSSER. *Brengen.*

Pouſſer & Porter ſe diſent du vent. Nous fîmes route par la baie avec la briſe d'Eſt qui nous pouſſa.

POUSSER. Voiez, Barre de gouvernail.

POUSSER un bateau avec le croc, ou avec la gaffe. *Voortduwen.*

POUSSE barre. *Zet borſt aan.*

C'eſt un commandement que l'on fait à ceux qui virent au cabeſtan, pour obliger à travailler plus fortement.

POUSSE-PIE'. Sorte de bateau. Voiez, Accon.

P R.

PRAME, Pont, Schouë. *Praam, Pont, Schouw.*

C'eſt une ſorte de barque, ou bateau, pour naviguer dans les canaux.

PRATIQUE. *Vrije landinge, Praktika, Prattica.*

Ce terme ſignifie, Traite, Communication & Commerce. Nous ne pûmes jamais avoir pratique avec les habitans de cette iſle, quoi-que nous euſſions mis pavillon blanc en ſigne de paix, & que nous euſſions fait toutes ſortes de ſignaux pour leur marquer que nous voulions traiter avec eux de bonne foi; à quoi ils ne répondirent qu'à coups de mouſquet. On ne doit pas celer ſi l'on a eu des pratiques en des lieux infectez de mal contagieux.

<table><tr><td>Mmmm</td><td>PRA-</td></tr></table>

PRATIQUE. Avoir Pratique, Obtenir Pratique. *Vrije landinge of praĉti-ka bekomen.*

C'eſt avoir la liberté d'entrer dans une ville après avoir fait la quarantaine.

ACORDER Pratique. *Vrije landing vergunnen, Toelaaten aan landt te komen.*

E'TRE PRATIQUE d'un lieu. *Bevaaren hebben.*

On dit qu'un Pilote eſt Pratique d'un lieu, pour dire que pluſieurs voiages qu'il y a faits lui en ont donné la connoiſſance.

PRATIQUÉR. Nos Pilotes ont ſouvent Pratiqué ce port. *Onſe ſtuurluiden hebben die haaven dikwils bevaaren.*

PRATIQUER les manœuvres. Voiez, Manœuvrer.

PRE'CEINTE. Voiez, Ceinte.

LA PRE'CEINTE n'eſt point coupée. *Het burghout is niet deurgeſaagt in de poorten te maaken.*

Cela ſe dit lors-que le gabarit d'un vaiſſeau eſt de maniére qu'aucun ſa-bord n'a été coupé dans la préceinte.

PRELART, Prelat. *Preeſening, Dek-kleedt van preeſening.*

C'eſt une groſſe toile goudronnée qu'on met ſur les endroits ouverts d'un vaiſſeau, tels que ſont les caillebotis, les fronteaux, les paneaux & les eſcaliers.

PRENDRE vent devant. *Overſtaag vallen.*

C'eſt-à-dire que le vent ſe jette ſur les voiles d'un vaiſſeau ſans qu'on le veüille.

NOUS PRENONS vent devant. *De windt komt op 't zeil vallen, of komt van vooren; Wy leggen overſtaag.*

PRENDRE un ris. *Een reef inbinden.*

C'eſt racourcir la voile à une hauteur déterminée.

PRENDRE une boſſe. *Stoppen.*

C'eſt-à-dire, atacher la boſſe, ou l'amarrer.

PRENDRE les amures de quelque bord. *De halſen aan ſtuur-boord of bak-boord toeſetten.*

C'eſt-à-dire, Amurer de ce bord-là.

PRENDRE chaſſe. Voiez, Chaſſe.

PRENDRE chaſſe & échaper. *Ontvlieden.*

PRENDRE hauteur. *Hoogte neemen.* Prendre hauteur par-devant. *Na de zon toe ſchieten.* Prendre hauteur par-derriére. *Peilen van de zon af, Van de zon af-ſchieten.* Voiez, Hauteur.

PRENDRE terre. Voiez, Terre.

PRENEUR. Vaiſſeau Preneur. *De Neemer.*

C'eſt celui qui a fait une priſe.

PRE'S du vent. Voiez, Vent.

PRE'S & Plein. *Digt en vol, Stuur vol en by.*

C'eſt un commandement que l'on fait au Pilote, ou au Timonier, d'aller au plus près du vent, mais enſorte que les voiles ſoient toujours pleines.

PRESENTER au vent. Voiez, Navire.

NOUS allons où nous Préſentons. *Dat wy zeilen, dat houden wy.*

Cela ſe dit d'un vaiſſeau qui va où il a le cap, ſans aucune dérive.

PRE'SENTER la grande bouline. *De groote boelijn in de katteblok leggen.*

C'eſt paſſer la bouline dans la poulie coupée pour être halée.

PRE'SENTER le cap à la lame. *In de zee opzeilen, Regt zees zijn.*

PRE'SENTER un bordage, Préfenter un membre. *Een boei-plank heffen, of opheffen; Een huidt-plank aanbrengen.*

C'eſt poſer ce bordage, ou ce membre, au lieu où il doit être, pour ſavoir s'il ſera juſte.

PRESSER. *Preſſen, Preſten, Perſſen.*

C'eſt contraindre les mariniers à ſervir ſur les navires de guerre. Les Commiſſaires qui preſſent s'apellent *Pres-meeſters.* Cette façon de parler eſt Angloiſe. On dit en France Fermer les ports, & quelques-uns diſent, Mettre un embargo.

PRESSER. *Perſſen.*

C'eſt arrimer des laines & autres telles marchandiſes avec des preſſes. Quelques Hollandois les arriment avec de groſſes pierres, ou de groſſes piéces de bois, qu'ils roulent deſſus, ou qui ſont atachées à un palan qui tient à une groſſe boucle qui eſt ſur le pont, & qui enlève la pierre, ou le billot, & le laiſſe tomber de haut en bas, à-peu-près comme fait la ſonnette ſur les pilotis, & cela s'apelle *Traaven,* ou *Duivel-jaagen,* & les bois qu'on roule s'apellent *Scheer-houten.*

PRÊTER, ou Preſter le côté. *Zij-bieden.*

Ce vaiſſeau peut Prêter le côté à un autre, c'eſt-à-dire qu'il eſt aſſez fort pour le combattre.

PRE'VOT Général de la marine. *Provooſt Generaal, De Geweldige.*

C'eſt un Oficier établi pour inſtruire les procès des gens de mer qui ont commis quelque crime. Par l'Ordonnance de 1674. il a entrée au Conſeil de guerre, ainſi que ſes Lieutenans, & ils y font le raport de leurs procédures debout & découverts, ſans avoir voix délibérative. Tout ſoldat déſerteur qui tirera l'épée, ou autre arme offenſive, contre le Prévôt & les Archers de la marine, ſera puni de mort.

,,Le Prévôt de chaque Collége ſe doit préſenter à la Chambre toutes les
,,fois que le Conſeil s'aſſemble : il doit avoir l'œil ſur le comportement
,,des matelots qui ſont devant la Chambre, à ce qu'ils ne commettent au-
,,cunes inſolences. Il doit être préſent aux revuës, & prendre connoiſ-
,,ſance du nombre des matelots qui ſont engagez, afin de les faire venir à
,,bord en tems & lieu, & de faire recherche de ceux qui ne s'y ſeront pas
,,rendus, auquel éfet on fait une derniére revuë lors-que les vaiſſeaux
,,mettent à la voile. Et s'il peut ſe ſaiſir des coupables, il les repréſente
,,au Conſeil. Il a ſes Huiſſiers, ou Archers, qui obéiſſent à ſes ordres.

PRE'VOT Marinier. *De Provooſt.*

C'eſt un homme de l'équipage qui a les priſonniers en ſa garde, & qui eſt chargé du ſoin de faire nétoïer le vaiſſeau, & de châtier les mal-faiteurs. Tous les matins le Munitionaire lui fait donner un verre de vin pur On l'apelle auſſi Prévôt de l'équipage. Etre battu au cabeſtan de tant de de coups de corde par le Prévôt de l'équipage. La priſon du vaiſſeau eſt à l'avant des cuiſines. Le mot de Prévôt eſt pris ici pour celui qui punit ; c'eſt d'ordinaire le plus méchant des matelots.

PRIME d'Aſſurance. *Premie van verſeekering, of aſſurantie ; Aſſurantie-geldt, Verſeeker-loon.*

C'eſt la ſomme qu'un Marchand, qui veut aſſurer ſa marchandiſe, paie à

                                                     l'Aſſul'Aſſureur pour le prix de l'Aſſurance.　On l'apelle Prime à-cauſe qu'elle ſe paie par avance.

„Selon le Réglement de 1620. toutes les primes, à quelque ſomme qu'el-
„les puiſſent monter, ſe paient comptant en paſſant l'Acte, ou Police,
„à peine de nullité de l'Acte.　Bien-entendu néammoins que dans les aſſu-
„rances qui ſe font pour tout un voiage, c'eſt-à-dire, pour aller & pour
„revenir, la prime pour aller ſe paie comptant; mais la prime pour le retour
„ne ſe paie que lors-que les vaiſſeaux ſont revenus.

PRIS de calme. Voiez, Calme.

NOUS fûmes Pris d'une briſe. *Wy kreegen een zee-windt.*

PRISE. *Prijs.*

Cela ſe dit d'un vaiſſeau qui a été pris ſur l'ennemi.　On dit, Pendant notre courſe, qui dura trois mois, nous fîmes quatre priſes; c'eſt-à-dire, que
nous prîmes quatre vaiſſeaux.

„Les Priſes ſeront conduites dans quelqu'une de villes, ou ports, d'où
„les vaiſſeaux qui auront fait les priſes ſeront partis pour aller faire le
„cours, à-moins qu'ils n'en fuſſent empêchez par le gros tems, & par un
„vent tout-à-fait contraire.

FAIRE une Priſe. *Een ſchip inneemen, Een prijs opbrengen.*

NAVIRE adjugé ou déclaré de bonne Priſe. *Een ſchip voor buit verklaart.*

C'eſt-à-dire que la Juſtice a déclaré un tel vaiſſeau de bonne priſe.　Il faut
voir auparavant ſi la priſe ſera déclarée bonne.　Voiez, l'Ordonnance de
1681. Liv. 3. Tit. 9.

„Les deniers qui proviendront des priſes faites par des navires de guerre
„armez par des Particuliers à leurs frais, en vertu de commiſſion, ſeront
„diſtribuez, ſavoir le cinquiéme denier pour le droit de l'E'tat; & ſur le
„reſtant on levera le dixiême denier pour le droit de l'Amiral.　Enſuite
„la ſomme qui reſtera ſera partagée entre les Armateurs du vaiſſeau, ou
„des vaiſſeaux, les Capitaines, les autres Oficiers & les matelots, ſuivant
„la charte-partie qui aura été faite entre eux.

„A l'égard des priſes faites par les navires de guerre de l'E'tat, & de leur
„provenu net, on en levera les cinq ſixièmes parties pour les droits de l'Etat,
„& ſur le reſtant on prendra le dixiême denier pour l'Amiral, & la ſom-
„me qui reſtera enſuite ſera diſtribuée par forme de don gratuit aux Ca-
„pitaines, Oficiers & matelots, qui auront fait & amené les priſes, à-moins-
„que par des conſidérations particuliéres, & en certains cas, il n'en fût au-
„trement ordonné.

„Si les vaiſſeaux des Provinces Unies, qui ont été pris par les ennemis,
„viennent à être repris & délivrez, après avoir été deux fois vingt-quatre
„heures au pouvoir des ennemis, ils ſont tenus de paier un tiers de leur
„valeur; s'ils n'y ont été que vingt-quatre heures, ils paient une cinquié-
„me partie; & s'ils y ont été moins ils en paient une huitième.

VAISSEAU de bonne Priſe. *Een ſchip voor buit, of als prijs genomen.*

Cela ſe dit d'un vaiſſeau que l'on peut arrêter comme ennemi, ou portant
des marchandiſes de contre-bande à l'ennemi.

ETRE de bonne priſe. *Van goeden prijſe weeſen.*

PROBLEMES Nautiques. *Zee-werk-ſtukken.*

Ce ſont certains principaux problêmes de la navigation, qui ſe réſolvent
promp-

promtement & facilement par le moien des tables loxodromiques.

PROFIT avantureux. *Winst van bodemerije.*

C'est l'interêt de l'argent que l'on prête sur un vaisseau marchand, soit pour un voiage, soit pour chaque mois qu'il est en mer, moïennant quoi le prêteur court les risques de la mer & de la guerre. Voiez, Bomerie, & Grosse avantture.

PROFONTIE'. Navire Profontié. *Een diep-gaande schip.*

C'est un navire qui tire beaucoup d'eau, ou à qui il en faut beaucoup pour le faire floter.

PROLONGER un navire. *Zy aan zy leggen. Breedt leggen.*

C'est se mettre flanc à flanc, & vergue à vergue.

PROLONGER la sivadiére. Voiez, Vergue.

PROMONTOIRE. *Kaap, Hoofdt.*

C'est un cap, une pointe de terre qui s'avance dans la mer.

PROUE. *Boeg, Voor-schip, Borst van 't schip.*

C'est l'avant du vaisseau, c'est-à-dire, la partie du vaisseau qui est soutenuë par l'étrave, & qui s'avance la premiére en mer. Les Anciens mettoient des becs d'oiseaux à la prouë de leurs navires, ce qui les a fait apeller en Latin *Rostra.* Voiez, Avant.

VOIR par Prouë. *Voor uit sien.*

C'est-à-dire, devant soi.

DONNER la Prouë. *De koers aangeven.*

C'est prescrire la route que les galéres doivent tenir. On dit, Le Chef d'escadre fit venir les galéres à son bord, pour leur donner la prouë qu'elles tiendroient. Lors-qu'on parle des vaisseaux on dit, Donner la route.

VENT par Prouë, Vent devant. *De windt in, Tegen-windt.*

Le vent se leva tout d'un coup du Nord & nous prit par prouë, c'est-à-dire, qu'il nous prit par-devant, étant devenu contraire.

PROVISIONS de guerre & de bouche pour un navire. *Mondt-en-oorlogs-tuig.*

PUCHOT, ou Trombe. *Hoos, Hoose, Onweers-hoofdt.*

C'est un tourbillon de vent, qui se forme dans une nuë opaque, trop ardemment échaufée par les raïons du Soleil. On voit sortir de cette nuë comme une trompe, composée de la matiére de la même nuë, dans laquelle ce tourbillon est enfermé. Cette trompe descend en tournoïant, sans pourtant quitter la nuë, jusqu'à tremper son extrémité dans la mer, & elle aspire & enlève plus gros qu'une maison d'eau, qu'elle porte si haut dans l'air, que si cette eau rencontroit un navire en retombant, il seroit en danger de périr. Les matelots craignent fort ce tourbillon, & si-tôt qu'ils le découvrent, ils broüillent toutes les voiles jusques-à-ce qu'il soit passé. Dans ces occasions la piété des matelots Catoliques leur fait dire l'E'vangile de S. Jean, pour dissiper le puchot ; & pour les matelots Protestans ils croient qu'il suffit de serrer les voiles. Ce puchot est ordinairement suivi de grandes pluïes. On peut bien connoître que cet article a été emprunté d'un Auteur Catolique, qui comme tous les autres Catoliques ne voudroit pas acorder la moindre ombre de piété aux Protestans: mais l'expérience fait assez connoître que ceux-ci savent un peu mieux les E'vangiles, & qu'ils les ont mieux lus que les Catoliques, & on les lit ordinairement fur leurs vaiſſeaux. Je ne ſai ſi les Catoliques oze-roient ſe vanter qu'on les lit auſſi fur les leurs. Voiez, Pompe de mer, & Dragon. Puchot eſt un terme de matelot, c'eſt-à-dire, un terme bas.

PUISER par les ſabords, ou par les dalots. *Waater ſcheppen, Waater vangen.*
C'eſt-quand l'eau entre dans un vaiſſeau qui cargue.

PUISER l'eau du fond de cale avec des ſeilleaux. *Baalien, Uitbaalien.*

PUISER par le haut, ou par le bord. *Waater van ter zijden opneemen.*
C'eſt quand le vaiſſeau cargue ſi fort que l'eau y entre par le côté.

PUITS. *Pomp-put, Zoode om de pomp.*
C'eſt un eſpace fait exprès à fond de cale, pour puiſer l'eau qui entreroit dans le vaiſſeau avec abondance, & qu'on ne pourroit vuider avec les pom-pes. Voiez, Archipompe.

PUITS. *Kolk.*
C'eſt une grande profondeur qui ſe trouve à la mer dans un fond uni.

PULVERIN, *Dun buſkruit, of polver.*
C'eſt une petite poudre dont on ſe ſert pour amorcer les armes-à-feu.

PURGER, Purgé. *Suiveren, Geſuivert.*
On dit; Dehors & ponts purgez par la racle de tout ancien goldron.

Q U.

QUAI. *Kaai, Kaa.*
C'eſt une conſtruction de pierre qu'on fait le long des bords d'une riviére, ou d'une autre eau, pour la conſerver dans ſon lit, & empêcher qu'elle n'inonde le terrein. On étend la ſignification de ce mot aux moles, & aux digues. C'eſt auſſi un eſpace réſervé ſur le rivage d'un port, pour ſervir à la charge & décharge des marchandiſes.

AMARRÉ à Quai. Rangé à Quai. *Aan de kaai gemeert, Aan landt vaſt ge-maakt. Leggende aan de kaai.*

MAITRE de Quai. *Kaai-meeſter.* Voiez, Maître.

QUAïAGE. *Kaai-geldt.*
C'eſt un droit que les Marchands ſont obligez de paier pour pouvoir ſe ſervir du quai, & y décharger leurs marchandiſes.

QUAICHE, Queſche, ou Caiche. *Kits.*
C'eſt un petit bâtiment qui a un pont, qui porte une corne, qui eſt mâté en fourche comme le yacht, ou le heu. Nous découvrimes un bâtiment qui étoit une quaiche Portugaiſe.

QUARANTAINE. Faire Quarantaine. *Proef-dagen, Quarantaine. Quaran-ne houden.*
C'eſt demeurer quarante jours, ou tel autre nombre de jours, dans un la-zaret, ou dans un autre lieu marqué. Cela ſe fait pour laiſſer paſſer le mauvais air aux gens qui viennent des lieux ſoupçonnez de mauvais air.

QUARANTENIER, ou Quarantaine. *Een Lijn, Een Lijnije.*
C'eſt une ſorte de petite corde qui eſt de la groſſeur du petit doigt. On s'en ſert pour racommoder les autres cordes.

QUART de rond. *Een Rondije, Een Rondt aan de kant van een hout.*
C'eſt un ornement de charpenterie & de menuïſerie, qui fait la quatriéme partie d'un cercle.

QUARDERONNER. *De hoeken van een vierkantig ſtuk houts met een rondije maaken.*   C'eſt

C'eſt rabatre les arrêtes d'un barrot, ou d'une porte, en pouſſant deſſus un quart de rond. Ainſi, Barrot Quarderonné ſe dit de celui ſur les arrêtes duquel on a pouſſé un quart de rond ; ce qui ſe fait pour l'ornement aux barrots de la chambre du Capitaine & des dunettes.

QUARRE' de réduction. Voiez, Quartier de réduction.

QUARRER un barrot. *Een balk vierkant maaken.*

QUART de rond, Saloire, Tamiſaille. *Lui-waagen.*
C'eſt une piéce de bois en forme d'arc qui eſt dans la ſainte-barbe, & ſur laquelle eſt poſé un taquet lié à la barre du gouvernail pour la ſoutenir. Voiez, Traverſe.

QUART, Gardes, Le Quart. *Quartier, Wagt.*
C'eſt l'eſpace du tems qu'une partie des gens l'équipage d'un vaiſſeau veille pour faire le ſervice tandis-que le reſte dort. Chaque nation a ſon quart de différente durée, & même parmi les vaiſſeaux d'une même nation le quart eſt inégal : toutefois il eſt toujours meſuré & déterminé par horloges, chaque horloge étant fixé à une demi-heure. En France dans les vaiſſeaux du Roi le quart eſt ſouvent de huit horloges. Dans les autres vaiſſeaux il eſt tantôt de ſix, tantôt de ſept, & quelquefois de huit. A chaque fois qu'on commence & qu'on lève le quart on ſonne la cloche pour en avertir l'équipage. On dit, Ce matelot n'a pas fait le quart. Ce Timonier a fait lever le quart un horloge plutôt qu'il ne faloit. En Angleterre le quart eſt de quatre heures, & en Turquïe de cinq. Voiez, Horloge.

QUART. Les gens du Quart. *Quartier, Quartier-volk.*
Le Capitaine, ou Commandant d'un navire, doit faire la diviſion de ſes Quarts, & en faire écrire la diſpoſition dans un tableau qu'on atache à la porte de ſa chambre, ou au mât d'artimon.

LE premier Quart, ou Quart de tribord. *Eerſte wagt, Nagt-wagt, Hoofdt-wagt.*
C'eſt celui qui eſt pris le premier, c'eſt-à-dire, immédiatement après l'aube, ou à l'entrée de la nuit. Ce premier quart eſt auſſi apellé Quart de tribord, & eſt fait par les Oficiers ſubalternes en pié, ou par les plus anciens d'entre les ſubalternes.

LE ſecond Quart, ou Quart de babord. *Hondt-wagt.*
Ce Quart eſt pris auſſi-tôt que le premier quart eſt fini, ce qui arive ordinairement à minuit. Celui-ci ſe fait preſque toujours par les Oficiers ſubalternes qui ſont en ſecond, ou par les moins anciens Oficiers d'entre les ſubalternes.

QUART du jour. *De laatſte nagt-wagt, Morgen-wagt.*
C'eſt celui qui eſt pris à la fin du ſecond quart, & qui amène le jour, c'eſt-à-dire que le jour paroît avant-que ce quart ſoit fini.

PRENDRE le Quart. *Op de wagt gaan.*
C'eſt entrer de garde avec une partie de l'équipage.

ÊTRE de Quart, Faire ſon Quart. *De wagt hebben, Sijn quartier waaken.*

APELLER au quart. *Porren.*

AU QUART, Au Quart. *Quart, Quart.*
C'eſt la maniére d'apeller ceux dont le tour vient de faire le quart.

FAIRE bon Quart. *Sijn wagt behoorlijk waarneemen, Goede wagt houden.*

FAIRE bon Quart ſur la hune. *Van de mars uitkijken.*

C'eſt

C'eft-à-dire , Faire bonne fentinelle pour découvrir les roches & les corfaires.

BON QUART. *Goede wagt.*

C'eft un commandement, ou un avertiffement , que l'on fait à l'équipage de faire bonne garde à toutes chofes.

CHANGER le Quart, le relever. *Het Quartier volks afloffen , De wagt verwiffelen, De wagt afflaan.*

QUART de vent, Quart de rumb. *Een ftreek-windts.*

C'eft un air de vent, ou pointe de compas , comprife entre un vent principal qui eft rumb entier, & un demi-vent, ou demi-rumb, qui fuit ou précéde un vent principal. Par éxemple ; Le Nord eft un rumb entier, ou vent principal, le Nord-nord-eft eft un demi rumb, & le Nord-quart-au-nord-eft, compris entre ces deux, eft un quart de rumb. Le quart de vent, ou quart de rumb, fe prend auffi en général pour l'air de vent féparé d'un autre air par un arc d'onze degrès quinze minutes. De cette façon on prend quelquefois un vent principal pour un quart de rumb. Par éxemple; Si la route eft au Sud-eft-quart-au-fud, & que les courans portent au Sud, on dira que les courans ont fait abattre le vaiffeau d'un quart de rumb, & ce quart de rumb tombera fur le Sud. Il y a des Pilotes qui déterminent d'une autre forte les quarts de vent, & qui font une autre divifion de la bouffole.

QUART de Nonante. *Een Quadrant met vifieren.*

C'eft un inftrument de geometrie, apellé ainfi à-caufe qu'il confifte feulement en un quart de cercle divifé en quatre-vingts-dix degrès, & garni de fon alhidade & de fes pinnules. On s'en fert à prendre les angles & les élévations, tant fur terre que fur mer. La figure fe voit ici dans la planche qui eft auprès du mot Arbalête.

QUARTIER-MAITRE. *Quartier-meefter.*

C'eft un Oficier marinier qui eft comme l'Aide du Maître & du Contre-maître. Il a le foin de faire monter les gens au quart, de faire prendre & larguer les ris des voiles : il a l'œil fur le fervice des pompes , & en général il fait agir les matelots, & a foin de la propreté du vaiffeau. Quelques-uns, fur-tout parmi les Hollandois, donnent le nom d'Efquiman au Quartier-maître.

QUARTIER de réduction, Quartier d'or, Quartier de proportion, Quarré de réduction. *Quadrant van reductie.*

C'eft un inftrument qui fert à réduire les degrès d'Eft & d'Oüeft en degrès de longitude, à réfoudre promtement les triangles rectangles, & à inftruire du calcul des routes.

VENT de Quartier, ou, Vent largue. *Breedt-windt Ruim-windt.*

Cela fe dit de tous les airs de vent qui font compris entre le vent de bouline & le demi-rumb qui aproche le plus du vent arriére. Voiez Largue.

QLIN, Quein. Voiez, Efquain.

QUEIN. Les Aques font des bâtimens bordez à Quein. *De Aaken zijn met zoomwerk opgeboeit.*

QUERAT. *De huidt van de kiel af tot aan het onderfte barghout.*

C'eft la partie du bordage comprife depuis la quille jufques à la plus proche des perceintes.

QUE-

QUESTE, Quête. *Over-helling.*

C'eft proprement une ligne inclinée fur une autre.

QUESTE. *Het vallen, Het hellen, Het uitfchieten van de ftevens.*

C'eft la faillie & l'élancement que l'étrave & l'etambord font aux extrémi-tés de la quille. Ainfi la quête eft proprement la ligne que l'on conçoit être tirée en prolongeant chaque extrémité de la quille jufqu'au concours de deux autres lignes qui feroient tirées à plomb, une de l'étambord, & l'autre de l'étrave. Mais l'étrave a toujours plus de quête, ou de faillie, que l'étambord; car on ne donne de quête à l'étambord qu'environ la ving-tiéme partie de la quille, mais on en donne environ la cinquiême partie à l'étrave.

QUEUE. La Queüe d'une armée navale. *De Agter-hoede.*

C'eft l'arriére-garde.

SUIVRE en Queüe la premiére divifion de l'armée. *Kort agter het eerft fmal-deel komen, of volgen; Op den voet volgen.*

LES vaiffeaux qui font la Queüe d'une flote. *De agterfte, of agterlijkfte fche-pen.*

QUEUE de rat, Manœuvre en Queüe de rat. *Een touw met een katte-ftaart.*

C'eft une manœuvre telle que le couët, qui va en amenuïfant par le bout.

QUEUE d'aronde. *Swaluw-ftaart.*

C'eft un terme de charpenterie qui fe dit du plus fort des affemblages, fa-voir, quand on fourre une piéce de bois dans une autre par-deffus, ou à-côté, en-forte qu'y étant emboîtée elle n'en puiffe plus fortir, parce-que l'entrée eft plus étroite que le fond, ainfi qu'il fe voit en la figure de la queüe d'une hirondelle. On dit, Piéces de bois affemblées à queüe d'aron-de; *Stukken houts in malkanderen met Swaluw-ftaarten gevoegdt.* L'ouvrage ainfi affemblé s'apelle, *Schaak-werk.* Voiez, Affemblage.

QUILBOQUET. *Een gat-houtje.*

C'eft un petit outil de Menuïfier.

QUILLE. *Kiel.*

C'eft un longue piéce de charpente, ou l'affemblage de plufieurs piéces mifes bout-à-bout dans la plus baffe partie du vaiffeau, de-puis la prouë jufqu'à la poupe, pour foutenir tout le corps du bâtiment & déterminer la longueur du fond de cale. Notre vaiffeau a cent quatre piés de quille portant fur terre.

„Un Charpentier doit bien prendre garde à tout le bois qu'il met en œuvre,
„mais fur-tout il doit choifir le meilleur pour faire la quille.

„Les Quilles courtes font d'une feule piéce. Il y en a de plus longues
„qui font de deux piéces. Les plus longues font de trois piéces. Il y en a
„même de quatre piéces.

„On tient que les Quilles de trois piéces font plus fortes que celles de deux
„piéces, parce-que dans les premiéres les écarts font vers l'avant & vers
„l'arriére; & au milieu, où la quille eft le plus chargée, à-caufe du grand
„mât, il n'y a point d'écart qui l'afoibliffe. On pofe la quille fur des tins
„lors-qu'on veut commencer la conftruction d'un vaiffeau.

„Le deffous de la Quille doit être fort uni, afin-qu'il n'y ait rien qui ar-
„rête, lors-qu'on lance le navire à l'eau.

Nnnn

„Les

650   **Q U.**

,, Les chantiers doivent être un peu plus hauts à l'arriére qu'à l'avant, afin-
,, que le vaisseau se lance plus aisément à l'eau.

,, La Quille & l'étambord sont joints ensemble & entretenus par de grosses
,, chevilles de bois.

,, Comme la Quille enfonce plus avant dans l'eau que le reste du bâtiment,
,, c'est elle qui coupe l'eau, & qui empêche le vaisseau de dériver. Quel-
,, ques-uns la font un peu élevée, ou lui donnent de la rondeur dans son
,, milieu, prétendant que comme c'est le milieu qui porte le plus grand faix,
,, il ne manque jamais de s'arquer un peu, & que par ce moien la quille se
,, retrouve droite; au-lieu-que si on la fait droite dès le commencement, elle
,, s'arque en-dehors, ce qui peut causer divers inconvéniens.

,, Mais la plupart des autres sont d'avis qu'il faut toujours faire la quille
,, droite, soutenant que les inconvéniens qui en peuvent ariver, au cas
,, qu'elle s'arque, ne sont point à comparer aux avantages qu'on tire de la faire
,, droite dès l'abord, quoi-que dans la suite elle vienne à s'arquer en-dehors.

,, Quand la Quille est arquée le vaisseau en dérive davantage, & ne sille pas
,, si-bien.

,, La Quille doit avoir d'épaisseur un quart plus que l'épaisseur de l'étrave,
,, prise en-dedans, & de largeur sous le premier gabarit une fois & demie la
,, largeur de l'étrave; mais aux deux bouts elle doit être égale à l'étrave &
,, à l'étambord. Ainsi il n'y a rien de fixe sur la largeur que doivent avoir
,, les bouts des quilles, parce-que cela dépend souvent de ce que le bois
,, donne, aussi-bien que de l'épaisseur de l'étrave, & parce-que les deux
,, bouts vont toujours en diminuant tant en hauteur qu'en largeur.

,, Les Charpentiers qui ont donné les proportions d'un vaisseau de 134. piés
,, de long, ont marqué 104. piés de long pour sa quille, deux piés de large,
,, & seize pouces d'épais.

,, Selon le sentiment de la plupart des Maîtres Charpentiers la Quille d'un
,, vaisseau de 180. piés de long doit avoir 2. piés & demi de large au milieu;
,, & par proportion la Quille d'un vaisseau.

	Piés,	Pouces		de	Pouces.
de 170 piés.	2	4		de 120 piés.	18
165	2	2 $\frac{1}{2}$		115	17 $\frac{1}{2}$
160		24		110	16 $\frac{1}{2}$
155	doit avoir	23 $\frac{1}{2}$		105	16
150	de largeur	22 $\frac{1}{2}$		100	15
145	2			95	14 $\frac{1}{2}$
140		21		90	13 $\frac{1}{2}$
135		21		85	12 $\frac{1}{2}$
130		19 $\frac{1}{2}$		80	12
125		19			

,, Un autre Auteur Flamand dit qu'on peut établir pour règle que la lon-
,, gueur de la quille doit être la longueur du vaisseau, à une dixième partie
,, près; que sa largeur, doit être d'un pouce par chaque sept piés de lon-
,, gueur qu'on donne au vaisseau; & qu'elle doit avoir autant d'épaisseur,
           c'est-

„c'eſt-à-dire, priſe de haut en bas, que de largeur, ou un peu moins, ſe-
„lon la demande du bois. Les écarts doivent avoir cinq pouces de long
„par chaque pouce de large qu'on donne à la quille, & par chaque pié de
„longueur qu'on donne à l'écart il doit y avoir pour le moins deux chevil-
„les de fer qui le traverſent.
„On met ſous la quille d'un vaiſſeau deſtiné pour naviguer au Sud, ou à
„l'Oüeſt un bonne planche de chêne, ou de hêtre, avec du ploc entre-
„deux, pour garantir la quille des vers, & cette planche s'apelle Fauſſe-
„quille.

QUINTAL. *Hondert pondt gewigt, Een centenaer.*
C'eſt un poids de cent livres, en-ſorte que les vingt quintaux font la peſanteur du tonneau, car chaque tonneau eſt évaluë à deux mille livres peſant: mais la livre varie, quelquefois elle eſt de quinze onces, & quelquefois
de ſeize.

QUINTELAGE. Voiez, Leſt.

R A.

RABANS, ou Commandes. *Seiſing, Seizingen.*
Les Rabans ſont de petites cordes faites de vieux cables. On les tient de la
longueur de deux braſſes, ou plus longs s'il en eſt beſoin : ils ſont depuis
ſix fils juſqu'à trente & plus encore. On s'en ſert à garnir les voiles pour
les ferler, & à pluſieurs autres amarrages, & à renforcer des manœuvres.
Chaque garçon de vaiſſàu eſt obligé, ſous peine de châtiment, de porter
toujours des rabans à ſa ceinture.

RABANS de voiles. *Ree-banden.*
Ce ſont les cordes de cette nature qui ſervent à amarrer les voiles aux vergues.

RABANS de ſabords. *Poort-touwen.*
Ce ſont ceux qui ſervent à fermer & à ouvrir les ſabords.

RABANS d'avuſte. *Plattingen.*
C'eſt du cordage fait à la main de quatre ou ſix fils de carret.

RABANS de pavillon. *Vlag-ſtropjes.*
Ce ſont ceux qui ſont paſſez dans la gaîne du pavillon, pour les amarrer
au bâton du pavillon.

RABANS de points. *Beſlag-lijnen.*
Ce ſont de longues cordes & menuës qui ſervent à paſſer autour des voiles
& des vergues, pour les lier enſemble.

RABANER. *Ree-banden inſteeken.*
Rabaner quelque choſe, c'eſt y paſſer des rabans.

RABANER une voile. *De zeilen aan de reën vaſt binden.*
C'eſt y paſſer des rabans afin de l'amarrer à la vergue.

RABLE. *Buikſtuk.*
Ce ſont des piéces de bois qui traverſent le fond des bateaux, & y font le
même éfet que les varangues dans les bâtimens de mer. C'eſt ſur ces piéces
de bois, qui ſont rangées comme des ſolives, qu'on atache les ſemelles,
planches, & bordages du fond.

RABLURE. *Sponning, Sponde, Spongie.*
C'eſt une canelure, ou entaille, que le Charpentier fait le long de la quille
d'un vaiſſeau, pour emboîter les premiéres planches d'embas qui en font le

N n n n 2

bor-

bordage extérieur, & qu'on apelle gabords. Il y a aussi une rablure à l'étrave & une à l'étambord, pour recevoir les bouts des bordages & des ceintes.

„La Rablure de la quille doit être en triangle. Elle ne s'étend pas jus-
„ques au bout la quille en-devant comme elle fait par-derriére : elle finit à
„quelques piés du bout, afin-que les gabords, qui y sont entrez, entrent
„aussi en la quittant dans la rablure de l'étrave qui y répond. La largeur
„de la rablure se régle par l'épaisseur des planches qui y doivent entrer. On
„la tient à-peu-près aussi profonde que large, ou un peu moins.

RABOT. *Schaaf.*

C'est un outil dont le Charpentier se sert pour polir le bois. Il est fait
d'un morceau de bois fort-poli en-dessous, qui lui sert de fût, au milieu duquel est une lumiére par où passe un fer, ou un ciseau incliné & fort-
tranchant, qui emporte les inégalités du bois sur lequel on le fait couler.

RABOT rond. *Een blok-schaaf.*

RABOT replané. *Een blok-schaafje.*
Il sert pour ragréer sur la fin de l'ouvrage.

RABOT nommé Galére. *Een groot ruige Roffel.*
Ce sont de gros rabots dont les Charpentiers se servent pour dresser & pla-
ner les poutres, solives, & autres grosses piéces de bois. Voiez, Galére.

RABOTER. *Schaaven, Afschaaven.*

RABOUGRI. Bois Rabougris. *Ongewassen hout.*
On apelle ainsi les bois qui ne profitent pas bien, qui ne sont pas de belle
venuë, qui sont étêtez, & qui ont le tronc court & noüeux.

RACAGE. *Rak.*
On apelle Racage de petites boules de bois enfilées l'une avec l'autre,
de la même sorte que des grains de chapelet sont enfilez. On les met autour du mât vers le milieu de la vergue, & elles accolent l'un & l'autre,
afin-que le mouvement de cette vergue soit plus facile, & qu'on puisse la
faire amener plus promtement. Comme l'on n'amène point la vergue de
siva-

fivadiére elle n'a point de racages. Voiez, Mât.

RACAMBEAU. *De ring van 't val, of van 't floeps-zeil-val.*
C'eft un anneau de fer fort menu , par le moien duquel la vergue d'une chaloupe à voile quarrée eft affujettie au mât, & qui lui fert de racage.

RACHE de goudron. *De dros van pik, of teer.*
C'eft la lie-du méchant goudron.

RACINAL d'éclufe. *Onder-flijk-balk, Een fwolp.*
C'eft une piéce de bois dans laquelle la crapaudine du feüil d'une porte d'éclufe eft encaftrée.

RACINAUX. *Dwars korte balkjes leggende op de kruinen van de geheyde paalen met fondament-planken daar op.*
Ce font de groffes piéces de bois qui fervent aux fondemens des ponts & à d'autres édifices. Lors-qu'on maçonne dans l'eau on met d'abord des pilotis , qui font des pieux de bois de chêne rond , ou d'aune , ou d'orme , qu'on enfonce le plus avant que l'on peut. On remplit tout le vuide avec du charbon, & par-deffus les pieux , d'efpace en efpace, on met des racinaux , c'eft-à-dire , des poutres de huit à neuf pouces, que l'on clouë fur la tête des pieux coupez d'égale hauteur, & fur les poutres on atache de groffes planches de cinq pouces d'épaiffeur , dont l'on fait la plate-forme qui eft comme un plancher.

RACLE, Gratoir. *Schraaper, fchrab-yfer.*
C'eft un petit ferrement coupant , qui eft emmanché de bois & fert à grater les vaiffeaux, pour les tenir propres.

RACLE double. *Schraaper, Een dubbelde fchraaper.*
On dit, Racle double, quand il y a deux racles dos-à-dos fur un même manche.

RACLE en triangle. *Een drie-hoekig fchraaper.*

GRANDE RACLE *Een loet-fchraaper, Een groote fchraaper.*
C'eft pour nétoïer les parties qui font fous l'eau.

PETITE RACLE. *Een kleine fchraaper.*
C'eft pour racler les parties qui font hors de l'eau.

RACLER un vaiffeau. *Schrappen.*

RACOMODER. *Herftellen.*
On fe fert de ce terme pour les manœuvres, comme de celui de radouber pour le corps du vaiffeau. Il alla moüiller au large pour fe racomoder, Ils prirent une heure de relâche, qu'ils paffèrent à fe racomoder.

RADE. *Rée, Reede, Stroom.*
C'eft un efpace de mer , & un lieu d'ancrage , à quelque diftance de la côte, où les vaiffeaux peuvent jetter l'ancre, & y demeurer à l'abri de certains vents, & où ils moüillent même ordinairement en atendant le vent ou la marée propre pour entrer dans le port, ou pour faire voiles. Voiez, l'Ordonnance de 1681. Liv. 4. Tit. 8.

RADE. Bonne Rade d'Eſt, Bonne Rade de Sud. *Een beſloote reede, en beſchut voor de Ooſt-of-Suid-windt.*

C'eſt-à-dire que dans cette rade on eſt à l'abri de ces vents-là.

BONNE RADE. *Een geſonde ree.*

C'eſt un eſpace de mer où le fond eſt net de roches, où la tenuë eſt bonne, & où l'on eſt à l'abri du vent.

RADE cloſe. *Een beſlooten ree.*

RADE foraine. *Een open reede.*

C'eſt celle où il eſt permis à tous vaiſſeaux de moüiller l'ancre ſans avoir à craindre le canon des fortereſſes du païs.

CONDUIRE un navire en Rade. *Een ſchip ter reede, of op de reede brengen.*

VIOLER les priviléges de la Rade. *De reede ontveilen.*

RADEAU. *Een Vlot.*

C'eſt un aſſemblage de pluſieurs piéces de bois jointes près-à-près, liées & acommodées fortement enſemble, qui ſert à voiturer des marchandiſes ſur des riviéres, où l'on ne peut naviguer avec des bateaux. Les radeaux des Indiens ſont compoſ ſez de cinq ſolives atachées les unes aux autres. Celle du milieu eſt la plus longue, & les quatre autres vont toujours en diminuant, afin de mieux couper l'eau. Voiez, Rat.

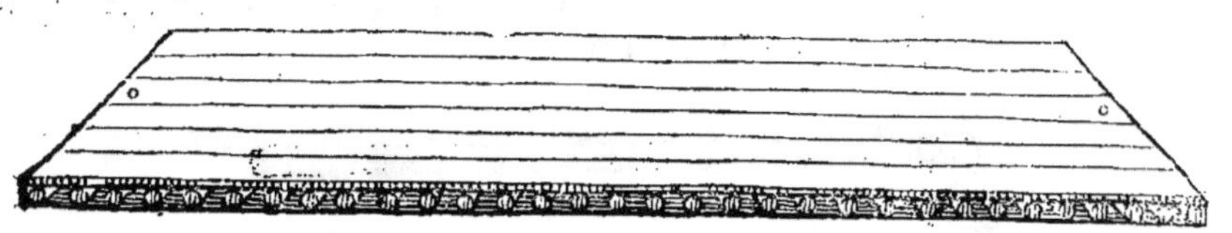

RADEAU. *Een Vlot.*

On donne auſſi ce nom à un train de bois que l'on fait venir à flot ſur une riviére.

RADER. *Ten anker op een reede komen.*

C'eſt un terme dont quelques-uns ſe ſervent, pour dire, Mettre à la rade.

RADIOME'TRE, Bâton de Jacob. *Graad-boog.* Voiez, Bâton de Jacob & Arbalête.

RADOUB. *Het verſtellen, vertimmeren, of lappen van een ſchip.*

C'eſt le travail qu'on fait pour reparer ce qu'il y a de briſé au corps du vaiſſeau. On ſe ſert pour cela de planches, de plaques de plomb, d'étoupes, de brai, de goudron, & de tout ce qui peut arrêter les voies d'eau. On dit, Notre vaiſſeau étant très-incommodé & prêt à couler bas, alla prendre, ou alla faire ſon radoub à l'iſle de Wicht.

RADOUBER, Donner la Raboub. *Herſtellen, Repareeren, Klouwen, Lappen, Vertimmeren.*

C'eſt-à-dire, Racommoder un vaiſſeau.

RAFFALES, ou Raffals. *Val-winden, Dwarrel-winden.*

Ce ſont de certaines boufées de vent qui s'engendrent dans les lieux marécageux, peut-être des froides vapeurs qui s'élèvent du creux des valées.

Ces

Ces boufées de vent étant repouſſées par la chaleur de l'air ſe roulent deçà &
delà avec impétuoſité, & ſe précipitent enfin du haut des montagnes ſur
la mer, apuïant ſi rudement ſur les voiles des navires, que ſi l'on n'uſe
d'une grande diligence à baiſſer les huniers & à larguer les écoutes, on eſt
en danger de démâter, ou de ſombrer ſous voiles.

VENTER par Raffales. *In en uit krijten.*

RAFRAICHIR le canon. *'t Geſchut natten.*

Quand le canon a tiré on le rafraîchit en mettant du vinaigre & de l'eau
dans la volée, ou en envelopant la piéce avec des toiſons de mouton, en-
ſorte que la laine la touche. On rafraîchit encore le canon quand on en
bouche la lumiére en mettant de l'eau dans la volée, la levant un peu, &
abaiſſant la culaſſe.

„Le canon doit être rafraîchi au ſeptiême coup, ou au huitiême.

RAFRAICHIR la fourrure. *De kleeding vervaaren.*

C'eſt faire que la garniture que l'on met autour d'un cable pour l'empêcher de ſe gâter change de place.

LE vent ſe Rafraîchit, ou, Le vent Fraîchit. *De windt wakkert, ſteekt op,*
haalt aan, neemt aan.

C'eſt-à-dire que le vent redouble ſa force. Le vent tomba entiérement," &
il n'y avoit plus de mer, mais après un calme de huit horloges il ſe rafraîchit au Nord-eſt.

RAFRAICHISSEMENT. Prendre des Rafraîchiſſemens. *Ververſſing, Ver-*
verſſing. Vervaſſingen inneemen.

C'eſt faire proviſion de toutes ſortes de vivres agréables & néceſſaires, comme ſont des pains frais, de la viande fraîche, des herbes, du fruit, & autres
choſes. Les rafraîchiſſemens ordinaires des matelots ſont du tabac, de
l'ail & de l'eau de vie.

RAGUE'. Cable Ragué, Cordage Ragué. *Een geſcheurt, of geſchooren kaabel,*
of touw.

C'eſt-à-dire, un cable, un cordage gâté, écorché, ou coupé.

RAGUER. Deux cables qui ſe raguent. *Twee kaabels die vijlen.*

C'eſt quand les cables de deux ancres ſe touchent & s'écorchent en ſe frotant.

RAÏE'. Canon Raïé. *Een gerijffelt, of getrokken loop.*

C'eſt un canon de fuſil, mouſquet &c. qui a quelques canelures en-dedans, & dans lequel on enfonce une bale à force, pour le faire tirer plus
droit.

RAINURE. *Voor.*

C'eſt un terme de menuiſerie qui ſignifie une ouverture ronde qui ſe fait
en longueur dans l'épaiſſeur du bois, pour y faire des aſſemblages, ou y faire
paſſer des couliſſes. Elles ſe font avec des rabots ronds.

RAÏON Aſtronomique. Voiez, Arbaleſtrille.

RAISON. Mettre les piéces de bois en leur Raiſon. *De ſtukken van een ſchip*
klaaren.

C'eſt diſpoſer les piéces de bois qui doivent ſervir à un bâtiment, & mettre chaque morceau à ſa place, après-qu'elles ont été miſes en chantier.

RAISONNER à la patache, Raiſonner à la chaloupe. *Reden geven aan den*
Oſicier van de petas.

Lois.

Lors-qu'un vaiſſeau veut venir moüiller dans un port, & que la patache ou la chaloupe qui ſont de garde le viennent reconnoître, il eſt obligé de leur raiſonner, c'eſt-à-dire, de leur montrer les permiſſions qu'il a de moüiller dans ce port, & de leur rendre compte de la route qu'il a faite, & de celle qu'il veut faire, afin d'ôter les défiances & avoir congé d'y entrer. Notre navire n'eut la liberté d'entrer dans le port de Livourne qu'après avoir raiſonné à la patache qui l'étoit venu reconnoître.

RALINGUES. *Lijk, Lijken.*

Ce ſont des cordes qui ſont couſuës en orlet tout-autour de chaque voile & de chaque branle, pour en renforcer les bords.

,,Les Ralingue de la grande voile d'un vaiſſeau de 134. piés de long, doit ,,avoir 3 pouces & demi d'épaiſſeur, être de 3. torons & de 120. fils, & ,,avoir 32. braſſes, ſans y comprendre la bonnette. La ralingue du mât de ,,miſéne doit avoir 3. pouces & un quart d'épaiſſeur, 40. braſſes de lon- ,,gueur, & être de 84. fils. La ralingue du grand hunier doit avoir 3. ,,pouces d'épaiſſeur, 34. braſſes de longueur, & être de 72. fils. La ra- ,,lingue du petit hunier doit avoir 2. pouces & demi d'épaiſſeur, 28. braſ- ,,ſes de longueur, & être de 52. fils. La ralingue du perroquet de beau- ,,pré doit avoir 18. braſſes de long, & être de 18. fils. La ralingue du ,,grand perroquet & celle du perroquet d'artimon doivent avoir toutes deux ,,enſemble 30. braſſes, & être chacune de 15. fils. La ralingue du per- ,,roquet d'avant doit être de 12. braſſes de long, & de 12. fils. La ralin- ,,gue de la voile d'artimon & celle de la ſivadiére doivent être de 46. braſ- ,,ſes de long, & de 36. fils.

TENIR en Ralingue, Mettre en Ralingue. *Levendig houden, Killen.*

C'eſt tenir un vaiſſeau ou le mettre de-ſorte que le vent ne donne point dans les voiles.

LE vent eſt en Ralingue. *De zeilen leuteren, leggen los aan de windt.*

RALINGUER. Faire Ralinguer. *Levendig houden, Laaten leeven, Aan de windt leggen.*

C'eſt faire couper le vent par la ralingue, en-ſorte-que le vent ne donne point dans les voiles.

METS en Ralingue, ou, Fais Ralinguer. *Leg aan de windt met loſſe zeilen.*

On commande ainſi au Timonier afin-qu'il faſſe ralinguer les voiles.

RALLIER. Se Rallier. *Naaderen.*

Se Rallier à quelque choſe, c'eſt s'en aprocher.

RALLIER un navire au vent. *Weer aan loeven; 't Schip weer opdringen, ophaalen.*

C'eſt le mener vers le vent.

SE RALLIER à terre. *De wal naaderen.*

C'eſt s'aprocher de la terre.

RAMBERGE. *Een ſoort van een klein galioot.*

C'eſt une ſorte de petit vaiſſeau propre à aller faire des découvertes. Les Anglois ont apellé ainſi autrefois leurs plus grands vaiſſeaux de guerre.

RAME, ou Aviron. *Riem.*

C'eſt une longue piéce de bois, dont le bout qui porte dans l'eau eſt aplati, & l'autre arondi. On s'en ſert pour naviguer ſur les mers & ſur les riviéres. La partie qui eſt hors du vaiſſeau & qui entre dans l'eau, s'apelle

pelle le **Plat**, ou la **Pale** de la rame; & celle qui est au-dedans & à la main des forçats, ou rameurs, est le **Manche** de la rame.

E'CHAPER à force de Rames. *Ontroeijen.*

A TRAIT & à Rames. *Met riemen en zeilen.*

LES grandes Rames dont on se sert dans le vaisseau pour nager. *Scheeps-rie-men.*

ALLER à voiles, ou à trait, & à Rames. *Rijen en zeilen.*

RAMER, ou Nager. Voiez, Nager.

RAMER debout. *Staande roeijen.*

RAMEUR. *Roeijer.*

C'est celui qui rame. Il y a sur les galéres des rameurs qu'on fait ramer par force, & il y en a d'autres qu'on louë, & on les nomme Bonnes-vo-gles, ou Bonavoglies.

BALES RAME'ES. *Draad-kogels.*

Ce sont deux ou trois balés enfilées dans une aiguille de fer.

RANG. Vaisseau de premier Rang, du second &c. *Schepen van d'erste cer-ter, of rang, van de tweede, van de derde certer, van d'eerste grootheid, van de grootste slag.*

C'est un terme dont on se sert sur la mer pour distinguer la grandeur & la capacité des vaisseaux de guerre, qui s'étend en France jusques à cinq diffé-rences, & qui est fondée sur la longueur de leur quille, sur le nombre de leurs ponts, sur leur port, & sur la quantité des canons dont ils sont mon-tez. Toutes ces distinctions de rang ont été déterminées par une Ordonnan-ce du Roi de France de l'Année 1670. & plus nouvellement par celle de 1689. dont voici le contenu.

Les vaisseaux du premier rang auront cent-soixante-trois piés de longueur de l'étrave à l'étambot par-dehors, quarante-quatre piés de largeur en de-hors les membres, & vingt piés quatre pouces de creux, à prendre sur la quille au-dessus des bouts du bau, en droite ligne.

Il y aura deux différentes grandeurs de vaisseaux parmi ceux du second & du troisième rang, qui seront distinguez par premier & second ordre.

Les vaisseaux du second rang, premier ordre, auront cent-cinquante piés de longueur, quarante & un pié six pouces de largeur, & dix-neuf piés de creux.

Ceux du second rang, second ordre, auront cent-quarante-six piés de lon-gueur, quarante de largeur, & dix-huit piés trois pouces de creux.

Les vaisseaux du troisième rang, du premier ordre, auront cent-quarante piés de longueur, trente-huit de largeur, & dix-sept piés six pouces de creux.

Ceux du troisième rang, second ordre, cent trente-six piés de longueur, trente-sept de largeur, & seize piés six pouces de creux.

Les vaisseaux du quatrième rang, cent-vingt piés de longueur, trente-deux & demi de largeur, & quatorze & demi de creux.

Et ceux du cinquième rang, cent-dix piés de longueur, vingt-sept & de-mi de largeur, & quatorze de creux.

Mais comme dans les précédentes Ordonnances il y a encore plus de circons-tances pour le nombre des ponts, le port & les canons, on en va aussi par-ler par articles, & en abrégé, ainsi qu'a fait M. Guillet.

Oooo

VAIS-

VAISSEAUX du premier Rang. *Schepen van d'eerste certer, of rang.*
Ils ont en France environ cent-trente piés de quille portant sur terre, &
sont de quatorze à quinze cents tonneaux. Ils portent depuis soixante &
dix jusqu'à six-vingts canons, & ont trois ponts entiers & non coupez,
deux chambres l'une sur l'autre, savoir celle des volontaires, ou du conseil,
& celle du Capitaine, outre la sainte-barbe & la dunette.

SECOND RANG. *Tweede certer, of rang.*
Ces vaisseaux ont en France depuis cent-dix jusques à six-vingts piés de
quille, trois ponts entiers, ou quelquefois le troisième coupé, avec deux
chambres dans leur château de poupe, outre la sainte barbe & la dunette.
Leur port est d'onze à douze cents tonneaux, & ils sont montez depuis cinquante jusques à soixante & dix piéces de canon.

TROISIE'ME RANG. *Derde certer, of rang.*
Ces vaisseaux ont en France environ cent-dix piés de quille. Ils ont seulement deux ponts, & n'ont dans leur château de poupe que la sainte-barbe,
la chambre du Capitaine & la dunette; mais ils ont un château sur l'avant
du second pont sous lequel sont les cuïsines. Leur port est de huit à neuf
cents tonneaux, & ils sont montez de quarante à cinquante piéces de canon.

QUATRIE'ME RANG. *Vierde certer, of rang.*
Ces vaisseaux ont en France trente à quarante canons. Ils ont à-peu-près
cent piés de quille, deux ponts courant-devant-arriére avec leurs châteaux
de proüe & de poupe, comme les vaisseaux du troisième rang. Leur port est
de cinq à six cents tonneaux.

CINQUIE'ME RANG. *Vijfde certer, of rang.*
Ces vaisseaux sont en France du dernier rang. Ils sont du port de trois
cents tonneaux, & de dix-huit à vingt piéces de canon. Ils ont quatre-
vingts piés de quille, & au-dessous, & deux ponts courant-devant-arriére,
sans aucun château sur l'avant : les cuïsines sont mises entre deux ponts,
dans le lieu le plus commode, pour éviter le feu, & ne point incommoder le service du canon.

,,Les Hollandois comptent jusques au septième rang, ainsi qu'il paroît dans
,,l'article des Pavillons ci-dessus, où en réglant leur grandeur on commen-
,,ce par les vaisseaux du premier rang, & l'on finit par ceux du septième
,,rang : mais on n'a point trouvé d'endroit où la longueur, le port, le
,,nombre des canons & des ponts, selon chaque rang, soit spécifié, soit
,,qu'il n'y ait point d'Auteur qui ait entré en ce détail, soit qu'on n'en ait
,,pas connoissance.
,,Voici ce qu'on a trouvé de particulier sur ce point. Les plus grands na-
,,vires, ou les navires du premier rang qu'on construit présentement dans
,,cet E'tat, sont de cent-soixante & quinze piés de long, de l'étrave à l'é-
,,tambord, & de quarante trois piés de large.

RANGS. *Riem-rijen-of-reijen.*
RANG de rameurs. *Een rij van roeijers.*
Ce terme, sur la Méditerranée & dans les vaisseaux de bas-bord, se dit du
travail des forçats qui sont sur les bancs, & de l'éfet des rames. Ainsi on
dit, Aller à la voile & aux Rangs, ce qui est, Aller à la voile & aux rames. Voiez, Rame. Lever les Rangs, *Laaten uitscheiden van roeijen, c'est
faire

faire ceſſer de ramer. On dit encore, Le ſervice des Rangs ſauva notre galére.

RANGER la terre, ou , Ranger quelque autre choſe. *By de wal langs loo-*
pen, Langs de kuſt heen zeilen.

C'eſt paſſer auprès.

RANGER la côte. *Langs de kuſt zeilen, of heen zeilen.*

C'eſt-à-dire, naviger terre-à-terre en côtoïant le rivage. Le mauvais tems
nous avoit fait prendre le large, mais nous revinſmes ranger la côte pour
reconnoître le terrein propre au débarquement.

RANGER le Nord, ou quelque autre air de vent. *Om de Noord loopen.*

C'eſt gouverner près du vent de Nord, ou autre tel qu'on nomme. Il y
avoit du péril à ranger l'Eſt.

RANGER le vent. *De windt prangen , knijpen ; Tegen de windt inkrimpen ;*
Scherpen ; Digt aan de windt hakken.

C'eſt-à-dire qu'il faut cingler à ſix quarts de vent près du rumb d'où il vient.
Voiez, Pincer le vent, & Aller au plus près du vent.

RANGER. Le vent ſe Rangea de l'avant. *De windt liep tegen , De windt be-*
gon te ſcherpen.

C'eſt-à-dire que le vent prit le vaiſſeau par prouë, & devint contraire à
la route.

LE VENT ſe Rangea au Nord, au Sud. *Men kreeg de windt Noord, of Suid ;*
De windt kroop na het Noorden , of Suiden.

C'eſt-à-dire que le vent ſe fit Nord, ſe fit Sud.

RANGUE. *Verdeelt u op uw looper.*

C'eſt un commandement pour faire ranger des hommes le long d'une manœuvre, ou ſur quelque autre corde.

RâPE, Raſpe. *Een Raſp.*

C'eſt un outil de fer trempé en forme de lime, dont ſe ſervent les Menuïſiers & autres artiſans ; il a pluſieurs pointes aiguës & en ſaillie.

RAPIDES. *Swaare waater-vallen.*

On apelle ainſi dans quelques fleuves, comme dans celui de Saint Laurens,
certains lieux où l'eau deſcend avec une telle rapidité, qu'on eſt obligé d'y
faire portage lors-qu'on remonte.

RAPROCHE'. Le vent eſt Raproché. Voiez, Adonne & Vent.

RAQUE, ou Pomme de Racage. *Kloot, Rak-kloot, Bolletje.*

C'eſt une boule percée qui ſert avec d'autres à faire un racage. Quelques-
uns apellent les Raques des Caracolets.

RAQUE gougée. *Een rak-kloot met een inkeep.*

C'eſt une raque, ou boule percée, à laquelle on a fait une échancrure ſur le
côté, telle qu'on y puiſſe faire entrer une corde moïennement groſſe.

RAQUE encochée. *Een rak-kloot met een goot.*

C'eſt une raque gougée qui a une coche tout-autour, dans quoi on poſe le
bittord qui ſert à l'amarrer.

RAQUES de haubans. *Wandt-klooten.*

Ce font des raques qu'on met dans les grands haubans, & dans les haubans de miféne, où paffent les cargues, les bras &c.

RAS. Bâtiment Ras. *Een open vaartuig.*

C'eft un vaiffeau qui n'eft point ponté. Le brigantin, la chaloupe & la barque longue font vaiffeaux ras.

RAS à l'eau. Bâtiment Ras à l'eau. *Een fmoeg fchip, een ras fchip.*

Cela fe dit d'un bâtiment qui étant ponté eft bas de bordage, & qui a fa ligne de l'eau proche du platbord, ou du moins proche du feüillet des fabords de fa batterie baffe. Durant le combat notre frégate, qui étoit rafe à l'eau, chargeoit fes canons à fabords fermez, de-peur de puïfer par les fabords.

RAS de courans. Voiez, Rat.

RASE. *Teer en Pik 't famen gemengt.*

C'eft de la poix mêleé avec du brai, qui fert à calfater un vaiffeau.

RASER un vaiffeau. *Het boven-werck van een fchip afneemen.*

C'eft ôter à un vaiffeau ce qu'il a d'œuvres mortes fur fes hauts.

RASSADE. Voiez, Verroterie.

RASTEAUX, ou Râteaux de vergue. *Kammen.*

C'eft ainfi que l'on apelle de menuës piéces de bois dentelées, que l'on clouë au-deffous du milieu des deux grandes vergues, favoir la grande vergue, & la vergue de miféne: on y paffe les éguillettes qui tiennent la tête de la voile en la place des rabans, à-caufe-qu'on n'en peut mettre en cet endroit-là.

RASTEAU, ou Râtelier. *De bloks aan de woeling van de boegfpriet, voor 't boven-blinde goedt.*

C'eft le nom qu'on donne à cinq ou fix poulies que l'on met de rang l'une fur l'autre le long de la lieure de beaupre, pour y paffer les manœuvres du même mât de beaupré.

RASTEAUX, ou Râteliers à chevillots. *Beleghhoutjes met nagels, Knevels.*

Ce font de petites traverfes de bois que l'on met en quelques endroits, & fur tout dans les haubans d'artimon, avec des chevillots pour y amarrer de petites manœuvres.

RAT. *Vlot.*

C'eft une efpéce de ponton compofé de planches qui font atachées fur quelques mâts, pour fervir aux charpentiers & aux calfateurs, quand ils travaillent au radoub & à la carène des vaiffeaux. On dit, un grand Rat à carener, ou carner. Voiez, Radeau.

RAT, ou Ras. *Ravelinge, Wanty.*

C'eft un endroit de mer où il y a quelque courant rapide & dangereux, ou-bien quelque changement d'eau, c'eft-à-dire, des contre-marées, ou marées différentes. Ordinairement un Rat eft dans une paffe, ou dans un canal; mais il fe trouve quelquefois des Ras de marée, c'eft-à-dire, des contre-marées, dans le large de la mer. Voiez, Marée.

PARAGE où il y a des Ras de marée. *Een zee-ftreek daar de ftroomen kenteren.*

RAT. E'coute à queuë de Rat, Coüet à queuë de Rat. *Kat-ftaart-fchoot, Kat-ftaart-hals.*

C'eft

C'eft le nom que l'on donne à ces manœuvres, lors-que le cordage en eft plus gros par en-haut que par en-bas, de-forte-que le bout que tiennent les matelots eft moins fourni de torons que le refte, ce qui donne de la facilité à manœuvrer; mais auffi le cordage eft plus fujet à caffer.

RÂTELIER de beaupré à paffer manœuvres. Voiez, Rafteau.

RÂTELIERS. *Rakken, Waapen-of-geweer-ftokken.*

On met aux râteliers de la fainte-barbe les porte-gargouffes des différentes charges, felon les calibres des canons.

RATION. *Eet-maat, Rantfoen.*

C'eft la mefure du bifcuit, de la viande, du poiffon, des légumes, & du vin & boiffon qu'on diftribuë par jour dans les vaiffeaux, pour la fubfiftance d'un homme. Quelques-uns difent auffi Raifon. La Ration de chaque matelot & foldat par jour eft compofée de 18. onces de bifcuit, poids de marc qui eft de feize onces par livre; & de 3. quarts de pinte de vin mefure de Paris, abreuvez d'autant d'eau. Il eft donné par femaine 4. repas de viande, 3. de poiffon, & 7. de légumes. Les Dimanches, Mardis & Jeudis les rations font de 18. onces de lard cuit, pour le dîner de 7. hommes. Les Lundis de 3. livres & demie de bœuf fans piés ni têtes. Les Mecredis, Vendredis & Samedis de 28. onces de moluë cruë. Chaque jour, à fouper, de 28. onces de poids, gruau, fèves, fayols, ou autres légumes crus, ou 14. onces de ris auffi cru : le tout affaifonné, favoir, la viande d'une pinte du boüillon dans lequel elle aura cuit, pour en faire du potage; la moluë d'un demi-quart de pinte d'huile d'olive, & d'un quart de pinte de vinaigre pour fept hommes ; & les poids, fèves & fayols, ris, ou gruau, de fel & d'une chopine d'huile d'olive pour la ration de 1000. hommes, verfée dans la chaudiére fur le boüillon qui eft diftribué avec les légumes. Il eft donné entre les repas, à la partie de l'équipage qui fait le quart, du bruvage compofé d'eau & de vinaigre. Voiez, l'Ordonnance de 1689. Liv. 10. Tit. 3.

RATION & demie. *Anderhalf eet-maat.*

C'eft la fubfiftance d'un Oficier de marine.

DOUBLE RATION. *Dubbelde rantfoen.*

C'eft lors-qu'on l'augmente dans les ocafions de réjoüiffance.

RAVALEMENT. *Befchanffing op de hut.*

C'eft un nom donné à des retranchemens faits fur le haut de l'arriére de quelques vaiffeaux, à deffein d'y mettre des moufquetaires.

RAVITAILLER. *Op nieuw met leeftogt voorfien, Herfpijfen.*

RAYON Aftronomique. Voiez, Raïon.

<h3 style="text-align:center">R E.</h3>

RéALE. *Een Koninklijke Galey.*

C'eft le nom de la principale galére d'un Roïaume indépendant, mais non pas d'un Roïaume feudatire, & qui eft annèxé à un plus grand. La Réale eft deftinée en France pour le Général des galéres, & elle a l'étendard Roïal qui la diftingue des autres. Cet étendard eft de figure quarrée & de couleur rouge, femé de fleurs de lis d'or. La principale galére du Pape eft auffi apellée Réale, a-caufe du pas que toutes les Têtes Couronnées des E'tats Catoliques donnent à ce Chef de l'E'glife de Rome. Les Roïaumes de Cypre & de Candie, que la République de Venife a poffédez, l'au-

torifent

torifent à donner la qualité de Réale à la premiére de fes galéres. Les Genois prétendent la même chofe à-caufe du Roïaume de Corfe. Mais les conteftations arivées pour le falut, entre cette galére & les Capitanes de Tofcane & de Malte, l'empêchent depuis longtems de paroître en mer. Les principales galéres des efcadres de Naples, de Sicile & de Sardaigne, s'apellent chacune, Capitane Réale.

REBANDER. *Overleggen.*
C'eft à-dire, Remettre à l'autre bord, retourner à un autre côté. Ce terme n'eft ufité que par le commun des matelots.

REBANDER à l'autre bord. *Op een ander boeg wenden.*
C'eft courir fur un autre air de vent. Voiez, Bord.

REBORDER, ou Raborder. *Weer aan boord leggen.*
C'eft tomber une feconde fois fur un vaiffeau.

RECALER. *Dunder fchaaven.*
C'eft un terme de Charpentier, qui fignifie ôter du bois avec une varlope, ou un autre outil à fût, après-que le riflard, ou autre premier & plus groffier outil, y a déja paffé.

RECHANGE de vaiffeau. *Waar-goedt, Rondt-hout en Touwerk in voorraadt.*
Ce font toutes les manœuvres qu'on met en réferve, pour s'en fervir au défaut de celles qui font en place. Ainfi on dit, Voile, vergue, funin de rechange, pour dire que ce font des chofes que l'on tient toutes prêtes pour en changer au befoin. On dit, Agrès & appareaux de rechange. Les Levantins difent, Voile, vergue de refpect; Voile, vergue de répit.

VOILES de **RECHANGE.** *Looze zeilen, Waar-zeilen, Zeilen in voorraadt.*
Vergues de rechange. *Loofe reën.* Vergue & rames de rechange. *Ree en riemen by noodt.*

JE prens cela pour l'avoir de Rechange. *Ik neem dat voor de loofe mede.*
Ou-bien, comme on dit ordinairement, Je prens cela de réferve, & par précaution.

RECLAMPER un mât, [Reclamper une vergue. *Opregten, Een ftomp op een gebrooken maft opregten en wangen, regten, opfetten.*
C'eft-à-dire Racommoder un mât, ou une vergue quand elle eft rompuë.

RECONNOÎTRE un vaiffeau, ou une flote. *Een fchip, of een vloot verkennen.*
C'eft s'aprocher affez d'un vaiffeau pour éxaminer fa groffeur, les forces qu'il peut avoir, & de quelle nation il eft. Nous envoiâmes trois pirogues pour reconnoître le bâtiment.

RECONNOÎTRE une terre. *Landt verkennen, Landt peilen. Kennis van 't landt krijgen.*
C'eft en obferver la fituation, afin de favoir quelle terre c'eft.

RECOURIR fur une manœuvre. *Onder een touw haalen.*
C'eft la fuivre dans l'eau avec une chaloupe, la tenant à la main.

FAIRE RECOURIR une manœuvre. *Een touwerk fchaaken.*
C'eft pouffer un emanœuvre jufques où elle doit aller.

FAIRE RECOURIR l'écoute, la bouline, le couët de revers. *De fchoot, de boelijn, de lij-hals fchaaken.*
C'eft-à-dire, pouffer ces manœuvres hors du vaiffeau & en-avant, afin de leur donner du balant.

RECOU-

RECOURIR les coutures d'un vaiſſeau. *Over de naaden breeuwen.*
C'eſt y repaſſer legérement le calfat.

RECOUVRER une manœuvre. *Een touwerk korten, t'huis haalen, in-haälen.*
C'eſt la tirer dans le vaiſſeau. Ainſi on commande, Recouvre le grêlin, Recouvre la hanſiére, pour dire de les haler, ou de les tirer dans le vaiſ-ſeau.

RECOUX, Recouſſe. Navire Recoux, Faire la Recouſſe d'un navire. Voiez, Repriſe.

RECUL du canon. *Het agter-uit-ſpringen van een geſchut in 't ſchieten.*
C'eſt un mouvement en-arriére, qu' imprime au canon la force du feu, qui dans le tems que la piéce tire cherchant un paſſage de toutes parts, la chaſſe en-arriére, & pouſſe la poudre & le boulet en-avant. Le recul du canon eſt d'ordinaire de dix à douze piés, & pour le faire moindre on met les bragues & les palans.

REDENTS *Schaak-werk.*
Ce ſont les entailles & dents des piéces qui dans l'aſſemblage entrent les unes dans les autres. Que les mâts de pluſieurs piéces ſoient bien mis en œuvre, que les jointures & les Redents ſoient fort juſtes &c.

REFAIT. Bois Refait & remis à l'équerre. *Een hout vierkant in de winkel gemaakt.*
C'eſt-à-dire que ce bois eſt bien équarri, & quand des piéces de bois ſont bien équarries de tous les côtés, on dit qu'elles ſont refaites & dreſſées ſur toutes les faces.

REFENDRE. *Een dik ſtuk houts in mindere ſtukken ſaagen.*
C'eſt débiter de groſſes piéces de bois avec la ſcie, pour en faire des ſoli-ves, des chevrons, ou des membrures.

REFLUX de la mer. *Eb.* Voiez, Flux.

REFOULER la marée, ou le courant. *Vaaren in ſtroom, tegen ſtroom, tegen de ſtroom op; De vloedt doodt-zeilen.*
C'eſt aller contre la marée, ce qui eſt le contraire d'étaler. Nous fûmes obligez de moüiller à toutes les marées contraires, étant impoſſible de re-fouler les courans de cette baie.

REFOULER. La mer Refoule. *Verloopen, Afgaan.*
C'eſt-à-dire que la marée deſcend. A deux heures après midi la mer re-fouloit dans ce port, mais elle étoit ailleurs à un quart du juſſant, ou de l'ebe.

REFOULOIR de canon. *Stamper, Aanſetter.*
C'eſt un inſtrument dont on ſe ſert pour refouler les charges des canons, & c'eſt un long bâton garni d'un gros bouton plat. On dit auſſi Fouloir.

REFOULOIR de cordes. *Touw-wiſſcher, Touw-aanſetter.*
C'eſt un bouton de refouloir qui eſt emmanché de cordes. On ne s'en ſert que quand on eſt obligé de charger une piéce de canon par-dedans le vaiſſeau.

RÉFRACTION Aſtronomique. *Damp-heffinge.*
C'eſt une réfraction que cauſe l'atmoſphére, par laquelle un aſtre paroît plus élevé au-deſſus de l'horiſon qu'il n'eſt éfectivement.

RÉFRACTION horiſontale. *Weer-ſchaduwinge, Weer-ſchauwinge, Wanſchau-wing, Refractie.*
                                                                 C'eſt

C'eſt celle qui fait paroître le Soleil ou la Lune au bord de l'horiſon, lorſ-qu'ils ſont encore au-deſſous.

REFRANCHIR. Se Refranchir. *Het ſchip lens pompen.*

C'eſt quand l'eau de pluïe, ou des vagues qui ont entré dans vaiſſeau, s'épuïſe & diminuë, comme on le connoît à l'archipompe.

REFREIN. *Branding, Barning.*

C'eſt le retour du rejailliſſement des houles, ou groſſes vagues de la mer, qui vont ſe briſer contre des rochers. Il y a des refreins. Ce rocher eſt à-demi mangé des refreins de la mer.

REFUITE. Trou qui a de la refuïte. *Een gat dat te diep geboord is.*

C'eſt quand il eſt plus profond qu'il ne devroit être pour l'uſage qu'on en veut faire.

REFUSER. Le vaiſſeau a refuſé. *Het ſchip heeft niet willen vallen, heeft het wenden of draaijen geweigert.*

C'eſt-à-dire qu'il a manqué à prendre vent devant.

RE'GATES. *Regata, of ſcheeps-oeffeningen tot Venetien, daar die 't ſnelſte voort-roeijen de kroon ſpannen.*

On apelle ainſi des courſes de barques qui ſe font en forme de carrouſel, ſur le grand de canal de Veniſe, où il y a un prix deſtiné pour le vainqueur.

RE'GLE. *Een liniaal, Een maat-ſtok.*

C'eſt un inſtrument mince & étroit dont on ſe ſert pour tracer des lignes droites. La règle des Charpentiers eſt diviſée en ſix piés de long; ils ont une grande & une petite règle.

GRANDE Règle. *Rije.*

RE'GLE, Reglet plat. *Een Vooge-rije.*

C'eſt une règle de Menuïſier.

RE'GLES du Quartier. *Vaart door 't quadrant van de reductie.*

C'eſt une maniére de naviguer par le Quartier de réduction.

RELACHER. *In een haven invallen, opduuwen, inloopen; Aandoen, Aanloo-pen; Een andere haven by noodt kieſen; D'een of d'ander haven kieſen.*

C'eſt diſcontinuer le cours en droiture pour moüiller ou dans le port d'où l'on eſt parti, ou dans quelque autre parage qui ſe rencontre ſur la route, y étant forcé ſoit par le vent contraire, ou par quelque accident arivé au vaiſſeau. Le vent étant contraire & forcé nous fûmes obligez de relâcher à Livourne. Les Provençaux diſent, Faire eſcale.

RELACHE. Le lieu du Relâche. *De haven daar een ſchip genoodſaakt wordt in te loopen.*

C'eſt le lieu où eſt arivé le vaiſſeau qui a relâché.

RELACHE'R. Vaiſſeau qui a été relâché. *Een vrij verklaart ſchip.*

Cela ſe dit en parlant d'un vaiſſeau qui avoit été arrêté, & qui a eu la per-miſſion de s'en aller.

RELAIS. Voiez Laiſſes.

RELEVEMENT. *Kromte, Rondte, Strookinge, Het opſetten.*

C'eſt la hauteur d'un vaiſſeau, eu égard à une autre partie du même vaiſſeau qui eſt plus baſſe.

VAISSEAU dont le Relevement eſt bien proportioné. *Een wel gekromt ſchip.*

C'eſt la différence qu'il y a en ligne droite du pont à ſon avant & à ſon arriére.

VAISSEAU qui n'a pas aſſez de Relevement. *Een ſchip dat te lui is, dat loom is, dat niet wel gekromt is.*

VAISSEAU qui n'a point de Relevement à l'avant. *Een fmuik, of voor-laag fchip.*

RELEVER un vaiſſeau. *Een fchip weer laaten vlooten, van ſtrand afhaalen.*

C'eſt le remetre à flot lors-qu'il a été échoüé, ou qu'il a touché.

RELEVER un vaiſſeau. *Het fchip regt fetten.*

C'eſt le relever lors-qu'il eſt à la bande.

RELEVER l'ancre. *Het anker verfetten.*

C'eſt la changer de place, la mettre dans une autre fitüation.

RELEVER les branles, Saifir les branles. *De hangmakken opforren.*

C'eſt atacher les branles par le milieu, près du pont, afin qu'ils ne nuïfent point & n'empêchent de paſſer entre les ponts.

RELEVER le Timonier, *De Man te roer verpoofen.*

RELEVER le Quart, le changer. *Het Quartier volks afloſſen.* Voiez, Quart.

REMEDIER à des voies d'eau. *Lekken ſtoppen.*

Beaucoup de gens fe fervent de ce terme, pour dire, Boücher les voies d'eau.

REMOLE. *Een Draeij-kuil.*

C'eſt un contournement d'eau qui eſt quelquefois fi dangereux que le vaiſſeau en eſt englouti.

REMONTER une riviére. *Een rivier oploopen, opſtroomen.*

C'eſt naviguer fur une riviére, en allant de la mer vers fa fource.

NOUS avons Remonté à la faveur du flot. *Wy zijn met de ſtroom opgefet.*

REMORQUER. *Nafleepen, Treilen.*

C'eſt faire voguer un vaiſſeau à voiles par le moien d'un vaiſſeau à rames; Le mot, Toüer, marque la même action; mais l'on toüe à l'aide du cabeſtan, ou par la hanfiére, & l'on remorque par un vaiſſeau à rames. Notre Amiral voiant le vent tombé fe fit remorquer par deux galéres, & ordonna aux autres galéres de remorquer les vaiſſeaux de la derniére divifion. On dit auſſi, Prendre la remorque, Quitter la remorque, pour dire, fe faire tirer, ceſſer d'être tiré, foit par une galére, ou par un autre vaiſſeau à rames. Quelques-uns difent pourtant auſſi, Toüer. Remorquer fe dit auſſi pour Tirer en oüaiche, c'eſt-à-dire, quand un vaiſſeau à voiles en tire un autre après lui par le moien d'un cable.

REMOUILLER. *Weer ten anker komen.*

REMOUX. *Doodt-waater, Sog, Zelling.*

Le remoux d'un vaiſſeau eſt de certains tournans d'eau qui fe font lorsque le vaiſſeau paſſe. Voiez, Lague & Sillage.

RENARD. *Een houte haak, Set-haak.*

C'eſt une efpéce de croc de fer avec lequel on prend les piéces de bois qui fervent à conſtruire des vaiſſeaux, pour les tranfporter d'un lieu à un autre.

RENARD. *Een Uur-bord.*

C'eſt

C'eſt une petite palette de bois ſur laquelle on a figuré les trente-deux airs de vent. A l'extrémité de chaque air de vent il y a ſix petits trous qui ſont en ligne droite. Les ſix trous de chaque rumb repréſentent les ſix horloges, ou les ſix demi-heures du quart du Timonier, qui pendant ſon quart marque ſur le Renard combien le vaiſſeau a couru de demi-heures, ou d'horloges, ſur chaque air de vent; ce qu'il marque par une cheville qu'il met dans un des petits trous, de-ſorte-que ſi le ſillage du vaiſſeau a été ſur le Nord, pendant quatre horloges, le Timonier met la cheville dans le quatrième trou du Nord, ce qui ſert à aſſurer les eſtimes & les pointages. Le Renard &c eſt ataché à l'artimon proche de l'habitacle.

RENCONTRE. *Sneeden tegens malkanderen geſaagt.*

C'eſt un terme en uſage parmi le Scieurs de long, & ils apellent ainſi l'endroit où, à deux ou trois pouces près, les deux traits de ſcie ſe rencontrent, & où la piéce ſe ſépare.

RENCONTRE. *Legt 't roer weer over.*

C'eſt un commandement que l'on fait au Timonier, afin-qu'il pouſſe la barre du gouvernail du côté opoſé à celui où il l'avoit pouſſée.

RENDRE'-VOUS. *Wagt-plaats.*

C'eſt le lieu que l'on marque afin-que les vaiſſeaux d'un flote viennent s'y rendre, s'ils ſont détachez, ou ſéparez par quelque fortune de mer.

RENDRE le bord. *Aanlanden, Aandoen.*

C'eſt-à-dire, Venir moüiller, ou donner fonds dans un port, ou dans une rade. Les Capitaines des navires de guerre ne rendront le bord ſans ordre, qu'après avoir conſumé tous leurs vivres.

VAISSEAU qui a Rendu le bord. *Een ſchip dat opgeleit is.*

C'eſt-à-dire qu'il a deſarmé.

RENFORT d'un canon. *Verſterking van een ſtuk geſchuts.*

Ce ſont les endroits où le métal a un peu-plus d'épaiſſeur. On dit, Depuis les renforts juſques aux tourillons. Le canon a toujours du renfort au-deſſous des tourillons.

RENVERSEMENT. Charger par Renverſement. *Verboodemen.*

C'eſt transporter des marchandiſes, ou la charge d'un vaiſſeau, dans un autre vaiſſeau.

RENVERSER le bord. *Overwenden, Op een ander boeg wenden.*

REPIT, ou Reſpect. Termes des Levantins. Voiez, Rechange.

RE'PONDRE, Rendre le ſalut. *Antwoorden, Weer-groeten.* Voiez, Salut.

REPOUSSOIR. *Dreef-yſer.*

Les Repouſſoirs des Charpentiers ſont des eſpéces de chevilles de fer, dont ils ſe ſervent pour faire ſortir les chevilles d'aſſemblage.

RESPOUSSOIR à cloux. *Drijf-yſer tot ſpijkers.*

C'eſt une longue cheville de fer terminée un peu en pointe, dont on ſe ſert pour chaſſer les cloux du lieu où ils ſont cloüez.

REPOUSSOIR à chevilles. *Dreevel, Drijf-yſer tot nagels.*

C'eſt

C'est une autre espéce de cheville de fer, dont l'usage est de chasser les chevilles hors de leurs trous.

REPRENDRE une manœuvre. *Nog eens invallen, Een touwerk voorhouden.*
Cela se dit d'une manœuvre sur laquelle on travaille, qui se trouvant trop longue, on est obligé de la replier & de faire un amarrage ou plus haut, ou plus bas.

REPRISE. *Een ontjaagt schip.*
C'est un vaisseau que l'ennemi avoit pris d'abord & que les vaisseaux du parti contraire ont repris ensuite.

RÉSINE. *Hars, Hersch, Harpuis.*
C'est une liqueur oléagineuse, condensée & epaissie sur les pins, sapins, mélèses, cyprès, térébintes, & autres arbres de même nature, dont les bois sont gras. Cette liqueur en sort ou par le trou qu'on fait dans le bois avec un tarriére, comme dans le bois de la mélèse, ou par les incisions qui se font sur leurs écorces, d'où elle découle abondamment, comme elle fait du sapin. La résine se divise en liquide en sèche ou solide, & l'une & l'autre provient du même arbre. La résine sèche se tire des pommes de pin, de sapin & de la pesse: on l'apelle proprement Poix résine. La meilleure est celle qui est odorante & transparente, qui n'est ni sèche ni humide, & qui ressemble à la cire; & c'est celle-là qu'on apelle en Flamand *Harpuis.*
„La Résine dont on se sert en Hollande pour les vaisseaux, est un suc ou „gomme qui vient de France. Elle coule des pins & se brûle. On la re-„çoit en pains, à-peu-près comme les pains de cire: le pain pèse depuis 120. „jusqu'à 180. livres. On juge de sa bonté par sa couleur. La meilleure est „d'un jaune pâle tirant sur le blanc. On mêle du soufre avec la résine, „pour la rendre plus blanche, & pour la rendre propre à garantir le bois „des vers.

RESSAC. *Barning, Branding.*
C'est le choc des vagues de la mer qui se déploient avec impétuosité contre une terre & s'en retournent de-même.

RESSIF, Récif. *Recif, Lange klippen onder water.*
C'est une chaîne de rochers qui sont sous l'eau. Ce terme n'est en usage que dans l'Amérique.

RESTAUR. *Vergoeding van schaade.*
C'est le dédommagement, la ressource qu'ont les Assureurs les uns contre les autres, suivant la date de leurs assurances; ou contre le Maître, si l'avarie, ou le dommage, provient de son fait.

RESTER. La terre nous Reste, ou, Un vaisseau nous Reste au Sud, ou à tel air de vent. *'t Landt leit Suid van ons, Ons schip is Noord van dat ander.*
C'est-à-dire que cette terre, ou ce vaisseau, se trouvent dans la ligne d'un tel air de vent, par raport à la chose dont on parle.

RETENUE. Piéce de bois qui a sa Retenuë. *Een vast gemaakt stuk houts.*
C'est un terme de charpenterie. On dit d'une piéce de bois qu'elle a sa retenuë où elle est placée, pour dire qu'elle est entaillée de telle sorte qu'elle ne peut avancer ou reculer de part ni d'autre.

RETENUE. Corde de Retenuë. *Ophouder.*
C'est une corde qui sert à relever un vaisseau qui est en carène.

CORDE de Retenuë, Atrape. *Uithouwer.*

C'eſt une corde qu'on tient à la main quand on hiſſe le palan, afin de le conduire du côté qu'il faut.

RETOUR de marée. *Weer-tij.*

C'eſt lors-que le flot, ou le juſtant, dont on a beſoin, & qui étoit paſſé, revient.

RETOUR de marée. *Wan-tij.*

Cela ſe dit auſſi lors-qu'un endroit de terre forme des courans, cauſez par une terre voiſine.

RETORSOIR. *Wuit.*

C'eſt un roüet à faire du bittord. Voiez, Tour.

RETRAITE de Pirates. *Een roof-neſt.*

C'eſt un lieu où les Pirates ſe mettent en ſureté; tels ſont cetains rochers.

RETRAITES de hune. *Demp-gordings.*

Ce ſont des cordes qui ſervent à trouſſer le hunier; on les nomme auſſi Cargues de hune.

RETRANCHEMENT. *Kot.*

C'eſt un eſpace retranché dans un vaiſſeau, outre les chambres ordinaires.

RETRECISSEMENTS des gabarits. *Het inkomen, het invallen der ſtuten.*

Ce ſont des endroits où les allonges qui ſont dans les gabarits rentrent & tombent en-dedans, & rétreciſſent la largeur du vaiſſeau.

REVERDIE. *Hoog-waater, Spring-vloedt.*

C'eſt un terme qui n'eſt uſité qu'en certains lieux de Bretagne, pour dire, les grandes marées qui arivent au defaut ainſi qu'au plein de la Lune. Voiez, Marée.

REVERS. *Al 't geen dat'er in een ſchip uithangt, Het uitſpringen.*

Ce terme ſe dit de tous les membres qui ſe jettent en-dehors du vaiſſeau; comme, Allonges de revers, Revers d'arcaſſe &c.

REVERS d'arcaſſe, Voutis. *Wulf, Krom-wulf, Verwulf, Bogt.*

C'eſt une portion de voute de bois faite à la poupe d'un vaiſſeau, ſoit pour ſoutenir un balcon poſé deſſus, ſoit pour un ſimple ornement, ou pour gagner de l'eſpace. Voiez, Voute.

ON donne beaucoup de Revers à l'arriére des flûtes qui doivent faire des voiages de long cours. *Fluiten die op verre togten gaan, laat men agter veel ſpringen.*

ALLONGE de Revers. Voiez, Allonge.

GENOUX de Revers. *Steekers in 't ſog, Leggers, Piek-houten.*

Ce ſont les genoux qui ſe placent dans les façons du vaiſſeau. Voiez, Genoux.

REVERS

REVERS de l'éperon. *Es.*

C'eft depuis le dos du beſtion jufqu'au bout de la cagoüille.

„La piéce du revers d'un vaiſſeau de 134. piés de long, laquelle ſe joint au
„lion ſur ſon dos, & ſe termine par une volute, ou cagoüille ſur le bout,
„doit s'élever par ce même bout 2. piés 2. pouces au-deſſus du lion, & avoir
„14. pouces de large, & 10. pouces d'épais. Elle doit paſſer par le bas juſ-
„qu'à 3. piés au-delà du lion. Mais aujourdhui que les éperons ſont plus
„courts, on y emploie rarement une pareille piéce, & la figure en fait le
„bout.

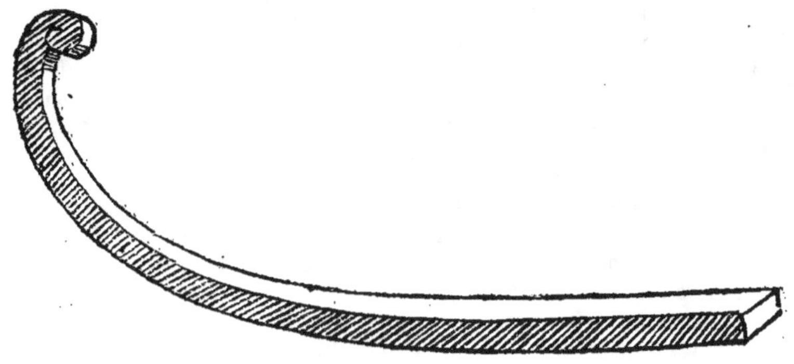

REVERS. Manœuvres de Revers. *Lij-touwen, Lij-ſchooten, Lij-braſſen*
en ſoo.

E'coutes de revers, ou fauſſes-écoutes, boulines de revers, bras de revers.
Ce ſont les écoutes, les boulines, & les bras, qui ſont ſous le vent, que
l'on a larguées, & qui n'étant point halées ne ſont d'aucun uſage juſques-à-
ce que le vaiſſeau revire de bord, auquel tems elles ſe mettent au vent, &
deviennent de ſervice en la place des autres, qui en ceſſant d'être du côté du
vent deviennent manœuvres de revers.

REVIREMENT. *Het weer-wenden.*

C'eſt le changement de route, ou de bordée, lors-que le gouvernail eſt
pouſſé à babord, ou à ſtribord, afin de courir ſur un autre air de vent que
celui ſur lequel le vaiſſeau a déja couru quelque tems.

REVIREMENT par la tête, **Revirement** par la queuë. *Het wenden van 't*
voorſte, en van 't agterſte esquadre van een oorlogs-vloot.

Lors-qu'une armée, ou une eſcadre, eſt en ligne ſous les voiles, & qu'elle
veut changer de bord, en commençant par la tête, ou par la queuë, on
apelle cela Revirement, & Revirer par la tête, ou par la queuë.

REVIRER. *Weer-wenden, Afhaalen, Wederom afhaalen.*

C'eſt tourner le vaiſſeau par le jeu du gouvernail & par la manœuvre des
voiles, pour lui faire changer de route.

ILS REVIRERENT ſur lui. *Sy wenden hem weer na.*

REVIRER dans les eaux d'un navire. *In een anders ſchip waater wenden.*

C'eſt changer de bord derriére lui en-ſorte qu'on coure le même rumb de
vent en le ſuivant.

REVIRER de bord dans les eaux d'un vaisseau. *In een anders schip waar-wae-ter overwenden.*

Cela se dit encore lors-qu'on revire, ou change de bord, dans l'endroit où un autre navire doit passer.

REVOLIN. *Stuit-windt.*

C'est un vent qui n'étant pas poussé droit ne se fait sentir qu'après avoir donné contre quelque chose qui le renvoie; ce qui cause des tourbillons surprenans dont les navires, soit sous voiles, ou à l'ancre, sont tourmentez.

REVUë. Faire la Revuë. *Monsteren.*

R I.

RIBORD. *Sandt-strook, Sandt-streek.*

C'est le second rang de planches qu'on met au-dessus de la quille, pour faire le bordage du vaisseau. Le Ribord & le Gabord qui est le premier rang, font à-peu-près la coulée du bâtiment. M. Desroches dit que le Ribord est le bordage qui est le plus près de la quille du vaisseau; en quoi il ne convient par avec les autres Auteurs, qui disent que le Gabord est le premier bordage & que le Ribord est le second. Voiez, Bordages de fond.

RIBORDAGE. *Halve-schaade-regt.*

C'est ce que les Marchands ont établi qu'on paieroit pour le dommage qu'un vaisseau fait quelquefois à un autre en changeant de place, soit dans un quai, soit dans une rade. On a coutume de paier le dommage par moitié lors-que l'action est intentée.

RIDE. *Sortouw.*

C'est une corde qui sert à en roidir une plus grosse.

RIDES de haubans. *Puttings, Sortouwen, Wandt-taali-reeps.*

Ce sont les cordes qui servent à bander les haubans par le moien des cadènes & des caps de mouton qui se répondent l'un à l'autre par ces rides. Entre les haubans de stribord & ceux de babord il y a des rides de haubans apellées autrement Pantochéres, qui bandent ces haubans & les soulagent, lors-que le vaisseau tombe sur le côté, allant à la bouline; car à-mesure que les haubans de stribord se lâchent ceux de babord les roidissent & les tiennent en état par le moien des rides. Le mât de beaupré est amarré à l'éperon par des rides.

RIDES d'étai. *Stags-taali-reeps.*

Ce sont celles qu'on emploie à joindre l'étai avec son collier.

PASSER les Rides. *Scheeren.*

RIDER. *Toesorren, Scheeren. Touw-scheeren.*

C'est-à-dire, Roidir.

RIDER les haubans. *Wandt-taalien, Wandt-swichten.*

RIDER la voile. Voiez, Ris.

RIFFLARD. *Een Voor-looper.*

C'est un outil de Charpentier dont le fer est en creux; il sert à dégrossir la besoigne.

RIME.

RIME. Longue Rime. On dit encore; Donne longue Rime. *Lang en wis. Roei lang en wis.*

C'eft un commandement que l'on fait à l'équipage d'une chaloupe, de prendre beaucoup d'eau avec les pelles des avirons, & de tirer longuement deſſus. Rime ſe dit en ces façons de parler pour Rame.

BONNE RIME. Donne bonne Rime. *Roei gelijk, Roei wel.*

C'eft une autre forte de commandement qui ſe fait aux matelots du dernier banc d'une chaloupe, quand on veut qu'ils donnent une bonne maniére de nager.

RINGEAU, ou Rinjot. *Kin, Kinnebak, Krop.*

C'eft l'endroit où la quille & l'étrave d'un vaiſſeau ſe joignent, & qui tient de la ligne droite & de la courbe.

RIS. *Reef.*

C'eft un rang d'œillets avec des garcettes, qui ſont en-travers d'une voile à une certaine hauteur. On y paſſe les garcettes, pour rapetiſſer la voile par le haut quand le tems eſt mauvais, ce qu'on apelle, Prendre un ris. Quelques-uns diſent auſſi Rides.

PRENDRE les RIS. *Reeven, Reef inbinden, Toppen.*

C'eft rapetiſſer la voile, ou l'acourcir par en-haut avec les bouts de corde qu'on nomme Ris, qui ſont trois piés au-deſſous de la vergue ; ce qui ſe fait de gros tems lors-qu'on ne peut porter la voile entiére. Il faut amener la vergue pour avoir plus de facilité à prendre les ris. Quelques-uns diſent Rider, mais il n'eſt pas bon.

RIVAGE d'une riviére. *Waater-kant.*

RIVAGE, Bord de la mer. *Oever, Strandt, Wal.*

Sera réputé Bord & Rivage de la mer, tout ce qu'elle couvre & découvre pendant les nouvelles & pleines Lunes, & juſques où le grand flot de Mars ſe peut étendre ſur les gréves.

RIVAGE ferme. *Voet-ſtrandt.*

C'eft celui qui eſt praticable pour marcher.

RIVIE'RE. *Een Rivier, Vloedt, Stroom.*

RIVER un clou. *Klinken, Hoofden van ſpijkeren omſlaan.*

POINTE de clou Rivée. *Klink.*

R O.

ROBA, Robé, Robes. *Allerleye waaren, goederen, en ſchatten.*

C'eft un terme de la marine du Levant, dont les Provençaux & les autres ſe ſervent pour ſignifier toute ſorte de marchandiſe. Ce mot vient de l'Italien *Roba*, qui ſe dit de toutes ſortes de biens & tréſors.

ROC d'iſſas, Bloc d'iſſas. Voiez, Sep de driſſe.

ROCHE à feu, ou de feu. *Een ſoort van een konſt-vuur-werk.*

C'eft une forte de compoſition qui ſe fait de trois parties de ſoufre, qu'on fait fondre, après quoi on y jette deux parties de poudre, une de ſalpêtre, & une autre de charbon pilé, que l'on mêle bien enſemble. La Roche de feu entre dans la charge des bombes & ſert à froter les fagots ardents.

ROCHER, Roc, Roche. *Klip, Klippe, Rots.*

Ces trois termes ſe prennent ſouvent pour la même choſe. Rocher ſe dit pourtant plus particuliérement de ces maſſes ou pointes de pierre dure qui ſont dans la mer, vers les côtes & les iſles, & qui cauſent les naufrages des vaiſſeaux. ROCHES

ROCHES cachées, ou sous l'eau. *Blinde klippen.*

ROCHES sous l'eau & Roches au-dessus de l'eau. *Klippen onder en boven waater*

ROCHES molles. Voiez, Caies.

ROINETTE, Roine, Roüane. *Rits-ijser, Schrap-ijser.*
 C'est un petit outil dont les Charpentiers se servent pour marquer leur bois. Les Courtiers de vin & les Tonneliers ont aussi des Roinettes avec quoi ils marquent les tonneaux.

ROMAINE. Voiez, Peson.

RONDE, Faire la Ronde. *Ronde, Ronde doen.*
 Voiez, Vaisseaux qui vont aux Indes Orientales. On fait des rondes toutes les nuits sur le pont. Les barques qui vont faire la ronde.

RONDEUR. *Rondtheid.*

RONDEUR à la demande de la longüeur. *Bogt na de lengte.*

DONNER plus de Rondeur à une étrave. *Een steven steilder setten.*

RONGER. Bordages Rongez des vers, & mangez des rats. *Huidt van wormen en muis gegeeten.*

ROSE des vents, Rose de compas. *De roos van het kompas.*
 C'est un instrument composé d'un carton mince coupé circulairement, où les trente-deux airs de vent sont représentez par trente-deux pointes de compas, qui sortent d'un centre, & qui se prolongent au-delà d'un petit cercle décrit pour distinguer chaque vent; ce qui a quelque raport à la figure d'une Rose. Dans les cartes des Routiers il y a quantité de Roses des vents qui y sont figurées. Il y a aussi des roses des vents faites de corne transparente pour le pointage des cartes.

ROSTER, Surlier. *Woelen, Bewoelen, Bewinden, Met touw berijgen.*
 C'est lier quelque chose tout-au-tour, bien-uniment, avec une petite corde.

ROSTRAL. Couronne Rostrale. Voiez, Couronne navale.

ROSTURE. *Woeling.*
 C'est un endroit qui est surlié de plusieurs tours de corde.

ROUANE de Pompe. *Een groot pomp-boor.*
 C'est un instrument de fer qui est acéré, fait comme une gaffe, concave comme un tarriére, & coupant dessous & dessus, pour rouäner le trou d'une pompe.

ROUANE. Voiez, Roinette.

ROUANER. *Ritsen.*
 C'est marquer avec la rouäne.

ROUANER une pompe. *'t Gat van een pomp met het tweede, of derde boor booren.*
 C'est agrandir le trou, ou le canal de la pompe.

ROUCHE d'un vaisseau. *Romp, Een leege romp, Het hol van 't schip.*
 C'est la carcasse du vaisseau tel qu'il est sur le chantier, sans mâture & sans manœuvres. Quelques-uns disent Ruche.

ROUER une manœuvre. *Een touwerk rond schieten, Het wandt opschieten.*
                 C'est

C'est la plier en rond.

MANOEUVRE Roüée & pliée en rond. *Muis.*

ROUER à tour. *Een touwerk met de Zon opschieten.*

C'est la plier de gauche à droit.

ROUER à contre. *Een touwerk tegen de Zon opschieten.*

C'est roüer la manœuvre de droit à gauche.

ROUE manœuvres. *Schiet op.*

C'est un commandement que l'on fait, pour faire replier les manœuvres lors-qu'elles ont servi.

ROUE d'afût de canon. *Wiel.*

ROUET à Bittord. Voiez Retorsoir.

ROUET de poulie. *Schijf.*

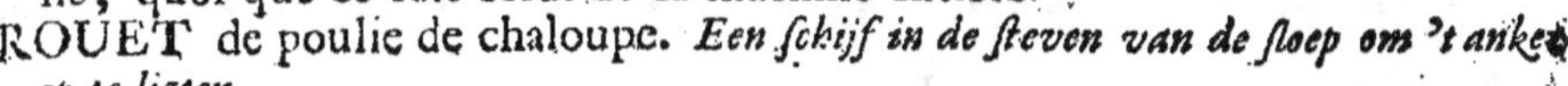

C'est une petite roüe canelée, de bois, de fer, ou de cuivre, qu'on pose dans une piéce aussi de bois, ou de fer, & qui par le moien d'une corde posée sur sa canelure sert à élever des fardeaux. On lui donne aussi le nom de Poulie, quoi-que ce soit celui de la machine entiére.

ROUET de poulie de chaloupe. *Een schijf in de steven van de sloep om 't anker op te ligten.*

C'est ainsi que l'on apelle une poulie de fonte, ou de fer, qui se met à l'avant ou à l'arriére de la grande chaloupe, pour lever l'ancre d'afourché, ou une autre ancre que l'on ne veut pas lever avec le vaisseau.

ROUGE. Boulets Rouges. *Gloeijende kogels.*

Ce sont des boulets qu'on fait rougir dans une forge, dont on charge le canon, pour mettre le feu aux lieux où ils tombent, quand ils y trouvent des matiéres combustibles.

„Pour tirer les boulets rouges, il faut bourrer d'abord la poudre d'un tampon de bois, qui prenne bien-juste; puis d'un autre tampon moins épais „d'étoupe moüillée, ou d'un morceau de toile moüillé, sur lequel on met „le boulet, & l'on tire au même instant.

ROULEAU. *Een Rol.*

C'est une piéce de bois de figure cylindrique, qui sert à mouvoir les plus gros fardeaux, pour les faire aller d'un lieu à un autre.

ROULEAU sans fin, ou Tours terriéres. *Winde, Windas, Een braadt-spit dat in een munnik leit, en met kalven van agter geslooten is.*

Ce sont des rouleaux assemblez avec des entre-toises, ou des moises. On les fait rouler par le moien de leviers: ils servent à mener de grosses piéces & sont fort nécessaires dans les ateliers.

ROULER. La mer Roule. *De zee rolt.*

Cela se dit lors-que les vagues de la mer s'élèvent & se déploient sur un rivage uni.

ROULER. Un vaisseau Roule, Un navire Roule. *Het schip schokt, rotst, schudt en beweegt, slingert.*

C'est l'agitation & le balancement d'un vaisseau d'un côté à l'autre, c'est-à-dire qu'il se panche sans cesse sur l'un ou sur l'autre de ses côtés, tantôt à babord, & tantôt à stribord; ce qui arive soit par le défaut de sa construction, ou par celui de sa mâture, de son envergure, ou de sa charge mal-arrimée.

ROULER, Roller, Crouler un bateau. *Hobbelen.*
C'eſt quand des gens qui ſont dans un bateau ſe donnent des mouvemens de côté & d'autre, ſoit par jeu, ou par beſoin, pour faire balancer le bateau auſſi de côté & d'autre.

ROULIS d'un vaiſſeau. *Het ſchokken, warlen, of ſlingeren van een ſchip.*
C'eſt l'agitation qu'il a en roulant d'un bord ſur l'autre, à babord & à ſtribord.

ROUTE. *Vaar-weg, Vaar-waater.*
C'eſt le chemin qu'on tient en mer, & l'endroit, ou le parage, par où l'on paſſe.

NOTRE ROUTE étoit Sud-oüeſt. *Wy liepen, of zeilden Suid-weſt aan.*

ROUTE. *Loop, Koers.*
C'eſt auſſi le cours du vaiſſeau.

FAIRE ROUTE. *Aangaan, Aangang maaken, Voort-zeilen, Vaart-maaken, Gaan, Ergens op aan houden, Ergens na toe vaaren, Koers ſtellen, Sijn kours gaan.*
C'eſt naviguer, ou cingler où l'on veut aller. Nous fîmes route au Nord-eſt.

PORTER à Route, ou, Faire droite Route, Aller à Route. *Goede koers ſetten, Koers regt uit regt aan ſetten, Koers gaan daar na men gedeſtineert is, Koers houden.*
C'eſt-à-dire, Courir en droiture au lieu où on a deſſein d'aller, ſans faire eſcale, ou ſans relâcher, & ſans qu'il y ait dérive.

EN changeant de bord nous porterons à Route. *Wy konnen koers zeilen over de andere boeg.*

DONNER la Route. *De weg wijſen; Streeken doen ſetten, of veranderen.*
On dit, en parlant des galéres, Donner la prouë. Voiez, Commander.

CONTINUER, ou, Pourſuivre ſa Route. *Sijn koers vervolgen, Reſs voort-ſetten.*

FAUSSE ROUTE. *Afvalling, Wan-koers.*
C'eſt la dérive d'un vaiſſeau qui s'écarte & qui ne fait point ſa route en droiture. Durant deux jours nous fîmes fauſſe route, autant par la dérive que nous cauſoient les courans, que par l'ignorance des Pilotes.

FAIRE fauſſe Route. *Een quaade ſtreek neemen.*
C'eſt quand on prend ſans deſſein & par erreur une autre route que celle qu'on doit tenir.

FAUSSE ROUTE. *Veranderinge van koers, Wan-koers.*
Cela ſe dit auſſi quelquefois d'un changement de courſe qu'on fait volontairement de nuit pour éviter ſon ennemi. Si le Maître fait fauſſe route, donne frauduleuſement lieu à l'altération ou confiſcation des marchandiſes &c. il ſera puni corporellement.

FAIRE fauſſe Route. *Ter zijden af weg zeilen, Van koers veranderen.*
C'eſt pour éviter un vaiſſeau qui chaſſe.

CHANGER de Route. *Streek veranderen.*

FAIRE pluſieurs Routes. *Verſcheide koerſen aanſtellen.*
On dit auſſi qu'on a fait pluſieurs routes, pour dire qu'on a couru pluſieurs bordées en louviant.

FAI-

FAIRE la même Route qu'un autre vaisseau. *Heen leggen met iemandt.*

C'est aller au même endroit, & courir sur le même air de vent. Voiez, Bord, Courir même bord.

A LA ROUTE. *Hou uw koers, Hou streek regt heen.*

C'est un commandement qui se fait au Timonier, afin-qu'il gouverne au rumb de vent qu'on lui a ordonné de suivre.

ES-TU à la Route? *Leit gy aan de koers?*

C'est une question qu'on fait au Timonier, pour savoir s'il gouverne à l'air de vent qu'on lui a marqué.

ROUTIER. *Een streek-tafel-boek met zee-kaarten, Roetier, Graad-boek met zee-kaarten.*

C'est un livre qui par ses cartes marines, ses aspects de côtes, & ses observations sur les diverses qualités des parages de la mer, donne des instructions pour la route des vaisseaux.

VENT ROUTIER. Voiez, Vent.

R U.

RUBORD, Rebord. *De kimmegang van een schuit.*

C'est un terme de charpenterie qui signifie le premier rang des planches ou bordages d'un bateau foncet, ou autre, qui se joint à la femelle, ou sole, & qui est la première piéce qui s'élève du fond du bâtiment. Le second rang de ces planches s'apelle le Deuxième Bord; le troisième rang, Troisiême Bord; & le dernier qui joint le dessous du platbord, s'apelle Sous-barque.

RUCHE d'un vaisseau. Voiez, Rouche.

RUM, ou Reun. *Ruim.*

C'est un espace pratiqué dans le fond de cale d'un vaisseau, pour y arranger les marchandises de sa cargaison, & c'est de-là qu'on a dit, Arrumer, Arrimer, ou Arruner, pour dire, arranger dans le rum les marchandises dont le vaisseau est chargé; & le mot d'Arrimage, qui veut dire arrangement. On confond souvent les termes de Rum & de Fond de cale, & ce dernier même est plus usité que l'autre.

ETRE de bon Rum. *Alles in goedt schik houden.*

C'est-à-dire, Etre de bon ordre. Tenir son Rum, c'est garder son rang.

AVOIR du Rum à fond de cale. *Veel ruimte in 't ruim hebben.*

C'est-à-dire qu'il y a de l'espace.

DONNER Rum à une pointe de terre, ou à une roche. *Ruimte geven, af-houden.*

C'est s'en éloigner à discrétion. Voiez, Honneur.

RUMB de vent. *Streek, Windt-streek.*

C'est une ligne qui représente sur le globe terrestre, sur la boussole, & sur les cartes marines, un des trente-deux vents qui servent à la conduite d'un vaisseau. Ainsi le Rumb que suit le vaisseau est conçu comme sa route, son cours, son sillage, son eau, & sa trace navale. Mais quoi-que dans une signification générale on donne le nom de Rumb à chaque trait ou pointe de compas, on ne laisse pas de les distinguer en rumbs entiers, ou vents principaux; en demi-rumbs, & en quarts de rumbs. Il y a même quelques Pilotes qui pour plus d'exactitude, ont une subdivision de demi-quarts de rumbs. La division la plus généralement reçuë est celle qui établit huit rumbs entiers, huit demi-rumbs, & seize quarts de rumbs; ce qui fait le nombre de trente-deux vents : de-forte que l’horifon eft divifé en trente-deux parties, ou pointes de compas, dont il y en a toujours quelqu’une qui doit conduire le vaiffeau, quand il fait route. La diftance comprife entre chaque rumb entier eft de quarante-cinq degrès : celle du rumb entier au demi qui lui eft proche eft de vingt-deux degrès & trente minutes, autrement vingt-deux degrès & demi ; & celle du rumb entier au plus proche quart de rumb eft d’onze degrès quinze minutes, de-forte qu’il y a toujours onze degrès quinze minutes entre chacun des trente-deux rumbs.

S. A.

SABLE. *Sandt.*

C’eft une forte de terre legére, menuë, & fans aucune confiftance, mêlée de petits grains de gravier.

SABLE mouvant. *Wel-fandt, Drijf-fandt.*

SABLE vafard. *Modderagtig fandt.*

C’eft du fable mélé de vafe, que l’on trouve à la fonde.

SABLE. *Sandt-looper, Uur-glas.*

C’eft une forte d’horloge qui mefure des heures, ou des demi-heures, par l’écoulement du fable qui fort d’une phiole pour entrer dans une autre. Ces deux phioles, qui font proprement abouchées l’une fur l’autre, fe mettent dans une boîte à jour, & il y a autant de fable dans l’une qu’il en peut couler pendant une heure, ou demi-heure. Ce fable fe fait de coquilles d’œufs féchées au feu, bien-pulvérifées & bien-tamifées. On fe fert de ces horloges dans les navires. Voiez, Horloge.

SABLE. Manger fon Sable. *De glaafen eer fy uit zijn omkeeren.*

C’eft tourner l’horloge avant que le quart foit fait, & que tout le fable foit écoulé, ce qui eft une friponnerie puniffable du matelot qui veut faire lever le quart avant le tems limité.

„Le Quartier-maître a l’œil à ce que celui qui eft au gouvernail ne mange „pas fon fable.

SABORD, Sabords. *Poort, Poorten, Poort-gaaten.*

C’eft une embrafure, ou canoniére, dans le bordage d’un vaiffeau, pour pointer les piéces de canon. La partie inférieure du fabord s’apelle Seüillet, & quelques-uns donnent auffi ce même nom à la partie fupérieure. La diftance ordinaire entre deux fabords eft de fept piés. Il y a autant de rangs de fabords qu’il y a de ponts. Chaque rang eft ordinairement de quinze fabords dans les plus grands vaiffeaux, fans compter ceux de la fainte-barbe & les batteries qui font fur les châteaux. On apelle Premiére Batterie celle qui eft la plus baffe ; elle doit être pratiquée fi haute que dans le gros tems elle ne fe trouve pas fous l’eau, & ne devienne pas inutile par ce moien. La Seconde Batterie eft au pont-du-milieu ; & la troifiême eft fur le dernier pont. Chaque fabord doit avoir fa drague & fon palan.

„Pour trouver la hauteur que les fabords doivent avoir il faut divifer en trois „parties l’efpace d’entre les deux ponts, vis-à-vis le grand mât, & pofer „le feüillet du bas enforte que fa partie fupérieure foit au niveau du haut „de la premiére de ces trois parties, & que la partie inférieure du feüillet „du haut defcende au niveau du bas de la plus haute de ces trois parties, „& la partie du milieu fera le trou du fabord, auquel on donnera un quart „plus de largeur que de hauteur. Au regard de la diftance qu’on leur peut

don-

„ donner cela dépend de la conſtruction du bâtiment, & de la maniére dont
„ les genoux, les éguillettes, la cuïſine, la dépence, les cadènes de hau-
„ ban & autres parties ſont placées; auquel éfet le Charpentier doit bien
„ prendre ſes meſures en traçant ſon modèle. Les ſabords ne doivent point
„ être les uns au-deſſus des autres.

FERMER les ſabords. *De Poorten toedoen.*
C'eſt laiſſer tomber les mantelets deſſus.

FAUX-SABORD. *Looſe Poort.*
C'eſt un cadre de bois, garni d'une toile goldronnée. On y fait une ouverture avec une petite manche par laquelle la volée du canon paſſe. On s'en
ſert à couvrir un ſabord lors-qu'on ne le veut pas fermer d'un mantelet.
C'eſt auſſi la figure d'un ſabord faite dans le bois, ou avec de la peinture,
pour tromper les gens.

TANT de Sabords par bande, Par éxemple quatorze. *Soo veel poorten op elk*
zy, by voorbeeldt veertien; Elk laag heeft ſoo veel poorten.
C'eſt-à-dire qu'il y a quatorze ſabords dans le côté du vaiſſeau, par chaque batterie.

SABORDS de l'arriére, dans la chambre du Canonier. *Kruis-poorten.*

SABORDS pour le leſt. *Ballaſt-poorten.*

SABURRE. C'eſt du leſt. Voiez, **Leſt.**

SACHETS de mitrailles. *Schroot-ſakken.*
Ce ſont de petits ſacs de toile que l'on remplit de mitrailles, ſoit pour armer
des canons, ſoit pour armer des pierriers.

SACQUIER. *Een Opſiender op het laaden en loſſen van ſout.*
C'eſt un petit Oficier qui eſt établi en de certains ports de mer, pour charger & décharger le ſel & les grains d'un vaiſſeau, & les tranſporter dans
des ſacs; & c'eſt de-là que vient le mot de Sacquïer.

SAFRAN de gouvernail. *Schegge van 't roer.*
C'eſt une piéce de bois plate & droite qu'on aplique ſur la longueur du gouvernail, afin-qu'en lui donnant plus de largeur elle en facilite l'éfet.

SAFRAN de l'étrave. *Slemp-hout, Loef-hout, Bit aan d'onder-knies.*
C'eſt une piéce de bois qu'on atache depuis le deſſous de la gorgére, ou coupe-gorge, juſques ſur le rinjot, & qui ſert à faire venir le vaiſſeau au vent
lors-que, par le défaut de ſa conſtruction, il refuſe & n'y vient pas bien.
On apelle cela, Donner de la pince à un vaiſſeau.

SAFRAN. *Klik aan het roer.*
C'eſt auſſi la planche qui eſt à l'extrémité du gouvernail d'un bateau foncet. Les barres qui ſoutiennent les planches du remplage ſont apuïées ſur
celle-là. C'eſt encore une groſſe piéce de bois qu'on ajoûte au bas du gouvernail d'un yacht, & qui y fait une aſſez grande ſaillie en-dehors.

SAILLE. *Set aan.*
C'eſt un mot en uſage parmi les matelots, qui eſt prononcé par pluſieurs
enſemble, en élevant ou pouſſant quelque fardeau.

SAIN. Parage Sain, Côte Saine & nette. *Een geſondt kuſt.*
C'eſt-à-dire qu'il n'y a point de roches ni bancs aux environs, & que cette côte eſt ſure.

UNE Roche Saine. *Een geſondt klip.*
C'eſt-à-dire qu'il n'y a rien de dangereux que ce qui paroît.

Qqqq 3

BOIS

BOIS SAIN. *Goedt en gaaf en gofondt hout.* Voiez, Bois.

SAINE. Voiez, Seine.

SAINT-AUBINET. *Een half-voor-vinkenet.*

C'est un pont de corde fuporté par des bouts de mâts pofez en-travers fur le platbord, à l'avant des vaiffeaux marchands.

SAINTE-BARBE, Gardiénerie, Chambre des Canoniers, Loge. *Konftaa-pels-kaamer.*

C'est le lieu où le Maître Canonier tient partie de ce qui concerne les utenfiles de fon artillerie. C'est un retranchement de l'arriére du vaiffeau au-deffus de la foute.

„ La fainte-barbe d'un vaiffeau de 134. piés de long, doit avoir 29. piés
„ de longueur : fon fronteau doit être pofé contre le derriére du mât d'ar-
„ timon, entre le 2. & le 3. bau. La porte doit être à babord, à 4. piés
„ du bord, & avoir 4. piés de large par le bas, & 3. piés 9. pouces par le
„ haut.

SAÏQUE. *Een Saik.*

C'est une forte de bâtiment Grec dont le corps est fort chargé de bois. Il porte un beaupré, un petit artimon, & un grand mât qui s'élève avec fon mât de hune à une hauteur extraordinaire, & il est foutenu par des galaubans & par un étai qui répond de la pointe du mât de hune fur le beaupré. Ce bâtiment n'a ni miféne, ni perroquet, ni haubans, & fon pacfi porte une bonnette maillée.

SAISINE. *Seizing.*

C'est une petite corde qui fert à en faifir une autre.

SAISINE de beaupré. Voiez, Lieure.

SAISIR une manœuvre, *Een touw feizen, vangen, beleggen.*

C'est la bien amarrer.

SAISIR l'ancre contre le bord. *Anker-vangen.*

C'est l'amarrer à fa place.

SALAISON. *Bequaam tijdt om vleefch tot de zee-vaart te fouten.*

C'est le tems propre à faler les viandes pous les embarquemens.

SALE. Côte Sale. *Vuilen, Een vuile kufte.*

C'est-à-dire qu'une telle côte est dangereufe, qu'elle est pleine de bancs, & femée de baffes & de battures.

VAISSEAUX SALES. *Vuile fchepen.*

C'est quand ils ont été longtems à la mer; & qu'il s'y est ataché des filandres & des cravans.

SALOIRE. Voiez, Quart de rond.

SALUT. Le Salut, Action de Salüer. *Salutatie, Eer-fchoot, Groet, Begroet.* Contre-falut. *Weer-groet.*

C'est une déférence & un honneur qui fe doit rendre fur mer, non-feulement entre les vaiffeaux de différente nation, mais encore entre ceux d'une même nation, lors-qu'ils font diftinguez par le rang de Oficiers qui les montent, & qui y commandent. Ces refpects confiftent à fe mettre fous le vent, à amener le pavillon, à l'embraffer, à faire les premiéres & les plus nombreufes décharges d'artillerie pour la falve, à ferler quelques voiles & particuliérement le grand hunier, à envoier quelques Oficiers à bord du plus puiffant, & à venir moüiller fous fon pavillon, felon-que la diverfité des

oca-

ocafions éxigé quelques-unes de ces cérémonies. Les vaiffeaux marchands,
faluënt les vaiffeaux de guerre. Quelquefois parmi les nations qui peuvent entrer en concurrence, chaque vaiffeau de guerre qui eft fur la côte,
ou à la vuë des terres de fa nation, reçoit le falut d'un vaiffeau étranger,
& le lui rend enfuite. Le vaiffeau qui eft au vent d'un autre, eft obligé de faluër le premier.

VOICI ce que porte la plus nouvelle Ordonnance, qui eft celle de 1689.
au fujet du Salut & du Contre-falut.

Les vaiffeaux du Roi de France, portant pavillon d'Amiral, de Vice-amiral & Contre-amiral, Cornettes & flames faluëront les places maritimes
& principales forterefles des Rois, & le falut fera rendu coup pour coup
à l'Amiral & au Vice-amiral, & aux autres par un moindre nombre de
coups, fuivant la marque de commandement.

Les places & forterefles de tous autres Princes & Républiques faluëront les
premiéres l'Amiral, & le falut leur fera rendu, favoir par l'Amiral d'un
moindre nombre de coups, & par le Vice-amiral coup pour coup. Les autres
pavillons inférieurs faluëront les premiers. Mais les places de Corfou, Zante,
& Céfalonie, & celles de Nice & de Ville-franche en Savoie, feront fa-
lüées les premiéres par le Vice-amiral. Aucun navire de guerre ne faluëra une place maritime qu'il ne foit afluré que le falut lui fera rendu.

Les navires du Roi portant pavillon, & rencontrant ceux des autres Rois
portant des pavillons égaux aux leurs, fe feront faluër les premiers en quelques mers & côtes que fe fafle la rencontre; ce qui fe pratiquera auffi dans
les rencontres de vaiffeau à vaiffeau, à quoi les étrangers feront contrains
par la force, s'ils en font difficulté.

Le Vice-amiral & Contre-amiral de France rencontrant le pavillon Amiral de quelque autre Roi, ou l'étendard Roïal des galéres d'Efpagne, ils
ne feront aucune difficulté de les faluër les premiers. Le vaiffeau portant
pavillon Amiral rencontrant en mer les galéres d'Efpagne, fe fera faluër le
premier par celle qui portera l'étendard Roïal.

Les efcadres de galéres de Naples, Sicile, Sardaigne, & autres, aparte-
nant au Roi d'Efpagne, ne feront traitées que comme galéres patrones,
quoi-qu'elles portent l'étendard Roïal, & feront feulement faluées par le
Contre-amiral de France, & faluëront les premiéres le Vice-amiral, qui les
y contraindra en cas de refus. La même chofe aura lieu pour les galéres
portant le premier étendard de Malte, & de tous autres Princes & Républiques. Tous les navires de guerre François fe feront faluër par la galére patrone de Génes.

Les vaiffeaux portant cornettes & flames faluëront les pavillons de l'Amiral & Contre-amiral des autres Rois, & fe contenteront qu'il leur foit ré-
pondu par un moindre nombre de coups.

Les vaiffeaux des moindres E'tats portant pavillon Amiral, & rencontrant
celui de France, plieront leur pavillon, & faluëront de 21. coups de canon; & enfuite celui de France aïant rendu le falut feulement de 13. les
autres remettront leur pavillon.

Le Vice-amiral & Contre-amiral de France feront faluez de la même maniére par les moindres E'tats. Leur Amiral faluëra pareillement le premier
le Vice-amiral & Contre-amiral de France; mais il ne pliera fon pavillon
que

que pour l'Amiral, ensorte-que cette déférence de plier le pavillon ne se-
ra renduë par les moindres E'tats qu'aux pavillons égaux, ou supérieurs.
Les vaisseaux du Roi, portant cornette, salüeront l'Amiral des moindres
E'tats, & se feront salüer par tous les autres pavillons.

L'étendard Roïal de galéres de France saluëra le premier le pavillon Amiral, qui rendra coup pour coup, & l'étendard sera salüé le premier par le
Vice-amiral.

Le Vice-amiral sera salüé par la patrone des galéres, à laquelle il répon-
dra coup pour coup, & elle sera salüée par le Contre-amiral auquel elle ré-
pondra de-même. Lors-qu'il y aura plusieurs vaisseaux de guerre ensemble,
il n'y aura que le seul Commandant qui salüe.

Lors-qu'on arborera le pavillon Amiral, soit dans les ports, ou à la mer,
il sera salüé par l'équipage du vaisseau sur lequel il sera arboré, de cinq cris
de Vive le Roi, & les autres vaisseaux le saluëront en pliant leur pavillon
sans tirer du canon. Le pavillon du Vice-amiral sera seulement salüé par
trois cris de tout son équipage; le Contre-amiral & les Cornettes par un cri;
& à l'égard des flames elles ne seront pas salüées.

Les vaisseaux du Roi, portant pavillon de Vice-amiral & Contre-amiral,
rencontrant en mer le pavillon Amiral, le saluëront de la voix, plieront
leurs pavillons, & abaisseront leurs hautes voiles.

Le Contre-amiral, Cornettes & autres vaisseaux de guerre, abordant le
Vice-amiral, le saluëront seulement de la voix, en passant à l'arriére, pour
ariver sous le vent. Les vaisseaux de guerre François qui ne porteront
ni pavillon ni cornettes, se rencontrant à la mer ne se demanderont aucun
salut. Il est défendu à tous Commandans & Capitaines François de salüer les places des ports & rades du Roïaume, où ils entrent & moüillent
ordinairement : comme aussi de tirer du canon dans les ocasions de revuës
& des visites particuliéres qui leur pourroient être faites sur leurs bords.

Seront seulement salüez du canon l'Amiral, le Vice-amiral, le Gouverneur
de la Province, faisant leur premiére entrée dans le port. Le vaisseau portant pavillon Amiral dans un port rendra le salut. Le Roi se trouvant en
personne dans ses ports, ou sur ses vaisseaux, sera salüé de trois salves de
toute l'artillerie, dont la premiére se fera à boulet.

L'Année 1672. sa Majesté Britannique étant venuë à bord du Saint Phi-
lippes, qui étoit monté par M. le Comte d'Estrées Vice-amiral de France,
elle fut salüée de trois décharges générales de la mousqueterie de l'escadre
Françoise, & de trente-cinq coups de canon par chacun des vaisseaux François; mais Sa Majesté y étant revenuë quelque tems après avec la Reine
son E'pouse, elle ne voulut être salüée que de quelques cris de l'équipage
qui fit retentir les mots de Vive le Roi, sans qu'on tirât un coup de canon.

,, Les vaisseaux des Provinces Unies ne baissent point le pavillon les uns de-
,, vant les autres, mais ils se saluënt de quelques coups de canon, le moin-
,, dre en dignité saliiant celui qui est au-dessus de lui, & le plus jeune son
,, ancien. Celui qui est plus élevé en dignité répond d'un moindre nombre de
,, coups, mais celui qui n'a que l'avantage de l'ancienneté répond d'un pa-
,, reil nombre.

,, Les vaisseaux des plus anciens Colléges sont les premiers en rang, & ne
,, saluënt que les derniers. Ceux qui sont de Colléges égaux en ancienne-

,, té,

„té, tiennent leur rang selon le tems de la réception & prestation de ser-
„ment des Commandans, sans aucun égard au lieu d'où ils sont. Tou-
„tes ces choses s'observent par une ancienne coutume de bienséance, sans
„qu'il y ait aucun ordre, ou Réglement, sur ce sujet.
„Les vaisseaux des Provinces Unies baissent le pavillon du mât, & la plus
„haute voile jusqu'à mi-mât, devant les navires de guerre Anglois, sur
„les côtes d'Angleterre, & nulle part ailleurs, suivant une ancienne cou-
„tume que l'usage a établie.
„Aucuns vaisseaux ne sont obligez d'amener en pleine mer devant d'autres,
„s'il n'y a quelque ancienne pratique qui y donne lieu.
„La bienséance oblige les vaisseaux des Républiques à saluer les premiers
„les vaisseaux des Têtes Couronnées, s'ils sont de la même qualité que
„ceux des Républiques qui les rencontrent. Le salut se fait en tirant le
„canon, en passant à l'arriére du vaisseau qu'on salue, & en mettant le
„canot à la mer. Toutes lesquelles choses néammoins se font librement,
„& non en vertu d'aucun droit qui y contraigne.
„Les navires de guerre des Têtes Couronnées répondent au salut de ceux
„des Républiques, ou d'un pareil nombre de coups, ou d'un moindre nom-
„bre, selon-que les Commandans sont plus ou moins civils.
„Les Vice-amiraux des Têtes Couronnées saluent l'Amiral des Provinces
„Unies d'un pareil nombre de coups ; mais ni les huniers ni les pavillons
„ne s'amènent point à la rencontre des navires de guerre des Têtes Cou-
„ronnées & de ceux des Provinces Unies, si ce n'est dans le cas ci-dessus
„mentioné.
„C'est le pavillon de Commandement que les Oficiers Généraux amènent,
„lors-qu'il s'agit de saluer. Que s'ils n'ont pas de pavillon, ils amènent
„seulement la voile. En pareille ocasion on rehisse & les pavillons & les
„voiles aussi promtement qu'il est possible. Ceux qui entrent dans un port
„étranger sont obligez de saluer de la maniére établie par les Souverains du
„lieu, à-moins qu'il n'y ait quelque traité particulier entre le Souverain du
„lieu & le Souverain des vaisseaux qui arivent. Le salut se fait de quel-
„ques volées de canon, sans amener ni le pavillon ni les voiles, après-
„que l'ancre est mouillée & que les voiles sont ferlées. Les Seigneurs
„ou Commandans du lieu répondent au salut ou de pareil nombre de coups,
„ou d'un moindre nombre, & cela par civilité & sans aucune obligation.
„On ne baisse jamais l'enseigne de poupe que lors-que les vaisseaux ont
„été vaincus & pris.
„Il semble que le salut du pavillon est plus humble que celui de la voile,
„puis-que les Rois se relâchent plus volontiers sur le dernier que sur le
„premier.
„Les vaisseaux marchands rencontrant en mer des navires de guerre, les saluent
„du canon, s'ils sont d'une nation avec qui ils ne soient point en guerre.
„Dans tous les ports on fait l'honneur aux Oficiers Généraux étrangers
„de leur répondre des châteaux & forteresses d'un pareil nombre de coups ;
„mais on répond d'un nombre beaucoup moindre aux simples Capitaines,
„& quelquefois on ne leur répond point-du-tout. En Portugal on salue
„l'Amiral ou le Vice-amiral des Provinces Unies du même nombre de
„coups qu'ils ont salué, .

R r r r

„On

,, On n'amène jamais les flames, quoi-qu'on rencontre des vaisseaux de-
,, vant lesquels on a coutume d'amener le pavillon.
,, Lors-qu'on baisse le pavillon, on n'amène point la voile, comme étant
,, inutile de baisser tous les deux ensemble. On saluë plus souvent des voi-
,, les que du pavillon, parce-qu'il y a peu de vaisseaux qui portent des pa-
,, villons. Les navires de guerre des Provinces Unies ne portent plus gué-
,, res de pavillons, afin d'éviter tout différent.
,, La République de Venise a le rang devant toutes les Républiques de
,, l'Europe, comme étant la plus ancienne ; de-sorte que les vaisseaux des
,, Provinces Unies saluënt les premiers les vaisseaux Vénitiens qui leur ren-
,, dent pareil salut ; ce qui doit s'entendre d'égal à égal vaisseau, car
,, un navire de guerre Vénitien saluë le premier un vaisseau Pavillon Hol-
,, landois.
,, Les navires de guerre des Provinces Unies atendent le salut de ceux de
,, Génes & des autres Républiques, & s'ils le font on le leur rend ou de
,, pareil nombre, ou d'un moindre nombre, selon-qu'il y a lieu.
,, Quand il arive de vaisseaux étrangers dans un port, où il y a déja d'autres
,, vaisseaux aussi étrangers égaux à ceux qui arivent, ou au-dessus, & non
,, autrement, la coutume est que ceux qui arivent font le salut. Ce n'est
,, pas que personne soit tenu de rendre aucun honneur à des étrangers dans
,, un port étranger, si ce n'est qu'il le veüille bien faire, quoi-que les
,, étrangers qui font dans le port soient d'une qualité au-dessus de ceux qui
,, arivent.
,, Ce n'est qu'en entrant dans un port qu'on est obligé de saluër les forte-
,, resses & châteaux, mais non-pas en sortant, cependant cela se pratique
,, souvent par civilité.
,, Quand des navires de guerre se séparent en mer c'est le plus jeune Capi-
,, taine qui saluë, & on lui répond d'un pareil nombre de coups. Les Hol-
,, dois saluënt d'un nombre impair, quoi-que la plupart des autres nations
,, saluënt d'un nombre pair ; dequoi on n'a point d'autre raison à rendre que
,, la coutume.
,, Pour un même salut quelquefois on fait deux ou trois décharges ; mais
,, à chaque fois on diminuë le nombre des coups, & le salut se rend d'un pa-
,, reil nombre, si les Oficiers font égaux en dignité ; ou d'un moindre nom-
,, bre de coups s'il y a de la différence.
,, Les vaisseaux des Républiques atendent le salut des navires des Souve-
,, rains qui font au-dessous des Rois.
,, Les vaisseaux Vénitiens se faisoient autrefois saluër par les Turcs. Sous
,, l'Empereur Soliman l'Amiral des Turcs aïant rencontré l'Amiral de Ve-
,, nise, & refusé de baisser le pavillon devant lui, le Vénitien tomba sur
,, le Turc & lui coula deux galéres à fond, ce qui fût la source d'une gran-
,, de & cruelle guerre.

SALUER. de la mousqueterie. *Met musketterij salueeren.*

C'est quand on tire une ou trois salves de mousqueterie. C'est une maniére
de saluër qui a coutume de précéder le salut du canon, & qui se fait seulement a l'ocasion de quelque fête.

SALUER du canon. *Met 't geschut begroeten, Met los branden van 't kanon
salueeren.*

C'est

C'est tirer un nombre de coups de canon, trois, cinq, sept, neuf, à bale, ou sans bale, selon-qu'on veut rendre plus ou moins d'honneur à ceux qu'on saluë. Les navires saluënt à nombre impair, & les galéres par un nombre pair. Le vaisseau qui est sous le vent d'un autre est obligé de saluer le premier.

SALUER de la voix. *Salueeren met roepen, Lang Leeve De Koning.*

C'est crier une ou trois fois, Vive le Roi; ce que tout l'équipage fait étant tête nuë. Ce salut se fait après celui du canon, ou lors-qu'on ne peut ou qu'on ne veut pas tirer du canon.

SALUER du pavillon. *Met de vlag strijken, of de wimpel op schoot haalen, begroeten.*

On saluë du pavillon de deux maniéres, ou en l'embrassant & le tenant contre son bâton ensorte qu'il ne puisse voltiger, ou en l'amenant & le tenant de telle maniére qu'il soit impossible de le voir: c'est-là le plus grand salut de tous.

SALUER des voiles. *Met de zeilen, of met 't strijken van 't zeil begroeten.*

Ce salut se fait en amenant les huniers à mi-mât, ou sur le ton : il n'y a que les vaisseaux qui sont sans canon qui saluënt de cette sorte.

SALUER à boulet. *Met scherp groeten.*

SALUT. Voiez ci-dessus.

RENDRE le Salut. *Weer-groeten, Resalueeren.*

C'est faire ce qu'a fait celui qui a saluë le premier, ou lui rendre quelques coups de canon moins.

SAMEQUIN. *Een Samkijn.*

C'est une sorte de vaisseau marchand Turc, dont on ne se sert que pour aller à terre.

SAMOREUX. *Samereus.*

C'est un bâtiment extrémement long & plat, qui navigue sur le Rhin & sur les eaux internes de Hollande, où les samoreux aportent ordinairement du bois. Le mât en est de deux piéces & fort haut : il est tenu par des cordages à l'arriére & aux côtés.

SANCIR. *Sinken, Te grondt gaan.*

C'est couler & descendre à fond.

NAVIRE qui a Sanci sous ses amarres. *Een schip aan de grondt, of voor sijn anker geraakt.*

C'est-à-dire qu'un vaisseau a coulé bas, & qu'il s'est perdu tandis qu'il étoit à l'ancre. Voiez, Courant, Etre emporté par les courans.

SANDALE. *Een Sandaal.*

C'est une sorte de bâtiment du Levant, qui est fait pour l'allége des gros vaisseaux.

SANGLES. *Servings, Matten, Plaaten, Platingen.*

C'est un entrelassement de bittord, qu'on met en différens endroits d'un vaisseau, comme sur les cercles des hunes, sur les premiers des grands haubans, & ailleurs. Ces sortes de sangles empêchent que les manœuvres ne se coupent.

SANGLONS. *Sog-stukken.* Voiez, Fourcats.

SAORRE, Quintillage. *Ballast.*

C'est un terme dont on se sert sur les côtes de la Méditerranée. Voiez, Lest.

SAPIN. *Denneboom, Sperreboom.* Voiez Bois.

SAPINETTES. *Schulpen.*

Ce font de petits coquillages qui s'engendrent fous un vaiſſeau qui à été longtems à la mer.

SAQUER la voile. *Het zeil beſlaan, of inneemen.*

C'eſt un mot Normand, pour dire , Ferler , ſerrer , ou mettre la voile dedans.

SAQUER. *Voort-ſtooten, Voort-ſetten, Voort-duuwen.*

C'eſt auſſi un terme du commun des matelots , qui veut dire , Pouſſer de l'avant , ou de côté.

SARDINS. Voiez, Jardins & Galeries.

SART, Goëſmon, Varech. *Kroos.*

Ce font des herbes qui croiſſent au fond de la mer, & qu'elle en arrache en de certains tems. Elle les rejette à la côte , & ces herbes ſervent à fumer les vignes & les champs. On les nomme Goëſmon ſur les côtes de Bretagne , Varech ſur les côtes de Normandie , & Sart ſur les côtes du païs d'Aunix, de Xaintonge, & de Poitou. On dit, La coupe du Sart, ou du Varech.

SART détaché des rochers. *Steen-kroos.*

SART fleuri. *Kroos met bloemen.*

SARTIE. *Allerhande tuig tot een ſchip, Zeil en treil.*

Ce terme eſt en uſage ſur la mer Méditerranée, pour ſignifier toutes ſortes d'agreils & d'apparaux pour équiper un vaiſſeau.

SASSES. *Hoos-vaaten.*

Ce font des pelles creuſes propres à tirer l'eau.

SASSOIRE. Voiez, Quart de rond.

SAUGUE. *Een Sauge.*

C'eſt le nom que l'on donne à un certain bateau pêcheur de Provence.

SAUMACHE. Voiez, Somache.

SAUSSISSON, Sauciſſon. *Beuling.*

C'eſt une eſpéce de boïau de toile rempli de poudre à canon, qui ſert dans un brulot à conduire le feu depuis les dales juſques aux artifices.

SAUT. *Een ſwaar waater-val.*

Ce terme ſe dit d'une chute d'eau qui ſe fait dans le deſcendant de quelques riviéres de Canada , où les canots ne peuvent naviguer.

DONNER un Saut à la bouline. *Een ſchootje, ſchentje , ſlag , of ſchrikje aan de boelijn geven.*

C'eſt larguer d'un pié ou deux la manœuvre qu'on apelle bouline.

SAUTE. *Sta by de ſchoot , Sta by de boelijn ; Loop na de groote ree, Loop na de boegſpriet.*

Ce terme eſt fort uſité au-lieu de celui de Va ; car on dit ordinairement lors-qu'on commande; Saute ſur ce point; Saute ſur le beaupré; Saute ſur la vergue pour alléger les cargues-fond.

SAUTER. Le vent Sauta au Nord. *De windt kroop na het Noorden , liep Noordelijk, verliep Noord.*

C'eſt-à-dire que le vent changea & paſſa d'un rumb à l'autre. Le vent qui étoit Nord-oüeſt, ſauta au Nord-eſt, c'eſt-à-dire qu'il ſe fit Nord-eſt. On dit encore; Le tems fut très-rude, & les vents ſautérent tellement de rumb

en

en rumb, qu'en dix horloges ils firent le tour de la bouſſole.

LE vaiſſeau a Sauté en l'air. *Het ſchip is geſprongen.*

SAUTER à l'abordage. *Enteren en overſpringen.* Voiez, Abordage.

SAUTERELLE. *Swei.*

C'eſt un inſtrument fait ordinairement de bois, & preſque ſemblable au bu-veau, car elle eſt toute droite & comme une équaire pliante qui s'ouvre & qui ſe ferme de même qu'un compas, pour former & pour tracer des an-gles, & auſſi pour prendre des meſures ſur le trait & ſur l'ouvrage. Les deux branches de la ſauterelle doivent être d'une égale largeur par-tout, ce qui n'eſt pas au buveau. C'eſt proprement une fauſſe-équerre, qui eſt a-pellée Sauterelle par les Menuiſiers.

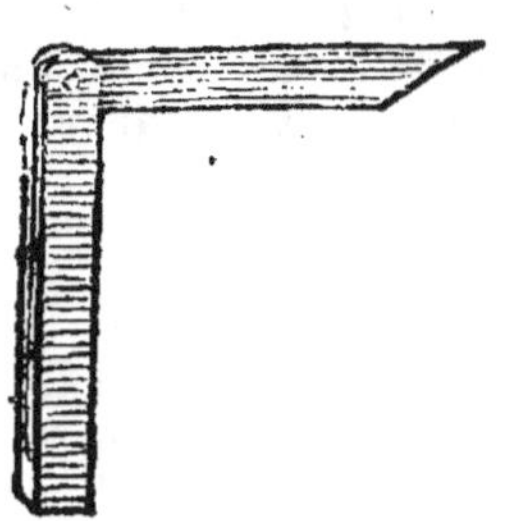

SAUVAGE, Sauvement, Action de Sauver. *Berging.*

C'eſt quand on s'emploie à recouvrer & à ſauver les marchandiſes perduës par un naufrage, ou jettées à la mer, à-cauſe du gros tems qui a obligé d'alléger le vaiſſeau : le tiers en apartient à ceux qui les ſauvent.

SAUVAGE, Frais du Sauvement. *Borg-loon.*

C'eſt le paiement qu'on donne à ceux qui ſauvent quelque choſe, ou la part qu'ils ont à ce qu'ils ſauvent.

SAUVAGE. Faire le Sauvage, Sauver. *Bergen.*

SAUVEGARDE, ou, Tirevieille. *Klim-ſtag, Loop-ſtag.*

C'eſt une corde amarrée au bas du beaupré, & qui montant à l'étai de miſ-ſéne en deſcend pour s'amarrer aux barres de la hune de beaupré. Cette ſauvegarde ſert aux matelots qui font quelques manœuvres de la ſivadiére & du tourmentin, pour marcher en ſeureté ſur le mât de beaupré.

SAUVEGARDE du gouvernail. *Sorglijn, Een ſwaare taalie aan 't roer.*

C'eſt un bout de corde qui traverſe la méche du gouvernail & qui eſt ſaiſie à l'arcaſſe du vaiſſeau.

SAUVEGARDES. *Ruſten, Ruſt-lijnen in 't galioen.*

Cela ſe dit encore de deux cordes que l'on fait regner depuis les bouts de l'éperon juſques aux ſous-barbes des boſſoirs. Elles ſervent à empêcher que les matelots qui font dans l'éperon pendant la tempête ne tombent à la mer.

SAUVE-RABANS, ou, Tordes. *Leiſſels, Worſten om de ree, Hoedtjes om de ree geſpijkert.*

Ce ſont des anneaux de corde qu'on met près de chaque bout des grandes ver-gues, afin d'empêcher que les rabans ne ſoient coupez par les écoutes de hune. Depuis les deux tiers de la grande vergue vers les deux bouts il faut garnir d'étropes qu'on apelle Sauve-rabans.

R r r r 3

SAU-

SAUVER. Voiez, Sauvage.

SAUVEURS. *Bergers.*

C'est ainsi qu'on apelle ceux qui ont sauvé, ou pêché les marchandifes perduës en mer, ou parce-que la tempête a obligé d'en décharger le vaiſſeau. Ils ont le tiers de ce qu'ils ſauvent, ou-bien on convient avec eux pour leur paiement.

S C.

SCHOUE. Voiez, Prame.

SCIE. *Een Saag, of Zaag.*

C'est une lame de fer longue & étroite, taillée d'un des côtés par de petites dents. Il y en a de diverſes ſortes pour ſcier le marbre, la pierre, & le bois. Il ne s'agit ici que de celles qui ſont propres à ſcier le bois. Il y a des moulins à ſcie qui par leur ſeul mouvement ſcient des poutres pour faire des planches. Les ſcies avec les dents détournées de part & d'autre ſont pour le bois.

SCIE à refendre. *Een Schulp-ſaag.*

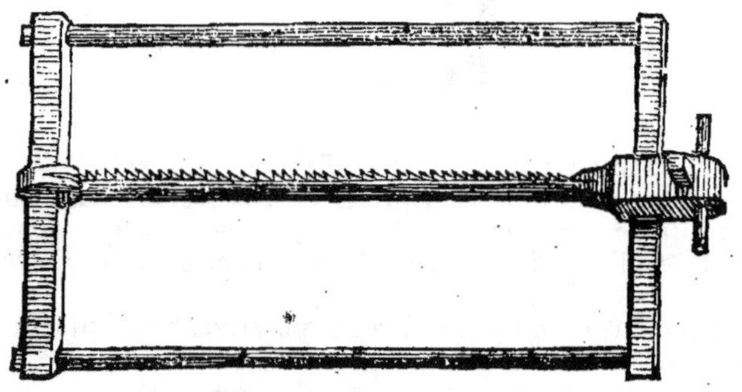

SCIE à débiter. *Een Raam-ſaag, Span-ſaag.*

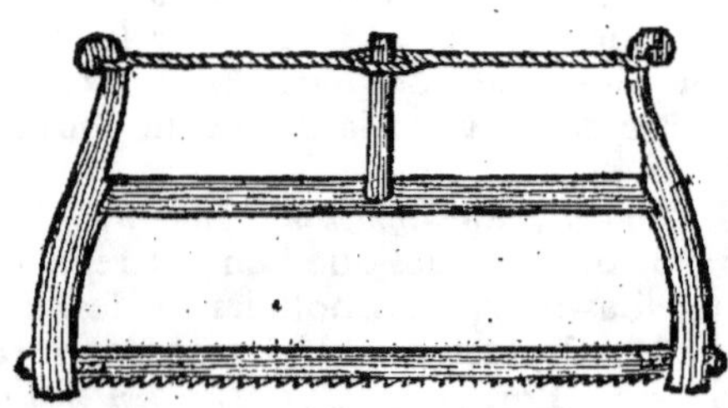

SCIE à ſcier de long. *Een Kraan-ſaag.*

Ces ſortes de ſcies ont un afûtage à chaque bout que les ouvriers apellent Main.

SCIES

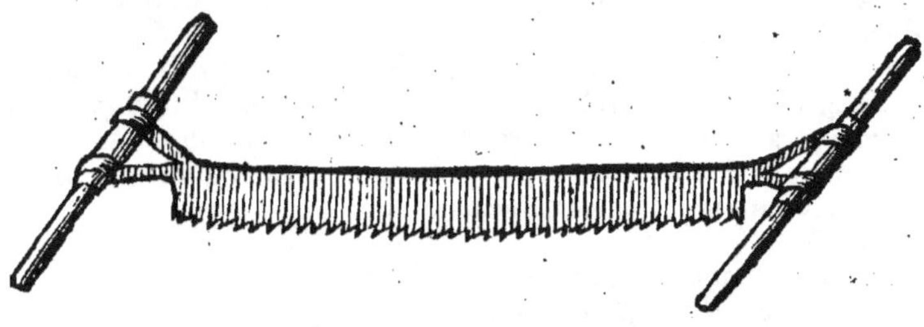

SCIE nommée Passe-par-tout. *Trek-saag.*

Ces scies servent à scier de gros arbres dans les forêts. Elles n'ont qu'un manche à chaque bout de la feüille, comme celles avec quoi on scie la pierre tendre, mais il y a cette différence que les dents des scies de pierre ne sont pas détournées, & que celles à bois le sont de part & d'autre, avec un tourne-à-gauche.

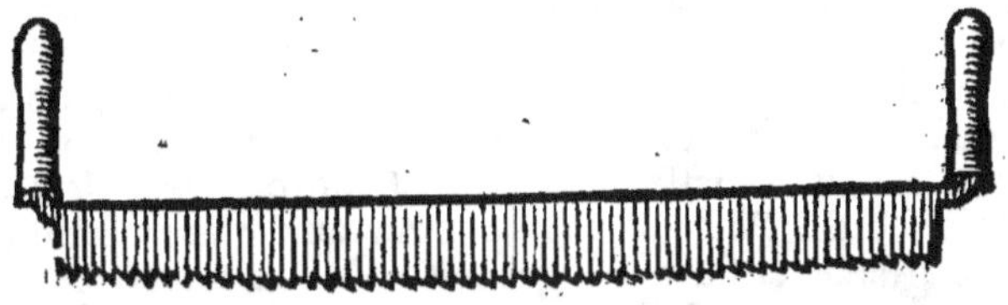

SCIE à tenon. *Een kleine Span-saag.*

Cette scie est large, fort mince & a de petites dents aussi fort minces.

SCIE à tourner. *Een Span-saag.*

Elle est étroite, avec des viroles au bout des bras.

SCIE à main. *Een Handt-saag.*

Elle a une poignée courbée.

SCIE à main, Egogine. *Een schrob-saag.*

Elle a une poignée droite.

SCIER. *Saagen, Zaagen.*

C'est couper avec une scie.

SCIER. Scier à culer. *Riemen strijken, Averregts roeijen, Deisen.*

C'est nager en arriére, ramer à rebours, pour se retirer en reculant, ce qui fait qu'on revient sur son sillage sans montrer ni la poupe ni le flanc. Tous les bâtimens à rames évitent par-là le revirement, & présentent toujours la proüe.

METTRE à Scier, ou, Mettre à culer. *De zeilen op de mast brassen, om te deisen.*

C'est

C'eſt-à-dire, Mettre le vent ſur les voiles, ce qui fait que le vaiſſeau recule au-lieu d'avancer.

SCIER ſur le fer. *Over-ſtuur ſtrijken, om 't anker klaar te houden.*

C'eſt-à-dire, Ramer à rebours, ce qui ſe fait quand une galére eſt chargée d'un vent traverſier dans une rade où elle eſt à l'ancre. Les rames par ce mouvement la ſoutiennent ſur ſon fer contre les vagues qui en venant de la mer pourroient la jetter contre la côte.

SCIE. *Strijk.*

C'eſt un commandement pour faire ſcier.

SCIE tribord. *Strijk aan ſtier-boord.*

C'eſt un commandement pour faire que les avirons du côté droit ſcient.

SCIE babord. *Strijk aan bak-boord.*

C'eſt un commandement pour faire ſcier les rameurs du côté gauche.

SCITIE, Satie, Setie, *Satye, Sety, Scity.*

C'eſt une maniére de barque d'Italie, ou de petit vaiſſeau à un pont, que l'on navigue avec des voiles Latines. Les Grecs & les Turcs donnent ce mê-me nom à leurs barques.

SCORBUT, ou Scurbut. *Scheur-buik.*

C'eſt une maladie qui prend ſur mer & principalement dans les voiages de long cours, pendant leſquels la corruption de l'air marin, les choſes ſalées qu'on mange, & le vin pur que l'on eſt obligé de boire lors-que les eaux ſont gâtées, altérent la maſſe du ſang, enflent le corps, le rempliſſent de puſtules, & infectent l'haléne. On commence à s'appercevoir de cette ma-ladie par une grande enflure des gencives où il ſe forme enſuite de malins ulcéres. La langueur qu'elle cauſe ne peut être ſoulagée qu'en prenant terre, ou en ſe frotant du ſang des tortuës de mer. On ſe peut auſſi ſer-vir utilement du jus d'orange, ou de citron. Le ſcorbut eſt familier dans tous les lieux maritimes, à-cauſe que l'air y eſt rempli de particules acres qni s'échapent de la mer. On l'apelle auſſi Mal de terre. Voiez, Chi-rurgien.

SCOUE. *De kimme van een buikſtuk.*

C'eſt l'extrémité de la varangue qui ſe courbe doucement pour être entée avec le genou.

SCULPTURES. *Gehouwen, of geſneeden beeldt-werk, en hakke-borden.*

Ce ſont divers ouvrages de Termes & autres figures, dont on ſait des or-nemens en divers endroits des vaiſſeaux.

SCUTE. *Schuit.*

C'eſt un petit eſquif, ou canot, que l'on emploie au ſervice d'un vaiſſeau. Le mot Flamand ſignifie toute ſortes de bateaux.

S E.

SEC. Un vaiſſeau qui eſt à Sec, qu'on met à Sec. *Een ſchip dat op d'roog ſt, dat men op droog brengt.*

C'eſt-à-dire qu'il eſt échoüé, ou qu'on le met hors de l'eau pour le ra-douber.

„C'eſt preſque toujours par la proüe qu'on met à ſec les vaiſſeaux légers &
„étroits; mais pour les vaiſſeaux larges & qui ſont gros, ou forts d'échan-
„tillon, on les y met par le côté: on prend pour cet éfet le tems du demi-
„flot, & l'on cherche un fond de ſable, s'il eſt poſſible d'en trouver.

LEC.

SEC. Vaiſſeau qui met à Sec, ou Vaiſſeau qu'on met á mâts & à cordes. *Sonder zeilen laaten drijven, Onder zee leggen, Laaten onder zee ſchieten, Alle de zeilen inneemen.*
C'eſt-à-dire que ce vaiſſeau a toutes ſes voiles ferlées, qu'il ne porte aucune voile, & qu'elles ſont toutes pliées. On dit, Les Corſaires ont coutume de mettre leurs vaiſſeaux à ſec pour empêcher que de jour il ne ſoient découverts de loin, & la nuit ils apareillent & font route ſur ceux qu'ils ont vu paſſer. On navigue auſſi à ſec lors-que le vent eſt forcé. Voiez, Mettre les voiles dedans.

SECOND. Vaiſſeau Second. *By-ſtaander, Noodt-hulp, Macker.*
On dit, Second de l'avant & Second de l'arriére, comme Matelot de l'avant & Matelot de l'arriére. Voiez, Matelot, Vaiſſeau Matelot.

SECRET d'un canon. Voiez, Lumiére.

SECRET d'un brulot. *Laad-gat.*
C'eſt l'endroit du brulot par où le Capitaine qui le veut brûler y met le feu.

SECRETAIRE de chaque Collége de l'Amirauté. *De Secretaris van elk „ Collegie van d'Admiraliteit.*
„ C'eſt en Hollande une charge à-peu-près ſemblable à celle des Grêfiers.
„ Ils gardent les Actes, & tiennent régître de toutes les Réſolutions qui
„ ſont priſes. Ils ont leurs Commis, qui s'apellent auſſi Clercs, ainſi qu'en
„ France.

SEILLEAU. *Puts, Putſel.*
C'eſt un Seau. En terme de mer on dit Seilleau.

SEILLURE, Sillage, Eau, Hoüage, Oüaiche. *Sog, Vaar-waater.*
C'eſt la trace navale ou le chemin du vaiſſeau. Le Commandant arbora un pavillon rouge aux haubans d'artimon, pour faire ſignal aux vaiſſeaux de ſe rendre ſur ſa ſeillure. Sillage eſt plus uſité.

SEIN. *Zee-boeſem, Inham.*
C'eſt au regard de la mer ce qu'une péninſule eſt au regard de la terre, un golfe d'une petite étenduë, c'eſt-à-dire, une petite mer environnée de terre qui n'a de communication à une autre mer que par un paſſage.

SEIN d'une voile. *'t Buik van 't zeil.*
C'eſt ſon creux, ou l'endroit que le vent fait enfler quand il eſt dedans.

SEINE, Saine, Séne, Seime. *Zege, Seeg, Zeegen.*
C'eſt une epéce de filet qui ſe traîne ſur les gréves. On donne ce même nom à un rets à pêcher dont on ſe ſert dans les petites riviéres. Il a deux grandes aîles & une longue naſſe. La ſeine eſt fort utile aux vaiſſeaux qui naviguent aux côtes de l'Afrique & de l'Amérique.

SEJOUR. *Leg-tijdt.*
C'eſt le tems qu'un vaiſſeau demeure dans un port ou dans une rade étrangére. On dit, Jours de Séjour pour les navires de guerre, & Jours de planche pour les vaiſſeaux marchands. Voiez, Jours.

SELLE de Calfat. *Breeuwers-ſtoel, Brou-ſtoel.*
C'eſt une eſpéce de petit cofre fait de planches, dans lequel un Calfat met ſes inſtrumens, & qui lui ſert de ſiége lors-qu'il calfate ſur le pont d'un vaiſſeau.

SEMALE, *Smal-ſchip.*

„La Semale qui signifie Bâtiment étroit, & la Semaque, *Smak-schip*, qui
„s'apelle aussi en Flamand, *Wijdt-schip*, ou Bâtiment large, sont des bâti-
„mens d'une même construction, & la différence de largeur est même as-
„sez souvent très-peu considérable. La Semale est assez étroite pour pas-
„ser au-travers de la ville de Gouda, ou Tergoude, en Hollande, par les
„écluses qui y sont; & la Semaque, qui est trop-large, n'y pouvant pas-
„ser, passe en-dehors, le long des murailles de la ville, par une autre éclu-
„se. C'est de-là que vient la différence du nom. Ces bâtimens naviguent
„souvent de Hollande à Anvers & ailleurs en Flandre. On s'en sert aussi,
„pour mener des marchandises à bord des grands vaisseaux, & pour en ra-
„porter. Le gouvernail est fort-large & fort pesant, parce-que ces bâti-
„mens n'étant pas aigus & tirant peu d'eau, cette petite quantité d'eau
„n'est pas capable de faire beaucoup mouvoir le gouvernail : or l'on sait
„que plus le gouvernail reçoit d'eau & de mouvement, & mieux le vais-
„seau gouverne. On tient donc le gouvernail des semales bien-large, a-
„fin-qu'il reçoive plus d'eau & qu'il ait plus de mouvement.
„VOICI le devis d'une Semale de 58. piés de long, de l'étrave à l'étam-
„bord; 15. piés 8. pouces de large de dehors en dehors; 4. piés de creux
„pris derriére le bau du mât, & 6. piés 4. pouces pris de dessus le fond de
„cale jusques sous les goutiéres ; le tout pié d'onze pouces, & pouces de
„pié Rhénan.
„La quille avoit 1. pié & 1. pouce de large, & 5. pouces d'épais, & seu-
„lement 4. pouces à l'endroit où elle se joint à l'étrave en-dedans. L'étra-
„ve avoit en-dedans 9. pouces d'épais, & 7. pouces en-dehors, étant toute
„d'une piéce sans brion, & aussi sans fausse étrave. La quête étoit de 5.
„piés. On peut bien en donner un peu moins, mais jamais plus. L'étam-
„bord avoit 9. piés d'épaisseur en-dedans, 1. pié d'épaisseur en-dehors,
„sous la lisse de hourdi, & 1. pié 9. pouces de quête. Le bâtiment avoit
„4. piés de relevement à l'avant, & 6. pouces à l'arriére. Ce même or-
„dre de construction s'observe dans toutes les Semales & Semaques, soit
„qu'elles soient plus longues, ou plus courtes.
„Pour l'épaisseur du bordage de fond, il y avoit cinq bordages dans un pié
„d'épaisseur de bois, & le dernier bordage, qui étoit de la même épais-
„seur par le côté qui joignoit les autres, ou en-dedans, avoit 3. pouces &
„demi d'épais par le côté qui étoit en-dehors, ou qui joignoit le premier
„bordage des fleurs. Le premier bordage des fleurs avoit 3. pouces d'é-
„paisseur dans toute l'étenduë où il n'avoit point été chaufé. Le bordage
„au-dessus du premier bordage des fleurs avoit pareille épaisseur de 3. pou-
„ces par le côté du dessous; mais par le côté du haut il n'avoit que l'épais-
„seur des planches de cinq au pié, & tout le reste du bordage étoit aussi de
„planches de cinq au pié.
„Les varangues avoient 7. pouces d'épais sur la quille, & 7. pouces de lar-
„ge, & étoient à la distance de 8. pouces l'une de l'autre. Sur le bout de
„chaque varangue étoit une allonge de 5. pouces & demi d'épaisseur par le
„bas, & de 4. pouces par le haut. Dans la distance entre chaque varan-
„gue il y avoit un genou qui avançoit de 18. pouces sur le fond & contre
„le bordage, aussi-haut que le bois le pouvoit permettre.
„La carlingue étoit de deux piéces en sa largeur, & avoit 2. piés 6. pouces

de

Smal-Schip.   Semale.

D. S. Fecit.

„ de large au milieu du vaiſſeau, 6. pouces d'épais ſous le cornet du mât,
„ & 4. pouces à l'arriére. Les bordages des fleurs avoient 3. pouces d'é-
„ pais, & 1. pié & 1. pouce de large: les ſerre-bauquiéres 2. pouces & de-
„ mi d'épais, & 1. pié 9. pouces de large. Les vaigres au-deſſus du pont
„ & celles du fond de cale étoient de planches de cinq dans un pié d'épaiſ-
„ ſeur.
„ Les ſerre-goutiéres étoient ſans écarts, & toutes d'une piéce depuis les fa-
„ çons de l'arriére juſques à celles de l'avant, aïant 6. pouces d'épais du cô-
„ té qui étoit en-dehors, & 3. pouces en-dedans, & étant aſſemblées avec
„ les accotards, entre leſquels & le côté de l'élévation du pont il y avoit
„ 2. piés de diſtance, qui faiſoient la largeur des ſerre-goutiéres. La plus
„ baſſe préceinte avoit 1. pié 2. pouces de large & 4. pouces d'épais, & dé-
„ bordoit de 2. pouces par le deſſous. La plus haute préceinte avoit un
„ pié de large & 3. pouces d'épais. Le franc-bordage avoit 3. pouces d'é-
„ pais.
„ Le bau d'auprès du mât avoit 2. piés 4. pouces de large, & 8. pouces d'é-
„ pais. Le bau de l'avant du retranchement apellé *Rouf*, 1. pié & 1. pou-
„ ce de large & 10. pouces d'épais. Le bau du derriére du même *Rouf* 8.
„ pouces d'épais, poſé 9. pouces au-deſſous de la ſerre-goutiére : le bau de
„ l'arriére 1. pié 7. pouces de large, & 1. pié 2. pouces d'épais : le tout avec
„ des barrotins entre-deux.
„ Il y avoit 4. courbes ſous le bau de l'avant du *Rouf*; 2. ſous la couverte,
„ 6. au bau du mât; 4. au bau du derriére du *Rouf*, 4. au bau de l'arriére,
„ & 2. au barrotin de l'écoutille de la tille de l'arriére ; deux guerlandes à
„ l'avant & 2. barres d'arcaſſe à l'arriére. Le cornet, ou les piéces du cor-
„ net avoient 4. pouces d'épaiſſeur, & l'eſquain 1. pouce. Le Contre-
„ étambord qui formoit les façons du vaiſſeau avoit 20. piés de long depuis
„ le talon de la quille.

SEMAQUE, Smaque. *Smak*, *Smak-ſchip*, *Wijdt-ſchip*. Voiez l'article précédent.

SEMELLE, ou Dérive. *Swaard*, *Zwaard*.
C'eſt un aſſemblage de trois planches, miſes l'une ſur l'autre, & tailléesen
ſemelle de ſoulier, ou en demi-ovale. Les belandes & les heus s'en ſervent pour aller à la bouline, & d'ordinaire chacun de ces bâtimens a deux
ſemelles penduës une à chaque côté de ſon bordage. Lors-qu'on veut aller
à la bouline ſoit à ſtribord, ou à babord, on laiſſe tomber à l'eau la ſemelle qui eſt ſous le vent. & cela empêche le bâtiment de dériver ; & l'autre
ſemelle demeure penduë au bordage juſqu'au premier revirement.
„ Sans les ſemelles les bâtimens legers auroient aſſez de peine à virer : elles
„ ſervent admirablement à ſoutenir le bâtiment dans l'eau, & à le faire tour-
„ ner à-peu-près comme ſur un cabeſtan. Mais lors-qu'il y a peu d'eau
„ ſous la quille les bâtimens tournent plus aiſément, parce-que peu d'eau fait
„ peu de réſiſtance, & fait peu dériver. Les ſemelles ſont d'un grand uſage
„ pour naviguer dans les eaux internes, mais ſur mer on n'en voit plus gué-
„ res qu'à quelques boïers quarrez, à quelques galiotes legéres, & à de pe-
„ tites buches. On leur donne de longueur deux fois le creux du bâtiment ;
„ de largeur la moitié de leur longueur; & d'épaiſſeur par le haut deux fois
„ celle du bordage. Mais lors-que les bâtimens ſont deſtinez à naviguer

                    „ dans

,, dans des riviéres, ou autres eaux peu profondes, on les tient un peu plus
,, larges. Au-contraire on tient un peu plus longues & plus étroites celles
,, qui naviguent dans les eaux de Zélande & de Frise, & autres eaux pro-
,, fondes & souvent agitées. - Celles des bâtimens qui vont à la mer se font
,, fort étroites.

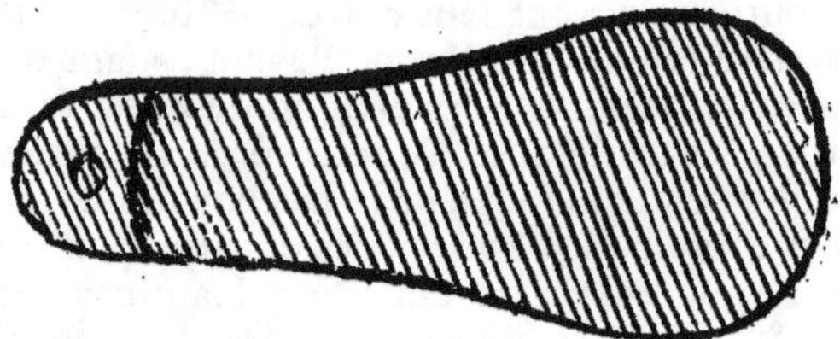

SEMELLE. *De eerste plank in 't vlak, aan een schuit, van de kimmegang tot de
kiel.*
On apelle aussi Semelles les pièces de bois qui font le pourtour du fond d'un
bateau, & qui servent à en couturer le rebord.
SENAU. *Snauw.*
C'est une barque longue dont les Flamans se servent pour la course. Elle
ne porte que vingt-cinq hommes au plus.
,, Quoi-que les Senaus & les Pleites, dont on se sert beaucoup dans tous les
,, Païs-bas, soient au rang des Binnelandres, ou bâtimens qui naviguent
,, dans les eaux internes, ils ne laissent pas d'aller aussi fort-souvent à la
,, mer, nonobstant qu'ils n'aïent guéres que trois hommes d'équipage. Ce
,, font des bâtimens longs & plats de varangues, dont tout le pont n'est que
,, d'écoutilles, avec des courcives aux deux côtés qui baissent au-dessous du
,, pont lequel est élevé. Leurs voiles font comme celles de semaques, mais
,, elles font plus grandes.
SENTINE. *Vrk, Durk, Zoo, Waater-loosing.*
C'est un terme Levantin qui se prend indifféremment pour la vitonniére,
ou pour l'eau puante & croupie qui s'y corrompt. Quand la sentine put extrémement c'est signe que le vaisseau ne fait guéres d'eau.
SENTINELLE au haut du mât. *Uit-kijker.* Voiez, Hune.
SENTINELLES de chaloupe. *Boot-waagters.*
SEP DE DRISSE, BLOC D'ISSAS, ROC D'ISSAS, Bloc, Marmot.
Knegt, Standt-blok.
C'est une grosse piéce de bois quarrée, que l'on met debout sur la carlingue, d'où elle s'élève sur le pont. Au bout d'en-haut de cette piéce de bois
font trois ou quatre rouëts de poulies sur un meme aissieu, sur quoi passent
les grandes drisses. Il y a deux grands Seps de drisse, l'un apellé Sep de dris-
sé du grand mât, *De groote knegt,* qui sert à la grande-vergue. L'autre est
le Sep de drisse de miséne, *De Fokke-knegt,* qui sert à la vergue de miséne. Chacun est élevé au pié de son mât.
,, Dans les petits bâtimens il y a au côté du mât une espéce de gros taquet
,, qui tient lieu de sep de drisse, auquel on amarre les cordages qui servent à
,, hisser les voiles, & les vergues ou balestons. Le nombre des Seps, ou Blocs,
,, n'est point fixé: il y en a beaucoup dans les grands vaisseaux, & encore
                                            ,, plus

„plus à proportion dans les petits bâtimens. Il y en a sur le haut pont, sur
„le pont qui est dessous, & sur le château d'avant. Le grand sep de drisse &
„le sep de drisse de miséne servent à amarrer la grande drisse & la drisse de
„miséne, & à hisser la grande voile & la miséne. Les petits seps qui sont
„atachez aux grands, servent à mettre les mâts de hune hauts par le moien
„des guinderesses, & à manœuvrer les drisses des huniers. Dans les flû-
„tes on met des poulies, ou rouëts, contre le bord, au lieu de seps ; &
„aussi des taquets, de même que contre le mât.
„Le grand Sep de drisse d'un vaisseau de 134. piés de long, doit avoir 18.
„pouces de large & 17. pouces d'épais : les poulies doivent avoir 17. pou-
„ces de long & 2. pouces d'épais, la quatriême poulie qui est en-dehors doit
„avoir 1. pouce & demi d'épaisseur. La tête du sep doit avoir un pié de
„long. Les deux petits seps qui sont au pié, & qui en doivent être à la
„distance de 4. pouces, doivent avoir 1. pié de large & 6. pouces d'épais.
„La tête doit avoir 7. pouces de long, & 7. pouces d'épais par le haut.
„Au-dessus il y a un bitton de demi-pié de largeur, & d'autant d'épais-
„seur.
„Le Sep de drisse de miséne doit être placé à la
„distance de 13. pouces du mât par-derriére. Il
„doit s'élever de trois piés au-dessus du château
„d'avant, où il doit avoir 15. pouces d'épaisseur
„& 6. pouces de largeur. La tête doit avoir 10.
„pouces de long, 9. pouces & demi d'épais par le
„haut, & 1. pié de large. Deux des poulies doi-
„vent avoir 1. pié 6. pouces de large, & la troi-
„siême 1. pouce & demi.
„Les deux petits Seps ou blocs de l'avant doi-
„vent avoir 9. pouces de large & autant d'épais.
„Les poulies doivent avoir 10. pouces de large &
„2. pouces d'épais. La tête doit avoir 8. pouces
„de long, & 4. pouces d'épais par le haut ; 8. pou-
„ces de large, & 3. pouces d'épais par le bas. Ils
„doivent être placez contre les faix de pont, &
„être atachez par leur pié aux courbatons de bit-
„tes, & entretenus par une cheville avec le bau.
„Il doit y avoir au-dessus des trous, un bitton
„de 5. pouces d'épaisseur, & d'autant de largeur,
„dont la tête doit avoir 8. pouces de long.
„Un autre Auteur Flamand dit qu'en général le
„grand Sep de drisse doit avoir d'épaisseur les 9.
„dixiêmes parties de celle de la quille, & que
„pour sa longueur on la doit proportioner aux
„poulies qu'on y doit mettre. Dans les navires
„de guerre on le place sur le bas pont ; mais dans
„les vaisseaux marchands & dans ceux de la Com-

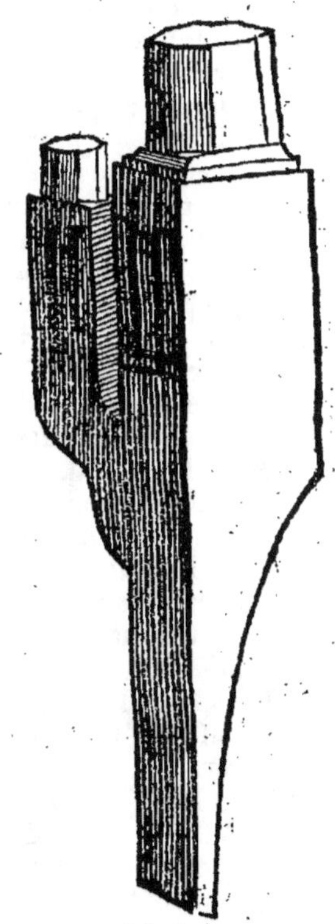

„pagnie des Indes Orientales on le place sur le haut pont. Le sep de dris-
„se de miséne est aussi placé sur le bas pont dans les navires de guerre ; mais
„dans les autres vaisseaux il est sous le château d'avant, & quelquefois
Sfff 3
„sur

„ fur le château. Il doit avoir d'épaiſſeur une dixiéme moins que le grand
„ ſep. Auprès de chacun de ces deux ſeps il y en a encore deux autres pe-
„ tits qui ſervent à manœuvrer les écoutes de hune, & les cargues. Ils
„ doivent avoir un tiers moins d'épaiſſeur que les grands ſeps auprès deſ-
„ quels ils ſont, & ils doivent avoir autant de largeur que
„ d'épaiſſeur.

„ Le Sep de driſſe d'artimon, *De knegt by de beſaans maſt,*
„ *of, de beſaans knegje,* doit être placé à 1. pié & demi du mât.
„ Il doit s'élever de 2. piés au-deſſus du château d'arriére; &
„ avoir 10. pouces de large, & 8. pouces d'épais. La tête doit
„ avoir 5. pouces & demi de large, & 6. pouces d'épais. Les
„ poulies doivent avoir 8. pouces de large.

„ Les grands navires ont encore un grand nombre d'autres
„ ſeps, ou blocs; ſavoir, 1. pour la driſſe d'artimon; 1. pour
„ la driſſe du grand hunier; 1. pour la la driſſe du petit hunier; 1. pour la
„ driſſe du perroquet de fougue; 2. pour les écoutes du perroquet de fougue;
„ 2. pour les bras du grand hunier; 2. pour les balancines de la grande ver-
„ gue; 2. pour les cargues-boulines; 2. pour les cargues-fond de la grande
„ voile; 2. pour les cargues-fond du grand hunier; 2. pour les grandes bou-
„ lines; 2. pour les boulines du grand hunier; 2. pour les boulines de mi-
„ ſene; 2. pour les boulines du petit hunier; 2. pour les balancines de la
„ vergue de miſéne; 2. pour les bras de miſéne; 2. pour les bras du petit
„ hunier; 2. pour les cargues-bouline de miſéne; 2. pour les cargues-fond
„ de miſéne; 2. pour les retraites du petit hunier.

„ La grandeur de tous ces ſeps, blocs, ou taquets, ſe doit proportioner par
„ l'épaiſſeur des cordages à l'uſage deſquels ils ſont deſtinez. Les garants
„ de ces cordages étant paſſez dans les ſeps ſont beaucoup plus aiſez à ma-
„ nœuvrer, & il y faut moins de gens. On trouve la plupart, ou preſque
„ tous ces blocs dans tous les vaiſſeaux, où ils ſont placez le long du bord,
„ & dans les autres endroits où ils cauſent le moins d'embaras.

PETIT SEP de driſſe, ou Bloc de petit bâtiment. *Polder, Bolder.*
C'eſt un bloc qu'on voit en pluſieurs endroits ſur les bordages, ſur-tout à
l'avant & ſur la couverte, dans la tête duquel paſſe une cheville de bois
fort longue, dont une partie demeure en-dehors par chaque bout, & l'on y
amarre les manœuvres des tialques, des damelopres, des ſemalles, & d'autres ſemblables bâtimens, comme on les amarre à des taquets dans les grands
vaiſſeaux.

SERGENT. *Klas Jakobſz.*
C'eſt un outil pour cambrer les planches qu'on chaufe. Voiez, Cambrer.

SERGENT, Crochet, David. *Een Kuipers klem-haak.*
C'eſt une barre de fer de 4. à 5. piés de long, & d'un pouce, ou neuf
lignes de groſſeur en quarré, aïant un crochet en-bas, & un autre qui
monte & deſcend le long de la barre, qu'on apelle main. Il ſert
pour joindre ou tenir les piéces de bois lors-qu'on veut les coler, ou cheviller, & pour faire revenir la beſogne, c'eſt-à-dire, preſſer le bois l'un
contre l'autre.

SER-

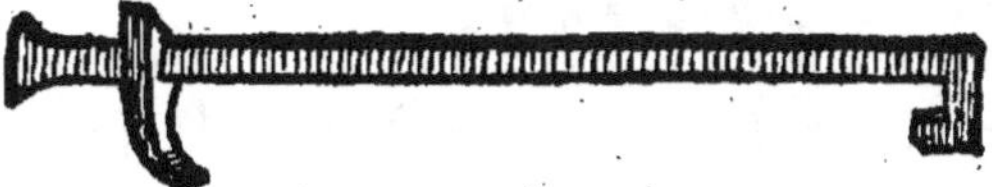

SERPER. *'t Anker ligten.*

C'eſt lever l'ancre; mais le mot **Serper** eſt affecté à la navigation des galéres & des bâtimens de bas-bord, qui ont une ancre à quatre bras nommez
riſſons, ou grapins. Dès-que l'eſcadre fut apareillée les galéres ſerpérent.

SERRAGE, ou Serres du vaiſſeau. *Waagering, Waagers.* Voiez, Vaigre.

FAUX-SERRAGE. *Looſe waageringe, Garniering onder en dwars ſcheeps.*

Ce doit être ce qu'on apelle Grenier.

SERRES de mât. Voiez, E'tambraies.

SERRE-BAUQUIE'RES, Serre-bauquéres. *Balk-waagers, Bandt-wegers.*

C'eſt le nom que l'on donne à de longues piéces de bois ſur leſquelles le bout
des baux eſt paſſé.   Elles regnent autour du navire.   Celles qui ſont ſous
les baux du bas pont s'apellent, *Balk-waagers in 't ruim.*

„On donne ſouvent aux ſerre-bauquiéres la moitié de l'épaiſſeur de l'étra-
„ve, priſe en-dedans: d'autres leur donnent les deux cinquiêmes parties de
„cette même épaiſſeur; & comme les entailles qu'on y fai pour y placer
„les baux les afoibliſſent un peu, on met encore au-deſſous de la ſerre-bau-
„quiére, dans les plus grands navires, une autre vaigre de la même épaiſ-
„ſeur.
„Selon quelques Charpentiers la Serre-bauquiére d'un vaiſſeau de cent-
„trente-quatre piés de long de l'étrave à l'étambordt, doit avoir deux piés
„ſix pouces de large au milieu du vaiſſeau, un pié dix pouces à l'arriére,
„& un pié huit pouces à l'avant. Elle doit avoir cinq pouces & demi d'é-
„paiſſeur au milieu du vaiſſeau, huit pouces à l'avant, & quatre pouces à
„l'arriére. Ses bouts de l'arriére ſont poſez deux piés au-deſſous de la pre-
„miére barre de contre-arcaſſe, & c'eſt-là qu'elle a un pié & dix pouces de
„large. La ſerre-bauquiére qui eſt au premier gabarit ſous le maître bau,
„eſt poſée cinq pouces & demi au-deſſous des goutiéres, & elle commence
„déja à être poſée à cette même hauteur, à vingt-ſix-piés de l'arcaſſe, en
„venant vers l'avant. C'eſt-la qu'elle commence à baiſſer, & elle conti-
„nüe toujours en allant vers l'arriére.

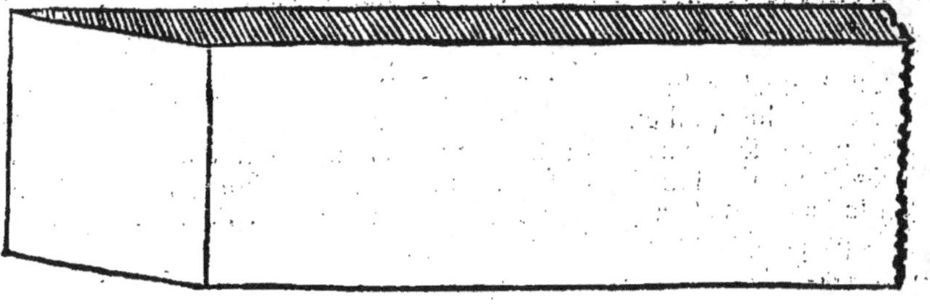

SER

SERRE-BOSSE. *Ruſt-lijn, Ruſſeling.*

C'eſt une groſſe corde amarrée aux boſſeurs & aux environs, qui ſaiſit la boſſe de l'ancre quand on la retire de l'eau, & la tient amarrée ſur l'épaule du vaiſſeau.

SERRE-GOUTIERES *Lijf-houten, Waater-gangen, Gang-borden, Waaringen, Leg-waaringen.*

Ce ſont des piéces de bois qui faiſant le tour du vaiſſeau en-dedans, lui ſervent de liaiſon.

„Les Serre-goutiéres ſont poſées ſur les bouts des baux, & donnent contre
„les allonges & les allonges de revers, ou contre les éguillettes, s'il y en a.
„Elles ſont jointes & entretenuës avec les ceintes, & avec les baux & bar-
„rots, par de bonnes chevilles de fer. On leur donne ſouvent d'épaiſſeur
„le tiers de l'épaiſſeur de l'étrave. Quelquefois on ne leur en donne pas
„plus qu'en ont les bordages du pont. On donnne à celles qui ſont au châ-
„teau d'avant, & à la chambre du Capitaine, le quart de l'épaiſſeur de
„l'étrave. Les trous des dalots ont leur commencement dans les ſerre-gou-
„tiéres. Elles s'enfoncent de deux pouces, ou deux pouces & demi, ou
„plutôt de la moitié de leur épaiſſeur, dans des entailles qui ſont dans les
„bouts des baux pour les recevoir. Au regard de leur largeur, on leur
„en donne autant que le bois le peut permettre. Les deux ſerre-goutiéres
„qui ſont à l'avant, dans la rondeur du château, s'apellent en Flamand, *Man-*
„*ſtukken aan lijf-houten.*
„Les Charpentiers qui ont réglé les proportions d'un vaiſſeau de 134. piés
„de long, donnent aux ſerre-goutiéres du bas pont 19. pouces de large &
„5. ou 6. pouces d'épais ; à celles du haut pont 17. pouces de large & 3.
„pouces & demi à 4. pouces d'épais ; à celles du château d'avant 18. pouces
„de large & 3. pouces & demi d'épais ; à celles de la chambre du Capitai-
„ne 16. pouces de large, & 3. pouces d'épais. Voici la figure de la ſerre-
„goutiére du haut pont.

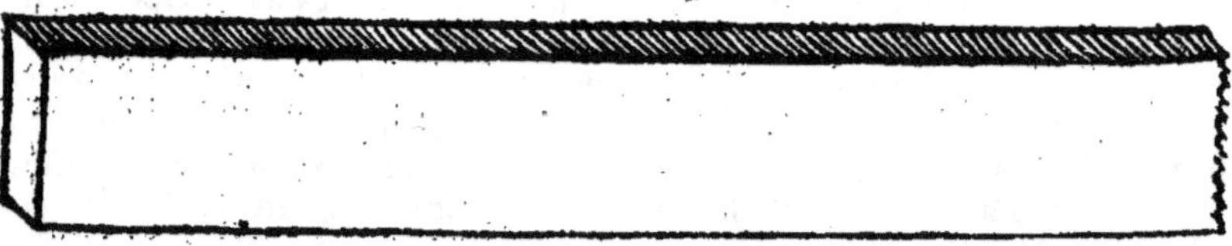

SERRER le vent. *De windt afknijpen, Scherp by de windt zeilen, By de windt oploeven, Digt aan de windt hakken, Hoog zeilen, Tegen de windt inkrimpen.*

C'eſt s'aprocher du vent ; c'eſt prendre l'avantage du vent de côté, & bouli-ner & le plus qu'il eſt poſſible ; ſe ſervir d'un vent de bouline autant que l'on peut ; ſe mettre au lit du vent ; aller au lof ; ſe tenir au lof & au plus près du vent. Les deux eſcadres ne firent autre choſe que chicaner le vent, en le ſerrant de fort-près, pour le gagner l'une ſur l'autre, le plus ſouvent à la portée du canon. Voiez, Pincer.

SERRER de voiles. *Klein zeil maaken.*

C'eſt

C'eft porter pèu de voiles, ce qui eft contraire à Forcer de voiles.

SERRER les voiles. *De zeilen inneemen, inkrijgen, beslaan.*

C'eft-à-dire les plier & les trouffer en fagot. Voiez, Ferler.

SERRER la file. *De schepen digte by malkanderen houden.*

C'eft faire aprocher les vaiffeaux les uns des autres quand ils font en ligne.

SERSE. Voiez, Gabarit.

SERVIR. Faire Servir, Faire Servir les voiles, Donner les voiles au vent. *De zeilen ter windt-vank stellen, byfetten, byhaalen en uitsetten.*

C'eft mettre à la voile, ou porter quelque voile particuliére. On dit; Après avoir demeuré en panne pendant quatre heures, nous fîmes fervir. On dit encore; Il faut faire fervir la miféne; il faut faire fervir la grande voile; faire fervir toutes les voiles; pour dire, porter ces voiles.

SETIE. Voiez, Scitie.

SEUIE. *Een Suye.*

C'eft une forte de petit bâtiment Flamand.

SEUIL d'éclufe. *Slag-drumpel.*

C'eft une piéce de bois qu'on met de travers au fond de l'eau, entre deux pôteaux, & qui fert à apuïer la porte ou les aiguilles d'une éclufe.

SEUILLETS de fabord. Seüillet d'embas. *Drumpel, Onder-drumpel, Onderfte drempel.*

C'eft une planche qui étant mife fur la partie inférieure du fabord couvre l'épaiffeur du bordage, & empêche l'eau de pourrir les membres du vaiffeau. Quelques-uns apellent auffi Seüillets la traverfe du haut qui apuïe fur les deux montans, & dans laquelle entre la ferrure, en Flamand, *Klos,* ou, *Bove-drumpel.*

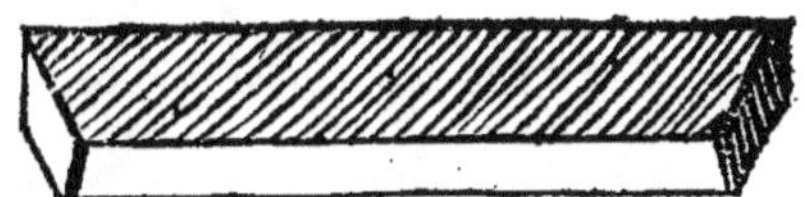

HAUTEUR des Seüillets des fabords. *Hoogte van de poort af tot het dek toe, Hoogte van de fet-gang.*

C'eft la partie du côté du navire qui eft depuis le pont jufques aux fabords.

S I.

SIAMPAN. *Siampan, Changpan, Pancung.*

„C'eft un petit bâtiment de la Chine dont le gouvernail joué par le moien „de deux bâtons, de-même-que le gouvernail des barques Efpagnoles „joué par le moien des cordes. Ils ont une voile & deux rames; quel- „ques-uns ont même quatre rames, ou fix; ils peuvent porter 30. ou 35. „hommes, & navigent terre-à-terre de beau tems, faifant beaucoup de „diligence.

Tttt

SIER

SIER. Voiez, Scier.

SIFLEMENT. Le Siflement des bales d'armes-à-feu. *Het fnorren van de koo-geïs.*

C'eft le bruit qu'elles font dans l'air, quand on tire.

SIFLET. *Het Cyflet.*

C'eft un petit inftrument avec quoi on fifle quelquefois pour apeller les gens de l'équipage, ou pour les avertir. Voiez l'article 29. de *l'Artijkel-brief*, fous le mot Confeil de guerre.

SIGNAL, Signaux de jour, & Signaux de nuit. *Dag-en-nagt-feinen.*

Les Signaux fur mer, font des inftructions données par le Commandant de l'armée, ou de l'efcadre, de ce qu'il fera ou de ce qu'il veut qu'on faffe. Les fignaux de jour fe font par le manîment des voiles, par des pavillons, ou par des flames de différentes couleurs & grandeurs: ceux de nuit, par de faux feux, par le nombre & la fituation des fanaux, ou par une certaine quantité de coups de canon. Les fignaux qui fe font de jour fur les côtes, fe font par fumée, & de nuit, auffi par feu. Les fignaux ordinaires qui font établis parmi les Hollandois fe trouvent dans le livre de M. Witfen pag. 368.

SIGNAUX pour la brume, *Seinen in mift.*

C'eft quand les broüillards empêchent que les vaiffeaux ne fe voient, & & qu'il y a lieu de craindre que faute de fe voir ils ne s'abordent les uns les autres. Ces fignaux fe font en tirant des coups de moufquet de tems en tems, en battant la caiffe, ou en fonnant de la trompette, ou les cloches.

SIGNAUX par des coups de canon. *Sein-fchooten.*

SIGNAUX de reconnoiffance. *Tekens, of Seinen waar aan de fchepen elkanderen fullen kennen, Teekens van kenniffe.*

Ce font pareillement des ordres donnez à des vaiffeaux d'une même flote pour les reconnoître, foit la nuit foit le jour, s'ils ont été féparez par quelque caufe.

FAIRE le **SIGNAL** d'apareiller. *Sein doen om onder zeil te gaan.*

FAIRE le **SIGNAL** de partance. *Sein doen om t'zeil te gaan.*

SIGNAL de combat. *Het teeken van het vegten.*

FAIRE des **SIGNAUX.** *Pitsjaaren, Seinen, Seinen geven, Wuiven.*

SIGNAUX. *Aanteikeningen van naamen.*

Ce font les noms & foufcriptions de ceux qu'on enrolle qui favent figner ou les marques & traits informes qu'ils font avec la plume. L'Ordonnance dit, Les noms & fignaux de ceux qu'on engagera. Rolles fignalez de foldats. Soldats vus, fignalez & agréez par l'Oficier Major. Signalé fe dit auffi de la defcription de la perfonne.

SILLAGE, ou, L'Eau du vaiffeau, Lague, Scillure, Oüaiche, Houäge, Trace navale. *Sog, Zelling, Dood-waater, Vaar-waater, De loop van een fchip.*

C'eft la trace du cours du vaiffeau, & ce mot fe prend fouvent pour le cours & le chemin même. On dit, Ce vaiffeau fuivoit le fillage de l'Amiral. Je connois le fillage de notre vaiffeau, & je fai par expérience qu'il fait trois lieuës par heure de vent largue. Ces deux Capitaines vantoient le fillage de leurs frégates qui véritablement étoient plus fines de voiles que

les

les nôtres, mais en revanche notre équipage manœuvroit beaucoup mieux.
Voiez, Seillure.

BON SILLAGE. *Stijve voort-gang.*
C'eſt lors-que le vaiſſeau avance beaucoup.

DOUBLER le SILLAGE d'un vaiſſeau. *Eens ſoo hardt zeilen als een an-*
der.
C'eſt aller une fois auſſi vîte que lui, ou faire une fois autant de chemin.

SILLER. *Vaart maaken.*
C'eſt cheminer, ou avancer en avant, en coupant l'eau & paſſant à-travers.
On dit, Mettre un vaiſſeau dans la ſituation dans laquelle il peut mieux
ſiller, c'eſt-à-dire, en laquelle il peut mieux cheminer.

VAISSEAU qui Sille bien. *Een ſchip dat ſnel en ſcherp door waater gaat, dat veel*
vertiert.
C'eſt-à-dire qu'il fait beaucoup de chemin, qu'il avance beaucoup & fait
bonne route.

VAISSEAU qui ne Sille pas bien. *Een ſchip dat 't waater niet genoeg kan ſnij-*
den, dat niet wel door waater, of door zee gaat.
C'eſt-à-dire, qu'il chemine lentement, & avance peu.

SIMAISE, Cimaiſe. *Cimatium, Scima.*
C'eſt un ornement de ſculpture, & ſur-tout pour les corniches : il deſcend
en ondes & eſt preſque de la figure d'une S.
Il y en a de deux ſortes, l'une droite & l'autre renverſée : celle dont la partie la plus haute eſt concave, s'apelle Gueule droite, ou Doucine, *Scima.*

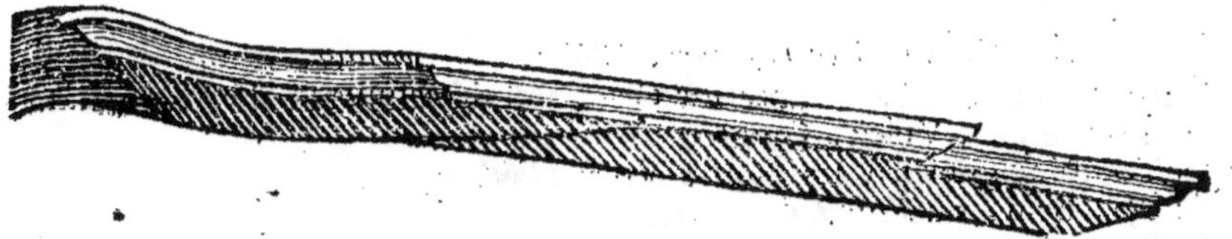

Celle dont la partie la plus haute eſt convèxe, s'apelle Gueule renverſée,
ou Talon, *Cimatium.*
Les ouvriers ont acoutumé de nommer indifféremment Simaiſe l'une &
l'autre, mais il eſt mieux de les diſtinguer.

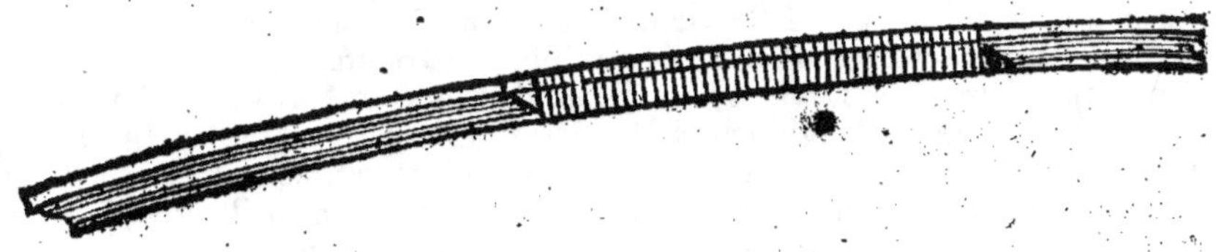

SINGE. *Een ſoort van een bok ; Twee mikken daar een ſpil tuſſchen op beide leit,*
om op te winden.

Tttt 2

C'eſt

C'eſt un engin dont on ſe ſert dans les bâtimens, & avec leſquels on décharge les marchandiſes qui ſont dans les bateaux. Il n'eſt d'ordinaire compoſé que d'un treüil qui tourne dans deux piéces de bois miſes en croix de
St. André. Il y a des leviers, ou manivelles, à chacun des bouts du treüil,
qui le font tourner au-lieu de roües.

SINGLER. *Vaaren, Voort-vaaren, Zeilen.*
  C'eſt naviguer & faire route ſur l'eau. Il ſignifie auſſi aller ou marcher à
toutes voiles. Voiez, Cingler.
SINUS. Naviguer par les Sinus. Voiez, Naviguer.
SINUS, Sein, ou Anſe. *Inham, Inbogt.*
  C'eſt un bras de mer qui s'avance dans les terres.
SINUOSITE' d'une riviére. Voiez, Coude.
SIPHONS, ou Tiphons. *Typhones, Hooſen.*
  C'eſt un orage dans lequel l'eau de la mer s'élève en maniére de colomne,
à la hauteur de cent braſſes, & tournoie ſpiralement par la largeur de quinze à vingt piés de diamétre, comme ſi c'étoit par un ſiphon, ou une vis d'Ar-
chiméde. On ne voit d'abord pâroître en l'air qu'une petite nüée de la groſſeur à-peu-près du poing. Elle vient du côté du Sud au cap de Bonne-
eſperance, aux côtes de Barbarie, & aux plages Orientales de l'Amérique.
Les mariniers l'apellent Dragon, ou Grain de vent; les Levantins Tiphon
ou Siphon; & ceux qui naviguent à l'Amérique Puchot. On l'apelle encore Pompe de mer. Du tems de Pline les matelots verſoient du vinaigre
pour apaiſer ce tourbillon quand il aprochoit. Préſentement ils croient le
repouſſer en ferraillant & en eſcrimant ſur le tillac avec grand bruit. Voiez,
Puchot & Pompe de mer.
SIROC, Siroco, ou Sud-eſt. *Suid-ooſt.*
  C'eſt le nom que les Italiens donnent au vent qui eſt entre l'Orient & le
Midi

Midi. C'est celui qu'on nomme Sud-est sur l'Océan.

SITUATION d'une terre. *Het leggen van een landt ten opsigt van een ander, of van een zeilende schip.*

C'est la position d'un lieu qu'on veut orienter. Pour marquer le situation de deux vaisseaux qui tiennent la mer, ou celle d'un vaisseau au respect de quelque terrein, on se sert à-peu-près de ces termes. Nos vaisseaux étoient Nord & Sud avec les leurs, ou-bien, Nous étions Nord & Sud avec eux, *Wy waaren Noord en Suid van malkander.* Il faut suivre cette route jusques-à-ce que vous soiez Nord-est & Sud-oüest avec ce cap.

SIVADIE'RE, *Blinde, Onder-blinde, Het groot Blindt.*

C'est la voile de beaupré qui étant la plus basse du bâtiment prend le vent à-fleur d'eau, Comme elle n'a point de couëts elle ne s'amure point. Voiez, Voile.

S L.

SLABRES. *Slabbers.*

Ce font de petites buches, qui vont à la petite pêche du harang.

SLEE. *Een Slee.*

,, C'est une machine avec laquelle les Hollandois tirent à terre un vaisseau
,, de quelque grandeur qu'il soit. Elle est composée d'une planche de la
,, largeur d'environ un pié & demi, & de la longueur de la quille d'un vaisseau
,, de moïenne grandeur, un peu élevée par-derriére & un peu creuse au
,, milieu, en-sorte que les côtés s'élèvent en talus, lesquels côtés ont des
,, trous pour y pouvoir passer des chevilles : le reste est tout-uni. Il y a aussi
,, par-derriére un crochet pour tenir une crampe avec une chaîne de fer, qui
,, est atachée à une petite machine où il y a un certain nombre de poulies.
,, Lors-qu'on veut tirer un vaisseau à terre, on met cette planche sous la
,, quille, de l'avant à l'arriére, & on l'atache à côté & par-derriére avec
,, des croës, de maniére qu'elle se trouve droit sous la quille. Ensuite on
,, lie ensemble la planche, ou slée, & le vaisseau, par le moien des trous qui
,, sont dans les côtés de la slée. Après cela on met une grosse éparre,
,, ou un barrot, par-derriére, dans le creux qui est à la slée contre l'étam-
,, bord ; on l'arrête par une cheville qu'on met dans un trou qui y est &
,, qui passe dans celui qui est au bout de la slée, & par ce moien l'étambord
,, étant tenu ferme, un seul homme qui fait tourner diverses poulies, peut
,, tirer & amener à lui un vaisseau entier. On peut bien croire qu'il faut
,, que la slée soit bien graissée par-dessous, & la forme aussi surquoi la slée
,, est apuïée.

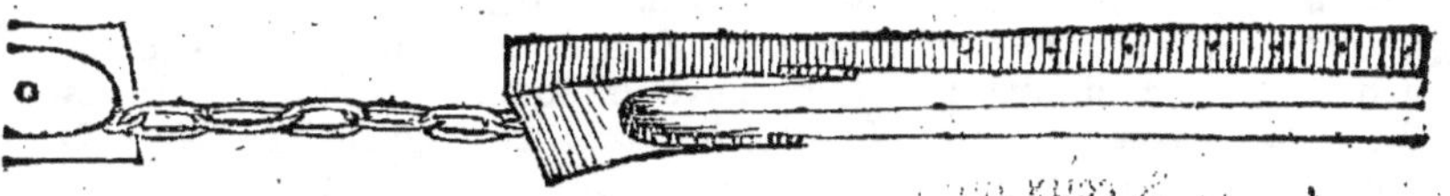

S O.

SOUN, Soen, Tsoun. *Tsoen, Soen.*

,, C'est ainsi qu'on apelle les principaux & plus ordinaires bâtimens de la
,, Chine, tant les navires de guerre que les vaisseaux marchands. Les plus
,, grands Souns de charge sont du port de 700. lastes, mais ceux qu'on équi-

Tttt 3

pe.

„ pe en guerre ne paſſent que rarement cent laſtes. Ils ont de grands
„ châteaux d'arriére & d'avant, où les ſoldats ſe placent ; & il y a quel-
„ ques legéres piéces de canon qui tournent ſur un pivot. Les plus grands
„ Souns ſont montez depuis 20. juſqu'à 30. piéces de canon, & d'équi-
„ pages très-forts. Un Soun de 10. canons porte 200. hommes. Ces bâ-
„ timens ſont larges à l'arriére, & vont en étrecſiſſant peu-à-peu vers l'a-
„ vant. Ils n'ont point de quilles & ſont plats par-deſſous, ce qui fait
„ qu'ils ſe renverſent ſouvent. Ils ont un grand mât & un mât d'avant,
„ ſans hunes. Au-lieu de haubans ils ont un ou deux gros cordages, qui
„ ſont comme deux étais, l'un à l'avant & l'autre à l'arriére. Ils n'ont point
„ l'uſage des poulies de vaiſſeau, mais ſeulement des poulies communes,
„ dont il y en a une au haut de chaque mât pour hiſſer la voile. Les voiles
„ ſont d'écorces de roſeaux, qui ſont ſi-bien entre-laſſées enſemble & avec
„ des feüilles de bambouc, que le moindre vent ne ſauroit paſſer au-tra-
„ vers. Il n'y a point de vergues, auſſi ne peut-on pas ſi facilement, ni ſi
„ promtement, amener les voiles qu'on fait en Europe. On eſt obligé de
„ démarrer toutes les cordes qui les amarrent aux mâts, & après cela on
„ roule les voiles & on les met ſur le pont, à-peu-prés comme on fait ici
„ aux ſemaques. Il y a ſeulement une éparre vers le haut du mât, qui tra-
„ verſe les voiles pour les ſoutenir. Au-lieu de bras & d'écoutes il y a di-
„ vers petits cordages qui ſont amarrez à un plus gros, & qui en font l'o-
„ fice. Les Hollandois apellent ces cordages, *Duizend-been*, Mille-jambe,
„ & ils ſervent auſſi de boulines. Les cables ſont faits d'un entrelaſſement
„ de roſeaux très-fin. Les ancres ſont de bois, & elles enfoncent & tien-
„ nent ſi-bien qu'elles ne le cédent point aux ancres de fer. Elles n'ont
„ ni jas ni pattes, mais ſeulement en-bas deux longs bois pointus. La
„ gaule d'enſeigne eſt placée dans l'endroit où nous plaçons le mât d'arti-
„ mon. Le bâton de pavillon eſt à-peu-près comme le mât : il y a une
„ poulie par le haut pour hiſſer & amener les pavillons, qui ſont ſuſpen-
„ dus de travers à ce mâtereau.
„ La conſtruction de ces vaiſſeaux eſt extraordinaire. Il y a peu de membres
„ par raport à leur grandeur. On y voit dans le fond de cale pluſieurs cham-
„ bres qui n'ont point de communication. Il n'y a qu'une préceinte de cha-
„ que côté. Il y a des citernes pour conſerver l'eau, des galeries des deux cô-
„ tés, un pont fixe courant-devant-arriére, & un pié au-deſſus un pont
„ volant, qui s'ôte & ſe remet, qui eſt pourtant de planches, & ſur lequel
„ on ſe promène. La chambre du Capitaine s'élève de la hauteur d'un
„ homme au-deſſus du pont volant. Le château commence un peu plus
„ bas que le pont fixe, & s'élève bien-haut au-deſſus des deux ponts. Le
„ deſſus du château eſt comme un demi-pont où les hauts Oficiers ſe tien-
„ nent, & autour duquel ſont ſuſpendus leurs boucliers & leurs rondaches,
„ ſur quoi on voit peintes des figures tout-à-fait étranges. Les piques ſont
„ rangées autour du vaiſſeau, où elles paroiſſent en-dehors.
„ Au haut du grand mât il y a une girouëtte on piramide, & on y atache
„ des piéces d'étofe friſées & peintes de figures divertiſſantes, & au-deſ-
„ ſous pend une queuë, dont les fils, ou poils, ſervent à faire connoî-
„ tre d'où le vent vient. On démonte facilement le gouvernail, & on le
„ retire à bord quand on veut.

SOL-

SOLDATS fur mer, Soldats de marine. *Zee-foldaaten.*

Ce font les foldats qu'on emploie fur mer. Ils font tenus de travailler à la manœuvre des écoutes & des couëts.

SOLDATS gardiens. *Wagters-foldaaten.*

Ce font des foldats qu'on entretient fur les ports. Il y en a trois cents dans le port de Toulon., & pareil nombre dans chacun de ceux de Rochefort & de Breft, & cinquante au Havre-de-grace. Outre cela on en entretient encore trois cents à la demie folde dans chacun de ces trois premiers ports.

SOLDE. *Soldy*, *Maand-geldt*, *Wedde.*

SOLES. *Plaat.*

En terme de charpenterie les Soles font toutes les pièces de bois pofées de plat, qui fervent à faire les empattemens des grües, engins, & autres machines.

SOLE. *Bodem*, *Boom.*

C'eft le fond des bâtimens qui n'ont pas de quille. La gribane eft bâtie à fole. Un bac bâti à fole.

VAISSEAU bâti à Sole. *Een plat-boomde fchip.*

SOLES. *Bom-ftukken.*

Ce font les piéces du fond d'un afût de bord.

SOLEIL, Le Soleil. *Son*, *De Zon*, *De Zonne.*

C'eft une planette ronde & lumineufe, qui étant la fource de la chaleur & des feux luit de fa propre lumiére, & de qui les autres planettes reçoivent la lumiére dont elles brillent. Le Soleil eft cent-foixante-fix fois plus grand que la terre, & fon difque paroît rond dans fon midi, & elliptique en fon Levant & en fon couchant. Quand on dit que le Soleil eft dans un Signe, on entend qu'il eft deflous, c'eft-à-dire que la ligne tirée de la Terre par le Soleil rencontre ce point dans l'écliptique.

LE SOLEIL monte encore. *De Son ryft noch op.*

C'eft-à-dire que le Soleil n'eft pas encore arivé au méridien, lors-que le Pilote prend hauteur.

LE SOLEIL a baiffé. *De Son begint te daalen, of is geweeken.*

C'eft-à-dire qu'il a paffé le méridien, ou qu'il a commencé à décliner.

LE SOLEIL ne fait rien. *De Son die ftaat, De Zon is op fijn hoogfte, of meridiaan.*

C'eft quand il eft au méridien, & qu'on ne s'aperçoit pas, en prenant hauteur, qu'il ait commencé à décliner.

LE SOLEIL chaffe le vent. *De windt loopt met de Zon van Ooft naar Weft, De Zon die neemt de windt mee.*

C'eft une façon de parler dont on fe fert lors-que le vent court de l'Eft à l'Oüeft devant le Soleil.

LE SOLEIL chaffe avec le vent. *De windt volgt de Zon.*

C'eft quand le vent fuit le Soleil, & qu'ils vont enfemble, le vent fouflant toujours du lieu où fe trouve le Soleil.

LE SOLEIL a paffé le vent. *De Zon is door de ftreek van de windt gepaffeert.*

Cela fe dit lors-que, par éxemple, le vent eft au Sud, & que le Soleil a paffé jufqu'au Sud-fud-oüeft.

LE vent a paffé le Soleil. *De windt is door de ftreek van de Zon gepaffeert.*

Ccc

Ceci eſt le contraire, & ſe dit lors-que, par exemple, le vent s'eſt levé vers l'Eſt, & qu'il eſt plutôt au Sud que le Soleil.

SOLSTICE. *Zonne-ſtand, Zonnen-ſtil-ſtand, Zonne-keer-kring.*

C'eſt le tems où le Soleil eſt dans ſon plus grand éloignement de l'E'quateur, ſavoir à vingt-trois degrès & demi, où il ſemble ne point avancer dans les degrès du Zodiaque. Cela nous paroît ainſi à-cauſe de l'obliquité de la ſphére. Il y a le ſolſtice d'Hiver, *De winter-ſonne-ſtil-ſtand, in 't begin des ſteen-boks,* quand le Soleil eſt au tropique du Capricorne, & alors c'eſt le plus court jour de l'Hiver. On a le ſolſtice d'E'té, *De ſomerſche ſonne-ſtil-ſtand, in 't teeken des kreefis,* quand le Soleil eſt au tropique du Cancer, ce qui nous donne le plus long jour de l'E'té. Il n'y a point de ſolſtice ſous l'E'quateur, c'eſt un perpétuel équinoxe.

SOMACHE. Eau Somache. *Brak, Brak-waater, Siltig waater.*

SOMBRER ſous voiles. *Omgeſlaagen of omgerukt worden, Omwaaijen.*

Un vaiſſeau a ſombré ſous voiles, lors-qu'étant ſous voiles il eſt renverſé par quelque grand coup de vent, qui le fait périr & couler bas.

FAIRE SOMBRER ſous voiles. *Omwerpen, Om verre werpen, Omwaaijen.*

SOMMAIL. *Ondiepte, Droogte.*

Quelques-uns apellent ainſi une Baſſe, c'eſt-à-dire, un lieu où la terre eſt haute ſous l'eau.

SOMME. La mer a Somme. *Het waater is dieper.*

C'eſt-à-dire que le fond baiſſe, ou qu'il y a plus d'eau en profondeur qu'il n'y en avoit.

SONDE, ou Plomb de Sonde. *Lood, Diep-lood, Werp-lood, Sink-lood.*

C'eſt une petite maſſe de plomb faite en piramide, ou en façon de quilles, que l'on atache à un long cordeau, apellé ligne de ſonde, & que l'on fait deſcendre dans la mer, tant pour ſavoir la profondeur du parage où l'on ſe trouve que pour reconnoître la nature & la qualité du fond, qui s'atache à la partie inférieure de la ſonde. On frote ce deſſous du plomb avec du ſuif, & lors-qu'il vient à porter ſur le ſol, ou fond de la mer, il en enlève du ſable, ou de la vaſe s'il y en a; & s'il n'en raporte rien c'eſt une marque que le fond eſt de cailloux, ou de roche. La ſonde pèſe ordinairement 18. livres.

„Quand la ligne de ſonde eſt de 100. braſſes, il y faut un plomb de 8. li-
„vres pour ſonder de beau tems. Il faut un plomb de 10. livres pour une
„ligne de 3. livres de poids, auſſi de beau tems. Il faut un plomb de 12.
„livres pour une ligne de 5. livres, de gros tems. Il faut pour 200. braſ-
„ſes de profondeur une ligne du poids de 8. livres, & un plomb de ſix li-
„vres; le tout lors-que le vaiſſeau eſt à l'ancre; car autrement il faut que
„le plomb ſoit ſix à huit fois plus peſant.

„Les plus gros plombs dont on ſe ſert ne paſſent pas 36. livres, & la lig-
„ne qui y eſt atachée doit être de 800. à 1000. braſſes. Lors-qu'il y a da-
„vantage de profondeur on ne ſe ſert plus de la ſonde. A proportion de
„ce qu'il y a plus ou moins de profondeur dans le lieu où l'on ſonde, on
„prend un plomb plus ou moins peſant.

SONDE. *Grondt.*

Ce mot ſe dit auſſi de la terre que l'on raporte au bout du plomb de ſonde.

ETRE

ETRE à la Sonde. *Grondt krijgen.*
C'eſt être en lieu où l'on peut trouver le fond de la mer avec la ſonde.
LA SONDE d'un tel endroit, par éxemple, de Belle-iſle. *De grondt van ſoo een plaats als geſegt wordt.*
C'eſt-à-dire que le fond d'un tel endroit eſt de la qualité qu'on nomme : car il y en a de diverſes ſortes, comme ſable fin, gros ſable, vaſe, roche, coquillages &c. Voiez, Fond.
LES SONDES ſont marquées. *De dieptens en de gronden zijn aangeteekent.*
C'eſt-à-dire que les braſſes, ou piés d'eau, qui ſont en profondeur, ſont marquées ſur des cartes près des côtes.
UNE SONDE, Deux Sondes. *Een Worp, Twee Worpen.*
C'eſt-à-dire, une fois, deux fois, qu'on jette la ſonde.
VENIR juſqu'à la Sonde. *Grondt vinden.*
C'eſt-à-dire, quitter le large de la mer, & venir juſqu'à un endroit où l'on trouve fond avec la ſonde.
ALLER à la Sonde, Aller la Sonde à la main. *Loodſen, Aandiepen, Al peilende na landt vaaren, Het diep-lood geduurig werpen.*
On va la ſonde à la main lors-qu'on navigue dans des mers où ſur des côtes inconnuës & dangereuſes, ce qui oblige d'y aller en ſondant. On dit auſſi, Gouverner le vaiſſeau le plomb à la main.
ILS alloient la Sonde à la main. *Sy zeilden op 't loodt aan.*
SONDE de pompe. *Een peil-boutje, Een peil-ſtok.*
C'eſt une meſure de bois marquée par pouces, avec du plomb au bout, qui ſert à faire connoître la quantité d'eau qui eſt à fond de cale.
SONDER, Jetter la Sonde. *Peilen, Diepen.*
C'eſt jetter un plomb de ſonde où il y a du ſuif au bout, pour connoître le fond par le ſable, ou autre choſe qu'il raporte ; ou pour ſavoir combien il y a de braſſes, ou de piés d'eau juſques au fond. On dit auſſi, Jetter le plomb.
SONDER la pompe. *Peilen met 't peil-hout, of met de peil-ſtok.*
C'eſt voir par la meſure de bois qui a un plomb au bout, combien il y a de piés ou de pouces d'eau au fond d'un navire.
SONNER le quart. *De klok luijen om de wagt op te ſetten.*
C'eſt ſonner une cloche en branle, afin d'avertir la partie de l'équipage qui eſt couchée de ſe lever pour venir faire le quart.
SONNER pour la pompe. *De pomp-ſlag ſlaan.*
C'eſt donner un coup de cloche pour avertir les gens du quart de pomper.
SONNETTE. *Een Hei, Een Hei-blok.*
C'eſt une machine dont on ſe ſert par le moien de pluſieurs hommes, qui tirent par autant de cordes atachées à un gros billot de bois pour enfoncer des pilotis.
SORTIR du port. *Uit de haven gaan, Uitloopen, Uitvaaren, Afſteeken, Afzeilen, Afvaaren.*
SORTIR le boute-feu à la main. *Heel zeil-vaardig uit de haven loopen.*
C'eſt ainſi que pluſieurs s'énoncent, pour dire qu'un port eſt aſſez bon pour en ſortir les vaiſſeaux tout-prêts à tenir la mer, ou tout-prêts à combattre. En ce ſens, le port de Breſt eſt propre à ſortir le boute-feu à la main.

V v v v

SOU

SOU. Le Sou. *De grondt.*

C'eſt ſelon quelques-uns, la terre qui eſt au fond de l'eau.

SOUABRE, Faubert, Vadroüille. *Een Swabber, Een Dweil.*

Ce terme n'eſt en uſage qu'en Normandie, & il y a toute aparence qu'il a été pris du mot Hollandois. Voiez, Fauber.

SOUBERME. *Waater-vloedt, Over-ſtrooming van waater.*

C'eſt ce qu'on apelle autrement Torrent, c'eſt-à-dire, des eaux cauſées par des pluïes & par les néges fonduës, qui ne coulent qu'en Eté, & qui groſſiſſent les riviéres.

SOUFLAGE. *Buik, Taſſe, Bulg, Bolg.*

C'eſt un renforcement de planches qu'on donne à quelque vaiſſeau.

SOUFLAGE vif, *Inhouten-buik.*

C'eſt quand on ſoufle ſur les membres du vaiſſeau, au-lieu de ſoufler ſur le bordage.

SOUFLER un vaiſſeau, *Een buik aan maaken, Een taſſe, of een bulg om leg-gen, Een buik om ſcheeps zijde tot meerder uitſpanning bouwen.*

C'eſt lui donner un ſecond bordage par un revêtement de planches fortifiées par de nouvelles préceintes : ce qui ſe fait ordinairement aux vaiſſeaux de guerre, lors-qu'ils ne portent pas bien leurs voiles, & qu'ils roulent ou ſe tourmentent trop à la mer. Cela eſt encore d'un ſecours contre l'artillerie de l'ennemi. On dit ; L'un de ces deux vaiſſeaux eſt ſouflé de ſix pouces, & l'autre l'eſt de quatre. Le ſouflage de ce vaiſſeau eſt ſi-bien conduit que le gabarit n'en eſt point gâté.

SOUFLER les canons. *Aſblaaſen, De ſtukken met een weinig kruidt afblaaſen, eer men laadt.*

C'eſt les tirer avec un peu de poudre pour les nétoïer.

SOUFRE. *Swavel.*

C'eſt un minéral qui entre dans la compoſition de la poudre à canon, & qui lui fait prendre feu aiſément.

„On mêle du ſoufre dans le brai, dans le goldron, & dans la réſine & „poix navale, ce qui rend toute la mixtion plus blanche, afin d'en froter „le vaiſſeau depuis la ligne d'eau juſques au haut. Il vient des iſles Li-„paries proche de Sicile; mais le meilleur vient d'une petite iſle ou rocher „nommé Molo, ſur la côte d'Italie. On en trouve auſſi de bon dans les „montagnes de ce païs-là.

SOUILLE. La Soüille d'un vaiſſeau. *Seeling, Zel, Zade.*

C'eſt le lieu où le vaiſſeau a poſé lors-que la mer étoit baſſe, & qu'il a touché ſur de la vaſe.

SOULIER d'ancre. *Anker-ſchoen.*

C'eſt une piéce de bois concave, dans laquelle on met le bout de la patte de l'ancre, pour empêcher qu'elle ne s'accroche ſur la préceinte, quand on la laiſſe tomber. On s'en ſert peu en France.

Il faut que ce terme de Soulier d'ancre, ne ſe prenne pas parmi les autres nations dans la même ſignification que parmi les François & les Hollandois, c'eſt-à-dire, pour empêcher que l'ancre ne s'accroche aux préceintes, quand on la laiſſe tomber : mais il faut qu'il ſe prenne dans le ſens de *Brider l'ancre,* ainſi qu'on le va voir.

„Les Souliers d'ancre n'ont ni forme ni meſure particuliére : on les fait de
la

,, la grandeur qu'on veut. Ils doivent pourtant être proportionez à la
,, grandeur de l'ancre, & à la mauvaife difpofition du fond où l'on veut
,, ancrer. C'eft-là l'ufage que quelques-uns font des fouliers d'ancre.
,, Mais parmi les Hollandois, les Souliers d'ancre font des bois affez longs,
,, aux bouts de chacun defquels il y a un trou par-devant, où l'on paffe
,, une corde de longueur à defcendre depuis le haut du navire jufqu'à la
,, furface de l'eau. Au milieu de cette corde il y a une efpéce de taquet
,, élevé & concave, où entre la pointe de l'ancre. L'ufage qu'on fait
,, de ces fouliers, eft d'empêcher que les pattes de l'ancre n'endom-
,, magent le vaiffeau en defcendant; & lors-que l'ancre eft dans l'eau le
,, foulier demeure fufpendu au navire.

SOUQUE. *Haal fterk.*
C'eft un terme des plus bas, qui veut dire, Tirer ou pefer fur une manœuvre, où il tient quelque chofe de pefant, ou de fort.

SOURDRE au vent. *Sneedig by de windt zeilen.*

VAISSEAU qui Sourd au vent. *Een goedt loef-houwer, Een fneedig zeilende
fchip, dat wel by de wind is, of zeilt.*
Cela fe dit d'un vaiffeau lors-qu'il tient bien le vent, & qu'il avance à fa
route, en cinglant à fix quarts de vent près du rumb d'où il vient. Ainfi
on dit; Notre navire fourdoit bien au vent, & nous eûmes bien-tôt joint
la flote.

SOURDRE. *Optrekken, Een wolke die optrekt.*
Ce mot fe dit encore d'un nüage qui fort de l'horifon, & qui s'élève vers
le zénith.

SOUS-BARBES, Porte-boffoirs. *Drukkers.* Voiez, Porte-boffoirs.

SOUS-BARBES. *Voor-fteve-fchoortjes, Onder-fteve-fchoortjes.*
Ce font les plus courtes étances qui foutiennent le bout de l'étrave, quand
elle eft fur le chantier. Les Poulains, ou Accores, font les plus longues.

SOUS-BARQUE. *De hoogfte boei-plank van een fchuit.*
C'eft le dernier rang de planches, ou bordages, d'un bateau foncet, qui eft
immédiatement au-deffous du plat-bord.

SOUS-COMMIS. *Onder-koopman.* Voiez, Commis.

SOUS-FRETER. *Een gehuurt fchip verhuuren.*
C'eft loüer à un autre le navire qu'on a loüé, ou freter à un autre le navire qu'on a affreté. Il eft fait défences à tous Courtiers, & autres, de fous-
freter les navires à plus haut prix que celui porté par le premier contract &c. Néammoins l'Affreteur peut prendre à fon profit le fret de
quelques marchandifes, pour achever la charge du navire qu'il a entiérement affreté.

SOUS-PAPE, Clapet. *Klap, Klep, Klap en leer.* Voiez, Clapet.

SOUS-PENTE. *Een hangende balkje.*
C'eft un piéce de bois qui eft retenuë à plomb par le haut, & fufpenduë
pour foutenir le treüil & la roüe d'une grüe, ou autre machine.

SOUTE. *Kaamer.*
C'eft le plus bas des étages de l'arriére d'un vaiffeau, qui confifte en un
retranchement enduit de plâtre, fait à fond de cale, où l'on enferme les
poudres & le bifcuit.

Vvvv 2

SOUTE

SOUTE au biscuit. *Broodt-kaamer.*

  „La soute au biscuit doit être toute garnie de fer blanc afin que le bis-
  „cuit s'y conserve mieux; & l'écoutille de la soute aux poudres doit être
  „couverte de plomb. La soute au biscuit est souvent placée sous la sain-
  „te-barbe.

SOUTE aux poudres. *Kruidt-kaamer, Kruidt-huis, Kruidt-toorn.*

  „La Soute aux poudres est souvent placée sous la soute au biscuit.

SOUTE au fromage, dans les vaisseaux Hollandois. *Kaas-kaamer.*

  „La soute au fromage est placée auprès de la soute au biscuit.

CHAUFER, Sécher les Soutes. *Droogen.*

SOUTENIR. Marée qui soutient un vaisseau. *Stroom aan ly, of in ly; De stroom boegen.*

  Cela se dit d'un vaisseau qui va auprès du vent, & qui trouvant le courant
de la mer qui lui est contraire, est soutenu par l'un contre la force de l'au-
trè, ensorte qu'il va où il veut aller.

SOUTENIR chasse. *Wijken, Al wijkende vegten.*

  C'est-à-dire, se battre en retraite.

SE SOUTENIR. *Nog verliesen, nog winnen.*

  C'est demeurer dans le même parage & ne pas dériver, nonobstant le
vent, les courans, ou la marée contraire; quoi-que sans avancer aussi,
ou sans avancer beaucoup. Nous fîmes beaucoup d'éforts pour soutenir
nos bâtimens aux courans.

S P.

SPARIES. Voiez, Espaves de mer.

SPARRES. Voiez, Esparres.

SPARTON. *Viger-touw.*

  C'est le cordage fait de geneft d'Espagne, d'Afrique & de Murcie. Il est
de bon usage pour les vaisseaux tant en eau salée que douce.

SPHE'RE. *Kloot.*

  C'est un corps solide dont toutes les lignes tirées du centre à la circonférence sont égales. Sphére se dit particuliérement d'un instrument vulgaire qui est composé de divers cercles, & d'un axe qui le traverse, avec
un petit globe au milieu. Il sert à représenter la machine du monde & les
mouvemens célestes. Ce mot se dit aussi de la disposition du Ciel rélative
à la situation de divers peuples.

SPONTON, ou Esponton. *Een Half-piek.*

  Le Sponton est fort en usage parmi les Vénitiens & les Chevaliers de Malte.
Voiez, Esponton.

S Q.

SQUELETTE. *Romp, Het hol van een schip.*

  Quelques-uns apellent Squelette un navire dont il n'y a que les principales
piéces assemblées, comme la quille, l'étambord, les varangues & les genoux; & qui n'est pas couvert de ses planches. Voiez, Rouche.

S T.

STAMENAIS. Voiez, Genoux.

STOCKFICHE, Stokfisse. *Stokvisch.*

  C'est du poisson salé & desséché. La moruë est une espéce de Stockfiche.

STRAPONTIN. *Hang-mak.*

C'est

C'eſt un lit que l'on ſuſpend en l'air , & qui eſt ataché à deux árbres ou à deux pieux. On s'en ſert dans les païs chauds pour ſe garantir des inſectes qui importunent , ou des bêtes venimeuſes. On atache cette ſorte de lit à deux cordes dans les navires. Voiez, Hamac & Branle.

STRIBORD, Tribord, Dextribord, Extribord, Tienbord. *Stuur-boord, Stier-boord.*

C'eſt le côté de la main droite du vaiſſeau au reſpect d'un homme qui étant à la poupe fait face vers la prouë. Ce mot de Stribord a été fait par corruption de Dextribord, mais le plus en uſage eſt Stribord. Le côté gauche du vaiſſeau eſt nommé Babord.

AVOIR l'amure à Stribord. *Over ſtuur-boord zeilen.*

S U.

SUAGE. *D'onkoſten om een ſchip te ſmeeren.*

Ce mot ſignifie le coût des graiſſes & des ſuifs dont on eſt dont obligé de rems en tems d'enduire un vaiſſeau, pour faire qu'il coule plus doucement ſur les eaux.

SUD. Le Sud. *Suid, Zuid.*

On ſe ſert du terme de Sud ſur l'Océan , pour ſignifier le vent du Midi & les régions Méridionales ; & l'on dit abſolument le Sud pour ſignifier celui des quatre vents cardinaux qui vient du Midi.

SUD-EST, & Sud-oüeſt. *Suid-ooſt en Suid-weſt.*

Ce ſont deux vents collatéreaux , qui tiennent également , le premier du Sud & de l'Eſt, & l'autre du Sud & de l'Oüeſt.

SUD-SUD-EST, & Sud-Sud-oüeſt. *Suid-ſuid-ooſt , en Suid-ſuid-weſt.*

Ce ſont des vents entre-mitoïens.

SUD-QUART-DE-SUD-EST. *Suid-ten-ooſten.*

SUD-EST-QUART-DE-SUD. *Suid-ooſt-ten-ſuiden.*

SUD-EST-QART-D'EST. *Suid-ooſt-ten-ooſten.*

SUD-QUART-DE-SUD-OUEST. *Suid-ten-weſten.*

SUD-OUEST-QUART-DE-SUD. *Suid-weſt-ten-ſuiden.*

SUD-OUEST-QUART-D'OUEST. *Suid-weſt-ten-weſten.*

SUD de la Ligne. Etre au Sud de la Ligne. *Beſuiden de Linie.*

C'eſt-à-dire, Etre au Sud, ou par-delà l'Equateur.

SUIF. *Talk.*

SUIF, ou Oint, pour mettre au bout du plomb de ſonde. *Roet, Reuſſel.*

SUIFVER un vaiſſeau, Lui donner le Suif, Eſpalmer. *Smeeren , Met ſmeer beſtrijken.*

C'eſt froter de ſuif la partie de ce vaiſſeau qui eſt dans l'eau. Les Anglois mêlent du ſavon avec le ſuif.

SUIFVER les tapons des canons. *Toeroeden.* Voiez, Tamponer.

SUIF-NOIR. *Swart Smeer.*

C'eſt une mixtion de ſuif & de noir à noircir broüillez enſemble, dont on frote le fond d'un vaiſſeau, afin qu'il ne paroiſſe pas qu'on l'ait ſuifvé , ce qui eſt pratiqué par les Corſaires.

SUPANE. Quelques-uns diſent ce mot pour, Sur panne, ou, En panne. Voiez, Panne.

SUPER. La voie d'eau a Supé. *De lek is toegeſoogen.*

C'eſt-à-dire qu'il eſt entré de l'herbe, ou quelque autre choſe, qui à bou-

Vvvv 3

ché

ché l'ouverture nommée Voie d'eau.

SURCHARGER. *Overlaaden.*

C'est donner une trop grande charge.

SURGIR. *Aanlanden, Aankomen.*

Ce terme, qui commence à vieillir, signifie Ariver, ou prendre terre, & jetter l'ancre dans un port.

SURJAULE. Le cable est Surjaulé. *'t Touw is gestoki.*

Cela se dit lors-que le cable a fait un tour autour du jas de l'ancre qui est moüillée.

SURLIER. Voiez, Roster.

SURPENTE. *Top-reep met de nithouwer.*

C'est une grosse corde longue de trente à quarante brasses, qui est amarrée au grand mât & à celui de miséne, à laquelle on atache le palan pour embarquer & débarquer le canon, ou quelque autre chose de grand poids.

SUSAIN, Susin. *Een agter-vinkenet, Een half-dek agter.*

C'est un pont brisé, où une partie de tillac qui regne depuis la dunette jusqu'au grand mât, à l'oposite du Saint-aubinet.

S Y.

SYRTES, ou Sables mouvans. *Wel-sandt.*

Ce sont des sables mouvans agitez par la mer, tantôt amoncelez, & tantôt dissipez, mais toujours très-dangereux pour les vaisseaux.

T A.

TABLE. La Table du Capitaine, ou, Dépence de la Table du Capitaine. *Kost-gelden van een ordinaris Kapitein dienende ter zee.*

C'est une table que le Roi de France donne pour les Oficiers Majors lorsqu'ils sont en mer.

TABLEAU. *Het hek van een fluit, Waapen-vlak.*

C'est la partie la plus haute de la poupe d'une flûte sous le couronnement, où l'on met ordinairement la figure du nom du vaisseau. C'est ce qui s'apelle Miroir dans les autres navires. Voiez, Miroir.

TAILLEMAR, Taillemer. *Bit, Snee.*

C'est la partie inférieure de l'éperon d'une galére, apellée ainsi par les Levantins, parce-que cette partie est tranchante & semble tailler la mer. Le bas de la gorgére s'apelle quelquefois Taillemer. Voiez, Gorgére.

TAILLES de point. Tailles de fond. Voiez, Cargues-point, Cargues-fond.

TAINS. Voiez, Tins.

TALINGUER, ou E'talinguer les cables. *De kaabels insteeken.*

C'est amarrer les cables à l'arganeau de l'ancre.

TALON de la quille. *Hieling, Agter-kiel.*

C'est l'extrémité de la quille vers l'arriére du vaisseau, du côté qu'elle s'assemble avec l'étambord. L'autre bout de la quille, qui s'assemble avec l'étrave, est apellé Rinjot.

TALON ou Renfort. *Een Voege op sijn tandt inge-schooten.*

C'est un terme de Charpentier.

TALON. Voiez, Simaise.

TALUS. Couper en Talus. *De kant afhakken. afslegten.*

AS-

ASSEMBLAGE de bordages ou de planches en Talus. *Schuins-werk.*
   C'eſt quand les côtés de chaque planche ſont coupez en talus, & qu'on
couvre la partie ainſi coupée d'une planche de la partie auſſi coupée de l'autre planche.

DIGUE en Talus des deux côtés. *Een dijk die te weder-zijden ſchuins opgaat.*

TAMBOUR. *Trommel.*
   C'eſt un inſtrument militaire ſur lequel on frape avec des baguettes, & qui
rend un grand ſon. On le nomme auſſi Quaiſſe, ou Caiſſe, du nom du corps
de tout l'inſtrument.

TAMBOUR. *Trommelſlager, Tamboer.*
   On apelle auſſi Tambour celui qui eſt deſtiné à battre la caiſſe.

TAMBOUR d'E'peron. *Blaas-balk.*
   Ce ſont pluſieurs planches que l'on clouë ſur les jautereaux de l'éperon, &
dont l'uſage eſt de rompre les coups de mer qui donnent ſur cette partie.

TAMIS à poudre. *Kruidt-zeeft.*

TAMISAILLE. *Luiwaagen.*
   C'eſt un petit étage qui eſt à une flûte, & qui eſt pratiqué entre la grande
chambre & la dunette. C'eſt par ce petit étage que paſſe la barre du gouvernail.

TAMPONS. *Proppen, Smeer-proppen, Houte-proppen, Yſer-of-kooper-proppen.*
   Ce ſont des plaques de fer & de cuivre, ou de bois, qu'on tient prêtes
dans un combat, pour remédier aux coups de canon qu'un vaiſſeau peut recevoir. Voiez, Charpentier.

LE Charpentier prit un Tampon, & boûcha la voie d'eau. *Bijl heeft een prop*
gevat, en ſtopte 't gat.

TAMPONS, ou Tapons de canon. *Houte-proppen, Smeer-proppen, Bus-prop-*
pen.
   Ce ſont des plaques de liége avec leſquelles on boûche l'ame du canon
afin d'empêcher que l'eau n'y entre.
   „On peint de blanc ou de rouge les tapons de canon.

LE Canonier boûche l'ame du canon avec des Tampons. *De Konſtaapel*
maakt de mond der ſtukken met houte-proppen toe; & les ſuifve pour empêcher qu'il n'y entre de l'eau; *en beroet ſe wel tegen 't inwaateren.*

TAMPONS de grenades. *Handt-granat-tappen.*

TAMPONS, ou Tapons d'écubiers. *Kluis-houtjens, Kluis-ſakken.*
   Ce ſont certaines piéces de bois, longues à-peu-près de deux piés & demi, qui vont en amenuïſant, & dont l'uſage eſt de fermer les écubiers,
quand le vaiſſeau eſt à la voile. Il y en a d'échancrez par un côté, qui
boûchent les écubiers quand les cables y ſont encore. On les boûche auſſi
quelquefois de ſacs remplis de foin, de bourre, ou d'autres choſes.

TAMPONER le canon. *'t Geſchut met proppen toedoen.*

TANQUAGE, TANGAGE. *Het op-en-neer-ſpringen, of heijen van 't ſchip;*
Het bokken van het ſchip.
   C'eſt le balancement d'un vaiſſeau de l'avant à l'arriére.

TANQUER, Tanguer. Vaiſſeau qui Tanque. Quelques-uns diſent, En-
fourner. *Stamp-rijen, Stamp-ſtooten, Bokken, Induikken, Op en neer heijen.*
   C'eſt-à-dire que ce vaiſſeau enfonce & tombe par ſon avant, en-ſorte que
ſon mât de beaupré & ſa ſivadiére ſont couverts d'eau; ce qui arive ſur-
                                                                    tout

tout lors-qu'on fait vent arriére, & que le vent est forcé. Cela árive ordinairement aux vaisseaux que l'on a construits trop courts, & aussi par le
défaut d'arrimage.

„Il faut prendre garde à ne faire pas trop de voiles à l'avant, parce-que
„cela fait tanquer le vaisseau.

„On se trouve quelquefois dans la nécessité de couper l'éperon, & même le
„mât d'avant, comme quand le vaisseau tangue trop, qu'il est trop sur
„le nez, ou qu'il fait eau à l'avant.

TANQUER sur l'ancre. *Heijen.*

TANQUEURS, ou Gabariers. *Arbeiders om de Schepen te laaden, of te*
lossen; Tsjauwers.

Ce sont des porte-faix qui servent à charger & à décharger les navires & les
galéres.

TAPABOR, Tapebor de bord. *Tapbor, Een muts op sijn Engelsch.*

C'est une sorte de bonnet à l'Angloise qu'on porte sur mer, & dont on ra-
bat les bords sur les épaules pour se garantir du mauvais tems.

TAPECU, Tappecu. *Druil, Vin, Vinnetje, Jachten-druivel, Blindt voor*
't gat.

C'est une voile qui se met à une vergue suspenduë vers le couronnement
d'un vaisseau, en-sorte qu'elle couvre l'arcasse, ou le dehors de la poupe,
& elle déborde, tant à stribord qu'à babord, de deux brasses à chaque côté.
On ne la porte que de vent arriére, & il n'y a que les vaisseaux marchands
qui s'en servent. Amarrez la vergue de tappecu à ce couronnement.

„Cette voile sert à empêcher que les courans ou la marée n'emportent le
„vaisseau, & ne le fassent dériver. On la fait aussi servir sur de petits
„yachts, pour continuer de filler pendant le calme, ou pour mieux venir
„au vent.

„Les buches ont un tapecu quarré, & avec cela elles en ont souvent en-
„core un autre petit.

TAPONS de canon & d'écubiers. Voiez, Tampons.

TAQUET, Filieux, Fileux. *Klamp.*

C'est ainsi que l'on nomme les différentes sortes de petits crochets de bois
où l'on amarre diverses manœuvres. Voiez sous le mot, Sep de drisse, les
deux derniers articles qui regardent proprement les taquets.

TAQUET à gueule, ou à dent. *Sor-klamp.*

C'est un taquet qui se cloüe par les deux bouts, & qui est échancré par le
dedans.

TAQUET à cornes, ou à branches, pour lancer des manœuvres. *Kruis-*
klamp, Kruis-hout, Kruis-beeting.

Celui-ci est pointu par les deux bouts, & est cloüé par le milieu.

„Les Taquets à cornes du grand mât, vers l'arriére, doivent avoir dix-
„huit pouces entre les deux cornes, & six pouces de large, deux pouces
„d'épais, sept pouces de long, & un pié de longueur par le bas : les cor-
„nes doivent être courbées en arc sur le taquet, & doivent avoir deux
„pouces & demi de large, & un pouce & demi d'épais.

„Il y a aussi deux semblables Taquets à chaque côté du mât de mi-
„sêne : ils ont quatre pouces & demi de large, & trois pouces d'é-
„pais, sept pouces de large par le bas, & un pié de long. On y amarre les
couëts

„coüets de miféne. Les cornes des taquets du platbord passent au-travers
„du platbord pour descendre sur le taquet, qui a quatre pouces de large &
„trois pouces d'épais. Les cornes sont éloignées de trois piés huit pouces
„l'une de l'autre : il y a sept pouces de distance entre les bouts d'embas qui
„font sur le platbord ; & par le bas jusqu'aux taquets ils ont quinze pou-
„ces de long : on y amarre la candelette.
„Il y a quatre taquets à cornes dans les fargues, qui ont un pié de large par
„le haut & neuf pouces par le bas , & trois pouces d'épais. Il y a dix-
„huit pouces de distance entre les cornes par le haut , & neuf pouces par
„le bas.

TAQUET de fer. *Boei-klamp.*
C'est une espéce de taquet à gueule, qui sert, dans la construction & dans
le radoub des vaisseaux , à faire aprocher & joindre les membres , les préceintes & les bordages.

TAQUETS simples. *Nok-klampen.*
Ce font ceux qui font presque faits comme un coin, lesquels servent à divers usages.

TAQUETS de mât. *Gordings-klampen.*
Ce font de longs taquets que l'on y cloüe , & où l'on passe des chevillots
pour y lancer des manœuvres.

TAQUETS de haubans. *Beleg-houtjes van de besaans-mast met naagels.*
Ce font de longues piéces de bois amarrées aux haubans d'artimon, où il
y a des chevillots qui servent à y lancer les cargues.

TAQUETS de vergue. *Ree-klampen, Kruis-klampen.*
„Il y a deux taquets d'onze pouces à chaque vergue.

TAQUETS d'écoute, ou Bittes. *Kruis-houten, Kruis-beeting.*
Ce font de grands taquets de deux piéces , où l'on amarre les écoutes soit
celles de l'artimon , celles de la grande voile, de la miféne, ou autres.

TAQUETS de cabestan. *Klampen van de spil , Kiesen.* Voiez , Cabestan &.
Fuseaux.

TAQUET d'élinguet. *Pal-klamp, Agter-klamp, Prang-hout.*

TAQUETS d'amure, *Hals-klampen, Hals-masten, Kiesen.*
Ce font de grosses & courtes piéces de bois troüées , qui étant apliquées
fur chaque côté du vaisseau y servent de dogue d'amure. Voiez , Dogue
d'amure.

TAQUETS de ponton. *Klampen van een onderlegger.*
Ce font de gros taquets qui font faits comme ceux qui servent de dogue
d'amure aux vaisseaux , par où passent les atrapes lors-que l'on carène.

TAQUETS de hune à l'Angloise. *Open marssen op de boegspriet.*
Ce font deux demi-ronds qui servent de hune étant mis aux deux côtés du
bout du mât du beaupré.

TAQUETS d'échelle. *Klampen van de trappen.*
Ce font des piéces de bois qui servent d'échellons , ou de marches , aux
échelles des côtés d'un vaisseau.

TAQUET de mât de chaloupe. *De knegt van de sloep.*
C'est un taquet à dent qui est vers le bas du mât, où l'on amarre la voile.

TAQUETS de potence. *Onder-mikken , Klampjes onder de gek van de pomp.*
Ce font de petits taquets ouverts par un bout , dans lesquels s'emboîte le

X x x x

bas

bas de la potence de la bringuebale.

TAQUET de la clef des estains. Voiez, Clef des estains.

TARE. *Teer.*

Les Normands & les Picards disent Tare au-lieu de goudron, aïant pris ce mot du terme Hollandois. Voiez, Goudron.

TARRIE'RE, Tariére. *Boor, Avegaar.*

C'est un outil de fer dont les Charpentiers se servent. Il est emmanché de bois en potence, & en tournant il fait que le fer perce le bois où il touche, & fait de grands trous propres à y mettre des chevilles. Il y en a de plusieurs sortes & grosseurs. On dit un gros Tariére au masculin lors-que le tariére est gros, & une petite tariére quand il est petit. Il se fait de petites tariéres qu'on apelle Lacerets. Un gros comme celui de cette figure s'apelle. *Avegaar.*

TARTANE. *Een Tartaan, of Tartana.*

C'est une barque dont on se sert sur la mer Méditerranée, différente des autres barques en ce qu'elle ne porte qu'un arbre de mestre, autrement un grand mât, & un mât de miséne. La voile d'une Tartane est à tiers point; mais de gros tems elle en apareille une à trait quarré, apellée Voile de fortune.

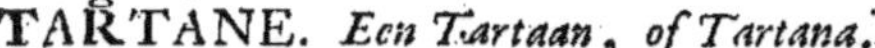

T E.

TEMPESTE, Tempête. *Onweer, Storm, Storm-windt.*

C'est un mouvement extraordinaire des vents qui agitent les houles, ou les vagues, avec violence.

UNE horrible Tempête. *Een stinkende storm.*

IL fait une furieuse Tempête. *Het stormt geweldig.*

LA TEMPESTE ne diminuë point. *Het weer en biedt geen soen.*

ETRE surpris & battu de la Tempête. *Van een storm overvallen en beloopen worden.*

LA TEMPESTE cesse, s'apaise. *Het weer bedaard.*

TEMS. *Weer, Weeder.*

GROS TEMS, ou Tems de mer. *Een swaar weeder, Onweer, Verleegen weer, Verwaait weer, Rouw weer, Hardt weer.*

C'est un tems de tempête, lors-que les vagues s'élèvent & que la mer est fort agitée. On disoit autrefois, Grand Tems; mais aujourdhui c'est Gros Tems qui est fort usité sur l'Océan.

TEMS embrumé. *Mistig weer.*

C'est celui qui est couvert de broüillards.

TEMS Affiné. *Een schoon helder weer.*

C'est-à-dire un tems qui s'éclaircit & qui devient beau. Voiez, Affiner.

LE TEMS se broüille. *Het weer groeit.*

TEMS orageux. *Ongestuimig, bulderig, stormend, verwaait weer.*

TEMS à perroquet. *Bram-of-top-zeils koelte, Bram-zeils weer.*

C'est un beau tems, où le vent soufle médiocrement & porte à route. Cette façon de parler vient de ce qu'on ne porte jamais la voile de perroquet que de beau tems, à-cause qu'étant extrémement élevée elle donneroit trop de prise au vent si elle étoit portée de gros vent, & le vaisseau seroit en dan-

danger d'être renversé , ou les mâts de se rompre , parce-que le poids qui
est en haut est d'une plus grande puissance que celui qui est en bas .

TEMS sombre & couvert. *Een schraal lugt , Een bar en guur weer, Dokkig
weer, Betrokken lugt.*

TEMS humide. *Vogtig weer, Wak weer.*

TEMS doux, Beau Tems. *Handig of handtsaam weer.* Beau
Tems & Beau frais. *Vol-handig weer.*

TENAILLES. *Nyptangh.*

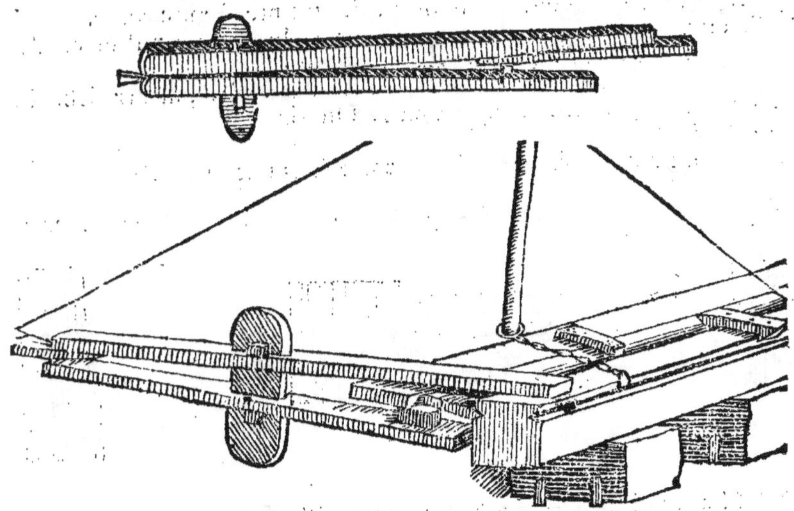

C'est un instrument de fer qui sert à tenir ou arracher
quelque chose. Il est composé de deux branches presque entiérement rondes, qui sont atachées avec un clou
à quelque distance du bas , & depuis le clou jusques
à l'extrémité elles sont quelquefois arquées , & quelquefois un peu courbées, afin de mieux pincer.

TENDELET. *Sonne-dek , Pavillioen.*

C'est une espéce de dais , avec des rideaux , que l'on
met sur l'arriére d'une chaloupe pour mettre à couvert du Soleil , ou de la
pluïe.

TENAILLES de bois. *Boei-tang.*

C'est pour faire aprocher les bordages les uns des autres , & les tenir en
les posant. Il y a encore une espéce de petites tenailles, qui s'apellent *Kluft*
en Hollandois, qui serrent plus que les grandes tenailles. Voici avec la
figure simple de la tenaille de bois, une autre figure où cette même tenaille
est emploiée à tenir les gabords , ou premiéres planches du bordage contre
le quille, pour les assembler.

TENIR une manœuvre. *Een touwerk stijf-houden en vast maaken, of vesten.*
C'est-à-dire, l'attacher, où l'amarrer.

TENIR

TENIR le balant d'une manœuvre. *De loofe van een touw vaft maaken.*

C'eft l'amarrer de telle forte qu'elle ne foit point lâche. qu'elle ne balance point.

TENIR un bras. *Een bras haalen en vaft maaken.*

C'eft-à-dire, le haler & l'amarrer.

TENIR en garant. Voiez, Garant.

TENIR en ralingue. Voiez, Ralingue.

TENIR le vent. *De loef houden, Sig boven windt houden, By de windt houden.*

C'eft être au plus près du vent.

TENIR le lit du vent. *Hoog by de windt zeilen.*

C'eft fe fervir d'un vent qui femble contraire à la route, ce qui fe fait en prenant ce vent de biais. On met pour cela les voiles de côté par le moien des boulines.

TENIR le lof. *De loef blyven houden.*

C'eft lors-qu'on prend l'avantage d'un vent de côté.

TENIR au vent. *Sterk by de windt zeilen, By de windt houden.*

C'eft-à-dire, naviguer de vent contraire.

TENIR la mer. *Zee houden, In zee blijven, In zee houden.*

C'eft être & demeurer à la mer.

LE vaiffeau étoit defemparé & ne pouvoit plus Tenir la mer. *'t Schip was foo reddeloos, dat het niet langer zee kon bouwen.*

TENIR la largue. *Ruim-fchoots, of met een breedt windt zeilen.*

C'eft fe fervir de tous les vents qui font depuis le vent de côté jufqu'au vent d'arriére inclufivement. Voiez, Largue.

SE TENIR fous voiles. *Sig onder zeil houden.*

C'eft avoir toutes les voiles apareillées, & être prêt à faire route.

TENIR ou voir une terre ou quelque autre objet l'un par l'autre. *Twee voorwerpen door, of onder, of over malkanderen fien.*

C'eft-à-dire que l'on puiffe voir les deux objets à la fois, l'un par-deffus l'autre, ou que l'un cache l'autre. Voiez, Ouvrir.

TENON. *Pen.*

C'eft le bout d'une piéce de bois qui entre dans une mortaife.

<table>
<tr><td>Tenon.</td><td>Tenon à mordant.</td><td>Tenon à tournices.</td></tr>
</table>

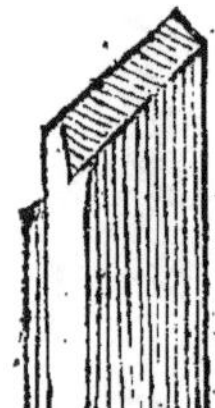 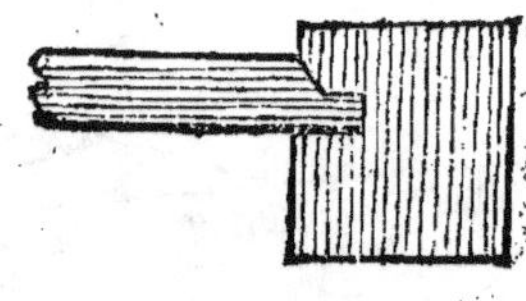 

TENON à mordant & renforts, ou à mors d'âne. *Een pen met een verftekin gefchoooten.*

TENON à tournices, ou à oulices. *Een pen met een regte borft, of voege.*

C'eft

C'eſt un tenon coupé tout-quarrément & en about, auprès des paremens de bois, quand tout l'ouvrage eſt fait.

TENON à queuë d'aronde. *Een ſwavel-pen.*

C'eſt celui qui eſt plus large à ſon bout qu'à ſon décolement, pour être en-caſtré dans une entaille.

TENON de mât. Voiez, Ton de mât.

TENON de l'étambord. *De pen van d'agter-ſteven.*

C'eſt une petite partie du bout de la pièce de charpenterie nommée étam-bord, qui s'emmortaiſe dans la quille du vaiſſeau.

TENONS de l'ancre. *Neuten van het vierkant van 't anker.*

Ce ſont deux petites parties jointes au bout de la vergue, qui s'entaillant dans le jas font qu'il eſt tenu plus ferme.

TENUE. *Het houden, of het bijten van het anker.*

C'eſt la priſe, où l'accrochement de l'ancre au fond de la mer.

TENUE. Fond de bonne Tenuë. *Een goedt anker-grondt.*

C'eſt celui où l'ancre a la priſe, ce qui le rend propre pour l'ancrage. Voiez, Fond.

FOND de mauvaiſe Tenuë. *Een los, of quaade grondt.*

C'eſt un fond où l'ancre n'a aucune priſe & ne peut s'accrocher. A l'Eſt de cette iſle on trouve douze braſſes d'eau, mais le fond y eſt de mauvaiſe tenuë.

TERMES. *Beeldt-werk, Beelden, Termen, Staat-houten.*

Ce ſont des ſtatuës d'hommes, ou de femmes, dont la partie inférieure ſe termine en gaîne, & qu'on poſe ordinairement ſur les côtés de la poupe des vaiſſeaux. Quand c'eſt une figure d'Ange en demi-corps, on l'apelle Terme Angélique; & quand c'eſt celle d'une Divinité champêtre elle eſt apellée Terme Ruſtique. Quand au-lieu de gaîne on donne à la figure une

double queuë de poiſſon tortillée, c'eſt un Terme Marin. Il y a auſſi un Terme en conſole & un Terme en buſte ; le dernier eſt celui qui eſt ſans bras, & qui n'a que la partie ſupérieure de l'eſtomac. La gaîne de l'autre finit en enroulement , & le corps qu'elle porte eſt avancé pour ſoutenir quelque choſe. Le Terme Double eſt celui d'où deux demi-corps , ou deux buſtes adoſſés , ſortent d'une même gaîne. Les Termes qui ſont aux angles ſe nomment en Hollandois, *Hoek-mannen*, ou, *Staat-houten*.

„ Les Termes & les autres Figures humaines qu'on fait ſur les vaiſſeaux , doi-
„ vent être puiſſantes pour être remarquées de loin ; & par cette raiſon
„ il n'importe pas qu'elles ſoient groſſiéres & péu finies.

„ Le Terme qui eſt à l'angle de la poupe d'un vaiſſeau de cent-trente-qua-
„ tre piés de long de l'étrave à l'étambord, doit avoir neuf pouces & demi
„ de large , & huit pouces d'épais. Le Terme qui eſt au milieu de la
„ poupe doit avoir huit pouces & demi de large , & ſept pouces & demi
„ d'épais. Les quatre autres Termes doivent avoir huit pouces de large ,
„ & ſept pouces d'épais. Ils doivent être ſuportez par une architrave ,
„ qui doit avoir deux pouces & demi de large, & cinq quarts de pouce d'é-
„ pais, & paſſer d'un bout à l'autre.

TERRE. *Aarde, Landt.*
C'eſt le plus peſant des quatre élemens, un élément groſſier de figure ſphérique , modérément froid & ſouverainement ſec. Il eſt placé au milieu de
l'air , de l'eau & du feu , & environ au milieu du monde.

TERRE Ferme, Continent. *Een vaſt landt.*
On apelle Terre ferme une grande étenduë dans laquelle ſont compriſes pluſieurs régions , & que les mers ne ſéparent point. Voiez, Continent.

TERRES Polaires. *Geweſten die by het aſpunt zijn.*
Ce ſont deux continens ſituez vers les poles, l'un vers le Septentrion , &
l'autre vers le Midi, qu'on ne connoît pas encore aſſez pour aſſurer que
ce ſoient véritablement des Continens. Le plus grand eſt apellé Terre Auſtrale , ou Terre Magellanique , à-cauſe de Magellan qui le premier en a
découvert les côtes. Ou l'apelle auſſi Terre de Quir, de Ferdinand de
Quir qui en a donné une connoiſſance plus certaine.

TERRE Méditerrannée. *Een middellandtſch landt.*
C'eſt une terre éloignée des mers, & ſituée au milieu des terres.

TERRE maritime. *Een zee-kuſt.*
C'eſt celle qui eſt voiſine de la mer, & que l'on apelle autrement Côte.

TERRE embrumée. *Een beneeveldt landt, Miſtig landt.*
C'eſt une terre que les broüillards couvrent.

TERRE défigurée. *Een landt dat men niet verkennen kan.*
C'eſt celle qu'on ne peut bien reconnoître à-cauſe de quelques nuäges qui
la couvrent.

TERRE fine. *Een klaar landt.*
C'eſt celle qu'on voit clairement ſans qu'il y ait aucun broüillard qui en dérobe la vuë.

GROSSE TERRE. *Een hoog landt.*
C'eſt une terre haut élevée.

TERRE qui fuit, qui fuit au Nord. *Landt dat ontvalt om het Noord.*

C'eſt

C'eft celle qui faifant un coude, s'éloigne du lieu où l'on eft.

TERRE qui fe donne la main. *Een gelijke kuft , Een egaale kuft , Een regte kuft.*

C'eft celle que l'on voit fans qu'elle foit féparee par aucun golfe, ni aucune baie.

TERRE qui aſſèche. Voiez, Aſſécher.

TERRE de beurre. *Botter-landt.*

C'eft un nuäge qui fe montre à l'horifon, qu'on prend pour la terre, & que le Soleil diffipe ; & à-caufe de cela les gens de mer difent Terre de beurre qui fe fond au Soleil.

ALLER à TERRE. *Aan landt gaan.*

ALLER TERRE-à-TERRE. *Langs de kuft heen zeilen.*

C'eft-à-dire naviguer le long des côtes en les rangeant. Voiez, Ranger.

LA TERRE fe mire. Voiez, Mire.

TERRES baſſes. *Laage kuften.*

Ce font les rivages qui font bas, plats, fans remarques.

TERRES hautes. *Hooge kuften.*

Ce font les montagnes, ou les rivages haut élevez.

PRENDRE TERRE. *Landen , Aanlanden , Aankomen , Belanden , Havenen.*

C'eft-à-dire, ariver à terre, aborder une terre. On a dit autrefois, Surgir, mais ce terme a vieilli. On dit auſſi Terrir, quand on a fait une grande traverfée.

TERRE. *Landt, Landt.*

Ce mot Terre eft crié à haute voix par celui qui dans un voiage aperçoit le premier la terre. La fentinelle qui étoit placée au haut du perroquet n'eut pas fi-tôt crié Terre &c.

GRANDE TERRE. Voiez, Terre ferme.

ALLER chercher une Terre. *Naar 't landt , of na de wal zeilen.*

C'eft faire route deſſus, ou Cingler vers elle pour la reconnoître.

LA TERRE nous refte. Voiez, Refte.

TOUT-à-TERRE. Un navire qui eft tout à Terre. *Digt by 't landt.*

C'eft une maniére de parler, pour dire qu'un navire eft tout-près de terre.

DANS la Terre, ou Dans les Terres. *Midden 't landt.*

C'eft ainfi qu'on s'exprime pour parler de quelque chofe qui eft éloignée du bord de la mer.

TERRE hachée. *Een hakkelijk landt.*

C'eft une terre entre-coupée.

LA TERRE mange. Ce vaiſſeau eft mangé par la Terre. *Een fchip dat verdonkert is.*

C'eft un terme dont fe fervent les gens de mer pour dire que le vaiſſeau, ou quelque autre chofe de laquelle ils veulent parler, eft cachée par l'ombre de la terre qui l'empêche d'être vuë.

TERRENEUVIER. *Terreneuf-vaarder.*

C'eft un vaiſſeau qui va à Terre-neuve pêcher de la moruë.

TERRIR. *Belanden , Landt aandoen.*

C'eft prendre terre après une longue traverfée.

TERRIR. *Landt ontdekken , in 't oog krijgen.*

C'eſt

C'eſt avoir la vuë de la terre.

TERRIR. *Het opkomen, en gaan leggen, van de ſchildpadeu.*

Ce terme de Terrir ſe dit des tortuës, qui en un certain tems ſortent de la mer & viennent terrir ſur le rivage. Elles y pondent leurs œufs, & après les avoir couverts de ſable, elles les laiſſent éclorre par la chaleur du Soleil.

TERTRE. *Een Heuveltje, Hoogte.*

C'eſt une petite éminence de terre, ou une ſorte de petite montagne, qu'on voit s'élever dans le milieu d'une plaine, & qui n'eſt atachée à aucune côte.

TESSEAUX. Voiez, Barres de hune.

TESTE, ou Tête de More. *Eezels-hoofdt.* Voiez, Chouquet.

TESTE de More. *Eezels-hooft aen de vlagge-ſtok.*

C'eſt un petit chouquet dont le collier eſt à charniére, qui ſe met ordinaire-ment ſur le montant du bâton d'enſeigne de poupe, & ſur le bout du perro-quet de beaupré.

TESTE, ou Tête de l'ancre. *Ankers-hoofdt.*

C'eſt la partie où la verge eſt jointe avec la croiſée.

TESTE du cabeſtan. *De kop van de ſpil.*

TESTE de potence de pompe. *'t Hoofdt van de gek.*

C'eſt la partie de la pompe qui ſuporte la bringuebale.

TESTE, ou Tête d'un vent. *De tijdt daar de windt begint op te ſteeken, De opſteeking van de windt.*

C'eſt ſon commencement, c'eſt-à-dire, le tems où ce vent commence à ſoufler.

TEUGUE. Voiez, Tugue.

T H.

THEATRE. Terme de la Méditerranée. Voiez, Château d'avant.

T I.

TIALQUE, Tiarlck, Tiarlec. *Een Tialk.*

C'eſt une ſorte de bâtiment qui a une petite fourche & un grand baleſton: il eſt ponté & a des courcives autour du pont, mais le pont eſt des plus bas où il y ait des courcives. Il y a deux petits blocs au bordage vers l'avant, pour y lancer des manœuvres, & trois ou quatre défences, ou bois ronds, longs d'environ deux piés, qui pendent à des cordes, aux deux côtés de l'avant.

TIEN-BORD. Voiez, Stribord.

TIERS-POINT. Voiles à Tiers-point, ou Voiles Latines, ou Voiles à oreilles de liévre. *Drie-hoekige zeilen.*

Ce ſont des voiles de figure triangulaire, comme ſont celles de l'artimon & des étais. On s'en ſert particuliérement ſur la Méditerrannée, & dans les vaiſſeaux de bas-bord qui vont à voiles & à rames.

TILLAC. *Dek, Overloop, Verdek.*

C'eſt le plancher ou étage d'un navire, ſur lequel la batterie eſt poſée com-me ſur une plate-forme, ou ſur un plancher. Voiez, Pont.

FRANC-TILLAC. *Overloop.*

C'eſt le premier pont, ou l'étage qui eſt le plus près de l'eau.

FAUX-TILLAC. *Koebrug.* Voiez, Faux-pont & Faux-baux.

TILLAC. *Een ſtellinge in 't ruim.*

Cela

Cela fe dit encore d'une efpéce de plate-forme de planches que l'on fait à fond de cale, où le Munitionaire fait fes bidons.

TILLE. *Hang-plegt, Stuur-plegt.*

C'eft l'endroit où fe tient le Timonier dans les flûtes.

TILLE. *Plegt.*

C'eft un couvert, ou acaftillage, à l'arriére d'un vaiffeau non-ponté.

TIMON, ou Barre de gouvernail. *Roer-pen.*

C'eft une piéce de bois longue & arondie, dont l'une des extrémités répond du côté de l'habitacle à la manivelle du gouvernail que tient le Timonier, & elle fe joint à cette manivelle par une cheville de fer qui lui eft atachée, & qui entre dans la boucle de fer de la manivelle. Elle paffe de-là par la fainte-barbe, & portant fur le traverfin elle fe termine par la jaumiére à la tête du gouvernail, qu'elle fait joüer à ftribord & à babord. Voiez, Barre.

,, Le Timon doit être d'une feule piéce quarrée, de bois bien-choifi. Quel-
,, ques Charpentiers le font de la moitié plus épais par le bout qui joint l'é-
,, tambord, que par le bout qui joint la manuelle.

,, Le Timon d'un vaiffeau de cent-trente-quatre piés, doit avoir vingt-trois
,, piés de long, neuf pouces d'épais par le bout qui eft joint à l'étambord,
,, & fix pouces par l'autre bout, felon les règles de quelques autres Char-
,, pentiers.

TIMONIER. *De Man te roer, Die te roer ftaat.*

C'eft le matelot qui tient la barre du gouvernail pour conduire & gouverner un vaiffeau pendant fon quart. Son pofte eft au-devant de l'habitacle.

TINS. *Staapels-blokken, Staapelingen.*

Ce font de groffes piéces de bois, que l'on couche à terre afin-qu'elles foutiennent la quille & les varangues d'un vaiffeau, quand on le met en chantier, & qu'on le conftruit. Voiez, Chantier.

,, Il eft bon de mettre à terre un couche, ou lit, de bonnes planches de
,, dix à douze pouces de large, ou plus, pour pofer les tins deffus plutôt
,, que fur terre. Le plus gros des tins, que quelques-uns apellent en Fla-
,, mand *Dompblok*, qui tient le vaiffeau en balance quand on le lance à l'eau
,, doit être pofé à une cinquiême partie de la longueur du vaiffeau, à pren-
,, dre par-derriére & du talon de la quille. Les tins qui font derriére celui-
,, ci n'ont pas befoin de coins, parce qu'ils tombent deux mêmes affez fa-
,, cilement; mais il ne faut pas manquer d'en mettre à tous les tins qui font
,, depuis le gros tin en-avant.

TINS fous une galére. *Stokken.*

TIPHONS. Voiez, Siphons.

TIRANT de l'eau d'un navire. *Peil, Peiling, Waater-dragt, Het diep gaan van een fchip.*

C'eft la quantité des piés d'eau qui font néceffaires pour le mettre à flot. Le tirant de l'eau de ces deux vaiffeaux n'eft pas égal.

,, Le tirant de l'eau d'un vaiffeau fe mefure à l'avant & à l'arriére, à pren-
,, dre par le deffous de la quille.

TIRE du vent. *De kragt van de windt.*

Cela fe dit pour marquer la force qu'a le vent, lors-qu'un vaiffeau eft à l'ancre, de faire roidir ou travailler fon cable.

TIRE. *Roei hardt.*

Y y y y

C'eft

C'eft un commandement que l'on fait à l'équipage d'une chaloupe, afin-qu'il nage avec force.

TIRE avant. *Roei hardt.*

C'eft encore un commandement que l'on fait à l'équipage d'une chaloupe, afin-qu'il nage avec plus de force.

TIRE-BOURRE. *Varken-ftaart.*

C'eft un inftrument qui fert à décharger une arme à feu fans la tirer. Il eft fait de fil d'archal pointu & tortillé, en forme de vis, qu'on atache au bout d'une baguette.

TIRE-FOIN. *Kratfer, Kraffer.*

C'eft ainfi qu'on apelle fur mer un femblable inftrument, gros à proportion, pour décharger le canon.

TIRER le canon. *Het gefchut affchieten, loffen, flaaken.*

TIRER. Un vaiffeau tire dix, douze, ou quinze piés d'eau. *Een fchip trekt tien, of twaalf voet waater, of gaat tien voet diep.*

C'eft-à-dire qu'il faut à un tel vaiffeau dix, douze, ou quinze piés d'eau pour le mettre à flot, ou qu'il ocupe cette quantité d'eau en hauteur. On dit auffi, Un tel vaiffeau prend tant de piés d'eau. Les bâtimens courts de varangue & ronds de carène, tirent plus d'eau que ceux qui ont les varangues plates.

TIRER peu d'eau. *Drijven hoog uit 't waater.*

TIRER beaucoup d'eau. *Diep gaan.*

TIRER trop d'eau à-caufe de la charge. *Heijen, Diep gelaaden zijn.*

TIRER à la mer, ou Prendre le large. *De ruime zee kiefen.*

C'eft fe mettre au large de la terre, s'éloigner des côtes, de quelque terrein, ou de quelque vaiffeau. Nos vaiffeaux aïant découvert les ennemis qui rangeoient la côte, tirérent au large, (prirent le large) pour les engager au combat.

TIRE-VIEILLES. *Val-reepen.*

Ce font deux cordes qui ont des nœuds de diftance en diftance. Elles pendent le long du vaiffeau en-dehors, favoir une corde de chaque côté de l'échelle, & on s'en fert à fe tenir pour monter dans un vaiffeau & pour en defcendre.

JETTE la Tire-vieille hors le bord. *Smijt de val-reep over boord.*

TIRE-VIEILLE de beaupré. *Loop-ftag van de boegfpriet, Klim-ftag.*

C'eft une corde dont on fe fert pour marcher avec plus de fureté fur le mât de beaupré, au bas duquel elle eft amarrée, & d'où elle monte à l'étai de miféne, d'où elle defcend pour s'amarrer aux barres de la hune de beaupré. Voiez, Sauvegarde.

T O.

TOILE à faire des voiles. *Zeil-doek, Kanefas.*

TOILE de noiale 1. *Hollandtfche Kanefas.*

TOILE de noiale 2. *Franfche Kanefas.*

C'eft une toile très-forte qui fe fait en divers endroits, mais fur tout à Olonne & dans les villages voifins, qui en fourniffent Rochefort & la Rochelle.

TOILE de noiale 3. *Karrel op Karrel.*

TOILE de noiale 4. *Karrel-dock.*

TOILE de noiale 5. *Klaaver-doek.*

Les

Les toiles noiales doivent être faites de cœur de chanvre, le fil bien lessci-
vé : elles feront bien battuës, renforcées & unies, aïant du corps, sans
gomme, & les liziéres bien-faites.
„Les voiles se font de toile forte qui s'apelle Canevas, ou Canefas, & qui
„se fabrique en France & en Hollande, d'où on la nomme Canefas de
„France, ou Canefas de Hollande. Le canefas de Hollande est le plus
„estimé, & sur-tout il devient fort cher quand on a guerre contre la Fran-
„ce. Il se vend par rouleaux : chaque rouleau contient quarante-neuf à cin-
„quante aunes. Il a de large une aune & un huit, ou trente pouces.
„Pendant les guerres le rouleau a valu jusqu'à quarante livres, & quelque-
„fois il baisse jusqu'à vingt-six livres.
„Les Bourgeois de vaisseaux, ou les Maîtres, ou Agréeurs, paient au Voi-
„lier quinze, seize, dix-sept, ou dix-huit sous par aune, selon que le rou-
„leau est cher; mais il fournit aussi pour le même prix les ralingues, qui
„sont grosses ou menuës à proportion de la grandeur des voiles. La toile
„de Flandre & autre toile plus legére dont on fait les menuës voiles, ne
„se paie que quatre sous, ou quatre sous & demi l'aune, & n'a qu'une au-
„ne de large : bien-entendu que c'est l'aune de Hollande.
La toile ou Canefas de Hollande en piéce tient cinquante aunes. La plus chére
a valu l'an 1680. trente livres la piéce, & la moindre dix-huit à vingt livres.
Le Canefas de France se vend par balles de 380. aunes; la balle se vendoit l'an
1680. 22. livres de gros, savoir du plus beau canefas, & le moindre se vendoit 14. liv. de gros. Le beau est étroit, & la noïale 5. qui s'apelle aussi
Fransche ligt doek, est large. Comme on s'est passé des toiles de France pendant les derniéres guerres, on s'en passe encore, & il en vient peu maintenant.

TOILE de mélie 1. *Eevert-doek.*
C'est celle qui suit en qualité les toiles de noiale.

TOILE de mélie 2. *Graauw doek.*

TOILE de mélie 3. ou Toile de Flandre. *Ligt doek. Vlaamsche linnen.*
C'est pour faire les menuës voiles. Elle se vend par aune en Hollande,
& s'est venduë l'on 1680. depuis 6. jusqu'à neuf sous, selon sa force.

TOILES de sabords, ou de délestage. *Poort-zeilen.*
Ce sont de vieilles voiles, ou autres toiles, qu'on clouë sous les sabords
quand on veut délester, afin de recevoir le lest.

TOISE. *Roede.*
C'est une mesure qui contient six piés, le pié douze pouces, & le pouce
douze lignes. C'est la toise de Paris qu'on apelle Toise de Roi, parce-
qu'on s'en sert dans tous les ouvrages que le Roi fait faire, sans avoir égard
à la toise d'aucun lieu. La toise d'échantillon est celle de chaque lieu où
l'on mesure, quand elle ne se raporte pas à la toise de Paris, Celle de Bourgogne est de sept piés & demi. On apelle Toise courante celle qu'on mesure seulement suivant sa longueur. La Toise quarrée est un quarré dont
chaque côté est une toise, ensorte qu'une toise courante aïant six piés courans, la toise quarrée à trente six piés. La toise Cube, ou cubique, est un
Cube dont chaque côté est d'une toise, d'où il s'ensuit que la toise cube,
qu'on apelle autrement massive, ou solide, étant mesurée en largeur,
en longueur, & en profondeur, produit deux cents piés cubes.

TOISER le bois. *Hout meeten.*

C'eſt évaliier des piéces de bois de différentes groſſeurs à la quantité de trois piés cubes, ou de douze piés de long ſur ſix pouces de gros, réglée pour une piéce.

TOLETS, ou E'chomes. *Dollen, Pennen.*

Les tolets ſont longs d'environ un pié. Voiez, E'chomes.

TOLETS. *Delden.*

Ce ſont deux chevilles de bois qu'on voit ſur de très-petits bateaux, entre leſquelles on met la rame, & qui la retiennent ſans étrope.

TOMBER ſur un vaiſſeau. *Op een ander ſchip afkomen, Aan zy zeilen, In een vyandtlijk ſchip vallen.*

C'eſt-à-dire, ariver & fondre deſſus. Si le vaiſſeau ennemi n'eût viré de bord, notre vaiſſeau alloit tomber ſur lui.

TOMBER deſſus & aborder. *Op zy zeilen.*

EN TOMBANT. *In het vallen op den vyandt.*

TOMBER ſous le vent. *In de ly affakken, afraaken.*

TOMBER ſous le vent, ſoit d'une terre, ou d'un vaiſſeau. *In ly vallen, Beneeden windt vervallen, Uit de loef afkomen, Te laag vervallen, In de ly afraaken.*

C'eſt-à-dire, perdre l'avantage du vent qu'on avoit gagné, ou dont l'on étoit en poſſeſſion, ou qu'on tâchoit de gagner. En revenant de la Grenade nous ne ſerrâmes pas le vent d'aſſez près, ce qui nous fit tomber ſous le vent de toutes les iſles, & nous vinmes terrir à l'iſle de St. Dominge.

TOMBER ſous le feu de deux frégates. *Vervallen tuſſchen twee fregatten.*

LE VENT TOMBA. *De windt viel tegen den avondt, ging leggen.*

C'eſt-à-dire qu'il ceſſa, qu'il fit place au calme, enſorte qu'il n'y eut plus de mer, ou de lames. Comme le vent étoit tombé, nos galérés remorquérent ceux de nos vaiſſeaux qui étoient ſous le vent de l'eſcadre.

TOMBER. Mât qui tombe en arriére, ou en-avant. *Vallen, Agter of voor overgeſet worden.*

C'eſt pancher en-avant ou en-arriére.

LAISSER TOMBER l'ancre. Voiez, Moüiller.

TON. Le Ton, ou Tenon du mât. *De Top van de maſt.*

C'eſt la partie du mât qui ſe trouve entre les barres de hune & le chouquet qui eſt l'endroit où chaque arbre eſt aſſemblé avec l'autre, & où s'aſſemble par en-haut le bout du tenon du mât inférieur avec le mât ſupérieur, & cela par le moien du chouquet; & par en-bas le pié du mât ſupérieur avec le tenon du mât inférieur, par le moien d'une cheville de fer quarrée, apellée Clef.

„Le ton du grand mât d'un vaiſſeau de 134. piés de long, doit avoir 7. „piés de longueur; le ton du mât de miſéne 6. piés; le ton du mât d'arti- „mon 4. piés & un quart; le ton du grand mât de hune 4. piés; le ton „du mât de hune d'avant 3. piés, de-même que celui du grand perroquet „& du perroquet d'artimon. Le ton du perroquet de beaupré doit avoir „à-peine 2. piés, & le ton du perroquet de miſéne un pié & un quart.

TONIE. *Tonie.*

„C'eſt une ſorte de canot des Indes, dont on en atache ſouvent deux en„ſemble avec des roſeaux, ou des écorces d'arbres, afin-qu'ils s'entre-
„ſou-

„ foutiennent, & l'on y met une petite voile. Quand ils font ainfi acou-
„ plez,on les apelle Catapanel.

HUNIERS fur le Ton. Voiez, Huniers.

TONNE. *Ton, Tonne.*
C'eft une groffe boüée faite en forme de baril, qu'on met dans la mer, &
qui furnageant au-deffus d'un rocher, ou d'un banc de fable, avertit les
Pilotes qu'ils doivent s'en éloigner.

TONNE qui fert quelquefois de boüée à une ancre. *Tonne-boei.*

TONNES. *Tonnen op de toppen van de maften.*
Ce font de pareils vaiffeaux non-foncez par le gros bout, que l'on fait fervir de couverture à la tête des mâts quand ces mâts font dégarnis, comme
il s'en voit à Toulon. On les couvre encore de prelarts.

TONNEAU Fûtaille, *Vat.* Tonneau à vin. *Wijn-vat.*
C'eft en général toute forte de fûtaille. C'eft auffi en particulier un vaiffeau d'une certaine grandeur & capacité. Pour favoir ce que contient le
tonneau pris en ce fens, Voiez, Barique.
„ En arrimant les tonneaux à vin il faut bien prendre garde à mettre le
„ bondon en-haut, & à les arrêter avec des coins par le bas, afin-qu'ils ne
„ roulent pas. Les moindres vins doivent être mis fous les autres, parce-
„ que ceux qui font au haut, & moins chargez, fe confervent mieux, c'eft
„ pourquoi il eft bon de charger les vins en de petits bâtimens.

TONNEAU. *Ton, Tonne, Vat.*
On fe fert de ce terme pour exprimer un poids de deux mille livres, ou
de vingt quintaux; & en ce fens, quand on veut défigner la capacité & le
port d'un navire on dit, par éxemple, qu'il eft de cinq cents tonneaux,
par où l'on entend qu'il porte cinq cents fois la valeur de deux mille
pefant, c'eft-à-dire, un million de livres. Il faut pour cela que l'eau de la
mer qu'ocupe le vaiffeau en enfonçant, pèfe une pareille quantité. On
dit, Charger au quintal, ou au tonneau.

DROIT de Tonneau. *Vat-geldt.*
C'eft un droit de doüane qui fe lève fur chaque tonneau.

TONNELIER. *Een Kuiper.*
Les Tonneliers ont le foin des fûtailles: il les rebattent, & font les changemens néceffaires.

TONTURE. *D' eerfte fetgang onder 't onderfte berghout.*
C'eft un rang de planches, dans le revêtement du bordage contre la ceinte
du franc-tillac.

TONTURE. *Het opfetten van de barrighouten.*
C'eft la rondeur qu'on voit aux préceintes, qui lient les côtes d'un vaiffeau;
ou la maniére dont elles s'élèvent en arondiffant vers l'avant & vers l'arriére.

TONTURE du pont. *Het opfetten van 't verdek, Kromte van 't verdek.*
Cela fe dit de la différence qu'il y a de l'élévation du milieu du pont à l'é-
lévation de l'avant & de l'arriére. D'autres difent, Relevement.

TONTURE, ou Rondeur des baux. *De bogt van de balken.*
C'eft ce qu'on donne d'arc aux baux.

TONTURE. Vaiffeau qui a fa Tonture, qui eft dans fa Tonture, *Een op
fijn pas geladen fchip, Een fchip dat op fijn vlugt leit.*

C'eft-

C'eft-à-dire qu'il eft dans fa bonne & jufte affiette, enforte qu'étant à flot fa charge fe trouve fi-bien arrimée qu'il garde fon contrepoids tant fur l'avant que fur l'arriére. On dit; Nos vaiffeaux font dans leur Tonture & nos galéres dans leur Eftive, c'eft-à-dire que les uns & les autres font dans leur bonne affiette. La bonne tonture des vaiffeaux contribuë beaucoup à les faire paroître longs.

TORDES. Voiez, Sauve-rabans.

TORE, Thore. *Thorus.*

C'eft une moulure relevée en rond d'une piéce d'architecture. On en fait à l'arriére des vaiffeaux fous les Termes.

TORON, Touron. *Streng, Kaabel-gaaren.*

C'eft un affemblage de plufieurs fils de carret tournez enfemble, dont un gros cordage eft compofé. Il y a d'ordinaire quatre torons dans le grand étai des grands bâtimens, & chaque Toron eft fait de quarante fils. Quelques-uns font un milieu entre le Toron & le fil de carret, & l'appellent Cordon. Celui-ci eft fait de fils de carret, & le toron eft fait de cordons.

TORTUE de mer. *Een Zee-fchildtpad, Een foort van een fchip.*

C'eft une forte de vaiffeau qui a le pont élevé en maniére de toit de maifon, afin de tenir les foldats & les paffagers & leurs hardes à-couvert.

TOSTE de chaloupe. *Roei-bank, Doft.*

Les Toftes font des bancs pofez à-travers les chaloupes, où s'affëient les matelots qui doivent ramer.

TOUAGE, ou Touë. *Het korten van een fchip.*

C'eft le changement de place qu'on fait faire à un vaiffeau, avec une corde nommée Hanfiére, atachée à une ancre moüillée, ou amarrée à terre, quand on veut aprocher ou reculer le vaiffeau de quelque pofte. Comme notre vaiffeau étoit démâté, il falut fe fervir des chaloupes pour le touäge Il falut ramener notre navire à la touë.

TOUAGE. *Het boegfeeren van een fchip.*

Ce mot fe dit auffi du travail des matelots qui à force de rames tirent un vaiffeau qu'on a ataché à une chaloupe, afin de le faire entrer dans un port, ou monter dans une riviére. Voiez, Pilotage.

TOUCHE. Voiez, Dégorgeoir.

TOUCHER terre, ou fimplement, Toucher. *Aan de grondt raaken, of fitten, Vaft-fitten, Niet konnen vlotten, Klemmen.*

C'eft heurter contre un terrein faute de trouver affez de fond. Nous avions été longtems à nous parer de cette baffe, mais à la fin nos deux vaiffeaux touchérent.

TOUCHER à une côte, ou à un port. *Een kuft, of een haven aandoen.*

C'eft y aborder, y moüiller l'ancre. Après huit jours de navigation nous touchâmes à Madére.

TOU-

TOUCHER un compas. *De naalde van 't kompas beſtrijken.*
C'eſt toucher l'aiguille du compas avec une pierre d'aimant.
TOUE. Voiez, Touäge, & Chaloupe à la Touë, ou à la Touée.
TOUE. *Een ſchuitje, of Een bak.*
Quelques-uns apellent auſſi Touë un bateau qui ſert à paſſer une riviére.
L'uſage en eſt commun ſur la Loire, où ce mot eſt emploié non-ſeule-
ment pour dire un petit bateau qui ſert à pêcher, mais auſſi un grand bateau qui tient lieu de bac pour paſſer cette riviére.
TOUER. *Korten, Inkorten, Afkorten, Afſleepen.*
C'eſt tirer ou faire avancer un vaiſſeau avec la hanſiére qui y eſt atachée
par un bout. L'autre bout de hanſiére eſt amarré quelquefois à une ancre
qui eſt moüillée: quelquefois la hanſiére va répondre à terre, où les matelots la ſaiſiſſent & halent deſſus, afin-que le vaiſſeau avance. Il y a des
gens qui font diſtinction entre Remorquer & Toüer, voulant que Remorquer ſignifie le changement de place qu'on fait faire à un vaiſſeau par
le moien d'un bâtiment à rames, & que Toüer ſignifie le même remuëment
par le moien du cabeſtan, ou par la hanſiére. Mais d'ordinaire ces deux
mots ſont ſinonimes.
SE TOUER. *Inwinden.*
C'eſt virer ſur une amarre.
ANCRE à Toüer, Ancre de Toüei, Toüeur. *Werp-anker.*
C'eſt une petite ancre dont on ſe ſert dans les rades pour changer le navire
d'un lieu à un autre. Voiez, Ancre.
TOUR Marine. *Een Tooren op de zee-kant.*
C'eſt une tour qu'on bâtit ſur les côtes de la mer, pour y mettre des ſol-
dats qui donnent avis par un ſignal lors-qu'ils découvrent quelques vaiſ-
ſeaux ennemis. Ces ſortes de tours ſont d'ordinaire ſans portes, & on y
entre par des fenêtres qui ſont au premier ou ſecond étage, avec une échelle
que l'on tire en-haut quand on eſt dedans.
TOUR à feu. *Vuur-tooren.* Voiez, Phare.
TOUR, ou Touret, Retorſoir. *Wuit.*
C'eſt un moulinet fait à-peu-près comme le touret d'un cordier, qui ſert à
faire du bittord dans le vaiſſeau.
TOUR. Voiez, Treüil.
TOUR de cable. *Touw gekruiſt.*
Cela ſe dit lors-qu'un vaiſſeau eſt affourché, & que les deux cables ſe ſont
croiſez près des écubiers.
TOUR de bitte au cable. *Een ſlag rondtom de beeting, of, in de beeting.*
C'eſt avoir paſſé le cable par-deſſus les bittes.
TOUR de cable autour du virevaut. *Slag van 't touw.*
TOURBILLON. *Kaak, Ruk-windt, Wervel-windt, Draai-windt, Dwarrel-*
windt, Draai-kring.
C'eſt un vent violent, qui tournoie ſur la terre en maniére de peloton, &
qui eſt mêlé d'une pouſſiére épaiſſe. On apelle auſſi Tourbillon, une
maniére de colomne tournante de vent, qui ſe forme en l'air, & qui deſcend ſur l'eau, ou ſur la terre. S'il tombe ſur une forêt, il fait tourner
& arrache même quelquefois les plus gros arbres, & s'il tombe ſur la
mer & ſur un navire, il agite l'eau d'une maniére ſi impétueuſe qu'il la fait
boüil-

boüillonner comme à gros boüillons, cauſe un grand tourment très-violent, renverſe le bâtiment, briſe ſes vergues, & l'engloutit enfin dans ce tour-nant, comme dans un goufre qui s'eſt ouvert.

TOURET. *Dol.*

Quelques Bateliers apellent ainſi une maniére de cheville qui eſt ſur la nage d'un bachot, & où ils mettent l'anneau de l'aviron quand ils rament. Voiez, Tolet.

TOURET. Voiez, Tour.

TOURILLONS. *Oor, Ooren, Ax van een ſtuk geſchuts.*

Ce ſont deux piéces rondes de métal qui joignent le canon à côté, pour le tourner & le contre-balancer. Ce ſont deux maniéres de bras, qui ſont à-peu-près vers la moitié de la longueur du canon. Ou-bien; Ce ſont ces deux parties rondes & éminentes, qu'on voit au milieu, poſées ſur le fût, & qui ſervent à faire mouvoir le canon & à le braquer, & qui le tien-nent dans une eſpéce d'équilibre, parce-qu'il ſe meut ſur eux comme ſur un centre. La longueur des tourillons eſt proportionée à l'épaiſſeur du ca-non ſur toutes les piéces; ainſi le diamétre du tourillon eſt un calibre de la piéce à côté de laquelle il eſt poſé. Il faut prendre garde que les touril-lons d'un canon ſoient bien placez, afin-que la piéce demeure juſtement ſuſpenduë ſur ſon afût, ſuivant ſa pente; & qu'elle puiſſe être facilement pointée.

JOURS du Tourillon. *Oor-gaaten.*

Ce ſont les deux entailles deſtinées à placer ces deux maniéres de bras du canon.

TOURMENTE, Tempête. *Onweer, Storm.*

TOURMENTER. Vaiſſeau qui ſe Tourmente. *Een ſchip dat ſchokt en ver-ſchuift, dat ſlingert, werkt, of arbeidt in zee, dat davert.*

BOIS qui ſe Tourmente. *Houten die nat aangemaakt zijnde, krimpen.*

C'eſt du bois qui ſe déjette pour n'avoir pas été emploié aſſez ſec dans les ouvrages, ou pour avoir été emploié dans un lieu trop humide.

TOURMENTEUX. Ptomontoires Tourmenteux. *Kaapen, of hoeken daar 't ſeer ſtormt, Storm-hoeken.*

Ce ſont certains promontoires que les Géographes apellent ainſi. Tel eſt le cap de Bonne-eſpérance, où les mers ſont orageuſes.

TOURMENTIN. Voiez, Perroquet de beaupré, & Mât.

TOURNANT de mer. *Wolf, Volfe, Kolk, Wiel, Draai-kuil, Suig-kuil, Maal-ſtroom, Ras, Sas, Spui.*

Il y a dans l'Océan certains abîmes qu'on apelle Tournans. de mer, où périſſent la plupart des vaiſſeaux qui s'y rencontrent. Il ſe trouve un de ces goufres entre deux iſles à la côte de Norvège, où aucun vaiſſeau n'oſeroit paſſer de crainte de couler bas.

TOURNANT. *Een Draai-paal.*

C'eſt un pieu enfoncé en terre avec force, qui porte un rouleau avec deux pivots placez dans des traverſes liées au pieu, ſur lequel les Bateliers paſſant leur corde tirent le bâtiment, ou le font tirer ſans diſcontinuer, & ils paſſent ainſi les contours & angles d'un canal, ou d'une riviére, ſans avoir la peine de ſe remorquer à force de crocs, ou de gaffes, & d'avirons.

TOURNE-à-gauche. *Een Set-yſer.*

C'eſt

C'eſt un outil de pluſieurs artiſans, comme Charpentiers, Menuiſiers &c. qui leur ſert pour tourner d'autres outils, comme vis, ſcies &c.

TOURNER le bord. *Overleggen,*
C'eſt-à-dire, Revirer, Tourner le vaiſſeau par la manœuvre des voiles, & par le jeu du gouvernail; en portant le cap ſur un autre vent. Voiez, Mettre à l'autre bord.

TOURNER ſur ſon ancre. *Agter 't anker omdraayen.*

TOURNEVIRE. *Kaabelaaring, Kabelaring, Kabellarga.*
C'eſt un gros cordage à neuf torons, qu'on tourne autour du cabeſtan, & qui ſert à retirer l'ancre du fond de l'eau, en l'amarrant ſur le cable; car comme la groſſeur du cable ne permet par de le rouler autour du cabeſtan, on eſt obligé de ſe ſervir de la tournevire pour haler le cable à bord du vaiſſeau. Mais quelquefois, par le mauvais tems, & quand la tournevire eſt bourbeuſe & qu'on ne peut pas aſſez l'empoigner, on ſe ſert d'un levier pour l'arrêter, & cela s'apelle, *De Kaabelaaring beſnijden.*

PASSE la Tournevire ſur le cabeſtan. *Smijt de Kaabelaaring om de ſpil.*

TOURON. Voiez, Toron.

TOUT le monde haut. *Overal, Overal; Hier uit met alle man by.*
C'eſt un commandement que l'on fait à tout l'équipage de monter ſur le pont du haut du vaiſſeau.

TOUT le monde bas. *Om laag mannen, Sit ſtil.*
C'eſt un commandement pour faire deſcendre tout l'équipage entre les ponts, ou pour les faire aſſeoir, ou coucher, afin de n'être pas en vuë d'un autre vaiſſeau, ou pour empêcher de marcher ſur le pont, ce qui cauſe du retardement à la courſe du vaiſſeau.

T R.

TRAIN de bois floté. *Een Vlot.*
C'eſt une eſpéce de radeau.

TRAIN de bateaus. *Veel ſchuiten aan malkanderen vaſt, en agter elkanderen in een langen ſtreek, of rij, voerende.*
Ce ſont pluſieurs bateaus qu'on atache à la queuë les uns des autres pour les remonter.

TRAINE. Mettre ſon linge à la Traîne. *'t Goedt laaten ſleepen om ſchoon te maaken.*
C'eſt une menuë corde où les ſoldats d'un vaiſſeau atachent leur linge, pour le laiſſer traîner à la mer, afin-qu'il blanchiſſe en y demeurant autant qu'on le juge néceſſaire.

TRAINE. A la Traîne. *Aan 't ſleepen, Al 't geen dat men in zee laat ſleepen.*
Ce terme ſe dit de tout ce qu'on jette à la mer au bout d'une corde pour le faire traîner.

TRAINE'E. *Een loopje buskruidt.*
C'eſt une longue amorce de poudre, diſpoſée de telle ſorte qu'elle fait joüer

Zzzz

des

des boîtes, ou feux d'artifice.

TRAIT d'équerre. *Een haak-lijn.*

C'est une ligne perpendiculaire tirée sur une ligne droite.

TRAIT de scie. *De snee van de saag.*

C'est le passage que fait la scie en coupant une piéce de bois que l'on veut refendre, ou acourcir.

TRAIT de compas, Pointe de compas, Rumb de vent. *Een windt-streek, Een kompas-streek.*

C'est un des trente-deux airs de vent qu'on trouve marquez dans la bousfole, & qui divisent la circonférence de l'horison en trente-deux parties égales. Voiez, Rumb.

TRAIT de vent. *De koers op een streek.*

C'est la route que fait un vaisseau en suivant un de ces vents.

TRAIT quarré. Voile à Trait quarré *Raa-zeil, Een vierkant zeil.*

C'est une voile qui est coupée à quatre côtés, comme le sont la plupart de celles dont on sert sur l'Océan.

TRAITE. *Handel, Handel-drijving van een schip op eenige kust.*

C'est le commerce qui se fait entre des vaisseaux & les habitans de quelque côte, comme la Traite des Noirs de Guinée. Il ne se fait pas une bonne Traite sur cette côte.

ETRE en Traite sur une côte. *Op een kust handelen.*

Il y avoit deux vaisseaux en traite sur cette côte.

TRAMONTANE. *Noord-windt.*

C'est le vent de Nord, ou du Septentrion, qui est ainsi apellé sur la Méditerrannée. On lui a donné ce nom, à-cause qu'il soufle du côté qui est au-delà des monts à l'égard de Rome & de Florence. Voiez, Nord.

TRAMONTANE, ou, L'Etoile du Nord. Voiez, Etoile du Nord.

TRAPE, ou Atrape. Voiez, Corde de retenuë.

TRAVADE. *Dwarrel-storm, Travaade, Donder-winden.*

Les Mariniers apellent Travades certains vents si inconstans que quelquefois en une heure ils font les trente-deux pointes du compas. Ces vents sont acompagnez d'éclairs, de tonnerres, & d'une pluïe abondante, qui est de telle nature, qu'elle pourrit les habits de ceux sur qui elle tombe. De la corruption qu'elle cause il se forme plusieurs sortes d'insectes très-incommodes.

TRAVAILLER. Bois qui Travaille. Voiez, Tourmente.

BATIMENT qui Travaille, ou, Navire qui Travaille. *Een schip dat werkt, of arbeidt in zee.*

Cela se dit lors-que la mer est fort agitée, & que le vaisseau roule ou tanque excessivement, & qu'il ne peut naviguer.

TRAVAILLEURS. *Arbeiders.*

Les Travailleurs sont emploiez par marée, ou journée, & l'on en tient un rolle dont l'apel se fait au commencement & à la fin de chaque jour. Voiez, Ouvriers.

TRAVERS. *Een dwars-balkje.*

C'est un piéce de bois qu'on met au milieu d'un assemblage de piéces de charpenterie.

TRAVERS. Se mettre par le Travers, Passer par le Travers de Torbaie.

Dwars

Dwars van Torbay zeilen.

C'eſt-à-dire, ſe mettre ou paſſer vis-à-vis, à l'opoſite.

CE vaiſſeau eſt moüillé par notre Travers. *Dat ſchip legt huiberts af, of over-dwars van ons.*

C'eſt-à-dire, moüillé vis-à-vis, à l'opoſite de nous.

LA marée vient par le Travers du vaiſſeau, La mer nous prend par le Tra-vers. *'t Schip rijdt dwars.*

Cela ſe dit quand le vaiſſeau eſt à l'ancre, auſſi-bien que quand il navigue.

VENIR par le Travers d'un autre vaiſſeau. *Dwars in het waater van een ander zeilen.*

METTRE un vaiſſeau côté à-Travers, ou le mettre en-Travers. *Dwaars ſetten, Aan de windt leggen.*

C'eſt-à-dire, virer le bord, & préſenter le côté au vent.

SE laiſſer dériver côté à-Travers. *Dwars drijven.*

TRAVERS. Découvrir par le Travers. *Dwars ſien, Men ſag het ſmaldeel dwars van 't Belle-iſle leggen.*

C'eſt-à-dire à l'opoſite. Nous aperçûmes notre eſcadre qui étoit moüillée par le travers de Belle-iſle. Ils forcérent de voiles, & ſe trouvérent auſſi-tôt par le travers de l'Iſle-dieu.

TRAVERSES. *Rickhels, Riggels.*

Ce ſont de petits bois de charpente, ordinairement quarrez, quelquefois plats, qu'on met en-travers à des fronteaux & cloiſons, ou ailleurs, pour tenir les planches jointes enſemble, & empêcher qu'il n'y ait du jour entre elles, ou qu'elles ne s'enfoncent.

TRAVERSE de gouvernail. *Lui-waagen.*

C'eſt une piéce de bois en maniére d'arc qui eſt dans la ſainte-barbe. Il y a un taquet poſé deſſus, & ce taquet eſt lié à la barre du gouvernail pour la ſoutenir. Voiez, Traverſin & Tamiſaille.

TRAVERSE'E. *Een togt, Een reis.*

C'eſt le trajet, ou voiage par mer, qui ſe fait d'un port à un autre. On dit; Comme notre vaiſſeau étoit bon voilier nous fîmes la traverſée en cin-quante jours. Il nous mourut dix matelots dans la traverſée.

CE SONT de petits bâtimens qui vont vîte, & qui peuvent faire de grandes Traverſées. *'t Zijn kleine vaartuigen, die ſeer ſnel vaaren, en een groote gang konnen maaken.*

TRAVERSER. *Steeken, Overſteeken, Overzeilen.*

TRAVERSER de Calais à Douvres. *Van Cales tot Doeveren overſteeken.*

TRAVERSER la lame. *Dwars zees zeilen.*

C'eſt aller debout à la lame.

TRAVERSER. Un navire ſe Traverſe. *Zy bieden, 't Schip bied de zy.*

C'eſt-à-dire qu'il préſente le côté.

TRAVERSER l'ancre. *'t Anker op de boeg ſetten.*

C'eſt la mettre le long du côté du vaiſſeau pour la remettre en ſa place.

TRAVERSER la miſéne. *De fok inbreeken.*

C'eſt haler ſur l'écoute de miſéne pour faire rentrer dans le vaiſſeau le point de la voile, afin de le faire abattre lors-qu'il eſt trop-près du vent.

TRAVERSE miſéne, ou Traverſe la miſéne. *Breek uw fok in, Breek kort in de fokke-ſchoot.*

Z z z z 2

C'eſt

C'eſt le commandement que l'on fait à l'équipage du vaiſſeau, de hâler l'écoute de miſéne pour la traverſer.

TRAVERSIER. *Een boot.*

C'eſt un petit bâtiment qui ſert pour la pêche, ou pour faire de petites traverſées. Il n'a qu'un mât, & porte ſouvent trois voiles, l'une à ſon mât, l'autre à ſon étai, & une autre à un boute-hors qui regne ſur ſon gouvernail. Les traverſiers ſont fréquens aux environs de la Rochelle.

TRAVERSIER. *Een platte ſchuit, Bak, Ponton.*

On dit auſſi Traverſier pour dire un Ponton, à-cauſe que le ponton eſt propre aux petites traverſées,

TRAVERSIER de chaloupe. *Klos in de boeg van een ſloep.*

C'eſt une piéce de bois qui lie les deux côtés d'une chaloupe par l'avant.

TRAVERSIER de chaloupe. *Maſt-docht, te zweeten voor; en kreupel-docht, agter.*

Ce mot ſe dit encore de deux piéces de bois qui traverſent une chaloupe, de l'avant & de l'arriére, où ſont paſſées les erſes qui ſervent à l'embarquer.

TRAVERSIER de port. *Het dwars windts in een haven, Een ſtreek windts die de ſchepen binnen een haven houdt, of die 't uitkomen van een haven belet.*

C'eſt le vent qui vient en droiture dans un port, & qui en empêche la ſortie. Le vent traverſier de ce port eſt le Nord.

METTRE la miſéne au Traverſier. *De fok aan de kraan-balk haalen.*

C'eſt mettre le point de la voile de miſéne vis-à-vis du traverſier, ou traverſin ce qui ſe fait lors-que le vent eſt largue.

TRAVERSIN du timon, *Luy-waagen.*

C'eſt une piéce de bois qui regne par la largeur de la ſainte-barbe, & qui ſoutient le timon qui va & vient ſur ce traverſin. Voiez, Tamiſaille, & Quart de Rond.

TRAVERSIN d'écoutille. *Merker.*

C'eſt la piéce de bois qui traverſe l'écoutille par le milieu pour la ſoutenir. Voiez, Ecoutille.

TRAVERSIN des bittes. *Beeting-balk, Dwars-balk.*

C'eſt une piéce de bois miſe en-travers, pour entretenir un pilier de bittes avec l'autre. Voiez, Bittes & les figures qui ſont ſous ce mot.

TRAVERSIN du château d'avant. *Beeting-balk voor de fokke-maſt op de bak.*

„C'eſt un traverſin où il y a des bittons pour lancer des manœuvres. Il „doit avoir huit pouces d'épais & neuf de large dans un vaiſſeau de cent-„trente-quatre piés de long, & être élevé de huit pouces au-deſſus „du gaillard, & à chaque bout il doit être afermi par un courbaton, dont „la branche qui donne contre le bord du vaiſſeau doit avoir trois piés, „& celle qui apuie contre le traverſin doit avoir deux piés & demi de long, „huit pouces de large, & cinq pouces d'épais. Les taquets, ou bittons, qui „y ſont „

„ y font, doivent avoir dix pouces de long, fept pouces de large, & trois
„ pouces d'épais.

TRAVERSIN d'élinguet. *Pal-klamp, Agter-klamp aan de pallen.*
C'eſt une piéce de bois qui eſt endentée ſur les baux du vaiſſeau, au derriére du cabeſtan, dans laquelle on entaille la tête des élinguets.

TRAVERSIN de herpes. *Penter-balk, Punter-balk.*
C'eſt un traverſin qui eſt à l'avant d'une herpe à l'autre, & qui ſert à caponner l'ancre.

TRAVERSINS d'afûts. *Stel-houten, Turken.*

TRAVERSIN de taquets. *De onderſte klamp van de kruis-houten.*
Ce ſont des piéces de bois de cinq ou ſix piés de long, dans quoi ſont emboîtez les taquets d'écoutes.

TRAVERSIN d'échafaut, ou de triangle. *Juk, Jok.* Voiez, Triangle.

TRAVERSIN de l'éperon. *'t Balkje aan 't galjoen.*

TRELINGAGE, Marticles. *Haanepootje, Hannepot.* Voiez, Marticles, Martinet, & Araignée.
„ Le trelingage du perroquet de beaupré va ſe terminer ſur l'étai de miſé-
„ ne, & le trelingage du perroquet de foule ſe termine ſur les grands hau-
„ bans.

TRELINGAGE des étais ſous les hunes. *Hannepotjes aan ſtaagen en marſſen.*
C'eſt une lieure de pluſieurs tours de cordes, ou un cordage qui finit par
pluſieurs branches, qui tient aux hunes & aux étais pour les afermir, &
pour empêcher que les voiles ſupérieures ne ſe gâtent contre les hunes, &
ne paſſent ou ne battent deſſous. Les vaiſſeaux Hollandois n'ont point ces
trelingages. Voiez, Moque de trelingage.

TRELINGAGE des haubans. *Scheer-lijnen.*
C'eſt une lieure de pluſieurs tours de cordes qui ſont faits aux grands haubans ſous les hunes, afin de les mieux unir & de leur donner plus de
force.

TRELINGUER. *Met ſcheer-lijnen ſcheeren.*
C'eſt ſe ſervir d'un cordage à pluſieurs branches. Dans un gros tems on
trelingue les branles pour en diminuer le balancement, & on amarre la
trelingage aux barrots du pont. Voiez, Hamacs.

TREMUE. *Kooker.*
C'eſt un paſſage de planches qu'on fait dans quelques vaiſſeaux depuis les
écubiers juſques au plus haut pont. La tremue ſert à faire paſſer les cables
qui ſont frapez ou étalinguez aux ancres.

TREMUE. *Honden-huis.*
C'eſt un petit couvert, ou défence de planches élevées, qu'on met aux
écoutilles des buches & flibots qui vont à la pêche du harang, pour empêcher que l'eau que les coups de mer envoient, n'entrent par les écoutilles
dans le bâtiment.

TRENTE-SIX-MOIS. Voiez, Engagé.

TRÉOU. *Een vierkant zeil.*

C'eſt une voile quarrée que les galéres, les tartanes, & quelques autres bâtimens de bas-bord portent de gros tems. Mais les voiles ordinaires dont ces bâtimens ſe ſervent, ſont latines, ou à tiers point. Voiez, Fortune, Voile de fortune.

TREPOT, Treport, Allonge de poupe, Allonge de treport, Corniére. *Hekſtut.*

C'eſt une groſſe & longue piéce de charpenterie, qui eſt aſſemblée avec le bout ſupérieur de l'étambord, pour former la hauteur ds la poupe du vaiſ-ſeau. Voiez, Allonges de poupe.

TRE'SORIER général de la marine. *Een Betaals-heer van de zee-vaarende lui-den en Officiers, en alle d'onkoſten van de zee-vaart.*

C'eſt celui qui paie, ou qui fait paier par ſes Commis les fonds qui ſont ordonnez pour la marine, ſoit dans les ports, ſoit à la mer.

TRE'SORIER païeur des convois. *Penning-meeſter, Commijs tot de betaa-„linge van de ſoldijen der Convoiers.*

„C'eſt un Oficier, en Hollande, qui eſt établi pour faire les païemens de „la ſolde de tous ceux qui ſervent dans les convois; deſquels païemens il „eſt tenu de repréſenter & faire clorre les comptes tous les ans, & d'en „faire rendre une Ordonnance en vertu de laquelle ils paſſent en compte „au Receveur à qui il a rendu les comptes.

TRE'SORIER de la marine dans chaque Province. *Een Ontfanger en Uitdeil-„der der ſoldijen van 't ſcheeps-volk op de provintien gereparteert.*

„Ce ſont les Païeurs des fonds ordonnez pour la marine dans chaque Pro-„vince.

TRESSE de méche. *Een gevlogte londt.*

Cela ſe dit d'une treſſe de trois méches que l'on allume enſemble po mettre le feu au canon avec plus de ſureté.

TRESSES. *Seiſings.*

Ce ſont de petites cordes faites de fil de carret, qui ſervent à fourrer les ca-bles, & à d'autres uſages : on y met plus ou moins de fils, ſelon l'uſage qu'on en veut faire.

TRE'VIER, ou Maître voilier. *Opper-zeil-maaker.*

C'eſt le nom que l'on donne à celui qui travaille aux voiles, qui a ſoin l'envergure, & qui les viſite à chaque quart, pour voir s'il n'y a rien qui manque. Voiez, Voilier.

TREUIL. *Spil, Windas, Rol.*

C'eſt un tour, ou gros cylindre, qui entre dans la compoſition des machines pour élever des fardeaux, & autour duquel la corde eſt tortillée, & qui ſe meut avec une manivelle.

TREVIRER. Voiez, Chavirer.

TRIANGLE. *Stelling.*

C'eſt un échafaut qu'on fait de trois planches, & qui ſert à travailler ſur les côtés d'un vaiſſeau. Il eſt compoſé d'un traverſin qui ſe nomme en Hollandois *Juk,* ou *Jok;* d'une accore qui prend de travers ſous le traverſin & va s'apuïer ſur le côté du vaiſſeau, ou qui demeure debout & s'apuïe à terre, & cette accore s'apelle, *Stut,* ou *Steeker;* & d'un arc-boutant qui eſt

ataché

ataché au bout du traverſin, & qui montant en-haut de travers, eſt auſſi cloüé au côté du vaiſſeau : cet arc-boutant s'apelle, *Swieping.* Quelquefois on n'y met point d'arc-boutant.

TRIANGLE. *Stelling om de maſt.*

Ce mot ſe dit encore de trois barres de cabeſtan que l'on ſuſpend autour des grands mârs, quand on veut râcler ou gratter les mârs.

TRIANGLE quarré. *Een Schrijf-haak.*

C'eſt un inſtrument de bois ſervant aux Menuiſiers & aux Charpentiers.

TRIANGLE anglé. *Een over-hoeks-haak, of verſtek-haak.*

C'eſt encore un inſtrument de Charpentier.

Triangle quarré.

Triangle anglé.

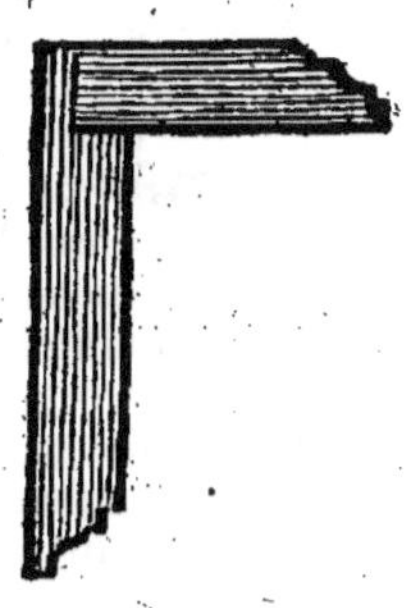

TRIBORD, ou Stribord. *Stuur-boord, Stierboord.* Voiez, Stribord.

TRIBORD tout. *Digt aan ſtuur-boord.*

C'eſt une terme dont on ſe ſert pour commander au Timonier de pouſſer la barre du gouvernail à droit, tout-proche du bord.

TRIBORDAIS. *Stuur-boord-wagt.*

C'eſt ainſi qu'on apelle la partie de l'équipage qui doit faire le quart de ſtribord.

TRINGLE. *Een maat-ſtok, of lijsje.*

C'eſt une règle de bois longue & étroite, que les Charpentiers emploient pour boûcher quelques ouvertures de portes & de fenêtres.

TRINGLE. *Riggel.*

C'eſt auſſi une piéce de bois de deux piés de long & de cinq ou ſix pouces de large, dont on ſe ſert à couvrir les joints des planches d'un bateau, tant du fond que des bords.

TRINGLER. *Een lijn-ſlag ſlaan.*

C'eſt marquer ſur une piéce de bois une ligne droite avec un cordeau froté de pierre blanche, noire, ou rouge, que l'on fait bander aux deux extrémités de la ligne. En élevant ce cordeau par le milieu il fait reſſort, & par ſa percuſſion il marque la couleur dont il a été froté.

TRINQUET. *De Voor-maſt, De Fokke-maſt.*

Les Levantins apellent ainſi le mât d'avant, aütrement mât de miſéne. Voiez, Mât.

TRIN.

TRINQUET. *Het onder eindt van de top van een maſt, of, Het onderſte van den ommer.*

C'eſt ainſi que M. Ozanan apelle le bas du tenon ou ton du mât.

TRINQUETTE. *Lul.*

C'eſt une voile de figure triangulaire qu'on met à l'avant de certains vaiſſeaux. La voile d'artimon, & les voiles d'étai ſont de la même figure, & les voiles de la plupart des bâtimens du Levant en ſont auſſi.

TRIOMPHE naval. *Scheeps-triomf, Scheeps-zeegen-praalen.*

Caïus Duellius aïant gagné la bataille contre les Cartaginois, obtint le premier triomphe naval l'an 493 de la fondation de Rome. Parmi les Grecs il y avoit auſſi eu de pareils triomphes, dont il ſeroit trop long de décrire ici la pompe. Après ce combat, qui nous laiſſa maîtres des deux frégates, nous ſuivîmes l'uſage des victoires navales, & leur atachâmes leurs pavillons à leurs haubans, les faiſant paſſer en triomphe depuis l'avant de notre flote juſqu'à l'arriére.

TRISSE. Voiez, Droſſe.

TRISSE, Troſſe, ou Droſſe de beaupré. *Trijſſen, Trenſen, Treiſen.*

C'eſt un palan qui ſaiſit la vergue de ſivadiére des deux côtés, entre les balancines & les aubans, pour leur aider à la ſoutenir & pour la manœuvrer. C'eſt le palan de bout. Ce nom de Triſſe paroît emprunté du Hollandois.

TROMPE, Trombe, Pompe de mer. *Hoos, Hooſe.*

C'eſt un certain tourbillon de vent qui ſe fait dans un même lieu, & qui atire l'eau de la mer juſques au plus haut de l'air. Quand ce nuäge crève ſur quelque vaiſſeau c'eſt avec une telle violence que bien ſouvent il le fait couler bas. Voiez, Siphons & Puchot.

TROMPETTE. *Een Trompet, of Blas-hoorn.*

C'eſt le plus noble des inſtrumens-à-vent portatifs. Il ſert principalement à la guerre.

TROMPETTE marine. *Een Trompet marijn.*

TROMPETTE parlante, ou Trompe. *Een Roeper, Een Spreek-trompet.*

C'eſt une trompette qui a ſept ou huit piés de longueur, & quelquefois quinze : elle eſt toute droite, faite de fer blanc, & a un fort large pavillon, & ſon bocal eſt aſſez large pour y pouvoir introduire les deux lévres. En parlant dedans, on fait aller la voix fort diſtinctement juſqu'a mille pas. Cette trompette eſt fort commode à la mer. On en atribuë l'invention au Chevalier Morlan Anglois.

TROMPETTE. *Een Trompetter.*

C'eſt celui qui ſonne de la trompette.

TROPIQUES. *Sonne-keer-kringen.*

Ce ſont deux cercles parallèles à l'Équateur, qui paſſent par les endroits juſques où va le Soleil vers le Septentrion & vers le Midi, & dont il s'éloigne après-qu'il y eſt arivé. L'un eſt le Tropique du Capricorne, *Steenboks-zon-keer-kring*, marqué d'une double ligne en la partie méridionale du globe & de la mappe du monde; & l'autre le Tropique du Cancer, *Kreefts-zon-keer-kring*, marqué auſſi d'une double ligne en la partie ſeptentrionale du même globe.

TROSSE de Racage. *Rakke-tros.*

C'eſt un palanquin fait de deux poulies, une double & l'autre ſimple.

TROUS

TROUS d'écoutes. *Gaaten tot de schooten.*

Ce sont des trous ronds, percez en biais dans un bout de bois, en maniére de dalots, par où pasent les grandes écoutes.

TROUS d'amures de misêne. *Fokke-hals-gaaten.* Voiez, A-mures.

TROUS de la sivadiére. Voiez, Oeil.

TRUSQUINS. *Kruis-houten,*

Ce sont des outils de Menuisiers qui servent à mettre les piéces d'épaisseur: il y a le Trusquin d'assemblage, & le Trusquin à longue pointe.

T U.

TUGUE, ou Tuque, Teugue. *Zonne-dek*, *Pavillioen*, *Los verdek, Hutte, Tente, Tentje en schuil-plaats.*

C'est une espéce de faux-tillac, ou de couverte, qu'on fait de caillebotis, ou de simples barreaux, & que l'on élève sur quatre ou six piliers au-devant de la dunette, afin de se garantir du Soleil, ou de la pluïe. Comme les tugues rendent un vaisseau pesant à la voile, le Roi de France défenfendit celles de charpente en 1670. & permit à l'équipage de se couvrir avec des tentes soutenuës par des cordages.

TUIAUX de grenades. *Granaat-pijpen.*

V A.

VADROUILLE. Voiez, Fauber.

VAGANS. *Strand-dieven.*

C'est un mot que l'on trouve emploïé dans les Us & Coutumes de la mer, pour dire des Gueux, ou valides mendians, qui dans le tems des grandes tempêtes courent sur les côtes, pour voir s'il n'y aura point quelque butin à faire pour eux. On les apelle aussi Rousiniers, Truands, Pinçons de riviére.

VAGUES, Voiez, Lames & Houles.

S'ABANDONNER à la merci des Vagues & des vents. *Sig aan het geweldt der winden en baaren overgeven, Op Godts genaade zeilen.*

VAIGRES, ou Serres. *Waagers, Waageringen, Weegers, Wegers.*

Ce sont des planches qui font le revêtement, ou le lambris, du dedans d'un vaisseau, & qui forment le serrage, ce qui les fait aussi nommer Serres.

VAIGRE de fond. *Waager in 't vlak, Vlak-weeger, Vloer-weeger, Buikdenning, Budding, Bedding.*

„Ce sont des vaigres qui commencent aux deux côtés, à 5. ou 6. pouces „de la quille; espace que l'on laisse pour les vitonniéres par où l'eau coule „à l'archipompe, & qu'on couvre d'une planche qui se lève au besoin. On „tient ordinairement, dans les grands vaisseaux les vaigres de fond de la „même épaisseur que le bordage.

VAIGRES d'empature des varangues & des genoux. *Kim-waagers.*

„Ce sont celles qui suivent les vaigres de fond, & qui s'élèvent au-dessus, pour „commencer la rondeur des côtés. On les tient fort étroites, & à-cause de cela „on y en met trois l'une sur l'autre, qui toutes trois ensemble sont quelquefois „regardées comme une seule, & nommées la Vaigre d'empature: néammoins „c'est celle du milieu qui s'apelle proprement ainsi, &*Kim-waager* en Flamand. „Celles du dessus & du dessous de celle-ci s'apellent aussi en Flamand *Strijk-*

„ *waagers.* La vaigre d'empature doit avoir le tiers de l'épaisseur de l'étra-
„ ve, mais celles du dessus & du dessous en peuvent avoir un peu moins.

VAIGRES des fleurs. *Waagers in de kimmen, Kim-waagers.*
Ce sont celles qui montent au-dessus des vaigres d'empature, & qui achèvent
la rondeur des fleurs.
VAIGRES de pont. *Verdeks-balk-waagers.*
Ce sont des vaigres qui font le tour du vaisseau, sur lesquelles sont posez
les bouts des baux du second pont, ou du pont d'en-haut, c'est-à-dire
qu'elles sont de même usage aux autres ponts que les serre-bauquiéres le sont
au premier.
„ On donne souvent aux vaigres de pont le tiers de l'épaisseur de l'é-
„ trave.
„ Quelques Charpentiers donnent aux vaigres de pont d'un vaisseau de 134.
„ piés de long, 19. pouces de large & 3. pouces d'épais.
„ Les vaigres de pont de la dunette doivent avoir une sixième partie de l'é-
„ paisseur de l'étrave. Les vaigres de pont de la chambre du Capitaine,
„ doivent avoir une cinquième partie de l'épaisseur de l'étrave, & la moitié
„ de sa largeur.
„ Quelques Charpentiers font les vaigres de pont de la chambre du Capitai-
„ ne d'un vaisseau de 134. piés, larges de dix-neuf pouces, & épaisses de deux
„ pouces; & dans la sainte-barbe ils leur donnent dix-huit pouces de large,
„ & trois pouces d'épais.
„ Les vaigres de pont du gaillard d'avant doivent avoir une cinquième par-
„ tie de l'épaisseur de l'étrave, & la moitié de sa largeur.
„ Selon quelques Charpentiers, il faut donner aux vaigres de pont du châ-
„ teau de proüe d'un vaisseau de 134. piés, un pié & huit pouces de large,
„ & deux pouces & demi d'épais : elles doivent être posées à l'avant cinq
„ pouces plus haut qu'à l'arriére. Pour les vaigres de pont de la chambre
„ qui est sous le château d'avant ils leur donnent dix-huit pouces de large,
„ & trois pouces & demi d'épais : ils les posent à quatre piés de hauteur à
„ l'avant, & à quatre piés neuf pouces à l'arriére.
VAIGRES endentées. *Ingekeepte waagers.*
Ce sont des planches plus épaisses que les autres vaigres, auxquelles on fait
des entailles pour les joindre aux membres du vaisseau.
VAIGRER. *Waageren.*
C'est atacher, ou poser en place les planches qui font le revêtement, ou lambris, du navire par-dedans. On peut lever quand on veut celles qui sont posées tout-joignant l'écarlingue de part & d'autre, & l'on voit par ce moien
s'il y a quelques ordures dans la lumiére des varangues, qui empêche l'eau
de couler aux pompes.

VAISSEAU, ou Navire. *Een Schip.*

C'est un bâtiment de charpenterie, construit d'une manière propre à floter & à être mené sur l'eau. On n'apelle proprement Vaisseaux à Marseille que ceux qui ont toutes leurs voiles quarrées, à l'exception de la voile d'artimon qui est latine. Voiez, Navire & Devis.

Bentivoglio a écrit que de son tems il y avoit dans les Provinces Unies autant de vaisseaux que dans tout le reste de l'Europe.

„ Les petits vaisseaux Hollandois & les médiocres, de nouvelle fabrique, sont
„ aigus par le bas à l'avant & à l'arriére, mais larges par le haut, avec beau
„ coup de revers. Le plat-fond s'élève peu aux côtés, & ils ont le ven
„ tre presque plat, afin-qu'ils tirent peu d'eau, & qu'ils naviguent plus
„ aisément sur les basses & bancs des eaux & des côtes du païs. On fait
„ aussi présentement des pinasses avec un seul pont, où il y a une sainte
„ barbe à l'arriére, & une chambre du Capitaine au-dessus, où l'on mon
„ te par deux ou trois degrès; mais il n'y a point de dunette. La cuisine
„ est dans le château d'avant, & les munitions de guerre sont à l'avant &
„ à l'arriére. On en fait aussi sans château d'avant; mais il y a un château
„ d'arriére bien-fort de bois, où la porte est au milieu.

VAISSEAUX qui vont à la mer. Vaisseaux qui naviguent dans les eaux internes. *Zee-schepen. Binnelandse schepen.*

VAISSEAUX de haut-bord. *Schepen die diep verbonden zijn, of met een hoog voorscheen; Hooge schepen.*

Ce sont ceux qui vont seulement à voiles, & dont on se sert pour courir sur toutes les mers; ou-bien ceux dont on se sert sur l'Océan, à la différence des galéres & des vaisseaux plats, & des petits bâtimens qui rendent service aux autres.

„ Les vaisseaux de haut-bord craignent moins l'abordage que les autres.

VAISSEAUX de bas-bord. *Schepen met een laage voorscheen, die weinig hout-voorscheen hebben, die weinig verbonden zijn, die niet diep verbonden zijn; Laage schepen.*

Ce sont des vaisseaux à voiles & à rames, comme les galéres qui ne vont ordinairement que sur la mer Méditerranée.

VAISSEAU à poupe quarrée. *Een Spiegel-schip.* Voiez, Poupe.

VAISSEAU de conserve, ou de convoi. *Geley, Convoi, Een geley-schip.*

C'est un vaisseau de guerre qui acompagne des vaisseaux marchands, pour les défendre s'ils sont ataquez.

VAISSEAU Corsaire. *Een Roof-schip.*

C'est celui qui court les mers pour piller ce qu'il rencontre, & qui n'a aucune commission de Prince ni de République.

VAISSEAU de guerre. *Een Oorlog-schip.*

VAISSEAU marchand. *Een Koopvaardy-schip.*

VAISSEAUX legers. *Ligte Vaartuigen.*

VAISSEAU du premier rang, du second rang. Voiez, Rang.

VAISSEAU allongé, ou eslongé. *Een lang en wel geschort en gestraekt schip.*

Cela se dit d'un vaisseau qui a une belle & bonne longueur.

VAISSEAU mâté à trait quarré. *Een Raa-schip.*

VAISSEAU à l'ancre. *Een schip dat ten anker legt.*

C'est celui qui a jetté son ancre à la mer pour se tenir.

VAISSEAU rallongé. *Een verlengt schip.*

C'eſt un vaiſſeau qui dans ſa conſtruction avoit été bâti trop court, & le-quel on a ralongé pour remédier à ce defaut.

VAISSEAU qui ſe manie bien. *Een schip dat gladde vaart loopt, dat wel na het stuur luistert, dat wel gemanieert is, dat wel door zee gaat enstreek houdt.*

C'eſt celui qui gouverne bien.

VAISSEAU qui ne ſe manie pas bien. *Een ongemanieert schip, stevig en on-geschiktelijk door zee.*

VAISSEAU qui a le côté droit comme une muraille. *Een schip dat op en neer is, Een plat-zijdig schip en regt-bordig, wiens boorden regt-zijdig opstaan.*

On fait cette comparaiſon pour faire entendre que le côté d'un tel vaiſſeau n'eſt pas aſſez renflé, ou qu'il n'y a pas aſſez de rondeur dans ſon fort, & que par conſéquent il ne peut bien porter la voile.

VAISSEAU trop aigu. *Een al te naauw gemaakt schip.*

C'eſt un vaiſſeau qui a les façons trop étroites.

VAISSEAU qui ſe porte bien à la mer. *Een gesondt schip, en wel gemanieert, dat gladde vaart heeft.*

C'eſt-à-dire qu'il a les bonnes qualités qu'un vaiſſeau doit avoir, & qu'il ne ſe tourmente point dans l'agitation de la groſſe mer.

VAISSEAU qui ne ſe porte pas bien à la mer, qui ne ſent pas ſon Gou-vernail, qui ne ſe manie pas bien. *Een schip dat niet vaardig is in 't wenden, dat na ſijn roer niet en luistert; Een ongemanieert, of ongefondt schip.*

VAISSEAU envictuaillé. Voiez, Avitailler.

VAISSEAU qui ne ſent point ſon gouvernail. *Een roer-hardt schip, ongeſondt, dat uit ſijn roer is.*

C'eſt-à-dire qu'un tel vaiſſeau ne gouverne qu'avec peine.

VAISSEAU foible de bois, ou d'échantillon. *Een rank schip.*

VAISSEAU qui a le côté fort. *Een schip dat ſtijf onder zeil is.*

C'eſt-à-dire que ſon côté a de la rondeur, & qu'il porte bien la voile.

VAISSEAU qui a le côté foible. *Een rank schip.*

C'eſt-à-dire qu'il a le côté droit, & qu'il n'eſt pas bien garni de bois.

VAISSEAU trop calé. *Een overlaſtig schip en waater-vaſt.*

C'eſt celui dont la trop grande charge le fait trop enfoncer dans l'eau.

VAISSEAU qui eſt trop ſur le nez, ou ſur l'ayant. *Een schip dat ſijn neus on-derhaalt, of ſpoelt; Een voor-laſtig schip.*

C'eſt-à-dire qu'il a l'avant trop plongé dans l'eau. Voiez, Nez.

VAISSEAU qui eſt trop ſur le cul, ou ſur l'arriére. *Een ſtuurlaſtig schip.*

C'eſt-à dire que ſon arriére eſt trop enfoncé dans l'eau.

VAISSEAU qui cargue. *Een schip dat helt, dat op zy zeilt, of leit.*

C'eſt-à-dire qu'il ſe couche lors-qu'il eſt ſous les voiles.

VAISSEAU qui porte bien la voile. *Een schip dat ſtijf onder zeil is, dat 't zeil wel voeren kan.*

C'eſt-à-dire qu'il a le côté fort, & qu'il demeure droit quoi-qu'il faſſe beau-coup de vent.

VAISSEAU qui porte mal la voile. *Een rank schip.*

C'eſt le contraire de celui qui la porte bien.

VAISSEAU qui pince bien le vent, qui tient au vent, & qui ne décheoit pas. *Een schip dat wel bockt, dat wel op de windt legt, en niet veel afvalt.*

VAIS-

VAISSEAU incommodé. *Een befchaadigt fchip.* Voiez, Incommodé.

VAISSEAU incommodé du combat. *Een fchaadeloos gefchooten fchip.*

VAISSEAU incommodé d'avoir trop longtems fervi. *Een krank en bros fchip.*

VAISSEAU démarré. *Een los fchip.*

Ce terme fe peut dire indifféremment d'un vaiffeau qui exprès a levé les amarres qui le tenoient, ou d'un vaiffeau dont les amarres ont rompu.

VAISSEAU qui n'a pas encore démarré. *Een fchip dat noch is blijven leggen.*

VAISSEAU à fon pofte. *Een fchip dat fijn voorgeftelde rang blijft houden.*

C'eft celui qui fe tient au lieu qui lui eft marqué par le Commandant.

VAISSEAU qui n'eft point bordé. *Een ongeboeit fchip.*

C'eft-à-dire que le bordage n'eft point coufu fur les membres.

VAISSEAU à la bande. *Een fchip dat krengt en op fijn buik zeilt.*

C'eft un vaiffeau qui cargue & fe couche fur le côté lors-qu'il eft fous les voiles & qu'il fait beaucoup de vent. On dit auffi qu'un vaiffeau eft à la bande quand il eft couché exprès fur le côté pour y faire le radoub. Voiez, Bande.

VAISSEAU qui navigue bien. *Een fchip dat gladde vaart heeft, dat fris door het waater loopt.*

C'eft celui qui gouverne bien, qui porte bien la voile, & qui fait beaucoup de chemin.

VAISSEAU qui navigue mal. *Een fchip dat quaalijk vaart, dat een quaade loop heeft.*

VAISSEAU beau de combat qui eft d'un beau combat. *Een real fchip om te flaan, Een wakker fchip.*

C'eft-à-dire qu'il a fa premiére batterie haute, & les ponts affez élevez, afin que les gens puiffent bien manier le canon.

VAISSEAU qui charge à fret. *Een fchip by 't laft bevragt.*

C'eft-à-dire qu'il eft à loüage pour porter les marchandifes à tant par tonneau, ou par quintal.

VAISSEAUX chargez par mois. *Schepen by de maandt bevragt.*

VAISSEAU gondolé. *Een fchip dat te veel zaalt.*

C'eft celui qui eft enfellé ou qui eft relevé de l'avant & de l'arriére, enforte que fes préceintes paroiffent plus arquées que celles d'un autre vaiffeau.

VAISSEAU qui n'a pas affez de relevement. *Een fchip dat niet genoeg zaalt.*

C'eft le contraire de gondolé.

VAISSEAU qui démarrera un tel jour. *Een fchip dat uitloopen fal op &c.*

C'eft-à-dire qu'il fortira du port ce jour-là.

VAISSEAU de charge. *Een tranfport-fchip.*

VALANCINE. Voiez, Balancine.

VALETS d'artillerie. *Handt-langers by het gefchut.*

Ils fervent les Canoniers, chargent le canon, y mettent le feu, le nétoient, & aportent aux Canoniers tout ce qui leur eft néceffaire. Voiez, Canoniers.

VALETS. Voiez, Eftoupins de canon.

VALET. *Klem-haak.*

C'eft un crochet mobile dont les Menuifiers fe fervent pour ferrer des planches colées enfemble, & pour divers autres ufages.

VARAN-

VARANGUAIS. *Haanepot, Haanepotje.*

C'eft le nom que les Levantins donnent aux marticles, qui font de petites cordes difpenfées par branches, en façon de fourches, qui viennent aboutir aux poulies que l'on apellé Araignées. Voiez, Marticles & Araignées.

VARANGUES. *Buik-ftukkken, Leggers, Vloer-wrangens, Vloer-houten, Wrangens op de kiel.*

C'eft le membre d'un navire que l'on pofe le premier fur la quille, lorfqu'on le conftruit. Les varangues en général ne font autre chofe que des chevrons de bois entez & rangez de diftance en diftance, à angles droits, & de travers, entre la quille & la carlingue, afin de former le fond d'un vaiffeau.

Les bâtimens à courtes varangues non-feulement vont mieux à la bouline & dérivent moins que ceux qui ont les varangues plates; mais auffi ils tirent plus d'eau, & réfiftent mieux aux coups de mer. Il eft vrai qu'ils ont le defavantage d'être plus en danger dans les havres de barre, & d'être plus fujets à toucher.

„ Les Varangues doivent avoir les trois quarts de l'épaiffeur de l'étrave,
„ ou felon quelques Charpentiers, deux pouces moins que n'a l'étrave en
„ dedans, c'eft-à-dire, l'endroit des varangues qui eft pofé fur la quille.
„ Quelques Charpentiers donnent aux varangues d'un vaiffeau de 134 piés
„ de long, neuf pouces & demi d'épais fur la quille, neuf pouces fur le
„ fond & dix aux fleurs, & ils les pofent à neuf pouces & un quart de dif-
„ tance l'une de l'autre.
„ D'autres Charpentiers les éloignent davantage, & en général ils les met-
„ tent jufqu'à douze, quatorze & quinze pouces de diftance. Et pour leur
„ largeur, ou épaiffeur prife de haut en bas, ils leur donnent un pouce
„ par chaque trois piés de largeur que le vaiffeau a dans fon gros, & un peu
„ moins pour leur épaiffeur en travers. Mais lors-que les vaiffeaux n'ont
„ pas vingt-quatre piés de largeur dans leur, gros ils leur donnent un peu
„ plus d'un pouce d'épaiffeur de haut en bas par chaque trois piés de leur
„ largeur. On eftime beaucoup plus les varangues dont le brin, ou la piéce
„ n'a point été fciée, que celles qui font faites d'une groffe piéce fciée en deux.

MAITRESSE VARANGUE. *Het eerfte buikftuk.*

C'eft la varangue qui fe pofe fous le maître bau: on l'apelle auffi Premier Gabarit. La maitreffe varangue fe pofe à l'amure.

MAITRESSES VARANGUES de l'avant & de l'arriére. *De beide middel-buik-ftukken.*

Ce font celles qui font partie des deux grands gabarits. Voiez, Gabarits & les figures.

VARANGUES plates, Varangues de fond. *Buik-ftukken in 't vlak.*

Ce font celles qui fe mettent vers le milieu de la quille, & qui ont moins de rondeur que les varangues acculées.

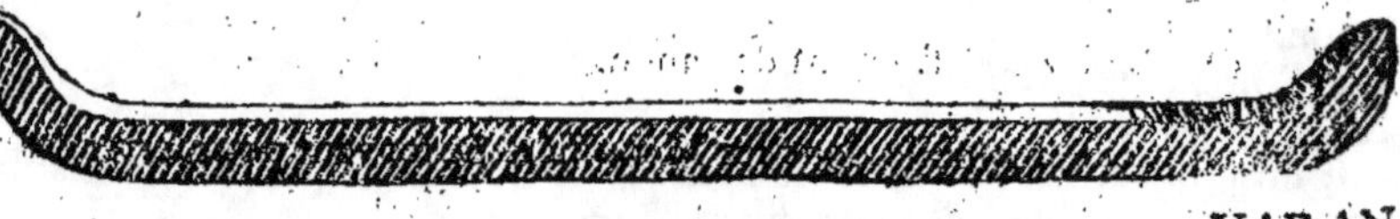

VARANGUES acculées. *Banden in 't fog, Twillen in de piek, Extern.*
Ce font celles qui fe pofent en allant vers les extrémités de la quille, proche les foureats, & au devant & au derriére des varangues plates, & elles ont de la rondeur en-dedans.

VARANGUES demi-acculées. *Half-twillen in de piek, Piek-ftukken.*
Celles-ci ont moins de concavité que les acculées, & fe pofent près des varangues plates ; fi-bien que les varangues plates font au milieu, les varangues demi-acculées fuivent, & les varangues acculées font dans les bouts.

VAISSEAU à plates Varangues. *Een vlak, of plat-boomde fchip.*
C'eft-à-dire un vaiffeau qui a le fond plat, qui tire peu d'eau, qui aïant beaucoup de varangues qui tiennent de la ligne droite dans le milieu, a un plus grand fond de cale, porte une plus grande charge, & eft plus propre dans les endroits plus profonds.

NAVIRE à plates Varangues & fans façons. *Een plat fchip, en hoekig buiten-waarts.*

VARANGUES de petits bâtimens, comme Buche, Chaloupe, Cague &c. *Kespen.*

VARECH. Voiez, Sart.

VARECH. *Wrak.*
On apelle Varech, fur les côtes des Normandie tout ce que la vague jette à terre par tourmente, ou fortune de mer, ou qui eft pouflé fi près de terre, qu'un homme à cheval y puiffe toucher avec fa lance. Les droits que les Seigneur des fiefs voifins de la mer prétendent en cette province fur les éfets que l'eau jette fur fes bords, font nommez droits de Varech. Il y a un titre particulier du Varech dans la Coutume de Normandie, qui apelle autrement, Chofes gayves, tous les éfets que la mer jette fur fes rivages, foit de fon cru, foit qu'ils viennent du debris & du naufrage de quelque vaiffeau. Voiez, Chofes de la mer.

VARET. *Wrak.*
C'eft un vaiffeau qui eft au fond de l'eau, & hors de fervice.

VARIATION. La Variation de l'aiguille aimantée. *Wraakinge, afwijkinge, of miswijfinge van de naalde.*
C'eft un mouvement inconftant de l'aiguille, qui en de certains parages décline du Nord au Nord-eft, & qui en d'autres fe tourne du Nord au Nord-oüeft. Voici comment la plupart des Pilotes juftifient & déterminent l'irrégularité ou variation de l'aiguille. Ils apliquent & bandent un filet fur le verre qui couvre la bouffole, en-forte que le filet convient &
s'acom-

s'acommode fur la ligne qui va du Nord au Sud, puis aïant pris éxaĉtement hauteur à midi, ils regardent fi dans cet inſtant l'ombre du fil s'acorde préciſément avec les deux pointes de l'aiguille & avec cette ligne, ou diamétre, qui va du Nord au Sud. Si cela ſe rencontre il n'y a point de variation dans le parage où ſe fait cette obſervation. Mais fi les deux pointes de l'aiguille s'écartent de cette ombre méridienne, il y a de la variation, ou déclinaiſon, & cette déclinaiſon eſt déterminée par l'arc de la bouſſole, compris entre l'aiguille & l'ombre du fil. Jamais un Pilote ne peut aſſurer ſes eſtimes dans les voiages de long cours, qu'il ne ſoit aſſuré du ſillage, ou chemin, que ſon vaiſſeau peut faire par jour, ſoit de bon vent frais, ou de vent foible, & qu'il ne ſache qu'elle eſt la variation de l'aiguille en chaque parage. Voiez, Déclinaiſon.

LA VARIATION VAUT la route. *Soo veel gewonnen als verlooren.*

Cela ſe dit lors-que la variation & le vent ſont d'un même côté, & qu'ils font des éfets contraires, c'eſt-à-dire que l'un ſoutient la perte que l'autre cauſe. Par éxemple; La variation eſt onze degrès quinze minutes Nord-ouëſt, le vent eſt Oüeſt-nord-oüeſt, & l'on court Nord, avec un quart de vent de dérive, il faut que l'un ſoit égal à l'autre, & que la variation donne ce que la dérive fait perdre.

VARIATION Nord-eſt. *Noordoostering.*

C'eſt celle qui fait varier le compas vers le Nord-eſt. Voiez, Nordeſter.

VARIATION Nord-ouëſt. *Noordwestering.*

C'eſt celle qui fait varier le compas vers le Nord-ouëſt. Voiez, Nord-oüeſter.

VARIER, Vaciller. *Waalen, Geen ſtreek houden, Wraaken.*

Cela ſe dit de l'aiguille aimantée.

VARLOPE. Verlope. *Rij-ſchaaf.*

C'eſt un outil en maniére de rabot, qui ſert à rendre le bois fort uni. Il y en a de pluſieurs façons, La grande varlope, la petite varlope, & la demie-varlope. Il y a auſſi la varlope anglée, ou à onglet.

DEMIE-VARLOPE. *Roffel.*

VARLOPE à onglet, ou anglée. *Strijk-blok.*

Elle eſt ſans poignée & le fer en eſt plus étroit que des autres.

VASART, Fond Vaſart. *Modder-grondt.* Voiez, Fond.

VASSOLES. *Ribben, Ribbetjes.*

Ce font des piéces de bois que l'on met entre chaque paneau de caillebotis.
Voiez, Caillebotis.

V E.

VEGRES. Voiez, Vaigres.
VEILLER le cable, ou, Veiller quelque autre chofe. *By de kaabel ftaan,
Waarneemen.*
C'eft y prendre garde.
VEILLE la driffe. *Sta by de draai-reep.*
C'eft-à-dire, Tiens la main toute-prête à amener le hunier.
VEILLE l'écoute de hune. *Sta by de mars-zeils-fchoot.*
C'eft-à-dire, Tiens la prête à être larguée.
VELLE les huniers. *Sta by de mars-zeilen.*
C'eft la même chofe que fi on difoit, Veille les driffes.
IL faut plutôt Veiller le côté que les mâts. *Pas op uw zeilen, de maften en
hebben geen noodt; 't Schip foude eerder omvallen, als de maften breeken.*
C'eft ce qu'on dit quand on veut faire entendre que les mâts d'un vaiffeau
font bons, & qu'il vireroit plutôt que de démâter.
IL faut Veiller les mâts & non le côté. *'t Schip is ftijf onder zeil, De maften
fouden eerder breeken, als 't fchip omvallen; Pas maar op de maften.*
C'eft ce qu'on dit quand on veut faire connoître que le vaiffeau a le côté
fort, & qu'il porte bien la voile.
A LA VEILLE. Une ancre à la Veille. *Een waakende anker.*
C'eft celle qui eft prête à être moüillée.
BOUEE à la Veille. *Een waakende boei.*
C'eft lors-qu'elle flote fur l'eau & montre où l'ancre eft moüillée.
VEINES dans le bois. *Aderen in 't hout.*
C'eft une variété qui fait la beauté des bois durs, pour le placage; mais
c'eft un défaut dans les bois d'affemblage de charpenterie, à-caufe que ces
veines font une marque de tendre, ou d'aubier.
VENT. *Windt.*
Le vent eft un mouvement de l'air qui fe tourne vers quelqu'une des parties de l'horifon, & qui par ce cours différent gouverne prefque toute la
navigation. Tous les Pilotes ne conviennent pas de la divifion des vents.
Les uns n'en confidérent que quatre principaux, qu'ils apellent Rumbs entiers, favoir, le Nord, le Sud, l'Eft, & l'Oüeft, & puis quatre demi-
vents, ou demi-rumbs, huit quarts de rumbs, & feize demi-quarts. Mais
la plupart des autres Pilotes confidérent huit rumbs entiers, & aux quatre
déja nommez ajoûtent le Nord-eft, le Nord-oüeft, le Sud-eft, & le Sud-
oüeft. Enfuite ils établiffent huit demi-rumbs, & feize quarts de rumbs;
ce qui détermine les trente-deux airs de vent: mais pour plus d'éxactitude
ils divifent chaque quart en demi-quart.
UN VENT. *Hoofdt-windt, Hoofdt-ftreek.*
Ce font quatre quarts de vent pris enfemble comme depuis le Nord jufques au Nord-eft-quart-de-nord, ou-bien, depuis le Nord jufqu'au Nord-
oüeft-quart-de-nord.
DEMI-VENT. *Een halve hoofdt-ftreek.*
UN QUART DE VENT. *Een tuffchen-komende ftreek, Een quart windts.*
C'eft la trente-deuxième partie de la rofe du compas.

Bbbbb   VENT

VENT frais. *Een sterk, of stijf windt.*
 C'est un vent qui vente assez, ou qui vente assez fort. Voiez, Frais.
VENT contraire, Vent devant, Vent debout. *Tegen-windt, Bylegger.*
 C'est celui qui vient directement du lieu où l'on veut aller, & qui prend par prouë.
AVOIR le Vent contraire. *Vaaren met een tegen-windt, Vaaren tegen de windt, In de windt krijgen.*
VENT en poupe, Vent arriére. *Voor-windt.*
VENT de mer. *Een windt die op de wal, of uit ter zee komt.*
 C'est celui qui venant de la mer repousse les vaisseaux vers terre.
VENT de terre. *Landt-windt, Wal-windt, Aard-windt; Een windt die van de wal, of aflandig waait.*
 C'est celui, qui venant du continent, ou de la terre ferme, repousse les vaisseaux en mer, & empêche qu'ils n'y abordent. Pour sortir de ce port il faut remorquer les vaisseaux jusques à demie-lieuë de la côte, ou-bien, atendre les vents de terre, qui en ces parages sont Nord & Nord-est.
LE VENT tombe. Voiez, Tomber.
VENT Traversier. Voiez, Traversier de port.
VENT Réglé, ou alisé, Vent de saison. *Passaat-windt, Monzon.*
 C'est un vent favorable qui se maintient sans sauter d'un rumb à l'autre. C'est ainsi que l'on apelle les vents que l'on trouve entre les Tropiques qui souflent presque tousjours du même côté, savoir depuis le Nord-est jusques à l'Est, au Nord de la Ligne; & depuis le Sud-est jusques à l'Est, au Sud de la Ligne. Voiez, Monson.
VENT mou, Vent foible. *Labbere koelte, Stilagtige windt, Slappe koelte.*
 C'est celui qui n'a point de force.
VENT pesant. *Een swaare windt.*
 C'est un vent qui soufle avec véhémence.
VENT fou. *Een ongestaadig windt, die in en uit krijt, of schiet.*
 C'est un vent qui n'est point arrêté, & qui tourne d'un côté & d'autre.
VENT fair, Vent stable. *Een doorgaande koelte, Een gestaadig windt.*
 C'est un vent réglé qu'on croit être de durée. C'est un vent fait, il durera. Les vents de cette saison viennent du large, & sont stables.
LE VENT est changé. *De windt is om, of omgeloopen.*
LE VENT se jetta au Sud-oüest. *De windt liep Suid-west.*
METTRE le Vent sur les voiles pour virer, Faire prendre Vent devant. *Door de windt duuwen, Op de ly draaijen, In ly smyten, of leggen, om te wenden.* Quand on veut virer on va d'abord au plus près du vent, *Eerst-by*, & ensuite ou va debout au vent, & on met le vent sur les voiles, *en dan braft men de zeilen op*, & pout cet éfet on pousse le gouvernail tout-à-bord.
AVOIR le Vent sur les voiles. *Blafteren, Met de zeilen op de maft leggen.* C'est-à-dire, avoir les voiles parallèles au vent, en-sorte qu'il les rase & les fasse barbeïer, ou friser, sans qu'elles prennent le vent. On dit de-même, Mettre le vent sur les voiles.
LE VENT vient de terre. *De windt houdt met het landt af, of komt van de wal.*
LE VENT vient de la mer. *De windt houdt met het landt in, of komt uit'er zee.*
VENIR au Vent, S'aprocher du Vent. *Aan de windt gaan, Digt aan de windt komen*

komen, Loeven, Digt by de windt houden.

C'eſt prendre l'avantage d'un vent de côté, ſe tenir près du vent. Voiez, Serrer.

PAS plus au Vent, Ne viens pas plus au Vent. *Niet naader het roer, Niet hooger.*

C'eſt un commandement qu'on fait au Timonier, afin qu'il n'aproche pas plus du vent.

SOUS le VENT. *In de ly, Beneeden windt.*

ETRE ſous le Vent. *Onder ly zijn, Lywaarts van iemandt leggen.*

C'eſt avoir le deſavantage du vent, c'eſt-à-dire qu'un vaiſſeau en a un autre entre le vent & lui.

ETRE à Vau-le-Vent. *In ly zijn, Voor de fok loopen, In het lijntje loopen.*

C'eſt aller ſous le vent, & ſelon le cours du vent.

ETRE AU VENT d'un vaiſſeau, Avoir le deſſus du Vent, *Te loevert leggen, of afleggen; Boven de windt leggen; De loef hebben; Windt-waarts van zijn.*

C'eſt avoir l'avantage du vent. Nos vaiſſeaux étoient au vent de l'eſcadre ennemie.

ETRE beaucoup de l'avant au Vent. *Met een groot ſtuk in den windt voor uit zijn.*

ALLER debout au Vent. *Onder de windt laaten loopen.*

C'eſt aller contre le vent, ou à vent contraire, comme il arive ſouvent aux galéres, par le ſecours qu'elles ont des rames. Voiez, Debout.

ETRE trop près du Vent. *Overſtaag loopen, Aan de windt leggen, Al digt by de windt ſteeken, Scherpen, By de windt over zeilen.*

C'eſt prendre preſque vent devant, quand on porte le cap au vent, au-lieu de le prendre en boulinant pour en gagner l'avantage.

DISPUTER le Vent. *Naarſtigheid pleegen om windt en waater-loop te winnen.*

C'eſt faire tous ſes éforts, & emploier tout ce qu'on a d'adreſſe & d'expérience dans la marine, pour paſſer au vent d'un autre vaiſſeau, & pour empêcher qu'il ne monte lui-même au vent de vous.

DEUX vaiſſeaux, ou deux eſcadres qui ſe diſputent le Vent, ou l'avantage du Vent. *Twee ſcheepen, of eſquadres, die ſoeken elkanderen de windt af te winnen, en een voordeel af te zien.*

ON SE diſputoit le Vent de part & d'autre. *Elk deede zijn beſt om de loef te krijgen.*

IL faut bien diſputer l'avantage du Vent. *Het voordeel van de windt moet wel gedongen worden.*

FAIRE VENT arriéie, Porter Vent arriére. *Vlak voor 't laaken, of vlak voor de windt zeilen, afloopen; Voor winds hebben; Voor de windt om houden; Van de windt afgaan.*

C'eſt prendre le vent en poupe. Voiez, Arriére.

LE VENT recule. Voiez, Adonne.

OBEÏR au Vent. *Windt overgeven.*

C'eſt ſe laiſſer dériver autant qu'on y eſt abſolument contraint par la force du vent, & cependant ſe maintenir toujours un peu, & ne ſe laiſſer pas aller entiérement à la dérive, & au gré du vent & des vagues.

LE VENT ſe range à l'Eʼtoile. *De windt ſchiet Noord.*

C'eſt-à-dire que le vent ſe range vers le Nord, à-cauſe que l'Eʼtoile Polaire eſt de ce côté-là.

HALER le Vent. *Voiez*, Mettre au plus près du vent.

DEROBER le Vent. *Vindt onderſcheppen, De windt met de zeilen aan een ander ſchip beneemen.*

Cela ſe dit d'un vaiſſeau qui étant au vent d'un autre empêche, par la groſſeur ou par l'étenduë de ſes voiles, que celui qui eſt ſous le vent n'en reçoive dans les ſiennes.

AVOIR VENT & marée pour ſoi. *Voor windt en voor ſtroom hebben.*

Cela ſe dit lors-que le vent & le courant de la mer vont du même côté, & vous ſont favorables. *Voiez*, Marée.

AVOIR VENT & marée contraire. *Tegen-windt en tegen-ſtroom hebben.*

C'eſt-à-dire que le vent & le courant de la mer ſont opoſez à la route qu'on veut faire.

ENTRE VENT & marée. *Tuſſchen windt en ſtroom.*

Cela ſe dit d'un vaiſſeau qui trouve le vent d'un côté & le courant de la mer de l'autre.

ETRE moüillé entre Vent & marée. *Rijden tuſſchen windt en ſtroom.*

LE VENT mollit. *De windt die krimpt, neemt af, vermindert, ſlapt, begint te luuwen; Het weer ontlaat.*

C'eſt-à-dire que ſa force diminuë.

LE VENT change. *De windt loopt om, keert om, draait.*

VENT d'aval. *Een Suid-windt, of Weſt-en-noord-weſt-windt, die uit de wal waait.*

C'eſt un vent mal-faiſant qui vient de la mer & du Midi, c'eſt auſſi l'Oüeſt & le Nord-oüeſt.

VENT d'amont, Vent Solaire, Vent E'quinoxial. *Een Ooſt-en-noord-ooſt, windt, die uit de wal komt.*

C'eſt un vent d'Orient qui vient de terre. Ces deux derniers termes ſont uſitez ſur les riviéres.

LE VENT ſe fit Sud, ſe tourna au Sud, ſe rangea au Sud, vint au Sud. *De windt liep Suid, ſchoot Suid.*

Tout cela veut dire que le vent avoit tourné au Sud, & qu'il en venoit & portoit au Nord en droiture.

VENT Routier. *Een windt die over en weer brengt.*

C'eſt un vent qui ſert pour aller & pour venir en un même lieu.

VENTS variables. *Veranderlijke, of ongeſtaadige winden.*

Ce ſont les vents qui changent, & qui ſouflent tantôt d'un côté tantôt d'un autre, comme cela ſe fait entre les Tropiques & les Poles.

LE VENT a fait le tour du compas. *De windt heeft alle de ſtrecken van het kompas omgeloopen.*

C'eſt-à-dire qu'il a ſouflé de toutes les parties de l'horiſon, ou qu'il a venté des trente-deux airs de vent qui ſont marquez ſur la roſe du compas.

LE VENT a ſauté ſur les voiles. *De windt die heeft op de zeilen geſprongen.*

C'eſt-à-dire que le vent s'eſt jetté tout-d'un-coup ſur les voiles, au-lieu qu'il donnoit avant cela dans les voiles.

TRIBORD au Vent, & babord au Vent. *Stuurboord, of bakboord te loef, of loef-waaris.*

C'eſt-

C'eſt-à-dire, Avoir le côté droit ou-bien le côté gauche du vaiſſeau opoſé au vent.

LE VENT eſt à pic. *De windt is op en neer, Het word ſtil.*

Cela ſe dit par plaiſanterie, voulant dire qu'on ne ſait d'où il vient, ou qu'il ſoufle perdendiculairement.

LE VENT eſt au conſeil. *De winden die houden t'ſaamen raadt, De windt loopt ſchuilen, Het wordt ſtil.*

Cela ſe dit encore par plaiſanterie, lors-qu'il n'y a point de vent, comme qui voudroit dire que les vents tiennent conſeil pour délibérer dequel côté de l'horiſon ils veulent ſoufler.

LE VENT eſt raproché. *De windt die is geruimt.*

C'eſt-à-dire qu'il s'eſt mis à ſoufler du côté où l'on vouloit faire route.

AIR, ou Rumb de Vent. *Windt-ſtreck.*

C'eſt l'un des trente-deux vents qui ſont marquez ſur la roſe du compas. Voiez, Rumb.

GRAND VENT, Petites Voiles. *Hardt windt, klein zeil.*

C'eſt un proverbe, comme qui diroit que s'il fait beaucoup de vent il faut porter peu de voiles.

VENTER. *Waaijen.*

Il vente, c'eſt-à-dire, il fait du vent. Lors-qu'il vente Sud.

VENT. Le vent du canon. *Het ſpeelen van een kogel in de mondt van een kanon, Lugt, Windt.*

C'eſt-à-dire juſtement l'eſpace ocupé par l'air qui eſt entre la circonférence concave du calibre du canon & celle du boulet qui eſt convèxe, ce qui eſt cauſe que le boulet entre dans la piéce avec facilité; car ſi cet eſpace n'y étoit point, & que les points qui forment la ſuperficie convèxe du boulet touchaſſent ceux qui forment celle du canon qui eſt concave, leur union feroit que le boulet ne pourroit entrer, s'il falloit le pouſſer dedans; où ſortir, s'il falloit le retirer: c'eſt par cette raiſon qu'on donne cet eſpace entre la piéce & ſon boulet, pour obliger le dernier à ſortir avec plus de gaieté, lors-que la poudre eſt en mouvement. Voiez, Canon.

VER. *Wurm, Worm.*

Il s'engendre aſſez ordinairement des vers dans les navires, & ces vers ſont un peu plus gros que les vers à ſoie, fort-tendres, & luiſans d'humidité. Ils ont la tête dure & fort-noire, & comme ils rongent inceſſamment, ils trouënt les planches & les membres d'un vaiſſeau.

VERBOQUET. *Bálans-touw.*

C'eſt un contre-lieu, ou cordeau, que les Charpentiers atachent à l'un des bouts d'une piéce de bois qu'ils veulent monter, & au cable qui la porte, à deux toiſes, ou environ, du halement, pour la tenir plus en équilibre, & empêcher qu'elle ne touche à quelque ſaillie, ou échafaut, ou qu'elle ne tourne pendant qu'on la monte.

VERGE d'Or. *Graadt-boog.*

C'eſt l'inſtrument nommé autrement Arbalête, Arbalêtrille, Bâton de Jacob, & Raïon aſtronomique. Voiez, Arbaleſtrille & Arbalête.

VERGE de girouëtte. *Priem, of ſpil van een vleugel, Vleugel-ſpil.*

C'eſt une verge de fer qui tient le fût de la girouëtte ſur le haut du mât.

VERGE d'hameçon. *Hengel-ſtok.*

Bbbbb 3

VERGE.

VERGE de pompe. *Pomp-ſtok.*

C'eſt une verge de fer, ou de bois, qui tient l'appareil de la pompe.

VERGE, ou Vergue de l'ancre. *Anker-ſteel, Anker-ſchagt, Anker-ſchaſt, Anker-roede.*

C'eſt la partie de l'ancre qui eſt contenuë depuis l'arganeau juſqu'à la croiſée.

„Une longue verge contribuë plus qu'une courte à faire tenir l'ancre fer-
„me, parce-que la longueur de la verge, empêche que le bras & la patte
„de l'ancre, lors-que le vaiſſeau joüe, ou ſe tourmente, ne remuë auſſi
„fort le fond, & ne l'ébranle autant que feroit le bras d'une verge cour-
„te. Voiez, Ancre.

VERGUE. *Rąa, Ree.*

C'eſt une piéce de bois longue, arondie, & qui eſt une fois plus groſſe par le milieu que par les bouts. On la poſe quarrément par ſon milieu ſur le mât vers les racages, & elle ſert à porter une voile, & quelquefois pluſieurs, lors-qu'on met à ſes extrémités de gros anneaux avec des bouts-de-hors, pour apareiller des bonnettes en étui. La vergue d'artimon eſt une vergue latine qui ſe met de biais, ou de travers, comme les vergues d'une galére.

„Les Vergues doivent être dans leur milieu beaucoup plus épaiſſes que par
„les bouts. Par chaque pié de longueur qu'elles ont elles doivent avoir
„un quart de pouce d'épaiſſeur dans leur milieu, excepté la vergue de foule
„qui n'a pas beſoin d'être ſi forte, parce-qu'elle ne ſert qu'à border le per-
„roquet de foule. On lui peut donner un pouce d'épaiſſeur par chaque
„ſix piés de ſa longueur. Pour l'épaiſſeur du bout des vergues elle doit
„être des deux cinquièmes parties de l'épaiſſeur du milieu.
„On peut donner de longueur à la grande Vergue les ſept ſeizièmes parties
„de la longueur & de la largeur du vaiſſeau. Par éxemple ; La grande
„Vergue d'un vaiſſeau de 180. piés de long & 45. piés de large, doit avoir
„98. piés de long. La Vergue de miſéne doit être d'une ſeptième plus
„courte que la grande vergue. La longueur da la Vergue d'artimon doit
„être entre celle de la grande vergue & de la vergue de miſéne, ou un peu
„moindre. La Vergue de ſivadiére doit avoir de longueur les cinq huitiê-
„mes de la grande vergue. La Vergue du grand hunier doit avoir les 4.
„ſeptièmes de la grande vergue ; & la Vergue du petit hunier les quatre
„ſeptièmes parties de la vergue de miſéne. La Vergue de foule doit être
„de la longueur de celle du grand hunier. Les Vergues des perro-
„quets d'artimon & de beaupré doivent être proportionées aux vergues
„qui ſont deſſous, comme la vergue du grand hunier l'eſt à la grande ver-
„gue : mais le grand perroquet & le perroquet d'avant ne doivent avoir
„de longueur que la moitié de celle des vergues qui ſont deſſous, ou bien-
„peu plus.
„Ce ſont-là les proportions des vergues en général qu'on trouve dans un
„Ecrivain Hollandois. Pour celles d'un vaiſſeau de 134. piés qui ſont d'un

autre

,, autre illuſtre & excellent Auteur, elles ſont ci-devant ſous le mot Bois,
,, Le Négoce du bois. Cependant le même Auteur a auſſi donné des rè-
,, gles générales que voici ſous les mots auxquels elles conviennent.

VERGUE d'artimon. *De Beſaans-roe, of-roede ; De Kruis-ree, of-dwars-*
maſt.

,, On tient cette Vergue auſſi longue qu'il eſt poſſible : néammoins elle n'eſt
,, jamais plus longue que ſon mât que d'un pié ou de deux, de-peur que par
,, ſon bout d'embas elle n'embaraſſe la manœuvre du grand mât, & que
,, ſon bout d'en-haut ne s'agite trop, & ne contribue à faire tourmenter
,, le vaiſſeau. Elle eſt de travers pour prendre mieux le vent, & empê-
,, cher moins que les voiles qui ſont devant ne le prennent ; & auſſi parce-que
,, de cette ſorte elle n'a pas beſoin de tant de cordages pour être manœu-
,, vrée.

GRANDE VERGUE. *De groote Raa, of Ree.*

,, On donne de longueur à la grande Vergue deux fois la largeur avec une
,, fois le creux du vaiſſeau. On ne la tient pas plus grande à-cauſe de la
,, difficulté qu'il y auroit à la manœuvrer, & de la facilité qu'elle auroit à
,, rompre ; outre que de gros tems elle feroit trop tourmenter le vaiſſeau.
,, Mais on ne la fait pas plus petite, parce-que l'expérience a fait connoî-
,, tre qu'il la faut tenir auſſi grande qu'il ſe peut, vu-que plus les voi-
,, les prennent de vent & mieux le vaiſſeau ſille.

VERGUE de miſéne. *De Fokke-raa-of-ree.*

,, Ces mêmes raiſons ont lieu à l'égard de la Vergue de miſéne ; mais on
,, lui donne une ſeptiême moins de longueur qu'à la grande vergue, parce-
,, que le mât qui la doit porter eſt moins puiſſant.

VERGUE de beaupré, ou de ſivadiére. *De Blinde-raa-of-ree.*

,, La vergue de ſivadiére doit avoir de longueur un quart moins que la lon-
,, gueur du beaupré, parce-que ſi elle étoit plus longue elle s'étendroit
,, trop en côté, & empêcheroit de voir devant le vaiſſeau.

VERGUE du grand hunier. *De groote Mars-raa-of-ree.*

,, Sa longueur doit être de la moitié de la longueur de la grande vergue.

VERGUE du Petit hunier. *De Voor-mars-zeil-raa-of-ree.*

,, Sa longueur doit être à-peine de la moitié de celle de la vergue de mi-
,, ſéne.

VERGUE de fougue, ou de foule. *De Bagijn-of-Begijn-ree.*

C'eſt une vergue où il n'y a point de voile, & qui ne ſert qu'à border la
voile du perroquet d'artimon.

,, La vergue de foule eſt ſous la hune du mât d'artimon : elle n'a ni driſ-
,, ſe, ni étague, mais elle eſt frapée aux barres de hune avec une étrope,
,, par le moien de laquelle on manœuvre les écoutes du perroquet de fou-
,, gue.

VERGUE du perroquet de fougue. *De Kruis-ſteng-ree.*

VERGUE du grand perroquet *De groote Bram-ſteng-ree.*

VERGUE du perroquet d'avant. *De Voor-bram-ſteng-ree.*

VERGUE du perroquet de beaupré. *De Boven-blindt-raa.*

,, Pour les vergues des perroquets il faut les proportioner à celles qui ſont
,, au-deſſous, bien-entendu que celle du perroquet de beaupré doit être plus
,, longue que les autres.

VER.

VERGUE en boute-hors, ou Balefton. *Een fpriet.*

C'eft une vergue dont le bout eft apuïé au pié du mât dans les femaques, & en divers autres bâtimens Hollandois, & qui prend la voile en travers jufques au point d'en-haut qui eft parallèle à celui qui eft amarré au haut du mât, & fouvent même plus élevé ; tout le tour de la vergue , hormis le côté qui eft amarré au mât , n'étant foutenu que par les ralingues,

VERGUE à corne. *Gaffel.*

On s'en fert dans les petits bâtimens. Voiez, Corne de vergue. La vergue & la corne ont le même nom en Hollandois.

VERGUE traverfée. *Een ree al te loevert gebraft.*

C'eft une vergue qui eft trop-halée au vent, & qui n'eft pas parallèle aux autres vergues.

VERGUE de fivadiére prolongée, ou allongée. *De blinde ree langs of onder de boegfpriet.*

Cela ne fe dit que de la vergue de beaupré. C'eft-à-dire, Apliquer la longueur de cette vergue fur la longueur de fon mât qui eft le beaupré , ce qui fe pratique principalement quand on veut venir à un abordage qui feroit empêché par la faillie que fait de chaque côté du mât la vergue de beaupré. Un grand vaiffeau prolonge auffi cette même vergue lors-qu'il en veut aborder un moindre , afin-que le mât renforcé par-là , tombe avec force par l'avant fur le vaiffeau ennemi , & le choque avec plus de violence. On prolonge encore cette vergue pour s'empêcher de toucher à un autre vaiffeau , fi l'on en paffoit affez près. Voiez, Allonger.

DRESSER les Vergues. *De reën in 't kruis fetten dwars fcheeps , of regt aanbraffen.*

C'eft-à-dire , les tenir droites en-forte qu'elles faffent une croix réguliére avec les mâts. Voiez, Dreffer.

AVOIR les Vergues bien-dreffées, ou braffées horifontalement. *Gekruift rijden.*

DRESSE la Vergue de miféne. *Laat de fok regt loopen.*

ETRE VERGUE à Vergue. Deux vaiffeaux qui font Vergue à Vergue. *Zy aan zy leggen, Breedt leggen.*

C'eft-à-dire qu'ils font près l'un de l'autre, & qu'ils font flanc à flanc, en-forte que fi leurs vergues étoient prolongées elle feroient une ligne droite.

VERHOLE. *Overloop van 't waater.*

C'eft un termé dont on fe fert au Havre-de- grace pour fignifier un renvoi d'eau qui fe fait vers l'embouchure de la Seine , lors-que la mer eft à la moitié ou aux deux tiers du montant.

VERIN. *Schroef, Vijfel, Kelder-wind.*

C'eft une machine en forme de preffe qui fert à redreffer des jambes en furplomb, à reculer des pans de bois, & à d'autres ufages. Les Vérins grands & petit font des brins de bois longs de deux ou trois piés, ou davantage, façonnez en vis par un des bouts. Il y a à l'autre bout un goujon, ou une cheville percée au collet de la vis, pour y mettre des leviers. Les vis de ces brins de bois fe mettent chacune dans un écrou percé à cinq ou fix piés l'un de l'autre, pour pouffer ou élever. Les vérins lèvent un grand poids, pourvu que les piéces foient fortes, & que les filets des vis foient près à-près. On s'en fert à tenir les vaiffeaux fur le côté, lors-qu'on leur donne le radoub

fur

fur terre, ou qu'on les conftruit ; & à les relever. L'écrou s'apelle en Flamand *Hooft*, & la fole fur quoi ils font pofez, *Pan*. E'lever avec des vérins, c'eft *Opvijfelen*. Il faut remarquer que les François fe fervent de vérins qui ont un boflage au milieu, & deux écrous à la piéce de deflus dans laquelle il y a deux vis qui entrent. Mais en Hollande on fe fert d'un vérin qui n'a qu'une vis & un écrou. Néammoins on commence auffi à fe fervir de vérins à deux écrous. Voici la figure d'un vérin de Hollande.

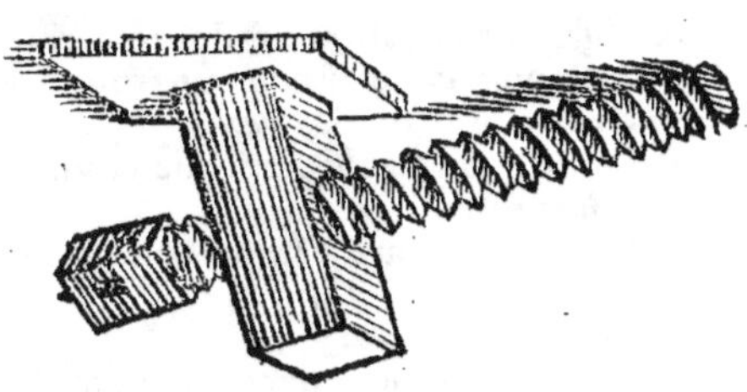

VERLOPE. Voiez, Varlope.

VERRE, ou Vitre, pour prendre hauteur. *Zonne-glas.*

C'eft un gros verre de couleur, au-travers duquel on regarde le Soleil lors-qu'on veut prendre hauteur par-devant.

VERROTERIE, Raflade. *Kleine fnuifterije, Kramerije.*

C'eft une menuë marchandife de verre, comme grains, ou patenôtres de verre, ou de criftal, dont on trafique avec les Sauvages de l'Amérique & avec les Noirs de la côte d'Afrique. Ce terme s'emploie par quelques-uns pour toutès les merceries qu'on porte à ces gens-là.

VERSEAUX de racage. Voiez, Bigots.

VERTENELLES. Voiez, Mafles & Fémelles.

VERTICAL. Point Vertical. *Top-punt.*

C'eft un terme d'aftronomie. On apelle Point Vertical un point que l'on conçoit être au ciel, & tomber perpendiculairement fur notre tête.

CERCLES VERTICAUX, ou Azimuths. *Top-kringen.*

Ce font de grands cercles qui s'entre-coupent au Zénith & au Nadir, & dont les plans font par conféquent perpendiculaires à celui de l'horifon. On compte ordinairement cent-quatre-vingts cercles verticaux, que l'on fait pafler pat tous les degrès de l'horifon ; mais on en peut mettre autant qu'on voudra felon le befoin. Ils fervent pour connoître en quelle partie du monde font les aftres, & combien de degrès ils font éloignez entre eux.

VEUE, ou Vuë de terre. *Landt-figt.*

A VUE de terre. *Het landt in 't gefigt.*

ETRE à VEUE, ou Avoir la Vuë. *In 't gefigt krijgen, Sien.*

C'eft découvrir & avoir connoiflance. Nous nous trouvâmes au matin à vuë de terre, & à midi nous étions à vuë de l'efcadre ennemie.

ON perd la terre de Vuë. *Het landt is geleit.*

A LA VEUE des terres, ou, Hors de la Veuë des terres. *Binnen, of buiten landt-figt.*

NON-VEUE. *Quaado toefigt.*

On dit qu'un vaisseau a péri par Non-veuë, pour dire que c'est faute d'avoir pu découvrir les côtes & les bancs. Notre Pilote vouloit excuser son naufrage, disant qu'il avoit été surpris de non-veuë; mais il devoit bien-plutôt s'en prende à son ignorance.

VEUE par Veuë, & cours par cours. *Met het verkennen van landen en stranden vaaren.*

Cela se dit quand on régle sa navigation par les remarques de l'aparence des terres, ainsi qu'il se pratiquoit avant-qu'on eût trouvé la boussole.

VEUE. A la Veuë. *'t Gesigt, of Sigt. Soo veel 't gesigt toe reiken kan.*

Etre à la Vuë, c'est-à-dire, Etre aussi-loin que la vuë peut porter.

IL N'Y a pas de Veuë. *Geen gesigt.*

C'est-à-dire, On ne voit point, ou, On ne voit pas fort-clait.

VIBORD. *Voorscheen, Hout-voorscheen.*

C'est la partie du vaisseau qui contient depuis le pont d'en-haut jusques au plus haut de cette partie, & qui est ce qu'on apelle le Parapet à une place. ,,On tient toujours le vibord plus haut à l'avant qu'aux côtés, quoi-que le ,,vaisseau n'ait point de château d'avant; cela se fait pour empêcher ,,les coups de mer d'entrer dedans. On tient fort-bas le vibord d'un vais- ,,seau qui a trois ponts. Un Charpentier doit bien prendre ses mesures, ,,& regarder où il pourra poser le haut pont, & quel vibord le vaisseau ,,pourra avoir.

VICE-AMIRAL, Vice-admiral. *Vice-admiraal, Onder-vloots-voogdt, Onder-zee-voogdt.*

C'est un Oficier Général qui représente l'Amiral, & qui a la seconde dignité dans la marine. Il y a en France deux Vice-amiraux, l'un du Ponant, l'autre du Levant. Le Vice-amiral porte le pavillon quarré au mât d'avant, & est salüé seulement du canon par le Contre-amiral, par les vaisseaux portant cornette, & par les simples vaisseaux de guerre. Voiez, Amiral. ,,Les Vice-amiraux commandent ordinairement les vaisseaux & escadres ,,destinées pout la sureté des côtes, & celles qui vont croiser dans les mers ,,de leur détroit. Lors-que divers Amiraux se rencontrent sur les croisié- ,,res, c'est celui sur les côtes du détroit duquel on est qui continuë à por- ,,ter le pavillon, & les autres ôtent les leurs pendant qu'ils y demeurent.

VICTUAILLEUR. *Victualie-besorger, Victualie-man, Den geenen die leef-togt besorgt.*

C'est celui qui s'est obligé de fournir les victuailles dans un vaisseau, & qui doit aussi fournir les menuës utencilles. Voiez, Avictuailleur.

VICTUAILLES. *Leef-tocht, Mondt-kost, Eet-vaaren.*

Ce sont les vivres que l'on embarque dans les vaisseaux pour la nourriture des matelots. Notre escadre avoit des victuailles pour six mois.

VIF de l'eau. Voiez, Haute marée.

OEUVRES VIVES. Voiez, Oeuvres.

UN ATELIER qui est Vif. *Een levendig werf.*

On dit qu'un atelier est vif, pour dire qu'il y a un grand nombre d'ouvriers, & qu'on y montre de l'empressement à travailler.

VIVE arête. Voiez, Arête.

VIGIES. *Sekere blinde klipppen by de Vlaamsche eilanden.*
 C'eſt le nom qu'on donne à de certaines roches cachées ſous l'eau , qui ſe
 trouvent vers les Aſçores.
VIGIES. *Wagten , Uitkijkers.*
 C'eſt ainſi que les Eſpagnols, dans l'Amérique , ont nommé les ſentinelles
 ſur mer & ſur terre. On dit; Envoier en vigie.
VIGIER. *Wagt houden , Uitkijken.*
 C'eſt faire ſentinelle.
VIGIER une flote de vaiſſeaux marchands. *Op een koop-vaardy vloot paſſen en
 kruiſſen.*
 C'eſt croiſer ſur une flote.
VIGOTE. *Konſtaapels-mal.*
 C'eſt un modèle où l'on entaille les calibres des piéces d'artillerie pour leur
 chercher des boulets qui leur conviennent. Ce ſont pluſieurs trous, percez
 ſur une planche , de la même grandeur que le calibre. Voiez, Calibre.
VILEBREQUIN, Virebrequin. *Spijkers-boor.*
 C'eſt un outil dont le Charpentier ſe ſert pour percer. Il eſt compoſé de
 ſon manche , de ſa poignée , & de ſa méche qui eſt un petit fer qui a un taillant
 arondi, que l'on fait entrer en le tournant.

VINDAS, Sorte de cabeſtan volant. *Kaapſtáander. Los ſpil , Windas , Aarde-
 wind.*
 C'eſt une machine dont on ſe ſert pour tirer des bois & autres fardeaux.
 Elle eſt compoſée de deux tables de bois , & d'un treüil à plomb qu'on
 nomme fuſée, & qu'on tourne avec des bras, ou barres.

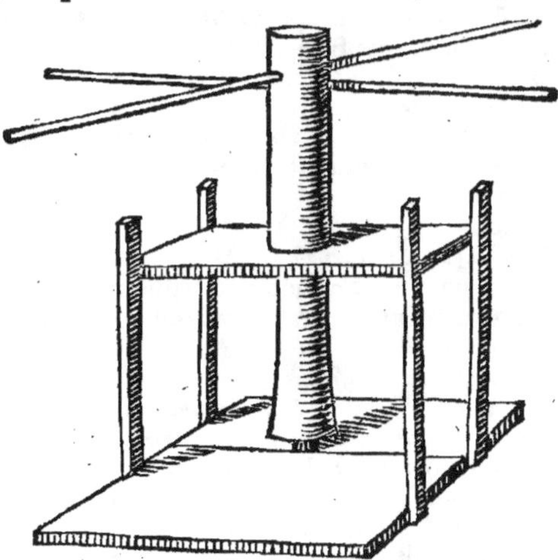

VIRER, Virer au cabeſtan. *Winden.*

Virer, c'eſt Tourner. Virer au cabeſtan, c'eſt mettre des hommes ſur les barres, pour le faire tourner.

VIRER, Tourner ſens-deſſus-deſſous. *Omgeſlaagen worden, Omvallen.*

VAISSEAU qui a viré ſur le côté en lui donnant les œuvres de marée. *Een overgeworpen ſchip.*

VIRER de bord. *Wenden, Omwenden, Overwenden.*

C'eſt changer de route en mettant au vent un côté du vaiſſeau pour l'autre, & on dit dans ce même ſens, Virer le vaiſſeau à ſtribord, à babord, à l'autre bord.

VIRER l'ancre. *'t Anker winden, krijgen, inneemen, t'huis haalen.*

C'eſt la tirer du fond de l'eau avec un cabeſtan, ou avec un virevaut.

VIRER vent devant. *Overſtaag ſmijten, wenden, of werpen.*

Cela ſe dit quand on fait changer de route à un vaiſſeau, en mettant le vent ſur les voiles. Voiez, Vent, Mettre le vent ſur les voiles pour virer.

VIRER vent arriére. *In 't wenden voor de windt omdraaijen.*

Cela ſe dit quand on fait changer de route à un vaiſſeau d'une maniére opoſée à celle qu'on apelle Virer vent devant.

VIRER & dévirer quelque choſe. *Keeren en omkeeren.*

C'eſt la tourner & la détourner côte par côté, ou le deſſus deſſous.

VIREVAU, Virevaut, Guindas, Guindeau. *Braadt-ſpit.*

C'eſt une machine de bois faite en forme d'eſſieu, dont la longueur eſt poſée horiſontalement ſur deux piéces de bois qui ſont à ſes extrémités, & autour deſquelles on la fait tourner par le moien de deux barres qui traverſent l'eſſieu, autour duquel ces deux barres, que l'on conduit à force de bras, font filer des cables, ſoit pour tirer l'ancre du fond de la mer, & la remettre en ſa place, ſoit pour lever tel autre fardeau qu'on veut. Le Virevaut ſe met ſur le tillac, à l'avant des bâtimens qui ne paſſent point trois cents tonneaux, & il eſt de même uſage aux vaiſſeaux de charge, que le cabeſtan eſt aux navires de guerre.

„Les deux bouts des Virevaux ſont apuïez ſur des coittes, qui ſont deux „piéces de bois épaiſſes, ou billots frapez ſur le pont, ou de gros madiers, „qui ſe joignent aux bordages du vaiſſeau. Voiez, Coittes.

VIROLE. *Een yſere of kopere plaatje.*

C'eſt une petite piéce de fer forgée en rond comme un anneau, pour remplir le bout d'une cheville de fer qui eſt trop-longue, & pour empêcher que la goupille ne gâte le bois.

VIROLET. Voiez, Moulinet.

VIRURE. *Strook, Strookinge, Strekkinge.*

C'eſt la façon d'un bordage qui eſt apliqué & regne tout le long d'un vaiſſeau, la maniére de ſon relevement, & du courbe qu'il prend à l'avant & à l'arriére.

VISITE de vaiſſeau. *Schouwinge, Viſitatie.*

FAIRE la Viſite, Demander la Viſite. *Schouwinge doen en verſoeken.*

VISITEURS des Vaiſſeaux. *Cerchers, Commiſſen ter recerche, Cherchers, Viſitateurs.*

Ce ſont des Oficiers établis par les Ordonnances de marine, dont la fonction eſt d'obſerver les marchandiſes des paſſagers & leur nombre, l'arivée & le départ des bâtimens dont ils ſont obligez d'avoir un régitre paraphé du Juge. S'il ſe trouve dans les vaiſſeaux des marchandiſes de contrebande, ils

doi-

doivent les réclamer, & en empécher la fortie fans congé enregîtré. L'Ordonnance les apelle auffi Huiffiers Vifiteurs.

VITTES de gouvernail.   Voiez, Ferrures.

VITONNIÈRES, Bitonniéres.   Voiez, Anguillers.

VIVIER. *Bonne, Beun.*

C'eft un bateau, dont le milieu eft retranché, & l'eau entre dans ce retranchement par des trous qu'on fait aux côtés. On y met le poiffon qu'on vient
de pêcher, pour le tranfporter. On l'apelle auffi Gardoüer en quelques provinces.

VIVRES. Faire les Vivres. *De leeftogt beforgen.*

Faire les vivres, c'eft fournir la nourriture à l'équipage du vaiffeau.

„ Si lors-qu'on embarque les vivres, le vaiffeau vient à pancher à ftribord,
„ la fuperftition des gens de marine leur fait croire que le voiage fera long
„ & pénible; mais fi le vaiffeau cargue à babord, ils fe perfuadent que le voia-
„ ge fera heureux.

VLOTE-SCUTE. *Vloot-fchuit.*

C'eft une efpéce de gabarre pontée dont on fe fert à Amfterdam.

UN, DEUX, TROIS. *Een, Twee, Drie.*

Celui qui donne la voix pour faire haler la bouline crie à haute voix, Un,
Deux, Trois, & au dernier mot les travailleurs font leur éfort.   Voiez,
Haler, & Voix.

V O.

VOGUE. *Het voort roeijen van een vaartuig.*

C'eft le mouvement ou cours d'une galére, ou de quelque autre vaiffeau
qu'entraîne la force des rames.

VOGUER, Nager, Ramer. *Met roeijen voort vaaren.*

C'eft entraîner une galére, une chaloupe, ou un autre vaiffeau, par la force des rames.

VOGUE-AVANT. *De Beftierder van de riem, De man die aan 't eindt van
de riem fit.*

C'eft un rámeur, vogueur, qui tient la queuë de la rame, & qui lui donne
le branle.

VOIAGE fur mer. *Zee-vaart, Zee-togt.*

VOIAGES de long cours. *Verre zee-vaarten, Verre reifen, Lange reifen, Verre togten.*

Ce font ceux qu'on fait fur mer dans des navires qui doivent être longtems
à revenir, comme les voiages que l'on fait aux Indes & a l'Amérique.
Quelques-uns veulent que les voiages foient au-moins de mille lieuës pour
leur donner le nom de Voiages de long cours.

VOIE d'eau. *Lek, Gat, Lekkinge, Openinge, Reete.*

C'eft une fente, une ouverture qui fe fait dans le bordage d'un navire, &
par où les vagues trouvent un paffage pour y entrer.   Notre vaiffeau avoit
une voie d'eau que les pompes ne purent franchir, & nous n'y pûmes remédier qu'en lardant une bonnette.

ÉTANCHER, Fermer, Boûcher des Voies d'eau. *Openingen, lekkingen en
reeten ftoppen.*

VOILE. *Zeil.*

C'eft un affemblage de plufieurs largeurs de toile coufuës enfemblé, aux-
Ccccc 3   quel-

quelles on donne une longueur déterminée, & que l'on atache aux vergues
& aux étais, pour prendre le vent qui doit poufler le vaifleau. Il y a plufieurs fortes de voiles, & chacune prend fon nom du mât où elle eft appareillée. Les voiles fupérieures fon bordées par le bas aux vergues inférieures, c'eft pourquoi elles font plus larges par le bas que par le haut.

„ Il y a diverfes fortes de voiles auffi-bien eu égard à la matiére, que par
„ raport à la maniére dont elles font faites. Les vaifleaux que les Gaulois
„ mirent en mer pour combattre Jules Cefar, portoient des voiles de cuir;
„ & les habitans de l'ifle Borneo en font encore aujourdhui de la même ma-
„ tiére. Les Chinois en font de petits rofeaux fendus, tiflus & paflez dou-
„ bles les uns fur les autres, en-forte-qu'ils retiennent fort-bien le vent. Les
„ habitans de Bantam fe fervent d'une forte d'herbe tifluë avec des feüil-
„ les. Ceux du cap de los Tres Puntas en ont à leurs canots qui font
„ faites de paille & de jonc. Les Turcs en font beaucoup de coton: mais les
„ Hollandois & les autres peuples de l'Europe les font d'une toile très-for-
„ te. Voiez, Toile.

„ Il ne faut pas que les voiles foient enverguées trop roides, mais de ma-
„ niére que le vent les puifle faire enfler, afin-qu'elles donnent plus de
„ mouvement au vaifleau, & qu'elles le faflent mieux filler; à-moins qu'il
„ ne fallût bouliner, ou aller au plus près du vent: autrement les voiles qui
„ font roides d'envergure & dans les ralingues, laiflent trop échaper le vent
„ par les côtés.

„ On tient que les voiles de l'avant & les hautes voiles contribuënt plus
„ au fillage du vaifleau que celles de l'arriére & que les bafles voiles.
„ Mais les hautes voiles font auffi plus aifément abatuës, ou emportées
„ par le vent, & font difficiles & dangereufes à manœuvrer par la tem-
„ pête.

„ On tient les voiles plus étroites par le haut que par le bas, de-peur-que
„ prenant quelquefois trop de vent par le haut, elles ne faflent renverfer le
„ vaifleau, ou trop carguer de l'avant. On hifle les voiles plus ou moins,
„ felon-qu'on a befoin de prendre plus ou moins de vent. Moins les voiles
„ ont de hauteur plus eft-il facile de les manœuvrer, & il y a moins de
„ danger qu'elles tombent en-bas.

„ Pendant un combat on tient ferlées les voiles qui donnent le plus de pei-
„ ne & d'embaras à manœuvrer, & qui contribuënt le moins au fillage du
„ vaifleau.

„ La largeur des voiles fe proportione par la longueur de la vergue, & leur
„ longueur par la hauteur du mât, à quoi il faut joindre l'expérience des
„ ouvriers, puis-qu'il y en a quelques-uns qui les tiennent plus longues,
„ & d'autres plus courtes: de-forte qu'il n'y a point de règles fixes à donner
„ fur ce point, non-plus que fur beaucoup d'autres. Les uns les tiennent
„ auffi plus roides dans les ralingues, & les autres moins. En général on
„ peut dire qu'elles doivent pour le moins être auffi longues que le mât qui
„ les porte, & qu'il eft bon qu'elles le foient un peu plus, afin-que le vent
„ les puifle mieux faire enfler.

„ Selon le fentiment de divers Maîtres, les Voiles d'un vaifleau de 134. piés de
„ long, de l'étrave à l'étambord, doivent avoir les proportions fuivantes.

„ La grande Voile doit avoir 23. cüeilles de toile de noiale, ou canefas de
                                         „ Hol-

„Hollande; elle tient 26. aunes à la tête, dans la ralingue, & a 14. aunes
„& un quart de battant; & de cette forte on peut la faire fervir avec des bon-
„tes, ou fans bonnettes.
„La Miféne doit avoir 20. cüeilles : elle tient 22. aunes à la tête, & a
„11. aunes 3. quarts de battant. Sa bonnette maillée doit avoir 3. aunes
„& un quart de battant.
„Le grand Hunier doit avoir 21. cüeilles de large par le bas, & 12. cueil-
„les à la tête, il tient 13. aunes & demie, & a 18. aunes de battant.
„Le petit Hunier doit avoir 18. cüeilles par le bas, & 10. cüeilles & un
„quart à la tête, il tient 11. aunes & demie, & a 14. aunes & demie de
„battant.
„La Sivadiére doit avoir 18. cüeilles de large, de canefas de France, elle
„tient 17. aunes & un quart, & a 8. aunes 3. quarts de battant.
„La Voile d'artimon avec la bonnette doit avoir par le bas 16. cüeilles de
„canefas de Hollande, & vingt aunes de battant par derriére, elle tient
„24. aunes à la tête.
„Le Perroquet de beaupré doit avoir 16. aunes & un quart par le bas, 8.
„aunes à la tête, & 10. aunes & un quart de battant. Le Perroquet d'ar-
„timon doit avoir 13. aunes par le bas, 7. aunes à la tête, & 9. aunes de
„battant. Le grand Perroquet doit être de la même hauteur & de la mê-
„me largeur. Le Perroquet de miféne doit avoir 11. aunes par le bas,
„6. aunes à la tête, & 7. aunes & un quart de battant.
„Toutes ces voiles enfemble doivent contenir 2746. aunes de toile de noia-
„le de Hollande ; 375. aunes de toile de noiale de France ; 263. aunes de
„toile de noiale quatriême; & 274. aunes & demie de toile de mélie.
„La grande Voile d'un Boïer du port de 60. laftes, ou fix-vingts ton-
„neaux, qui s'apelle en Flamand, *Gaffel-zeil*, Vergue à corne, doit avoir
„29. aunes & demie de battant par-derriére, & 18. aunes par-devant; 13.
„cüeilles de largeur à la tête, & 15. par le bas. Le Perroquet doit avoir
„8. cüeilles 3. quarts de large à la tête, 15. cüeilles par le bas, & 12. au-
„nes & demie de battant. La Sivadiére doit avoir 11. cüeilles de large, &
„6. aunes de battant. La Foque de beaupré doit avoir 19. aunes & de-
„mie par-derriére, 20. aunes & demie par-devant, & 10. cüeilles de large
„par le bas. L'Artimon doit avoir 7. cüeilles de large par le bas, 10. aunes
„& un quart de hauteur par-devant, & 12. aunes par-derriére.
„La Voile d'une Semaque de 62. piés de long, qui s'apelle en Flamand,
„*Smack-zeil*, doit avoir 11. cüeilles & un quart de large par le bas, 10.
„cüeilles & un quart à la tête, 23. aunes & un quart de battant par-der-
„riére, en y comprenant la bonnette maillée, & 15. aunes & un quart par-
„devant. Les 4. premiéres cüeilles fe terminent en langue par le haut,
„les 4. cüeilles fuivantes font quarrées, & dans les deux derniéres il y a
„une piéce d'environ trois aunes de long ôtée en échancrure par le haut, en-
„devant.
„La Voile d'une Semalle, *Smal-fchips-zeil*, doit avoir 12. cueilles & un quart
„de large par le bas, 11. cueilles à la tête, 23. aunes 3. quarts de hauteur par-
„derriére, en y comprenant la bonnette maillée, & 15. aunes le long du
„mât. Les 4. cüeilles du devant fe terminent en langue, & les 4. fuivan-
„tes font quarrées.

                                                            „La

,,La Voilure d'une galiote de 75. piés de long, 19. piés de large, & 9. piés
,,de creux, aïant été mefurée, s'eft trouvée être comme s'enfuit.
,,Une Voile, qui a 12. cüeilles & demie de large par le bas, 11. cüeilles &
,,demie par la tête, 25. aunes & demie de battant par-derriére en y com-
,,prenant la bonnette. Toutes les cüeilles font échancrées, hormis
,,les deux derniéres, la plus grande échancrure étant à la premiére cüeille
,,en-devant, & les autres allant toujours en diminuant. Par le bas en-de-
,,vant il y a 4. cüeilles & demie qui font échancrées fous le mât, puis 5.
,,cueilles en droit fil, & 3. par-derriére où il y a une piéce coupée en é-
,,chancrure, & les bouts font raprochez & coufus les uns fur les autres. La
,,Foque de miféne, ou Voile de fortune, doit avoir 11. cüeilles de large &
,,16. aunes de hauteur. Il y a des ris par le haut qui commencent d'un
,,côté à 6. aunes de hauteur, & vont en diminuant jufques à l'autre côté
,,où ils fe perdent, fi-bien qu'ils font 6. aunes de biais, & par ce moien on y
,,met une vergue à corne quand il en eft befoin. Il y a auffi des ris par le
,,bas à la hauteur de 3. aunes.
,,Le Perroquet a 11. cüeilles de large par le bas, 7. cüeilles à la tête, & 12.
,,aunes de battant. L'Artimon a 10. cüeilles de largeur, & 12. aunes de hau-
,,teur: il a des ris par le bas à 2. aunes de hauteur, & la ralingue eft une
,,demie-aune au-deffus des ris. La Foque de beaupré a 9. cüeilles de lar-
,,geur, & 19. aunes de hauteur par-derriére, mais il y en a une aune coupée
,,par le haut qui l'acourcit en cet endroit-là, & la réduit à 18. aunes: il y
,,a une échancrure ôtée à chacune des 3. cüeilles du devant, & à 2. du der-
,,riére, fi-bien qu'il ne refte que quatre cüeilles quarrées, qui font au mi-
,,lieu. La Foque étroite a 8. cüeilles & demie de largeur, 20. aunes de hau-
,,teur par-derriére, & 20. aunes & demie par-devant : elle a deux rangs
,,de ris avec leurs garcettes, le plus bas rang étant à 3. aunes de hauteur,
,,& l'autre à 2. aunes. La Sivadiére a 4. cueilles de large, & 4. aunes de
,,battant.
,,VOICI ce qu'un autre E'crivain Hollandois dit au fujet des Voiles.
,,Autrefois les Voiles étoient teintes en diverfes couleurs, comme en rou-
,,ge, jaune, bleu, & même en noir, afin-qu'elles fuffent moins aperçuës.
,,On y faifoit auffi diverfes figures. Toutes les nations ne les taillent pas
,,d'une même maniére ; il y en a qui leur donnent des figures différentes
,,des autres.
,,La plupart des Maîtres Voiliers établiffent la grande Voile pour la me-
,,fure fur laquelle il faut proportioner les autres. Ils donnent à cette voi-
,,le une cüeille de largeur de canefas de Hollande, par chaque 30. pouces
,,de large que la vergue a; laquelle cüeille, ou lais, a auffi à-peu-près 30.
,,pouces de large. Il eft vrai que les coutures en emportent quelque cho-
,,fe, & qu'il fe fait d'ailleurs quelque rétreciffement en coufant, pour don-
,,ner de la rondeur, mais on laiffe cela pour le vuide qui fe doit trouver au
,,bout de la vergue, & qui ne manque pas de fe trouver tel qu'il faut fur
,,ce pié-là. Toutes les autres voiles fe proportionent de la même maniére
,,pour la largeur.
,,A l'égard de la hauteur le Voilier doit favoir combien le mât enfonce dans
,,le vaiffeau, à prendre depuis la plus haute liffe ; & rabattre cette hauteur
,,du mât dans le vaiffeau, enfemble deux fois la hauteur du ton ; parce-
,,que

„que la vergue ne peut monter fi haut, à-caufe des gambes de hune, qu’il
„ne refte toujours entre elle & les barres de hune autant de hauteur qu’en
„a le ton du mât.   Tout cela donc étant rabatu, le refte de la hauteur du
„mât doit faire la hauteur de la voile, en y comprenant la bonnette.   Par
„éxemple; Lors-que toute la hauteur du grand mât eft de 83. piés, & que
„le creux du vaiffeau eft de 12. piés, l’entre-deux-ponts de 7. piés, le
„vibord de 4. piés, la herpe de 2. piés, & le ton de 8. piés 3. pouces, fai-
„fant pour 2. fois fa hauteur 16. piés 6. pouces, c’eft en tout 41. piés 6.
„pouces, qui étant rabatus fur les 83. piés que le mât a de hauteur, il ref-
„te pour la hauteur de la voile auffi 41. piés 6. pouces, qui font 17. aunes
„& demie, aune de Hollande.
„Il faut remarquer qu’il eft bon de tenir les voiles plutôt un peu courtes
„que trop longues, parce-qu’on a de la peine à remédier aux inconvéniens
„d’une voile bien-longue.
„La même proportion fe doit obferver à l’égard de la miféne, c’eft-à-di-
„re, en rabattant avec 2. fois la hauteur du ton celle du mât dans le vaif-
„feau, à prendre par le bas depuis l’écarlingue jufques au haut du bordage,
„le château ou acaftillage compris.   Pour la largeur, elle doit avoir une
„cüeille de moins par chaque dix cüeilles qu’ a la grande voile, & à pro-
„portion.   L’Artimon doit avoir auffi une dixième moins en largeur que
„la miféne, & fa longueur doit être proportionée à fa largeur.
„La largeur de la fivadiére doit être des 2. tiers de celle de la grande voi-
„le, & fa hauteur tout-de-même: on peut pourtant lui donner un peu
„plus ou moins de battant, felon-que le vaiffeau a plus ou moins de rele-
„vement à l’avant.
„Les Huniers doivent avoir autant de battant, que leurs mâts ont de hau-
„teur, c’eft-à-dire, pris depuis les tons des grands mâts.   Leur largeur
„par le bas doit être d’une cüeille moins par chaque 15. cüeilles que peu-
„vent avoir les voiles qui font deffous ; & à la tête ils ne doivent avoir
„que les deux cinquièmes parties de la largeur des voiles qui font au-def-
„fous.   Par le bas ils font en droite ligne, mais à la tête ils font échan-
„crez d’environ une demie-aune au bout de la vergue.   Leurs cüeilles qui
„du bas montent en langue vers le haut, ne doivent pas auffi être coupées
„l’une en l’autre d’une même cüeille pour en faire deux, mais par chaque
„dix aunes qu’elles ont de hauteur il leur faut donner une aune de rondeur
„plus qu’elles n’auroient fi elles étoient ainfi coupées.   La même chofe
„fe doit obferver à l’égard des perroquets.
„Un vaiffeau de 132 piés de long, 30. piés de large, & 13. piés & demi
„de creux, doit avoir la voilure fuivante.
„La grande Voile aura 22. cüeilles de largeur, 16. aunes & demie de hau-
„teur avec fa bonnette, & contiendra 363. aunes de toile.
„La Miféne aura 19. cüeilles de largeur, & 14. aunes de hauteur, & con-
„tiendra 266. aunes de toile.
„L’Artimon aura 18. cüeilles de largeur, & 9. aunes de hauteur en fon mi-
„lieu, & contiendra 162. aunes de toile.
„Le grand Hunier aura 13. cüeilles de largeur en fon milieu, & 20. aunes
„de hauteur, & contiendra 260. aunes.
„Le petit Hunier aura 11. cüeilles de largeur dans fon milieu, & 17. au-.

D d d d d

„nes

„nes & demie de hauteur, & contiendra 193. aunes.

„La Sivadiére aura 16. cüeilles de largeur, & 10. aunes de hauteur, & con-
„tiendra 160. aunes.

„Tout cela ensemble fait 1404. aunes.

„Il faut remarquer que les coutures boivent toujours un peu, & qu'à-cause
„de cela il entre plus de toile qu'il ne s'en trouve en mesurant quand la
„voile est faite.

„Outre les voiles ordinaires, les vaisseaux qui sont destinez pour navi-
„guer dans les païs chauds qui sont sujets aux calmes, mettent quelque-
„fois de doubles perroquets par-tout ; si-bien qu'en ce cas il faut doubler
„la voilure du haut, que voici, & qui est pour ce même vaisseau ci-dessus.
„Le Perroquet de beaupré, aura 9. cueilles & demie dans son milieu, &
„19. aunes de battant, & contiendra 180. aunes. Le grand Perroquet,
„aura 7. cüeilles & demie de largeur, & 8. aunes de battant, & contien-
„dra 60. aunes. Le Perroquet de miséne, aura 6. cüeilles & demie de lar-
„geur, & 7. aunes de battant, & contiendra 45. aunes. Le Perroquet
„d'artimon, aura 8. cüeilles & demie de largeur, & 9. aunes de battant,
„& contiendra 77. aunes. Le tout fait 362. aunes.

„On ne peut pas établir des règles pour les bonnettes en étui.

„La Voilure d'un vaisseau de 160. piés de long, 36. piés de large, & 16.
„piés de creux, mesure de pié d'Amsterdam, aïant été mesurée, il s'est
„trouvé que la grande voile avoit à la tête 29. cueilles, la miséne 26. la si-
„vadiére 17. le grand hunier 16. le petit 14. le perroquet d'artimon 10. le
„perroquet de beaupré 9. cüeilles.

„La Voilure d'un vaisseau de 147. piés 6. pouces de long, 36. piés de lar-
„ge, & 15. piés de creux, aïant été mesurée à l'aune de 26. pouces, étoit
„telle.

	Cüeilles de large	Aunes de long.
La grande Voile a	29	15
La Miséne,	26	15
La Sivadiére,	18	18½
L'Artimon avec sa bonnette,	22	
Sa hauteur par-derriére,		21
Le grand Hunier par le bas,	26	
A la tête,	16	
Sa hauteur,		20½
Le petit Hunier par le bas,	23	
A la tête,	14	
Sa hauteur,		14
Le Perroquet d'artimon par le bas,	17	
A la tête	10	
Sa hauteur		11
Le Perroquet de beaupré par la bas	17	
A la tête	10	
Sa hauteur		11½

	Cüeilles de large	Aunes de long.
Le grand Perroquet par le bas.	15	
A la tête	9½	
Sa hauteur		10
Le Perroquet d'avant par le bas	13	
A la tête	8	
Sa hauteur		8
Les Bonnettes en étui de la grande voile, Par le bas,	7	
A la tête,	3	
Leur hauteur,		15
Les Bonnettes en étui du grand hunier, Par le bas,	6½	
A la tête,	2½	
Leur hauteur,		20
Les Bonnettes en étui du petit hunier, Par le bas,	5½	
A la tête	2½	
Leur hauteur.		14

GRANDE VOILE, Grand Pacfi. *Schooverzeil, Het groot zeil.*
C'eſt celle qui ſe met à la vergue du grand mât. Les Provençaux diſent Voile de meſtre.

NAVIGUER avec la grande Voile. *Met ſchooverzeil zeilen , of onder zeil gaan.*

VOILE de miſène, Petit Pacfi, Miſéne. *De fok aan de voor-maſt.*
C'eſt celle qui ſe met à la vergue du mât de miſéne.

VOILE d'artimon, ou ſimplement, l'Artimon. *Beſaan, Agter-zeil.*
C'eſt celle qui ſe met à la vergue d'artimon, & dont la figure eſt d'un triangle ſcaléne.

VOILE de ſivadiére, ou ſimplement, La Sivadiére. *Blinde, Onder-blinde, Groote blinde, Eerſte, of onderſte blindt.*
C'eſt celle qui ſe met au mât de beaupré.

VOILE de grand Hunier, ou, Grand Hunier. *Het groot mars-zeil.*

VOILE de petit Hunier, ou, Petit Hunier. *Het Voor-mars-zeil.*

VOILE de Perroquet de foule, ou de fougue, ou d'artimon, ou ſimplement, Perroquet de foule, ou d'artimon. *Kruis-zeil, 't Zeil boven de beſaan.*

VOILE de grand Perroquet, ou, Grand Perroquet. *Het groot bram-zeil.*

VOILE de Perroquet d'avant, ou, Perroquet de miſéne. *Het voor-bram-zeil.*

VOILE de Perroquet de beaupré, ou, Perroquet de beaupré, *Boven-blinde, Het kleine blindt, Tweede en bovenſte blindt.*

VOILES d'étai. *Stag-zeilen.*
Ce ſont de voiles triangulaires, qu'on met ſans vergues aux étais du vaiſſeau.

VOILE Latine, Voile à oreille de liévre. Voiez, Tiers Point.

VOILE quarrée, ou, Voile à trait quarré. *Raa-zeil.*
C'eſt celle qui eſt coupée à quatre côtés, comme le ſont la plupart de celles de l'Océan. On dit auſſi, Voile quarrée, pour dire, Vaiſſeau à voiles quarrées. Cette flote étoit compoſée de huit voiles quarrées.

VOILE Angloiſe. *Emmer-zeil.*
C'eſt une certaine voile de chaloupe & de canot, dont la figure eſt preſque en loſange, & qui a la vergue pour diagonale.

VOILES de l'avant. *Hooft-zeilen, Voor-zeilen.*
Ce ſont les voiles des mâts de beaupré & de miſéne.

VOILES de l'arriére. *Agter-zeilen.*
Ce ſont les voiles d'artimon & du grand mât. Voiez, Voilure.

BASSES VOILES. *Onder-zeilen.*
Les baſſes voiles ſont la grande voile & la voile de miſéne.

ETRE aux baſſes Voiles. *Met de onder-zeilen loopen.*
C'eſt-à-dire, ne porter que les deux grandes voiles, ou les deux pacfis.

VOILE de vingt cüeilles. *Een zeil van twintig kleeden.*
Cela ſe dit de celles qui ſont compoſées de vingt lez, ou largeurs de toile.

VOILE de fortune. Voiez, Fortune.

VOILE qui porte. Voiez, Porter.

VOILE qui ne porte point, Voile en ralingue. *Een lenterende zeil, dat geen windt vat, dat niet en dragt.*
C'eſt celle qui ne prend pas le vent, ou dont la ralingue coupe ou partage le vent. Voiez, Ralingue.

VOI-

VOILES roides dans les ralingues. *Bordige zeilen.*

VOILE déralinguée par la force du vent , *Een zeil dat uit de lijken uit ge-*
waait is.

  C'est une voile dont la ralingue qui étoit autour a été déchirée.

VOILE défoncée. *Een zeil dat in de buik gescheurt is.*

  C'est celle dont le milieu est déchiré, foit par la force du vent, ou d'une
autre forte.

VOILES en pantenne. *Zeilen die gypen , Het gypen of everslaan van de*
zeilen.

  Ce font des voiles qui n'étant plus dans l'ordre de leur fituation ordinaire ,
fe tourmentent au gré du vent.

VOILES fur les cargues. *Zeilen op de gy.*

  Ce font celles qui étant déferlées ne font foutenuës que par les cargues.

VOILES au fec. *Zeilen in de lugt gebragt , en gefpannen, om te droogen.*

  Ce font celles que l'on met dehors, & que l'on expofe à l'air, ou au Soleil , afin-qu'elles féchent.

VOILES en banniére. *Losse zeilen.*

  Ce font celles qui font la figure d'une banniére, voltigeant au-gré d'un gros
vent , ce qui arive lors-que les écoutes ont manqué , ou qu'elles font dé-
marrées, foit à-deffein, ou par hazard.

LES VOILES de l'arriére étoient en banniére. *De agter-zeilen laagen los aan*
de windt.

VOILES enverguées. *Aengeslaagene zeilen.*

  C'eft-à-dire, qui font liées, ou apparcillées à la vergue.

METTRE la Voile au vent. *Zeil maaken , 't Zeil ter windt-vank ftellen.*

  C'eft partir & mettre à la mer.

FAIRE VOILES. Voiez, Faire.

FAIRE VOILES vers un certain endroit. *Ergens aan zeilen , Ergens na toe*
houden.

ETRE fous Voiles, Se tenir fous Voiles. *Onder zeil zijn , Sig onder zeil*
houden.

  C'eft-à-dire, avoir les voiles apparcillées & déploïées.

DEMEURER fous Voiles. *Onder zeil blijven.*

PORTER toutes fes Voiles, Avoir ou mettre toutes fes Voiles dehors. *Alle*
de zeilen by maaken , by rucken , by fetten.

  C'eft-à-dire, les avoir toutes au vent. Notre vaiffeau portoit toutes fes
voiles, mais la frégate ne portoit que fes baffes voiles , parce-qu'elle portoit mal la voile.

ETRE avec les quatre corps de Voiles. *Met 't fchooverzeil fok-en-mars-zeilen*
loopen.

  C'eft-à-dire, ne porter ou n'avoir au vent que la grande voile avec la miféne & les deux huniers.

FORCER de Voiles, Faire force de Voiles. *Geen zeil fpaaren , Alle zeilen*
by fetten.

  C'eft-à-dire, mettre autant de voiles qu'en peut porter le vaiffeau pour aller
plus vîte. Voiez, Faire, & Force.

E'CHAPER à force de Voiles. *Ontzeilen , 't Met de zeilen ontkomen.*

A PLEINES VOILES. *Met volle zeilen.*

METTRE

METTRE les Voiles dedans. *De zeilen inneemen, beflaan.*

C'eft-à-dire, les ferrer, les ferler.

FAIRE plus ou moins de Voiles. Faire petites Voiles. *Meer of min zeils maaken. Klein zeil maaken.*

DONNER toute une Voile au vent. *'t Zeil ter windt vank ftellen, in de windt zetten.*

C'eft-à-dire, la porter toute fans la carguer, ou bourcer.

RE'GLER fes Voiles. *Zeil maaken na dat weer en windt dienen, of, na dat het fchip wel of qualijk bezeilt is, na de bezeiltheid van 't fchip.*

C'eft déterminer s'il faut porter plus ou mois de voiles, felon que le vent eft plus ou moins forcé, ou que le vaiffeau eft bon ou mauvais voilier. Cette nuit, comme l'efcadre étoit fous les voiles & qu'il ventoit beau frais, le Commandant régla les voiles de l'efcadre, & fit pour cela le fignal concerté.

DRESSER les Voiles. *De zeilen vierkant, of kant fetten.*

C'eft les mettre en l'état qu'il faut qu'elles foient pour fervir.

VAISSEAU bon de Voiles, ou de Voile, fin de Voiles. *Een fchip fneedig in 't zeilen, Een wel-bezeilt fchip.*

C'eft celui qui eft leger à la voile, & qui fait bien du fillage. Voiez, Fin, & Voilier.

PESANT à la Voile. Voiez, Voilier, Mauvais Voilier.

VOILE emportée. *Een uitgewaait zeil.*

C'eft celle qui s'eft déralinguée, & que le vent a emportée.

NE pouvoir porter de Voiles. *Geen zeil konnen maaken, of voeren.*

C'eft lors-que les mâts ou les vergues font rompuës.

A LA VOILE. Un vaiffeau à la Voile. *Een zeilende fchip.*

Cela fe dit d'un vaiffeau qui a les voiles au vent, & qui fait route.

VOILE à mi-mât, carguée, ou dont les ris font pris. *Een huikende, of duikende zeil.* Voiez, Huniers à mi-mât.

FAIRE toutes Voiles blanches. *Speelen alle zeilen blank.*

C'eft pirater, & ne faire aucune différence d'amis & d'ennemis.

CE NAVIRE porte la Voile comme un rocher. *Dat fchip is fteevig, of ftijf, onder zeil.*

Par cette comparaifon on prétend faire entendre qu'un navire porte bien la voile, c'eft-à-dire qu'il ne laiffe pas de fe tenir droit pendant un gros vent qui donne dans fes voiles, & qui feroit carguer un autre vaiffeau.

LES VOILES fur le mât. *Met de zeilen voor de maft, of op de maft, leggen.*

Cela fe dit lors-que les voiles touchent le mât, ce qui arive quand le vent eft fur les voiles.

TOUTES VOILES hors. *Alle zeilen by.*

C'eft avoir toutes les voiles au vent.

VOILE d'eau. *Waater-zeil, Drijf-zeil.*

C'eft une voile que les Hollandois mettent à l'arriére du vaiffeau vers le bas, & qui tombe dans l'eau, afin-que la marée la pouffe, pour faciliter le fillage du vaiffeau, quand il y a calme, ou qu'il fait peu de vent. Ils s'en fervent auffi pour empêcher que le vaiffeau ne roule & fe tourmente, parce-que comme elle defcend également dans l'eau aux deux côtés de l'arriére, le vent & l'eau qui donnent également dedans de chaque côté, contribuent à l'équilibre. Elle eft amarrée de chaque côté à fes écoutes.

VOILE, Vaiſſeau. *Zeil, Een zeil, Hondert zeilen.*

Ce mot ſe prend ſouvent pour le vaiſſeau même, & en ce ſens une floté de cent Voiles, eſt une flote compoſée de cent vaiſſeaux. Nous rencontrâmes une vôile qui ſortoit du port. Nous aperçumes trois voiles ſur nous.

VOILERIE. *Een zeilen-maakers-of-zeil-maakers winkel.*

C'eſt le lieu où l'on fait & où l'on racommode les voiles d'un vaiſſeau.

VOILIER, ou Trévier. *Zeil-maaker.*

C'eſt celui qui travaille aux voiles, & qui les viſite ſouvent pour voir s'il n'y manque rien.

MAÎTRE Voilier. *Opper-zeil-maaker.*

SECOND Voilier. *Onder-zeil-maaker.*

VOILIER. Vaiſſeau bon Voilier. *Een ſchip ſneedig in 't zeilen, ſeer vaardig in 't zeilen; Een wel bezeilt ſchip, ſnel ter vaart; Ter zeilagie wel geſchikte ſchepen.*

C'eſt celui qui eſt fin de voiles, qui ſille bien.

MEILLEUR VOILIER. *Beter ter zeiladie; 't Beſt bevaaren ſchip, dat d'andere in 't zeilen te boven gaat, en doodt loopt.*

VAISSEAU méchant Voilier, ou, mauvais Voilier, peſant à la voile, peſant de voiles, ou de voile. *Een loom ſchip, Een koe, Een ſlegt bezeilt ſchip, Een traag zeilder, dat loom in 't zeilen is.*

C'eſt celui qui n'avance pas bien. Le defaut du mauvais voilier vient de ſon gabarit & de ſa mauvaiſe conſtruction.

VOILURE. *Zeilagie, Zeiladie.*

C'eſt la maniére de porter les voiles pour prendre le vent. Il n'y a que trois ſortes de voilures pour aller ſur mer, on y va de vent arriére, de vent largue, & de vent de bouline.

MÊME VOILURE. *Gelijk zeilagie.*

On dit que deux vaiſſeaux ont même Voilure, pour dire qu'ils portent tous deux les mêmes voiles.

ETRE toujours à la même Voilure, Avoir toujours la même Voilure. *Door-laaten-ſtaan, Voor-laaten-ſtaan, Gaande houden.*

C'eſt continuer à porter les mêmes voiles, ſans en faire plus ou moins.

REGLER ſa Voilure. *Zeil maaken na de bezeiltheid van d'andere ſchepen, Soo veel zeils maaken als de gelegentheid en noodt vereiſcht, Op d'onbezeilſte ſchepen giſſing maaken om by malkanderen te konnen blijven.*

C'eſt ne porter que ce qu'il faut de voiles, pour s'acommoder au ſillage, ou au peu de chemin que peuvent faire les vaiſſeaux avec leſquels on a deſſein de faire voiage.

VOILURE. *'t Zeil-werk, Alle de zeilen van een ſchip.*

C'eſt tout l'appareil & l'aſſortiment des voiles qu'il faut pour un vaiſſeau.

VAISSEAU portant telle Voilure. *Een ſchip voerende ſulke of ſulke zeilen.*

C'eſt de cette maniére que l'on s'exprime pour faire connoître quelles voiles portoit un vaiſſeau, ou une eſcadre, & on dit; Nous rencontrâmes au matin huit vaiſſeaux qui avoient, ou portoient même voilure.

TOUTE la Voilure de l'avant. *Voor-zeilen, Hoofdt-zeilen.*

TOUTE la Voilure de l'arriére. *Agter-zeilen.*

„ Les Hollandois apellent la voilure de l'arriére, celle du grand mât & de
„ l'arti-

,, l'artimon. Ces voiles font fourdre le vaifleau au vent, ce qui fait qu'a-
,, vec elles feules on peut difficilement gouverner de vent arriére & de
,, vent largue, & qu'alors on cargue le grand pacfi & l'artimon. Lors-que
,, le vaifleau cargue de l'avant, ce font les voiles de l'avant, favoir, cel-
,, les des mâts de miféne & de beaupré, qui fervent le plus ; mais quand
,, il cule de l'arriére, ce font les voiles du grand mât, & du mât d'arriére.
,, Les voiles de l'avant fervent à faire vent arriére en virant, & les voiles
,, de l'arriére fervent à venir au vent.

VOIR par prouë. Voiez, Prouë.

VOIR de deflus le pont. *Van om laag fien.*

VOIR l'un par l'autre. Voiez, Ouvrir, & Tenir.

VOIX. A la Voix. *Soo digt-by dat men malkanderen kan hooren fpreeken, dat men bequaamelijk met malkanderen kan fpreeken.*

C'eft être à la portée de la voix.

A LA VOX. *Luiftert na commando.*

Cela fe dit encore comme un commandement que l'on fait aux gens de l'é-
quipage, pour les faire travailler à-la-fois, lors-qu'on donne la voix.

DONNER la Voix. *Het woordt fpreeken.*

Cela fe dit d'un homme qui avertit par un cri articulé, afin-que les gens
ocupez à ce travail faflent leurs éforts tous à-la-fois. Voiez, Ho, Hiffe, &c.

VOLE'E de canon. *Scheut.*

Cela fe dit de la décharge de plufieurs canons enfemble, ou qui font tirez
d'une même batterie. Quand c'eft du gros canon que l'on tire, on n'en
peut faire que dix volées par heure.

VOLE'E du canon. *Tromp.*

C'eft un efpace pris fur la longueur d'une piéce d'artillerie, c'eft-à-dire, la
partie qui prend un peu au-deflous des tourillons, & qui va jufques à l'embouchure de la piéce. Sa longueur eft d'ordinaire de cinq piés & demi.
Quand on a befoin de rafraîchir le canon, on le fait en mettant de l'eau &
du vinaigre dans la volée.

VOLET. *Een klein ftaande kompas.*

C'eft une petite boufîole, ou un petit compas de route, qui eft ordinairement à l'ufage des barques & des chaloupes. Cette petite boufîole n'eft
point fufpenduë fur un balancier.

VOLONTAIRES. *Vry-luiden.*

Ce font ceux qui portent les armes de leur plein gré, & s'embarquent fur
les vaifleaux de guerre François avec une Lettre de Cachet. ,, Les Volón-
,, taires font obligez d'obferver toutes les loix, mais ils ne mettent point
,, la main à l'œuvre, fi ce n'eft dans un très-preflant befoin.

VOLTE. *Koers.*

Ce terme fe prend pour celui de Route. On dit ; Prendre telle volte, pour
dire, prendre telle route. C'eft auffi faire faire à un vaifleau les mouvemens & reviremens néceflaires pour fe préparer au combat.

VOUTE, ou, Voutis d'un vaifleau. *Verwulffel, Krom-wulf.*

C'eft la partie extérieure de l'arcafle, conftruite en voute au-deflus du gouvernail. On a coutume de placer au-deflus de la voute le fronton, ou cartouche, qui porte les armes du Prince, & que quelques-uns apellent Miroir. Voiez, Revers d'arcafle. VRETAC.

VRETAC. *Hals-taalie op de fokke-hals.*

C'eſt une manœuvre qu'on paſſe dans une poulie qui eſt tenuë par une herſe dans l'éperon, au-deſſus de la lieure de beaupré. Cette manœuvre ſert à renforcer l'amure de miſéne, quand elle a beſoin d'être renforcée. Les Hollandois ne s'en ſervent pas, mais en ſa place ils ont un palanquin nommé, *Hals-taalie.*

VRILLE. *Boor, Frette, Fret.*

C'eſt un outil de fer dont les Charpentiers ſe ſervent. Il eſt emmanché comme la tariére, & fait ſon éfet quand on le tourne à deux mains. On dit auſſi, Vrille à dégorger. Voiez, Dégorgeoir.

V S.

VS & COUTUMES de la mer. *Zee-regten, De gebruiken en gewoonten der zee.*

On apelle Vs & Coutumes de la mer, une loi par laquelle les propriétaires & les Maîtres des vaiſſeaux marchands ſont obligez de ſatisfaire aux avaries qui ſe font en mer. Ces Vs & Coutumes conſiſtent en trois Réglemens dont on apelle les premiers Jugémens d'Oléron. Les Marchands de la ville de Viſbuy, ſituée autrefois dans l'iſle de Gotlandt, y firent dreſſer les ſeconds Réglemens en langage Teutonique. On fit les troiſſêmes à Lubec vers l'an 1597. & ils furent faits par les Députés des villes Hanſéatiques. C'eſt ſur ces trois piéces, qu'on a fait les Ordonnances qui réglent les contracts maritimes & la juriſdiction de la marine, tant en France qu'en Eſpagne, & ailleurs.

VSANCE. *Ervarentheid in de zee-handel.*

On dit, en termes de Marine, qu'un Marchand ſait bien les uſances de la mer, pour dire qu'il n'ignore rien de ce qu'il eſt néceſſaire de ſavoir pour trafiquer ſur la mer.

U T.

UTENSILES, Uſtenſiles d'un vaiſſeau. *Scheeps gereedtſchap, of tuig.*

UTENSILES du vaiſſeau & Chargemens de certains Oficiers particuliers? *Loſſe werktuigen.*

UTENSILES du canon. *Het gereedtſchap van een ſtuk geſchuts, Het toebehooren.*

On apelle Utenſiles du canon, la lanterne pour le chargeoir propre à mettre la poudre dans le noïau, le fouloir qui ſert à bourrer quand on a chargé la piéce, le boute-feu, l'écouvillon, le fronteau de mire, & les coins de mire. Toutes ces utenſiles doivent être proportionées aux piéces qu'elles ſervent, ce qui ſe fait aiſément quand on en remarque le calibre & la longueur. On dit auſſi, Utenſiles du Pilote. *Schippers goedt.*

W.

WATREGANS. *Waatergangen.* On prononce Oüatregans.

C'eſt un mot Flamand, venu en uſage en France. C'eſt un foſſé plein d'eau qui ſert à ſéparer des héritages. Il y en a d'aſſez grands pour porter de petits bateaux qui ſervent à traverſer d'un village à un autre.

PAÏS entrecoupé de Watregans, ou de canaux. *Een landt dat met waatergangen doorploegt is.*

WOLFE, ou Volfe. *Wolf, Draai-kuil, Kolk, Swelg-kuil.*

C'eſt un golfe marin, ou tournant de mer qui ſe trouve entre deux iſles,

à la

à la côte de Norvège, & où aucun vaisseau n'oseroit passer par le péril qu'il
y a de couler bas.   Voiez, Tournant de mer.

Y A.

YACHT, Yagt, ou Yac. *Yacht, Jagt, Speel-jagt, Advijs-yacht.*
C'est un bâtiment ponté & mâté en fourche, qui porte ordinairement un
grand mât, un mât d'avant, & un bout de beaupré, avec une corne comme le heu, & une voile d'étai. Il tire fort peu d'eau & est excellent pour
de petites bordées.   On a coutume de s'en servir à des promenades & à de
petites traversées.
„ VOICI le devis d'un petit Yacht de promenade, de 42. piés de long de
„ l'étrave à l'étambord, 9. piés 4. pouces de large de dedans en dedans, &
„ 3. piés 8. pouces & un quart de creux à la ceinte.
„ La sole a 6. piés de large & s'élève de 4. pouces de chaque côté.   L'é-
„ tambord a 6. piés 5. pouces & demi perpendiculairement, 1. pié 5. pou-
„ ces & demi de quête, 6. pouces d'épaisseur en-dedans, 4. pouces en-de-
„ hors, 8. pouces de large par le haut, 3. piés 6. pouces par le bas. La
„ barre d'arcasse a 6. piés de long, 6. pouces de large, 5. pouces d'épais,
„ 7. pouces d'arc, ou de tonture.   L'arcasse a 3. piés 5. pouces & demi de
„ haut, les estains 7. pouces & demi de large, & 5. pouces d'épais.
„ L'Etrave a de hauteur en-dedans 6. piés & demi, 10. piés & demi de
„ quête, 2. piés de large par le haut, 1. pié 2. pouces par le bas, 6. pou-
„ ces d'épaisseur en-dedans, 4. pouces en-dehors, 14. pouces de ligne
„ courbe.
„ La quille a 30. piés de long, 6. piés de large, 5. pouces d'épais ou de
„ haut en bas à l'arriére, 4. pouces & demi à l'avant. Le franc-bord a
„ 2. pouces d'épais ; la ceinte 4. pouces d'épais & 5. pouces de large ; le
„ bordage au-dessus de la ceinte 12. pouces de large, & 1. pouce & demi
„ d'épais; les varangues 4. pouces & demi d'épais, & 3. pouces & demi sur
„ la ceinte.
La ceinte, à l'endroit où elle joint l'étrave en-dedans, est posée à la hau-
„ teur de 5. piés.   A 5. piés de l'étrave elle est posée à la hauteur de 4.
„ piés 3. pouces, & à ce même endroit le bâtiment a 3. piés 6. pouces de
„ largeur de dedans en dedans. A 9. piés de l'étrave elle est à la hauteur de
„ 3. piés 10. pouces, & le bâtiment a 4. piés & demi de large.   A 14. piés
„ elle est à la hauteur de 3. piés 9. pouces & demi sur 4. piés 7. pouces &
„ demi de largeur.   A 18. piés elle est à la même hauteur, & sur la mê-
„ me largeur.   A 23. piés elle est à 3. piés 10. pouces de hauteur sur
„ 4. piés 6. pouces & un quart de largeur.   A 28. piés elle est à 4. piés
„ 3. pouces de hauteur sur 4. piés & demi de largeur.   A 33. piés elle est
„ à 4. piés 8. pouces & demi de hauteur sur 4. piés & un quart de largeur.
„ A 38. piés elle est à 5. piés 6. pouces de hauteur sur 3. piés 7. pouces &
„ demi de largeur.
„ Le cornet du grand mât a 9. piés de large aux faix de pont ; 7. pouces
„ de haut au-dessus, & un demi-pié en-devant.   La grande vergue a 46.
„ piés de long ; la vergue du mât d'avant 34. piés ; les épées 16. piés en-
„ devant ; La serre-goutiére 16. pouces de large : le château d'arriére 16.
„ piés de long.
„ Les grands Yachts sont à-peu-près de la même fabrique que les Sema-
                    E e e e   „ ques.

„ques.　Ils ont des écoutilles & une teugue élevée à l'arriére, une cham-
„bre à l'avant, & une ouverture en rond au milieu, qui eſt couverte de
„vitres qui s'élèvent au-deſſus en lanterne, par où le rum eſt éclairé, &
„autour de laquelle il y a un banc pour s'aſſeoir.　Ils ont un faux étai.
„La barre du gouvernail eſt de fer, & un peu courbée, & il y a au-
„deſſus une petite teugue, dont la grandeur ſe proportione ſur la barre,
„c'eſt-à-dire, ſelon qu'elle eſt plus baſſe ou plus élevée.　Ils ont deux
„pompes de plomb, une de chaque côté, afin de pouvoir pomper de quel-
„que côté que le vaiſſeau panche.　Ordinairement le beaupré n'eſt pas
„fixe, il peut être oté & remis.„

„Le grand Yacht de la Compagnie des Indes Occidentales, au temsque le
„livre dont on a emprunté la préſente deſcription, a été mis au jour, c'eſt-
„à-dire, en 1671. avoit 66. piés de long, 19. piés de large, & 6. piés de
„creux ſous les goutiéres.

„L'étrave avoit 9. pouces d'épais en-dedans, 6. pouces en-dehors, 2. piés
„3. quarts de large par le bas, 2. piés & un quart par le haut, 12. piés de
„hauteur, 10. piés de quête; la quille 12. pouces de large, & 10. pouces
„d'épais; l'étambord.... de haut, 2. piés & un quart de quête; la barre
„d'arcaſſe 11. piés de long.　L'arcaſſe avoit 4. piés de hauteur; le plat-
„fond 16. piés de largeur, s'élevant d'un pié & demi de chaque côté.

„Le bâtiment avoit 4. piés de relevement à l'arriére, & 3. quarts de pié à
„l'avant.　La liſſe de vibord avoit 5. pouces de large, & 4. pouces d'é-
„pais; la fermure au-deſſous 18. pouces de large; la ſeconde liſſe 6. pou-
„ces & demi de large; la fermure au-deſſous 11. pouces & demi de large;
„la ceinte au-deſſous 9. pouces de large, & 4. pouces & demi d'épais.

„Le premier ſabord étoit percé à la diſtance de 6. piés & demi de l'étra-
„ve; le 2. à la diſtance de 8. piés du premier; le 3. à 19. piés & demi du 2.

„Le pont avoit 33. piés de longueur juſqu'à la chambre du Capitaine dont
„le haut s'élevoit de 18. pouces au-deſſus du pont.　Le quatrième ſabord,
„qui étoit au-deſſus de la chambre du Capitaine, étoit à la diſtance de 9.
„piés du troiſième ſabord de deſſus le pont.　Le deſſus de cette chambre
„avoit 17. piés 8. pouces de long, & 15. pouces de pente juſques à la place
„du Timonier qui avoit 4. piés 9. pouces de long juſques au fronteau de la
„galerie.　Le bas plancher de la galerie étoit à 13. pouces au-deſſus du pont.

„Les mâts des yachts auſſi-bien que ceux des ſemaques panchent beau-
„coup en avant, afin-qu'ils portent de plus grandes voiles.　On hiſſe les
„voiles avec un virevaut court qui eſt contre le mât.

„VOICI encore le devis d'un Yacht d'avis, qui eſt une eſpéce de galio-
„te qui ſert à porter des ordres dans les armées, & même à faire de gran-
„des traverſées.　Sa longueur eſt de 115. piés, ſa largeur de 27. piés 5.
„pouces & demi, & le creux de 11. piés 5. pouces & demi.

„La Quille a 14. pouces d'épaiſſeur de haut en bas, & 16. pouces & de-
„mi de largeur; l'étrave 20. piés de hauteur & autant de quête; 2. piés 5.
„pouces de largeur par le haut, & 3. piés 3. pouces par le bas; 11. pou-
„ces & demi d'épaiſſeur en-dedans, & 8. pouces en-dehors; l'écart 5.
„piés de long; ſes bours 3. pouces d'épais entretenus par 8. chevilles de
„fer.

„L'étambord a 19. piés 6. pouces de haut, 3. piés 3. pouces de quête, 11.
pou-

,, pouces & demi d'épaifleur en-dedans , 8. pouces en-dehors ; 17. pouces
,, de largeur par le haut, 5. piés 4. pouces par le bas; la lifle de hourdi 18.
,, piés de long, 17. pouces d'épaifleur, de largeur, & d'arc. Les eftains
,, font à 10. piés au-deflus de la quille , & ont 18. pouces de large. Les
,, barres de contre-arcafle ont 1. pié d'épais , & 10. pouces de large, la plus
,, haute étant pofée à 2. piés de la lifle de hourdi; la clef des eftains 6. pou-
,, ces & demi d'épais ; les allonges de poupe 18. piés de long au-deflus de
,, la lifle de hourdi, & 8. pouces d'épais, étant par le haut à la diftance de 10.
,, piés 5. pouces & demi l'une de l'autre.
,, Le Plat-fond a 17. piés 7. pouces de large , & s'élève de 8. pouces par
,, les deux côtés. Les fleurs ont 3 piés 2. pouces de hauteur , à laquelle
,, hauteur le bâtiment a 25. piés deux pouces de large. Les allonges tom-
,, bent d'un pié un pouce & un quart en-dehors. Le bordage a 3. pouces
,, d'épaifleur. Les varangues ont 9. pouces d'épais fur la quille , & les
,, mêmes varangues avec tous les membres qui font au-deflus & qui forment
,, enfemble un gabarit, ont 7. pouces & demi au-deflus des fleurs, 6. pou-
,, ces à la baloire, 5. pouces à la latte qui eft au-deflus. Ils font fort épais
,, par le bas à l'avant & à l'arriére, mais minces par le haut.
,, La Vaigre d'empature a 3. pouces & demi d'épais, & les autres vaigres 3.
,, pouces; la ferre-bauquiére 5. pouces & demi; les baux du bas pont 11. pou-
,, ces & demi tant de largeur que d'épaifleur & de tonture. Les allon-
,, ges tombent en-dedans & fe rétreciflent de 2. piés au grand gabarit. La
,, ferre-goutiére a 4. pouces d'épais & 20. pouces de large ; la vaigre au-
,, deflus de la ferre-goutiére 3. pouces d'épais ; la vaigre de pont 2. pouces
,, & demi d'épais ; les baux du haut pont 8. pouces d'épais & 9. pouces &
,, demi de tonture; les faix de pont 3. pouces d'épais ; la plus bafle précein-
,, te 6. pouces d'épais & 11. pouces de large, mais celles qui font au-deflus
,, ont un peu moins d'épaifleur.
,, Les Courbes du bas pont ont 7. pouces & demi d'épaifleur ; les courba-
,, tons du haut pont 5. pouces & demi; la ferre-goutiére de la chambre du
,, Capitaine 3. pouces; la ferre-bauquiére 2. pouces & un quart ; les bar-
,, rots 5. pouces & demi, & 7. pouces de tonture; les courbatons 5. pouces ;
,, les autres vaigres 1. pouce & demi ; les barrots de la dunette 4. pouces
,, d'épais, 4. pouces & demi de large, & 10. pouces de tonture ; la ferre-
,, bauquiére 1. pouce 3. quarts d'épais ; la ferre-goutiére 2. pouces ; les vai-
,, gres 1. pouce & demi.
,, Les Piliers de bittes ont 14. pouces d'épais, & 15. pouces de large; leur
,, tête 14. pouces de long & demi pouce de canelure , s'élevant de 4. piés
,, au-deflus du premier pont; les têtes du traverfin 14. pouces de long; les
,, courbes 9. pouces de long, & 2. piés 6. pouces de large contre les piliers,
,, & 1. pié en-devant.
,, Les Écubiers ont 10. pouces & demi de large en un fens , & 9. pouces en
,, l'autre, & font 3. piés au-deflus du bas pont. Les grands porte-haubans
,, ont 15. piés de long, 4. pouces d'épais & 11. pouces & demi de large; les
,, porte-haubans du mât de miféne 14. piés 5. pouces & demi de long, 4.
,, pouces d'épais, & 10. pouces de large ; les porte-haubans du mât d'arti-
,, mon 5. piés & demi de long, 3. pouces & demi d'épais, & 7. pouces de
,, large ; les hiloires de la grande écoutille 7. pouces d'épais, & 8 pouces de

 ,, lar-

„large; la feüillure 1. pouce & demi de large: les vaſſoles 3. pouces d’é-
„pais; le traverſin 6. pouces d’épais & 3. pouces de large ; la fléche de
„l’éperon 22. piés de long , 11. pouces & demi de large à l’étrave & 9.
„pouces en-devant ; la friſe 20. pouces de large du côté de l’étrave, & 16.
„pouces en-devant ; le porte-vergue 6. pouces de large & 3. pouces d’é-
„pais par-derriére , 2. pouces & demi de large & 2. pouces d’épais en-de-
„vant.

„Le Cabeſtan a 5. piés 8. pouces au-deſſus du pont, & 18. pouces d’épais,
„les trous 3. pouces 3. quarts de large de bas en haut , & 3. pouces & de-
„mi d’un côté à l’autre. Les ſabords ſont deux piés au-deſſus du pont,
„& ont 2. piés 8. pouces de large. La grande écarlingue eſt à la diſtance
„de 60. piés de l’arriére ; l’écarlingue du mât de miſéne à 15. piés de l’a-
„vant; l’écarlingue du mât d’artimon à 20. piés de l’arriére. La grande
„étambraie tombe de 1. pié & un pouce dans le fond de cale ; l’étambraie
„du mât de miſéne tombe d’un pié & demi ; l’étambraie du mât d’artimon
„tombe de 8. pouces entre le haut pont & le bas pont.

„Le Gouvernail a 3. piés 7. pouces de large par le bas , 8. pouces d’épais
„par-devant & 6. par-derriére ; les chevilles de fer 1. pouce de diamétre ,
„& les gournables 1. pouce & 1. quart; le grand ſep de driſſe 16. pouces
„de large & 15. pouces d’épais; les poulies 16. pouces de large & 1. pou-
„ce 3. quarts d’épais, & celle qui eſt au-dehors 1. pouce & un quart.

Y E.

YEUX de bœuf. *Doodts-hoofden , Doodts-hoofdts-bloks.*

On apelle ainſi les poulies qui ſont vers le racage , contre le milieu d’une vergue, & qui ſervent à manœuvrer l’étague. Il y a un œil de bœuf au milieu de la vergue de ſivadiére, quoi-qu’il n’y ait point-là de racage , parce-
que cette vergue ne s’amène point, mais dans un combat on la met le long
du mât , lors-quon veut aborder quelque navire. Il y en a auſſi ſix aux
pattes de bouline, trois pour chaque bouline.

Z E.

ZE'NITH , Point vertical. *Top-punt , Top-boog , Opper-aſpunt , Zenith , Ver-
tikaal-punt.*

C’eſt le point du Ciel qui eſt élevé perpendiculairement ſur notre tête , &
par lequel paſſent tous les azimuths, ou cercles verticaux. Le Zénith eſt
diamétralement opoſé à Nadir, qui eſt le point du Ciel directement ſous nos
piés, & où habitent nos vrais Antipodes.

ZE'PHIR , ou Zéphire. *Weſt-windt.*

C’eſt un vent qui ſouffle du point cardinal de l’horiſon du côté d’Occident.
Il eſt apellé Vent d’Oüeſt ſur l’Océan , & on l’apelle ſur la Méditerranée
Vent du Ponant, ou Vent du Couchant.

Z O.

ZODIAQUE. *Zonne-cirkel, Zon-weg , Taan-rondt , Teeken-kring , Dier-kring,
Dier-kreits.*

C’eſt un grand cercle qui biaiſe en écharpe entre les deux poles du monde , & qui eſt coupé à angles obliques de vingt-trois degrès & demi par
l’Equateur, au commencement des ſignes du Belier & de la Balance.

ZONE. *Lugt-ſtreek , Wereldt-ſtreek.*

C’eſt un terme de Géographie, qui ſignifie chacune des cinq parties du globe,

be, qui font entre les deux Poles, dont celle du milieu eſt nommée la Zone Torride, *De Verzengde lugt-of-wereldt-ſtreek;* les deux qui la ſuivent de chaque côté ſont les Zones Tempérées, *De gemaatigde lugt-of-wereldt-ſtreeken;* & les deux autres, les Zones Glaciales, *De koude lugt-of-wereld-ſtreeken.*

ZOPISSA, ou, Poix Navale. *Pik en Teer.*

Voici comment ſe fait le Zopiſſa, ou Poix Navale. On prend de vieux pins entiérement convertis en torches, que l'on met en piéces, comme ſi on en vouloit faire du charbon. Enſuite on fait une aire un peu élevée & voutée au milieu, & qui pend également vers ſes extrémités. Elle eſt cimentée & pavée de plâtre, afin que la liqueur que doit rendre la torche de pin, puiſſe plus facilement couler au canal qui environne cette aire. On acommode les piéces de torche en maniére de bûcher, & on couvre & environne ce bûcher de branches de peſſes & de ſapin, après-quoi on le bouche avec de la terre, afin qu'il n'en puiſſe ſortir ni fumée ni flamme. Cela étant fait on y met le feu par un trou qui eſt à la cime, ainſi qu'on fait au charbon, & alors la flamme qui ne ſauroit s'échaper, rend une chaleur plus véhemente au tas de bois qui eſt amaſſé, ce qui fait fondre la poix qui coule par le pavé de l'aire, & tombe dans le canal dont elle eſt environnée, & de ce canal en d'autres qui rendent la poix en de certains creux faits dans la terre, & bien munis d'ais, afin que la poix ne ſoit point beuë par la terre. Quand le tas s'abaiſſe & qu'il ne coule plus de poix, c'eſt une marque que l'ouvrage eſt achevé. Quand le Zopiſſa n'eſt point mêlé avec la ſuïe des branches d'arbres dont il coule, il s'apelle auſſi Poix navale: mais quand il eſt mêlé c'eſt ce qu'on apelle ſimplement Poix.

ADDITIONS

ET

CORRECTIONS

A.

ABREUVER un vaiſſeau. *Een ſchip waateren.*
C'eſt y jetter de l'eau quand il eſt achevé de conſtruire, & l'en emplir entre le franc-bord & le ſerrage, pour éprouver s'il eſt bien étanché, & s'il n'y a point de voie d'eau.

AFFRETEMENT. Cet article porte que c'eſt Nolis ſur la Méditerranée; cependant l'Ordonnance fait le mot Nolis ſinonime de Fret, & non-pas d'Affretement.

AFRAICHE. Le vent Afraîche. *De windt die wakkert.*
C'eſt un terme du commun des matelots, pour dire que le vent fraîchit. Voiez, Fraîchir & Frais.

AFRAICHE. *Waat op.*
C'eſt le terme dont les matelots ſe ſervent pour ſouhaiter qu'il ſe léve un vent frais.

774   **A.**

AIGU. Vaiſſeau Aigu , Aigu par l'avant , Aigu par l'arriére. *Scherp. Een ſcherp ſchip, ſcherp voor, ſcherp agter.*

  C'eſt un vaiſſeau qui eſt étroit en ſon deſſous , ou par les façons.

ALLONGES d'écubier. Cet article eſt corrigé ſous le mot Écubiers, après la figure.

APPAREIL de mâts & de voiles. *Een heel gereedtſchap van maſten en zeilen.*

ARBALETE à glace. *Spiegel-boog.*

  La figure en eſt dans la planche qui eſt auprès du mot No&ſturlabe.

ARMEMENT. *Wapeninge en manninge.* Voiez, Armement.

AUBINET, Saint-aubinet. *Een half-dek voor.* Voiez, Aubinet.

B.

BANDE de ſabords. *Laag van poorten.*

  C'eſt toute une rangée de ſabords ſur le côté d'un vaiſſeau.

BASTON, ou Bâton de Juſtice. *Roer-ſtok, Provooſt-ſtok.*

  C'eſt le bâton du Prévôt.

BAU. Pag. 79. ligne 6. que les baux doivent avoir *la moitié* de l'épaiſſeur de l'étrave priſe en-dedans. Otez, *la moitié*, & liſez, que les baux doivent avoir l'épaiſſeur &c.

BITTES. Page 85. ligne 1. ſous les figures. DD. ſervent à paſſer de groſſes chevilles de fer, lors-que &c. Liſez. DD. Trous qui ſervent à paſſer de groſſes chevilles de fer, nommées Pailles de bittes, lors-que &c.

BOIS. Page 96. ligne 3. Un mât de 18. palmes & trois quarts de palme de *circonférence*, Liſez, *diamétre*, & par-tout dans cette page & dans les deux ſuivantes où il y a *circonférence*, il faut lire *diamétre*.

BORDER à quein. Page 18. *Met een vlerkinge opboeijen, De boei-planken over malkanderen vlerken.* Liſez, *Met zoom-werk opboeijen,*

BOULON, ou Eſſieu de poulie. *Naagel.*

BOUT de beaupré. *Uitſteeker.*

  C'eſt un mâtereau qui fait ſaillie ſur l'étrave, dans les petits bâtimens qui n'ont point de beaupré.

C.

CAP de mouton de martinet. Cet article eſt corrigé ſous le mot , Moques de trelingage.

COQUERON. *Voor-onder.*

  C'eſt ainſi que quelques-uns nomment une petite chambre, ou retranchement, qui eſt à l'avant des petits bâtimens , ſur-tout de ceux qui naviguent dans les eaux internes, parce-qu'il y ſert de cuiſine.

COUPER la lame. *De baaren ſnijden, Dwars zees zeilen.*

  C'eſt quand la pointe du vaiſſeau fend le milieu de la lame , & paſſe au-travers.

COURBATONS, ou Taquets de hune. L'article traduit ſous ce mot n'eſt pas bon : on le retrouve comme il doit être ſous le mot Hune, page 498. ligne derniére.

CROISETTES. *Slot-hout van de vlagge-ſtok.*

  C'eſt ainſi que quelques-uns appellent la clef , ou les chevilles qui joignent & entretiennent le bâton du pavillon avec le mât qui eſt deſſous.

D.

DEMOISELLES. Voiez, Liſſes de porte-haubans.

GI-

Heere Jacht.

Yacht.

D. S. Fecit.

GISANT. Vaiſſeau Giſant. *Een vaſt geſeten ſchip.*
C'eſt un vaiſſeau qui touche au fond. On exprimera le nom du vaiſſeau,
le lieu où il ſera Giſant, ou flotant.

P.

PAVILLON de Calais. Page 602. au-deſſus du mot·Pavillon de Dunquerque. Il eſt bleu traverſé d'une croix blanche.

PAVILLON de l'Empire. Page 603. Sous le mot Pavillon d'Oſtende. Il
eſt.jaune, ou d'or, chargé de l'Aigle Impérial de ſable à deux têtes, diadé-
mé, langué, becqué & membré de gueules, tenant dans ſa ſerre droite une
épée nuë, & dans ſa gauche un ſceptre; ou ſelon d'autres, dans ſa ſerre
droite une épée nuë & un ſceptre; & un monde dans ſa gauche.

PAVILLON de Sleeſwic Holſtein. Page 604. Sous le mot, Autre Pavillon
de Hambourg. Il eſt rouge chargé des armes de Sleeswijck.

AUTRE PAVILLON de Danemarc, où la pointe de la croix blanche eſt
échancrée & ſort entre les deux autres pointes rouges. Page 604. Sous le
mot Pavillon de Danemarc.

PAVILLON de Viſmar. Page 604. Sous le mot Pavillon de Lubéc. Il eſt
de ſix lez rouges & blanches, la premiére du haut rouge.

PAVILLON de Conisberg. Page 604. Sous le mot Pavillon d'Elbing. Il
eſt de ſix lez noires & blanches, la premiére du haut noire.

PAVILLON de Riga. Page 604. Sous le mot Pavillon de Courlande. Il
eſt bleu traverſé d'une croix jaune, ou d'or, chargée au milieu, ou en
cœur, d'un écuſſon de gueules aux deux clefs d'argent, adoſſées & paſſées
en ſautoir.

PAVILLON de Revel. Page 604. Sous le mot précédent. Il eſt de ſix lez
bleuës & blanches, la premiére du haut bleuë.

PAVILLON des vaiſſeaux marchands Eſpagnols. Page 605. Sous le mot
Autre Pavillon d'Eſpagne. Il eſt de trois lez, la plus haute eſt rouge,
celle du milieu eſt blanche, & la plus baſſe eſt bleuë.

AUTRE Pavillon de Portugal. Page 606. au-deſſus du mot Pavillon de
Port-à-port. Il eſt écartelé d'une croix noire, ou de ſable; bandé de
huit bandes à chaque quartier, rouge, bleu & blanc; le premier ou franc-
quartier chargé d'une croix blanche.

PAVILLON de Modéne. Page 606. Sous le mot Pavillon de Monaco. Il
eſt rouge écartelé d'un Aigle blanc, ou d'argent.

PAVILLON de Salé. Page 607. Sous le mot Pavillon d'Alger. Il eſt rouge & ſe termine en pointe.

V.

VIGOTS de racage. Voiez, Bigots.
Page 607. *ligne* 16. Pavillon des galéres, *liſez*, E'tendard des galéres. *l.* 34.
huit griffes, *l.* cinq griffes.

F I N.

POUR Placer les Figures des Vaisseaux.

Autres Figures.

[illegible]

[illegible]

[illegible]

[illegible]

[illegible]

BIBLIOTHÈQUE NATIONALE

ATELIER DE RELIURE

COTE : ....

OUVRAGE RESTAURÉ LE : ....

RELIÉ LE : ....

www.ingramcontent.com/pod-product-compliance
Lightning Source LLC
Chambersburg PA
CBHW051246060726
47596CB00001B/6